国家出版基金项目
NATIONAL PUBLICATION FOUNDATION

"十三五"国家重点出版物
出版规划项目

高黎贡山
植物资源与区系地理

PLANT RESOURCES AND GEOGRAPHY
OF THE GAOLIGONG MOUNTAINS
IN SOUTHEAST TIBET

主编◎李 恒 李 嵘

副主编◎马文章 张 良 王欣宇

长江出版传媒
湖北科学技术出版社

图书在版编目(CIP)数据

高黎贡山植物资源与区系地理/李恒，李嵘主编. —武汉：湖北科学技术出版社，
2020.12

ISBN 978-7-5352-8978-0

Ⅰ.①高… Ⅱ.①李… ②李… Ⅲ.①植物资源－研究－保山 ②植物区系－植物地理
学－研究－保山 Ⅳ.①Q948.527.43

中国版本图书馆 CIP 数据核字(2020)第 165454 号

高黎贡山植物资源与区系地理

GAOLIGONGSHAN ZHIWU ZIYUAN YU QUXI DILI

出版策划	杨瑰玉　杨云鹏
责任编辑	杨瑰玉　曾紫风　韩小婷　刘　亮
装帧设计	胡　博
责任校对	王　梅
出版发行	湖北科学技术出版社有限公司　　电　　话　027－87679468
地　　址	武汉市雄楚大街 268 号(湖北出版文化城 B 座 13—14 层)
印　　刷	湖北金港彩印有限公司
邮　　编	430023
开　　本	787×1092　　　　1/16
印　　张	80.5　　　　　　4 插页
版　　次	2020 年 12 月第 1 版
印　　刷	2020 年 12 月第 1 次印刷
字　　数	1500 千字
定　　价	960.00 元

本书如有印装质量问题,可找承印厂更换

《高黎贡山植物资源与区系地理》

编　委　会

主　编　李　恒　李　嵘

副主编　马文章　张　良　王欣宇

编　委（按姓氏笔画排序）

马文章　王立松　王欣宇　朱　华　李　恒

李　嵘　李新辉　杨　珺　杨　寅　张　良

和兆荣　武素功

Editor-in-Chief

LI Heng　　　　LI Rong

Associate Editors-in-Chief

MA Wenzhang　ZHANG Liang　WANG Xinyu

Editors（**in alphabetic order**）

HE Zhaorong　LI Heng　　LI Rong　　LI Xinhui

MA Wenzhang　WANG lisong　WANG Xinyu　WU Sugong

YANG Jun　　YANG Yin　　ZHANG Liang　ZHU Hua

项目资助

国家自然科学基金（31570212，31370243，31770228，39670086）

云南省自然科学基金（95-C-001，2014FB169）

美国国家自然科学基金（DEB-0103795）

美国麦克阿瑟基金会（94-28488A）

美国地理学会（6011-97）

第二次青藏高原综合科学考察研究（2019QZKK0502）

Project supported by

National Natural Science Foundation of China（31570212，31370243，31770228，39670086）

Natural Science Foundation of Yunnan（95-C-001，2014FB169）

National Science Foundation of the United States（DEB-0103795）

The John D. and Catherine T. MacArthur Foundation（94-28488A）

National Geographic Society of U. S. A.（6011-97）

The Second Tibetan Plateau Scientific Expedition and Research Program（2019QZKK0502）

FOREWORD 序

植物学是生物学的重要基础分支学科之一。我国现代植物学研究始于20世纪初，发展至今，已建立起完整的植物学研究体系。随着《中国植物志》、Flora of China 及各省区地方植物志的编撰，我国植物分类学研究已达到国际领先水平。尽管如此，鉴于我国幅员之辽阔、环境之多样、植物区系之复杂、植物种类之丰富，中国的植物学研究仍然任重道远。

高黎贡山位于青藏高原东南部，自北向南纵贯横断山西部，有着典型的高山峡谷自然地理垂直带景观和丰富多样的动植物资源，是我国生物多样性最丰富的地区之一，也是全球生物多样性研究和保护的热点地区之一。中国植物区系地理学奠基人吴征镒院士认为这一地区"是研究中国植物区系最重要的一个区系结"。然而，由于交通、环境等因素的影响，高黎贡山地区的野外科学考察和研究一直处于相对滞后的状态。

中国科学院昆明植物研究所自1938年成立起，就一直扎根西南，为我国植物学研究做出了重要贡献。李恒教授及其研究团队历经三十年的坚苦努力，先后对高黎贡山开展了二十余次野外科学考察，采集标本4万余号，积累了大量的第一手资料。在此基础上，首次编写完成了高黎贡山地衣、苔藓、蕨类及种子植物最为准确、全面的物种名录，对高黎贡山种子植物区系的性质、来源、特有现象及栽培植物、外来入侵植物、黑仰鼻猴的食源植物进行了详细的论述，并提出本区域种水平的植物分布区类型系统，从生态、环境、地质历史等方面对物种多样性的分布格局进行了分析。

作为世界植物资源最丰富的国家之一，中国一向积极参与全球植物保护战略与实践。对本土植物物种的调查，是我国制定的中国野生植物保护行动计划中最为重要的目标之一，区域性翔实可靠的植物名录，正是达成这一目标的重要基础。因此，《高黎贡山植物资源与区系地理》一书的出版，颇令人感到欣喜。它为研究横断山及东喜马拉雅地区的植物区系提供了可靠的科学依据，为高黎贡山植物资源利用和生物多样性保护提供了有力的科学支撑，为推动高黎贡山及东喜马拉雅地区的生物多样性深度研究和开发提供了保障。

同时，《高黎贡山植物资源与区系地理》的研究和撰写经历，亦是我国植物学科研工作者们勤奋、求真、协作精神的体现——植物学研究是一门辛苦的学科，需要走得动、坐得住，取得的每一点进步，依靠的都是 1％的天赋和 99％的勤奋。今日，我国的植物学研究还面临着非常艰巨的挑战，亟待诸位继续努力，推动植物学事业不断进步。

在本书付梓之际，本人谨向李恒教授及所有参与编写的同仁表示祝贺，也很高兴向大家推荐这部不可多得的作品。

是为序。

中国科学院院士　王文采

2020 年 9 月

$\underset{\text{REFACE}}{P}$ 前　言

　　高黎贡山地区是指怒江和伊洛瓦底江之间的分水山脉和山脉两侧的地域。由于特殊的地质历史和独特的生态自然环境，高黎贡山地区孕育了丰富多样的生物种类，被全球保护组织列为世界 25 个生物多样性热点地区之一。因其独特的地史、峻秀磅礴的山体、神秘深邃的原始森林、四季阴雨绵绵的气候以及保存完好的人文自然生态景观，高黎贡山地区备受中外生物地理学家关注，被视为热点地区的关键地带。

　　由于交通不便、经济落后，对高黎贡山地区的生物学研究一直较为薄弱。当地植物标本的采集始于 19 世纪末 20 世纪初，奥地利人 Reginald Farrer（1914）、Heinrich Handel-Mazzetti（1916）、美国人 J. F. Rock（1922）、英国人 George Forrest（1904—1932）、Frank Kingdon-Ward（1922、1937、1938—1939）等在华西南及滇西北采集时，都曾到过高黎贡山地区采集种苗和标本，有关标本分别收藏在欧美的标本馆内，其中英国爱丁堡皇家植物园（Royal Botanic Garden Edinburgh, UK）收藏最多。从 20 世纪 30 年代开始，中国植物学家蔡希陶（H. T. Tsai，1933）、王启无（C. W. Wang，1935）、俞德浚（T. T. Yü，1938）开创了国人在此进行标本采集之先河。1949 年以后，毛品一（P. I. Mao，1956）、冯国楣（K. M. Feng，1959）、尹文清、陈介、中国科学院南水北调综合考察队滇西北分队（简称南水北调队，1960）、怒江植物考察队（简称怒江队，1979）、赵嘉治、中国科学院青藏高原综合科学考察队（简称青藏队，1982）、朱维明和陆树刚（主要采集蕨类植物，1985、1988）、独龙江考察队（1990—1991）也都在此进行过相当规模的标本采集，标本主要收藏于中国科学院昆明植物研究所标本馆（KUN）、中国科学院植物研究所标本馆（PE）及国外各大标本馆。1995 年以来，由中国科学院昆明植物研究所与来自美国、英国、德国、澳大利亚等国的科研人员及高黎贡山各州、县的林业局、自然保护区管理局的科技人员共同组成的高黎贡山考察队，先后 23 次对高黎贡山全境开展野外考察，共采集植物标本 35000 余号。

　　《高黎贡山植物资源与区系地理》作为高黎贡山生物多样性研究的一个阶段性成果。专著以中国科学院昆明植物所标本馆馆藏高黎贡山标本为主要研究对象，在各类群专家的鉴定基础上进行整理分析，方才完成。第一章至第七章介绍了高黎贡山的自然环境、种子植物区系特有现象、重要类群的起源与演化、栽培植物、外来入侵植物、蕨类植物的区系地理学、黑仰鼻猴的食源植物；第八章至第十一章详细列出了高黎贡山的地衣、苔藓、蕨类及种子植物名录。每种植物包括中文名、拉丁名、凭证标本号、生活型、生境、海拔、分布区类型及在高黎贡山的产地。

本专著的野外科学考察和资料分析受到中国国家自然科学基金（31570212，31370243，31770228，39670086）、云南省自然科学基金（95-C-001，2014FB169）、美国国家自然科学基金（DEB-0103795）、美国麦克阿瑟基金会（94-28488A）、美国地理学会（6011-97）、第二次青藏高原综合科学考察研究（2019QZKK0502）等资助；对高黎贡山地区开展的野外科学考察还得到了云南省林业厅的大力支持；历年来，共有高黎贡山各州、县林业局、自然保护区管理局（怒江州林业局、怒江州自然保护区管理局、贡山县林业局、贡山县自然保护区管理局、福贡县林业局、福贡县自然保护区管理局、泸水市林业局、泸水市自然保护区管理局、保山市林业局、保山市自然保护区管理局、保山市隆阳区林业局、保山市隆阳区自然保护区管理局、腾冲市林业局、腾冲市自然保护区管理局等）的管理人员及当地向导150余人参与了野外科学考察，国内外60余名植物分类学家帮助鉴定了植物标本；中国科学院昆明植物研究所东亚植物多样性与生物地理学重点实验室、湖北科学技术出版社及中国科学院昆明植物研究所杨永平研究员对专著的出版给予了大力支持，在此深表感谢！

专著编写过程较长，除编者外，陈艳梅曾帮助查阅并登记了部分馆藏前人采集的标本，李桂涛、储昭福帮助输录了部分标本资料，卓静娴参加了名录文本的编撰工作，特此感谢！

由于编者能力、水平有限，高黎贡山新采集的标本至今仍有部分未能鉴定完成，已经鉴定完成的，难免存在谬误、错误之处，所划分的分布区类型恐怕仍有不妥之处。书中种种疏漏、错误，恳请广大读者予以批评指正。

编者
2020 年 3 月

ᴄONTENTS 目　录

第一章 高黎贡山的自然环境

高黎贡山由于特殊的地质历史和独特的生态自然环境，孕育了丰富多样的生物种类，被全球保护组织列为世界 25 个生物多样性热点地区之一，因其峻秀磅礴的山体、神秘深邃的原始森林、四季阴雨绵绵的气候以及保存完好的人文自然生态景观，备受中外生物、地理学家关注，被视为生物、地理研究热点地区的关键地带。本章主要介绍高黎贡山的自然环境，以为其丰富的生物多样性提供背景资料。

1 地理位置和范围

高黎贡山是指怒江和伊洛瓦底江之间的分水山脉及山脉两侧的地域，位于北纬 24°40′～28°30′，行政区域包括中国云南省龙陵县北部，腾冲市全境，保山市、泸水市、福贡县、贡山县的西部，察隅县南部以及缅甸北部的克钦邦地区。

2 高黎贡山的自然环境

高黎贡山在地质上为冈瓦纳古陆的一部分，现位于亚洲印度次大陆和青藏高原缝合地带的东缘，处于我国与印度次大陆及中南半岛的衔接之处，具有从西向东、从南向北逐渐过渡与转化的特色。

高黎贡山北部与我国西藏自治区境内的伯舒拉岭相连，可视为伯舒拉岭在云南境内延长部分的山体。进入云南后，主脉沿南北方向延伸，在贡山独龙族怒族自治县以南、泸水市以北为中缅界山，在泸水市以南的主脉全部在中国境内，经过泸水市、保山市、腾冲市、龙陵县，在潞西市西南进入缅甸。从泸水市西南部，产生一股分支，按东北—西南方向，经腾冲市、梁河县、盈江县、陇川县、瑞丽市等市县，进入缅甸。

高大陡峻的山地，为多种多样的气候带的出现创造了条件，产生了亚热带、温带和寒温带型气候带，对应的土壤类型和植被带也十分丰富，虽然目前海拔较低的河谷地区植被受到破坏，保存不多，但海拔 2000 m 以上的常绿阔叶林、竹林、针叶林、灌丛、草甸等仍呈带状分布。

以高黎贡山山脊为界，东部发育着 90 多条呈平行状汇入怒江干流的小河、溪流；西部分为南北两个流域，北部为恩梅开江支流诺昌卡河的上游小江流域，水系呈树枝状结构，南部为龙江流域，水系呈羽状结构。这些小河流程短、落差大，河谷呈"V"形，在降水丰沛的高黎贡山，形成丰富的小型水利资源。

高黎贡山植被和土壤垂直分带明显，经度地带性不明显，南部纬度不同地带有一定差异。从山脚到山顶分布了亚热带到寒温带的所有土壤类型，是云南乃至我国植被土壤垂直带谱最完整、生态系统多样性最丰富的地区。

南部东坡：从怒江河谷到山顶，分布有河谷稀树灌木草丛——燥红土（海拔＜1000 m）；云南松林、河谷稀树灌木草丛——褐红壤（海拔1000～1300 m）；季风常绿阔叶林——红壤（海拔1300～1600 m）；半湿润常绿阔叶林、旱冬瓜林、中山湿性常绿阔叶林——黄红壤、红棕壤（海拔1600～2200 m）；中山湿性常绿阔叶林——黄棕壤（海拔2200～2700 m）；山顶苔藓矮林、云南铁杉林——棕壤（海拔2700～3000 m）；寒温性竹林、苍山冷杉林——暗棕壤（海拔3000～3200 m）；寒温性灌丛、草甸——亚高山草甸土（海拔3200～3600 m）；岩石裸露地（海拔＞3600 m）。

南部西坡：从龙江河谷到山顶，分布有季风常绿阔叶林——黄红壤（海拔1400～1800 m）；旱冬瓜林、云南松林、中山湿性常绿阔叶林——黄壤（海拔1800～2000 m）；中山湿性常绿阔叶林——黄棕壤（海拔2200～2700 m）；山顶苔藓矮林、云南铁杉林——棕壤（海拔2700～3000 m）；寒温性竹林——暗棕壤（海拔3000～3200 m）；寒温性灌丛、草甸——亚高山草甸土（海拔3200～3600 m）；岩石裸露地（海拔＞3600 m）。

3 高黎贡山植物多样性形成的地质背景与环境条件

高黎贡山的植物多样性是在长期的地质历史与生态环境的相互作用下共同形成的。

3.1 掸邦-马来亚板块的北移和右旋

掸邦-马来亚板块的位移（北移和右旋）导致了原来的热带植被和植物区系被温带植被和植物区系所替代，并形成了一条滇西北-滇东南走向的生态地理对角线，使高黎贡山许多植物仅能在对角线以西或西南侧生存、繁衍和分化[1,2]。

滇西-掸邦马来亚板块为冈瓦纳古陆的边缘部分，简称掸马板块，高黎贡山为其中部板块上的一个板片。二叠纪后，随着冈瓦纳古陆的解体，掸马板块向东北漂移，与扬子陆壳联为一体，原来在海侵之中的腾冲、梁河、怒江、澜沧江等地上升成陆地，并与欧亚大陆连为一体。第三纪的始新世早期或稍晚时期，印度板块对欧亚大陆既向北又向东进行碰撞和俯冲，导致了东侧的高黎贡山等地发生右旋运动、独龙江连同缅甸陆块的高黎贡山北部向北推移450 km及横断山系的形成[2,3]。由此可以看出，高黎贡山地区位于不同纬度的不同古陆的交汇地带，这一特殊的地质背景孕育了不同起源、不同演化历史的古植物区系，它们是高黎贡山地区现代植物区系的祖先。

第三纪造山运动以前和第三纪造山运动初期，高黎贡山地区位于其现代位置以南450 km（23°～24°），即北回归线以南，为典型的热带植被和热带植物区系所覆盖。北移后高黎贡山的植物区系在原来热带植物区系的基础上，在亚热带和高山温带环境下发展、演化而形成了既有热带亲缘又有亚热带、北温带特征的现代植物区系，同时由于高黎贡山地区处于冈瓦纳板块、扬子板块和印度板块等多个古陆的缝合地带，这几个古陆上的古植物区系相互融合，是高黎贡山地区植物区系起源、演化的基础。

3.2 喜马拉雅造山运动引起的山体抬升及河谷下切

高黎贡山地区在古生代以前的漫长历史时期内，属于古地中海的一部分，经过长期层积和历次造山运动的影响，产生过断裂和岩浆侵入、喷出，在"泸水-瑞丽"等大断裂上形成的怒江河谷就是这些地壳运动的产物。白垩纪末到第三纪初，沿怒江、龙江断裂形成的河道已形成。中新世以后的喜马拉雅造山运动，形成了目前山高谷深、坡陡流急的地质地貌形态。在喜马拉雅造山运动中，北部的西藏高原大幅度地抬升隆起，云南境内已被夷平的准平原也受其影响，北部的等量抬升导致云南全境形成一片北高南低的大高原。在此期间，高黎贡山同样被抬高。怒江、龙江断裂复活并相应下切，特别是东侧的怒江河谷，因高黎贡山北段降水丰沛，怒江中游水量大、侵蚀力强，在强烈下切与溯源侵蚀作用下，造成了世界上第二大峡谷——怒江大峡谷。怒江与龙江除了加深怒江大峡谷谷底外，还通过支流不断对山体进行侵蚀、切割，使得高黎贡山逐渐下切、后退，顶部高原面和两级夷平面被分割成不连续状态[4]。

在历次地质运动尤其是喜马拉雅造山运动和河流侵蚀作用下，高黎贡山成为我国西部地区低纬度、高海拔和相对高差最大的山地。如从海拔 800 m 的六库镇江边算起，到海拔 3960 m 的听命山，垂直高差达 3160 m，形成了由低海拔到高海拔气温、降水量的垂直变化，为多种来源的植物类群提供了适宜的多样气候条件。同时，高黎贡山也成为印度洋暖湿气流向云南高原东进的第一道屏障。这一天然屏障导致了山体上部的高降水量，充足的水分通过地上、地下水的形式，为各种植物的生存提供了丰沛的水源，而低海拔的河谷又成为南北植物区系交流的最佳通道。

3.3 北部四季降水均匀分配、南部干湿季明显

高黎贡山位于我国西部季风气候区，因而具有西部季风气候的共同特征。与云南省大多数地区干湿季明显的特点不同，高黎贡山北部地区的降水具有四季均匀分配的特点，而南部地区干湿季十分明显。

北部地区：怒江峡谷至独龙江流域，以怒江自然保护区为核心，包括泸水、福贡、贡山 3 市县在内，具有"双雨季"特点，雨季长达 9 个月。该区域每年 2 月开始降水，3 月进入第一个雨季，2—4 月降水量占全年的 30.00%[5]。5 月和 9 月为降水高峰期，其中独龙江流域年最高降水量超过 4700 mm，其平均值亦达 4000 mm，为我国降水量最多的降水中心之一[5]。北部地区 1 年之内出现 2 次降水高峰期，独龙江地区 1 年之内甚至会出现 3 次降水高峰（分别为 4 月、6 月、9 月），全年无干湿季之别。

南部地区：以高黎贡山自然保护区为核心，包括龙陵县北部、腾冲市全境和保山市西部地区，干湿季分明，雨季降水量占全年的 74.00%～84.00%。

降水季节分配的纬度规律，也从另一个角度证明了为什么北部地区和西坡的物种数量以及特有种数量比南部地区和东坡丰富。在同纬度地区，降水多少直接影响着植物的生长发育，从垂直分布的角度看，植物的分布又与热量的分布息息相关。与同纬

度的其他地区相比较，高黎贡山地区的降水量要丰富得多，这无疑是该区域比其他地区物种更为丰富的重要原因之一。

3.4 热量由南向北递减、由河谷向山顶递减

气温年较差和日较差的大小是区别大陆性气候和海洋性气候的主要标志之一。对贡山、泸水、腾冲等地的气温年较差、日较差做比较，北部地区属于海洋过渡性气候，而南部地区兼具大陆性和海洋性气候的特点。

通过积温（≥10℃）、最热月和最冷月平均气温的分布可以看出，高黎贡山地区热量由南向北递减、由河谷向山顶递减。

热量直接影响着植物对水分的吸收和空气的蒸发，通过≥10℃积温、年月均温等指标可以看出，高黎贡山地区热量分布不但垂直变化明显，而且南部和北部也有较大差异。这充分体现了高黎贡山在特有地形地貌基础之上发育的气候多样性，为多种生理生态类型植物的生长发育创造了多样的生态环境，这是高黎贡山植物多样性程度高、特有物种丰富的重要原因之一。

综上所述，高黎贡山植物多样性形成的地质背景与环境条件可以概括为：多古陆在高黎贡山及其附近地区的缝合，为高黎贡山植物区系奠定了起源演化的基础；掸邦-马来亚板块的北移和右旋，促进了高黎贡山热带植物区系向温带植物区系的蜕变和演化；喜马拉雅造山运动引起的山体抬升及河谷下切，形成了南北走向的动、植物交流的通道；狭长的山系和我国海拔高差最大的世界第二大峡谷，又为植物的生长发育提供了长期生存的热量、水分条件。这正是高黎贡山物种丰富度和特有化程度雄居世界大陆区系之最的地质环境因素。

【参考文献】

[1] 李恒.掸邦-马来亚板块位移对独龙江植物区系的生物效应[J].云南植物研究,1994(增刊VI):113-120.

[2] 李恒,何大明,BARTHOLOMEW B,等.再论板块位移的生物效应,掸邦——马来亚板块位移对高黎贡山生物区系的影响[J].云南植物研究,1999,21(4):407-425.

[3] 张为鹏,陈良忠.独龙江流域地质背景[J].云南地理环境研究,1995(2):14-38.

[4] 薛纪如.高黎贡山国家自然保护区[M].北京:中国林业出版社,1995.

[5] 马友鑫.独龙江流域气候特征及其气候带划分[C]//何大明,李恒.独龙江和独龙族综合研究.昆明:云南科技出版社,1996:25-32.

第二章　高黎贡山种子植物特有种研究

特有种是指仅仅生长在某一特定区域的生物种类。研究特有种的物种组成，揭示特有种在不同经度、纬度及海拔梯度的分布格局及其变化规律，可为生物多样性保护和管理提供科学依据。

第一节　高黎贡山种子植物特有种丰富度的分布格局及其生态原因[*]

1　前言

高黎贡山地处中国云南西部和缅甸北部交界的地域，以南北走向的高黎贡山山体为主体，包括怒江西侧和恩梅开江东侧的河谷地带，位于北纬 $24°40'\sim28°30'$，东经 $97°30'\sim99°30'$，面积 $34777~km^2$。这一地区峰高谷深，生物气候带的垂直变化十分显著，植物多样性丰富。

高黎贡山现已记录种子植物 218 科 1245 属 5139 种（变种、亚种），除去栽培植物 164 种和外来入侵植物 39 种外，野生种子植物有 4938 种，其中分布在高黎贡山的中国特有种有 1163 种，分布在高黎贡山的云南特有种有 264 种，仅见于高黎贡山的高黎贡山特有种有 382 种。

2　高黎贡山特有种的界定

仅仅分布于高黎贡山境内的植物就是高黎贡山特有种。高黎贡山种子植物特有种计有 382 种，占高黎贡山 4938 种野生种子植物的 7.74%。由于高黎贡山西坡部分地区归属缅甸，对该地区进行的采集调查较少，还不够清楚那里的植物区系情况。未来随着时间的推移和考察的全面深入，高黎贡山种子植物特有种的统计数字必定还会增加。但同时，随着对邻近地区，如怒江东岸的碧罗雪山和独龙江西侧滇缅交界的担当力卡山区系研究的开展和深入，高黎贡山地区种子植物特有种的数量也将会有较大变化。

高黎贡山种子植物特有种的名称、凭证标本、分布地点、生活型、生长环境等信息详见本章第三节——高黎贡山种子植物特有种名录。

---

*原载于《西部林业科学》，2017 年第 46 期（增刊Ⅱ），第 58-65 页。

2.1 高黎贡山种子植物特有种的丰富度高于云南境内的大部分地区

与云南境内其他山区相比，高黎贡山种子植物特有种的种类占该地区野生植物种类的百分比低于滇东南地区、高于其他地区。如表 2-1 所示，云南东南部种子植物特有种的种类占该地区野生种子植物种类的比例高达 8.76%，高黎贡山种子植物特有种的种类占该地区全部野生种子植物种类的 7.74%。而其他山区种子植物特有种的种类所占的百分比均在 2.00% 以下：滇中禄劝轿子山有野生种子植物 1515 种，其中轿子山特有种为 16 种，仅占 1.06%；滇东北巧家药山有野生种子植物 2218 种，其中特有种为 24 种，占 1.08%；滇西永德大雪山有野生种子植物 2148 种，特有植物 29 种，占 1.35%。

表 2-1 部分地区的种子植物特有种丰富度示例

地区	野生种子植物种数	种子植物特有种种数	种子植物特有种占比	来源	备注
高黎贡山	4938	382	7.74%	李恒. 高黎贡山种子植物名录（电子版），2014.	数据截至 2013 年
云南东南部	7933	695	8.76%	税玉民，陈文红. 云南东南部有花植物名录[1]，2010.	数据截至 2014 年
西双版纳	4147	150	3.62%	朱华，闫丽春. 云南西双版纳野生种子植物[2]，2012.	朱华估计，实际更少
禄劝轿子山	1515	16	1.06%	董洪进. 滇中轿子雪山种子植物区系初步研究[3]，2010.	硕士论文
巧家药山	2218	24	1.08%	张书东，王红，李德铢. 滇东北巧家药山种子植物名录[4]，2008.	
永德大雪山	2148	29	1.35%	刘恩德，彭华. 永德大雪山种子植物区系和森林植被研究[5]，2010.	
西藏	5095	1115	21.88%	吴征镒. 西藏植物志 V[6]，1987.	第874~902页，西藏植物区系的起源和演化，文中特有种数值有误
湖北	4820	160	3.32%	陈志远，姚崇怀. 湖北种子植物特有种的研究[7]，2008.	

2.2 高黎贡山种子植物特有种丰富度高于湖北省，低于西藏地区

我国人口较密集地区，以湖北省为例（面积 185900 km²），有野生种子植物 4820种，其中特有种 160 种，占总数的 3.32%，其所占百分比远远低于高黎贡山；而我国特有种丰富度特别高的地区西藏（面积 1228400 km²），计有野生种子植物 5095 种，其中特有种 1115 种，占总数的 21.88%（表 2-1），特有种丰富度远远高于高黎贡山。这是因为西藏地理位置和地理环境特殊、地域浩大、生态系统多种多样，生物特有现象特别丰富。但因西藏西南部的毗邻地区相关资料匮乏，现有西藏特有种数据可能偏高。

3 高黎贡山种子植物特有种分布格局的气候背景

高黎贡山呈南北走向，山高谷深，生物多样性十分丰富。影响特有种丰富度分布格局的主要因素是水热条件。高黎贡山的水热动态趋势比较特殊[7-11]，因此，高黎贡山种子植物特有种的分布格局具备多重特征。

3.1 温度和降水条件南北不同

气温南高北低：同在高黎贡山的东坡，南段的保山市潞江坝年平均温度高达21.5℃，北段贡山县茨开镇纬度高了约 3°，年平均温度仅有 14.7℃。

降水量南少北多：南部保山市潞江坝年平均降水量仅 751 mm，且旱季明显（12月—次年 4 月），有时 1 月降水量只有不到 8 mm；北部贡山年平均降水量则高达 1964 mm，各月降水均很丰富，1 月的降水量也有 55 mm，为潞江坝同期降水量的 7 倍以上（图 2-1）。

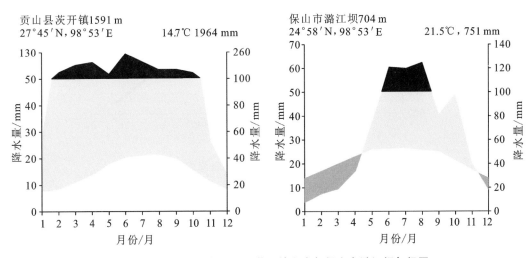

图 2-1 高黎贡山北部贡山县茨开镇和南部保山市潞江坝气候图

3.2 气温随纬度的增加而降低

南部潞江坝位于北纬 24°58′，年平均气温 21.5℃；北部贡山县茨开镇位于北纬 27°45′，年平均气温 14.7℃，与之相对应的是两地植被类型相差悬殊。纬度较低的南部河谷发育着干热河谷植被，这里没有中国特有属，也没有高黎贡山特有种[9,10]。北移 3 个纬度之后的贡山县，其基带植被则是常绿阔叶林，高黎贡山种子植物特有种绝大部分都是在常绿阔叶林中孕育而成。

3.3 气温随海拔的升高而递减

山地气温随海拔的升高而降低是中国气候的一般规律。高黎贡山年平均气温的直减率（气温随海拔高度变化的垂直梯度，单位为℃/100 m）是东坡（0.628℃/100 m）高于西坡（0.594℃/100 m），春季（东坡 0.667℃/100 m）高于冬季（东坡 0.544℃/100 m）。高黎贡山南部符合年平均气温随海拔升高而递减的规律（图 2-2），怒江河谷岗党（海拔 704 m）的年平均气温为 21.6℃，海拔 3210 m 的斋公房（腾冲市、保山市的交界山脊）的年平均气温为 5.9℃[11]。两地纬度相近，海拔相差 2506 m，年平均气温则随海拔的升高而下降了 15.7℃。相应地，特有种的丰富度在海拔 2100 m 以下时随海拔的升高增加，在海拔升到 2100 m 之后，因高处不胜寒，特有种的丰富度又经历了随海拔的升高、温度的下降而降低的过程。

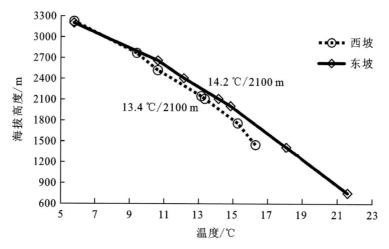

图 2-2 高黎贡山东坡、西坡年平均气温随海拔高度变化图[11]

3.4 年降水量随经度的增加而减少

高黎贡山气候主要受印度洋西南季风的控制，降水特别丰富。在高黎贡山境内，年降水量因经纬度、海拔高度的不同而有所变化。

北部贡山县境内，独龙江和茨开镇仅一山之隔，但降水差异悬殊：独龙江位于高黎贡山西坡，马库（东经 98°20′）的年平均降水量高达 4796 mm，巴坡（东经 98°23′）的年平均降水量也达 4000 mm；而纬度相近、位于东坡的茨开镇（东经 98°40′）的年降水量已降为 1964 mm[12]，仅为马库的 40.95%、巴坡的 49.10%。在南部，腾冲市（东经 98°38′）年平均降水量 1452 mm，保山市潞江坝（东坡河谷，东经 98°53′）的年平均降水量则仅有 751 mm，仅为腾冲市的 51.72%。高黎贡山降水出现西多东少的现象，主要是由于西坡为暖湿气流的迎风坡，降水较多，而东坡为背风坡，暖湿气流越山后水汽含量大大减少，降水量也随之减少[11]。

3.5 年降水量随纬度的增加而增加

与云南省降水量空间分布总的特点——从南到北逐渐减少的规律相反，高黎贡山年降水量从南到北逐渐增加，即随纬度的增加而增加。南部腾冲市（位于西坡，北纬 25°01′）年平均降水量为 1452 mm，保山市潞江坝（位于东坡，北纬 24°58′）年平均降水量为 751mm；北部贡山县（位于东坡，北纬 27°45′）年平均降水量 1964 mm，东坡南部的降水量不到北部的一半[8,13]。正因为南、北降水量的差异，北部贡山县特有种的丰富度远远高于南部地区（腾冲、保山）。

3.6 年降水量随海拔的升高而增大

高黎贡山年降水量垂直递增率随海拔升高而增大，东坡为 100 mm/100 m，西坡为 81 mm/100 m，垂直递增率东坡大于西坡。年降水量随海拔的升高而增大的现象如图 2-3 所示。无论东坡和西坡，年降水量都是随海拔的增加而增大，如东坡从河谷（海拔 704 m）的 751 mm 上升到南段斋公房山顶（海拔 3210 m）的 3030 mm[11]。高黎贡山海拔 3000 m 以上地段无长年气象记录，降水量是否持续随海拔的升高而增大？最大年降水量出现在什么高程？这些问题尚无观察数据解答。高黎贡山主峰嘎娃嘎普峰海拔 5128 m，但其年平均降水量显然到不了 3030 mm 与 2094 mm 之和的 5124 mm。图 2-3 是高黎贡山降水量的梯度变化（海拔 3210 m 以下），同时也表明了东、西坡降水量的差异。

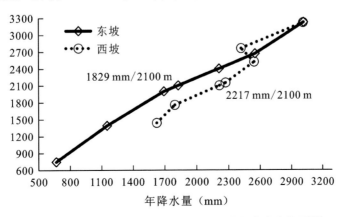

图 2-3 高黎贡山东坡、西坡年降水量随海拔高度变化图[11]

4 高黎贡山种子植物特有种丰富度与海拔梯度、坡位的关系

在一个山体中，植物丰富度（species richness）随海拔高度而变化[14,15]，最高丰富度出现在何种海拔高度，通常与山地不同垂直带的水热条件紧密相关。高黎贡山种子植物特有种丰富度的梯度分布格局，同样与山体的不同气候带密切相关。

4.1 高黎贡山种子植物特有种丰富度最高值出现在海拔 2000~2100 m 的地带

如图 2-4，这里汇集高黎贡山种子植物特有种 117 种，占高黎贡山种子植物特有种总数 382 种的 30.63%。

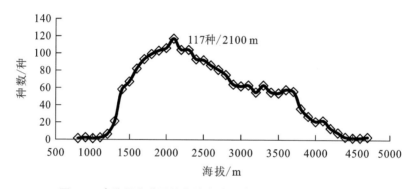

图 2-4　高黎贡山种子植物特有种丰富度随海拔梯度的变化

图 2-4 表明，以海拔 2100 m 为分界线，首先，种子植物特有种丰富度随海拔的上升而增加，至海拔 2100 m 以上，特有种丰富度随海拔的增加而逐渐下降。而当海拔为 1000~1100 m 时，特有种仅有 2 种，尽管这一低海拔地段已属热带季雨林气候；当海拔上升到 1500~1600 m 时，特有种增至 88 种；当海拔上升到 2100 m 时，特有种丰富度最高，计 117 种。

海拔 2100 m 以上，特有种丰富度则随海拔的上升而下降了：海拔上升到 2500~2600 m 时，特有种数量已减到 85 种；在 3000~3100 m，特有种是 51 种；海拔 3500~3600 m，特有种仍是 51 种，但到海拔 4000~4100 m 时，特有种仅有 13 种，当海拔上升到 4500~4600 m 时，高黎贡山特有种就只剩 3 种。特有种丰富度随海拔变化的规律与高黎贡山全部种子植物物种丰富度的梯度分布规律基本吻合[14,15]。

4.2 高黎贡山种子植物特有种丰富度最高地带的植被是山地常绿阔叶林

在高黎贡山的垂直带谱中，山地常绿阔叶林地带的水热条件最适宜多样植物生存，也最适宜特有种的产生。高黎贡山地区海拔 1000~2500 m 的地段是亚热带常绿阔叶林地带[16,17]，其中种子植物特有种丰富度最高的 2000~2100 m 的垂直带正是高黎贡山常绿阔叶林的核心地段，其对应的气候类型为湿润的亚热带季风气候类型。

高黎贡山常绿阔叶林分布带的热量条件是：海拔 1400～2100 m 的山坡地带年平均温度分别为 13.2℃（西坡）和 18.1℃（东坡）；海拔 2100 m 处西坡的年平均气温是 13.4℃，东坡的年平均气温是 14.2℃；海拔 2100 m 地带的年平均最高气温为 24.4℃，年平均最低气温为 11.3℃，冬无严寒、夏无酷暑，为常绿阔叶植物的四季生长提供了热量保证。

高黎贡山常绿阔叶林分布带的水分条件是：高黎贡山地区年平均降水量为 1700～2000 mm（东坡）和 1900～2200 mm（西坡），海拔 2100 m 处的年平均降水量分别是 2217 mm（西坡）和 1829 mm（东坡），高于高黎贡山以东长江中下游亚热带地区的年平均降水量；高黎贡山南段腾冲市和保山市有明显的旱季，冬季降水偏少，但这里海拔 2100 m 左右地区的冬季平均降水量仍有 510～726 mm（西坡），远远多于邻近的白马雪山和哀牢山的同期平均降水量（分别为 100 mm 以下和 50 mm 以下），有利于亚热带植物的生存。可见，高黎贡山海拔 2000～2100 m 地带各季的水分条件均能保证常绿阔叶林的正常繁衍。

4.3 高黎贡山种子植物特有种西坡多于东坡

高黎贡山西坡的降水多于东坡，与降水量多寡直接相关的种子植物特有种丰富度也是西坡多于东坡：西坡有 147 个特有种，东坡产 110 个特有种，西坡比东坡多 37 种。东、西坡特有种丰富度的差别主要归因于水分条件的差异。

高黎贡山受来自印度洋孟加拉湾西南季风的控制，西坡独龙江巴坡邻近降水特别丰富的孟加拉湾，年平均降水量高达 4000 mm，由于高山的阻隔，季风进入高黎贡山东坡后，降水量明显下降，至贡山县的茨开镇，年平均降水量为 1964 mm，仅为同纬度西坡独龙江年平均降水量的 49.10%。同样情况也出现在高黎贡山南段：西坡腾冲市年平均降水量1452 mm，位于东坡河谷的保山市潞江坝的年平均降水量为 751 mm，仅为西坡的 51.72%（表 2-2）。

表 2-2 高黎贡山西坡、东坡年平均降水量比较

高黎贡山西坡		高黎贡山东坡		东坡降水量占西坡降水量的比例	资料来源
地段	降水量（mm）	地段	降水量（mm）		
独龙江巴坡	4000	贡山县茨开镇	1964	49.10%	http：//www.wcb.yn.gov.cn/slsd/swzy/2539.htm
泸水市片马地区	1400	泸水市六库镇	980	70.00%	www.ynagri.gov.cn/news
腾冲市城关镇	1505	保山市潞江坝	751	49.90%	http：//www.ynagri.gov.cn/bs/tc/news5331/20090414/77530.shtml

表 2-3 列出了高黎贡山对应西坡、东坡（同纬度不同坡位）特有种的种数。福贡县在高黎贡山的对应西坡属于缅甸，目前尚缺乏系统调查，其特有种状况不明，无法比较。但表 2-3 中所列的其他 3 组数字已经足以表明：高黎贡山特有种丰富度的分布格局与降水量之间存在明显的正相关。

表 2-3　高黎贡山西坡、东坡特有种丰富度比较

高黎贡山西坡		高黎贡山东坡		东、西坡特有种数量比较	
地段	特有种数量	同纬地段	特有种数量	西坡比东坡多的种数	东坡占西坡种数的比例
独龙江	96	贡山县怒江西侧	59	37	61.46％
福贡县高黎贡山西坡（缅甸）	未调查	福贡县怒江西侧	29	—	—
片马地区	22	泸水市怒江西侧	14	8	63.64％
腾冲市	29	保山市怒江西侧	8	21	27.59％
合计	147	合计	110	—	—

高黎贡山北段，西坡独龙江降水量 4000 mm，有特有种 96 种，东坡同纬度的贡山县茨开镇（降水量 1964 mm）和丙中洛镇共有特有种 59 种，为西坡独龙江特有种数量的 61.46％。

高黎贡山中段，泸水市西部片马地区有 22 个特有种，泸水市东部—高黎贡山东坡，包括鲁掌镇、上江乡、六库镇、洛本卓等乡镇的广大地域，总面积为片马乡若干倍，其特有种总共也仅有 14 种，为西坡片马地区特有种数量的 63.64％。

高黎贡山南段，腾冲全县位于高黎贡山西坡，有特有种 29 个，与之对应的东坡是保山的潞江镇和芒宽乡，即怒江河谷的西岸，这里的潞江坝是著名的干热河谷，海拔1600 m 以上的山坡发育着典型的常绿阔叶林，生态环境多样，然而，其降水条件毕竟不如腾冲，仅有 8 个特有种，只有西坡腾冲特有种数量的 27.59％。

4.4　高黎贡山特有种在北段多于南段，随着纬度的增加而增加

在云南境内，一般热带地区的植物多样性高于亚热带地区，或者说，滇南地区种子植物的种类多于滇中、滇西北、滇东北地区（表 2-1）。如：铜壁关位于北纬$23°54'\sim24°51'$,有种子植物 3517 种，其中特有种 100 个以上；永德大雪山位于北纬$24°00\sim24°12'$,有种子植物 2148 种，其中特有种 29 个；纬度较高的轿子雪山位于北纬 $25°57'\sim26°12'$,有种子植物 1515 种，其中特有种仅有 16 个（表 2-4），综合各项数据，可知种子植物的多样性随着纬度的增高而减少。这一现象无疑与植物赖以生存的水热条件相关：在云南，纬度越低的地区，热量和降水越丰富，生物多样性越高，特

有种越丰富。在我国西南地区，这是生态系统分布的普遍规律。

然而，高黎贡山的情况则相反：种子植物的丰富度随着纬度的增加而增加，高黎贡山北段的种子植物多于南段（表 2-4）：北段贡山有种子植物 2816 种（2514 个种及 302 个变种、亚种）[18]，而南段腾冲仅有 1549 种[19]。

表 2-4 高黎贡山以及邻近地区种子植物丰富度比较

地区（地段）	纬度（N）	种子植物种及变种数量	特有种数量	地段特有种数量	特有种数量占当地种数的比例	资料来源
高黎贡山境内，丰富度由北向南下降						
高黎贡山全境	24°40′～28°30′	4938	382	382	7.74%	李恒，2014
高黎贡山北段（贡山县）	27°30′～28°30′	2816	86	147	5.22%	高黎贡山北段种子植物区系研究[18]，李嵘，2003
高黎贡山中段（福贡县、泸水市）	—	—	—	65	—	李恒，2014
高黎贡山南段（腾冲市、保山市和龙陵县）	—	1549	—	40	2.58%	高黎贡山北段种子植物区系研究[19]，薛纪如，1997
高黎贡山中段和南段（福贡县、泸水市、腾冲市、保山市和龙陵县）	24°48′～26°29′	3288	93	—	2.83%	高黎贡山南段种子植物区系研究[20]，刀志灵，2010
高黎贡山以南，丰富度由北向南增加						
禄劝轿子雪山	25°57′～26°12′	1515	16	—	1.06%	董洪进，2010[3]
景东无量山	24°00′～24°45′	2687	68	—	2.53%	彭华，1998[21]
永德大雪山	24°00′～24°12′	2148	29	—	1.35%	刘恩德，2010[5]
盈江铜壁关	23°54′～24°51′	3517	100	—	2.84%	杨宇明，杜凡. 2006[22]

高黎贡山种子植物特有种的种数都是由南向北增加，即随着纬度的增加而增加的。其原因仍然与高黎贡山的特殊生态环境相关联。

高黎贡山呈南北走向，位于北纬 24°40′～28°30′，跨越 4 个纬度。因受印度洋季风的影响，南北气候条件不同，特别是年降水量北部远高于南部，北部一年四季降水分配均匀，南部降水量小且有明显的干湿季之分（图 2-1）。北部降水丰富且四季降水分配比较均匀,这直接导致了北部种子植物特有种丰富度的增加:高黎贡山北部降水量 1964(贡山县茨开镇)～4000 mm(贡山县独龙江巴坡),特有种数量高达 147 个;南部降水量 751(保山市潞江坝)～1505 mm(腾冲市),特有种则仅有 40 种(包括腾冲市、保山市和龙陵县)(表 2-4),仅为北段贡山特有种的 27.21%。可见,高黎贡山种子植物丰富度和特有种丰富度大小分布规律与云南境内其他地区正好相反,北段高于南段。这就是高黎贡山植物区系的特殊性。

5 高黎贡山种子植物特有种丰富度分布格局

5.1 高黎贡山种子植物特有种丰富度的分布特征及其气候原因

在中国或东亚的众多的山区中,高黎贡山种子植物特有种的丰富度是最高的:382 种(包括变种、亚种),占高黎贡山野生种子植物种数 4938 种的 7.74%。

特殊的气候环境:高黎贡山总面积 34777 km²,区内自然环境相差悬殊,气候条件各不相同。不同环境孕育了不同的植物特有种,各地植物特有种丰富度也不尽相同。

在高黎贡山境内:气温随纬度的增加而降低(北高南低),随海拔的升高而降低;年降水量随经度的增加而减少(东多西少),随纬度的增加而增加(北多南少),随海拔的升高而增加(3000 m 以下,亚高山降水多,河谷降水少)。

5.2 高黎贡山植物特有种垂直分布规律

高黎贡山特有乔木最高丰富度出现在海拔 1700 m 左右的常绿阔叶林带,树线以上没有乔木特有种;灌木特有种最高丰富度出现在海拔 2000～2500 m 的垂直带,特有直立灌木生长的上限是 4000～4200 m;特有草本植物的丰富度始终高于乔木和灌木,特有草本植物种类最丰富的垂直带是山地常绿阔叶林。高黎贡山种子植物特有种丰富度最高值出现在海拔 2000～2100 m 的地带,这一地带的植被是山地常绿阔叶林。

5.3 高黎贡山种子植物特有种水平分布规律

高黎贡山种子植物特有种丰富度西坡高于东坡(随经度的增加而减少);高黎贡山种子植物特有种丰富度北段多于南段(随着纬度的增加而增多)。

【参考文献】

[1] 税玉民,陈文红.云南东南部有花植物名录[M].昆明:云南科技出版社,2010.

[2] 朱华,闫丽春.云南西双版纳野生种子植物[M].北京:科学出版社,2012.

[3] 董洪进.滇中轿子雪山种子植物区系初步研究[D].昆明:中国科学院昆明植物研究所,2010.

[4] 张书东,王红,李德铢.滇东北巧家药山种子植物名录[M].昆明:云南科技出版社,2008.

[5] 刘恩德,彭华.永德大雪山种子植物区系和森林植被研究[M].昆明:云南科技出版社,2010.

[6] 吴征镒.西藏植物志:第五卷[M].北京:科学出版社,1987.

[7]　陈志远,姚崇怴.2008 湖北种子植物特有种的研究[C].中国林学会树木学分会第十三届学术年会论文集,2008:71-77.

[8]　云南省气象局.云南省农业气候资料集[M].昆明:云南人民出版社,1984.

[9]　金振洲.植物社会学理论与方法[M].北京:科学出版社,2009.

[10]　金振洲.滇川干热河谷与干暖河谷植物区系特征[M].昆明:云南科技出版社,2002.

[11]　王宇.云南山地气候[M].昆明:云南科技出版社,2006.

[12]　和金伟.独龙江降水初析[Z].2009.

[13]　王宇.云南省农业气候资源及区划[M].北京:气象出版社,1990.

[14]　王志恒,陈安军.高黎贡山种子植物物种丰富度沿海拔梯度的变化[J].生物多样性,2004,12(1):82-88.

[15]　WANG Z H,TANG Z Y,FANG J Y.Altitudinal patterns of seed plant richness in the Gaoligong Mountains,south-east Tibet,China[J].Biodiversity Research,2007,13:845-854.

[16]　刘伦辉,刀志灵,郭辉军,等.高黎贡山的植被[M]//李恒,郭辉军,刀志灵.高黎贡山植物.北京:科学出版社,2000:6-48.

[17]　罗予彤.贡山独龙族怒族自治县[EB/OL].[2011-6-14].www.ynagri.gov.cn/news.

[18]　李嵘.高黎贡山北段种子植物区系研究[D].北京:中国科学院,2003.

[19]　薛纪如.高黎贡山国家自然保护区[M].北京:中国林业出版社,1997.

[20]　刀志灵.高黎贡山南段种子植物区系研究[D].长沙:湖南师范大学,2010.

[21]　彭华.滇中南无量山种子植物[M].昆明:云南科技出版社,1998.

[22]　杨宇明,杜凡.云南铜壁关自然保护区科学考察研究[M].昆明:云南科技出版社,2006.

第二节　高黎贡山种子植物特有种现状及其保护[*]

高黎贡山特有种是仅出现在高黎贡山地区的物种。高黎贡山地区是一个跨国界的地区,指恩梅开江以东和怒江(萨尔温江)以西的广大地域。它北起西藏东南部的察隅县日东乡,南到龙陵县北部,包括缅甸东北部恩梅开江以东的地域(即高黎贡山西坡大部分地域)。

高黎贡山西坡,除贡山县独龙江地区、泸水市片马镇地区、腾冲市外,大部分属于缅甸。由于缅甸现有的高黎贡山地区植物标本资料不足,本书所收录的高黎贡山西坡特有种资料只能根据收藏于英国、法国标本馆内的采自缅甸的老标本(Kingdon Ward,H. Handel-Mazzetti,G. Forrest 等的采集物)来判断。随着缅甸植物考察工作的深入,高黎贡山特有种的数量和内涵必将有所改变。

一个地区的特有种群体永远是动态的,不是一成不变的。其变化有自然原因也有社会原因。

高黎贡山地区现有特有植物 382 种和变种,其中包括待发表的 10 余新种。这些新

---

*作者:李恒、李新辉、杨珺,原载于《西部林业科学》,2017,46(增刊Ⅱ):1-11.本节列举的高黎贡山特有种数据截至 2014 年。

种均已由有关科的专家进行审定，只因标本资料不全而暂时未能发表。但毋庸置疑，它们都是高黎贡山特有的物种，因此仍然在本书中列出。

1 高黎贡山特有种在科属中的分布

1.1 高黎贡山地区的种子植物分属于 218 科

高黎贡山拥有种子植物特有种 382 种，分布在 73 科 159 属中（表 2-5）。高黎贡山共有种子植物 5139 种（含变种、亚种），分属于 218 科 1245 个属。这就是说，特有种占高黎贡山地区种子植物总种数的 7.43%，产生特有种的属占高黎贡山种子植物总属数的 12.77%，出现特有种的科占高黎贡山种子植物总科数的 33.49%。

表 2-5 高黎贡山种子植物特有种在科中的分布

科号	科中文名	科拉丁学名	属数	种数	科号	科中文名	科拉丁学名	属数	种数
G8	三尖杉科	Cephalotaxaceae	1	1	128	椴树科	Tiliaceae	1	1
11	樟科	Lauraceae	7	8	128a	杜英科	Elaeocarpaceae	1	4
15	毛茛科	Ranunculaceae	5	10	141	茶藨子科	Grossulariaceae	1	1
19	小檗科	Berberidaceae	2	4	142	八仙花科	Hydrangeaceae	4	4
24	马兜铃科	Aristolochiaceae	1	1	143	蔷薇科	Rosaceae	7	17
32	罂粟科	Papaveraceae	1	1	148	蝶形花科	Papilionaceae	3	4
33	紫堇科	Fumariaceae	2	13	151	金缕梅科	Hamamelidaceae	1	2
39	十字花科	Cruciferae	1	2	156	杨柳科	Salicaceae	1	9
42	远志科	Polygalaceae	1	1	161	桦木科	Betulaceae	1	1
45	景天科	Crassulaceae	1	1	163	壳斗科	Fagaceae	2	6
47	虎耳草科	Saxifragaceae	3	7	167	桑科	Moraceae	1	1
53	石竹科	Caryophyllaceae	1	2	169	荨麻科	Urticaceae	3	24
57	蓼科	Polygonaceae	1	1	171	冬青科	Aquifoliaceae	1	4
63	苋科	Amaranthaceae	1	1	173	卫矛科	Celastraceae	1	1
71	凤仙花科	Balsaminaceae	1	13	185	桑寄生科	Loranthaceae	1	1
77	柳叶菜科	Onagraceae	1	1	193	葡萄科	Vitaceae	2	2
81	瑞香科	Thymelaeaceae	1	1	200	槭树科	Aceraceae	1	1
84	山龙眼科	Proteaceae	1	1	204	省沽油科	Staphyleaceae	2	2
88	海桐花科	Pittosporaceae	1	3	212	五加科	Araliaceae	3	5

科号	科中文名	科拉丁学名	属数	种数	科号	科中文名	科拉丁学名	属数	种数
103	葫芦科	Cucurbitaceae	1	2	213	伞形科	Umbelliferae	4	4
104	秋海棠科	Begoniaceae	1	3	215	杜鹃花科	Ericaceae	3	44
108	山茶科	Theaceae	3	3	216	越桔亚科	Vaocinioideae	2	5
112	猕猴桃科	Actinidiaceae	1	1	221	柿树科	Ebenaceae	1	1
113	水东哥科	Saurauiaceae	1	1	224	安息香科	Styracaceae	1	1
118	桃金娘科	Myrtaceae	1	1	229	木犀科	Oleaceae	1	1
231	萝藦科	Asclepiadaceae	1	3	293	百合科	Liliaceae	5	9
232	茜草科	Rubiaceae	4	4	295	延龄草科	Trilliaceae	1	2
238	菊科	Asteraceae	7	12	297	菝葜科	Smilacaceae	1	1
239	龙胆科	Gentianaceae	3	12	302	天南星科	Araceae	3	9
240	报春花科	Primulaceae	2	10	304	黑三棱科	Sparganiaceae	1	2
243	桔梗科	Campanulaceae	1	4	314	棕榈科	Arecaceae	1	1
252	玄参科	Scrophulariaceae	4	9	326	兰科	Orchidaceae	16	27
254	狸藻科	Lentibulariaceae	1	1	327	灯心草科	Juncaceae	1	5
256	苦苣苔科	Gesneriaceae	4	7	331	莎草科	Cyperaceae	2	8
259	爵床科	Acanthaceae	1	4	332	禾本科	Poaceae	1	1
264	唇形科	Lamiaceae	5	6	332a	竹亚科	Bambusoideae	4	10
285	谷精草科	Eriocaulaceae	1	1					

高黎贡山植物区系的特化程度在全国范围内是相当高的（特有种占高黎贡山地区种子植物总种数的7.43%），仅仅次于滇桂喀斯特地区（8.77%）。在高黎贡山，兰科 Orchidaceae 有16属出现了特有种（27种），其次为樟科 Lauraceae（7属8种），蔷薇科 Rosaceae（7属17种），菊科 Asteraceae（7属12种）；毛茛科 Ranunculaceae（5属10种），唇形科 Lamiaceae（Labiatae）（5属6种）；八仙花科 Hydrangeaceae 等6科各有4属在高黎贡山形成了特有种（共39种）。三尖杉科 Cephalotaxaceae，棕榈科 Arecaceae（Palmae）等46科各有1属在高黎贡山分化了自己的特有种（共96种）。

1.2　高黎贡山种子植物特有种在属中的分布

高黎贡山种子植物的特有种共分布在159属（表2-6）中。其中杜鹃花属 Rhododendron 等4属有特有种10种以上，其他各属的特有种数都在10种以下，玄参属 Scrophularia 等90属均每属仅1个特有种，乌头属 Aconitum 等35属各有2个高黎贡山特有种（70种）。

表 2-6　高黎贡山特有植物在属中的分布

科号	中文科名	拉丁科名	中文属名	拉丁属名	特有种数
G8	三尖杉科	Cephalotaxaceae	三尖杉属	*Cephalotaxus*	1
11	樟科	Lauraceae	山胡椒属	*Lindera*	1
11	樟科	Lauraceae	木姜子属	*Litsea*	1
11	樟科	Lauraceae	润楠属	*Machilus*	4
11	樟科	Lauraceae	新木姜子属	*Neolitsea*	2
15	毛茛科	Ranunculaceae	乌头属	*Aconitum*	2
15	毛茛科	Ranunculaceae	银莲花属	*Anemone*	2
15	毛茛科	Ranunculaceae	铁线莲属	*Clematis*	3
15	毛茛科	Ranunculaceae	翠雀花属	*Delphinium*	1
15	毛茛科	Ranunculaceae	毛茛属	*Ranunculus*	2
19	小檗科	Berberidaceae	小檗属	*Berberis*	2
19	小檗科	Berberidaceae	十大功劳属	*Mahonia*	2
24	马兜铃科	Aristolochiaceae	马兜铃属	*Aristolochia*	1
32	罂粟科	Papaveraceae	绿绒蒿属	*Meconopsis*	1
33	紫堇科	Fumariaceae	紫堇属	*Corydalis*	11
33	紫堇科	Fumariaceae	紫金龙属	*Dactylicapnos*	2
39	十字花科	Cruciferae	葶苈属	*Draba*	2
42	远志科	Polygalaceae	远志属	*Polygala*	1
45	景天科	Crassulaceae	红景天属	*Rhodiola*	1
47	虎耳草科	Saxifragaceae	落新妇属	*Astilbe*	1
47	虎耳草科	Saxifragaceae	梅花草属	*Parnassia*	3
47	虎耳草科	Saxifragaceae	虎耳草属	*Saxifraga*	3
53	石竹科	Caryophyllaceae	无心菜属	*Arenaria*	2
57	蓼科	Polygonaceae	蓼属	*Polygonum*	1
63	苋科	Amaranthaceae	林地苋属	*Psilotrichum*	1
71	凤仙花科	Balsaminaceae	凤仙花属	*Impatiens*	13
77	柳叶菜科	Onagraceae	露珠草属	*Circaea*	1
81	瑞香科	Thymelaeaceae	瑞香属	*Daphne*	1
84	山龙眼科	Proteaceae	山龙眼属	*Helicia*	1
88	海桐花科	Pittosporaceae	海桐属	*Pittosporum*	3
103	葫芦科	Cucurbitaceae	雪胆属	*Hemsleya*	2

科号	中文科名	拉丁科名	中文属名	拉丁属名	特有种数
104	秋海棠科	Begoniaceae	秋海棠属	*Begonia*	3
108	山茶科	Theaceae	杨桐属	*Adinandra*	1
108	山茶科	Theaceae	柃属	*Eurya*	1
108	山茶科	Theaceae	木荷属	*Schima*	1
112	猕猴桃科	Actinidiaceae	猕猴桃属	*Actinidia*	1
113	水东哥科	Saurauiaceae	水东哥属	*Saurauia*	1
118	桃金娘科	Myrtaceae	蒲桃属	*Syzygium*	1
120	野牡丹科	Melastomataceae	八蕊花属	*Sporoxeia*	1
128a	杜英科	Elaeocarpaceae	杜英属	*Elaeocarpus*	4
128	椴树科	Tiliaceae	扁担杆属	*Grewia*	1
141	茶藨子科	Grossulariaceae	茶藨子属	*Ribes griffithii*	1
142	八仙花科	Hydrangeaceae	常山属	*Dichroa*	1
142	八仙花科	Hydrangeaceae	绣球属	*Hydrangea*	1
142	八仙花科	Hydrangeaceae	山梅花属	*Philadelphus*	1
142	八仙花科	Hydrangeaceae	钻地风属	*Schizophragma*	1
143	蔷薇科	Rosaceae	樱桃属	*Cerasus*	1
143	蔷薇科	Rosaceae	栒子属	*Cotoneaster*	1
143	蔷薇科	Rosaceae	绣线梅属	*Neillia*	2
143	蔷薇科	Rosaceae	委陵菜属	*Potentilla*	1
143	蔷薇科	Rosaceae	蔷薇属	*Rosa*	1
143	蔷薇科	Rosaceae	悬钩子属	*Rubus*	9
143	蔷薇科	Rosaceae	花楸属	*Sorbus*	2
148	蝶形花科	Papilionaceae	黄芪属	*Astragalus*	2
148	蝶形花科	Papilionaceae	杭子梢属	*Campylotropis*	1
148	蝶形花科	Papilionaceae	膨果豆属	*Phyllolobium*	1
151	金缕梅科	Hamamelidaceae	蜡瓣花属	*Corylopsis*	2
156	杨柳科	Salicaceae	柳属	*Salix*	9
161	桦木科	Betulaceae	桦属	*Betula*	1
163	壳斗科	Fagaceae	青冈属	*Cyclobalanopsis*	4
163	壳斗科	Fagaceae	石栎属	*Lithocarpus*	2
167	桑科	Moraceae	波罗蜜属	*Artocarpus*	1

科号	中文科名	拉丁科名	中文属名	拉丁属名	特有种数
169	荨麻科	Urticaceae	楼梯草属	*Elatostema*	22
169	荨麻科	Urticaceae	冷水花属	*Pilea*	1
169	荨麻科	Urticaceae	荨麻属	*Urtica*	1
171	冬青科	Aquilifoliaceae	冬青属	*Ilex*	4
173	卫矛科	Celastraceae	假卫矛属	*Microtropis*	1
185	桑寄生科	Loranthaceae	梨果寄生属	*Scurrula*	1
193	葡萄科	Vitaceae	蛇葡萄属	*Ampelopsis*	1
193	葡萄科	Vitaceae	乌蔹莓属	*Cayratia*	1
200	槭树科	Aceraceae	枫属	*Acer*	1
204	省沽油科	Staphyleaceae	省沽油属	*Staphylea*	1
204	省沽油科	Staphyleaceae	山香圆属	*Turpinia*	1
212	五加科	Araliaceae	楤木属	*Aralia*	2
212	五加科	Araliaceae	罗伞属	*Brassaiopsis*	1
212	五加科	Araliaceae	人参属	*Panax*	2
213	伞形科	Umbelliferae	独活属	*Heracleum*	1
213	伞形科	Umbelliferae	天胡荽属	*Hydrocotyle*	1
213	伞形科	Umbelliferae	藁本属	*Ligusticum*	1
213	伞形科	Umbelliferae	棱子芹属	*Pleurospernum*	1
215	杜鹃花科	Ericaceae	白珠属	*Gaultheria*	6
215	杜鹃花科	Ericaceae	杜鹃花属	*Rhododendron*	37
216	越桔科	Vacciniaceae	树萝卜属	*Agapetes*	4
216	越桔科	Vacciniaceae	越桔属	*Vaccinium*	1
221	柿树科	Ebenaceae	柿属	*Diospyros*	1
224	安息香科	Styracaceae	木瓜红属	*Rehderodendron*	1
229	木犀科	Oleaceae	木犀榄属	*Olea*	1
231	萝藦科	Asclepiadaceae	球兰属	*Hoya*	3
232	茜草科	Rubiaceae	茜树属	*Fosbergia*	1
232	茜草科	Rubiaceae	腺萼木属	*Mycetia*	1
232	茜草科	Rubiaceae	蛇根草属	*Ophiorrhiza*	1
232	茜草科	Rubiaceae	茜草属	*Rubia*	1
238	菊科	Asteraceae	香青属	*Anaphalis*	1

续表

科号	中文科名	拉丁科名	中文属名	拉丁属名	特有种数
238	菊科	Asteraceae	垂头菊属	*Cremanthodium*	4
238	菊科	Asteraceae	厚喙菊属	*Dubyaea*	1
238	菊科	Asteraceae	飞蓬属	*Erigeron*	1
238	菊科	Asteraceae	橐吾属	*Ligularia*	2
238	菊科	Asteraceae	紫菊属	*Notoseris*	1
238	菊科	Asteraceae	风毛菊属	*Saussurea*	2
239	龙胆科	Gentianaceae	蔓龙胆属	*Crawfurdia*	1
239	龙胆科	Gentianaceae	龙胆属	*Gentiana*	6
239	龙胆科	Gentianaceae	獐牙菜属	*Swertia*	5
240	报春花科	Primulaceae	珍珠菜属	*Lysimachia*	4
240	报春花科	Primulaceae	报春花属	*Primula*	6
243	桔梗科	Campanulaceae	沙参属	*Codonopsis*	4
252	玄参科	Scrophulariaceae	马先蒿属	*Pedicularis*	6
252	玄参科	Scrophulariaceae	玄参属	*Scrophularia*	1
252	玄参科	Scrophulariaceae	蝴蝶草属	*Torenia*	1
252	玄参科	Scrophulariaceae	马松蒿属	*Xizangia*	1
254	狸藻科	Lentibulariaceae	挖耳草属	*Utricularia*	1
256	苦苣苔科	Gesneriaceae	芒毛苣苔属	*Aeschynanthus*	3
256	苦苣苔科	Gesneriaceae	粗筒苣苔属	*Briggsia*	1
256	苦苣苔科	Gesneriaceae	吊石苣苔属	*Lysionotus*	2
256	苦苣苔科	Gesneriaceae	异叶苣苔属	*Whytockia*	1
259	爵床科	Acanthaceae	马兰属	*Strobilanthes*	4
264	唇形科	Lamiaceae	全唇花属	*Holocheila*	1
264	唇形科	Lamiaceae	钩萼草属	*Notochaete*	1
264	唇形科	Lamiaceae	糙苏属	*Phlomis*	1
264	唇形科	Lamiaceae	刺蕊草属	*Pogostemon*	2
264	唇形科	Lamiaceae	鼠尾草属	*Salvia*	1
285	谷精草科	Eriocaulaceae	谷精草属	*Eriocaulon*	1
290	姜科	Zingiberaceae	姜花属	*Hedychium*	3
293	百合科	Liliaceae	鹿药属	*Maianthemum*	2
293	百合科	Liliaceae	豹子花属	*Nomocharis*	2

科号	中文科名	拉丁科名	中文属名	拉丁属名	特有种数
293	百合科	Liliaceae	沿阶草属	*Ophiopogon*	2
293	百合科	Liliaceae	扭柄花属	*Streptopus*	2
293	百合科	Liliaceae	藜芦属	*Veratrum*	1
295	延龄草科	Trilliaceae	重楼属	*Paris*	2
297	菝葜科	Smilacaceae	菝葜属	*Smilax*	2
302	天南星科	Araceae	南星属	*Arisaema bogneri*	7
302	天南星科	Araceae	崖角藤属	*Rhaphidophora*	1
302	天南星科	Araceae	斑龙芋属	*Sauromatum*	1
304	黑三棱科	Sparganiaceae	黑三棱属	*Sparganium*	2
314	棕榈科	Arecaceae	棕榈属	*Trachycarpus*	1
326	兰科	Orchidaceae	无柱兰属	*Amitostigma*	1
326	兰科	Orchidaceae	石豆兰属	*Bulbophyllum*	3
326	兰科	Orchidaceae	虾脊兰属	*Calanthe*	3
326	兰科	Orchidaceae	头蕊兰属	*Cephalanthera*	1
326	兰科	Orchidaceae	贝母兰属	*Coelogyne*	2
326	兰科	Orchidaceae	兰属	*Cymbidium*	2
326	兰科	Orchidaceae	尖药兰属	*Diphylax*	1
326	兰科	Orchidaceae	厚唇兰属	*Epigeneium*	1
326	兰科	Orchidaceae	盆距兰属	*Gastrochilus*	2
326	兰科	Orchidaceae	斑叶兰属	*Goodyera*	1
326	兰科	Orchidaceae	角盘兰属	*Herminium*	1
326	兰科	Orchidaceae	槽舌兰属	*Holcoglossum*	2
326	兰科	Orchidaceae	羊耳兰属	*Liparis*	1
326	兰科	Orchidaceae	鸟巢兰属	*Neottia*	2
326	兰科	Orchidaceae	兜兰属	*Paphiopedilum*	2
326	兰科	Orchidaceae	舌唇兰属	*Platanthera*	2
327	灯心草科	Juncaceae	灯心草属	*Juncus*	5
331	莎草科	Cyperaceae	薹草属	*Carex*	7
331	莎草科	Cyperaceae	珍珠茅属	*Scleria*	1
332a	竹亚科	Bambusoideae	空竹属	*Cephalostachyum*	1
332a	竹亚科	Bambusoideae	箭竹属	*Fargesia*	7
332a	竹亚科	Bambusoideae	贡山竹属	*Gaoligongshania*	1
332a	竹亚科	Bambusoideae	玉山竹属	*Yushania*	1
332a	禾本科	Poaceae	剪股颖属	*Agrostis*	1

1.3　高黎贡山特有种 10 种以上的大属

杜鹃花属 *Rhododendron* 是高黎贡山种子植物中丰富度最高、特有种最多的大属。高黎贡山的杜鹃花多达 147 种，其中高黎贡山特有种 37 个，占总种数的 25.17%[1]。大部分杜鹃都是冬春开花，花色丰富，为冬季观赏植物。其中大树杜鹃 *Rhododendron protistum* var. *giganteum* 是高达 10 m 的常绿乔木，除闻名于世的腾冲市界头镇大塘村的两棵大树外，近年来考察发现大树杜鹃在高黎贡山南北都有分布，如在腾冲的明光镇（西坡）、福贡县鹿马登乡亚平村（东坡）、贡山县独龙江乡西哨房下梅立王一带（西坡）等地区均有发现，有的已经形成了小片纯林。大树杜鹃生长于海拔 2100～2500 m 的常绿阔叶林地段，春季开花。在地处高黎贡山西坡的独龙江，冬季时，2000 m 以上的常绿阔叶林几乎全都被掩埋在皑皑白雪中，只有大树杜鹃成团成簇的红花盛开，与雪海相映争辉。

楼梯草属 *Elatostema* 植物为亚热带常绿阔叶林下的常见草本或亚灌木。全世界共有 500 种左右，中国有 280 种 32 个变种[2]，在高黎贡山地区有 44 种，其中特有种 22 种，特有化程度高达 50.00%。高黎贡山特有的楼梯草多生长在海拔 1200～2400 m 的常绿阔叶林下，也有附生在石崖上和树干上的。它们常成片生长，是林下的重要定居者。

凤仙花属 *Impatiens* 植物是美丽的观赏草本植物，全世界约有 1000 种，中国有 270 种[3]，在高黎贡山地区有 52 种，其中 13 种为特有种，占总种数的 25.00%。在海拔 1250～2500 m 的地段，凤仙花常出现在溪旁、湖滨、瀑布旁，也常见于路边、林下。

紫堇属 *Corydalis* 为多年生草本植物，在高黎贡山地区有 33 种，其中 11 种（33.33%）为特有种，包括 2 种尚待描述的新种。

2　高黎贡山特有的单型属

2.1　贡山竹属是竹亚科的单型属

高黎贡山单型特有属贡山竹 *Gaoligongshania megalothyrsa* D. Z. Li，Hsueh & N. H. Xia，其模式标本采自独龙江，独龙族叫"拉沙"，泸水傈僳族语为"马二"，腾冲汉族叫"帽叶竹"；主要分布于贡山县、福贡县、泸水市、腾冲市以及盈江县；生长在海拔 1300～2150 m 的常绿阔叶林地段。与其他竹子不同，贡山竹主要附生在潮湿河谷的常绿阔叶树上、石崖苔藓丛中，是高黎贡山植物区系特殊的自然现象[4]。

2.2　马松蒿属 *Xizangia* 仅 1 种

马松蒿 *bartschioides*（Handel-Mazzetti）D. Y. Hong，是高 15～25 m 的多年生直

立草本，分布区限于高黎贡山北部的东坡，贡山县的茨开镇大坝底、丹珠垭口、当哈图、意菩萨卡湖附近和福贡县石月亮乡亚朵村一带。生长在海拔 2700～3560 m 的山坡常绿阔叶林、落叶阔叶林、针叶林、箭竹-杜鹃灌丛及高山草甸中[5]。

3　高黎贡山种子植物特有种近年来的变化

高黎贡山种子植物特有种数目的变迁。高黎贡山地区特有种指仅见于高黎贡山境内的物种。截至 2014 年，高黎贡山特有种子植物 382 种（含变种、亚种），比 2000 年的 434 种少了 52 种。其数目变化情况如下。

随着研究的深入和《中国植物志》的出版，高黎贡山植物区系更为丰富，野生种子植物由 2000 年的 4200 种（含变种、亚种，下同）增加到 2014 年的 4659 种，净增 459 种。而高黎贡山区域种子植物特有种则由 2000 年的 434 种减少到 2014 年的 382 种，种数少了 52 种。野生种数增加，特有种数下降，都是不争的事实。增减的原因在于：

（1）新种的发现。根据高黎贡山新标本，2000—2014 年间已经发表和正待发表的新种估计在 100 种以上。无疑，这些新种都仅生长在高黎贡山地区，属于高黎贡山的新特有种。它们丰富了高黎贡山野生植物的多样性，也增加了高黎贡山种子植物特有种的数目。

（2）曾被遗忘的种的重新加入。少数特有种此前已有报道，但在 2000 年整理名录时被遗漏了，如泸水兰（变种）*Cymbidium elegans* var. *lushuiense*（Z. J. Liu, S. C. Chen & X. C. Shi）Z. J. Liu & S. C. Chen，在 2014 年整理时才被补充进来。

（3）随着研究的深入，一些种被归并，一些种类的分布区扩大或缩小。高黎贡山种子植物特有种的数量增增减减。根据 2014 年研究表明，有些特有种的分布区范围实际超出高黎贡山地区，因而不再被列入高黎贡山特有种，例如：滇缅旌节花 *Stachyurus cordatulus* Merrill，在 2000 年的《高黎贡山植物》中记载仅分布于独龙江和缅甸北部（伊洛瓦底江上游、独龙江下游），是高黎贡山特有种，在 2007 年出版的 *Flord of China* 第 13 卷第 138 页中亦作如是描述，但昆明植物所标本馆藏有 4 份采自云南金平的标本（武素功、税玉民等），2003 年 2 月 28 日被杨雪鉴定为滇缅旌节花 *Stachyurus cordatulus*，故其分布区已经扩大为滇西北与滇东南间断分布，也就不再是高黎贡山特有种了。分布区扩张的情况在原本被鉴定为特有种的高黎贡山种子植物中还较普遍。

（4）*Flord of China* 有关科归并了不少高黎贡山种子植物特有种，导致特有种数目产生变化。如：十字花科 Cruciferae 中，2000 年名录版本中有 5 个特有种，但到 2014 年，其中的 *Cardamine gongshangensis*，*C. dubia*，*C. dulongensis*，*C. bijiangensis* 都已被归并为东喜马拉雅地区广布的云南碎米荠 *Cardamine yunnanensis*，成为异名，使高黎贡山特有种一下减少了 4 种；毛果苞花葶苈 *Draba involucrata* var. *lasiocarpa* 被合并到分布于四川、西藏和云南的苞花葶苈 *Draba involucrata* 中了，也不再是高黎贡山的特有种了。但与此同时，矮葶苈 *Draba handelii* 和愉悦葶立 *Draba juncunda* 经过查证，分别被确认为是仅分布在独龙江上游和高黎贡山东坡的高黎贡山特有种。据统计，在此种情况的影响下，高黎贡山特有种的总数最后减少了 52 种（表 2-7）。

表 2-7　高黎贡山特有种 2000—2014 年的数目变化不完全统计表

科号	中文科名	拉丁科名	2000 年特有种数	2014 年特有种数	增（＋），减（一）
G8	三尖杉科	Cephalotaxaceae	1	1	0
G11	买麻藤科	Gnetaceae	1	0	一1
1	木兰科	Magnoliaceae	2	0	一2
11	樟科	Lauraceae	1	8	＋7
15	毛茛科	Ranunculaceae	6	10	＋4
19	小檗科	Berberidaceae	8	4	一4
21	木通科	Lardizabalaceae	1	0	一1
24	马兜铃科	Aristolochiaceae	0	1	＋1
32	罂粟科	Papaveraceae	1	1	0
33	紫堇科	Fumariaceae	7	13	＋6
39	十字花科	Cruciferae	5	2	一3
42	远志科	Polygalaceae	1	1	0
45	景天科	Crassulaceae	1	1	0
47	虎耳草科	Saxifragaceae	5	7	＋2
53	石竹科	Caryophyllaceae	2	2	0
57	蓼科	Polygonaceae	2	1	一1
63	苋科	Amaranthaceae	1	1	0
71	凤仙花科	Balsaminaceae	11	13	＋2
77	柳叶菜科	Onagraceae	3	1	一2
81	瑞香科	Thymelaeaceae	1	1	0
84	山龙眼科	Proteaceae	0	1	＋1
88	海桐花科	Pittosporaceae	3	3	0
98	柽柳科	Tamaricaceae	1	0	一1
103	葫芦科	Cucurbitaceae	0	2	＋2
104	秋海棠科	Begoniaceae	4	3	一1
108	山茶科	Theaceae	5	3	一2
112	猕猴桃科	Actinidiaceae	1	1	0

科号	中文科名	拉丁科名	2000 年特有种数	2014 年特有种数	增（＋），减（－）
113	水东哥科	Saurauiaceae	1	1	0
118	桃金娘科	Myrtaceae	1	1	0
120	野牡丹科	Melastomataceae	5	1	－4
121	使君子科	Combretaceae	1	0	－1
123	金丝桃科	Hypericaceae	1	0	－1
128	椴树科	Tiliaceae	0	1	＋1
130	梧桐科	Sterculiaceae	1	0	－1
132	锦葵科	Malvaceae	1	0	－1
141	茶藨子科	Grossulariaceae	1	1	0
142	八仙花科	Hydrangeaceae	5	4	－1
143	蔷薇科	Rosaceae	24	17	－7
148	蝶形花科	Papilionaceae	5	4	－1
150	旌节花科	Stachyuraceae	1	0	－1
151	金缕梅科	Hamamelidaceae	2	2	0
156	杨柳科	Salicaceae	12	9	－3
161	桦木科	Betulaceae	1	1	0
162	榛科	Corylaceae	2	0	－2
163	壳斗科	Fagaceae	5	6	＋1
167	桑科	Moraceae	1	1	0
169	荨麻科	Urticaceae	14	24	＋10
171	冬青科	Aquilifoliaceae	2	4	＋2
173	卫矛科	Celastraceae	4	1	－3
185	桑寄生科	Loranthaceae	1	1	0
193	葡萄科	Vitaceae	3	2	－1
200	槭树科	Aceraceae	1	1	0
204	省沽油科	Staphyleaceae	3	2	－1
205	漆树科	Anacardiaceae	1	0	－1
213	伞形科	Umbelliferace	7	4	－3
214	桤叶树科	Clethraceae	1	0	－1
215	杜鹃花科	Ericaceae	50	44	－6
216	越桔科	Vacciniaceae	9	5	－4

科号	中文科名	拉丁科名	2000 年特有种数	2014 年特有种数	增（＋），减（－）
221	柿树科	Ebenaceae	1	1	0
223	紫金牛科	Myrsinaceae	1	0	－1
224	安息香科	Styracaceae	2	1	－1
225	山矾科	Symplocaceae	1	0	－1
228	马钱科	Loganiaceae	3	0	－3
229	木犀科	Oleaceae	2	1	－1
230	夹竹桃科	Apocynaceae	2	0	－2
231	萝藦科	Asclepiadaceae	3	3	0
232	茜草科	Rubiaceae	7	4	－3
233	忍冬科	Caprifoliaceae	2	0	－2
238	菊科	Compositae	18	12	－6
239	龙胆科	Gentianaceae	16	12	－4
240	报春花科	Primulaceae	12	10	－2
243	桔梗科	Campanulaceae	5	4	－1
250	茄科	Solanaceae	1	0	－1
252	玄参科	Scrophulariaceae	11	9	－2
254	狸藻科	Lentibulariaceae	0	1	＋1
256	苦苣苔科	Gesneriaceae	9	7	－2
259	爵床科	Acanthaceae	4	4	0
264	唇形科	Labiatae	8	6	－2
285	谷精草科	Eriocaulaceae	1	1	0
290	姜科	Zingiberaceae	4	3	－1
293	百合科	Liliaceae	10	9	－1
295	延龄草科	Trilliaceae	2	2	0
297	菝葜科	Smilacaceae	2	2	0
302	天南星科	Araceae	9	9	0
304	黑三棱科	Sparganiaceae	1	2	＋1
311	薯蓣科	Dioscoreaceae	1	0	－1
326	兰科	Orchidaceae	22	27	＋5
327	灯心草科	Juncaceae	2	5	＋3

续表

科号	中文科名	拉丁科名	2000年特有种数	2014年特有种数	增（＋），减（一）
331	莎草科	Cyperaceae	6	8	+2
332	禾本科	Poaceae	0	1	+1
128a	杜英科	Elaeocarpaceae	4	4	0
332a	竹亚科	Bambusoideae	12	10	-2

与 2000 年相比，2014 年的高黎贡山种子植物特有种共减少了 19 科（25 种），其中买麻藤科 Gnetaceae（1 变种）、木兰科 Magnoliaceae（2 种）、木通科 Lardizabalaceae（1 种）、柽柳科 Tamaricaceae（1 种）、使君子科 Combretaceae（1 种）、金丝桃科 Hypericaceae（1 种）、梧桐科 Sterculiaceae（1 种）、锦葵科 Malvaceae（1 种）、旌节花科 Stachyuraceae（1 种）、榛科 Corylaceae（2 种）、漆树科 Anacardiaceae（1 种）、桤叶树科 Clethraceae（1 种）、紫金牛科 Myrsinaceae（1 种）、山矾科 Symplocaceae（1 种）、马钱科 Loganiaceae（3 种）、夹竹桃科 Apocynaceae（2 种）、忍冬科 Caprifoliaceae（2 种）、茄科 Solanaceae（1 种）、薯蓣科 Dioscoreaceae（1 种），减少的原因或因分布区扩大，或因种名被归并，原认定为特有种的分布区已扩大到高黎贡山以外，其特有性不存在，相应的科也就与高黎贡山特有种无关了。

与 2000 年相比，2014 年的高黎贡山种子植物特有种也增加了 6 科（6 种）：马兜铃科 Aristolochiaceae（大囊马兜铃 *Aristolochia forrestiana* J. S. Ma，1 种）、山龙眼科 Proteaceae（潞西山龙眼 *Helicia tsaii* W. T. Wang，1 种）、葫芦科 Cucurbitaceae（独龙江雪胆 *Hemsleya dulongjiangensis* C. Y. Wu，1 种）、椴树科 Tiliaceae（长柄扁担杆 *Grewia longipedunculata*，1 种）、狸藻科 Lentibulariaceae（福贡挖耳草 *Utricularia fugongensis* G. W. Hu & H. Li，1 种）、禾本科 Poaceae（紧序剪股颖 *Agrostis sinocontracta* S. M. Phillips & S. L. Lu，1 种）。这些科的特有种有的是新发表或尚未发表的，有的是被 2000 年版本遗漏的，其相应的科在 2000 年不具备高黎贡山特有种，因此种类增加，科数也增加了。

显然，高黎贡山特有种的数目是动态的，随着考察、采集工作的深入和分类工作的开展，其特有种数和相应科属数目的增减均为常态。

2000—2014 年始终含有高黎贡山特有种的科共计有 69 科，其中部分科所包含的特有种数不变，如三尖杉科等 16 科始终包含 1 个特有种；但樟科、毛茛科等科所包含的特有种数有所增加，而杜鹃花科、菊科、龙胆科等科所包含的特有种有所减少：三尖杉科 Cephalotaxaceae（1 种），樟科 Lauraceae（1 种→8 种），毛茛科 Ranunculaceae（6 种→10 种），虎耳草科 Saxifragaceae（5 种→7 种），凤仙花科 Balsaminaceae（11 种→13 种），蔷薇科 Rosaceae（24 种→17 种），荨麻科 Urticaceae（14 种→24 种），杜鹃花科 Ericaceae（50 种→44 种），等等。

4　高黎贡山特有种的现状

任何一个特定地区的全部特有种都是保护的对象。地区越小，其特有种的居群愈少、愈珍贵。因为某一小地区一个特有种的消失，就意味着世界上的生物多样性减少了一个物种。

4.1　中国特有种

在高黎贡山地区的 4938 种野生种子植物中，中国特有种（分布区跨省）有 1163 种，占高黎贡山种子植物种数 5139 种的 22.63%。为了生物多样性的安全，这些物种在其出现的省区都应得到保护。

4.2　云南特有种

分布区限于云南境内种类的为云南特有种。在高黎贡山的 4938 种野生种子植物中，出现于高黎贡山的云南特有种为 646 种（13.08%），其中 264 个分布于高黎贡山地区及其邻近的云南地区（包括滇西北、滇东北、滇中、滇南、滇东南），382 个仅限于高黎贡山地区。同样，这些物种在云南各有关地区均应得到保护。

4.3　高黎贡山特有种

在高黎贡山的 4938 种野生种子植物中，高黎贡山特有种共 382 种。高黎贡山地区跨越两国（中国、缅甸）的 3 个省区（缅甸克钦邦东部、中国西藏东南部察隅县和云南的怒江州及保山地区），是多个少数民族的聚居地，社会经济发展相对滞后。这里的 382 个特有种并不普遍分布于高黎贡山各地，大多只是散布在某一县的某个乡镇的某一山坡或山谷中。基本上都属于极小种群。这些种群的特点是：分布区狭窄、生境脆弱、种群稀少。如：垂果乌头 *Aconitum pendulicarpum* Chang ex W. T. Wang & P. K. Hsiao，仅分布于高黎贡山北端的察隅县南部，生长在海拔 3500 m 的林下，模式标本是王启无 66223，其具体生长地点也不清楚；紫花紫堇 *Corydalis porphyrantha* C. Y. Wu、俞氏梅花草 *Parnassia yui* Z. P. Jian、兜船楼梯草 *Elatostema cucullatonaviculare* W. T. Wang 等 8 种高黎贡山特有楼梯草，贡山凤兰 *Cymbidium gongshanense* H. Li & K. M. Feng 等 21 个兰科高黎贡山特有种，等等，至今也仅知道模式产地，其生存状况都十分堪忧。

5　特有植物的保护措施

高黎贡山特有种是大自然留给人类社会的一份宝贵财富，由于分布区狭小、居群稀少，高黎贡山特有的 382 种植物理应成为保护生物学的重中之重。

5.1 加强高黎贡山特有种的清查工作

应当尽快根据高黎贡山特有种名录记载的分布点，对高黎贡山特有种进行一次普查，准确鉴定、确认各个特有种的分布范围、生存状况、生态习性，评估其种群数量及濒危等级，为每一物种建立档案（包括照片及分布图）。

5.2 建立特有种的监测体系

应当为每个特有种建立保护点，明确挂牌标记，定期观察，排除生存障碍，保护其繁育体系。

5.3 建立特有种种质资源圃

资源圃不是植物园，这是种质资源的保护场所，更是重要的研究基地。高黎贡山生态环境多样，东西南北气候不同。建议分别在北部的贡山县、福贡县亚坪、泸水市姚家坪和南部的赧亢分别建立特有植物资源圃，收集所在地区的特有种。同时依托资源圃，组织相应的研究团队进行特有种的生物学研究，摸索其最佳繁育途径，开拓其利用前景，使特有种为人类社会做贡献。

5.4 开展重要特有种的科学研究

应当组织地方保护管理部门和科研部门，对高黎贡山具有重要经济价值的特有植物开展攻关研究，如：重要木本冬花植物大树杜鹃 *Rhododendron protistum* var. *giganteum*；食药同源的木本植物独龙楤木 *Aralia kingdon-wardii*；稀缺药用植物独龙乌头 *Aconitum taronense*、泸水十大功劳 *Mahonia lushuiensis*、贡山三七 *Panax shangianus*、独龙重楼 *Paris dulongensis*、皱叶重楼 *Paris rugosa* 等。通过加强驯化、繁育及基因组学研究，尽快解除这些品种的濒危处境，逐步实现产业化。

5.5 动员群众，教育群众

应当积极开展宣传教育，使当地群众能够识别特有种植物、理解特有种植物的重要价值，从而主动、自觉地关爱和保护身边的特有种植物。

【参考文献】

[1] 李恒,郭辉军,刀志灵,等.高黎贡山植物[M].北京:科学出版社,2000.

[2] 王文采.中国楼梯草属植物[M].青岛:青岛出版社,2014.

[3] 于胜祥.中国凤仙花[M].北京:北京大学出版社,2012.

[4] 孙必兴,李德铢,薛纪如.云南植物志:第九卷[M].北京:科学出版社,2002.

[5] 高信芬.云南植物志:第十六卷[M].北京:科学出版社,2006.

第三节　高黎贡山种子植物特有种名录[*]

高黎贡山种子植物特有种名录，是记载高黎贡山特有种子植物的基础资料，共计382 种。其中裸子植物按 1978 年郑万均《中国植物志》第七卷的系统排列，被子植物按 1926 年、1934 年 J. Hutchinson 的系统排列，各科按原系统的科号编号，科下的属、种、亚种、变种按拉丁学名字母顺序排列。名录编制主要参考《云南植物志》《中国植物志》《横断山区维管植物》、《高黎贡山植物》及 *Flora of China* 的有关卷册，植物的中文名称来源于 *Flora of China*。此外，按照《中国植被》的生活系统，还记录了每种植物的生活型及植株高度，并根据标本采集记录，列举了特有植物的海拔、生境和产地。

裸子植物 GYMNOSPERMAE

G8. 三尖杉科 Cephalotaxaceae

1　贡山三尖杉 Cephalotaxus lanceolata K. M. Feng
凭证标本：独龙江考察队 1045；高黎贡山考察队 32632。
常绿乔木，雌雄异株，高达 20 m。生长于海拔 1800～1967 m，常绿阔叶林中。
分布于独龙江。（高黎贡山西坡）

被子植物 ANGIOSPERMAE

11. 樟科 Lauraceae

1. 长尾钓樟 Lindera thomsonii var. **velutina**（Forrest）L. C. Wang
凭证标本：冯国楣 7533；南水北调队 6701。
常绿乔木，高达 11 m。生长于海拔 1350～2600 m，山坡常绿阔叶林，灌木林。
分布于贡山县丙中洛乡；腾冲市猴桥镇。（高黎贡山的西坡、东坡）

2. 独龙木姜子 Litsea taronensis H. W. Li
凭证标本：独龙江（贡山独龙江乡段）考察队 1272；施晓春 539。
落叶乔木，高 15 m。生长于海拔 1350～2000 m，常绿阔叶林，河谷林。
分布于独龙江（贡山独龙江乡段）；保山市芒宽乡。（高黎贡山的西坡、东坡）

3. 灌丛润楠 Machilus dumicola（W. W. Smith）H. W. Li
凭证标本：Forrest 18071。
小乔木，高约 7 m。生长于海拔 2400 m，山谷灌丛。
分布于泸水市。（高黎贡山的东坡）

*作者：李恒、李新辉、杨珺；原载于《西部林业科学》，2017，46（增刊Ⅱ）：12-57.

4. 贡山润楠 Machilus gongshanensis H. W. Li

凭证标本：高黎贡山考察队 10001，33351。

常绿乔木，高 3～10 m。生长于海拔 1400～2760 m，原始常绿阔叶林、次生常绿阔叶林。

分布于独龙江（贡山独龙江乡段）；贡山县丙中洛乡、捧打乡、茨开镇；福贡县石月亮乡、鹿马登乡；泸水市片马镇。（高黎贡山的西坡、东坡）

5. 秃枝润楠 Machilus kurzii King ex J. D. Hooker

凭证标本：高黎贡山考察队 13294，31009。

常绿乔木。生长于海拔 1400～2500 m，常绿阔叶林。

分布于独龙江（贡山独龙江乡段）；保山市潞江镇；腾冲市曲石镇、界头镇、瑞滇乡。（高黎贡山的西坡、东坡）

6. 瑞丽润楠 Machilus shweliensis W. W. Smith

凭证标本：H. Li，H. J. Guo，Z. B. Li & X. C. Shi 72；高黎贡山考察队 30912。

常绿灌木或乔木，高 9～12 m。生长于海拔 1150～2650 m，常绿阔叶林，疏林，灌丛。

分布于保山市芒宽乡；腾冲市明光镇、腾越镇、团田乡。（高黎贡山的西坡、东坡）

7. 金毛新木姜子 Neolitsea chrysotricha H. W. Li

凭证标本：高黎贡山考察队 14696，28633。

小乔木，高 3～6 m。生长于海拔 1400～2590 m，常绿阔叶林。

分布于贡山县丙中洛乡；福贡县石月亮乡；泸水市片马镇；腾冲市猴桥镇。（高黎贡山的西坡、东坡）

8. 龙陵新木姜子 Neolitsea lunglingensis H. W. Li

凭证标本：尹文清 60-1234；H. Li，R. Li & Z. L. Dao 15201。

小乔木，高 5 m。生长于海拔 1560～1800 m，常绿阔叶林。

分布于独龙江（贡山独龙江乡段）；腾冲市曲石镇。（高黎贡山的西坡）

15. 毛茛科 Ranunculaceae

1. 垂果乌头 Aconitum pendulicarpum Chang ex W. T. Wang & P. K. Hsiao
凭证标本：王启无 66223。

多年生草本，茎高 1.5 m，具块茎，倒胡萝卜状。生长于海拔 3500 m，林下。
分布于贡山县丙中洛乡。（高黎贡山的东坡，近 80 多年来没有再采到过标本）

2. 独龙乌头 Aconitum taronense（Handel-Mazzetti）H. R. Fletcher & Lauener
凭证标本：高黎贡山考察队 17034，34498。

茎高 85～110 cm，具根茎，倒圆锥形。生长于海拔 2900～3600 m，高山沼泽，溪旁沼泽湿地。

分布于独龙江（贡山独龙江乡段）；贡山县丙中洛乡、茨开镇。（高黎贡山的西坡、东坡）

3. 光叶银莲花 Anemone obtusiloba subsp. leiophylla W. T. Wang

凭证标本：林芹、邓向福 79-0413，79-1044

多年生草本。生长于海拔 2900～4630 m，林缘，灌丛，高山草甸。

分布于独龙江（贡山县独龙江乡段）；贡山县茨开镇。（高黎贡山的西坡、东坡）

4. 福贡银莲花 Anemone yulongshanica var. glabrescens W. T. Wang

凭证标本：高黎贡山考察队 20441，28042。

多年生草本。生长于海拔 3106～3640 m，灌丛，箭竹-杜鹃灌丛，沼泽草甸。

分布于福贡县石月亮乡、鹿马登乡。（高黎贡山的东坡）

5. 泸水铁线莲 Clematis lushuiensis W. T. Wang

凭证标本：高黎贡山考察队 27957。

木质藤本。生长于海拔 2450 m，次生常绿阔叶林。

分布于泸水市洛本卓乡。（高黎贡山的东坡）

6. 片马铁线莲 Clematis pianmaensis W. T. Wang

凭证标本：滇西植物调查队 11094。

木质藤本，分枝有 10 条浅槽，羽状复叶，小叶 5。生长于海拔 2200 m，山地。

分布于泸水市片马镇。（高黎贡山的西坡）

7. 腾冲铁线莲 Clematis tengchongensis W. T. Wang

凭证标本：高黎贡山考察队 29896。

木质藤本。生长于海拔 1940 m，枸子-蔷薇灌丛。

分布于腾冲市马站乡。（高黎贡山的西坡）

8. 察隅翠雀花 Delphinium chayuense W. T. Wang

凭证标本：青藏队 10671。

多年生草本，茎高 8～16 cm。生长于海拔 4000 m，冷杉林林缘。

分布于独龙江（察隅日东乡段）。（高黎贡山的西坡）

9. 片马毛茛 Ranunculus pianmaensis W. T. Wang

凭证标本：高黎贡山考察队 22711，24183。

多年生草本。生长于海拔 1600～1950 m，次生常绿阔叶林。

分布于泸水市片马镇。（高黎贡山的西坡）

10. 腾冲毛茛 Ranunculus tengchongensis W. T. Wang

凭证标本：高黎贡山考察队 29700。

多年生草本。生长于海拔 1730 m，泥炭火山湖。

分布于腾冲市北海乡。（高黎贡山的西坡）

19. 小檗科 Berberidaceae

1. 卷叶小檗 Berberis replicata W. W. Smith

凭证标本：高黎贡山考察队 10925，29894。

常绿灌木，高达 150 cm。生长于海拔 1850～1940 m，松林，松林灌丛，枸子-蔷薇灌丛。

分布于腾冲市马站乡。（高黎贡山的西坡）

2. 微毛小檗 Berberis tomentulosa Ahrendt

凭证标本：T. T. Yü 19640。

落叶灌木，高 50～100 cm。生长于海拔 2500 m，疏林，灌丛。

分布于独龙江（贡山县独龙江乡段）。（高黎贡山的西坡）

3. 贡山十大功劳 Mahonia dulongensis H. Li

凭证标本：独龙江（贡山县独龙江乡段）考察队 1838；高黎贡山考察队 21834。

常绿灌木。生长于海拔 1300～2000 m，河岸阔叶林，灌丛。

分布于独龙江（贡山县独龙江乡段）。（高黎贡山的西坡）

4. 泸水十大功劳 Mahonia lushuiensis T. S Ying & H. Li

凭证标本：高黎贡山考察队 24531，24522。

常绿灌木。生长于海拔 3125～3127 m，箭竹灌丛，箭竹-杜鹃灌丛。

分布于泸水市鲁掌镇。（高黎贡山的东坡）

24. 马兜铃科 Aristolochiaceae

1. 大囊马兜铃 Aristolochia forrestiana J. S. Ma

凭证标本：高黎贡山考察队 29513。

攀缘灌木。生长于海拔 1600 m，次生常绿阔叶林。

分布于腾冲市界头镇。（高黎贡山的西坡）

32. 罂粟科 Papaveraceae

1. 贡山绿绒蒿 Meconopsis smithiana（Handel-Mazzetti）G. Taylor ex Handel-Mazzetti

凭证标本：H. Li，R. Li & Z. L. Dao 15006；高黎贡山考察队 34386。

多年生草本，高 30～90 cm，具根茎，短而膨大。生长于海拔 3200～3700 m，针叶林，冷杉-红杉林，灌丛，箭竹-杜鹃灌丛，沼泽灌丛；箭竹丛边缘，垭口水沟边草地。

分布于独龙江（贡山县独龙江乡段）；贡山县茨开镇。（高黎贡山的西坡、东坡）

33. 紫堇科 Fumariaceae

1. 对叶紫堇（浪潮紫堇）Corydalis enantiophylla Lidén

凭证标本：Kindon Ward 3356；高黎贡山考察队 27160。

多年生草本，高 15～35 cm。生长于海拔 3120 m，冷杉-箭竹-杜鹃林。

分布于福贡县鹿马登乡；缅甸克钦邦浪潮地区。（高黎贡山的西坡、东坡）

2. 攀缘黄堇 Corydalis ampelos Lidén & Z. Y. Su

凭证标本：高黎贡山考察队 25645，25936。

多年生草质攀缘植物，长 2～4 m。生长于海拔 3000～3450 m，常绿阔叶林，冷杉-箭竹林。

分布于泸水市洛本卓乡。（高黎贡山的东坡）

3. 龙骨籽紫堇 Corydalis carinata Lidén & Z. Y. Su

凭证标本：高黎贡山考察队 23671，26039。

多年生草本，或短命草本，高 10～40 cm。生长于海拔 1830～1920 m，常绿阔叶林。

分布于保山市潞江镇；龙陵县镇安镇。（高黎贡山的东坡）

4. 独龙江紫堇 Corydalis dulongjiangensis H. Chuang

凭证标本：H. Li，Y. H. Ji & R. Li 14958；高黎贡山考察队 30297。

多年生草本，高 20～50 cm。生长于海拔 1530～1930 m，常绿阔叶林，次生常绿阔叶林。

分布于独龙江（贡山县独龙江乡段）；贡山县丙中洛乡、茨开镇；腾冲市界头镇；龙陵县镇安镇。（高黎贡山的西坡、东坡）

5. 俅江紫堇 Corydalis kiukiangensis C. Y. Wu

凭证标本：独龙江（贡山县独龙江乡段）考察队 5424；高黎贡山考察队 21802。

多年生草本，高 20～60 cm。生长于海拔 1620～2900 m，山坡灌丛，次生林，火烧地边，河岸草地，路边草地。

分布于独龙江（贡山县独龙江乡段）。（高黎贡山的西坡）

6. 小籽紫堇 Corydalis microsperma Lidén

凭证标本：高黎贡山考察队 22772，24094。

多年生草本，高 15～50 cm。生长于海拔 1820～2200 m，常绿阔叶林，丛生常绿阔叶林。

分布于泸水市片马镇。（高黎贡山的西坡）

7. 紫花紫堇 Corydalis porphyrantha C. Y. Wu

凭证标本：T. T. Yü 19715。

多年生草本，高 30～45 cm。生长于海拔 3500 m，山坡草地。

分布于独龙江（贡山县独龙江乡段）。（高黎贡山的西坡）

8. 翅瓣黄堇 Corydalis pterygopetala Handel-Mazzetti

凭证标本：T. T. Yü 19723；独龙江考察队 5863。

多年生草本，高 30～120 cm。生长于海拔 1900～3700 m，阔叶林；草坡，沟边，路旁。

分布于独龙江（贡山县独龙江乡段）；贡山县丙中洛乡；福贡县沙拉河谷；保山市潞江镇。（高黎贡山的西坡、东坡）

9. 小花翅瓣黄堇 Corydalis pterygopetala var. **parviflora** Liden

凭证标本：高黎贡山考察队 26709，32828。

多年生草本，高 30～120 cm。生长于海拔 2300～3561 m，冷杉-箭竹林，次生常绿阔叶林；高山石坡，湖滨多石沼泽。

分布于贡山县丙中洛乡、茨开镇；福贡县石月亮乡；泸水市洛本卓乡。（高黎贡山的东坡）

10. 紫堇新种 Corydalis sp. nov.

凭证标本：H. Li，Y. H. Ji & R. Li 14854。

生长于海拔 2770 m，原始常绿阔叶林。

分布于贡山县茨开镇。（高黎贡山的东坡）

11. 近缅甸紫堇 Corydalis aff. burmanica

凭证标本：高黎贡山考察队 38577。

生长于海拔 3630 m，杜鹃-箭竹灌丛沼泽。

分布于福贡县石月亮乡。（高黎贡山的东坡）

12. 滇西（丹珠）紫金龙 Dactylicapnos gaoligongshanensis Liden

凭证标本：高黎贡山考察队 11968，33957。

草质藤本，茎长 2～4 m。生长于海拔 1910～2400 m，常绿阔叶林。

分布于贡山县茨开镇。（高黎贡山的东坡）

13. 平滑籽紫金龙 Dactylicapnos leiosperma Liden

凭证标本：高黎贡山考察队 33541。

夏生一年生草质藤本。生长于海拔 1540 m，河谷灌丛。

分布于贡山县丙中洛乡。（高黎贡山的东坡）

39. 十字花科 Cruciferae

1. 矮葶苈 Draba handelii O. E. Sculz

凭证标本：Handel-Mazzetti 9502。

多年生草本，高 15～30 mm。

分布于贡山县。（高黎贡山的东坡）

2. 愉悦葶苈 Draba juncunda W. W. Smith

凭证标本：Forrest 19280；Rock 23083。

多年生草本，高 2～10 cm。

分布于独龙江（察隅段）。（高黎贡山的东坡）

42. 远志科 Polygalaceae

1. 肾果远志 Polygala didyma C. Y. Wu

凭证标本：T. T. Yü 20441；施晓春 546。

灌木或小乔木，高约 4.5 m。生长于海拔 1266～1540 m，常绿阔叶林，次生林。

分布于独龙江（贡山县独龙江乡段）；保山市芒宽乡。（高黎贡山的西坡、东坡）

45. 景天科 Crassulaceae

1. 多苞红景天 Rhodiola multibracteata H. Chuang

凭证标本：H. Li & R. Li 1039。

多年生草本。生长于海拔 3240 m，原始针叶林。

分布于贡山县茨开镇。（高黎贡山的东坡）

47. 虎耳草科 Saxifragaceae

1. 狭叶落新妇 Astilbe rivularis var. **angustifoliolata** H. Hara

凭证标本：独龙江考察队 1336；高黎贡山考察队 23201。

多年生草本，高 60～250 cm。生长于海拔 1250～2800 m，常绿阔叶林；山坡，溪旁，路边，悬崖，江边河滩，江边乱石中，河岸。

分布于独龙江（贡山县独龙江乡段）；贡山县茨开；福贡县上帕镇；泸水市鲁掌镇。（高黎贡山的西坡、东坡）

2. 无斑梅花草 Parnassia epunctulata J. T. Pan

凭证标本：碧江队 1777。

多年生草本，茎高 9～13 cm。生长于海拔 3700 m，高山草地。

分布于泸水市片马镇。（高黎贡山的西坡）

3. 长爪梅花草 Parnassia farreri W. E. Evans

凭证标本：H. Li & R. Li777；高黎贡山考察队 28868。

多年生草本，茎高 4～10 cm。生长于海拔 2540～3640 m，箭竹灌丛湿地，湖泊上游溪旁，沼泽湿地，溪旁湿地，石坡湿地，湿沙地。

分布于独龙江（贡山县独龙江乡段）；贡山县茨开镇；福贡县石月亮乡、鹿马登乡。（高黎贡山的西坡、东坡）

4. 俞氏梅花草 Parnassia yui Z. P. Jian

凭证标本：T. T. Yü 20238。

多年生草本，茎高 6～14 cm。生长于海拔 3000 m，竹林下。

分布于独龙江（贡山县独龙江乡段）。（高黎贡山的西坡）

5. 贡山虎耳草 Saxifraga insolens Irmscher

凭证标本：T. T. Yü 22484。

多年生草本，茎高 48 cm。生长于海拔 3800～4000 m，高山草甸。

分布于独龙江（贡山县独龙江乡段）。（高黎贡山的西坡）

6. 细叶虎耳草 Saxifraga minutifoliosa C. Y. Wu

凭证标本：王启无 67257；T. T. Yü 20648。

生长于海拔 3000～3400 m；山顶石缝，山坡石面上。

分布于独龙江（贡山县独龙江乡段）；贡山县丙中洛乡。（高黎贡山的西坡、东坡）

7. 多痂虎耳草 Saxifraga versicallosa C. Y. Wu

凭证标本：T. T. Yü 19861。生长于海拔 4000 m，石壁。

分布于独龙江（贡山县独龙江乡段）。（高黎贡山的西坡）

53. 石竹科 Caryophyllaceae

1. 怒江无心菜 Arenaria salweenensis W. W. Smith

凭证标本：Forrest 18474。

多年生草本，茎高 12～20 cm。生长在草地。

分布于泸水市片马镇。（高黎贡山的西坡）

2. 刚毛无心菜 Arenaria setifera C. Y. Wu ex L. H. Zhou

凭证标本：武素功 8410。

草本，茎高 5～10 cm，根圆锥状。生长于海拔 3600～4000 m，山坡岩石上。

分布于福贡县；泸水市片马镇。（高黎贡山的西坡、东坡）

57. 蓼科 Polygonaceae

1. 荫地蓼 Polygonum umbrosum Samuelsson

凭证标本：Handel-Mazzetti 9350；林芹 791611。

多年生匍匐草本。茎长 70～90 cm。生长于海拔 1900～3000 m，林下潮湿处，路边灌丛，山沟水边。

分布于贡山县丙中洛乡；福贡县上帕镇；泸水市六库镇。（高黎贡山的东坡）

63. 苋科 Amaranthaceae

1. 云南林地苋 Psilotrichum yunnanensis D. D. Tao

凭证标本：独龙江（贡山县独龙江乡段）考察队 009。

亚灌木，高 70～100 cm。生长于海拔 850 m，河谷灌丛。

分布于泸水市六库镇。（高黎贡山的东坡）

71. 凤仙花科 Balsaminaceae

1. 具角凤仙花 Impatiens ceratophora H. F. Comber

凭证标本：怒江考察队 791657；高黎贡山考察队 16667。

一年生草本，高达 1 m。生长于海拔 2200～2950 m，针阔叶混交林，秃杉林；溪旁。

分布于贡山县茨开镇；福贡县上帕镇；泸水市片马镇；腾冲市瑞丽江、怒江分水界。（高黎贡山的西坡、东坡）

2. 福贡凤仙花 Impatiens fugongensis K. M. Liu & Y. Y. Cong

凭证标本：林芹、邓向福 790908，791117。

一年生草本。生长于海拔 1450～1550 m，附生长于树上、江边岩石上。

分布于独龙江（贡山县独龙江乡段）。（高黎贡山的西坡）

3. 贡山凤仙花 Impatiens gongshangensis Y. L，Chen

凭证标本：高黎贡山考察队 32614。

一年生草本，高 10～30 cm。生长于海拔 1270 m，瀑布旁。

分布于独龙江（贡山县独龙江乡段）。（高黎贡山的西坡）

4. 横断山凤仙花 Impatiens hengduanensis Y. L. Chen

凭证标本：青藏队 9448。

一年生草本，高 10～15 cm。生长于海拔 1266 m，热带雨林。

分布于独龙江（贡山县独龙江乡段）。（高黎贡山的西坡）

5. 李恒凤仙花 Impatiens lihengiana S. X. Yu & R. Li

凭证标本：高黎贡山考察队 31810。

一年生草本。生长于海拔 2530 m，常绿阔叶林。

分布于贡山县丙中洛乡。（高黎贡山的东坡）

6. 长喙凤仙花 Impatiens longirostris S. H. Huang

凭证标本：高黎贡山考察队 10210，30159。

一年生草本，高约 60 cm。生长于海拔 1850～2690 m，常绿阔叶林路边湿地；疏林边，陡坡上，河岸，巨石上。

分布于泸水市片马镇、鲁掌镇；腾冲市界头镇、曲石镇。（高黎贡山的西坡、东坡）

7. 小距凤仙花 Impatiens microcentra Handel-Mazzetti

凭证标本：林芹、邓向福 790644；高黎贡山考察队 32664。

多年生草本，高 20～30 cm。生长于海拔 2200～3400 m，混交林下，冷杉林，山坡灌丛草地；竹箐中，开阔地。

分布于独龙江（贡山县独龙江乡段）；贡山县丙中洛乡、茨开镇。（高黎贡山的西坡、东坡）

8. 片马凤仙花 Impatiens pianmaensis S. H. Huang

凭证标本：高黎贡山考察队 10231，30162。

一年生草本，高 60 cm。生长于海拔 2080～2400 m，常绿阔叶林溪旁。

分布于泸水市洛本卓乡、鲁掌镇；腾冲市界头镇。（高黎贡山的西坡、东坡）

9. 澜沧凤仙花 Impatiens principis J. D. Hooker

凭证标本：怒江考察队 791657；施晓春 455。

一年生草本，高 25～30 cm。生长于海拔 1550～2500 m，溪畔。

分布于福贡县上帕镇；保山市芒宽乡。（高黎贡山的东坡）

10. 直距凤仙花 Impatiens pseudokingii Handel-Mazzetti

凭证标本：王启无 66946；横断山队 423。

一年生草本，高 50～90cm。生长于海拔 2000～2600 m，河边林下。

分布于贡山县丙中洛乡；保山市芒宽乡。（高黎贡山的东坡）

11. 独龙凤仙花 Impatiens taronensis Handel-Mazzetti

凭证标本：碧江队 1693；高黎贡山考察队 32090。

多年生草本，高 15～30 cm，具根茎，匍匐。生长于海拔 2600～4100 m，常绿阔叶林下，铁杉林下，冷杉林下，林下阴湿地，高山草沟；路边湿地，路边陡坡，石坡苔藓丛中，溪旁，沟边岩石。

分布于独龙江（贡山县独龙江乡段）；贡山县丙中洛乡、茨开镇；福贡县石月亮乡；泸水市片马镇；腾冲市猴桥镇。（高黎贡山的西坡、东坡）

12. 金黄凤仙花 Impatiens xanthina H. F. Comber

凭证标本：H. Li & R. Li 1086；高黎贡山考察队 32742。

一年生小草本，高 6～20 cm。生长于海拔 1250～2800 m，林下阴湿地，林下湿沙地，河谷湿沙地，河谷林水边，流水石面上，附生石上，滴水崖，石壁上，瀑布旁石崖，小瀑布下，石崖下。

分布于独龙江（贡山县独龙江乡段）；贡山县茨开镇；福贡县石月亮乡、鹿马登乡、上帕镇、马吉乡。（高黎贡山的西坡、东坡）

13. 德浚凤仙花 Impatiens yui S. H. Huang

凭证标本：青藏队 7978；高黎贡山考察队 34477。

一年生草本，高 25～50 cm。生长于海拔 1600～2443 m，常绿阔叶林缘沟边，秃杉林。

分布于独龙江（贡山县独龙江乡段）；贡山县茨开镇。（高黎贡山的西坡、东坡）

77. 柳叶菜科 Onagraceae

1. 贡山露珠草 Circaea taronensis H. Li

凭证标本：T. T. Yü 19971。

多年生草本，系 *Circaea alpina* subsp. *imaicola* × *C. cordata* 的杂交种，特征鉴于两种之间。生长于海拔 1800 m，潮湿林下。

分布于独龙江（贡山县独龙江乡段）。（高黎贡山的西坡）

81. 瑞香科 Thymelaeaceae

1. 云南瑞香 Daphne yunnanensis H. F. Zhou ex C. Y. Chang

凭证标本：高黎贡山考察队 29304；高黎贡山考察队 30302。

常绿灌木。生长于海拔 1930～2650 m，林下，林缘溪旁，竹丛中。

分布于腾冲市明光镇、界头镇。（高黎贡山的西坡）

84. 山龙眼科 Proteaceae

1. 潞西山龙眼 Helicia tsaii W. T. Wang

凭证标本：高黎贡山考察队 25402。

乔木，高 6～10 m。生长于海拔 1648 m，常绿阔叶林。

分布于保山市潞江镇。（高黎贡山的东坡）

88. 海桐花科 Pittosporaceae

1. 披针叶聚花海桐 Pittosporum balansae var. chatterjeeanum（Gowda）Z. Y. Zhang & Turland

凭证标本：模式标本。

常绿灌木。生长于海拔 1500～1800 m，河岸灌丛。

分布于泸水市片马镇。（高黎贡山的西坡）

2. 贫脉海桐 Pittosporum oligophlebium H. T. Chang & S. Z. Yan

常绿灌木，高约 2 m。生长于海拔 1800 m，山谷灌丛。

分布于龙陵县。（高黎贡山的东坡）

3. 厚皮香海桐 Pittosporum rehderianum var. ternstroemioides（C. Y. Wu）Z. Y. Zhang & Turland

凭证标本：王启无 90010。

常绿灌木，高达 3 m。

分布于龙陵县碧寨乡。（高黎贡山的东坡）

103. 葫芦科 Cucurbitaceae

1. 独龙江雪胆 Hemsleya dulongjiangensis C. Y. Wu

凭证标本：T. T. Yü 20394；高黎贡山考察队 21096。

多年生攀缘草本，具块茎，膨大。生长于海拔 1330～1400 m，常绿阔叶林；山坡，江边。

分布于独龙江（贡山县独龙江乡段）。（高黎贡山的西坡）

2. 大花雪胆 Hemsleya macrocarpa var. grandiflora（C. Y. Wu）D. Z. Li

凭证标本：李德铢 88198，88199。

多年生攀缘草本，具块茎，扁圆形或卵形。生长于海拔 1960 m，箐沟。

分布于福贡县匹河乡。（高黎贡山的东坡）

104. 秋海棠科 Begoniaceae

1. 腾冲秋海棠 Begonia clavicaulis Irmscher

凭证标本：Forrest 27158；高黎贡山考察队 7699。

多年生直立草本，高约 60 cm，具根茎，粗短。生长于海拔 1750～2100 m，常绿阔叶林。

分布于贡山县茨开镇。（高黎贡山的西坡、东坡）

2. 齿苞秋海棠 Begonia dentatobracteata C. Y. Wu

凭证标本：F. Kingdon Ward 326；南水北调队 1429。

多年生草本，具块茎。生长于海拔 1600～1900 m，常绿阔叶林崖壁上。

分布于泸水市片马镇。（高黎贡山的西坡）

3. 贡山秋海棠 Begonia gungshanensis C. Y. Wu

凭证标本：独龙江考察队 948；H. Li，R. Li & Z. L. Dao 15044。

多年生草直立本，高达 90 cm，具根茎念珠状，短而粗壮。生长于海拔 1400～2100 m，常绿阔叶林，河岸林下，山坡水沟边灌丛下。

分布于独龙江（贡山县独龙江乡段）。（高黎贡山的西坡）

108. 山茶科 Theaceae

1. 阔叶杨桐 Adinandra latifolia L. K. Ling

凭证标本：独龙江考察队 6999。

常绿乔木，高 10～15 m。生长于海拔 1300～1800 m，热带雨林，常绿阔叶林，江边阔叶林，水沟边疏林，灌丛。

分布于独龙江（贡山县独龙江乡段）；贡山县督都村河边。（高黎贡山的西坡、东坡）

2. 尖齿叶柃 Eurya perserrata Kobuski

凭证标本：独龙江（贡山县独龙江乡段）考察队 3198；高黎贡山考察队 32682。

常绿灌木，高 3 m。生长于海拔 1380～2600 m，常绿阔叶林，青冈栎林。

分布于独龙江（贡山县独龙江乡段）。（高黎贡山的西坡）

3. 独龙木荷 Schima sericans var. **paracrenata**（Hung T. Chang）T. L. Ming

凭证标本：独龙江（贡山县独龙江乡段）考察队 1850；高黎贡山考察队 8123。

常绿乔木，高 9～15 m。生长于海拔 1360～2400 m，常绿阔叶林；林缘，山坡，河谷。

分布于独龙江；福贡县上帕镇；泸水市片马镇、鲁掌镇。（高黎贡山的西坡、东坡）

112. 猕猴桃科 Actinidiaceae

1. 贡山猕猴桃 Actinidia pilosula（Finet & Gagnepain）Stapf ex Handel-Mazzetti

凭证标本：H. Li，Y. H. Ji & R. Li 14966；高黎贡山考察队 24321。

落叶攀缘灌木。生长于海拔 1600～2800 m，常绿阔叶林缘，秃杉林；林缘，山坡，山谷，河边，溪畔，路边。

分布于独龙江（贡山县独龙江乡段）；贡山县丙中洛乡、茨开镇；泸水市片马镇。（高黎贡山的西坡、东坡）

113. 水东哥科 Saurauiaceae

1. 粗齿水东哥 Saurauia erythrocarpa var. **grosseserrata** C. F. Liang & Y. S. Wang

凭证标本：T. T. Yü 20414，20466。

灌木，高 1~3 m。生长于海拔 1200~1350 m，常绿阔叶林；林缘。

分布于独龙江（贡山县独龙江乡段）。（高黎贡山的西坡）

118. 桃金娘科 Myrtaceae

1. 贡山蒲桃 Syzygium gongshanense P. Y. Bai

凭证标本：青藏队 8891，9188。

常绿乔木，高 5~6 m。生长于海拔 1600 m，常绿阔叶林。

分布于独龙江（贡山县独龙江乡段）。（高黎贡山的西坡）

120. 野牡丹科 Melastomataceae

1. 八蕊花 Sporoxeia sciadophila W. W. Smith

凭证标本：高黎贡山考察队 20382，32355。

灌木，高 100~120 cm。生长于海拔 2050~2400 m，常绿阔叶林，石栎-箭竹林；溪旁。

分布于独龙江（贡山县独龙江乡段）；福贡县石月亮乡、鹿马登乡、上帕镇；泸水市洛本卓乡；龙陵县。（高黎贡山的西坡、东坡）

128a. 杜英科 Elaeocarpaceae

1. 冯氏短穗杜英 Elaeocarpus brachystachyus var. fengii C. Chen & Y. Tang

凭证标本：毛品一 498；高黎贡山考察队 22597。

乔木，高达 17 m。生长于海拔 1400~2470 m，常绿阔叶林；山坡，河谷。

分布于独龙江（贡山县独龙江乡段）；贡山县丙中洛乡、茨开镇。（高黎贡山的西坡、东坡）

2. 短穗杜英 Elaeocarpus brachystachyus Hung T. Chang

凭证标本：独龙江（贡山县独龙江乡段）考察队 5065；高黎贡山考察队 12296。

乔木，高达 17 m。生长于海拔 1300~2200 m，常绿阔叶林；山坡，河谷，江边。

分布于独龙江（贡山县独龙江乡段）；贡山县茨开镇。（高黎贡山的西坡、东坡）

3. 滇西杜英 Elaeocarpus dianxiensis Y. Tang，Z. L. Dao & H. Li

凭证标本：高黎贡山考察队 17718，19545。

常绿乔木。生长于海拔 1675~2230 m，常绿阔叶林。

分布于福贡县鹿马登乡；保山市潞江镇；龙陵县龙江乡。（高黎贡山的东坡）

4. 高黎贡山杜英 Elaeocarpus gaoligongshanensis Y. Tang，Z. L. Dao & H. Li

凭证标本：高黎贡山考察队 10714，32644。

常绿乔木。生长于海拔 1470~2460 m，常绿阔叶林，石栎-冬青林，石栎-青冈林。

分布于独龙江（贡山县独龙江乡段）；保山市潞江镇；腾冲市界头镇、芒棒镇；龙

陵县龙江乡。（高黎贡山的西坡、东坡）

128. 椴树科 Tiliaceae

1. 长柄扁担杆 Grewia longipedunculata sp. nov.

凭证标本：高黎贡山考察队 9805。

灌木，高 2 m。生长于海拔 767～900 m，怒江河岸。

分布于泸水市六库镇。（高黎贡山的东坡）

141. 茶藨子科 Grossulariaceae

1. 贡山茶藨子 Ribes griffithii var. **gongshanense**（T. C. Ku）L. T. Lu

凭证标本：青藏队 8649。

灌木，高 2～3 m。生长于海拔 3200 m，冷杉林。

分布于独龙江（贡山县独龙江乡段）。（高黎贡山的西坡）

142. 八仙花科 Hydrangeaceae

1. 云南常山 Dichroa yunnanensis S. M. Hwang

凭证标本：独龙江（贡山县独龙江乡段）考察队 685；高黎贡山考察队 32724。

灌丛，高 150～200 cm。生长于海拔 1310～2000 m，常绿阔叶林，残留常绿阔叶林，河岸林，灌丛，附生于大树上、石岩上；林缘，山坡，沟边，河谷，河口。

分布于独龙江（贡山县独龙江乡段）。（高黎贡山的西坡）

2. 银针绣球 Hydrangea dumicola W. W. Smith

凭证标本：高黎贡山考察队 12301，28563。

灌木，高 250 cm。生长于海拔 2270～2910 m，常绿阔叶林，落叶阔叶林，冷杉-箭竹林。

分布于贡山县茨开镇；福贡县石月亮乡、鹿马登乡。（高黎贡山的东坡）

3. 泸水山梅花 Philadelphus lushuiensis T. C. Ku & S. M. Hwang

凭证标本：横断山队 2。

灌木，高约 3 m。生长于海拔 2300～2400 m，灌丛。

分布于泸水市。（高黎贡山的东坡）

4. 厚叶钻地风 Schizophragma crassum Handel-Mazzetti

凭证标本：冯国楣 8196；高黎贡山考察队 12534。

攀缘落叶灌木。生长于海拔 2250～2300 m，秃杉林，乔松林；攀缘于树上。

分布于贡山县茨开镇。（高黎贡山的东坡）

143. 蔷薇科 Rosaceae

1. 偃樱桃 Cerasus mugus（Handel-Mazzetti）Handel-Mazzetti

凭证标本：碧江队 1090；高黎贡山考察队 32005。

落叶灌木，高达 1 m。生长于海拔 1500～3840 m，冷杉林林缘，冷杉-杜鹃-箭竹灌丛，高山杜鹃灌丛，杜鹃-箭竹灌丛，灌丛，灌丛草甸，高山草甸；山坡，岩石上，湖滨。

分布于独龙江（察隅县日东乡段，贡山县独龙江乡段）；贡山县丙中洛乡、茨开镇；福贡县石月亮乡、鹿马登乡、匹河乡。（高黎贡山的西坡、东坡）

2. 小叶两列栒子 Cotoneaster nitidus var. parvifolius（T. T. Yü）T. T. Yü

凭证标本：T. T. Yü 19639。

落叶或半常绿灌木，高 250 cm。生长于海拔 2500～2700 m，多石山坡灌丛。

分布于独龙江（贡山县独龙江乡段）。（高黎贡山的西坡）

3. 短序绣线梅 Neillia breviracemosa T. C. Ku

凭证标本：昆明生态所 4425；高黎贡山考察队 24404。

落叶灌木，高 70 cm。生长于海拔 1400～2300 m，常绿阔叶林，次生常绿阔叶林，草丛，草甸；山坡，石山，路边。

分布于福贡县鹿马登乡、上帕镇、匹河乡；泸水市片马镇。（高黎贡山的西坡、东坡）

4. 福贡绣线梅 Neillia fugongensis T. C. Ku

凭证标本：青藏队 6922，7162。

落叶灌木，高 3 m。生长于海拔 1700～1800 m，常绿阔叶林；山坡，路边。

分布于福贡县鹿马登乡、上帕镇。（高黎贡山的东坡）

5. 大果委陵菜 Potentilla taronensis C. Y. Wu ex T. T. Yü & C. L. Li

凭证标本：T. T. Yü 20915；独龙江（贡山县独龙江乡段）考察队 5428。

多年生披散草本。生长于海拔 1650～3000 m，河岸林，石山坡。

分布于独龙江（贡山县独龙江乡段）。（高黎贡山的西坡）

6. 双花蔷薇 Rosa sinobiflora T. C. Ku-Rosa biflora T. C. Ku

凭证标本：青藏队 8778。

小灌木，高约 2 m。生长于海拔 2600 m，铁杉林。

分布于贡山县茨开镇。（高黎贡山的东坡）

7. 黄穗悬钩子 Rubus chrysobotrys Handel-Mazzetti

凭证标本：独龙江（贡山县独龙江乡段）考察队 717；高黎贡山考察队 21580。

灌木，高 2～3 m。生长于海拔 1700～2500 m，常绿阔叶林，铁杉林，灌丛；林下，沟边。

分布于独龙江（贡山县独龙江乡段）；贡山县茨开镇。（高黎贡山的西坡、东坡）

8. 托叶悬钩子 Rubus foliaceistipulatus T. T. Yü & L. T. Lu

凭证标本：武素功 6754；高黎贡山考察队 33155。

灌木，高达 2 m。生长于海拔 2100～2950 m，常绿阔叶林，铁杉林，石柯-青冈林，壳斗-樟林，槭树-杜鹃林，冷杉-云杉林，杜鹃灌丛；草地，山顶。

分布于独龙江（贡山县独龙江乡段）；贡山县茨开镇；福贡县石月亮乡、鹿马登乡、匹河乡；腾冲市猴桥镇。（高黎贡山的西坡、东坡）

9. 贡山蓬蘽 Rubus forrestianus Handel-Mazzetti

凭证标本：尹文清 60-1275。

灌木状藤本，长达 2 m。生长于海拔 1400～1880 m，路边，山坡疏林下。

分布于腾冲市曲石镇。（高黎贡山的西坡）

10. 贡山悬钩子 Rubus gongshanensis T. T. Yü & L. T. Lu

凭证标本：青藏队 8398；高黎贡山考察队 30515。

灌木，高 100～150 cm。生长于海拔 2700～3500 m，铁杉林，竹箐，灌丛，箭竹-白珠灌丛；林下。

分布于贡山县茨开镇；福贡县上帕镇；泸水市片马镇、鲁掌镇；腾冲市明光镇。

11. 矮生悬钩子 Rubus naruhashii Yi Sun & Boufford

凭证标本：T. T. Yü 19277；高黎贡山考察队 28554。

多年生矮小草本，高 3～10（～12）cm。生长于海拔 2790～3200 m，石柯-青冈林，落叶阔叶林，针叶林，铁杉-冷杉林，冷杉-箭竹林；石面上。

分布于独龙江（贡山县独龙江乡段）；贡山县丙中洛乡、茨开镇；福贡县石月亮乡、沙拉河谷；泸水市。（高黎贡山的西坡、东坡）

12. 荚蒾叶悬钩子 Rubus neoviburnifolius L. T. Lu & Boufford

凭证标本：H. Li，Z. L. Dao，L. W. Yin & R. Li 14045；高黎贡山考察队 28794。

攀缘灌木。生长于海拔 2040～2700 m，常绿阔叶林，灌丛，次生常绿阔叶林。

分布于福贡县石月亮乡、鹿马登乡；保山市芒宽乡。（高黎贡山的西坡、东坡）

13. 委陵悬钩子 Rubus potentilloides W. E. Evans

凭证标本：冯国楣 7944。

多年生矮小草本，高 3～8 cm。生长于海拔 2700～3500 m，杂木林。

分布于贡山县丙中洛乡。（高黎贡山的东坡）

14. 怒江悬钩子 Rubus salwinensis Handel-Mazzetti

凭证标本：尹文清 1333；李生堂 523。

攀缘灌木，高达 2 m。生长于海拔 1880～2070 m，山沟密林，沟边草丛。

分布于腾冲市猴桥镇、蒲川乡。（高黎贡山的西坡）

15. 独龙江悬钩子 Rubus taronensis C. Y. Wu ex T. T. Yü & L. T. Lu

凭证标本：独龙江（贡山县独龙江乡段）考察队 1507；高黎贡山考察队 33295。

攀缘灌木。生长于海拔 1310～2070 m，常绿阔叶林，冬青-罗伞林，灌丛，次生常绿阔叶林；山坡，江边，河谷，沟边，石上，林缘。

分布于独龙江（贡山县独龙江乡段）；贡山县茨开镇；福贡县石月亮乡；腾冲市猴桥镇。（高黎贡山的西坡、东坡）

16. 无毛俅江花楸 Sorbus kiukiangensis var. **glabrescens** T. T. Yü

凭证标本：T. T. Yü 20071。

落叶灌木或小乔木，高 3～7 m。

分布于独龙江（贡山县独龙江乡段）。（高黎贡山的西坡）

17. 怒江花楸 Sorbus salwinensis T. T. Yü & L. T. Lu

凭证标本：青藏队 9784；独龙江（贡山县独龙江乡段）考察队 6835。

落叶乔木，高 6~8 m。生长于海拔 2300~2500 m，杂木林；山脊。

分布于独龙江（贡山县独龙江乡段）。（高黎贡山的西坡）

148. 蝶形花科 Papilionaceae

1. 俅江黄芪 Astragalus chiukiangensis H. T. Tsai & T. T. Yü

凭证标本：T. T. Yü 19591；青藏队 7588。

多年生草本，高达 1 m。生长于海拔 2600~3400 m，铁杉林；沟边。

分布于独龙江（贡山县独龙江乡段）；贡山县丙中洛乡。（高黎贡山的西坡、东坡）

2. 独龙黄芪 Astragalus dulongjiangensis P. C. Li

凭证标本：青藏队 9850。

草本植物，高 40~60 cm。生长于海拔 2100 m。

分布于独龙江（贡山县独龙江乡段）。（高黎贡山的西坡）

3. 腾冲杭子梢 Campylotropis howellii Schindler

凭证标本：尹文清 1005，1073。

灌木或亚灌木，高约 1 m。生长于海拔 1930~2300 m，山坡，疏林。

分布于腾冲市曲石镇。（高黎贡山的西坡）

4. 九叶膨果豆 Phyllolobium enneaphyllum（P. C. Li）M. L. Zhang & Podlech

凭证标本：青藏队 9904。

多年生匍匐草本，长 40~60 cm。生长于疏林。

分布于独龙江（贡山县独龙江乡段）。（高黎贡山的西坡）

151. 金缕梅科 Hamamelidaceae

1. 俅江蜡瓣花 Corylopsis trabeculosa He & Cheng

凭证标本：独龙江（贡山县独龙江乡段）考察队 5325；高黎贡山考察队 21147。

灌木或小乔木，高 250~500 cm。生长于海拔 1300~2100 m，常绿阔叶林，河岸常绿林，灌丛，次生常绿阔叶林；河谷，河口，路边，山坡，树桩上，岩上阴湿处。

分布于独龙江（贡山县独龙江乡段）。（高黎贡山的西坡）

2. 长穗蜡瓣花 Corylopsis yui Hu & Cheng

凭证标本：独龙江（贡山县独龙江乡段）考察队 734；高黎贡山考察队 19890。

灌木，高 3~5 m。生长于海拔 1615~3000 m，常绿阔叶林，石柯-箭竹林，灌丛；林下，林缘，路边，山坡，溪边。

分布于独龙江（贡山县独龙江乡段）；贡山县丙中洛乡、茨开镇；福贡县上帕镇。

156. 杨柳科 Salicaceae

1. 齿苞矮柳 Salix annulifera var. dentata S. D. Zhao

凭证标本：T. T. Yü 19795。

低矮灌木，高达 50 cm。

分布于独龙江（贡山县独龙江乡段）。（高黎贡山的西坡）

2. 扭尖柳 Salix contortiapiculata P. Y. Mao & W. Z. Li

凭证标本：怒江队 705；高黎贡山考察队 28555。

灌木，高达 4 m。生长于海拔 3200～4270 m，针叶松-箭竹林，高山草甸。

分布于贡山县丙中洛乡；福贡县石月亮乡。（高黎贡山的东坡）

3. 贡山柳 Salix fengiana C. F. Fang & Chang Y. Yang

凭证标本：冯国楣 20157；青藏队 8798。

灌木，高达 150 cm。

分布于独龙江（贡山县独龙江乡段）；贡山县茨开镇。（高黎贡山的西坡、东坡）

4. 裸果贡山柳 Salix fengiana var. gymnocarpa P. Y. Mao & W. Z. Li

凭证标本：碧江队 1114；H. Li，Y. H. Ji & R. Li 14783。

灌木，高达 150 cm。生长于海拔 2770 m，原始常绿阔叶林；路边。

分布于贡山县丙中洛乡、茨开镇；福贡县沙拉河。（高黎贡山的东坡）

5. 孔目矮柳 Salix kungmuensis P. Y. Mao & W. Z. Li

凭证标本：怒江队 1054；碧江队 1745。

低矮灌木，高达 50 cm。

分布于独龙江（贡山县独龙江乡段）；福贡县沙拉河；泸水市片马镇。（高黎贡山的西坡、东坡）

6. 怒江柳 Salix nujiangensis N. Chao

凭证标本：H. Li，Y. H. Ji & R. Li 14783；高黎贡山考察队 27017。

灌木，高 150 cm。生长于海拔 2881～3700 m，针阔叶混交林，高山灌丛，箭竹-杜鹃灌丛，高山草甸；沼泽湿地，杜鹃沼泽，湖滨沼泽湿地。

分布于贡山县丙中洛乡、茨开镇；福贡县石月亮乡、鹿马登乡。（高黎贡山的东坡）

7. 类扇叶垫柳 Salix paraflabellaris S. D. Zhao

凭证标本：冯国楣 7867；T. T. Yü 19354。

匍匐灌木，高达 3 cm。

分布于贡山县丙中洛乡。（高黎贡山的东坡）

8. 岩壁垫柳 Salix scopulicola P. Y. Mao & W. Z. Li

凭证标本：T. T. Yü 19864。

垫状灌木，高达 10 cm。

分布于独龙江（贡山县独龙江乡段）。（高黎贡山的西坡）

9. 腾冲柳 Salix tengchongensis C. F. Fang

凭证标本：南水北调队 6861。

灌木。生长于海拔 1700 m。

分布于腾冲市猴桥镇。（高黎贡山的西坡）

161. 桦木科 Betulaceae

1. 贡山桦 Betula gynoterminalis Y. C. Hsu & C. J. Wang

凭证标本：Mao Pin-Yi 521；独龙江考察队 4844。

乔木，高达 7 m。生长于海拔 2350 m，常绿阔叶林。

分布于独龙江（贡山县独龙江乡段）。（高黎贡山的西坡）

163. 壳斗科 Fagaceae

1. 巴坡青冈 Cyclobalanopsis bapoensis H. Li & Y. C. Hsu

凭证标本：独龙江（贡山县独龙江乡段）考察队 5618，6917。

分布于独龙江（贡山县独龙江乡段）。（高黎贡山的西坡）

2. 独龙青冈 Cyclobalanopsis dulongensis H. Li & Y. C. Hsu

凭证标本：独龙江（贡山县独龙江乡段）考察队 3684，9941。

分布于独龙江（贡山县独龙江乡段）。（高黎贡山的西坡）

3. 俅江青冈 Cyclobalanopsis kiukiangensis Y. T. Chang ex Y. C. Hsu & H. W. Jen

凭证标本：独龙江（贡山县独龙江乡段）考察队 6160；高黎贡山考察队 34186。

乔木，高达 30 m。生长于海拔 1500～2550 m，常绿阔叶林，河岸常绿阔叶林，沟边杂木林，石砾-木荷林，针阔混交林；河谷，林内，林下。

分布于独龙江（贡山县独龙江乡段）；贡山县丙中洛乡、茨开镇；福贡县上帕镇。

4. 能铺拉青冈 Cyclobalanopsis nengpulaensis H. Li & Y. C. Hsu

凭证标本：独龙江（贡山县独龙江乡段）考察队 923，6468。

分布于独龙江（贡山县独龙江乡段）。（高黎贡山的西坡）

5. 窄叶石栎 Lithocarpus confinis Huang et Chang ex Y. C. Hsu & H. W. Jen

凭证标本：高黎贡山考察队 13151。

生长于海拔 2100 m，常绿阔叶林。

分布于保山市潞江镇。（高黎贡山的东坡）

6. 独龙石栎 Lithocarpus dulongensis H. Li & Y. C. Hsu

凭证标本：独龙江（贡山县独龙江乡段）考察队 6188，6525。

乔木，高达 20 m。生长于海拔 2250 m 的常绿阔叶林中。

分布于独龙江（贡山县独龙江乡段）。（高黎贡山的西坡）

167. 桑科 Moraceae

1. 贡山波罗蜜 Artocarpus gongshanensis S. K. Wu ex C. Y. Wu

凭证标本：青藏队 9223。

常绿乔木，高达 30 m。生长于海拔 1350 m，常绿阔叶林；山坡。

分布于独龙江（贡山县独龙江乡段）。（高黎贡山的西坡）

169. 荨麻科 Urticaceae

1. 厚苞楼梯草 Elatostema apicicrassum W. T. Wang

凭证标本：金效华等 0428；高黎贡山考察队 32691。

生长于海拔 2270 m，常绿阔叶林，石砾-青冈林。

分布于独龙江（贡山县独龙江乡段）。（高黎贡山的西坡）

2. 茨开楼梯草 Elatostema cikaiense W. T. Wang，sp. nov.

凭证标本：高黎贡山考察队 12217，15388。

生长于海拔 1850～2940 m，常绿阔叶林，秃杉林。

分布于贡山县茨开镇。（高黎贡山的东坡）

3. 兜船楼梯草 Elatostema cucullatonaviculare W. T. Wang

凭证标本：独龙江考察队 4402。

生长于海拔 1500 m，常绿阔叶林。

分布于独龙江（贡山县独龙江乡段）。（高黎贡山的西坡）

4. 指序楼梯草 Elatostema dactylocephalum W. T. Wang

凭证标本：高黎贡山考察队 23678。

生长于海拔 2016 m，常绿阔叶林。

分布于龙陵县镇安镇。（高黎贡山的东坡）

5. 拟盘托楼梯草 Elatostema dissectoides W. T. Wang

凭证标本：独龙江（贡山县独龙江乡段）考察队 4434，4472。

多年生草本，高约 1 m。生长于海拔 1240～1400 m，山谷常绿林。

分布于独龙江（贡山县独龙江乡段）。（高黎贡山的西坡）

6. 独龙楼梯草 Elatostema dulongense W. T. Wang

凭证标本：青藏队 9130。

多年生草本，高 30～40 cm。生长于海拔 1350 m，常绿阔叶林。

分布于独龙江（贡山县独龙江乡段）。（高黎贡山的西坡）

7. 锈茎楼梯草 Elatostema ferrugineum W. T. Wang

凭证标本：青藏队 9130a。

多年生直立草本，高 30～45 cm。生长于海拔 1350 m，常绿阔叶林。

分布于独龙江（贡山县独龙江乡段）。（高黎贡山的西坡）

8. 福贡楼梯草 Elatostema fugongense W. T. Wang

凭证标本：青藏队 6958。

生长于海拔 2200 m，常绿阔叶林。

分布于福贡县鹿马登乡。（高黎贡山的东坡）

9. 贡山楼梯草 Elatostema gungshanense W. T. Wang

凭证标本：青藏队 7467；独龙江（贡山县独龙江乡段）考察队 3628。

多年生草本，高 12～15 cm。生长于海拔 2400～2600 m，常绿阔叶林；山坡岩石上，路边。

分布于独龙江（贡山县独龙江乡段）；贡山县丙中洛乡。（高黎贡山的西坡、东坡）

10. 李恒楼梯草 Elatostema lihengianum W. T. Wang

凭证标本：独龙江（贡山县独龙江乡段）考察队 620，5027。

亚灌木，高 50～100 cm。生长于海拔 1300～1530 m，常绿阔叶林，河岸常绿阔叶林，河谷常绿阔叶林；河岸，林下岩石旁，瀑布滴水岩。

分布于独龙江（贡山县独龙江乡段）。（高黎贡山的西坡）

11. 紫脉托叶楼梯草 Elatostema nasutum var. atrocostatum W. T. Wang

凭证标本：高黎贡山考察队 s. n. 。

生长于海拔 1610 m，次生常绿阔叶林。

分布于福贡县石月亮乡。（高黎贡山的东坡）

12. 软鳞托叶楼梯草 Elatostema nasutum var. yui（W. T. Wang）W. T. Wang

凭证标本：T. T. Yü 19950；青藏队 8708。

生长于海拔 1900～2000 m，山间水边常绿林，水沟边常绿林；林下。

分布于独龙江（贡山县独龙江乡段）；贡山县茨开镇。（高黎贡山的西坡、东坡）

13. 尖牙楼梯草 Elatostema oxyodontum W. T. Wang

凭证标本：独龙江考察队 3558。

生长于海拔 1500 m，河谷灌丛。

分布于独龙江（贡山县独龙江乡段）。（高黎贡山的西坡）

14. 少叶楼梯草 Elatostema paucifolium W. T. Wang，sp. Nov.

凭证标本：高黎贡山考察队 10272，33084。

生长于海拔 1255～2450 m，河谷次生林，栎类常绿阔叶林。

分布于贡山县丙中洛乡；福贡县鹿马登乡；泸水市片马镇。（高黎贡山的西坡、东坡）

15. 片马楼梯草 Elatostema pianmaense W. T. Wang

凭证标本：高黎贡山考察队 24077。

生长于海拔 2057 m，次生常绿阔叶林。

分布于泸水市片马镇。

16. 宽角楼梯草 Elatostema platyceras W. T. Wang

凭证标本：横断山队 441。

多年生草本，高 44～80 cm。

分布于泸水市。

17. 假骤尖楼梯草 Elatostema pseudocuspidatum W. T. Wang

凭证标本：高黎贡山考察队 19563，34450。

多年生草本，高 30～40 cm。生长于海拔 2050～2410 m，原始常绿阔叶林，常绿阔叶林，乔松-石砾林。

分布于独龙江（贡山县独龙江乡段）；福贡县鹿马登乡；泸水市洛本卓乡；腾冲市界头镇。（高黎贡山的西坡、东坡）

18. 拟托叶楼梯草 Elatostema pseudonasutum W. T. Wang

凭证标本：独龙江考察队 3823。

生长于海拔 1380 m，常绿阔叶林。

分布于独龙江（贡山县独龙江乡段）。（高黎贡山的西坡）

19. 拟宽叶楼梯草 Elatostema pseudoplatyphylla W. T. Wang

凭证标本：独龙江（贡山县独龙江乡段）考察队 456；H. Li, Y. H. Ji & R. Li 14939。

生长于海拔 1350～2080 m，原始常绿阔叶林，常绿阔叶林，次生常绿阔叶林。

分布于独龙江（贡山县独龙江乡段）；贡山县茨开镇。（高黎贡山的西坡、东坡）

20. 钦郎当楼梯草 Elatostema tenuicaudatoides var. orientale W. T. Wang

凭证标本：独龙江考察队 1157，4470。

亚灌木，高 25～45 cm。

生长于海拔 1500～1850 m，河谷灌丛；滴水岩下。

分布于独龙江。（贡山县独龙江乡段）

21. 三茎楼梯草 Elatostema tricaule W. T. Wang

凭证标本：高黎贡山考察队 30000。

生长于海拔 2010 m，石砾-木荷林。

分布于腾冲市瑞滇乡云峰山。（高黎贡山的西坡）

22. 文采楼梯草 Elatostema wangii Q. Lin & L. D. Duan

凭证标本：独龙江（贡山县独龙江乡段）考察队 4482。

多年生草本，高 100～150 cm。生长于海拔 1240 m，河谷常绿阔叶林。

分布于独龙江（贡山县独龙江乡段）。（高黎贡山的西坡）

23. 赤车冷水花 Pilea pellionioides C. J. Chen

凭证标本：独龙江（贡山县独龙江乡段）考察队 821；高黎贡山考察队 22354。

多年生粗壮草本或亚灌木，有匍匐茎，高达 120 cm。生长于海拔 1300～2700 m，常绿阔叶林，河谷常绿林，河岸杂木林，河谷灌丛；河谷沟边，林下，箐沟，阴湿处。

分布于独龙江（贡山县独龙江乡段）；贡山县茨开镇。（高黎贡山的西坡、东坡）

24. 察隅荨麻 Urtica zayuensis C. J. Chen

凭证标本：独龙江（贡山县独龙江乡段）考察队 512，5208。

生长于海拔 1300～2000 m，次生灌丛。

分布于独龙江（贡山县独龙江乡段）。（高黎贡山的西坡）

171. 冬青科 Aquilifoliaceae

1. 龙陵冬青 Ilex cheniana T. R. Dudley

凭证标本：庞金虎 8011；高黎贡山考察队 26107。

常绿小乔木，高约 5 m。生长于海拔 1300～1740 m，栲-木荷林。

分布于保山市潞江镇；腾冲市五合乡。（高黎贡山的西坡、东坡）

2. 小核冬青 Ilex micropyrena C. Y. Wu ex Y. R. Li

凭证标本：冯国楣 8070，29356。

常绿灌木，高约 170 cm。生长于海拔 1500～2211 m，常绿阔叶林，石柯-冬青林，石柯-箭竹林，石柯林，石柯-青冈林，壳斗-樟林，落叶阔叶林，河边灌丛，次生常绿阔叶林。

分布于独龙江（贡山县独龙江乡段）；贡山县茨开镇；福贡县亚姆河-南岔乡；腾冲市明光镇、界头镇、曲石镇、五合乡。（高黎贡山的西坡、东坡）

3. 拟长尾冬青 Ilex sublongecaudata C. J. Tseng & S. Liu ex Y. R. Li

凭证标本：青藏队 7137。

常绿灌木，高约 2 m。生长于海拔 1700～1800 m，山坡常绿阔叶林缘。

分布于福贡县上帕镇。（高黎贡山的东坡）

4. 独龙冬青 Ilex yuana S. Y. Hu

凭证标本：独龙江（贡山县独龙江乡段）考察队 978；高黎贡山考察队 32392。

常绿灌木，高 50～400 cm。生长于海拔 1250～2525 m，常绿阔叶林，山坡常绿阔叶林缘，河岸林，河边杂木林缘，江边阔叶林，灌丛，河谷灌丛，山顶火烧地，山坡灌丛；林内，路边。

分布于独龙江（贡山县独龙江乡段）；保山市潞江镇；腾冲市猴桥镇、五合乡。

173. 卫矛科 Celastraceae

1. 圆果假卫矛 Microtropis sphaerocarpa C. Y. Cheng & T. C. Kao

凭证标本：高黎贡山考察队 24904。

小乔木，高 2～3 m。生长于海拔 1713 m，常绿阔叶林。

分布于腾冲市五合乡。（高黎贡山的西坡）

185. 桑寄生科 Loranthaceae

1. 贡山梨果寄生 Scurrula gongshanensis H. S. Kiu

凭证标本：冯国楣 7318。

灌木，高约 1 m，寄生于海拔 1700～2000 m 的常绿阔叶林中树上。

分布于贡山县。（高黎贡山的东坡）

193. 葡萄科 Vitaceae

1. 贡山蛇葡萄 Ampelopsis gongshanensis C. L. Li

凭证标本：青藏队 9388；高黎贡山考察队 33363。

藤本。生长于海拔 1330～1500 m，常绿阔叶林，山坡常绿阔叶林，核桃-润楠林。

分布于独龙江（贡山县独龙江乡段）；贡山县茨开镇。（高黎贡山的西坡、东坡）

2. 福贡乌蔹梅 Cayratia fugongensis C. L. Li

凭证标本：青藏队 7048。

半木质或草质藤本。

分布于福贡县鹿马登乡。（高黎贡山的东坡）

200. 槭树科 Aceraceae

1. 怒江光叶枫 Acer laevigatum var. salweenense（W. W. Smith）J. M. Cowan ex W. P. Fang

凭证标本：独龙江考察队 4017；高黎贡山考察队 30955。

乔木，高 10～15 m。生长于海拔 1200～2400 m，常绿阔叶林，河谷阔叶林，石栎-高山栲林；河边，峡谷。

分布于独龙江；贡山县丙中洛乡、茨开镇；福贡县上帕镇；泸水市；腾冲市芒棒镇。（高黎贡山的西坡、东坡）

204. 省沽油科 Staphyleaceae

1. 腺齿省沽油 Staphylea shweliensis W. W. Smith

凭证标本：Forrest 15800。

乔木或灌木，高 6～9 m。

分布于腾冲市。（高黎贡山的西坡）

2. 大籽山香园 Turpinia macrosperma C. C. Huang

凭证标本：李恒、刀志灵、尹立伟、李嵘 13924；高黎贡山考察队 32328。

乔木，高 8～20 m。生长于海拔 1150～1680 m，热带雨林，常绿阔叶林，潮湿林中。

分布于独龙江（贡山县独龙江乡段）；保山市芒宽乡。（高黎贡山的西坡、东坡）

212. 五加科 Araliaceae

1. 独龙楤木 Aralia kingdon-wardii J. Wen，Esser & Lowry

凭证标本：高黎贡山考察队 21100，21255。

生长于海拔 1660 m，常绿阔叶林。

分布于独龙江（贡山县独龙江乡段）。（高黎贡山的西坡）

2. 百来楤木 Aralia sp.

凭证标本：高黎贡山考察队 21756，21793。

生长于海拔 1710 m，常绿阔叶林。

分布于独龙江（贡山县独龙江乡段）。（高黎贡山的西坡）

3. 瑞丽罗伞 Brassaiopsis shweliensis W. W. Smith

凭证标本：南水北调队 8030；高黎贡山考察队 30461。

乔木，高约 8 m。生长于海拔 1960～2800 m，常绿阔叶林，石柯林，石柯-冬青林，石柯-罗伞林，杜鹃-壳斗林，次生常绿阔叶林；林中，山坡，林下。

分布于泸水市片马镇、鲁掌镇、六库镇；腾冲市明光镇、界头镇；龙陵。

4. 王氏竹节参 Panax japonicus C. A. Meyer var. wangianus（Sun）J. Wen

凭证标本：碧江队 1334；武素功 8160。

草本，高 50～80（～100）cm；具根茎，鞭毛或念珠状。生长于海拔 1950～2900 m，山谷常绿阔叶林，山坡常绿阔叶林，山沟边常绿阔叶林，阔叶林中阴湿处；林中，林下，路边。

分布于独龙江（贡山县独龙江乡段）；贡山县丙中洛乡；福贡县上帕镇、沙拉河谷；泸水市片马镇；腾冲市猴桥镇。（高黎贡山的西坡、东坡）

5. 贡山三七 Panax shangianus J. Wen

凭证标本：高黎贡山考察队 12263，32696。

生长于海拔 1650～2750 m，常绿阔叶林，壳斗-樟林，石柯-木荷林，石柯-青冈林，石柯-云南松林，硬叶常绿阔叶林。

分布于独龙江（贡山县独龙江乡段）；贡山县丙中洛乡、茨开镇；福贡县石月亮乡、鹿马登乡；泸水市洛本卓乡。（高黎贡山的西坡、东坡）

213. 伞形科 Umbelliferae

1. 腾冲独活 Heracleum stenopteroides Fedde ex H. Wolff

凭证标本：高黎贡山考察队 31616。

多年生草本，高 80～120 cm。

生长于海拔 3800 m，高山草甸。

2. 盾叶天胡荽 Hydrocotyle peltatum D. D. Tao ex H. Li，R. Li

凭证标本：H. Li & R. Li 1143；高黎贡山考察队 17508。

生长于海拔 1500 m，灌丛。

分布于保山市芒宽乡；龙陵县镇安镇。（高黎贡山的东坡）

3. 贡山藁本 Ligusticum gongshanense Pu，R. Li & H. Li

凭证标本：高黎贡山考察队 32097。

生长于海拔 3350 m，溪旁草甸。

分布于贡山县茨开镇。（高黎贡山的东坡）

4. 三裂叶棱子芹 Pleurospernum tripartitum Pu，R. Li & H. Li

凭证标本：高黎贡山考察队 27178。

生长于海拔 3120 m，冷杉-杜鹃-箭竹林。

分布于福贡县鹿马登乡。（高黎贡山的东坡）

215. 杜鹃花科 Ericaceae

1. 膜叶锦绦花 Cassiope membranifolia R. C. Fang

凭证标本：南水北调队 8423；高黎贡山考察队 27123。

灌木，茎匍匐，长约 26 cm。

分布于泸水市片马镇。（高黎贡山的西坡）

2. 拟苔藓白珠 Gaultheria bryoides P. W. Fritsch & L. H. Zhou

灌木，高 1～3 m，生于海拔 3300 m 的高山灌丛。

凭证标本：高黎贡山考察队 9514。

3. 苍山白珠 Gaultheria cardiosepala Handel-Mazzetti

凭证标本：独龙江考察队 16918；高黎贡山考察队 25749。

灌木，高 4～14（～20）cm。生长于海拔 2130～3350 m，常绿阔叶林，铁杉林，杜鹃-箭竹灌丛。

分布于独龙江（贡山县独龙江乡段）；贡山县茨开镇；泸水市洛本卓乡、片马镇；腾冲市猴桥镇。

4. 短穗白珠 Gaultheria notabilis J. Anthony

凭证标本：Forrest 26722；高黎贡山考察队 10983。

亚灌木，高 30～40 cm。

分布于腾冲市。（高黎贡山的西坡）

5. 平卧白珠 Gaultheria prostrata W. W. Smith

凭证标本：Forrest 14371。

匍匐灌木，高 10～20 cm。

分布于贡山县。（高黎贡山的西坡）

6. 假短穗白珠 Gaultheria pseudonotabilis H. Li ex R. C. Fang

凭证标本：独龙江考察队 915；高黎贡山考察队 33398。

灌木，高 1～2（～3）m。生长于海拔 1300～3350 m，常绿阔叶林，旱冬瓜林，木荷-冬青林，石柯-木荷林，落叶阔叶林，灌丛，杜鹃-箭竹灌丛；跌水下，河岸灌丛树上附生，河边石上，河谷附生，火烧地边，林中，路边。

分布于独龙江（贡山县独龙江乡段）；贡山县茨开镇。（高黎贡山的西坡、东坡）

7. 延序西藏白珠 Gaultheria wardii var. **elongata** R. C. Fang

凭证标本：独龙江（贡山县独龙江乡段）考察队 1087；青藏队 8925。

直立灌木，高 50～200（～300）cm。生长于海拔 1800～2000 m，山坡阔叶林边。

分布于独龙江（贡山县独龙江乡段）。（高黎贡山的西坡）

8. 碧江杜鹃 Rhododendron bijiangense T. L. Ming

凭证标本：Yang Jin-Sheng 83；高黎贡山考察队 31706。

灌木，高约 1 m。

分布于福贡县。（高黎贡山的东坡）

9. 白花卵叶杜鹃 Rhododendron callimorphum var. **myiagrum**（I. B. Balfour & Forrest）D. F. Chamber

凭证标本：Forrest 17993；高黎贡山考察队 34489。

灌木，高约 3 m。

分布于腾冲市。（高黎贡山的西坡）

10. 香花白杜鹃 Rhododendron ciliipes Hutchinson

凭证标本：独龙江（贡山县独龙江乡段）考察队 5403；高黎贡山考察队 24375。

灌木，高 1～2 m。生长于海拔 1360～2950 m，常绿阔叶林，石柯-冬青林，石柯-杜鹃林，石柯-青冈林，石柯-铁杉林，杂木林中。

分布于独龙江（贡山县独龙江乡段）；福贡县匹河乡；泸水市片马镇、鲁掌镇、六库镇；腾冲市明光镇、界头镇。

11. 腺背长粗毛杜鹃 Rhododendron crinigerum var. **euadenium** Tagg & Forrest

凭证标本：K. M. Feng 7828；Forrest 25619。

灌木，高 1～6 m。

分布于贡山县丙中洛乡。（高黎贡山的东坡）

12. 可喜杜鹃 Rhododendron dichroanthum subsp. **apodectum**（I. B. Balfour & W. W. Smith）Cowan

凭证标本：杨竞生 1346；碧江队 1152。

低矮灌木，高 100～250 cm。生长于海拔 2600～3600 m，山坡林缘灌丛，高山草地边。

分布于贡山县；福贡县石月亮乡、匹河乡；腾冲市。（高黎贡山的西坡、东坡）

13. 杯萼两色杜鹃 Rhododendron dichroanthum subsp. **scyphocalyx**（I. B. Balfour & Forrest）Cowan

凭证标本：碧江队 1802；杨增宏 80-0044。

低矮灌木，高 100～250 cm。生长于海拔 2900～3650 m，河边混交林，灌丛，杜鹃灌丛。

分布于贡山县丙中洛乡、茨开镇；福贡县；泸水市片马镇。（高黎贡山的西坡、东坡）

14. 腺梗两色杜鹃 Rhododendron dichroanthum subsp. **septentrionale** Cowan

凭证标本：杨增宏 80-0373；高黎贡山考察队 28695。

低矮灌木，高 100～250 cm。生长于海拔 3000～3730 m，杜鹃灌丛，杜鹃-箭竹灌丛，草甸。

分布于贡山县；福贡县石月亮乡、鹿马登乡；泸水市片马镇。（高黎贡山的西坡、东坡）

15. 滇西杜鹃 Rhododendron euchroum I. B. Balfour & Kingdon Ward

凭证标本：He Zhi-Gan 428，499。

小灌木，高 50~60 cm。

分布于福贡县。（高黎贡山的东坡）

16. 泸水杜鹃 Rhododendron flavoflorum T. L. Ming

凭证标本：滇西北分队 10936。

小乔木，高约 3 m。生长于海拔 2700 m。

分布于泸水市鲁掌镇。（高黎贡山的东坡）

17. 翅柄杜鹃 Rhododendron fletcherianum Davidian

凭证标本：J. F. Rock 22302；怒江考察队 790330。

灌木，高 60~120 cm。生长于海拔 3450 m，路边悬崖山坡上。

分布于独龙江（察隅段）；贡山县。（高黎贡山的西坡、东坡）

18. 贡山杜鹃 Rhododendron gongshanense T. L. Ming

凭证标本：独龙江考察队 4932；高黎贡山考察队 22039。

灌木，高 2~4 m。生长于海拔 2100~2800 m，常绿阔叶林，山地常绿林，山地原始林，针阔混交林；林内，林下，林中。

分布于独龙江（贡山县独龙江乡段）；贡山县茨开镇。（高黎贡山的西坡、东坡）

19. 朱红大杜鹃 Rhododendron griersonianum I. B. Balfour & Forrest

凭证标本：武素功 6864；高黎贡山考察队 30827。

灌木，高约 130 m。生长于海拔 1690~1790 m，河边杂木林下，石柯林，石柯-桤木林。

分布于腾冲市猴桥镇。（高黎贡山的西坡）

20. 粗毛杜鹃 Rhododendron habrotrichum I. B. Balfour & W. W. Smith

凭证标本：杨竞生 63-1413；夏德云 BG069。

灌木，高 120~350 cm。生长于海拔 3000 m，林中。

分布于腾冲市猴桥镇。（高黎贡山的西坡）

21. 毛冠亮鳞杜鹃 Rhododendron heliolepis var. **oporinum**（I. B. Balfour & Kingdon Ward）A. L. Chang ex R. C. Fang

凭证标本：碧江队 1803；青藏队 7655。

常绿灌木或有时小乔木，高（1~）2~5（~6）m。生长于海拔 2800~3400 m，山坡云南松林下，山坡林间灌丛。

分布于独龙江（察隅段）；福贡县；泸水市片马镇。（高黎贡山的西坡、东坡）

22. 凸脉杜鹃 Rhododendron hirsutipetiolatum A. L. Chang & R. C. Fang

凭证标本：杨增宏 25。

常绿灌木，高达 5 m。

分布于福贡县。（高黎贡山的东坡）

23. 粉果杜鹃 Rhododendron hylaeum I. B. Balfour & Farrer

凭证标本：独龙江（贡山县独龙江乡段）考察队 5331；高黎贡山考察队 26906。

灌木或小乔木，高 6～12 m。生长于海拔 2500～3450 m，常绿阔叶林，石柯-青冈林，沟边杂木林，针阔叶混交林，松林。

分布于独龙江（贡山县独龙江乡段）；贡山县丙中洛乡；福贡县石月亮乡、鹿马登乡。

24. 独龙杜鹃 Rhododendron keleticum I. B. Balfour & Forrest

凭证标本：高黎贡山考察队 33909，12675。

匍匐小灌木，高 5～30 cm。生长于海拔 2000～3730 m，常绿阔叶林，针叶林，高山灌丛，箭竹灌丛，杜鹃-箭竹灌丛，高山草甸；沟边竹箐边，灌丛下阴湿处，森林下，山坡草地上，山坡灌丛，岩坡上，路旁沟边。

分布于独龙江（贡山县独龙江乡段）；贡山县丙中洛乡、茨开镇；福贡县石月亮乡、鹿马登乡、上帕镇。（高黎贡山的西坡、东坡）

25. 星毛杜鹃 Rhododendron kyawii Lace & W. W. Smith

凭证标本：南水北调队 8254；高黎贡山考察队 22802。

灌木，高 5～10 m。生长于海拔 1600～2500 m，常绿阔叶林，山坡常绿阔叶林；林中。

分布于独龙江（贡山县独龙江乡段）；福贡县上帕镇；泸水市片马镇。（高黎贡山的西坡、东坡）

26. 常绿糙毛杜鹃 Rhododendron lepidostylum I. B. Balfour & Forrest

凭证标本：Forrest 18143。

常绿灌木，高 30～150 cm。

分布于腾冲市。（高黎贡山的西坡）

27. 鳞腺杜鹃 Rhododendron lepidotum Wallich ex G. Don

凭证标本：王启无 66459；青藏队 10610。

常绿小灌木，高 50～150（～200）cm。生长于海拔 3600～4000 m，山坡冷杉林；岩石缝，云杉林缘。

分布于独龙江（察隅县日东乡段）。（高黎贡山的西坡）

28. 长蒴杜鹃 Rhododendron mackenzianum Forrest

凭证标本：独龙江考察队 1760，22550。

灌木或小乔木，高 3（～12）m。生长于海拔 1450～2800 m，常绿阔叶林，残留林，河边原始林，山地常绿林，山坡阔叶林，北山沟谷常绿林，河岸林，东岸杂木林，沟边杂木林，次生常绿阔叶林；河边，林中，林内，林下，林缘，山坡。

分布于独龙江（贡山县独龙江乡段）；贡山县茨开镇；福贡县鹿马登乡、上帕镇、

匹河乡；保山市潞江镇；腾冲市芒棒镇。（高黎贡山的西坡、东坡）

29. 羊毛杜鹃 Rhododendron mallotum I. B. Balfour & Kingdon Ward
凭证标本：武素功 8375；碧江队 1804。
常绿灌木或小乔木，高 3～6（～8）m。生长于海拔 3300～3500 m，山脊阳处杜鹃林中。
分布于泸水市片马镇。（高黎贡山的西坡）

30. 红萼杜鹃 Rhododendron meddianum Forrest var. **meddianum**
凭证标本：南水北调队 6887；夏德云 BG067。
灌木，高 1～2 m。生长于海拔 2600～3600 m，山坡杜鹃林。
分布于贡山县；腾冲市猴桥镇。（高黎贡山的西坡、东坡）

31. 腺房红萼杜鹃 Rhododendron meddianum var. **atrokermesinum** Tagg
凭证标本：Forrest 26499。
灌木，高 1～2 m。
分布于泸水市。（高黎贡山的西坡、东坡）

32. 碧江亮毛杜鹃（变种）Rhododendron microphyton var. **trichanthum** A. L. Chang ex R. C. Fang
凭证标本：高黎贡山考察队 19525。
常绿直立灌木，高 1～2（～5）m。生长于海拔 1388 m，次生常绿阔叶林。
分布于福贡县马吉乡。（高黎贡山的东坡）

33. 网眼火红杜鹃 Rhododendron neriiflorum var. **agetum**（I. B. Balfour & Forrest）T. L. Ming
凭证标本：碧江队 1793。
灌木，高 1～3 m。生长于海拔 2800 m，铁杉林。
分布于泸水市。（高黎贡山的东坡）

34. 腺柄杯萼杜鹃 Rhododendron pocophorum var. **hemidartum**（I. B. Balfour ex Tagg）D. F. Chamberlain
凭证标本：J. F. Rock 10145；Forrest 20028。
常绿灌木，高 60～300 cm
分布于独龙江（察隅段）；贡山。（高黎贡山的东坡）

35. 翘首杜鹃 Rhododendron protistum I. B. Balfour & Forrest var. **protistum**
凭证标本：独龙江（贡山县独龙江乡段）考察队 709；高黎贡山考察队 30225。
乔木，高 5～10 m。生长于海拔 1900～3000 m，山坡常绿阔叶林，石柯-杜鹃林，石柯-青冈林，山坡混交林，北山灌丛，杜鹃林；林中，沟边，山脊。
分布于独龙江（贡山县独龙江乡段）；贡山县丙中洛乡、茨开镇；腾冲市界头镇。

36. 大树杜鹃 Rhododendron protistum var. **giganteum**（Forrest）D. F. Chamberlain
凭证标本：独龙江考察队 3069；高黎贡山考察队 20311。

乔木，高 5～10 m。生长于海拔 2100～2500 m，常绿阔叶林，原始常绿林；沟谷中，林中。

分布于独龙江（贡山县独龙江乡段）；福贡县鹿马登乡；腾冲市明光镇、界头镇。

37. 褐叶杜鹃 Rhododendron pseudociliipes Cullen

凭证标本：青藏队 7948；高黎贡山考察队 31030。

灌木，高 60～200 cm。生长于海拔 1900～2430 m，常绿阔叶林，石柯-木荷林，山脊杂木林，杜鹃-箭竹灌丛。

分布于独龙江（贡山县独龙江乡段）；泸水市片马镇；腾冲市界头镇、瑞滇乡。

38. 菱形叶杜鹃 Rhododendron rhombifolium R. C. Fang

凭证标本：独龙江（贡山县独龙江乡段）考察队 3294，5470。

灌木，通常附生，高 2～3 m。生长于海拔 1400～2000 m，常绿林，河岸林；河谷灌丛，河口，山坡路边灌丛，杂木林中树上。

分布于独龙江（贡山县独龙江乡段）；贡山县茨开镇。（高黎贡山的西坡、东坡）

39. 红晕杜鹃 Rhododendron roseatum Hutchinson-*Rhododendron lasiopodum* Hutchinson

凭证标本：怒江考察队 359；杨增宏 80-0073。

灌木，有时小乔木，高 120～300 cm。生长于海拔 2000～3000 m，阔叶林，杂木林，山坡阳处灌木丛；水沟边，悬崖上。

分布于福贡县上帕镇；腾冲市猴桥镇。（高黎贡山的西坡、东坡）

40. 裂萼杜鹃 Rhododendron schistocalyx I. B. Balfour & Forrest

凭证标本：Forrest 17637。

灌木，高 5～7 m。

分布于腾冲市。（高黎贡山的西坡）

41. 黄花泡泡叶杜鹃 Rhododendron seinghkuense Kingdon Ward ex Hutchinson

凭证标本：独龙江考察队 725，高黎贡山考察队 12440。

匍匐或直立灌木，通常附生，高 30～90 cm。生长于海拔 1880～3500 m，常绿阔叶林；林下阴湿，林中附生，山坡阔叶林银叶杜鹃树干上，山坡针阔混交林下，树上附生。

分布于独龙江（贡山县独龙江乡段）；贡山县茨开镇。（高黎贡山的西坡、东坡）

42. 薄枝杜鹃 Rhododendron taronense Hutchinson

凭证标本：独龙江考察队 3766；高黎贡山考察队 20556。

灌木，有时附生，高 120～300 m。生长于海拔 1250～1600 m，常绿阔叶林，河谷常绿林，河谷灌丛；河岸石壁上，林中。

分布于独龙江（贡山县独龙江乡段）。（高黎贡山的西坡）

43. 泡毛杜鹃 Rhododendron vesiculiferum Tagg

凭证标本：T. T. Yü 19650；高黎贡山考察队 32694。

灌木或小乔木，高 150～300 cm。

分布于独龙江（贡山县独龙江乡段）。（高黎贡山的西坡）

44. 白面杜鹃 Rhododendron zaleucum I. B. Balfour & W. W. Smith

凭证标本：碧江队 1043；高黎贡山考察队 30556。

灌木或小乔木，高 1～3（～6）m。生长于海拔 1300～3640 m，石柯-冬青林，石柯-青冈林，石柯-铁杉林，杜鹃-栎林中，杜鹃-铁杉林，箭竹-白珠灌丛，杜鹃-箭竹灌丛；山顶阳处杜鹃林中，山坡杜鹃林中，杂木林边，山脊路边。

分布于福贡县；泸水市片马镇、鲁掌镇；腾冲市明光镇、猴桥镇、曲石镇。

216. 越桔科 Vacciniaceae

1. 中型树萝卜 Agapetes interdicta（Handel-Mazzetti）Sleumer

凭证标本：独龙江考察队 4986；高黎贡山考察队 13766。

常绿灌木，高 30～60 cm。生长于海拔 1500～3300 m，常绿阔叶林，冷杉杜鹃林，铁杉林。

分布于独龙江（贡山县独龙江乡段）；贡山县茨开镇；缅甸南塔迈河谷。（高黎贡山的西坡、东坡）

2. 无毛灯笼花 Agapetes lacei var. glaberrima Airy Shaw

凭证标本：C. W. Wang 21597；H. Li，Y. H. Ji & R. Li 14406。

常绿灌木，高 30～90 cm，具根茎，块茎状。生长于海拔 1560 m，次生常绿阔叶林。

分布于贡山县丙中洛乡。（高黎贡山的东坡）

3. 绒毛灯笼花 Agapetes lacei var. tomentella Airy Shaw

凭证标本：Xia De-Yun BG055；高黎贡山考察队 30332。

常绿灌木，高 30～90 cm，具根茎，块茎状。生长于海拔 1930～2650 m，常绿阔叶林，石柯-冬青林，石柯-青冈林。

分布于贡山县丙中洛乡；福贡县石月亮乡；腾冲市明光镇、界头镇、猴桥镇。

4. 杯梗树萝卜 Agapetes pseudogriffithii Airy Shaw

凭证标本：南水北调队 8597；独龙江考察队 3212。

常绿灌木，高 40～100（～200）cm，具根茎，纺锤形。生长于海拔 1350～1800 m，江边阔叶林树上。

分布于独龙江（贡山县独龙江乡段）。（高黎贡山的西坡）

5. 灯台越桔 Vaccinium bulleyanum（Diels）Sleumer

凭证标本：独龙江考察队 2334；高黎贡山考察队 14485。

常绿灌木，高 120～250 cm。生长于海拔 1930～2710 m，石柯-青冈林，石柯-冬青林。

分布于独龙江（贡山县独龙江乡段）；泸水市片马镇；腾冲市界头镇。（高黎贡山的西坡）

221. 柿树科 Ebenaceae

1. 腾冲柿 Diospyros forrestii J. Anthony

凭证标本：高黎贡山考察队 31056，31057。

乔木，高 6～12 m。生长于海拔 1525～1650 m，常绿阔叶林。

分布于保山市芒宽乡；腾冲市芒棒镇。（高黎贡山的西坡、东坡）

224. 安息香科 Styracaceae

1. 贡山木瓜红 Rehderodendron gongshanense Y. C. Tang

凭证标本：Li Rong 15221；高黎贡山考察队 32557。

乔木，高达 10 m。生长于海拔 1270～1400 m，热带雨林。

分布于独龙江（贡山县独龙江乡段）；贡山县茨开镇。

229. 木犀科 Oleaceae

1. 疏花木犀榄 Olea laxiflora H. L. Li

凭证标本：独龙江考察队 776；高黎贡山考察队 22002。

灌木，高约 250 cm。生长于海拔 1360～2100 m，常绿阔叶林，青冈林；河边。

分布于独龙江（贡山县独龙江乡段）。（高黎贡山的东坡）

231. 萝藦科 Asclepiadaceae

1. 贡山球兰（云南蜂出巢）Hoya lii C. M. Burton

凭证标本：青藏队 9253。

攀缘灌木，高达 2 m。

分布于独龙江（贡山县独龙江乡段）。（高黎贡山的西坡）

2. 怒江球兰 Hoya salweenica Tsiang & P. T. Li

凭证标本：T. T. Yü 23006；独龙江考察队 909。

附生灌木。茎可达 2 m。生长于海拔 1350 m，河岸林。

分布于独龙江（贡山县独龙江乡段）。（高黎贡山的西坡）

3. 单花球兰 Hoya uniflora D. D. Tao

凭证标本：X. C. Shi & S. X. Yang 544。

生长于海拔 1820 m，附生于常绿阔叶林树上。

分布于保山市芒宽乡。（高黎贡山的东坡）

232. 茜草科 Rubiaceae

1. 瑞丽茜树 Fosbergia shweliensis（J. Anthony）Tirvengadum & Sastre

凭证标本：高黎贡山考察队 11584，31068。

乔木，高 8～20 m。生长于海拔 1190～2210 m，常绿阔叶林，石柯-冬青林，石柯-木荷林，石柯-山茶林，杜鹃-壳斗林，石柯-杜鹃林，次生常绿阔叶林；山地雨林，林下阴处。

分布于保山市潞江镇；腾冲市界头镇、曲石镇、芒棒镇、五合乡；龙陵县龙江乡、镇安镇。

2. 短柄腺萼木 Mycetia brevipes F. C. How ex S. Y. Jin & Y. L. Chen。

凭证标本：H. Li, Z. L. Dao & R. Li 579；高黎贡山考察队 32534。

灌木，高约 1 m。生长于海拔 1330～2100 m，常绿阔叶林。

分布于独龙江（贡山县独龙江乡段）；龙陵县大麻荷塘。（高黎贡山的西坡、东坡）

3. 独龙蛇根草 Ophiorrhiza dulongensis H. S. Lo

凭证标本：南水北调队 8062；高黎贡山考察队 12225。

草本。生长于海拔 2100～2200 m，常绿阔叶林。

分布于独龙江（贡山县独龙江乡段）；贡山县茨开镇；泸水市片马镇。（高黎贡山的西坡、东坡）

4. 片马茜草 Rubia pianmaensis H. Li et R. Li

凭证标本：S. G. Wu 8348；高黎贡山考察队 22830。

生长于海拔 1600～2253 m，常绿阔叶林，栎类-石楠林，次生常绿阔叶林。

分布于泸水市片马镇。（高黎贡山的西坡）

238. 菊科 Asteraceae

1. 锐叶香青 Anaphalis oxyphylla Y. Ling & C. Shih

凭证标本：H. Li, R. Li & Z. L. Dao 15021；高黎贡山考察队 34101。

直立草本，茎高 16～30 cm。生长于海拔 1950～3980 m，常绿阔叶林，高山草甸；荒沙地。

分布于独龙江（贡山县独龙江乡段）；贡山县丙中洛乡、茨开镇；泸水市洛本卓乡。

2. 细裂垂头菊 Cremanthodium dissectum Grierson

凭证标本：T. T. Yü 20055；高黎贡山考察队 34150。

直立草本，高 25～40 cm。生长于海拔 2550 m，石柯-木荷林。

分布于独龙江（贡山县独龙江乡段）；贡山县茨开镇。（高黎贡山的西坡、东坡）

3. 矢叶垂头菊 Cremanthodium forrestii Jeffrey

凭证标本：南水北调队 8803；高黎贡山考察队 31322。

直立草本，高 10～30 cm。生长于海拔 3560～3980 m，杜鹃-箭竹灌丛，高山草甸。

分布于独龙江（贡山县独龙江乡段）；贡山县丙中洛乡、茨开镇；福贡县上帕镇。

4. 单头福贡垂头菊 Cremanthodium fugongense H. Li f. minor H. Li

凭证标本：高黎贡山考察队 31453，32046。

高 15～17 cm。生长于海拔 3490～3940 m，杜鹃-箭竹灌丛，石山坡，高山草甸。

分布于贡山县丙中洛乡、茨开镇。（高黎贡山的东坡）

5. 福贡垂头菊 Cremanthodium fugongense H. Li

凭证标本：高黎贡山考察队 26386，26860。

生长于海拔 3040～3700 m，冷杉疏林，箭竹灌丛，箭竹-杜鹃灌丛，湿草甸。

分布于福贡县石月亮乡、鹿马登乡。（高黎贡山的东坡）

6. 棕毛厚喙菊 Dubyaea amoena（Handel-Mazzetti）Stebbins

凭证标本：K. M. Feng 23352；高黎贡山考察队 31513。

多年生植物，高 7 cm。生长于海拔 3470～4270 m，杜鹃-箭竹灌丛，高山草甸。

分布于独龙江（贡山县独龙江乡段）；贡山县丙中洛乡、茨开镇。（高黎贡山的西坡、东坡）

7. 贡山飞蓬 Erigeron kunshanensis Y. Ling & Y. L. Chen

凭证标本：青藏队 9889；T. T. Yü 20805。

多年生草本，高 10～20 cm，具根状茎，木质化，粗大。

分布于贡山县丙中洛乡。

8. 紫缨橐吾 Ligularia phaenicochaeta（Franchet）S. W. Liu

凭证标本：T. T. Yü 22635；高黎贡山考察队 31680。

多年生直立草本，茎高 15～40 cm。生长于海拔 3900 m，高山草甸。

分布于独龙江（贡山县独龙江乡段）；贡山县丙中洛乡。（高黎贡山的西坡、东坡）

9. 宽翅橐吾 Ligularia pterodonta C. C. Chang

凭证标本：Forrest 28837，30729。

多年生直立草本，茎高约 62 cm。

分布于独龙江（贡山县独龙江乡段）。（高黎贡山的东坡）

10. 垭口紫菊 Notoseris yakoensis（Jeffrey）N. Kilian-*Prenanthes yakoensis* Jeffrey; P. volubilis Merrill.

凭证标本：T. T. Yü 19834；高黎贡山考察队 32571。

多年生藤本，长 3～4 m。生长于海拔 1080～2248 m，常绿阔叶林，硬叶常绿阔叶林，次生常绿阔叶林。

分布于独龙江（贡山县独龙江乡段）；福贡县上帕镇、马吉乡。（高黎贡山的西坡、东坡）

11. 黄绿苞风毛菊 Saussurea flavo-virens Y. L. Chen & S. Y. Liang

凭证标本：高黎贡山考察队 12714，16868。

生长于海拔 3200～3650 m，高山灌丛，杜鹃-箭竹灌丛。

分布于独龙江（贡山县独龙江乡段）；贡山县茨开镇；福贡县石月亮乡。（高黎贡山的西坡、东坡）

12. 滇风毛菊 Saussurea micradenia Handel-Mazzetti

凭证标本：Handel-Mazzetti 9873。

多年生草本，茎高 60 cm。

分布于贡山县怒江到独龙江分水岭。（高黎贡山的东坡）

239. 龙胆科 Gentianaceae

1. 新固蔓龙胆 Crawfurdia sinkuensis（Marquand）Harry Smith

凭证标本：K. M. Feng 7891。

分布于独龙江（贡山县独龙江乡段）；贡山县丙中洛乡。（高黎贡山的西坡、东坡）

2. 天冬叶龙胆 Gentiana asparagoides T. N. Ho

凭证标本：高黎贡山考察队无标本。

一年生植物，茎高 4～7 cm。

3. 缅甸龙胆 Gentiana burmensis C. Marquand

凭证标本：碧江队 1008；怒江队 791913。

多年生植物，高 4～7 cm。

分布于福贡县匹河乡；泸水市风雪垭口东坡。（高黎贡山的东坡）

4. 石竹叶龙胆 Gentiana caryophyllea Harry Smith

凭证标本：独龙江考察队 5270；高黎贡山考察队 31550。

多年生植物，茎高 3～5 cm。生长于海拔 2100～4160 m，铁杉-冷杉林，高山草甸；草地。

分布于独龙江（贡山县独龙江乡段）；贡山县丙中洛乡。（高黎贡山的西坡、东坡）

5. 缅北龙胆 Gentiana masonii T. N. Ho

凭证标本：高黎贡山考察队 27024，28593。

生长于海拔 3560～3700 m，杜鹃-箭竹灌丛，高山草甸。

分布于福贡县石月亮乡、鹿马登乡。（高黎贡山的东坡）

6. 念珠脊龙胆 Gentiana moniliformis C. Marquand

凭证标本：Forrest 7655。

一年生草本，茎高 4～6 cm。

分布于腾冲市。（高黎贡山的西坡）

7. 俅江龙胆 Gentiana qiujiangensis T. N. Ho

凭证标本：高黎贡山考察队 16846，28639。

多年生植物，茎高 4～10 cm。生长于海拔 3620～3660 m，杜鹃-箭竹灌丛，高山草甸。

分布于独龙江（贡山县独龙江乡段）；福贡县石月亮乡、鹿马登乡。

8. 细辛叶獐牙菜 Swertia asarifolia Franchet-*Swertia atroviolacea* Harry Smith

凭证标本：高黎贡山考察队无标本。

多年生直立草本，茎高 12 cm；具根状茎，短而稍黑。

分布于泸水市片马镇。（高黎贡山的西坡）

9. 叉序獐牙菜 Swertia divaricata Harry Smith

凭证标本：Forrest 18528。

多年生直立草本，茎高 50～70 cm。

分布于贡山县独龙江与怒江分水岭。

10. 片马獐牙菜 Swertia pianmaensis T. N. Ho & S. W. Liu

凭证标本：南水北调队 8249。

多年生草本，高 20～40 cm。

分布于泸水市片马镇；（高黎贡山的西坡）

11. 圆腺獐牙菜 Swertia rotundiglandula T. N. Ho & S. W. Liu

凭证标本：高黎贡山考察队无标本。

多年生直立草本，茎高 12～18 cm；具根状茎，短而微黑。

分布于贡山县。

12. 察隅獐牙菜 Swertia zayueensis T. N. Ho & S. W. Liu

凭证标本：高黎贡山考察队 10256，31813。

一年生直立草本，茎高 15～25 cm。生长于海拔 2000～2600 m，常绿阔叶林，蔷薇-槭树林，石柯-松林，次生常绿阔叶林；灌丛，空地，路边。

分布于独龙江（贡山县独龙江乡段）；贡山县丙中洛乡；泸水市黄草坪；保山市潞江镇；腾冲市曲石镇、五合乡。（高黎贡山的西坡、东坡）

240. 报春花科 Primulaceae

1. 短花珍珠菜 Lysimachia breviflora C. M. Hu

凭证标本：青藏队 82-7150；高黎贡山考察队 27606。

多年生直立草本，茎高 1 m。生长于海拔 1710 m，常绿阔叶林。

分布于福贡县马吉乡。（高黎贡山的东坡）

2. 粗壮珍珠菜 Lysimachia robusta Handel-Mazzetti

凭证标本：Forrest 11997；H. Li，R. Li，Z. T. Jiang，F. Gao & X. M. Zhang 408。

多年生直立草本，茎高 100～150 cm。生长于海拔 1730 m。

分布于腾冲市北海乡。（高黎贡山的西坡）

3. 腾冲过路黄 Lysimachia tengyuehensis Handel-Mazzetti

凭证标本：高黎贡山考察队 30891。

多年生草本，茎高 15～50 cm。生长于海拔 1250～1520 m，常绿阔叶林，箭竹灌丛。

分布于腾冲市曲石镇、荷花镇、清水乡、五合乡。（高黎贡山的西坡）

4. 藏珍珠菜 Lysimachia tsarongensis Handel-Mazzetti

凭证标本：Forrest 19282。

二年生或多年生草本，高达 37 cm。

分布于独龙江（察隅段）。（高黎贡山的东坡）

5. 霞红灯台报春 Primula beesiana Forrest

凭证标本：高黎贡山考察队 30593。

多年生草本。生长于海拔 2070 m，常绿阔叶林，次生林。

分布于腾冲市明光镇。（高黎贡山的西坡）

6. 腾冲灯台报春 Primula chrysochlora I. B. Balfour & Kingdon-Ward

凭证标本：南水北调队 6836；高黎贡山考察队 29697。

多年生草本。生长于海拔 1730～2060 m，常绿阔叶林；稻田边。

分布于腾冲市猴桥镇、北海乡。（高黎贡山的西坡）

7. 泽地灯台报春 Primula helodoxa I. B. Balfour

凭证标本：高黎贡山考察队 29073，30500。

多年生草本。生长于海拔 1820～2630 m，常绿阔叶林，石柯林，石柯-冬青林。

分布于腾冲市猴桥镇、界头镇、曲石镇。（高黎贡山的西坡）

8. 李恒报春 Primula lihengiana C. M. Hu & R. Li

凭证标本：H. Li，Y. H. Ji & R. Li 14321。

生长于海拔 2020 m，次生常绿阔叶林。

分布于贡山县茨开镇。（高黎贡山的东坡）

9. 芒齿灯台报春 Primula melanodonta W. W. Smith

凭证标本：高黎贡山考察队 26554，28479。

多年生草本。生长于海拔 2510～2830 m，石柯-冬青林，壳斗-樟林。

分布于福贡县石月亮乡、鹿马登乡。（高黎贡山的东坡）

10. 群居粉报春 Primula socialis F. H. Chen & C. M. Hu

凭证标本：Forrest 5523；南水北调队 8445。

多年生草本。

分布于腾冲市猴桥镇。（高黎贡山的西坡）

243. 桔梗科 Campanulaceae

1. 滇缅沙参 Codonopsis chimiliensis J. Anthony

凭证标本：南水北调队 8361。

多年生直立草本，茎高 60～90 cm。

分布于泸水市片马镇。（高黎贡山的西坡）

2. 心叶党参 Codonopsis cordifolioidea P. C. Tsoong

凭证标本：H. Li，Z. L. Dao & R. Li 551；高黎贡山考察队 21121。

多年生草本。生长于海拔 1420～2050 m，常绿阔叶林，次生常绿阔叶林。

分布于独龙江（贡山县独龙江乡段）；保山市芒宽乡、潞江镇。（高黎贡山的西坡、东坡）

3. 贡山党参 Codonopsis gombalana C. Y. Wu

凭证标本：K. M. Feng 8295；T. T. Yü 20265。

多年生草本，茎高 50～160 cm，根胡萝卜状。

分布于独龙江与怒江分水岭；贡山县茨开镇。（高黎贡山的西坡、东坡）

4. 片马党参 Codonopsis pianmaensis S. H. Huang

凭证标本：H. Li & R. Li 1034；高黎贡山考察队 32891。

多年生草本，茎高 80～120 cm。生长于海拔 1881～3030 m，铁杉-云杉林，冷杉-云杉林，草甸。

分布于贡山县丙中洛乡、茨开镇；泸水市片马镇。（高黎贡山的西坡、东坡）

252. 玄参科 Scrophulariaceae

1. 宽叶俯垂马先蒿 Pedicularis cernua subsp. latifolia（H. L. Li）P. C. Tsoong

凭证标本：T. T. Yü 19784a。

多年生草本，茎高 45～220 mm。

分布于独龙江（贡山县独龙江乡段）。（高黎贡山的西坡）

2. 独龙马先蒿 Pedicularis dulongensis H. P. Yang

凭证标本：青藏队 82-8506。

多年生草本，高 10 cm。

分布于贡山县茨开镇。（高黎贡山的东坡）

3. 贡山马先蒿 Pedicularis gongshanensis H. P. Yang

凭证标本：青藏队 82-8458。

多年生草本，高 30 cm。

分布于独龙江（贡山县独龙江乡段）。（高黎贡山的西坡）

4. 孱弱马先蒿 Pedicularis infirma H. L. Li

凭证标本：青藏队 8458；T. T. Yü 20060。

多年生草本，高 11 cm。

分布于独龙江（贡山县独龙江乡段）。（高黎贡山的西坡）

5. 缘毛季川马先蒿 Pedicularis yui var. ciliata Tsoong

凭证标本：T. T. Yü 19863。

直立草本，茎高 6～7 cm。

分布于独龙江（贡山县独龙江乡段）。（高黎贡山的西坡）

6. 季川马先蒿 Pedicularis yui H. L. Li

凭证标本：T. T. Yü 19382。

草本，茎高 6～7 cm。

分布于贡山县丙中洛乡。（高黎贡山的东坡）

7. 高山玄参 Scrophularia hypsophila Handel-Mazzetti

凭证标本：K. M. Feng 7709；T. T. Yü 19380。

多年生草本，高达 25 cm，具根状茎，细长木质化。

分布于贡山县丙中洛乡。（高黎贡山的东坡）

8. 白蝴蝶草 Torenia alba H. Li

凭证标本：高黎贡山考察队 15550，15906。

生长于海拔 1500～1620 m，常绿阔叶林。

分布于贡山县捧打乡、茨开镇。（高黎贡山的东坡）

9. 马松蒿 Xizangia bartschioides (Handel-Mazzetti) D. Y. Hong

凭证标本：H. Li & R. Li 1038；高黎贡山考察队 27018。

多年生直立植物，茎高 15～25 m。生长于常绿阔叶林，落叶阔叶林，针叶林，灌丛，杜鹃-箭竹灌丛，高山草甸；湿地。

分布于贡山县茨开镇；福贡县石月亮乡。（高黎贡山的东坡）

254. 狸藻科 Lentibulariaceae

1. 福贡挖耳草 Utricularia fugongensis G. W. Hu & H. Li

凭证标本：高黎贡山考察队 27012，28315。

生长于海拔 2900～3560 m，栎类-青冈林，河边箭竹灌丛。

分布于福贡县石月亮乡。（高黎贡山的东坡）

256. 苦苣苔科 Gesneriaceae

1. 狭矩叶芒毛苣苔 Aeschynanthus angustioblongus W. T. Wang

凭证标本：独龙江考察队 3875；高黎贡山考察队 11784。

茎高 12～30 cm。生长于海拔 1380～1600 m，常绿阔叶林，河谷常绿阔叶林，云南松林；树上附生。

分布于独龙江（贡山县独龙江乡段）；贡山县茨开镇。（高黎贡山的西坡、东坡）

2. 毛花芒毛苣苔 Aeschynanthus lasianthus W. T. Wang

凭证标本：青藏队 9679；高黎贡山考察队 17564。

茎高 40～120 cm。生长于海拔 2230 m，常绿阔叶林。

分布于独龙江（贡山县独龙江乡段）；贡山县白汉洛；福贡县上帕镇；保山市芒宽乡、潞江镇。

3. 腾冲芒毛苣苔 Aeschynanthus tengchongensis W. T. Wang

凭证标本：高黎贡山考察队 11600，25343。

茎可达 1 m。生长于海拔 1650～2660 m，常绿阔叶林，木荷-栲林，石柯-冬青林，石柯林，石柯-木荷林，石柯-樟林，杜鹃-铁杉林。

分布于保山市芒宽乡；腾冲市界头镇、猴桥镇、曲石镇、芒棒镇、五合乡。

4. 云南粗筒苣苔 Briggsia forrestii Craib

凭证标本：独龙江考察队 4726；高黎贡山考察队 24083。

多年生草本，无茎。生长于海拔 1450～2057 m，常绿阔叶林，次生常绿阔叶林。

分布于独龙江（贡山县独龙江乡段）；泸水市片马镇；保山市芒宽乡；龙陵县龙江乡、镇安镇。

5. 短柄吊石苣苔 Lysionotus sessilifolius Handel-Mazzetti

凭证标本：独龙江考察队 431；高黎贡山考察队 25370。

亚灌木，有时攀缘，茎高 25～45 cm 以上。生长于海拔 1060～2300 m，常绿阔叶林，江岸常绿阔叶林，河岸常绿阔叶林，硬叶常绿阔叶林，石柯-杜鹃林，石柯-青冈林，石柯-榕林，栲木-大青林，罗伞-冬青林，漆树-胡桃林，壳斗-云南松林，杜鹃-木荷林，落叶阔叶林，次生常绿阔叶林；林下，石堆上，树上附生，山坡灌丛，阴湿处，灌丛。

分布于独龙江（贡山县独龙江乡段）；贡山县丙中洛乡、捧打乡、茨开镇；福贡县马吉乡、石月亮乡、鹿马登乡、上帕镇、架科底乡、子里甲乡；泸水市片马镇、洛本卓乡、六库镇；保山市芒宽乡、潞江镇。（高黎贡山的西坡、东坡）

6. 叛亢吊石苣苔 Lysionotus sulphureoides H. W. Li & Y. X. Lu

凭证标本：H. Li，Z. L. Dao & L. W. Yin 13126。

生长于海拔 2050 m，常绿阔叶林。

分布于保山市潞江镇。（高黎贡山的东坡）

7. 贡山异叶苣苔 Whytockia gongshanensis Y. Z. Wang & H. Li

凭证标本：独龙江考察队 283。

生长于海拔 1380 m，溪旁湿地。

分布于独龙江（贡山县独龙江乡段）。（高黎贡山的西坡）

259. 爵床科 Acanthaceae

1. 腾冲马兰 Strobilanthes euantha J. R. I. Wood

凭证标本：H. Li，B. Bartholomew & Z. L. Dao 11534；高黎贡山考察队 29636。

多年生草本，茎高 50～150 cm。生长于海拔 1560～2970 m，常绿阔叶林，山茶-樟林，石柯-木荷林，石柯-云杉林，栎-松林。

分布于贡山县茨开镇；泸水市片马镇、洛本卓乡；腾冲市芒棒镇、五合乡、新华乡。

2. 李恒马兰 Strobilanthes lihengiae Y. F. Deng & J. R. I. Wood

凭证标本：H. Li，Z. L. Dao & L. W. Yin 13630；高黎贡山考察队 34410。

多年生草本，高达 40 cm。生长于海拔 2000～2370 m，常绿阔叶林，次生常绿阔叶林。

分布于独龙江（贡山县独龙江乡段）；腾冲市界头镇。（高黎贡山的西坡）

3. 长穗腺背兰 Strobilanthes longispica（H. P. Tsui）J. R. I. Wood & Y. F. Deng

凭证标本：独龙江考察队 3793；高黎贡山考察队 22148。

草本，高可达 120 cm。生长于海拔 1380～1570 m，河谷灌丛。

分布于独龙江（贡山县独龙江乡段）。（高黎贡山的西坡）

4. 滇西马蓝 Strobilanthes ovata Y. F. Deng & J. R. I. Wood

凭证标本：H. Li，Z. L. Dao & L. W. Yin 13101，13171。

多年生草本，茎高 30～40 cm。生长于海拔 2050～2100 m，次生常绿阔叶林。

分布于保山市潞江镇。（高黎贡山的东坡）

264. 唇形科 Lamiaceae

1. 全唇花 Holocheila longipedunculata S. Chow

凭证标本：高黎贡山考察队 28146，29439。

多年生草本，茎高 20～30 cm。生长于海拔 1820～2300 m，常绿阔叶林，石柯-木荷林。

2. 长刺钩萼草 Notochaete longiaristata C. Y. Wu & H. W. Li

凭证标本：独龙江考察队 796；高黎贡山考察队 21256。

茎高 35～80 cm。生长于海拔 1410～2350 m，常绿阔叶林，胡桃-润楠林，石柯-木荷林，灌丛，次生常绿阔叶林；阔叶林中路边。

分布于独龙江（贡山县独龙江乡段）；贡山县丙中洛乡、茨开镇；泸水市鲁掌镇；保山市芒宽乡。

3. 裂唇糙苏 Phlomis fimbriata C. Y. Wu

凭证标本：T. T. Yü 19718；高黎贡山考察队 34158。

茎高 20～30 cm。生长于海拔 2900～3220 m，针叶混交林，冷杉-云杉林，箭竹灌丛。

分布于独龙江（察隅县日东乡段，贡山县独龙江乡段）；贡山县茨开镇。（高黎贡山的西坡、东坡）

4. 狭叶刺蕊草 Pogostemon dielsianus Dunn

凭证标本：Forrest 875。

灌木，高 130～2 70 cm。

分布于贡山县怒江到独龙江分水岭。（高黎贡山的东坡）

5. 刚毛萼刺蕊花 Pogostemon hispidocalyx C. Y. Wu & Y. C. Huang

凭证标本：H. T. Tsai 58679；独龙江考察队 1177。

草本直立，茎高 40～65 cm。生长于海拔 1250 m，河谷林下。

分布于独龙江（贡山县独龙江乡段）；福贡县上帕镇。（高黎贡山的西坡、东坡）

6. 异色鼠尾草 Salvia heterochroa E. Peter

凭证标本：Handel-Mazzetti 9507；K. M. Feng 7905。

多年生植物。

分布于独龙江（贡山县独龙江乡段）。（高黎贡山的西坡）

285. 谷精草科 Eriocaulaceae

1. 光萼谷精草 Eriocaulon leianthum W. L. Ma

凭证标本：T. T. Yü 20319；高黎贡山考察队 8848。

一年生沼生草本。生长于海拔 1770～3100 m，水田。

分布于贡山县怒江—独龙江分水岭、丙中洛乡。（高黎贡山的东坡）

290. 姜科 Zingiberaceae

1. 碧江姜花 Hedychium bijiangense T. L. Wu & S. J. Chen

凭证标本：独龙江考察队 1923；高黎贡山考察队 33444。

多年生草本，具根茎，匍匐。生长于海拔 1170～2370 m，常绿阔叶林，栎林，灌丛。

分布于独龙江（贡山县独龙江乡段）；贡山县茨开镇；福贡县马吉乡、石月亮乡、上帕镇、架科底乡、匹河乡；泸水市片马镇；保山市芒宽乡、潞江镇；腾冲市芒棒镇；龙陵县龙江乡。（高黎贡山的西坡、东坡）

2. 无丝姜花 Hedychium efilamentosum Handel-Mazzetti

凭证标本：高黎贡山考察队 12135。

多年生草本，假茎高 1 m，具根茎，匍匐。生长于海拔 1760～1800 m，常绿阔叶林，灌丛。

分布于独龙江（贡山县独龙江乡段）；贡山县丙中洛乡。（高黎贡山的西坡、东坡）

3. 多花姜花 Hedychium floribundum H. Li

凭证标本：高黎贡山考察队 32312。

多年生草本，具根茎，匍匐。生长于海拔 1390～1390 m，河谷雨林。

分布于独龙江（贡山县独龙江乡段）。（高黎贡山的西坡）

293. 百合科 Liliaceae

1. 心叶鹿药 Maianthemum fuscum var. **cordatum** H. Li & R. Li

凭证标本：独龙江考察队 6854；高黎贡山考察队 22107。

多年生草本，高 20～40 cm。生长于海拔 1710～2340 m，常绿阔叶林，铁杉林。

分布于独龙江；腾冲市芒棒镇。（高黎贡山的西坡）

2. 贡山鹿药 Maianthemum gongshanense（S. Y. Liang）H. Li

凭证标本：高黎贡山考察队 16770，34479。

多年生草本，高 5～20 cm，具根状茎。生长于海拔 3120～3600 m，落叶阔叶林，箭竹灌丛。

分布于贡山县茨开镇。（高黎贡山的东坡）

3. 美丽豹子花 Nomocharis basilissa Farrer ex E. W. Evans

凭证标本：高黎贡山考察队 7235，34490。

多年生草本，具鳞茎，卵形。生长于海拔 3000～3660 m，铁杉-云杉林，高山草甸。

分布于贡山县茨开镇；福贡县石月亮乡、鹿马登乡；泸水市片马镇。（高黎贡山的西坡、东坡）

4. 滇西豹子花 Nomocharis farreri（W. E. Evens）Harrow

凭证标本：T. T. Yü 20746；高黎贡山考察队 15283。

多年生草本，具鳞茎，卵形。生长于海拔 3100～3340 m，冷杉-箭竹林，高山草甸。

分布于独龙江（贡山县独龙江乡段）；贡山县丙中洛乡。（高黎贡山的西坡、东坡）

5. 泸水沿阶草 Ophyopogon lushuiensis S. C. Chen

凭证标本：高黎贡山考察队 23328，30768。

多年生草本，茎根茎状。生长于海拔 2220～2950 m，常绿阔叶林，石柯-铁杉林。

分布于福贡县石月亮乡；泸水市片马镇、六库镇、鲁掌镇；腾冲市明光镇、界头镇、猴桥镇。

6. 滇西沿阶草 Ophyopogon yunnanense S. C. Chen

凭证标本：横断山队 449。

多年生草本。生长于海拔 1700 m，河谷林。

分布于泸水市怒江西岸。（高黎贡山的东坡）

7. 双花扭柄花 Streptopus petiolatus H. Li var. **biflorus** H. Li，var. nov.

凭证标本：高黎贡山考察队 32353，32414。

多年生草本，具根茎，粗短。生长于海拔 1973～2068 m，常绿阔叶林，栎林。

分布于独龙江（贡山县独龙江乡段）。（高黎贡山的西坡）

8. 柄叶扭柄花 Streptopus petiolatus H. Li var. **petiolatus**，sp. Nov.

凭证标本：高黎贡山考察队 25812，30771。

多年生草本，具根茎。生长于海拔 2200～2600 m，常绿阔叶林。

分布于泸水市洛本卓乡；腾冲市猴桥镇。（高黎贡山的西坡、东坡）

9. 独龙狭叶藜芦 Veratrum stenophyllum var. taronense F. T. Wang & Z. H. Tsi

凭证标本：T. T. Yü 20813，20938。

多年生草本。生长于海拔 2900～3200 m，灌丛，草甸。

分布于独龙江（贡山县独龙江乡段）。（高黎贡山的东坡）

295. 延龄草科 Trilliaceae

1. 独龙重楼 Paris dulongensis H. Li & S. Kurita

凭证标本：独龙江考察队 5329；高黎贡山考察队 23990。

多年生草本，具根茎。生长于海拔 1320～2340 m，河谷常绿阔叶林，河谷灌丛。

分布于独龙江（贡山县独龙江乡段）；泸水市片马镇。（高黎贡山的西坡）

2. 皱叶重楼 Paris rugosa H. Li & S. Kurita

凭证标本：独龙江考察队 3427；H. Li, Z. L. Dao & R. Li 581。

多年生草本，具根茎。生长于海拔 1400～1620 m，常绿阔叶林，河谷灌丛；路边。

分布于独龙江（贡山县独龙江乡段）。（高黎贡山的西坡）

297. 菝葜科 Smilacaceae

1. 巴坡菝葜 Smilax bapauensis H. Li

凭证标本：独龙江考察队 303；高黎贡山考察队 20586。

常绿直立灌木，高 2～3 m。生长于海拔 1350～1370 m，常绿阔叶林，灌丛。

分布于独龙江（贡山县独龙江乡段）。（高黎贡山的西坡）

2. 建昆菝葜 Smilax jiankunii H. Li

凭证标本：独龙江考察队 1625；Z. L. Dao & J. Y. Chui 9459。

木质攀缘藤本。生长于海拔 1300～1750 m，山坡灌丛；河岸。

分布于独龙江（贡山县独龙江乡段）。（高黎贡山的西坡）

302. 天南星科 Araceae

1. 察隅南星 Arisaema bogneri P. C. Boyce & H. Li

凭证标本：高黎贡山考察队 8966，33519。

多年生草本，具块茎，球形。生长于海拔 1550～1990 m，常绿阔叶林。

分布于独龙江（察隅段）；贡山县丙中洛乡、捧打乡、茨开镇；福贡县石月亮乡；保山市潞江镇。

2. 贝氏南星 Arisaema brucei H. Li, R. Li & J. Murata

凭证标本：高黎贡山考察队 15020。

多年生草本，具块茎，球形。生长于海拔 2570 m，常绿阔叶林。

分布于独龙江（贡山县独龙江乡段）。（高黎贡山的西坡）

3. 缅甸南星 Arisaema burmanica P. Boyce & H. Li

凭证标本：Ward 20841；高黎贡山考察队 9986。

多年生草本，具块茎，扁球形。生长于海拔 2000～3000 m，常绿阔叶林，箭竹林；林缘，开阔草地。

分布于泸水市片马镇；缅甸上缅甸。（高黎贡山的西坡）

4. 潘南星 Arisaema pangii H. Li

凭证标本：独龙江考察队 4995。

多年生草本，具块茎，扁球形。生长于海拔 1350～1400 m，常绿阔叶林。

分布于独龙江（贡山县独龙江乡段）。（高黎贡山的西坡）

5. 片马南星 Arisaema pianmaense H. Li

凭证标本：Forrest 24511；周元川 1243。

多年生草本，具块茎，扁球形。生长于海拔 2700 m，灌丛，次生常绿阔叶林，林缘，河谷。

分布于泸水市片马镇；腾冲市猴桥镇。（高黎贡山的西坡）

6. 腾冲南星 Arisaema tengchongense H. Li

凭证标本：Kingdon-Ward 1709；Yang Jinsheng & Wang Xinnian 1294。

多年生草本，具块茎，扁球形。生长于海拔 2600～3200 m，常绿阔叶林，杜鹃灌丛。

分布于泸水市片马镇；腾冲市界头镇；缅甸恩梅开江-怒江分水界。（高黎贡山的西坡）

7. 五叶腾冲南星 Arisaema tengchongense var. **pentaphyllum** H. Li

凭证标本：Yang Jinsheng & Wang Xinnian 1539。

多年生草本，具块茎，扁球形。常绿阔叶林，杜鹃灌丛。

分布于腾冲市。（高黎贡山的西坡）

8. 独龙崖角藤 Rhaphidophora dulongensis H. Li

凭证标本：独龙江考察队 931；高黎贡山考察队 22181。

附生藤本，茎 1～2 m。生长于海拔 1400～1850 m，常绿阔叶林。

分布于独龙江（贡山县独龙江乡段）。（高黎贡山的西坡）

9. 贡山斑龙芋 Sauromatum gaoligongense Z. L. Wang & H. Li

凭证标本：独龙江考察队 4047；H. Li, Z. L. Dao & L. W. Yin 13131。

多年生草本，具块茎，扁球形。生长于海拔 1360～2290 m，常绿阔叶林。

分布于独龙江（贡山县独龙江乡段）；保山市潞江镇；腾冲市界头镇。（高黎贡山的西坡、东坡）

304. 黑三棱科 Sparganiaceae

1. 穗状黑三棱 Sparganium confertum Y. D. Chen

凭证标本：K. M. Feng 8376；高黎贡山考察队 34555。

多年生挺水草本。生长于海拔 3280～3600 m，杜鹃-箭竹灌丛沼泽，高山沼泽。

分布于贡山县茨开镇；福贡县石月亮乡、鹿马登乡。（高黎贡山的东坡）

2. 沼生黑三棱 Sparganium limosum Y. D. Chen

凭证标本：T. T. Yü 19197。

多年生挺水草本。生长于海拔 1750 m，沼泽。

分布于贡山县怒江河谷。（高黎贡山的东坡）

314. 棕榈科 Arecaceae（Palmae）

1. 贡山棕榈 Trachycarpus princeps Gibbons, Spanner & San Y. Chen

凭证标本：高黎贡山考察队 8835，12070。

茎高达 10 m。生长于海拔 1470～1640 m，石灰岩山灌丛。

分布于贡山县丙中洛乡。（高黎贡山的东坡）

326. 兰科 Orchidaceae

1. 三叉无柱兰 Amitostigma trifurcatum Tang & Li ang

凭证标本：T. T. Yü 20257。

地生兰，高 24～36 cm，具块茎，近球形。生长于海拔 2900～2900 m，林缘沼泽。

分布于独龙江（贡山县独龙江乡段）。（高黎贡山的西坡）

2. 独龙江石豆兰 Bulbophyllum dulongjiangense X. H. Jin

凭证标本：X. H. Jin 6479。

附生兰。

分布于独龙江（贡山县独龙江乡段）。（高黎贡山的西坡）

3. 贡山卷瓣兰 Bulbophyllum gongshanense Tsi

凭证标本：C. W. Wang 67596。

附生兰，具根茎，匍匐。生长于海拔 2000 m，阔叶林树上。

分布于贡山县怒江-独龙江分水岭。（高黎贡山的东坡）

4. 腾冲卷瓣兰 Bulbophyllum tengchongense Tsi

凭证标本：Ji Zhan-He 147。

附生兰，具根茎，匍匐。

分布于腾冲市。（高黎贡山的西坡）

5. 独龙虾脊兰 Calanthe dulongensis H. Li & R. Li

凭证标本：独龙江（贡山县独龙江乡段）考察队 5896，6501。

地生兰，具根茎，匍匐。生长于海拔 1900～2300 m，沟谷林下。

分布于独龙江（贡山县独龙江乡段）。（高黎贡山的西坡）

6. 福贡虾瘠兰 Calanthe fugongensis X. H. Jin & S. C. Chen

凭证标本：X. H. Jin 8962。

地生兰，高 50～60 cm。次生林。

分布于福贡县架科底乡。（高黎贡山的东坡）

7. 泸水车前虾瘠兰 Calanthe plantaginea var. **lushuiensis** K. Y. Lang & Z. H. Tsi

凭证标本：横断山队 81-557。

地生兰，高 40～65 cm。生长于海拔 2500 m，林下。

分布于泸水市鲁掌镇。（高黎贡山的东坡）

8. 无距金兰（变种）Cephalanthera falcata var. **flava** X. H. Jin & S. C. Chen

凭证标本：X. H. Jin 6967，7011。

地生兰，高 20～40 cm。生长于海拔 2100～2400 m，常绿阔叶林。

分布于福贡县架科底乡。（高黎贡山的东坡）

9. 贡山贝母兰 Coelogyne gongshanensis H. Li ex S. C. Chen

凭证标本：独龙江（贡山县独龙江乡段）考察队 5355，6940。

附生兰，具根茎，短。生长于海拔 2360～2500 m，冷杉林，杜鹃灌丛。

分布于独龙江（贡山县独龙江乡段）；贡山县丙中洛乡；福贡县鹿马登乡。

10. 吉氏贝母兰 Coelogyne tsii X. H. Jin & H. Li

凭证标本：X. H. Jin 6807。

附生兰，具根茎，匍匐。生长于海拔 2600 m，附生或地生。

分布于泸水市高黎贡山东坡。（高黎贡山的东坡）

11. 泸水兰 Cymbidium elegans var. lushuiense（Z. J. Liu，S. C. Chen & X. C. Shi）Z. J. Liu & S. C. Chen

凭证标本：高黎贡山考察队 22069，30065。

附生兰或石生兰。生长于海拔 2240 m，山茶-李林。

分布于独龙江（贡山县独龙江乡段）；腾冲市界头镇。（高黎贡山的西坡）

12. 贡山凤兰 Cymbidium gongshanense H. Li，& K. M. Feng

凭证标本：杨增红 8708。

附生兰或石生兰，具假鳞茎，卵形。生长于海拔 1800 m，常绿阔叶林；石崖。

分布于独龙江（贡山县独龙江乡段）。（高黎贡山的西坡）

13. 长苞尖药兰 Diphylax contigua（Tang & F. T. Wang）Tang，F. T. Wang & K. Y. Lang

凭证标本：独龙江考察队 1544。

地生兰，高 20～24 cm，具块茎，卵形或圆柱形。生长于海拔 1540～2800 m，常绿阔叶林，石柯-青冈林。

分布于独龙江（贡山县独龙江乡段）；贡山县捧打乡；福贡县鹿马登乡；腾冲市猴桥镇。

14. 高黎贡厚唇兰 Epigeneium gaoligongense H. Yu & S. G. Zhang

凭证标本：H. Yu & S. Z. Zhang 101。

附生兰，具假鳞茎，狭卵形或圆柱形、卵形。生长于海拔 2500 m。

分布于泸水市。（高黎贡山的东坡）

15. 膜翅盆距兰 Gastrochilus alatus X. H. Jin & S. C. Chen

凭证标本：X. H. Jin 6998，8151。

附生兰，茎长 10 cm。生长于海拔 2685～2758 m。

分布于贡山县丙中洛乡；福贡县上帕镇。（高黎贡山的东坡）

16. 贡山盆距兰 Gastrochilus gongshangensis Z. H. Tsi

凭证标本：王启无 71803。

附生兰，茎悬垂，长 15～200 mm。林下，石崖。

分布于贡山县丙中洛乡。（高黎贡山的东坡）

17. 高黎贡斑叶兰 Goodyera dongchenii Lucksom var. **gaoligongensis** X. H. Jin & S. C. Chen

凭证标本：X. H. Jin 8380。

地生兰，高 20 cm。生长于海拔 2400 m，林下。

分布于独龙江（贡山县独龙江乡段）。（高黎贡山的西坡）

18. 厚唇角盘兰 Herminium carnosilabre Tang & Wang

凭证标本：T. T. Yü 20244。

地生兰，高 10～22 cm，具块茎，卵形，肉质。生长于海拔 3200～3600 m，箭竹灌丛。

分布于独龙江（贡山县独龙江乡段）。（高黎贡山的西坡）

19. 怒江槽舌兰 Holcoglossum nujiangense X. H. Jin & S. C. Chen

凭证标本：金效华 6930。

附生兰，具气根，圆柱形。生长于海拔 2400～3000 m，常绿阔叶林。

分布于福贡县架科底乡。（高黎贡山的东坡）

20. 中华槽舌兰 Holcoglossum sinicum Christenson

凭证标本：X. H. Jin 8940。

附生兰。生长于海拔 2600～3200 m，栲木林，栎林。

分布于腾冲市。（高黎贡山的西坡）

21. 绿虾虾膜花 Liparis forrestii Rolfe

凭证标本：Forrest 261。

附生兰。生长于海拔 2100 m，常绿阔叶林。

分布于腾冲市。（高黎贡山的西坡）

22. 高山对叶兰 Neottia bambusetorum （Handel-Mazzetti）Szlachetko

凭证标本：Handel-Mazzetti 9238。

地生兰高 10～18 cm。生长于海拔 3200～3350 m，山坡灌丛。

分布于贡山县怒江-独龙江分水岭。（高黎贡山的西坡）

23. 福贡对叶兰 Neottia fugongensis （X. H. Jin）H. Li

凭证标本：X. H. Jin 7914。

地生兰，30～40 cm。

分布于福贡县上帕镇。（高黎贡山的东坡）

24. 杏黄兜兰 Paphiopedilum armeniacum S. C. Chen & F. Y. Liu

凭证标本：张敖罗 7901。

地生兰或石生兰。常绿阔叶林。

分布于福贡县碧江县城。（高黎贡山的东坡）

25. 虎斑兜兰 Paphiopedilum markianum Fowlie

凭证标本：s. n.。

地生兰。常绿阔叶林。

分布于贡山县。（高黎贡山的东坡）

26. 贡山舌唇兰 Platanthera handel-mazzettii K. Inoue

凭证标本：s. n.。

地生兰，高 16 cm；具根状茎，块茎状、狭椭圆形。生长于海拔 2600～3800 m，箭竹灌丛。

分布于贡山县。（高黎贡山的东坡）

27. 高黎贡舌唇兰 Platanthera helminioides Tang & Wang

凭证标本：T. T. Yü 19763。

地生兰，高 12 cm。生长于海拔 3800 m，林下。

分布于贡山县。（高黎贡山的东坡）

327. 灯心草科 Juncaceae

1. 福贡灯心草 Juncus fugongensis S. Y. Bao

凭证标本：怒江队 882；高黎贡山考察队 34524。

多年生草本，具根茎，匍匐。生长于海拔 3350～3740 m，高山灌丛，杜鹃-箭竹灌丛，草甸。

分布于独龙江（贡山县独龙江乡段）；贡山县丙中洛乡、茨开镇；福贡县石月亮乡、鹿马登乡。

2. 长蕊灯心草 Juncus longistamineus A. Camus

凭证标本：Kingdon Ward 338。

多年生草本，高 9～18 cm，具根茎，黑褐色。生长于海拔 3600 m，草坡，沟旁。

分布于泸水市。（高黎贡山的西坡）

3. 大叶灯心草 Juncus megalophyllus S. Y. Bao

凭证标本：怒江队 1832；高黎贡山考察队 9965。

多年生草本。生长于海拔 3120～3600 m，高山草甸。

分布于泸水市片马镇。（高黎贡山的西坡）

4. 碧落灯心草 Juncus spumosus Noltie

凭证标本：高黎贡山考察队 22369，28327。

多年生草本，茎高 60 cm。生长于海拔 2700～2770 m，常绿阔叶林，石柯-青冈林，灌丛。

分布于贡山县茨开镇；福贡县石月亮乡。（高黎贡山的东坡）

5. 俞氏灯心草 Juncus yui S. Y. Bao

凭证标本：T. T. Yü 22533。

多年生草本。生长于海拔 3400 m，高山草甸。

分布于独龙江（贡山县独龙江乡段）。（高黎贡山的西坡）

331. 莎草科 Cyperaceae

1. 长芒薹草 Carex aristulifera P. C. Li

凭证标本：青藏队 8539；高黎贡山考察队 31311。

多年生草本，茎高 15～30 cm，具短根茎。生长于海拔 3300～3980 m，箭竹-杜鹃灌丛，高山草甸；岩石山坡上。

分布于贡山县丙中洛乡、茨开镇；福贡县鹿马登乡。（高黎贡山的东坡）

2. 落鳞薹草 Carex deciduisquama F. T. Wang & Tang ex P. C. Li

凭证标本：高黎贡山考察队 19872。

多年生草本，高达 1 m。生长于海拔 1610 m，常绿阔叶林。

分布于福贡县鹿马登乡。（高黎贡山的东坡）

3. 高黎贡薹草 Carex gaoligongshanensis P. C. Li

凭证标本：青藏队 82-8727；高黎贡山考察队 12747。

多年生草本，高 40～60 cm。生长于海拔 3400～3600 m，高山灌丛，潮湿草甸。

分布于独龙江；贡山县茨开镇。（高黎贡山的西坡、东坡）

4. 龙盘拉薹草 Carex longpanlaensis S. Y. Liang

凭证标本：高黎贡山考察队 12375。

多年生草本，高 65～90 cm。生长于海拔 2650～2650 m，常绿阔叶林。

分布于贡山县茨开镇、丙中洛乡。（高黎贡山的东坡）

5. 马库薹草 Carex makuensis P. C. Li

凭证标本：青藏队 9148。

多年生草本，秆高 30～40 cm。生长于海拔 1400 m，河滩。

分布于独龙江（贡山县独龙江乡段）。（高黎贡山的西坡）

6. 紫鳞薹草 Carex purpureo-squamata L. K. Dai

凭证标本：高黎贡山考察队 28544。

多年生草本，茎高 60～65 cm。生长于海拔 3200 m，针叶林。

分布于福贡县石月亮乡。（高黎贡山的东坡）

7. 日东薹草 Carex ridongensis P. C. Li

凭证标本：青藏队 10145。

多年生草本，茎高 70～80 cm。生长于海拔 3500～4000 m，高山草甸。

分布于独龙江（察隅县日东乡段）。（高黎贡山的西坡）

8. 独龙珍珠茅 Scleria dulongensis P. C. Li

凭证标本：青藏队 9195。

多年生草本，秆高 100 cm。生长于海拔 1300～1400 m，林缘。

分布于独龙江（贡山县独龙江乡段）。（高黎贡山的西坡）

332. 禾本科 Poaceae

1. 紧序剪股颖 Agrostis sinocontracta S. M. Phillips & S. L. Lu

凭证标本：C. W. Wang 67178。

多年生草本，秆高 30～50 cm。生长于海拔 2500～4000 m，高山草甸，河谷。

分布于贡山县；福贡县。（高黎贡山的东坡）

332a. 竹亚科 Bambusoideae

1. 真麻竹 Cephalostachyum scandens Bor

凭证标本：T. T. Yü 20171；王劲松等 92024。

秆藤状，长 20～30（～50）m。生长于海拔 2150 m，常绿阔叶林。

分布于独龙江（贡山县独龙江乡段）；福贡县鹿马登乡；泸水市片马镇。（高黎贡山的西坡、东坡）

2. 片马箭竹 Fargesia albocerea Hsueh & T. P. Yi

凭证标本：西南林学院 006。

秆高 3～4 m。生长于海拔 2860 m，山坡灌丛。

分布于泸水市片马镇。（高黎贡山的西坡）

3. 斜倚箭竹 Fargesia declivis T. P. Yi

凭证标本：易同培 773156。

秆高 3～4 m。生长于海拔 2450 m，山坡，河谷。

分布于独龙江（贡山县独龙江乡段）。（高黎贡山的西坡）

4. 贡山箭竹 Fargesia gongshanensis Yi

凭证标本：易同培 77304；王劲松等 92044。

秆高 3～4 m。生长于海拔 1500～2650 m，常绿阔叶林。

分布于贡山县普拉底乡。（高黎贡山的东坡）

5. 泸水箭竹 Fargesia lushuiensis Hsueh & T. P. Yi

凭证标本：张浩然等 89310。

秆高 3～5 m。生长于海拔 1610～2000 m，阔叶林。

分布于福贡县鹿马登乡；泸水市鲁掌镇。（高黎贡山的东坡）

6. 皱鞘箭竹 Fargesia pleniculmis（Handel-Mazzetti）T. P. Yi

凭证标本：易同培 77310。

秆高 4～8 m。生长于海拔 2500～3820 m，云杉-冷杉林。

分布于独龙江（贡山县独龙江乡段）。（高黎贡山的西坡）

7. 弩弓箭竹 Fargesia praecipua T. P. Yi

凭证标本：易同培 77317。

秆高 4～8 m。生长于海拔 1850～2600 m，常绿阔叶林；峡谷。

分布于独龙江（贡山县独龙江乡段）。（高黎贡山的西坡）

8. 独龙箭竹 Fargesia sagittatinea T. P. Yi

凭证标本：易同培 77314；高黎贡山考察队 35945。

秆高 7～9 m。生长于海拔 2440～2900 m，常绿阔叶林，石砾-青冈林。

分布于独龙江（贡山县独龙江乡段）；贡山县丙中洛乡。（高黎贡山的西坡、东坡）

9. 贡山竹 Gaoligongshania megalothyrsa D. Z. Li，Hsuch & N. H. Xia

凭证标本：独龙江考察队 1105；高黎贡山考察队 32656。

生长于海拔 1600～2068 m，常绿阔叶林，石柯-箭竹林。

分布于独龙江（贡山县独龙江乡段）；贡山县茨开镇；泸水市片马镇。（高黎贡山的西坡、东坡）

10. 独龙江 Yushania farcticaulis T. P. Yi

凭证标本：易同培 77311；高黎贡山考察队 23079。

秆高 4～7 m。生长于海拔 1900～2720 m，常绿阔叶林。

分布于独龙江（贡山县独龙江乡段）；贡山县茨开镇。（高黎贡山的西坡）

第三章　高黎贡山重要类群的系统学及植物地理学研究

高黎贡山的植物多样性是在长期的地质历史与现今生态环境的相互作用下共同形成的。掸邦-马来亚板块的位移（北移和右旋）导致了原来的热带植被和植物区系被温带植被和植物区系所替代，并形成了一条滇西北-滇东南走向的生态地理对角线，高黎贡山许多植物仅能在对角线以西或西南侧生存、繁衍和分化。为论证这一生物地理线的真实性，我们选择滇西北独龙江植物区系、滇西铜壁关植物区系、滇南西双版纳植物区系及滇东南植物区系，对科、属、种的相似性及区系特征等方面进行比较论述，同时选取高黎贡山种类较为多样的五加科、杜鹃花科及兰科作为代表，从系统学及区系地理学等角度进行分析验证。

第一节　"田中线"和"滇西-滇东南"生物地理对角线的真实性和意义[*]

云南热带-亚热带地区具有复杂的地质历史，它是古南大陆与古北大陆的一个交汇与缝合地带[1-3]。云南热带-亚热带地区基本地貌与气候环境的形成和演化，与喜马拉雅的隆升和东亚季风气候的形成息息相关[4,5]。由于这些特殊的地质历史，也由于云南热带-亚热带地区现代处于连接东亚与东南亚、喜马拉雅与中国-日本生物区系的节点位置，造就了该地区十分丰富的生物多样性及复杂的分布格局。随着资料的积累和研究的深入，越来越多的分布格局被认识和解释，日本学者田中（T. Tanaka）根据柑橘种系的地理分布，提出了一条从云南西北部（北纬 28°，东经 98°）向东南部延伸至越南北部东京湾（大约北纬 18°45′或 19°，东经 108°）的植物地理分界线[6]，起名为"柑橘分布的田中线"，又称"田中线"，柑橘类的分布在该线以西是以 *Archicitrus* 为主，在该线以东则是以 *Metacitrus* 为主，并暗示了这条线在限定一些其他东亚植物区系成分和印度-马来西亚植物区系成分上也有意义。李锡文和李捷[7,8]较为具体地论证了所谓"田中线"或"田中-楷永线"（"田中线"结合了四川西部在限定兰科植物分布上有意义的所谓"楷永线"）在中国西南部的植物地理学意义，认为它是一条将东亚植物区系划分为东部的中国-日本植物亚区与西部的中国-喜马拉雅植物亚区的区系线。李恒[9,10]从对滇西植物区系的研究着手，通过对一些滇西、滇西南与滇东南对应分布类群的分

---

*作者：朱华、阎丽春，原载于《地球科学进展》，2003 年第 18 期，第 870-876 页。

布格局的解释，提出了一条"生态地理（生物地理）对角线"，该线与"田中线"的位置和走向基本吻合。李恒进一步认为，该"生态地理对角线"以西的云南热带-亚热带地区在地质历史上溯源属于古南大陆的"掸邦-马来亚"板块，该板块的位移和旋转导致了这条生物地理界线的形成。朱华等对云南热带雨林植物区系的生物地理研究，支持了云南南部与古南大陆的热带东南亚有密切联系的观点[11-17]。朱华在进一步比较了云南西双版纳龙脑香林与印度东北部龙脑香林的相似性后，亦认为中国西南部板块在受印度板块挤压强烈变形前，西双版纳大概与印度东北部处在相同纬度上[11]，这一观点与李恒教授的看法基本一致。针对云南热带-亚热带植物区系的分布格局和各种有趣的地理界线，笔者选择了滇西北独龙江植物区系、滇西铜壁关植物区系、滇南西双版纳植物区系及滇东南植物区系，对它们的科、属、种的相似性和区系特征进行比较，以论证这些生物地理界线的真实性和意义。

1　植物区系相似性的比较

滇西北的独龙江地区位于北纬 27°40′～28°50′，东经 97°45′～98°30′，面积约 1994 km²。根据李恒等人[18,19]的调查，共记录该地区种子植物 158 科 673 属 1920 种。

滇西南铜壁关自然保护区位于北纬 23°54′～24.51′，东经 97°31′～97°46′，面积约 307 km²。据采集调查，共记录该地区种子植物 214 科 1229 属 3475 种。

滇南西双版纳位于北纬 21°10′～22°40′，东经 99°55′～101°50′，总面积约 19220 km²。据采集调查，初步记录共有种子植物 212 科 1251 属 3728 种。

滇东南植物区系范围在文山（约东经 103°30′）以东的云南东南部，在该区域记录有种子植物 236 科 1397 属 4777 种（主要依据中科院植物研究所的数据库资料）。

这 4 个地区植物区系分类群的鉴定和分类群的概念主要来源于《中国植物志》中的概念和标准，故此，在种、属和科水平上均具有可比性。

4 个植物区系种子植物科、属和种相似性系数的比较列于表 3-1。

表 3-1　西双版纳、滇东南、铜壁关和独龙江 4 个自然植物区系科、属、种相似性的比较

		西双版纳	滇东南	铜壁关	独龙江
科相似性	西双版纳	100.00%	94.30%	93.90%	93.40%
	滇东南	94.30%	100.00%	97.20%	98.70%
	铜壁关	93.90%	97.20%	100.00%	94.90%
	独龙江	93.40%	98.70%	94.90%	100.00%
属相似性	西双版纳	100.00%	70.10%	74.10%	60.50%
	滇东南	70.10%	100.00%	76.70%	78.60%
	铜壁关	74.10%	76.70%	100.00%	76.10%
	独龙江	60.50%	78.60%	76.10%	100.00%

种相似性	西双版纳	100.00%	39.00%	43.10%	19.10%
	滇东南	39.00%	100.00%	40.90%	32.20%
	铜壁关	43.10%	40.90%	100.00%	34.50%
	独龙江	19.10%	32.20%	34.50%	100.00%

在科水平，4个植物区系彼此间相似性系数均在93.00%以上，表明在科的组成上它们几乎是同一的，在植物区系高级分区和系统进化的起源上它们是一致的。

在属水平，这4个植物区系属相似性系数均在60.00%以上，显示其植物区系有密切的亲缘。其中，滇东南植物区系与独龙江植物区系属的相似性系数最大，达78.60%，尽管这两个地区地理位置相距最远。滇东南植物区系、滇南西双版纳植物区系分别与滇西南铜壁关植物区系的属的相似性为76.70%和74.10%。这支持了所谓滇西北-滇东南植物地理对角线的真实性。然而，就所比较的植物区系的相似性看，位于"田中线"以西的滇南西双版纳植物区系与其周边的滇西南铜壁关植物区系的科、属的相似性，仅稍高于它与该线以东的滇东南植物区系的相似性。

一般来说，科、属水平的相似性反映了历史的联系，种水平的相似性则反映近代的联系。

在种水平，这4个植物区系之间的相似性系数普遍在19.10%～43.10%，似乎相互联系不是很密切，这与它们都相距较远有关。从相似性系数看，西双版纳植物区系与铜壁关植物区系在种水平最接近，其次是滇东南，这与它们的地理位置相距较近且基带均为热带生境的情况是相一致的。独龙江植物区系在种水平上与西双版纳植物区系相似性最小，因为两者在现代自然地理上属于不同性质的植物区系。独龙江为亚热带（基带）至温带性质的植物区系，而西双版纳则为热带（基带）至亚热带性质的植物区系。

2 优势科和代表科的比较

4个植物区系含种数最多的前20个优势科的比较见表3-2。从表中可见，4个植物区系的优势科基本一致，反映了东南亚热带北缘共同的植物区系特征。杜鹃花科在独龙江植物区系有9属105种，为其第三大科。滇东南植物区系杜鹃花科也含较多属种，有7属63种，虽排名不是最前，但亦是其优势科之一。杜鹃花科在独龙江和滇东南的优势地位，亦反映了它们之间的历史联系。

在西双版纳植物区系的优势科中，热带性强的科占有较多的比例，如番荔枝科、大戟科、桑科、萝摩科、夹竹桃科、棕榈科、爵床科等，显然在这4个植物区系中，西双版纳植物区系的热带性最强。

若把优势科所含有的种数按照占世界上该科总种数的百分比重新排名，则排名在前的科最能反映其植物区系发生特征，可理解为是植物区系的代表科。4个植物区系最有代表性的前15个科的比较见表3-3。

表3-2　4区系含种数最多的前20个优势科排序比较

滇东南 科名	滇东南 属数/种数	铜壁关 科名	铜壁关 属数/种数	独龙江 科名	独龙江 属数/种数	西双版纳 科名	西双版纳 属数/种数
禾本科 Gramineae	115/232	兰科 Orchidaceae	72/194	兰科 Orchidaceae	50/141	兰科 Orchidaceae	102/354
兰科 Orchidaceae	80/204	菊科 Compositae	70/174	菊科 Compositae	45/107	禾本科 Gramineae	68/180
菊科 Compositae	67/164	禾本科 Gramineae	78/157	杜鹃花科 Ericaceae	9/105	蝶形花科 Papilionaceae	54/177
茜草科 Rubiaceae	48/162	蝶形花科 Papilionaceae	47/150	蔷薇科 Rosaceae	21/97	茜草科 Rubiaceae	46/155
蝶形花科 Papilionaceae	50/156	茜草科 Rubiaceae	43/118	禾本科 Gramineae	39/65	大戟科 Euphorbiaceae	39/123
樟科 Lauraceae	14/140	唇形科 Labiatae	38/99	荨麻科 Urticaceae	15/56	菊科 Compositae	63/110
蔷薇科 Rosaceae	30/133	大戟科 Euphorbiaceae	31/87	茜草科 Rubiaceae	18/45	桑科 Moraceae	7/85
荨麻科 Urticaceae	17/122	蔷薇科 Rosaceae	22/85	玄参科 Scrophulariaceae	19/49	樟科 Lauraceae	12/80
唇形科 Labiatae	45/113	樟科 Lauraceae	13/81	百合科 Liliaceae	17/45	荨麻科 Urticaceae	13/74
苦苣苔科 Gesneriaceae	25/106	荨麻科 Urticaceae	19/71	龙胆科 Gentianaceae	8/45	姜科 Zingiberaceae	17/73
壳斗科 Fagaceae	5/106	桑科 Moraceae	7/69	报春花科 Primulaceae	4/39	萝藦科 Asclepiadaceae	27/71
大戟科 Euphorbiaceae	33/100	爵床科 Acanthaceae	36/61	五加科 Araliaceae	10/38	唇形科 Labiatae	30/63
桑科 Moraceae	7/84	苦苣苔科 Gesneriaceae	16/55	唇形科 Labiatae	18/38	葫芦科 Cucurbitaceae	19/59
芸香科 Rutaceae	15/82	萝藦科 Asclepiadaceae	22/49	樟科 Lauraceae	8/37	蕃荔枝科 Annonaceae	16/57
莎草科 Cyperaceae	16/81	姜科 Zingiberaceae	14/49	蝶形花科 Papilionaceae	19/36	蔷薇科 Rosaceae	19/55
五加科 Araliaceae	16/77	五加科 Araliaceae	14/46	莎草科 Cyperaceae	12/31	夹竹桃科 Apocynaceae	27/54
山茶科 Theaceae	9/73	葫芦科 Cucurbitaceae	18/42	伞形科 Umbelliferae	12/28	爵床科 Acanthaceae	30/52
紫金牛科 Myrsinaceae	5/71	伞形科 Umbelliferae	18/42	杨柳科 Salicaceae	2/28	棕榈科 Palmae	15/52
马鞭草科 Verbenaceae	12/63	莎草科 Cyperaceae	11/42	越桔科 Vacciniaceae	2/27	壳斗科 Fagaceae	7/51
杜鹃花科 Ericaceae	7/63	山茶科 Theaceae	9/42	槭树科 Aceraceae	1/26	莎草科 Cyperaceae	15/48

表3-3 4区系代表科排序比较

滇东南		铜壁关		独龙江		西双版纳	
科名	占世界总种数百分比(%)	科名	占世界总种数百分比(%)	科名	占世界总种数百分比(%)	科名	占世界总种数百分比(%)
荨麻科 Urticaceae	21.78	荨麻科 Urticaceae	12.68	槭树科 Aceraceae	13.00	荨麻科 Urticaceae	13.21
壳斗科 Fagaceae	11.78	五加科 Araliaceae	6.57	荨麻科 Urticaceae	10.00	葫芦科 Cucurbitaceae	9.22
山茶科 Theaceae	10.43	葫芦科 Cucurbitaceae	6.56	杜鹃花科 Ericaceae	7.78	姜科 Zingiberaceae	8.11
芸香科 Rutaceae	9.11	山茶科 Theaceae	6.00	越桔科 Vacciniaceae	6.75	桑科 Moraceae	6.07
紫金牛科 Myrsinaceae	7.10	姜科 Zingiberaceae	5.44	五加科 Araliaceae	5.43	壳斗科 Fagaceae	5.67
蔷薇科 Rosaceae	6.65	桑科 Moraceae	4.93	杨柳科 Salicaceae	5.28	夹竹桃科 Apocynaceae	3.60
马鞭草科 Verbenaceae	6.30	蔷薇科 Rosaceae	4.25	龙胆科 Gentianaceae	5.00	樟科 Lauraceae	3.56
樟科 Lauraceae	6.22	樟科 Lauraceae	3.60	蔷薇科 Rosaceae	4.85	萝藦科 Asclepiadaceae	3.55
桑科 Moraceae	6.00	唇形科 Labiatae	2.83	报春花科 Primulaceae	3.90	蔷薇科 Rosaceae	2.75
苦苣苔科 Gesneriaceae	5.30	苦苣苔科 Gesneriaceae	2.75	樟科 Lauraceae	1.64	番荔枝科 Annonaceae	2.71
杜鹃花科 Ericaceae	4.67	萝藦科 Asclepiadaceae	2.45	玄参科 Scrophulariaceae	1.63	茜草科 Rubiaceae	2.50
唇形科 Labiatae	3.23	爵床科 Acanthaceae	2.44	百合科 Liliaceae	1.22	大戟科 Euphorbiaceae	2.46
五加科 Araliaceae	2.91	茜草科 Rubiaceae	1.90	唇形科 Labiatae	1.09	爵床科 Acanthaceae	2.08
茜草科 Rubiaceae	2.61	大戟科 Euphorbiaceae	1.74	伞形科 Umbelliferae	0.87	棕榈科 Palmae	2.08
大戟科 Euphorbiaceae	2.32	禾本科 Gramineae	1.57	兰科 Orchidaceae	0.83	兰科 Orchidaceae	2.08
禾本科 Gramineae	2.03	菊科 Compositae	1.34	菊科 Compositae	0.82	禾本科 Gramineae	1.80
菊科 Compositae	2.00	伞形科 Umbelliferae	1.30	莎草科 Cyperaceae	0.78	唇形科 Labiatae	1.80
莎草科 Cyperaceae	1.30	蝶形花科 Papilionaceae	1.25	茜草科 Rubiaceae	0.73	蝶形花科 Papilionaceae	1.48
蝶形花科 Papilionaceae	1.26	兰科 Orchidaceae	1.14	禾本科 Gramineae	0.65	莎草科 Cyperaceae	1.20
兰科 Orchidaceae	1.20	莎草科 Cyperaceae	1.05	蝶形花科 Papilionaceae	0.30	菊科 Compositae	0.85

这4个植物区系大多以荨麻科为排名最前（独龙江区系排名第二）的代表科。同样，杜鹃花科为独龙江植物区系和滇东南植物区系的共同代表科，反映了它们共同的发生特征。西双版纳植物区系与铜壁关植物区系在代表科组成上很接近，如它们共有葫芦科、姜科、萝藦科、爵床科、大戟科等代表科，反映了它们有更为接近的发生历史。

3 讨论

植物区系相似性及代表科、优势科组成的比较，均显示了滇东南植物区系与独龙江植物区系有较密切联系，尽管它们相距最远。在两个地区之间由于有着一系列的西北-东南走向的高大山脉（横断山系）的阻隔，在近代进行直接的植物区系迁移、交流是困难的。这种植物区系的亲缘用板块理论能得到较好的解释。按照板块理论，云南的西部及南部应属于古南大陆的板块（图3-1）。当以印度板块为主的古南大陆板块与亚洲板块相撞、北移、融合，喜马拉雅-横断山系隆升形成时（图3-2），云南西部至东南部的地块发生了顺时针转动（图3-3）。按照李恒教授的说法，在转动位移前，独龙江与滇东南基本上是在同一纬度上，随板块的移动变形，独龙江约北移了4.5个纬度，而滇东南却相应南移了1～2个纬度。也就是说，独龙江植物区系是在热带植物区系背

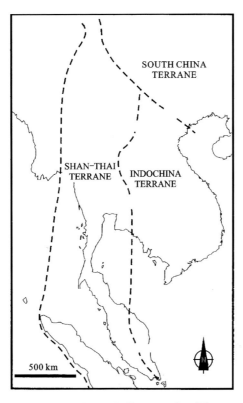

图 3-1　东南亚板块边界示意图[20]

景下演化发展成现在的以暖温带成分为主体的植物区系。而滇东南则是在一个亚热带性更强的植物区系背景下向热带性更强的植物区系演化的。这个推论获得了植物区系地理成分分析结果的支持。独龙江植物区系在属级水平上以古南大陆热带起源为主流，其热带属合计占总属数的 52.80%。在种水平上，则以温带地理成分为主，占总种数的 83.54%[9]。这反映了独龙江区系的热带起源背景。

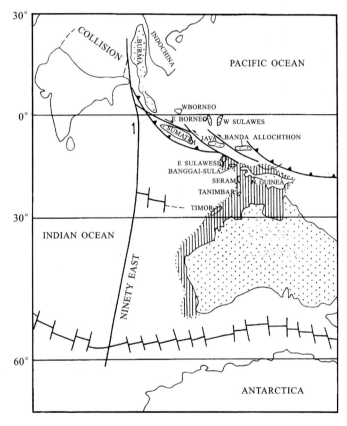

图 3-2　早始新世板块会聚带重建示意图[1]

　　朱维明教授研究了滇西怒江自然保护区的蕨类植物区系，亦得出结论：怒江自然保护区的蕨类植物区系与滇东南蕨类植物区系的关系较远，与西双版纳蕨类植物区系关系密切，与滇东南蕨类植物区系属相似性高达 88.18%[21]。同样，陆树刚教授在研究了滇东南薄竹山蕨类植物区系后认为，尽管薄竹山位于北回归线以南的地区，但对其蕨类植物区系分析的结果却得出它属于亚热带性质区系的结论，并且有一些亚热带向温带过渡的特征[22]，这除了生态学上的解释外，似乎也支持了滇东南位置曾经南移的说法。

　　"田中线"作为一条东部的中国-日本植物亚区、西部的中国-喜马拉雅植物亚区之间的植物区系线可能是明显的，但对于主要是古南大陆起源的印度-马来西亚植物区系与古北大陆起源的东亚植物区系的地理界限作用则不明显。例如，中国海南依田中的

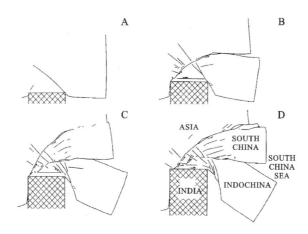

图 3-3　印度板块嵌入引发的板块变形及转动模型[2]

划界位于"田中线"以东，但根据吴德邻等的研究，海南与菲律宾、海南与印尼的爪哇岛之间的植物区系属的相似性分别达 78.20％和 75.00％[23]，清楚地显示了海南植物区系是热带亚洲植物区系的一部分，在植物区系分区上属于印度-马来西亚植物区系地区。

　　能够找到较为支持滇西、滇西南与滇东南植物类群的对应分布格局的地质历史解释，即证实了滇西、滇西南与滇东南"生态地理对角线"的真实性。

　　由于云南位于古南大陆与古北大陆的交汇带上，除自身环境的复杂性外，也有着复杂的地质历史，因此有很多有趣的植物地理学现象，如龙脑香科的东京龙脑香 *Dipterocarpus retusus* 在滇西南铜壁关和滇东南都有出现，但在夹于其间的滇南西双版纳却没有分布；在滇中和滇西北地区出现了地中海植被类型的硬叶栎林；在澄江、洱海等湖泊边缘分布有大量地中海起源的植物如黄连木 *Pistacia chinensis*、清香木 *Pistacia weinmannifolia* 等；哀牢山山顶的苔藓常绿阔叶林和中山湿性常绿阔叶林为亚热带植物区系性质，但当地处于温带气候；元江、金沙江等干热河谷有非洲亲缘的半萨王纳植被存在等。所有这些现象仅从现代生态环境的多样性来解释显然是不够的，还必须用地质历史、板块构造及历史生物地理学来共同解释。

【参考文献】

［1］　AUDLEY-CHARLES M G.Dispersal of Gondwanaland：Relevance to evolution of the Angiosperms[A].WHITMORE T C. Biogeographical Evolution of the Malay Archipelago. Oxford：Clarendon Press，1987.

［2］　METCALFE I.Palaeozoic and Mesozoic geological evolution of the SE Asia region：multidisciplinary contraints and implications for biogeography[A].HALL R，HOLLOWAY J D.Biogeography and Geological Evolution of SE Asia.Leiden：Backbuys Publishers，1998.

［3］　MORLEY J R.Palynological evidence for Tertiary plant dispersals in the SE Asian region in relation to plate tectonics and climate[A].Hall R,Holloway JD,eds.Biogeography and Geological Evolution of SE Asia.Leiden：Backbuys Publishers,1998.

[4] 施雅风,李吉均,李炳元,等.高原隆升与环境演化[A].孙鸿烈,郑度,主编.青藏高原形成演化与发展.广州：广东科技出版社,1998.

[5] 施雅风,李吉均,李炳元,等.晚新生代青藏高原的隆升与东亚环境变化[J].地理学报,1999,54：10-21.

[6] TANAKA T.Species problem in Citrus[M].Tokyo：Japanese Society for the Promotion of Science,1954.

[7] 李锡文,李捷.从滇产东亚属的分布论述"田中线"的真实性和意义[J].云南植物研究,1992,14：1-12.

[8] LI X,LI J.The Tanaka-Kaiyong Line—an important floristic line for the study of the flora of East Asia[J].Annals Missouri Botanic Garden,1997,84：888-892.

[9] 李恒.独龙江地区种子植物区系的性质和特征[J].云南植物研究,1997,增刊 VI：1-100.

[10] 李恒,何大明,BARTHOLOMEW B,等.再论板块位移的生物效应,掸邦-马来亚板块位移对高黎贡山生物区系的影响[J].云南植物研究,1999,21：407-425.

[11] 朱华.西双版纳龙脑香林与热带亚洲和中国热带北缘地区植物区系的关系[J].云南植物研究1994,16：97-106.

[12] 朱华.西双版纳龙脑香林植物区系起源探讨[A].热带植物研究论文报告集,1996,4：36-52.

[13] ZHU H.Ecological and biogeographical Studies on the tropical rain forest of south Yunnan,SW China with a special reference to its relation with rain forests of tropical Asia[J].Journal of Biogeography,1997,24：647-662.

[14] 朱华,王洪,李保贵.裸花属——中国大戟科一新记录属及其生物地理意义[J].植物分类学报,2000,38：462-463.

[15] 朱华,王洪,李保贵.云南粗叶木属一新亚种及其生物地理意义[J].植物分类学报,2000,38：282-285.

[16] 朱华,王洪,李保贵.西双版纳石灰岩植物区系与东南亚及中国南部一些地区植物区系的关系[J].云南植物研究,1997,19：357-365.

[17] ZHU H.New Plants of *Lasianthus* Jack(Rubiaceae) from Kinabalu,Borneo and its biogeographical implication[J].Blumea,2001,46：447-455.

[18] 李恒.独龙江地区植物[M].昆明：云南科技出版社,1993.

[19] 李恒.掸邦-马来亚板块位移对独龙江植物区系的生物效应[J].云南植物研究,1999,增刊 IX：113-120.

[20] FORTEY R A,Cocks LRM.Biogeography and palaeogeography of the Sibumasu terrane in the Ordovician：A review[A].HALL R,HOLLOWAY J D.Biogeography and Geological Evolution of SE Asia.Leiden：Backbuys Publishers,1998.

[21] 朱维明.蕨类植物[A].云南省林业厅.怒江自然保护区.昆明：云南美术出版社,1998.

[22] 陆树刚,张光飞.滇东南薄竹山蕨类区系研究[J].云南大学学报(自然科学版),1994,16：276-280.

[23] 吴德邻,邢福武,叶华谷,等.海南岛屿种子植物区系地理的研究[J].热带亚热带植物学报,1994,4：1-22.

第二节　高黎贡山五加科的系统学与生物地理学研究

五加科 Araliaceae 是以木本植物为主，兼含少数草本植物的类群，全球约有 45 属 1500 余种，主要分布于热带、亚热带地区，在南、北半球的温带地区也有少量种类分布[1,2]。中国有五加科植物 20 属 175 余种，分布于除新疆以外的全国各地[3]。基于野外考察及标本研究的数据表明，高黎贡山有五加科植物 13 属 64 种（4 变种），其中中国特有种 14 种、云南特有种 7 种、高黎贡山特有种 5 种（表 3-4）。

表 3-4　高黎贡山五加科植物的多样性

属名	种数	亚种数	中国特有种数	云南特有种数	高黎贡山特有种数
楤木属 *Aralia*	14	2	6		2
柏那参属 *Brassaiopsis*	9		1	3	1
树参属 *Dendropanax*	1				
五加属 *Eleutherococcus*	5		3		
吴茱叶五加属 *Gamblea*	1				
常春藤属 *Hedera*	1				
刺楸属 *Kalopanax*	1				
大参属 *Macropanax*	2				
常春木属 *Merrilliopanax*	2			1	
梁王茶属 *Metapanax*	2				
三七属 *Panax*	4	2		1	2
鹅掌柴属 *Schefflera*	21		4	2	
刺通草属 *Trevesia*	1				

根据来自叶绿体及核基因的 DNA 序列分析，五加科可聚为 4 个大的分支，在其基部是由少数属组成的多歧分支（图 3-4），4 个大分支为亚洲掌叶支（Asian Palmate group）、the *Polyscias-Pseudopanax* group，楤木-人参支（the *Aralia-Panax* group）和 the greater *Raukaua* group[1-2,4-5]。本文根据五加科分子系统发育的研究框架，探讨高黎贡山五加科植物的系统关系及其起源与演化。

1　高黎贡山五加科植物的系统位置

高黎贡山 13 个属都位于五加科系统发育树上的 2 个大分支，即亚洲掌叶支和楤木-人参支（图 3-4）。亚洲掌叶支包括柏那参属、树参属、五加属、吴茱叶五加属、常春藤属、刺楸属、大参属、常春木属、梁王茶属、鹅掌柴属、刺通草属；楤木-人参支包括楤木属和人参属。

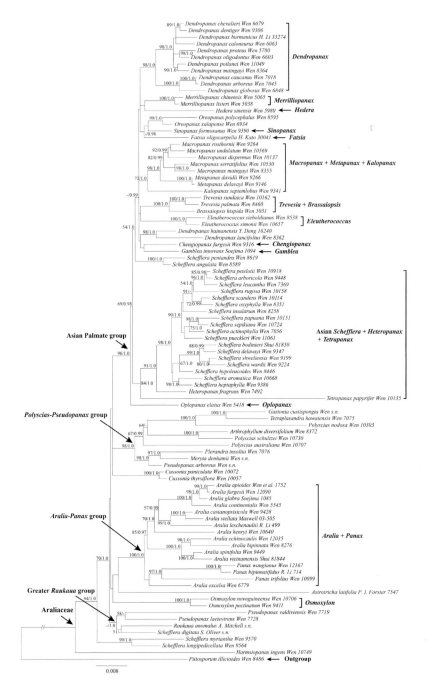

图 3-4　基于叶绿体及核基因联合贝叶斯分析的中国五加科属间系统发育关系

Araliaceae 五加科，*Aralia* 楤木属，*Panax* 人参属，Asian *Schefflera* 亚洲鹅掌柴属，*Macropanax* 大参属、*Metapanax* 梁王茶属、*Kalopanax* 刺楸属，*Brassaiopsis* 柏那参属，*Trevesia* 刺通草属，*Hedera* 常春藤属、*Dendropanax* 树参属、*Merrilliopanax* 常春木属，*Eleutherococcus* 五加属，*Gamblea* 吴茱叶五加属，*Fatsia* 八角金盘属，*Oplopanax* 刺参属

2　高黎贡山五加科植物的属间关系

2.1　楤木属与人参属

楤木属与人参属紧密关联（PB＝100％，PP＝1.0，图 3-4），二者在花被的排列方式（覆瓦状）、胚乳类型（均匀型）、孢粉形态及花部维管束结构方面的性状均相似[6-8]。同时，二者在叶类型（羽状复叶/掌状复叶）、子房室数（5～12 室/2～4 室）、种子表面纹饰（光滑/粗糙）、种子形状（扁平/近圆形）等方面具有可供区别的特征[9-14]。人参属的系统位置一直存在争论，Decaisne、Planchon[15]及 Clarke[16]将其放在楤木属内，而 Harms[17]和 Hoo[18]则认为人参属是由楤木属的草本类型演化而来。

根据花柱联合、一回羽状复叶带 3～5 小叶等特征，羽叶参 *Aralia leschenaultii*、绣毛羽叶参 *Aralia franchetii*、独龙羽叶参 *Aralia kingdon-wardii*、寄生羽叶参 *Aralia parasitica*、总序羽叶参 *Aralia gigantea*、云南羽叶参 *Aralia delavayi* 等早期被置于五叶参属 *Pentapanax* 内[19]。然而，Wen 认为叶结构及花柱联合方式的形态差异均属于正常的连续变异，故将五叶参属并入楤木属，作为楤木属的一个种[7,9,20-21]。

2.2　鹅掌柴属

高黎贡山的鹅掌柴属隶属亚洲鹅掌柴分支，与幌伞枫属 *Heteropanax* 及通脱木属 *Tetrapanax* 聚为一支（图 3-4），后二者不产于高黎贡山。其中，亚洲产鹅掌柴属与幌伞枫属聚为一支，再与通脱木属互为姐妹群。三者均为无刺、无花关节的木本植物，在花序结构及花瓣排列方式方面也具有相似的性状。同时，亚洲产鹅掌柴属也具有掌状复叶、托叶与叶柄融合、子房 5 至多室、花柱联合或缺乏等性状，与幌伞枫属（2～5 回羽状复叶、托叶不明显、子房 2 室、花柱分离或联合至中部）相区别。通脱木属则因叶掌状分裂、锥形托叶、4 基数的花、子房 2 室及花柱不联合，有别于亚洲产鹅掌柴属和幌伞枫属。

高黎贡山产的多蕊木 *Schefflera pueckleri* 因为雄蕊多数、子房多室等性状，早期被视为一个独立的属——多蕊木属 *Tupidanthus* Hook. f. & Thomson[22]。然而，研究表明，多出式进化（polymery）在五加科独立发生了多次[1-2]，而且，五加科的系统发育研究表明多蕊木聚在亚洲产鹅掌柴属内，这支持了 Frodin[23]对多蕊木属的处理，他将其归入亚洲产鹅掌柴属内。

2.3　大参属、梁王茶属、刺楸属

大参属与梁王茶属的紧密关系得到了分子系统学的支持[1,2]，二者均为常绿木本植物、小叶边缘齿状、花梗具关节和子房 2 室。同时，大参属与梁王茶属在胚乳类型（嚼烂状/光滑型）、花柱联合方式（完全联合/完全分离）、果实类型（近球型或椭圆型/扁平型）等特征方面可相区别[1,24-25]。分子系统学研究表明大参属、梁王茶属支与刺

楸属聚为一支（PB＝72％，PP＝1.0，图3-4），三者在花序结构（以伞形花序作为基本花序单位的顶生圆锥花序）和花形态学（雌雄同株）方面具有相似的性状，但刺楸属为落叶有刺乔木，大参属和梁王茶属为常绿无刺灌木或小乔木。基于ITS序列的分子系统学研究则显示五加属 Eleutherococcus 与大参属和梁王茶属互为姐妹群，究其原因，可能是亚洲掌叶支早期辐射演化过程中发生了谱系间的杂交所致[26]。

2.4　柏那参属与刺通草属

柏那参属与刺通草属的紧密关系得到了分子系统学研究的支持（PB＝100％，PP＝1.0，图3-4）[1-2]。早期研究者根据二者子房室数不同，认为二者关系较为疏远[27-29]。然而，Jebb[30]认为二者均为有刺灌木或小乔木、花梗无关节、子房半下位、花柱联合、具花盘，应当具有较近的关系。柏那参属与刺通草属的区别在于子房室数（2或稀有3～5室/6～12室）和胚乳类型（嚼烂状/光滑型）。

2.5　常春藤属、树参属、常春木属

常春藤属及其近缘类群在早期演化过程中发生了辐射演化，故难以鉴定该属的姐妹类群[26]。Hutchinson[31]，Tseng、Hoo[32]，Shang、Callen[33]等学者认为常春藤属与树参属关系紧密，这一论断得到了基于ITS序列的分子系统学研究支持[1]。形态学证据也支持二者的紧密关系，因为它们均具有联合的花柱、子房3～5室、叶全缘或3～5裂[26,34]。此外，分子系统学研究也支持常春藤属是常春木属的姐妹群[35]。形态上，两属均为单叶，叶不裂或分裂，而在子房室数（常春藤属5室、常春木属2室）、花柱形态（常春藤属为合生短花柱、常春木属花柱分离或仅基部分离）等方面可相互区别。

2.6　五加属、吴茱叶五加属

吴茱叶五加属是从五加属中分出来的[36,37]，五加属茎上有刺，而吴茱叶五加属茎上无刺。这两个属的分类学地位得到了分子系统学的支持，而它们与其他类群之间的关系，则仍需进一步的研究。

3　高黎贡山五加科植物的起源与演化

系统发育框架下的生物地理学分析表明，五加科起源于古热带的澳大利亚-亚洲区（Australasian），然后迁移至世界其他热带亚热带地区[1-2]。根据祖先地区重建分析，五加科亚洲掌叶支起源于亚洲热带地区[4]。近来中国五加科植物的生物地理学研究也表明中国五加科植物起源于亚洲[5]。由此可以推测，高黎贡山五加科植物也是起源于热带的。已有研究表明，五加科的亚洲掌叶支和楤木-人参支起源于古新世[4-5,26]。伴随着印度板块和欧亚板块的碰撞[38-40]，高黎贡山所在的掸邦-马来亚板块发生了向北和向东的位移[41]，这些地质过程造就了高黎贡山多样的生境和气候因子，从而为五加科植物

在高黎贡山的迁移和扩散提供了便利的条件。基于五加科系统发育树上的短分枝及其分化时间的考虑，可以推测五加科植物在高黎贡山及其邻近地区乃至整个中国及亚洲大陆的进化过程中发生了辐射演化。

【参考文献】

[1]　WEN J,PLUNKETT G M,MITCHELL A D,et al.The evolution of Araliaceae：A phylogenetic analysis based on ITS sequences of nuclear ribosomal DNA[J].Systematic Botany,2001,26:144-167.

[2]　PLUNKETT G M,WEN J,LOWRY II P P.Infrafamilial classifications and characters in Araliaceae：Insights from the phylogenetic analysis of nuclear(ITS) and plastid(trnL-trnF) sequences data[J].Plant Systematics and Evolution,2004,245:1-39.

[3]　SHANG C B,LOWRY II P P.Araliaceae[A].WU Z Y,RAVEN P H,HONG D Y.Flora of China.Beijing：Science Press, St.Louis：Missouri Botanical Garden Press,2007,13:435-491.

[4]　MITCHELL A,LI R,BROWN J W,et al.Ancient divergence and biogeography of Raukaua(Araliaceae) and close relatives in the southern hemisphere[J].Australian Systematic Botany,2012,25:432-446.

[5]　LI R,WEN J.Phylogeny and diversification of Chinese Araliaceae based on nuclear and plastid DNA sequence data[J].Journal of Systematics and Evolution,2016,54:453-467.

[6]　EYDE R H,TSENG C C.What is the primitive flora structure of Araliaceae? [J].Journal of the Arnold Arboretum,1971,52:205-239.

[7]　WEN J.Generic delimitation of Aralia(Araliaceae) [J].Brittonia,1993,45:47-55.

[8]　WEN J,NOWICKE J W.Pollen ultrastructure of Panax(the ginseng genus,Araliaceae),an eastern Asian and eastern North American disjunct genus[J].American Journal of Botany,1999,86:1624-1636.

[9]　WEN J.Systematics and biogeography of Aralia L.(Araliaceae)：Revision of Aralia sects,Aralia,Humiles,Nanae,and Sciadodendron[J].Contributions from the United States National Herbarium,2011,57:5-35.

[10]　WEN J,ZIMMER E A.Phylogeny and biogeography of *Panax* L.(the ginseng genus,Araliaceae)：Inferences from ITS sequences of nuclear ribosomal DNA[J].Molecular Phylogenetics and Evolution,1996,6:167-177.

[11]　WEN J.Evolution of the Aralia-Panax complex(Araliaceae) as inferred from nuclear ribosomal ITS sequences[J].Edinburgh Journal of Botany,2001,58:183-200.

[12]　WEN J.Species diversity,nomenclature,phylogeny,biogeography,and classification of the ginseng genus(*Panax* L.,Araliaceae) [A].PUNJA Z K. Utilization of biotechnological,genetic and cultural approaches for North American and Asian ginseng improvement.Vancouver：Simon Fraser University Press,2001,67-88.

[13]　ZUO Y J,CHEN Z J,KONDO K,et al.DNA barcoding of Panax species[J].Planta Medica,2011,72:182-187.

[14]　ZUO Y J,WEN J,MA J S, et al. Evolutionary radiation of the Panax bipinnatifidus species

complex(Araliaceae) in the Sino-Himalayan region of eastern Asia as inferred from AFLP analysis[J].Journal of Systematics and Evolution,2015,15:210-220.

[15] DECAISENE J,PLANCHON J E.Esquisse d'une monographie des Araliacees[J].Revue Horticole,Series,1854,4:104-109.

[16] CLARKE C B.Araliaceae.Hooker JD ed.Flora of British India,vol.2[M].London: L.Reeve & Co.,1879:134-179.

[17] HARMS H.Zur Kenntnis der Gattungen *Aralia* und Panax[J].Botanische Jahrbucher fur Systematik,1896,23:1-23.

[18] HOO G.The systematics,relationship and distribution of the Araliaceae of China[J].Bulletin of Amoi University(Natural Sciences),1961,8:1-11.

[19] SEEMANN B.Revision of the natural order Hederaceae.II[J].The Journal of Botany,1864,2:289-309.

[20] WEN J.Revision of *Aralia* sect.Pentapanax(Seem.) J.Wen(Araliaceae) [J].Cathaya,2002,13-14:1-116.

[21] WEN J.Systematics and biogeography of Aralia L.sect.Dimorphanthus Miq.(Araliaceae) [J].Cathaya,2004,15-16:1-187.

[22] HOOK J D,Thomson T.Tupidanthus calyptratus[J].Botanical Magazine,1856,82:4908.

[23] STONE B C.Schefflera[A].NG F S P.Tree flora of Malaya.London: Longman,1978.3:25-32.

[24] SHANG C B.The study of genus Macropanax Miq.(Araliaceae)[J].Journal of Nanjing Institute of Forestry,1985,1:12-29.

[25] WEN J,FRODIN D G.Metapanax,a new genus of Araliaceae from China and Vietnam[J].Brittonia,2001,53:116-121.

[26] VALCARCEL V,FIZ-PALACIOS O,WEN J.The origin of the early differentiation of Ivies(Hedera L.) and the radiation of the Asian Palmate group(Araliaceae) [J].Molecular Phylogenetics and Evolution,2014,70:492-503.

[27] HARMS H.Araliaceae[A].ENGLER A,PRANTL K.Die naturlichen Planzenfamilien.Leipzig: Engelmann,1894,3:1-62.

[28] LI H L.The Araliaceae of China[J].Sargentia,1942,2:1-134.

[29] HOO G,TSENG C J.Araliaceae[A].Flora Reipublicae Popularis Sinicae.Beijing: Science Press,1978,54:1-188.

[30] JEBB M H P.A revision of the genus Trevesia(Araliaceae) [J].Glasra,1998,3:85-113.

[31] HUTCHINSON J.The genera of flowering plants,vol.2[M].London: Oxford University Press,1967.

[32] TSENG C J,HOO G.A new classification scheme for the family Araliacee[J].Acta Phytotaxonomica Sinica,1982,20:125-130.

[33] SHANG C B,CALLEN D.Pollen morphology of the family Araliacee in China[J].Bulletin of Botanical Research,1988,8:13-35.

[34] LI R,WEN J.Phylogeny and biogeography of *Dendropanax* (Araliaceae),a genus disjunct between tropical/subtropical Asia and the Neotropics[J].Systematic Botany,2013,38:536-551.

[35] MITCHELL A,WEN J.Phylogenetic utility and evidence for multiple copies of Granule-Bound Starch Synthase I(GBSSI) in Araliaceae[J].Taxon,2004,53:29-41.

[36] SHANG C B,HUANG J Y.Chengiopanax—a new genus of Araliaceae[J].Bulletin of Botanical Research,1993,13:44-49.

[37] SHANG C B,LOWRY II P P,FRODIN D G.A taxonomic revision and redefinition of the genus *Gamblea*(Araliaceae) [J].Adansonia,2000,22:45-55.

[38] HSU J.Late Cretaceous and Cenozoic vegetation in China,emphasizing their connections with North America[J].Annals of the Missouri Botanical Garden,1983,70:490-508.

[39] AN Z S,KUTZBACH J E,PRELL W L,et al.Evolution of Asian monsoons and phased uplift of the Himalaya-Tibetan plateau since Late Miocene times[J].Nature,2001,411:62-66.

[40] SPICER R A,HARRIS N B W,WIDDOWSON M,et al.Constant elevation of southern Tibet over the past15 million years[J].Nature,2003,421:622-624.

[41] ZHANG W L,CHEN L Z.Geological background in Drungriver basin[J].Yunnan Geographic Environment Research,1995.7:14-38.

第三节　高黎贡山杜鹃花科植物区系研究[*]

　　杜鹃花科（Ericaceae）植物在全世界有125属4000种，广泛分布于温带和亚北极，在热带的高海拔地区也有分布。中国有22属826种，其中524种属于中国特有种。本科的许多属种是著名的园林观赏植物，如产于我国北方的一些越桔属*Vaccinium*植物的果实具有极好的食用价值[1]。根据高黎贡山地区植物资源考察以及收集整理的相关资料[2-8]，高黎贡山地区的杜鹃花共有11属235种，占全区植物1245属的0.88％和4938种的4.76％，占中国杜鹃花科属数的50.00％、种数的28.45％。

1　材料与方法

　　通过对高黎贡山地区开展植物考察以及对相关资料的收集整理[2-8]，形成本研究中杜鹃花科植物的相关数据库。同时，根据 *Flora of China* 录入的每一种本区域分布的杜鹃花科植物生活型、高黎贡山地区以外的分布地点等信息，参考吴征镒[9]的方法，根据分布区域判断该区域每个杜鹃花科属和种的分布区类型，进而统计每个分布区类型的数量和比例，推测本区杜鹃花科植物的起源性质。

　　根据杜鹃花科植物在本区各市县的分布资料，统计本区每个市县分布的杜鹃花科属和种的数量，分析杜鹃花科植物在研究区的水平分布特征。在垂直分布上，将本区域划分为100 m每段的海拔段，统计每个海拔段分布的杜鹃花科植物属和种的数量，来研究杜鹃花科植物在垂直方向上的分布特征。

*作者：李新辉、王丹丹、李恒，原载于《西部林业科学》，2017年第46期（增刊Ⅱ），第112-118页.

2　结果与分析

高黎贡山地区是杜鹃花科植物主产区之一，共有 11 属 235 种。高黎贡山地区的杜鹃花科植物特有现象十分突出，235 种杜鹃花科植物中，高黎贡山特有种达 50 种，云南特有种达 11 种，中国特有种达 47 种，分别占高黎贡山地区杜鹃花科总数的 21.28％，4.68％和 20.00％。3 个类别特有种合计占高黎贡山地区杜鹃花科总数的 45.96％。

2.1　高黎贡山杜鹃花科属的分布区类型分析

高黎贡山地区的杜鹃花科有 11 属，根据吴征镒对中国种子植物分布区类型的划分[9]，高黎贡山地区杜鹃花科植物属于热带亚洲-热带美洲分布的有 1 属；属于热带亚洲分布和东亚分布的各有 2 属；属于北温带分布和东亚-北美间断分布的各有 3 属（表 3-5）。

表 3-5　高黎贡山杜鹃花科属的分布区类型统计

分布区类型	属数	占全区杜鹃花属数比例	种数	占全区杜鹃花科种数的比例
3 热带亚洲-热带美洲分布	1	9.09％	28	11.92％
7 热带亚洲分布	2	18.18％	15	6.38％
8 北温带分布	3	27.27％	178	75.74％
9 东亚-北美间断分布	3	27.27％	9	3.83％
14 东亚分布	2	18.18％	5	2.13％
合计	11	100.00％	235	100.00％

热带亚洲-热带美洲分布属指间断分布于亚洲和美洲（主要是南美洲）热带亚热带地区的属。高黎贡山杜鹃花科中只有白珠属 *Gaultheria* 属于此分布类型（表 3-6），主要分布在林下，有的种还可以分布在高山灌丛、草甸甚至流石滩中，种类和生态习性比较多样。尽管只有 1 个属，但是该属在高黎贡山地区有 28 种，占中国白珠属种数的 87.50％，其中包含中国特有种 7 种、云南特有种 2 种、高黎贡山特有种 6 种。可见白珠属在高黎贡山地区具有特殊的地位。热带亚洲和热带美洲间断分布的属虽然少，但也表明了高黎贡山地区连同亚洲热带区域，与远隔重洋的美洲甚至澳洲都有着区系上的联系。

表 3-6　高黎贡山杜鹃花科各属的种类分布情况

分布区类型	属名	世界种数	中国种数	高黎贡山种数（含变种）	本区的中国特有种	本区的云南特有种	高黎贡山特有种
3 热带亚洲-热带美洲分布	白珠属 *Gaultheria*	135	32	28	7	2	6

续表

分布区类型	属名	世界种数	中国种数	高黎贡山种数（含变种）	本区的中国特有种	本区的云南特有种	高黎贡山特有种
7 热带亚洲分布	树萝卜属 Agapetes	80	53	13			4
7 热带亚洲分布	假木荷属 Craibiodendron	5	4	2			
8 北温带分布	岩须属 Cassiope	17	11	7		1	1
8 北温带分布	杜鹃花属 Rhododendron	1000	571	148	31	7	38
8 北温带分布	越桔属 Vaccinium	450	92	23	6		1
9 东亚-北美间断分布	木藜芦属 Leucothoë	6	2	1			
9 东亚-北美间断分布	珍珠花属 Lyonia	35	5	7	1	1	
9 东亚-北美间断分布	马醉木属 Pieris	7	3	1			
14 东亚分布	吊钟花属 Enkianthus	12	7	3	2		
14 中国-喜马拉雅分布	杉叶杜属 Diplarche	2	2	2			
合计		1749	782	235	47	11	50

热带亚洲分布属分布于印度-马来西亚到非洲热带区域，在西部也可分布到斐济等南太平洋岛屿，但不见于澳大利亚大陆。树萝卜属 Agapetes 和假木荷属 Craibiodendron 都属于热带亚洲分布类型（表 3-6）。东喜马拉雅-高黎贡山是树萝卜属分化中心之一，共有 13 种树萝卜属植物，其中 4 种还是高黎贡山特有种，这可能与高黎贡山地区复杂的地理及生物环境导致其快速进化有关。假木荷属是个小属，仅有 5 种，高黎贡山地区有 2 种，占全属的 40.00%：云南假木荷 Craibiodendron yunnanense W. W. Smith 和柳叶假木荷 Craibiodendron henryi W. W. Smith 分布于高黎贡山地区至西藏、中南半岛的地区，即高黎贡山区域是沟通这两地的重要通道。

北温带分布属指那些广泛分布于欧洲、亚洲和北美洲温带地区的属。由于地理和历史的原因，有些属的分布沿山脉向南伸延到热带山区，甚至远达南半球温带，但其原始类型或分布中心仍在北温带。高黎贡山地区属于这一类型的有岩须属 Cassiope、杜鹃花属 Rhododendron 和越桔属 Vaccinium 3 个属（表 3-6）。岩须属全世界有 17 种左右，中国共有 11 种，高黎贡山地区就有 7 种，其中 1 种为云南特有，1 种为高黎贡山特有，故而高黎贡山地区是岩须属的多样性和分化中心之一。岩须属还分布于北极及其附近区域，属于典型的北极-高山分布，有研究指出岩须属起源于北极区域，随后由于气候的变化，向南迁移形成了现有的分布模式[10]。高黎贡山地区同时也是杜鹃花属和越桔属的分布和分化中心，分布有杜鹃花属 148 种、越桔属 23 种，分别占世界总种数的 14.80 ％和 5.11％，同时也不乏特有种的分布，尤其是杜鹃花属，中国特有种、云南特有种和高黎贡山特有种都有多种，其中同时包含有从原始到进化的各个类群，表明高黎贡山地区很可能是杜鹃花属的起源中心[11]。

东亚-北美间断属指间断分布于东亚和北美洲温带及亚热带地区的属。木藜芦属 *Leucothoe*、珍珠花属 *Lyonia*、马醉木属 *Pieris* 属于此类型（表 3-6）。珍珠花属为海拔 1300～2000 m 的河谷和山地常绿阔叶林的优势种之一。这 3 个属在高黎贡山地区的种数不多，只有 9 个种，但至少说明东亚和北美曾经有过区系上的联系。珍珠花属在高黎贡山地区就分布有 7 种，其中有 1 个中国特有种和 1 个云南特有种，所以高黎贡山地区至少也算得上是中国珍珠花属多样性中心之一。

东亚分布属是从东喜马拉雅一直分布到日本的一些属。高黎贡山地区属于这一类型的有吊钟花属 *Enkianthus* 和杉叶杜属 *Diplarche*（表 3-6）。吊钟花属共有 12 种，其中中国有 7 种，它从东喜马拉雅经中国到日本都有分布，属于典型的东亚分布属，高黎贡山地区还有 2 种吊钟花属植物是中国特有的，故而高黎贡山地区应该是吊钟花属植物的多样性和分化中心之一。杉叶杜属全球只有 2 种，在高黎贡山地区域都有分布，杉叶杜属的分布模式是该分布型的一个变型——中国-喜马拉雅分布，本属的 2 个种在印度锡金、缅甸和中国的云南、四川、西藏都有分布。

2.2　高黎贡山杜鹃花科植物种的分布区类型

高黎贡山杜鹃花科植物种只有 3 个分布区类型（表 3-7）。种的分布区类型以东亚分布和中国特有分布为主，分别占高黎贡山杜鹃花科总数的 53.19％和 45.96％，2 项合计占高黎贡山杜鹃花科总种数的 99.15％。其中东亚分布又以中国和西南邻国分布（占高黎贡山杜鹃花科种数的 30.21％）、中国-喜马拉雅分布（占高黎贡山杜鹃花科种数的 22.55％）为主；中国特有分布中高黎贡山特有分布（占高黎贡山杜鹃花种数的 21.28％）和云南及其他省区分布（占高黎贡山杜鹃花种数的 20.00％）占优势。中国-日本分布和云南高原分布各有 1 种；云南北部分布和云南西南部至高黎贡山分布分别有 5 种和 4 种。高黎贡山地区的杜鹃花科植物中，属于滇南热带至高黎贡山分布有 1 种，热带亚洲分布仅有 2 种。

高黎贡山地区杜鹃花科植物种的分布区类型主要以温带型为主，其中又以东亚分布和中国特有分布为优势，表明高黎贡山杜鹃花科植物区系的东亚温带性质。

热带亚洲分布的杜鹃花科植物只有 2 个种分布在高黎贡山地区。毛棉杜鹃 *Rhododendron moulmainense* J. D. Hooker 分布于云南的南部，向西分布到印度东北部，而向东在缅甸、泰国、印度尼西亚、马来西亚也有分布；铜钱叶白珠 *Gaultheria nummularioides* D. Don 在云南北部和东南部、四川中西部、西藏东南部有分布，在相邻的缅甸、孟加拉国也有分布，在高黎贡山地区西面的不丹、尼泊尔、印度东北部（大吉岭）和东面距离较远的印度尼西亚亦有分布。通过这 2 种热带亚洲分布种类，可以看出高黎贡山地区起到了一个重要的通道作用，是南亚和东南亚地区的热带成分进入东喜马拉雅的重要通道。

表 3-7 高黎贡山杜鹃花科种的分布区类型统计

分布区类型	种数	占全区杜鹃花种数的比例
7 热带亚洲分布	2	0.85%
14 东亚分布	125	53.19%
14-2 中国-日本分布	1	0.43%
14-3 中国-喜马拉雅分布	53	22.55%
14-4 中国和西南邻国分布	71	30.21%
15 中国特有分布	108	45.96%
15-1 云南和其他省份分布	47	20.00%
15-2-2 云南高原分布	1	0.43%
15-2-3 云南北部分布	5	2.13%
15-2-5 云南西南部分布	4	1.70%
15-2-6 高黎贡山特有分布	50	21.28%
15-2-7 云南南部热带分布	1	0.43%
合计	235	100.00%

可见，高黎贡山地区杜鹃花科植物种中属于东亚分布的共有 125 种（表 3-7、表 3-8），占到高黎贡山杜鹃花科植物种类的 53.19%。高黎贡山杜鹃花科的所有属中都包含有属于本类型的种，其中杜鹃花属、越桔属、白珠属的种类较多，都在 10 种以上，仅杜鹃花属就有 71 种（表 3-8），占到了该类型的 56.80%。

表 3-8 高黎贡山杜鹃花科东亚分布种在各属的数量情况

属分布区类型	属名	东亚分布种数量
3 热带亚洲-热带美洲分布	白珠属 *Gaultheria*	12
7 热带亚洲分布	树萝卜属 *Agapetes*	9
7 热带亚洲分布	假木荷属 *Craibiodendron*	2
8 北温带分布	岩须属 *Cassiope*	5
8 北温带分布	杜鹃花属 *Rhododendron*	71
8 北温带分布	越桔属 *Vaccinium*	16
9 东亚-北美间断分布	木藜芦属 *Leucothoë*	1
9 东亚-北美间断分布	珍珠花属 *Lyonia*	5
9 东亚-北美间断分布	马醉木属 *Pieris*	1
14 东亚分布	吊钟花属 *Enkianthus*	1
14 东亚分布	杉叶杜属 *Diplarche*	2
总计		125

　　对高黎贡山地区杜鹃花科植物种中东亚分布种的分析可知，属与种的分布类型往往既是矛盾对立又是统一的。对一个具体地区的植物区系来说，以属的分布类型性质来估计该区系的起源和地带性很可能得出不准确甚至错误的结论。

　　该分布类型往下可以划分为：全东亚分布（0 种），中国-日本分布（1 种），中国-喜马拉雅分布（53 种），中国和西南邻国分布（71 种）。

　　中国-日本分布指物种分布于我国滇、川金沙江河谷以东地区直至日本，但不见于喜马拉雅地区。高黎贡山地区位于该分布区所包含的地理范围之外，故含此分布类型的种很少，只有杜鹃 *Rhododendron simsii* Planchon 1 种（表 3-7）。高黎贡山地区是该种分布的西部边缘，其并未分布到喜马拉雅地区的不丹、尼泊尔、印度东北部等地区，而且其分布中心仍是在滇、川金沙江河谷以东地区，也分布到了日本以及老挝、缅甸、泰国，故而归入中国-日本分布类型。中国-喜马拉雅分布指分布于喜马拉雅山区诸国至我国西南诸省，分布范围可以稍广一些，但不见于日本。高黎贡山地区属于这一类型的有 53 种（表 3-7），是东亚分布类型的重要组成。中国和西南邻国分布指分布于中国及中国西南方向邻国。我国西南方向的邻国主要是指缅甸、泰国、越南等，距离中国都不远，不像热带亚洲分布那样到了菲律宾、马来西亚、印度尼西亚等热带地区，故把它作为东亚分布类型的变型更为合适。高黎贡山地区属于这一类型的有 71 种（表 3-7），是东亚分布类型的又一重要组成。

　　可以看到，高黎贡山地区的种中，属于东亚分布类型的占到了 53.19%，是高黎贡山地区杜鹃花科植物区系的主体。高黎贡山地区兼备了来自东部（中国-日本成分）、西部（中国-喜马拉雅成分）以及南部（中国和西南邻国成分）的植物成分，是这几大东亚成分的集合地，同时也可以作为这些成分交流的通道，并可能孕育出新的植物类型。

　　中国特有分布以中国整体的自然植物区为中心，分布界限可以越出国境，但不能越出很远，属于中国的特有种。

　　高黎贡山地区有 108 种杜鹃花科植物属于中国特有分布种（表 3-9），占本区域杜鹃花科植物种数的 45.96%，比高黎贡山地区第一大科兰科 Orchidaceae 的中国特有种率（兰科特有植物 86 种，占高黎贡山地区兰科植物种数的 23.63%）要高近 1 倍。其中又可以划分到云南和其他省份分布的有 47 种，占高黎贡山地区全部杜鹃花科种数的 20.00%；高黎贡山特有分布 50 种，占 21.28%。

　　在属于云南和其他省份分布的杜鹃花科植物中，与西部的西藏共有数量最多，共有 37 种中国特有杜鹃花科植物，这可能与高黎贡山地区与西藏东南部紧密相连、地理相似、易于传播交流有关；和北部的四川等省共有 12 个中国特有杜鹃花科植物，而和东部省份（贵州、广西、广东等省）共有 5 个中国杜鹃花科特有植物。高黎贡山地区同时也与南部的缅甸、越南等有较多的共有杜鹃花科植物。这说明高黎贡山地区融合了四面八方的杜鹃花科植物，一方面促进它们之间的交流，另一方面还孕育出了自己特有的植物类群。

表 3-9　高黎贡山杜鹃花科植物在各属的分布情况

分布区类型	属	高黎贡山种数	中国特有	云南特有	高黎贡山特有种
3 热带亚洲-热带美洲分布	白珠属 *Gaultheria*	28	7	2	6
7 热带亚洲分布	树萝卜属 *Agapetes*	13			4
7 热带亚洲分布	假木荷属 *Craibiodendron*	2			
8 北温带分布	岩须属 *Cassiope*	7		1	1
8 北温带分布	杜鹃花属 *Rhododendron*	148	31	7	38
8 北温带分布	越桔属 *Vaccinium*	23	6		1
9 东亚-北美间断分布	木藜芦属 *Leucothoë*	1			
9 东亚-北美间断分布	珍珠花属 *Lyonia*	7	1	1	
9 东亚-北美间断分布	马醉木属 *Pieris*	1			
14 东亚分布	吊钟花属 *Enkianthus*	3	2		
14 中国-喜马拉雅分布	杉叶杜属 *Diplarche*	2			
总计		235	47	11	50

杜鹃花科的云南特有种中，有 1 个种在云南高原分布普遍，5 个种与高黎贡山地区北面地区共有，4 个种与云南西南部地区共有，1 个种分布在滇南热带地区。这也说明了高黎贡山地区为杜鹃花科植物提供了合适的生境。

高黎贡山杜鹃花科植物种类以北部的贡山县居首，共有 190 种，高黎贡山特有种也是最多的，有 30 种；相对应的南部的龙陵县只有 15 种杜鹃花科植物，没有高黎贡山特有种，这可能与地质历史和地理复杂度相关。

从高黎贡山杜鹃花科的特有种在各属的分布情况看，都是杜鹃花属的数量最多，在杜鹃花属中，中国特有种 31 种，云南特有种 7 种，高黎贡山特有种最多，有 38 种。可见杜鹃花属在高黎贡山地区得到了较大的发展和进化。高黎贡山地区有分布的杜鹃花科植物里，白珠属和越桔属属于中国特有种的种类也较多，分别有 7 种和 6 种。高黎贡山特有种中白珠属和树萝卜属也较多，分别有 6 种和 4 种。值得一提的是，高黎贡山县地区的杜鹃花科植物种类多，尤其是高黎贡山特有种比中国特有种和云南特有种都多，一方面说明高黎贡山地区适宜杜鹃花科植物生长，多样性高；另一方面高黎贡山地区独特的地理格局，有利于其形成新的类群，成为高黎贡山地区的特有植物，这一规律同样在高黎贡山地区生长的兰科等植物类群中得到了印证。

3　高黎贡山杜鹃花科植物在各市县的分布

高黎贡山杜鹃花科植物在高黎贡山地区各市县的分布以北段的贡山县为最。以杜鹃花科植物在高黎贡山各市县的分布来看，种数最多并且种数超过 100 种的两个县是高黎贡山北段的贡山县和福贡县，分别有 190 种和 112 种杜鹃花科植物。高黎贡山县南段的龙陵县有 15 种、腾冲市有 81 种、保山市有 20 种。高黎贡山南段（龙陵县、腾冲市、保山市）共分布有杜鹃花科植物 84 种，北段（察隅县、贡山县、福贡县、泸水市）共分布有 213 种，高黎贡山北段分布的杜鹃花科植物种数是南段的近 3 倍。

高黎贡山特有杜鹃花科植物具有类似的分布特点，在贡山县最多，有 30 种，远远高于其他地区。其他地区高黎贡山特有杜鹃花科植物的分布情况分别为：腾冲市 18 种、福贡县 17 种、泸水市 14 种、察隅县 4 种、保山市 2 种。高黎贡山北段的高黎贡山特有杜鹃花科植物共有 43 种，也远高于南段的 20 种。

这种"北多南少"的植物分布现象在高黎贡山其他科中也普遍存在，这可能是由于高黎贡山北段与南部地区降水特点具有明显差异，高黎贡山北部地区的降水具有四季均匀分配的特点，而南部地区降水干湿季明显。包括泸水市、福贡县、贡山县在内的高黎贡山北部地区，具有"双雨季"特点，独龙江地区 1 年之内甚至会出现 3 次降水高峰[3]，由于北段降水充沛且均匀，利于杜鹃花科植物的繁盛，同时高黎贡山的高山、极高山都分布在北段区域，故北部的地理复杂性要远远高于南段，这也有利于生物多样性的提高和特有物种的形成。尽管如此，这种纬度较高地区植物种类多于纬度较低地区的现象在地球上还是比较少见的（图 3-5）。

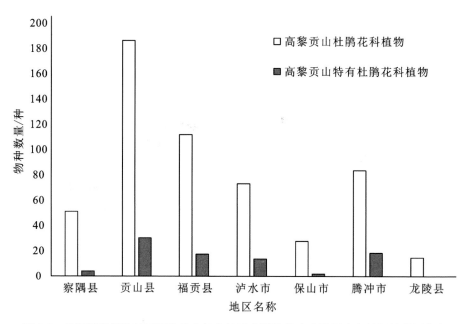

图 3-5　杜鹃花科植物以及高黎贡山特有杜鹃花科植物在高黎贡山各地区的数量分布

4　高黎贡山杜鹃花科植物的垂直分布

高黎贡山地区杜鹃花科植物从海拔 1000～4800 m 都有分布，在海拔 2000～3600 m

分布最多，都在 80 种以上，也就是说这些在高黎贡山分布的杜鹃花科植物，有三分之一以上分布在这个海拔段内。

海拔 1800～3600 m 是高黎贡山地区高黎贡山特有杜鹃花科植物分布最多的海拔区域。这一海拔段包括绝大部分中山湿性常绿阔叶林，向下包括半湿性常绿阔叶林的部分，向上包括山顶苔藓矮林的全部、暖温性针叶林的全部、温凉性针阔混交林的全部、寒温性针叶林的下部、寒温性阔叶灌丛的下部[3]。这一海拔区间环境多样，也是几个植被带的交错地区，较适宜杜鹃花科植物的生长和发展，使得这一海拔段无论杜鹃花科总的植物数量或者是本区域特有种，数量都是最多的（图 3-6）。

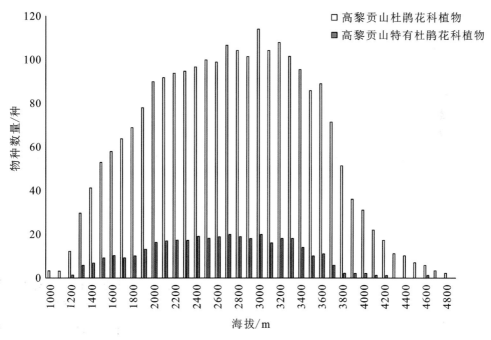

图 3-6 高黎贡山杜鹃花科植物及高黎贡山特有杜鹃花科植物的种数随海拔的变化

5 结论

高黎贡山地区杜鹃花科植物中，属的分布区类型里温带分布占了 72.72%，种的分布区类型里温带分布占 99.15%。对属和种的分析表明，高黎贡山地区以温带起源为主的杜鹃花科植物区系在山地温带环境下，进一步向温带性质发展和强化了。从分布上来讲，高黎贡山北段的贡山县分布的杜鹃花科植物种类和高黎贡山特有杜鹃花科种类最多，这与高黎贡山北段的气候条件更优越、地理条件更复杂有关。在垂直方向上，在海拔 2000～3600 m 杜鹃花科植物种类和高黎贡山特有杜鹃花科种类丰富度最大，这与本海拔段内独特的地理条件和较高的隔离程度有关。

【参考文献】

[1] WU Z Y，RAVEN P H，HONG D Y.Flora of China：Ericaceae[M].Beijing：Science Press，St. Louis：Missouri Botanical Garden Press，2005.

[2] MA Y P，WU Z K，XUE R J，et al.A new species of Rhododendron(Ericaceae) from the Gaoligong Mountains，Yunnan，China，supported by morphological and DNA barcoding data[J].Phytotaxa，2013，114：42-50.

[3] 李恒,郭辉军,刀志灵.高黎贡山植物[M].北京：科学出版社,2000.

[4] 冯国楣.云南杜鹃花[M].昆明：云南人民出版社,1983.

[5] 李恒.独龙江地区植物[M].昆明：云南人民出版社,1993.

[6] 闵天禄,李恒.云南独龙江地区杜鹃花属植物的区系组成[J].云南植物研究,1992,增刊Ⅴ：65-70.

[7] 刀志灵,郭辉军.高黎贡山地区杜鹃花科特有植物[J].云南植物研究,1999,增刊Ⅺ：16-23.

[8] 刀志灵,郭辉军.高黎贡山地区杜鹃花科植物多样性及可持续利用[J].云南植物研究,1999,增刊 Ⅺ：24-34.

[9] 吴征镒.中国种子植物属的分布区类型[J].云南植物研究,1991,增刊Ⅳ：1-139.

[10] HOU Y，NOWAK M D，MIRRE V，et al.RAD-seq data point to a northern origin of the arctic-alpine genus Cassiope(Ericaceae) [J].Molecular Phylogenetics and Evolution,2016,95：152-160.

[11] 闵天禄,方瑞征.杜鹃属(Rhododendron L.)的地理分布及其起源问题的探讨[J].云南植物研究, 1979,17-28.

第四节　高黎贡山兰科植物区系特征 *

兰科 Orchidaceae 是一个世界广布的大科，包含约 800 个属 25000 种，也有人估计为 30000 种。基于对高黎贡山地区开展的植物考察以及收集整理的相关资料[1-13]，我们认为高黎贡山地区发现的兰科植物有 98 属 364 种（其中 86 个中国特有种），占全区植物总数 1245 属的 7.87％ 和 4938 种的 7.37％，占中国兰科植物总数的 26.00％，其中中国特有种数占全国兰科植物中中国特有种的 17.52％。

1　材料与方法

通过对高黎贡山地区开展植物考察，以及对兰科植物标本的汇总和相关资料[2-13]的收集整理，形成本研究中兰科植物的相关数据库，同时根据 *Flora of China* 中每一种高黎贡山地区分布的兰科植物的生活型、在高黎贡山地区以外的分布地点等信息，参考吴征镒[14]的方法，根据分布区域判断该区域每个兰科属和种的分布区类型，进而统计每个分布区类型的数量和比例，推测高黎贡山兰科植物的起源性质。

根据兰科植物在各市县的分布资料，统计每个市县分布的兰科属和种的数量，分

*作者：李新辉、王丹丹、李恒，原载于《西部林业科学》，2017 年第 46 期（增刊Ⅱ），第 119-133 页.

析兰科植物在研究区的水平分布特征。在垂直分布上，将本区域划分为每段 100 m 的海拔段，统计每个海拔段分布的兰科植物属和种的数量，并且分析每个海拔段特有兰科植物种和属的数量比例，来研究兰科植物在垂直方向上的分布特征。

2　结果与分析

2.1　高黎贡山兰科植物生活型

高黎贡山兰科植物包括地生兰、附生兰和异养型的腐生兰（表 3-10、表 3-11）。其中以地生兰居多，共有 179 种，占高黎贡山地区所有兰科种数的 49.18%，它们主要见于温暖潮湿的高海拔地带，如紫点杓兰 *Cypripedium guttatum*（3100～4100 m）等；附生兰次之，有 174 种，占高黎贡山地区所有兰科种数的 47.80%，它们主要生长在水热资源丰富的河谷和常绿阔叶林带，附生在大树上或石崖上，如白花拟万代兰 *Vandopsis undulata*、船唇兰 *Vandopsis undulata*（1500～2350 m）、花蜘蛛兰 *Esmeralda clarkei*（1600～2170 m）等；腐生兰仅 11 种，占高黎贡山地区所有兰科种数的 3.05%。

表 3-10　高黎贡山兰科植物的生活型

生活型	营养型	种数	种数占兰科种数的比例	营养型种数占兰科种数的比例
地生兰	自养	179	49.18%	96.98%
附生兰	自养	174	47.80%	
腐生兰	异养	11	3.02%	3.02%
合计		364	100.00%	100.00%

从营养类型看，地生兰和附生兰是自养型，可以凭借自己的茎或叶从大气中获取碳素营养，共有 353 种，占高黎贡山地区所有兰科种数的 96.98%。腐生兰（异养型）仅 11 种，占高黎贡山地区所有兰科种数 3.02%，基本出现在腐殖质丰富的林下，如尖唇鸟巢兰 *Neottia acuminate*（2750～3000 m）、山珊瑚 *Galeola faberi*（1240～2300 m）。

2.2　高黎贡山兰科植物属的分布区类型分析

高黎贡山兰科植物属的分布区类型表明本区兰科植物来源较广泛，但以东亚分布和热带亚洲至大洋洲分布为主。根据吴征镒[14]的划分方法研究兰科植物属的分布区类型，高黎贡山兰科植物属含有 15 个分布区类型中的 11 个（表 3-11）：世界分布的 4 个属，仅占高黎贡山地区所有兰科属数的 4.08%；属于各种热带成分的（分布区类型 2～7)共 58 属，占高黎贡山地区兰科全部 98 属的 59.18%；属于温带分布的有 35 属，占高黎贡山地区兰科属数的 35.71%，其中属于东亚分布的有 23 属，占高黎贡山地区所有兰科属数的 23.47%，是温带分布类型中的主体。中国特有属只有 1 个（表 3-11）。

表 3-11　高黎贡山兰科植物属和种的分布区类型统计

分布区类型	属的数量	占高黎贡山兰科植物属数的比例	高黎贡山地区兰科种数	占高黎贡山地区兰科种数的比例
1 世界分布	4	4.08%	27	7.42%
2 泛热带分布	2	2.04%	46	12.64%
3 热带亚洲-热带美洲	0	0.00%	0	0.00%
4 旧世界热带分布	10	10.20%	25	6.87%
5 热带亚洲-热带大洋洲分布	23	23.47%	85	23.35%
6 热带亚洲-热带非洲分布	3	3.06%	4	1.10%
7 热带亚洲分布	20	20.41%	64	17.58%
8 北温带分布	6	6.12%	55	15.11%
9 东亚-北美间断分布	3	3.06%	4	1.10%
10 旧世界温带分布	3	3.06%	14	3.85%
11 温带亚洲分布	0	0.00%	0	0.00%
12 地中海、西亚和中亚分布	0	0.00%	0	0.00%
13 中亚分布	0	0.00%	0	0.00%
14 东亚分布	23	23.47%	39	10.71%
14-1 全东亚分布	7	7.14%	17	4.67%
14-3 中国-喜马拉雅分布	15	15.31%	21	5.77%
14-4 中国和西南邻国分布	1	1.02%	1	0.27%
15 中国特有分布	1	1.02%	1	0.27%
合计	98	100.00%	364	100.00%

2.2.1　世界分布的属

　　几乎世界各大洲都有分布的属，可以有也可以没有特殊分布中心[14]。高黎贡山地区兰科植物中世界分布属有 4 属，占该地区兰科总属数的 4.08%。在高黎贡山地区兰科世界分布属中，羊耳蒜属 *Liparis* 包含有云南特有种和高黎贡山特有种，玉凤花属 *Habenaria* 含有中国特有种。在为数不多的 4 属中，兰科植物的 3 种生活型（地生、附生和腐生）都有（表 3-12）。

表 3-12　高黎贡山兰科世界分布属分布情况

属名	生活型	世界种数	中国种数	高黎贡山种数	本区的中国特有种数	本区的云南特有种数	高黎贡山特有种数
玉凤花属 *Habenaria*	地生型	600	54	4	2		
羊耳蒜属 *Liparis*	地生型、附生型、腐生型	320	63	21		1	1
原沼兰属 *Malaxis*	附生型、腐生型	300	1	1			
绶草属 *Spiranthes*	地生型	50	4	1			

2.2.2　热带亚热带分布的属

吴征镒[14]的分布区类型中的 2~7，即泛热带分布、热带亚洲-热带美洲间断分布、旧世界热带分布、热带亚洲-热带大洋洲分布、热带亚洲-热带非洲分布、热带亚洲分布。

高黎贡山地区兰科植物属中，属于这些类群的共有 58 属，占高黎贡山地区兰科植物总属数的 59.18%，所包含的种数共有 224 种，占高黎贡山地区兰科植物总种数的 61.54%。高黎贡山地区兰科植物属于热带成分的属中，含有 10 种以上的，包括：石豆兰属 *Bulbophyllum*（29 种），石斛属 *Dendrobium*（18 种），虾脊兰属 *Calanthe*（17 种），兰属 *Cymbidium*（16 种），贝母兰属 *Coelogyne*（13 种），鸢尾兰属 *Oberonia*（10 种）。这一分布类型的兰科植物中有不少属于珍贵的药用植物，如石斛属花大而美丽，具有生津、止咳、润喉等功效；天麻属 *Gastrodia* 植物入药已有千年历史，被用于治疗头晕目眩、肢体麻木、小儿惊风等症[15]。

有些兰科植物属的所有种或者大部分种在高黎贡山地区都有分布。如耳唇兰属 *Otochilus*，世界共有 4 种，在高黎贡山地区都有分布；虎舌兰属 *Epipogium* 世界上共有 3 种，高黎贡山地区分布有 2 种；竹叶兰属 *Arundina*、爬兰属 *Herpysma* 都是单种属，高黎贡山地区都有分布。这些说明高黎贡山地区兰科植物区系在全国乃至世界都有一定的特殊地位。

此外，值得注意的是兰科植物的热带分布型属中包含中国特有种 14 个、云南特有种 6 个、高黎贡山特有种 15 个。这一分布类型中高黎贡山特有种多于云南特有种，甚至高于中国特有种的数量，说明高黎贡山地区地形较为特殊，可以提供产生特有种的条件，同时与其他地区相对隔离，使高黎贡山地区特有种较难传播到邻近地区，才能最终形成高黎贡山地区的特有种。

（1）泛热带分布属：普遍分布于全球热带范围内的属，可以有 1 个或者数个分布中心，但在其他地区也可能有分布。高黎贡山地区属于这一类型的有 2 属（表 3-13）：石豆兰属 *Bulbophyllum*、虾脊兰属 *Calanthe*。石豆兰属是兰科植物最大的属之一，附生，在中国有103种，其中18种为中国特有，而在高黎贡山就有29种，其中5种是特有种（包括中国特有种2种和高黎贡山特有种3种）。虾脊兰属在世界上共有150种左右，在中国有51种，其中18种为中国特有种，在高黎贡山有17种，其中6种为特有种（包括中国特有种3种和高黎贡山特有种3种）。它们都反映了高黎贡山地区兰科植物种类的丰富性和特殊性。

（2）热带亚洲-热带美洲分布属：指间断分布于亚洲和美洲（主要是南美洲）温暖地区的属。高黎贡山地区缺少这一类型。这可能是由于亚洲热带和美洲热带距离较远，而那些能成功跨越间距、分布于这两地区的属，往往又易形成泛热带分布的类型。这一点也可以从高黎贡山地区兰科植物中泛热带类型较少而旧世界热带分布和热带亚洲分布较多的情况得到一定的验证。

（3）旧世界热带分布属：分布于亚洲、非洲、大洋洲及其附近岛屿等热带区域的属，也称这些地区为古热带，与美洲大陆的新热带相对应。高黎贡山地区属于这一类型的有10个属。这些属的世界种类都不算多，在高黎贡山地区分布的种数自然也不多，最多的要数鸢尾兰属，在高黎贡山地区有10种，其他的属在高黎贡山地区有1～2种。高黎贡山地区属于这一分布类型的特有种只有1个中国特有种和1个云南特有种，没有高黎贡山特有种。

（4）热带亚洲-热带大洋洲分布属：分布于亚洲、大洋洲及其附近岛屿等热带区域的属，是旧世界热带分布的东半部，其西端一般不到非洲大陆。高黎贡山地区属于这一类型的有23个属，是热带分布的主体，其中石斛属和兰属含的种数都在10种以上。石斛属 *Dendrobium* 全世界有1100种左右，中国有78种，普遍具有很高的药用和观赏价值，其中高黎贡山产18种，占全国石斛种类的23.08%。兰属，花较大而美丽，在中国已有2000多年的栽培历史，深受人们喜爱。全世界兰属有55种左右，我国是主产区，有49种，而高黎贡山就有16种，其中2种是高黎贡山特有的，需注意保护。如兜兰属 *Paphiopedilum* 是炙手可热的兰花种类，高黎贡山地区就有2种特有种：杏黄兜兰 *Paphiopedilum armeniacum* S. C. Chen & F. Y. Liu 和虎斑兜兰 *Paphiopedilum markianum* Fowlie。

（5）热带亚洲-热带非洲分布属：从印度-马来西亚到非洲热带区域都有分布的属，向西也可分布至斐济等南太平洋岛屿，但不见于澳洲大陆。由于距离较远，在高黎贡山地区分布种类不多。高黎贡山地区属于这一类型的有3个属。

（6）热带亚洲分布属：分布于旧世界热带的中心部分的属，包括印度、斯里兰卡、缅甸、泰国、印度尼西亚、菲律宾及新几内亚等。东面可达斐济等南太平洋岛屿，但不到澳洲大陆。其分布区的北部边缘，往往到达我国的西南、华南地区，甚至更北。云南西南和南部处于热带亚洲的北缘，而高黎贡山地区就是热带亚洲北缘的延伸区域。高黎贡山地区属于这一类型的有20个属，在热带成分中占有较大的比例。这一分布类型中只有贝母兰属的种类较多，属于附生植物，中国有31个种，其中6种为中国特有种，而高黎贡山地区就有13个种，其中高黎贡山特有种2个。盆距兰属 *Gastrochilus*

属于腐生植物，中国有 29 种，高黎贡山有 7 种，其中 2 种为高黎贡山特有种。另外耳唇兰属为地生兰，全世界共有 4 种，而高黎贡山都有分布。这些都说明高黎贡山地区兰科植物丰富度高、生活型多样、特有程度较高。

表 3-13　高黎贡山兰科热带成分属和种的情况

属的分布 区类型	属名	生活 型	世界 种数	中国 种数	高黎 贡山 种数	本区的 中国特 有种	本区的 云南特 有种	高黎 贡山 特有种
2 泛热带分布	石豆兰属 *Bulbophyllum*	○	1900	103	29	2		3
2 泛热带分布	虾脊兰属 *Calanthe*	⊙	150	51	17	3		3
4 旧世界热带分布	脆兰属 *Acampe*	⊙○	10	3	1			
4 旧世界热带分布	禾叶兰属 *Agrostophyllum*	○	40～50	2	1			
4 旧世界热带分布	叉柱兰属 *Cheirostylis*	⊙○	50	17	2			
4 旧世界热带分布	虎舌兰属 *Epipogium*	△	3	3	2			
4 旧世界热带分布	天麻属 *Gastrodia*	△	20	15	2	1		
4 旧世界热带分布	芋兰属 *Nervilia*	⊙	65	9	2			
4 旧世界热带分布	鸢尾兰属 *Oberonia*	○	150～200	33	10		1	
4 旧世界热带分布	鹤顶兰属 *Phaius*	⊙	40	9	2			
4 旧世界热带分布	带叶兰属 *Taeniophyllum*	⊙○	120～180	3	1			
4 旧世界热带分布	线柱兰属 *Zeuxine*	⊙	80	14	2			
5 热带亚洲-热带大洋洲分布	金线兰属 *Anoectochilus*	⊙	33	11	1			
5 热带亚洲-热带大洋洲分布	无叶兰属 *Aphyllorchis*	△	30	5	1			
5 热带亚洲-热带大洋洲分布	金唇兰属 *Chrysoglossum*	⊙○	4	2	1			
5 热带亚洲-热带大洋洲分布	隔距兰属 *Cleisostoma*	○	100	16	4			
5 热带亚洲-热带大洋洲分布	吻兰属 *Collabium*	⊙○	11	3	1	1		
5 热带亚洲-热带大洋洲分布	铠兰属 *Corybas*	⊙○	100	5	1	1		
5 热带亚洲-热带大洋洲分布	沼兰属 *Crepidium*	⊙○	280	17	4		1	

属的分布区类型	属名	生活型	世界种数	中国种数	高黎贡山种数	本区的中国特有种	本区的云南特有种	高黎贡山特有种
5 热带亚洲-热带大洋洲分布	兰属 *Cymbidium*	⊙○	55	49	16			2
5 热带亚洲-热带大洋洲分布	石斛属 *Dendrobium*	⊙○	1100	78	18			
5 热带亚洲-热带大洋洲分布	美冠兰属 *Eulophia*	⊙△	200	13	1			
5 热带亚洲-热带大洋洲分布	金石斛属 *Flickingeria*	○	65～70	9	1			
5 热带亚洲-热带大洋洲分布	盂兰属 *Lecanorchis*	△	10	4	1			
5 热带亚洲-热带大洋洲分布	钗子股属 *Luisia*	⊙○	40	11	1			
5 热带亚洲-热带大洋洲分布	齿唇兰属 *Odontochilus*	⊙△	40	11	4			
5 热带亚洲-热带大洋洲分布	兜兰属 *Paphiopedilum*	⊙○	80～85	27	2			2
5 热带亚洲-热带大洋洲分布	阔蕊兰属 *Peristylus*	⊙	70	19	9	1		
5 热带亚洲-热带大洋洲分布	石仙桃属 *Pholidota*	⊙○	30	12	7			
5 热带亚洲-热带大洋洲分布	苹兰属 *Pinalia*	⊙○	160	17	5	1		
5 热带亚洲-热带大洋洲分布	匙唇兰属 *Schoenorchis*	○	24	3	1			
5 热带亚洲-热带大洋洲分布	苞舌兰属 *Spathoglottis*	⊙	46	3	2			
5 热带亚洲-热带大洋洲分布	带唇兰属 *Tainia*	⊙	32	13	2			
5 热带亚洲-热带大洋洲分布	白点兰属 *Thrixspermum*	⊙○	100	14	1	1		

属的分布 区类型	属名	生活型	世界种数	中国种数	高黎贡山种数	本区的中国特有种	本区的云南特有种	高黎贡山特有种
5 热带亚洲-热带大洋洲分布	万代兰属 *Vanda*	○	40	10	1			
6 热带亚洲-热带非洲分布	苞叶兰属 *Brachycorythis*	⊙△	33	3	1			
6 热带亚洲-热带非洲分布	山珊瑚属 *Galeola*	△	10	4	2	1		
6 热带亚洲-热带非洲分布	鸟足兰属 *Satyrium*	⊙	90	2	1			
7 热带亚洲分布	竹叶兰属 *Arundina*	⊙	1	1	1			
7 热带亚洲分布	鸟舌兰属 *Ascocentrum*	⊙○	5	3	1			
7 热带亚洲分布	白及属 *Bletilla*	⊙	6	4	3			
7 热带亚洲分布	美柱兰属 *Callostylis*	○	5～6	2	1			
7 热带亚洲分布	贝母兰属 *Coelogyne*	○	200	31	13			2
7 热带亚洲分布	柱兰属 *Cylindrolobus*	⊙○	30	3	2			
7 热带亚洲分布	厚唇兰属 *Epigeneium*	⊙○	35	11	5			1
7 热带亚洲分布	毛兰属 *Eria*	△⊙	15	7	3	1		
7 热带亚洲分布	盆距兰属 *Gastrochilus*	△	47	29	7			2
7 热带亚洲分布	爬兰属 *Herpysma*	⊙	1	1	1			
7 热带亚洲分布	全唇兰属 *Myrmechis*	⊙○	15	5	3	1		
7 热带亚洲分布	羽唇兰属 *Ornithochilus*	○	3	2	1		1	
7 热带亚洲分布	白蝶兰属 *Pecteilis*	⊙	5	3	1			
7 热带亚洲分布	耳唇兰属 *Otochilus*	○	4	4	4			
7 热带亚洲分布	蝴蝶兰属 *Phalaenopsis*	⊙○	40～50	12	3		1	
7 热带亚洲分布	独蒜兰属 *Pleione*	⊙○	26	23	6		2	
7 热带亚洲分布	盾柄兰属 *Porpax*	○⊙	11	1	1			
7 热带亚洲分布	菱兰属 *Rhomboda*	⊙○	25	4	1			
7 热带亚洲分布	大苞兰属 *Sunipia*	○	20	11	6			
7 热带亚洲分布	拟万代兰属 *Vandopsis*	⊙○	5	2	1			

注：⊙为地生型 terrestrial；○为附生型 epiphytic；△为腐生型 saprophytic。

2.2.3 温带成分的属

吴征镒[14]的分布区类型中的 8～14，即北温带分布，东亚-北美间断分布，旧世界温带分布，温带亚洲分布，地中海、西亚和中亚分布，中亚分布和全东亚分布。高黎贡山地区兰科植物属中属于这一类型的共有 35 属，占本区兰科植物总属数的 35.71％。高黎贡山地区兰科植物温带成分属含有 10 种以上的有：舌唇兰属 *Platanthera*（17 种），斑叶兰属 *Goodyera*（13 种），鸟巢兰属 *Neottia*（10 种），角盘兰属 *Herminium*（10 种）。该成分在高黎贡山地区还有较多的单种属：筒瓣兰属 *Anthogonium*，蜂腰兰属 *Bulleyia*，合柱兰属 *Diplomeris*，新型兰属 *Neogyna*，怒江兰属 *Nujiangia*，心启兰属 *Penkimia*，紫茎兰属 *Risleya* 等，在一定程度上表明了高黎贡山地区的特殊性。

温带成分中包含中国特有种 32 个、云南特有种 3 个、高黎贡山特有种 11 个（表 3-14）。这一分布类型中，高黎贡山特有种同样多于云南特有种，但没有超过中国特有种的数量，同样说明高黎贡山地区具有产生特有种的优良条件，同时与其他地区处于相对隔离的状态。

（1）北温带分布属：指那些广泛分布于欧洲、亚洲和北美洲温带地区的属。由于地理和历史的原因，有些属的分布区域沿山脉向南伸延到热带山区，甚至远达南半球温带，但其原始类型或分布中心仍在北温带。高黎贡山地区属于这一类型的有 6 个属，舌唇兰属、斑叶兰属和鸟巢兰属 3 个属含有 10 种以上，这 3 属中的高黎贡山特有种有 6 个。本分布型中共有 7 种高黎贡山特有兰花，是含高黎贡山特有兰花最多的分布型。高黎贡山地区有杓兰属 *Cypripedium* 9 个种，其中中国特有杓兰就有 4 种，它们都具有很高的观赏价值，但栖息地普遍已遭到破坏，是亟须保护的重点植物。

（2）东亚-北美间断分布属：间断分布于东亚和北美洲温带及亚热带地区的属。由于高黎贡山地区属于东亚-北美间断分布区域的西部边缘，而且距离较远，因此这一类型的属数和种数都较少，共有 3 属 4 种：盆花兰属 *Galearis*、朱兰属 *Pogonia*、筒距兰属 *Tipularia*，但都属于中国特有兰花。

（3）旧世界温带分布属：分布于欧洲、亚洲中-高纬度的温带和寒温带，可能有个别种延伸到亚洲-非洲热带山地甚至澳大利亚的属。高黎贡山地区属于这一类型的有 3 属：角盘兰属 *Herminium*、手参属 *Gymnadenia*、兜被兰属 *Neottianthe*，占高黎贡山地区兰科属数的 3.06％。角盘兰属在高黎贡山分布有 10 种，其中 4 种为中国特有种，1 种为高黎贡山特有种。

（4）温带亚洲分布属：分布于亚洲温带地区的属。温带亚洲分布的属以古北大陆起源为主，发展历史不长，这可能是高黎贡山地区没有这种分布类型的兰科植物属的原因。

（5）地中海、西亚和中亚分布属：分布于现代地中海周围，经过西亚或西南亚至中亚、蒙古高原、我国新疆和青藏高原一带的属。可能是由于兰科植物本身较适宜温暖潮湿的热带亚热带区域，而地中海、西亚和中亚地区较适宜干旱的植物类群生存，导致高黎贡山地区没有这种分布类型的兰科植物属。

（6）中亚分布属：分布于中亚（特别是山地）而不见于西亚及地中海周围的属。可能出于与地中海、西亚和中亚分布属同样的原因，高黎贡山地区没有这种分布类型的兰科植物属。

（7）东亚分布属：从东喜马拉雅一直分布到日本的一些属。高黎贡山地区兰科植物中属于这一类型的有 23 个属，可以细化分为：全东亚分布（7 属）、中国-日本分布（高黎贡山地区没有）、中国-喜马拉雅分布（15 属）、中国和西南邻国分布（1 属）。

（8）中国-日本分布属：分布于我国滇、川金沙江河谷以东地区直至日本琉球，但不见于喜马拉雅。高黎贡山地区位于该分布区包含的地理范围之外，故不含此种分布类型的属。

（9）中国-喜马拉雅分布属：喜马拉雅山区至我国西南诸省，部分属分布可以再广一些，但不见于日本。高黎贡山地区属于这一类型的有 15 属，是东亚乃至温带分布类型的主体。其中包含 5 个中国特有种，1 个云南特有种和 2 个高黎贡山特有种。本类型的属含有种类较少，基本是 1～3 种。宿苞兰属 Cryptochilus 被认为是古南大陆热带起源的属，而后适应了高黎贡山地区的温带性质[16]。筒瓣兰属被认为起源于古北大陆的康滇古陆[16]。怒江兰属分布于阿富汗、巴基斯坦和中国云南贡山地区，这表明该属是古地中海退却后残留下来的属，由于青藏高原隆升，导致中间分布消失，形成了现代的间断分布。心启兰属为单种属，分布于 1600～2000 m 的高黎贡山和阿萨姆地区，被认为和鸟舌兰属 Ascocentrum 以及槽舌兰属 Holcoglossum 近源，而后 2 属在越南老挝都有分布，尤其是鸟舌兰属还在印度尼西亚和菲律宾有分布，故心启兰属应是古南大陆热带分布传入高黎贡山地区后产生和发展起来的新属。

（10）中国和西南邻国分布属：分布于我国和我国西南方向的邻国（缅甸、泰国、越南等）的属。高黎贡山地区属于这一类型的有 1 属，叉喙兰属 Uncifera acuminata Lindley。在高黎贡山附生于海拔 1300～1900 m 密林的树上，在我国贵州和云南南部、不丹、印度东北部、尼泊尔也有分布。该属包含 6 个种，分布于喜马拉雅热带地区，包括印度、中国以及泰国等国。根据其分布推测该属应该是从热带起源的。

表 3-14　高黎贡山兰科温带成分属的情况

属的分布区类型	属名	生活型	世界种数	中国种数	高黎贡山种数	本区的中国特有种	本区地云南特有种	高黎贡山特有种
8 北温带分布	头蕊兰属 Cephalanthera	⊙△	15	9	4			1
8 北温带分布	杓兰属 Cypripedium	⊙	50	36	9	4		
8 北温带分布	火烧兰属 Epipactis	⊙△	20	10	2			
8 北温带分布	斑叶兰属 Goodyera	⊙○	100	29	13	1		1

属的分布 区类型	属名	生活型	世界种数	中国种数	高黎贡山种数	本区的中国特有种	本区地云南特有种	高黎贡山特有种
8 北温带分布	鸟巢兰属 *Neottia*	⊙△	71	36	10	1		3
8 北温带分布	舌唇兰属 *Platanthera*	⊙	200	42	17	4	1	2
9 东亚-北美间断分布	盔花兰属 *Galearis*	⊙	10	5	2	1		
9 东亚-北美间断分布	朱兰属 *Pogonia*	⊙	4	3	1	1		
9 东亚-北美间断分布	筒距兰属 *Tipularia*	⊙	7	4	1	1		
10 旧世界温带分布	手参属 *Gymnadenia*	⊙	16	5	2	1		
10 旧世界温带分布	角盘兰属 *Herminium*	⊙	25	18	10	4		1
10 旧世界温带分布	兜被兰属 *Neottianthe*	⊙	7	7	2		1	
14-1 全东亚分布	无柱兰属 *Amitostigma*	⊙	30	22	6	5		1
14-1 全东亚分布	兜蕊兰属 *Androcorys*	⊙	6	5	2	1		
14-1 全东亚分布	蛤兰属 *Conchidium*	⊙○	10	4	1			
14-1 全东亚分布	杜鹃兰属 *Cremastra*	⊙	4	3	1			
14-1 全东亚分布	叠鞘兰属 *Chamaegastrodia*	○	3	3	1	1		
14-1 全东亚分布	山兰属 *Oreorchis*	⊙	14	11	4	2		
14-1 全东亚分布	小红门兰属 *Ponerorchis*	⊙	20	13	2			
14-3 中国-喜马拉雅分布	筒瓣兰属 *Anthogonium*	⊙	1	1	1			
14-3 中国-喜马拉雅分布	蜂腰兰属 *Bulleyia*	○	1	1	1			
14-3 中国-喜马拉雅分布	宿苞兰属 *Cryptochilus*	⊙○	10	3	3	1		
14-3 中国-喜马拉雅分布	尖药兰属 *Diphylax*	⊙	3	3	3	1		1
14-3 中国-喜马拉雅分布	合柱兰属 *Diplomeris*	⊙	4	2	1			
14-3 中国-喜马拉雅分布	毛梗兰属 *Eriodes*	⊙○	1	1	1			
14-3 中国-喜马拉雅分布	花蜘蛛兰属 *Esmeralda*	○	3	2	1			
14-3 中国-喜马拉雅分布	舌喙兰属 *Hemipilia*	⊙	10	7	2	2		

属的分布区类型	属名	生活型	世界种数	中国种数	高黎贡山种数	本区的中国特有种	本区地云南特有种	高黎贡山特有种
14-3 中国-喜马拉雅分布	槽舌兰属 *Holcoglossum*	○	12	12	2		1	1
14-3 中国-喜马拉雅分布	短瓣兰属 *Monomeria*	○	3	1	1			
14-3 中国-喜马拉雅分布	新型兰属 *Neogyna*	⊙○	1	1	1			
14-3 中国-喜马拉雅分布	怒江兰属 *Nujiangia*	⊙	1	1	1			
14-3 中国-喜马拉雅分布	曲唇兰属 *Panisea*	⊙○	7	5	1	1		
14-3 中国-喜马拉雅分布	心启兰属 *Penkimia*	○	1	1	1			
14-3 中国-喜马拉雅分布	紫茎兰属 *Risleya*	△	1	1	1			
14-4 中国和西南邻国分布	叉喙兰属 *Uncifera*	○	6	2	1			

注：⊙为地生型 terrestrial；○为附生型 epiphytic；△为腐生型 saprophytic。

2.2.4　中国特有属

以中国整体的自然植物区为中心、分布区界限不越出我国国境很远的，是中国的特有属，也可理解为云南和中国各省份分布属。高黎贡山地区属于这一类型的有 1 属：反唇兰属 *Smithorchis*，实际是云南特有属（分布于我国云南省而其他省没有分布的属），只含反唇兰 *Smithorchis calceoliformis*（W. W. Smith）Tang & F. T. Wang 1 种，模式标本采自大理苍山，分布于贡山县、大理白族自治州、德钦县等地的高山草甸区域，本属与角盘兰属较为接近，可能是角盘兰属的 1 个种系在高山地区特化形成的。

2.3　高黎贡山兰科植物种的分布区类型分析

根据吴征镒[14]的划分方法研究高黎贡山地区兰科植物种的分布区类型，发现种分布区类型以东亚分布和中国特有分布为主，其中又以中国-喜马拉雅分布和中国特有分布为主体。高黎贡山兰科植物种含有 9 个分布区类型（表 3-15），没有世界分布种，属于各种热带分布的共 32 个种，占全部 364 种的 8.79%。其中泛热带分布 1 种；旧世界热带分布 3 种；热带亚洲-大洋洲分布 12 种；热带亚洲-热带非洲分布 2 种；属于热带亚洲分布的较多，有 14 个种。属于热带亚洲-热带非洲分布类型的种较少，这可能是由于高黎贡山地区与热带非洲距离较远，而且中间有高山和其他不适宜的气候（如干旱）阻隔，因此共有种较少；没有属于热带亚洲-热带美洲分布的种，因为距离远，还有广阔的海洋相隔；热带亚洲成分较多，这是由于距离较近、交流较方便等原因造成。

高黎贡山地区的兰科植物中，属于温带分布型的有 332 种（高黎贡山地区的特有成分其实也是温带成分之一），占高黎贡山地区兰科种数的 91.21%，其中以东亚分布种（241 种）和中国特有分布种（86 种）为主。东亚分布中以中国-喜马拉雅成分为主（170 种），属于中国和西南邻国分布的有 41 种，属于全东亚分布和中国-日本分布的各 15 种。中国特有分布包括云南及其他省份分布，属于该类型的共 48 种（表 3-15）；属于高黎贡山特有分布的数量居中，有 27 种（表 3-15、表 3-16）；而属于云南特有分布的有 11 种（表 3-15、表 3-16）。故高黎贡山地区兰科植物种的分布区类型以温带型为主，其中又以中国-喜马拉雅成分和中国特有种占优势，表明了高黎贡山兰科区系的东亚温带性质。

（1）世界分布种：高黎贡山地区虽然含有世界分布的兰科属，却没有世界分布的兰科种，从一定程度上说明兰科植物分布相对狭窄，大多是一定区域内的特有种，值得关注和保护。

（2）泛热带分布种：高黎贡山地区只有 1 种兰科植物属于本类型。见雪青 *Liparis nervosa* (Thunberg) Lindley，它是世界分布属羊耳蒜属 *Liparis* 下的种，生长于独龙江地区、腾冲市等的阔叶林下。中国的福建、广东、广西、贵州、湖北、湖南、江西、四川、西藏、云南和台湾等地区均有分布，还遍布新旧世界的热带地区。本类型的兰科种十分有限，比属的数量还少，说明了泛热带兰科属的成分在高黎贡山地区进一步适应了山地气候，相当部分的兰科植物种转变成了温带种分布。

表 3-15　高黎贡山兰科植物种的分布区类型统计

分布区类型	数量	占本区兰科植物种数的比例
1　世界分布	0	0.00%
2　泛热带分布	1	0.27%
3　热带亚洲-热带美洲分布	0	0.00%
4　旧世界热带分布	3	0.82%
5　热带亚洲-热带大洋洲分布	12	3.30%
6　热带亚洲-热带非洲分布	2	0.55%

分布区类型	数量	占本区兰科植物种数的比例
7　热带亚洲分布	14	3.85%
8　北温带分布	3	0.82%
9　东亚-北美间断分布	0	0.00%
10　旧世界温带分布	2	0.55%
11. 温带亚洲分布	0	0.00%
12. 地中海、西亚和中亚分布	0	0.00%
13. 中亚分布	0	0.00%
14　东亚分布	241	66.21%
14-1 全东亚分布	15	4.12%
14-2 中国-日本分布	15	4.12%
14-3 中国-喜马拉雅分布	170	46.70%
14-4 中国和西南邻国分布	41	11.26%
15　中国特有分布	86	23.63%
15-1 云南和其他省份分布	48	13.19%
15-2 云南特有分布	11	3.02%
15-2-6 高黎贡山特有分布	27	7.42%
合计	364	100.00%

（3）热带亚洲-热带美洲分布种：高黎贡山地区没有属于该类型的兰科植物种。其原因与高黎贡山地区兰科属中没有该类型的原因相似，主要与距离远、有大洋隔离有关。

（4）旧世界热带分布种：旧世界热带指亚洲、非洲、大洋洲的热带地区。高黎贡山地区只有3种兰科植物属于该类型：三褶虾脊兰 *Calanthe triplicata*（Willemet）Ames、虎舌兰 *Epipogium roseum*（D. Don）Lindley、丛生羊耳蒜 *Liparis cespitosa*（Lamarck）Lindley。尽管兰科植物种的种子微细、数量极多，可以靠水或者风远距离传播，但是在远隔重洋的旧世界各地都有分布，很可能还是与有关大陆的连接历史相关。本类型的种数量极少，不能说明高黎贡山地区植物兰科植物的热带性质。

（5）热带亚洲-热带大洋洲分布种。高黎贡山地区有12种兰科植物从热带亚洲分布到热带大洋洲。这种类型在高黎贡山区系中所占比例很低，只占本区兰科植物种数的3.30%，大都是跨地带的广布种，基本不足以标志高黎贡山地区现代区系的热带性。

（6）热带亚洲-热带非洲分布种。高黎贡山地区只有2种兰科植物属于本类型：多花脆兰 *Acampe rigida*（Buchanan-Hamilton ex Smith）P. F. Hunt、火烧兰 *Epipactis helleborine*（Linnaeus）Crantz。这种分布也很可能与亚洲和非洲大陆的历史联系有关。

（7）热带亚洲分布种。高黎贡山地区有 14 种兰科植物属于本类型，占本区兰科植物种数的 3.85 %。高黎贡山地区曾经通过分析被认为是南亚和东南亚地区的热带分布种进入东喜马拉雅的主要通道[16]。属于本分布类型的兰花种分布区无一例外在西藏东南部或者印度东北部，中南半岛以至马来西亚、菲律宾、印度尼西亚等地，其中间正是由高黎贡山来连通的，也支持了上述结论。

（8）北温带分布种。高黎贡山地区只有 3 种兰科植物，在北温带区域都有分布：紫点杓兰 *Cypripedium guttatum* Swartz、小斑叶兰 *Goodyera repens*（Linnaeus）R. Brown、原沼兰 *Malaxis monophyllos*（Linnaeus）Swartz。兰科植物均具易于传播的繁殖体，风播、水传可能有助于此种分布区的形成。

（9）东亚-北美间断分布种。高黎贡山地区没有属于该类型的兰科植物，原因可能也是因为距离远、有大洋隔离造成的。

（10）旧世界温带分布种。高黎贡山地区有头蕊兰 *Cephalanthera longifolia*（Linnaeus）Fritsch 和裂唇虎舌兰 *Epipogium aphyllum* Swartz 2 种兰科植物属于本分布类型，分布于欧洲和亚洲的温带地区。旧世界温带种大都与古地中海植物区系相联系。在高黎贡山的分布应是次生的，因为高黎贡山地区所在板块于新近纪进入温带地域之后，已在欧亚大陆温带分布的温带成分才有可能在高黎贡山地区落脚定居下来。总的说来，独龙江植物区系中的旧世界北温带种只能是欧亚温带起源，而不是高黎贡山起源。

（11）温带亚洲分布种。高黎贡山地区没有属于该分布类型的兰科植物。温带亚洲分布种以古北大陆起源为主，发展历史不长，高黎贡山地区又在温带亚洲范围外围，可能导致了高黎贡山地区没有此分布类型的兰科植物种。

（12）地中海、西亚和中亚分布种。高黎贡山地区没有属于该成分的兰科植物种。兰科植物适宜温暖潮湿的热带亚热带区域，而地中海、西亚和中亚地区气候较干旱，且季节间变化较大，不适宜兰科植物生存，这可能是导致高黎贡山地区没有这种分布类型的兰科植物种的原因。

（13）中亚分布种。高黎贡山地区没有属于该成分的兰科植物种，原因可能是中亚地区气候较干旱且季节间变化大。

（14）东亚分布种。高黎贡山地区有 241 种兰科植物属于本类型。在高黎贡山兰科植物区系中，东亚分布种可以划分为：分布在整个东亚地区的 15 个种，占高黎贡山地区兰科植物总种数的 4.12 %；中国-日本分布种 15 个，占 4.12 %；中国-喜马拉雅分布种 170 种，占 46.70 %，中国和西南邻国分布种 41 种，占 11.26 %，合计 66.21 %。而高黎贡山地区的中国特有成分本质上也是东亚成分，高黎贡山的中国特有种有 86种，占了高黎贡山地区兰科植物总种数的 23.63 %。以上两者之和为 89.84 %。由此可以确定，高黎贡山兰科植物区系是东亚植物区系的一部分，它是一个温带性质的区域。

　　高黎贡山地区的中国-喜马拉雅成分最多，联系也最为直接、紧密，所以喜马拉雅地区特别是紧邻的东喜马拉雅地区的不少兰科植物，是由高黎贡山或者通过高黎贡山传入的，高黎贡山是东喜马拉雅兰科植物区系的重要来源地。

　　（15）中国特有分布种。高黎贡山地区有 86 种兰科植物属于本类型，占本区域兰科植物总数的 23.63%。它们又可以被划分为：云南和其他省份分布种 48 种，占本区全部兰科种数的 13.19%；云南特有种 11 种，占本区全部兰科种数的 3.02%；高黎贡山特有种 27 种，占本区全部兰科种数的 7.42%。

　　在云南和其他省份分布种中，又以云南和云南以北的省（如四川、湖北、陕西、甘肃等）共有的中国特有兰科植物种最多，有 32 种；和西部的西藏共有 21 个中国特有种，而和东部省份（广西、广东、海南等省）共有 16 个。与北部省份共有最多中国特有兰科植物种的事实也进一步说明高黎贡山地区兰科植物区系属于温带性质，这可能与高黎贡山地区山脉的南北走向和冰期温度降低植物向南迁移、间冰期温度上升植物向北回迁促进南北植物区系交流等因素有关。

　　云南特有兰科植物种中，有 6 个种与高黎贡山地区北面（香格里拉市、大姚县、大理市等）共有，5 个种与高黎贡山地区南面（景东、澜沧等县）共有。但在云南特有兰科植物种的分布中，来自北部的兰科植物并没有占到明显的优势。高黎贡山特有兰科植物种以北部的贡山县和福贡县居多，两县分别有 15 种和 8 种，南部则较少，这很可能与当地地质历史和地理复杂程度有关。

表 3-16　高黎贡山地区的中国特有兰科植物

序号	物种	分布点	分布区类型
1	长苞无柱兰 Amitostigma farreri	贡山；西藏、云南	15-1
2	一花无柱兰 Amitostigma monanthum	贡山、福贡、泸水；甘肃、陕西、四川、云南	15-1
3	少花无柱兰 Amitostigma parceflorum	贡山；重庆、四川、云南	15-1
4	西藏无柱兰 Amitostigma tibeticum	贡山、福贡、泸水；西藏、云南	15-1
5	齿片无柱兰 Amitostigma yuanum	贡山、福贡、泸水；西藏、云南	15-1
6	蜀藏兜蕊兰 Androcorys spiralis	察隅；四川、西藏、云南	15-1
7	波密卷瓣兰 Bulbophyllum bomiense	贡山；西藏、云南	15-1
8	广东石豆兰 Bulbophyllum kwangtungense	腾冲；福建、广东、广西、贵州、湖北、湖南、江西、云南、浙江	15-1
9	弧距虾脊兰 Calanthe arcuata	贡山；广西、贵州、湖北、湖南、陕西、四川、中国台湾、云南	15-1
10	叉唇虾脊兰 Calanthe hancockii	贡山、福贡、泸水、腾冲、龙陵；广西、四川、云南	15-1

序号	物种	分布点	分布区类型
11	墨脱虾脊兰 *Calanthe metoensis*	贡山；西藏、云南	15-1
12	川滇叠鞘兰 *Chamaegastrodia inverta*	腾冲；四川、云南	15-1
13	南方吻兰 *Collabium delavayi*	贡山，泸水；广西、贵州、湖北、湖南、云南	15-1
14	大理铠兰 *Corybas taliensis*	腾冲；四川、云南	15-1
15	玫瑰宿苞兰 *Cryptochilus roseus*	贡山；海南、中国香港、云南（独龙江）	15-1
16	华西杓兰 *Cypripedium farreri*	贡山；甘肃、贵州、四川、云南	15-1
17	黄花杓兰 *Cypripedium flavum*	贡山；甘肃、湖北、四川、西藏、云南	15-1
18	绿花杓兰 *Cypripedium henryi*	贡山；甘肃、贵州、湖北、陕西、山西、四川、云南	15-1
19	宽口杓兰 *Cypripedium wardii*	察隅；四川、西藏、云南	15-1
20	西南尖药兰 *Diphylax uniformis*	贡山；贵州、四川、云南	15-1
21	香港毛兰 *Eria gagnepainii*	贡山，泸水，腾冲；海南、中国香港、西藏、云南	15-1
22	斑唇盔花兰 *Galearis wardii*	贡山；四川、西藏、云南	15-1
23	山珊瑚（兰）*Galeola faberi*	贡山，福贡；贵州、四川、云南	15-1
24	夏天麻 *Gastrodia flavilabella*	贡山；台湾、云南	15-1
25	川滇斑叶兰 *Goodyera yunnanensis*	贡山；四川、云南	15-1
26	短距手参 *Gymnadenia crassinervis*	贡山；四川、西藏、云南	15-1
27	厚瓣玉凤花 *Habenaria delavayi*	贡山；贵州、四川、云南	15-1
28	棒距玉凤花 *Habenaria mairei*	察隅；四川、西藏、云南	15-1
29	扇唇舌喙兰 *Hemipilia flabellata*	贡山；贵州、四川、云南	15-1
30	长距舌喙兰 *Hemipilia forrestii*	保山；四川、西藏、云南	15-1
31	矮角盘兰 *Herminium chloranthum*	察隅；四川、西藏	15-1
32	无距角盘兰 *Herminium ecalcaratum*	福贡；四川、云南	15-1
33	披针唇角盘兰 *Herminium singulum*	贡山，福贡；四川、云南	15-1
34	宽萼角盘兰 *Herminium souliei*	察隅、贡山、福贡、泸水；四川、西藏、云南	15-1
35	宽瓣全唇兰 *Myrmechis urceolata*	腾冲；广东、海南、云南	15-1

序号	物种	分布点	分布区类型
36	大花对叶兰 *Neottia wardii*	贡山；湖北、四川、西藏、云南	15-1
37	短梗山兰 *Oreorchis erythrochrysea*	贡山、腾冲；四川、西藏、云南	15-1
38	硬叶山兰 *Oreorchis nana*	贡山；湖北、四川、云南	15-1
39	平卧曲唇兰 *Panisea cavaleriei*	泸水；广西、贵州、云南	15-1
40	条叶阔蕊兰 *Peristylus bulleyi*	腾冲；四川、云南	15-1
41	长苞苹兰 *Pinalia obvia*	贡山；广西、海南、云南南部	15-1
42	察瓦龙舌唇兰 *Platanthera chiloglossa*	察隅、独龙江、贡山、福贡；四川、西藏（察隅）、云南	15-1
43	弓背舌唇兰 *Platanthera curvata*	贡山；四川、西藏（墨脱）、云南（孟连）	15-1
44	齿瓣舌唇兰 *Platanthera oreophila*	福贡；四川（木里）、云南（腾冲，中甸）	15-1
45	独龙江舌唇兰 *Platanthera stenophylla*	贡山；西藏、云南	15-1
46	云南朱兰 *Pogonia yunnanensis*	贡山，福贡；四川、西藏、云南	15-1
47	长轴白点兰 *Thrixspermum saruwatarii*	腾冲；中国台湾、云南	15-1
48	筒距兰 *Tipularia szechuanica*	贡山；甘肃南部、陕西、四川、云南	15-1
49	齿唇沼兰 *Crepidium orbiculare*	腾冲；云南南部、西南部	15-2
50	中华槽舌兰 *Holcoglossum sinicum*	腾冲、漾濞、维西、中甸、丽江、洱源；云南	15-2
51	扁茎羊耳蒜 *Liparis assamica*	贡山、腾冲；云南南部、印度东北部（阿萨姆）	15-2
52	淡黄花兜被兰 *Neottianthe luteola*	贡山、鹤庆；云南	15-2
53	阔瓣鸢尾兰 *Oberonia latipetala*	贡山、腾冲、景东、澜沧；云南	15-2
54	盈江羽唇兰 *Ornithochilus yingjiangensis*	腾冲；云南西南部	15-2
55	滇西蝴蝶兰 *Phalaenopsis stobartiana*	腾冲、盈江；云南	15-2
56	滇西舌唇兰 *Platanthera sinica*	贡山至中甸；云南	15-2
57	白瓣独蒜兰（变种）*Pleione forrestii* var. *alba*	贡山、大姚；云南	15-2

序号	物种	分布点	分布区类型
58	黄花独蒜兰（原变种）*Pleione forrestii* var. *forrestii*	福贡、腾冲；云南北部、西北部	15-2
59	反唇兰 *Smithorchis calceoliformis*	贡山、德钦、大理；云南	15-2
60	贡山卷瓣兰 *Bulbophyllum gongshanense*	贡山	15-2-6
61	杏黄兜兰 *Paphiopedilum armeniacum*	福贡	15-2-6
62	虎斑兜兰 *Paphiopedilum markianum*	泸水	15-2-6
63	泸水兰（变种）*Cymbidium elegans* var. *lushuiense*	贡山、腾冲	15-2-6
64	独龙虾脊兰 *Calanthe dulongensis*	贡山	15-2-6
65	无距金兰（变种）*Cephalanthera falcata* var. *flava*	福贡	15-2-6
66	贡山贝母兰 *Coelogyne gongshanensis*	福贡、贡山	15-2-6
67	泸水车前虾脊兰 *Calanthe plantaginea* var. *lushuiensis*	泸水	15-2-6
68	高黎贡厚唇兰 *Epigeneium gaoligongense*	泸水	15-2-6
69	膜翅盆距兰 *Gastrochilus alatus*	福贡、贡山	15-2-6
70	长苞尖药兰 *Diphylax contigua*	福贡、贡山、腾冲	15-2-6
71	三叉无柱兰 *Amitostigma trifurcatum*	贡山	15-2-6
72	福贡虾脊兰 *Calanthe fugongensis*	福贡	15-2-6
73	怒江槽舌兰 *Holcoglossum nujiangense*	福贡	15-2-6
74	高山对叶兰 *Neottia bambusetorum*	贡山	15-2-6
75	厚唇角盘兰 *Herminium carnosilabre*	贡山	15-2-6
76	贡山舌唇兰 *Platanthera handel-mazzettii*	贡山	15-2-6
77	独龙江石豆兰 *Bulbophyllum dulongjiangense*	贡山	15-2-6
78	贡山凤兰 *Cymbidium gongshanense*	贡山	15-2-6

序号	物种	分布点	分布区类型
79	绿虾虾膜花 *Liparis forrestii*	腾冲	15-2-6
80	高黎贡斑叶兰 *Goodyera dongchenii* var. *gongligongensis*	贡山	15-2-6
81	吉氏贝母兰 *Coelogyne tsii*	泸水	15-2-6
82	福贡对叶兰 *Neottia fugongensis*	福贡	15-2-6
83	贡山盆距兰 *Gastrochilus gongshanensis*	贡山	15-2-6
84	高黎贡舌唇兰 *Platanthera herminioides*	贡山	15-2-6
85	腾冲卷瓣兰 *Bulbophyllum tengchongense*	腾冲	15-2-6
86	怒江对叶兰 *Neottia nujiangensis*	贡山	15-2-6

2.4　高黎贡山兰科植物在各市县的分布

高黎贡山兰科植物的丰富度以北段的贡山县为最。在所有兰科植物在高黎贡山各市县的分布中，以贡山县、腾冲市和福贡县三地的种类居前三，分别有 237 种、134 种和 93 种。中国特有种和高黎贡山特有种数目则是贡山县、福贡县和腾冲市居前三，分别拥有中国特有种 55 种、21 种和 20 种，拥有高黎贡山特有种 15 种、8 种和 4 种（图 3-7）。高黎贡山地区特有的兰科植物（察隅县、保山市和龙陵县暂没有高黎贡山特有兰科植物记录），无论是总数量还是特有种的数量，都表现出北段高于南段的状况（贡山县和福贡县的特有现象高于腾冲市，最北段的察隅县由于调查很不充分，兰科植物标本采集较少，不足以确定特有情况）。各市县具体的兰科植物特有种数量[1]各有不同，但都是越往北兰科植物的丰富度越高。理论上，偏南侧的腾冲市热量条件更好，但无论兰科植物的总数量还是特有种数量都低于北段的贡山县和福贡县。这可能与以下原因有关：第一，高黎贡山区域的极高山都位于北部，而南部地区的山峰基本都在海拔 4000 m 以下，故北部地区能提供更丰富的生境；第二，北段更靠近喜马拉雅地区，地质历史上印度板块和亚洲板块的碰撞将更大面积的陆地表面积压在较小的范围，在高黎贡山北段地区，浓缩了更多的物种。无论是基于何种原因，这种植物种类北方多于南方的现象还是比较少见的。

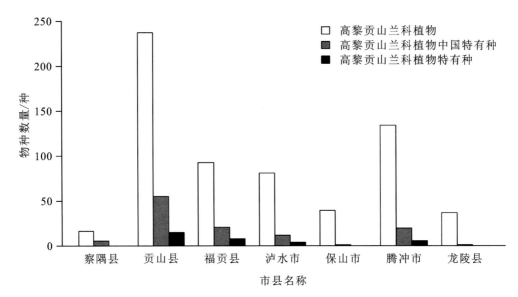

图 3-7　高黎贡山兰科植物及特有兰科植物在各市县的数量分布

2.5　高黎贡山兰科植物的垂直分布

2.5.1　高黎贡山兰科植物的丰富度在海拔 1800～2200 m 段最高

在高黎贡山地区，兰科所有物种数量、中国特有种和高黎贡山特有种数量随海拔变化都表现出单峰曲线的关系。兰科植物种数在海拔 1500～2200 m 段达到最多，每 100 m 海拔段都在 110 种以上；中国特有种数量在海拔段 1700～2800 m 最多，每 100 m 海拔段有 15 种以上；高黎贡山特有种数量在海拔 1800～2900 m 最多（图 3-8）。

海拔 1500～2900 m 段以中山湿性常绿阔叶林为主体，向下包括部分热带性质的半常绿阔叶林、季风常绿阔叶林的上部，向上包含了针阔混交林的下部[1]。这一地带气候湿润，环境也较多样，是几个植被带的交错地区，较适宜兰科植物的生成和发展。这也表明高黎贡山的地带性生态环境是亚热带性质，而非热带气候，少数耐凉热带成分是高黎贡山局部地区的特殊现象。

2.5.2　高黎贡山兰科植物特有种的比例随海拔上升而升高

高黎贡山地区兰科植物中的中国特有种和高黎贡山特有种数量占其相应海拔段兰科植物种数的比例随海拔的升高而显著升高（图 3-9 A，B）。在低海拔地区，气候较为干燥，不利于兰科植物生存，兰科植物总种数本不多（图 3-8），并且低海拔区域便于与外部地区交流，特有兰科植物的种数也较少，特别是高黎贡山特有兰科植物很少，在 1400 m 以下尚有中国特有兰科植物分布（图 3-9 A），而分布更为狭窄的高黎贡山特有兰科植物几乎没有（图 3-9 B）；随着海拔的上升，山峰越来越像孤立的小岛，而物

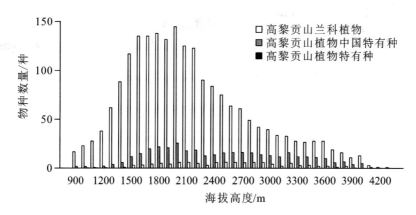

图 3-8　高黎贡山兰科植物及特有兰科植物海拔柱状变化图

种之间的隔离现象也越来越明显[17,18]，特有植物的数量变化也正反映了这一现象（图 3-9 A，B）；到了高海拔地区（4200 m 以上），气候变得严寒，兰科植物不太适应，因此总数极少，同时高海拔地区的植物标本采集量较少，发现的兰科特有植物也较少（图 3-8），特有种的比例也不大。

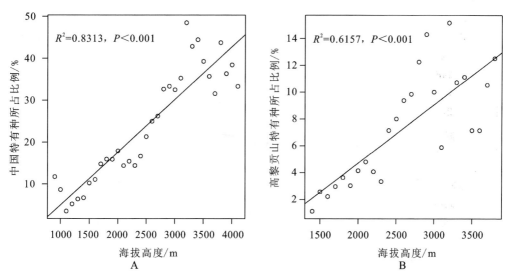

图 3-9　高黎贡山兰科植物及特有兰科植物海拔变化点线图

3　结论

　　高黎贡山地区共有兰科植物 98 属 364 种，以地生兰、附生兰为主，兼有异养型的腐生兰。属级分布区类型较为多样，热带成分占 59.18%；而种级水平上较集中，温带成分就占了 91.21%，表明高黎贡山地区是以热带起源为主的兰科植物区系在山地温带环境下的适应和发展。从分布上来讲，高黎贡山北段的贡山县兰科植物最为丰富，有

237 种，同时中国特有种和高黎贡山特有种也最多，这很可能与北段具有更复杂的地形和更强烈的地表褶皱等因素有关。垂直方向上，中海拔有最多的高黎贡山特有兰科植物，而特有兰科植物的比例在一定范围内随海拔上升而增加。这些都说明在高黎贡山地区，随着海拔和纬度的上升，地理隔离和气候条件复杂化的作用越来越明显，更利于兰科植物的生长。

【参考文献】

[1] 李恒,郭辉军,刀志灵.高黎贡山植物[M].北京：科学出版社,2000.

[2] VADDHANAPHUTI N A.Field guide to the wile Orchids of Thailan[J].Silkworm Books,Chiang Mai,1997.

[3] SEIDENFADEN,G.Orchid Genera in Thailand VI Neottiotdeae[J].Dansk Botanisk Arkiv,1978, 32:1-195.

[4] SEIDENFADEN,G.Orchid Genera in Thailand V Orchidoideae[J].Dansk Botanisk Arkiv,1977, 31:1-147.

[5] SEIDENFADEN,G.Orchid Genera in Thailand XI Cymbidieae Pfitz[J].Opera Botanica Arkiv, 1983,72:1-124.

[6] SEIDENFADEN,G.Orchid Genera in Thailand XT richotosia BL.& Eria Lindl[J].Opera Botanica, 1982,63:1-157.

[7] SEIDENFADEN,G. Orchid Genera in Thailand VIII Buldophyllum Thou[J]. Dansk Botanisk Arkiv,1979,33:1-216.

[8] SEIDENFADEN,G.Orchid Genera in Thailand VII Oberonia Lindl.& Malaxis Sol.ex Sw[J].Dansk Botanisk Arkiv,1978,31:1-94.

[9] SEIDENFADEN,G.Orchid Genera in Thailand IV Liparis,L.C.,Rich[J].Dansk Botanisk Arkiv, 1976,31:1-102.

[10] SEIDENFADEN,G.Orchid Genera in Thailand I Calanthe[J].Dansk Botanisk Arkiv,1975,29: 1-50.

[11] SEIDENFADEN,G.Orchid Genera in Thailand II Cleisostoma[J].Dansk Botanisk Arkiv,1975, 29:1-80.

[12] SEIDENFADEN,G.Orchid Genera in Thailand III Coelogyne[J].Dansk Botanisk Arkiv,1975,29: 1-94.

[13] HU S Y.The Orchidaceae of China[J].Quaterty Journal of The Taiwan Museum,1971-1975,24- 28:1-101.

[14] 吴征镒.中国种子植物属的分布区类型[J].云南植物研究,1991,13:1-139.

[15] 中国植物志编辑委员会.中国植物志：第18卷[M].北京：科学出版社,1999.

[16] 李恒.独龙江地区种子植物区系的性质和特征[J].云南植物研究,1994,16:1-100.

[17] WEN Z,QUAN Q,DU Y,et al.Dispersal,niche,and isolation processes jointly explain species turnover patterns of nonvolant small mammals in a large mountainous region of China[J].Ecology and Evolution,2016,6:946-960.

[18] STEINBAUER M J,FIELD R,GRYTNES J A,et al.Topography-driven isolation,speciation and a global increase of endemism with elevation[J].Global Ecology and Biogeography,2016,25: 1097-1107.

第四章　高黎贡山栽培植物

栽培植物指野生植物经过人工培育后，具有一定生产价值或经济性状、遗传性稳定、适合人类需要的植物。

高黎贡山区域生活着白族、傣族、佤族、阿昌族、纳西族、傈僳族、独龙族等数十个少数民族。"一山不同族，十里不同天"，多样的高原气候和独特复杂的地形地貌，成就了高黎贡山的生物多样性，长期生活在这片土地上的人们的生产生活方式、价值取向、民族习俗都与当地的生物多样性息息相关。一个区域的栽培植物的多样性是当地群众对植物资源利用的最直接体现。通过长期的野外调查，我们记录和整理了高黎贡山地区常见的栽培植物种类，探讨了栽培植物的起源和经济价值，并按照经济价值对这些栽培植物进行了分类，同时列举了栽培植物的原产地、用途及在高黎贡山的栽培地点，为今后对高黎贡山地区植物资源的合理利用提供了基础性的数据支撑。

第一节　高黎贡山栽培植物概述*

1　研究区域概况及研究方法

1.1　研究区域概况

高黎贡山指怒江和伊洛瓦底江之间的分水山脉和山脉两侧地域，位于北纬 $24°40'$ ~ $28°30'$，全境面积 111000 km^2，包括中国云南腾冲市、龙陵县、保山市、泸水市、福贡县、贡山县等市县部分地区和缅甸北部的克钦邦。高大陡峻的山地，为多种多样的气候创造了条件，产生了亚热带、温带和寒温带型气候，相对应的土壤和植被带也十分丰富。

1.2　研究方法

我们根据《云南植物志》《中国植物志》《横断山区维管植物》《高黎贡山植物》和 *Flora of China* 各有关卷册记载，综合多年野外调查和收集的标本资料，经过查阅有关文献和校对核实，整理出高黎贡山区域栽培植物名录。高黎贡山地区常见栽培植物

*作者：杨珺、李恒，原载于《西部林业科学》，2017 年第 46 期（增刊Ⅱ），第 66-75 页。

计 155 种（包括亚种、变种）。但这个记录是不完整的，因为历次考察主要采集野生栽培植物，常见栽培植物特别是田间作物，如小麦 *Triticum aestivum*、大麦 *Hordeum vulgare*、玉米 *Zea mays* 及各种瓜果蔬菜等，基本没有被列入采集和归纳名录中。

2 结果与分析

2.1 栽培植物的系统结构

高黎贡山常见栽培植物 155 种，隶属于 49 科。其中广义豆科的栽培植物最多（18 种），栽培的瓜类主要集中在葫芦科（10 种），水果多属于蔷薇科 Rosaceae 9 种，其他栽培植物还有蓼科 Polygonaceae 等共 46 科。最重要的栽培作物应该是禾本科的水稻、玉米、小麦等，这方面有许多农业书籍进行了专题研究，在此不做详细论述。

栽培植物在植物系统方面，彼此之间并没有必然的系统关系，以下讨论的目的在于了解高黎贡山栽培植物的起源和经济价值。

2.1.1 豆科栽培植物

高黎贡山地区的豆科 Fabaceae 植物最多，共计 18 种，其中 6 种是栽培历史悠久的乔木。

洋紫荆 Bauhinia variegata

又叫红花紫荆、红花羊蹄甲[1-5]。在香港称之为香港兰、"紫荆花"，并将其定为香港市花；紫荆花是广东省湛江市市花；洋紫荆还是台湾中正大学、台湾科技大学的校花。洋紫荆为落叶乔木，原产于云南西双版纳[1-2]，因其花色美丽、易于栽培，现已广泛栽培于世界各热带地域。在高黎贡山，洋紫荆仅见于龙陵、泸水海拔 1100 m 以下的怒江河谷石崖上。

腊肠树 Cassia fistula

别名阿勃勒、牛角树、波斯皂荚，为苏木亚科乔木。原产于印度，世界热带地区多有栽培，我国华南和西南地区有栽培。高黎贡山东坡保山市坝湾和龙陵县镇安镇蚂蟥箐有少量栽培。腊肠树生长快，繁茂的金黄色花朵颜色艳丽，结实时长 30～50 cm 的圆柱形荚果悬垂于树冠下，形如腊肠串。

铁刀木 Senna siamea

又名黑心树，因材质坚硬刀斧难入而得名，为苏木亚科常绿乔木。原产于缅甸和泰国，或柬埔寨、老挝、越南；世界热带地区均广泛栽培，中国南部热带地区广泛栽培。高黎贡山龙陵县、保山市和泸水市将其栽培于海拔 650～1600 m 段河谷、公路两旁、村落周围。铁刀木用种子繁殖，生长快，耐热、耐旱、耐湿、耐瘠、耐碱、抗污染、易移植。铁刀木心材坚实耐腐、耐湿、耐用，为建筑和制作工具、家具、乐器等的良材。又由于易燃、火力强、生长迅速、萌芽力强，也是良好的薪炭林树种。铁刀木终年常绿、叶茂花美、开花期长、病虫害少，因此还可用作行道树及防护林树种。其树皮、荚果含单宁，可提取烤胶；枝上可放养紫胶虫，生产紫胶。

酸豆 Tamarindus indica

别名罗望子、酸角、酸梅（海南）、"木罕"（傣语）、麻夯、甜目坎、通血图，为苏木亚科亚热带常绿大乔木。原产于热带非洲，广植于世界热带地区，我国福建、广东、广西、海南、云南普遍栽培。见于高黎贡山东坡保山怒江河谷地带，海拔 670 m。酸豆在云南栽培历史悠久，在金沙江、怒江、元江等干热河谷及西双版纳一带，海拔 50～1350 m 的旱坡荒地、干热河谷、庭院四周为常见的大树、古树，绝大部分处于野生和半野生状态。酸豆果肉味酸甜，有生津祛暑、清热解毒的功能。热带地区居民常采摘酸角果实，售于市。

台湾相思 Acacia confusa

别名相思树、相思子。含羞草亚科金合欢属常绿乔木。原产于菲律宾，热带亚洲各地和我国福建、广东、广西、海南、江西、四川、台湾、云南、浙江等地常见栽培，高黎贡山东坡福贡县境内的怒江河谷有少量栽培。台湾相思生长快、适应性强，在各种环境中都能正常生长，其本身固氮能力强，能增加土壤肥力，是绿化路旁和荒山旷野的重要树种。

合欢 Albizia julibrissin

又名绒花树、夜合欢、马缨花，为含羞草亚科落叶乔木。原产于非洲，世界热带地区广泛栽培。我国福建、广东、广西、湖南、云南等地栽培作行道树、风景区造景树。合欢在高黎贡山东坡西坡比较常见，如贡山县的怒江河谷、福贡县水电站周围、腾冲市和顺镇的石头山都有生长。合欢用种子繁殖，速生、耐旱、耐土壤贫瘠，是绿化荒山的优良树种。树皮入药，中医认为其有解郁安神之功效。

豆科有 4 种灌木引入高黎贡山栽培：

金凤花 Caesalpinia pulcherrima

苏木亚科大灌木或小乔木。别名洋金凤、蛱蝶花、黄蝴蝶、黄金凤、蛱蝉花。原产于南美洲，世界热带地区广泛栽培，我国福建、广东、广西、海南、台湾、云南的热带地区有引种。金凤花见于高黎贡山东坡保山市海拔 691 m 的怒江河谷。金凤花树型优美，花簇红色绚丽，为园林花境优良树种。

金合欢 Acacia farnesiana

别名鸭皂树、刺球花、消息树、牛角花，为含羞草亚科灌木或小乔木。原产于热带美洲，广植于世界热带地区。我国福建、广东、广西、贵州、海南、河南、四川、台湾、云南、浙江等热带和亚热带地区都有栽培。金合欢见于高黎贡山东坡和西坡，如泸水市片马乡古浪、保山市白花岭古丝绸之路、潞江镇东风桥附近、腾冲市曲石乡天生江、界头乡大塘东眼桥，海拔 670～1930 m。金合欢花香，提取的香精是高级香水等化妆品的原料；果荚、树皮和根内含有单宁，可做黑色染料；茎中流出的树脂含有树胶，可供药用；木材坚硬，可制贵重器具用品。金合欢作为重要经济植物，在有些地区已实现了规模化繁育及种植。

银合欢 Leucaena leucocephala

别名白合欢，为含羞草亚科灌木或小乔木。原产于墨西哥南部尤卡坦（Yu-catan）半岛，世界热带、亚热带地区广泛栽培。我国广东、广西、贵州、海南、台湾、云南有引种。银合欢见于高黎贡山东坡保山市潞江镇怒江河谷，海拔 650～1100 m。银合欢耐旱力强，适于荒山造林，亦可作咖啡或可可的荫蔽树种或植作绿篱；木质坚硬，为良好之薪炭材；叶可作绿肥及家畜饲料，但因含含羞草素（Mimosine）、α-氨基酸（alpha-amino acid），马、驴、骡及阉猪等不宜大量饲喂。

木豆 Cajanus cajan

蝶形花亚科灌木，可能原产于印度，世界热带亚热带地普遍栽培，我国福建、广东、广西、贵州、海南、湖南、江西、四川、台湾、云南、浙江等地常栽培于路旁、山麓。高黎贡山东坡福贡县怒江河谷水电站周围已有栽培。木豆极耐瘠薄干旱、易于栽培，在印度常被作为大众的主粮和菜肴之一；叶可作家畜饲料、绿肥；根入药能清热解毒[1-6]，亦为紫胶虫的优良寄主植物。

其他豆科栽培植物主要为草本，其中也包括许多重要的油料植物、粮食或蔬菜作物。除花生 *Arachis hypogaea*、豆薯（凉薯）*Pachyrhizus erosus*（草质藤本）外，在高黎贡山常见的还有：

大豆 *Glycine max*、兵豆 *Lens culinaris*，原产于地中海和西亚，在河北、河南、陕西、甘肃、四川、云南等地常栽培作牲畜饲料和绿肥；

棉豆（大白芸豆）*Phaseolus lunatus* 原产于热带美洲，现广植于热带及温带地区，成熟种子可供蔬食；

豌豆 *Pisum sativum* 原产于亚洲西部、小亚细亚西部、外高加索及地中海地区和埃塞俄比亚，作为人类食品和动物饲料，在世界范围内的热带和亚热带地区广泛栽培；

蚕豆 *Vicia faba* 为一年生草本，是粮食、蔬菜和饲料、绿肥兼用作物，原产于欧洲地中海沿岸、亚洲西南部至北非，我国相传西汉时由张骞自西域引入中原；

绿豆 *Vigna radiata* 原产于印度、缅甸，种子可供食用[1-6]，绿豆汤是我国家庭常备的夏季清暑饮料，清凉开胃，老少皆宜，传统绿豆制品有绿豆糕、绿豆酒、绿豆饼、绿豆粉皮等。

2.1.2　葫芦科栽培植物

葫芦科的常见栽培植物有 10 种，都是草质藤本。除西瓜 *Citrullus lanatus* 为水果外，其余主要是蔬菜作物，包括冬瓜 *Benincasa hispida*、甜瓜 *Cucumis melo*、黄瓜 *Cucumis sativus*、南瓜 *Cucurbita moschata*、小雀瓜 *Cyclanthera pedata*、葫芦 *Lagenaria siceraria*、丝瓜 *Luffa aegyptiaca*、苦瓜 *Momordica charantia*、佛手瓜 *Sechium edule*。

2.1.3　蔷薇科栽培植物

蔷薇科常见栽培植物有 9 种，均为乔木或灌木。其中梅 *Armeniaca mume*、月季 *Rosa chinensis*、粉花绣线菊 *Spiraea japonica* 3 种为观赏植物；其他 6 种为果木：光核桃 *Amygdalus mira*、桃 *Amygdalus persica*、毛叶木瓜 *Chaenomeles cathayensis*、皱皮木瓜 *Chaenomeles speciosa*、枇杷 *Eriobotrya japonica*、李 *Prunus salicina*。

2.2　高黎贡山栽培植物的经济价值

高黎贡山被记录的栽培植物有 155 种（含变种），每种植物的栽培都与当地居民的生活需要相关。按照植物的经济价值，可将其分为 10 大类。

2.2.1　粮食作物

粮食作物是指以收获成熟果实为目的，经去壳、碾磨等加工程序而成为人类基本食粮的一类作物。主要分为谷类作物、薯类作物和豆类作物，本书收录 16 种：荞麦 *Fagopyrum esculentum*、大豆 *Glycine max*、棉豆 *Phaseolus lunatus*、豌豆 *Pisum sativum*、蚕豆 *Vicia faba*、绿豆 *Vigna radiata*、板栗 *Castanea mollissima*、阳芋 *Solanum tuberosum*、番薯（红薯）*Ipomoea batatas*、芭蕉芋 *Canna edulis*、参薯 *Dioscorea alata*、薯蓣 *Dioscorea polystachya*、湖南稗 *Echinochloa frumentacea*、穇 *Eleusine coracana*、稻 *Oryza sativa*、粟（小米）*Setaria italica*。但这 16 种并不是高黎贡山全部的粮食作物种类，玉米、大麦、小麦、燕麦等国内主要粮食作物在此均未列出。

2.2.2　蔬菜作物

蔬菜作物是指可以食用或者经过烹饪成为食品的一类植物，蔬菜是人们日常饮食中必不可少的食物之一。蔬菜可提供人体所必需的多种维生素和矿物质等营养物质。高黎贡山栽培的蔬菜有 32 种，如十字花科 Brassicaceae 的白菜 *Brassica rapa* var. *glabra*、萝卜 *Raphanus sativus* 等 4 种，苋科 Amaranthaceae 的苋菜 *Amaranthus tricolor* 等 4 种，葫芦科 Cucurbitaceae 的冬瓜 *Benincasa hispida* 等 9 种，菊科 Asteraceae 的茼蒿 *Glebionis coronaria*、莴苣 *Lactuca sativa* 等 5 种，等等。

落葵（豆腐菜、木耳菜）Basella alba

为落葵科 Basellaceae 一年生蔓生草本植物，幼苗、嫩梢或嫩叶可供食用，其质地柔嫩软滑，营养价值高，可作汤菜、爆炒、烫食、凉拌等。近年才在高黎贡山各地发展栽培。

香椿 Toona sinensis

棟科 Meliaceae 落叶乔木，幼嫩芽（椿芽）可供食用、炒食或凉拌。中国人食用香椿历史悠久，香椿在汉代就已遍布大江南北。在高黎贡山由于南北习惯不同，在腾冲市、保山市，香椿大多植于庭院，春季居民采摘其春芽，炒食或晒干储存；在北部独龙江，居民无吃香椿的习惯，故任其自由生长，呈野生状态。

茴香 Foeniculum vulgare

茴香为伞形花科 Umbelliferae 一、二年生草本植物。高黎贡山各地普遍栽培。茎叶可供疏食，其干燥成熟果实叫茴香籽，是特殊香料，加入鱼、肉、酱中，有去腥增香的作用，并能增进食欲。

番茄 Lycopersicon esculentum

番茄属茄科 Solanaceae 一年生草本植物，别名西红柿、洋柿子，古名六月柿、喜报三元。果实既为蔬菜，又是营养丰富的水果。原产热带美洲，高黎贡山各地普遍栽培。

除番茄外，茄科还有辣椒 *Capsicum annuum*，茄子 *Solanum melongena* 等被广泛栽培的蔬菜，此处不做讨论。

慈姑 Sagittaria trifolia subsp. leucopetala

慈姑为泽泻科 Alismataceae 草本植物，块茎可供食用。

菰（茭白）Zizania latifolia

茭白为禾本科 Poaceae 草本植物，可食用部分是茭白因感染黑粉菌而不断膨大形成的纺锤形肉质茎。

慈姑和茭白都是水生植物，栽培于湖泊、水塘中。

2.2.3 油料作物

高黎贡山常见栽培的油料植物是大戟科 Euphorbiaceae 的 4 种：

油桐 Vernicia fordii

落叶乔木，种子可提炼桐油。桐油是制造油漆和涂料的重要工业用油。20 世纪八九十年代，贡山县、福贡县曾大面积种植，给农民带来了良好的经济效益，到了 21 世纪初，由于病虫害侵袭，大批油桐树只开花、不结实，由于防治成本超过了当地农民的承受能力，未能进行及时的防治，导致油桐连年没有收成。到了 2006—2007 年，当地农民终于放弃了油桐，大面积的油桐被砍伐。

麻风树 Jatropha curcas

又名小桐子，灌木或小乔木，种子油可作肥皂，润滑油的原料和柴油的代用品[7]。麻风树在泸水市怒江河谷有少量栽培或逸生。

乌桕 Triadica sebifera

乔木。果实富含固体脂和液体油、桕脂和桕油。桕脂是制造类可可脂和巧克力的原料；桕油是制造蜡烛、蜡纸、润滑油、防锈油、棕榈酸及护肤用品的优质原材料；乌桕叶是上等的黑色染料[7]。乌桕在福贡县、泸水市等地常栽培作行道树，但数量不多。

蓖麻 Ricinus communis

粗壮草本或亚灌木。蓖麻油是一种高熔点硬脂的高级润滑油，广泛用于飞机、轮船、汽车、高速机械及机床制造，经过再加工还可生产出许多用途广泛的衍生物；蓖麻油枯是高级有机肥料，氮、磷、钾含量高，又有杀虫作用；蓖麻叶可以养蚕[7]。蓖麻在高黎贡山南部保山市、腾冲市、泸水市都有零星栽培。

2.2.4　调料植物

调料是人们用来调制食品的辅助用品，包括酱油、食盐、酱味等。调味料也称作料，是指被少量加入其他食物中用来改善味道的食品成分。用以制作调料的植物或被用于加入其他食物中以改善食品味道的植物即是调料植物。高黎贡山栽培的调料植物大约有 10 种。

胡椒 Piper nigrum

胡椒是胡椒科 Piperaceae 攀缘藤本。胡椒果实在晒干后可作为香料和调味料。成熟果实为红色，晒干后为黑色，此即"黑胡椒"；成熟红色果实装袋，浸水 7～9 天，揉去果皮，洗净晒干，即为"白胡椒"。胡椒是常用的食品调料，入药有催吐、健胃的功能。胡椒油是香料的调和剂[8]。胡椒在高黎贡山地区仅保山市怒江坝有栽培，产量远远低于市场需求。

刺芹（刺芫荽）Eryngium foetidum

伞形科 Umbelliferae 一年生草本，别名假芫荽、节节花、野香草、假香荽、缅芫荽。全株可用做凉拌蔬菜的调料，味辛辣，有疏风清热、行气消肿、健胃、止痛的功效。独龙江人乐于栽培。

皱叶留兰香 Mentha crispata

唇形科 Lamiaceae 草本，是重要的天然香料植物之一。高黎贡山人常用薄荷全草作为发汗解热剂。鲜草可凉拌作菜，煮成薄荷汤、薄荷粥；全草晒干可泡薄荷茶，有清心怡神、疏风散热、增进食欲、帮助消化的作用。留兰香适应性广、生长势强，在田间沟渠、菜园、池塘水边均可种植，在许多地方已经形成规模化生产。在高黎贡山，部分农户有零星种植。

紫苏 Perilla frutescens var. frutescens、野生紫苏 P. frutescens var. purpurascens

唇形科一年生草本。全株具有很高的营养价值，在中国栽培历史悠久。茎叶具有特异的芳香，民间用以解鱼、蟹毒。农村煮鱼烹虾，必取紫苏幼嫩茎叶共煮之。苏叶、苏梗（花梗）、果（苏子）均可入药，能发汗解表，理气宽中；嫩叶可生食、做汤，茎叶可腌渍。近年来，紫苏因其特有的活性物质及营养成分，备受世界关注。俄罗斯、日本、韩国、美国、加拿大等国对紫苏属植物进行了大量的商业性栽种，开发出了食用油、药品、腌渍品、化妆品等几十种紫苏产品。在高黎贡山也逐渐开始进行栽种。

草果 Amomum tsaoko

姜科 Zingiberaceae 热带或亚热带常绿阔叶林下草本，主要在云南东南部有人工栽培。草果的果实是云南的特色烹饪调味料，此地居民常用草果炖煮牛羊肉，利用其辛辣香气来遮盖肉类的腥味；也常作为腌渍食品点缀于席间，借以刺激食欲、帮助消化、化解油腻。另外，草果的茎、叶和果也可提取芳香油，用作制药、香料等工业的原料[8]。由于草果的这些作用，其市场价格一度较高，高黎贡山近年来广泛推广种植，尤其贡山县大力发展种植。但经过几年的市场检验，由于冬季冰雪低温的影响，有的地方种植后没有收成，有的地方收成一直很低，加上草果的需求量有限，大量种植后市场供过于求，销售出现困难，目前许多农民正在放弃种植。

姜黄 Curcuma longa

姜科 Zingiberaceae 草本植物，既有药用价值，又可以作食品调料。膨大的根茎呈黄色，有香味，将干燥根茎磨制成的粉，常用作调味品和黄色着色剂，可用于制作咖喱粉、调味料等；块茎入药，富含薯蓣皂素、姜黄素等珍贵成分，对肝炎病毒有抑制作用。姜黄在热带地区普遍栽培。在高黎贡山地区，在腾冲市、泸水市有零星栽培。

姜 Zingiber ficinalis

姜属姜科草本植物，新鲜根茎名"生姜"，是亚洲食品的常用调料，烹饪海鲜和牛、羊、猪肉时必不可少，姜制的糖果可见于中国的年盒内。除此之外，生姜拌饭或拌菜可提高食欲，故有"饭不香，吃生姜"之说。生姜入药味辛、性微温，有解表散寒、温中止呕、化痰止咳之功效，能解中药半夏、天南星的毒性，在中药炮制中常用于制备半夏、天南星的饮片[9]。由于生姜的重要食用和药用价值，它在世界的热带、亚热带地区普遍栽种，高黎贡山各地也都有栽培。

葱 Allium fistulosum

葱属石蒜科 Amaryllidaceae 多年生草本植物，全株具强烈辛辣味。葱是常见蔬菜调味品之一，全草可入药，有发汗解毒、通阳、利尿作用。各地均有普遍栽培。

蒜 Allium sativum

蒜属石蒜科 Amaryllidaceae 多年生草本植物，全株具强烈辛辣味，是常见蔬菜调味品之一。大蒜中的含硫化合物具有奇强的抗菌消炎作用，对多种球菌、杆菌、真菌和病毒等均有抑制和杀灭作用，是目前发现的天然植物中抗菌作用最强的一种植物。蒜在各地均有普遍栽培，为了制药的需要，在交通方便的农村，大蒜常被大规模种植。

2.2.5 水果

水果是指可以直接食用的植物果实或种子。水果一般含丰富的水分和糖分，不但营养丰富还能帮助消化，如桃、苹果、橙子等。高黎贡山栽培的水果大约有 19 种。

番木瓜 Carica papaya

番木瓜科 Caricaceae 杂草性小乔木或灌木，又称万寿果、木瓜。番木瓜是著名的热带果品，其果大、肉厚、味甜而清香，可生食或浸渍蜜饯，亦可作蔬菜食用。叶或未成熟果实和肉同煮，可使肉类易于软化。未成熟的果实和各部分流出来的乳汁可提取木瓜酵素，有消化蛋白质的功能，是制造化妆品的上乘原料，具有美容增白的功效。番木瓜在世界热带地区普遍栽培，常逸生沦为园庭杂草植物。在高黎贡山地区，番木瓜仅在保山市怒江河谷能稳定生长繁殖。番木瓜喜高温高湿的气候，不耐寒，遇霜即凋寒，因此，番木瓜在高黎贡山的宜种地不是很多。

番石榴 Psidium guajava

番石榴属于桃金娘科 Myrtaceae 灌木或小乔木，又称缅桃、花念、芭乐、鸡屎果。番石榴味道甘甜多汁、果肉柔滑，可作为新鲜水果生吃，也可煮食，煮过的番石榴可以制作成果酱、果冻、酸辣酱等各种酱料。番石榴在我国台湾备受欢迎，当地普遍认为番石榴是一种减肥水果，可以预防高血压、肥胖症，还可以排毒促进消化。番石榴原产南美洲，中国热带地区多栽培或已归化。在高黎贡山则仅见于怒江坝，基本处于野生状态。可能是因为高黎贡山周边地区水果品种太多，番石榴在这里并不很受青睐。

光核桃 Amygdalus mira

光核桃为蔷薇科栽培水果，别名羌桃，在云南种子植物名录[3]及过去的一些文献中也使用学名 *Prunus mira*。光核桃最大的特征是其核光滑无沟纹和孔穴。光核桃果实含糖量高，可与桃一样供食用，在高黎贡山地区见于福贡县鹿马登乡欧六底，野生或栽培。

桃 Amygdalus persica

落叶小乔木，果实多汁，可以生食或制桃脯、罐头等，核仁也可以食用。在世界各地均有栽植，在高黎贡山各地也普遍栽培。

毛叶木瓜 Chaenomeles cathayensis，皱皮木瓜 Chaenomeles speciosa

均为落叶灌木，果实味涩，可水煮或浸渍糖液中供食用，入药有解酒、去痰、顺气、止痢之效。

枇杷 Eriobotrya japonica

味道甜美，营养丰富，可鲜吃，亦可制成糖水罐头，或用于酿酒。

李 Prunus salicina

落叶乔木，成熟果实味甘甜，是人们最喜欢的水果之一。

桃、毛叶木瓜、皱皮木瓜、枇杷、李等果树在世界各地均有栽植，在高黎贡山各地也普遍栽培。

酸豆 Tamarindus indica

苏木科 Caesalpiniaceae 常绿乔木，别名罗望子、酸角、酸子、九层皮、泰国甜角。酸豆原产热带非洲，世界热带各地均有栽培。在高黎贡山，酸豆仅见于保山市怒江河谷一带。酸豆荚果果肉可供食用，其味酸甜，解渴，但种子一般不供食用。

芸香科 Rutaceae

属于该科的橙类水果有：来檬 *Citrus aurantiifolia*、酸橙 *Citrus aurantium*、金柑 *Citrus japonica*、香橼 *Citrus medica*，在高黎贡山均见栽培，由于灌木常绿、叶和果皮芳香、果汁可食、果实可供观赏，多被引种于村落、园庭，目前均未见商业化种植。

龙眼 Dimocarpus longan

无患子科 Sapindaceae 常绿乔木，著名热带水果。肉质、多汁、白色的假种皮可供食用。干果叫桂圆，桂圆可入中药，性温、味甘，有补气血、益智宁心、安神的功效。龙眼在我国华南有野生分布，在世界各地均有栽培，在高黎贡山的宜种地主要是泸水市六库镇怒江河谷热带地。

柿 Diospyros kaki

柿树科 Ebenaceae 落叶乔木，原产长江流域，栽培历史悠久。柿子是中国的传统水果。中医谓柿子有养肺胃、清燥火的功效，可以补虚、解酒、止咳、利肠、除热、止血，还可充饥。新鲜柿含碘量高，对因缺碘引起的地方性甲状腺肿大患者很有帮助。加工晒干的柿饼具有涩肠、润肺、止血、和胃等功效。柿在东亚各国均有广泛栽培，当前在高黎贡山各地也有普遍栽培。

芭蕉 Musa basjoo、香蕉 Musa nana

二者均为芭蕉科 Musaceae 多年生草本，同科同属植物。二者仅在果形态、味道方面有明显差别：从外形看，香蕉弯曲呈月牙状，果柄短，果皮上有 5～6 个棱；芭蕉的两端较细，中间较粗，一面略平，另一面略弯，呈"圆缺"状，果柄较长，果皮上有 3 个棱。从味道上辨别，香蕉香味浓郁、味道甜美；芭蕉的味道虽甜，但回味带酸。香蕉属寒凉性的水果，过量食用会对胃功能造成损害，尤其对体质属虚寒的人更不适宜；芭蕉有润肠通便功效，但吃多了会引起便秘。在高黎贡山地区，芭蕉在各地均有野生或栽培；香蕉仅能在泸水市及以下怒江热带河谷地区栽培。

甘蔗 Saccharum sinense

禾本科 Poaceae 一年生或多年生草本，是制造蔗糖的原料。由于含糖量高、水分多，民间多直接嚼食甘蔗去皮的茎秆，咽汁吐渣，属果中佳品。高黎贡山各地均广泛栽培。

2.2.6 饮料植物

饮料指经加工制成的适于供人或牲畜饮用的液体，尤指用来解渴、提供营养或提神的液体。可供制造饮料的植物称为饮料植物。高黎贡山栽培的饮料植物仅 2 种：小粒咖啡 *Coffea arabica* 和大粒咖啡 *Coffea liberica*，均为茜草科 Rubiaceae，灌木，原产于非洲。咖啡果实去皮及果肉后的果仁称咖啡豆，咖啡是由咖啡豆磨制成粉、用热水冲泡而成的饮品。其味苦，却有一种特殊的香气，是世界上的主要饮料之一。云南开始大规模种植咖啡是在 20 世纪 50 年代中期，咖啡宜植区主要在云南南部和西南部的普洱市思茅区、西双版纳傣族自治州、文山市、保山市、德宏傣族景颇族自治州等地区。高黎贡山东坡保山怒江坝所种的小粒咖啡在国际咖啡市场上享有盛名。

2.2.7 药材、药用植物

药材即可供制药的原材料，在中国尤指中药材，即未经加工或未制成成品的中药原料。中国是药材生产大国。我们此处所提到的栽培药材是指原产地不在高黎贡山或云南，而在高黎贡山引种栽培的药用植物，共 16 种。这 16 种药材、药用植物大部分原产热带美洲，被引入中国的历史已很悠久，其中 7 种在高黎贡山地区属归化植物：土人参 *Talinum paniculatum*（马齿苋科 Portulacaceae）、落葵薯 *Anredera cordifolia*（落葵科 Basellaceae）、鳢肠 *Eclipta prostrate*（菊科 Asteraceae）、假酸浆 *Nicandra physalodes*（茄科 Solanaceae）、灯笼果 *Physalis peruviana*（茄科）、喀西茄 *Solanum aculeatissimum*（茄科）、假烟叶树 *Solanum erianthum*（茄科），目前至少在高黎贡山没有栽培，处于逸生状态，或已沦为杂草，除草医用以治病外，很少用作制药原料。

原产于印度或热带亚洲的药用植物有 5 种：蒌叶 *Piper betle*（胡椒科 Piperaceae）、树头菜 *Crateva unilocularis*（山柑科 Capparidaceae）、大麻 *Cannabis sativa*（大麻科 Cannabaceae）、云木香 *Aucklandia costus*（菊科）、砂仁 *Amomum villosum*（姜科）。

蒌叶的茎可入药，由于蒌叶油具有特殊芳香气味，兼有帮助消化、防治寄生虫、抗传染病等作用，常用作食品添加剂研制保健食品、开发保健药品，具有可观的商业开发价值。

树头菜的茎叶有清热解毒、健胃的作用。

大麻纤维属高级纤维，可织麻布、制绳索、编织渔网和造纸，各地均有栽培。果实中医称"火麻仁"或"大麻仁"，能入药，能治大便燥结；花称"麻勃"，主治恶风、经闭、健忘；果壳和苞片称"麻蕡"，有毒，治劳伤、破积、散脓，多服令人发狂；叶含麻醉性树脂，可用于配制麻醉剂。由于大量或长期使用大麻会对人的身体健康造成严重损害，许多国家禁止栽培大麻。

云木香根可用于健胃消胀、调气解郁、止痛安胎；它原产于克什米尔，高黎贡山高海拔地区常有栽培。

砂仁的果实或种子是中医常用的一味芳香性药材，用于治疗胸脘胀满、腹胀食少等病症。砂仁原产热带亚洲，在高黎贡山地区，近年在独龙江常绿阔叶林下进行栽培。

续随子 Euphorbia lathyris

大戟科 Euphorbiaceae 草本植物，原产地中海地区，世界各地曾引种栽培，现已是常见的耕地杂草，高黎贡山腾冲市和福贡县的草医常将其栽培于自家的庭院中。种子可入药，具利尿、泻下和通经作用，外用治癣疮类；全草有毒。

枳椇（拐枣）Hovenia acerba

鼠李科 Rhamnaceae 落叶乔木，原产于我国及东喜马拉雅地区。膨大的果序轴和果梗可生食，民间用以浸制"拐枣酒"，能治风湿病。庭院宅旁常有栽培。

裂叶荆芥 Nepeta tenuifolia

唇形科 Lamiaceae 一年生草本，原产于中国和朝鲜。全草及花穗为常用作中药，可治风寒感冒、头痛、咽喉肿痛等病疾；全株可提制芳香油。东亚各地均有规模性栽培。在腾冲市曲石乡等地有零星种植。

2.2.8　饲料植物

饲料植物是指能提供饲养动物所需养分、保证其健康、促进其生长和生产且在合理使用下不产生有害作用的可食植物。高黎贡山当地野生的饲料植物很多。进入栽培的却十分有限，高黎贡山地区常见栽培的约有 4 种：

原产我国华中地区的桑科 Moraceae 落叶乔木或灌木桑树 *Morus alba* 的叶片是喂蚕

的饲料。我国是世界上种桑养蚕最早的国家,这也是中华民族对人类文明的伟大贡献之一。我国对桑树的栽培已有 4000 多年的历史,培育出了许多产量高、质量好的品种。现桑在世界各地都有广泛栽培。在高黎贡山,海拔 1100～2170 m 的地段均适于栽培桑;腾冲市、保山市试种桑树已经初显成效。

蝶形花科 Papilionaceae 的木豆 *Cajanus cajan*、兵豆 *Lens culinaris*、救荒野豌豆 *Vicia sativa* 均为引入栽培的饲料植物。

木豆,直立灌木,原产热带亚洲。现在世界热带和亚热带地区均普遍栽培。木豆具有生长快、适应性广、耐旱耐瘠能力强、自身能固氮等特点,可以保持水土、培肥地力、改善环境,是一种具有良好生态效益的热带亚热带植物;同时,由于它的籽实和茎叶可作为食物、饲料、工业原料、药用、薪材等,具有良好的经济效益,因此,适合在热带亚热带地区推广种植[10]。

兵豆,一年生草本,原产于地中海地区和西亚,我国河北、河南、陕西、甘肃、四川、云南、西藏等地有栽培。在高黎贡山的福贡县也有少量种植。兵豆种子可食,茎叶可作牲畜饲料;在生长期将其耕翻到地里是良好的绿肥;生长期较短,收获后即可种植其他作物。

救荒野豌豆,多年生草本,原产地不详,世界各地有栽培或归化。救荒野豌豆叶含钙、磷比较丰富,茎枝细软,适口性较好,为优良的青饲料。高黎贡山各地的林缘、山谷、河滩、菜地、路边都有生长。

2.2.9 观赏、绿化、造林植物

观赏植物是指专门培植来供观赏的植物,一般都有美丽的花或形态比较奇异;绿化植物指适合于各种风景名胜区、休闲疗养胜地和城乡各类型园绿地栽培种植的植物,即园林植物;造林植物指在无林地上植树造林时所引种栽培的植物。观赏植物和绿化植物之间没有绝对的界限。高黎贡山有栽培的这 3 类植物共有 43 种,其中大部分栽培的目的是为了观赏及园庭绿化。

观赏植物以草本为主,主要有:

万寿菊 *Tagetes erecta*(菊科 Asteraceae),原产于北美洲;

凤仙花 *Impatiens balsamina*(凤仙花科 Balsaminaceae),原产于西南亚;

紫茉莉 *Mirabilis jalapa*(紫茉莉科 Nyctaginaceae),原产于南美洲;

红茄 *Solanum aethiopicum*(茄科 Solanaceae),原产于非洲;

朱唇 *Salvia coccinea*(唇形科),原产于南美。

以上 5 种均为一年生草本,在高黎贡山属于归化状态。

美人蕉 *Canna indica*(美人蕉科 Cannaceae),原产于热带美洲;

太阳花,又称午时花 *Portulaca grandiflora*(马齿苋科 Portulacaceae),原产于南美洲;

蜘蛛兰 *Hymenocallis Americana*(石蒜科 Amaryllidaceae),原产于南美洲;

龙蛇兰 *Agave Americana*（龙舌兰科 Agavaceae），原产于南美洲；

韭莲 *Zephyranthes carinata*（石蒜科 Amaryllidaceae），原产于南美洲。

以上 5 种是多年生草本，常栽培于庭院；太阳花多盆栽，置于阳台或院墙上。

鸡蛋果 *Passiflora edulis*（西番莲科 Passifloraceae），多年生草质藤本，原产于南美洲，由于花大美丽，果形如鸡蛋，果汁可加工成饮料，各地将其作为观赏植物和水果引进栽培，也常用作屋外屏障绿化植物。

竹子是中国文人吟诗作画的主要题材之一，代表着自强不息、顶天立地的民族风格。高黎贡山处处栽竹，常见栽培的竹子有 5 种：油簕竹 *Bambusa lapidea*、篌竹 *Phyllostachys nidularia*、毛金竹 *Phyllostachys nigra* var. *henonis*、慈竹 *Bambusa emeiensis*、美竹 *Phyllostachys mannii*，均原产于中国，栽培历史悠久，已成为高黎贡山人生活的重要元素。

高黎贡山栽培的灌木观赏植物多达 24 种，其中紫薇 *Lagerstroemia indica*（紫茉莉科 Nyctaginaceae）、木芙蓉 *Hibiscus mutabilis*、木槿 *H. syriacus*（锦葵科 Malvaceae）、栀子 *Gardenia jasminoides*（茜草科）、梅 *Armeniaca mume* 和月季 *Rosa chinensis*（蔷薇科）这 6 种是中国传统观赏植物。

洋紫荆 *Bauhinia variegate* 和腊肠树 *Cassia fistula* 均为苏木科（Caesalpiniaceae）落叶乔木，为世界热带地区常见的行道树，或为庭院、公园的观赏树种，在高黎贡山仅栽培于海拔 1300 m 以下的怒江河谷。

合欢 *Albizia julibrissin*（含羞草科 Mimosaceae），原产中国，南北适宜生长。因为它的小叶夜晚闭合，古人深以为神奇，故称之为合欢。合欢在中国栽培历史悠久，在高黎贡山南北都有栽培或野生。

蓝果树科 Nyssaceae 的落叶乔木喜树 *Camptotheca acuminata* 是中国特有的一种高大落叶乔木，1999 年 8 月，经国务院批准，喜树被列为第一批国家重点保护野生植物。因其速生丰产、材质优良，喜树在 20 世纪 60 年代就已经是中国优良的行道树和庭荫树，高黎贡山福贡县、腾冲市建有喜树苗圃和育种基地，各地均有广泛栽培。

2.2.10　工业原料

木材工业原料林是指为供应林产工业、造纸业、制胶业等工业企业用木质原料而人工营造并定向培育的森林和林木，属于商品用材林的一部分。高黎贡山栽培了 8 种工业原料植物。

芦荟 Aloe vera

百合科 Liliaceae 多年生肉质草本，原产于地中海地区，在云南干热河谷地区栽培或逸生，高黎贡山怒江河谷居民乐于栽培。芦荟的花和根有凉血化痰的功能，民间被用于促进人体器官的排毒以及机体组织的再生[8]。芦荟叶汁具有防治水分蒸发的超强特性，对皮肤有修复、保护的功效。近年来，市面上出现了越来越多的各种芦荟保健品和化妆品。

藜豆 Mucuna pruriens

蝶形花科 Papilionaceae 木质缠绕藤本，各热带地区广布或栽培。在高黎贡山地区独龙江下游马库一带有少量栽培。藜豆种子有毒，其提取物可以治疗帕金森病，印度制药业近年正努力开发其药用价值。

烟草 Nicotiana tabacum

茄科 Solanaceae 一年生草本或宿根多年生草本，原产于南美洲，世界各地均有栽培。烟叶为烟草工业的原料。腾冲市在 2011 年已成为第六批全国烟叶标准化示范区。

杉木 Cunninghamia lanceolata

杉科 Taxodiaceae 常绿针叶乔木，为我国秦岭以南栽培最广、生长快、经济价值高的用材树种。杉木在高黎贡山地区从南到北都有种植，有时甚至成为大片人工纯林。杉木木材黄白色，有时心材带淡红褐色，质较软、细致、有香气、纹理直，它易加工、比重 0.38、耐腐力强、不受白蚁蛀食，被广泛作为建筑、桥梁、造船、矿柱、木桩、电杆、家具及木纤维等工业原料。

铁刀木 Senna siamea

苏木科 Caesalpiniaceae 常绿乔木，原产于老挝、缅甸、泰国和越南，因材质坚硬刀斧难入而得名。由于生长快，耐热、耐旱、耐湿、耐瘠、耐碱，抗污染，易移植，铁刀木在中国南方各省区栽培历史悠久，在高黎贡山县、泸水市及以南各地常见栽培。铁刀木木材坚硬致密、耐水湿、不受虫蛀，为上等家具原料；老树木材色黑、纹理甚美，可为乐器装饰。

吉贝 Ceiba pentandra

木棉科 Bombacaceae 落叶大乔木，原产于热带美洲，在世界热带地区广泛栽培；我国广东、广西和云南常见栽培。高黎贡山的泸水市上江乡零星栽培。果爿内面密生的丝状绵毛是救生圈、救生衣、床垫、枕头等的优良填充物；又可作飞机上防冷、隔音的绝缘材料。

海岛棉 Gossypium barbadense

锦葵科 Malvaceae 一年生或多年生草本，全世界都在广泛栽培，其种子的棉毛（俗呼棉花）为纺织工业最主要的原料；20 世纪五六十年代，保山市怒江坝曾大量种植棉花，后因不敌虫害，棉花种植业衰退。到 20 世纪末，仅泸水市怒江河谷还有少量种植。

剑麻 Agave sisalana

龙舌兰科 Agavaceae 一次性结实的多年生草本，原产于墨西哥，在热带、亚热带广大地区有栽培。高黎贡山海拔 900 m 以下的热带、亚热带地区常有栽培。剑麻是多年生叶纤维作物，也是当今世界用量最大、范围最广的一种硬质纤维。剑麻叶内含丰富的纤维，具有纤维长、色泽洁白、质地坚韧、富有弹性、拉力强、耐海水浸、耐摩擦、耐酸碱、耐腐蚀、不易打滑等特点，因此被广泛作为渔业、航海、运输用绳索和帆布、防水布等的原料，也用于编织剑麻地毯、工艺品等生活用品。

【参考文献】

[1]　WU Z Y,RAVEN P H.Flora of China[M].St.Louis：Missouri Botanical Garden Press，Beijing：Science Press,1994-2011.

[2]　中国植物志编委会.中国植物志[M].北京：科学出版社,1959-2004.

[3]　吴征镒.云南种子植物名录[M].昆明：云南人民出版社,1984.

[4]　吴征镒.云南植物志：第13卷[M].北京：科学出版社,2004.

[5]　陈德昭.中国植物志：第39卷[M].北京：科学出版社,1988.

[6]　WU Z Y,RAVEN P H,HONG D Y.Flora of China.Vol.10[M].St.Louis：Missouri Botanical Garden Press，Beijing：Science Press,2010.

[7]　龙春林,松洪川.中国柴油植物[M].北京：科学出版社,2012.

[8]　云南省植物研究所.云南经济植物[M].昆明：云南人民出版社,1972.

[9]　AMY K.Let's cook japanese food：everyday recipes for home cooking[J].Chronicle Books,2007.

[10]　赵真忠.一种很有发展潜力的热带亚热带植物——木豆[J].福建热作科技,2003,28:31-32.

第二节　高黎贡山栽培植物名录*

高黎贡山栽培植物名录，是记载高黎贡山栽培植物的基础资料，包括49科155种。其中裸子植物按1978年郑万均《中国植物志》第七卷的系统排列，被子植物的编排按1926年、1934年J. Hutchinson的系统排列，各科按原系统的科号编号，科下的属、种、亚种、变种按拉丁学名字母顺序排列。名录编制主要参考《云南植物志》《中国植物志》《横断山区维管植物》《高黎贡山植物》及 Flora of China 的有关卷册。植物的中文名称来源于 Flora of China，其他重要文献中所用的中文名作为别名列在该种中文名称之后。此外，按照《中国植被》的生活系统，还记录了每种植物的生活型及植株高度，并根据标本采集记录，列举了植物的栽培地及其海拔和生境，同时注明了栽培植物的原产地及用途。

G5. 杉科 Taxodiaceae

1. 杉木 Cunninghamia lanceolata（Lambert）Hooker
常绿乔木，雌雄同株，高达50 m。生于海拔1200～1900 m，灌丛；路边。
高黎贡山栽培地：贡山县茨开镇石鼓村附近、担当公园；福贡县上帕桥头村；泸水市片马乡抗英博物馆；腾冲市界头沙坝村。
原产地：中国。
用途：木材用。

---

*作者：杨珺、李恒，原载于《西部林业科学》，2017年第46期（增刊Ⅱ），第75-92页。

G6. 柏科 Cupressaceae

1. 刺柏 Juniperus formosana Hayata

灌木或乔木，高达 15 m。生于海拔 2900 m，寺庙旁。

高黎贡山栽培地：腾冲市狼牙山山顶寺庙旁。

原产地：中国。

用途：观赏绿化。

28. 胡椒科 Piperaceae

1. 胡椒 Piper nigrum Linnaeus

攀缘藤本。节膨大，生根。生于海拔 650 m，残留常绿阔叶林。

高黎贡山栽培地：保山市怒江坝。

原产地：东南亚。

用途：调料。

2. 蒌叶 Piper betle Linnaeus

攀缘藤本，雌雄异株。生于海拔 1500 m，次生常绿阔叶林。

高黎贡山栽培地：独龙江孔当。

原产地：印度。

用途：药材。

36. 山柑科 Capparidaceae

1. 树头菜 Crateva unilocularis Buchanan-Hamilton

乔木，高 5（～10）～20（～30）m。生于海拔 1250～1300 m，山坡、沟边潮湿处，村中。

高黎贡山栽培地：泸水市蛮蚌至丙贡途中、丙贡。

原产地：热带亚洲。

用途：药材。

39. 十字花科 Cruciferae

1. 苦菜（芥菜）Brassica juncea（Linnaeus）Czernajew

一年生草本，高（20～）30～100（～180）cm。生于海拔 1600～3300 m，稀树灌丛-草坡，箭竹灌丛，火烧地上。

高黎贡山栽培地：独龙江担当河、六朋卡布腊卡；贡山县黑铺山公路旁；泸水市片马乡黄草坪。

原产地：地中海地区。

用途：蔬菜。

2. 白菜 Brassica rapa var. glabra Regel

一年生或二年生草本。生于海拔 1320～1820 m，菜地栽培。

高黎贡山栽培地：独龙江巴坡、托乌当、迪政当。

原产地：地中海沿岸和中国。

用途：蔬菜。

3. 豆瓣菜 Nasturtium officinale R. Brown

多年生水生草本，具根茎，长 10～70 cm。生于海拔 1237～2020 m，水沟，石灰华溪流中，水田中，河边。

高黎贡山栽培地：贡山县茨开镇马西丹、黑洼底水沟；捧当乡怒江西岸、丙打至县城；福贡县上帕镇一中，鹿马登乡怒江西岸，石月亮乡亚多村、自古多村，匹河乡怒江对岸。

原产地：西南亚和欧洲。

用途：蔬菜。

4. 萝卜 Raphanus sativus Linnaeus

一年生或二年生草本，高 10～130 cm。生于海拔 1300～1780 m，耕地栽培。

高黎贡山栽培地：独龙江担当河、迪政当。

原产地：地中海地区。

用途：蔬菜。

56. 马齿苋科 Portulacaceae

1. 大花马齿苋 Portulaca grandiflora Hooker

多年生草本，茎圆柱形。生于海拔 600～1900 m，园庭栽培。

高黎贡山栽培地：各地。

原产地：南美洲。

用途：观赏。

2. 土人参 Talinum paniculatum（Jacquin）Gaertner

一年生或多年生草本，高 30～100 cm。生于海拔 1400～3100 m，次生常绿阔叶林，江边冲积土草地，田边。

高黎贡山栽培地：福贡县石月亮乡密恩洛村、匹河乡高黎贡山东坡；泸水市六库镇怒江边河滩上；保山市百花岭。

原产地：热带美洲。

用途：药材。

57. 蓼科 Polygonaceae

1. 荞麦 Fagopyrum esculentum Moench

一年生草本。

高黎贡山栽培地：独龙江石灰窑、六朋卡布拉卡；贡山县茨开镇丹珠村、丹当公园、普拉河水电站、丙中洛乡双拉洼；泸水市片马乡后山、片马河边；腾冲市明光乡大尖山。

原产地：中国。

用途：粮食。

61. 藜科 Chenopodiaceae

1. 菠菜 Spinacia oleracea Linnaeus

一年生草本，高达 1 m。

高黎贡山栽培地：各地。

原产地：伊朗（波斯）。

用途：蔬菜。

63. 苋科 Amaranthaceae

1. 老鸦谷 Amaranthus cruentus Linnaeus

一年生草本。茎直立，绿色，无毛。生于海拔 1300～1700 m，耕地栽培。

高黎贡山栽培地：独龙江能铺拉；贡山县捧当乡捧当村、丙中洛乡；腾冲市一区。

原产地：中美洲。

用途：蔬菜。

2. 刺苋 Amaranthus spinosus Linnaeus

一年生草本。茎直立，绿色、淡紫色，高 30～100 cm，多分枝，无毛或被微柔毛。生于海拔 650～900 m，公路边，甘蔗田旁，河漫滩。

高黎贡山栽培地：泸水市跃进桥、上江乡怒江西岸；保山市潞江镇怒江西岸、芒宽乡至六库镇。

原产地：热带美洲。

用途：蔬菜。

3. 苋 Amaranthus tricolor Linnaeus

一年生草本。茎绿色或红色，高 80～150 cm，草质，分枝。生于海拔 611～1570 m，林缘，河谷，江边，河滩。

高黎贡山栽培地：贡山县毕比利怒江西岸；保山市潞江镇、潞江镇孟连村、芒宽乡芒河村、芒宽乡至六库镇；龙陵县江中山龙镇桥。

原产地：热带亚洲（印度）。

用途：蔬菜。

4. 皱果苋 Amaranthus viridis Linnaeus

一年生草本。茎直立，绿色、淡紫色，高 40～80 cm，明显具棱，分枝，无毛。生于海拔 1540 m，耕地栽培。

高黎贡山栽培地：贡山县捧当乡怒江西岸。

原产地：南美洲。

用途：蔬菜。

64. 落葵科 Basellaceae

1. 落葵（豆腐菜）Basella alba Linnaeus

一年生草本。茎绿色或红色，长达 10 m，肉质，无毛。

高黎贡山栽培地：各地。

原产地：南美洲。

用途：蔬菜。

2. 落葵薯 Anredera cordifolia（Tenore）Van Steenis

缠绕藤本。生于海拔 1000～1458 m，次生林林缘；农舍旁，路边。

高黎贡山栽培地：贡山县丹珠村、黑铺山达拉地；泸水市鲁掌镇；保山市白花岭、坝湾至大好坪。

原产地：南美洲。

用途：药材。

71. 凤仙花科 Balsaminaceae

1. 凤仙花 Impatiens balsamina Linnaeus

一年生草本，高 60～100 cm。生于海拔 1357～1600 m，云南松林下、田边石上。

高黎贡山栽培地：贡山县丹当公园；腾冲市中和村下村。

原产地：西南亚。

用途：观赏。

72. 千屈菜科 Lythraceae

1. 紫薇 Lagerstroemia indica Linnaeus

灌木或小乔木，高达 7 m。

高黎贡山栽培地：各地园庭。

原产地：热带亚洲。

用途：观赏。

83. 紫茉莉科 Nyctaginaceae

1. 光叶叶子花 Bougainvillea glabra Choisy

藤状灌木。

高黎贡山栽培地：各地园庭。

原产地：南美洲（巴西）。

用途：观赏。

2. 紫茉莉 Mirabilis jalapa Linnaeus
一年生草本，高达 1 m。生于海拔 1470 m，栽培。
高黎贡山栽培地：福贡县马吉乡王吉都西南。
原产地：热带美洲。
用途：观赏。

101. 西番莲科 Passifloraceae

1. 鸡蛋果 Passiflora edulis Sims
多年生草质藤本，基部木质，长约 6 m。茎有细条纹，无毛。生于海拔 1660～2169 m，溪旁次生常绿阔叶林，路边落叶林，路边灌丛。
高黎贡山栽培地：腾冲市五合乡小地方、整顶村；芒棒镇闯龙村。
原产地：南美洲。
用途：观赏。

103. 葫芦科 Cucurbitaceae

1. 冬瓜 Benincasa hispida（Thunberg）Cogniaux
匍匐或攀缘草质藤本。生于海拔 1520 m，各地路边。
高黎贡山栽培地：贡山县双拉河桥附近。
原产地：印度。
用途：蔬菜。

2. 甜瓜 Cucumis melo Linnaeus
匍匐草本。茎枝粗糙，被柔毛或刚毛。
高黎贡山栽培地：各地。
原产地：中美洲。
用途：蔬菜。

3. 黄瓜 Cucumis sativus Linnaeus
一年生蔓生或攀缘草本。
高黎贡山栽培地：各地。
原产地：印度。
用途：蔬菜。

4. 南瓜 Cucurbita moschata Duchesne
一年生蔓生或攀缘草本。茎长 2～5 m，密被白色刚毛。生于海拔 960 m。
高黎贡山栽培地：泸水市跃进桥及各地。
原产地：中美洲。
用途：蔬菜。

5. 小雀瓜 Cyclanthera pedata（Linnaeus）Schrader

一年生蔓生或攀缘草本。茎粗壮，多分枝，无毛。生于海拔 1880～2200 m。

高黎贡山栽培地：腾冲市云华公社打乌山、云华乡、蒲川乡山心老箐；龙陵县天灵寺。

原产地：南美洲和中美洲。

用途：蔬菜。

6. 葫芦 Lagenaria siceraria（Molina）Standley

一年生攀缘草本。茎和分枝有纵槽，被软柔毛。

高黎贡山栽培地：各地。

原产地：中国。

用途：蔬菜。

7. 丝瓜 Luffa aegyptiaca Miller

一年生攀缘草本。卷须粗，2～4 叉。生于海拔 650 m 的沙地。

高黎贡山栽培地：保山市潞江镇至泸水市。

原产地：东南亚。

用途：蔬菜。

8. 苦瓜 Momordica charantia Linnaeus

一年生攀缘草本，多分枝；泾河分枝被柔毛。卷须不分叉，长达 20 cm。生于海拔 611 m，江边栽培。

高黎贡山栽培地：龙陵县江中山。

原产地：印度。

用途：蔬菜。

9. 佛手瓜（洋丝瓜）Sechium edule（Jacquin）Swartz

一年生攀缘草本。

高黎贡山栽培地：各地。

原产地：墨西哥。

用途：蔬菜。

10. 西瓜 Citrullus lanatus（Thunberg）Matsumura & Nakai

一年生草质藤本。各地栽培。

高黎贡山栽培地：泸水市；保山市；腾冲市；龙陵县。

原产地：南非。

用途：水果。

106. 番木瓜科 Caricaceae

1. 番木瓜 Carica papaya Linnaeus

小乔木，或灌木。生于海拔 650 m，河谷次生林。

高黎贡山栽培地：保山市潞江镇怒江西岸。

原产地：中美洲。

用途：水果。

118. 桃金娘科 Myrtaceae

1. 桉 Eucalyptus robusta Smith

常绿乔木，高达 20 m。生于海拔 900 m，耕地边。

高黎贡山栽培地：保山市潞江镇孟连村。

原产地：澳大利亚东部。

用途：观赏。

2. 番石榴 Psidium guajava Linnaeus

常绿乔木，高 13 m。生于海拔 650～1540 m，路旁次生林，云南松林，耕地边。

高黎贡山栽培地：保山市百花岭鱼塘公社、潞江镇东风桥。

原产地：热带美洲。

用途：水果。

131. 木棉科 Bombacaceae

1. 吉贝 Ceiba pentandra（Linnaeus）Gaertner

落叶乔木，可高达 30 m。生于海拔 830 m，河谷路边。

高黎贡山栽培地：泸水市上江乡怒江西岸。

原产地：热带美洲。

用途：纤维。

132. 锦葵科 Malvaceae

1. 木芙蓉 Hibiscus mutabilis Linnaeus

落叶灌木或小乔木，直立 2～5 m。

高黎贡山栽培地：腾冲市城关区。

原产地：中国。

用途：观赏。

2. 木槿 Hibiscus syriacus Linnaeus

落叶直立灌木，高 150～400 cm。房旁栽培。

高黎贡山栽培地：贡山县丙中洛乡。

原产地：中国。

用途：观赏。

3. 海岛棉 Gossypium barbadense Linnaeus

多年生灌木或亚灌木，高 2～3 m。生于海拔 890 m。

高黎贡山栽培地：泸水市跃进桥江边。

原产地：南美洲。

用途：纤维。

136. 大戟科 Euphorbiaceae

1. 续随子 Euphorbia lathyris Linnaeus

一年生草本，直立，高达 1 m。生于海拔 2940～3700 m。

高黎贡山栽培地：福贡县匹河乡高黎贡山东坡；腾冲市狼牙山。

原产地：地中海地区。

用途：药材。

2. 麻风树 Jatropha curcas Linnaeus

灌木或小乔木，高 2～5 m，具乳汁；雌雄同株或异株。生于海拔 670～780 m，干热河谷疏灌丛，河岸石砾地。

高黎贡山栽培地：泸水市跃进桥，灯笼坝。

原产地：热带美洲。

用途：油料。

3. 蓖麻 Ricinus communis Linnaeus

一年生草本，直立，茎单一，有时灌木状或乔木状，高 2～5（～10）m。生于海拔 850～1800 m，河谷，路边。

高黎贡山栽培地：泸水市片马乡古浪坝、县城至古炭河、六库镇赖茂；腾冲市芒棒镇附近。

原产地：非洲东北部的肯尼亚或索马里。

用途：油料。

4. 乌桕 Triadica sebifera（Linnaeus）Small

乔木，高 15 m，雌雄同株，无毛。生于海拔 890～1700 m，怒江河谷、山坡路边栽培。

高黎贡山栽培地：福贡县上帕镇古泉村、故泉大队至乔米古鲁；泸水市沙拉瓦底乡、大坪厂。

原产地：中国。

用途：油料。

5. 油桐 Vernicia fordii（Hemsley）Airy Shaw

落叶乔木，高达 10 m，雌雄同株。生于海拔 850～1600 m，常绿阔叶林路边，栎类灌丛，杂草丛；村旁，路边。

高黎贡山栽培地：贡山县茨开达拉地、县城附近；福贡县上帕镇桥头村、古泉后山；泸水市六库镇土司宅旁、赖茂瀑布；腾冲市五合乡兎葶村。

原产地：中国。

用途：油料。

143. 蔷薇科 Rosaceae

1. 梅 Armeniaca mume Siebold

落叶乔木，稀灌木，高 4～10 m。生于海拔 1700～1950 m，常绿阔叶林。

高黎贡山栽培地：泸水市片马乡片马河。

原产地：中国。

用途：观赏。

2. 月季 Rosa chinensis Jacquin

直立灌木，高 1～2 m。生于海拔 1350～2530 m，常绿阔叶林，壳斗-樟林。

高黎贡山栽培地：独龙江巴坡；福贡县石月亮乡亚朵村、米俄洛村。

原产地：中国。

用途：观赏。

3. 粉花绣线菊 Spiraea japonica Linnaeus f.

落叶灌木，高达 150 cm。生于海拔 1780～3020 m，常绿阔叶林，次生常绿阔叶林，石柯-铁杉林，石柯-冬青林，壳斗-槭树林，云杉-铁杉林，云南松林，枸子-蔷薇灌丛，灌丛，草甸；山坡，河边，冲积扇上，村旁。

高黎贡山栽培地：独龙江马库西南、迪正当、雪扒腊卡、雄当至龙及耿；贡山县茨开镇丹珠至缅甸边界路上、其期附近、黑普山、黑娃底、腊八底；福贡县石月亮乡亚朵村、鹿马登乡亚坪村、匹河乡空洞后山药材地、沙拉河谷沙拉山洞附近；泸水市片马乡片马河边、县城至下坦寨途中、姚家坪；腾冲市至云华公社途中、五合乡小堤房、曲石乡江苴管理站、公平村；界头乡九家坡村、沙坝村、大塘村、东山乡芹菜塘、马站乡大崆火山、小崆火山；明光乡大尖山、中瑞龙大队；猴桥镇古永公社、滇滩铁厂旁。

原产地：日本和朝鲜。

用途：观赏。

4. 光核桃 Amygdalus mira (Koehne) Ricker

落叶乔木，高达 10 m。生于海拔 2900～3100 m，冷杉林，山坡。

高黎贡山栽培地：福贡县鹿马登乡欧六底。

原产地：中国。

用途：水果。

5. 桃 Amygdalus persica Linnaeus

落叶乔木，高 3～8 m。生于海拔 1200～2200 m，常绿阔叶林，硬叶常绿阔叶林，次生常绿阔叶林，火烧地边；河岸，山坡，溪边侵蚀地，村旁栽培。

高黎贡山栽培地：独龙江马库、恰乌当、莫拉当、迪政当、六朋卡布拉卡、山里腊卡、向红；贡山县茨开镇茨开村、怒江西岸；龙陵县镇安镇松山。

原产地：中国。

用途：水果。

6. 毛叶木瓜 Chaenomeles cathayensis（Hemsley）C. K. Schneider

落叶灌木或小乔木，高 2～6 m。生于海拔 1350～2000 m。

高黎贡山栽培地：独龙江巴坡；泸水市蛮云灰坡。

原产地：中国。

用途：水果。

7. 皱皮木瓜 Chaenomeles speciosa（Sweet）Nakai

落叶灌木，高达 2 m。生于海拔 1600～2060 m，常绿阔叶林，次生常绿阔叶林，灌丛；河边，路边。

高黎贡山栽培地：泸水市片马乡；腾冲市界头乡大塘村、猴桥镇黑泥塘。

原产地：中国。

用途：水果。

8. 枇杷 Eriobotrya japonica（Thunberg）Lindley

常绿乔木，高达 10 m。生于海拔 1520 m，次生常绿阔叶林。

高黎贡山栽培地：保山市芒宽乡百花岭。

原产地：中国。

用途：水果。

9. 李 Prunus salicina Lindley

落叶乔木，高 9～12 m。生于海拔 1360～2000 m，石柯-青冈林，灌丛。

高黎贡山栽培地：独龙江巴坡、卡拉地、朗王夺、龙元；泸水市鲁掌镇委会侧；腾冲市界头大塘村、猴桥镇下街村。

原产地：西南亚。

用途：水果。

146. 苏木科 Caesalpiniaceae

1. 洋紫荆 Bauhinia variegata Linnaeus

落叶乔木，高达 16 m。生于海拔 750～1100 m，江边岩石上。

高黎贡山栽培地：泸水市六库镇排罗坝；龙陵县。

原产地：南美洲。

用途：观赏。

2. 白花羊蹄甲 Bauhinia variegata var. **candida**（Aiton）Voigt

落叶乔木，高达 15 m。生于海拔 670 m，杂草丛。

高黎贡山栽培地：保山市潞江镇东风桥。

原产地：中国西南部。

用途：观赏。

3. 金凤花 Caesalpinia pulcherrima（Linnaeus）Swartz

灌木或小乔木。枝条绿色或粉绿色，散生小刺。生于海拔 691 m，栎类常绿阔叶林。

　　高黎贡山栽培地：保山市潞江镇东风桥。

　　原产地：南美洲。

　　用途：观赏。

4. 腊肠树 Cassia fistula Linnaeus

落叶乔木，高达 15 m。生于海拔 1150～1210 m，草丛，路边。

　　高黎贡山栽培地：保山市坝湾；龙陵县镇安镇蚂蟥箐。

　　原产地：印度。

　　用途：观赏。

5. 酸豆 Tamarindus indica Linnaeus

乔木，高 10～15（～25）m。生于海拔 670 m，桥边。

　　高黎贡山栽培地：保山市潞江镇东风桥。

　　原产地：热带非洲。

　　用途：水果。

6. 铁刀木 Senna siamea（Lamarck）H. S. Irwin & Barneby

乔木，高 10～15 m。生于海拔 650～1600 m，路边，稻田边，公路旁。

　　高黎贡山栽培地：泸水市六库镇怒江西岸、上江乡怒江西岸；保山市潞江镇怒江西岸；龙陵县龙江乡松山。

　　原产地：缅甸和泰国，或柬埔寨、老挝、越南。

　　用途：木材。

147. 含羞草科 Mimosaceae

1. 台湾相思 Acacia confusa Merrill

常绿乔木，高 6～15 m。生于海拔 1000～1100 m，路边。

　　高黎贡山栽培地：福贡县匹河乡怒江东岸。

　　原产地：菲律宾。

　　用途：观赏绿化。

2. 金合欢 Acacia farnesiana（Linnaeus）Willdenow

灌木或小乔木，高 2～4 m。生于海拔 670～1930 m，次生常绿阔叶林，青冈-栎林，栎类-冬青林，杂草丛。

　　高黎贡山栽培地：泸水市片马乡古浪；保山市白花岭古丝绸之路、潞江镇东风桥；腾冲市曲石乡天生江、界头乡大塘东眼桥。

　　原产地：热带美洲。

　　用途：观赏绿化。

3. 合欢 Albizia julibrissin Durazzini

落叶乔木，高达 16 m。生于海拔 1030～1650 m，山胡椒次生林，石栎-木荷林，灌丛。

高黎贡山栽培：贡山县捧当乡怒江边；福贡县马吉乡木架架村、匹河乡水电站（怒江西边）；腾冲市和顺镇石头山。

原产地：非洲。

用途：观赏绿化。

4. 银合欢 Leucaena leucocephala（Lam.）de Wit.

常绿灌木或小乔木，高 2～6 m。生于海拔 650～1100 m，灌丛，杂草丛；路边。

高黎贡山栽培地：保山市潞江镇东风桥、坝湾、怒江西岸。

原产地：热带美洲。

用途：观赏绿化。

148. 蝶形花科 Papilionaceae

1. 大豆 Glycine max（Linnaeus）Merrill

一年生草本，高 30～90 cm。生于海拔 600～2000 m。

高黎贡山栽培地：各地。

原产地：中国。

用途：粮食。

2. 棉豆 Phaseolus lunatus Linnaeus

一年生或多年生缠绕草本。生于海拔 1130～1550 m，林缘，开阔地，路边。

高黎贡山栽培地：贡山县捧当乡毕比利、丙中洛乡四季通；泸水市鲁掌镇。

原产地：热带美洲。

用途：粮食。

3. 豌豆 Pisum sativum Linnaeus

一年生草本，长 50～200 cm，无毛，茎攀缘。

高黎贡山栽培地：各地。

原产地：南美洲和中美洲。

用途：粮食。

4. 蚕豆 Vicia faba Linnaeus

一年生直立草本，高 30～120 cm，小叶 3～5 对。

高黎贡山栽培地：各地。

原产地：里海南部和非洲北部。

用途：粮食。

5. 绿豆 Vigna radiata（Linnaeus）R. Wilczek

一年生草本，直立或缠绕，或匍匐，高 20～60 cm。生于海拔 1810 m，杂草丛。

高黎贡山栽培地：独龙江迪政当。

原产地：印度、缅甸。

用途：粮食。

6. 木豆 Cajanus cajan（Linnaeus）Huth

直立灌木，高 1～3 m。生于海拔 1030～1150 m，灌丛，栽培。

高黎贡山栽培地：福贡县碧福桥水电站、维度乡纬杜桥。

原产地：热带亚洲。

用途：饲料。

7. 兵豆 Lens culinaris Medikus

一年生草本，高 10～50 cm。

高黎贡山栽培地：福贡县。

原产地：地中海和西亚。

用途：饲料。

8. 救荒野豌豆 Vicia sativa Linnaeus

一年生草本，匍匐或攀缘，长 15～100 cm；小叶 2～7 对。生于海拔 1320～2766 m，
常绿阔叶林林缘；山谷，河滩，菜地，路边。

高黎贡山栽培地：独龙江托乌当、迪政当、龙冬旺；贡山县茨开怒江边；福贡县
亚坪十八里。

原产地：中国。

用途：饲料。

9. 藜豆 Mucuna pruriens（Linnaeus）Candolle

灌木质缠绕藤本。生于海拔 1300 m，栽培。

高黎贡山栽培地：独龙江东岸四村。

原产地：热带地区。

用途：药材。

156. 杨柳科 Salicaceae

1. 垂柳 Salix babylonica Linnaeus

乔木，高 18 m。生于海拔 1350～2540 m，阔叶林。

高黎贡山栽培地：独龙江巴坡；贡山县丙中洛乡贡当神山。

原产地：中国。

用途：观赏绿化。

163. 壳斗科 Fagaceae

1. 板栗 Castanea mollissima Blume

落叶乔木，高 15～20 m。生于海拔 1175～2400 m，山坡常绿落叶林，石砾-木荷
林，次生常绿阔叶林，路边次生阔叶林；村边，村旁，落叶杂木林中，村旁路边，林

边，林下，山坡，路边，屋后。

高黎贡山栽培地：独龙江雄当至龙及耿；贡山县丙中洛乡、初干至丙中洛乡、茨开镇奇科河边、丹当公园、捧当乡吉洼、其期附近；福贡县鹿马登乡亚坪桥南、上帕镇桥头村；泸水市蛮蚌至丙贡途中、县城附近；保山市百花岭丝绸路；腾冲市明光公社中瑞龙大队；龙陵县。

原产地：中国。

用途：粮食。

167. 桑科 Moraceae

1. 桑 Morus alba Linnaeus

灌木或乔木，高 3～10 m。生于海拔 1100～2170 m，常绿阔叶林，石柯-山矾林，壳斗-樟林；江边，路边，村边，山坡，溪中，杂草丛。

高黎贡山栽培地：贡山县茨开镇丹珠村驿马洛村；福贡县匹河乡怒江西部江边、匹河乡碧福桥、石月亮乡亚朵村、鹿马登乡亚坪村、马吉乡老亚东桥、上帕镇桥头村、十八里南；泸水市片马乡片四合村、人委会侧；腾冲市明光乡自治村；龙陵县云龙山伏龙寺。

原产地：中国中部和北部。

用途：饲料（养蚕）。

170. 大麻科 Cannabaceae

1. 大麻 Cannabis sativa Linnaeus

一年生直立草本，雌雄异株或有时雌雄同株；高 1～3 m。生于海拔 850 m，河谷路边。

高黎贡山栽培地：福贡县上帕镇；泸水市片马镇、六库镇赖茂瀑布。

原产地：中亚和印度。

用途：药材。

190. 鼠李科 Rhamnaceae

1. 枳椇 Hovenia acerba Lindley

高大乔木，高 10～25 m。生于海拔 1170 m。

高黎贡山栽培地：福贡县甲科底乡李武底村、鹿马登乡持恒利村。

原产地：中国。

用途：药材。

194. 芸香科 Rutaceae

1. 来檬 Citrus aurantiifolia (Christmann) Swingle

小乔木。

高黎贡山栽培地：福贡县上帕镇。

原产地：缅甸。

用途：水果。

2. 酸橙 Citrus aurantium Linnaeus

小乔木；枝有刺长可达约 8 cm。村旁栽培。

高黎贡山栽培地：福贡县亚坪桥。

原产地：中国。

用途：水果。

3. 金柑 Citrus japonica Thunberg

乔木，高达 5 m，胸径达 20 cm。生于海拔 680～1080 m，溪旁次生林，云南松林。

高黎贡山栽培地：福贡县子里甲乡托坪村；保山市坝湾至腾冲。

原产地：中国。

用途：水果。

4. 香橼 Citrus medica Linnaeus

灌木或小乔木。生于海拔 1000～1540 m，荒地，林寨栽培。

高黎贡山栽培地：独龙江嘎莫赖河、钦郎当；泸水市丙贡至曼云途中；腾冲市一区。

原产地：缅甸。

用途：水果。

197. 楝科 Meliaceae

1. 红椿 Toona ciliata M. Roemer

乔木，中等大小，高达 30 m。生于海拔 900～950 m，常绿阔叶林；村中、江边常见，松林中，田边，路旁。

高黎贡山栽培地：贡山县；泸水市六库镇苗家田、六库至跃进桥之间；保山市百花岭、芒宽乡三坝勾。

原产地：热带亚洲。

用途：观赏绿化。

2. 香椿 Toona sinensis（A. Jussieu）M. Roemer

乔木，可高达 40 m。生于海拔 1170～2700 m，草地、灌丛，林业站栽培。

高黎贡山栽培地：独龙江孔当、托乌当；福贡县甲科底乡；泸水市洛本卓乡保登村碧福桥。

原产地：热带亚洲。

用途：蔬菜。

198. 无患子科 Sapindaceae

1. 龙眼 Dimocarpus longan Loureiro

常绿乔木，高约 10 m，胸径约 1 m；枝粗壮，具小柔毛，具苍白色星散皮孔。生于海拔 900 m。

　　高黎贡山栽培地：泸水市六库镇。

　　原产地：华南。

　　用途：水果。

211. 蓝果树科 Nyssaceae

1. 喜树 Camptotheca acuminata Decaisne

落叶乔木，高可达 20 m。生于海拔 830～1700 m，栎类常绿阔叶林；次生植被，怒江西岸文化宫栽培，路边。

　　高黎贡山栽培地：贡山县丹当公园；福贡县马吉乡马吉米村、上帕镇古泉村；泸水市上江乡怒江西岸；龙陵县镇安镇松山。

　　原产地：中国。

　　用途：观赏绿化。

213. 伞形科 Umbelliferae

1. 刺芹 Eryngium foetidum Linnaeus

高 8～40 cm；基生莲座丛，主根纺锤形，具须根；茎绿色。生于海拔 1350 m，常绿阔叶林；河谷林地。

　　高黎贡山栽培地：独龙江穆拉当村、马库、农技站。

　　原产地：中美洲。

　　用途：调料。

2. 旱芹 Apium graveolens Linnaeus

高 15～150 cm，具强烈的香味。

　　高黎贡山栽培地：各地。

　　原产地：欧洲和亚洲。

　　用途：蔬菜。

3. 茴香 Foeniculum vulgare（Linnaeus）Miller

草本；高 40～200 cm。

　　高黎贡山栽培地：各地。

　　原产地：地中海地区。

　　用途：蔬菜。

221. 柿树科 Ebenaceae

1. 柿 Diospyros kaki Thunberg

落叶乔木，高达 27 m。幼枝密被短柔毛到无毛，有时具红棕色皮孔。冬芽小，黑色。生于海拔 1380～2016 m，常绿阔叶林路边，板栗林溪旁；林缘，村旁，林内。

高黎贡山栽培地：独龙江马库；贡山县旁普特至老瓦多、丹珠村驿马洛；福贡县上帕镇一中、马吉乡木架架村；腾冲市界头乡九家坡、中平村、水箐村、新华乡龙进村、九区浦川；龙陵县镇安镇未名桥。

原产地：中国长江流域。

用途：水果。

230. 夹竹桃科 Apocynaceae

1. 黄花夹竹桃 Thevetia peruviana（Persoon）K. Schumann

乔木，高 6 m。树皮棕色，具皮孔；低枝下垂，幼枝灰绿色。

高黎贡山栽培地：泸水市六库镇。

原产地：南美洲、中美洲。

用途：观赏绿化。

232. 茜草科 Rubiaceae

1. 栀子 Gardenia jasminoides J. Ellis

灌木，高 30～300 cm；枝条扁平到圆柱状，节间由长到短，近无毛或常密被微柔毛到小柔毛，为灰白色到带灰色，芽和长节间常覆盖有树脂。生于海拔 1250 m，常绿阔叶林。

高黎贡山栽培地：福贡县上帕镇古泉村。

原产地：中国。

用途：观赏。

2. 小粒咖啡 Coffea arabica Linnaeus

小乔木或大灌木，高 5～8 m，枝条扁平到近圆柱状，无毛。生于海拔 600 m，灌丛。

高黎贡山栽培地：保山市坝湾。

原产地：非洲东部。

用途：饮料。

3. 大粒咖啡 Coffea liberica W. Bull ex Hiern

小乔木或大灌木，高 6～15 m；枝条扁平到稍有棱角，往往相当粗壮，无毛。生于海拔 650 m，常绿阔叶林、硬叶常绿阔叶林；灌丛。

高黎贡山栽培地：保山市潞江镇怒江桥附近、怒江西岸、芒宽乡保山至六库 24 km。

原产地：热带非洲。

用途：饮料。

238. 菊科 Asteraceae

1. 万寿菊 Tagetes erecta Linnaeus

一年生草本，高 10～120 cm。生于海拔 1640 m，灌丛。

高黎贡山栽培地：贡山县捧当乡永拉嘎至迪。

原产地：北美。

用途：观赏。

2. 梁子菜（菊芹）Erechtites hieraciifolius（Linnaeus）Rafinesque ex Candolle

一年生草本；茎单生，直立，高 40～100 cm，上半部分单生或多分枝，具条纹，疏生短柔毛。生于海拔 611 m，硬叶常绿阔叶林。

高黎贡山栽培地：龙陵县龙镇桥附近。

原产地：热带美洲。

用途：蔬菜。

3. 茼蒿 Glebionis coronaria（Linnaeus）Cassini ex Spach

一年生草本，无毛或近无毛；茎直立，高 70 cm，在中部以上不分枝或少分枝。

高黎贡山栽培地：各地。

原产地：地中海地区。

用途：蔬菜。

4. 南茼蒿 Glebionis segetum（Linnaeus）Fourreau

一年生草本，高 20～60 cm，无毛或近无毛；茎直立，肉质。

高黎贡山栽培地：各地。

原产地：地中海地区。

用途：蔬菜。

5. 菊芋 Helianthus tuberosus Linnaeus

多年生草本，具根状茎，高 50～200 cm，在生长季节的后期可见块茎。生于海拔 1700 m，石柯-云南松林。

高黎贡山栽培地：福贡县马吉乡马吉米村。

原产地：北美洲。

用途：蔬菜。

6. 莴苣 Lactuca sativa Linn.

一年生或二年生草本；高 25～100 cm。

高黎贡山栽培地：各地。

原产地：地中海地域。

用途：蔬菜。

7. 云木香 Aucklandia costus Falconer

多年生草本，高 40～200 cm；根茎粗 1～5 cm，茎粗 15～20 mm，单一或分枝。

高黎贡山栽培地：贡山县民大当垭口下。

原产地：印度西北部、克什米尔、巴基斯坦东北部。

用途：药材。

8. 鲤肠 Eclipta prostrata（Linnaeus）Linnaeus

一年生草本，茎直立，上升或匍匐，60~100 cm，具柔毛到糙伏毛，基部分枝。生于海拔611~1520 m，常绿阔叶林，硬叶常绿阔叶林；水田边，杂草植被。

高黎贡山栽培地：福贡县石月亮乡米俄洛村、上帕镇古泉村、亚平、元洼桥；泸水市六库镇、洛本卓、潞江镇保山至龙陵路上、东风桥附近、怒江西岸；芒宽乡百花岭、保山至六库24 km；腾冲市曲石乡热海温泉；龙陵县龙镇桥附近、竹箐村。

原产地：热带美洲。

用途：药材。

9. 向日葵 Helianthus annuus Linnaeus

一年生草本，1~3 m；茎直立，通常具糙硬毛。

高黎贡山栽培地：各地。

原产地：北美洲。

用途：油料、食用。

250. 茄科 Solanaceae

1. 夜香树 Cestrum nocturnum Linnaeus

灌木直立或蔓生，高1~3 m；幼时被微柔毛，后脱落，枝纤细。生于海拔1420~1580 m，常绿阔叶林，次生常绿阔叶林；庭院中。

高黎贡山栽培地：贡山县普拉底奇达村；福贡县石月亮乡米俄洛村；保山市施甸；腾冲市城关区。

原产地：美洲。

用途：观赏。

2. 树番茄 Cyphomandra betacea Sendt.

小乔木或有时灌木，高达3 m。

高黎贡山栽培地：腾冲市城关区。

原产地：秘鲁。

用途：观赏。

3. 红茄 Solanum aethiopicum Linnaeus

一年生草本，高约70 cm。生于海拔1560 m，田野上。

高黎贡山栽培地：腾冲市界头乡曲石至界头。

原产地：非洲。

用途：观赏。

4. 珊瑚樱 Solanum pseudocapsicum Linnaeus

直立灌木，分枝，无刺，被单一和分叉的短柔毛。生于海拔1458~2200 m，次生常绿阔叶林；灌丛，溪边。

高黎贡山栽培地：贡山县茨开镇达拉底、怒江西岸；捧当乡永拉嘎至迪；保山市百花岭。

原产地：南美洲。

用途：观赏。

5. 水茄 Solanum torvum Swartz

灌木，高 1～2（～3）m。生于海拔 650～1510 m，常绿阔叶林，次生常绿阔叶林，云南松-壳斗林，云南松-木荷林；稻田边，灌丛，河谷。

高黎贡山栽培地：福贡县子里甲乡托坪村；泸水市赖茂瀑布、六库镇南、跃进桥西岸；保山市潞江镇东风桥附近、怒江西岸、芒宽乡百花岭；龙陵县镇安镇麻黄青村、松山、竹箐村。

原产地：加勒比海。

用途：观赏。

6. 阳芋 Solanum tuberosum Linnaeus

草本，直立或蔓生，高 30～80 cm，无毛或疏生单一短柔毛和腺毛。生于海拔1520 m，常绿阔叶林；栽培，麦地中。

高黎贡山栽培地：独龙江迪政当；贡山县茨开镇丹珠村，驿马骆村。

原产地：南美洲。

用途：粮食。

7. 番茄 Lycopersicon esculentum Miller

一年生草本，蔓生，高 60～200 cm，黏性短柔毛，有臭味。生于海拔 850～1330 m，硬叶常绿阔叶林；路边栽培。

高黎贡山栽培地：福贡县鹿马登瓜文地；泸水市六库镇、跃进桥。

原产地：墨西哥和南美洲。

用途：蔬菜。

8. 假酸浆 Nicandra physalodes（Linnaeus）Gaertner

草本，茎直立，具棱；高 40～150 cm，无毛或疏生短柔毛。生于海拔 670～1920 m，常绿阔叶林，次生常绿阔叶林；灌丛，林前，路边，路边灌丛中。

高黎贡山栽培地：独龙江孔当；泸水市片马镇；保山市潞江镇东风桥附近、赧亢植物园（李慧坡）；腾冲市城关、东山乡腾冲至热海温泉、五合乡荒草领。

原产地：秘鲁。

用途：药材。

9. 灯笼果 Physalis peruviana Linnaeus

多年生草本，高 45～90 cm；茎直立，很少分枝，密被短柔毛。生于海拔 1420～1570 m，常绿阔叶林，次生常绿阔叶林；稻田边。

高黎贡山栽培地：贡山县捧当乡积木等村、母楚村附近、上宕、永拉村、普拉底奇达村；福贡县碧江城关；泸水市古浪坝；腾冲蒲川。

原产地：热带美洲。

用途：药材。

10. 喀西茄 Solanum aculeatissimum Jacquin

直立草本至亚灌木，高 1～2 m，最高达 3 m。生于海拔 1080～2100 m，常绿阔叶林，次生常绿阔叶林，硬叶常绿阔叶林，云南松-壳斗林，杜鹃-壳斗林；河岸，灌丛，石上。

高黎贡山栽培地：贡山县腊早；福贡县匹河、上帕镇、子里甲乡托坪村、亚古桥；保山市芒宽乡百花岭；腾冲市蒲川乡、曲石乡佑土村、芒棒镇大好坪腾昌地区；龙陵县龙江乡小黑山。

原产地：巴西。

用途：药材。

11. 假烟叶树 Solanum erianthum D. Don

灌木或小乔木，高 150～100 cm，无刺；整株被星状绒毛。生于海拔 600～1160 m，常绿阔叶林，润楠-木荷林，硬叶常绿阔叶林；灌丛、河谷、山坡、江边、山谷、路边。

高黎贡山栽培地：福贡县架科底乡架科底村、匹河乡、维杜乡维杜桥附近；泸水市大沙坝、大兴地乡四排拉多村、六库北、鲁掌镇、洛本卓乡宝登村；保山市坝湾、江心岛龙潭、潞江镇保山至龙陵途中、保山至腾冲老公路、潞江镇东风桥附近、芒宽乡保山至腾冲老公路。

原产地：南美洲。

用途：药材。

12. 烟草 Nicotiana tabacum Linnaeus

黏性草本，一年生草本或短命的多年生植物，高 70～200 cm；整体被腺毛。生于海拔 1320～1700 m，菜地。

高黎贡山栽培地：独龙江布里奇、农技站。

原产地：热带美洲。

用途：烟草。

251. 旋花科 Convolvulaceae

1. 番薯（红薯）Ipomoea batatas（Linnaeus）Lamarck

一年生草本，椭圆形、梭形或细长的地下块茎；茎具乳汁；轴向部分无毛或具柔毛；茎匍匐或上升，很少缠绕，绿色或紫色，多分枝，节上生根。

高黎贡山栽培地：各地。

原产地：南美洲及西印度群岛。

用途：粮食。

264. 唇形科 Lamiaceae

1. 皱叶留兰香 Mentha crispata Schrader ex Willdenow

草本，具根状茎；茎直立，高 30～60 cm，略带紫色，无毛。

高黎贡山栽培地：独龙江巴坡。

原产地：欧洲。

用途：调料。

2. 紫苏 Perilla frutescens（Linnaeus）Britton

草本直立，茎高 30～200 cm，绿色或紫色，细柔毛或密被长柔毛。生于海拔 710～2020 m，常绿阔叶林，次生常绿阔叶林，石柯-冬青林，杜鹃-木荷林；灌丛，荒地，怒江河滩，玉米地。

高黎贡山栽培地：独龙江巴坡；贡山县丙中洛石门关北，茨开镇丹珠村附近、丹当公园；福贡县上帕镇腊吐底村；泸水市六库镇；保山市芒宽乡百花岭、汉龙村；腾冲市界头乡大塘村、曲石乡。

原产地：热带亚洲。

用途：调料。

3. 野生紫苏 Perilla frutescens var. **purpurascens**（Hayata）H. W. Li

草本直立，茎高 30～200 cm，绿色或紫色，细柔毛或密被长柔毛。生于海拔 950～1640 m，常绿阔叶林；灌丛，林下，田缘，油桐林下。

高黎贡山栽培地：福贡县上帕镇；贡山县丹当公园、捧当乡贡山至丙中洛、吉木登村、油拉杆；保山市芒宽乡三坝沟。

原产地：热带亚洲。

用途：调料。

4. 朱唇 Salvia coccinea Buc'hoz ex Etlinger

一年生或二年生草本；茎直立，高可达 70 cm，具平展的粗毛，具反折灰柔毛。

高黎贡山栽培地：腾冲市一区。

原产地：南美洲。

用途：观赏。

5. 裂叶荆芥 Nepeta tenuifolia Bentham

一年生草本，茎高 30～100 cm，多分枝，疏生灰色短柔毛。

高黎贡山栽培地：腾冲市曲石镇江苴。

原产地：中国。

用途：药材。

267. 泽泻科 Alismataceae

1. 华夏慈姑 Sagittaria trifolia subsp. **leucopetala**（Miquel）Q. F. Wang

多年生水生草本，匍匐茎顶端膨大为块根。生于海拔 900～1500 m，温泉鱼塘，田边，水田。

高黎贡山栽培地：福贡县一中水池；泸水市六库镇；腾冲市界头乡石墙村。

原产地：欧亚温带地区。

用途：蔬菜。

287. 芭蕉科 Musaceae

1. 芭蕉 Musa basjoo Siebold & Zuccarini

多年生草本，假茎高 250～400 cm。

高黎贡山栽培地：高黎贡山西坡、东坡。

原产地：日本、朝鲜。

用途：水果。

2. 香蕉 Musa nana Loureuro

多年生草本。

高黎贡山栽培地：泸水、保山等地。

原产地：热带亚洲。

用途：水果。

290. 姜科 Zingiberaceae

1. 草果 Amomum tsaoko Crevost & Lemarie

多年生草本，根茎匍匐，假茎高 3 m，芳香。生于海拔 1520～2016 m，栽培于常绿阔叶林下。

高黎贡山栽培地：贡山县茨开镇丹珠村；腾冲市城关镇宝峰寺；龙陵县镇安镇岭岗。

原产地：云南。

用途：调料。

2. 姜黄 Curcuma longa Linnaeus

多年生草本，根茎多分枝，橙色或亮黄色，圆柱形，芳香；根端块根状；茎高 1 m。生于海拔 980～1730 m，林下，田边。

高黎贡山栽培地：泸水市六库镇；腾冲市北海乡。

原产地：印度。

用途：调料。

3. 姜 Zingiber ficinalis Rosc.

多年生草本，块茎分支。

高黎贡山栽培地：各地。

原产地：印度、中国。

用途：调料。

4. 砂仁 Amomum villosum Lour.

多年生草本，根茎匍匐，假茎高（100～）150～300 cm。生于海拔 1300～1500 m，栽培于常绿阔叶林下。

高黎贡山栽培地：独龙江钦郎当、巴坡、嘎莫赖河。

原产地：热带亚洲。

用途：药材。

291. 美人蕉科 Cannaceae

1. 美人蕉 Canna indica Linnaeus

多年生草本，根茎分支，茎高 250 cm。生于海拔 686～1500 m。

高黎贡山栽培地：保山市潞江镇保山至龙陵。

原产地：热带美洲。

用途：观赏。

2. 芭蕉芋 Canna edulis Ker Gawler

多年生草本，块茎发达；茎高达 250 cm。生于海拔 1330～1500 m，河谷，路边。

高黎贡山栽培地：各地。

原产地：热带美洲。

用途：粮食。

293. 百合科 Liliaceae

1. 芦荟 Aloe vera（Linn.）Burm. f.

多年生肉质草本。

高黎贡山栽培地：各地。

原产地：地中海地区。

用途：工业原料、保健。

302. 天南星科 Araceae

1. 独角莲 Sauromatum giganteum（Engler）Cusimano & Hetterscheid

多年生草本，根茎扁球形，多数 1 年生芽条。生于海拔 1500 m，田边，沟旁。

高黎贡山栽培地：腾冲市。

原产地：中国。

用途：药材。

306. 石蒜科 Amaryllidaceae

1. 葱 Allium fistulosum Linnaeus

多年生草本，球茎单生或群生。

高黎贡山栽培地：各地。

原产地：中国西部。

用途：调料。

2. 蒜 Allium sativum Linnaeus

多年生草本；球茎单一，球形或扁球形，通常具数枚小球茎，包藏于同一的膜质外皮中。

高黎贡山栽培地：各地。

原产地：亚洲。

用途：调料。

3. 蜘蛛兰 Hymenocallis americana Roem.

多年生草本，球茎近球形，直径 2～3 cm。生于海拔 1702 m，常绿阔叶林。

高黎贡山栽培地：保山市芒宽乡怒江乡西岸。

原产地：南美洲。

用途：观赏。

4. 韭莲 Zephyranthes carinata Herbert

多年生草本，球茎近球形，直径 2～3 cm。生于海拔 2200 m，箭竹林，常绿阔叶林。

高黎贡山栽培地：腾冲市界头乡东华村。

原产地：南美洲。

用途：观赏。

5. 洋葱 Allium cepa Linnaeus

多年生草本，球茎单生或群生。

高黎贡山栽培地：各地。

原产地：西南亚、中亚。

用途：蔬菜。

6. 薤头 Allium chinense G. Don

多年生草本，球茎丛生，狭卵形。

高黎贡山栽培地：贡山县。

原产地：中国。

用途：蔬菜。

311. 薯蓣科 Dioscoreaceae

1. 参薯 Dioscorea alata Linnaeus

多年生草质藤本，根茎横卧，圆柱形，稍分叉。生于海拔 950～1740 m，田边，灌丛中。

高黎贡山栽培地：独龙江麻必当、巴坡、巴坡南 2 km；贡山县捧当乡吉木登村；保山市芒宽乡沙坝沟；腾冲市曲石乡公坪。

原产地：东南亚。

用途：粮食。

2. 薯蓣 Dioscorea polystachya Turczaninow

多年生草质藤本，根茎直升，圆柱形，内面白色；根茎右旋。生于海拔 1420～
1900 m，次生常绿阔叶林。

高黎贡山栽培地：贡山县茨开镇普拉底河奇达村、丹当公园、丙中洛乡。

原产地：山西平遥、介休。

用途：粮食。

313. 龙舌兰科 Agavaceae

1. 龙舌兰 Agave americana Linnaeus

多年生植物，一次性结实，茎明显。生于海拔 2000 m，园庭中。

高黎贡山栽培地：福贡县；泸水市；保山市。

原产地：热带美洲。

用途：观赏。

2. 朱蕉 Cordyline fruticosa（Linn.）A. Chevalier

直立灌木，分枝或不分枝。生于海拔 2000 m，路边。

高黎贡山栽培地：福贡县；保山市怒江坝。

原产地：太平洋岛屿。

用途：观赏。

3. 剑麻 Agave sisalana Perrine ex Englelmann

多年生植物，一次性结实，茎短。生于海拔 2000 m，路边。

高黎贡山栽培地：福贡县；保山市。

原产地：墨西哥，可能原产太平洋岛屿；现热带地区广泛栽培。

用途：工业原料、纤维。

332a. 竹亚科 Bambusoideae

1. 慈竹 Bambusa emeiensis L. C. Chia & H. L. Fung

秆高 5～10（～12）m，粗 5～8 cm。秆梢下垂；节间长 15～30（～60）cm；秆壁
厚 8～12 mm；秆环平坦，下部无分枝。生于海拔 1500～2200 m，山坡，路边。

高黎贡山栽培地：泸水市六库至鲁掌。

原产地：中国。

用途：观赏绿化。

2. 油簕竹 Bambusa lapidea McClure

秆高 7～17 m，直径 4～7 cm。生于海拔 850 m，村旁。

高黎贡山栽培地：泸水市六库至上江。

原产地：中国。

用途：观赏绿化。

3. 美竹 Phyllostachys mannii Gamble

秆高 8～10 m；粗 4～6 cm；节间淡绿色，无白粉，老变黄绿色或绿色，秆中部长 30～42 cm。生于海拔 1200～1520 m，村边，院内。

高黎贡山栽培地：贡山县茨开镇丹珠村。

原产地：中国。

用途：观赏绿化。

4. 篌竹 Phyllostachys nidularia Munro

秆高 10 m，粗达 4 cm，坚挺；节间长达 30 cm，被白粉；秆壁厚约 3 mm；节脊明显凸起。生于海拔 1580～1600 m，河谷，灌丛。

高黎贡山栽培地：独龙江能铺拉、特拉王河。

原产地：中国。

用途：观赏绿化。

5. 毛金竹 Phyllostachys nigra var. henonis（Mitford）Stapf ex Rendle

秆高 4～8（～10）m，粗 5 cm 以上；节间保持绿色，长 25～30 cm，被白粉；秆壁厚约 3 mm。生于海拔 1800～2000 m，村旁，路边。

高黎贡山栽培地：独龙江山里腊卡；贡山县丹当公园；福贡县上帕镇。

原产地：中国。

用途：观赏绿化。

332. 禾本科 Poaceae

1. 湖南稗 Echinochloa frumentacea（Roxb.）Link.

一年生草本。秆粗，直立，高 100～150 cm。生于海拔 1150～1500 m，水田。

高黎贡山栽培地：独龙江麻必当、担当王洛；福贡县瓦娃桥。

原产地：印度、中国。

用途：粮食。

2. 穇 Eleusine coracana（Linnaeus）Gaertner

一年生草本。秆丛生，直立或上升。常分枝，高 50～120 cm。生于海拔 2000 m，常绿阔叶林路边。

高黎贡山栽培地：独龙江马库、担当王洛、特拉王洛；贡山县。

原产地：中国。

用途：粮食。

3. 稻 Oryza sativa Linnaeus

一年生草本，水生，丛生。秆直立，沉水节上生根，高 50～150 cm。生于海拔 1500～1640 m，水田。

高黎贡山栽培地：独龙江钦郎当、农技站、孔当；泸水市片马乡。

原产地：热带亚洲。

用途：粮食。

4. 粱 Setaria italica（Linnaeus）P. Beauvois

一年生草本。秆粗壮，直立，高达 150 cm。生于海拔 900～1500 m，常绿阔叶林林缘，路边，耕地。

高黎贡山栽培地：独龙江孔当、担当王洛；福贡县上帕镇木古甲村；泸水市六库。

原产地：中国北方黄河流域。

用途：粮食。

5. 菰（茭白，茭笋）Zizania latifolia（Grisebach）Turczaninow ex Stapf

多年生水生草本。具根茎，秆直立，高 100～250 cm，下部节上生根。生于海拔 730 m，湖泊。

高黎贡山栽培地：腾冲市北海乡。

原产地：中国。

用途：蔬菜。

6. 甘蔗（竹蔗）Saccharum sinense Roxburgh

多年生草本。秆高 3～4 m，多节，直立。河谷地区栽培。

高黎贡山栽培地：各地。

原产地：新几内亚或印度。

用途：水果。

第五章　高黎贡山外来入侵种子植物

外来物种（alien species）是指出现在其自然分布范围和分布位置以外的一种物种、亚种或低级分类群，包括这些物种能生存和繁殖的任何部分、配子或繁殖体。外来物种入侵是指生物物种由原产地通过自然或人为的途径迁移到新的生态环境的过程，它有两层意思。第一，物种必须是外来、非本土的；第二，该外来物种能在当地的自然或人工生态系统中定居、自行繁殖和扩散，最终明显影响当地生态环境，损害当地生物多样性。入侵的外来物种可能会破坏当地景观的自然性和完整性，摧毁当地生态系统，危害当地动植物多样性，影响当地遗传多样性。

入侵种（invasive species）是外来种中归化（naturalized）的生物物种。外来种泛指非本土原产的外域种。入侵植物是指通过自然和人类活动等无意或有意地传播或引入到异地的植物，它通过归化自身建立可繁殖的种群，进而影响侵入地的生物多样性，使其生态环境受到破坏，并造成经济影响或损失[1]。外来入侵物种具有生态适应能力强、繁殖能力强、传播能力强等特点；被入侵生态系统具有足够的可利用资源、缺乏自然控制机制、人类进入频率高等特点。

随着经济的快速发展，高黎贡山区域不再是曾经经济落后、交通不便的情况，公路的修建、局部生境的退化、旅游开发等人为活动，为外来入侵植物提供快速入侵的通道和机会。关于高黎贡山外来入侵植物的研究目前基本是空白状态，我们通过大量实地野外调查，结合相关文献资料和标本记录，整理和记录了高黎贡山地区外来入侵植物的种类、分布情况、入侵情况等，为今后开展该区域外来入侵植物的防控、生物多样性保护与生态安全提供基础的理论依据。

第一节　高黎贡山外来入侵种子植物概述 *

1　研究区域概况及研究方法

1.1　研究区域概况

高黎贡山指怒江和伊洛瓦底江的分水山脉和山脉两侧地域，位于北纬 $24°40'\sim28°30'$，

---

*作者：杨珺、李恒，原载于《西部林业科学》，2017 年第 46 期（增刊Ⅱ），第 93-98 页。

全境面积 111000 km²，包括中国云南腾冲市、龙陵县、保山市、泸水市、福贡县、贡山县等市县部分地区和缅甸北部的克钦邦。高大陡峻的山地，为多种多样的气候创造了条件，产生了亚热带、温带和寒温带型气候，相对应的土壤和植被带也十分丰富。高黎贡山植被和土壤垂直分带明显，从山脚到山顶分布了相当于亚热带到寒温带的所有土壤类型，成为云南省乃至我国植被土壤垂直带谱最为典型、完整，生态系统多样性最丰富的地区。多样性的植被土壤环境为不同的植物生存提供了不同的光照、湿度、温度等小气候环境，促进了多种多样的生态类型植物的生长[2]。

1.2 研究方法

我们根据《云南植物志》《中国植物志》《横断山区维管植物》《高黎贡山植物》和 *Flora of China* 各有关卷册记载，综合多年野外调查和收集的标本资料，经过查阅文献校对核实，参照《中国外来入侵植物》的划分，整理出高黎贡山区域外来入侵植物名录。

2 结果与分析

2.1 高黎贡山的外来入侵植物

高黎贡山的外来入侵植物计有 39 种，隶属于菊科 Asteraceae 等 20 科，以菊科种类为多，有 14 种，占外来入侵植物种类的 35.90%。其中原产热带美洲的种类多达 26 种，占全部入侵种的 66.67%，原产美洲的 10 种（25.64%），只有阿拉伯婆婆纳 *Veronica persica* Poiret 1 种原产西南亚洲，革命菜 *Crassocephalum crepidioides*（Bentham）S. Moore 1 种原产非洲；吉龙草 *Elsholtzia communis*（Collett & Hemsley）Diels 或原产缅甸和泰国，在中国系栽培或归化，仅出现在高黎贡山西坡独龙江的马库。

破坏草，即紫茎泽兰 *Ageratina adenophora*（Sprengel）R. M. King & H. Robinson、藿香蓟 *Ageratum conyzoides* Linnaeus、一年蓬 *Erigeron annuus*（Linnaeus）Persoon、牛膝菊（辣子草）*Galinsoga parviflora* Cavanilles 等，入侵面积最大，从独龙江、贡山县一直到龙陵县都有发现，表明当地的生物多样性已经受到一定损失。

有些入侵植物是引种栽培的结果，如原产于墨西哥和美国西南部的秋英（波斯菊）*Cosmos bipinnatus* Cavanilles 为美丽的观赏植物，曾被引入中国各地栽培，现在已经归化，出现在贡山的河滩上；原产于新世界热带的苍耳 *Xanthium strumarium* Linnaeus，全草供药用，早在《名医别录》中就有记载："苦辛，微寒，有小毒。"苍耳可入药治麻风，种子利尿、发汗，但栽培多了，就逐渐归化蔓延，成了广布于泛热带地域的杂草。我们对这类植物既要防治又要利用。

2.2 高黎贡山入侵植物的地区差异

入侵植物的入侵途径显然与人类社会活动有关，在高黎贡山地区，与外界联系历史较长远的地区相比开发较晚的市县，对外来物种入侵来说无疑有较多的机会，其入侵植物的数量及其种类明显偏多。

2.2.1　高黎贡山南部的入侵植物多于北部

处于高黎贡山南段东坡的保山入侵植物最多（22种）。究其原因，是由于当地交通便利、农业及商业活动历史悠久。怒江河谷的坝湾地区20世纪50年代即被开发为热带经济作物的引种和栽培中心，因此外来植物有多种途径可以入侵。这里外来入侵植物随处可见。

泸水市的入侵植物有19种，仅次于地位偏南、交通发达的保山。由于我国在高黎贡山西部片马地区的南、西、北三面与缅甸接壤，泸水市是中缅边境北段的交通要道和商业往来的重要通道，南亚的物种较易进入；同时，由于东部的六库镇、上江乡与保山市潞江镇相邻，那些已进入到保山市的入侵植物继续向北、向泸水市扩散不存在任何障碍。飞机草 *Chromolaena odorata*（Linnaeus）R. M. King & H. Robinson、赛葵 *Malvastrum coromandelianum*（Linnaeus）Garcke、刺花莲子草 *Alternanthera pungens* Kunth、决明 *Senna tora*（Linnaeus）Roxburgh、小蓬草 *Erigeron canadensis* Linnaeus、藿香蓟等典型入侵植物在泸水市的繁衍显然是通过保山市怒江河谷的通道入侵的；而苏门白酒草 *Erigeron sumatrensis* Retzius 等入侵植物可能是从缅甸方向进入高黎贡山西坡片马地区的。

高黎贡山北部的贡山县仅有入侵植物13种，即：荷莲豆草 *Drymaria cordata*（Linnaeus）Willdenow ex Schultes、土荆芥 *Dysphania ambrosioides*（Linnaeus）Mosyakin & Clemants、革命菜、小蓬草、藿香蓟、一年蓬、香丝草 *Erigeron bonariensis* Linnaeus、紫茎泽兰 *Ageratina adenophora*（Sprengel）R. M. King & H. Robinson、秋英、苍耳、曼陀罗 *Datura stramonium* Linnaeus、阿拉伯婆婆纳。

这些入侵植物的原产地大都是热带美洲，只有小蓬草原产于北美、革命菜原产于非洲、阿拉伯婆婆纳原产西南亚。尽管原产地不同，但高黎贡山的入侵植物并不是直接源于原产地的，而是来源于邻近的地域，通过风传、人类或动物的携带而来的。这些植物的共同点是：它们现在都已成了世界性杂草，能适应不同的气候条件，能生长在贫瘠或肥沃的土壤中；大都能依靠其具有冠毛或钩刺的细小的种子，通过附着、风吹或流水等方式进行传播。

2.2.2　高黎贡山东坡地区的入侵植物多于西坡

高黎贡山入侵植物的分布情况东坡、西坡差别很大。同时见于高黎贡山东坡及西坡的入侵植物仅有10种。其余29种入侵植物中，有22种仅见于高黎贡山东坡（包括贡山县、福贡县、泸水市、保山市、腾冲市和龙陵县的怒江西岸地区），7种仅见于高黎贡山西坡（包括独龙江，缅甸密支那地区恩梅开江东岸，泸水市片马地区，腾冲市全境和龙陵县的高黎贡山西坡）。东坡与西坡入侵植物情况的差别如此之大，其主要原因（或许是唯一原因），是由于西坡长期交通闭塞、社会与外界的经济贸易交流十分有限，同时，已经到达高黎贡山东坡河谷的外来植物也受限于高山阻隔、气候寒冷，难以入侵至西坡地域。

东坡、西坡都有分布的入侵种有 10 种：荷莲豆草（原产于中美洲和南美洲）、粉花月见草 *Oenothera rosea* L'Héritier ex Aiton（原产于南北美洲）、紫茎泽兰（原产于墨西哥）、藿香蓟（原产于热带美洲）、革命菜（原产于非洲）、小蓬草（原产于北美）、牛膝菊（原产于美洲）、曼陀罗（原产于墨西哥）、阿拉伯婆婆纳（原产于西南亚）、凤眼莲 *Eichhornia crassipes*（Martius）Solms（原产于南美智利）。这些植物基本上都出现在海拔 2000 m 以下的河谷地段，仅牛膝菊和阿拉伯婆婆纳两种在北部贡山县境攀登到了海拔 3000 m 的亚高山针叶林地带，出现在当地 2003 年通车的公路两旁。这一事实或可证明，许多入侵植物在高黎贡山的广泛散布都与公路、骡马驿道的运行有关。这 10 种入侵植物在东坡、西波都有分布意味着其入侵高黎贡山的历史比较悠久，有较长的时间完成在高黎贡山地区东西之间的传播历程。

高黎贡山东坡的入侵种多达 32 种。限于高黎贡山东坡的入侵植物有 22 种，占高黎贡山已有记录的 39 种入侵种的 56.41%。其中 15 种：刺花莲子草、仙人掌 *Opuntia monacantha* Haworth、赛葵、白苞猩猩草 *Euphorbia heterophylla* Linnaeus、通奶草 *Euphorbia hypericifolia* Linnaeus、山扁豆 *Chamaecrista mimosoides*（Linnaeus）Greene、望江南 *Senna occidentalis*（Linnaeus）Link、决明、槐叶决明 *Senna sophera*（Linnaeus）Roxburgh、含羞草 *Mimosa pudica* Linnaeus、盖裂果 *Mitracarpus hirtus*（Linnaeus）Candolle、刺苞果 *Acanthospermum hispidum* Candolle、飞机草、羽芒菊 *Tridax procumbens* Linnaeus、马缨丹 *Lantana camara* Linnaeus 均原产于热带美洲，它们途经热带亚洲至云南南部热带地域进入怒江流域-高黎贡山东坡，主要出现在龙陵县、保山市、泸水市，极少到达福贡县的河谷地带，向北一般不进入贡山县县境；海拔限于650～1200 m，很少到达 2060 m（除赛葵外）。这类杂草显然热带性较强。

土荆芥、秋英（波斯菊）、一年蓬、香丝草、苍耳、圆叶牵牛 *Ipomoea purpurea*（Linnaeus）Roth 及毛花雀稗 *Paspalum dilatatum* Poiret 7 种植物原产南美洲或北美洲，由于原产地或纬度偏北、或海拔跨度较高，这些植物在入侵地的生态适应范围也较大，因而在高黎贡山北段的亚热带气候条件下也能顺利生长，它们成功地从高黎贡山南部的龙陵县、保山市一直扩散到了高黎贡山北部的贡山县。

高黎贡山西坡已经记录到的入侵植物有 17 种，其中 7 种仅存在于高黎贡山西坡，即红花酢浆草 *Oxalis corymbosa* Candolle、阔叶丰花草 *Spermacoce alata* Aublet 原产南美洲，1419～1900 m，腾冲有发现、苏门白酒草（原产于南美洲）、金腰箭 *Synedrella nodiflora*（Linnaeus）Gaertner（原产于美洲，1450 m，独龙江有栽培）、鸭嘴花 *Justicia adhatoda* Linnaeus（可能原产于印度，1250～1470 m，独龙江有栽培）、吉龙草 *Elsholtzia communis*（Collett & Hemsley）Diels（独龙江有栽培，1360

m)、地毯草 *Axonopus compressus* (Swartz) P. Beauvois（原产热带美洲，腾冲市有栽培）。其中红花酢浆草、鸭嘴花、吉龙草、地毯草都是引种栽培然后归化而成为乡土杂草的，而阔叶丰花草、苏门白酒草和金腰箭都是世界热带和亚热带广泛分布的杂草，严格地说，它们不应是局限于高黎贡山西坡的入侵植物，只是在高黎贡山东坡没有标本记录而已。

位于高黎贡山西坡的独龙江入侵植物最少，仅有 10 种。其中 6 种普遍见于高黎贡山东坡与西坡各地，仅有金腰箭、鸭嘴花与吉龙草 3 种入侵范围限于独龙江，苏门白酒草入侵范围限于高黎贡山西坡独龙江和泸水市片马地区。独龙江入侵植物少的原因，主要是因为该地东西两侧高山寒冷，一年有半年以上的时间被冰封雪冻，河谷外来植物的种子很难传播，加上长期交通闭塞、与世隔绝、人类活动较少，不能帮助植物种子向独龙江传播。

2.3 对高黎贡山生态环境造成危害的 5 种重点入侵植物

2.3.1 凤眼莲

雨久花科 Pontederiaceae 的漂浮水生植物，原产于南美洲智利。其进入中国的历史可以追溯到 110 年以前，它当初来华的身份是令人喜爱的水面观赏植物，因其花瓣上的花纹优美，被命名为"凤眼莲"，又因其叶柄膨大似葫芦，人们普遍称它为"水葫芦"。由于适应力强、繁殖快，在粮食不足的年代，水葫芦曾被作为猪禽饲料被广泛引种放养。20 世纪 80 年代以来，由于许多江湖水体被污染，大量的重金属在植株体内积累，农民不再用它喂猪，更不再关心它的生长繁殖。美丽的凤眼莲在我国各热带、亚热带地区的江河湖沼内泛滥成灾，成了有害生物多样性、有害人类健康、有害水体环境、有害航运的外来入侵植物。在高黎贡山的水潭、沼泽中常有其生长，但未造成危害；但在腾冲市的北海它正在疯狂繁衍，仅在短短的 2~3 年，就已抢占北海大部分水面，堵塞航道，使鱼类窒息，还抑制了北海特有植物粗壮珍珠菜 *Lysimachi arobusta* Handel-Mazzetti 和其他水生植物的正常繁衍，严重影响了当地湖泊生态系统的安全，妨碍了当地旅游事业的发展。

2.3.2 飞机草

菊科 Asteraceae 植物，原产于墨西哥，第二次世界大战时被引入我国海南，随即在我国热带地区归化，现已入侵泸水市及保山市、龙陵县的怒江河谷热带地段。飞机草的繁殖力极强，是一种具有竞争性的有害物种，对高黎贡山热带的植被构成了潜在威胁。

2.3.3 紫茎泽兰

菊科植物，多年生草本或亚灌木，原产于墨西哥。现已入侵世界热带和亚热带各地区。紫茎泽兰大约在 20 世纪 40 年代由中缅边境传入我国云南，经过半个多世纪的传播扩散，已经遍布长江流域以南各地区，目前在云南、四川、广西、贵州、重庆、西藏等地区都广泛生长，其中，以云南最为严重[3]，并仍以每年大约 60 km 的速度随西南风向东和向北传播扩散。紫茎泽兰进入高黎贡山地区较晚，直到 2003 年还尚未在交通闭塞的独龙江出现。紫茎泽兰可进行有性繁殖和无性繁殖，对环境的适应性极强，无论在林下、林缘、灌丛、河滩、湖滨或在干旱贫瘠的荒坡、墙头、岩壁、石缝中都能生长。在云南亚热带地区，凡是公路或铁路所到之处，路旁首先生长的先锋植物一定是紫茎泽兰，其传播扩散的主要工具是车轮。依靠车轮，紫茎泽兰分布区迅速扩大，可以说紫茎泽兰是一种"车轮植物"。紫茎泽兰被称为植物界里的"杀手"，是一种恶性杂草，所到之处寸草不生，牛羊食之易中毒。其危害包括：紫茎泽兰侵入农田，与农作物争夺空间、阳光、水分、养分，其分泌化感物质影响农作物种子的萌发、生长，降低农作物的产量[4]；导致土壤肥力严重下降，可耕性受到破坏[5]；其侵占宜林荒山，影响林木生长和采伐林地的天然更新，使生物多样性严重受损；其侵入经济林地，影响茶、桑、果的生长，使管理强度和成本成倍增加，且严重威胁经济作物的生长[6]；紫茎泽兰中的化学物质对牲畜有毒害作用，牲畜误食或吸入紫茎泽兰的花粉后，能引起腹泻、气喘、鼻腔糜烂和流脓等病症[7]。

尽管如此，紫茎泽兰仍存在被开发利用、变害为宝的可能性。诸多研究表明[8-11]：紫茎泽兰可用作农药，其提取液对二斑叶螨 *Tetranychus urticae* Koch 的卵具有较好的触杀作用，发酵液对甘蓝蚜 *Brevicoryne brassicae* （Linnaeus）有较强的毒杀作用和拒食作用，乙醇提取物对棉铃虫 *Helicoverpa armigera* Hubner 的生长发育和繁殖也有明显的不利影响；紫茎泽兰可用于产生沼气、制造有机肥料、生产装饰性的建筑材料，也可作为造纸原料。总之，紫茎泽兰具有广阔的开发利用前景，在控制紫茎泽兰的强大破坏性的同时，我们应加强其综合利用的研究。

2.3.4　马缨丹

马鞭草科 Verbenaceae 植物，灌木，原产热带美洲，在世界热带各地普遍归化，它出现在龙陵县和保山市河谷地带的路边及热带经济作物耕地，其大量繁殖可造成农田和果园的减产。目前因为这一带的农业管理规范，马缨丹危害未能得到显现，多仅生长在路边、地角。由于其花朵色彩缤纷，具有一定的观赏价值，人们并未将其铲除。值得注意的是，马缨丹的茎叶与果实含有破坏代谢的毒性物质，家畜误食后会产生慢性中毒现象，应该加以防范。

2.3.5　含羞草

含羞草科 Mimosaceae 植物，灌木状草本，原产热带美洲，世界热带各地常有归化，在保山市、龙陵县的热带河谷地段也有生长。含羞草因含含羞草碱（毒性氨基酸），人接触多了以后会造成头发脱落，是一种略有毒性的入侵植物。由于含羞草的叶子会对热和光产生反应，受到外力触碰会立即闭合，所以得名。含羞草叶片一碰即闭合的特性，常使儿童感到惊奇、有趣，因此人们乐于栽培以供观赏。

【参考文献】

[1] 马金双.中国入侵植物名录[M].北京：高等教育出版社,2013.

[2] 李恒,郭辉军,刀志灵.高黎贡山植物[M].北京：科学出版社,2000.

[3] 陈永霞.紫茎泽兰的危害与开发利用[J].草地保护,2009,3：44-46.

[4] 侯太平,刘世贵.有毒植物紫茎泽兰研究进展[J].国外畜牧学,1999,87：6-8.

[5] 马建列,白海燕.入侵生物紫茎泽兰的危害及综合防治[J].农业环境与发展,2004,4：33-34.

[6] 李丽,张无敌,尹芳.紫茎泽兰的各种利用研究[J].农业与技术,2007,27：51-54.

[7] 何永福,聂莉,陆德清,等.紫茎泽兰的防治研究现状[J].贵州农业科学,2005,33：50-52.

[8] 张无敌.紫茎泽兰沼气发酵后做饲料养猪的研究[J].新能源,1999,21：21-23.

[9] 张其红,侯太平,侯若彤,等.紫茎泽兰中灭蚜活性物质的初步研究[J].四川大学学报,2000,37：481-484.

[10] 王一丁,高平,郑勇,等.紫茎泽兰提取物对棉蚜的毒力及灭蚜机研究[J].植物保护学报,2002,29：337-340.

[11] 李云寿,邹华英,佴注,等.紫茎泽兰精油各馏分对四种仓库害虫的杀虫活性[J].西南农业大学学报,2000,22：331-332.

第二节　高黎贡山外来入侵种子植物名录[*]

　　高黎贡山外来入侵种子植物名录，是记载高黎贡山外来入侵种子植物的基础资料，共包含20科33属39种。被子植物的编排按1926、1934年J. Hutchinson的系统排列，各科按原系统的科号编号，科下的属、种、亚种、变种按拉丁学名字母顺序排列。名录编制主要参考《云南植物志》《中国植物志》《横断山区维管植物》《高黎贡山植物》和 Flora of China 的有关卷册。入侵植物的中文名称来源于 Flora of China，其他重要文献所用的中文名作为别名列在该种中文名称之后。此外，按照《中国植被》的生活系统，记录了每种植物的生活型及植株高度，并根据标本采集记录，列举入侵植物在高黎贡山的入侵地及其海拔和生境，同时注明入侵植物的原产地。

　　入侵等级的界定参照《中国入侵植物名录》中划分的7个等级，各等级定义如下：

　　1级，恶性入侵类，指在国家层面上已经对经济或生态效益造成巨大的损失与严重的影响，入侵范围超过一个以上自然地理区域的物种。

　　2级，严重入侵类，指在国家层面上对经济和生态效益造成较大的损失与影响，并且至少在一个以上自然地理区域有分布的物种。

*作者：杨珺、李恒，原载于《西部林业科学》，2017年第46期（增刊Ⅱ），第98-104页。

3 级，局部入侵类，指分布范围超过一个以上自然地理区域并造成局部危害，但是没有造成国家层面上的大规模危害的物种。

4 级，一般入侵类，指地理分布范围不论是比较广泛还是狭窄，根据其生物学特性已经确定其危害不明显，并且难以形成新的发展趋势的物种。

5 级，有待观察类，指主要是了解不深，或者是出现时间短、最新报道的、目前了解不详细而无法确定未来发展趋势的物种。

6 级，建议排除类，指虽然有文献报道入侵，但本名录认为不应该作为中国入侵植物或者没有入侵性的物种。

7 级，中国国产类，指原产中国，但曾经被作为入侵植物报道过的物种，包括以东南亚为主要分布区的物种，以及一些原始分布区可能在中国但已无从考证，或由于时间久远无法考证原产地是否包括中国的物种。

53. 石竹科 Caryophyllaceae

1. 荷莲豆草 Drymaria cordata（Linnaeus）Willdenow ex Schultes

入侵等级 4

一年生草本，高 60～90 cm。生于海拔 710～2200 m，次生常绿阔叶林林缘、灌丛，湖滨湿地石头上，开阔草地，路边，河滩，溪旁，江边，干热河谷耕地、农田、荒地。

入侵地区：独龙江能普拉、巴坡、嘎梅林河箐头、特立王河、农技站、托乌当；贡山县茨开镇丹珠村、奇科村、丹当公园、黑洼底；捧当乡捧当村；福贡县石月亮乡亚多村、乡罗村；惟独乡惟独桥；泸水市片马乡古浪、鲁掌镇县城附近；六库镇赖茂、灯笼坝；洛本卓乡峨嘎村；保山市百花岭温泉；坝湾；腾冲市五合乡小地方、界头乡沙坝村李达寨、曲石乡白家河黑河、大具乡青海、清水乡热海边；龙陵县小黑山保护区小泰山、镇安镇虎怕村；福建、广东、广西、贵州、海南、湖南、四川、台湾、西藏、云南、浙江。

原产地：中美洲、南美洲。

61. 藜科 Chenopodiaceae

1. 土荆芥 Dysphania ambrosioides（Linnaeus）Mosyakin & Clemants

入侵等级 1

一年生或多年生草本，高 50～80 cm，芳香。生于海拔 650～1680 m，沙土，路边。

入侵地区：贡山县石鼓至丹珠、怒江第一湾；泸水市片马至叉口途中、洛本卓乡峨嘎村；保山市坝湾至大好坪、潞江镇至龙陵；龙陵县镇安镇松山；福建、广东、广西、湖南、江苏、江西、四川、台湾、云南、浙江；现为世界各地杂草。

原产地：热带美洲。

63. 苋科 Amaranthaceae

1. 刺花莲子草 Alternanthera pungens Kunth

入侵等级 2

一年生草本，披散或匍匐，长 20～30 cm。生于海拔 686～950 m，河岸，路边。

入侵地区：泸水市六库镇怒江西岸；保山市潞江镇怒江西岸至龙陵；福建、四川；在不丹、缅甸、泰国等亚洲国家和澳大利亚、美国归化。

原产地：南美洲。

69. 酢浆草科 Oxalidaceae

1. 红花酢浆草 Oxalis corymbosa Candolle

入侵等级 4

多年生草本，高（6～）10～25（～40）cm。生于海拔 1630 m，灌丛。

入侵地区：腾冲市和顺镇石头山，栽培或耕地、开阔地常见杂草；逸生或栽培于安徽、福建、甘肃、广东、广西、贵州、海南、河北、河南、湖北、湖南、江苏、江西、山东、山西、四川、台湾、新疆、云南、浙江。作为观赏植物引种于世界温带地或已归化，入侵海拔＜2300 m。

原产地：热带美洲。

77. 柳叶菜科 Onagraceae

1. 粉花月见草 Oenothera rosea L'Héritier ex Aiton

入侵等级 3

多年生草本，茎高 7～65 cm。生于海拔 1030～2169 m，林缘，路边开阔地，江边，石上，公路旁。

入侵地区：福贡县上帕镇十里村、碧福桥水电站；泸水市洛本卓乡峨嘎村；腾冲市五合乡；龙陵县镇安镇岭岗村、松山、四家村；贵州、江西、四川、云南、浙江；日本；在亚洲、澳洲、欧洲普遍归化，入侵海拔 1000～2000 m。

原产地：南美洲、北美洲。

107. 仙人掌科 Cactaceae

1. 单刺仙人掌（仙人掌）Opuntia monacantha Haworth

入侵等级 2

灌木或乔木状，高 130～400 cm。生于海拔 1000 m，河谷、山坡。

入侵地区：保山市怒江河谷；海滨，山坡；福建、广东、广西、台湾、云南；世界温带热带地区广泛引种并归化，入侵海拔 0～2000 m。

原产地：阿根廷、智利、乌拉圭。

132. 锦葵科 Malvaceae

1. 赛葵 Malvastrum coromandelianum（Linnaeus）Garcke

入侵等级 2

亚灌木，有时一年生，高达 100～150 cm。生于海拔 650～2060 m，河谷，河边，山坡，林缘，滩地，陡坡，公路边，甘蔗地旁。

入侵地区：泸水市六库赖茂、跃进桥、沙拉瓦底乡子坝村；保山市潞江镇怒江大桥、赧亢、怒江西岸；芒宽乡芒河村怒江边、老公路 31 km；福建、广东、广西、台湾、云南；印度、日本、缅甸、巴基斯坦、斯里兰卡、越南；现在泛热带广布；入侵海拔小于 500 m。

原产地：可能原产美洲。

136. 大戟科 Euphorbiaceae

1. 白苞猩猩草 Euphorbia heterophylla Linnaeus

入侵等级 2

一年生直立草本，高 1 m。生于海拔 900 m，灌丛。

入侵地区：保山市潞江镇孟连村新公路；安徽、福建、广东、广西、贵州、海南、河北、河南、湖北、湖南、江苏、江西、山东、四川、台湾、云南、浙江；现为泛热带地区杂草。

原产地：美洲。

2. 通奶草 Euphorbia hypericifolia Linnaeus

入侵等级 3

一年生草本，高 15～30 cm。生于海拔 680～1500 m，次生常绿阔叶林，灌丛，咖啡甘蔗地边杂草丛，路边。

入侵地区：保山市芒宽乡老缅城、芒河村怒江边、老公路 31 km、百花岭鱼塘；潞江镇孟连村至赧亢垭口；龙陵县镇安镇虎怕村下；北京、广东、广西、贵州、海南、湖南、江西、四川、台湾、云南；旧世界多处归化。

原产地：新世界。

146. 苏木科 Caesalpiniaceae

1. 山扁豆（含蓄草决明）Chamaecrista mimosoides（Linnaeus）Greene

入侵等级 3

一年生或多年生草本或亚灌木，高 30～60 cm。生于海拔 1900 m，路边。

入侵地区：龙陵县镇安镇岭岗；中国西南各省；世界热带、亚热带地区逸生。

原产地：热带美洲。

2. 望江南 Senna occidentalis（Linnaeus）Link

入侵等级 3

直立亚灌木或灌木，高 80～150 cm。生于海拔 650～2830 m，云南松林，针阔叶混交林，灌丛，杂草丛。

入侵地区：保山市芒宽乡马河村、潞江镇怒江西岸、东风桥、坝湾公路边；福贡县上帕镇桥头村、石月亮乡亚多村亚姆河北支；中国西南各省；世界热带、亚热带地区逸生。

原产地：热带美洲。

3. 槐叶决明（茳芒决明）Senna sophera（Linnaeus）Roxburgh

入侵等级 3

灌木，高 1～2（～3）m。生于海拔 950～1340 m，田边，溪旁。

入侵地区：福贡县怒江西岸；保山市芒宽乡三坝沟，百花岭；中国西南、南部和中部各省，世界热带、亚热带地区逸生。

原产地：热带美洲。

4. 决明 Senna tora（Linnaeus）Roxburgh

入侵等级 7

一年生草本，亚灌木，高 1～2 m。生于海拔 650～950 m，残留季雨林，田边，溪旁，杂草丛，路边。

入侵地区：泸水市上江乡怒江、丙贡；保山市芒宽乡三坝沟、潞江镇孟连村、东风桥；山坡、荒野、河岸沙地；中国江南各省；世界热带、亚热带地区逸生。

原产地：热带美洲。

147. 含羞草科 Mimosaceae

1. 含羞草 Mimosa pudica Linnaeus

入侵等级 2

披散草本，灌木状，高达 1 m。生于海拔 900～1210 m，杂草丛。

入侵地区：保山市潞江镇孟连村；龙陵县镇安镇蚂蝗箐；荒野，荒地（或为栽培）；福建、广东、广西、海南、江苏、台湾、云南、浙江归化；各热带地归化；入侵海拔小于 1500 m。

原产地：热带美洲。

232. 茜草科 Rubiaceae

1. 盖裂果 Mitracarpus hirtus（Sw. ）Cham. et Schltdl.

入侵等级 5

一年生草本，高 40～80 cm。生于海拔 800～1200 m，常绿阔叶林，灌丛，田野边缘，稻田边。

入侵地区：福贡县鹿马登赤恒底村；泸水市六库镇；保山市潞江镇保山至腾冲老公路、芒宽乡保山至六库 24 km、蟒河村；公路旁荒地；海南（万宁）、香港、云南；已在热带非洲、亚洲、澳大利亚、太平洋岛屿归化。入侵海拔 0～800 m。

原产地：中美洲、北美洲和南美洲。

2. 阔叶丰花草 Spermacoce alata Aublet

入侵等级 1

多年生草本，直立或攀缘，高 1 m。生于海拔 1419～1900 m，次生常绿阔叶林。

入侵地区：腾冲市五合乡椒亢垭口；福建、广东、海南、台湾、浙江等地归化；中美洲、北美洲（墨西哥、佛罗里达）；热带南美广布；在非洲、南亚、东南亚、澳大利亚、马达加斯加以及北美归化；海拔 100～800 m。

原产地：新世界，但具体产地不详。

238. 菊科 Asteraceae

1. 刺苞果 Acanthospermum hispidum Candolle

入侵等级 5

一年生草本，高达 130 cm。生于海拔 850～950 m，田野边，灌丛，河滩。

入侵地区：泸水市六库北、赖茅瀑布；广东、云南归化；海拔 300～1900 m。

原产地：南美。

2. 破坏草（紫茎泽兰）Ageratina adenophora (Sprengel) R. M. King & H. Robinson

入侵等级 1

灌木或多年生草本，高 30～90（～200）cm。生于海拔 1175～2640 m，常绿阔叶林，次生常绿阔叶林，木荷-榕林，河边。

入侵地区：贡山县茨开镇贡山第一中学路上；福贡县鹿马登亚平垭口路上，上帕镇桥头村；泸水市片马第 16 号界碑；龙陵县镇安镇松山；在广西、贵州、华南海岛、云南归化；热带、亚热带地区的西班牙属金丝雀岛、柬埔寨、印度、老挝、缅甸、尼泊尔、印度尼西亚、菲律宾、泰国、越南、南非、美国；广布于东南亚、澳大利亚、太平洋岛屿；海拔 900～2200 m，大约在 20 世纪中期入侵到我国。

原产地：墨西哥。

1. 藿香蓟 Ageratum conyzoides Linnaeus

入侵等级 1

一年生草本，50～100 cm。生于海拔 650～2000 m，常绿阔叶林，次生常绿阔叶林，胡桃-八角枫林，胡桃-漆树林，木荷-润楠林，硬叶常绿阔叶林，针叶林；林下，路边，山坡，田野边，溪边，杂草，灌丛。

入侵地区：独龙江林业站；贡山县丙中洛乡双拉村、茨开镇怒江西岸、捧当乡、上岩；福贡县达龙、普乐、瓦娃桥；泸水市片马河边、黄草坪、鲁掌镇、洛本卓乡俄嘎村；保山市潞江镇坝湾村、保山至龙陵、东风桥附近、怒江西岸；芒宽乡百花岭；

腾冲市城关、五合乡联盟村附近；安徽、福建、广东、广西、贵州、海南、河南、江苏、江西、陕西、四川、华南海岛、台湾、云南栽培并归化；河北、浙江栽培；现为非洲、印度、尼泊尔、东南亚广布杂草。

原产地：热带美洲。

2. 野茼蒿（革命菜）Crassocephalum crepidioides（Bentham）S. Moore

入侵等级 2

直立草本，高 20～120 cm。生于海拔 600～2650 m，常绿阔叶林，次生常绿阔叶林，硬叶常绿阔叶林，木荷-润楠林；次生植被，耕地，河滩，林缘，路边，田埂，杂草丛，沼泽地。

入侵地区：独龙江巴坡、孔当、能普拉北、农技站、松当洛；贡山县丙中洛怒江第一湾、双拉村 1 km；茨开镇黑普山；福贡县石月亮乡米俄洛村、鹿马登怒江西坡、上帕镇；泸水市六库北、洛本卓乡俄嘎村、片马 16 号界碑、姚家坪；保山市坝湾、潞江镇保山至龙陵 69 km、怒江西岸、芒宽乡百花岭；腾冲市城关区、马站乡小空山；安徽、福建、广东、广西、贵州、海南、湖北、湖南、江苏、江西、陕西、四川、台湾、西藏、云南、浙江；不丹、印度、印度尼西亚、马来西亚、缅甸、尼泊尔、巴布亚新几内亚、菲律宾、泰国；东南亚、澳大利亚泛热带杂草；入侵海拔 300～1800 m。

原产地：非洲。

3. 飞机草（香泽兰）Chromolaena odorata（Linnaeus）R. M. King & H. Robinson

入侵等级 2

多年生草本，高 1～3 m。生于海拔 600～1210 m，甘蔗地旁，杂草植被，怒江河边。

入侵地区：泸水市六库镇；保山市坝湾；龙陵县镇安镇麻黄青村附近；第二次世界大战时引入海南，现福建、湖南、云南归化；在热带亚洲广泛归化。

原产地：墨西哥。

4. 秋英（波斯菊）Cosmos bipinnatus Cavanilles

入侵等级 5

一年生草本，高 30～200 cm。生于海拔 1620 m，常绿阔叶林。

入侵地区：贡山县茨开镇石鼓村附近；中国各地栽培。

原产地：墨西哥，美国西南部。

5. 一年蓬 Erigeron annuus（Linnaeus）Persoon

入侵等级 1

一年生草本，高（10～）30～100（～150）cm。生于海拔 1510～1570 m，次生植被。

入侵地区：贡山县茨开怒江西岸；安徽、福建、河北、黑龙江、河南、河北、湖南、江苏、江西、吉林、山东、四川、西藏；入侵海拔小于 1100 m；现世界各地归化。

原产地：北美洲东部。

6. 香丝草 Erigeron bonariensis Linnaeus

入侵等级 2

一年生或二年生草本，高（10～）20～50（～150）cm。生于海拔 1458 m，次生常绿阔叶林。

入侵地区：贡山县茨开镇大坝底附近；福贡县达尤；中国各地；现为世界各热带和亚热带地区常见杂草。

原产地：南美洲。

7. 苏门白酒草 Erigeron sumatrensis Retzius

入侵等级 1

一年生或二年生草本，根纺锤形，高 80～150 cm。生于海拔 1100～2300 m，山坡，路旁，林边草地，江边荒石坡。

入侵地区：独龙江孔当后山；泸水市片马后山；福建、广东、广西、贵州、海南、江西、台湾、云南；现为世界热带和亚热带地区广布杂草。

原产地：南美洲。

8. 小蓬草（小白酒草）Erigeron canadensis Linnaeus

入侵等级 1

一年生草本，高 50～100 cm。生于海拔 890～2000 m，常绿阔叶林，次生常绿阔叶林，硬叶常绿阔叶林；灌丛，河边，怒江河谷西岸。

入侵地区：独龙江孔当；贡山县丙中洛河、双拉村 1 km；茨开镇达拉底、丹珠村、捧当乡由拉岗至迪；福贡县上帕镇古泉村、桥头村；泸水市依地坝；保山市芒宽乡百花岭；龙陵县镇安镇松山；中国各地。

原产地：北美洲。

9. 牛膝菊 Galinsoga parviflora Cavanilles

入侵等级 2

一年生草本，高 4～60 cm。生于海拔 710～3000 m，常绿阔叶林，次生常绿阔叶林，石柯-木荷林，木荷-钓樟林；灌丛；荒地，路边，杂草植被，菜地，草地。

入侵地区：独龙江马库、莫切旺、农技站、托乌当；贡山县丙中洛石门关附近、茨开镇丹珠至垭口、黑娃底、芒骚洼地附近、怒江西岸；福贡县上帕镇、石月亮；泸水市六镇、洛本卓乡俄嘎村、片马第 16 号界碑、弯草坪；保山市芒宽乡百花岭、瓦窑；龙陵县镇安镇岭岗村；田间、溪旁、疏林；中国常见杂草。

原产地：美洲。

10. 金腰箭 Synedrella nodiflora（Linnaeus）Gaertner

入侵等级 2

一年生草本，高 10～80 cm。生于海拔 1450 m，草坡。

入侵地区：独龙江巴坡；广东、台湾、云南；泛热带杂草。

原产地：美洲。

11. 羽芒菊 Tridax procumbens Linnaeus

入侵等级 2

一年或多年生草本，高 20～50 cm。生于海拔 611～1220 m，常绿阔叶林，次生常绿阔叶林；云南松-木荷林，硬叶常绿阔叶林；灌丛。

入侵地区：保山市潞江镇东风桥附近、孟莲村附近；芒宽乡百花岭、保山至腾冲老公路；龙陵县怒江西岸龙镇桥附近、镇安镇松山；福建、海南、台湾；现泛热带地区广布。

原产地：热带美洲。

12. 苍耳 Xanthium strumarium Linnaeus

入侵等级 7

一年生草本，高 20～120 cm。生于海拔 960～1840 m，常绿阔叶林，次生常绿阔叶林；灌丛，路边。

入侵地区：贡山县丙中洛双拉河口附近、捧当乡积木等村附近至丙中洛；泸水市六库北；安徽、福建、广东、广西、贵州、海南、河北、河南、黑龙江、湖北、湖南、吉林、辽宁、江苏、江西、内蒙古、宁夏、青海、山西、山东、陕西、四川、台湾、西藏、新疆、云南、浙江；泛热带杂草，广布于新、旧世界热带。

原产地：可能原产新世界热带。

250. 茄科 Solanaceae

1. 曼陀罗 Datura stramonium Linnaeus

入侵等级 2

草本或亚灌木，高 50～150 cm。生于海拔 1784 m，田缘。

入侵地区：贡山县丙中洛、油拉杆至棚达；泸水市鲁掌镇；腾冲市城关区；全国各地；现世界各地归化；入侵海拔 600～1600 m。

原产地：墨西哥。

251. 旋花科 Convolvulaceae

1. 圆叶牵牛 Ipomoea purpurea（Linnaeus）Roth

入侵等级 1

一年生缠绕草本，长 2～3 m。生于海拔 850～1950 m，河谷，林缘。

入侵地区：泸水市六库镇赖茅瀑布、鲁掌镇；腾冲市城关；中国大部分地区；印度尼西亚、尼泊尔、巴基斯坦、菲律宾、斯里兰卡；全球引种或逸生；入侵海拔 0～2800 m。

原产地：北美洲、南美洲。

252. 玄参科 Scrophulariaceae

1. 阿拉伯婆婆纳 Veronica persica Poiret

入侵等级 3

一年生草本，有时二年生，高 20～50 cm。生于海拔 1238～3080 m，常绿阔叶林，次生常绿阔叶林，硬叶常绿阔叶林；灌丛，田边

入侵地区：贡山县茨开镇达拉底、担当至上当；福贡县鹿马登亚平桥、瓦屋乡瓦屋桥附近，亚平十八里南；泸水市片马乡昌言河、片马垭口；安徽、福建、广西、贵州、湖北、湖南、江苏、江西、台湾、西藏东部、云南、浙江；锡金西部（伊宁）；自 19 世纪开始几乎遍及全世界；入侵海拔小于 1700 m。

原产地：西南亚。

259. 爵床科 Acanthaceae

1. 鸭嘴花 Justicia adhatoda Linnaeus

入侵等级 5

灌木，高达 4 m。生于海拔 1250～1470 m，河谷林下，路边草丛。

入侵地区：独龙江大跌水、石灰窑；广东、广西、海南、云南；热带地区广泛栽培。

原产地：南亚。

263. 马鞭草科 Verbenaceae

1. 马缨丹 Lantana camara Linnaeus

入侵等级 1

有刺灌木。生于海拔 611～1100 m，硬叶常绿阔叶林；灌丛。

入侵地区：保山市潞江镇坝湾村，保山至腾冲老公路，怒江西岸；龙陵县龙镇桥；福建、广东、广西、海南、台湾、云南等地归化；常在其他热带和亚热带地区归化；入侵海拔 100～1500 m。

原产地：热带美洲。

264. 唇形科 Lamiaceae

1. 吉龙草 Elsholtzia communis (Collett & Hemsley) Diels

入侵等级 4

草本，高约 60 cm。生于海拔 1360 m，河谷。

入侵地区：独龙江马库。云南栽培或归化；印度。

原产地：缅甸。

296. 雨久花科 Pontederiaceae

1. 凤眼莲 Eichhornia crassipes（Martius）Solms

入侵等级 1

水生，多年生草本，高 30～200 cm。生于海拔 1530～1730 m，深水田，水塘，稻田边。

入侵地区：腾冲市界头乡石头村；大具乡北海；安徽、福建、广东、广西、贵州、海南、河北、河南、湖北、湖南、江苏、江西、陕西、山东、四川、台湾、云南、浙江；世界各地广泛归化；入侵海拔 200～500 m。

原产地：智利。

332. 禾本科 Poaceae

1. 地毯草 Axonopus compressus（Swartz）P. Beauvois

入侵等级 5

多年生草本秆高 15～60 cm。生于海拔 1530 m，次生常绿阔叶林，稻田边。

入侵地区：腾冲市芒棒镇窜龙村、界头乡石头村；福建、广西、贵州、海南、台湾、云南；各地广泛引种。

原产地：热带美洲。

2. 毛花雀稗 Paspalum dilatatum Poiret

入侵等级 3

多年生草本，高 50～150 cm。生于海拔 1220 m，硬叶常绿阔叶林。

入侵地区：龙陵县镇安镇松山；福建、广西、贵州、香港、湖北、上海、台湾、云南、浙江。

原产地：南美洲。

第六章 高黎贡山石松类和蕨类植物区系特征[*]

高黎贡山指怒江和伊洛瓦底江之间的分水山脉和山脉两侧地区，位于北纬 $24°40'\sim$ $28°30'$，全境面积 111000 km²。行政区域包括我国云南西南部、西藏南部及缅甸克钦邦东部。高黎贡山地势北高南低，最高海拔 4640 m，最低海拔 645 m[1]。多样的地形和气候条件孕育了高黎贡山较高的植物多样性。

蕨类植物作为维管植物的重要组成，在整个生态系统中扮演着重要角色，研究其多样性对解读某一地区的生物多样性具有重要意义，研究某一地区蕨类植物的区系组成，是全面理解该地区生物多样性的前提。在高黎贡山地区，已开展的针对高黎贡山部分地区的蕨类植物多样性研究，为揭示整个高黎贡山的蕨类植物多样性提供了有益的参考。李恒[2]报道了独龙江蕨类植物有 41 科 102 属 275 种，其中水龙骨科（Polypo-diaceae）是该地区蕨类植物的最大科；该地区蕨类植物区系与东喜马拉雅地区的关系最为密切[3]。沈立新[4]通过对云南高黎贡山地区的民间经验和集市药摊进行调查，总结出当地主要的药用蕨类植物有 27 科 44 属 85 种。这些都表明，高黎贡山部分地区的蕨类植物区系研究已经取得了一定成果，但高黎贡山地区蕨类植物总体的多样性情况还并不明了。这些和本区蕨类植物多样性相关的研究主要基于秦仁昌系统对科属的定义[5,6]。近 20 年来，蕨类植物系统学快速发展，结合分子系统学的研究成果，蕨类植物许多科属的概念得到了进一步完善，Smith 系统[7]和 PPG I 系统[8]是对一段时间以来蕨类植物系统学研究成果的集中总结。我们结合这些蕨类植物系统学研究结果，对高黎贡山蕨类植物多样性进行统计，在此基础上分析本区蕨类植物的区系成分，以期更为客观地认识本区蕨类植物的多样性特点。

1 材料与方法

在科一级，高黎贡山蕨类植物所采用的概念与 *Flora of China*[9] 和 PPG I 中的一致。在属一级，PPG I 中部分属的概念与 *Flora of China* 中属的概念有一定区别[10]。我们收录了 PPG I 中承认而在 *Flora of China* 中被归并的属，包括：扁枝石松属 *Diphasiastrum*、垂穗石松属 *Palhinhaea*、绒紫萁属 *Claytosmunda*；采用了 PPG I 中

*作者：张良、和兆荣、梁振龙、李恒，原载于《西部林业科学》，2017 年第 46 期（增刊Ⅱ），第 105-111 页，有改动。

概念被扩大的溪边蕨属 *Stegnogramma* 和 *Flora of China* 中承认的圣蕨属 *Dictyocline* 和茯蕨属 *Leptogramma*。对于部分 *Flora of China* 中承认而在 PPG Ⅰ 中被归并，但其系统位置并不确定的属，我们仍采用 *Flora of China* 的处理，这些属包括蹄盖蕨科 Athyriaceae 的角蕨属 *Cornopteris*，骨碎补科 Davalliaceae 的假钻毛蕨属 *Paradavallodes*、小膜盖蕨属 *Araiostegia* 和阴石蕨属 *Humata*，水龙骨科的篦齿蕨属 *Metapolypodium*、拟水龙骨属 *Polypodiastrum*、水龙骨属 *Polypodiodes* 和瘤蕨属 *Phymatosorus*。此外，将翠蕨 *Cerosora microphylla* 放入属 *Cerosora*（蜡囊蕨属）中而不是翠蕨属 *Anogramma* 中[11,12]。承认黑桫椤属 *Gymnosphaera*。种的概念基本采用 *Flora of China* 中的处理，少数种类采用《云南植物志》[13,14] 或我们认为应该采用的概念。例如，宽羽线蕨为线蕨的一个变种 *Leptochilus ellipticus* var. *pothifolius*，经过初步的分子系统学研究，我们认为应该承认该种种的地位，因此采用的学名为 *Leptochilus pothifolius*。

区系类型的确定主要参考吴征镒等对种子植物科属分布类型的界定[15,16]，同时把特有成分进一步划分为中国特有、云南特有和高黎贡山特有。高黎贡山蕨类植物科、属、种的分布情况主要依据 *Flora of China*、《云南植物志》确定，同时参考了《北美植物志》（FNA）[17]、《澳大利亚植物志》[18] 以及一些在线网站（如 Tropicos、Global Mapper 等）提供的分布信息。

2 结果与分析

2.1 高黎贡山蕨类科属的区系组成

2.1.1 科的数量结构分析

依据 PPG Ⅰ 系统统计，高黎贡山蕨类植物包含 34 科，占我国所有 41 科的 82.93%。高黎贡山蕨类植物中包含属最多的科为水龙骨科，共有 19 个属；其次为金星蕨科 Thelypteridaceae 和凤尾蕨科 Pteridaceae，分别有 13 个属和 11 个属；34 个科中有 14 个科仅包含 1 属（其中 10 个为单属科）。高黎贡山蕨类植物中包含种最多的 3 个科依次为鳞毛蕨科 Dryopteridaceae、水龙骨科和蹄盖蕨科，分别包括 105 种、95 种和 65 种；其他包含种类丰富的科还包括凤尾蕨科、金星蕨科和铁角蕨科 Aspleniaceae，分别有 56 种、35 种、30 种。这 6 个科所包含的种类占到了高黎贡山蕨类植物种数的 77.05%（表 6-1）。

分布于我国但未见于高黎贡山的科包括爬树蕨科 Arthropteridaceae、翼囊蕨科 Didymochlaenaceae、水韭科 Isoetaceae、藤蕨科 Lomariopsidaceae、牙蕨科 Pteridryaceae、莎草蕨科 Schizaeaceae、岩蕨科 Woodsiaceae 7 个科。

表 6-1　高黎贡山蕨类植物科的构成及所包含的属种*

科名	属数	种数	科名	属数	种数
鳞毛蕨科 Dryopteridaceae	6	105	肿足蕨科 Hypodematiaceae	2	3
水龙骨科 Polypodiaceae	19	95	合囊蕨科 Marattiaceae	1	3
蹄盖蕨科 Athyriaceae	4	65	三叉蕨科 Tectariaceae	1	3
凤尾蕨科 Pteridaceae	11	56	双扇蕨科 Dipteridaceae	1	2
金星蕨科 Thelypteridaceae	13	35	鳞始蕨科 Lindsaeaceae	2	2
铁角蕨科 Aspleniaceae	2	30	海金沙科 Lygodiaceae	1	2
碗蕨科 Dennstaedtiaceae	6	16	球子蕨科 Onocleaceae	2	2
石松科 Lycopodiaceae	6	15	紫萁科 Osmundaceae	2	2
卷柏科 Selaginellaceae	1	14	瘤足蕨科 Plagiogyriaceae	1	2
膜蕨科 Hymenophyllaceae	3	10	槐叶蘋科 Salviniaceae	2	2
里白科 Gleicheniaceae	2	6	金毛狗科 Cibotiaceae	1	1
瓶尔小草科 Ophioglossaceae	2	6	肠蕨科 Diplaziopsidaceae	1	1
骨碎补科 Davalliaceae	3	5	蘋科 Marsileaceae	1	1
乌毛蕨科 Blechnaceae	3	4	肾蕨科 Nephrolepidaceae	1	1
桫椤科 Cyatheaceae	2	3	条蕨科 Oleandraceae	1	1
冷蕨科 Cystopteridaceae	2	3	松叶蕨科 Psilotaceae	1	1
木贼科 Equisetaceae	1	3	轴果蕨科 Rhachidosoraceae	1	1
合计				108	501

* 依据种数降序排列

依据蕨类植物 Smith 系统[7]和 PPG I 系统[8]等对现存蕨类植物科的系统进化总结，组成高黎贡山蕨类植物的 34 个科中，有属于维管植物基部类群的石松类 lycophytes，包含石松科 Lycopodiaceae、卷柏科 Selaginellaceae；也有真蕨类 ferns 中较为古老的单系类群，如木贼科 Equisetaceae、松叶蕨科 Psilotaceae 等；有位于水龙骨类 Polypodiidae 基部的紫萁科 Osmundaceae、膜蕨科 Hymenophyllaceae 等，也有较为进化的鳞毛蕨科、水龙骨科等。总体上来看，高黎贡山具备不同蕨类植物类群共同生存发展的环境条件，体现了该地区蕨类植物区系的古老性和残遗性，同时在一定程度上反映出该地区蕨类植物在系统发育上的连贯性。

2.1.2　属的数量结构分析

综合最近的系统学研究结果，结合 PPG I 和 *Flora of China* 对属的界定，我们承认我国蕨类植物共 178 属，高黎贡山蕨类植物共包含 108 属，占我国总属数的

60.67％。高黎贡山蕨类植物中种类最为丰富的 3 个属依次为鳞毛蕨科的鳞毛蕨属 *Dryopteris* 和耳蕨属 *Polystichum* 以及蹄盖蕨科的蹄盖蕨属 *Athyrium*，分别包含 49 种、42 种和 31 种。这 3 个属的种类占高黎贡山地区蕨类植物总种数的 24.35％。除了这 3 个属，包含种数超过 20 种的属还包括铁角蕨属 *Asplenium*（27 种）、瓦韦属 *Lepisorus*（22 种）。除了以上 5 个属，包含种数超过 10 种的属还包括双盖蕨 *Diplazium*（19 种）、凤尾蕨属 *Pteris*（17 种）、修蕨属 *Selliguea*（16 种）、石韦属 *Pyrrosia*（15 种）、卷柏属 *Selaginella*（14 种）、对囊蕨属 *Deparia*（12 种）。种类超过 10 种的 11 个属合计 264 种，占本区蕨类植物总种数的 52.69％。仅含 1 种的属有 41 个，包括亮毛蕨属 *Acystopteris*、金毛狗蕨属 *Cibotium*、满江红属 *Azolla* 等。仅含 2 种的属有 22 个，包括车前蕨属 *Antrophyum*、冷蕨属 *Cystopteris*、狗脊属 *Woodwardia* 等。不超过 2 个种的属占本区总属数的 58.33％，但这些属包含的种类仅占本区蕨类植物总种数的 16.97％。

2.2 高黎贡山蕨类植物区系成分分析

2.2.1 科的地理成分分析

高黎贡山蕨类植物所包含的 34 科中，世界分布的有铁角蕨科、石松科等 16 科，占总科数的 47.06％（表 6-2）；泛热带分布的有里白科 Gleicheniaceae、海金沙科 Lygodiaceae、叉蕨科 Tectariaceae 等 9 科，占总科数的 26.47％；热带亚洲至热带美洲分布的有金毛狗蕨科 Cibotiaceae 和瘤足蕨科 Plagiogyriaceae，两科均为单属科，其中瘤足蕨科以亚洲为分布中心，仅有 1 种分布于热带美洲；旧世界热带分布的仅有骨碎补科 Davalliaceae；热带亚洲—热带非洲分布的仅有肿足蕨科 Hypodematiaceae；热带亚洲分布的科有双扇蕨科 Dipteridaceae 和单属科轴果蕨科 Rhachidosoraceae；东亚和北美间断分布的有肠蕨科 Diplaziopsidaceae，该科包含仅分布于亚洲的肠蕨属 *Diplaziopsis* 和仅分布于北美东部的同囊蕨属 *Homalosorus*；北温带分布的科为冷蕨科 Cystopteridaceae 和球子蕨科 Onocleaceae。从以上统计分析可以看出，高黎贡山蕨类植物具有大量热带性质的科，占总科数的 91.18％；其温带成分较弱，仅有 3 科，占 8.82％。

表 6-2 高黎贡山石松类和蕨类植物科、属、种的地理分布区类型

分布类型	科数/占比	属数/占比	种数/占比
1. 世界分布	16/—	19/—	3/—
2. 泛热带分布	9/50.00％	24/26.97％	11/2.21％
3. 热带亚洲-热带美洲分布	2/11.11％	2/2.25％	2/0.40％
4. 旧大陆热带分布	1/5.56％	17/19.10％	10/2.01％
5. 热带亚洲-热带大洋洲分布	—	1/1.12％	8/1.61％

分布类型	科数/占比	属数/占比	种数/占比
6. 热带亚洲-热带非洲分布	1/5.56%	7/7.87%	11/2.21%
7. 热带亚洲分布	2/11.11%	15/16.85%	85/17.07%
8. 北温带分布	2/11.11%	8/8.99%	8/1.61%
9. 东亚-北美间断分布	1/5.56%	1/1.12%	2/0.40%
10. 旧世界温带分布	—	1/1.12%	—
11. 温带亚洲分布	—	—	2/0.40%
14. 东亚分布	—	13/14.61%	259/52.01%
14-1. 全东亚广布	—	6/6.74%	44/8.84%
14-2. 中国-日本分布	—	—	19/3.82%
14-3. 中国-喜马拉雅	—	7/7.86%	196/39.36%
15. 中国特有分布	—	—	52/10.44%
15-2. 云南特有分布	—	—	32/6.43%
15-2-6. 高黎贡山地区分布	—	—	16/3.21%
合计	34/—	108/—	501/—

说明：表中计算占比时不计算世界分布类型；计算其他类型的占比时，是计算该类型在除世界分布类型以外的科、属、种总数中的占比。

2.2.2　属的地理成分分析

属是植物分类学中较为稳定的单元，植物地理学也常将其作为划分植物区系的依据。由表 6-2 可知，高黎贡山蕨类植物 108 属的区系地理成分可划分为 12 个类型。世界分布属包括铁角蕨属、鳞毛蕨属等 19 个属，占本区属总数的 17.59%。其中耳蕨属、鳞毛蕨属、蹄盖蕨属等属以我国西南地区为演化中心[19]，高黎贡山地区这些属的种类明显多于其他属。

高黎贡山蕨类植物具热带性质的属共有 66 个，占除世界分布属之外的属总数的 74.16%（世界分布属除外，下同）。其中泛热带分布的属最多，占除世界分布属之外的属总数的 26.97%，包括双盖蕨属 *Diplazium*、肋毛蕨属 *Ctenitis*、叉蕨属 *Tectaria* 等 24 个属。具旧热带性质的属也占了较大比例。其中，旧大陆热带分布属占除世界分布属之外的总属数的 19.10%，包括车前蕨属、对囊蕨属、石韦属等 17 个属；热带亚洲-热带非洲分布属包括贯众属 *Cyrtomium*、凤了蕨属 *Coniogramme*、金粉蕨属 *Onychium* 等 7 个，占本区蕨类植物除世界分布属之外的总属数的 7.87%；热带亚洲-热带大洋洲分布属有 2 个，分别为亮毛蕨属和裂禾蕨属 *Tomophyllum*，占除世界分布属之外的本区蕨类植物总属数的 2.25%；热带亚洲分布属有肠蕨属、轴果蕨属 *Rhachidosorus* 等

15个，占本区蕨类植物除世界分布属之外的总属数的16.85%。热带亚洲-热带美洲间断分布属有2个，分别为金毛狗蕨属和瘤足蕨属 *Plagiogyria*。

本区具温带性质的属有23个，占除世界分布属之外的总属数的25.84%。其中，具东亚成分的属有13个，占除世界分布属之外的总属数的14.61%；北温带分布的属有8个，占除世界分布属之外的总属数的8.99%，旧世界温带分布属仅有金毛裸蕨属 *Paragymnopteris*。在东亚分布属中，全东亚分布属和中国-喜马拉雅分布属数各6个，本区无温带亚洲分布属和中国-日本分布属。

综上统计可以看出，高黎贡山蕨类植物在属级水平，以具有热带性质的属最多，温带性质对本区属的地理成分贡献相对较小。各分布区类型中，泛热带分布属数最多；世界分布属次之；旧热带大陆分布属、热带亚洲-热带非洲分布属、热带亚洲和东亚分布属也占一定比例。由此可见，本区蕨类植物属的地理成分和旧大陆热带亚热带地区、东亚及喜马拉雅地区联系紧密。

2.2.3　种的地理成分分析

科、属的地理成分往往不能反映出研究区植物区系的真实情况。研究区地理成分是由种的地理成分决定的，而种与科、属的分布类型不一定完全一致：有的属内含有很高比例的广布种，有的属内则含有很多特有种，甚至完全是由特有种组成。通过对种的地理成分分析可以充分而准确地佐证该地区植物区系的地带性质、演化历史、迁移途径及环境变迁等区系地理学的重要问题[20]。

高黎贡山蕨类植物的501种可分为12个分布类型（含地区特有分布，见表6-2）。与属的分布类型相比，缺少旧世界温带分布种，增加了温带亚洲分布种、中国-日本分布种和地区特有分布种。高黎贡山地区属于世界分布类型的种类有铁线蕨 *Adiantum capillus-veneris*、铁角蕨 *Asplenium trichomanes*、扁枝石松 *Diphasiastrum complanatum* 3种，仅占本区蕨类植物种总数的0.60%。

高黎贡山具有热带性质的种类有127种，占本区除世界分布属之外的种总数的25.50%（世界分布种除外，下同）。其中，泛热带分布种包括栗蕨 *Histiopteris incisa*、姬蕨 *Hypolepis punctata*、星蕨 *Microsorum punctatum* 等11种，占本区蕨类植物除世界分布属之外的种总数的2.21%。热带亚洲和热带美洲分布种包括狭眼凤尾蕨 *Pteris biaurita* 和垂穗石松 *Palhinhaea cernua* 2种。旧大陆热带分布种包括倒挂铁角蕨 *Asplenium normale*、蜈蚣草 *Pteris vittata* 和槐叶苹 *Salvinia natans* 等10种，占2.01%。热带亚洲-热带大洋洲分布种包括毛轴铁角蕨 *Asplenium crinicaule*、毛柄双盖蕨 *Diplazium dilatatum*、海金沙 *Lygodium japonicum* 等8种，占除世界分布种之外的种总数的1.61%。热带亚洲-热带非洲分布种包括细茎铁角蕨 *Asplenium tenuicaule*、对囊蕨 *Deparia boryana*、乌蕨 *Odontosoria chinensis* 等11种，占本区蕨类植物种除世界分布种之外的总数的2.21%。热带亚洲分布种有剑叶铁角蕨 *Asplenium ensiforme*、阔羽肠蕨 *Diplaziopsis brunoniana*、黑顶卷柏 *Selaginella picta* 等85种，占除世界分布种之外的种总数的 17.07％。由此可见，高黎贡山地区具有热带性质的蕨类植物种类，多起源于亚洲热带和亚热带地区，受大洋洲、非洲蕨类植物区系的影响很小。

高黎贡山地区具有温带性质的种类有 271 种，占本区蕨类植物除世界分布种之外的种总数的 54.42％。其中，东亚分布种为本区蕨类植物主要的分布类型，包括 259 种，占本区蕨类植物种总数的 52.01％。东亚分布种的 3 个亚型中，属于中国-喜马拉雅分布的种类最多，包括水鳖蕨 *Asplenium delavayi*、翅轴蹄盖蕨 *Athyrium delavayi*、稀子蕨 *Monachosorum henryi* 等 196 种，占除世界分布种之外的种总数的 39.36％。属于全东亚分布种的有大叶假冷蕨 *Athyrium atkinsonii*、丝带蕨 *Lepisorus miyoshianus*、方杆蕨 *Glaphyropteridopsis erubescens* 等 44 种，占除世界分布种之外的种总数的 8.84％。属于中国-日本分布种的有渐尖毛蕨 *Cyclosorus acuminatus*、单叉对囊蕨 *Deparia unifurcata*、桫椤鳞毛蕨 *Dryopteris cycadina* 等 19 种，占 3.82％。本区属于北温带分布种的包括问荆 *Equisetum arvense*、荚果蕨 *Matteuccia struthiopteris*、卵果蕨 *Phegopteris connectilis* 等 8 种，占除世界分布种之外的种总数的 1.61％。属于温带亚洲分布种的有北京铁角蕨 *Asplenium pekinense* 和粗壮阴地蕨 *Botrychium robustum*。本区属于东亚-北美间断分布的有绒紫萁 *Claytosmunda claytoniana* 和掌叶铁线蕨 *Adiantum pedatum*。

地区特有分布为高黎贡山三大分布类型之一，共 100 种，占本区蕨类植物除世界分布种之外的种总数的 20.08％。其中仅分布于高黎贡山的包括贯众叶节肢蕨 *Arthromeris cyrtomioides*、红茎石杉 *Huperzia wusugongii*、毛叶卷柏 *Selaginella trichophylla* 等 16 种；云南特有种（不包括高黎贡山特有种）有高大复叶耳蕨 *Arachniodes gigantea*、俅江苍山蕨 *Asplenium qiujiangense*、反折耳蕨 *Polystichum deflexum* 等 32 种；中国特有种（不包括高黎贡山特有种和云南特有种）有食用莲座蕨 *Angiopteris esculenta*、滇西旱蕨 *Cheilanthes brausei*、对生耳蕨 *Polystichum deltodon* 等 52 种。特有成分中以鳞毛蕨科的种类最为丰富，包含云南贯众 *Cyrtomium yunnanense*、红褐鳞毛蕨 *Dryopteris rubrobrunnea*、尖顶耳蕨 *Polystichum excellens* 等 29 种。

综上统计可以看出，高黎贡山蕨类植物种的地理成分兼具温带和热带性质，蕨类植物受热带和温带地区的综合影响，具有热带性质的种类虽有一定数量，但真正的热带种类很少，多数以亚热带为分布中心。高黎贡山地区位于喜马拉雅山脉，蕨类植物的地理成分深受东亚和喜马拉雅周边地区影响，因此具有温带性质的种类构成了本区蕨类植物的主体。在温带性质的各类型中，东亚分布种的种类优势明显，其中中国-喜马拉雅分布为高黎贡山蕨类植物区系的主要成分；属于典型温带分布（包含北温带分布、温带亚洲以及东亚-北美间断分布）的种类不多，共 12 种，仅占本区蕨类植物种总数的 2.40％。特有成分是高黎贡山蕨类植物区系的重要组成，特有种类的数量仅次于东亚分布种的种数，位居第二。

3 讨论

蕨类植物的物种多样性及区系地理研究应采用统一的标准。在对蕨类植物的多样性进行研究时，我国学者广泛采用秦仁昌系统[5,6]。依据同一系统对科属进行统计，使得不同的研究区域可以很好地进行比较。但新系统的出现却带来了新的挑战，如基于秦仁昌系统统计，我国蕨类植物有 63 科 221 属，但基于 PPG Ⅰ 系统等研究统计我国蕨类植物却有 39 科约 178 属[9,21,22]。与我国学者广泛采用的传统的秦仁昌系统相比，PPG Ⅰ 系统采用大科大属的概念，科和属的数量都有了明显减少。因此，与之前的研究结果做比较时，采用新的系统会因为科属概念不一致而带来诸多不便。但只要能够获取某一地区蕨类植物的科、属数据，就能按照新的系统进行科、属转换，从而开展进一步的比较分析。目前，我国已有学者采用 *Flora of China* 的科、属概念开展了蕨类植物区系地理研究[23]。在今后的蕨类植物区系研究中，我们建议在科一级采用 PPG Ⅰ 系统；属的确定主要依据 PPG Ⅰ 系统，但应整合最新的系统学研究成果。

高黎贡山蕨类植物多样性受到南北走向的山脊和河流的综合影响。高黎贡山南北向绵延最长的山脊为中缅边界线，平均海拔 3500 m 以上，对蕨类植物的分化产生了重要作用。该山脊线以东的中国高黎贡山蕨类植物调查已较为彻底，而西侧的缅甸高黎贡山蕨类植物资料还很欠缺。克钦假瘤蕨 *Selliguea kachinensis* 目前仅知分布于缅甸克钦邦，不见于中国一侧；钱币石韦 *Pyrrosia nummulariifolia*、披针叶石韦 *Pyrrosia lanceolata*、喜马拉雅双扇蕨 *Dipteris wallichii*、网脉铁角蕨 *Asplenium finlaysonianum*、中华瓦韦 *Lepisorus sinensis* 等目前也仅见于缅甸侧而不分布于中国一侧的高黎贡山地区，但这些种类在我国其他地区有分布。高黎贡山西侧以恩梅开江、东侧以怒江为界，两条由北往南的河流同样影响着高黎贡山的蕨类植物多样性。怒江以西的高黎贡山未见岩蕨科的种类分布，而在怒江以东的高山地区均有该科种类分布。如滇蕨 *Cheilanthopsis indusiosa* 在紧邻高黎贡山的怒江东岸的知子罗村有分布，却不见于怒江西侧的高黎贡山。弄清怒江东岸山脉的蕨类植物多样性有助于进一步阐明怒江对高黎贡山植物多样性的影响。

弄清整个高黎贡山的蕨类植物多样性还需开展大量的调查工作。我国高黎贡山部分地区的蕨类植物多样性已经进行过较为彻底的研究，如贡山县独龙江流域[2]、泸水市片马镇等，但仍有少数调查研究还很薄弱的区域，如位于我国西藏自治区内的部分区域。高黎贡山横跨中、缅两国，地域辽阔，尤其在缅甸一侧，对蕨类植物的调查还很匮乏。目前我们的统计仅收录了缅甸高黎贡山标本 118 号，但其中就包含了 12 个仅分布高黎贡山缅甸境内地区而尚未见于中国境内地区的种类。缅甸境内高黎贡山蕨类植物的多样性情况基本还是空白，这将是今后研究的重点。

【参考文献】

[1] 李恒,郭辉军,刀志灵.高黎贡山植物[M].北京:科学出版社,2000.

[2] 李恒.独龙江地区植物[M].昆明:云南科技出版社,1993.

[3] 陆树刚.云南独龙江地区蕨类植物区系地理的研究[J].云南植物研究,1992,增刊 V:99-107.

[4] 沈立新.云南高黎贡山地区野生蕨类植物药用研究[J].亚热带植物科学,2002,31:35-40.

[5] 秦仁昌.中国蕨类植物科属的系统排列和历史来源[J].植物分类学报,1978,16:1-18.

[6] 秦仁昌.中国蕨类植物科属的系统排列和历史来源(续)[J].植物分类学报,1978,16:16-37.

[7] SMITH A R,KATHLEEN M P,SCHUETTPELZ E,et al.A classifcation for extant ferns[J].Tax-on,2006,55:705-731.

[8] PPGI.A community-derived classification for extant lycophytes and ferns[J].Journal of Systematics and Evolution,2016,54:563-603.

[9] WU Z Y,RAVEN P H,HONG D Y.Flora of China,vol.2[M].Beijing:Science Press, St.Louis: Missouri Botanical Garden Press,2013.

[10] 张丽兵.蕨类植物 PPG Ⅰ系统与中国石松类和蕨类植物分类[J].生物多样性,2017,25:340-342.

[11] ZHANG L,ZHOU X M,LU N T,et al.Phylogeny of the fern subfamily Pteridoideae(Pteridaceae; Pteridophyta),with the description of a new genus:Gastoniella[J].Molecular Phylogenetics and Evo-lution,2017,109:59-72.

[12] SCHNEIDER H,HE L J,HENNEQUIN S,et al.Towards a natural classifcation of Pteridaceae: inferring the relationships of enigmatic pteridoid fern species occurring in the Sino-Himalaya and Afro-Madagascar[J].Phytotaxa,2013,77:49-60.

[13] 云南植物志编辑委员会.云南植物志第 20 卷[M].北京:科学出版社,2006.

[14] 云南植物志编辑委员会.云南植物志第 21 卷[M].北京:科学出版社,2005.

[15] 吴征镒.中国种子植物属的分布区类型[M].植物分类与资源学报,1991,增刊 IV:1-139.

[16] 吴征镒,周浙昆,李德铢,等.世界种子植物科的分布区类型系统[J].植物分类与资源学报,2003, 25:245-257.

[17] Flora of North America Editorial Committee.Flora of North America North of Mexico vol.2,Pter-idophytes and Gymnosperms[M].New York:Oxford University Press,1993.

[18] MCCARTHY P,ORCHARD A.Flora of Australia Vol.48[M].Canberra:Australian Biological Resources Study,Melbourne:CSIRO Publishing,1998.

[19] 孔宪需.四川蕨类植物地理特点兼论耳蕨-鳞毛蕨类植物区系[J].植物分类与资源学报,1984,6: 27-38.

[20] 王荷生.植物区系地理[M].北京:科学出版社,1992.

[21] ZHANG L B,ZHANG L.Didymochlaenaceae:A new fern family of eupolypods I(Polypodiales) [J].Taxon,2015,64:27-38.

[22] TAN Y H,WEI R,LJ J W,et al.Didymochlaena Desv.(Hypodematiaceae):A newly recorded fern genus to China[J].Plant Diversity & Resources,2015,37:135-138.

[23] 张凯,陈伟岸,罗文启,等.海南五指山国家级自然保护区石松类和蕨类植物区系研究[J].热带作物学报,2017,38:618-629.

第七章 高黎贡山黑仰鼻猴食源植物

黑仰鼻猴 *Rhinopithcus strykeri* 是经历过第四纪冰川遗留下来的孑遗物种，也是高黎贡山地区的特有和旗舰灵长类物种。它的发现恰与第四种仰鼻猴——越南仰鼻猴 *R. avunculus* 的发现相距 100 年，因此该物种具有非常高的保护和研究价值。本章节主要介绍高黎贡山黑仰鼻猴的部分食物资源以及该物种与其他仰鼻猴地理种群食源植物选择差异的初步比较。

第一节 高黎贡山黑仰鼻猴食源植物概述 *

1 研究背景

中国拥有 4 种仰鼻猴属物种：黑仰鼻猴 *Rhinopithcus strykeri*、黑白仰鼻猴 *R. Bieti*、金仰鼻猴 *R. roxellanae* 和灰仰鼻猴 *R. brelichi*。20 世纪 80 年代中期以后，后 3 种仰鼻猴的觅食生态和食性的差异已逐渐被灵长类学界所了解。比如，由于全年食物资源匮乏，位于云岭最北端的黑白仰鼻猴群依赖于地衣过冬[1]；在南部的塔城，由于对人类频繁出入栖息地的习惯化，猴群增加了地面活动时间并到相对更低海拔的区域活动，因此大大增加了食物种类[2]。Ren[3]等人通过对比 3 个不同地理单元金仰鼻猴的食物组成，发现植物种类组成和不同栖息地内金仰鼻猴对食源植物偏好程度的不同导致了不同地理单元间金仰鼻猴群之间食性的差异。Xiang[4]等人描述了掘食行为作为灰仰鼻猴的一种觅食策略，用来获得高回报的食物，如地面上的种子、竹笋和无脊椎动物。

黑仰鼻猴又名缅甸仰鼻猴或怒江金丝猴，于 2010 年首次在缅甸东北部克钦邦的高山森林中被发现和科学命名[5]，2011 年在中国云南省泸水市高黎贡山国家级自然保护区内被发现[6]。由于受栖息地缩小和人类狩猎活动的严重威胁，黑仰鼻猴自发现时就被世界自然联盟（IUCN）确认为严重濒危（Critically Endangered），估计有 14 个种群，少于 950 只[5,7]，分布在中缅边境（东经 98°20′～98°50′，北纬 25°40′～26°50′）3575 km² 的狭小区域内[8]。其中，中国境内目前仅确认存在两个种群：片马群（约 120 只）和洛马群（约 70 只）[9]。尽管自 2013 年起，在片马区域内已开展野外工作来试图

*作者：杨寅、王新文、师花才、杨桂良、李维彪、段建萍、肖文，原载于《西部林业科学》，2017 年第 46 期（增刊Ⅱ），第 134-139 页，有改动。

了解这个物种的食性，但由于这个物种惧怕人类，且其栖息地地形险峻、森林极其茂密，每年被长达 7 个月左右的雨期和产生的大雾所笼罩，因此相关科研数据至今仍很缺乏。

研究黑仰鼻猴的食源植物并得到一个相对完整的食谱对了解和保护这一物种非常很有必要。我们在高黎贡山自然保护区姚家坪保护站，使用自由采食给饲法（Cafeteria-style feeding trials）对 2 只被野外救助并安置于210 m²×10 m 的仿野生笼舍条件下的雌性黑仰鼻猴进行食性研究，旨在提供一个在现阶段全面并可靠分类的黑仰鼻猴食谱，给黑仰鼻猴的保护及圈养条件下的给食选择提供科学参考。

2　研究方法

2.1　研究地点

圈养黑仰鼻猴的食物采自于云南省泸水市高黎贡山国家级自然保护区的片马（北纬 26°03′，东经 98°36′）至姚家坪（北纬 25°57′，东经 98°43′）地区。在该区域内，植被带从海拔 1600~2800 m 的亚热带常绿阔叶林逐渐过渡到海拔 2700~3000 m 的铁杉针阔混交林、海拔 3000~3400 m 的铁杉-竹林灌丛或者海拔 3100~3500 m 的高山灌丛。然而，海拔 2300 m 以下的绝大多数原始常绿阔叶林由于傈僳族世代在这些土地上轮作，已经被次生落叶阔叶林（以尼泊尔桤木 Alnus nepalensis 为主）所取代。黑仰鼻猴的栖息地范围在海拔 1720~3700 m，基本囊括了高黎贡山的所有植被类型，其主要栖息位于亚热带常绿阔叶林和针阔混交林中[5]。

2.2　自由采食给饲法

自由采食给饲法即在黑仰鼻猴栖息地内广泛采摘植物（主要是乔木树种）不同季节时期的营养或繁殖部分来饲喂圈养黑仰鼻猴。我们放置 3~4 种新鲜的潜在食源植物于圈舍栖架上，观察猴子是否会过来挑选并取食任何植物和部位（如芽、嫩叶、老叶、嫩枝、花、果和树皮等），记录圈养黑仰鼻猴首选的食物种类和取食最多的食物及对这些食物的选择次序，以获得黑仰鼻猴最喜欢的食物种类及类型。偏好的测定也可以基于猴子的特殊行为来判断。例如：黑仰鼻猴见喜好的食物会发出一声"嗯"的声音，快速跑向该种食物并对其试图全部占有，同时在取食过程中对另一靠近的个体会出现攻击性行为；或者专注并大量取食某一种食物，对该食物取食和咀嚼频率较快，取食完该食物后才会把注意力移到另一种食物。我们用相机、望远镜及记录本来观察、记录取食的植物种类和取食的部位，并留存植物细节照片、取食后的痕迹和制作腊叶植物标本，用来鉴定和建立档案。每种潜在食源植物需要采集至少 4 个较为完整的大枝条，其中 3 份用于饲喂，至少 1 份留做标本。实验在分别在每天早上 7 点（饲养员饲喂仰鼻猴 1 小时前）和下午 15 点、17 点（饲养员饲喂仰鼻猴 1 小时后开展）。此外，所有的食源植物需要在不同的时间内尝试至少 3 次。在不同的试喂次数中，同一种用来饲喂的植物需要采集于不同的生境类型或海拔高度，以避免环境因素影响和圈养仰鼻猴的试吃行为带来的偏差。根据我们的观察，圈养黑仰鼻猴在午休后更加活跃并有更高的取食多样性，是试喂实验最佳的进行时间。从 2014 年 1 月至 2016 年 11 月，我们在研究区共收集了 500 多种植物用于自由采食给饲试验。

2.3　食源植物鉴定

自由采食给饲试验中的每个食源植物蜡叶标本都记录了采集日期、地点、经纬度、海拔高度、生境类型、生物型和植物的特征（如花、果和茎的颜色）。我们最终采集到 639 份食源植物标本，并将这些标本保存于中国科学院昆明植物研究所凭证标本馆。《中国植物志》《云南植物志》和《高黎贡山植物》被用来协助鉴定植物。大多数植物由杨寅鉴定，昆明植物研究所从事植物分类的其他学者也被邀请辅助鉴定植物标本，通过比对每一份标本与昆明植物所标本馆馆藏的其他标本的异同，最终检验了鉴定结果并确认了每份植物的身份。

2.4　分层聚类分析

为了确认 5 种现存的仰鼻猴在食物植物的选择上是否受植物区系的影响，我们对 9 种不同地理分布类型的仰鼻猴群体的食物植物组成在科的层级进行了分层聚类分析（Hierarchical cluster analysis，参见本节后附表）：在 R 分析软件中（版本 3.3.1）输入仰鼻猴 9 个地理分布区的食源植物在科一级层次的数据集并使用 hclust 函数（方法：binary operations）进行了聚类分析。

3　研究结果

3.1　食物的多样性

黑仰鼻猴的食谱呈现出多样性的特点。我们一共提供了 500 多种植物供圈养黑仰鼻猴自由取食，2 只圈养个体都显示出共同的择食性。它们选食了 42 科 75 属 164 种植物（102 种乔木、21 种灌木、19 种藤本、16 种附生植物、6 种多年生草本植物，见本节后附表）的 567 个食用部位（嫩叶、老叶、果实或种子、花、芽、树皮、叶梗、假鳞茎和竹笋等）。在所有食用部位中，叶的所占比重最大（38.98%，其中嫩叶占 22.40%），其次是果实或种子（16.05%）、花（15.70%）、芽（14.11%）、嫩枝（8.11%）、树皮（3.88%）及其他（3.17%）。在所有用于叶食的植物之中，蔷薇科 Rosaceae 和樟科 Lauraceae 贡献了最多的植物物种（分别有 24 种和 12 种），其次是槭树科 Aceraceae（11 种）、五加科 Araliaceae（10 种）、壳斗科 Fagaceae（7 种）和桦木科 Betulaceae（6 种）。

3.2 择食性

圈养条件下的黑仰鼻猴同样具有较高的择食性。在给饲的超过 500 种植物种中，黑仰鼻猴只选择了其中的 164 种。黑仰鼻猴似乎偏好栖息地内并不常见的树种。例如，它们拒食不同类型栖息地内的一些建群种，如尼泊尔桤木 *Alnus nepalensis* 和云南铁杉 *Tsuga dumosayun*，但偏好一些不常见的树种，如微毛樱桃 *Cerasus clarofolia*，卷边花楸 *Sorbus insignis* 和总序五叶参 *Pentapanax racemosus*。根据我们从实验中获得的经验来看，黑仰鼻猴可以取食同属植物的多种近缘种。但是，也有例外。譬如，圈养黑仰鼻猴喜食乔木茵芋 *Skimmia arborescens* 的任意部位，但拒绝取食月桂茵芋 *Skimmia laureola* 的任何部位。两只黑仰鼻猴取食了长喙厚朴 *Magnolia rostrata* 的老叶但拒绝食其嫩叶和芽；它们喜爱中华柳 *Salix cathayana* 和大理柳 *Salix daliensis* 的芽和嫩叶，却不食用它们的老叶；它们都拒食维西长叶柳 *Salix phanera* var. *weixiensis* 的任何部位。这些选择可能和影响到灵长类进行食物选择的食物纤维、蛋白质及次生化合物的含量有关[10-12]。

3.3 分层聚类分析

鉴于已获得的黑仰鼻猴食源植物的数据，我们对 9 个地理区域的不同仰鼻猴物种的食源植物在科一级进行了层次聚类分析，以确定不同地理区域的植物组成是否对仰鼻猴的食源植物的选择有影响。结果表明，高黎贡山地区的黑仰鼻猴和云岭山地的黑白仰鼻猴利用的食源植物的植物区系组成最为相似。该分析还揭示了灰仰鼻猴和 3 个不同地理区的金仰鼻猴利用的食源植物的植物区系组成相似，但西藏的黑白仰鼻猴、越南的东京仰鼻猴和其他地理区域的仰鼻猴有明显不同的食源植物选择特征，其中西藏的黑白仰鼻猴主要取食地衣和高山植物，而东京仰鼻猴主要食用热带常绿树种的叶和果实（图 7-1）。

4 讨论

4.1 中国仰鼻猴属食性的相似性和差异性

9 个不同地理区域的不同种和种群的仰鼻猴的食源植物在科一级相似性和差异性的分层聚类分析的结果表明，不同仰鼻猴物种或不同种群和地理位置更接近的群体利用相似的食源植物种类。该结果和仰鼻猴物种之间的生物地理和系统发育关系相一致[13]。另外，如图 7-1 所示，位点 2 处的灰仰鼻猴和位点 3 处的金仰鼻猴在地理位置上比位点 4 和位点 5 位的金仰鼻猴更接近；然而，位点 2 的灰仰鼻猴和位点 5 号的金仰鼻猴食源植物的相似性聚集在了一起。这可能是因为栖息在秦岭南坡的金仰鼻猴和栖息在梵净山的灰仰鼻猴类似，都生活在常绿落叶和落叶阔叶混交林中，而栖息在秦岭北坡和神农架的金仰鼻猴主要活动范围被限制在落叶阔叶林中[14-17]。

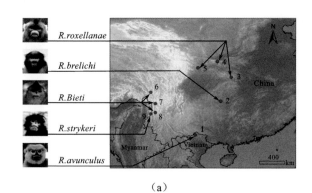

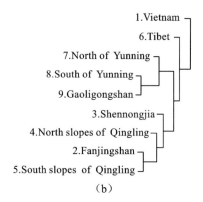

（a）   （b）

图 7-1   仰鼻猴物种地理分布及食源植物种类在植物科一级的分层聚类

（a）5 种现存的仰鼻猴属物种的地理分布 *R. roxellanae* 金仰鼻猴，*R. brelichi* 灰仰鼻猴，*R. Bieti* 黑白仰鼻猴，
R. strykeri 黑仰鼻猴，*R. avunculus* 越南仰鼻猴（仰鼻猴照片从上到下依次由黄志旁、崔多英、奚志农、杨寅
以及 Tilo. Nadler 拍摄）

（b）基于 9 个地理种群的仰鼻猴选择的食源植物种类在植物科一级的分层聚类（Vietnam 越南，Tibet 西藏，
North of Yunning 云岭北部，South of Yunning 云岭南部，Gaoligongshan 高黎贡山，Shennongjia 神农架，North
slopes of Qingling 秦岭北坡，Fanjingshan 梵净山，South slopes of Qingling 秦岭南坡。）

　　尽管在食物的选择和栖息地的利用方式上有许多区别，不同种的仰鼻猴和仰鼻猴
种群在许多方面仍然具有可比性。根据目前获得的信息，所有种类的仰鼻猴都食用叶
子、果实、昆虫、芽和竹子，并且至少有 3 个物种可以被描述为掘食者，它们挖掘块
茎、竹笋和无脊椎动物等食物。圈养的黑仰鼻猴在野外被记录到会取食竹笋[18]、下地掘
食亮果苔 *Carex nitidiutriculata* 的根状茎，生长于地面的防己叶菝葜 *Smilax menisper-
moidea*、腋花扭柄花 *Streptopus simplex*、点花黄精 *Polygonatum punctatum* 和青荚
叶 *Helwingia japonica* 等植物也进入黑仰鼻猴的食谱；因此，我们预测黑仰鼻猴同灰
仰鼻猴以及黑白仰鼻猴一样具有地面的掘食行为[4,19]。此外，像丽江金丝厂的黑仰鼻
猴[20]和秦岭玉皇庙的金仰鼻猴[21]一样，黑仰鼻猴可能也有在不同海拔高度的季节性迁
移行为，以获得季节性的食物。比如早春在低海拔取食芽、嫩叶和花等，春末则转移
到高海拔地区取食这些食物，这种迁移同样适用于秋季对果实和种子的取食。

4.2　保护启示与建议

　　当地居民对黑仰鼻猴栖息地森林资源的利用大部分是在 2300 m 以下的森林内，主
要是刀耕火种或其他粗放式农业、放牧、砍伐建房用材和采集柴薪等。这些森林由于
结构被大幅改变而成为物种组成较单一的次生落叶林（以尼泊尔桤木 *Alnus nepalensis*
为主）或次生灌木林，已不适宜黑仰鼻猴生存和栖息。2300 m 以上的多数黑仰鼻猴栖
息地主要位于自然保护区管辖范围内，人为干扰相比低海拔森林大幅减弱。但每年
4－9 月，当地居民仍会频繁进入保护区中采集林下非木材产品（表 7-1），主要有云南
黄连 *Coptis teeta*、多种重楼 *Paris* spp.、多种五味子 *Schisandra* spp. 和各种兰花、

森林蔬菜和野生菌类等，尤其是极具商业价值的树种，如各种百年以上的枫树 *Acer* spp.、红花木莲 *Manglietia insignis*、含笑 *Michelias* spp. 和红豆杉 *Taxus* spp. 等，常常成为栖息地周围居民盗伐的目标，并将砍伐的树木出售给当地众多的木材加工厂来制作豪华的家具。这些树种中绝大多数不仅是黑仰鼻猴的食源树种，也是当地森林群落的建群种或中国的濒危树种。

林下采集和盗伐对黑仰鼻猴的栖息地造成了巨大干扰，对食源植物的采集和择伐会给黑仰鼻猴造成取食压力。因此，针对这些对黑仰鼻猴及其栖息地的干扰，首先需要加强社会宣传教育，提高当地群众的保护意识；其次要推广新型能源代替柴薪，以减少对自然资源的消耗；再次，政府要大力扶持当地经济发展项目，推广包括云南黄连和重楼等药材的规模化和集约化种植，缓解保护与经济发展的矛盾；最后，调整当地产业结构、关停木材加工厂，以结束和拔除在保护区内盗伐的内在驱动与根源。

表 7-1　当地居民对云南泸水市黑仰鼻猴栖息地内植物的利用

物种名	当地群众采集利用方式	对黑仰鼻猴的影响	是否是黑仰鼻猴食物
秃杉 *Taiwania flousiana*	择伐，用于制作家具和茶盘	栖息地破碎化和退化	未知
干香柏 *Cupressus duclouxiana*	择伐，用于制作家具和茶盘	栖息地破碎化和退化	否
南方红豆杉 *Taxus chinensis*	择伐，用于制作家具、茶盘和砧板等	栖息地退化	潜在
云南红豆杉 *Taxus yunnanensis*	择伐，用于制作家具、茶盘和砧板等	栖息地退化	潜在
贡山厚朴 *Magnolia rostrata*	树皮入药	栖息地退化；取食压力	是
红花木莲 *Manglietia insignis*	择伐，用于制作家具	栖息地破碎化和退化；取食压力	是
南亚含笑 *Michelia doltsopa*	择伐，用于制作家具、茶盘和工艺品等	栖息地破碎化和退化；取食压力	是
多花含笑 *Michelia Floribunda*	择伐，用于制作家具、茶盘和工艺品等	栖息地破碎化和退化；取食压力	是
五味子 *Schisandra* spp.	传统药材	人为活动频繁	是
山香果 *Dodecadenia grandiflora* var. *griffithii*	择伐，砍树瘤，用于制作家具、茶盘和工艺品等	栖息地破碎化和退化；取食压力	是
普文楠 *Phoebe puwensis*	择伐，用于制作家具、茶盘和工艺品等	栖息地破碎化和退化；取食压力	未知
枫树各种 *Acer* spp.	择伐，建材	栖息地破碎化和退化；取食压力	是

物种名	当地群众采集利用方式	对黑仰鼻猴的影响	是否是黑仰鼻猴食物
西南桦 *Betula alnoides*	薪柴，建材	栖息地破碎化和退化；取食压力	是
糙皮桦 *Betula utilis*	薪柴，建材	栖息地破碎化和退化；取食压力	是
马蹄荷 *Exbucklandia populnea*	板材，雕刻	栖息地破碎化和退化	未知
云南黄连 *Coptis teeta*	传统药材	人为活动频繁	否
楤木 *Aralia chinensis*	蔬菜	人为活动频繁	潜在
羽叶三七 *Panax japonicus* var. *bipinnatifidus*	传统药材	人为活动频繁	潜在
贝母 *Fritillaria cirrhossa*	传统药材	人为活动频繁	未知
饭包草 *Commelina Benghalensis*	蔬菜，传统药材	人为活动频繁	否
短片藁本 *Ligusticum brachylobum*	传统药材	人为活动频繁	否
重楼各种 *Paris* spp.	传统药材	人为活动频繁	否
金耳石斛 *Dendrobium hookerianum*	传统药材和观赏	取食压力，人为活动频繁	是
石斛其他种 *Dendrobium* spp.	传统药材和观赏	人为活动频繁	潜在
卵叶贝母兰 *Coelogyne occultata*	传统药材和观赏	取食压力，人为活动频繁	是
眼斑贝母兰 *Coelogyne corymbosa*	传统药材和观赏	取食压力，人为活动频繁	是
贝母兰其他种 *Dendrobium* spp.	传统药材和观赏	人为活动频繁	潜在

【参考文献】

[1] KIRKPATRICK R C.Ecology and behavior of the Yunnan snub-nosed langur Rhinopithecus bieti (Colobinae)(Doctoral Dissertation)[D].USA:University of California,1996.

[2] ZHAO W,YANG P,SHEN Y,et al.Study on food item and resource of Rhinopithecus bieti at Tacheng in the Baimaxueshan National Nature Reserve[J].Chinese Journal of Zoology,2009,44: 49-56.

[3] REN B P,LI B G,LI M,et al.Inter-population variation of diets of golden snub-nosed monkey(Rhinopithecus roxellana) in China[J].Acta Theriologica Sinca,2010,30(4):257-264.

[4] XIANG Z F,LIANG W B,NIE S G,et al.Short Notes on Extractive Foraging Behaviour in Gray Snub-nosed Monkey[J].Integrative Zoology,2013,8:389-394.

[5] GEISSMANN T,LWIN N,AUNG S S,et al.A new species of snub-nosed monkey,genus Rhinopithecus Milne-Edwards,1872(Primates,Colobinae),from northern Kachin state,northeastern Myanmar[J].American Journal of Primatology,2011,73:96-107.

［6］　LONG Y,MOMBERY F,MA J,et al.Rhinopithecus strykeri Found in China［J］.American Journal of Primatology,2012,74(10):871-873.

［7］　MA C.,HUANG Z P,ZHAO X F,et al.Distribution and conservation status of Rhinopithecus strykeri in China ［J］.Primates,2014,55:1-6.

［8］　REN G P,YANG Y,HE X D,et al.Habitat evaluation and conservation framework of the newly discovered and critically endangered black snub-nosed monkey ［J］.Biological Conservation,2017, 209:273-279.

［9］　YANG Y,TIAN Y P,HE C X,et al.The critically endangered Myanmar snub-nosed monkey Rhinopithecus strykeri found in the Salween River Basin,China ［J］.Oryx,2016,1-3.

［10］　MILTON K.Physiological ecology of howlers(Alouatta):energetic and digestive considerations and comparison with the Colobinae ［J］. International Journal of Primatology,1998,19（3）: 513-547.

［11］　CHAPMAN C A,ROTHMAN J M,LAMBERT J E.Food as selective force in primate［A］.MITANI J C,CALL J,KAPPELER PM,et al. The Evolution of Primate Societies. Chicago:University of Chicago Press,2013.

［12］　GANZHORN,J U,ARRIGO-NELSON,et al.The importance of protein in leaf selection of folivorous primates［J］.American Journal of Primatology,2017,79(4):1-13.

［13］　LIEDIGK ,R,YANG,M,JABLONSKI G N,et al.Evolutionary history of the odd-nosed monkeys and the phylogenetic position of the newly described Myanmar snub-nosed monkey Rhinopithecus strykeri［J］.PLoS One,2012,7(5): e37418.

［14］　GUO S,LI B,WATANABE K.Diet and activity budget of Rhinopithecus roxellana in the Qinling Mountains,China［J］.Primates,2007,48:268-276.

［15］　LI Y G,JIANG Z,LI C,et al.Effects of seasonal folivory and frugivory on ranging patterns in Rhinopithecus roxellana ［J］.International Journal of Primatology,2010,31(4):609-626.

［16］　LIU X,STANFORD C B,YANG J,et al.Foods Eaten by the Sichuan Snub-Nosed Monkey(Rhinopithecus roxellana) in Shennongjia National Nature Reserve,China,in Relation to Nutritional Chemistry［J］.American Journal of Primatology,2013,75:860-871.

［17］　XIANG Z F,LIANG W B,NIE S G,et al.Diet and Feeding Behavior of Rhinopithecus brelichi at Yangaoping,Guizhou ［J］.American Journal of Primatology,2012,74(6):551-560.

［18］　MEYER D,MOMBERG F,MATAUSCHEK C,et al.Conservation status of the Myanmar or black snub-nosed monkey Rhinopithecus strykeri［R］.2017.

［19］　REN B,LI M,WEI F.Preliminary study on digging and eating underground plant corms by wild Yunnan snub-nosed monkeys at Tacheng,Yunnan,China［J］.Acta Theriologica Sinica,2008,28: 237-241.

［20］　YANG S J.Altitudinal ranging of Rhinopithecus bieti at Jinsichang,Lijiang,China ［J］.Folia Primatologica,2003,74:88-91.

［21］　LI B,CHEN C,JI W,et al.Seasonal home range changes of the Sichuan snub-nosed monkey(Rhinopithecus roxellana) in the Qinling Mountains of China ［J］.Folia Primatologica,2000,71(6): 375-386.

附表：仰鼻猴物种和 9 个不同地理种群食用的植物科一级列表

科	黑白仰鼻猴 R. bieti 7 云岭北部	黑白仰鼻猴 R. bieti 6 西藏	黑白仰鼻猴 R. bieti 8 云岭南部	灰仰鼻猴 R. brelichi 2 梵净山	金仰鼻猴 R. roxellana 4 秦岭北坡	金仰鼻猴 R. roxellana 5 秦岭南坡	金仰鼻猴 R. roxellana 3 神龙架	越南仰鼻猴 R. avunculus 1 越南	黑仰鼻猴 R. strykeri 9 高黎贡山
红豆杉科 Taxaceae	1						1		
五味子科 Schisandraceae	1		1			1			1
毛茛科 Ranunculaceae	1	1			1	1	1		1
木通科 Lardizabalaceae	1		1	1	1	1			1
虎耳草科 Saxifragaceae	1				1		1		
蓼科 Polygonaceae		1							
凤仙花科 Balsaminaceae	1						1		
山茶科 Theaceae	1		1	1		1		1	1
猕猴桃科 Actinidiaceae	1			1	1	1	1	1	1
茶藨子科 Grossulariaceae		1	1		1				
绣球花科 Hydrangeaceae	1				1				1
蔷薇科 Rosaceae	1	1	1	1	1	1	1	1	1
杨柳科 Salicaceae	1	1	1	1	1	1	1		1
桦木科 Betulaceae	1	1	1	1	1	1	1		1
壳斗科 Fagaceae	1	1	1	1	1	1	1	1	1
荨麻科 Urticaceae	1						1	1	1

续表

科	黑白仰鼻猴 R. bieti			灰仰鼻猴 R. brelichi	金仰鼻猴 R. roxellana			越南仰鼻猴 R. avunculus	黑仰鼻猴 R. strykeri
	7 云岭北部	6 西藏	8 云岭南部	2 梵净山	4 秦岭北坡	5 秦岭南坡	3 神龙架	1 越南	9 高黎贡山
卫矛科 Celastraceae	1		1	1	1	1	1		1
冬青科 Aquifoliaceae	1		1	1	1	1		1	1
桑寄生科 Loranthaceae	1		1		1				
鼠李科 Rhamnaceae	1				1	1	1	1	1
葡萄科 Vitaceae	1		1	1	1	1	1	1	
槭树科 Aceraceae	1		1	1	1	1	1	1	1
漆树科 Anacardiaceae	1			1	1	1	1	1	
胡桃科 Juglandaceae	1			1	1	1			
山茱萸科 Cornaceae	1		1	1	1	1	1		1
五加科 Araliaceae	1		1	1	1	1	1	1	1
杜鹃花科 Ericaceae	1	1	1	1	1		1		1
木犀科 Oleaceae	1		1	1	1	1	1	1	1
忍冬科 Caprifoliaceae	1	1	1	1	1	1	1	1	1
五福花科 Adoxaceae	1		1	1	1		1		
列当科 Orobanchaceae	1								
百合科 Liliaceae	1						1		1
菝葜科 Smilacaceae	1		1	1	1				1
竹亚科 Bambusoideae	1		1	1					1

续表

科	黑白仰鼻猴 R. bieti			灰仰鼻猴 R. brelichi	金仰鼻猴 R. roxellana			越南仰鼻猴 R. avunculus	黑仰鼻猴 R. strykeri
	7 云岭北部	6 西藏	8 云岭南部	2 梵净山	4 秦岭北坡	5 秦岭南坡	3 神龙架	1 越南	9 高黎贡山
松科 Pinaceae	1	1	1		1	1	1		1
口蘑科 Tricholomataceae						1			
梅衣科 Parmeliaceae	1	1	1		1	1			1
肺衣科 Lobariaceae	1								
胶衣科 Collemataceae	1								
树花科 Ramalinaceae	1				1	1			1
青风藤科 Sabiaceae	1			1	1	1		1	1
椴树科 Tiliaceae	1			1	1	1		1	
松萝科 Usneaceae	1	1	1				1		1
伯乐树科 Bretschneideraceae	1								
桤叶树科 Clethraceae	1		1						
蛇菰科 Balanophoraceae	1								
小檗科 Berberidaceae	1	1			1		1		
十字花科 Cruciferae	1		1	1	1	1	1	1	
樟科 Lauraceae	1	1	1	1	1	1	1	1	1
豆科 Leguminosae	1		1						1

续表

科	黑白仰鼻猴 R.bieti			灰仰鼻猴 R.brelichi	金仰鼻猴 R.roxellana			越南仰鼻猴 R.avunculus	黑仰鼻猴 R.strykeri
	7 云岭北部	6 西藏	8 云岭南部	2 梵净山	4 秦岭北坡	5 秦岭南坡	3 神龙架	1 越南	9 高黎贡山
菊科 Compositae	1		1						1
柏科 Cupressaeae	1				1	1		1	1
榆科 Ulmaceae	1		1	1	1	1	1	1	1
桑科 Moraceae	1			1			1		
胡颓子科 Elaeagnaceae	1	1							
早熟禾亚科 Pooideae	1								
红菇科 Russulaceae	1								
鹅膏科 Amanitaceae	1								
陀螺菌科 Gomphaceae	1								
牛肝菌科 Boletaceae		1							
莎草科 Cyperaceae		1							
岩梅科 Diapensiaceae		1							
鸢尾科 Iridaceae		1							
报春花科 Primulaceae			1						
越桔科 Vacciniaceae			1						
瑞香科 Thymelaeaceae		1							

续表

科	黑白仰鼻猴 R. bieti			灰仰鼻猴 R. brelichi	金仰鼻猴 R. roxellana			越南仰鼻猴 R. avunculus	黑仰鼻猴 R. strykeri
	7 云岭北部	6 西藏	8 云岭南部	2 梵净山	4 秦岭北坡	5 秦岭南坡	3 神龙架	1 越南	9 高黎贡山
多孔菌科 Polyporaceae				1		1	1	1	
大戟科 Euphorbiaceae				1	1				
金缕梅科 Hamamelidaceae				1	1	1			
木兰科 Magnoliaceae				1	1	1	1	1	1
茜草科 Rubiaceae			1	1	1	1	1		
芸香科 Rutaceae				1	1	1	1		1
省沽油科 Staphyleaceae				1			1		
安息香科 Styracaceae				1	1	1	1		1
山矾科 Symplocaceae				1				1	1
防己科 Menispermaceae				1					
八角科 Illiciaceae				1	1				
水青树科 Tetracentraceae				1					1
交让木科 Daphniphyllaceae				1					
黄杨科 Simmondsiaceae				1		1			1
大风子科 Flacourtiaceae				1			1		
山柳科 Clethraceae						1			
七叶树科 Aesculuschinensis						1			
树发衣科 Alectoriaceae					1				

续表

科	黑白仰鼻猴 R. bieti			灰仰鼻猴 R. brelichi	金仰鼻猴 R. roxellana			越南仰鼻猴 R. avunculus	黑仰鼻猴 R. strykeri
	7 云岭北部	6 西藏	8 云岭南部	2 梵净山	4 秦岭北坡	5 秦岭南坡	3 神农架	1 越南	9 高黎贡山
八角枫科 Alangiaceae					1				
木耳科 Auriculariales					1				
莲叶桐科 Hernandiaceae					1				
唇形科 Labiatae					1			1	
楝科 Meliaceae					1				
光茸菌科 Omphalotaceae					1		1		
旌节花科 Stachyuraceae							1		
伞形科 Umbelliferae					1		1		
领春木科 Eupteleaceae							1		
苦木科 Simaroubaceae							1		
七叶树科 Hippocastanaceae							1		
珙桐科 Nyssaceae							1	1	
柿树科 Ebenaceae							1		
车前草科 Plantaginaceae						1			
蘑菇科 Agaricaceae						1			
猴头菇科 Hericiaceae						1		1	
夹竹桃科 Apocynaceae			1					1	

续表

科	黑白仰鼻猴 R. bieti			灰仰鼻猴 R. brelichi	金仰鼻猴 R. roxellana			越南仰鼻猴 R. avunculus	黑仰鼻猴 R. strykeri
	7 云岭北部	6 西藏	8 云岭南部	2 梵净山	4 秦岭北坡	5 秦岭南坡	3 神龙架	1 越南	9 高黎贡山
藤黄科 Clusiaceae									
番荔枝科 Annonaceae								1	
苦苣苔科 Gesneriaceae								1	
紫金牛科 Myrsinaceae								1	
桃金娘科 Myrtaceae								1	
兰科 Orchidaceae								1	1
山榄科 Sapotaceae								1	
马鞭草科 Verbenaceae								1	
萝藦科 Asclepiadaceae								1	
紫葳科 Bignoniaceae								1	
茶茱萸科 Icacinaceae								1	
含羞草科 Mimosaceae								1	
无患子科 Sapindaceae						1			
苏木科 Caesalpiniaceae									1
远志科 Polygalaceae									1
参考文献 Reference	[1,2]	[3,4]	[5,6,16]	[7,8]	[9,10]	[11,12]	[13]	[14,15]	本文

【附表参考文献】

[1] GRUETER C,LI D,REN B,et al.Dietary profile of Rhinopithecus bieti and its socioecological implications[J].International Journal of Primatology,2009,30(4):601-624.

[2] LI D.Time budgets,sleeping behavior and diet of the Yunnan snub-nosed monkeys(Rhinopithecus bieti) at Xiangguqing in Baimaxueshan Nature Reserve[D].Xi'an:Northwest University,China(unpublished doctor dissertation),2010.

[3] KIRKPATRICK,R C.Ecology and behavior of the Yunnan snub-nosed langur Rhinopithecus bieti (Colobinae)[D].California:University of California(unpublished doctor dissertation),1996.

[4] XIANG Z,HUO S,XIAO W,et al.Diet and Feeding Behaviour of Rhinopithecus bieti at Xiaochangdu,Tibet:Adaptations to a Marginal Environment[J].American Journal of Primatology,2007,69(10):1141-1158.

[5] HUO S.Diet and habitat use of Rhinopithecus bieti at Mt.Longma,Yunnan[D].Kunming :Kunming Institute of Zoology,Chinese Academy of Sciences(unpublished doctor dissertation),2005.

[6] LI X H.Study on Diet and Habitat of Rhinopithecus bieti in Jinsichang, Laojun Mountain, Northwest Yunnan[D].Kunming :Kunming Institute of Botany,Chinese Academy of Sciences(unpublished master dissertation),2009.

[7] XIANG Z,LIANG W,NIE S,et al.Diet and Feeding Behavior of Rhinopithecus brelichi at Yangaoping,Guizhou[J].American Journal of Primatology,2012,74(6):551-560.

[8] YANG Y,LEI X,YANG C D.Fanjingshan research:ecology of the wild Guizhou snub-nosed monkey Rhinopithecus brelichi[M].Guiyang:Guizhou Science Press,2002.

[9] GUO S,LI B,WATANABE K.Diet and activity budget of Rhinopithecus roxellana in the Qinling Mountains,China[J].Primates,2007,48(4):268-276.

[10] HUANG Z P. Ecological Mechanism of Fission-Fusion of Golden Snub-nosed Monkey (Rhinopithecus roxellana) in Qingling Mountains[D].Xi'an:Northwest University,China(unpublished doctor dissertation),2015.

[11] LI Y,JIANG Z,LI C,et al.Effects of seasonal folivory and frugivory on ranging patterns in Rhinopithecus roxellana[J].International Journal of Primatology,2010,31(4):609-626.

[12] ZHAO H,DANG G,WANG C,et al.Diet and seasonal changes in sichuan snub-nosed monkeys (Rhinopithecus roxellana) in the southern Qinling mountains in china[J].Acta Theriologica Sinica,2015,35(2):130-137.

[13] LI J,ZHANG J,TIE J,et al.Abundance and distribution of the diet of the Sichuan snub-nosed monkey(Rhinopithecus roxellana) in the Shennongjia nature reserve in china[J].Acta Theriologica Sinica,2015,35(1):14-28.

[14] DONG,T H.Ecology,behaviour and conservation of the Tonkin Snub nosed monkey(Rhinopithecus avunculus) in Vietnam[D].Canberra:The Australian National University(unpublished doctor dissertation),2012.

[15] QUYET L K,DUC N A,TAI V A,et al.Diet of the Tonkin snub-nosed monkey(Rhinopithecus avunculus) in the Khau Ca area, Ha Giang Province, Northeastern Vietnam [J]. Vietnamese Journal of Primatology,2007,1(1):75-83.

[16] DONG,T H.Ecology,behaviour and conservation of the Tonkin Snub nosed monkey(Rhinopithecus avunculus) in Vietnam[D].Canberra:The Australian National University(unpublished doctor dissertation),2012.

第二节 高黎贡山黑仰鼻猴食源植物名录*

高黎贡山黑仰鼻猴食源植物名录，是记载高黎贡山黑仰鼻猴食源植物的基础资料，包括 42 科 75 属 164 种。被子植物的编排按 1926 年、1934 年 J. Hutchinson 的系统排列，各科按原系统的科号编号，科下的属、种、亚种、变种按拉丁学名字母顺序排列。名录编制主要参考《云南植物志》《中国植物志》《横断山区维管植物》《高黎贡山植物》及 *Flora of China* 的有关卷册。植物的中文名称来源于 *Flora of China*。此外，按照《中国植被》的生活系统，记录了每种植物的生活型，并根据标本采集记录列举了每种植物的海拔和生境，同时注明了食用部位。

G4. 松科 Pinanceae

1. 华山松 Pinus armandii Franch.
凭证标本：YY 140。
常绿乔木。分布于海拔 2700～3000 m，中山湿性常绿阔叶林、铁杉阔叶混交林或铁杉-杜鹃混交林、次生常绿阔叶林。
黑仰鼻猴食其种子。

G6. 柏科 Gupressaceae

1. 小果垂枝柏 Sabina recurva var. coxii（A. B. Jackson）Cheng et L. K. Fu
凭证标本：YY 525。
常绿乔木。分布于海拔 2600～3600 m，中山湿性常绿阔叶林、铁杉阔叶混交林或铁杉-杜鹃混交林。
黑仰鼻猴食其种子。

1. 木兰科 Magnoliaceae

1. 贡山厚朴 Magnolia rostrata W. W. Smith
凭证标本：YY 19，22。
落叶乔木。分布于海拔 2000～2700 m，中山湿性常绿阔叶林。
黑仰鼻猴食其花和老叶。

2. 滇藏木兰 Magnolia campbellii Hook. f. et Thoms.
凭证标本：YY 526，527。
落叶乔木。分布于海拔 2510～3200 m，中山湿性常绿阔叶林、铁杉阔叶混交林或

*作者：杨寅、王新文、师花才、杨桂良、李维彪、段建萍、肖文，原载于《西部林业科学》，2017 年第 46 期（增刊Ⅱ），第 139-157 页，有改动。

铁杉-杜鹃混交林。

黑仰鼻猴食其芽、嫩叶、老叶、花和嫩枝。

3. 红花木莲 Manglietia insignis（Wall.）Blume

凭证标本：YY 25，453。

常绿乔木。分布于海拔 1900～2800 m，中山湿性常绿阔叶林、铁杉阔叶混交林或铁杉-杜鹃混交林。

黑仰鼻猴食其芽、嫩叶、花和种子。

4. 南亚含笑 Michelia doltsopa Chun et Y. F. Wu

凭证标本：YY 13，18。

常绿乔木。分布于海拔 1870～2800 m，中山湿性常绿阔叶林、铁杉阔叶混交林或铁杉-杜鹃混交林、次生常绿阔叶林。

黑仰鼻猴食其芽、嫩叶、老叶、花、种子和嫩枝。

5. 多花含笑 Michelia Floribunda Fi net et Gagn

凭证标本：YY 16，223。

常绿乔木。分布于海拔 1900～2450 m，中山湿性常绿阔叶林。

黑仰鼻猴食其芽、嫩叶、老叶、花、种子和嫩枝。

6. 独龙含笑 Michelia taronensis Handel-Mazzetti

凭证标本：YY 15。

常绿乔木。分布于海拔 2000～2500 m，中山湿性常绿阔叶林。

黑仰鼻猴食其芽、嫩叶、老叶、花、种子和嫩枝。

3. 五味子科 Schisandraceae

1. 大花五味子 Schisandra grandiflora（Wall.）Hook. f. et Thoms

凭证标本：YY 514，515。

攀缘灌木。分布于海拔 2649～3300 m，中山湿性常绿阔叶林、铁杉阔叶混交林或铁杉-杜鹃混交林、次生落叶阔叶林。

黑仰鼻猴食其芽、嫩叶、老叶、花、种子和嫩枝。

2. 翼梗五味子 Schisandra henryi Clarke.

凭证标本：YY 511，513。

攀缘灌木。分布于海拔 1600～2900 m，半湿性常绿阔叶林、中山湿性常绿阔叶林、铁杉阔叶混交林或铁杉-杜鹃混交林、次生常绿阔叶林。

黑仰鼻猴食其芽、嫩叶、老叶、花、种子和嫩枝。

3. 滇藏五味子 Schisandra neglecta A. C. Smith

凭证标本：YY 519，524。

攀缘灌木。分布于海拔 1820～2950 m，中山湿性常绿阔叶林、铁杉阔叶混交林或铁杉-杜鹃混交林、次生常绿阔叶林及落叶林。

黑仰鼻猴食其芽、嫩叶、老叶、花、种子和嫩枝。

4. 红花五味子 Schisandra rubriflora Rehder & E. H. Wilson

凭证标本：YY 516，518。

攀缘灌木。分布于海拔 2710～3100 m，中山湿性常绿阔叶林、铁杉阔叶混交林或铁杉-杜鹃混交林、次生常绿阔叶林。

黑仰鼻猴食其芽、嫩叶、老叶、花、种子和嫩枝。

6b. 连香树科 Tetracentraceae

1. 水青树 Tetracentron sinense Oliv.

凭证标本：YY 130，131。

落叶乔木。分布于海拔 2450～3000 m，中山湿性常绿阔叶林和落叶阔叶林。

黑仰鼻猴食其芽、嫩叶、老叶和树皮。

11. 樟科 Lauraceae

1. 无毛单花木姜子 Dodecadenia grandiflora Nees var. **griffithii**（Hook. f.）D. G. Long

凭证标本：YY 273，275。

常绿乔木。分布于海拔 2500～2900 m，中山湿性常绿阔叶林和次生常绿阔叶林。

黑仰鼻猴食其嫩叶和果。

2. 绒毛钓樟 Lindera floribunda（Allen）H. P. Tsui

凭证标本：YY 287，288。

常绿乔木。分布于海拔 2900～3100 m，铁杉阔叶混交林。

黑仰鼻猴食其芽和嫩叶。

3. 长尾钓樟 Lindera thomsonii Allen var. **vernayana**（Allen）H. P. Tsui

凭证标本：YY 286。

常绿乔木。分布于海拔 2600～3000 m，中山湿性常绿阔叶林、铁杉阔叶混交林、铁杉-竹林灌丛和次生常绿阔叶。

黑仰鼻猴食其嫩叶。

4. 滇藏钓樟 Lindera obtusiloba var. **heterophylla**（Meissn.）Tsui.

凭证标本：YY 268，272。

落叶乔木。分布于海拔 2450～3000 m，中山湿性常绿阔叶林和铁杉阔叶混交林。

黑仰鼻猴食其芽、嫩叶和老叶。

5. 山鸡椒 Litsea cubeba（Lour.）Pers.

凭证标本：YY 285。

落叶乔木。分布于海拔 2500～3200 m，中山湿性常绿阔叶林、铁杉阔叶混交林、落叶阔叶林和次生常绿阔叶林。

黑仰鼻猴食其芽、嫩叶、老叶、花和果。

6. 秃尽木姜 Litsea Kingii Hook. f.

凭证标本：YY 284，秋 005。

落叶乔木。分布于海拔 2253～3204 m，中山湿性常绿阔叶林、铁杉阔叶混交林、落叶阔叶林和高山灌丛。

黑仰鼻猴食其芽、嫩叶、老叶、花和果。

7. 红叶木姜子 Litsea rubesceus Lec.

凭证标本：YY 278，283。

落叶乔木。分布于海拔 1820～3000 m，中山湿性常绿阔叶林，铁杉阔叶混交林和次生常绿阔叶林和次生落叶阔叶林。

黑仰鼻猴食其芽、嫩叶、老叶、花和果。

8. 绢毛木姜子 Litsea Sericea Hook. f.

凭证标本：YY 281，282。

落叶乔木。分布于海拔 1820～3400 m，中山湿性常绿阔叶林、落叶阔叶林和高山灌丛。

黑仰鼻猴食其芽、嫩叶、老叶和果。

9. 红梗润楠 Machilus rufipes H. W. Li

凭证标本：YY 255，261。

常绿乔木。分布于海拔 2250～2710 m，中山湿性常绿阔叶林。

黑仰鼻猴食其芽、嫩叶、老叶、花、果、嫩枝和树皮。

10. 柳叶润楠 Machilus salicina Hance

凭证标本：YY 266。

常绿乔木。分布于海拔 2400～2600 m，中山湿性常绿阔叶林。

黑仰鼻猴食其芽、嫩叶、老叶、花、果、嫩枝和树皮。

11. 瑞丽润楠 Machilus shweliensis W. W. Sm.

凭证标本：YY 262，265。

常绿乔木。分布于海拔 2400～2500 m，中山湿性常绿阔叶林和次生常绿阔叶林。

黑仰鼻猴食其芽、嫩叶、老叶、花、果、嫩枝和树皮。

12. 华檫木 Sinosasafras flavinervia（Allen）H. W. Li

凭证标本：YY 276，277。

常绿乔木。分布于海拔 2300～2800 m，中山湿性常绿阔叶林和次生常绿阔叶林。

黑仰鼻猴偶食其老叶。

15. 毛茛科 Ranunculaceae

1. 滇川铁线莲 Clematis kockiana C. K. Schneider

凭证标本：YY 312，323。

攀缘草本。分布于海拔 2400～3063 m，中山湿性常绿阔叶林、铁杉针阔叶混交林和次生常绿阔叶林。

黑仰鼻猴食其嫩叶、老叶和花。

2. 绣球藤 Clematis Montana Buch. -Ham. ex DC

凭证标本：YY 314，316。

攀缘草本。分布于海拔 2600～3000 m，中山湿性常绿阔叶林、铁杉针阔叶混交林、铁杉-竹林灌丛和次生常绿阔叶林。

黑仰鼻猴食其嫩叶、老叶和花。

3. 长梗绣球藤 Clematis montana Buch. -Ham. ex DC var. longipes W. T. Wang

凭证标本：YY 318，319。

攀缘草本。分布于海拔 2130～3600 m，中山湿性常绿阔叶林、铁杉针阔叶混交林、铁杉-竹林灌丛、高山灌丛和次生常绿阔叶林。

黑仰鼻猴食其嫩叶、老叶和花。

4. 毛果绣球藤 Clematis Montana Buch. -Ham. ex DC var. trichogyma M. C. Chang

凭证标本：YY 317。

攀缘草本。分布于海拔 2370～2810 m，中山湿性常绿阔叶林、铁杉针阔叶混交林、次生常绿阔叶林和次生落叶阔叶林。

黑仰鼻猴食其嫩叶、老叶和花。

21. 木通科 Lardizaballaceae

1. 五风藤 Holboellia latifolia Wallioh

凭证标本：YY 217。

攀缘常绿灌木。分布于海拔 1780～3050 m，中山湿性常绿阔叶林、铁杉针阔叶混交林、次生常绿阔叶林和次生落叶阔叶林。

黑仰鼻猴食其芽、嫩叶、老叶、花蕾和果。

42. 远志科 Polygalaceae

1. 黄花倒水莲 Polygala fallax Hemsl.

凭证标本：YY 107，112。

落叶小乔木。分布于海拔 1820～3060 m，中山湿性常绿阔叶林、铁杉针阔叶混交林、次生常绿阔叶林和次生落叶阔叶林。

黑仰鼻猴食其嫩叶、老叶和果。

108. 山茶科 Theaceae

1. 云南凸脉柃 Eurya cavinervis Vesque

凭证标本：YY 119，123。

常绿乔木。分布于海拔 2500～3000 m，中山湿性常绿阔叶林和铁杉针阔叶混交林。

黑仰鼻猴食其芽和果。

2. 丽江柃 Eurya handel-mazzettii H. T. Chang.

凭证标本：YY 116，117。

常绿乔木。分布于海拔 2350～2800 m，中山湿性常绿阔叶林、次生常绿阔叶林和次生落叶阔叶林。

黑仰鼻猴食其果。

3. 景东柃 Eurya jintungensis Hu et L. K. Ling

凭证标本：YY 126。

常绿乔木。分布于海拔 1380～2720 m，中山湿性常绿阔叶林、次生落叶阔叶林。

黑仰鼻猴食其果。

4. 怒江柃 Eurya tsaii H. T. Chang.

凭证标本：YY 118，125。

常绿乔木。分布于海拔 1950～2800 m，中山湿性常绿阔叶林、次生落叶阔叶林。

黑仰鼻猴食其果。

5. 银木荷 Schima argentea E. Pritz. ex Diels.

凭证标本：YY 113，11。

常绿乔木。分布于海拔 1600～2800 m，中山湿性常绿阔叶林、次生落叶阔叶林。

黑仰鼻猴偶食其老叶。

112. 猕猴桃科 Actinidiaceae

1. 狗枣猕猴桃 Actinidia kolomikta（Maxim. & Rupr.）Maxim

凭证标本：YY 336，338。

攀缘灌木。分布于海拔 1600～2800 m，中山湿性常绿阔叶林、次生落叶阔叶林。

黑仰鼻猴偶食其芽、嫩叶和果。

2. 贡山猕猴桃 Actinidia kungshanensis C. Y. Wu et S. K. Chen

凭证标本：YY 348，350。

攀缘灌木。分布于海拔 2150～2800 m，中山湿性常绿阔叶林和次生常绿阔叶林。

黑仰鼻猴食其芽、嫩叶、老叶、花、果、嫩枝和树皮。

3. 疏毛猕猴桃 Actinidia pilosula（Fin. et Gagn）Stapf ex Hand. -Mazz.

凭证标本：YY 346，347。

攀缘灌木。分布于海拔 2200～3300 m，中山湿性常绿阔叶林、铁杉针阔叶混交林、次生常绿阔叶林和次生落叶林。

黑仰鼻猴食其芽、嫩叶、老叶、花、果、嫩枝和树皮。

4. 显脉猕猴桃 Actinidia venosa Rehd.

凭证标本：YY 339，345。

攀缘灌木。分布于海拔 2400～3100 m，中山湿性常绿阔叶林、铁杉针阔叶混交林、铁杉-竹林灌丛、次生常绿阔叶林和次生落叶阔叶林。

黑仰鼻猴食其芽、嫩叶、老叶、花、果和嫩枝。

142. 八仙花科 Hydrangeaceae

1. 西南绣球 Hydrangea davidii Franch.

凭证标本：YY 43，49。

落叶灌木。分布于海拔 1820～2800 m，中山湿性常绿阔叶林、铁杉针阔叶混交林、次生常绿阔叶林和次生落叶阔叶林。

黑仰鼻猴食其嫩叶和花序，偶食老叶。

2. 微绒绣球 Hydrangea heteromalla D. don

凭证标本：YY 44，46。

落叶灌木。分布于海拔 2850～3200 m，铁杉针阔叶混交林和落叶阔叶林。

黑仰鼻猴食其嫩叶、老叶、花序和嫩枝。

3. 绣球一种（中文名暂无）Hydrangea sp.

凭证标本：YY 42。

落叶灌木。分布于海拔 3100～3200 m，铁杉针阔叶混交林和落叶阔叶林。

黑仰鼻猴食其嫩叶、老叶、花序和嫩枝。

143. 蔷薇科 Rosaceae

1. 山桃 Amygdalus persica Li.

凭证标本：YY 36。

落叶乔木。分布于海拔 1600～2510 m，中山湿性常绿阔叶林、次生落叶阔叶林。

黑仰鼻猴食其老叶和果。

2. 梅 Armeniaca mume Sieb.

凭证标本：YY 37，38。

落叶乔木。分布于海拔 1600～2510 m，中山湿性常绿阔叶林、次生落叶阔叶林。

黑仰鼻猴食其老叶和果。

3. 尖尾樱桃 Cerasus caudata（Franch.）Yu et Li

凭证标本：YY 355，361。

落叶乔木。分布于海拔 2800～3450 m，中山湿性常绿阔叶林、铁杉针阔叶混交林、铁杉-竹林灌丛、落叶阔叶林和次生常绿阔叶林。

黑仰鼻猴食其芽、嫩叶、老叶、花、果、嫩枝和树皮。

4. 微毛樱桃 Cerasus clarofolia（Schneid）Yu et Li

凭证标本：YY 367，368。

落叶乔木。分布于海拔 1812～2800 m，中山湿性常绿阔叶林、次生落叶阔叶林。

黑仰鼻猴食其芽、嫩叶、老叶、花、果、嫩枝和树皮。

5. 细花蒙自樱桃 Cerasus henryi（Schneid）Yu et Li

凭证标本：YY 354，369。

落叶乔木。分布于海拔 1600～2700 m，中山湿性常绿阔叶林、次生落叶阔叶林。

黑仰鼻猴食其芽、嫩叶、老叶、花、果、嫩枝和树皮。

6. 镇康栒子 Cotoneaster chengkangensis Yu

凭证标本：YY 4，328。

落叶灌木。分布于海拔 2300～2900 m，中山湿性常绿阔叶林、铁杉针阔叶混交林和次生常绿阔叶林。

黑仰鼻猴食其果。

7. 西南栒子 Cotoneaster franchetii Bois

凭证标本：YY 329，330。

常绿灌木。分布于海拔 1820～3080 m，中山湿性常绿阔叶林、铁杉针阔叶混交林、次生常绿阔叶林和次生落叶阔叶林。

黑仰鼻猴食其果。

8. 两列栒子 Cotoneaster nitidus Jacq.

凭证标本：YY 331，335。

常绿灌木。分布于海拔 2700～3200 m，中山湿性常绿阔叶林、铁杉针阔叶混交林、铁杉-竹林灌丛、高山灌丛、次生常绿阔叶林和次生落叶阔叶林。

黑仰鼻猴食其果。

9. 疣枝栒子 Cotoneaster verruculos Diels

凭证标本：YY 324，326。

常绿灌木。分布于海拔 2800～3250 m，中山湿性常绿阔叶林、铁杉针阔叶混交林、铁杉-竹林灌丛、高山灌丛、次生常绿阔叶林和次生落叶阔叶林。

黑仰鼻猴食其果。

10. 长叶桂樱 Laurocerasus dolichophylla Yu et Li

凭证标本：YY 30，35。

落叶乔木。分布于海拔 2310～3050 m，中山湿性常绿阔叶林、铁杉针阔叶混交林和次生常绿阔叶林。

黑仰鼻猴食其嫩叶、老叶、花、果和嫩枝。

11. 苹果属一种（中文名暂无）Malus sp.

凭证标本：YY 353。

落叶乔木。分布于海拔 2400～2600 m，中山湿性常绿阔叶林。

黑仰鼻猴食其嫩叶。

12. 粗梗稠李 Padus napaulensis（Ser.）Schneid

凭证标本：YY 28，29。

落叶乔木。分布于海拔 2500～2700 m，中山湿性常绿阔叶林、次生落叶阔叶林。

黑仰鼻猴食其芽、嫩叶、老叶、花、果和嫩枝。

13. 细齿稠李 Padus obtusata（Koehne）Yu et Ku

凭证标本：YY 26。

落叶乔木。分布于海拔 2276～3000 m，中山湿性常绿阔叶林、铁杉针阔叶混交林和次生常绿阔叶林。

黑仰鼻猴食其嫩叶、老叶、花和果。

14. 宿鳞稠李 Padus perulata（Koehne）Yu et Ku

凭证标本：YY 27。

落叶乔木。分布于海拔 1600～2510 m，中山湿性常绿阔叶林、次生落叶阔叶林。

黑仰鼻猴食其芽、嫩叶、花和果，偶食老叶。

15. 全缘石楠 Photinia integrifolia Lindl.

凭证标本：YY 39，41。

常绿乔木。分布于海拔 1860～2800 m，中山湿性常绿阔叶林和次生常绿阔叶林。

黑仰鼻猴食其芽、嫩叶、花和果，偶食老叶。

16. 中国李 Prunus salicina Lindl.

凭证标本：YY 351。

落叶乔木。分布于海拔 1600～2600 m，中山湿性常绿阔叶林、次生落叶阔叶林。

黑仰鼻猴食其芽、嫩叶、花和果。

17. 毛背花楸 Sorbus aronioides Rehd.

凭证标本：YY 370。

落叶乔木。分布于海拔 2276～3000 m，中山湿性常绿阔叶林和铁杉针阔叶混交林。

黑仰鼻猴食其嫩叶、老叶、花和果。

18. 冠萼花楸 Sorbus Coronata（Cardot）T. T. Yü & Tsai

凭证标本：YY 371，374。

落叶乔木。分布于海拔 2350～2970 m，中山湿性常绿阔叶林、铁杉针阔叶混交林、次生常绿阔叶林和次生落叶阔叶林。

黑仰鼻猴食其嫩叶、老叶和果。

19. 卷边花楸 Sorbus insignis（Hook. f.）Hedl.

凭证标本：YY 375，378。

落叶乔木。分布于海拔 2700～3100 m，中山湿性常绿阔叶林、铁杉针阔叶混交林、落叶阔叶林和次生常绿阔叶林。

黑仰鼻猴食其芽、嫩叶、老叶、花、果和嫩枝。

20. 少齿花楸 Sorbus oligodonta（Cardot）Hand. -Mazz.

凭证标本：YY 384，386。

落叶乔木。分布于海拔 2650～3600 m，中山湿性常绿阔叶林、铁杉针阔叶混交林、铁杉-竹林灌丛和高山灌丛。

黑仰鼻猴食其嫩叶、老叶和果。

21. 蕨叶花楸 Sorbus pteridophylla Hand. -Mazz.

凭证标本：YY 389，392。

落叶灌木。分布于海拔 2181～3100 m，中山湿性常绿阔叶林、铁杉针阔叶混交林、次生常绿阔叶林和次生落叶阔叶林。

黑仰鼻猴食其嫩叶、老叶、花和果。

22. 鼠李叶花楸 Sorbus rhamnoides（Decne）Rehd.

凭证标本：YY 388。

落叶乔木。分布于海拔 1793～3100 m，中山湿性常绿阔叶林、铁杉针阔叶混交林、落叶阔叶林、次生常绿阔叶林和次生落叶阔叶林。

黑仰鼻猴食其嫩叶、老叶和果。

23. 康藏花楸 Sorbus thibetica（Cardot）Hand. -Mazz.

凭证标本：YY 387。

落叶乔木。分布于海拔 2780～3400 m，铁杉针阔叶混交林、落叶阔叶林、铁杉-竹林灌丛和次生针阔叶混交林。

黑仰鼻猴食其嫩叶、老叶和果。

24. 川滇花楸 Sorbus vilmorinii（Hook. f.）Hedl.

凭证标本：YY 379，383。

落叶灌木。分布于海拔 2830～3600 m，中山湿性常绿阔叶林、铁杉针阔叶混交林、落叶阔叶林、高山灌丛和次生常绿阔叶林。

黑仰鼻猴食其嫩叶、老叶、花、果和嫩枝。

148. 蝶形花科 Papilionaceae

1. 含羞草叶黄檀 Dalbergia mimosoides Franch.

凭证标本：YY 141。

落叶乔木。分布于海拔 1600～2000 m，中山湿性常绿阔叶林、次生落叶阔叶林。

黑仰鼻猴食其嫩叶。

154. 黄杨科 Buxaceae

1. 云南野扇花 Sarcococca wallichii Stapf

凭证标本：YY 2，135。

常绿灌木。分布于海拔 1823～2700 m，中山湿性常绿阔叶林、次生落叶阔叶林。

黑仰鼻猴食其嫩叶和嫩枝。

156. 杨柳科 Salicaceae

1. 山杨 Populus davidiana Dode

凭证标本：YY 2，135。

落叶乔木。分布于海拔 1600～2800 m，中山湿性常绿阔叶林、次生落叶阔叶林。

黑仰鼻猴食其嫩叶和老叶。

2. 清溪杨 Populus rotundifolia Griff var. **duclouxiana**（Dode）Gomb.

凭证标本：YY 306，309。

落叶乔木。分布于海拔 2530～2900 m，中山湿性常绿阔叶林、铁杉针阔叶混交林、次生常绿阔叶林和次生针叶林。

黑仰鼻猴食其嫩枝、老叶、嫩枝和树皮。

3. 中华柳 Salix cathayana Diels

凭证标本：YY 297。

落叶乔木。分布于海拔 2800～3300 m，中山湿性常绿阔叶林、铁杉针阔叶混交林、高山灌丛和次生常绿阔叶林。

黑仰鼻猴食其芽和嫩枝。

4. 大理柳 Salix daliensis C. F. Fang et S. D. Chao

凭证标本：YY 299。

落叶乔木。分布于海拔 1820～3125 m，中山湿性常绿阔叶林、高山灌丛、次生常绿阔叶林、次生落叶林。

黑仰鼻猴食其芽和嫩枝。

5. 异色柳 Salix dibapha Roxh. Ex D. Don

凭证标本：YY 303，304。

落叶乔木。分布于海拔 1859～2810 m，中山湿性常绿阔叶林、次生常绿阔叶林和次生落叶林。

黑仰鼻猴食其芽和嫩枝。

6. 皂柳 Salix wallichiana Anders.

凭证标本：YY 302，305。

落叶乔木。分布于海拔 2200～3200 m，中山湿性常绿阔叶林、铁杉针阔叶混交林、铁杉-竹林灌丛、高山灌丛、次生常绿阔叶林和次生落叶林。

黑仰鼻猴食其芽和嫩枝。

161. 桦木科 Betulaceae

1. 西南桦 Betula alnoides Buch. -Ham. ex D. Don

凭证标本：YY 85，86。

落叶乔木。分布于海拔 1820～2800 m，中山湿性常绿阔叶林、次生常绿阔叶林和次生落叶林。

鼻猴食其芽、嫩枝和老叶。

2. 长穗桦 Betula cylindrostachya Lindl.

凭证标本：YY 80，84。

落叶乔木。分布于海拔 1820~2800 m，中山湿性常绿阔叶林、次生常绿阔叶林和次生落叶林。

黑仰鼻猴食其芽、嫩枝和老叶。

3. 高山桦 Betula delavayi Franch.

凭证标本：YY 87，88。

落叶乔木。分布于海拔 2500~2650 m，中山湿性常绿阔叶林、铁杉针阔叶混交林、落叶林、次生常绿阔叶林和次生落叶林。

黑仰鼻猴食其嫩枝和老叶。

4. 光皮桦 Betula luminifera H. Winkl.

凭证标本：YY 78，89。

落叶乔木。分布于海拔 2700~2900 m，中山湿性常绿阔叶林和铁杉针阔叶混交林。

黑仰鼻猴食其芽、嫩枝和老叶。

5. 糙皮桦 Betula utilis D. Don

凭证标本：YY 79。

落叶乔木。分布于海拔 2530~3000 m，中山湿性常绿阔叶林、落叶阔叶林和次生常绿阔叶林。

黑仰鼻猴食其芽、嫩枝和老叶。

162. 榛科 Corylaceae

1. 滇鹅耳枥 Carpinus monbeigiana Hand. Wazz

凭证标本：YY 76，90。

落叶乔木。分布于海拔 1800~2600 m，中山湿性常绿阔叶林、次生落叶阔叶林。

黑仰鼻猴食其嫩枝和老叶。

2. 滇刺榛 Corylus ferax Wall.

凭证标本：YY 75。

落叶乔木。分布于海拔 2500~3010 m，中山湿性常绿阔叶林、铁杉针阔叶混交林、落叶林和次生针阔叶混交林。

黑仰鼻猴食其芽、嫩枝、老叶、花、种子和嫩枝。

163. 壳斗科 Fagaceae

1. 毛叶曼青冈 Cyclobalanopsis gambleana（A. Camus）Y. C. Hsu et H. W. Jen

凭证标本：YY 76，100。

常绿乔木。分布于海拔 1600～2718 m，中山湿性常绿阔叶林、次生落叶阔叶林。黑仰鼻猴食其种子。

2. 薄片青冈 Cyclobalanopsis lamellosa（Smith）Oerst

凭证标本：YY 93，101。

常绿乔木。分布于海拔 2250～2600 m，中山湿性常绿阔叶林、次生落叶阔叶林。黑仰鼻猴食其种子，偶食嫩叶。

3. 华南石砾 Lithocarpus fenestratus（Roxburgh）Rehd

凭证标本：YY 102，103。

常绿乔木。分布于海拔 2310～2800 m，中山湿性常绿阔叶林、次生落叶阔叶林。黑仰鼻猴食其芽、嫩叶和种子。

4. 硬斗石砾 Lithocarpus hancei（Benth.）Rehd

凭证标本：YY 91，92。

常绿乔木。分布于海拔 1820～2430 m，中山湿性常绿阔叶林、次生落叶阔叶林。黑仰鼻猴食其种子。

5. 厚叶石砾 Lithocarpus pachyphyllus（Kurz）. Rehd

凭证标本：YY 104，106。

常绿乔木。分布于海拔 1820～2820 m，中山湿性常绿阔叶林、次生落叶阔叶林。黑仰鼻猴食其芽、嫩叶和种子。

6. 巴东砾 Quercus engleriana Seem.

凭证标本：YY 95。

常绿乔木。分布于海拔 2700～2800 m，中山湿性常绿阔叶林和铁杉针阔叶混交林。黑仰鼻猴食其种子。

7. 大叶砾 Quercus griffithii Hook. f. et Thoms ex Miq

凭证标本：YY 99。

落叶乔木。分布于海拔 1600～2600 m，中山湿性常绿阔叶林、次生落叶阔叶林。黑仰鼻猴食其种子。

165. 榆科 Ulmaceae

1. 小果榆 Ulmus microcarpus L. K. Fu

凭证标本：YY 71，74。

落叶乔木。分布于海拔 2500～2800 m，中山湿性常绿阔叶林和次生常绿阔叶林。黑仰鼻猴食其芽、嫩叶和老叶。

171. 冬青科 Aquifoliaceae

1. 小核冬青 Ilex micropyrena C. Y. Wu ex Y. R. Li

凭证标本：YY 396，509。

常绿灌木。分布于海拔 2400～2500 m，中山湿性常绿阔叶林。

黑仰鼻猴偶食其芽和嫩叶。

2. 锡金冬青 Ilex sikkimemsis Kurz

凭证标本：YY 510。

常绿乔木。分布于海拔 2600～3000 m，中山湿性常绿阔叶林、铁杉针阔叶混交林和次生常绿阔叶林。

黑仰鼻猴食其芽、嫩叶、花、果和嫩枝，偶食老叶。

3. 云南冬青 Ilex yunnanensis Franch.

凭证标本：YY 505，508。

常绿乔木。分布于海拔 2500～3000 m，中山湿性常绿阔叶林、铁杉针阔叶混交林、次生常绿阔叶林和次生落叶阔叶林。

黑仰鼻猴食其芽、嫩叶、花、果和嫩枝，偶食老叶。

173a. 十齿花科 Dipentodontaceae

1. 十齿花 Dipentodon sinicus Dunn

凭证标本：YY 127，129。

落叶乔木。分布于海拔 1809～2800 m，中山湿性常绿阔叶林、次生落叶阔叶林。

黑仰鼻猴食其芽、嫩叶和老叶。

173. 卫矛科 Celastraceae

1. 冷地卫矛 Euonymus frigidus Wall.

凭证标本：YY 395，479。

落叶乔木。分布于海拔 1600～3450 m，中山湿性常绿阔叶林、铁杉针阔叶混交林、落叶阔叶林、铁杉-竹林灌丛、高山灌丛、次生常绿阔叶林和次生落叶阔叶林。

黑仰鼻猴食其果和偶食嫩叶。

190. 鼠李科 Rhamnaceae

1. 云南勾儿茶 Berchemia yunnanensis Franch.

凭证标本：YY 136。

攀缘灌木。分布于海拔 2700～3050 m，中山湿性常绿阔叶林和铁杉针阔叶混交林。

黑仰鼻猴食其芽、嫩叶、老叶和花序。

194. 芸香科 Rutaceae

1. 乔木茵芋 Skimmia arborescens T. Anderson ex Gamble

凭证标本：YY 55，69。

常绿乔木。分布于海拔 2300～3100 m，中山湿性常绿阔叶林、铁杉针阔叶混交林、落叶阔叶林、次生常绿阔叶林和次生落叶阔叶林。

黑仰鼻猴食其芽、嫩叶、老叶、花序、果、嫩枝和树皮。

200. 槭树科 Aceraceae

1. 藏南槭 Acer campbelli Hook. f. et Thoms. ex Hiern

凭证标本：YY 156，162。

落叶乔木。布于海拔 2200～3000 m，中山湿性常绿阔叶林、铁杉针阔叶混交林和次生常绿阔叶林。

黑仰鼻猴食其芽、嫩叶和果。

2. 青榨槭 Acer davidii Franch.

凭证标本：YY 153，192。

落叶乔木。分布于海拔 1600～2600 m，中山湿性常绿阔叶林、次生落叶阔叶林。

黑仰鼻猴食其芽和嫩叶。

3. 丽江槭 Acer forrestii Diels

凭证标本：YY 173，175。

落叶乔木。分布于海拔 3000～3500 m，中山湿性常绿阔叶林、铁杉针阔叶混交林、铁杉-竹林灌丛和高山灌丛。

黑仰鼻猴食其芽、嫩叶和花。

4. 锐齿枫 Acer hookeri Miq.

凭证标本：YY 169，171。

落叶乔木。分布于海拔 2350～2600 m，中山湿性常绿阔叶林、次生落叶阔叶林。

黑仰鼻猴食其芽、嫩叶和果。

5. 五裂槭 Acer oliverianum Pax

凭证标本：YY 176，178。

落叶乔木。分布于海拔 2300～2800 m，中山湿性常绿阔叶林和次生常绿阔叶林。

黑仰鼻猴食其芽和嫩叶。

6. 篦齿槭 Acer pectinatun Wall. ex Nichols.

凭证标本：YY 165，167。

落叶乔木。分布于海拔 2700～3400 m，中山湿性常绿阔叶林和铁杉针阔叶混交林。

黑仰鼻猴食其芽和嫩叶。

7. 细齿锡金槭 Acer sikkimense var. **serrulatum** Pax.

凭证标本：YY 528。

落叶乔木。分布于海拔 2080～2600 m，中山湿性常绿阔叶林和次生常绿阔叶林。

黑仰鼻猴食其芽、嫩叶和花。

8. 独龙槭 Acer taronense Hand.-Mazz

凭证标本：YY 155，164。

落叶乔木。分布于海拔 2080～2600 m，中山湿性常绿阔叶林和次生常绿阔叶林。黑仰鼻猴食其芽、嫩叶和花。

9. 滇藏槭 Acer wardii W. W. Smith

凭证标本：YY 163。

落叶乔木。分布于海拔 2500～3000 m，中山湿性常绿阔叶林、铁杉针阔叶混交林。黑仰鼻猴食其芽、嫩叶、果和嫩枝，偶食老叶。

10. 槭一种（中文名暂无）Acer sp.

凭证标本：YY 185。

落叶乔木。分布于海拔 2510～2850 m，中山湿性常绿阔叶林和次生常绿阔叶林。黑仰鼻猴食其芽和嫩叶。

11. 槭一种（中文名暂无）Acer sp.

凭证标本：YY 187。

落叶乔木。分布于海拔 2900 m，铁杉针阔叶混交林。黑仰鼻猴食其嫩叶。

201. 青风藤科 Sabiaceae

1. 小花青风藤 Salia Parviflora Wall. ex Roxb

凭证标本：YY 498。

攀缘灌木。分布于海拔 2900～3000 m，铁杉针阔叶混交林。黑仰鼻猴食其芽、嫩叶、老叶、花、果和嫩枝。

2. 云南青风藤 Salia yunnanensis Franch.

凭证标本：YY 494，499。

攀缘灌木。分布于海拔 1823～3197 m，中山湿性常绿阔叶林、铁杉针阔叶混交林、落叶阔叶林、高山灌丛、次生常绿阔叶林和次生落叶阔叶林。黑仰鼻猴食其芽、嫩叶、老叶、花、果和嫩枝。

209c. 青荚叶科 Helwingiaceae

1. 青荚叶 Helwingia jianica（Thunb.）Dietr.

凭证标本：YY 501。

落叶灌木。分布于海拔 1823～2600 m，中山湿性常绿阔叶林、次生落叶阔叶林。黑仰鼻猴食其嫩叶、老叶、花、果、嫩枝和皮。

2. 西藏青荚叶 Helwingia himalaica Hook. f. et Thmos. ex C. B. Clarke

凭证标本：YY 502，504。

常绿灌木。分布于海拔 1600～3000 m，中山湿性常绿阔叶林、铁杉针阔叶混交林、落叶阔叶林、高山灌丛、次生常绿阔叶林和次生落叶阔叶林。黑仰鼻猴食其嫩叶、老叶、花、果、嫩枝和皮。

212. 五加科 Araliaceae

1. 吴茱萸叶五加 Gamblea ciliata C. B. Clarke

凭证标本：YY 203，208。

落叶乔木。分布于海拔 2650～3400 m，中山湿性常绿阔叶林、铁杉针阔叶混交林、落叶阔叶林、铁杉-竹林灌丛和次生常绿阔叶林。

黑仰鼻猴食其芽、嫩叶、老叶、花、果和嫩枝。

2. 单叶常春木 Merrilliopanax listeri（King）Li

凭证标本：YY 218。

常绿灌木。分布于海拔 2050～2800 m，中山湿性常绿阔叶林和次生常绿阔叶林。

黑仰鼻猴食其芽、嫩叶、老叶、花、嫩枝和叶梗。

3. 总序五叶参 Pentapanax racemosus Seem.

凭证标本：YY 209，214。

落叶乔木。分布于海拔 2250～2800 m，中山湿性常绿阔叶林和次生常绿阔叶林。

黑仰鼻猴食其芽、嫩叶和老叶。

4. 云南五叶参 Pentapanax yunnanensis Franch

凭证标本：YY 210。

落叶乔木。分布于海拔 2400～2500 m，中山湿性常绿阔叶林。

黑仰鼻猴食其芽、嫩叶和老叶。

5. 云南鹅掌柴 Schefflera elliptica（Blume）Harms

凭证标本：YY 196。

常绿乔木。分布于海拔 2500～2600 m，中山湿性常绿阔叶林。

黑仰鼻猴食其芽、嫩叶、老叶、嫩枝、叶梗和枝干。

6. 无毛鹅掌柴 Schefflera glabrescens Frodin

凭证标本：YY 193，200。

常绿乔木。分布于海拔 2600～2900 m，中山湿性常绿阔叶林和铁杉针阔叶混交林。

黑仰鼻猴食其芽、嫩叶、老叶、嫩枝、皮、叶梗和枝干。

7. 红河鹅掌柴 Schefflera hoi（Dunn）Viguier

凭证标本：YY 194。

常绿乔木。分布于海拔 2600～2800 m，中山湿性常绿阔叶林和次生阔叶林。

黑仰鼻猴食其老叶、嫩枝、皮、叶梗和枝干。

8. 瑞丽鹅掌柴 Schefflera shweliensis W. W. Smith

凭证标本：YY 199，202。

常绿乔木。分布于海拔 1900～2800 m，中山湿性常绿阔叶林和次生阔叶林。

黑仰鼻猴食其芽、嫩叶、嫩枝、皮、叶梗和枝干。

215. 杜鹃花科 Ericaceae

1. 圆叶珍珠花 Lyonia doyonensis（Hand.-Mazz.）Hand.-Mazz.

凭证标本：YY 448，451。

落叶乔木。分布于海拔 2510～3125 m，中山湿性常绿阔叶林、铁杉针阔叶混交林、落叶阔叶林、高山灌丛和次生常绿阔叶林。

黑仰鼻猴食其嫩叶。

2. 米饭花 Lyonia ovalifolia（Wall.）Drude

凭证标本：YY 452。

落叶乔木。分布于海拔 1809～3020 m，中山湿性常绿阔叶林、铁杉针阔叶混交林、落叶阔叶林、铁杉-竹林灌丛、次生常绿阔叶林、次生落叶林。

黑仰鼻猴食其嫩叶。

3. 夺目杜鹃 Rhododendron arizelum Balf. f. et Forrest

凭证标本：YY 445，447。

常绿乔木。分布于海拔 2700～3600 m，中山湿性常绿阔叶林、铁杉针阔叶混交林、落叶阔叶林和高山灌丛。

黑仰鼻猴食其花。

4. 香花白杜鹃 Rhododendron ciliipes Hutch.

凭证标本：YY 415，434。

附生常绿灌木。分布于海拔 2253～2810 m，中山湿性常绿阔叶林、铁杉针阔叶混交林和次生常绿阔叶林。

黑仰鼻猴食其花。

5. 大白花杜鹃 Rhododendron decorum Franch.

凭证标本：YY 408，410。

常绿乔木。分布于海拔 2253～2810 m，中山湿性常绿阔叶林、铁杉针阔叶混交林和次生常绿阔叶林。

黑仰鼻猴食其花。

6. 泡泡叶杜鹃 Rhododendron edgeworthii Hook. f.

凭证标本：YY 435，10。

附生常绿灌木。分布于海拔 2737～3100 m，中山湿性常绿阔叶林、铁杉针阔叶混交林和次生常绿阔叶林。

黑仰鼻猴食其花。

7. 绵毛房杜鹃 Rhododendron facetum Balf. f. et. W. W. Wazd

凭证标本：YY 410。

常绿灌木。分布于海拔 2130～2720 m，中山湿性常绿阔叶林和次生常绿阔叶林。

黑仰鼻猴食其花。

8. 一朵花杜鹃 Rhododendron monanthum Balf. f. et W. W. Smith

凭证标本：YY 02。

附生常绿灌木。分布于海拔 2700～3000 m，铁杉针阔叶混交林。

黑仰鼻猴食其花。

9. 火红杜鹃 Rhododendron neriiflorum Franch.

凭证标本：YY 436，437。

常绿灌木。分布于海拔 2800～3200 m，中山湿性常绿阔叶林、铁杉针阔叶混交林、铁杉-针竹林灌丛、落叶阔叶林和高山灌丛。

黑仰鼻猴食其花。

10. 大树杜鹃 Rhododendron protistum var. gigantewn（Tagg）Chamb. ex Cullen et Chamb

凭证标本：YY 432，433。

常绿乔木。分布于海拔 2450～2652 m，中山湿性常绿阔叶林。

黑仰鼻猴食其花。

11. 红棕杜鹃 Rhododendron rubiginosum Franch.

凭证标本：YY 432，433。

常绿乔木。分布于海拔 2450～2652 m，中山湿性常绿阔叶林。

黑仰鼻猴食其花

12. 银灰杜鹃 Rhododendron sidereum Balf. f.

凭证标本：YY 432，433。

常绿乔木。分布于海拔 2270～3310 m，中山湿性常绿阔叶林。

黑仰鼻猴食其花。

13. 凸尖杜鹃 Rhododendron sinogrande Balf. f. et. W. W. Smith

凭证标本：YY 430。

常绿乔木。分布于海拔 2480～3183 m，中山湿性常绿阔叶林、杉针阔叶混交林、落叶阔叶林和高山灌丛。

黑仰鼻猴食其花。

14. 硫磺杜鹃 Rhododendron sulfureum Franch.

凭证标本：YY 398，399。

附生常绿灌木。分布于海拔 2713～3000 m，中山湿性常绿阔叶林和针阔叶混交林。

黑仰鼻猴食其花。

15. 灰被杜鹃 Rhododendron tephropeplum Balf. f. et. Farrer

凭证标本：YY 405。

常绿灌木。分布于海拔 2700～3000 m，中山湿性常绿阔叶林和铁杉针阔叶混交林。

黑仰鼻猴食其花。

16. 白面杜鹃 Rhododendron zaleucum Balf. f. et. W. W. Smith

凭证标本：YY 402，404。

附生常绿灌木。分布于海拔 2710～3250 m，中山湿性常绿阔叶林、铁杉针阔叶混交林、高山灌丛和次生针叶林。

黑仰鼻猴食其花。

216. 越桔科 Vacciniaceae

1. 白花树萝卜 Agapetes mannii Hemsl.

凭证标本：YY 425，426。

附生常绿灌木。分布于海拔 2600～2800 m，中山湿性常绿阔叶林。

黑仰鼻猴食其嫩叶、果和嫩枝。

2. 苍山越桔 Vaccinium delavayi Franch.

凭证标本：YY 427，428。

附生常绿灌木。分布于海拔 2710～3100 m，中山湿性常绿阔叶林和针阔叶混交林。

黑仰鼻猴食其嫩叶、花、果和嫩枝。

3. 灯台越桔 Vaccinium bulleyanum（Diels）Sleumer

凭证标本：YY 420，421。

附生常绿灌木。分布于海拔 1930～2800 m，中山湿性常绿阔叶林、铁杉针阔叶混交林、落叶阔叶林和次生常绿阔叶林。

黑仰鼻猴食其嫩叶、花、果和嫩枝。

4. 树生越桔 Vaccinium dendrocharis Hand. -Mazz.

凭证标本：YY 422，423。

附生常绿灌木。分布于海拔 2633～3100 m，中山湿性常绿阔叶林、铁杉针阔叶混交林和落叶阔叶林。

黑仰鼻猴食其嫩叶、花、果和嫩枝。

5. 白果越桔 Vaccinium leucobotrys（Nutt.）Nicholson

凭证标本：YY 419。

附生常绿灌木。分布于海拔 2100～2800 m，中山湿性常绿阔叶林、铁杉针阔叶混交林和落叶阔叶林。

黑仰鼻猴食其嫩叶、花、果和嫩枝。

224. 安息香科 Styracaceae

1. 毛柱野茉莉 Styrax perkinsiae Rehd

凭证标本：YY 139。

落叶乔木。分布于海拔 2900 m，铁杉针阔叶混交林。

黑仰鼻猴食其嫩叶、老叶和花。

225. 山矾科 Symplocaceae

1. 坚木山矾 Symplocos dryophlia C. B. Clarke

凭证标本：YY 222，247。

常绿乔木。分布于海拔 2200～3127 m，中山湿性常绿阔叶林、铁杉针阔叶混交林、铁杉-竹林灌丛、高山灌丛和次生常绿阔叶林。

黑仰鼻猴食其芽、嫩叶、花、果、嫩枝和皮，偶食老叶。

2. 光亮灰木 Symplocos theaefolia D. Don

凭证标本：YY 248，253。

常绿乔木。分布于海拔 2600～3000 m，中山湿性常绿阔叶林、铁杉针阔叶混交林、次生常绿阔叶林和次生针叶林。

黑仰鼻猴食其芽、嫩叶、嫩枝。

229. 木樨科 Oleaceae

1. 散生女贞 Ligustrum confusum Decne

凭证标本：YY 462，463。

常绿乔木。分布于海拔 1809～2746 m，中山湿性常绿阔叶林、次生常绿阔叶林和次生落叶林。

黑仰鼻猴食其芽、嫩叶、老叶、花和果。

2. 紫药女贞 Ligustrum delavayanum Hariot

凭证标本：YY 466，467。

常绿灌木。分布于海拔 1640～2800 m，中山湿性常绿阔叶林、次生常绿阔叶林和次生落叶林。

黑仰鼻猴食其芽、嫩叶、老叶、花、果和皮。

3. 小蜡 Ligustrum sinense Lour.

凭证标本：YY 464，465。

常绿乔木。分布于海拔 2400～2800 m，中山湿性常绿阔叶林和次生常绿阔叶林。

黑仰鼻猴食其芽、嫩叶、老叶、花、果和皮。

233. 忍冬科 Caprifoliaceae

1. 纤细风吹箫 Leycesteria gracilis（Kurz）Airy-Shaw

凭证标本：YY 482，484。

落叶灌木。分布于海拔 2080～2800 m，中山湿性常绿阔叶林、次生落叶林。

黑仰鼻猴食其嫩叶、老叶、花和果。

2. 鬼吹箫 Leycesteria formosa Wall.

凭证标本：YY 480，481。

落叶灌木。分布于海拔 1809～3063 m，中山湿性常绿阔叶林、铁杉针阔叶混交林、次生常绿阔叶林和次生落叶林。

黑仰鼻猴食其嫩叶和老叶。

3. 淡红忍冬 Lonicera acuminata Wall.

凭证标本：YY 473，474。

攀缘灌木。分布于海拔 2310～3100 m，中山湿性常绿阔叶林、铁杉针阔叶混交林、次生常绿阔叶林和次生针叶林。

黑仰鼻猴食其芽、嫩叶、老叶、花和果。

4. 黑果忍冬 Lonicera nigra Linn.

凭证标本：YY 468。

落叶灌木。分布于海拔 2400～3400 m，中山湿性常绿阔叶林、铁杉针阔叶混交林、铁杉灌丛、高山灌丛、次生常绿阔叶林和次生针叶林。

黑仰鼻猴食其芽、嫩叶、花和果、偶食老叶。

5. 忍冬 Lonicera japonica Thunb.

凭证标本：YY 469，472。

攀缘灌木。分布于海拔 2440～3063 m，中山湿性常绿阔叶林、铁杉针阔叶混交林、次生常绿阔叶林、次生落叶林和次生针叶林。

黑仰鼻猴食其芽、嫩叶、老叶、花和果。

238. 菊科 Asteraceae

1. 千里光 Senecio scandens Buch. -Ham. ex D. Don

凭证标本：YY 132，133。

多年生草本。分布于海拔 1700～2950 m，中山湿性常绿阔叶林、铁杉针阔叶混交林、落叶阔叶林、次生常绿阔叶林、次生落叶林和次生针叶林。

黑仰鼻猴食其芽、嫩叶、老叶、花、嫩枝和皮。

293. 百合科 Liliaceae

1. 棒丝黄精 Polygonatum cathcartii Baker

凭证标本：YY 148，149。

多年生草本。分布于海拔 2400～3210 m，中山湿性常绿阔叶林、铁杉针阔叶混交林、落叶阔叶林、次生常绿阔叶林、次生落叶林和次生针叶林。

黑仰鼻猴食其嫩叶、老叶、花和果。

2. 点花黄精 Polygonatum punctatum Royle ex Kunth

凭证标本：YY 150。

多年生草本。分布于海拔 2170～2650 m，中山湿性常绿阔叶林和次生常绿阔叶林。

黑仰鼻猴食其嫩叶、老叶、花和果。

3. 腋花扭柄花 Streptopus simplex D. Don

凭证标本：YY 151，152。

多年生草本。分布于海拔 2700～3600 m，中山湿性常绿阔叶林、铁杉针阔叶混交林、铁杉-竹林灌丛、高山灌丛和次生针叶林。

黑仰鼻猴食其嫩叶、老叶、花和果。

297. 菝葜科 Smilacaceae

1. 防己叶菝葜 Smilax menispermoidea A. DC.

凭证标本：YY 144，147。

攀缘灌木。分布于海拔 2900～3250 m，铁杉针阔叶混交林、次生常绿阔叶林、铁杉-竹林灌丛和高山灌丛。

黑仰鼻猴食其芽、嫩叶、老叶、花和果。

326. 兰科 Orchidaceae

1. 金耳石斛 Dendrobium hookerianum Lindl.

凭证标本：YY 459。

附生兰花。分布于海拔 1600～2300 m，中山湿性常绿阔叶林和次生常绿阔叶林。

黑仰鼻猴食其花和果。

2. 片马贝母兰 Coelogyne pianmaensis R. Li & Z. L. Dao

凭证标本：YY 456，457。

附生兰花。分布于海拔 2600～3130 m，中山湿性常绿阔叶林和铁杉针阔叶混交林。

黑仰鼻猴食其花、果和假鳞茎。

3. 卵叶贝母兰 Coelogyne occultata J. D. Hooker

凭证标本：YY 455。

附生兰花。分布于海拔 1900～2400 m，中山湿性常绿阔叶林。

黑仰鼻猴食其花、果和假鳞茎。

4. 眼斑贝母兰 Coelogyne corymbosa Lindl.

凭证标本：YY 458。

附生兰花。分布于海拔 1600～3100 m，中山湿性常绿阔叶林和铁杉针阔叶混交林。

黑仰鼻猴食其花、果和假鳞茎。

331. 莎草科 Cyperaceae

1. 亮果苔草 Carex nitidiutriculata L. K. Dai

凭证标本：YY 393。

多年生草本。分布于海拔 1859～3007 m，中山湿性常绿阔叶林、铁杉针阔叶混交林、落叶阔叶林、次生常绿阔叶林、次生落叶林和次生针叶林。

黑仰鼻猴食其嫩叶和根茎。

332a. 竹亚科 Bambusoideae

1. 矩鞘箭竹 Fargesia orbiculata Yi

凭证标本：YY 460。

多年生草本。分布于海拔 3150～3600 m，铁杉针阔叶混交林、铁杉-竹林灌丛、落叶阔叶林和高山灌丛。

黑仰鼻猴食其竹笋。

2. 云龙箭竹 Fargesia papyrifera Yi

凭证标本：YY 461。

多年生草本。分布于海拔 2500～3180 m，中山湿性常绿阔叶林、铁杉针阔叶混交林、落叶阔叶林、次生常绿阔叶林和次生针叶林。

黑仰鼻猴食其竹笋。

第八章　高黎贡山地衣名录*

地衣是真菌与绿藻（或蓝细菌）互惠共生生物，是一类具有稳定遗传特征的微型生态系统，也被称为地衣型真菌。地衣型真菌绝大多数隶属于子囊菌门（约99.00%），极少数隶属于担子菌门（约1.00%）。地衣也是一类重要生物资源，不仅在民间被广泛药用和食用，也被用于制作抗生素、香料和染料等。地衣的共生特性使其具有很强的生态适应性，但地衣对环境污染却极为敏感，因此也常被用于环境监测中。

目前，全球已知地衣约有1.9万种，中国已报道的约3000种，云南有记载的有1068种。但由于中国地衣研究起步较晚，研究相对滞后，更多的地衣物种还有待更进一步被认识。

高黎贡山地区的地衣类植物至今尚未开展过系统和全面的考察和分类学研究，我们根据臧穆、黎兴江、王立松等多年来对高黎贡山地区标本的采集、积累（这些标本目前馆藏于中国科学院昆明植物研究所标本馆，KUN）共清理出高黎贡山地区的地衣标本1894号，经分类学鉴定，共221种地衣植物（隶属于34个科）。

高黎贡山地处横断山最西端，其地衣种类组成特征明显，一些高山地衣与热带地衣物种在此交汇，使高黎贡山地区的地衣物种具有较高的多样性。其中包括了高山地衣的一些代表物种，如：高山扁桃盘衣 *Amygdalaria aeolotera*、雪地茶 *Thamnolia subuliformis*、白角衣 *Siphula ceratites* 等，都是青藏高原高山地衣向南延伸分布的典型代表。同时高黎贡山地区也分布着寒温带针叶林中的代表地衣物种，如繁鳞石蕊 *Cladonia fenestralis*、槽枝衣 *Sulcaria sulcata* 和平滑牛皮叶 *Sticta nylanderiana* 等；温带阔叶林中的代表地衣物种，如聚筛蕊 *Cladia aggregata*、条双歧根 *Hypotrachyna cirrhata*、网脊肺衣 *Lobaria retigera* 和皮革肾岛衣 *Nephromopsis pallescen* 等。高黎贡山境内的主要地衣属热带成分，拟树绒枝 *Leprocaulon pseudoarbuscula*、黄假杯点 *Pseudocyphellaria aurata*、扇柄牛皮叶 *Sticta gracilis* 以及壳状和叶生地衣类群如絮衣属 *Byssolecania*、美衣属 *Calopadia*、文字衣属 *Graphis* 等是高黎贡山地区的优势地衣物种。

本章所列的名录是首次对高黎贡山地衣物种开展系统的整理，从鉴定的物种中可见该地区地衣的物种组成多样性。由于大部分的壳状地衣类群如小核衣科 Pyrenulaceae、网衣科 Lecideaceae 以及叶生地衣类群（Foliicolous lichens）等在国内尚未开展系统研究、缺乏相关的研究资料，且这些类群物种组成相对复杂，因此本名录中仅列举了这些类群中在高黎贡山的常见属，具体的物种鉴定还有待后续进一步的研

---

*作者：王欣宇、王立松。

究。除了填补高黎贡山地衣物种名录方面存在的空白，这些工作也为云南省生物多样性研究、环境评估以及资源保护和利用奠定了前期基础。

名录中的地衣按照科、属归类排列，科下按地衣的拉丁属名、属下按种加词的拉丁字母顺序排序。分类系统依据 2016 年发表的 *The 2016 classification of lichenized fungi in the Ascomycota and Basidiomycota* 确定，中文名称参照《中国地衣综览》第二版确定。

子囊菌门 ASCOMYCOTA

斑衣菌纲 ARTHONIOMYCETES

1. 斑衣菌科 Arthoniaceae

1 属 1 种

1. 白色隐囊衣 Cryptothecia candida（Kremp.）R. Sant.

凭证标本：王欣宇 14-42846，王立松 00-18938。

壳状地衣，浅白色至灰绿色，地衣体表面呈粉末状，边缘部分具有明显的白色菌丝圈（地衣前体）。常见于热带至亚热带常绿阔叶林、针阔叶混交林；海拔 1990～2300 m。

分布于贡山县茨开镇；保山市芒宽乡；腾冲市高黎贡山西坡、曲石镇。

散囊菌纲 EUROTIOMYCETES

16. 小核衣科 Pyrenulaceae

1 属

1. 小核衣属 Pyrenula sp.

凭证标本：王立松 00-19686，王欣宇 14-42974。

地衣体壳状，圆形或不规则扩展，上表面灰色至灰褐色，直径 5～15 cm。常见于常绿阔叶林及针阔混交林内，生于树干表面；海拔 1900～2700 m。

分布于贡山县钦那桶村；保山市芒宽乡；腾冲市高黎贡山西坡、曲石镇。

20. 瓶口衣科 Verrucariaceae

2 属 1 种

1. 皮果衣 Dermatocarpon miniatum（L.）W. Mann

凭证标本：Shevock 23422，王立松 00-19200。

地衣体叶状，单叶型，以下表面中央脐固着于基物，直径 3～7 cm，上表面铅灰色至灰褐色。常见于常绿阔叶林及针阔混交林，生于岩石表面；海拔 1500～3200 m。

分布于贡山县独龙江乡、丙中洛乡。

2. 瓶口衣属 Verrucaria sp.

凭证标本：王欣宇 14-42961，14-42956。

地衣体壳状，圆形或不规则扩展，上表面灰色至灰褐色，直径 2～10 cm。常见于常绿阔叶林及针阔混交林下，生于林下岩石表面；海拔 1800～2800 m。

分布于腾冲市高黎贡山西坡。

茶渍纲 LECANOROMYCETES

23. 羊角衣科 Baeomycetaceae

1 属 1 种

1. 叶羊角衣 Baeomyces placophyllus Ach.

凭证标本：臧穆 1364，王立松 00-19135。

初生地衣体中央呈壳状，边缘裂片分离呈叶状，直径 8～10 cm，假果柄短棒状，高 5～8 mm。常见于常绿阔叶林及针阔混交林，生于腐木和土壤表面；海拔 2500～3800 m。

分布于贡山县独龙江乡、茨开镇；福贡县鹿马登乡；泸水市片马镇。

24. 褐边衣科 Trapeliaceae

1 属 1 种

1. 冷瘿茶渍 Placopsis gelida（L.）Linds.

凭证标本：王立松 03-22815，03-22816。

地衣体中央呈壳状，边缘分离扩展呈鳞片状，直径 3～6 cm，紧贴基物生长。常见于针阔混交林，生于林下岩石表面；海拔 3000～3800 m。

分布于泸水市片马镇。

27. 文字衣科 Graphidaceae

2 属 1 种

1. 大环形双缘衣 Diploschistes cinereocaesius（Sw.）Vain.

凭证标本：郗建勋 760，王立松 00-19586。

地衣体壳状，不规则扩展，具颗粒状疣突和龟裂，表面灰白色至污白色，直径 5～10 cm。常见于常绿阔叶林，生于林下土壤表面；海拔 2000～2600 m。

分布于贡山县丙中洛乡、茨开镇。

2. 文字衣属 Graphis sp.

凭证标本：王立松 12-33282，王欣宇 14-42849。

地衣体壳状，不规则扩展，灰绿色，具黑色线型子囊盘。常见于常绿阔叶林至针阔混交林，生于树干表面；海拔 1900～3100 m。

分布于贡山县茨开镇、钦那桶村、野牛谷；福贡县鹿马登乡；泸水市片马镇；腾冲市曲石镇、高黎贡山西坡。

32. 霜降衣科 Icmadophilaceae

4 属 5 种

1. 羊角淡盘衣 Dibaeis baeomyces（L. f.）Rambold & Hertel

凭证标本：王立松 00-19081，00-19669。

地衣体壳状，不规则扩展，连续至龟裂，直径 3～8 cm，表面灰白色至淡灰绿色。常见于常绿阔叶林及针阔混交林，生于岩面薄土层；海拔 1500～3600 m。

分布于贡山县茨开镇、钦那桶村。

2. 霜降衣 Icmadophila ericetorum（L.）Zahlbr.

凭证标本：臧穆 4457，王立松 00-19129。

地衣体壳状，不规则扩展，灰白色至灰绿色，直径 5～50 cm，子囊盘肉红色。常见于常绿阔叶林及针阔混交林，生于腐木及苔藓表面；海拔 2200～3900 m。

分布于贡山县茨开镇。

3. 白角衣 Siphula ceratites（Wahlenb.）Fr.

凭证标本：马文章 13-5085A，王立松 00-19094。

地衣体枝状，表面白色，直立丛生，高 50～300 mm。常见于高山草甸，生于岩面薄土或苔藓表面；海拔 3500～3900 m。

分布于贡山县茨开镇；福贡县鹿马登乡。

4. 雪地茶 Thamnolia subuliformis（Ehrh.）W. L. Culb.

凭证标本：臧穆 5869，马文章 13-5085B。

地衣体枝状，管状中空，表面白色，直立丛生，高 4～8 cm。常见于高山草甸，生于岩面薄土表面；海拔 3600～4500 m。

分布于贡山县独龙江乡；泸水市片马镇。

5. 地茶 Thamnolia vermicularis（Sw.）Schaer.

凭证标本：张敖罗 1176。

地衣体枝状，管状中空，表面白色，直立丛生，高 3～6 cm。常见于高山草甸，生于岩面薄土表面；海拔 3600～4200 m。

分布于贡山县独龙江乡。

33. 大孢衣科 Megasporaceae

1 属

1. 平茶渍属 Aspicilia sp.

凭证标本：张大成 1113，王欣宇 14-42988。

壳状地衣，圆形或不规则扩展，直径 3～15 cm，子囊盘黑色，埋生。常见于常绿阔叶林及针阔混交林，生于林下岩石表面；海拔 2200～3500 m。

分布于贡山县独龙江乡；腾冲市高黎贡山西坡。

34. 肉疣衣科 Ochrolechiaceae

1 属

1. 肉疣衣属 Ochrolechia sp.

凭证标本：王立松 05-24531，王欣宇 14-42984。

壳状地衣，圆形或不规则扩展，直径 5～20 cm，上表面灰白色。常见于常绿阔叶林及针阔混交林，生于树干或灌木表面；海拔 2200～3400 m。

分布于贡山县独龙江乡、钦那桶村、野牛谷；福贡县鹿马登乡；腾冲市高黎贡山西坡。

35. 鸡皮衣科 Pertusariaceae

1 属 2 种

1. 苦味鸡皮衣 Pertusaria amara（Ach.）Nyl.

凭证标本：臧穆 5400（A）。

壳状地衣，圆形或不规则扩展，直径 10～30 cm，上表面灰白色，具白色粉芽堆。常见于常绿阔叶林及针阔混交林，生于树干或灌木表面；海拔 2000～3000 m。

分布于泸水市片马镇。

2. 横断鸡皮衣 Pertusaria hengduanensis Q. Ren

凭证标本：臧穆 1481，1452。

壳状地衣，圆形或不规则扩展，直径 10～20 cm，上表面灰白色，无粉芽及裂芽。常见于常绿阔叶林及针阔混交林内，生于树干或灌木表面；海拔 1800～2500 m。

分布于贡山县独龙江乡、茨开镇；泸水市片马镇。

42. 石蕊科 Cladoniaceae

3 属 16 种

1. 聚筛蕊 Cladia aggregata（Swartz）Nyl.

凭证标本：臧穆 82-123，王立松 05-24472。

枝状地衣，果柄灌木状，直立丛生，中空，高 3～8 cm，表面暗绿褐色。常见于常绿阔叶林及针阔混交林，生于土壤中，常与苔藓混生；海拔 1500～4000 m。

分布于贡山县独龙江乡、丙中洛乡、茨开镇；泸水市片马镇；腾冲市大嵩坪村。

2. 黑穗石蕊 Cladonia amaurocraea（Flörke）Schaer.

凭证标本：王立松 82-436。

枝状地衣，果柄灌木状，直立丛生，高 5～10 cm，表面黄绿色至灰绿色。常见于针叶林及杜鹃灌丛，生于土壤中，常与苔藓混生；海拔 3600～4200 m。

分布于福贡县鹿马登乡。

3. 红石蕊 Cladonia coccifera（L.）Willd.

凭证标本：王立松 99-18537，00-19217。

枝状地衣，果柄呈杯体状，高 2～3 cm，表面灰绿色，子囊盘红色。常见于针阔混交林及针叶林，生于林边土表及腐木上；海拔 2100～4300 m。

分布于贡山县丙中洛乡；福贡县鹿马登乡；泸水市片马镇。

4. 枪石蕊 Cladonia coniocraea（Flörke）Spreng.

凭证标本：王立松 03-22980。

枝状地衣，果柄圆柱状，高 1～3 cm，表面黄绿色，具粉芽。常见于常绿阔叶林及针阔混交林，生于土表及腐木上；海拔 1900～2800 m。

分布于保山市芒宽乡。

5. 细枝石蕊 Cladonia corymbescens（Nyl.）Nyl.

凭证标本：王立松 99-18591。

枝状地衣，果柄灌木状分枝，高 3～6 cm，表面灰白色。常见于常绿阔叶林及针阔混交林，生于林下土表及腐木上；海拔 2500～3500 m。

分布于贡山县丙中洛乡。

6. 胀石蕊 Cladonia digitata（L.）Hoffm.

凭证标本：王立松 82-432。

枝状地衣，果柄杯状，高约 1 cm，表面灰白色，子囊盘红色。常见于针阔混交林及针叶林，生于林下土表及腐木上；海拔 2900～3800 m。

分布于福贡县鹿马登乡。

7. 繁鳞石蕊 Cladonia fenestralis Nuno

凭证标本：D. G. Long 34373，Shevock 23183。

枝状地衣，果柄直立丛生，高 5～15 cm，表面灰绿色。常见于针阔混交林及针叶林，生于林下土表；海拔 2600～4300 m。

分布于贡山县独龙江乡；福贡县鹿马登乡。

8. 红头石蕊 Cladonia floerkeana（Fr.）Flörke

凭证标本：王立松 00-19666。

枝状地衣，果柄直立丛生，高 3～8 cm，表面灰白色，子囊盘红色。常见于针阔混交林，生于林下土表及腐木表面；海拔 2900～3800 m。

分布于贡山县钦那桶村。

9. 分枝石蕊 Cladonia furcata（Huds.）Schrad.

凭证标本：王立松 03-22981。

枝状地衣，果柄直立丛生，高 5～10 cm，表面灰绿色，具鳞片。常见于针阔混交林及常绿阔叶林，生于林边土表及腐木表面；海拔 2200～3900 m。

分布于保山市芒宽乡。

10. 瘦柄红石蕊 Cladonia macilenta Hoffm.

凭证标本：黎兴江 47，王立松 00-19080。

枝状地衣，果柄直立丛生，高 1～3 cm，表面灰绿色，具粉芽，子囊盘红色。常见于针阔混交林及常绿阔叶林林下，生于腐木表面；海拔 2000～3800 m。

分布于贡山县茨开镇；腾冲市大嵩坪村。

11. 喇叭石蕊 Cladonia pyxidata（L.）Hoffm.

凭证标本：王立松 99-18546。

枝状地衣，果柄呈杯状，高 1～3 cm，表面灰绿色，皮层龟裂。常见于针阔混交林及常绿阔叶林，生于腐木表面，树干基部及土表；海拔 2900～4300 m。

分布于贡山县丙中洛乡。

12. 鹿石蕊 Cladonia rangiferina（L.）Weber ex F. H. Wigg.

凭证标本：臧穆 5452，王立松 00-19100。

枝状地衣，果柄直立丛生，高 8～12 cm，表面灰白色，不具皮层。常见于针阔混交林及针叶林，生于林边及林下土表；海拔 2800～4500 m。

分布于贡山县丙中洛乡、茨开镇；泸水市片马镇。

13. 宽杯石蕊 Cladonia rappii A. Evans

凭证标本：臧建 3008，王立松 00-19218。

枝状地衣，果柄多层杯状，高 2～6 cm，表面灰绿色。常见于针阔混交林及常绿阔叶林，生于林边及林下土表；海拔 1600～4300 m。

分布于贡山县丙中洛乡、茨开镇；泸水市片马镇；腾冲市高黎贡山西坡。

14. 粗皮石蕊 Cladonia scabriuscula（Delise）Leight.

凭证标本：王立松 03-23008，王欣宇 14-42874。

枝状地衣，果柄直立丛生，高 1～3 cm，表面灰绿色，皮层具白色斑纹。常见于常绿阔叶林，生于林下土表及树干基部；海拔 1600～2800 m。

分布于保山市芒宽乡；腾冲市高黎贡山西坡。

15. 云南石蕊 Cladonia yunnana（Vain.）des Abbayes ex J. C. Wei & Y. M. Jiang

凭证标本：王立松 82-732。

枝状地衣，果柄狭窄杯状，高 2～4 cm，表面黄绿色，密布颗粒状粉芽。常见于常绿阔叶林及针阔混交林，生于林下土表及腐木上；海拔 2600～4100 m。

分布于贡山县丙中洛乡。

16. 拟树绒枝 Leprocaulon pseudoarbuscula（Asahina）I. M. Lamb & A. Ward

凭证标本：王立松 82-471，00-19128。

地衣体颗粒状或早期消失，拟果柄绒枝状丛生，高 50～150 mm，鲜时柔软，干燥后易碎，橄榄绿色至绿褐色。常见于常绿阔叶林，生于林下腐木上；海拔 1800～2200 m。

分布于贡山县茨开镇；福贡县鹿马登乡。

45. 赤星衣科 Haematommataceae

1 属 2 种

1. 非洲赤星衣 Haematomma africanum（J. Steiner）C. W. Dodge

凭证标本：王立松 82-577，王欣宇 14-42829。

地衣体壳状，圆形或不规则扩展，直径 3～5 cm；表面灰白色至污白色，子囊盘茶渍型，圆形，盘面红色。常见于常绿阔叶林，生于树干表面，海拔 1600～2200 m。

分布于福贡县上帕镇；腾冲市曲石镇。

2. 领赤星衣 Haematomma collatum（Stirt.）C. W. Dodge

凭证标本：王欣宇 14-42825，14-42881。

地衣体壳状，圆形或不规则扩展，直径 3～5 cm；表面灰白色，子囊盘茶渍型，圆形，盘面红色。常见于常绿阔叶林，生于树干表面，海拔 1800～2200 m。

分布于腾冲市曲石镇、高黎贡山西坡。

46. 茶渍科 Lecanoraceae

1 属

1. 茶渍属 Lecanora sp.

凭证标本：王立松 00-19072，王欣宇 14-42828。

地衣体壳状，圆形或不规则扩展，直径 3～10 cm，表面灰白色至灰绿色，子囊盘茶渍型。常见于常绿阔叶林及针阔混交林，生于树干或岩石表面，海拔 1800～3200 m。

分布于贡山县茨开镇；福贡县上帕镇；泸水市片马镇；保山市芒宽乡；腾冲市曲石镇。

49. 黑红衣科 Mycoblastaceae

1 属 1 种

1. 黑红衣 Mycoblastus sanguinarius（L.）Norman

凭证标本：王立松 82-574，00-19355。

地衣体壳状，圆形或不规则扩展，直径 4～10 cm，灰白色至淡污白色，子囊盘网衣型，盘面黑色凸出。常见于常绿阔叶林及针阔混交林，生于树干或岩石表面，海拔 2000～3800 m。

分布于贡山县茨开镇、钦那桶村、野牛谷；福贡县上帕镇。

50. 梅衣科 Parmeliaceae

20 属 87 种

1. 霜绵腹衣 Anzia colpota Vain.

凭证标本：王立松 05-24492。

叶状地衣，圆形或不规则扩展，直径 2～4 cm。常见于暖性针叶林、针阔混交林，生于树干表面；海拔 2400～3500 m。

分布于贡山县独龙江乡。

2. 台湾绵腹衣 Anzia formosana Asahina.

凭证标本：王立松 82-474，00-19052。

叶状地衣，圆形或不规则扩展，直径 4～10 cm。常见于常绿阔叶林、暖性针叶林、针阔混交林，生于树干表面；海拔 1700～3300 m。

分布于贡山县钦那桶村；维西县维登乡；福贡县鹿马登乡。

3. 淡绵腹衣 Anzia hypoleucoides Müll. Arg.

凭证标本：王立松 00-19393，王欣宇 14-42915。

叶状地衣，圆形或不规则扩展，直径 3～8 cm。常见于暖性针叶林、针阔混交林，生于树干表面；海拔 2400～3500 m。

分布于贡山县丙中洛乡、野牛谷、钦那桶村；福贡县鹿马登乡；腾冲市高黎贡山西坡。

4. 白绵腹衣 Anzia leucobatoides（Nyl.）Zahlbr.

凭证标本：王立松 00-19667，05-24537。

叶状地衣，圆形或不规则扩展，直径 5～10 cm。常见于针叶林、针阔混交林，生于树干表面；海拔 2700～3600 m。

分布于贡山县野牛谷、钦那桶村；福贡县亚平乡。

5. 棒根绵腹衣 Anzia rhabdorhiza Li S. Wang & M. M. Liang

凭证标本：王立松 82-611。

叶状地衣，圆形或不规则扩展，直径 3～7 cm。常见于针叶林、针阔混交林，生于树干表面；海拔 2000～3200 m。

分布于福贡县上帕镇。

6. 亚洲小孢发 Bryoria asiatica（Du Rietz）Brodo & Hawksw.

凭证标本：王立松 99-18579。

枝状地衣，地衣体丝状悬垂，柔软，10～20cm 长。常见于针叶林、针阔混交林，生于树干表面；海拔 2800～3600 m。

分布于贡山县丙中洛乡。

7. 双色小孢发 Bryoria bicolor（Ehrh.）Brodo & D. Hawksw.

凭证标本：王立松 99-18526，05-24515。

地衣体枝状，直立或半直立，高 3～8 cm，稠密丛生。常见于寒温性针叶林，生于树干或林下藓层；海拔 2600～3800 m。

分布于贡山县丙中洛乡、钦那桶村、野牛谷；福贡县亚平乡。

8. 刺小孢发 Bryoria confusa（D. D. Awasthi）Brodo & D. Hawksw.

凭证标本：王立松 82-507，00-19339。

地衣体枝状，稠密丛生，直立或亚悬垂，高 3～15 cm。常见于寒温性针叶林及针阔混交林，生于树干及灌木枝上，偶见岩石表面；海拔 2000～3800 m。

分布于贡山县丙中洛乡、钦那桶村、野牛谷；福贡县鹿马登乡。

9. 广开小孢发 Bryoria divergescens（Nyl.）Brodo & Hawksw.

凭证标本：王立松 00-19607，王肖苏 82-7767。

枝状地衣，地衣体直立丛生，高 60～700 mm。常见于寒温性针叶林及针阔混交林，生于树干及灌木枝上；海拔 1800～4100 m。

分布于贡山县丙中洛乡、钦那桶村；福贡县鹿马登乡；泸水市片马镇。

10. 卷毛小孢发 Bryoria fruticulosa Li S. Wang & L. Myllys

凭证标本：王立松 99-18665。

枝状地衣，地衣体直立丛生，高 2～6 cm。常见于寒温性针叶林及针阔混交林，生于树干及灌木枝上，偶见于岩石表面；海拔 2500～4650 m。

分布于贡山县丙中洛乡。

11. 叉小孢发 Bryoria furcellata（Fr.）Brodo & D. Hawksw.

凭证标本：王立松 99-18531，99-18666。

枝状地衣，地衣体半直立至匍卧，长 5～7 cm。常见于寒温性针叶林，生于树干及灌木枝上；海拔 2400～3800 m。

分布于贡山县丙中洛乡。

12. 喜马拉雅小孢发 Bryoria himalayana（Mot.）Brodo & Hawksw.

凭证标本：王立松 82-23397，05-24597。

枝状地衣，地衣体悬垂，长达 15～25 cm。常见于寒温性针叶林内及针阔混交林，生于树干表面，偶见于岩石表面；海拔 2400～4400 m。

分布于贡山县独龙江乡、钦那桶村；福贡县鹿马登乡。

13. 骨白小孢发 Bryoria lactinea（Nyl.）Brodo & D. Hawksw.

凭证标本：王立松 00-19604，王肖苏 2292。

枝状地衣，地衣体悬垂，长 10～15 cm，质地柔软至稍硬。常见于针叶林，生于树干或树枝表面；海拔 3000～4100 m。

分布于贡山县钦那桶村；泸水市片马镇。

14. 蚕丝小孢发 Bryoria nadvornikiana（Gyeln.）Brodo & D. Hawksw.

凭证标本：王立松 99-18662，99-18667。

枝状地衣，地衣体匍卧至悬垂，长 5～8 cm（～15 cm），纤细而柔软。常见于针叶林和针阔混交林，生于树干表面；海拔 2500～4000 m。

分布于贡山县丙中洛乡。

15. 光亮小孢发 Bryoria nitidula（Th. Fr.）Brodo & Hawksw.

凭证标本：臧穆 989，王立松 78-980。

枝状地衣，地衣体直立至半匍匐，高 4～7 cm。常生于高海拔地区岩面薄土及薜层，偶见于针叶林内树干表面；海拔 2900～4200 m。

分布于贡山县丙中洛乡；福贡县鹿马登乡；泸水市片马镇。

16. 多刺小孢发 Bryoria perspinosa（Bystr.）Brodo & Hawksw.

凭证标本：王立松 99-18497，00-19285。

枝状地衣，地衣体悬垂至亚悬垂，质地硬，长 4～7（～15）cm。常见于针叶林以及针阔混交林，生于树干及岩石表面；海拔 2500～4000 m。

分布于贡山县丙中洛乡、钦那桶村；维西县维登乡。

17. 珊粉小孢发 Bryoria smithii（Du Rietz）Brodo & Hawksw.

凭证标本：王立松 99-18663。

枝状地衣，地衣体直立至半直立丛生，高 5～8 cm。常见于针叶林以及针阔混交林，生于树干及树枝上，偶见岩石表面；海拔 2500～4200 m。

分布于贡山县丙中洛乡。

18. 毛状小孢发 Bryoria trichodes（Michx.）Brodo & D. Hawksw.

凭证标本：王立松 82-452，00-19622。

枝状地衣，地衣体悬垂至匍卧，长 4～10（～15）cm。常见于暖性针叶林，生于树干表面；海拔 3000～4000 m。

分布于贡山县丙中洛乡、钦那桶村；福贡县鹿马登乡。

19. 多形小孢发 Bryoria variabilis（Bystr.）Brodo & Hawksw.

凭证标本：臧穆 4453。

枝状地衣，地衣体匍匐至悬垂，呈弓形生长，长 5～10（～15）cm。常见于针叶林以及针阔混交林，生于树干及树枝上；海拔 2000～4000 m。

分布于维西县维登乡。

20. 四川球针叶 Bulbothrix setschwanensis（Zahlbr.）Hale

凭证标本：王欣宇 14-42793。

叶状地衣，圆形或不规则形扩展，直径 5～10 cm 宽，无粉芽和裂芽。常见于常绿阔叶林及针阔混交林，生于树干表面；海拔 2000～3100 m。

分布于腾冲市曲石镇。

21. 白边岛衣 Cetraria laevigata Rassad.

凭证标本：王立松 00-19103。

地衣体叶状，直立或半直立丛生，高 3～5 cm。常见于高山灌丛下及高山草甸，生于土壤或苔藓表面；海拔 3600～4300 m。

分布于贡山县丙中洛乡。

22. 粒芽斑叶 Cetrelia braunsiana（Müll. Arg.）W. L. Culb. & C. F. Culb.

凭证标本：王立松 82-521，王欣宇 14-42875。

地衣体叶状，直径 5～10（～20）cm，边缘密生珊瑚状裂芽。常见于常绿阔叶林及针阔混交林，生于树干表面；海拔 2200～3800 m。

分布于贡山县丙中洛乡；福贡县鹿马登乡；保山市芒宽乡；腾冲市曲石镇、高黎贡山西坡。

23. 领斑叶 Cetrelia collata（Nyl. in Hue）W. Culb. & C. Culb.

凭证标本：王立松 03-22969，03-22974。

地衣体叶状，直径 3～8 cm，圆形或不规则扩展。常见于常绿阔叶林及针阔混交林，生于树干表面；海拔 2400～3500 m。

分布于保山市芒宽乡。

24. 大维氏斑叶 Cetrelia davidiana W. Culb. & C. Culb.

凭证标本：王立松 82-548，王欣宇 14-42868。

地衣体叶状，直径 5～12 cm，疏松附着基物，无粉芽和裂芽。常见于常绿阔叶林及针阔混交林，生于树干表面；海拔 2600～2900 m。

分布于贡山县独龙江乡、钦那桶村；福贡县上帕镇；腾冲市曲石镇。

25. 戴氏斑叶 Cetrelia delavayana W. Culb. & C. Culb.

凭证标本：王立松 00-19653，03-22955。

地衣体叶状，直径 3～10 cm，疏松附着基物，无粉芽和裂芽。常见于针阔混交林及暖性针叶林，生于树干表面；海拔 2400～3200 m。

分布于贡山县钦那桶村；保山市芒宽乡。

26. 橄榄斑叶 Cetrelia olivetorum（Nyl.）W. L. Culb. & C. F. Culb.

凭证标本：王立松 82-620，王欣宇 14-42879。

地衣体叶状，直径 8～15 cm，疏松附着基物，裂片边缘密生枕状白色粉芽堆。常见于常绿阔叶林及针阔混交林，生于树干或腐木表面；海拔 2100～3600 m。

分布于贡山县丙中洛乡；福贡县上帕镇；腾冲市高黎贡山西坡。

27. 拟橄榄斑叶 Cetrelia pseudolivetorum（Asahina）W. L. Culb. & C. F. Culb.

凭证标本：王立松 00-19243，王欣宇 14-42949。

地衣体叶状，直径 5～15 cm，上表面及边缘生有稠密珊瑚状裂芽。常见于常绿阔叶林及针阔混交林，生于树干或枯枝表面；海拔 2200～2900 m。

分布于贡山县野牛谷；腾冲市高黎贡山西坡。

28. 朝氏类斑叶 Cetreliopsis asahinae（M. Satô）Randlane & A. Thell

凭证标本：王立松 82-509，00-19559。

叶状地衣，直径 5～12 cm，上表面黄绿色，边缘密生黑色棒状分生孢子器。常见于常绿阔叶林及针阔混交林，生于树干或岩石表面；海拔 2500～3300 m。

分布于贡山县茨开镇、钦那桶村、野牛谷；福贡县鹿马登乡。

29. 扁枝衣 Evernia mesomorpha Nyl.

凭证标本：王立松 99-18655。

地衣体枝状，悬垂或半直立丛生，表面枯草黄色，高 5～10 cm。常见于针阔混交林及暖性针叶林，生于树干或岩石表面；海拔 2600～4300 m。

分布于贡山县丙中洛乡。

30. 皱黄星点衣 Flavopunctelia flaventior（Stirt.）Hale

凭证标本：王立松 762，00-19221。

地衣体叶状，表面黄绿色，直径 6～10 cm。常见于针阔混交林及常绿阔叶林，生于树干表面；海拔 1800～3000 m。

分布于贡山县丙中洛乡。

31. 球叶袋衣 Hypogymnia bulbosa McCune & Li S. Wang

凭证标本：王立松 82-430，00-19606。

地衣体叶状，圆形扩展，直径 3～8 cm，裂片中空袋状。常见于常绿阔叶林及针阔混交林，生于树干表面；海拔 1750～3500 m。

分布于贡山县钦那桶村、茨开镇；福贡县鹿马登乡。

32. 肿果袋衣 Hypogymnia delavayi（Hue）Rassad.

凭证标本：臧穆 975，王立松 82-575。

地衣体叶状，圆形或不规则扩展，直径 5～9 cm，裂片中空袋状。常见于针阔混交林，生于树干表面；海拔 2000～3000 m。

分布于贡山县野牛谷、丙中洛乡；福贡县上帕镇；泸水市片马镇。

33. 硫黄袋衣 Hypogymnia flavida McCune & Obermayer

凭证标本：王立松 99-18517，00-19612。

地衣体叶状，直径 8～25 cm，上表面黄绿色，裂片中空袋状。常见于针阔混交林及高山针叶林，生于树干及岩石表面；海拔 2900～4300 m。

分布于贡山县钦那桶村、茨开镇、丙中洛乡。

34. 横断山袋衣 Hypogymnia hengduanensis J. C. Wei

凭证标本：王立松 00-19605，00-19289。

地衣体狭叶型，直径 3～5 cm，上表面灰褐色，裂片中空袋状。常见于高山针叶林，生于灌木枝及树干表面；海拔 3000～4300 m。

分布于贡山县钦那桶村、茨开镇。

35. 黄袋衣 Hypogymnia hypotrypa（Nyl.）Rassad.

凭证标本：王立松 00-19029（B），00-19611。

地衣体叶状，直径 5～12 cm，上表面黄绿色，裂片中空袋状。常见于针叶林及针阔混交林，生于树干表面；海拔 3000～4000 m。

分布于贡山县钦那桶村、茨开镇。

36. 狭叶袋衣 Hypogymnia irregularis Mc Cune

凭证标本：王立松 82-448，00-19377。

地衣体狭叶型，不规则扩展，直径 10～30 cm，裂片中空。常见于针叶林及针阔混交林，生于灌木枝及树干表面；海拔 3200～4700 m。

分布于贡山县丙中洛乡、钦那桶村、野牛谷；福贡县鹿马登乡。

37. 粉唇袋衣 Hypogymnia laxa Mc Cune

凭证标本：臧穆 82-4470。

地衣体叶状，不规则扩展，直径 3～8 cm，裂片中空。常见于常绿阔叶林及针阔混交林，生于树干表面；海拔 2200～3900 m。

分布于贡山县独龙江乡。

38. 大孢袋衣 Hypogymnia macrospora（J. D. Zhao）J. C. Wei

凭证标本：王立松 82-428，99-18674。

地衣体叶状，不规则扩展，直径 8～20 cm，裂片中空袋状。常见于高山针叶林，生于灌木枝上及树干表面；海拔 3500～4600 m。

分布于贡山县丙中洛乡；福贡县鹿马登乡。

39. 背孔袋衣 Hypogymnia magnifica X. L. Wei & Mc Cune

凭证标本：王立松 82-434，00-19610。

地衣体狭叶型，直径 10～30 cm，裂片中空袋状。常见于高山针叶林，生于冷杉树干表面；海拔 3300～4100 m。

分布于贡山县钦那桶村；福贡县鹿马登乡。

40. 变袋衣 Hypogymnia metaphysodes（Asahina）Rassad.

凭证标本：王立松 00-19362b。

地衣叶状，紧贴基物，直径 3～10 cm，裂片中空袋状。常见于针阔混交林和常绿阔叶林，生于树干表面；海拔 2000～3000 m。

分布于贡山县野牛谷。

41. 袋衣 Hypogymnia physodes（L.）Nyl.

凭证标本：王立松 99-18549。

地衣体叶状，紧贴基物或亚直立生长，直径 6～15 cm，裂片中空袋状。常见于针阔混交林和常绿阔叶林，生于树干表面；海拔 3000～4000 m。

分布于贡山县丙中洛乡。

42. 拟粉袋衣 Hypogymnia pseudobitteriana（D. D. Awasthi）D. D. Awasthi

凭证标本：臧穆 991（A），王立松 00-19677。

地衣体叶状，半直立，疏松固着基物，裂片中空呈袋状。常见于常绿阔叶林和针阔混交林，生于树干表面及灌木枝上；海拔 1900～3700 m。

分布于贡山县钦那桶村；泸水市片马镇。

43. 长叶袋衣 Hypogymnia stricta（Hillmann）K. Yoshida

凭证标本：王立松 00-19041，00-19614。

地衣体叶状，贴生或悬垂型，直径 5～12 cm，裂片中空呈袋状。常见于常绿阔叶林和针阔混交林，生于树干表面；海拔 2200～3800 m。

分布于贡山县钦那桶村、茨开镇。

44. 节肢袋衣 Hypogymnia subarticulata（Zhao et al.）J. C. Wei

凭证标本：王立松 82-437，00-19070。

地衣体狭叶型，疏松固着基物，直径 2～6 cm，裂片中空呈袋状。常见于常绿阔叶林和针阔混交林，生于树干或岩石表面藓层；海拔 2500～4300 m。

分布于贡山县茨开镇；福贡县鹿马登乡。

45. 腋圆袋衣 Hypogymnia subduplicata（Rass.）Rassad.

凭证标本：王立松 00-19609。

地衣体叶状，疏松固着基物，直径 5～8 cm，裂片中空呈袋状。常见于针阔混交林及针叶林，生于树干表面；海拔 3000～3800 m。

分布于贡山县钦那桶村。

46. 亚粉袋衣 Hypogymnia subfarinacea X. L. Wei & J. C. Wei

凭证标本：王立松 05-25796。

地衣体叶状，紧贴基物，直径 3～8 cm，裂片中空袋状。常见于常绿阔叶林及针阔混交林，生于树干表面；海拔 2000～3000 m。

分布于贡山县独龙江乡。

47. 条袋衣 Hypogymnia vittata（Ach.）Parrique

凭证标本：王立松 82-457，00-19358。

地衣体叶状，疏松附着于基物，直径 8～15 cm，裂片中空袋状。常见于常绿阔叶林及针阔混交林，生于树干表面；海拔 2000～3800 m。

分布于贡山县丙中洛乡、野牛谷；福贡县鹿马登乡。

48. 条双岐根 Hypotrachyna cirrhata（Fr.）Divakar et al.

凭证标本：臧穆 997c，王立松 99-18655。

地衣体叶状，疏松附着于基物表面，直径 3～10 cm，裂片狭叶型。常见于针阔混交林，生于灌木枝上及树干表面；海拔 2500～3900 m。

分布于贡山县丙中洛乡、独龙江乡、茨开镇、钦那桶村；福贡县鹿马登乡、上帕镇；泸水市片马镇；保山市芒宽乡；腾冲市高黎贡山西坡。

49. 柔双岐根 Hypotrachyna flexilis（Kurok.）Hale

凭证标本：王欣宇 14-42816，14-42861。

地衣体叶状，直径 3～6 cm，疏松附生基物。常见于常绿阔叶林及针阔混交林，生于树干及岩石表面；海拔 2000～2900 m。

分布于腾冲市高黎贡山西坡、曲石镇。

50. 尼泊尔双岐根 Hypotrachyna nepalensis（Taylor）Divakar et al.

凭证标本：王立松 82-591，王欣宇 14-42858。

地衣体叶状，疏松附着于基物，裂片游离生长，狭叶型，二叉式分裂，直径 3～6 cm。常见于常绿阔叶林及针阔混交林，生于灌木枝上及树干表面；海拔 1800～3700 m。

分布于贡山县野牛谷；福贡县上帕镇；泸水市片马镇；腾冲市高黎贡山西坡、曲石镇。

51. 骨白双歧根 Hypotrachyna osseoalba（Vain.）Park & Hale

凭证标本：王立松 03-22982，王欣宇 14-42910。

地衣体叶状，直径 3～6 cm，疏松或紧密贴生基物。常见于常绿阔叶林及针阔混交林，生于树干及岩石表面；海拔 1800～2600 m。

分布于保山市芒宽乡；腾冲市高黎贡山西坡。

52. 灌双歧根 Hypotrachyna rhizodendroidea（J. C. Wei & Y. M. Jiang）Divakar et al.

凭证标本：臧穆 250，王欣宇 14-42900。

地衣体叶状，疏松附着于基物，狭叶型，二叉式分裂，直径 4～7 cm。常见于常绿阔叶林及针阔混交林，生于灌木枝上及树干表面；海拔 2000～3300 m。

分布于贡山县茨开镇；福贡县上帕镇、亚平乡；腾冲市高黎贡山西坡。

53. 裸孔叶衣 Menegazzia primaria Aptroot，M. J. Lai & Sparrius

凭证标本：王立松 00-19040，03-22591。

地衣体叶状，紧贴基物生长，近圆形或不规则扩展，直径 5～10 cm，裂片中空呈袋状。常见于常绿阔叶林及针阔混交林，生于树干表面；海拔 2400～3500 m。

分布于贡山县茨开镇、钦那桶村。

54. 假杯点孔叶衣 Menegazzia pseudocyphellata Aptroot，M. J. Lai，& Sparrius

凭证标本：王立松 904，82-533。

地衣体叶状，紧贴基物生长，近圆形或不规则扩展，直径 3～8 cm，裂片中空呈袋状。常见于常绿阔叶林及针阔混交林，生于树干表面；海拔 2200～3000 m。

分布于福贡县鹿马登乡、上帕镇。

55. 孔叶衣 Menegazzia terebrata（Hoffm.）A. Massal.

凭证标本：王立松 82-468，99-18657。

地衣体叶状，近圆形或不规则扩展，直径 5～10 cm，紧贴基物生长，裂片中空呈袋状。常见于常绿阔叶林、针阔混交林及暖性针叶林，生于树干及岩石表面；海拔 1600～4000 m。

分布于贡山县丙中洛乡、野牛谷、钦那桶村；福贡县鹿马登乡。

56. 绿色黄髓叶 Myelochroa galbina（Ach.）Elix & Hale

凭证标本：王欣宇 14-42884，14-42969。

地衣体叶状，直径 4～10 cm，紧贴基物生长。常见于常绿阔叶林，生于树干表面；海拔 1800～2600 m。

分布于腾冲市高黎贡山西坡。

57. 亚黄髓叶 Myelochroa subaurulenta（Nyl.）Elix & Hale

凭证标本：王立松 03-22953，王欣宇 14-42884。

地衣体叶状，直径 4～8 cm，中央裂片相互紧密相连或重叠。常见于常绿阔叶林及针阔混交林，生于树干和岩石表面；海拔 1700～2900 m。

分布于贡山县茨开镇、野牛谷；保山市芒宽乡；腾冲市高黎贡山西坡。

58. 东亚肾岛衣 Nephromopsis asahinae（M. Satô）Räsänen

凭证标本：王立松 82-466，14-42979。

地衣体叶状，厚革质，直径 5～10 cm，上表面黄绿色至灰绿色。常见于常绿阔叶林，生于树干表面；海拔 1700～2600 m。

分布于福贡县鹿马登乡；腾冲市高黎贡山西坡。

59. 赖氏肾岛衣 Nephromopsis laii（A. Thell & Randlane）Saag & A. Thell

凭证标本：王立松 82-628，00-19306。

地衣体叶状，厚革质，直径 10～20 cm，上表面鲜绿色至黄绿色。常见于常绿阔叶林及针阔混交林，生于树干表面；海拔 1900～3000 m。

分布于贡山县茨开镇、野牛谷；福贡县上帕镇。

60. 台湾肾岛衣 Nephromopsis morisonicola Lai

凭证标本：王立松 05-24539

地衣体叶状，直径 5～18 cm，上表面黄绿色。常见于常绿阔叶林及针阔混交林，生于树干表面；海拔 2000～3000 m。

分布于福贡县亚平乡。

61. 类肾岛衣 Nephromopsis nephromoides（Nyl.）Ahti & Randlane

凭证标本：王立松 82-516，00-19711。

地衣体叶状，大型，厚革质，直径 10～30 cm，呈半直立状，上表面鲜绿色至黄绿色。常见于针阔混交林及暖性针叶林，生于树干表面；海拔 2500～3800 m。

分布于贡山县茨开镇、钦那桶村；福贡县鹿马登乡、上帕镇。

62. 皮革肾岛衣 Nephromopsis pallescens（Schaer.）Y. S. Park

凭证标本：王立松 00-19232，王欣宇 14-42979。

地衣体叶状，中到大型，质硬，直径 7～15 cm，上表面淡黄色至黄绿色。常见于常绿阔叶林及针阔混交林，生于树干表面；海拔 1700～3600 m。

分布于贡山县丙中洛乡、茨开镇、钦那桶村、野牛谷；福贡县鹿马登乡、亚平乡、上帕镇；泸水市片马镇；腾冲市高黎贡山西坡。

63. 宽瓣肾岛衣 Nephromopsis stracheyi（C. Bab.）Müll. Arg.

凭证标本：王立松 00-19090，王欣宇 14-42981。

地衣体大型叶状，厚革质，直径 10～30 cm，上表面黄绿褐色，有光泽。常见于常绿阔叶林及针阔混交林，生于树干表面；海拔 1600～3500 m。

分布于贡山县丙中洛乡、独龙江乡、茨开镇、钦那桶村；福贡县鹿马登乡；腾冲市高黎贡山西坡。

64. 亚洲砖孢发 Oropogon asiaticus Asahina

凭证标本：王立松 05-24560，05-24561。

地衣体枝状，<u>直立或半直立丛生</u>，高 3～8（～15）cm，暗黄绿色、灰褐色、栗褐色至暗褐色。常见于常绿阔叶林及针阔混交林，生于灌木枝上；海拔 2400～3500 m。

分布于福贡县亚平乡。

65. 台湾砖孢发 Oropogon formosanus Asahina

凭证标本：王立松 99-18652，99-18653。

地衣体枝状，<u>直立灌丛状</u>，长达 10 cm，以基部固着于基物，表面枯草黄至棕色。常见于常绿阔叶林及针阔混交林，生于树干表面，偶见于岩石表面；海拔 2100～4300 m。

分布于贡山县丙中洛乡。

66. 东方砖孢发 Oropogon orientalis（Gyeln.）Essl.

凭证标本：臧穆 979c，王立松 99-18577。

地衣体枝状，<u>直立丛生至悬垂</u>，长达 13 cm，基部无柄。表面棕色至黑棕色。常见于常绿阔叶林及针阔混交林，生于灌木枝及树干表面；海拔 2100～4300 m。

分布于贡山县丙中洛乡；福贡县上帕镇；泸水市片马镇。

67. 黑麦酮砖孢发 Oropogon secalonicus Essl.

凭证标本：王立松 99-18543，05-25797。

地衣体枝状，<u>直立丛生至亚悬垂</u>，长达 11 cm，基部固着于基物，无柄。表面枯草黄至深棕色。常见于常绿阔叶林及针阔混交林，生于灌木枝及树干表面；海拔 2500～4000 m。

分布于贡山县丙中洛乡、独龙江乡、钦那桶村、野牛谷；福贡县亚平乡。

68. 螺壳梅衣 Parmelia cochleata Zahlbr.

凭证标本：王立松 99-18516。

地衣体叶状，上表面具白色斑纹，直径 5～12 cm。常见于针阔混交林及针叶林，生于冷杉等树干表面；海拔 2900～3800 m。

分布于贡山县丙中洛乡。

69. 蛇纹梅衣 Parmelia marmariza Nyl.

凭证标本：王立松 00-19406。

地衣体叶状，上表面灰绿色，具白色网状斑纹，直径 4～10 cm。常见于常绿阔叶林及针阔混交林，生于树干及岩石表面；海拔 2200～3700 m。

分布于贡山县野牛谷。

70. 栎黄髓梅 Parmelina quercina（Willd.）Hale

凭证标本：王立松 03-22967，03-23017。

地衣体叶状，圆形扩展，上表面中央深褐色，边缘淡褐色至灰白色，直径 30～50 cm。常见于常绿阔叶林及针阔混交林，生于树干及岩石表面；海拔 2500～3200 m。

分布于保山市芒宽乡。

71. 小角大叶梅 Parmotrema corniculans（Nyl.）Hale

凭证标本：王立松 00-19126，05-24538。

地衣体叶状，圆形或不规则扩展，直径 6～10 cm。常见于常绿阔叶林及针阔混交林，生于树干及灌木表面；海拔 2000～3100 m。

分布于福贡县亚平乡；贡山县茨开镇。

72. 毛大叶梅 Parmotrema crinitum（Ach.）M. Choisy

凭证标本：王欣宇 14-42950。

地衣体叶状，不规则扩展，上表面灰白色，边缘及上表面具圆柱形裂芽。常见于常绿阔叶林及针阔混交林，生于岩石及苔藓层表面；海拔 2500～3600 m。

分布于腾冲市高黎贡山西坡。

73. 东方大叶梅 Parmotrema grayanum（Hue）Hale

凭证标本：王立松 00-18974。

地衣体叶状，紧贴基物生长，直径 3～6 cm，边缘具黑色缘毛。常见于常绿阔叶林，生于岩石表面；海拔 1500～2600 m。

分布于贡山县茨开镇。

74. 宽大叶梅 Parmotrema latissimum（Fée）Hale

凭证标本：王欣宇 14-42870。

地衣体叶状，疏松附着于基物，边缘无缘毛，直径 3～25 cm。常见于常绿阔叶林及针阔混交林，生于树干表面；海拔 1900～2800 m。

分布于腾冲市高黎贡山西坡。

75. 麦氏大叶梅 Parmotrema mellissii（C. W. Dodge）Hale

凭证标本：王立松 00-18947。

地衣体叶状，疏松附着于基物，直径 3～10 cm，上表面及边缘处具裂芽。常见于常绿阔叶林及针阔混交林，生于树干表面，偶见于岩石表面；海拔 1800～3000 m。

分布于贡山县茨开镇。

76. 尼尔山大叶梅 Parmotrema nilgherrense（Nyl.）Hale

凭证标本：王立松 03-22971。

地衣体叶状，不规则扩展，直径 5～15 cm，边缘具稀疏黑色缘毛。常见于针常绿阔叶林及针阔混交林，生于树干表面；海拔 1600～2800 m。

分布于保山市芒宽乡。

77. 粉网大叶梅 Parmotrema reticulatum（Taylor）M. Choisy

凭证标本：王立松 00-18953，王欣宇 14-42907。

地衣体叶状，不规则扩展，直径 4～25 cm，上表面边缘具头状粉芽堆。常见于常绿阔叶林，生于树干及岩石表面；海拔 1800～2500 m。

分布于贡山县茨开镇、月各村；腾冲市曲石镇、高黎贡山西坡。

78. 囊瓣大叶梅 Parmotrema saccatilobum（Taylor）Hale

凭证标本：王欣宇 14-42909。

地衣体叶状，不规则或圆形扩展，直径 4～18 cm，上表面具颗粒状裂芽。常见于针阔混交林及针叶林，生于树干及岩石表面；海拔 2800～3800 m。

分布于腾冲市高黎贡山西坡。

79. 缘毛大叶梅 Parmotrema sancti-angelii（Lynge）Hale

凭证标本：李波 871004。

地衣体叶状，圆形扩展，直径 8～20 cm，边缘具唇形粉芽。常见于常绿阔叶林及针阔混交林，生于树干表面；海拔 1900～2700 m。

分布于腾冲市高黎贡山西坡。

80. 裂芽宽叶衣 Platismatia erosa W. Culb. & C. Culb.

凭证标本：王立松 99-18548，00-19087。

地衣叶状，薄质，直径 10～15（～30）cm，疏松附生基物，裂片边缘强烈波状起伏。常见于常绿阔叶林及针阔混交林，生于树干表面；海拔 2900～4300 m。

分布于贡山县丙中洛乡、茨开镇、钦那桶村、野牛谷。

81. 槽枝衣 Sulcaria sulcata（Lév.）Bystrek ex Brodo & D. Hawksw.

凭证标本：臧穆 979（b），王立松 00-19208。

地衣体枝状，直立或半直立丛生，高 5～10 cm，表面灰白色至灰褐色。常见于常绿阔叶林及针阔混交林，生于树干表面；海拔 1700～3600 m。

分布于贡山县丙中洛乡、独龙江乡、茨开镇、钦那桶村、野牛谷；福贡县鹿马登乡、亚平乡、上帕镇；保山市芒宽乡。

82. 绿丝槽枝 Sulcaria virens（Taylor）Bystrek ex Brodo & D. Hawksw.

凭证标本：臧穆 965，王立松 99-18641。

地衣体枝状，丝状悬垂，质地柔软，长 10～25（～30）cm，表面亮黄色至柠檬黄色。常见于常绿阔叶林及针阔混交林，生于树干表面；海拔 1900～3700 m。

分布于贡山县丙中洛乡、独龙江乡、茨开镇、野牛谷；福贡县鹿马登乡、亚平乡；泸水市片马镇。

83. 艾仕缘毛衣 Tuckneraria ahtii Randlane & Saag

凭证标本：王立松 82-740，00-19651。

地衣体叶状，不规则扩展，直径 8～12 cm，上表面淡黄绿色。常见于针叶林，生于冷杉、云杉等树干上；海拔 3000～3800 m。

分布于贡山县丙中洛乡、钦那桶村。

84. 拟褶缘毛衣 Tuckneraria pseudocomplicata（Asahina）Randlane & Saag

凭证标本：王立松 00-19043，00-19736。

地衣体叶状，不规则扩展，直径 4～10 cm，上表面淡黄色。常见于针叶林，生于冷杉、云杉等树干上；海拔 2800～3800 m。

分布于贡山县茨开镇、钦那桶村。

85. 针芽缘毛衣 Tuckneraria togashii (Asahina) Randlane & A. Thell

凭证标本：王立松 00-19093。

地衣体叶状，不规则扩展，直径 5～12 cm，上表面淡黄色。常见于针叶林及针阔混交林，生于树干表面；海拔 2500～3900 m。

分布于贡山县茨开镇。

86. 长松萝 Usnea longissima Ach.

凭证标本：王立松 99-18552，00-19281。

地衣体枝状，丝状悬垂，柔软，长 20～100 cm（或更长），密生与垂直的刺状小分枝，表面灰白色至淡黄绿色。常见于针叶林或针阔混交林，悬挂于树枝上，偶见于岩石表面；海拔 2600～3800 m。

分布于贡山县独龙江乡、丙中洛乡、茨开镇。

87. 亚花松萝 Usnea subfloridana Stirt.

凭证标本：王立松 03-22960，Shevock 23239。

地衣体枝状，直立至亚悬垂，高 5～7 cm，密生与垂直的刺状小分枝，表面淡黄绿色。常见于针叶林或针阔混交林，生于树干表面；海拔 1600～2800 m。

分布于贡山县独龙江乡；保山市芒宽乡。

51. 旋衣科 Byssolomataceae

4 属

1. 絮衣属 Byssolecania sp.

凭证标本：臧穆 1722，1722 (G)。

地衣体壳状，灰白色，直径 1～2 cm，子囊盘网衣型，黑色。常见于常绿阔叶林，生于宽阔平整的树叶表面；海拔 1200～1600 m。

分布于贡山县独龙江乡。

2. 美衣属 Calopadia sp.

凭证标本：王立松 00-18939，00-19024。

地衣体壳状，灰白色，直径 50～100 mm，子囊盘网衣型，黑色。常见于常绿阔叶林，生于宽阔平整的树叶表面；海拔 1500～2000 m。

分布于贡山县茨开镇。

3. 亚网衣属 Micarea sp.

凭证标本：王欣宇 14-42973。

地衣体壳状，灰绿色，直径 1～5 cm，子囊盘网衣型，黑色。常见于常绿阔叶林及针阔混交林，生于树干表面；海拔 1700～2800 m。

分布于腾冲市高黎贡山西坡。

4. 孢足衣属 Sporopodium sp.

凭证标本：臧穆 1722（D）。

地衣体壳状，灰白色至灰绿色，直径 1～2 cm，子囊盘网衣型，肉色。常见于常绿阔叶林，生于宽阔平整的树叶表面；海拔 1200～1800 m。

分布于贡山县独龙江乡。

53. 树花衣科 Ramalinaceae

4 属 15 种

1. 杆孢衣属 Bacidia sp.

凭证标本：王立松 05-25508，王欣宇 14-42894。

地衣体壳状，灰绿色，直径 3～10 cm，子囊盘腊盘型，深棕色至棕红色，孢子细长针形。常见于常绿阔叶林，生于树干表面；海拔 1600～2800 m。

分布于贡山县独龙江乡、茨开镇、野牛谷；泸水市片马镇；腾冲市高黎贡山西坡。

2. 蜡盘衣属 Biatora sp.

凭证标本：王立松 12-33285，马文章 14-L5749。

地衣体壳状，浅绿色至黄绿色，子囊盘腊盘型，孢子细长针形。常见于常绿阔叶林及针阔混交林，生于树干或土壤表面；海拔 1800～3000 m。

分布于腾冲市曲石镇。

3. 树痂衣属 Phyllopsora sp.

凭证标本：王立松 00-19688，王欣宇 14-42877。

地衣体壳状至鳞片状，灰绿色至灰色，子囊盘腊盘型，浅棕色至深棕色。常见于常绿阔叶林，生于树干表面，偶见于岩石或苔藓表面；海拔 1900～3000 m。

分布于贡山县钦那桶村；腾冲市曲石镇、高黎贡山西坡。

4. 美洲树花 Ramalina americana Hale

凭证标本：王立松 05-24282。

地衣体枝状，直立丛生，高 2～6 cm，表面黄绿色。常见于常绿阔叶林，生于树干表面；海拔 1800～2700 m。

分布于贡山县丙中洛乡。

5. 杯树花 Ramalina calicaris（L.）Röhl.

凭证标本：黎兴江 51（A），王立松 82-632。

地衣体枝状，直立丛生，高 3～7 cm，表面黄绿色。常见于常绿阔叶林，生于树干表面；海拔 1500～2800 m。

分布于贡山县丙中洛乡；福贡县上帕镇；腾冲市高黎贡山西坡。

6. 硬枝树花 Ramalina conduplicans Vain.

凭证标本：臧穆 997（A），王欣宇 14-42819。

地衣体枝状，直立丛生，扁枝状，高 3～8 cm，表面黄绿色。常见于常绿阔叶林及针阔混交林，生于树干表面；海拔 1900～3600 m。

分布于泸水市片马镇；腾冲市高黎贡山西坡、曲石镇。

7. 粉树花 Ramalina farinacea（L.）Ach.

凭证标本：王立松 82-744，99-18557。

地衣体枝状，直立丛生，圆柱状，高 1～3 cm，表面黄绿色，具白色粉芽堆。常见于针阔混交林，生于树干表面；海拔 2900～3600 m。

分布于贡山县丙中洛乡。

8. 丛生树花 Ramalina fastigiata（Pers.）Ach.

凭证标本：王立松 82-543（A）。

地衣体枝状，直立丛生，扁枝状，高 2～6 cm，表面黄绿色。常见于常绿阔叶林及针阔混交林，生于树干表面；海拔 2000～2900 m。

分布于福贡县上帕镇。

9. 侯氏树花 Ramalina hossei Vain.

凭证标本：王立松 99-18503，99-18578。

地衣体枝状，直立丛生，扁枝状，高 3～8 cm，表面黄绿色。常见于常绿阔叶林及针阔混交林，生于树干表面；海拔 2400～3900 m。

分布于贡山县丙中洛乡。

10. 瘤枝树花 Ramalina intermediella Vain.

凭证标本：王立松 00-19304，00-19553。

地衣体枝状，直立丛生，扁枝状，高 3～8 cm，表面黄绿色。常见于常绿阔叶林及针阔混交林，生于树干表面；海拔 1900～2800 m。

分布于贡山县野牛谷。

11. 太平洋树花 Ramalina pacifica Asahina

凭证标本：王立松 00-19681。

地衣体枝状，亚悬垂至悬垂，扁枝状，长 3～10 cm，表面黄绿色，具粉芽。常见于常绿阔叶林及针阔混交林，生于树干表面；海拔 900～3300 m。

分布于贡山县钦那桶村。

12. 信浓树花 Ramalina shinanoana Kashiw.

凭证标本：王立松 82-503，82-518。

地衣体枝状，直立丛生，扁枝状，高 2～6 cm，表面黄绿色，具粉芽。常见于常绿阔叶林及针阔混交林，生于树干表面；海拔 1000～3800 m。

分布于福贡县鹿马登乡。

13. 中国树花 Ramalina sinensis Jatta

凭证标本：臧穆 979（A），王立松 00-19207。

地衣体枝状，直立丛生，呈扇形，高 4～8 cm，表面黄绿色。常见于常绿阔叶林及针阔混交林，生于树干及灌木表面；海拔 1800～4200 m。

分布于贡山县丙中洛乡；福贡县上帕镇；腾冲市高黎贡山西坡。

14. 亚平树花 Ramalina subcomplanata（Nyl.）Zahlbr.

凭证标本：王立松 92-617。

地衣体枝状，直立丛生，扁枝状，高 3～7 cm，表面黄绿色。常见于常绿阔叶林及针阔混交林，生于树干及灌木表面；海拔 1700～3000 m。

分布于福贡县上帕镇。

15. 亚粉树花 Ramalina subfarinacea（Nyl. ex Cromb.）Nyl.

凭证标本：孙航 11328。

地衣体枝状，直立丛生，扁枝状，高 2～6 cm，表面黄绿色。常见于常绿阔叶林，生于树干表面；海拔 1800～2700 m。

分布于泸水市鲁掌镇。

56. 球粉衣科 Sphaerophoraceae

2 属 3 种

1. 二型棒枝衣 Bunodophoron diplotypum（Vain.）Wedin

凭证标本：谢昌寿 1204，王立松 00-19067。

枝状地衣，灌木状丛生，直立或半直立，高 1～3 cm，中空。常见于常绿阔叶林，生于树干上，海拔 1600～2500 m。

分布于贡山县茨开镇；福贡县上帕镇。

2. 台湾棒枝衣 Bunodophoron formosanum（Zahlbr.）Wedin

凭证标本：王立松 82-585，00-19068。

枝状地衣，灌木状丛生，直立或半直立，高 2～5 cm，中空。常见于常绿阔叶林，生于树干或腐木上，海拔 1200～2500 m。

分布于贡山县茨开镇；福贡县上帕镇。

3. 球盘球粉衣 Sphaerophorus globosus（Huds.）Vain.

凭证标本：王立松 82-585，00-19068。

地衣体枝状，直立或半直立，密集丛生，高 2～3 cm，表面淡褐色。常见于常绿阔叶林及针阔混交林，生于树干上，海拔 2400～4000 m。

分布于贡山县独龙江乡；泸水市片马镇。

57. 珊瑚枝科 Stereocaulaceae

2 属 5 种

1. 癞屑衣属 Lepraria sp.

凭证标本：王立松 82-738，王欣宇 14-42885。

壳状地衣，地衣体由颗粒粉芽状组成，直径 3～10 cm，表面淡绿色至灰绿色。常见于常绿阔叶林，生于阴暗的岩石或树干表面上；海拔 1500～2600 m。

分布于贡山县丙中洛乡；腾冲市曲石镇、高黎贡山西坡。

2. 指叶珊瑚枝 Stereocaulon dactylophyllum Flörke

凭证标本：王立松 00-19133，03-22612。

枝状地衣，灌木状丛生，高 2～5 cm，表面白色至灰色。常见于常绿阔叶林及针阔混交林，生于开阔林地岩石表面；海拔 2500～3300 m。

分布于贡山县独龙江乡、茨开镇。

3. 多果珊瑚枝 Stereocaulon myriocarpum Th. Fr.

凭证标本：王立松 00-19115。

枝状地衣，灌木状丛生，高 3～6 cm，表面白色至灰色。常见于针阔混交林，生于开阔林地岩石表面；海拔 3000～3700 m。

分布于贡山县茨开镇。

4. 复活节珊瑚枝 Stereocaulon paschale（L.）Hoffm.

凭证标本：王立松 99-18520。

枝状地衣，灌木状丛生，高 5～8 cm，表面白色至灰色。常见于针阔混交林及针叶林，生于开阔林地岩石表面；海拔 3200～4000 m。

分布于贡山县丙中洛乡。

5. 苹果珊瑚枝 Stereocaulon pomiferum P. A. Duvign.

凭证标本：王立松 00-19079，03-22959。

枝状地衣，灌木状丛生，高 3～5 cm，表面烟灰色。常见于针阔混交林及针叶林，生于开阔林地岩石表面；海拔 2600～3800 m。

分布于贡山县茨开镇；保山市芒宽乡。

61. 瓦衣科 Coccocarpiaceae

1 属 2 种

1. 环纹瓦衣 Coccocarpia erythroxyli（Spreng.）Swinscow & Krog

凭证标本：张大成 4474（A），王立松 00-19379。

叶状地衣，圆形扩展，直径 3～6 cm，上表面铅灰色至蓝灰色。常见于常绿阔叶林及针阔叶混交林，生于树干或岩石表面；海拔 2500～4200 m。

分布于贡山县独龙江乡、野牛谷。

2. 粗瓦衣 Coccocarpia palmicola（Spreng.）Arv. & D. J. Galloway

凭证标本：王立松 03-22984。

叶状地衣，圆形扩展，直径 4～6 cm，上表面铅灰色至蓝灰色，具裂芽。常见于常绿阔叶林及针阔叶混交林，生于树干或岩石表面；海拔 1200～3500 m。

分布于保山市芒宽乡。

62. 胶衣科 Collemataceae

2 属 6 种

1. 皱胶衣 Collema rugosum Kremp.

凭证标本：王立松 00-18950。

叶状地衣，圆形或不规则扩展，直径 2～4 cm，上表面深橄榄绿色。常见于常绿阔叶林，生于树干或岩石表面；海拔 1300～2500 m。

分布于贡山县茨开镇。

2. 伯吉氏猫耳衣 Leptogium burgessii（L.）Mont.

凭证标本：王立松 05-24482。

叶状地衣，不规则扩展，直径 4～10 cm，上表面青灰色。常见于常绿阔叶林，生于树干表面；海拔 1500～2600 m。

分布于贡山县独龙江乡。

3. 裸果猫耳衣 Leptogium hildenbrandii（Garov.）Nyl.

凭证标本：王立松 03-22988。

叶状地衣，不规则扩展，直径 3～8 cm，上表面青灰色。常见于常绿阔叶林，生于树干表面；海拔 1300～2800 m。

分布于保山市芒宽乡。

4. 猫耳衣 Leptogium menziesii（Sm.）Mont.

凭证标本：王立松 00-19077，03-23007。

叶状地衣，不规则扩展，直径 5～10 cm，上表面青灰色。常见于常绿阔叶林及针阔混交林，生于树干表面；海拔 1800～3200 m。

分布于贡山县茨开镇；保山市芒宽乡。

5. 土星猫耳衣 Leptogium saturninum（Dicks.）Nyl.

凭证标本：王立松 00-18965，05-24487。

叶状地衣，圆形或不规则扩展，直径 3～15 cm，上表面铅灰色。常见于常绿阔叶林及针阔混交林，生于树干表面；海拔 1900～3600 m。

分布于贡山县独龙江乡、茨开镇、野牛谷。

6. 黑猫耳衣 Leptogium trichophorum Müll. Arg.

凭证标本：王立松 03-23015，王欣宇 14-42797。

叶状地衣，不规则扩展，直径 5～15 cm，上表面深蓝色。常见于常绿阔叶林及针阔混交林，生于树干和岩石表面；海拔 1900～3600 m。

分布于贡山县野牛谷；保山市芒宽乡；腾冲市曲石镇。

63. 鳞叶衣科 Pannariaceae

3 属 2 种

1. 小果毛面衣 Erioderma meiocarpum Nyl.

凭证标本：王立松 03-22968。

叶状地衣，圆形或莲座状扩展，直径 4～6 cm，上表面灰褐色，表面具直立绒毛。常见于针阔混交林及针叶林，生于树干表面；海拔 2400～3600 m。

分布于保山市芒宽乡。

2. 雀斑棕鳞衣 Fuscopannaria leucosticta（Tuck.）P. M. Jørg.

凭证标本：王立松 82-737，00-19670。

叶状地衣，圆形或不规则扩展，直径 6～8 cm，上表面灰褐色。常见于针阔混交林及针叶林，生于树干和岩石表面；海拔 2300～4000 m。

分布于贡山县丙中洛乡、钦那桶村；福贡县鹿马登乡。

3. 鳞叶衣属 Pannaria sp.

凭证标本：王立松 00-19354，00-19384。

叶状地衣，圆形或不规则扩展，直径 3～6 cm，上表面灰褐色至浅棕色。常见于针阔混交林及针叶林，生于树干和灌木表面；海拔 2500～3500 m。

分布于贡山县野牛谷。

65. 肺衣科 Lobariaceae

4 属 20 种

1. 缠叶上枝 Dendriscocaulon intricatulum（Nyl.）Henssen

凭证标本：王立松 99-18583，00-18954。

枝状地衣，稠密丛生，高 50～100 mm，暗黄褐色至绿褐色。常见于常绿阔叶林及针阔混交林，生于树干和岩石藓层表面，常生于瑞士肾盘衣 *Nephroma helveticum* 和深杯牛皮叶 *Sticta wrightii* 表面；海拔 1900～4300 m。

分布于贡山县丙中洛乡、茨开镇。

2. 中华肺衣 Lobaria chinensis Yoshim.

凭证标本：王立松 99-18542，00-19182。

叶状地衣，直径可达 50 cm，上表面鲜绿色，具网脊。常见于针阔混交林及针叶林，生于树干表面；海拔 3000～4200 m。

分布于贡山县丙中洛乡、茨开镇。

3. 杂色肺衣 Lobaria discolor（Bory in Delise）Hue

凭证标本：臧穆 4448，王立松 00-18980。

叶状地衣，直径 8～20 cm，上表面灰绿色，无网脊。常见于常绿阔叶林及针阔混交林，生于树干表面；海拔 1700～3600 m。

分布于贡山县丙中洛乡、茨开镇。

4. 褐毛肺衣 Lobaria fuscotomentosa Yoshim.

凭证标本：王立松 00-19348，05-24494。

叶状地衣，直径 6～10 cm，上表面鲜绿色，无网脊。常见于常绿阔叶林及针阔混交林，生于树干表面；海拔 1700～3800 m。

分布于贡山县独龙江乡、野牛谷。

5. 针芽肺衣 Lobaria isidiophora Yoshim.

凭证标本：臧穆 4455（A），王立松 00-19183。

叶状地衣，直径 6～15 cm，上表面鲜绿色，具网脊，密生杆状裂芽。常见于常绿阔叶林及针阔混交林，生于树干及岩石藓层表面；海拔 1800～3900 m。

分布于贡山县茨开镇。

6. 裂芽肺衣 Lobaria isidiosa（Müll. Arg.）Vain.

凭证标本：王立松 00-18984，00-19008。

叶状地衣，直径 6～30 cm，上表面深褐色，具网脊，密生裂芽。常见于常绿阔叶林及针阔混交林，生于树干及岩石藓层表面；海拔 1600～3500 m。

分布于贡山县茨开镇。

7. 光肺衣 Lobaria kurokawae Yoshim.

凭证标本：王立松 05-24574，王欣宇 14-42908。

叶状地衣，直径 20～50 cm，上表面深褐色，具网脊，无粉芽及裂芽。常见于针阔混交林及针叶林，生于树干及岩石藓层表面；海拔 2400～4300 m。

分布于贡山县独龙江乡；福贡县亚平乡；腾冲市高黎贡山西坡。

8. 东方肺衣 Lobaria orientalis（Asahina）Yoshim.

凭证标本：王立松 03-22994，05-24491。

叶状地衣，直径 10～20 cm，上表面鲜绿色，具网脊，无粉芽及裂芽。常见于常绿阔叶林及针阔混交林，生于树干表面；海拔 2200～4000 m。

分布于贡山县独龙江乡、丙中洛乡、茨开镇；保山市芒宽乡。

9. 拟肺衣 Lobaria pseudopulmonaria Gyeln.

凭证标本：王立松 99-18512，00-19097。

叶状地衣，直径 6～15 cm，上表面灰褐色，具网脊，无粉芽及裂芽。常见于针阔混交林及针叶林，生于树干或岩石表面；海拔 2400～3800 m。

分布于贡山县丙中洛乡、茨开镇；福贡县鹿马登乡。

10. 网脊肺衣 Lobaria retigera（Bory）Trevis.

凭证标本：王立松 00-19012，王欣宇 14-42800。

叶状地衣，直径 5～20 cm，上表面深褐色，具网脊，密生颗粒状裂芽。常见于常绿阔叶林及针阔混交林，生于树干或岩石表面；海拔 1600～3900 m。

分布于贡山县丙中洛乡；泸水市片马镇；腾冲市曲石镇；高黎贡山西坡。

11. 黄假杯点衣 Pseudocyphellaria aurata（Ach.）Vain.

凭证标本：王立松 00-30305，03-22560。

叶状地衣，直径 3～10 cm，上表面鲜绿色，边缘生黄色粉芽堆。常见于常绿阔叶林，生于树干或岩石表面；海拔 1400～2500 m。

分布于贡山县丙中洛乡、茨开镇。

12. 金缘假杯点衣 Pseudocyphellaria crocata（L.）Vain.

凭证标本：王立松 00-18949。

叶状地衣，直径 5～15 cm，上表面黄褐色，边缘生黄色粉芽堆。常见于常绿阔叶林，生于树干或岩石表面；海拔 1000～2400 m。

分布于贡山县茨开镇。

13. 双缘牛皮叶 Sticta duplolimbata（Hue）Vain.

凭证标本：王立松 82-544。

叶状地衣，直径 3～10 cm，上表面棕褐色，无粉芽和裂芽。常见于常绿阔叶林及针阔混交林，生于树干或岩石表面；海拔 1600～2800 m。

分布于福贡县上帕镇。

14. 黑牛皮叶 Sticta fuliginosa（Dicks.）Ach.

凭证标本：王立松 03-22556，05-25502。

叶状地衣，直径 5～10 cm，上表面黑褐色，具杆状裂芽。常见于常绿阔叶林及针阔混交林，生于树干或岩石表面；海拔 1300～3500 m。

分布于贡山县丙中洛乡；泸水市片马镇。

15. 柄扇牛皮叶 Sticta gracilis（Müll. Arg.）Zahlbr.

凭证标本：王立松 12-33298。

叶状地衣，扇形，基部有柄，高 1～10cm，上表面黑褐色。常见于常绿阔叶林，生于树干或岩石表面；海拔 1200～2000 m。

分布于腾冲市曲石镇。

16. 平滑牛皮叶 Sticta nylanderiana Zahlbr.

凭证标本：臧穆 970（A），王立松 03-22983。

叶状地衣，直径 20～50 cm，上表面黄绿色，无粉芽及裂芽。常见于常绿阔叶林及针阔混交林，生于树干表面；海拔 1700～4000 m。

分布于贡山县丙中洛乡、独龙江乡、茨开镇、钦那桶村、野牛谷；福贡县亚平乡、鹿马登乡、上帕镇；泸水市片马镇；保山市芒宽乡；腾冲市曲石镇。

17. 宽叶牛皮叶 Sticta platyphylloides Nyl.

凭证标本：王立松 99-18642，03-30301。

叶状地衣，直径 10～20 cm，上表面灰绿色，无粉芽及裂芽。常见于常绿阔叶林及针阔混交林，生于树干表面；海拔 2000～3000 m。

分布于贡山县丙中洛乡；保山市芒宽乡。

18. 缝芽牛皮叶 Sticta praetextata（Räsänen）D. D. Awasthi

凭证标本：王立松 00-19184，00-30304。

叶状地衣，直径 8～20 cm，上表面黄褐色，边缘具小裂片。常见于常绿阔叶林及针阔混交林，生于树干表面；海拔 2100～3500 m。

分布于贡山县茨开镇。

19. 缘裂牛皮叶 Sticta weigelii（Ach.）Vain.

凭证标本：王立松 03-22554，王欣宇 14-42904。

叶状地衣，直径 2～6 cm，上表面暗褐色，边缘具裂芽。常见于常绿阔叶林，生于树干或岩石表面；海拔 1400～2800 m。

分布于贡山县茨开镇；腾冲市曲石镇、大嵩坪村、高黎贡山西坡。

20. 深杯牛皮叶 Sticta wrightii Tuck.

凭证标本：王立松 99-18555，05-24545。

叶状地衣，直径 10～15 cm，上表面黄褐色，无粉芽及裂芽。常见于常绿阔叶林及针阔混交林，生于树干或灌木表面；海拔 1700～4000 m。

分布于贡山县丙中洛乡；福贡县亚平乡、鹿马登乡、上帕镇。

66. 肾盘衣科 Nephromataceae

1 属 2 种

1. 瑞士肾盘衣 Nephroma helveticum Ach.

凭证标本：王立松 00-18982，05-24483。

叶状地衣，直径 5～10 cm，上表面棕褐色，具杆状裂芽。常见于常绿阔叶林及针阔混交林，生于树干或岩石表面；海拔 1300～4000 m。

分布于贡山县丙中洛乡、独龙江乡、茨开镇、钦那桶村、野牛谷；福贡县上帕镇。

2. 裂芽肾盘衣 Nephroma isidiosum（Nyl.）Gyeln.

凭证标本：王立松 82-622，82-694。

叶状地衣，直径 6～10 cm，上表面深棕褐色，具珊瑚状裂芽。常见于常绿阔叶林及针阔混交林，生于树干或灌木表面；海拔 2000～4300 m。

分布于贡山县茨开镇；福贡县鹿马登乡。

67. 地卷科 Peltigeraceae

2 属 14 种

1. 犬地卷 Peltigera canina（L.）Willd.

凭证标本：王立松 00-19240，03-22958。

叶状地衣，直径 5～25 cm，上表面暗绿色，无粉芽及裂芽。常见于常绿阔叶林及针阔混交林，生于林下腐木或岩石表面；海拔 2200～4300 m。

分布于贡山县丙中洛乡、茨开镇；泸水市片马镇；保山市芒宽乡。

2. 裂边地卷 Peltigera degenii Gyeln.

凭证标本：王立松 82-719。

叶状地衣，直径 5～10 cm，上表面浅棕色，无粉芽及裂芽。常见于针阔混交林，生于林下岩表藓层；海拔 3200～4500 m。

分布于贡山县丙中洛乡。

3. 分指地卷 Peltigera didactyla（With.）J. R. Laundon

凭证标本：王立松 99-18553，05-24484。

叶状地衣，直径 1～2 cm，上表面绿褐色，具白色粉芽堆。常见于常绿阔叶林及针阔混交林，生于林下阴湿土壤或藓层表面；海拔 2400～3800 m。

分布于贡山县丙中洛乡、独龙江乡、茨开镇。

4. 平盘软地卷 Peltigera elisabethae Gyeln.

凭证标本：王立松 00-19147。

叶状地衣，直径 5～15 cm，上表面灰蓝色，无粉芽和裂芽。常见于常绿阔叶林及针阔混交林，生于林下阴湿土壤或藓层表面；海拔 2100～3400 m。

分布于贡山县丙茨开镇。

5. 赭腹地卷 Peltigera hymenina（Ach.）Delise

凭证标本：王立松 82-571，96-17025。

叶状地衣，直径 3～10 cm，上表面灰蓝色，无粉芽和裂芽。常见于常绿阔叶林及针阔混交林，生于林下阴湿土壤或藓层表面；海拔 2000～3000 m。

分布于福贡县上帕镇；泸水市片马镇。

6. 膜地卷 Peltigera membranacea（Ach.）Nyl.

凭证标本：王立松 82-715，03-22992。

叶状地衣，直径 5～15 cm，上表面灰蓝色，具白色绒毛，无粉芽和裂芽。常见于常绿阔叶林及针阔混交林，生于林下阴湿土壤或藓层表面；海拔 2000～3000 m。

分布于贡山县丙中洛乡；保山市芒宽乡。

7. 光滑地卷 Peltigera neckeri Hepp ex Müll. Arg.

凭证标本：王立松 05-24544。

叶状地衣，直径 5～10 cm，上表面灰蓝色，无粉芽和裂芽。常见于针阔混交林及针叶林，生于林下阴湿土壤或藓层表面；海拔 2900～3800 m。

分布于福贡县亚平乡。

8. 长根地卷 Peltigera neopolydactyla（Gyeln.）Gyeln.

凭证标本：王立松 82-514，00-19181。

叶状地衣，直径 5～20 cm，上表面灰蓝色至深棕色，无粉芽和裂芽。常见于针阔混交林及针叶林，生于林下阴湿土壤及藓层表面，或树干基部；海拔 1900～3500 m。

分布于贡山县丙中洛乡、茨开镇；福贡县鹿马登乡、腾冲市大嵩坪村。

9. 白脉地卷 Peltigera ponojensis Gyeln.

凭证标本：王立松 00-19249，03-22584。

叶状地衣，直径 5～15 cm，上表面灰蓝色，无粉芽和裂芽。常见于常绿阔叶林及针阔混交林，生于林下阴湿土壤或藓层表面；海拔 2000～3000 m。

分布于贡山县茨开镇、月各村。

10. 裂芽地卷 Peltigera praetextata（Flörke ex Sommerf.）Zopf

凭证标本：王立松 00-18988。

叶状地衣，直径 5～20 cm，上表面黄褐色，密生杆状裂芽。常见于常绿阔叶林及针阔混交林，生于林下阴湿土壤或藓层表面；海拔 1300～3500 m。

分布于贡山县茨开镇。

11. 霜地卷 Peltigera pruinosa（Gyeln.）Inumaru

凭证标本：王立松 82-629，03-22845。

叶状地衣，直径 5～20 cm，上表面灰蓝色，覆盖白色粉霜。常见于常绿阔叶林，生于林下阴湿土壤或藓层表面；海拔 1200～2500 m。

分布于贡山县月各村；福贡县上帕镇；保山市芒宽乡。

12. 地卷 Peltigera rufescens（Weiss）Humb.

凭证标本：郗建勋 631。

叶状地衣，直径 5～15 cm，上表面灰蓝色，无粉芽及裂芽。常见于常绿阔叶林及针阔混交林，生于林下阴湿土壤或藓层表面；海拔 1300～2800 m。

分布于福贡县上帕镇。

13. 小瘤地卷 Peltigera scabrosa Th. Fr.

凭证标本：王立松 82-426。

叶状地衣，直径 5～10 cm，上表面灰蓝色至浅棕色，无粉芽及裂芽。常见于常绿阔叶林及针阔混交林，生于林下阴湿土壤或藓层表面；海拔 2300～3500 m。

分布于福贡县鹿马登乡。

14. 宽果散盘衣 Solorina platycarpa Hue

凭证标本：王立松 03-22608。

叶状地衣，直径 8～25 cm，上表面绿褐色，无粉芽及裂芽。常见于常绿阔叶林及针阔混交林，生于土坡或岩石下土层；海拔 2000～3500 m。

分布于贡山县月各村。

69. 巨孢衣科 Megalosproaceae

1 属 1 种

1. 硫巨孢衣 Megalospora sulphurata Meyen

凭证标本：王立松 82-464（A），00-19692。

壳状地衣，直径 2～10 cm，上表面灰绿色，子囊盘茶渍型，盘面黑色。常见于常绿阔叶林及针阔混交林，生于树干表面；海拔 1500～3000 m。

分布于贡山县钦那桶村；福贡县鹿马登乡。

70. 粉衣科 Caliciaceae

2 属 6 种

1. 顶杯衣 Acroscyphus sphaerophoroides Lév.

凭证标本：臧穆 5427（A）。

枝状地衣，呈圆柱状，直立，密集丛生，表面无白色至枯草黄色。常见于亚热带针阔叶混交林、暖性针叶林，生于岩石表面或枯木桩上；海拔 3500～3900 m。

分布于福贡县知子罗村。

2. 光面黑盘衣 Pyxine berteriana（Fée）Imshaug

凭证标本：王立松 99-18609。

地衣体叶状，紧贴基物生长，圆形或不规则扩展，直径 2～4 cm。常见于常绿阔叶林或针阔混交林，生于树干表面；海拔 1700～2900 m。

分布于贡山县丙中洛乡。

3. 珊瑚黑盘衣 Pyxine coralligera Malme

凭证标本：张大成 1112。

地衣体叶状，紧贴基物生长，圆形或不规则扩展，直径 3～8 cm。常见于常绿阔叶林，生于岩石或树干表面；海拔 800～2600 m。

分布于贡山县丙中洛乡。

4. 喜马拉雅黑盘衣 Pyxine himalayensis D. D. Awasthi

凭证标本：王立松 99-18633。

地衣体叶状，紧贴基物生长，不规则扩展，直径 5～10 cm。常见于常绿阔叶林及针阔混交林，生于树干表面；海拔 1500～3600 m。

分布于贡山县丙中洛乡。

5. 亚橄榄黑盘衣 Pyxine limbulata Müll. Arg.

凭证标本：王立松 82-635。

地衣体叶状，紧贴基物生长，圆形或不规则扩展，直径 3～8 cm。常见于常绿阔叶林及针阔混交林，生于树干表面；海拔 1300～3800 m。

分布于福贡县上帕镇。

6. 明治黑盘衣 Pyxine meissnerina Nyl.

凭证标本：王立松 03-22830。

地衣体叶状，紧贴基物生长，不规则扩展，直径 3～5 cm。常见于常绿阔叶林，生于树干表面；海拔 1000～2400 m。

分布于贡山县月各村。

71. 蜈蚣衣科 Physciaceae

4 属 18 种

1. 掌状雪花衣 Anaptychia palmulata（Michx.）Vain.

凭证标本：王立松 99-18582。

叶状地衣，裂片狭长，表面呈绿褐色至棕色。常见于暖性针叶林、常绿阔叶林，生于树干或岩石表面苔藓层；海拔 3000～3500 m。

分布于贡山县丙中洛乡。

2. 卷梢哑铃孢 Heterodermia boryi（Fée）Kr. P. Singh & S. R. Singh

凭证标本：王立松 82-470，王欣宇 14-42937。

叶状地衣，裂片狭长，顶端弯曲，表面灰白色。常见于寒温性针叶林、针阔混交林，生于树干、灌木表面及岩面藓层；海拔 1700～2700 m。

分布于贡山县独龙江乡；福贡县鹿马登乡；腾冲市高黎贡山西坡。

3. 丛毛哑铃孢 Heterodermia comosa（Eschw.）Follmann & Redón

凭证标本：王立松 00-19211，05-24277。

叶状地衣，裂片扇形或勺状，污白色至灰白色。常见于常绿阔叶林、落叶阔叶林、暖性针叶林，生于枯枝或树干表面；海拔 1100～2300 m。

分布于贡山县丙中洛乡。

4. 大哑铃孢 Heterodermia diademata（Taylor）D. D. Awasthi

凭证标本：王立松 82-560，王欣宇 14-42985。

叶状地衣，圆形扩展，紧贴基物，上表面灰白色。常见于针叶林、针阔混交林，生于树干或岩石表面；海拔 2000～3500 m。

分布于贡山县丙中洛乡、野牛谷；福贡县上帕镇；保山市芒宽乡；腾冲市高黎贡山西坡、曲石镇。

5. 深裂哑铃孢 Heterodermia dissecta（Kurok.）D. D. Awasthi

凭证标本：王欣宇 14-42776，14-42801。

叶状地衣，裂片狭窄，边缘具粉芽堆，上表面灰白色至青灰色。常见于针叶林、针阔混交林，生于岩石表面；海拔 2600～3500 m。

分布于腾冲市曲石镇。

6. 白腹哑铃孢 Heterodermia hypoleuca（Mühl.）Trevis.

凭证标本：张大成 933，王立松 82-557。

叶状地衣，不规则形状扩展，疏松附着于基物，上表面青灰色，边缘具小裂片。常见于常绿阔叶林、针阔混交林及针叶林，生于树干或岩石表面；海拔 2000～3300 m。

分布于贡山县钦那桶村、茨开镇；福贡县鹿马登乡、上帕镇；泸水市片马镇。

7. 阿里哑铃孢 Heterodermia japonica（Sato）Swinscow & Krog.

凭证标本：王立松 00-18951，臧穆 64。

叶状地衣，圆形或不规则形状扩展，疏松附着于基物，上表面边缘具白色颗粒状粉芽。常见于常绿阔叶林、针阔混交林，生于树枝或岩石表面；海拔 2000～2700 m。

分布于贡山县野牛谷、普拉底乡。

8. 小叶哑铃孢 Heterodermia microphylla（Kurok.）Skorepa

凭证标本：王立松 00-19219。

叶状地衣，圆形或不规则形状扩展，疏松附着于基物，上表面灰白色，边缘具唇形粉芽堆。常见于针阔混交林及针叶林，生于树干或岩石表面；海拔 1900～2500 m。

分布于贡山县丙中洛乡。

9. 暗哑铃孢 Heterodermia obscurata（Nyl.）Trevis.

凭证标本：王立松 00-18995，王欣宇 14-42798。

叶状地衣，近圆形扩展，裂片狭窄，羽状至不规则分裂，上表面灰白色或淡灰绿色，无粉霜层，裂片边缘及顶端具唇形粉芽堆，粉芽颗粒状。常见于常绿阔叶林，生于树干或岩石表面；海拔 1500～2200 m。

分布于贡山县丙中洛乡；福贡县上帕镇；腾冲市曲石镇。

10. 毛果哑铃孢 Heterodermia podocarpa（Bél.）D. D. Awasthi

凭证标本：臧穆 82-3661，王立松 05-25480。

地衣体叶状，近直立丛生，基部附着于基物，裂片二叉分裂，上表面鲜绿色至灰绿色，边缘生有稠密的灰白色至黑色长纤毛。常见于常绿阔叶林、针阔混交林，生于树干及树枝上，偶见于岩石表面；海拔 1900～3100 m。

分布于贡山县丙中洛乡、独龙江乡、钦那桶村；泸水市片马镇。

11. 哑铃孢 Heterodermia speciosa（Wulfen）Trevis.

凭证标本：王立松 00-21144。

叶状地衣，不规则扩展，紧贴基物，裂片通常二叉分裂，上表面灰绿色，裂片边缘生有颗粒状粉芽堆。常见于常绿阔叶林，生于树干表面；海拔 1900～2200 m。

分布于维西县维登乡。

12. 四川哑铃孢 Heterodermia szechuanensis（J. D. Zhao，L. W. Hsu & Z. M. Sun）J. C. Wei

凭证标本：王立松 82-513，00-19672。

地衣体叶状，不规则扩展，裂片细小狭长，宽 1～2 mm，上表面灰白色，无裂芽及粉芽。常见于常绿阔叶林及针阔混交林，生于树干或树枝表面，偶见于土壤表面；海拔 1700～3300 m。

分布于贡山县钦那桶村；福贡县鹿马登乡。

13. 红髓黑蜈蚣衣 Phaeophyscia endococcinea（Körb.）Moberg

凭证标本：王立松 03-22594，03-23016。

地衣体叶状，紧贴基物生长，裂片通常二叉分支，上表面深绿色至灰绿色，无粉芽及裂芽，髓层橙红色。常见于常绿阔叶林，生于树干及岩石表面；海拔 1800～2300 m。

分布于贡山县月各村、保山市芒宽乡。

14. 内赤黑蜈蚣衣 Phaeophyscia endococcinodes（Poelt）Essl.

凭证标本：王立松 03-22609。

地衣体叶状，通常呈圆形扩展，上表面灰色至棕灰色，无粉芽或裂芽，生有不规则小裂片，髓层橘色。常见于针阔混交林，生于岩石表面，偶见于树干表面；海拔 1900～2100 m。

分布于贡山县月各村。

15. 毛边黑蜈蚣衣 Phaeophyscia hispidula（Ach.）Essl.

凭证标本：王立松 00-19198。

地衣体叶状，不规则或圆形扩展，上表面灰色至棕灰色，边缘处生有颗粒状至圆柱状的粉芽，偶见于上表面，髓层白色。常见于针阔混交林和常绿阔叶林，生于树干或岩石表面；海拔 2300～2600 m。

分布于贡山县丙中洛乡。

16. 粉缘黑蜈蚣衣 Phaeophyscia limbata（Poelt）Kashiw.

凭证标本：王立松 00-19713。

叶状地衣，不规则或圆形扩展，上表面灰色至灰绿色，边缘密生黑色缘毛，具颗粒状粉芽，髓层白色。常见于针叶林和针阔混交林，生于树干表面，偶见于岩石表面；海拔 2500～3300 m。

分布于贡山县钦那桶村。

17. 刺黑蜈蚣衣 Phaeophyscia primaria（Poelt）Trass

凭证标本：王立松 10012，00-19581。

叶状地衣，不规则或圆形扩展，上表面灰色至灰绿色，子囊盘下边缘密生黑色缘毛，无粉芽或裂芽，髓层白色。常见于常绿阔叶林或针阔混交林，生于岩石表面，偶见于树干表面；海拔 1500～2700 m。

分布于贡山县钦那桶村、丙中洛乡。

18. 白粉蜈蚣衣 Physcia biziana（A. Massal.）Zahlbr.

凭证标本：王立松 82-492，03-23019。

地衣体叶状，圆形或不规则扩展，上表面灰色至灰白色，通常覆盖白色粉霜层，无裂芽或粉芽，髓层白色。常见于常绿阔叶林，生于树干或岩石表面；海拔 1800～2200 m。

分布于福贡县鹿马登乡；保山市芒宽乡。

72. 黄枝衣科 Teloschistaceae

1 属 1 种

1. 黄绿橙衣 Caloplaca flavorubescens（Huds.）J. R. Laundon

凭证标本：王立松 82-610（A），王欣宇 14-42932。

壳状地衣，地衣体橘黄色，圆形或不规则扩展，直径 2～8cm。常见于常绿阔叶林及针阔混交林，生于石灰岩表面；海拔 1200～3800 m。

分布于贡山县月各村；福贡县上帕镇；腾冲市曲石镇。

76. 网衣科 Lecideaceae

3 属 3 种

1. 高山扁桃盘衣 Amygdalaria aeolotera（Vain.）Hertel & Brodo

凭证标本：王立松 82-455。

壳状地衣，地衣体橘黄色，表面具有灰白色衣瘿，子囊盘黑色网衣型。常见于高山流石滩、高山岩壁表面；海拔 3900～4500 m。

分布于福贡县鹿马登乡。

2. 网衣属 Lecidea sp.

凭证标本：王欣宇 14-42836，14-42892。

壳状地衣，地衣体灰白色至浅棕色，子囊盘黑色网衣型。常见于常绿阔叶林、针阔混交林，高山流石滩、高山岩壁表面；海拔 1800～4000 m。

分布于福贡县鹿马登乡；腾冲市曲石镇、高黎贡山西坡。

3. 白兰假网衣 Porpidia albocaerulescens（Wulfen）Hertel & Knoph

凭证标本：王立松 910，王欣宇 14-42970。

壳状地衣，地衣体浅灰色至灰蓝色，子囊盘黑色网衣型。常见于常绿阔叶林及针阔混交林，生于林下岩石表面；海拔 1900～3000 m。

分布于福贡县上帕镇；腾冲市高黎贡山西坡。

77. 疣茶渍衣科 Malmideaceae

1 属 1 种

1. 大疣茶渍 Malmidea granifera（Ach.）Kalb，Rivas Plata & Lumbsch

凭证标本：王欣宇 14-42809，14-42962。

壳状地衣，地衣体浅绿色，具疣状突起，子囊盘茶渍型。常见于常绿阔叶林，生于树干表面；海拔 2000～2500 m。

分布于腾冲市高黎贡山西坡、曲石镇。

81. 石耳科 Umbilicariaceae

1 属 2 种

1. 皮芽石耳 Umbilicaria squamosa Wei J. C. & Jiang Y. M.

凭证标本：臧穆 994。

地衣体单叶型，圆形，直径 2～5 cm，上表面浅棕色至暗棕色。常见于高山流石滩，生于岩石表面；海拔 3400～4000 m。

分布于泸水市片马镇。

2. 鳞石耳 Umbilicaria thamnodes Hue

凭证标本：张大成 1068，王立松 00-19063。

地衣体单叶型，圆形，直径 3～8 cm，上表面暗绿色至淡绿褐色。常见于针叶林或高山流石滩，生于树干或岩石表面；海拔 3000～4300 m。

分布于贡山县丙中洛乡、茨开镇；福贡县上帕镇；泸水市姚家坪。

82. 黄烛衣科 Candelariaceae

1 属 2 种

1. 同色黄烛衣 Candelaria concolor（Dicks.）Arnold

凭证标本：王立松 99-18597。

地衣体鳞片状至小型叶状，直径 3～5 cm，上表面黄绿色至橘黄色。常见于常绿阔叶林及针阔混交林，生于树干表面；海拔 1400～3500 m。

分布于贡山县丙中洛乡。

2. 纤黄烛衣 Candelaria fibrosa（Fr.）Müll. Arg.

凭证标本：王立松 03-23009，05-24295。

地衣体鳞片状至小型叶状，直径 4～8 cm，上表面黄绿色至橘黄色。常见于常绿阔叶林，生于树干及岩石表面；海拔 1600～2700 m。

分布于贡山县丙中洛乡；保山市芒宽乡。

担子菌门 BASIDIOMYCOTA

伞菌纲 AGARICOMYCETES

96. 蜡伞菌科 Hygrophoraceae

1 属 1 种

1. 绿色地衣小荷叶 Lichenomphalia hudsoniana（H. S. Jenn.）Redhead et al.

凭证标本：王立松 00-18777，00-19276。

共生菌为担子菌，地衣体鳞片状，紧贴基物生长，上表面暗绿色至鲜绿色，担子果伞形，果柄直径 1～2 mm，高 50～100 mm。常见于针阔混交林及针叶林，生于林下腐木表面或岩表薄土层；海拔 3500～4300 m。

分布于贡山县茨开镇。

第九章 高黎贡山苔藓植物名录[*]

通过 2002—2015 年的数次考察，我们采集了高黎贡山地区 8000 余号苔藓植物标本，并在研究中国科学院昆明植物研究所标本馆馆藏历史标本的基础上，整理出高黎贡山地区苔藓植物共计 114 科 226 属 840 种（含种下分类单元）。其中，角苔纲 1 科 3 属 6 种；苔纲 52 科 108 属 384 种；藓纲 60 科 214 属 452 种；藻藓纲 1 科 1 属 2 种，本名录还包括无边梨蒴藓 Entosthodom elimbatns、横断山对齿藓 Didymodon hengduanensis、龙氏地钱 Marchantia longii、溪藓 Rheoshevockia fontana 等近年来新发表的、未被《中国苔藓志》（中英文版）收录的一些新种（新属）。

本名录中苔藓植物在科级分类单元的界定分别以 Renzaglia 等[1]、Crandall-Stotler 等[2] 和 Goffinet 等[3] 的研究作为根据。苔藓植物的科、属、种、亚种、变种以及变型的排列顺序则以物种对应的拉丁学名字母顺序而定。物种学名及命名人的书写规则依据 TROPICOS（http：//www. tropicos. org）。每个物种均列出其在乡镇一级的产地及对应海拔；个别历史标本因采集信息记录不详，故只列到县级，并引用标签上的原始地名。

名录中所引用的凭证标本均存放于中国科学院昆明植物研究所标本馆（KUN）。此外，文中以 Long 和 Shevock 为采集人的标本在英国爱丁堡皇家植物园（E）和美国加州科学院（CAS）亦有同号备份。

苔藓植物门 BRYOPHYTA

C1. 角苔纲 ANTHOCEROTAE

1 科 3 属 6 种

H1. 角苔科 Anthocerotaceae

3 属 6 种

1. 芽胞角苔（新拟中文名）Anthoceros angustus Steph.
凭证标本：Long 32410，33859；Shevock 25091。
叶状体苔类，植株个体小，土生；海拔 1391～2130 m。
分布于腾冲市大营乡；福贡县石月亮乡；贡山县独龙江乡。

---

*作者：马文章、James R. sheveck、David G. Long、张力。

2. 印度角苔 Anthoceros bharadwajii Udar & A. K. Asthana

凭证标本：Long 32514，37521。

叶状体苔类，植株个体中等，土生；海拔 1470～1545 m。

分布于保山市隆阳区芒宽乡；腾冲市曲石镇。

3. 卷叶角苔 Anthoceros puctatus L.

凭证标本：王立松 733。

叶状体苔类，植株个体小，直径 3～6 mm，土生；海拔 1800～2400 m。

分布于福贡县鹿马登乡。

4. 褐角苔 Folioceros fuciformis（Mont.）D. C. Bharadwaj

凭证标本：臧穆 2119。

叶状体苔类，植株个体较大，长可达 3 cm，岩石生或土生；海拔 1200 m。

分布于贡山县独龙江乡。

5. 高领黄角苔 Phaeoceros carolinianus（Michx.）Prosk.

凭证标本：马文章 11-1823；臧穆 3290。

叶状体苔类，植株个体较大，开阔地土生；海拔 2163 m。

分布于龙陵县龙江乡；贡山县独龙江乡。

6. 黄角苔 Phaeoceros laevis（L.）Prosk.

凭证标本：臧穆 1178，3266；张力 4790。

叶状体苔类，植株个体较大，直径可达 3 cm，潮湿土生；海拔 1600～2225 m。

分布于贡山县独龙江乡、腾冲市明光乡。

C2. 苔纲 HEPATICAE

52 科 107 属 385 种

L1. 顶苞苔科 Acrobolbaceae

1 属 1 种

1. 钝角顶苞苔 Acrobolbus ciliatus（Mitten）Schiffner

凭证标本：Long 33810-b，33833，34895，34927；Shevock 25381A；王立松 6184。

茎叶体苔类，常与其他苔藓植物混生，淡绿或灰绿色，高 25～30 mm。生于林下岩面薄土；海拔 2400～3100 m。

分布于福贡县鹿马登乡、石月亮乡。

L2. 隐蒴苔科 Adelanthaceae

1 属 2 种

1. 对耳苔 Syzygiella autumnalis（DC.）K. Feldberg，Váňa，Hentschel & Heinrichs

凭证标本：Long 37204，37402；臧穆 5491。

茎叶体苔类，个体较小，树生，海拔 2500～2900 m。

分布于保山市芒宽乡；福贡县石月亮乡；贡山县茨开镇。

2. 日本对耳苔 Syzygiella nipponica（S. Hatt.）K. Feldberg，Váňa，Hentschel & Heinrichs

凭证标本：Long 37360，35824，35968；Shevock 25550。

茎叶体苔类，个体小，树生，海拔 3300 m。

分布于福贡县石月亮乡；贡山县丙中洛乡。

L3. 挺叶苔科 Anastrophyllaceae

10 属 16 种

1. 卷叶苔 Anastrepta orcadensis（Hooker）Schiffner

凭证标本：Long 33746，34356，34464，34643，34711，34854-a，34915，35805，35934，37135，37191，37254-a，37318；王立松 519d，82-631；臧穆 1416，498a，5439，581a，5905，5936a，5945，686c，688，701，725，736，947b，9686；张敖罗 48（k），50（c），61；张大成 635，873。

茎叶体苔类，棕绿色至深绿色，硬挺，分枝少，长 15～40 mm，带叶宽 1500～2200 μm。生于高山针叶林内潮湿岩石，腐木及树干；海拔 2100～4760 m。

分布于福贡县鹿马登乡；贡山县丙中洛镇、茨开镇、独龙江乡；泸水市片马镇。

2. 高山挺叶苔 Anastrophyllum alpinum Stephanni

凭证标本：Long 34423，34653，35808，35892-a，35930，37170，37254；Shevock 23427A。

茎叶体苔类，红褐色，茎倾立，长 2～4 cm，带叶宽约 1.5 mm。生于岩石面或杜鹃灌丛下；海拔 2000～3000 m。

分布于福贡县鹿马登乡；贡山县丙中洛镇、茨开镇、独龙江乡。

3. 抱茎挺叶苔 Anastrophyllum assimile（Mitten）Stephanni

凭证标本：Long 34351，35760，37331，37337。

茎叶体苔类，植物体中等大小，稍硬，黄褐色或黑褐色，密集匍匐丛生。长 12～30 mm，带叶宽约 1.2 mm。生于高山林下石面，树干或腐木；海拔 1800～2600 m。

分布于福贡县鹿马登乡；贡山县茨开镇。

4. 挺叶苔 Anastrophyllum donnianum（Hooker）Stephanni

凭证标本：Long 33774，33821，34343，34427，34469，34672，34857，34885，34913，35707，35723，35853，35926，37178，37332；臧穆 83a，498a，602，966，1416，5479，5854，5871，5945，9686；张大成 643a，873。

茎叶体苔类，植物体较大，硬挺，红褐色，长 2～4 cm，带叶宽 1.5 mm。生于岩面薄土及杜鹃灌丛下。

海拔 2200～3200 m。

分布于福贡县鹿马登乡；贡山县独龙江乡。

5. 乔氏挺叶苔（新拟中文名）Anastrophyllum joergensenii Schiffner

凭证标本：胡志浩 6012B；Long 33825，34661，35892；臧穆 611，1416，5419；张敖罗 48（k），50（c），61。

茎叶体苔类，植物体硬挺，红褐色至黑褐色，长 3～5 cm，叶易碎。生于林下或高山垫状植物下岩面薄土及林地，海拔 2000～4210 m。

分布于贡山县丙中洛镇、独龙江乡。

6. 密叶挺叶苔 Anastrophyllum michauxii（F. Weber）H. Buch

凭证标本：臧穆 602。

茎叶体苔类，褐绿色或浅绿色，茎近直立，高 15～30 mm，带叶宽 0.6～0.8 mm。生于高海拔山地潮湿岩面或腐木；海拔 2800～3700 m。

分布于贡山县茨开镇。

7. 细裂瓣苔 Barbilophozia sudetica（Nees ex Huebener）L. Söderstr. De Roo & Hedd.

凭证标本：王立松 82-631。

细平铺型苔类，主茎匍匐。腐木生或树生；海拔 2400 m。

分布于福贡县鹿马登乡。

8. 卷背苔（新拟中文名）Hamatostrepta concinna Váňa & D. G. Long

凭证标本：Long 37239-a，37252。

矮丛集型苔类，主茎直立，叶背卷。树生，海拔 3660～3700 m。

分布于贡山县茨开镇、独龙江乡。

9. 服部苔 Hattoria yakushimensis（Horik.）R. M. Schust.

凭证标本：臧穆 5417B；张敖罗 48。

细平铺型苔类，主茎匍匐，个体小，2～3 cm 长。土生，海拔 2300～2650 m。

分布于福贡县；泸水市。

10. 全缘广萼苔 Plicanthus birmensis（Steph.）R. M. Schust.

凭证标本：Long 36065，36163；马文章 14-5748；王立松 83-15；臧穆 1457，1581，3802，3805，3806，3809，3953，3957，5791；张敖罗 29；张大成 3773。

粗平铺型苔类，主茎直立，植株较大，长可达 6 cm。岩生，偶树生，海拔 1600～3200 m。

分布于贡山县茨开镇、独龙江乡；泸水市片马镇；腾冲市芒棒镇。

11. 齿边广萼苔 Plicanthus hirtellus（F. Weber）R. M. Schust.

凭证标本：Long 32295，32600，32668，32850，33575，33987，34407，34613，34662，35078，35199，36226，37107，37241，37508；Shevock 25035，25082，25150，26734，26891，28433，28457，28468，28494，28508，28567，28658，28677；马文章 12-3091；庞金虎 18；王立松 13；臧穆 1581，1765，3808，5283，

5791，5724B，5728A；张敖罗 29，37；张大成 946。

粗平铺型苔类，主茎直立，植株较大，长 4～8 cm。岩生，偶树生；海拔 1180～3660 m。

分布于保山市潞江镇、芒宽乡；福贡县鹿马登乡、石月亮乡、匹河乡；泸水市大兴地乡、片马镇；贡山县丙中洛乡、茨开镇、独龙江乡；腾冲市界头乡、猴桥镇、滇滩镇。

12. 尖似折瓣苔（新拟中文名）Schizophyllopsis aristata（Herzog ex N. Kitag.）Váňa & L. Söderstr.

凭证标本：Long 33831。

高丛集型苔类，主茎直立，土生；海拔 2824 m。

分布于贡山县独龙江乡。

13. 双齿似折瓣苔（新拟中文名）Schizophyllopsis bidens（Reinw. Blume & Nees）Váňa & L. Söderstr.

凭证标本：Long 33747，34334，34335，34695，34920，34943，37125。

高丛集型苔类，主茎直立，土生；海拔 2230～3600 m。

分布于福贡县鹿马登乡、石月亮乡、上帕镇；贡山县茨开镇、独龙江乡。

14. 拟折瓣苔 Sphenolobopsis pearsonii（Spruce）R. M. Schust

凭证标本：Long 35909。

高丛集型苔类，主茎直立，土生；海拔 3910 m。

分布于贡山县丙中洛乡。

15. 折瓣苔 Sphenolobus minutus（Schreb.）Berggr.

Syn.：*Anastrophyllum minutum*（Schreb.）R. M. Schust.

凭证标本：Long 32859，33755，35953，37208，37216；臧穆 431。

高丛集型苔类，主茎直立。土生；海拔 1987～3910 m。

分布于保山市潞江镇、芒宽乡；贡山县丙中洛乡、茨开镇、独龙江乡。

16. 小广萼苔 Tetralophozia filiformis（Steph.）Urmi

凭证标本：Long 33691，33866，34332，34497，35019，37082，37242；Shevock 23247，25073，25084，25089，25363；王立松 82-518；臧穆 3209，3280，3574，3589，3953，4007，5391，5871。

交织型苔类，主茎横走。岩壁生或腐木生；海拔 1700～3070 m。

分布于福贡县石月亮乡；泸水市片马镇；贡山县茨开镇、独龙江乡。

L4. 绿片苔科 Aneuraceae

3 属 6 种

1. 大绿片苔 Aneura maxima（Schiffn.）Steph.

凭证标本：Long 37119，37201，37310。

叶状体苔类，紧贴基质生长，翠绿色，叶状体直径可达 8～10 cm。腐木生；海拔 1809～2713 m。

分布于贡山县茨开镇。

2. 绿片苔 Aneura pinguis（L.）Dumort.

凭证标本：Long 32465，33527，37282；张力 4507。

叶状体苔类，紧贴基质生长，浅绿色至黄绿色，叶状体长 2～6 cm。腐木生；海拔 1280～1700 m。

分布于贡山县丙中洛乡；腾冲市芒棒镇、界头乡。

3. 云南瓣片苔（新拟中文名）Lobatiriccardia yunnanensis Furuki & D. G. Long

凭证标本：Long 33940。

叶状体苔类，紧贴基质生长，浅绿色至黄绿色。腐木生；海拔 1425 m。

分布于贡山县独龙江乡。

4. 波叶片叶苔 Riccardia chamedyfolia（With.）Grolle

凭证标本：Long 33609。

简单叶状体苔类，紧贴基质生长，深绿色至褐色。腐木生；海拔 1470 m。

分布于贡山县独龙江乡。

5. 掌状片叶苔 Riccardia palmata（Hedw.）Carruth.

凭证标本：马文章 13-4813，13-5020。

简单叶状体苔类，紧贴基质生长，褐色至黑色，腐木生；海拔 1800～3310 m。

分布于贡山县茨开镇。

6. 刺齿片叶苔（新拟中文名）Riccardia villosa（Steph.）S. C. Srivastava & Udar

凭证标本：Long 34708，34832，35085，35959，37320，37361，35733；Shevock 25052；张力 4739。

简单叶状体苔类，型小，岩生或腐木生。

海拔 1750～3750 m。

分布于福贡县鹿马登乡、石月亮乡；贡山县丙中洛乡、茨开镇；腾冲市明光乡。

L5. 兔耳苔科 Antheliaceae

1 属 1 种

1. 兔耳苔 Anthelia juratzkana（Limpr.）Trevis.

凭证标本：Long 35879。

细平铺型，微小，4～10 mm 长，浅绿至白绿色，叶干时紧贴主茎。土生，海拔 3745 m。

分布于贡山县丙中洛乡。

L6. 瘤冠苔科 Aytoniaceae

4 属 12 种

1. 十字花萼苔 Asterella cruciata（Steph.）Horik.

凭证标本：Long 37437，37485。

复杂叶状体苔类，深绿至墨绿色，植株较大，长 5～10 cm。土生，偶石生；海拔 1515～1565 m。

分布于保山市芒宽乡。

2. 卡西花萼苔 Asterella khasyana（Griff.）Pandé K. P. Srivast & Sultan Khan

凭证标本：Long & Bourell 32178，32201；Long 32372，32463b，32575，32631，32734，32829，33893，36191，37485a，37517，37524。

复杂叶状体苔类，深绿色，植株长 4～12 cm。土生；海拔 1280～2298 m。

分布于保山市芒宽乡、潞江镇；腾冲市芒棒镇、猴桥镇、五合乡；贡山县独龙江乡。

3. 薄叶花萼苔 Asterella leptophylla（Mont.）Grolle

凭证标本：Long 32212，32351，32692，33687，34558，35117a，35135，35890，35973，37257，37512，Shevock 23176。

复杂叶状体苔类，深绿色，植株长 4～8 cm。土生，或岩面薄土生；海拔 1910～3795 m。

分布于保山市潞江镇、芒宽乡；福贡县石月亮乡、鹿马登乡；贡山县茨开镇、丙中洛乡、独龙江乡。

4. 多托花萼苔 Asterella multiflora（Steph.）Kachroo

凭证标本：Long & Bourell 32175，32177；Long 32243。

复杂叶状体苔类，浅绿色，植株长 3～12 cm。石生；海拔 1630～2019 m。

分布于保山市潞江镇、芒宽乡。

5. 侧托花萼苔 Asterella mussuriensis（Kashyap）Verd.

凭证标本：Long 32559；Shevock 27968；臧穆 1066。

复杂叶状体苔类，浅绿色，植株长 5～8 cm。土生；海拔 1830～1850 m。

分布于贡山县独龙江乡；腾冲市界头乡。

6. 瓦氏花萼苔 Asterella wallichiana（Lehm. & Lindenb.）Grolle

凭证标本：Long & Bourell 32165；Long 32565，33525，33637，35288，37046；Shevock 25717。

复杂叶状体苔类，绿色，植株长 5～8 cm。石生或土生；海拔 1250～1860 m。

分布于保山市芒宽乡；福贡县鹿马登乡、石月亮乡；贡山县丙中洛乡、普拉底乡、独龙江乡。

7. 加州瘤冠苔 Mannia californica（Gottsche）L. C. Wheeler

凭证标本：Long 34281，35035，35176，35244，35253，35261；Shevock 24912，24925，25143。

复杂叶状体苔类，嫩绿色，植株长 4～8 cm。土生；海拔 1130～2520 m。

分布于福贡县鹿马登乡、上帕镇、石月亮乡、匹河乡。

8. 瘤冠苔 Mannia gracilis（F. Weber）D. B. Schill & D. G. Long

凭证标本：Long 35918a。

复杂叶状体苔类，深绿色，植株长 3～9 cm。土生；海拔 3940 m。

分布于贡山县丙中洛乡。

9. 钝鳞紫背苔 Plagiochasma appendiculatum Lehm. & Lindenb.

凭证标本：Long 32248，32379，33890，36187；Shevock 25742。

复杂叶状体苔类，黄绿色，成熟时叶状体边缘内卷，呈紫色，植株长 6～11 cm。岩生，海拔 1290～2019 m。

分布于保山市潞江镇；福贡县鹿马登乡；贡山县独龙江乡；腾冲市芒棒镇。

10. 心瓣紫背苔 Plagiochasma cordatum Lehm. & Lindenb.

凭证标本：Long 32251，35159，37429；张力 4625。

复杂叶状体苔类，黄绿色，成熟时叶状体边缘内卷，呈紫色，植株长 3～7 cm。岩生，海拔 1515～2360 m。

分布于保山市潞江镇；福贡县鹿马登乡；腾冲市界头乡。

11. 大孢紫背苔 Plagiochasma pterospermum C. Massal.

凭证标本：Long & Bourell 32188；Long 32552，32725。

复杂叶状体苔类，黄绿色，成熟时叶状体边缘内卷，呈紫色，植株长 5～8 cm。海拔 1460～2001 m。

分布于保山市芒宽乡、曲石乡；腾冲市五合乡。

12. 石地钱 Reboulia hemisphaerica（L.）Raddi

凭证标本：Long 32250，32464，33516，33910，34254，34258，34627，35214，35251，35273，35885，35952，36153，36186，37083，37445；Shevock 23016。

复杂叶状体苔类，黄绿色，植株长 2～10 cm。

海拔 985～3910 m。

分布于保山市潞江镇、芒宽乡；福贡县鹿马登乡、匹河乡、上帕镇、石月亮乡；泸水市大兴地乡；贡山县茨开镇、丙中洛乡、独龙江乡；腾冲市芒棒镇。

L7. 小袋苔科 Balantiopsacaceae

1 属 2 种

1. 瓢叶直蒴苔 Isotachis armata（Nees）Gottsche

凭证标本：Long 33555；Shevock 28480；臧穆 1408。

粗平铺型，叶呈瓢型，内凹；海拔 2449～2510 m。

分布于贡山县独龙江乡；腾冲市猴桥镇。

2. 东亚直蒴苔 Isotachis japonica Steph.

凭证标本：谢寿昌 28c。

粗平铺型，色泽白绿色、浅红色，石生或土生；海拔 2510 m。

分布于腾冲市猴桥镇。

L8. 壶苞苔科 Blasiaceae

1 属 1 种

1. 壶苞苔 Blasia pusilla L.

凭证标本：Shevock 23549。

简单叶状体苔类，黄绿色至暗绿色，叉状分枝，边缘具分瓣明显；腐木生；海拔 2400 m。

分布于贡山县茨开镇。

L9. 苞叶苔科 Calyculariaceae

1 属 1 种

1. 苞叶苔 Calycularia crispula Mitt.

凭证标本：Long 32677，32791，32862，34390，34528，34606，34667；Shevock 25356；张力 4538。

叶状体苔类，黄绿色或浅绿色，较透明，长 4～8 cm，腐木生；海拔 1980～3660 m。

分布于保山市潞江镇；福贡县鹿马登乡、石月亮乡；腾冲市界头乡、五合乡。

L10. 护蒴苔科 Calypogeiaceae

2 属 8 种

1. 护蒴苔 Calypogeia fissa（L.）Raddi.

凭证标本：臧穆 1185。

细平铺型，浅绿色，较透明，长 5～15 mm，腐木生；海拔 1400 m。

分布于贡山县独龙江乡。

2. 台湾护蒴苔 Calypogeia formosana Horik.

凭证标本：臧穆 5442（F）。

细平铺型，淡绿色，长 5～12 mm，腐木生；海拔 2300 m。

分布于泸水市片马镇。

3. 月瓣护蒴苔 Calypogeia lunata Mitt.

凭证标本：张大成 2906。

细平铺型，浅绿色，长 5～8 mm，土生；海拔 1500 m。

分布于贡山县独龙江乡。

4. 钝叶护蒴苔 Calypogeia neesiana（C. Massal. & Carestia）Müll. Frib.

凭证标本：臧穆 487。

细平铺型，浅绿色，长 2～4 mm，腐木生；海拔 2600 m。

分布于贡山县茨开镇。

5. 沼生护蒴苔 Calypogeia sphagnicola（Arn. & Perss.）Warnst. & Loeske.

凭证标本：臧穆 1815；张大成 907a。

细平铺型，植株较小，常与泥炭藓混生，海拔 1600～2350 m。

分布于福贡县鹿马登乡；贡山县独龙江乡。

6. 双齿护蒴苔 Calypogeia tosana（Steph.）Steph.

凭证标本：臧穆 2592。

细平铺型，白绿色，腐木生；海拔 1450 m。

分布于贡山县独龙江乡。

7. 三角叶护蒴苔 Calypogeia trichomanis（L.）Corda.

凭证标本：臧穆 2597，3193。

细平铺型，白绿色，腐木生或土生；海拔 1300 m。

分布于贡山县独龙江乡。

8. 疏叶假护蒴苔 Metacalypogeia alternifolia（Nees）Grolle

凭证标本：Long & Bourell 32202；Long 32312，32602，32666，32730，33734，33988，34311，34472，34911，35103，37172，37260；臧穆 892，1041，5850；张大成 444；张力 4537。

高丛集型，主茎直立，高可达 8 cm，分枝无，叶三角形。岩石生；海拔 1720～3550 m。

分布于保山市潞江镇；福贡县石月亮乡、上帕镇；泸水市片马镇；贡山县茨开镇、独龙江乡；腾冲市五合乡、界头乡。

L11. 大萼苔科 Cephaloziaceae

5 属 13 种

1. 筒萼苔 Alobiellopsis parvifolia（Steph.）Schust.

凭证标本：臧穆 879。

分布于贡山县独龙江乡。

2. 大萼苔一种（中文名暂无）Cephalozia albula Steph.

凭证标本：Long 34734。

海拔 3144 m。

分布于福贡县上帕镇。

3. 大萼苔一种（中文名暂无）Cephalozia conchata（Grolle & Váňa）Váňa

凭证标本：Long 34678，34888，35842，37157，37160，37335。

海拔 3500～3715 m。

分布于福贡县鹿马登乡、上帕镇；贡山县丙中洛乡、茨开镇。

4. 喙叶大萼苔 Cephalozia connivens（Dicks.）Lindb.

凭证标本：王立松 82-829。

叶裂瓣内曲，钳形，尖端相接，裂角 $20°\sim45°$。土生；海拔 2300 m。

分布于福贡县上帕镇。

5. 南亚大萼苔 Cephalozia gollanii Steph.

凭证标本：Long 37373；臧穆 4094。

海拔 2800 m。

分布于福贡县石月亮乡；贡山县独龙江乡。

6. 大萼苔一种（中文名暂无）Cephalozia hamatiloba Steph. ssp. hamatiloba

凭证标本：Long & Bourell 32217；Long 32319，33932，36129。

海拔 $1385\sim2339$ m。

分布于保山市潞江镇；贡山县独龙江乡。

7. 大萼苔一种（中文名暂无）Cephalozia hamatiloba Steph. ssp. siamensis（N. Kitag.）Váňa

Syn.：*Cephalozia siamensis* N. Kitag.

凭证标本：Long 34753，36263，37405，37481；Shevock 28639，28723；黎兴江 80-365。

海拔 $1280\sim2550$ m。

分布于保山市芒宽乡；福贡县石月亮乡、上帕镇；贡山县茨开镇；腾冲市荷花镇、明光乡、新华乡。

8. 大萼苔一种（中文名暂无）Cephalozia leucantha Spruce

凭证标本：Long 35725；臧穆 1345。

海拔 3460 m。

分布于贡山县茨开镇、独龙江乡。

9. 月瓣大萼苔 Cephalozia lunulifolia（Dumort.）Dumort.

凭证标本：Long 34533，37396；Shevock 25090；王立松 1090。

海拔 $1700\sim2783$ m。

分布于福贡县石月亮乡。

10. 薄壁大萼苔 Cephalozia otaruensis Steph.

凭证标本：臧穆 1510，1977a

分布于贡山县独龙江乡。

11. 古萼苔（新拟中文名）Fuscocephaloziopsis albescens（Hook.）Váňa & L. Söderstr.

凭证标本：臧穆 510a，574。

分布于贡山县独龙江乡。

12. 拳叶苔 Nowellia curvifolia（Dicks.）Mitt.

凭证标本：Long 33694a，33749，34499，34831，36107a，37377；Shevock 28295；马文章 15-6131。

海拔 $1942\sim2925$ m。

分布于贡山县独龙江乡；福贡县石月亮乡；腾冲市猴桥镇、明光乡。

13. 塔叶苔 Schiffneria hyalina Steph.

凭证标本：Long 33706，33738，34535，34835，34994，37196，37267，37397；Shevock 43245；臧穆 4082；王立松 6184。

海拔 2420～2780 m。

分布于福贡县石月亮乡、鹿马登乡；贡山县茨开镇、独龙江乡。

L12. 拟大萼苔科 Cephaloziellaceae

2 属 5 种

1. 挺枝拟大萼苔 Cephaloziella divaricata（Sm.）Schiffn.

凭证标本：Long 37065。

植物体微小，叶片直立或斜出，叶细胞等轴形或长轴形。土生；海拔 1518 m。

分布于贡山县茨开镇。

2. 小叶拟大萼苔 Cephaloziella microphylla（Steph.）Douin

凭证标本：Shevock 23344。

植物体微小，叶边有齿，叶细胞有乳头状疣。土生；海拔 3325 m。

分布于贡山县茨开镇。

3. 红色拟大萼苔 Cephaloziella rubella（Nees）Wamst.

凭证标本：臧穆 1426。

叶边平滑，植物体呈红色。土生；1230 m。

分布于贡山县独龙江乡。

4. 拟大萼苔一种（中文名暂无）Cephaloziella spinigera（Lindb.）Warnst.

凭证标本：Long 33562，34452。

海拔 1532～2475 m。

分布于福贡县石月亮乡；贡山县独龙江乡。

备注：标本标签上鉴定人标注了 cf，意为不完全确定本鉴定结果。

5. 拟大萼苔一种（中文名暂无）Cephaloziella varians（Gottsche）Steph.

凭证标本：Long 34887。

海拔 3613 m。

分布于福贡县上帕镇。

L13. 星孔苔科 Claveaceae

3 属 4 种

1. 小高山苔 Athalamia nana（Shim. & S. Hatt.）S. Hatt.

凭证标本：王立松 1034。

分布于贡山县。

2. 瓣孔苔（新拟中文名）Peltolepis japonica（Shimizu & S. Hatt.）S. Hatt.

凭证标本：Long 35918。

海拔 3940 m。

分布于贡山县丙中洛乡。

3. 星孔苔 Sauteria alpina（Nees）Nees

凭证标本：Long 35890a。

叶状体单生，淡绿色，海绵状肥厚，气室多孔。

海拔 3795 m。

分布于贡山县丙中洛乡。

4. 球孢星孔苔 Sauteria spongiosa（Kashyap）S. Hatt.

凭证标本：Long 35772。

叶状体单生，植株小，淡绿色至绿色，海绵状肥厚，雌托柄基部不膨大，雌托成熟时 2～4 裂瓣。土生；海拔 3270 m。

分布于贡山县茨开镇。

L14. 蛇苔科 Conocephalaceae

1 属 3 种

1. 蛇苔 Conocephalum conicum（L.）Dum.

凭证标本：Shevock 23075，23347，25045，25320，25408，25630，26566，26627，26634，26839，28104，28599；魏榕诚 86。

海拔 1550～3160 m。

分布于福贡县石月亮乡；贡山县茨开镇；泸水市六库镇；腾冲市猴桥镇、界头乡。

2. 小蛇苔 Conocephalum japonicum（Thunb.）Grolle

凭证标本：Long & Bourell 32164，32183；Long 32362，32519，32653，32726，33518，33563，33884，33897，34248，34278，34619，35039，35127，35173，36008，36255，37058，37075，37535；Shevock 22908，23037，23106，23541，25738，25781，27130，28225；王立松 1258；臧穆 1132，1165，1175，1427，2792，3035；张大成 2718。

海拔 1150～2400 m。

分布于保山市芒宽乡；福贡县石月亮乡、鹿马登乡、匹河乡、沙坝镇；贡山县丙中洛乡、茨开镇、独龙江乡、普拉底乡；龙陵县龙江乡；腾冲市界头乡、曲石镇、芒棒镇、五合乡。

3. 粗纹蛇苔 Conocephalum salebrosum Szweyk.，Buczk. & Odrzyk.

凭证标本：Long 33728，33985，34321，34582，34728，34843，35765，35861，37184，37218，37255，37382。

海拔 2175～3735 m。

分布于福贡县石月亮乡、鹿马登乡；贡山县丙中洛乡、茨开镇、独龙江乡。

L15. 光苔科 Cyathodiaceae

1 属 2 种

1. 光苔 Cyathodium cavernarum Kunze

凭证标本：Long 32467。

海拔 1290 m。

分布于腾冲市芒棒镇。

2. 多节光苔（新拟中文名）Cyathodium tuberosum Kashyap

凭证标本：Long & Bourell 32203；Long 32328，32723，33678，33847，35117；黎兴江 80-276。

海拔 1814～2298 m。

分布于保山市潞江镇；福贡县鹿马登乡；贡山县独龙江乡。

L16. 侧囊苔科 Delavayelloideae

1 属 1 种

1. 侧囊苔 Delavayella serrata Steph.

凭证标本：Long 33699，34809，35978，37392；马文章 15-6151。

海拔 2458～3185 m。

分布于福贡县石月亮乡；贡山县丙中洛乡，独龙江乡；腾冲市猴桥镇。

L17. 毛地钱科 Dumortieraceae

1 属 1 种

1. 毛地钱 Dumortiera hirsuta（Sw.）Nees

凭证标本：Long & Bourell 32181；Long 32329，32411，32435，32539，32630，32722，32735，32839，33519，33600，33882，34574，35112，35222，36012，36047，36124，36199，36238，37049，37120，37294，37418，37461，37501；Shevock 23497，24974，25779，26688，26777，26979，27068，27180，27361，28050，28201，28637；臧穆 3257。

海拔 1245～2525 m。

分布于保山市潞江镇；福贡县石月亮乡、鹿马登乡、上帕镇；泸水市称杆乡、片马镇；龙陵县龙江乡；贡山县丙中洛乡、茨开镇、独龙江乡、普拉底乡；腾冲市荷花镇、曲石乡、芒棒镇。

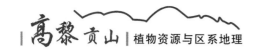

L18. 耳叶苔科 Frullaniaceae

1 属 30 种

1. 小褶耳叶苔 Frullania appendistipula S. Hatt.

凭证标本：张大成 4631；张力 4527。

海拔 2045 m。

分布于贡山县独龙江乡。

2. 折扇耳叶苔 Frullania arecae（Spreng.）Gott.

凭证标本：马文章 12-3064；臧穆 34，1409，2016，2708，3249，3678，5614。

海拔 1775 m。

分布于泸水市片马镇；贡山县独龙江乡；腾冲市猴桥镇。

3. 细茎耳叶苔 Frullania bolanderi Aust.

凭证标本：臧穆 2087，3150。

分布于贡山县独龙江乡。

4. 达乌里耳叶苔 Frullania davurica Hamp.

凭证标本：王立松 1257，1258；臧穆 111，467，1289，1572，1799，1821，3247，4029，8337；张敖罗 43b；张大成 1790，4003，4548。

分布于贡山县独龙江乡。

5. 皱叶耳叶苔 Frullania ericoides（Nees）Mont.

凭证标本：Long 35167；黎兴江 280，5552，6476，77-10，80-221，80-323，80-733，82-285；王立松 1048，1051，83-14；郗建勋 654；余思敏 80-1339；臧穆 3166，3495，3646，5316，5656，5686；张大成 70，994，1076。

海拔 1072 m。

分布于保山市隆阳区；福贡县匹河乡；贡山县丙中洛乡、独龙江乡；泸水市片马镇；腾冲市和顺乡。

6. 波叶耳叶苔 Frullania eymae S. Hatt.

凭证标本：王立松 83-20。

分布于腾冲市芒棒镇。

7. 绿耳叶苔 Frullania fuscovirens Steph.

凭证标本：臧穆 1259；张力 4579。

海拔 2000 m。

分布于贡山县独龙江乡；腾冲市界头乡。

8. 心叶耳叶苔 Frullania giraldiana Mass.

凭证标本：臧穆 4042。

分布于贡山县独龙江乡。

9. 钩瓣耳叶苔 Frullania hamatiloba Steph.

凭证标本：臧穆 3301，5347，5488，5579。

分布于福贡县（古宝峰）；泸水市下片马；贡山县独龙江乡。

10. 韩氏耳叶苔 Frullania handelii Verd.

凭证标本：臧穆 4034；张大成 1148。

分布于贡山县独龙江乡。

11. 斜基耳叶苔 Frullania handel-mazzettii S. Hatt.

凭证标本：王立松 1032，1038；郗建勋 838；臧穆 119，1134，4024，5225；张大成 3031。

分布于福贡县；贡山县独龙江乡。

12. 楔形耳叶苔 Frullania inflexa Mitt.

凭证标本：余思敏 1319；臧穆 3463，4040，5668，5700，5904；张大成 516。

分布于福贡县古朗丫口；贡山县独龙江乡。

13. 卡氏耳叶苔 Frullania kashyapii Verd.

凭证标本：臧穆 3803。

分布于贡山县独龙江乡。

14. 列胞耳叶苔 Frullania moniliata（Reinw. Blume & Nees）Mont.

凭证标本：臧穆 412，1297。

分布于贡山县独龙江乡。

15. 盔瓣耳叶苔 Frullania muscicola Steph.

凭证标本：黎兴江 269，80-280，80-305；黎兴江、臧穆 5529。

分布于福贡县；腾冲市和顺乡。

16. 尼泊尔耳叶苔 Frullania nepalensis（Spreng.）Lehm. & Lindenb.

凭证标本：黎兴江 80-295，5299；王立松 537，571，805；郗建勋 142，844；臧穆 56，116，117，281，285，363e，1062，1149，1151，1262，1416，1420，1474，1622，1793，4324，5213，5595，5782；张敖罗 16（c），19（d）；张大成 162，307，932，1148，1412，1415，2231，2251，2663，2917，3514，3771，3776，4284，4449，4450，4718。

分布于福贡县鹿马登乡、上帕镇；贡山县茨开镇、丙中洛乡、独龙江乡；腾冲市和顺乡。

17. 兜瓣耳叶苔 Frullania neurota Tayl.

凭证标本：黎兴江 80-299，80-303，80-304，80-364。

分布于腾冲市和顺乡、明光乡。

18. 钟瓣耳叶苔 Frullania parvistipula Steph.

凭证标本：黎兴江 80-282。

分布于腾冲市和顺乡。

19. 顶脊耳叶苔 Frullania physantha Mitt.

凭证标本：曾淑英 80-312；黎兴江 80-721，80-722；马文章 14-5637；臧穆 1542，1674，3310，3312，3317，3840，4010，4026，4035，5328；张大成 1478，3514；张力 4515。

海拔 1880～2145 m。

分布于福贡县；贡山县独龙江乡；腾冲市和顺乡。

20. 多褶耳叶苔 Frullania polyptera Tayl.

凭证标本：马文章 12-3077。

海拔 1795 m。

分布于腾冲市猴桥镇。

21. 微凹耳叶苔 Frullania retusa Mitt.

凭证标本：张大成 2989。

分布于贡山县独龙江乡。

22. 粗萼耳叶苔 Frullania rhystocolea Herz.

凭证标本：臧穆 1635，5696；张大成 6。

分布于泸水市片马镇；贡山县独龙江乡。

23. 褶瓣耳叶苔 Frullania riojaneirensis（Raddi）Spruce

凭证标本：王立松 83-22。

分布于腾冲市芒棒镇。

24. 陕西耳叶苔 Frullania schensiana Nees

凭证标本：黎兴江 4232；臧穆 1060a，1135，1348，1628，1677，1800，3900，3990，3998，4052，4139，4171，5780c；张大成 298，1676。

分布于贡山县独龙江乡。

25. 平萼耳叶苔 Frullania sinosphaerantha S. Hatt. & S. H. Lin.

凭证标本：臧穆 1136，3301，3313，3329，4653；张大成 1148。

分布于贡山县独龙江乡。

26. 欧耳叶苔 Frullania tamarisci（L.）Dum.

凭证标本：臧穆 1297；张大成 2335。

分布于贡山县独龙江乡。

27. 塔拉大克耳叶苔 Frullania taradakensis Steph.

凭证标本：臧穆 4621，5565。

分布于泸水市片马镇；贡山县独龙江乡。

28. 王氏耳叶苔 Frullania wangii S. Hatt. & S. H. Lin

凭证标本：臧穆 4563。

分布于贡山县独龙江乡。

29. 云南耳叶苔密叶变种 Frullania yuennanensis Steph. var. **siamensis**（Kitag. & al.）S. Hatt. & P. T. Lin

凭证标本：马文章 14-5544。

海拔 2620 m。

分布于腾冲市曲石镇。

30. 云南耳叶苔原变种 Frullania yuennanensis Steph. var. **yuennanensis**

凭证标本：黎兴江，80-316，80-474，80-615，80-725，80-726，729，6466；王立松 82-671，82-716，83-135，83-154；郗建勋 846；臧穆 123，334a，417，984，1500，1515，1516，1517，2115，3216，3325，3338，3384，3391，3400，3403，3473，3659，3660，3959，3965，4010，4032，4034，4036，4051，4166，4184，4238，4295，4469，4564，5243，5642，5643，5748；张敖罗 6517。

分布于福贡县上帕镇、鹿马登乡；泸水市片马镇；贡山县丙中洛乡、独龙江乡；腾冲市和顺乡。

L19. 地萼苔科 Geocalycaceae

3 属 16 种

1. 尖叶裂萼苔 Chiloscyphus cuspidatus（Nees）Engel & Schust.

凭证标本：臧穆 1160。

植物体中等大小，淡绿色或褐绿色，<u>丛生</u>。

海拔 1450～1800 m。

分布于贡山县独龙江乡。

2. 全缘裂萼苔 Chiloscyphus japonicus（Steph.）Engel & Schust.

凭证标本：张大成 433。

植物体中等大小，黄绿色，<u>丛生</u>。茎长 2～3 cm，带叶宽约 2 mm。

分布于贡山县独龙江乡。

3. 双齿裂萼苔 Chiloscyphus latifolius（Nees）Engl. & Schust.

凭证标本：马文章 12-3053；未知 2239；张大成 4421a。

植物体小，白绿色或黄绿色，略透明。茎长 1～2 cm，具少数分枝。

海拔 1775 m。

分布于贡山县独龙江乡；腾冲市猴桥镇。

4. 芽胞裂萼苔 Chiloscyphus minor（Nees）Engel & Schust.

凭证标本：臧穆 5525。

植物体细小，绿色或黄绿色，密集丛生。茎匍匐，长 50～100 mm，单一或稀分枝。芽胞常见，球形，单细胞。

分布于福贡县。

5. 裂萼苔 Chiloscyphus polyanthos（L.）Corda

凭证标本：黎兴江 293；臧穆 2805；张大成 433。

植物体绿色或深绿色，丛生。茎匍匐或先端上升，多次分生侧枝，分枝生于茎叶的叶腋。

分布于贡山县独龙江乡；腾冲市和顺乡。

6. 多形裂萼苔（新拟中文名）Chiloscyphus profundus（Nees）J. J. Engel & R. M. Schust.

凭证标本：臧穆 2864；3381。

分布于贡山县独龙江乡。

7. 地萼苔一种（中文名暂无）Geocalyx graveolens（Schrad.）Nees

凭证标本：Long 33739，34828，35017，36004，37209，37378，37406；臧穆 2220b。海拔 2575～2800 m。

分布于福贡县鹿马登乡、石月亮乡；贡山县丙中洛乡、茨开镇、独龙江乡。

8. 双齿异萼苔 Heteroscyphus argutus（Reinw.，Blume & Nees）Schiffn.

凭证标本：黎兴江 80-501，80-531；马文章 13-5010；臧穆 1845，1915，2567，3561a，5269；张大成 723。

分布于福贡县；贡山县茨开镇、独龙江乡；腾冲市猴桥镇。

9. 贝氏异萼苔 Heteroscyphus bescherellei（Steph.）S. Hatt.

凭证标本：臧穆 2820。

分布于贡山县独龙江乡。

10. 双齿异萼苔 Heteroscyphus coalitus（Hook.）Schiffn.

凭证标本：胡志浩 6011B；马文章 12-3055；臧穆 1112，1782；2140a，2220b，2323，2681，2820，3234，3256，3330，3381，3679，5838；张大成 203，1365，1706，3007，3533，4399a。

植物体淡绿色或黄绿色，有时透明略带褐色，稀疏丛生或夹杂于其他苔藓中，茎平匍，长 2～5 cm，带叶宽 3～4 mm，具少数稀疏分枝。

海拔 1000～2200 m。

分布于福贡县；贡山县独龙江乡；泸水市片马镇；腾冲市猴桥镇。

11. 脆叶异萼苔 Heteroscyphus flaccidus（Mitt.）Steph.

凭证标本：臧穆 487，1430，4048，5960。

分布于泸水市片马镇；贡山县独龙江乡。

12. 异萼苔一种（中文名暂无）Heteroscyphus inflatus Steph.

凭证标本：张大成 4134。

分布于贡山县独龙江乡。

13. 平叶异萼苔 Heteroscyphus planus（Mitt.）Schiffn.

凭证标本：臧穆 1718，3748，5834。

分布于泸水市片马镇；贡山县独龙江乡。

14. 三齿异萼苔 Heteroscyphus tridentatus（Sande Lac.）Grolle

凭证标本：臧穆 5974。

分布于泸水市片马镇。

15. 圆叶异萼苔 Heteroscyphus tener（Steph.）Schiffn.

凭证标本：马文章 14-5645。

海拔 2710 m。

分布于保山市芒宽乡。

16. 南亚异萼苔 Heteroscyphus zollingeri（Gott.）Schiffn.

凭证标本：黎兴江 80-398；臧穆 1216，2200，3033，3397（b）；张大成 3704。

植物体中等大小，淡绿色或绿色，稀疏丛生。茎匍匐，长 2～3 cm。生于海拔 2000 m 林下土地或山坡土壁上。

分布于贡山县独龙江乡；腾冲市明光乡。

L20. 全萼苔科 Gymnomitriaceae

5 属 12 种

1. 疣茎类钱袋苔 Apomarsupella crystallocaulon（Grolle）Váňa

凭证标本：Long 35873b。

海拔 3735 m。

分布于贡山县丙中洛乡。

2. 卷叶类钱袋苔 Apomarsupella revoluta（Nees）R. M. Schust.

凭证标本：Long 33549，33772，34336，34349，34371，34428，34489，34936，35704，35728，37248，37327；Shevock 23199，23313，25526，25574，25609，42969；马文章 15-6179。

海拔 2770～3940 m。

分布于福贡县鹿马登乡、匹河乡、上帕镇、石月亮乡；贡山县丙中洛乡、茨开镇、独龙江乡；腾冲市猴桥镇。

3. 类钱袋苔一种（中文名暂无）Apomarsupella rubida（Mitt.）R. M. Schust.

凭证标本：Long 34462，34664，34703；Shevock 23287。

海拔 3190～3660 m。

分布于福贡县石月亮乡、鹿马登乡；贡山县茨开镇。

4. 粗疣类钱袋苔 Apomarsupella verrucosa（W. E. Nicholson）Váňa

凭证标本：Long 34347，34383，34654，37182；Shevock 28297；马文章 15-6162。

海拔 2750～3940 m。

分布于福贡县石月亮乡、鹿马登乡、上帕镇；贡山县丙中洛乡、茨开镇；腾冲市猴桥镇、明光乡。

5. 全萼苔一种（中文名暂无）Cryptocoleopsis imbricata Amakawa

凭证标本：张大成 98。

分布于贡山县独龙江乡。

6. 齿瓣缺萼苔（新拟中文名）Gymnomitrion crenatilobum Grolle

凭证标本：Long 37250。

海拔 3700 m。

分布于贡山县丙中洛乡。

7. 中华缺萼苔 Gymnomitrion sinense Müll. Frib.

凭证标本：Long 34884，35921。

海拔 3660～3940 m。

分布于福贡县上帕镇；贡山县丙中洛乡。

8. 锐裂钱袋苔 Marsupella commutata（Limpr.）Bernet

凭证标本：Long 34684，34872。

茎直立或倾立，长 10～15 mm，稀疏分枝。叶 2 列，规则覆瓦状排列。

海拔 3500～3660 m。

分布于福贡县鹿马登乡、上帕镇。

9. 凹叶钱袋苔（新拟中文名）Marsupella emarginata（Ehrh.）Dumort.

凭证标本：Long 33550，33636，34738，35708，35920。

海拔 1346～3940 m。

分布于福贡县匹河乡、上帕镇；贡山县茨开镇、丙中洛乡、独龙江乡。

10. 硬钱袋苔（新拟中文名）Marsupella sphacelata（Gieseke ex Lindenb.）Dumort.

凭证标本：Long 37350。

海拔 3610 m。

分布于福贡县鹿马登乡。

11. 穗状钱袋苔（新拟中文名）Marsupella stoloniformis N. Kitag.

凭证标本：Long 35742；Shevock 23288，25528。

海拔 3290～3455 m。

分布于福贡县石月亮乡；贡山县茨开镇。

12. 全萼苔一种（中文名暂无）Poeltia campylata Grolle

凭证标本：Long 35873a。

海拔 3735 m。

分布于贡山县丙中洛乡。

L21. 裸蒴苔科 Haplomitriaceae

1 属 2 种

1. 布氏裸蒴苔 Haplomitrium blumei（Nees）R. M. Schust.

凭证标本：Long 33690，33741，33792，33989。

海拔 1670～2681 m。

分布于贡山县独龙江乡、丙中洛乡。

2. 圆叶裸蒴苔 Haplomitrium mnioides（Lindb.）Schust.

凭证标本：臧穆 2155，3000；张力 4802。

分布于贡山县独龙江乡；腾冲市明光乡。

L22. 剪叶苔科 Herbertaceae

1 属 14 种

1. 剪叶苔 Herbertus aduncus（Dicks.）Gray

凭证标本：邱学忠 3d；郗建勋 733；臧穆 802，1280，1290，2880，3454，5953。

分布于福贡县（东坡新哨房）；泸水市片马镇；贡山县独龙江乡。

2. 中华剪叶苔 Herbertus chinensis Steph.

凭证标本：庞金虎 14。

分布于保山市芒宽乡。

3. 德氏剪叶苔 Herbertus delavayi Steph.

凭证标本：臧穆 574。

分布于贡山县独龙江乡。

4. 长角剪叶苔 Herbertus dicranus（Tayl.）Trevis

凭证标本：Long 33709，37252b；庞金虎 14；王立松 843，82-452；臧穆 5853，5924a，5931；张敖罗 25e，25i，27g；张力 4762。

海拔 2458～3700 m。

分布于保山市芒宽乡；福贡县鹿马登乡、上帕镇；泸水市片马镇；贡山县丙中洛乡、独龙江乡；腾冲市界头乡。

5. 纤细剪叶苔 Herbertus fragilis（Steph.）Herz.

凭证标本：臧穆 4109。

分布于贡山县独龙江乡。

6. 格氏剪叶苔 Herbertus giraldianus（Steph.）Nichols.

凭证标本：臧穆 960，979；张敖罗 32a。

分布于贡山县独龙江乡。

7. 剪叶苔一种（中文名暂无）Herbertus herpocladioies Scott. & Mill.

凭证标本：臧穆 682，8091。

分布于贡山县独龙江乡。

8. 爪哇剪叶苔 Herbertus javanicus（Steph.）Miller

凭证标本：张力 4514。

海拔 2730 m。

分布于腾冲市界头乡。

9. 细指剪叶苔 Herbertus kurzii（Steph.）Chopra

凭证标本：苏永革 1458；臧穆 964，5946。

分布于泸水市片马镇；贡山县独龙江乡。

10. 长刺剪叶苔 Herbertus longifissus Steph.

凭证标本：臧穆 1049，4538。

分布于贡山县独龙江乡。

11. 尼泊尔剪叶苔 Herbertus nepalensis H. A. Mill.

凭证标本：臧穆 924。

分布于贡山县独龙江乡。

12. 多枝剪叶苔 Herbertus ramosus（Steph.）Mill.

凭证标本：Shevock 25352；臧穆 956。

海拔 2700 m。

分布于福贡县石月亮乡；贡山县独龙江乡。

13. 樱井剪叶苔 Herbertus sakuraii（Warnst.）Hatt.

凭证标本：王立松 6296，81-610A；臧穆 855，948，963，5861，5865，5883。

分布于福贡县鹿马登乡；泸水市片马镇；贡山县独龙江乡。

14. 锡金剪叶苔 Herbertus sikkimensis（Steph.）Nichols.

凭证标本：张力 4610。

海拔 2760 m。

分布于腾冲市界头乡。

L23. 甲壳苔科 Jackiellaceae

1 属 1 种

1. 中华甲壳苔 Jackiella sinensis（W. E. Nicholson）Grolle

凭证标本：Long 35198，36030；Shevock 27061。

海拔 1180~2175 m。

分布于福贡县匹河乡；贡山县茨开镇；腾冲市芒棒镇。

L24. 毛耳苔科 Jubulaceae

1 属 1 种

1. 毛耳苔爪哇变种 Jubula hutchinsiae（Hook.）Dumort. subsp. **javanica**（Steph.）Verd.

凭证标本：Long 33941。

海拔 1425 m。

分布于贡山县独龙江乡。

L25. 叶苔科 Jungermanniaceae

4 属 4 种

1. 卵叶苔（新拟中文名）Liochlaena subulata（A. Evans）Schljakov

凭证标本：Long 35240，37446。

海拔 1140～1570 m。

分布于保山市芒宽乡；福贡县匹河乡。

2. 小萼苔 Mylia taylorii（Hook.）Gray

凭证标本：Long 33819，34468，34707，34813，35720a，35895，35898，35964，37234，37319。

海拔 2715～3820 m。

分布于福贡县石月亮乡、鹿马登乡；贡山县丙中洛乡、茨开镇、独龙江乡。

3. 南亚被蒴苔 Nardia assamica（Mitt.）Amak.

凭证标本：Long 37546；臧穆 1692，2914。

海拔 1800 m。

分布于保山市芒宽乡；贡山县独龙江。

4. 黄色杯囊苔 Notoscyphus lutescens（Lehm. & Lindenb.）Mitt.

凭证标本：Long 37503；Shevock 27259，28503；黎兴江 80，80-643，286，291，293；余思敏 80-674。

海拔 1850～2510 m。

分布于保山市芒宽乡；腾冲市和顺乡、芒棒镇、猴桥镇。

L26. 细鳞苔科 Lejeuneaceae

11 属 16 种

1. 陈氏唇鳞苔 Cheilolejeunea chenii R. L. Zhu & M. L. So

凭证标本：Long 33756。

海拔 2767 m。

分布于贡山县独龙江乡。

2. 白边疣鳞苔 Cololejeunea albodentata P. C. Chen & P. C. Wu

凭证标本：马文章 13-5014。

海拔 1834 m。

分布于贡山县茨开镇。

3. 陈氏疣鳞苔 Cololejeunea chenii Tix.

凭证标本：臧穆 2601。

分布于贡山县独龙江乡。

4. 齿边疣鳞苔 Cololejeunea denticulata（Horik.）S. Hatt.

凭证标本：张大成 1597。

分布于贡山县独龙江乡。

5. 狭瓣疣鳞苔 Cololejeunea lanciloba Steph.

凭证标本：张大成 1597。

分布于贡山县独龙江乡。

6. 线叶角鳞苔 Drepanolejeunea angustifolia（Mitt.）Grolle

凭证标本：马文章 12-3063，15-6251A。

海拔 1775～2390 m。

分布于腾冲市猴桥镇、中和乡。

7. 费氏角鳞苔 Drepanolejeunea fleischeri（Steph.）Grolle & R. L. Zhu

凭证标本：臧穆 2431。

分布于贡山县独龙江乡。

8. 细鳞苔 Lejeunea discreta Lindenb.

凭证标本：马文章 12-3061，12-3072。

海拔 1775～1790 m。

分布于腾冲市猴桥镇。

9. 黄细鳞苔 Lejeunea flava（Sw.）Nees

凭证标本：Shevock 26997。

海拔 2165 m。

分布于龙陵县龙江乡。

10. 巴氏薄鳞苔 Leptolejeunea balansae Steph.

凭证标本：马文章 13-5167。

海拔 2545 m。

分布于福贡县石月亮乡。

11. 黑冠鳞苔 Lopholejeunea nigricans（Linden.）Schiffn.

凭证标本：马文章 12-3040。

海拔 2213 m。

分布于龙陵县龙江乡。

12. 小鞭鳞苔 Mastigolejeunea auriculata（Wilson & Hook.）Steph.

凭证标本：马文章 12-3065。

海拔 1791 m。

分布于腾冲市猴桥镇。

13. 皱萼苔 Ptychanthus striatus（Lehm. & Lindenb.）Nees

凭证标本：Shevock 28641，28735；张大成 4115。

海拔 1550～1925 m。

分布于贡山县独龙江乡；腾冲市荷花镇、腾越镇。

14. 叶生角鳞苔 Rhaphidolejeunea foliicola Horik.

凭证标本：臧穆 1570。

分布于贡山县独龙江乡。

15. 多褶苔 Spruceanthus semirepandus（Nees）Verd.

凭证标本：臧穆 1344。

分布于贡山县独龙江乡。

16. 异鳞苔 Tuzibeanthus chinensis（Steph.）Mizut.

凭证标本：Shevock 27325；臧穆 1301。

扇形。一至二回羽状分枝，橄榄绿色，腹叶顶端不裂，侧叶顶端全缘。

海拔 1625 m。

分布于保山市；贡山县独龙江乡。

L27. 指叶苔科 Lepidoziaceae

3 属 21 种

1. 白边鞭苔 Bazzania albicans（Steph.）Horik.

凭证标本：庞金虎 11（6119）

分布于腾冲市（板瓦丫口至北风坡）。

2. 卵叶鞭苔 Bazzania angustistipula N. Kitag.

凭证标本：Long & Bourell 32234，Long 32294；臧穆 5469。

海拔 2339～2380 m。

分布于保山市潞江镇。

3. 基裂鞭苔 Bazzania appendiculata（Mitt.）S. Hatt.

凭证标本：Long 32787b，33695。

海拔 1942～1992 m。

分布于贡山县独龙江乡；腾冲市五合乡。

4. 格氏鞭苔 Bazzania griffithiana（Steph.）Mizut.

凭证标本：Long 34693，37146。

海拔 2713～3190 m。

分布于福贡县鹿马登乡；贡山县茨开镇。

5. 喜马拉雅鞭苔 Bazzania himalayana（Mitt.）Schiffn.

凭证标本：Long 32616，32670，32699，34398，34986；Shevock 27019。

海拔 1800～2760 m。

分布于福贡县石月亮乡；保山市潞江镇；龙陵县龙江乡；泸水市大兴地乡；腾冲市界头乡。

6. 日本鞭苔 Bazzania japonica（Sande Lac.）Lindb.

凭证标本：Shevock 25005；胡志浩 6007；余思敏 80-469。

海拔 1275 m。

分布于福贡县鹿马登乡；腾冲市明光乡。

7. 白叶鞭苔 Bazzania oshimensis（Steph.）Horik.

凭证标本：Long 34502，34601，35070；Shevock 25708；马文章 12-3042；胡志浩 5997c。

海拔 2175～2530 m。

分布于福贡县鹿马登乡、石月亮乡；龙陵县龙江乡。

8. 小叶鞭苔 Bazzania ovistipula（Steph.）Mizut.

凭证标本：Long & Bourell 32228，32272，32307，32663；Shevock 25543，27020。

海拔 2180～3300 m。

分布于保山市潞江镇；福贡县石月亮乡；龙陵县龙江乡；腾冲市芒棒镇。

9. 弯叶鞭苔 Bazzania pearsonii Steph.

凭证标本：Long 33761，33810a，34477，34660，35745，35847，35901，35904，37187，37231，37236；Shevock 25527；马文章 15-6158。

海拔 2804～3820 m。

分布于福贡县鹿马登乡、石月亮乡；贡山县丙中洛乡、茨开镇、独龙江乡；腾冲市猴桥镇。

10. 东亚鞭苔 Bazzania praerupta（Reinw.，Blume & Nees）Trevis.

凭证标本：Long 32792，36231；黎兴江 80-383。

海拔 1235～1992 m。

分布于贡山县独龙江乡；腾冲市明光乡、五合乡。

11. 仰叶鞭苔 Bazzania revoluta（Steph.）N. Kitag.

凭证标本：Long 32858。

海拔 1987 m。

分布于保山市潞江镇。

12. 锡金鞭苔 Bazzania sikkimensis（Steph.）Herz.

凭证标本：Long 34797，36101，37147，37383；Shevock 25349；25418。

海拔 1968～2900 m。

分布于福贡县石月亮乡；贡山县茨开镇、独龙江乡。

13. 三齿鞭苔 Bazzania tricrenata（Wahlenb.）Lindb.

凭证标本：Long 34421，34486，34721，37333；Shevock 26945；臧穆 3176。

海拔 3160～3680 m。

分布于福贡县石月亮乡、鹿马登乡；泸水市片马镇；贡山县独龙江乡。

14. 三裂鞭苔 Bazzania tridens（Reinw.，Blume & Nees）Trevis.

凭证标本：Long 33673，33902，34399，36077，36195，37088，33586，35961，32787a；Shevock 24998，27025；胡志浩 5986；黎兴江 80-358，80-405，80-437，80-585；庞金虎 4；郗建勋 8191；余思敏 80-458，80-469；臧穆 1802a，546a，3094，3351，5433，5727B；马文章 14-5530，14-5540；王立松 62；张敖罗 56（b）；张大成 3206。

三裂鞭苔为鞭苔属分布最为广泛、最常见的物种。

海拔 1460～3750 m。

分布于福贡县石月亮乡、鹿马登乡；贡山县丙中洛乡、茨开镇、独龙江乡；龙陵县龙江乡；腾冲市明光乡、曲石镇、五合乡。

15. 卷叶鞭苔 Bazzania yoshinagana Steph.

凭证标本：Long 34833，35090，37149，37385；Shevock 22977，26803；臧穆 3094。

海拔 2350～2800 m。

分布于福贡县石月亮乡；泸水市片马镇；贡山县丙中洛乡、茨开镇、独龙江乡。

16. 细指苔 Kurzia sylvatica（A. Evans）Grolle

凭证标本：臧穆 2855；张大成 128。

分布于贡山县独龙江乡。

17. 丝型指叶苔 Lepidozia filamentosa Lehm. & Lindenb.

凭证标本：臧穆 731。

分布于贡山县独龙江乡。

18. 指叶苔 Lepidozia reptans（L.）Dum.

凭证标本：黎兴江 80-368；王立松 668a；余思敏 80-469；臧穆 451，666，670，700a，977，2820，3192，5428，5458。

分布于福贡县鹿马登乡；贡山县独龙江乡；腾冲市明光乡。

19. 深裂指叶苔 Lepidozia sandvicensis Lindenb.

凭证标本：马文章 13-5025；臧穆 790。

海拔 1800 m。

分布于贡山县茨开镇。

20. 圆钝指叶苔 Lepidozia subtransversa Steph.

凭证标本：臧穆 4770。

分布于贡山县独龙江乡。

21. 硬指叶苔 Lepidozia vitrea Steph.

凭证标本：王立松 82-630。

分布于福贡县鹿马登乡。

L28. 裂叶苔科 Lophocoleaceae

1 属 2 种

1. 小齿萼苔 Lophocolea minor Nees

凭证标本：臧穆 1900，4327。

分布于贡山县独龙江乡。

2. 锡金齿萼苔 Lophocolea sikkimensis（Steph.）Herzog & Grolle

凭证标本：Long 33714，33770，34817，34912，37210，37344，37386；Shevock 23301a；张力 4841。

海拔 2454～3620 m。

分布于福贡县石月亮乡、鹿马登乡、上帕镇；贡山县茨开镇、独龙江乡；腾冲市明光乡。

L29. 裂叶苔科 Lophoziaceae

2 属 6 种

1. 阔叶裂叶苔 Lophozia excisa（Dicks.）Dumort.

凭证标本：Long 35757。

植物体形态变化较大，长 5～20 mm，末端生叶冠丛状，短头状枝分生常见。

海拔 3270 m。

分布于贡山县茨开镇。

2. 皱叶裂叶苔 Lophozia incisa（Schrad.）Dumort.

凭证标本：Long 34365，34796，34987，35872，35913，35992，37190；王立松 705a。

海拔 2575～3910 m。

分布于福贡县鹿马登乡、石月亮乡；贡山县丙中洛乡、茨开镇。

3. 裂叶苔一种（中文名暂无）Lophozia longidens（Nees）Macoun

凭证标本：Long 37375。

海拔 2800 m。

分布于福贡县石月亮乡。

4. 裂叶苔一种（中文名暂无）Lophozia longiflora（Nees）Schiffn.

凭证标本：Long 34422，35910。

海拔 3680～3910 m。

分布于福贡县鹿马登乡；贡山县丙中洛乡。

5. 三瓣苔 Tritomaria exsecta（Schmidel）Schiffn. ex Loeske

凭证标本：Long 34444，34841，34977，35991，37355；臧穆 971；张力 4813。

海拔 2475～2770 m。

分布于福贡县石月亮乡、鹿马登乡、上帕镇；贡山县丙中洛乡、独龙江乡；腾冲市明光乡。

6. 多角胞三瓣苔 Tritomaria quinquedentata（Huds.）H. Buch

凭证标本：Long 34665，35711，35949；张敖罗 35。

海拔 3305～3910 m。

分布于福贡县鹿马登乡；贡山县丙中洛乡、茨开镇、独龙江乡。

L30. 南溪苔科 Makinoaceae

1 属 1 种

1. 南溪苔 Makinoa crispata（Steph.）Miyake

凭证标本：Long 33955，37287，36264；Shevock 26787；张力 4677。

岩壁或湿润土生。

海拔 1280～2315 m。

分布于泸水市片马镇；贡山县茨开镇、独龙江乡；腾冲市界头乡。

L31. 地钱科 Marchantiaceae

2 属 8 种

1. 楔瓣地钱东亚亚种 Marchantia emarginata Reinw. et al. subsp. **tosana**（Steph.）Bischl.

凭证标本：Long 32450，32796，33991，34247，37057；Shevock 24976，25183，25796，26556；黎兴江 380；臧穆 80，3766。

海拔 900～1438 m。

分布于保山市潞江镇；福贡县鹿马登乡、上帕镇、石月亮乡；贡山县普拉底乡、独龙江乡；腾冲市明光乡、芒棒镇。

2. 龙氏地钱 Marchantia longii R. L. Zhu，You L. Xiang & L. Shu

凭证标本：Long 33560，33895，34642，35201，36155，37117；Shevock 24952，25027，25116。

由华东师范大学研究团队 2017 年发表的新种，种加词取自主模式标本采集者 David G. Long 的姓氏。

海拔 1240～1890 m。

分布于福贡县鹿马登乡、石月亮乡、上帕镇；贡山县茨开镇、独龙江乡。

3. 粗裂地钱风兜亚种 Marchantia paleacea Bertol. subsp. **diptera**（Nees & Mont.）H. Inoue

凭证标本：Long & Bourell 32163，32551，32370，32814，34625，34630，37047；Shevock 23019，23048，23507，23545，24884，24885，24886，24990。

海拔 1080～2500 m。

分布于保山市芒宽乡、潞江镇；福贡县沙坝镇、石月亮乡、鹿马登乡、匹河乡；贡山县丙中洛乡、茨开镇、普拉底乡；腾冲市曲石乡、芒棒镇。

4. 瘤鳞地钱粗鳞亚种 Marchantia papillata Raddi subsp. **grossibarba**（Steph.）Bischl.

凭证标本：Long 32384，32466，32635，32642，34276，34618，35038，35269，36022，36063，36256，37431。Shevock 25782，26953，28105；马文章 14-5770。

海拔：985～2064 m。

分布于保山市芒宽乡；福贡县鹿马登乡、匹河乡；泸水市大兴地乡；贡山县茨开镇、独龙江乡；腾冲市曲石镇、芒棒镇。

5. 地钱原亚种 Marchantia polymorpha L. subsp. **polymorpha**

凭证标本：王立松 815；臧穆 5532，5533。

植物体呈叶状，扁平，匍匐生长，背面绿色，有六角形气室，室中央具一气孔。世界分布种。

海拔 100～2600 m。

分布于福贡县上帕镇；泸水市片马镇。

6. 地钱粗鳞亚种 Marchantia polymorpha L. subsp. **ruderalis** Bischl. & Boisselier

凭证标本：Long 32681，34299，34849，35007，35065，35862，37316；Shevock 25368，26588，26842，27107。

海拔 1995～3735 m。

分布于保山市；福贡县鹿马登乡、上帕镇、石月亮乡；龙陵县龙江乡；泸水市片马镇；贡山县丙中洛乡、茨开镇。

7. 拳卷地钱 Marchantia subintegra Mitt.

凭证标本：Long 32368，33541，33556，33977，35120a，35120b；Shevock 23019A，23031，26716，27122，28015；王立松 741；张力 4569。

海拔 1446～2360 m。

分布于福贡县鹿马登乡；泸水市片马镇；龙陵县龙江乡；贡山县茨开镇、独龙江乡；腾冲市界头乡、芒棒镇。

8. 背托苔 Preissia quadrata（Scop.）Nees

凭证标本：Long 35863。

植物体大，深绿色，边缘常紫红色，宽 5～15 mm。叶状体叉状分枝，无芽孢杯结构。

海拔 3735 m。

分布于贡山县丙中洛乡。

L32. 须苔科 Mastigophoraceae

2 属 4 种

1. 硬须苔 Mastigophora diclados（Brid. ex F. Weber）Nees

凭证标本：徐文宣 30。

分布于保山市潞江镇。

2. 须苔 Mastigophora woodsii（Hook.）Nees

凭证标本：Long 33696，33771，34822，34991，37203，37393；Shevock 25344，46467；邱学忠 26；谢寿昌 28c；臧穆 5930。

海拔 2458～2783 m。

分布于福贡县鹿马登乡、上帕镇、石月亮乡；贡山县茨开镇；泸水市片马镇；贡山县独龙江乡。

3. 内生苔（新拟中文名）Mesoptychia mayebarae（S. Hatt.）L. Söderstr. & Váňa

凭证标本：Long & Bourell 32182。

海拔 2001 m。

分布于保山市芒宽乡。

4. 莫氏内生苔（新拟中文名）Mesoptychia morrisoncola（Horik.）L. Söderstr. & Váňa

凭证标本：Long 33526。

海拔 1700 m。

分布于贡山县丙中洛乡。

L33. 叉苔科 Metzgeriaceae

3 属 5 种

1. 毛叉苔 Apometzgeria pubescens（Schrank）Kuwah.

凭证标本：Long 34540a，34848；王立松 1093b。

植物体绿色或黄绿色，匍匐丛生，二叉状分枝。叶状体边缘全缘或波状，背腹面密被刺毛。

海拔 2530～2715 m。

分布于福贡县石月亮乡；贡山县丙中洛乡。

2. 狭尖叉苔 Metzgeria consanguinea Schiffn.

凭证标本：Long 32275，34597，34778，35807，37372，37411。

海拔 2175～3715 m。

分布于福贡县石月亮乡、上帕镇；贡山县丙中洛乡；腾冲市芒棒镇。

3. 叉苔 Metzgeria furcata（L.）Dumort.

凭证标本：Long 33846，34598。

叶状体边缘刺毛单生，腐木生；海拔 1200～2650 m。

分布于福贡县石月亮乡；贡山县独龙江乡。

4. 钩毛叉苔 Metzgeria leptoneura Spruce

凭证标本：Long 33584，34585，35125，35971，37268，37404；Shevock 28156A。

简单叶状体苔类，边缘刺毛对生，腐木生；海拔 1459～2770 m。

分布于福贡县石月亮乡、鹿马登乡；贡山县丙中洛乡、茨开镇、独龙江乡；腾冲市界头乡。

5. 林氏叉苔（新拟中文名）Metzgeria lindbergii Schiffn.

凭证标本：Long & Bourell 32197；Long 32197，32783。

海拔 1992～2396 m。

分布于腾冲市芒棒镇、五合乡。

L34. 莫氏苔科 Moerckiaceae

1 属 1 种

1. 莫氏苔 Moerckia blyttii（Moerch）Brockm

凭证标本：Long 34677，35774，35841。

海拔 3270～3715 m。

分布于福贡县鹿马登乡；贡山县丙中洛乡、茨开镇。

L35. 被蒴苔科 Nardioideae

1 属 2 种

1. 鞭枝被蒴苔（新拟中文名）Nardia flagelliformis Inoue

凭证标本：Long 37323

海拔 3696 m。

分布于福贡县鹿马登乡。

2. 高氏被蒴苔（新拟中文名）Nardia grollei Váňa & D. G. Long

凭证标本：Shevock 28389

海拔 2880 m。

分布于腾冲市明光乡。

L36. 裂齿苔科 Odontoschismatoideae

1 属 4 种

1. 合叶裂齿苔 Odontoschisma denudatum（Mart.）Dumort.

凭证标本：Long 33694b，34830，37211，37249；Shevock 28484。

海拔 1942～3660 m。

分布于福贡县石月亮乡；贡山县丙中洛乡、茨开镇、独龙江乡；腾冲市猴桥镇。

2. 粗疣裂齿苔 Odontoschisma grosseverrucosum Steph.

凭证标本：Long 33870，33872，36139；臧穆 2128，2131，3831。

海拔 1347～1875 m。

分布于贡山县独龙江乡。

3. 吉氏裂齿苔 Odontoschisma jishibae（Steph.）L. Söderstr. & Váňa

凭证标本：Long 33773，34697，34923。

海拔 2874～3230 m。

分布于福贡县鹿马登乡、上帕镇；贡山县独龙江乡。

4. 云南裂齿苔（新拟中文名）Odontoschisma yunnanense K. Feldberg Váňa D. G. Long & Heinrichs

凭证标本：Long 34657。

分布于福贡县鹿马登乡。

L37. 带叶苔科 Pallaviciniaceae

2 属 3 种

1. 假带叶苔 Hattorianthus erimonus（Steph.）Schust. & Inoue

凭证标本：臧穆 5771。

分布于沪水市片马镇。

2. 多形带叶苔 Pallavicinia ambigua（Mitt.）Steph.

凭证标本：张大成 1022。

分布于福贡县鹿马登乡。

3. 长轴带叶苔（新拟中文名）Pallavicinia longispina Steph.

凭证标本：Long 36198。

海拔 1550 m。

分布于贡山县独龙江乡。

L38. 溪苔科 Pelliaceae

2 属 2 种

1. 鹿角苔 Apopellia endiviifolia（Dicks.）Nebel & D. Quandt

凭证标本：Long 32247，32349，32361，32547，32738，33585，33896，33947，35864；Shevock 23836，28445，28595。

海拔 1420～3735 m。

分布于保山市潞江镇；贡山县丙中洛乡、独龙江乡；腾冲市芒棒镇、曲石乡、猴桥镇、明光乡、五合乡。

2. 溪苔 Pellia epiphylla（L.）Corda

凭证标本：Long 33788，34320，35000；Shevock 27170。

海拔 2005～2510 m。

分布于福贡县石月亮乡、鹿马登乡；贡山县茨开镇、独龙江乡；腾冲市芒棒镇。

L39. 羽苔科 Plagiochilaceae

3 属 43 种

1. 褐鞭羽苔 Chiastocaulon braunianum（Nees）S. D. F. Patzak M. A. M. Renner Schäf.-Verw. & Heinrichs

凭证标本：Long 33818；马文章 15-6157。

海拔 2979～3230 m。

分布于贡山县独龙江乡；腾冲市猴桥镇。

2. 尖齿鞭羽苔 Chiastocaulon fimbriatum（Mitt.）S. D. F. Patzak M. A. M. Renner Schäf.-Verw. & Heinrichs

凭证标本：Long 32672。

海拔 2180 m。

分布于保山市潞江镇。

3. 稀齿鞭羽苔 Chiastocaulon mayebarae（S. Hatt.）S. D. F. Patzak M. A. M. Renner Schäf-Verw. & Heinrichs

凭证标本：Long 33721b，34402，34916；马文章 14-5709，15-6332；臧穆 1344，4059a。

海拔 2394～3230 m。

分布于保山市芒宽乡；福贡县石月亮乡；贡山县独龙江乡；腾冲市明光乡。

4. 树型羽苔 Plagiochila arbuscula（Brid. ex Lehm. & Lindenb.）Lindenb.

凭证标本：Shevock 28633。

海拔 1550 m。

分布于腾冲市荷花镇。

5. 有刺羽苔 Plagiochila aspericaulis Grolle & M. L. So

凭证标本：Long 35870。

植物体小，长 10～12 mm。叶片阔卵形，每叶具 8～10 齿。树生；海拔 3735 m。

分布于贡山县丙中洛乡。

6. 阿萨羽苔 Plagiochila assamica Steph.

凭证标本：Long 34393；Shevock 27018，27178；徐文宣 70，148；张力 4633。

海拔 2170～2750 m。

分布于保山市潞江镇；福贡县石月亮乡；龙陵县龙江乡；腾冲市界头乡。

7. 加氏羽苔 Plagiochila carringtonii（Balf.）Grolle

凭证标本：Long 37235。

海拔 3660 m。

分布于贡山县丙中洛乡。

8. 瘤茎羽苔 Plagiochila caulimammillosa Grolle & M. L. So

凭证标本：Long 34921，35731，35906。

海拔 3230～3910 m。

分布于福贡县上帕镇；贡山县丙中洛乡、茨开镇。

9. 中华羽苔 Plagiochila chinensis Steph.

凭证标本：Long 32299，32625，32759，32761，33613，33794，33826，34319，37066；Shevock 23039，23042，23380；王立松 589；臧穆 114，118，4594。

海拔 1440～3084 m。

分布于保山市潞江镇；福贡县石月亮乡、鹿马登乡；贡山县茨开镇、独龙江乡；腾冲市界头乡、五合乡。

10. 脆叶羽苔 Plagiochila debilis Mitt.

凭证标本：Long 32834，33693，35122。

海拔 1910～2250 m。

分布于保山市潞江镇；福贡县鹿马登乡；贡山县独龙江乡。

11. 落叶羽苔 Plagiochila defolians Grolle & M. L. So

凭证标本：Long 34470，34756，35975；Shevock 28414A。

海拔 2400～3250 m。

分布于福贡县上帕镇；贡山县丙中洛乡、独龙江乡；腾冲市界头乡。

12. 德氏羽苔 Plagiochila delavayi Steph.

凭证标本：Shevock 23065，23125，23187，27071；郗建勋 692。

海拔 1550～2970 m。

分布于贡山县茨开镇；腾冲市芒棒镇。

13. 树状羽苔 Plagiochila dendroides（Nees）Lindenb.

凭证标本：臧穆 4879。

分布于贡山县独龙江乡。

14. 细齿羽苔 Plagiochila denticulata Mitt.

凭证标本：王立松 802。

分布于福贡县上帕镇。

15. 密鳞羽苔 Plagiochila durelii Schiffn.

Syn.：*Plagiochila hamulispina* Herzog

凭证标本：Long & Bourell 32241，33781，33971，34492，34640，36125，37221；Shevock 26907，27999；庞金虎 11；王立松 660；臧穆 477a，847，2520，3360，3452，4879。

海拔 1985～3100 m。

分布于保山市潞江镇；福贡县石月亮乡、鹿马登乡；泸水市称杆乡、片马镇；贡山县独龙江乡；腾冲市界头乡。

16. 大羽苔 Plagiochila elegans Mitt.

凭证标本：Long 32775，33675，33715，33800，33919a，34536，34578，34963，34995，35024，35156，36127，36294，37116，37288；Shevock 23546，25477，25711，26741，28130，28754；马文章 13-5156；王立松 83-137；臧穆 1428，1849，2834，5272；张大成 30b，306。

海拔 1926~2501 m。

分布于福贡县鹿马登乡、石月亮乡；泸水市片马镇；贡山县茨开镇、独龙江乡；腾冲市界头乡、猴桥镇、腾越镇、五合乡。

17. 福氏羽苔 Plagiochila fordiana Steph.

凭证标本：臧穆 1906。

分布于贡山县独龙江乡。

18. 羽状羽苔 Plagiochila fruticosa Mitt.

凭证标本：Long 33939，36080，36258，37080，37197，37296；Shevock 25002，26835，27050，28145，28592；黎兴江 80-489，80-509；臧穆 136，174，991；张大成 4526。

海拔 1287~2713 m。

分布于福贡县鹿马登乡；泸水市称杆乡、六库镇；龙陵县龙江乡；贡山县茨开镇、独龙江乡；腾冲市界头乡、猴桥镇。

19. 纤细羽苔 Plagiochila gracilis Lindenb. & Gott.

凭证标本：臧穆 2177，5272。

分布于贡山县独龙江乡。

20. 古氏羽苔 Plagiochila grollei Inoue

凭证标本：Long 34939。

海拔 3180 m。

分布于福贡县上帕镇。

21. 裸茎羽苔 Plagiochila gymnoclada Sande Lac.

凭证标本：Long 36247；臧穆 3025。

海拔 1235 m。

分布于贡山县茨开镇、独龙江乡。

22. 喜马拉雅羽苔 Plagiochila himalayana Schiffn.

凭证标本：Long 37280；黎兴江 80-649。

海拔 1823 m。

分布于贡山县茨开镇；腾冲市中和乡。

23. 明层羽苔 Plagiochila hyalodermica Grolle & M. L. So

凭证标本：Long 34687，34715。

海拔 3190 m。

分布于福贡县鹿马登乡。

24. 加萨羽苔 Plagiochila khasiana Mitt.

凭证标本：Long 32360，32656；Shevock 27211，27218。

海拔 2230～2390 m。

分布于保山市潞江镇；腾冲市芒棒镇。

25. 昆明羽苔 Plagiochila kunmingensis Piippo

凭证标本：Long 34562；臧穆 1303。

海拔 2175～2350 m。

分布于福贡县石月亮乡；贡山县独龙江乡。

26. 尼泊尔羽苔 Plagiochila nepalensis (Spreng.) Lehm. & Lindenb.

凭证标本：Long & Bourell 32195，32211，32237；Long 32591，32606，32742，33878，34563，35061，37295，37456；Shevock 25447，26579A；黎兴江 80-579，80-610；王立松 921；臧穆 1272，5653。

海拔 1300～2396 m。

分布于保山市潞江镇；福贡县上帕镇、石月亮乡；泸水市片马镇；贡山县茨开镇、独龙江乡；腾冲市界头乡、猴桥镇、芒棒镇、五合乡。

27. 卵叶羽苔 Plagiochila ovalifolia Mitt.

凭证标本：Shevock 26837；臧穆 2799，3370，5912。

海拔 2530 m。

分布于泸水市片马镇、六库镇；贡山县独龙江乡。

28. 圆头羽苔 Plagiochila parvifolia Lindenb.

凭证标本：Long & Bourell 32192；Long 33596，33599，33625，35238，35276；Shevock 28313；臧穆 655，2020，3466，3483。

海拔 1140～2400 m。

分布于福贡县鹿马登乡、匹河乡；贡山县独龙江乡；腾冲市芒棒镇、明光乡。

29. 小枝羽苔 Plagiochila parviramifera Inoue

凭证标本：臧穆 2509。

分布于贡山县独龙江乡。

30. 大蠕形羽苔 Plagiochila peculiaris Schiffn.

凭证标本：Long 36223，37480；臧穆 1300，2920。

海拔 1235～1555 m。

分布于保山市芒宽乡；贡山县独龙江乡。

31. 粗齿羽苔 Plagiochila pseudofirma Herzog

凭证标本：Long 35209，36271；王立松 706b。

海拔 1270～1735 m。

分布于福贡县鹿马登乡、上帕镇；贡山县茨开镇。

32. 美姿羽苔 Plagiochila pulcherrima Horik.

凭证标本：臧穆 3416。

分布于贡山县独龙江乡。

33. 反叶羽苔 Plagiochila recurvata（W. E. Nicholson）Grolle

凭证标本：Long 35927；马文章 15-6335。

海拔 3040～4005 m。

分布于贡山县丙中洛乡；腾冲市明光乡。

34. 刺叶羽苔 Plagiochila sciophila Nees ex Lindenb.

凭证标本：Long & Bourell 32196，Long 32406，33611，35224。

海拔 1290～2396 m。

分布于福贡县上帕镇；贡山县独龙江乡；腾冲市芒棒镇。

35. 疏叶羽苔 Plagiochila secretifolia Mitt.

凭证标本：Long 32256，32279，32693，34992；马文章 14-5539；臧穆 2414，3414。

海拔 2125～2620 m。

分布于保山市潞江镇；福贡县鹿马登乡；贡山县独龙江乡；腾冲市曲石镇、芒棒镇。

36. 延叶羽苔 Plagiochila semidecurrens（Lehm. & Lindenb.）Lindenb.

凭证标本：Long 32339，32614，33763，33979，34342，34359，34432，34646，35854，35932，35967，35976，37141，37243，37252a；Shevock 23053A，23256，25260，25411，25584，26792，26939，27991，28466；王立松 25，450；臧穆 376，2509，2707，4174，5466。

海拔 1800～4005 m。

分布于保山市芒宽乡；福贡县鹿马登乡、石月亮乡；泸水市称杆乡、片马镇；贡山县茨开镇、丙中洛乡、独龙江乡；腾冲市界头乡、猴桥镇。

37. 斯氏羽苔 Plagiochila stevensiana Steph.

凭证标本：Long 37276；Shevock 26974；马文章 13-5001。

海拔 1220～2525 m。

分布于贡山县茨开镇；腾冲市芒棒镇。

38. 戴氏羽苔 Plagiochila tagawae Inoue.

凭证标本：臧穆 5920。

分布于泸水市片马镇。

39. 狭叶羽苔 Plagiochila trabeculata Steph.

凭证标本：Shevock 23174，28529；臧穆 4059a。

海拔 1670～2970 m。

分布于贡山县茨开镇、独龙江乡；腾冲市猴桥镇。

40. 短齿羽苔 Plagiochila vexans Schiffn. ex Steph.

凭证标本：Long & Bourell 32194，32223；王立松 83-116。

海拔 2339～2396 m。

分布于保山市潞江镇；腾冲市猴桥镇、芒棒镇。

41. 臧氏羽苔 Plagiochila zangii Grolle & M. L. So

凭证标本：Long 35925。

海拔 3940 m。

分布于贡山县丙中洛乡。

42. 短羽苔 Plagiochila zonata Steph.

凭证标本：Long 34506；臧穆 730。

海拔 2530 m。

分布于福贡县石月亮乡；贡山县独龙江乡。

43. 黄羽苔 Xenochila integrifolia（Mitt.）Inoue

凭证标本：Long 36276，36302；臧穆 1857；张力 4785。

海拔 1730 m。

分布于贡山县茨开镇、独龙江乡；腾冲市明光乡。

L40. 紫叶苔科 Pleuroziaceae

1 属 2 种

1. 紫叶苔 Pleurozia purpurea Lindb.

凭证标本：Long 34690，34922，37237。

海拔 3190～3660 m。

分布于福贡县鹿马登乡、上帕镇；贡山县丙中洛乡。

2. 狭尖紫叶苔 Pleurozia subinflata（Aust.）Aust.

凭证标本：Long 36099，36229，37220a；臧穆 574。

海拔 1235～2774 m。

分布于贡山县茨开镇、独龙江乡。

L41. 光萼苔科 Porellaceae

1 属 10 种

1. 尖瓣光萼苔 Porella acutifolia（Lehm. & Lindenb.）Trev.

凭证标本：臧穆 5338。

分布于福贡县。

2. 丛生光萼苔毛齿变种 Porella caespitans var. **nipponica**

凭证标本：Shevock 28148A。

海拔 2200 m。

分布于腾冲市界头乡。

3. 多齿光萼苔原变种 Porella campylophylla（Lehm. & Lindenb.）Trev. var. **campylophylla**

凭证标本：王立松 82-857。

分布于福贡县。

4. 多齿光萼苔舌叶变种 Porella campylophylla（Lehm. & Lindenb.）Trev. var. **ligulifera**

凭证标本：Shevock 28322。

海拔 2150 m。

分布于腾冲市明光乡。

5. 中华光萼苔 Porella chinensis（Steph.）S. Hatt.

凭证标本：Shevock 28520；张敖罗 10（b），65（b）；臧穆 4767，4769。

海拔 1670 m。

分布于贡山县独龙江乡；腾冲市猴桥镇。

6. 尾尖光萼苔 Porella handelii S. Hatt.

凭证标本：臧穆 4649。

分布于贡山县独龙江乡。

7. 亮叶光萼苔 Porella nitens（Steph.）S. Hatt.

凭证标本：臧穆 115，3460，4125。

分布于贡山县独龙江乡。

8. 钝叶光萼苔鳞叶变种 Porella obtusata（Taylor）Trev. var. **macroloba**（Steph.）S. Hatt & K. C. Chang

凭证标本：臧穆 3718a。

分布于贡山县独龙江乡。

9. 钝瓣光萼苔 Porella obtusiloba S. Hatt.

凭证标本：臧穆 3718a，5484。

叶背瓣质厚，卵形或椭圆形；叶腹瓣和腹叶先端有疏短齿。树生；海拔 1200～2200 m。

分布于福贡县；贡山县独龙江乡。

10. 毛边光萼苔 Porella perrottetiana（Mont.）Trevis.

凭证标本：Shevock 25703，28044；邱学忠 23（b）；臧穆 5335。

海拔 2025～2250 m。

分布于福贡县石月亮乡；贡山县茨开镇；腾冲市界头乡。

L42. 拟复叉苔科 Pseudolepicoleaceae

3 属 4 种

1. 小睫毛苔 Blepharostoma minus Horik.

凭证标本：王立松 709a，1083。

分布于福贡县鹿马登乡；贡山县乡镇不详。

2. 睫毛苔 Blepharostoma trichophyllum（L.）Dumort.

凭证标本：Long 34805，35705，35865b，37205，37357；马文章 13-4833；王立松 1096，82-483；臧穆 929a，2740。

海拔 2710～3735 m。

分布于福贡县石月亮乡、鹿马登乡；泸水市称杆乡；贡山县丙中洛乡、茨开镇、独龙江乡。

3. 拟复叉苔 Pseudolepicolea trollii（Herzog）Grolle & Ando

凭证标本：Long 33719，33791，34370，34378，34381，35747，35777，35820，35839，37189；Shevock 23163，25083，25387；42992；臧穆 510a，585。

海拔 2005～3715 m。

分布于福贡县石月亮乡；泸水市称杆乡；贡山县丙中洛乡、茨开镇、独龙江乡。

4. 多毛裂片苔 Temnoma setigerum（Lindenb.）R. M. Schust.

凭证标本：Long 33818a。

植物体柔弱，褐绿色或红褐色，有光泽。茎匍匐或上部上仰倾立，长达 4cm，不规则分枝。树生。

海拔 2979 m。

分布于贡山县独龙江乡。

L43. 扁萼苔科 Radulaceae

1 属 5 种

1. 尖舌扁额苔 Radula acuminata Steph.

凭证标本：臧穆 2395。

分布于贡山县独龙江乡。

2. 尖叶扁额苔 Radula apiculata Sande Lac.

凭证标本：臧穆 2314，2362。

分布于贡山县独龙江乡。

3. 断叶扁额苔 Radula caduca K. Yamada

凭证标本：黎兴江 80-600；臧穆 3554。

分布于贡山县独龙江乡；腾冲市。

4. 中华扁萼苔 Radula chinensis Steph.

凭证标本：臧穆 4565。

分布于贡山县独龙江乡。

5. 大瓣扁萼苔 Radula complanata（L.）Dumort.

凭证标本：臧穆 1715，1970，2108，67689，67795。

分布于贡山县独龙江乡。

L44. 钱苔科 Ricciaceae

1 属 6 种

1. 叉钱苔 Riccia fluitans L.

凭证标本：Long 37448。

海拔 1560 m。

分布于保山市芒宽乡。

2. 钱苔 Riccia glauca L.

凭证标本：Long 35028。

海拔 1170 m。

分布于福贡县上帕镇。

3. 黑鳞钱苔 Riccia nigrella DC.

凭证标本：Long 37442。

海拔 1570 m。

分布于保山市芒宽乡。

4. 肥果钱苔 Riccia sorocarpa Bisch.

凭证标本：Long 35857。

叶状体中等，分枝长 3~10 mm；腹鳞片无色或略带紫红色；孢子直径 70~95 μm，土生；海拔 3735 m。

分布于贡山县丙中洛乡。

5. 喜湿钱苔 Riccia stricta（Lindenb.）Perold

凭证标本：Long 32448。

海拔 1568 m。

分布于腾冲市芒棒镇。

6. 叉果钱苔（新拟中文名）Riccia subbifurca Croz.

凭证标本：Long 35029，37522。

海拔 1170~1545 m。

分布于保山市芒宽乡；福贡县上帕镇。

L45. 合叶苔科 Scapaniaceae

3 属 32 种

1. 钝叶褶叶苔（新拟中文名）Diplophyllum obtusifolium（Hook.）Dumort.

凭证标本：Long 34447，35064，35739；马文章 13-5060；臧穆 1091。

海拔 2290~3620 m。

分布于福贡县鹿马登乡、石月亮乡；贡山县茨开镇、独龙江乡。

2. 腋毛合叶苔 Scapania bolanderi Aust.

凭证标本：Shevock 28482；臧穆 880。

海拔 2510 m。

分布于贡山县独龙江乡；腾冲市猴桥镇。

3. 刺齿合叶苔 Scapania ciliata Sande Lac.

凭证标本：Long 32311；臧穆 452，675，985，2508，5480；张敖罗 45e；张大成 428a。

海拔 2345 m。

分布于保山市潞江镇；贡山县茨开镇；独龙江乡。

4. 毛刺合叶苔 Scapania ciliatospinosa Horik.

凭证标本：Long 33735，34354，34374，34645，34688，34875，36314；马文章 13-5039；王立松 562；臧穆 58，426a，470，510a；张大成 998，1033。

海拔 2318 m。

分布于福贡县石月亮乡、鹿马登乡；贡山县茨开镇、独龙江乡。

5. 扭叶合叶苔（新拟中文名）Scapania contorta Mitt.

凭证标本：Long 33752，34740，35741，37265；Shevock 26929。

海拔 2767～3455 m。

分布于福贡县上帕镇；泸水市片马镇；贡山县茨开镇、独龙江乡。

6. 小合叶苔 Scapania curta（Mart.）Dumort

凭证标本：Long & M. Bourell 32214，32774；Shevock 25019；臧穆 2897。

海拔 1750～2339 m。

分布于保山市潞江镇；福贡县石月亮乡；贡山县独龙江乡；腾冲市芒棒镇。

7. 褐色合叶苔 Scapania ferruginea（Lehm. & Lindenb.）Lehm. & Lindenb.

凭证标本：Long 33672，34908，35937，37177，37259，7317，37369；Shevock 28563；马文章 15-6097；王立松 562；臧穆 4084a，510a，806，5969B；张大成 764，2505，2976。

海拔 2425～3700 m。

分布于福贡县鹿马登乡、石月亮乡；泸水市片马镇；贡山县丙中洛乡、独龙江乡；腾冲市猴桥镇。

8. 格氏合叶苔 Scapania griffithii Schiffn.

凭证标本：Long 32366，33681，33945，34329，35013，35230，37171，37381，37498；Shevock 25004，28559，28602，28666；臧穆 530a，583，609，1044，1595，2077，2508，2609，2690，3108。

海拔 1275～2425 m。

分布于保山市芒宽乡；福贡县石月亮乡、鹿马登乡；贡山县独龙江乡；腾冲市界头乡、猴桥镇、滇滩镇、芒棒镇。

9. 复瘤合叶苔 Scapania harae Akamkawa

凭证标本：Long 34454，35797；王立松 2280，臧穆 5928。

分布于福贡县鹿马登乡、石月亮乡；贡山县丙中洛乡。

10. 秦岭合叶苔 Scapania hians Steph. ex Müll. Frib.

凭证标本：臧穆 526。

分布于贡山县独龙江乡。

11. 穆氏合叶苔 Scapania karl-muelleri Grolle

凭证标本：Long 35928；张敖罗 48a。

分布于贡山县丙中洛乡。

12. 舌状合叶苔原亚种 Scapania ligulata Steph. subsp. **ligulata**

凭证标本：Long 33580b，34732，37070，37126，37277。

海拔 1586～3144 m。

分布于福贡县鹿马登乡；贡山县茨开镇、独龙江乡。

13. 舌状合叶苔斯氏亚种 Scapania ligulata Steph. subsp. **stephanii**（Müll. Frib.）Potemkin Piippo & T. J. Kop.

凭证标本：Shevock 25147，25209；黎兴江 708；马文章 13-5042；王立松 82-601，83-11，83-103；臧穆 426a，1129，1623，1655，1898，2077，2261，2589，2625，2728，2791，2797，2895，2960，3153，3180（b），3243，4039b；张大成 2766，3018，3074。

海拔 1300～2438 m。

分布于福贡县鹿马登乡、石月亮乡；贡山县茨开镇、独龙江乡；腾冲市猴桥镇。

14. 粗壮合叶苔 Scapania maxima Horik.

凭证标本：Long 32623，34814，34989，36116，37093，37384。

海拔 1560～2783 m。

分布于福贡县石月亮乡、鹿马登乡；贡山县茨开镇、独龙江乡；腾冲市界头乡。

15. 林地合叶苔 Scapania nemorea（L.）Grolle

凭证标本：Shevock 28653；马文章 13-5047；臧穆 803a；张敖罗 26g。

海拔 2430～2480 m。

分布于贡山县茨开镇、独龙江乡；腾冲市滇滩镇。

16. 尼泊尔合叶苔 Scapania nepalensis Ness

凭证标本：Shevock 25394；王立松 502；臧穆 557，957；张大成 1024，2504。

海拔 2975 m。

分布于福贡县鹿马登乡、石月亮乡；贡山县茨开镇、独龙江乡。

17. 离瓣合叶苔 Scapania nimbosa Taylor

凭证标本：Long 34353，35826，35929；臧穆 517，579，622，940，5873，5948，5955。

海拔 3600～4005 m。

分布于福贡县石月亮乡；泸水市片马镇；贡山县丙中洛乡、独龙江乡。

18. 东亚合叶苔 Scapania orientalis Steph. ex Müll. Frib

凭证标本：臧穆 5943。

分布于泸水市片马镇。

19. 分瓣合叶苔 Scapania ornithopodioides（With）Waddell

凭证标本：Long 33822，34701，37299；黎兴江 80-379；邱学忠 2b，3c，29a；王立松 562，706a；谢寿昌 20；臧穆 28f，422，526，684，717，941，947b，973，5441，5881，5959；张敖罗 23b，46，60d，3018；张大成 428a。

海拔 1850～3190 m。

分布于福贡县鹿马登乡；泸水市片马镇；贡山县茨开镇、独龙江乡；腾冲市明光乡。

20. 大合叶苔 Scapania paludosa Muell. Frib.

凭证标本：马文章 13-4832。

海拔 3260 m。

分布于贡山县茨开镇。

21. 弯瓣合叶苔 Scapania parvitexta Steph.

凭证标本：马文章 13-5035，13-5057，13-5171；臧穆 937，1225，1644，1701，2143，2616，2825，2846。

海拔 2150～3620 m。

分布于福贡县石月亮乡；贡山县茨开镇、独龙江乡。

22. 假卷合叶苔（新拟中文名）Scapania pseudocontorta Potemkin

凭证标本：Long 37158。

海拔 3550 m。

分布于贡山县茨开镇。

23. 圆叶合叶苔 Scapania rotundifolia Nicholson

凭证标本：Long 33548，34338，34666，34901，35712，35848，35939，37159，37330。

海拔 3305～4035 m。

分布于福贡县石月亮乡、鹿马登乡；贡山县茨开镇、丙中洛乡。

24. 斯科夫合叶苔（新拟中文名）Scapania schjakovii Potemkin

凭证标本：Long 37152。

海拔 3333 m。

分布于贡山县茨开镇。

25. 服部合叶苔（新拟中文名）Scapania sinikkae Potemkin

凭证标本：Long 34949。

海拔 3180 m。

分布于福贡县石月亮乡。

26. 偏叶合叶苔 Scapania secunda Steph.

凭证标本：Long 37245；臧穆 5931。

海拔 3660 m。

分布于泸水市片马镇；贡山县茨开镇、丙中洛乡。

27. 拟离瓣合叶苔 Scapania subnimbosa Steph.

凭证标本：黎兴江 80-329，80-379；余思敏 80-391。

分布于腾冲市明光乡。

28. 湿地合叶苔 Scapania uliginosa（Lindenb.）Dumort.

凭证标本：Long 34676，34867，35758。

海拔 3500 m。

分布于福贡县鹿马登乡。

29. 粗疣合叶苔 Scapania verrucosa Heeg.

凭证标本：马文章 13-5028。

海拔 1800 m。

分布于贡山县茨开镇。

30. 波瓣合叶苔 Scapania undulata（L.）Dumort.

凭证标本：Long 33823，34823，37256；马文章 15-6231。

溪边岩生。

海拔 2570～3084 m。

分布于福贡县石月亮乡；贡山县茨开镇、独龙江乡；腾冲市猴桥镇。

31. 五叶苔（新拟中文名）Schistochilopsis cornuta（Steph.）Konstant.

凭证标本：Long 33744。

海拔 2681 m。

分布于贡山县独龙江乡。

32. 刺叶五叶苔（新拟中文名）Schistochilopsis setosa（Mitt.）Konstant.

凭证标本：Long 33701，33720，34480，34712，34836，34914，35719，35748，35956，37193，37253；Shevock 23197，23301，28361，28381，25538，25592，43264；王立松 82-631。

海拔 2390～3750 m。

分布于福贡县鹿马登乡、上帕镇、石月亮乡；贡山县丙中洛乡、茨开镇、独龙江乡；腾冲市明光乡。

L46. 岐舌苔科 Schistochilaceae

1 属 1 种

1. 粗齿岐舌苔 Schistochila macrodonta W. E. Nichols.

凭证标本：Long 34829，36006，37143，37390；Shevock 30884。

珍稀濒危植物。扇型，交织重叠生长，白绿色，长 4～8 cm。树基部生；海拔 2713～2800 m。

分布于福贡县石月亮乡；贡山县丙中洛乡、茨开镇。

L47. 管口苔科 Solenostomataceae

1 属 40 种

1. 抱茎管口苔 Solenostoma appressifolium（Mitt.）Váňa & D. G. Long

凭证标本：Long 32516，32619，32667，33868，33934，33967，34339，34377，34450，34844，35016，35737，35753，35810，35812，35829，35896，37076，37096，37166，37168，37229，37335a，37340，37342，37380；Shevock 22993，23317，26814，28548；黎兴江 287；臧穆 569，2754，3759；张大成 826b。

海拔 1347～3820 m。

分布于保山市潞江镇；福贡县石月亮乡、鹿马登乡；泸水市称杆乡、大兴地、片马镇；贡山县茨开镇、丙中洛乡、独龙江乡；腾冲市界头乡、曲石镇、猴桥镇、和顺乡。

2. 黑绿管口苔 Solenostoma atrobrunneum（Amakawa）Váňa & D. G. Long

凭证标本：Long 37379；王立松 520。

海拔 2800 m。

分布于福贡县鹿马登乡、石月亮乡。

3. 褐卷边管口苔 Solenostoma atrorevolutum（Grolle ex Amakawa）Váňa & D. G. Long

凭证标本：Long 34471，35865a。

海拔 3250～3735 m。

分布于贡山县丙中洛乡、独龙江乡。

4. 陈氏管口苔 Solenostoma chenianum（C. Gao, Y. H. Wu & Grolle）Váňa & D. G. Long

凭证标本：Long 34889，35816。

海拔 3613～3715 m。

分布于福贡县上帕镇；贡山县丙中洛乡。

5. 束根管口苔 Solenostoma clavellatum Mitt. ex Steph.

凭证标本：Long 34876，35732，35872a；黎兴江 714；王立松 685；臧穆 1026，1732。

海拔 3455～3735 m。

分布于福贡县鹿马登乡、上帕镇；贡山县茨开镇、丙中洛乡、独龙江乡；腾冲市中和乡。

6. 平叶管口苔（新拟中文名）Solenostoma comatum（Nees）C. Gao

凭证标本：Long 32452，32490，37502；黎兴江 286；臧穆 1702，2859，2861；张大成 2963。

海拔 1420～1850 m。

分布于保山市芒宽乡；贡山县独龙江乡；腾冲市曲石乡、芒棒镇、和顺乡。

7. 独龙管口苔 Solenostoma dulongensis Váňa & D. G. Long

凭证标本：Long 33676。

海拔 1824 m。

分布于贡山县独龙江乡。

8. 鞭枝管口苔 Solenostoma flagellaris（Amakawa）Váňa & D. G. Long

凭证标本：Long 34379，35738，35860，35873，32426。

海拔 1860～3735 m。

分布于贡山县茨开镇、丙中洛乡；腾冲市芒棒镇。

9. 细管口苔 Solenostoma gracillimum（Smith.）Schust

凭证标本：王立松 83-102。

分布于腾冲市猴桥镇。

10. 高氏管口苔 Solenostoma grollei（D. G. Long & Váňa）K. Feldberg，Hentschel，D. G. Long，Váňa，Heinrichs & Bombosch

凭证标本：Long 34890，35715。

海拔 3460～3613 m。

分布于福贡县上帕镇；贡山县茨开镇。

11. 粗疣管口苔（新拟中文名）Solenostoma grosseverrucosum（Amakawa & S. Hatt.）Váňa Crand. -Stotl. & Stotler

凭证标本：Long 35922；臧穆 946。

海拔 3940 m。

分布于贡山县丙中洛乡、独龙江乡。

12. 亨氏管口苔 Solenostoma handelii（Schiffn.）Müll. Frib

凭证标本：臧穆 1248。

分布于贡山县独龙江乡。

13. 哈氏管口苔（新拟中文名）Solenostoma haskarlianum（Nees）R. M. Schust. ex Váňa & D. G. Long

凭证标本：Long 36031；Shevock 22932，27159；臧穆 134，2714；张大成 2716。

海拔 1460～2070 m。

分布于贡山县茨开镇、独龙江乡。

14. 异边管口苔 Solenostoma heterolimbatum（Amakawa）Váňa & D. G. Long

凭证标本：Long 37413。

海拔 2525 m。

分布于福贡县石月亮乡。

15. 九州管口苔 Solenostoma hiugaense Amakawa

凭证标本：张大成 180。

分布于贡山县茨开镇。

16. 透明管口苔 Solenostoma hyalinum（Lyell）Mitt.

凭证标本：Long 37525；黎兴江 287；臧穆 1203，1529，3286。

海拔 1570 m。

分布于保山市芒宽乡；贡山县独龙江乡；腾冲市和顺乡。

17. 褐绿管口苔 Solenostoma infuscum（Mitt.）Hentschel

凭证标本：Long 36019；黎兴江 289；臧穆 2599。

海拔 2145 m。

分布于贡山县茨开镇、独龙江乡；腾冲和顺乡。

18. 卡氏管口苔（新拟中文名）Solenostoma kashyapii（S. C. Srivast. S. Srivast. & D. Sharma）Váňa & D. G. Long

凭证标本：Long 34448。

海拔 2475 m。

分布于福贡县石月亮乡。

19. 多毛管口苔 Solenostoma lanigerum（Mitt.）Váňa & D. G. Long

凭证标本：Long 33968，37233；Shevock 23001；臧穆 3863。

海拔 2388～3660 m。

分布于贡山县茨开镇、丙中洛乡、独龙江乡。

20. 大萼管口苔 Solenostoma macrocarpum（Schiffn. ex Steph.）Váňa & D. G. Long

凭证标本：Long 33911，33948，33959，35015，35702；Shevock 23536，26768，26785；王立松 1054；张大成 2974。

海拔 1484～2575 m。

分布于福贡县鹿马登乡；泸水市片马镇；贡山县丙中洛乡、茨开镇、独龙江乡。

21. 卵叶管口苔（新拟中文名）Solenostoma obovatum（Nees）C. Massal.

凭证标本：臧穆 3866。

分布于贡山县独龙江乡。

22. 湿生管口苔 Solenostoma ohbae（Amakawa）C. Gao

凭证标本：Long 32643，34679，35729。

海拔 1450～3500 m。

分布于福贡县鹿马登乡；贡山县茨开镇；腾冲市腾越镇。

23. 小胞管口苔（新拟中文名）Solenostoma parvitextum（Amakawa）Váňa & D. G. Long

凭证标本：Long 33760，34868。

海拔 2804～3690 m。

分布于贡山县独龙江乡；福贡县上帕镇。

24. 帕氏管口苔（新拟中文名）**Solenostoma patoniae**（Grolle，D. B. Schill & D. G. Long）K. Feldberg，Hentschel，D. G. Long，Váňa，Heinrichs & Bombosch

凭证标本：Long 34743，34870，34886，35716，35778，35811a，37161，37339；Shevock 25599A。

海拔 3140～3715 m。

分布于福贡县鹿马登乡、上帕镇、石月亮乡；贡山县丙中洛乡、茨开镇。

25. 羽状管口苔（新拟中文名）**Solenostoma plagiochilaceum**（Grolle）Váňa & D. G. Long

凭证标本：臧穆 5634。

分布于福贡县。

26. 多根管口苔（新拟中文名）**Solenostoma polyrhizoides**（Grolle ex Amakawa）Váňa & D. G. Long

凭证标本：Long 36119。

海拔 1845 m。

分布于贡山县茨开镇。

27. 拟圆柱管口苔 **Solenostoma pseudocyclops**（Inoue）Váňa & D. G. Long

凭证标本：Shevock 25593；臧穆 388a，637。

海拔 3610 m。

分布于福贡县石月亮乡；贡山县独龙江乡。

28. 梨蒴管口苔原变种 **Solenostoma pyriflorum** Steph. var. **pyriflorum**

凭证标本：Long 34367，34866，34871，35811，35827，35878，35941，36061，37206；臧穆 879，3931，3999。

海拔 1800～4060 m

分布于福贡县石月亮乡、上帕镇；贡山县丙中洛乡、茨开镇、独龙江乡。

29. 梨蒴管口苔细枝变种（新拟中文名）**Solenostoma pyriflorum** Steph. var. **gracillimum**（Amakawa）Váňa & D. G. Long

凭证标本：Long 35889，37227，37323a。

海拔 3205～3795 m。

分布于福贡县鹿马登乡；贡山县茨开镇、丙中洛乡。

30. 梨蒴管口苔小型变种 **Solenostoma pyriflorum** Steph. var. **minutissimum**（Amakawa）Bakalin

凭证标本：黎兴江 80-676；臧穆 1197，1469。

分布于贡山县独龙江乡；腾冲市中和乡。

31. 花状管口苔（新拟中文名）**Solenostoma rosulans**（Steph.）Váňa & D. G. Long

凭证标本：Long 36011，36185；臧穆 5798。

海拔 1508～1625 m。

分布于泸水市片马镇；贡山县茨开镇。

32. 红疣管口苔（新拟中文名）Solenostoma rubripunctatum（S. Hatt.）R. M. Schust.

凭证标本：Long & Bourell 32187；Long 32517；Shevock 25171，27149；黎兴江 292；臧穆 1203，5502。

海拔 1470～2090 m。

分布于保山市芒宽乡；福贡县石月亮乡；龙陵县龙江乡；贡山县独龙江乡；腾冲市曲石镇、和顺乡。

33. 密叶管口苔 Solenostoma sanguinolentum（Griff.）Steph.

凭证标本：Long 33824，34366，34368，35755，35773，35779，35958，37336，37353。

海拔 3270～3600 m。

分布于福贡县石月亮乡、鹿马登乡；贡山县茨开镇、丙中洛乡、独龙江乡。

34. 小管口苔（新拟中文名）Solenostoma schaulianum（Steph.）Váňa & D. G. Long

凭证标本：Long 33582，33790，33793，37089，37306；Shevock 28571A，28591；臧穆 1091，1467，2755。

海拔 1462～2005 m。

分布于贡山县茨开镇、独龙江乡；腾冲市猴桥镇。

35. 锡金管口苔 Solenostoma sikkimensis（Steph.）Váňa & D. G. Long

凭证标本：Shevock 28492。

海拔 2510 m。

分布于腾冲市猴桥镇。

36. 大管口苔 Solenostoma speciosum（Horik.）Hentschel K. Feldberg，D. G. Long Váňa Heinrichs & Bombosch

凭证标本：Long 33737，33745，34713，34818，34972，34998，37142；王立松 82-662，82-662a；张大成 969，1009。

海拔 2575～3190 m。

分布于福贡县石月亮乡、鹿马登乡；贡山县茨开镇、独龙江乡。

37. 落叶管口苔（新拟中文名）Solenostoma subacutum（Herzog）Váňa Crand.-Stotl. & Stotler

凭证标本：Long 33753，33809，34460，34476，34652，34741，35724，35736，35831，35880，35922a，35944a，37154；Shevock 43254；马文章 13-4845；臧穆 946，5906。

海拔 2767～4060 m。

分布于福贡县石月亮乡、鹿马登乡、上帕镇；泸水市称杆乡；贡山县丙中洛乡、茨开镇、独龙江乡。

38. 四褶管口苔 Solenostoma tetragonum（Lindenb.）R. M. Schust. ex Váňa & D. G. Long

凭证标本：Long 32463a；张大成 2748。

海拔 1280 m。

分布于贡山县独龙江乡；腾冲市芒棒镇。

39. 截叶管口苔 Solenostoma truncatum（Nees）R. M. Schust. ex Váňa & D. G. Long

凭证标本：Long & Bourell 32166，32184，32204；Long 32242，33542，36062，36146，36308；Shevock 25015，25068，25655，26957，27108，27124；臧穆 1467，3172；张大成 2640。

海拔 1220～2350 m。

分布于保山市潞江镇、芒宽乡；福贡县鹿马登乡、石月亮乡；泸水市片马镇；龙陵县龙江乡；贡山县茨开镇、独龙江乡。

40. 柔枝管口苔（新拟中文名）Solenostoma virgatum（Mitt.）Váňa & D. G. Long

凭证标本：Long 36166；臧穆 1009。

海拔 1685 m。

分布于贡山县茨开镇、独龙江乡。

L48. 横叶苔科 Southbyaceae

1 属 1 种

1. 喜马拉雅假萼苔 Gongylanthus himalayensis Grolle

凭证标本：Long 35160。

珍稀濒危物种。植株小，淡绿色或碧绿色，常与其他苔藓混生。多生于碱性土壤；海拔 2360 m。

分布于福贡县鹿马登乡。

L49. 皮叶苔科 Targioniaceae

1 属 1 种

1. 皮叶苔 Targionia hypophylla L.

凭证标本：Long 32179，32731，36190，37479；Shevock 28740。

复杂叶状体苔类，绿色至深绿色，2～5 cm 长，分枝多。岩石或土生；海拔 1185～2210 m。

分布于保山市芒宽乡；腾冲市腾越镇、五合乡、芒棒镇；贡山县独龙江乡。

L50. 陶氏苔科 Treubiaceae

1 属 1 种

1. 拟陶氏苔 Apotreubia nana（S. Hatt. & Inoue）S. Hatt. & Mizut.

凭证标本：Long 34437，35912。

海拔 3725～3910 m。

分布于福贡县上帕镇；贡山县丙中洛乡。

L51. 绒苔科 Trichocoleaceae

2 属 3 种

1. 梅氏细绒苔（新拟中文名）Leiomitra merrillana（Steph.）T. Katag.

凭证标本：马文章 15-6104；臧穆 5546。

植物体细弱，羽状稀疏分枝，分枝短细。岩石生；海拔 2801 m。

分布于泸水市片马镇；腾冲市猴桥镇。

2. 小绒苔 Trichocolea pluma（Reinw. Blume & Nees）Mont.

凭证标本：Long 32669，32789，33573，33708，34496，34710，34976，36000，36095，36249，37079，37144；Shevock 23064，23198，25288，26744，28023，28566。

植物体细弱，绒毛状，灰绿色，交织丛生。岩生；海拔 1235～3195 m。

分布于保山市潞江镇；福贡县鹿马登乡、石月亮乡；泸水市称杆乡、大兴地乡、片马镇；贡山县茨开镇、丙中洛乡、独龙江乡；腾冲市猴桥镇、界头乡、五合乡。

3. 绒苔 Trichocolea tomentella（Ehrh.）Dumort.

凭证标本：Long 33954，34599，34967，37286；王立松 613，615b；谢寿昌 4（b）；臧穆 137a，141，976a，1052a，1394，2903，3381，3408，3467，4132a，5546；张大成 1022，4005；张晋昆 984。

植物体不规则羽状分枝，绒毛状，白绿色、黄褐色，交织丛生。岩生；海拔 1823～2595 m。

分布于福贡县石月亮乡、鹿马登乡；泸水市片马镇；贡山县茨开镇、独龙江乡。

L52. 魏氏苔科 Wiesnerellaceae

1 属 1 种

1. 魏氏苔 Wiesnerella denudata（Mitt.）Steph.

凭证标本：Long 32335，32403，32431，37301，37465，37510；Shevock 23029，23077，25109，25634，26594。

复杂叶状体苔类，表面气孔较大而显著，长 6～14 cm。岩生或土生；海 1230～2350 m。

分布于保山市潞江镇；福贡县鹿马登乡、匹河乡、石月亮乡；泸水市片马镇；贡山县茨开镇、独龙江乡；腾冲市芒棒镇。

藓纲 MUSCI

60 科 212 属 446 种

M1. 柳叶藓科 Amblystegiaceae

5 属 11 种

1. 曲茎藓 Callialaria curvicaulis（Jur.）Ochyra

凭证标本：马文章 13-4916。

海拔 3233 m。

分布于贡山县茨开镇。

2. 大湿原藓 Calliergonella cuspidata（Hedw.）Loeske

凭证标本：Long 32480；Shevock 27060，27157，27271，28694；马文章 14-5774。

海拔 1470～2020 m。

分布于保山市潞江镇；腾冲市界头乡、芒棒镇、曲石镇、五合乡。

3. 弯叶大湿原藓 Calliergonella lindbergii（Mitt.）Hedenäs

凭证标本：Shevock 23200，25182。马文章 13-4963。

海拔 1305～2950 m。

分布于福贡县石月亮乡；贡山县丙中洛乡、茨开镇。

4. 牛角藓 Cratoneuron filicinum（Hedw.）Spruce

凭证标本：Long 35104，33566，34755，35792；Shevock 22996，23101，23411，25430，26640，26903；马文章 14-5747；郗建勋 4745；张敖罗 4787，4788。

粗平铺型。植物体绿色或黄绿色，无光泽。茎倾立，羽状分枝，分枝短；海拔 1560～3715 m。

分布于福贡县鹿马登乡、石月亮乡；贡山县丙中洛乡、茨开镇、独龙江乡；泸水市鲁掌镇、片马镇；腾冲市曲石镇。

5. 水灰藓一种（中文名暂无）Hygrohypnum duriusculum（DeNot.）D. W. Jamieson

凭证标本：Long 35868。

海拔 3735 m。

分布于贡山县丙中洛乡。

6. 水灰藓 Hygrohypnum luridum（Hedw.）Jenn.

凭证标本：Long 33530，33923；Shevock 23354；张敖罗 4788。

海拔 1385～2950 m。

分布于贡山县丙中洛乡、茨开镇；腾冲市五合乡。

7. 水灰藓圆蒴变种 Hygrohypnum luridum var. subsphaericarpum（Brid.）C. Jens

凭证标本：Shevock 42994，43021A；马文章 14-5550。

岩面上平铺丛生，绿色杂有黄绿色或黑绿色。茎不规则分枝，叶多列密生。

海拔 2494～3335 m。

分布于贡山县茨开镇；腾冲市曲石镇。

8. 圆叶水灰藓 Hygrohypnum molle（Dicks. ex Hedw.）Loeske

凭证标本：Shevock 43201，45523；马文章 13-5155。

海拔 1725～2545 m。

分布于贡山县茨开镇。

9. 紫色水灰藓 Hygrohypnum purpurascens Broth.

凭证标本：Shevock 43021，43271，43274。

海拔 3335 m。

分布于贡山县茨开镇。

10. 扭叶水灰藓 Hygrohypnum subeugyrium（Ren. & Card.）Broth.

凭证标本：Long 33816，34331，34811，34897，35014，37167；Shevock 25337。

植物体黄绿色，茎高 3～6 cm，不规则叉形分枝。岩生或溪边岩生；海拔 2510～3613 m。

分布于福贡县匹河乡、上帕镇、石月亮乡；贡山县茨开镇、独龙江乡。

11. 湿灰藓（新拟中文名）Sarmentypnum exannulatum（Schimp.）Hedenäs

Syn.：*Warnstorfia exannulata*（W. P. Schimp.）Loeske

凭证标本：Long 34369，34899，35830，37345，37352；Shevock 23311，23335，23409。臧穆 4752。

海拔 3230～3715 m。

分布于福贡县上帕镇；贡山县丙中洛乡、茨开镇、独龙江乡。

M2. 黑藓科 Andreaeaceae

1 属 4 种

1. 厚尖黑藓（新拟中文名）Andreaea frigida Hübener

凭证标本：Long 35879；Shevock 23425，23426；马文章 13-4829。

海拔 3230～3745 m。

分布于保山市潞江镇；贡山县茨开镇、独龙江乡

2. 齿边黑藓（新拟中文名）Andreaea nivalis W. J. Hooker

凭证标本：Long 34682，37179；Shevock 25601，30941。

海拔 3610 m。

分布于福贡县石月亮乡；贡山县茨开镇；腾冲市界头乡。

3. 欧黑藓 Andreaea rupestris Hedw.

凭证标本：Shevock 25505，25523，25560，25583，43005，43010，43262，45580。

海拔 3065～3680 m。

分布于福贡县石月亮乡；贡山县茨开镇；腾冲市曲石镇。

4. 强肋黑藓（新拟中文名）Andreaea rigida Wilson ex Mitt.

凭证标本：Long 35735；马文章 13-4830。

海拔 3260～3455 m。

分布于福贡县鹿马登乡；贡山县茨开镇。

M3. 牛舌藓科 Anomodontaceae

2 属 8 种

1. 鞭枝牛舌藓 Anomodon flagelliformis（L. I. Savicz）Granzow

凭证标本：马文章 13-5000。

海拔 1628 m。

分布于贡山县茨开镇。

2. 小牛舌藓 Anomodon minor（Hedw.）Lindberg

凭证标本：Shevock 25785。

海拔 1150 m。

分布于福贡县匹河乡。

3. 皱叶牛舌藓 Anomodon rugelii（Müll. Hal.）Keissler

凭证标本：Long 34461-a；Shevock 25553；马文章 13-4809。

海拔 3300～3420 m。

分布于福贡县石月亮乡；贡山县茨开镇。

4. 带叶牛舌藓 Anomodon perlingulatus Broth. ex P. C. Wu & Y. Jia

凭证标本：Long 35187；马文章 13-5192。

海拔 1080～1130 m。

分布于福贡县匹河乡、子里甲乡。

5. 刺叶牛舌藓 Anomodon thraustus Müll. Hal.

凭证标本：Shevock 24901，25756，25767。

海拔 1200～1315 m。

分布于福贡县鹿马登乡、上帕镇、石月亮乡。

6. 牛舌藓 Anomodon viticulosus（Hedw.）W. J. Hooker & Taylor

凭证标本：Long 33523；Shevock 23583，24982，25794，25809B，25816，26551，43073，43094，43111，45597，46573，46592；马文章 13-4787，15-6262。

海拔 800～1810 m。

分布于福贡县匹河乡、上帕镇、石月亮乡；贡山县丙中洛乡、茨开镇；泸水市大兴地乡、六库镇、古登乡；腾冲市猴桥镇、曲石镇。

7. 暗绿多枝藓 Haplohymenium triste（Cesati）Kindberg

凭证标本：Long 35052，35235，35260；Shevock 24895，25243，25755，26680，26706，31174，43326。

海拔 1200～2090 m。

分布于保山市芒宽乡；福贡县匹河乡、上帕镇、石月亮乡；贡山县茨开镇；泸水市大兴地乡、片马镇；腾冲市五合乡。

8. 羊角藓 Herpetineuron toccoae（Sullivant & Lesquereux）Cardot

凭证标本：Long 33622，33850，32487，32496，32529，34260，34274，35032-a，35058，37091，37523；Shevock 22909，22917，22940，22944，22955，24927，24971，25732，26959，28606，28701，30750，30754，31155，31190，31263，43121，45413，45509，46595；马文章 13-4971；臧穆 3267a。

海拔 975～2170 m。

分布于保山市芒宽乡；福贡县鹿马登乡、匹河乡、石月亮乡、上帕镇；贡山县茨开镇、独龙江乡；泸水市大兴地乡；腾冲市和顺乡、猴桥镇、界头乡、芒棒镇、曲石镇。

M4. 珠藓科 Bartramiaceae

3 属 5 种

1. 亮叶珠藓 Bartramia halleriana Hedwig

凭证标本：Long 33758；Shevock 28272，28290，28385。

海拔 2800～2925 m。

分布于贡山县独龙江乡；腾冲市明光乡。

2. 偏叶泽藓 Philonotis falcate（W. J. Hooker）Mitten

凭证标本：Shevock 46590。

海拔 980 m。

分布于腾冲市猴桥镇。

3. 黎臧泽藓 Philonotis lizangii T. J. Kop.

凭证标本：Long 35025，35172，36254；Shevock 23589，24961，25216，25735，46504，46504A。

海拔 980～1690 m。

分布于保山市芒宽乡；福贡县鹿马登乡、匹河乡、马吉乡、上帕镇、石月亮乡；泸水市大兴地乡、古登乡；腾冲市猴桥镇、界头乡。

4. 柔叶泽藓 Philonotis mollis（Dozy & Molkenboer）Mitten

凭证标本：Shevock 43066。

海拔 2335 m。

分布于贡山县茨开镇。

5. 长柄藓 Fleischerobryum longicolle（Hampe）Loeske

凭证标本：Shevock 42970；马文章 11-1832，13-5135；王立松 83-85，83-141；臧穆 406，1153，2097，2592，2823，2921，3783。

海拔 1650～3335 m。

分布于贡山县茨开镇、独龙江乡；腾冲市界头乡、猴桥镇。

M5. 青藓科 Brachytheciaceae

7 属 20 种

1. 斜枝青藓 Brachythecium campylothallum Müll. Hal.

凭证标本：Shevock 43346。

海拔 2500 m。

分布于福贡县石月亮乡。

2. 台湾青藓 Brachythecium formosanum Takaki

凭证标本：马文章 13-4788。

海拔 1330 m。

分布于福贡县石月亮乡。

3. 暗色青藓（新拟中文名）Brachythecium oedipodium（Mitten）A. Jaeger

凭证标本：Shevock 45467。

海拔 2335 m。

分布于腾冲市曲石镇。

4. 多枝青藓 Brachythecium plumosum（Hedw.）W. P. Schimper

凭证标本：Shevock 23279。

海拔 3140 m。

分布于贡山县茨开镇。

5. 匍枝青藓 Brachythecium procumbens（Mitt.）A. Taeger.

凭证标本：马文章 14-5449。

海拔 2115～2215 m。

分布于腾冲市曲石镇。

6. 溪边青藓 Brachythecium rivulare W. P. Schimper

凭证标本：Long 36310；Shevock 22997，26859，26868，28396A，42926，46413，46488，46499，46533；马文章 15-6123。

海拔 2104～2800 m。

分布于福贡县石月亮乡；泸水市片马镇；贡山县丙中洛乡、茨开镇；腾冲市猴桥镇。

7. 褶叶青藓 Brachythecium salebrosum（F. Weber & D. Mohr）W. P. Schimper

凭证标本：Shevock 27084，42982，43006；马文章 10-0786，14-5652。

海拔 2110～3300 m。

分布于保山市芒宽乡；泸水市鲁掌镇、姚家坪；贡山县茨开镇；腾冲市五合乡。

8. 毛尖藓 Cirriphyllum cirrosum（Schwägr.）Grout

凭证标本：马文章 13-4817，13-4902；Shevock 23249，23367，25417。

海拔 2950～3280 m。

分布于福贡县石月亮乡；贡山县茨开镇。

9. 短尖美喙藓 Eurhynchium angustirete（Broth.）T. J. Kop.

凭证标本：Long 34966。

海拔 2595 m。

分布于福贡县石月亮乡。

10. 尖叶美喙藓 Eurhynchium eustegium（Besch.）Dix.

凭证标本：马文章 13-4915，15-6334。

海拔 3040～3233 m。

分布于贡山县茨开镇；腾冲市明光乡。

11. 宽叶美喙藓 Eurhynchium hians（Hedw.）Sande Lac.

凭证标本：黎兴江 226；Long 33640，35053；臧穆 4652。

海拔 1300～1346 m。

分布于福贡县鹿马登乡、上帕镇；贡山县独龙江乡；腾冲市和顺乡。

12. 扭尖美喙藓 Eurhynchium kirishimense Takaki

凭证标本：Shevock 26949，26984。

海拔 1235～1325 m。

分布于腾冲市芒棒镇、五合乡。

13. 疏叶美喙藓 Eurhynchium laxirete Broth.

凭证标本：Shevock 27030，30724A。

海拔 1520～2125 m。

分布于贡山县茨开镇；腾冲市芒棒镇。

14. 糙叶美喙藓 Eurhynchium squarrifolium Broth. ex Iishiba

凭证标本：Shevock 26626。

海拔 2200 m。

分布于泸水市片马镇。

15. 白色同蒴藓 Homalothecium leucodonticaule（Müll. Hal.）Broth.

凭证标本：马文章 13-4953。

海拔 1580 m。

分布于贡山县丙中洛乡。

16. 深绿褶叶藓 Palamocladium euchloron（Bruch ex Müll. Hal.）Wijk & Margadant

凭证标本：Shevock 25702。

海拔 2250 m。

分布于福贡县石月亮乡。

17. 薄褶叶藓（新拟中文名）Palamocladium leskeoides（Hook.）E. Britton

Syn.：*Palamocladium nilgheriense*（Mont.）Mül. Hal.

凭证标本：Long 34560，35232；Shevock 27309。

海拔 1350～2350 m。

分布于保山市芒宽乡；腾冲市曲石镇、芒棒镇。

18. 缩叶长喙藓 Rhynchostegium contractum Cardot

凭证标本：Shevock 28684。

海拔 2070 m。

分布于腾冲市滇滩镇。

19. 卵叶长喙藓 Rhynchostegium ovalifolium S. Okamura

凭证标本：Shevock 28649，45432，45598。

海拔 1270～1530 m。

分布于腾冲市曲石镇、荷花镇。

20. 水生长喙藓 Torrentaria riparioides（Hedw.）Ochyra

Syn.：*Rhynchostegium riparioides*（Hedw.）Cardot

凭证标本：Long 34968；Shevock 24908，25438，26920，27086，27971，28110，28197，30716，42927，43099，43136，45541；马文章 13-4768，13-4962，14-5653，14-5768，15-6270。

海拔 1275～2870 m。

分布于保山市芒宽乡；福贡县石月亮乡、上帕镇；泸水市片马镇；贡山县丙中洛乡、茨开镇；腾冲市界头乡、曲石镇、五合乡。

M6. 小烛藓科 Bruchiaceae

1 属 1 种

1. 长蒴藓 Trematodon longicollis Michaux

凭证标本：Shevock 25761，28035。

海拔 2025 m。

分布于福贡县鹿马登乡；腾冲市界头乡。

M7. 真藓科 Bryaceae

10 属 21 种

1. 金黄银藓 Anomobryum auratum（Mitten）A. Jaeger

凭证标本：Long 34617，35158，36221；Shevock 27345，46657；马文章 13-4779。

海拔 1235～2360 m。

分布于保山市隆阳区；福贡县石月亮乡、鹿马登乡；泸水市片马镇；贡山县丙中洛乡；腾冲市明光乡。

2. 柔黄银藓 Anomobryum julaceum（Schrad. ex G. Gaertn. B. Mey. & Scherb.）Schimp.

凭证标本：Long 32445，32585，34990；马文章 13-5040。

海拔 1860～2575 m。

分布于福贡县鹿马登乡；贡山县茨开镇独龙江乡；腾冲市界头乡。

3. 宽叶短月藓 Brachymenium capitulatum（Mitt.）Kindb.

凭证标本：Shevock 28732；马文章 12-3074。

海拔 1795～1950 m。

分布于腾冲市猴桥镇、荷花镇、新华乡。

4. 真藓 Bryum argenteum Hedw.

凭证标本：Long 32418，34636，36064，37441；Shevock 23088，25369，25720，25804，28615，46570；马文章 12-3070。

海拔 850～2520 m。

分布于保山市芒宽乡；福贡县鹿马登乡、石月亮乡；泸水市大兴地乡；贡山县茨开镇、独龙江乡；腾冲市和顺乡、猴桥镇、曲石镇、芒棒镇。

5. 克什米尔真藓 Bryum kashmirense Broth.

凭证标本：Shevock 46568。

海拔 1520 m。

分布于腾冲市曲石镇。

6. 白叶真藓 Bryum leucophylloides Broth.

凭证标本：Shevock 24932。

海拔 1200 m。

分布于福贡县上帕镇。

7. 紫肋真藓 Bryum porphyroneuron Müll. Hal.

凭证标本：Shevock 43140，43368，46396，46571。

海拔 1500～2500 m。

分布于福贡县石月亮乡；贡山县茨开镇；腾冲市猴桥镇、曲石镇。

8. 弯形真藓 Bryum recurvulum Mitt.

凭证标本：Shevock 25063。

植株丛生，高 1～2 cm。叶片阔卵圆形或长卵圆形；中肋至顶而突出；叶边内卷；叶细胞长菱形、长六角形、壁薄。

海拔 1700 m。

分布于福贡县石月亮乡。

9. 截头真藓 Bryum retusifolium Cardot & Potier de la Varde

凭证标本：Shevock 42962。

海拔 2550 m。

分布于贡山县茨开镇。

10. 小叶藓 Epipterygium tozeri（Grev.）Lindb.

凭证标本：Long 32634，37473。

海拔 1410～1471 m。

分布于保山市潞江镇；贡山县丙中洛乡。

11. 芽胞真藓 Gemmabryum apiculatum（Schwägr.）J. R. Spence & H. P. Ramsay

凭证标本：Shevock 42949，45532，46466。

海拔 2140～3245 m。

分布于泸水市大兴地乡；腾冲市猴桥镇、曲石镇。

12. 欧氏真藓（新拟中文名）Ochiobryum handelii（Broth.）J. R. Spence & H. P. Ramsay

凭证标本：Shevock 43270。

海拔 3565 m。

分布于贡山县茨开镇。

13. 直齿藓 Orthodontium infractum Dozy & Molk.

凭证标本：Long 34722，34798。

海拔 2715～3190 m。

分布于福贡县石月亮乡、上帕镇；腾冲市芒棒镇。

14. 泛生丝瓜藓 Pohlia cruda（Hedw.）Lindb.

凭证标本：马文章 13-4886。

海拔 3390 m。

分布于贡山县茨开镇。

15. 丝瓜藓 Pohlia elongate Hedw.

凭证标本：Shevock 31054，45383；马文章 13-4897，13-4888。

海拔 2550～3660 m。

分布于保山市芒宽乡、福贡县鹿马登乡；贡山县茨开镇。

16. 疣齿丝瓜藓 Pohlia flexuosa Harv.

凭证标本：Shevock 45558；马文章 13-4894，13-4921。

海拔 2180～3390 m。

分布于贡山县茨开镇；腾冲市曲石镇。

17. 卵叶缩臭藓（中文名暂无）Ptychostomum neodamense（Itzigsohn）J. R. Spence

凭证标本：Shevock 42981。

海拔 3320 m。

分布于贡山县茨开镇。

18. 魏氏缩真藓（中文名暂无）Ptychostomum weigelii（Sprengel）J. R. Spence

凭证标本：Shevock 42997。

海拔 3280 m。

分布于贡山县茨开镇。

19. 暖地大叶藓 Rhodobryum giganteum（Schwägr.）Paris

凭证标本：Long 32469，32548，32615，32724，34590，34969，36088，36266，37223；Shevock 26657，26668，27272，27987，28528，28683，43202，43248，45521。

海拔 1460～2780 m。

分布于保山市潞江镇；泸水市片马镇、大兴地乡；福贡县鹿马登乡；贡山县丙中洛乡、茨开镇、独龙江乡；腾冲市滇滩镇、猴桥镇、曲石镇、界头乡、芒棒镇。

20. 阔边大叶藓 Rhodobryum laxelimbatum（Hampe ex Ochi）Z. Iwats. & T. J. Kop.

凭证标本：Long 32216，33718，34419，34514，34956，35005，36005，37192；

马文章 15-6201；张力 4511；4815。

海拔 2454～2812 m。

分布于福贡县石月亮乡、匹河乡；贡山县丙中洛乡、茨开镇、独龙江乡；腾冲市猴桥镇、界头乡、明光乡。

21. 狭边大叶藓 Rhodobryum ontariense（Kindb.）Kindb.

凭证标本：张力 4535。

海拔 1980 m。

分布于腾冲市界头乡。

M8. 虾藓科 Bryoxiphiaceae

1 属 1 种

1. 虾藓东亚亚种 Bryoxiphium norvegicum subsp. japonicum（Berggr.）Á. Löve & D. Löve

凭证标本：Shevock 23172，30785。

海拔 2260～2970 m。

分布于贡山县茨开镇。

M9. 烟杆藓科 Buxbaumiaceae

1 属 1 种

1. 筒蒴烟杆藓 Buxbaumia minakatae S. Okamura

凭证标本：马文章 15-6176。

配子体退化，孢蒴呈烟斗状，生于针叶林林下腐木。

海拔 3170 m。

分布于腾冲市猴桥镇。

M10. 花叶藓科 Calymperaceae

2 属 2 种

1. 八齿藓 Octoblepharum albidum Hedwig

凭证标本：Long 32513，32532，37530；Shevock 45422。

海拔 1460～1740 m。

分布于保山市芒宽乡；贡山县独龙江乡；腾冲市曲石镇。

2. 网藓 Syrrhopodon gardneri（W. J. Hooker）Schwägr.

凭证标本：Shevock 28721A，28756。

海拔 1840～1950 m。

分布于腾冲市荷花镇、腾越镇。

M11. 纽湿藓科 Campyliaceae

3 属 5 种

1. 粗毛细湿藓稀齿变种 Campylium hispidulum var. **sommerfeltii**（Myrin）Lindb.

凭证标本：马文章 15-6139。

海拔 3140 m。

分布于腾冲市猴桥镇。

2. 硬细湿藓（新拟中文名）Campylium protensum（Brid.）Kindb.

凭证标本：Long 33528。

海拔 1700 m。

分布于贡山县独龙江乡。

3. 细湿藓 Campylium stellatum（Hedw.）C. Jensen

凭证标本：Long 34898，35850，37351；Shevock 23319。

丛集型。植物体较小，金黄绿色或褐绿色，干燥时略具光泽，土生；海拔 3610～3730 m。

分布于福贡县上帕镇；贡山县丙中洛乡、茨开镇、独龙江乡。

4. 镰刀藓 Drepanocladus aduncus（Hedw.）Warnst.

凭证标本：Shevock 26951。

海拔 1235 m。

分布于腾冲市芒棒镇。

5. 三洋藓 Sanionia uncinata（Hedw.）Loeske

凭证标本：Long 33553，34425，35727，35799，35866，37228；Shevock 23331，30915，31064A；张大成 886。

海拔 3205～3680 m。

分布于福贡县鹿马登乡；贡山县丙中洛乡、茨开镇、独龙江乡。

M12. 万年科 Climaciaceae

1 属 1 种

1. 万年藓 Climacium dendroides（Hedw.）F. Weber & D. Mohr

凭证标本：Long 35845。

海拔 3715 m。

分布于腾冲市芒棒镇。

M13. 隐蒴藓科 Cryphaeaceae

4 属 5 种

1. 卵叶隐蒴藓 Cryphaea obovatocarpa S. Okamura

凭证标本：Shevock 28580，28630；马文章 12-3057。

海拔 1550～1835 m。

分布于腾冲市猴桥镇。

2. 线齿藓 Cyptodontopsis leveillei（Thér.）P. C. Rao & Enroth

凭证标本：Shevock 25181，26567，43329，43336，43373，46591，46593；马文章 13-5136，13-5142，13-5143，13-5190。

海拔 965～1550 m。

分布于福贡县马吉乡、石月亮乡、子里甲乡；泸水市片马镇；贡山县普拉底乡；腾冲市猴桥镇。

3. 匐枝残齿藓 Forsstroemia producta（Hornsch.）Paris

凭证标本：马文章 14-5672。

海拔 1578 m。

分布于保山市芒宽乡。

4. 中华球蒴藓 Sphaerotheciella sinensis（E. B. Bartram）P. C. Rao

凭证标本：Shevock 31241。

海拔 1790 m。

分布于保山市芒宽乡。

5. 球蒴藓 Sphaerotheciella sphaerocarpa（Hook.）M. Fleisch.

凭证标本：Shevock 45575；王立松 933。

海拔 3065～3150 m。

分布于福贡县鹿马登乡；腾冲市曲石镇。

M14. 小黄藓科 Daltoniaceae

3 属 12 种

1. 芒尖小黄藓 Daltonia aristifolia Renauld & Cardot

凭证标本：Long 33787，37294-a；Shevock 46674。

海拔 1823～2750 m。

分布于贡山县茨开镇、独龙江乡；腾冲市明光乡。

2. 急尖小黄藓 Daltonia apiculata Mitt.

凭证标本：Long 34759。

海拔 2550 m。

分布于福贡县石月亮乡。

3. 喜马拉雅小黄藓 Daltonia himalayensis Dixon & Herzog

凭证标本：Long 33751，34808，37279-a，37374，37412-a。

海拔 2450～2800 m。

分布于保山市潞江镇；福贡县石月亮乡、上帕镇；贡山县独龙江乡；腾冲市芒棒镇。

4. 芽胞小黄藓（新拟中文名）Daltonia gemmipara Dixon

凭证标本：Long 36274b。

海拔 1735 m。

分布于贡山县丙中洛乡。

标签上鉴定人留注 *cf*。参考了 1986 年 Noguch 在 *Notulae bryologicae*，XIII. J. Hattori Bot. Lab. 61 第 257～268 页的论述。

5. 贡山小黄藓 Daltonia meizhiae B. C. Tan & P. J. Lin

凭证标本：Long 36274a；臧穆 3396；汪楣芒 10040。

海拔 1300～2200 m。

分布于贡山县独龙江乡。

6. 壶胞小黄藓（新拟中文名）Daltonia splachnoides（Sm.）Hook. & Taylor

凭证标本：Long 37279a。

海拔：2500 m。

分布于贡山县茨开镇。

7. 异叶黄藓 Distichophyllum heterophyllum（Wilson ex Mitt.）Paris

凭证标本：Long 33748，33796。

海拔 2005～2732 m。

分布于贡山县丙中洛乡、独龙江乡。

8. 蒙氏黄藓 Distichophyllum montagneanum（Müll. Hal.）Bosch & Sande Lac.

凭证标本：Long 33943，36135。

海拔 1425～1875 m。

分布于贡山县独龙江乡。

9. 黑茎黄藓 Distichophyllum subnigricaule Broth.

凭证标本：张大成 2503。

海拔 1400 m。

分布于贡山县独龙江乡。

10. 大叶黄藓（新拟中文名）Distichophyllum succulentum（Mitt.）Broth.

凭证标本：Long 33616。

海拔 1440 m。

分布于贡山县独龙江乡。

11. 卷叶黄藓 Distichophyllum tortile Dozy & Molkenboer ex Bosch & Sande Lac.

凭证标本：Shevock 43183。

海拔 1730 m。

分布于贡山县茨开镇。

12. 东亚纽黄藓 Leskeodon maibarae（Besch.）B. C. Ho & L. Pokorny

Syn.：*Distichophyllum maibarae* Besch.

凭证标本：Long 32721-b；马文章 13-5178，15-6257。

海拔 2035～2545 m。

分布于福贡县石月亮乡；贡山县独龙江乡；腾冲市猴桥镇。

M15. 曲尾藓科 Dicranaceae

9 属 19 种

1. 东亚昂氏藓 Aongstroemia orientalis Mitten

凭证标本：Long 32233，32697，32852，35819，35888，37322；Shevock 23603，23163a，28411，28678，45371；臧穆 5598。

海拔 1990～3715 m。

分布于保山市潞江镇、芒宽乡；福贡县鹿马登乡、匹河乡；贡山县丙中洛乡、茨开镇、独龙江乡；泸水市鲁掌镇、片马镇；腾冲市界头乡、滇滩镇。

2. 白氏藓 Brothera leana （Sull.）Müll. Hal.

凭证标本：Long 37540。

海拔 1800 m。

分布于保山市潞江镇。

3. 黄曲柄藓 Campylopus aureus Bosch. & S. Lac.

凭证标本：黎兴江 465；徐文宣 560。

分布于保山市潞江镇；腾冲市猴桥镇。

4. 长叶曲柄藓 Campylopus atrovirens De Notaris

凭证标本：Shevock 28391；生产实习队 87；王立松 709；张敖罗 20（i）。

海拔 2400～2880 m。

分布于保山市潞江镇；福贡县鹿马登乡；贡山县独龙江乡；腾冲市明光乡。

5. 毛叶曲柄藓 Campylopus ericoides （Griff.）A. Jaeger.

Syn.：*Campylopus involutus* （C. Muell.）Jesg.

凭证标本：黎兴江 428，430；生产实习队 117；臧穆 7081（b）。

海拔 1100～2000 m。

分布于保山市潞江镇；贡山县丙中洛乡、独龙江乡；腾冲市猴桥镇。

6. 曲柄藓 Campylopus flexuosus （Hedw.）Brid.

凭证标本：黎兴江 484。

分布于腾冲市猴桥镇。

7. 疏网曲柄藓 Campylopus laxitexus S. Lac.

凭证标本：马文章 13-4967。

海拔 1426 m。

分布于贡山县茨开镇。

8. 狭叶曲柄藓 Campylopus subulatus Schimp.

凭证标本：黎兴江 484。

分布于腾冲市猴桥镇。

9. 节茎曲柄藓 Campylopus umbellatus（Arn.）Paris

Syn.：*Campylopus richardii* Brid.

凭证标本：李渤生 j43；黎兴江 60，221，440，489；马文章 10-0783；生产实习队 106；张力 4782。

海拔 2150～2600 m。

分布于保山市潞江镇；泸水市鲁掌镇；腾冲市猴桥镇、和顺乡、界头乡。

10. 裂齿藓 Dichodontium pellucidum（Hedw.）Schimp.

凭证标本：马文章 15-6228。

海拔 2753 m。

分布于腾冲市猴桥镇。

11. 毛叶青毛藓 Dicranodontium filifolium Broth.

凭证标本：Shevock 28721。

植物体纤细，密集丛生，黄绿色至褐黄色，具有弱光泽，高约 2 cm。

海拔 1950 m。

分布于腾冲市荷花镇。

12. 全缘青毛藓 Dicranodontium subintegrifolium Broth.

凭证标本：Shevock 28667。

海拔 2290 m。

分布于腾冲市滇滩镇。

13. 锦叶藓 Dicranoloma blumii（Nees）Par.

凭证标本：臧穆 5924。

海拔 3150 m。

分布于泸水市片马镇。

14. 细曲背藓 Oncophorus gracilentus S. Y. Zeng

凭证标本：马文章 12-3088。

海拔 1914 m。

分布于腾冲市猴桥镇。

15. 曲背藓 Oncophorus wahlenbergii Bridel

凭证标本：Long 34340，35011，35749；Shevock 23381，25300，25319，25377，25415，25500，25541，25565，25581，26906；汪楣芝 11079b。

海拔 2700～3600 m。

分布于福贡县石月亮乡、鹿马登乡；贡山县茨开镇、独龙江乡；泸水市大兴地乡、片马镇；腾冲市五合乡。

16. 疏叶石毛藓 Oreoweisia laxifolia（J. D. Hooker）Kindberg

凭证标本：Long 32358，33834，34935，35072，35825；Shevock 23113，23134，23229，23607，25699，25697，30792，30844，30935，31072；马文章 14-5658，14-5662，15-6111。

海拔 2170～3725 m。

分布于保山市芒宽乡；福贡县石月亮乡、上帕镇；贡山县茨开镇、丙中洛乡；腾冲市猴桥镇、界头乡、曲石镇。

17. 拟白发藓 Paraleucobryum enerve（Thed.）Loeske

凭证标本：Long 34857-a；汪楣芝 9434a。

海拔 3600～3710 m。

分布于福贡县上帕镇；贡山县茨开镇。

18. 南亚合睫藓 Symblepharis reinwardtii（Dozy & Molkenboer）Mitten

凭证标本：Long 32226，32474，33703；Shevock 25424；张力 4755。

海拔 1960～2900 m。

分布于福贡县石月亮乡；贡山县丙中洛乡、独龙江乡；腾冲市界头乡。

19. 合睫藓 Symblepharis vaginata（Hooker ex Harvey）Wijk & Margadant

凭证标本：Long 34800；Shevock 23120，23156，23298，23349，25706，26841，27215，27257，28418，28545，28549；马文章 10-0797，14-5647，15-6135。

海拔 2330～3620 m。

分布于保山市芒宽乡；福贡县上帕镇、石月亮乡；贡山县茨开镇、独龙江乡；泸水市鲁掌镇；腾冲市猴桥镇、界头乡、芒棒镇。

M16. 牛毛藓科 Ditrichaceae

5 属 5 种

1. 角齿藓 Ceratodon purpureus（Hedw.）Brid.

凭证标本：Shevock 23002，23613，25256。

海拔 2520～2850 m。

分布于福贡县石月亮乡；贡山县茨开镇；泸水市鲁掌镇。

2. 对叶藓 Distichium capillaceum（Hedw.）Bruch & Schimp.

凭证标本：Long 34733，35950。

海拔 3144～3910 m。

分布于福贡县鹿马登乡、上帕镇；贡山县独龙江乡。

3. 拟牛毛藓 Ditrichopsis clausa Broth.

凭证标本：黎兴江 445。

分布于腾冲市猴桥镇。

4. 荷包藓 Garckea flexuosa（Griff.）Margad. & Norkett

凭证标本：Long 33861，35051，36032，36057，37547。

海拔 1200～1800 m。

分布于保山市潞江镇；贡山县独龙江乡；泸水市大兴地乡；腾冲市曲石镇。

5. 云南毛齿藓 Trichodon muricatus Herz.

凭证标本：黎兴江 80-338a。

海拔 2000 m。

分布于腾冲市和顺乡。

M17. 大帽藓科 Encalyptaceae

1 属 1 种

1. 大帽藓 Encalypta ciliata Hedw.

凭证标本：马文章 13-4856。

海拔 3450 m。

分布于贡山县茨开镇。

M18. 绢藓科 Entodontaceae

3 属 10 种

1. 尖叶绢藓 Entodon acutifolius R. L. Hu

凭证标本：马文章 12-3056。

海拔 1775 m。

分布于腾冲市猴桥镇。

2. 亮叶绢藓 Entodon aeruginosus Müll. Hal.

凭证标本：Shevock 28643。

植物体黄绿色，具光泽，交织成片。茎匍匐，不规则羽状分枝。树生；海拔 1550 m。

分布于腾冲市猴桥镇。

3. 暗色绢藓 Entodon caliginosus（Mitt.）A. Jaeger

凭证标本：Shevock 25162，27300。

茎叶阔椭圆状卵圆形，先端钝，边缘反卷。叶角部不透明，由 3～4 层透明的方形细胞构成。土生或树基生；海拔 1900～1925 m。

分布于福贡县石月亮乡；腾冲市芒棒镇。

4. 厚角绢藓 Entodon concinnus（De Notaris）Paris

凭证标本：Shevock 25482。

海拔 2450 m。

分布于福贡县石月亮乡。

5. 广叶绢藓 Entodon flavescens（W. J. Hooker）A. Jaeger

凭证标本：Shevock 26574，26675，45386。

海拔 1600～2625 m。

分布于保山市芒宽乡；泸水市片马镇。

6. 绿叶绢藓 Entodon luridus（Griff.）A. Jaeger

凭证标本：Shevock 45430，45526，45594；马文章 14-5769。

海拔 1460～2140 m。

分布于腾冲市曲石镇。

7. 玉山绢藓 Entodon morrisonensis Nog.

凭证标本：马文章 10-0780。

海拔 2380 m。

分布于泸水市鲁掌镇、姚家坪。

8. 娇美绢藓 Entodon pulchellus（Griff.）A. Jaeger

凭证标本：Shevock 46569。

植物体黄绿色，具光泽，分散成丛生长。主茎匍匐，羽状分枝。树生；海拔 1520 m。

分布于腾冲市曲石镇。

9. 穗枝赤齿藓 Erythrodontium julaceum（Schwägr.）Paris

凭证标本：Shevock 22953，30769，45335，45405；马文章 13-4996。

海拔 700～1970 m。

分布于保山市芒宽乡；贡山县茨开镇。

10. 叉肋藓 Trachyphyllum inflexum（Hedw.）Gepp.

凭证标本：马文章 14-5445。

海拔 2080 m～2180 m。

分布于腾冲市曲石镇。

M19. 树生藓属 Erpodiaceae

2 属 2 种

1. 圆钝苔叶藓 Aulacopilum abbreviatum Mitt.

凭证标本：Long 37427，37458，37518；Shevock 30693，31142，31173，31204，31251，31272，42946；马文章 13-4783，14-5673，14-5716，15-6259。

海拔 680～1825 m。

分布于保山市芒宽乡；贡山县丙中洛乡、独龙江乡；泸水市称杆乡、大兴地乡；腾冲市和顺乡。

2. 广布钟帽藓 Venturiella perrottetii（Mont.）Pursell

凭证标本：Shevock 42944，42952，43375，45334，45337，46600，46683；马文章 13-4782。

海拔 885～1350 m。

分布于保山市芒宽乡；福贡县鹿马登乡、子里甲乡；泸水市称杆乡、大兴地乡。

M20. 碎米藓科 Fabroniaceae

4 属 9 种

1. 阔叶反齿藓 Anacamptodon latidens（Besch.）Broth.

凭证标本：Shevock 45339；马文章 14-5630。

海拔 1960～1970 m。

分布于保山市芒宽乡。

2. 大旋齿藓 Helicodontium doii（Sakurai）Taoda

凭证标本：马文章 13-5193。

海拔 919 m。

分布于泸水市称杆乡。

3. 八齿碎米藓 Fabronia ciliaris（Brid.）Brid.

凭证标本：Shevock 25810；臧穆 3898。

海拔 850～2000 m。

分布于贡山县独龙江乡；泸水市六库镇。

4. 毛尖碎米藓 Fabronia matsumura Besch.

凭证标本：马文章 13-4782A。

海拔 920 m。

分布于泸水市秤杆乡。

5. 碎米藓 Fabronia pusilla Raddi

凭证标本：Shevock 22910，45363。

海拔 1230～1970 m。

分布于保山市芒宽乡；福贡县石月亮乡。

6. 东亚碎米藓 Fabronia rostrata Broth.

凭证标本：Shevock 27303。

海拔 1765 m。

分布于腾冲市芒棒镇。

7. 陕西碎米藓 Fabronia schensiana Mül. Hal.

凭证标本：Shevock 26562。

海拔 1550 m。

分布于泸水市片马镇。

8. 偏叶碎米藓 Fabronia secunda Mont.

凭证标本：Shevock 43107。

海拔 1515 m。

分布于贡山县茨开镇。

9. 翼叶小绢藓 Rozea pterogonioides（Harv.）A. Jaeger

凭证标本：Shevock 46480；马文章 15-6140，15-6340。

海拔 2865～3120 m。

分布于腾冲市猴桥镇。

M21. 凤尾藓科 Fissidentaceae

1 属 23 种

1. 异形凤尾藓 Fissidens anomalus Mont.

凭证标本：Long 32355，32781，34413，34748，35089，35147，35272；Shevock 25274，25683，27026，27064，27186，27203，27246，28279A，28729，31078，31216；马文章 15-6215；张力 4853。

海拔 1950～3250 m。

分布于保山市芒宽乡；福贡县鹿马登乡、石月亮乡、匹河乡；贡山县独龙江乡；泸水市大兴地乡；腾冲市荷花镇、猴桥镇、芒棒镇、明光乡、五合乡。

2. 小凤尾藓 Fissidens bryoides Hedw.

凭证标本：Long 37059；Shevock 24878。

海拔 1025～1380 m。

分布于福贡县匹河乡；贡山县独龙江乡。

3. 小凤尾藓乳突变种 Fissidens bryoides var. **schmidii** Hedw.

凭证标本：Shevock 25245；马文章 13-4770。

海拔 1200～2654 m。

分布于福贡县匹河乡；泸水市片马镇。

4. 卷叶凤尾藓 Fissidens crispulus Brid.

凭证标本：Long 32443，32461；Shevock 25802，28644，26977。

海拔 1150～1860 m。

分布于福贡县鹿马登乡、上帕镇；贡山县独龙江乡；腾冲市芒棒镇。

5. 拟卷叶凤尾藓 Fissidens curvatus Hornsch.

凭证标本：Shevock 27243，28174，28213。

海拔 2390 m。

分布于腾冲市界头乡、芒棒镇。

6. 树生凤尾藓（新拟中文名）Fissidens curticostatus Bruggeman-Nannenga, Hylander & Pursell

凭证标本：Shevock 31164，31276。

海拔 1590～1770 m。

分布于保山市芒宽乡。

7. 多形凤尾藓 Fissidens diversifolius Mitt.

凭证标本：Shevock 23567，23571，25191；马文章 15-6266。

海拔 1305～1620 m。

分布于贡山县茨开镇；福贡县石月亮乡；腾冲市曲石镇。

8. 卷叶凤尾藓 Fissidens dubius P. Beauv.

凭证标本：马文章 15-6092。

海拔 2549 m。

分布于腾冲市猴桥镇。

9. 格氏凤尾藓 Fissidens gedehensis M. Fleischer

凭证标本：Shevock 43362。

海拔 2500 m。

分布于福贡县石月亮乡。

10. 二形凤尾藓 Fissidens geminiflorus Dozy & Molk.

凭证标本：Long 32629；Shevock 30846，31057；马文章 15-6232。

海拔 1471～3635 m。

分布于贡山县茨开镇、独龙江乡；福贡县鹿马登乡；腾冲市猴桥镇。

11. 黄边凤尾藓 Fissidens geppii M. Fleisch.

凭证标本 Shevock 27365。

海拔 1680 m。

分布于保山市隆阳区。

12. 大叶凤尾藓 Fissidens grandifrons Brid.

凭证标本：Long 32569，33655，33886，35114，35151，35290，36048；Shevock 23478，23490，25778，26632，27231，27351，28010，28054，28121，28196，28396，43176，43203，45440；马文章 10-0789。

海拔 1350～2430 m。

分布于保山市芒宽乡；福贡县鹿马登乡、上帕镇、匹河乡；贡山县茨开镇、丙中洛乡、独龙江乡；泸水市大兴地乡、鲁掌镇、片马镇；腾冲市猴桥镇、界头乡、曲石镇、芒棒镇。

13. 裸萼凤尾藓 Fissidens gymnogynus Besch.

凭证标本：马文章 13-4787A，14-5675；Shevock 24918。

海拔 940～1547 m。

分布于保山市芒宽乡；福贡县上帕镇；泸水市古登乡。

14. 内卷凤尾藓 Fissidens involutus Wilson ex Mitt.

凭证标本：Shevock 22968，23492，23552，25011，25434，25629，26597，26600，26921，31182A，43182；马文章 15-6106。

海拔 1470～2875 m。

分布于保山市芒宽乡；贡山县茨开镇、丙中洛乡；福贡县石月亮乡；泸水市片马镇；腾冲市猴桥镇。

15. 爪哇凤尾藓 Fissidens javanicus Dozy & Molk.

凭证标本：Long 33617，36242。

海拔 1440 m。

分布于保山市潞江镇；福贡县石月亮乡。

16. 线叶凤尾藓深色变种 Fissidens linearis var. **obscurirete** Brid.

凭证标本：Long 32340；Shevock 31188。

海拔 1440～2190 m。

分布于保山市芒宽乡；贡山县独龙江乡。

17. 长柄凤尾藓 Fissidens longisetus Griff.

凭证标本：Shevock 22966，23047，26884，30833。

海拔 1600～3600 m。

分布于贡山县茨开镇；福贡县石月亮乡；泸水市片马镇。

18. 大凤尾藓 Fissidens nobilis Griff.

凭证标本：Long 32413，32430，32720，32840，36251；Shevock 23050，24973，26975，27079，27116，27330，27358，28008，28206，28441，28511，28593，28726，30724。

海拔 1275～2110 m。

分布于保山市芒宽乡；福贡县石月亮乡、鹿马登乡；贡山县茨开镇、独龙江乡；腾冲市猴桥镇、荷花镇、界头乡、芒棒镇、五合乡、芒棒镇。

19. 垂叶凤尾藓 Fissidens obscurus Mitt.

凭证标本：Long 33762，34592，35776；Shevock 23321，25338，25342，25797，30795，31097，42980，43276，43347；马文章 13-4812，13-5045。

海拔 1100～3330 m。

分布于福贡县上帕镇、石月亮乡；贡山县茨开镇、丙中洛乡、独龙江乡；腾冲市芒棒镇。

20. 深色凤尾藓（新拟中文名）Fissidens pellucidus Hornsch.

凭证标本：Long 36076；Shevock 23281。

海拔 1968～3160 m。

分布于福贡县石月亮乡；贡山县茨开镇。

21. 网孔凤尾藓 Fissidens polypodioides Hedwig

凭证标本：Long 32593，32786，33688，33905，34564，36121，36165，36291；Shevock 23030，25657A，26673，26864，27027，30985，30987，43187。

海拔 1500～2350 m。

分布于保山市芒宽乡；福贡县石月亮乡；泸水市片马镇；贡山县茨开镇、独龙江乡；腾冲市芒棒镇、曲石镇。

22. 舒氏凤尾藓 Fissidens schusteri Z. Iwats. & P. C. Wu

凭证标本：Long 33524。

海拔 1700 m。

分布于贡山县独龙江乡。

23. 索马里凤尾藓 Fissidens somaliae Müll. Hal.

凭证标本：Shevock 25184，26564，26708，26661，26858，26958，26986，27320，31122。

海拔 1220～2485 m。

分布于保山市芒宽乡；福贡县鹿马登乡、石月亮乡；泸水市片马镇；腾冲市五合乡。

M22. 葫芦藓科 Funariaceae

2 属 3 种

1. 葫芦藓 Funaria hygrometrica Hedw.

凭证标本：Long 32185，32365，32504，33856，33958，34551，35045，36021，37520；Shevock 22930，22972，23092，23139，25612。

海拔 1200～3400 m。

分布于福贡县上帕镇、石月亮乡；贡山县丙中洛乡、茨开镇、独龙江乡、普拉底乡；腾冲市界头乡。

2. 无边梨蒴藓 Entosthodon elimleatus W. Z. Ma，Shevolk. & S. He

凭证标本：马文章 13-5097。

海拔 3580 m。

分布于贡山县茨开镇。

3. 钝叶梨蒴藓 Entosthodon buseanus Dozy & Molk.

凭证标本：马文章 11-1826。

海拔 1928 m。

分布于腾冲市芒棒镇。

M23. 高领藓科 Glyphomitriaceae

1 属 1 种

1. 高领藓 Glyphomitrium humillimum（Mitt.）Card.

凭证标本：Long 32470。

海拔 1960 m。

分布于腾冲市界头乡。

M24. 紫萼藓科 Grimmiaceae

4 属 23 种

1. 毛尖矮齿藓 Bucklandiella albipilifera (Q. Gao & T. Cao) Bednarek-Ochyra & Ochyra

凭证标本：Shevock 23165，23218，23403，25385，30930；臧穆 3068，4013。

海拔 1500～3705 m。

分布于福贡县石月亮乡；贡山县茨开镇、独龙江乡。

2. 尖叶矮齿藓 Bucklandiella angustifolia (Broth.) Bednarek-Ochyra & Ochyra

凭证标本：Long 35761；Shevock 30845，31052；臧穆 922C。

海拔 3270～3660 m。

分布于福贡县鹿马登乡；贡山县茨开镇、独龙江乡；腾冲市界头乡。

3. 兜叶矮齿藓 Bucklandiella cucullatulum Broth.

凭证标本：Long 34358，34671，34863；臧穆 5897，5964。

海拔 3500～3690 m。

分布于福贡县鹿马登乡、上帕镇；贡山县独龙江乡；泸水市片马镇。

4. 长枝矮齿藓 Bucklandiella ericoides (Brid.) Brid.

凭证标本：Long 36311；马文章 11-1845；臧穆 3255。

海拔 1600 m～3205 m。

分布于福贡县石月亮乡；贡山县丙中洛乡、茨开镇、独龙江乡。

5. 矮齿藓 Bucklandiella fasciculare (Hedw.) Brid.

凭证标本：Long 35762，35768；张敖罗 38。

海拔 3270～3800 m。

分布于贡山县独龙江乡；腾冲市猴桥镇。

6. 异枝矮齿藓 Bucklandiella heterostichum (Hedw.) Brid.

凭证标本：Long 34874，34882；臧穆 5874，5897。

海拔 3660 m。

分布于福贡县鹿马登乡、上帕镇；泸水市片马镇。

7. 喜马拉雅矮齿藓 Bucklandiella himalayanum (Mitt.) A. Jaeger

凭证标本：Long 36069，37127；马文章 14-5526；张敖罗 38。

海拔 1950～3800 m。

分布于贡山县茨开镇、独龙江乡；腾冲市曲石镇、五合乡。

8. 霍氏矮齿藓 Bucklandiella joseph-hookeri (Frisvoll) Bednarek-Ochyra & Ochyra

凭证标本：Long 33554，34858；Shevock 23295，25525，31037；臧穆 5943d。

海拔 3290～3755 m。

分布于保山市潞江镇；福贡县鹿马登乡、石月亮乡、上帕镇；贡山县独龙江乡；泸水市片马镇。

9. 习氏矮齿藓 Bucklandiella shevockii Bednarek-Ochyra & Ochyra

凭证标本：Long 33725，34396，35012，35107；Shevock 31007。

海拔 1945～2750 m。

分布于贡山县茨开镇、独龙江乡；福贡县鹿马登乡；腾冲市曲石镇。

10. 偏叶矮齿藓 Bucklandiella subsecunda（Harv.）Bedn.-Ochyra & Ochyra

凭证标本：Long 32604，33723，33840，33974，34902，35105；Shevock 22994，23035，23128，23283，23428，23597，25169，25290，25302，25309，25386，25519，25529，25666，28301，28316A，28342，45380，45568；马文章 10-783A，11-1842，13-4986，13-5034；14-5526；邱学忠 6；王立松 654；臧穆 851，911，2204，2459，3666，3958，4306，5880；张大成 66，1788，4429。

海拔 1230～3735 m。

分布于保山市潞江镇、芒宽乡；福贡县鹿马登乡、匹河乡、上帕镇、石月亮乡；贡山县茨开镇、丙中洛乡、独龙江乡；泸水市大兴地乡、鲁掌镇、片马镇；腾冲市猴桥镇、明光乡、曲石镇。

11. 疣矮齿藓 Bucklandiella verrucosa（Frisvoll）Bednarek-Ochyra & Ochyra

凭证标本：Long 33552，35790，37163。；Shevock 23277，23310，23314，23320，23333，23424，25559，30927。

海拔 3140～3715 m。

分布于福贡县石月亮乡；贡山县茨开镇、独龙江乡。

12. 紫萼藓 Grimmia affinis Hornsch.

凭证标本：臧穆 1783c。

海拔 1500 m。

分布于贡山县独龙江乡。

13. 异叶紫萼藓 Grimmia anomala Schimp.

凭证标本：Long 35767-a。

海拔 3270 m。

分布于贡山县独龙江乡。

14. 北方紫萼藓 Grimmia decipiens（Schultz）Lindb.

凭证标本：马文章 08-0618。

分布于泸水市大兴地乡。

15. 亨氏紫萼藓 Grimmia handelii Broth.

凭证标本：臧穆 1493。

海拔 2200 m。

分布于贡山县独龙江乡。

16. 南亚紫萼藓 Grimmia indica（Dix. & P. de la Varde）Goffinet & Greven

凭证标本：Shevock 23155。

海拔 2975 m。

分布于贡山县茨开镇。

17. 长柄紫萼藓 Grimmia longirostris W. J. Hooker

凭证标本：Long 35767；Shevock 23442，23558，23575，23580。

海拔 1200～3270 m。

分布于保山市芒宽乡；福贡县上帕镇；贡山县茨开镇。

18. 卵叶紫萼藓 Grimmia ovalis（Hedw.）Lindb.

凭证标本：黎兴江 254，271；郗建勋 829；张敖罗 8c，8N；张大成 62，133，970。

海拔 1500～2500 m。

分布于贡山县丙中洛乡、独龙江乡；腾冲市和顺乡。

19. 紫萼藓一种（中文名暂无）Grimmia percarinata（Dixon & Sakurai）Nog. ex Deguchi

凭证标本：Long 35786，35821，35943，37183；Shevock 23289。

海拔 3380～4060 m。

分布于贡山县丙中洛乡、茨开镇、独龙江乡。

20. 毛尖紫萼藓 Grimmia pilifera P. Beauv.

凭证标本：Long 34250，34273，35031，35165，35248；臧穆 3647。

海拔 985～1265 m。

分布于保山市潞江镇；福贡县石月亮乡；贡山县独龙江乡；泸水市大兴地乡。

21. 长齿藓 Niphotrichum barbuloides（Cardot）Bednarek-Ochyra & Ochyra

凭证标本：Shevock 23044。

海拔 1530 m。

分布于福贡县石月亮乡。

22. 溪岸连轴藓 Schistidium riparium H. Blom Shevock D. G. Long & R. Ochyra

凭证标本：Shevock 23563，25190，25201，30698，43098。

海拔 1305～1810 m。

分布于福贡县石月亮乡；贡山县茨开镇、丙中洛乡、普拉底乡。

23. 连轴藓 Schistidium trichodon（Bridel）Poelt

凭证标本：Long 35948；Shevock 22948。

海拔 1375～3910 m。

分布于福贡县鹿马登乡；贡山县茨开镇。

M25. 虎尾藓科 Hedwigiaceae

3 属 3 种

1. 狭叶赤枝藓 Braunia attenuata（Mitt.）A. Jaeger

凭证标本：马文章 14-5666；Shevock 25311，25390，45401，45573，46446。

海拔 2700～3180 m。

分布于保山市芒宽乡；福贡县石月亮乡；腾冲市猴桥镇、曲石镇。

2. 蔓枝藓 Bryowijkia ambigua（Hook.）Nog.

凭证标本：Long 32282，32439，32712，32851，34445，37290，37419；Shevock 25118，26885，27256，28084，28100，28178，28716，28720，30767，30774，31137，31203，31213，43217，45354，45484，45551，46561，46654；马文章 14-5477，14-5632。

海拔 1580～2375 m。

分布于保山市潞江镇、芒宽乡；福贡县鹿马登乡、石月亮乡；泸水市片马镇；贡山县丙中洛乡、茨开镇、独龙江乡；腾冲市猴桥镇、和顺乡、荷花镇、界头乡、芒棒镇、明光乡、曲石镇、五合乡。

3. 虎尾藓 Hedwigia ciliata（Hedw.）P. Beauv.

凭证标本：Long 35032，35166，35264，37103；Shevock 23441，23587，24914，25217，25791B。

海拔 1150～1680 m。

分布于福贡县石月亮乡、鹿马登乡、上帕镇、匹河乡；贡山县茨开镇、独龙江乡；泸水市大兴地乡。

M26. 丝毛藓科 Helodiaceae

1 属 1 种

1. 锦丝藓 Actinothuidium hookeri（Mitten）Broth.

凭证标本：Long 33776，34453，34816，34933，35022，35966，36007，37139；Shevock 23111，23204，23254，25341，25409，25495，25542，30864，31098，43251，45446。

海拔 2575～3300 m。

分布于保山市芒宽乡；福贡县鹿马登乡、上帕镇、石月亮乡；贡山县茨开镇、独龙江乡；腾冲市界头乡、芒棒镇、曲石镇。

M27. 油藓科 Hookeriaceae

4 属 4 种

1. 毛柄藓刺齿亚种 Calyptrochaeta ramosa subsp. **spinosa**（Nog.）P. J. Lin & B. C. Tan
凭证标本：Long 32395-b，32717。
海拔 2035～2130 m。
分布于贡山县丙中洛乡、独龙江乡。

2. 灰果藓 Chaetomitriopsis glaucocarpa（Schwägr.）M. Fleischer.
凭证标本：Long 33942。
海拔 1425 m。

分布于福贡县石月亮乡。

3. 尖叶油藓 Hookeria acutifolia W. J. Hooker & Greville

凭证标本：Long 32314，34575，34997，35917-a；Shevock 25359，26598，43185，43353。

海拔 1730～3940 m。

分布于保山市潞江镇；福贡县石月亮乡；贡山县茨开镇；泸水市大兴地乡、片马镇。

4. 并齿木油藓 Hookeriopsis utacamundiana（Mont.）Broth.

凭证标本：马文章 13-5153，14-5681。

海拔 1588～2541 m。

分布于保山市芒宽乡；福贡县石月亮乡。

M28. 塔藓科 Hylocomiaceae

8 属 11 种

1. 塔藓 Hylocomium splendens（Hedw.）W. P. Schimper

凭证标本：Shevock 23133，23202，30873。

海拔 2970 m。

分布于贡山县茨开镇。

2. 薄壁藓 Leptocladiella delicatula（Broth.）Rohrer

凭证标本：Shevock 25258。

海拔 2520 m。

分布于福贡县石月亮乡。

3. 薄膜藓 Leptohymenium tenue（W. J. Hooker）Schwägr.

凭证标本：Shevock 23081。

海拔 1575 m。

分布于福贡县石月亮乡。

4. 爪哇南木藓 Macrothamnium javense M. Fleischer.

凭证标本：马文章 14-5656；Shevock 25327，26772，28133，46652；臧穆 5726。

海拔 2110～2700 m。

分布于保山市芒宽乡；福贡县石月亮乡；泸水市片马镇；腾冲市界头乡、明光乡。

5. 直蒴南木藓 Macrothamnium leptohymenioides Nog.

凭证标本：Shevock 27972，46529A。

海拔 1985～2160 m。

分布于腾冲市猴桥镇、界头乡。

6. 南木藓 Macrothamnium macrocarpum（Rein. & Hornsch.）M. Fleischer

凭证标本：Long 32434；Shevock 25464，25621，43322，45469；马文章 13-4982，15-6208。

海拔 1620～2450 m。

分布于保山市芒宽乡；福贡县石月亮乡；贡山县茨开镇；腾冲市猴桥镇。

7. 四川南木藓 Macrothamnium setschwanicum Broth.

凭证标本：Shevock 28672。

海拔 2070 m。

分布于腾冲市滇滩镇。

8. 小蔓藓 Meteoriella soluta（Mitten）S. Okamura

凭证标本：Long 33956，34403，34782，35076，36002，36313；Shevock 23210，23251，23377，23390，23432，23512，23548，26735，26819，28179，28355，28657，43301；马文章 13-4913。

海拔 2300～3180 m。

分布于贡山县丙中洛乡、茨开镇、独龙江乡；泸水市片马镇；腾冲市滇滩镇、界头乡、明光乡。

9. 新船叶藓 Neodolichomitra yunnanensis（Besch.）T. Koponen

凭证标本：Long 33717；Shevock 46551；张力 4685。

海拔 1965～2285 m。

分布于贡山县独龙江乡；腾冲市猴桥镇、界头乡。

10. 赤茎藓 Pleurozium schreberi（Bridel）Mitten

凭证标本：Shevock 23280，23316。

海拔 3140～3370 m。

分布于贡山县茨开镇。

11. 拟垂枝藓 Rhytidiadelphus squarrosus（Hedw.）Warnst.

凭证标本：Long 35844。

海拔 3715 m。

分布于保山市潞江镇。

M29. 灰藓科 Hypnaceae

11 属 14 种

1. 亮绿圆尖藓 Bryocrumia vivicolor（Broth. & Dixon）W. R. Buck

凭证标本：Long 32748，36207；Shevock 27343；马文章 13-5184，15-6324。

海拔 1250～2620 m。

分布于保山市潞江镇；福贡县石月亮乡；腾冲市界头乡、明光乡。

2. 偏叶藓 Campylophyllum halleri（Hedw.）M. Fleischer.

凭证标本：Long 35945。

海拔 3910 m。

分布于福贡县鹿马登乡。

3. 梳藓 Ctenidium capillifolium（Mitten）Broth.

凭证标本：Shevock 28565A。

海拔 2425 m。

分布于腾冲市猴桥镇。

4. 双齿扁锦藓 Glossadelphus bilobatus（Dixon）Broth.

凭证标本：Long 32721-a。

海拔 2035 m。

分布于贡山县丙中洛乡。

5. 扭尖粗枝藓 Gollania clarescens（Mitten）Broth.

凭证标本：Shevock 45595。

海拔 1530 m。

分布于腾冲市曲石镇。

6. 粗枝藓 Gollania ruginosa（Mitten）Broth.

凭证标本：Shevock 43103。

海拔 1570 m。

分布于贡山县丙中洛乡。

7. 齿边同叶藓 Isopterygium serrulatum M. Fleischer.

凭证标本：马文章 13-4981。

海拔 1628 m。

分布于贡山县茨开镇。

8. 东亚拟鳞叶藓 Pseudotaxiphyllum pohliaecarpum（Sull. & Lesq.）Z. Iwats.

凭证标本：Long 32794。

海拔 1992 m。

分布于贡山县独龙江乡。

9. 毛梳藓 Ptilium crista-castrensis（Hedw.）De Notaris

凭证标本：Long 34473，34928，35960；Shevock 23205，23357，30814。

海拔 2950～3750 m。

分布于福贡县上帕镇；贡山县茨开镇、独龙江乡。

10. 弯叶金灰藓 Pylaisiella falcata（B. S. G.）Ando

凭证标本：马文章 13-4776。

海拔 2601 m。

分布于泸水市片马镇。

11. 陕西鳞叶藓 Taxiphyllum giraldii（Mül. Hal.）M. Fleischer

凭证标本：Shevock 26652，26664，27323，43147。

海拔 1425～2100 m。

分布于保山市隆阳区；贡山县茨开镇；泸水市片马镇。

12. 鳞叶藓 Taxiphyllum taxirameum（Mitten）M. Fleischer

凭证标本：Shevock 25814，28139，28626；马文章 13-4968。

海拔 800～2200 m。

分布于泸水市六库镇；贡山县茨开镇；腾冲市猴桥镇、界头乡。

13. 钝叶鳞叶藓 Taxiphyllum subarcuatum（Broth.）Z. Iwatsuki

凭证标本：Shevock 28690。

海拔 2070 m。

分布于腾冲市滇滩镇。

14. 明叶藓 Vesicularia montagnei（Schimp.）Broth.

凭证标本：马文章 14-5689；Shevock 45439。

海拔 1510 m。

分布于保山市芒宽乡；腾冲市曲石镇。

M30. 孔雀藓科 Hypopterygiaceae

3 属 4 种

1. 刺齿雉尾藓 Cyathophorum adiantum（Griff.）Mitt.

凭证标本：Long 32267，32304，32765，32780，32828，36087；Shevock 27977，28045，28753；马文章 14-5476。

海拔 1968～2345 m。

分布于贡山县独龙江乡；腾冲市界头乡、五合乡、曲石镇、腾越镇。

2. 短肋雉尾藓 Cyathophorum hookerianum（Griff.）Mitt.

凭证标本：Long 32768；Shevock 28752。

海拔 1925～2015 m。

分布于腾冲市五合乡。

3. 树雉尾藓 Dendrocyathophorum decolyi（M. Fleisch.）Kruijer

凭证标本：Long 32843。

海拔 1986 m。

分布于福贡县鹿马登乡。

4. 黄边孔雀藓 Hypopterygium flavolimbatum Mill. Hal

凭证标本：Shevock 28239；马文章 13-5029；臧穆 3457。

海拔 1700～2125 m。

M31. 船叶藓科 Lembophyllaceae

1 属 1 种

1. 猫尾藓 Isothecium semitortum Dixon

凭证标本：Long 34580。

海拔 2180～2350 m。

分布于保山市潞江镇。

M32. 薄齿藓科 Leptodontaceae

1 属 2 种

1. 匍枝残齿藓 Forsstroemia producta（Hornschuch）Paris

凭证标本：Shevock 27315，45443。

海拔 1585～1625 m。

分布于保山市隆阳区；腾冲市曲石镇。

2. 白齿残齿藓 Forsstroemia yezoana（Bescherelle）S. Olsson，Enroth & D. Quandt

凭证标本：Shevock 31136。

海拔 2550 m。

分布于福贡县石月亮乡。

M33. 薄罗藓科 Leskeaceae

7 属 10 种

1. 尖叶诺氏藓 Bryonorrisia acutifolia（Mitten）Enroth

凭证标本：Shevock 23146，23166，25176，26693；马文章 13-5188。

海拔 1825～2975 m。

分布于福贡县石月亮乡；贡山县茨开镇；泸水市片马镇。

2. 狭叶麻羽藓 Claopodium aciculum（Broth.）Broth.

凭证标本：马文章 14-5683。

海拔 1571 m。

分布于保山市芒宽乡。

3. 大麻羽藓 Claopodium assurgens（Sull. & Lesq.）Card.

凭证标本：Shevock 25453。

海拔 2450 m。

分布于福贡县石月亮乡。

4. 齿叶麻羽藓 Claopodium prionophyllum（Müll. Hal.）Broth.

凭证标本：Shevock 25624，27282A。

海拔 2410 m。

分布于福贡县石月亮乡；腾冲市芒棒镇。

5. 卷叶卷叶藓 Lescuraea incurvata（Hedw.）Lawt.

凭证标本：王立松 594。

分布于福贡县鹿马登乡。

6. 阔叶细枝藓 Lindbergia brachyptera（Mitten）Kindberg

凭证标本：Shevock 27294。

海拔 1390～1990 m。

分布于腾冲市芒棒镇。

7. 高山拟褶叶藓 Pseudopleuropus indicus（Dixon）T. Y. Chiang

凭证标本：Long 37324；马文章 13-4818，13-4910。

海拔 3180～3696 m。

分布于贡山县茨开镇。

8. 瓦叶假细罗藓 Pseudoleskeella tectorum（Funck ex Brid.）Kindb. ex Broth.

凭证标本：马文章 13-5103。

海拔 2993 m。

分布于贡山县茨开镇。

9. 尖叶拟草藓 Pseudoleskeopsis tosana Cardot

凭证标本：Shevock 46597，46599；马文章 13-5130。

海拔 930～1802 m。

分布于贡山县茨开镇；腾冲市猴桥镇。

10. 拟草藓 Pseudoleskeopsis zippelii（Dozy & Molkenboer）Broth.

凭证标本：Long 32555；Shevock 30710，45431；马文章 14-5767，14-5771；臧穆 4258。

海拔 1390～1470 m。

分布于保山市潞江镇；贡山县独龙江乡、普拉底乡；腾冲市曲石镇。

M34. 白发藓科 Leucobryaceae

1 属 6 种

1. 粗叶白发藓（新拟中文名）Leucobryum boninense Sull. & Lesq.

凭证标本：Long 33869。

海拔 1347 m。

分布于贡山县独龙江乡。

2. 狭叶白发藓 Leucobryum bowringii Mitt.

凭证标本：Long 32400，32549，32595，32676，32817，33653，33777；Shevock 28250，28332，28747。

海拔 1346～2180 m。

分布于福贡县鹿马登乡；贡山县茨开镇、丙中洛乡、独龙江乡；腾冲市界头乡、芒棒镇、明光乡、腾越镇。

3. 白发藓 Leucobryum glaucum（Hedw.）Åongström

凭证标本：Shevock 28530。

海拔 1670 m。

分布于腾冲市猴桥镇。

4. 糙叶白发藓 Leucobryum scabrum S. Lac.

凭证标本：Shevock 28744。

海拔 1925 m。

分布于腾冲市腾越镇。

5. 爪哇白发藓 Leucobryum javense（Brid.）Mitt.

凭证标本：Long 32523，32698，32857，33588；Shevock 28125。

海拔 1459～2300 m。

分布于保山市芒宽乡、潞江镇；福贡县上帕镇；腾冲市界头乡、曲石镇。

6. 桧叶白发藓 Leucobryum juniperoideum（Brid.）Müll. Hal.

凭证标本：Shevock 28161，28191。

海拔 2000～2400 m。

分布于腾冲市界头乡。

M35. 白齿藓科 Leucodontaceae

3 属 5 种

1. 玉山白齿藓 Leucodon morrisonensis Nog.

凭证标本：马文章 13-4919。

海拔 3023 m。

分布于贡山县茨开镇。

2. 白齿藓 Leucodon sciuroides（Hedw.）Schwaegr.

凭证标本：马文章 10-0760。

海拔 2340 m。

分布于泸水市鲁掌镇。

3. 西藏白齿藓 Leucodon tibeticus M. X. Zhang

凭证标本：马文章 10-0755。

海拔 2330 m。

分布于泸水市鲁掌镇、姚家坪。

4. 拟白齿藓 Pterogoniadelphus esquirolii（Thér.）Ochyra & Zijlstra

凭证标本：Shevock 24932A。

海拔 1200 m。

分布于福贡县上帕镇。

5. 中华疣齿藓 Scabridens sinensis E. B. Bartram

凭证标本：Long 37269-a。

海拔 2525 m。

分布于腾冲市芒棒镇。

M36. 蔓藓科 Meteoriaceae

16 属 34 种

1. 毛扭藓 Aerobryidium aureonitens（W. J. Hooker ex Schwägr.）Broth.

凭证标本：Shevock 28589。

海拔 1850 m。

分布于腾冲市猴桥镇。

2. 长尖蔓藓 Aerobryidium filamentosum（W. J. Hooker）M. Fleischer

凭证标本：Long 32221，32561，32680，32766；Shevock 25762，25763，28662。

海拔 1315～2339 m。

分布于保山市潞江镇；福贡县匹河乡、石月亮乡；腾冲市滇滩镇、芒棒镇、曲石镇。

3. 气藓 Aerobryum speciosum Dozy & Molkenboer

凭证标本：Shevock 27354，28134A，28159。

海拔 1680～2400 m。

分布于保山市隆阳区；腾冲市界头乡。

4. 大灰气藓 Aerobryopsis subdivergens（Broth.）Broth.

凭证标本：Shevock 25707，25789。

海拔 1175～2500 mm。

分布于福贡县匹河乡、石月亮乡。

5. 悬藓 Barbella chrysonema（Müll. Hal.）A. Noguchi

凭证标本：Shevock 28037。

海拔 2025 m。

分布于腾冲市界头乡。

6. 扁枝悬藓 Barbella compressiramea（Ren. et Card.）Fleisch. et Broth.

凭证标本：马文章 10-0787。

海拔 2326 m。

分布于泸水市鲁掌镇。

7. 拟悬藓 Barbellopsis trichophora（Montagne）W. R. Buck

凭证标本：Shevock 27975，28117。

海拔 1900～1985 m。

分布于腾冲市界头乡。

8. 隐松萝藓 Cryptopapillaria chrysoclada（Müll. Hal.）M. Menzel

凭证标本：马文章 10-0764。

海拔 2340 m。

分布于泸水市鲁掌镇。

9. 扭尖隐松萝藓 Cryptopapillaria feae（Müll. Hal. ex Fleischer）M. Menzel

凭证标本：Shevock 27139，27146，28309，28410，28584，28607，28661；马文章 14-5679。

海拔 1567～2340 m。

分布于保山市芒宽乡；腾冲市和顺乡、猴桥镇、滇滩镇、界头乡、明光乡、五合乡。

10. 黄隐松萝藓 Cryptopapillaria fuscescens（Hook.）Menzel

凭证标本：Shevock 25725，27962；马文章 13-4997，14-5514。

海拔 1270～1775 m。

分布于福贡县石月亮乡；贡山县茨开镇；腾冲市界头乡、曲石镇。

11. 斜绿锯藓 Duthiella declinata（Mitten）Zanten

凭证标本：Shevock 28042，28255。

海拔 2025～2125 m。

分布于腾冲市界头乡。

12. 软枝绿锯藓 Duthiella flaccida（Cardot）Broth.

凭证标本：Long 33921，33924，32543；Shevock 28113。

海拔 1385～1900 m。

分布于福贡县鹿马登乡；贡山县独龙江乡；腾冲市界头乡、芒棒镇。

13. 台湾绿锯藓 Duthiella formosana A. Noguchi

凭证标本：Shevock 26865，28003；马文章 14-5738。

海拔 2000～2300 m。

分布于泸水市片马镇；腾冲市界头乡、曲石镇。

14. 丝带藓 Floribundaria floribunda（Dozy & Molkenboer）M. Fleischer

凭证标本：Shevock 26659。

海拔 1785 m。

分布于泸水市片马镇。

15. 疏叶丝带藓 Floribundaria walkeri（Renauld & Cardot）Broth.

凭证标本：Shevock 27284，27356，28320，28334A，28632，28634，46541，46563。

海拔 1475 m～2160 m。

分布于保山市隆阳区；腾冲市猴桥镇、芒棒镇、明光乡。

16. 东亚蔓藓 Meteorium atrovariegatum Cardot & Thér.

凭证标本：马文章 13-4944；Shevock 25226。

海拔 1250～1580 m。

分布于福贡县匹河乡；贡山县丙中洛乡。

17. 川滇蔓藓 Meteorium buchanani（Brid.）Broth.

凭证标本：Long 36216。

海拔 1235 m。

分布于福贡县鹿马登乡。

18. 疣突蔓藓 Meteorium elatipapilla J. X. Luo

凭证标本：Shevock 28473。

海拔 2580 m。

分布于腾冲市猴桥镇。

19. 蔓藓 Meteorium Polytrichum Dozy & Molkenboer

凭证标本：Shevock 28252，28586；张力 4549；马文章 13-4928。

海拔 1835～2610 m。

分布于贡山县茨开镇；腾冲市猴桥镇、界头乡。

20. 反叶粗蔓藓 Meteoriopsis reclinata（Müll. Hal.）M. Fleischer.

凭证标本：Long 28575，32380，32501，32760，33629，34507，34572，35128，35190，35207，35268，36158，37539；Shevock 25180，27976，28064，28223，28526，28635，28640，28712，45352，46564；马文章 14-5460。

海拔 1270～2530 m。

分布于保山市潞江镇；福贡县鹿马登乡、马吉乡、匹河乡；贡山县丙中洛乡、独龙江乡；腾冲市荷花镇、猴桥镇、界头乡、芒棒镇、曲石镇、腾越镇。

21. 粗蔓藓 Meteoriopsis squarrosa（Hook.）M. Fleischer.

凭证标本：Long 32383，32495，32608，33606，33644，33891；Shevock 25225，28129，28143，31262。

海拔 1250～2339 m。

分布于保山市潞江镇、芒宽乡；福贡县鹿马登乡、上帕镇、匹河乡；贡山县独龙江乡；腾冲市界头乡、曲石镇。

22. 尖叶拟悬藓 Pseudobarbella attenuata（Thwaites & Mitten）A. Noguchi

凭证标本：Shevock 25682，26620，26623。

海拔 2200～2300 m。

分布于福贡县石月亮乡；泸水市片马镇。

23. 拟悬藓 Pseudobarbella levieri（Renauld & Cardot）A. Noguchi

凭证标本：Shevock 28212。

海拔 2000 m。

分布于腾冲市界头乡。

24. 拟木毛藓 Pseudospiridentopsis horrida（Mitten ex Cardot）M. Fleischer

凭证标本：Long 33576，33581，33650，33898，35223，36145，37063，37072；Shevock 22935，23046，23061，23453，24981，25177，28518，28587，30730，30994，43079，43139，43190，43315。马文章 13-4940。

海拔 1200～1960 m。

分布于保山市潞江镇；福贡县石月亮乡；贡山县丙中洛乡、茨开镇、独龙江乡；腾冲市猴桥镇、曲石镇。

25. 硬仰叶垂藓 Sinskea flammea（Mitten）W. R. Buck

凭证标本：Shevock 26758，28375；马文章 15～6341。

海拔 2500～3120 m。

分布于泸水市片马镇；腾冲市明光乡。

26. 扭叶藓 Trachypus bicolor Reinw. & Hornsch.

凭证标本：Long 32421，33658，33698；Shevock 23161，23173，23374，23515，23524，23608，25261，25459，26685，26746，26935，26938，28279，28374，28743，30756，30764，46431，46447，46671；马文章 13-4767，14-5753；王立松 83-114。

海拔 1365～3180 m。

分布于保山市潞江镇；贡山县丙中洛乡、茨开镇；泸水市鲁掌镇、片马镇；腾冲市猴桥镇、芒棒镇、明光乡、曲石镇、五合乡、腾越镇。

27. 小扭叶藓 Trachypus humilis Lindb.

凭证标本：马文章 13-5152。

海拔 2541 m。

分布于福贡县石月亮乡。

28. 长叶扭叶藓 Trachypus longifolius A. Noguchi

凭证标本：Shevock 25348，25449，25507；马文章 13-4969。

海拔 1409～3175 m。

分布于福贡县石月亮乡；贡山县茨开镇。

29. 耳叶拟扭叶藓 Trachypodopsis auriculata（Mitt.）M. Fleischer.

凭证标本：张大成 1068。

海拔 3600 m。

分布于贡山县丙中洛乡。

30. 台湾拟扭叶藓 Trachypodopsis formosana A. Noguchi

凭证标本：Shevock 25314，23520，25269，25487，28186，28380，28471。

海拔 2000～2880 m。

分布于福贡县石月亮乡；贡山县丙中洛乡；腾冲市猴桥镇、界头乡、明光乡。

31. 拟扭叶藓卷叶变种 Trachypodopsis serrulata（P. Beauv.）Fleischer. var. **crispatula**（Hook.）Zanten

凭证标本：Shevock 25266，25471，26662A，26745，26808，27981，28049，28131，28142A，28243，28293，28334，28413，28419，28422A，28427A，28588，28642A，28660，28748，45365；马文章 10-0794，13-4791；王立松 83-115。

海拔 1550～2775 m。

分布于保山市芒宽乡；福贡县石月亮乡；贡山县茨开镇独龙江乡；泸水市鲁掌镇、姚家坪、片马镇；腾冲市猴桥镇、滇滩镇、界头乡、明光乡、腾越镇。

32. 橙色粗丝带藓 Trachycladiella aurea（Mitt.）Menzel

凭证标本：Shevock 28134，28189，28194，28228，28504，28531，28565，28568；马文章 10-0796。

海拔 1670～2510 m。

分布于泸水市鲁掌镇、姚家坪；腾冲市猴桥镇、界头乡。

33. 粗丝带藓 Trachycladiella sparsa（Mitt.）Menzel

凭证标本：Shevock 23054，26738，28745。

海拔 1550～2475 m。

分布于福贡县石月亮乡；泸水市片马镇；腾冲市腾越镇。

34. 扭叶松萝藓 Toloxis semitorta（Müll. Hal.）W. R. Buck

凭证标本：Shevock 28118，28142，28168，28253，28341，28422，28475，28561；马文章 13-4771，13-4947。

海拔 1580～2654 m。

分布于贡山县丙中洛乡；泸水市片马镇；腾冲市猴桥镇、界头乡、明光乡。

M37. 缺齿藓科 Mielichhoferiaceae

1 属 5 种

1. 丝瓜藓 Pohlia elongata Hedw.

凭证标本：Shevock 22983，30933，30954；马文章 10-0756。

海拔 2340～3725 m。

分布于贡山县茨开镇；泸水市鲁掌镇。

2. 疣齿丝瓜藓 Pohlia flexuosa W. J. Hooker

凭证标本：Shevock 31165。

海拔 1590 m。

分布于保山市芒宽乡。

3. 拟长蒴丝瓜藓 Pohlia longicollis（Hedwig）Lindberg

凭证标本：Shevock 23339。

海拔 3370 m。

分布于贡山县茨开镇。

4. 黄丝瓜藓 Pohlia nutans（Hedwig）Lindberg

凭证标本：Shevock 30933A。

海拔 3725 m。

分布于贡山县茨开镇。

5. 狭叶丝瓜藓 Pohlia timmioides（Broth.）P. C. Chen ex Redf. & B. C. Tan

凭证标本：马文章 12-3082，13-5059。

海拔 1910～3620 m。

分布于贡山县茨开镇；腾冲市猴桥镇。

M38. 提灯藓科 Mniaceae

4 属 22 种

1. 平肋提灯藓 Mnium laevinerve Cardot

凭证标本：Shevock 26570；马文章 10-0792。

海拔 1550～2326 m。

分布于泸水市鲁掌镇、片马镇。

2. 长叶提灯藓 Mnium lycopodioides Schwägr.

凭证标本：Long 33679，33906，34324，34384，34456，34556，34996，35150，36204，37224；Shevock 23051，23195，23267，23396，25039，25098，25155，25173，25272，25355，25457，25485，25618，26575，26672，26822，46473。

海拔 1550～3300 m。

分布于福贡县匹河乡、石月亮乡、上帕镇；贡山县茨开镇、独龙江乡；泸水市大兴地乡、片马镇；腾冲市猴桥镇、界头乡。

3. 偏叶提灯藓 Mnium thomsonii Schimper

凭证标本：Long 35018；Shevock 27081。

海拔 2110～2575 m。

分布于泸水市大兴地乡；腾冲市五合乡。

4. 南亚立灯藓 Orthomnion bryoides（Griff.）Norkett

凭证标本：Shevock 27338；马文章 14-5547，14-5650，14-5764。

海拔 1620～2680 m。

分布于保山市隆阳区、芒宽乡；腾冲市曲石镇。

5. 柔叶立灯藓 Orthomnion dilatatum（Mitt.）P. C. Chen

凭证标本：Long 33590，33851。

海拔 1459～1745 m。

分布于保山市芒宽乡；贡山县独龙江乡。

6. 爪哇立灯藓 Orthomnion javense（M. Fleisch.）T. Kop.

凭证标本：Long 32200，33858；马文章 14-5682；张力 4578。

海拔 1391～2400 m。

分布于保山市芒宽乡；福贡县鹿马登乡；腾冲市界头乡。

7. 裸帽立灯藓 Orthomnion nudum E. B. Bartram

凭证标本：Shevock 23152，23168。

海拔 2970 m。

分布于贡山县茨开镇。

8. 云南立灯藓 Orthomnion yunnanense T. J. Koponen，X. J. Li & M. Zang

凭证标本：Shevock 24902，24995，25680，27362；马文章 13-4993。

海拔 1275～2950 m。

分布于保山市隆阳区；福贡县石月亮乡、上帕镇；贡山县茨开镇。

9. 湿地匍灯藓 Plagiomnium acutum（Lindberg）T. J. Koponen

凭证标本：Long 32460，32597，32733，37533；Shevock 26961，26969，26982，27242，45511，46578。

海拔 1185～2390 m。

分布于保山市潞江镇；福贡县鹿马登乡；贡山县丙中洛乡；腾冲市猴桥镇、曲石镇、芒棒镇、五合乡。

10. 树形匍灯藓 Plagiomnium arbuscula（Müll. Hal.）T. J. Koponen

凭证标本：Long 34799，34931，35009，37222；Shevock 23126，23186。

海拔 2575～3210 m。

分布于福贡县石月亮乡、上帕镇；泸水市大兴地乡、贡山县茨开镇。

11. 全缘匍灯藓 Plagiomnium integrum（Bosch & S. Lac.）T. J. Koponen

凭证标本：Long 33660，33984，34767，35153，36014，36038；Shevock 22962，23076，23153，25168，25332，25439，25465，25625，26595，26615，26717，26776，26896，27353；张力 4540。

海拔 1365～2970 m。

分布于保山市隆阳区；福贡县石月亮乡；贡山县丙中洛乡、茨开镇、独龙江乡、普拉底乡；泸水市鲁掌镇、片马镇；腾冲市芒棒镇、界头乡。

12. 日本匍灯藓 Plagiomnium japonicum（Lindberg）T. J. Koponen

凭证标本：Shevock 27083。

海拔 2110 m。

分布于腾冲市五合乡。

13. 侧枝匍灯藓 Plagiomnium maximoviczii（Lindberg）T. J. Koponen

凭证标本 Long 32199，32325，32826，33880，34544，35984，35985，36193，36215，37500；Shevock 23049，25431，26946，45519，45531。

海拔 1250～3160 m。

分布于福贡县鹿马登乡、上帕镇、石月亮乡；贡山县丙中洛乡、茨开镇、独龙江乡；泸水市鲁掌镇；腾冲市曲石镇。

14. 具喙匍灯藓 Plagiomnium rhynchophorum（Hooker）T. J. Koponen

凭证标本：Shevock 23008，23150，23475，24987，25124，25420，25709，26727，26853，26667，27123，27228，27267，45416，46536。

海拔 1200～2970 m。

分布于福贡县石月亮乡；贡山县丙中洛乡、茨开镇；泸水市片马镇；腾冲市猴桥镇、芒棒镇、曲石镇。

15. 大叶匐灯藓 Plagiomnium succulentum（Mitten）T. J. Koponen

凭证标本：Shevock 23091，25006，26633，27031，27052。

海拔 1275～2200 m。

分布于福贡县石月亮乡；泸水市片马镇；腾冲市芒棒镇、五合乡。

16. 圆叶匐灯藓 Plagiomnium vesicatum（Besch.）T. J. Kop.

凭证标本：马文章 10-0795。

海拔 2360 m。

分布于泸水市鲁掌镇、姚家坪。

17. 扇叶毛灯藓 Rhizomnium hattorii T. Kop.

凭证标本：马文章 14-5521。

海拔 2439 m。

分布于腾冲市曲石镇。

18. 薄边毛灯藓 Rhizomnium horikawae（A. Noguchi）T. J. Koponen

凭证标本：Long 34788，35008，35936，37137；Shevock 23270，25318，25322，25345，25421；臧穆 5885；张力 4836。

海拔 2575～4005 m。

分布于福贡县鹿马登乡、石月亮乡、上帕镇；贡山县茨开镇；泸水市大兴地乡、片马镇；腾冲市明光乡。

19. 大叶毛灯藓 Rhizomnium magnifolium（Horikawa）T. J. Koponen

凭证标本：Long 34482，34706；Shevock 23308。

海拔 3190～3370 m。

分布于福贡县鹿马登乡；贡山县茨开镇、独龙江乡。

20. 小毛灯藓 Rhizomnium parvulum（Mitt.）T. Kop.

凭证标本：马文章 14-5487，14-5646。

海拔 2322 m。

分布于保山市芒宽乡；腾冲市曲石镇。

21. 细枝毛灯藓 Rhizomnium striatulum（Mitt.）T. J. Kop.

凭证标本：Long 34328，34385；Shevock 25626，25644，26742；马文章 14-5646；张力 4669。

海拔 2330～2750 m。

分布于保山市潞江镇、芒宽乡；福贡县石月亮乡；泸水市片马镇；腾冲市界头乡。

22. 具丝毛灯藓 Rhizomnium tuomikoskii T. Kop.

凭证标本：马文章 14-5543。

海拔 2620 m。

分布于腾冲市曲石镇。

M39. 金毛藓科 Myuriaceae

1 属 1 种

1. 红毛藓 Oedicladium tortifolium（P. C. Chen）Z. Iwats.

凭证标本：Long 37131。

海拔 2230 m。

分布于贡山县茨开镇。

M40. 棉藓科 Plagiotheciaceae

1 属 2 种

1. 牛尾棉藓 Plagiothecium argentatum（Mitt.）Q. Zuo

凭证标本：Long 34932；马文章 14-5527，14-5551。

海拔 2496～3210 m。

分布于福贡县上帕镇；腾冲市曲石镇。

2. 直叶棉藓 Plagiothecium euryphyllum（Card. et Thér.）Iwats.

凭证标本：马文章 13-4926。

海拔 2400 m。

分布于贡山县茨开镇。

M41. 金发藓科 Polytrichaceae

5 属 22 种

1. 长叶仙鹤藓 Atrichum longifolium Card. & Dixon

凭证标本：Shevock 26747，28167，46491。

海拔 2400～2595 m。

分布于泸水市片马镇；腾冲市界头乡。

2. 小仙鹤藓 Atrichum crispulum Schimp. ex Besch.

凭证标本：Long 33631；马文章 11-1843。

海拔 1346 m。

分布于福贡县石月亮乡；腾冲市界头乡。

3. 小胞仙鹤藓 Atrichum rhystophyllum（Müll. Hal.）Paris

凭证标本：34616，36280，32371，32587，33853。

开阔地土生或路边生，海拔 1740～2060 m。

分布于福贡县鹿马登乡；贡山县独龙江乡；腾冲市界头乡、芒棒镇。

4. 薄壁仙鹤藓 Atrichum subserratum（Harv. & Hook. f.）Mitt.

凭证标本：Long 36160。

物体小至中等大小，硬挺，直立，暗绿色至棕绿色，密集丛生或疏生于土表或土坡上。

海拔 1890 m。

分布于贡山县独龙江乡。

5. 异蒴藓 Lyella crispa R. Brown

凭证标本：Long 33607，33982，36029，37300

植物体中等至大形，一般高 3～7 cm，暗绿色，丛生或散生。孢蒴扁卵形，蒴口的上方具尖锐的环状棱脊，呈明显背腹分化。

海拔 1470～2360 m。

分布于贡山县独龙江乡、茨开镇。

6. 刺边小金发藓原变种 Pogonatum cirratum subsp. **cirratum**（Sw.）Brid.

凭证标本：Long 34746，35782；马文章 13-5180。

海拔 2545～3270 m。

分布于福贡县石月亮乡；贡山县茨开镇。

7. 刺边小金发藓褐色变种 Pogonatum cirratum（Sw.）Brid. subsp. **fuscatum**（Mitt.）Hyvönen

凭证标本：Long 34362，34511。

海拔 2530～3600 m。

分布于保山市芒宽乡；福贡县石月亮乡。

8. 暖地小金发藓 Pogonatum fastigiatum Mitt.

凭证标本：Long 34388；张力 4825。

茎挺硬，密被叶片，基部密生假根。叶多具膜状鞘部，叶边多有齿；中肋在叶片鞘部较窄，在叶片上部宽阔，背面尖端有粗齿。

海拔 2750～3055 m。

分布于福贡县石月亮乡；腾冲市明光乡。

9. 东亚小金发藓 Pogonatum inflexum（Lindb.）S. Lac.

凭证标本：Shevock 26618，45356；马文章 11-1825；张力 4738。

海拔 1928 m。

分布于保山市芒宽乡；泸水市；腾冲市界头乡、芒棒镇。

10. 小口小金发藓 Pogonatum microstomum（R. Br. ex Schwaegr.）Brid.

凭证标本：Long 32208，34904；Shevock 26602；马文章 13-4855，13-5081，13-5101，14-5525，14-5680，15-6088，15-6138，15-6196，15-6325；张力 4725。

海拔 1567～3670 m。

分布于保山市潞江镇、芒宽乡；福贡县石月亮乡；贡山县茨开镇；泸水市片马镇；

腾冲市猴桥镇、界头乡、明光乡。

11. 细小金发藓 Pogonatum minus W. X. Xu & R. L. Xiong

凭证标本：马文章 14-5726。

海拔 2050 m。

分布于保山市芒宽乡。

12. 硬叶小金发藓 Pogonatum neesii（Mull. Hal.）Dozy

凭证标本：Long 32821，32364；马文章 13-4774，14-5633，14-5736。

海拔 2086～2601 m。

分布于保山市芒宽乡；泸水市片马镇；腾冲市曲石镇。

13. 双珠小金发藓 Pogonatum pergranulatum P. C. Chen

凭证标本：Long 34906；Shevock 22992；张力 4829。

茎挺硬，密被叶片，基部密生假根．叶多具膜状鞘部。腹面多有多数栉片，满布于叶片，栉片顶细胞偶见双个并列。

海拔 2025～3300 m。

分布于福贡县石月亮乡；贡山县茨开镇；腾冲市明光乡。

14. 全缘小金发藓 Pogonatum perichaetiale（Mont.）A. Jaeger

凭证标本：Long 32170；Shevock 25396

植物体矮小，叶边全缘无齿。整个叶片边缘和根尖细胞层所有细胞强烈增厚。

海拔 1650～2970 m。

分布于保山市芒宽乡；福贡县石月亮乡。

15. 南亚小金发藓 Pogonatum proliferum（Griff.）Mitt.

凭证标本：Long 32771，33689，36175；Shevock 27036。

海拔 1685～2235 m。

分布于贡山县独龙江乡；腾冲市五合乡。

16. 中华小金发藓 Pogonatum sinense（Broth.）Hyvönen & P. C. Wu

凭证标本：Long 34905，34924；Shevock 430341；马文章 13-4901。

海拔 3180～3240 m。

分布于福贡县石月亮乡；贡山县茨开镇。

17. 半栉小金发藓 Pogonatum subfuscatum Broth.

凭证标本：Bourell6811；Long 34552；Shevock 25372，43018；马文章 13-5146；张力 4654。

海拔 2115～3300 m。

分布于保山市隆阳区；福贡县石月亮乡；贡山县茨开镇；腾冲市界头乡。

18. 疣小金发藓 Pogonatum urnigerum（Hedw.）P. Beauv.

凭证标本：Long 34294；Shevock 23397，25079，25509，26732；马文章 13-4797，13-4883。

海拔 1700～3420 m。

分布于福贡县石月亮乡；贡山县茨开镇、独龙江乡；泸水市片马镇。

19. 拟金发藓 Polytrichastrum alpinum（Hedw.）G. L. Sm.

凭证标本：Long 34771；Shevock 25632，42918；马文章 14-5654，15-6186。

海拔 3200 m。

分布于保山市芒宽乡；福贡县石月亮乡；泸水市片马镇；腾冲市猴桥镇。

20. 厚栉拟金发藓 Polytrichastrum emodi G. L. Smith

凭证标本：34644，35750，35908

外形粗壮犹如松杉类幼苗，植物体高数厘米至数十厘米。叶较硬挺，具多层细胞，腹面着生多数绿色单层细胞的栉片。

海拔 2430～3910 m

分布于福贡县鹿马登乡；贡山县丙中洛乡、茨开镇。

21. 花栉小赤藓 Oligotrichum crossidioides P. C. Chen & T. L. Wan

凭证标本：Long 34934；Shevock 25400，25567，26794，26910，46410；马文章 13-5091，15-6096；张力 4809。

海拔 2740～3621 m。

分布于福贡县石月亮乡；贡山县茨开镇；泸水市片马镇；腾冲市猴桥镇、明光乡。

22. 半栉小赤藓 Oligotrichum semilamellatum（Hook. f.）Mitt.

凭证标本：Long 32369，32518，34449；Shevock 27163，28603；马文章 13-4930。

海拔 1860～2330 m。

分布于保山市潞江镇；贡山县茨开镇、普拉底乡；龙陵县龙江乡；腾冲市界头乡。

M42. 刺藓科 Rhachitheciaceae

1 属 1 种

1. 疣刺藓 Rhachithecium papillosum（R. S. Williams）Wijk & Margad.

凭证标本：Long 37110A；Shevock 25178，31142A，31278A，46389；马文章 15-6280。

植物体小，叶细胞中部有疣，叶边缘具微齿，树生；海拔 1130～1770 m。

分布于保山市潞江镇、芒宽乡；福贡县马吉乡；盈江县芒章乡；腾冲市腾越镇。

M43. 桧藓科 Rhizogoniaceae

1 属 1 种

1. 刺叶桧藓 Pyrrhobryum spiniforme（Hedw.）Mitt.

凭证标本：Long 33903，34546，36203，36248。

海拔 1235～2530 m。

分布于福贡县石月亮乡；贡山县独龙江乡；腾冲市芒棒镇。

M44. 刺果藓科 Symphyodontaceae

2 属 4 种

1. 长刺刺果藓 Symphyodon echinatus（Mitt.）A. Jaeger.

凭证标本：Shevock 28267，46451；马文章 14-5522，14-5536。

海拔 2363 m～2620 m。

分布于腾冲市猴桥镇、明光乡、曲石镇。

2. 刺果藓 Symphyodon perrottetii Mont.

凭证标本：Long 32819，34982；Shevock 28368A，28730；马文章 15-6240。

海拔 1950～2900 m。

分布于保山市潞江镇；福贡县鹿马登乡；腾冲市猴桥镇、明光乡、新华乡。

3. 钝叶刺果藓 Symphyodon pygmaeus（Broth.）S. He & Snider

凭证标本：Shevock 31191；马文章 14-5721。

海拔 1440～2026 m。

分布于保山市芒宽乡。

4. 溪藓 Rheoshevockia fontana Ignatov，W. Z. Ma & D. G. Long

凭证标本：Shevock 46419，4647，46633；马文章 15-6121；15-6319

生于溪边，时常处于被淹没状态。

海拔 2430～2950 m。

分布于腾冲市猴桥镇（主模式标本产地）；明光乡。

M45. 四齿藓科 Tetraphidaceae

2 属 2 种

1. 四齿藓 Tetraphis pellucida Hedw.

凭证标本：Long 34749，34530，37212；Shevock 30948。

海拔 2550～2713 m。

分布于福贡县石月亮乡；贡山县茨开镇。

2. 原丝藓 Tetrodontium brownianum（Dicks.）Schwägr.

凭证标本：Long 33842，34819。

海拔 1918～2715 m。

分布于福贡县上帕镇；贡山县丙中洛乡。

M46. 平藓科 Neckeraceae

13 属 26 种

1. 小蜷叶藓（新拟中文名）Circulifolium microdendron（Bosch & S. Lac.）S. Olsson，Enroth & D. Quandt

凭证标本：Long 32330，32805，32346，35225，36041，36197，37468。

海拔 1290～2200 m。

分布于福贡县鹿马登乡；贡山县丙中洛乡、茨开镇、独龙江乡。

2. 弯枝藓 Curvicladium kurzii（Kindb.）Enroth

凭证标本：马文章 14-5518，14-5535，14-5766，15-6298。

海拔 1940～2620 m。

分布于腾冲市曲石镇；盈江县勐弄乡。

3. 平叶藓 Dixonia orientalis（Mitt.）H. Akiyama & H. Tsubota

凭证标本：Long 34600；Shevock 25657；46663。

海拔 2175～2350 m。

分布于福贡县石月亮乡；腾冲市明光乡。

4. 亨氏藓 Handeliobryum sikkimense（Paris）Ochyra

凭证标本：Long 33885，34764，34965；Shevock 28001，30971，46496；马文章 10-790；14-5549；15-6114；张力 4851。

植物体硬挺，个体可达 10 cm 长，生于溪流及瀑布中岩壁，海拔 1500～2850 m。

分布于保山市隆阳区；福贡县石月亮乡；贡山县茨开镇、独龙江乡；泸水市大兴地乡、鲁掌镇、片马镇；腾冲市猴桥镇、明光乡、曲石镇；盈江县勐弄乡。

5. 湿隐蒴藓 Hydrocryphaea wardii Dixon

凭证标本：Long 33531，34263，37048；Shevock 23460，25188，28702；马文章 13-4935，13-4958，13-5141，13-5192A，15-5772。

植物体粗壮，生于江河溪流沿岸，能适应一定时间被淹没。

海拔 1100～1700 m。

分布于福贡县马吉乡、上帕镇、石月亮乡、子里甲乡；贡山县丙中洛乡、独龙江乡；腾冲市马站乡、曲石镇。

6. 粗肋树平藓 Homaliodendron crassinervium Thér.

凭证标本：Long 34962；Shevock 24963A。

海拔 2595 m。

分布于福贡县石月亮乡；泸水市大兴地乡。

7. 树平藓 Homaliodendron flabellatum（Sm.）M. Fleischer.

凭证标本：Long 32264，32752，34303，36042。

海拔 2010～2520 m。

分布于贡山县独龙江乡；腾冲市五合乡。

8. 多蒴树平藓 Homaliodendron fruticosum（Mitt.）S. Olsson，Enroth & D. Quandt

凭证标本：Long 34565。

海拔 2175～2350 m。

分布于腾冲市界头乡。

9. 西南树平藓 Homaliodendron montagneanum（Müll. Hal.）M. Fleischer.

凭证标本：Long 32305，32390，34404，37213；马文章 14-5462。

海拔 2130～2760 m。

分布于保山市潞江镇；贡山县丙中洛乡、茨开镇；腾冲市曲石镇。

10. 疣叶树平藓 Homaliodendron papillosum Broth.

凭证标本：Long 32846，35097。

海拔 1986～2350 m。

分布于保山市潞江镇；福贡县石月亮乡。

11. 刀叶树平藓 Homaliodendron scalpellifolium（Mitt.）M. Fleischer

凭证标本：Shevock 27007，24963；28519；张力 4832，4845。

海拔 3075 m。

分布于保山市隆阳区；福贡县石月亮乡；贡山县丙中洛乡；腾冲市猴桥镇、明光乡。

12. 延叶平藓 Neckera decurrens Broth.

凭证标本：Shevock 24969，28380b，43050，43341。

海拔 1410～3180 m。

分布于福贡县石月亮乡；贡山县茨开镇；腾冲市明光乡。

13. 喜马拉雅平藓 Neckera himalayana Mitt.

凭证标本：Shevock 45547；马文章

海拔 2175 m。

分布于腾冲市曲石镇。

14. 平藓 Neckera pennata Hedw.

凭证标本：Long 34519，34846；Shevock 25278，26710；马文章 10-757。

海拔 1820～2715 m。

分布于福贡县石月亮乡、上帕镇；泸水市鲁掌镇、片马镇。

15. 四川平藓 Neckera setschwanica Broth.

凭证标本：Long 35988。

海拔 2770 m。

分布于保山市潞江镇。

16. 云南平藓 Neckera yunnanensis Enroth

凭证标本：Shevock 26712，28038，28248，42933，43178。

海拔 1575～2730 m。

分布于保山市隆阳区；贡山县丙中洛乡、茨开镇；泸水市片马镇。

17. 东亚拟平藓 Neckeropsis calcicola Nog.

凭证标本：Long 33990，35221，36044，37115。

海拔 1200～1705 m。

分布于福贡县上帕镇；贡山县茨开镇、独龙江乡、普拉底乡。

18. 圆叶拟平藓（新拟中文名）Neckeropsis cyclophylla（Müll. Hal.）S. Olsson Enroth & D. Quandt

凭证标本：Long 33944。

海拔 1425 m。

分布于福贡县石月亮乡。

19. 拟平藓 Neckeropsis lepineana（Mont.）M. Fleisch.

凭证标本：Long 33535，35204；马文章 13-4943。

海拔 1270～1700 m。

分布于福贡县石月亮乡；贡山县丙中洛乡；腾冲市芒棒镇。

20. 球蒴卷枝藓 Noguchiodendron sphaerocarpum（Noguchi）Ninh & Pócs

凭证标本：Long 34418，37490；Shevock 45359，46665；马文章 14-5515，14-5531。

海拔 1805～2735 m。

分布于保山市芒宽乡；福贡县匹河乡；贡山县独龙江乡；腾冲市曲石镇、明光乡。

21. 树型木藓 Thamnobryum neckeroides（Hook.）E. Lawton

凭证标本：马文章 14-5674。

海拔 1547 m。

分布于保山市芒宽乡。

22. 匙叶木藓 Thamnobryum subseriatum（Mitt. ex Sande Lac.）B. C. Tan

凭证标本：Shevock 26632，27327；马文章 13-4966。

海拔 1540～2200 m。

分布于保山市隆阳区；贡山县丙中洛乡、茨开镇；泸水市片马镇。

23. 南亚木藓 Thamnobryum subserratum（Hook. ex Harv.）Nog. & Z. Iwats.

凭证标本：Long 33929；Shevock 28002，45530；马文章 14-5728。

海拔 1500～2870 m。

分布于保山市芒宽乡；贡山县茨开镇、独龙江乡；腾冲市界头乡、曲石镇。

24. 东亚羽枝藓 Pinnatella makinoi（Broth.）Broth.

凭证标本：Long 35217；Shevock 23469；马文章 13-4974。

海拔 1270～1409 m。

分布于福贡县上帕镇；贡山县丙中洛乡、茨开镇。

25. 亮蒴藓 Shevockia inunctocarpa Enroth & M. C. Ji

凭证标本：Long 37359，37400；Shevock 25325，30852，31074，31085，31113，34744，43358；马文章 13-5179。

海拔 2450～2810 m。

分布于福贡县石月亮乡；贡山县茨开镇。

26. 齿叶台湾藓 Taiwanobryum crenulatum（Harv.）S. Olsson，Enroth & D. Quandt

凭证标本：Long 32391，32590，32777，33980；Shevock 28428，28707，28750，31172，31209，43142，45554，46518，46607；马文章 14-5516。

海拔 1500～2660 m。

分布于保山市芒宽乡；福贡县石月亮乡；贡山县茨开镇、独龙江乡；腾冲市荷花镇、界头乡、曲石镇、明光乡、腾越镇；盈江县勐弄乡。

M47. 木灵藓科 Orthotrichaceae

6 属 6 种

1. 钝叶帚丛藓 Bryomaltaea obtusifolia（Hook.）Goffinet

凭证标本：马文章 15-6246。

分布于腾冲市猴桥镇。

2. 疣毛藓 Leratia exigua（Sull.）Goffinet

凭证标本：Long 35277，37110。

海拔 1305～1617 m。

分布于贡山县独龙江乡；腾冲市芒棒镇。

3. 细枝直叶藓 Macrocoma sullivantii（Müll. Hal.）Grout

凭证标本：Long 32556，33621-b；马文章 10-0782，14-5644，15-6129。

海拔 1400～2390 m。

分布于保山市芒宽乡；福贡县石月亮乡；泸水市鲁掌镇；贡山县普拉底乡；腾冲市猴桥镇。

4. 中华蓑藓 Macromitrium cavaleriei Cardot & Thér.

凭证标本：Long 32603，32622，33857，35249；马文章 08-0617，10-0766。

海拔 1265～2340 m。

分布于福贡县鹿马登乡、匹河乡；贡山县茨开镇；泸水市大兴地乡、鲁掌镇；腾冲市芒棒镇。

5. 格氏木灵藓 Orthotrichum griffithii Mitt. ex Dixon

凭证标本：Long 37455。

海拔 1560 m。

分布于贡山县独龙江乡。

6. 中位变齿藓（新拟中文名）Zygodon intermedius Bruch & Schimp.

凭证标本：Long 37199。

海拔 2710 m。

分布于贡山县茨开镇。

M48. 丛藓科 Pottiaceae

18 属 35 种

1. 丛本藓 Anoectangium aestivum（Hedw.）Mitt.

凭证标本：Long 32497，33639；马文章 14-5464。

海拔 1346～1420 m。

分布于保山市潞江镇；腾冲市曲石镇。

2. 扭叶丛本藓 Anoectangium stracheyanum Mitt.

凭证标本：Long 32563，33892，33951，34626，35133；Shevock 24955，25000，25097，25511，25606，25704，26686，26719，26931，26960，27260，27360，27961，28024，28039，28600，28623，28670，30721，30870，30991，31215，31245，43133，43145，43207；马文章 13-4995。

海拔 1366～2540 m。

分布于保山市隆阳区、芒宽乡；福贡县鹿马登乡、石月亮乡；贡山县独龙江乡、茨开镇、普拉底乡；泸水市片马镇；腾冲市和顺乡、猴桥镇、滇滩镇、界头乡、芒棒镇。

3. 卷叶丛本藓 Anoectangium thomsonii Mitt.

凭证标本：马文章 14-5524；张力 4723。

海拔 2885 m。

分布于腾冲市曲石镇、界头乡。

4. 卷叶美叶藓 Bellibarbula recurva（Griff.）R. H. Zander

凭证标本：Long 32171，32437，32494，32562，33647，33854，35130-b，35247，36026，36281，37526；马文章 15-6083。

海拔 1265～3270 m。

分布于保山市潞江镇；贡山县丙中洛乡、独龙江乡、普拉底乡；腾冲市猴桥镇、界头乡、曲石镇。

5. 红叶藓 Bryoerythrophyllum ferruginascens（Stirt.）Giacom.

凭证标本：Long 35130，35769，35800；马文章 13-4799。

海拔 2540～3715 m。

分布于贡山县丙中洛乡、茨开镇、独龙江乡；腾冲市芒棒镇。

6. 陈氏藓 Chenia leptophylla（Müll. Hal.）R. H. Zander

凭证标本：Long 34285。

海拔 1078 m。

分布于腾冲市曲石镇。

7. 西亚白丛藓 Chionoloma bombayense（Müll. Hal.）P. Sollman

凭证标本：Long 32207，32373，32546，32660，32646，33702，33888，34602，

34776，34944，35082，37505；张力 4530。

海拔 1366～3180 m。

分布于保山市潞江镇；福贡县石月亮乡、匹河乡、上帕镇；贡山县茨开镇、独龙江乡、丙中洛乡；泸水市大兴地乡；腾冲市界头乡。

8. 白丛藓一种（中文名暂无）Chionoloma daldinianum（De Not.）M. Alonso，M. J. Cano & J. A. Jiménez

凭证标本：Long 36109。

海拔 1990 m。

分布于福贡县石月亮乡。

9. 白丛藓一种 Chionoloma duriusculum（Mitt.）M. Menzel

凭证标本：Long 35145。

海拔 2430 m。

分布于贡山县独龙江乡。

10. 链齿藓 Desmatodon latifolius（Hedw.）Brid.

凭证标本：Long 35947。

海拔 3910 m。

分布于福贡县匹河乡。

11. 尖叶对齿藓 Didymodon constrictus（Mitt.）K. Saito

凭证标本：Long 32363，32528，33626，34251，34267，35034，35293。

海拔 985～2064 m。

分布于保山市潞江镇；福贡县石月亮乡、匹河乡；贡山县独龙江乡；泸水市大兴地乡。

12. 大对齿藓 Didymodon giganteus（Funck）Jur.

凭证标本：Long 35136。

海拔 2540 m。

分布于腾冲市曲石镇。

13. 灰对齿藓（新拟中文名）Didymodon glaucus Ryan

凭证标本：Long 32186。

海拔 2001 m。

分布于贡山县独龙江乡。

14. 鞭枝对齿藓 Didymodon leskeoides K. Saito

凭证标本：Long 34773。

海拔 1650 m。

分布于福贡县石月亮乡。

15. 对齿藓一种（中文名暂无）Didymodon maschalogena（Renauld & Cardot）Broth.

凭证标本：Long 32650，34633

海拔 1740～2004 m。

分布于福贡县鹿马登乡、腾冲市界头乡。

16. 溪边对齿藓 Didymodon rivicola（Broth.）R. H. Zander

凭证标本：Long 37326。

海拔 3696 m。

分布于贡山县丙中洛乡。

17. 短叶对齿藓 Didymodon tectorum（Müll. Hal.）K. Saito

凭证标本：Long 34256，34287，35184，35257；马文章 13-4941。

海拔 1078～3910 m。

分布于保山市潞江镇；贡山县丙中洛乡、独龙江乡；福贡县上帕镇；腾冲市曲石镇。

18. 对齿藓一种（中文名暂无）Didymodon tophaceus（Brid.）Lisa

凭证标本：Long 35856。

海拔 3735 m。

分布于贡山县丙中洛乡。

19. 橙色净口藓 Gymnostomum aurantiacum（Mitt.）A. Jaeger

凭证标本：马文章 13-4951。

海拔 1580 m。

分布于贡山县丙中洛乡。

20. 橙色立膜藓 Hymenostylium aurantiacum Mitt.

凭证标本：马文章 13-4952。

海拔 1580 m。

分布于贡山县丙中洛乡。

21. 立膜藓 Hymenostylium recurvirostrum（Hedw.）Dixon

凭证标本：Long 32574，35851，35852，36261，37053；马文章 13-4950，13-4973。

海拔 1287～3730 m。

分布于保山市芒宽乡；福贡县石月亮乡；贡山县丙中洛乡、茨开镇、独龙江乡。

22. 卷叶湿地藓 Hyophila involuta（Hook.）A. Jaeger

凭证标本：Long 32252，32253，32425，32485，32683，32750，33630，34246，34264，35026，35185，35192，35259，36018，36220，37041，37045，37056，37440，37449。

海拔 865～2019 m。

分布于保山市潞江镇、芒宽乡；福贡县鹿马登乡、上帕镇、石月亮乡；贡山县丙中洛、茨开镇乡、独龙江乡；泸水市称杆乡、大兴地乡；腾冲市芒棒镇、猴桥镇。

23. 黄边湿地藓 Hyophila flavolimbata S. He & Y. J. Yi

凭证标本：马文章 13-4879（模式标本）。

形态上与卷叶湿地藓较为相似，但黄边湿地藓的叶片在显微镜下的叶边缘由2～4列黄色厚壁细胞形成分化边缘，目前仅已知在其模式标本产地有分布，海拔 3365 m。

分布于贡山县茨开镇。

24. 纤细薄齿藓 Leptodontium flexifolium（Dicks.）Hampe

凭证标本：Long 37343；Shevock 26850。

海拔 2300～3635 m。

分布于贡山县茨开镇、独龙江乡；泸水市片马镇。

25. 薄齿藓 Leptodontium viticulosoides（P. Beauv.）Wijk. & Margad.

凭证标本：Long 33978，34291，34443，34806，34957；马文章 13-4777，13-4918，13-5105，14-5490，14-5765；张力 4631。

海拔 2360～3023 m。

分布于福贡县石月亮乡、上帕镇；贡山县丙中洛乡、茨开镇；泸水市大兴地乡、古登乡、片马镇；腾冲市界头乡、曲石镇。

26. 大丛藓 Molendoa warburgii（Crundw. & M. O. Hill）R. H. Zander

凭证标本：Long 33811，35823，35859。

海拔 2922～3735 m。

分布于福贡县上帕镇；贡山县丙中洛乡、独龙江乡。

27. 芮氏藓 Reimersia inconspicua（Griff.）P. C. Chen

凭证标本：张力 4687。

海拔 1965 m。

分布于腾冲市界头乡。

28. 剑叶舌叶藓 Scopelophila cataractae（Mitt.）Broth.

凭证标本：Long 34615，36189，37531。

海拔 1550～1740 m。

分布于福贡县鹿马登乡；贡山县丙中洛乡；腾冲市界头乡。

29. 舌叶藓 Scopelophila ligulata（Spruce）Spruce

凭证标本：Long 32255，32570，32637，33634，33867；马文章 14-5739。

海拔 1346～2019 m。

分布于保山市潞江镇；贡山县独龙江乡；腾冲市界头乡、曲石镇。

30. 纤细赤藓（新拟中文名）Syntrichia fragilis（Taylor）Ochyra

凭证标本：Long 34282，34284。

海拔 1078 m。

分布于保山市芒宽乡；福贡县鹿马登乡。

31. 芽胞赤藓（新拟中文名）Syntrichia gemmascens（P. C. Chen）R. H. Zander

凭证标本：Long 32377。

海拔 2064 m。

分布于保山市潞江镇。

32. 纤细扭藓 Tortella fragilis（Drumm.）Limpr.

凭证标本：Long 33767。

海拔 2874 m。

分布于保山市潞江镇。

33. 扭藓 Tortella tortuosa（Hedw.）Limpr.

凭证标本：Long 35795，35914。

海拔 1205～3910 m。

分布于福贡县鹿马登乡、石月亮乡；腾冲市芒棒镇。

34. 卷叶毛口藓 Trichostomum recurvifolium（Taylor）R. H. Zander

凭证标本：Long 33729，33732，34926，35883。

海拔 2366～3745 m。

分布于保山市芒宽乡；福贡县石月亮乡、鹿马登乡、上帕镇；贡山县独龙江乡。

35. 克氏藓（新拟中文名）Tuerckheimia svilhae（Brtr.）R. H. Zander

凭证标本：Long 32566。

海拔 1860 m。

分布于贡山县独龙江乡。

M49. 蕨藓科 Pterobryaceae

4 属 5 种

1. 次尖耳平藓 Calyptothecium wightii（Mitt.）Fleischer.

凭证标本：马文章 11-1831。

海拔 1650 m。

分布于腾冲市界头乡。

2. 绳藓 Garovaglia elegans（Dozy & Molk.）Hampe ex Bosch & Sande Lac.

凭证标本：Long 36039，36239。

海拔 1245～1465 m。

分布于福贡县石月亮乡；贡山县独龙江乡。

3. 长蕨藓 Penzigiella cordata（Harv.）M. Fleischer.

凭证标本：Long 32332，32324；马文章 14-5634，14-5461，14-5517；张力 4602。

海拔 2200～2390 m。

分布于保山市芒宽乡；贡山县丙中洛乡；腾冲市界头乡、曲石镇。

4. 拟蕨藓 Pterobryopsis acuminata（Hook.）Fleischer.

凭证标本：马文章 10-0762。

海拔 2340 m。

分布于泸水市鲁掌镇。

5. 南亚拟蕨藓 Pterobryopsis orientalis（Müll. Hal.）M. Fleischer.

凭证标本：马文章 14-5631，14-5723。

海拔 2026～2073 m。

分布于保山市芒宽乡。

M50. 缩叶藓科 Ptychomitriaceae

1 属 1 种

1. 扭叶缩叶藓 Ptychomitrium tortula（Harv.）A. Jaeger

凭证标本：Long 35131；张力 4848。

海拔 2540～2830 m。

分布于贡山县独龙江乡、腾冲市明光乡。

M51. 异齿藓科 Regmatodontaceae

2 属 3 种

1. 异齿藓 Regmatodon declinatus（Hook.）Brid.

凭证标本：Shevock 28177，28435；马文章 14-5510。

海拔 2200～2500 m。

分布于腾冲市界头乡、曲石镇。

2. 多蒴异齿藓 Regmatodon orthostegius Mont.

凭证标本：Shevock 30760，45410，45507；马文章 14-5452，14-5642，14-5715。

海拔 1630～2086 m。

分布于保山市芒宽乡；贡山县茨开镇；腾冲市曲石镇。

3. 云南藓 Yunnanobryon rhyacophilum Shevock，Ochyra，S. He & D. G. Long

凭证标本：Long 34262，37042；Shevock 23562，23584，24872，25192，25768，25793，25809，25815，26554，28704，30691，30694，30705，43075，43334，43371，45593，46575；马文章 13-4786，13-4936，13-5139，13-5191，15-6261。

中国特有属。

海拔 725～1630 m。

分布于福贡县鹿马登乡、匹河乡、马吉乡、上帕镇、石月亮乡、子里甲乡；贡山县丙中洛乡、茨开镇、普拉底乡；泸水市称杆乡、大兴地乡、六库镇、古登乡、上江乡；腾冲市界头乡、曲石镇。

M52. 蝎尾藓科 Scorpidiaceae

1 属 1 种

1. 蝎尾藓 Scorpidium cossonii（Schimp.）Hedenäs

凭证标本：Long 35855，35965。

海拔 3715～3730 m。

分布于福贡县石月亮乡；腾冲市芒棒镇。

M53. 锦藓科 Sematophyllaceae

5 属 6 种

1. 曲叶小锦藓 Brotherella curvirostris（Schwaegr.）M. Fleischer.

凭证标本：马文章 14-5538，15-6338。

分布于腾冲市曲石镇、明光乡。

2. 厚角藓 Gammiella pterogonioides（Griff.）Broth.

凭证标本：马文章 12-3079，14-5641，14-5722。

海拔 1795～2191 m。

分布于保山市芒宽乡；腾冲市猴桥镇。

3. 凹叶拟小锦藓 Hageniella micans（Mitt.）B. C. Tan & Y. Jia

凭证标本：Long 35838，35897；马文章 13-5124，15-6175，15-6213。

海拔 3715～3820 m。

分布于福贡县鹿马登乡；贡山县丙中洛乡、茨开镇；腾冲市猴桥镇。

4. 矮锦藓 Sematophyllum subhumile（Müll. Hal.）Fleischer.

凭证标本：Shevock 46418；马文章 15-6122。

海拔 2685～2755 m。

分布于腾冲市猴桥镇。

5. 弯叶刺枝藓 Wijkia deflexifolia（Ren. & Card.）H. A. Crum

凭证标本：马文章 12-3095，14-5496。

海拔 1920～2320 m。

分布于腾冲市猴桥镇、曲石镇。

6. 毛尖刺枝藓 Wijkia tanytricha（Mont.）H. A. Crum

凭证标本：马文章 15-6226。

海拔 2900 m。

分布于腾冲市猴桥镇。

M54. 泥炭藓科 Sphagnaceae

1 属 3 种

1. 拟尖叶泥炭藓 Sphagnum acutifolioides Warnst.

凭证标本：马文章 15-6103。

海拔 2800 m。

分布于腾冲市猴桥镇。

2. 尖叶泥炭藓 Sphagnum cuspidatulum Müll. Hal.

凭证标本：马文章 14-5704，15-6095，15-6150，15-6224。

海拔 2800～3039 m。

分布于保山市芒宽乡；腾冲市猴桥镇。

3. 泥炭藓 Sphagnum palustre L.

凭证标本：张力 4804。

植物体枝条纤长，黄绿色或黄白色，高 8～20 cm。茎及枝表皮细胞具多数螺纹及水孔。

海拔 2115 m，生于沼泽及周边。

分布于腾冲市明光乡。

M55. 壶藓科 Splachnaceae

2 属 5 种

1. 狭叶并齿藓 Tetraplodon angustatus（Hedwig）Bruch & W. P. Schimper

凭证标本：Long 33830，34345，35893；张力 4824。

海拔 3045～3750 m。

分布于福贡县石月亮乡；贡山县独龙江乡；腾冲市明光乡。

2. 并齿藓 Tetraplodon mnioides（Hedw.）Bruch & Schimp.

凭证标本：Long 34855，34900，34954。

海拔 3613～3842 m。

分布于福贡县鹿马登乡、上帕镇。

3. 高山小壶藓 Tayloria alpicola Broth.

凭证标本：Long 35858A。

稀有种。植物体柔弱，绿色至暗绿色，丛生呈小垫状。孢蒴小，蒴柄长仅 5 mm，海拔 2800～3735 m。

分布于贡山县丙中洛乡。

4. 南亚小壶藓 Tayloria indica Mitt.

凭证标本：张力 4741。

海拔 300 m。

分布于腾冲市明光乡。

5. 仰叶小壶藓 Tayloria squarrosa（Hook.）T. J. Kop.

凭证标本：马文章 13-5043，15-6235。

海拔 2460 m。

分布于贡山县茨开镇；腾冲市猴桥镇。

M56. 硬叶藓科 Stereophyllaceae

1 属 3 种

1. 四川拟绢藓 Entodontopsis setschwanica（Broth.）Buck & Ireland.

凭证标本：Long 32511；马文章 14-5669。

海拔 1236～1470 m。

分布于保山市芒宽乡；贡山县独龙江乡。

2. 异形拟绢藓 Entodontopsis pygmaea（Paris & Broth.）W. R. Buck & Ireland

凭证标本：马文章 14-5687。

海拔 1482 m。

分布于保山市芒宽乡。

3. 狭叶拟绢藓 Entodontopsis wightii（Mitt.）Buck & Ireland

凭证标本：马文章 15-6277。

海拔 980 m。

分布于盈江县新城乡。

M57. 鳞藓科 Theliaceae

1 属 1 种

1. 小粗疣藓 Fauriella tenerrima Broth.

凭证标本：Shevock 25283，25636，27119，28434；马文章 13-4924。

海拔 2340～2550 m。

分布于福贡县石月亮乡；贡山县茨开镇；腾冲市界头乡、芒棒镇。

M58. 羽藓科 Thuidiaceae

3 属 7 种

1. 糙柄细羽藓 Cyrto-hypnum minusculum（Mitt.）W. R. Buck & H. A. Crum

凭证标本：马文章 13-4939。

海拔 1630 m。

分布于贡山县丙中洛乡。

2. 美丽细羽藓 Cyrto-hypnum contortulum（Mitten）P. C. Wu Crosby & S. He

凭证标本：Shevock 26560。

海拔 1550 m。

分布于泸水市片马镇。

3. 狭叶小羽藓 Haplocladium angustifolium（Hampe & C. Müll. Hal.）Broth.

凭证标本：Shevock 27322。

海拔 1625 m。

分布于保山市隆阳区。

4. 绿羽藓 Thuidium assimile（Mitten）A. Jaeger

凭证标本：Shevock 28200。

海拔 2000 m。

分布于腾冲市界头乡。

5. 大羽藓 Thuidium cymbifolium（Dozy & Molk.）Dozy & Molk.

凭证标本：Shevock 25106，25186，25252，25323，25334，25451，25544，25627，25628，26676，27244，28003A，28004，28047，28135A，28202，28233，28277，28323，28338，28368，28382，28621，28638，28685。

海拔 1275～3300 m。

分布于福贡县石月亮乡；泸水市片马镇；腾冲市和顺乡、猴桥镇、滇滩镇、界头乡、芒棒镇、明光乡。

6. 短肋羽藓 Thuidium kanedae Sakurai

凭证标本：Shevock 25144。

海拔 1300 m。

分布于福贡县马吉乡。

7. 尖叶羽藓 Thuidium philibertii Limpr.

凭证标本：Shevock 25229，25403，25537。

海拔 1200～3290 m。

分布于福贡县匹河乡、石月亮乡。

M59. 反扭藓科 Timmiellaceae

1 属 1 种

1. 反扭藓 Timmiella anomala（Bruch et al.）Limpr.

凭证标本：Long 32180，33928，36010。

海拔 1385～2001 m。

分布于福贡县石月亮乡；贡山县茨开镇；腾冲市曲石镇。

M60. 扭叶藓科 Trachypodaceae

1 属 1 种

1. 异节藓 Diaphanodon blandus（Harv.）Ren. & Card.

凭证标本：Long 33733；Shevock 25329，46445；马文章 14-5529，14-5523，14-5546，15-6331。

海拔 2363～3180 m。

分布于保山市潞江镇；福贡县石月亮乡；腾冲市猴桥镇、明光乡、曲石镇。

藻藓纲 TAKAKIOPSIDA

1科1属2种

T1. 藻藓科 Takakiaceae

1属2种

1. 角叶藻藓 Takakia ceratophylla（Mitt.）Grolle

凭证标本：Long 34436，34860，35849，35935，37155，37240，37338；Shevock 30919，31063；马文章 13-5064。

海拔 3300～4010 m。

分布于福贡县鹿马登乡、上帕镇；贡山县茨开镇、丙中洛乡；腾冲市芒棒镇。

2. 藻藓 Takakia lepidozioides S. Hatt. & Inoue

凭证标本：Long 33754，34658，35713，35944，37185。

海拔 2767～3610 m。

分布于保山市潞江镇、芒宽乡；贡山县茨开镇、独龙江乡。

【参考文献】

［1］ RENZAGLIA K S,VILLARREAL J C,DUFF R J.New insights into morphology,anatomy and systematics of hornworts［M］.2nd edition.Cambridge:Cambridge University Press,2008.

［2］ CRANDALL-STOTLER B,STOTLER R E,LONG D G. Morphology and classification of the Marchantiophyta［A］.B. Goffinet, A. J. Shaw. Bryophyte Biology［M］. 2nd edition. Cambridge:Cambridge University Press,2009:1-54.

［3］ GOFFINET B,BUCK W R,SHAW A J.Morphology and classification of the Bryophyta［M］.2nd edition.Cambridge:Cambridge University Press,2008:55-138.

第十章　高黎贡山石松类和蕨类植物名录[*]

　　高黎贡山蕨类植物名录的编写主要参考 *Flora of China* 和蕨类植物 PPG Ⅰ 系统。在科一级，名录所采用的概念与 *Flora of China* 和 PPGⅠ中的一致。在属一级，PPGⅠ中部分属的概念与 *Flora of China* 中属的概念有一定区别。名录采纳的在 PPG Ⅰ 中被承认而在 *Flora of China* 中被归并的属包括扁枝石松属 *Diphasiastrum*、垂穗石松属 *Palhinhaea*、绒紫萁属 *Claytosmunda*；采纳的在 PPG Ⅰ 中概念被扩大的属有溪边蕨属 *Stegnogramma*；采纳的 *Flora of China* 中承认的有圣蕨属 *Dictyocline* 和茯蕨属 *Leptogramma*。对于部分 *Flora of China* 中承认而在 PPG Ⅰ 中被归并，但其系统位置并不确定的属，我们选择采用 *Flora of China* 的处理，在高黎贡山的蕨类植物中，这样的属包括蹄盖蕨科 Athyriaceae 的角蕨属 *Cornopteris*，骨碎补科 Davalliaceae 的假钻毛蕨属 *Paradavallodes*、小膜盖蕨属 *Araiostegia* 和阴石蕨属 *Humata*，水龙骨科 Polypodiaceae 的篦齿蕨属 *Metapolypodium*、拟水龙骨属 *Polypodiastrum*、水龙骨属 *Polypodiodes* 和瘤蕨属 *Phymatosorus*。此外，我们把翠蕨 *Cerosora microphylla* 放入蜡覆蕨属 *Cerosora* 中而不是翠蕨属 *Anogramma* 中，承认黑桫椤属 *Gymnosphaera*。

　　本名录中种的概念基本采用 *Flora of China* 中的处理，少数种类采用《云南植物志》或本名录认为它应该采用的概念。例如，宽羽线蕨为线蕨的一个变种 *Leptochilus ellipticus* var. *pothifolius*，初步的分子系统学研究认为应该承认该种种的地位，因此采用的学名为 *Leptochilus pothifolius*。

　　对分布区类型的确定主要参考了吴征镒等对种子植物科属分布类型的界定，以及《怒江自然保护区——蕨类植物》中部分属种的分布区类型。特有成分被划分为高黎贡山特有、云南特有和中国特有，在名录中分别以 *、＊＊、＊＊＊ 注明。高黎贡山蕨类植物科、属、种的分布情况主要依据 *Flora of China*、《云南植物志》、《独龙江地区植物名录》，同时参考《北美植物志》（FNA）、《澳大利亚植物志》以及一些在线网站（如 Tropicos、Global Mapper 等）提供的分布信息。

　　本名录中分布地域段最末编号所对应的分布区类型如下：

　　1. 世界分布；

　　2. 泛热带分布；

　　3. 热带亚洲-热带美洲分布；

　　4. 旧大陆热带分布；

---

*作者：张良、和兆荣、周新茂、梁振龙。

5. 热带亚洲-热带大洋洲分布；

6. 热带亚洲-热带非洲分布；

7. 热带亚洲分布；

8. 北温带分布；

9. 东亚-北美间断分布；

10. 旧世界温带分布；

11. 温带亚洲分布；

14. 东亚分布；

14-1. 全东亚分布；

14-2. 中国-日本分布；

14-3. 中国-喜马拉雅分布；

15. 中国特有分布；

15-2. 云南特有分布；

15-2-6. 高黎贡山地区分布。

石松类 LYCOPODIOPSIDA（LYCOPHYTES）

P1. 石松科 Lycopodiaceae

6 属 15 种，* 2，** 3，*** 2

1. 扁枝石松 Diphasiastrum complanatum（Linnaeus）Holub

凭证标本：高黎贡山考察队 10763，22193。

匍匐枝全部或大部分蔓生于土中，叶匙形或卵形，薄革质。生于常绿阔叶林林缘或路边山坡上；海拔 1710～2160 m。

分布于独龙江（贡山县独龙江乡段）；贡山县丙中洛乡、捧当乡；腾冲市芒棒镇、五合乡；龙陵县镇安镇。1。

2. 矮小扁枝石松 Diphasiastrum veitchii（Christ）Holub

凭证标本：高黎贡山考察队 17019，31506。

土生中小型植物，不育枝圆柱形，叶在茎上螺旋状排列。生于亚高山带至高山带的杜鹃林及灌丛中；海拔 2600～3620 m。

分布于独龙江（贡山县独龙江乡段）；贡山县茨开镇。14-3。

** 3. 曲尾石杉 Huperzia bucahwangensis Ching

凭证标本：高黎贡山考察队 26771，28451。

植株高达 10 cm，茎二至四回等二叉分枝，不育枝顶部的基部常生几个芽胞。生于以壳斗科和樟科为主的亚热带常绿阔叶林林下湿润山坡；海拔 2470～2510 m。

分布于独龙江（贡山县独龙江乡段）；福贡县石月亮乡。15-2。

* 4. 苍山石杉 Huperzia delavayi（Christ & Herter）Ching

凭证标本：金效华等 ST2055；朱维明等 22419。

植株高 6～14 cm，茎直立或基部斜升，一至三回等二叉或不等二叉分枝，叶片卵状披针形，稍反折或平展。生于高山杜鹃灌丛中；海拔 3650 m。

分布于独龙江（贡山县独龙江乡段）。15-3。

5. 蛇足石杉 Huperzia serrata（Thunberg）Trevisan

凭证标本：高黎贡山考察队 10723，32522。

植株高 10～30 cm，叶基部明显狭缩，边缘具齿。生于常绿阔叶林或针阔混交林林下腐殖质较厚的土上；海拔 2049～2169 m。

分布于独龙江（贡山县独龙江乡段）；保山市南康镇；腾冲市五合乡；龙陵县。2。

* * * 6. 西藏石杉 Huperzia tibetica（Ching）Ching

凭证标本：高黎贡山考察队 16993，32155。

植株高 2～7 cm，叶平展。生于常绿阔叶林林下或林缘岩石上苔藓层中；海拔 3350～3670 m。

分布于独龙江（贡山县独龙江乡段）；贡山县茨开镇。15-2-6。

* * * 7. 红茎石杉 Huperzia wusugongii Li Bing Zhang，X. G. Xu & X. M. Zhou

凭证标本：高黎贡山考察队 32613；青藏队 82-9423。

植株高 10～20 cm，细瘦，直立，茎淡红色，不分枝或上部偶二叉分枝。生于常绿阔叶林林缘山坡岩石上苔藓层中；海拔 1500 m。

分布于独龙江（贡山县独龙江乡段）。15-2-6。

8. 藤石松 Lycopodiastrum casuarinoides（Spring）Holub ex R. D. Dixit

凭证标本：高黎贡山考察队 27347，30873。

大型土生植物，地上部分伸长攀缘可达 10 m 以上。生于山坡酸性土土壁或灌丛中；海拔 1470～2850 m。

分布于独龙江（贡山县独龙江乡段）；福贡县石月亮乡；泸水市片马镇；腾冲市清水乡、三云乡。7。

9. 石松 Lycopodium japonicum Thunberg

凭证标本：高黎贡山考察队 18206，22326。

植株蔓生于地面，匍匐主枝长可达数米，枝直径可达 1 cm。生于酸性土山坡土壁上或林缘灌丛中；海拔 1510～3300 m。

分布于独龙江（贡山县独龙江乡段）；贡山县捧当乡、茨开镇；福贡县石月亮乡、鹿马登乡、马吉乡、上帕镇；泸水市片马镇；保山市芒宽乡；腾冲市城关镇、猴桥镇、界头乡、三云乡、芒棒镇、新华乡；龙陵县龙江乡。14-1。

* 10. 成层石松 Lycopodium zonatum Ching

凭证标本：高黎贡山考察队 12687，20984。

植株蔓生于地面，孢子叶穗圆柱状，通常 3～8 个。生于亚高山带针叶林林下及灌丛中岩石表面；海拔 3200～3690 m。

分布于独龙江（贡山县独龙江乡段）；贡山县茨开镇；福贡县鹿马登乡。15。

11. 垂穗石松 Palhinhaea cernua (Linnaeus) Vasconcellos & Franco

凭证标本：高黎贡山考察队 25626。

中型至大型植物，主茎直立，高达 60 cm，不育叶钻形，纸质，孢子叶穗长达 1 cm。生于酸性土灌丛中或山坡土壁上；海拔 1250～1500 m。

分布于独龙江（贡山县独龙江乡段）；福贡县上帕镇。3。

12. 喜马拉雅马尾杉 Phlegmariurus hamiltonii (Sprengel ex Greville & Hooker) Li Bing Zhang

凭证标本：高黎贡山考察队 29603，30746。

植株下部直立，不育叶革质，卵形或长卵形，基部楔形。生于以木荷属为主的常绿阔叶林树干上；海拔 1910～2060 m。

分布于腾冲市猴桥镇、新华乡。14-3。

* * 13. 卵叶马尾杉 Phlegmariurus ovatifolius (Ching) W. M. Chu ex H. S. Kung & Li Bing Zhang

凭证标本：高黎贡山考察队 32495。

植株悬垂于树干，不育叶厚革质，卵形，基部浅心形。生于以石栎为主的常绿阔叶林下林具较厚苔藓层的岩石上；海拔 2137 m。

分布于独龙江（贡山县独龙江乡段）。15-2。

14. 美丽马尾杉 Phlegmariurus pulcherrimus (Wallich ex Hooker & Greville) Á. Löve & D. Löve

凭证标本：朱维明、陆树刚 19081。

植株悬垂于树干，长达 22 cm，基部多枝簇生。生于常绿阔叶林树干上；海拔 1400～1500 m。

分布于独龙江（贡山县独龙江乡段）。14-3。

* * 15. 云南马尾杉 Phlegmariurus yunnanensis Ching

凭证标本：独龙江考察队 3943，4363。

植株悬垂于树干，叶螺旋状着生于茎上，极斜向上，薄革质，不育叶线状披针形。生于常绿阔叶林潮湿的树干上；海拔 1100～1880 m。

分布于独龙江（贡山县独龙江乡段）。15-2。

P3. 卷柏科 Selaginellaceae

1 属 14 种，* 1，* * * 2

1. 钝叶卷柏 Selaginella amblyphylla Alston

凭证标本：朱维明等 20333（A）。

植株匍匐，长达 40 cm，孢子叶基底着生。生于常绿阔叶林林下；海拔 1350～1900 m。

分布于福贡县上帕镇。14-3。

2. 双沟卷柏 Selaginella bisulcata Spring

凭证标本：独龙江考察队 4066；朱维明等 22693；高黎贡山考察队 22176，28237。

植株匍匐，先端略上升，长 20～60 cm，中叶倒卵形。生于常绿阔叶林林下或林缘潮湿处；海拔 1300～1700 m。

分布于独龙江（贡山县独龙江乡段）。7。

3. 块茎卷柏 Selaginella chrysocaulos（Hooker & Greville）Spring

凭证标本：云大生物系 1957 级实习队 4063；高黎贡山考察队 18378。

植株直立，长 5～35 cm，基部地面下具小块茎。生于常绿阔叶林林下或林缘潮湿处；海拔 1600～2450 m。

分布于贡山县丙中洛乡。14-3。

˙ 4. 疏松卷柏 Selaginella effusa Alston

凭证标本：朱维明、陆树刚 18940，18974；高黎贡山考察队 19963。

植株长达 60 cm，大部分匍匐生长，通体枝扁平。生于常绿阔叶林林下岩石上；海拔 1450～1500 m。

分布于独龙江（贡山县独龙江乡段）。15。

˙˙˙ 5. 横断山卷柏 Selaginella hengduanshanicola W. M. Chu

凭证标本：高黎贡山考察队 16706。

植株主体部分直立，高 3～10 cm，直立枝近扇形，孢子叶排列疏松。生于针阔混交林林下岩石上；海拔 1180～2150 m。

分布于福贡县上帕镇、亚坪乡；保山市百花岭。15-2-6。

6. 兖州卷柏 Selaginella involvens（Swartz）Spring

凭证标本：高黎贡山考察队 590，14351。

茎通体无毛，主枝上的叶通常近生至密生，腋叶卵形，中叶基部外侧常向下延，稍微扩大。生于常绿阔叶林林下岩石或树干上；海拔 1330～2160 m。

分布于察隅县察瓦龙乡；独龙江（贡山县独龙江乡段）；福贡县亚坪乡；腾冲市界头乡。7。

7. 膜叶卷柏 Selaginella leptophylla Baker

凭证标本：滇西植物调查队 11291；高黎贡山考察队 17076。

植株直立，高 10～25 cm，主枝上的叶彼此远离。生于常绿阔叶林林下岩石上；海拔 1450～2200 m。

分布于独龙江（贡山县独龙江乡段）；贡山县丙中洛乡；泸水市片马镇。14-1。

8. 江南卷柏 Selaginella moellendorffii Hieronymus

凭证标本：高黎贡山考察队 9745，15592。

主枝基部无横出的无性繁殖枝，叶具白色狭边，中叶基部近截形，侧叶中央常见有两条纵向的沟槽。生于常绿阔叶林林下、林缘岩石上或岩缝中；海拔 1380～1540 m。

分布于贡山县捧打乡；福贡县上帕镇。14-2。

9. 单子卷柏 Selaginella monospora Spring

凭证标本：滇西植物调查组 11263；朱维明等 29313；高黎贡山考察队 11139，17312，25074，30168。

植株匍匐，长达 70 cm，孢子叶穗稍微二形，孢子叶基部盾状着生。生于常绿阔叶林林下潮湿处；海拔 1400～2250 m。

分布于独龙江（贡山县独龙江乡段）；泸水市片马镇。14-3。

10. 拟双沟卷柏 Selaginella pennata（D. Don）Spring

凭证标本：《云南植物志》记载该种分布于腾冲市，笔者未见相关标本。本名录收录该种，但具体情况有待进一步调查。

植株高 15～30 cm，近直立，主茎粗壮，中叶斜倒卵形，先端具长的芒。生于常绿阔叶林林缘土壁上；海拔 1200 m。

分布于腾冲市。7。

11. 黑顶卷柏 Selaginella picta A. Braun ex Baker

凭证标本：青藏队 9125。

植株高 35～55（～85）cm，主茎粗壮，直径 3～5 mm，先端干后变黑。生于常绿阔叶林林下或林缘；海拔 1450 m。

分布于独龙江（贡山县独龙江乡段）。7。

12. 疏叶卷柏 Selaginella remotifolia Spring

凭证标本：朱维明、陆树刚 19988；朱维明等 22703；高黎贡山考察 19335，19969。

植株匍匐生长，长达 40 cm，主茎分枝处下部常具关节，孢子穗只有一个大孢子叶在基部。生于常绿阔叶林林下；海拔 1450～1700 m。

分布于独龙江（贡山县独龙江乡段）。7。

***13. 毛叶卷柏 Selaginella trichophylla K. H. Shing

凭证标本：青藏队 9451。高黎贡山考察 13235，20013，20365。

植株匍匐生长，长达 20 cm，主枝明显，叶背面常具有细微的短刚毛。生于常绿阔叶林林缘崖壁上；海拔 1450～1500 m。

分布于独龙江（贡山县独龙江乡段）。15-2-6。

14. 鞘舌卷柏（缘毛卷柏）Selaginella vaginata Spring

凭证标本：高黎贡山考察队 18968，28757，28932。

植株矮小，匍匐生长，一般小于 10 cm，主枝常不明显，孢子叶稍二型。生于常绿阔叶林林下及杂木林林缘潮湿处；海拔 1255～2488 m。

分布于福贡县亚坪乡；保山市。14-3。

真蕨类 POLYPODIOPSIDA（FERNS）

P4. 木贼科 Equisetaceae

1 属 3 种

1. 问荆 Equisetum arvense Linnaeus

凭证标本：高黎贡山考察队 10867，21334。

植株高 5～20 cm，主枝与侧枝异形，能育茎春季先长出地面。生于山坡潮湿的空地上或阔叶林林缘；海拔 1420～2200 m。

分布于独龙江（贡山县独龙江乡段）；贡山县丙中洛乡、茨开镇、普拉底乡；腾冲市五合乡。8。

2. 披散木贼 Equisetum diffusum D. Don

凭证标本：高黎贡山考察队 11427，18022。

主茎长达 60 cm，直径 1～4 mm，节上轮生 3～10 条较细瘦的侧枝。生于山坡潮湿的空地上或阔叶林林缘；海拔 1410～2600 m。

分布于独龙江（贡山县独龙江乡段）；贡山县丙中洛乡、茨开镇、捧当乡；泸水市片马镇；腾冲市界头乡、三云乡、五合乡。14-1。

3. 节节草 Equisetum ramosissimum Desfontaines

凭证标本：徐炳强等-伊洛瓦底队 4979；高黎贡山考察队 717，21187。

主茎长 20～60 cm，侧枝与主枝形近。生于山坡潮湿的空地上或阔叶林林缘；海拔 1350～1900 m。

分布于缅甸克钦邦；察隅县察瓦龙乡；独龙江（贡山县独龙江乡段）。8。

P5. 松叶蕨科 Psilotaceae

1 属 1 种

1. 松叶蕨 Psilotum nudum（Linnaeus）P. Beauvois

凭证标本：高黎贡山考察队 32322。

植株高 15～50 cm，直立或下垂，叶疏生于枝条的棱角上，斜展。生于受干扰的次生常绿阔叶林林树干上；海拔 1300～1900 m。

分布于察隅县察瓦龙乡；独龙江（贡山县独龙江乡段）。2。

P6. 瓶尔小草科 Ophioglossaceae

2 属 6 种

1. 薄叶阴地蕨 Botrychium daucifolium Wallich ex Hooker & Greville

凭证标本：独龙江考察队 3367，3780。

植株高长 10～25 cm，不育叶阔卵状三角形或五角形，中部以下二回羽状，小羽片羽状全裂至浅裂。生于常绿阔叶林林下腐殖质较厚的土上；海拔 1400～1450 m。

分布于独龙江（贡山县独龙江乡段）。7。

2. 绒毛阴地蕨 Botrychium lanuginosum Wallich ex Hooker & Greville

凭证标本：高黎贡山考察队 32529；T. T. Yü 19897。

植株高 20～50 cm，能育叶着生于不育叶第一对羽片以上的叶轴上。生于常绿阔叶林下腐殖质较厚的土上；海拔 1700～2300 m。

分布于独龙江（贡山县独龙江乡段）。7。

3. 扇羽阴地蕨 Botrychium lunaria（Linnaeus）Swartz

凭证标本：王启无 71804。

植株高 5～15 cm，能育叶着生于不育叶基部。生于针阔混交林林下潮湿处；海拔 2200 m。

分布于贡山县丙中洛乡。8。

4. 粗壮阴地蕨 Botrychium robustum（Ruprecht ex Milde）Underwood

凭证标本：独龙江考察队 3694。

植株高 10～40 cm，不育叶柄长 2～10 cm，粗壮，叶片五角形。生于常绿阔叶林、针阔混交林或竹林林下潮湿处；海拔 1900～2751 m。

分布于独龙江（贡山县独龙江乡段）。11。

5. 心叶瓶尔小草 Ophioglossum reticulatum Linnaeus

凭证标本：独龙江考察队 6474；金效华等 ST1148。

植株单生 1 叶，不育叶远离叶柄基部，心形。生于阔叶林、针阔混交林或竹林旁草地上向阳处；海拔 2300～3300 m。

分布于独龙江（贡山县独龙江乡段）。2。

6. 瓶尔小草 Ophioglossum vulgatum Linnaeus

凭证标本：高黎贡山考察队 30253，30706。

植株高 10～30 cm，不育叶椭圆形，基部楔形。生于山坡草地向阳处；海拔 1930～2580 m。

分布于腾冲市猴桥镇、界头乡。8。

P7. 合囊蕨科 Marattiaceae

1 属 3 种，* 1

1. 大脚观音莲座蕨 Angiopteris crassipes Wallich ex C. Presl

凭证标本：夏念和等-伊洛瓦底队 987。

植株高 120～150 cm，叶片几平展，二回羽状。生于常绿阔叶林林下；海拔 1350 m。

分布于缅甸克钦邦。14-3。

*2. 食用莲座蕨 Angiopteris esculenta Ching

凭证标本：高黎贡山考察队 21044；张良 1741。

叶片二回羽状，叶柄圆柱状，光滑无瘤，长达 1 m。生于常绿阔叶林林下；海拔 1250～1900 m。

分布于独龙江（贡山县独龙江乡段）。15-3。

3. 云南莲座蕨 Angiopteris yunnanensis Hieronymus

凭证标本：高黎贡山考察队 32295。

叶片 2～3 m，叶柄正面具深沟槽，无瘤状突起。生于较密的常绿阔叶林林下；海拔 1720 m。

分布于独龙江（贡山县独龙江乡段）。7。

P8. 紫萁科 Osmundaceae

2 属 2 种

1. 绒紫萁 Claytosmunda claytoniana (L.) Metzgar & Rouhan

凭证标本：独龙江考察队 6569；朱维明、陆树刚 19002。

夏绿草本，叶一型，簇生，幼时密生灰白色或灰棕色的绒毛。生于常绿阔叶林林下向阳处；海拔 2000 m。

分布于独龙江（贡山县独龙江乡段）。9。

2. 紫萁 Osmunda japonica Thunberg

凭证标本：高黎贡山考察队 13692，23240。

夏绿草本，叶二型，簇生。生于酸性土山坡上或常绿阔叶林林下及林缘向阳处；海拔 1240～1990 m。

分布于独龙江（贡山县独龙江乡段）；贡山县丙中洛乡、茨开镇；福贡县鹿马登乡；泸水市片马镇。14-1。

P9. 膜蕨科 Hymenophyllaceae

3 属 10 种，*1

1. 长柄假脉蕨（翅柄假脉蕨）Crepidomanes latealatum (Bosch) Copeland

凭证标本：高黎贡山考察队 28150；张良 1706。

植株高 10～30 cm，叶片边缘全缘无毛，叶柄具狭翅，囊苞裂片全缘。生于阔叶林林下潮湿的岩石上；海拔 1500～2432 m。

分布于独龙江（贡山县独龙江乡段）；泸水市片马镇；腾冲市界头乡；龙陵县怒江乡。5。

2. 蕗蕨 Hymenophyllum badium Hooker & Greville

凭证标本：J. F. Rock 7445；高黎贡山考察队 20220，30040。

植株高 10～30 cm，叶片边缘全缘无毛，叶柄全部具翅，囊苞裂片全缘。生于常绿阔叶林林下岩石上或树干上；海拔 1500～2445 m。

分布于缅甸克钦邦；独龙江（贡山县独龙江乡段）；贡山县茨开镇；福贡县亚坪乡；泸水市片马镇；保山市南康植物园；腾冲市界头乡。7。

3. 华东膜蕨 Hymenophyllum barbatum（Bosch）Baker

凭证标本：J. F. Rock 7442；高黎贡山考察队 17585。

植株高 2～10 cm，叶轴翅直达叶轴基部。生于常绿阔叶林林下岩石上或树干上；海拔 1500～2500 m。

分布于缅甸克钦邦；独龙江（贡山县独龙江乡段）；贡山县丙中洛乡；腾冲市五合乡。14-1。

4. 毛蕗蕨 Hymenophyllum exsertum Wallich ex Hooker

凭证标本：高黎贡山考察队 21993，22089。

植株高 3～10 cm，叶片边缘全缘无毛，叶片被节状毛。生于常绿阔叶林或针阔混交林林下岩石上或树干上；海拔 2500-2800 m。

分布于独龙江（贡山县独龙江乡段）。7。

5. 鳞蕗蕨 Hymenophyllum levingei C. B. Clarke

凭证标本：滇西植物调查组 11356；武素功 8049。

植株高 3～8 cm，叶轴密被披针形鳞片。生于常绿阔叶林林下岩石上或树干上；海拔 2150～2600 m。

分布于泸水市片马镇。14-3。

* **6. 线叶蕗蕨（长叶蕗蕨）Hymenophyllum longissimum**（Ching & P. S. Chiu）K. Iwatsuki

凭证标本：和兆荣、王焕冲 01890；朱维明、陆树刚 19158。

植株高 10～30 cm，叶片二回羽状至三回羽裂，叶柄长达 10 cm。生于常绿阔叶林或针阔混交林林下岩石上或树干上；海拔 2400～3300 m。

分布于独龙江（贡山县独龙江乡段）。15。

7. 长柄蕗蕨（细叶蕗蕨、小果蕗蕨）Hymenophyllum polyanthos Swartz

凭证标本：J. F. Rock 7396；高黎贡山考察队 19959。

植株高 5～15 cm，叶柄不具翅或仅在先端具狭翅。生于常绿阔叶林或针阔混交林林下岩石上或树干上；海拔 1388～3000 m。

分布于缅甸克钦邦；独龙江（贡山县独龙江乡段）；贡山县丙中洛乡、茨开镇；福贡县石月亮乡、鹿马登乡、马吉乡、亚坪乡；泸水市片马镇；龙陵县界头乡。2。

8. 宽片膜蕨 Hymenophyllum simonsianum Hooker

凭证标本：高黎贡山考察队 22088，32438。

植株高 3～10 cm，末回裂片宽 2～4 cm，边缘具不规则锯齿。生于常绿阔叶林或针阔混交林林下岩石上或树干上；海拔 2510～2800 m。

分布于独龙江（贡山县独龙江乡段）；贡山县丙中洛乡、茨开镇、洛本卓乡；福贡县石月亮乡、鹿马登乡。14-3。

9. 瓶蕨 Vandenboschia auriculata（Blume）Copeland

凭证标本：高黎贡山考察队 12527，25842。

植株高 10～30 cm，叶片近无柄，一回羽状至二回羽裂，叶轴无翅或具狭翅。生于常绿阔叶林林下潮湿的岩石上或树干上；海拔 1310～2400 m。

分布于独龙江（贡山县独龙江乡段）；贡山县茨开镇、洛本卓乡。7。

10. 南海瓶蕨（漏斗瓶蕨）Vandenboschia striata（D. Don）Ebihara

凭证标本：朱维明和陆树刚 18985；朱维明等 22278。

植株高 15～40 cm，根状茎粗壮横走，叶片长达 20 cm。生于常绿阔叶林林下潮湿的岩石上或树干上；海拔 1500 m。

分布于独龙江（贡山县独龙江乡段）。14-1。

P11. 双扇蕨科 Dipteridaceae

1 属 2 种

1. 中华双扇蕨 Dipteris chinensis Christ

凭证标本：高黎贡山考察队 11793；金效华等 DLJ-ET0810。

植株高 50～120 cm，裂片 8～10 对，浅裂至半裂。生于常绿阔叶林林下或灌丛下；海拔 1500～2100 m。

分布于独龙江（贡山县独龙江乡段）；贡山县茨开镇。14-3。

2. 喜马拉雅双扇蕨 Dipteris wallichii（R. Brown）T. Moore

凭证标本：夏念和等-伊洛瓦底队 1370。

植株高 120～150 cm，羽片狭披针形，全缘。生于常绿阔叶林林下开阔处或林缘；海拔 1250 m。

分布于缅甸克钦邦。14-3。

P12. 里白科 Gleicheniaceae

2 属 6 种，**1

1. 大芒萁 Dicranopteris ampla Ching & P. S. Chiu

凭证标本：高黎贡山考察队 17944，27325。

植株高 100～150 cm，叶轴 3～4 次二叉分枝，芽苞卵形。生于酸性土山坡上或阔叶林林下开阔处；海拔 1310～1900 m。

分布于独龙江（贡山县独龙江乡段）；福贡县石月亮乡；腾冲市五合乡。7。

2. 芒萁 Dicranopteris pedata（Houttuyn）Nakaike

凭证标本：高黎贡山考察队 10593，10881。

植株通常高 1 m 左右，叶轴 1～2（～3）回二叉分枝。生于酸性土山坡上或阔叶林林下开阔处；海拔 1330～1780 m。

分布于独龙江（贡山县独龙江乡段）；贡山县茨开镇、捧当乡；福贡县石月亮乡；保山市芒宽乡；腾冲市清水乡；龙陵县镇安镇。5。

3. 大羽芒萁（滇缅芒萁）Dicranopteris splendida（Handel-Mazzetti）Tagawa

凭证标本：Handel-Mazzetti 9351；T. T. Yü 20588。

植株高 70～100 cm，叶轴二至四回假二叉分枝。生于酸性土山坡上或阔叶林林下开阔处；海拔 1350～2200 m。

分布于独龙江（贡山县独龙江乡段）。7。

4. 大里白 Diplopterygium giganteum（Wallich ex Hooker & Bauer）Nakai

凭证标本：独龙江考察队 4199；朱维明、陆树刚 18917。

植株高 2～3 m，叶片的一回羽片长圆形，顶生羽片长达 120 cm。生于酸性土山坡上或阔叶林林下开阔处；海拔 1400～1830 m。

分布于独龙江（贡山县独龙江乡段）。14-3。

5. 里白 Diplopterygium glaucum（Thunberg ex Houttuyn）Nakai

凭证标本：高黎贡山考察队 21945。

植株高 150 cm，叶轴和羽轴疏被鳞片，裂片平展。生于酸性土山坡上或阔叶林林下开阔处；海拔 1380 m。

分布于独龙江（贡山县独龙江乡段）。14-1。

＊＊6. 厚毛里白（红毛里白）Diplopterygium rufum（Ching）Ching ex X. C. Zhang

凭证标本：高黎贡山考察队 13222，13672。

植株高 50～200 cm，羽轴密被鳞片。生于阔叶林山顶露头开阔处；海拔 2050～2146 m。

分布于腾冲市界头乡、五合乡。15-2。

P13. 海金沙科 Lygodiaceae

1 属 2 种

1. 海金沙 Lygodium japonicum（Thunberg）Swartz

凭证标本：高黎贡山考察队 17184，25425。

叶轴长达 7 m，裂片宽 4～6 mm。生于杂木林林缘或次生灌丛中；海拔 900～1335 m。

分布于福贡县匹河乡；泸水市洛本卓乡；保山市芒宽乡；腾冲市五合乡。5。

2. 云南海金沙 Lygodium yunnanense Ching

凭证标本：高黎贡山考察队 10585，17403。

叶轴长约 3 m，小羽柄基部具关节。生于杂木林林缘或次生灌丛中；海拔 1000～1100 m。

分布于保山市芒宽乡。7。

P16. 槐叶苹科 Salviniaceae

2 属 2 种

1. 满江红 Azolla pinnata R. Brown subsp. **asiatica** R. M. K. Saunders & K. Fowler

凭证标本：高黎贡山考察队 15702，24658。

漂浮植物，叶小型，互生。生于稻田或池塘中；海拔 900～2070 m。

分布于贡山县丙中洛乡；腾冲市东山乡、北海乡。7。

2. 槐叶苹 Salvinia natans（Linnaeus）Allioni

凭证标本：高黎贡山考察队 391。

漂浮植物，叶小型，3 片轮生。生于湖面；海拔 1730 m。

分布于腾冲市北海乡。4。

P17. 苹科 Marsileaceae

1 属 1 种

1. 南国田字草 Marsilea minuta Linnaeus

凭证标本：高黎贡山考察队 10482，11248。

浮水植物，4 个小羽片呈十字形排列。生于稻田或池塘中；海拔 980～1530 m。

分布于福贡县石月亮乡；腾冲市界头乡。4。

P21. 瘤足蕨科 Plagiogyriaceae

1 属 2 种

1. 灰背瘤足蕨 Plagiogyria glauca（Blume）Mettenius

凭证标本：高黎贡山考察队 20246，23078。

植株高 30～80 cm，不育叶一回羽状，背面具灰白色粉末。生于常绿阔叶林、针阔混交林林下或竹林旁；海拔 2467～3100 m。

分布于独龙江（贡山县独龙江乡段）；贡山县茨开镇；福贡县亚坪乡。7。

2. 密叶瘤足蕨 Plagiogyria pycnophylla（Kunze）Mettenius

凭证标本：高黎贡山考察队 24271，25850。

叶片长 30～110 cm，基部羽片强度缩短为三角状耳形。生于常绿阔叶林、针阔混交林林下或竹林旁；海拔 1910～3010 m。

分布于独龙江（贡山县独龙江乡段）；贡山县茨开镇；泸水市洛本卓乡、片马镇；保山市南康植物园；龙陵县龙江乡。7。

P22. 金毛狗科 Cibotiaceae

1 属 1 种

1. 金毛狗 Cibotium barometz（Linnaeus）J. Smith

凭证标本：高黎贡山考察队 19955；张良 1681。

植株高 150～300 cm，根状茎粗壮，横卧，密被金黄色长柔毛，囊群盖瓣状，形如蚌壳。生于常绿阔叶林林下及林缘；海拔 1250～1500 m。

分布于独龙江（贡山县独龙江乡段）。7。

P25. 桫椤科 Cyatheaceae

2 属 3 种

1. 中华桫椤 Alsophila costularis Baker

凭证标本：J. F. Rock 7464；高黎贡山考察队 11651。

主干高达 10 m 以上，羽轴及小羽片中肋背面被毛。生于常绿阔叶林、沟谷林林中或林缘；海拔 1900～2100 m。

分布于缅甸克钦邦；保山市芒宽乡。14-3。

2. 桫椤 Alsophila spinulosa（Wallich ex Hooker）R. M. Tryon

凭证标本：高黎贡山考察队 22122，27316。

主干高达 10 m 以上，叶柄暗黄白色至红棕色，具硬皮刺，羽轴及小羽片中肋背面光滑。生于常绿阔叶林及次生林林缘或疏林中；海拔 1230～1400 m。

分布于独龙江（贡山县独龙江乡段）；福贡县石月亮乡。7。

3. 西亚黑桫椤 Gymnosphaera khasyana（Moore & Kuhn）Ching

凭证标本：J. F. Rock 7431；T. T. Yü 20522。

叶柄栗黑色，有光泽，基部密生与根茎上相同的鳞片，叶片二回羽状，小羽片羽状深裂。生于常绿阔叶林林下；海拔 1200 m。

分布于缅甸克钦邦；独龙江（贡山县独龙江乡段）。14-3。

P29. 鳞始蕨科 Lindsaeaceae

2 属 2 种

1. 乌蕨 Odontosoria chinensis（Linnaeus）J. Smith

凭证标本：高黎贡山考察队 10882，15626。

植株高约 30～50（～70）cm，孢子囊群沿裂片边缘着生，囊群盖灰棕色，革质，半杯形。生于酸性土上坡上或溪边土壁上；海拔 1080～2060 m。

分布于独龙江（贡山县独龙江乡段）；贡山县茨开镇、捧当乡；福贡县石月亮乡、鹿马登乡、马吉乡、上帕镇；泸水市片马镇；腾冲市界头乡、清水乡。6。

2. 香鳞始蕨（鳞始蕨）Osmolindsaea odorata（Roxburgh）Lehtonen & Christen-husz

凭证标本：高黎贡山考察队 15631；张良 1671。

植株高 20～30（～60）cm，根状茎横走，叶片一回羽状。生于阔叶林或杂木林林下溪沟边岩石上或崖壁上；海拔 1320～2200 m。

分布于独龙江（贡山县独龙江乡段）；贡山县茨开镇、捧当乡；福贡县鹿马登乡、马吉乡；泸水市洛本卓乡、片马镇；腾冲市界头乡、五合乡。7。

P30. 凤尾蕨科 Pteridaceae

11 属 56 种，*8，**1，***1

1. 铁线蕨 Adiantum capillus-veneris Linnaeus

凭证标本：高黎贡山考察队 16621，22432。

植株高 10～40 cm，叶片二至三回羽状。生于林缘崖壁潮湿处上，或林下钙质的岩石上；海拔 1500～1580 m。

分布于贡山县丙中洛乡、茨开镇。1。

2. 鞭叶铁线蕨 Adiantum caudatum Linnaeus

凭证标本：高黎贡山考察队 26299；朱维明等 22973（B）。

植株高 10～40 cm，叶片先端常伸长成鞭状。生于林下钙质的岩石上；海拔 920～1030 m。

分布于泸水市大兴地乡、六库镇。4。

3. 普通铁线蕨 Adiantum edgeworthii Hooker

凭证标本：高黎贡山考察队 18019，19057。

植株高 10～30 cm，叶片一回羽状。生于林下钙质的岩石上；海拔 1525～1630 m。

分布于保山市芒宽乡；腾冲市五合乡。14-1。

4. 灰背铁线蕨 Adiantum myriosorum Baker

凭证标本：s. n. 8778。

植株高 40～60 cm，叶柄紫棕色，叶下面明显灰白色。生于林下钙质的岩石上或潮湿岩石缝中；海拔 1900 m。

分布于贡山县丙中洛乡。14-3。

5. 掌叶铁线蕨 Adiantum pedatum Linnaeus

凭证标本：独龙江考察队 6511；高黎贡山考察队 21578。

植株高 40～60 cm，叶片宽扇形，叶柄的顶端分叉。生于针阔混交林林下潮湿的崖壁上或岩石旁；海拔 2150～2900 m。

分布于独龙江（贡山县独龙江乡段）。9。

6. 半月形铁线蕨 Adiantum philippense Linnaeus

凭证标本：高黎贡山考察队 11677。

植株高 10～50 cm，叶片一回羽状。生于常绿阔叶林林下阴湿处土壁上及溪沟边的酸性土上；海拔 800 m。

分布于泸水市上江乡。4。

7. 白边粉背蕨 Aleuritopteris albomarginata（C. B. Clarke）Ching

凭证标本：朱维明、陆树刚 18963（B），19086。

植株高 25～50 cm，叶柄长 6～12（～18）cm，栗红色或栗棕色，叶柄、叶轴和羽轴均被鳞片，鳞片二色，边缘具明显白边。生于阔叶林林下岩石上或次生常绿阔叶疏林林下岩隙；海拔 1300～1500 m。

分布于独龙江（贡山县独龙江乡段）。14-3。

8. 粉背蕨（多鳞粉背蕨）Aleuritopteris anceps（Blanford）Panigrahi

凭证标本：朱维明和陆树刚 18963（A）。

植株高 20～60 cm，叶纸质，近轴面被白蜡粉，囊群盖不连续，边缘撕裂状。生于常绿阔叶林林下或林缘石灰岩隙；海拔 1320 m。

分布于独龙江（贡山县独龙江乡段）。14-3。

9. 银粉背蕨 Aleuritopteris argentea（S. G. Gmelin）Fée

凭证标本：高黎贡山考察队 32442；朱维明等 7714。

植株高 15～30 cm，叶片厚纸质，下面密生白色至乳白色蜡质粉末。生于林下或林缘岩石缝中或路边墙缝中；海拔 1560～2750 m。

分布于独龙江（贡山县独龙江乡段）；贡山县丙中洛乡。14-1。

***10. 裸叶粉背蕨 Aleuritopteris duclouxii**（Christ）Ching

凭证标本：South Tibet Exp. Team（STET）STET 0062。

植株高 10～30 cm，成熟叶片下面不具粉末。生于常绿阔叶林石灰岩石隙；海拔 1700 m。

分布于贡山县丙中洛乡。15。

****11. 贡山粉背蕨 Aleuritopteris gongshanensis** G. M. Zhang

凭证标本：青藏队 7400；朱维明等 22789。

植株高 20～30 cm，羽片背面被白色粉末，假囊群盖边缘撕裂。生于密林林下较为干燥的河谷；海拔 1650 m。

分布于贡山县丙中洛乡；泸水市。15-2。

12. 棕毛粉背蕨 Aleuritopteris rufa（D. Don）Ching

凭证标本：高黎贡山考察队 30493。

植株高 10～25 cm，叶片上面密生红棕色节状毛和绒毛。生于阔叶林林下山坡岩石缝隙中；海拔 1820 m。

分布于腾冲市界头乡。14-3。

***13. 金爪粉背蕨 Aleuritopteris veitchii**（H. Christ）Ching

凭证标本：高黎贡山考察队 28920。

植株高 15～30 cm，羽片背面具黄色粉末。生于阔叶林林缘或林下岩石上或岩隙；海拔 1180 m。

分布于福贡县上帕镇。15-3。

14. 长柄车前蕨 Antrophyum obovatum Baker

凭证标本：J. F. Rock 7501；独龙江考察队 1750；冯国楣 8031。

植株高 5～25 cm，叶片倒卵形，于叶柄近等长，鳞片边缘具锯齿。生于常绿阔叶林林下岩石上或树干基部；海拔 1620 m。

分布于缅甸克钦邦；独龙江（贡山县独龙江乡段）。14-1。

15. 革叶车前蕨 Antrophyum wallichianum M. G. Gilbert & X. C. Zhang

凭证标本：高黎贡山考察队 32671；青藏队 9773。

植株高 15～30 cm，叶片倒披针形，10～15 mm 宽，叶柄不明显。生于常绿阔叶林林下树干上；海拔 1300～2443 m。

分布于独龙江（贡山县独龙江乡段）；泸水市。14-3。

16. 翠蕨 Cerosora microphylla（Hooker）R. M. Tryon

凭证标本：王启无 67031。

植株高 5～15 cm，叶脉分离，每裂片有中肋 1 条，不达顶端。生于林下石壁上；海拔 2700 m。

分布于独龙江（贡山县独龙江乡段）。14-3。

* 17. 滇西旱蕨 Cheilanthes brausei Fraser-Jenkins

凭证标本：朱维明等 17720。

植株高 10～25 cm，叶柄基部密被深色钻形鳞片。生于干热河谷灌丛下及杂木林林缘；海拔 1560 m。

分布于贡山县丙中洛乡。15。

18. 大理碎米蕨 Cheilanthes hancockii Baker

凭证标本：高黎贡山考察队 19071，24058。

植株高 10～35 cm，根状茎直立或斜生，叶柄仅基部具鳞片。生于灌丛下及杂木林林缘荫处；海拔 1525～2102 m。

分布于泸水市片马镇；保山市芒宽乡。14-3。

19. 旱蕨 Cheilanthes nitidula Wallich ex Hooker

凭证标本：高黎贡山考察队 13703，19856。

植株高 10～30 cm，叶柄基部密生棕色短毛。生于山坡岩缝或路边荫处石缝；海拔 950～1625 m。

分布于独龙江（贡山县独龙江乡段）；福贡县洛本卓乡、上帕镇；泸水市六库镇、洛本卓乡。14-1。

* 20. 毛旱蕨 Cheilanthes trichophylla Baker

凭证标本：高黎贡山考察队 20874；云南热带生物资源综合考察队 8076。

植株高 20～55 cm，叶片两面密被毛，叶轴呈之字形弯曲。生于较为干燥的河谷地区的山坡岩石缝中；海拔 1000～1250 m。

分布于福贡县匹河乡；泸水市六库镇至上江乡。15。

21. 尖齿凤了蕨 Coniogramme affinis（C. Presl）Hieronymus

凭证标本：高黎贡山考察队 16676。

植株高 60～100 cm，叶片二至三回羽状，羽片不垂直于羽轴，边缘具软骨质尖齿。

生于常绿阔叶林或针阔混交林林下；海拔 2950 m。

分布于贡山县茨开镇。14-3。

22. 全缘凤了蕨 Coniogramme fraxinea (D. Don) Fée ex Diels in Engler & Prantl

凭证标本：高黎贡山考察队 16636；张良 1700。

植株高 1～2 m，叶片一至二回羽状，羽片基部楔形，边缘全缘。生于常绿阔叶林林缘潮湿处；海拔 1250～2250 m。

分布于独龙江（贡山县独龙江乡段）；贡山县茨开镇。7。

23. 普通凤了蕨 Coniogramme intermedia Hieronymus

凭证标本：高黎贡山考察队 21524；张良 1715。

植株高 70～120 cm，根状茎长而横走，叶片草质，光滑无毛，下面灰绿色，疏被短柔毛。生于常绿阔叶林林下或林缘；海拔 1310～2360 m。

分布于独龙江（贡山县独龙江乡段）；福贡县丙中洛乡、石月亮乡；泸水市片马镇。14-1。

24. 心基凤了蕨 Coniogramme petelotii Tardieu

凭证标本：独龙江考察队 1307；朱维明、陆树刚 19008。

植株高 30～100 cm，羽片基部心形或圆形，较大植株的叶片一回羽状。生于常绿阔叶林林下或林缘；海拔 1230～1400 m。

分布于独龙江（贡山县独龙江乡段）。7。

25. 直角凤了蕨（高山凤了蕨）Coniogramme procera Fée

凭证标本：高黎贡山考察队 22058；张良 1747。

植株高达 180 cm，小羽片 10～13 对，平展（垂直于羽轴）。生于常绿阔叶林林下开阔处或林缘；海拔 1250～2370 m。

分布于独龙江（贡山县独龙江乡段）；贡山县茨开镇。14-3。

26. 骨齿凤了蕨（怒江凤了蕨）Coniogramme pubescens Hieronymus

凭证标本：朱维明等 11609。

植株高 60～80 cm，叶片一回羽状，基部一对羽片有时二叉或三叉，羽片边缘具锯齿，叶片背面常密被灰色短毛。生于常绿阔叶林林下开阔处或林缘；海拔 2050 m。

分布于福贡县上帕镇。14-3。

27. 乳头凤了蕨 Coniogramme rosthornii Hieronymus

凭证标本：高黎贡山考察队 13485。

植株高 60～100 cm，叶片草质，下面密被乳头状突起。生于常绿阔叶林林下开阔处或林缘；海拔 1680 m。

分布于保山市芒宽乡。7。

28. 高山珠蕨 Cryptogramma brunoniana Wallich ex Hooker & Greville

凭证标本：高黎贡山考察队 16996，32151。

能育叶长 15～25 cm，不育裂片短而宽，尖头。生于高山草甸岩石缝隙中；海拔

3350～3670 m。

分布于贡山县茨开镇。14-1。

29. 带状书带蕨（带叶书带蕨，宽叶书带蕨）Haplopteris doniana（Mettenius ex Hieronymus）E. H. Crane

凭证标本：J. F. Rock 7398，7423，7496；独龙江考察队 4996；高黎贡山考察队 22040。

叶片宽 50～300 mm，孢子囊群线形，生于叶背表面，距叶边 1～2 mm。生于常绿阔叶林或针阔混交林林下树干上；海拔 2080～2700 m。

分布于缅甸克钦邦；独龙江（贡山县独龙江乡段）；福贡县石月亮乡、亚坪乡；泸水市洛本卓乡；腾冲市界头乡。14-3。

30. 唇边书带蕨 Haplopteris elongata（Swartz）E. H. Crane

凭证标本：张良 1708；朱维明、陆树刚 19040。

叶片长达 170 cm，线形或带状，宽 30～200 mm，孢子囊群生于叶缘的双唇状夹缝中，开口向外。生于常绿阔叶林林下树干上；海拔 1250～1550 m。

分布于独龙江（贡山县独龙江乡段）。4。

31. 书带蕨 Haplopteris flexuosa（Fée）E. H. Crane

凭证标本：徐炳强等-伊洛瓦底队 4459；J. F. Rock 7395；独龙江考察队 4886；高黎贡山考察队 24707。

叶片长 15～50 cm，狭长披针形，中肋在叶片下面隆起，上面凹陷呈一狭缝，侧脉不明显。生于常绿阔叶林林下树干上或岩石上；海拔 1400～2445 m。

分布于缅甸克钦邦；独龙江（贡山县独龙江乡段）；贡山县茨开镇；福贡县鹿马登乡、亚坪乡；泸水市洛本卓乡、片马镇；保山市；腾冲市界头乡、曲石乡、五合乡；龙陵县镇安镇。14-1。

32. 线叶书带蕨 Haplopteris linearifolia（Ching）X. C. Zhang

凭证标本：高黎贡山考察队 17111，21323。

叶片长 6～85 cm，宽 2～4 mm，线形，叶边强度反折。生于常绿阔叶林林下树干上或岩石上；海拔 1810～2950 m。

分布于独龙江（贡山县独龙江乡段）；贡山县丙中洛乡、茨开镇；福贡县石月亮乡、鹿马登乡、亚坪乡；泸水市鲁掌镇。14-3。

33. 中囊书带蕨 Haplopteris mediosora（Hayata）X. C. Zhang

凭证标本：高黎贡山考察队 22087，28371。

叶片长 5～35 cm，宽 2～4 mm，边缘干后常翻卷。生于常绿阔叶林或针阔混交林林下树干上或生于石上；海拔 2430～2800 m。

分布于独龙江（贡山县独龙江乡段）；福贡县石月亮乡。14-3。

34. 锡金书带蕨 Haplopteris sikkimensis（Kuhn）E. H. Crane

凭证标本：J. F. Rock 7419；高黎贡山考察队 32321；张良 1755。

叶片长 3～6 cm，线形，中肋在叶下面隆起，宽而扁平。生于常绿阔叶林林下树干上；海拔 1300～1450 m。

分布于缅甸克钦邦；独龙江（贡山县独龙江乡段）。14-3。

***35. 独龙江金粉蕨 Onychium dulongjiangense W. M. Chu

凭证标本：朱维明、陆树刚 19865。

植株高 40～110 cm，叶片五至六回羽状，末回小羽片长约 5 mm。生于次生常绿阔叶林林下及林缘灌丛中；海拔 1400 m。

分布于独龙江（贡山县独龙江乡段）。15-1。

36. 野雉尾金粉蕨 Onychium japonicum（Thunberg）Kunze

凭证标本：高黎贡山考察队 21534，25430。

植株高 30～70 cm，叶片纸质，叶柄基部淡棕色。生于次生常绿阔叶林林下及林缘灌丛中、山坡开阔地；海拔 1130～1850 m。

分布于独龙江（贡山县独龙江乡段）。14-2。

37. 栗柄金粉蕨 Onychium lucidum（D. Don）Sprengel

凭证标本：高黎贡山考察队 10513，21367。

植株高 40～90 cm，叶柄基部以上棕色至深棕色。生于次生常绿阔叶林林下及林缘灌丛中、山坡开阔地；海拔 980～1900 m。

分布于独龙江（贡山县独龙江乡段）；贡山县丙中洛乡；福贡县上帕镇；泸水市洛本卓乡、六库镇；保山市芒宽乡；腾冲市马站乡。14-3。

38. 金粉蕨 Onychium siliculosum（Desvaux）C. Christensen

凭证标本：秦仁昌 50232。

植株高 20～90 cm，孢子囊群长 1～2 cm，金黄色。生于次生常绿阔叶林林缘崖壁旁；海拔 1200 m。

分布于腾冲市。7。

*39. 耳羽金毛裸蕨 Paragymnopteris bipinnata（Christ）K. H. Shing

凭证标本：高黎贡山考察队 29824；朱维明等 17661。

植株高 20～40 cm，叶片一回羽状。生于林下或林缘岩石、崖壁上、缝隙中；海拔 1580～3120 m。

分布于贡山县丙中洛乡；腾冲市和顺镇。15。

*40. 猪鬃凤尾蕨 Pteris actiniopteroides Christ

凭证标本：高黎贡山考察队 12418。

植株高 20～50 cm，羽片狭，2～4 对。生于林下或林缘岩石、崖壁上、缝隙中；海拔 1640 m。

分布于贡山县捧当乡。15。

*41. 高原凤尾蕨 Pteris aspericaulis var. cuspigera Ching

凭证标本：朱维明、陆树刚 18932（B），18996（B）。

植株高 10～15 m，各部分均为禾秆色。生于阔叶林林缘崖壁旁；海拔 1450～1850 m。

分布于独龙江（贡山县独龙江乡段）。15-3。

42. 高山凤尾蕨 Pteris aspericaulis var. subindivisa (C. B. Clarke) Ching ex S. H. Wu

凭证标本：朱维明、陆树刚 18954。

植株高 30～50 cm，叶轴、羽轴浅紫色，侧生羽片 1～2 对，叶片革质。生于常绿阔叶林林下或林缘；海拔 1450 m。

分布于独龙江（贡山县独龙江乡段）。14-3。

43. 紫轴凤尾蕨 Pteris aspericaulis Wallich ex J. Agardh

凭证标本：高黎贡山考察队 13547，27404。

植株高 50～60 cm，叶轴、羽轴禾秆色或浅紫色，下面隆起，上面有浅沟槽，浅沟槽两侧有针状肉刺。生于常绿阔叶林林下或林缘；海拔 1060～2150 m。

分布于独龙江（贡山县独龙江乡段）；福贡县石月亮乡、鹿马登乡；泸水市片马镇；保山市芒宽乡。14-3。

44. 狭眼凤尾蕨 Pteris biaurita Linnaeus

凭证标本：高黎贡山考察队 9839。

植株高 70～110 cm，沿羽轴形成一行狭长网眼。生于次生林林缘或山坡灌丛旁；海拔 980 m。

分布于泸水市。3。

45. 凤尾蕨 Pteris cretica Linnaeus

凭证标本：高黎贡山考察队 12875；张良 1665。

植株高 30～50 cm，叶簇生，二型，叶柄禾秆色，光滑。生于林下或林缘，也见于灌丛中或崖壁旁；海拔 1230～2080 m。

分布于独龙江（贡山县独龙江乡段）；贡山县茨开镇、捧当乡；福贡县架科底乡、石月亮乡、鹿马登乡；保山市芒宽乡；腾冲市五合乡；龙陵县镇安镇。4。

46. 粗糙凤尾蕨 Pteris cretica var. laeta (Wallich ex Ettingshausen) C. Christensen & Tardieu

凭证标本：未见凭证标本，依据《独龙江地区植物》记载。

植株高 40～60 cm，叶柄常呈棕色，粗糙。生于常绿阔叶林、杂木林林缘潮湿处；海拔 1500～2000 m。

分布于独龙江（贡山县独龙江乡段）。14-3。

47. 指叶凤尾蕨 Pteris dactylina Hooker

凭证标本：高黎贡山考察队 9744，21594。

植株高 20～40 cm，叶片常为掌状分裂。生于林下钙质的岩石缝隙中或崖壁上；海拔 1380～1900 m。

分布于独龙江（贡山县独龙江乡段）；贡山县茨开镇。14-3。

48. 多羽凤尾蕨 Pteris decrescens Christ

凭证标本：南水北调队 8027。

植株高 60～70 cm，基部羽片不分叉。生于常绿阔叶林下；海拔 1000 m。

分布于泸水市。7。

* 49. 狭叶凤尾蕨 Pteris henryi Christ

凭证标本：独龙江考察队 6203；张宪春等 6284。

植株高 30～50 cm，叶簇生，一型或略呈二型，叶柄长约 5～30 cm。生于林下钙质的岩石缝隙中或崖壁上；海拔 1300～2000 m。

分布于独龙江（贡山县独龙江乡段）；贡山县丙中洛乡。15。

50. 线羽凤尾蕨 Pteris linearis Poiret

凭证标本：高黎贡山考察队 19352；朱维明等 11541。

植株高 50～70 cm，叶脉分离，裂片间基部小脉几乎形成三角形网眼。生于常绿阔叶林、次生林林缘，山坡灌丛旁；海拔 1220～1238 m。

分布于独龙江（贡山县独龙江乡段）；福贡县鹿马登乡。6。

51. 三轴凤尾蕨 Pteris longipes D. Don

凭证标本：高黎贡山考察队 19956；张良 1755。

植株高 120～150 cm，叶柄顶端三轴分叉，叶脉分离。生于常绿阔叶林林下潮湿处；海拔 1225～1250 m。

分布于独龙江（贡山县独龙江乡段）；福贡县鹿马登乡。7。

52. 柔毛凤尾蕨 Pteris puberula Ching

凭证标本：金效华、张良 11305。

植株高 50～60 cm，叶草质，上面光滑，下面疏生贴服的灰色短毛。生于常绿阔叶林林下或林缘；海拔 2200～2500 m。

分布于贡山县茨开镇。14-3。

53. 溪边凤尾蕨 Pteris terminalis Wallich ex J. Agardh

凭证标本：金效华等 ST 2332；朱维明等 11487。

植株高达 180 cm，侧生羽片 6～12 对，近对生，披针形，羽状深裂或全裂，不规则篦齿状，有时羽片上侧全缘。生于常绿阔叶林林下溪沟旁开阔处；海拔 1350～1500 m。

分布于独龙江（贡山县独龙江乡段）；贡山县丙中洛乡。7。

54. 蜈蚣草 Pteris vittata Linnaeus

凭证标本：高黎贡山考察队 12411，15526。

植株高 20～100 cm，叶柄基部密被披针形、黄棕色、长约 1 cm 的鳞片，叶片一回羽状。生于山坡灌丛旁、石缝或墙缝中；海拔 1040～1740 m。

分布于独龙江（贡山县独龙江乡段）；贡山县丙中洛乡、茨开镇、捧当乡；福贡县；泸水市洛本卓乡；龙陵县镇安镇。4。

55. 西南凤尾蕨 Pteris wallichiana J. Agardh

凭证标本：高黎贡山考察队 23097，23138。

植株高 1～2 m，叶柄和叶轴近光滑。生于常绿阔叶林林下；海拔 2480～2530 m。

分布于贡山县丙中洛乡、茨开镇。7。

56. 云南凤尾蕨 Pteris wallichiana var. **yunnanensis**（Christ）Ching & S. H. Wu

凭证标本：高黎贡山考察队 33632；金效华、张良 11183。

植株高 1～2 m，叶柄和叶轴密被毛。生于常绿阔叶林林下；海拔 1790～2380 m。

分布于贡山县茨开镇；福贡县鹿马登乡；泸水市洛本卓乡。14-3。

P31. 碗蕨科 Dennstaedtiaceae

6 属 16 种

1. 碗蕨 Dennstaedtia scabra（Wallich ex Hooker）T. Moore

凭证标本：高黎贡山考察队 22065；朱维明、陆树刚 18919。

植株高 60～120 cm，根状茎长而横走，叶片三回羽状，两面多少被毛。生于林下、林缘、溪边或路边山坡上；海拔 1230～2980 m。

分布于独龙江（贡山县独龙江乡段）。7。

2. 光叶碗蕨 Dennstaedtia scabra var. **glabrescens**（Ching）C. Christensen

凭证标本：高黎贡山考察队 24710，29592。

植株高 60～120 cm，根状茎长而横走，叶片三回羽状，两面近光滑。生于常绿阔叶林林下或杂木林林缘；海拔 1660～1930 m。

分布于独龙江（贡山县独龙江乡段）；腾冲市五合乡、新华乡。7。

3. 栗蕨 Histiopteris incisa（Thunberg）J. Smith

凭证标本：和兆荣、王焕冲 s. n.；朱维明、陆树刚 19101。

植株高 1～2 m，根状茎长而横走，栗黑色，叶脉网状。生于林缘山坡上或空旷山地；海拔 1500～1600 m。

分布于独龙江（贡山县独龙江乡段）。2。

4. 台湾姬蕨 Hypolepis alpina（Blume）Hooker

凭证标本：商辉等 SG1838，SG1871。

植株高 100～150 cm，叶柄基部生纤维状根，叶薄草质。生于常绿阔叶林林缘崖壁阴湿处；海拔 1285～1595 m。

分布于独龙江（贡山县独龙江乡段）。5。

5. 姬蕨 Hypolepis punctata（Thunberg）Mettenius in Kuhn

凭证标本：金效华等 DLJ-ET0960；朱维明、陆树刚 18990。

植株高 70～120 cm，根状茎横走，孢子囊群圆形，假囊群盖绿色，全缘，不覆盖孢子囊群。生于林缘山坡、荒坡上、空地上；海拔 1700～1876 m。

分布于独龙江（贡山县独龙江乡段）。2。

6. 长托鳞盖蕨 Microlepia firma Mettenius ex Kuhn

凭证标本：高黎贡山考察队 24695，29602。

叶片长 100～150 cm，三至四回羽状，孢子囊群短柱状，长突出于叶缘。生于常绿阔叶林林下或林缘；海拔 1930～2160 m。

分布于腾冲市五合乡、新华乡。14-3。

7. 西南鳞盖蕨 Microlepia khasiyana（Hooker）C. Presl

凭证标本：青藏队 6889；张良 1754。

叶片长 45～80（～110）cm，二回羽状，叶坚草质。生于常绿阔叶林林下阴湿处；海拔 1500 m。

分布于独龙江（贡山县独龙江乡段）；福贡县鹿马登乡。14-3。

8. 光叶鳞盖蕨 Microlepia marginata var. calvescens（Wallich ex Hooker）C. Christensen

凭证标本：徐炳强等-伊洛瓦底队 4925。

植株高 60～80 cm，叶片一回羽状，两面近光滑。生于常绿阔叶林林下或林缘；海拔 1670 m。

分布于缅甸克钦邦。7。

9. 毛叶边缘鳞盖蕨 Microlepia marginata var. villosa（C. Presl）Y. C. Wu

凭证标本：高黎贡山考察队 28906。

叶片长达 130 cm，羽片浅裂，下面密被节状毛。生于常绿阔叶林林下及林缘阴湿处；海拔 1090 m。

分布于福贡县鹿马登乡。7。

10. 阔叶鳞盖蕨 Microlepia platyphylla（D. Don）J. Smith

凭证标本：朱维明、陆树刚 18979（B）。

叶片长（84～）100～145 cm，阔三角形，小羽片长 9～15 cm。生于常绿阔叶林下或林林缘潮湿处；海拔 1400 m。

分布于独龙江（贡山县独龙江乡段）。7。

11. 斜方鳞盖蕨 Microlepia rhomboidea（Wallich ex Kunze）Prantl

凭证标本：朱维明、陆树刚 19037。

植株高 140 cm，侧生羽片约 7 cm 宽，末回裂片先端圆钝。生于常绿阔叶林林下潮湿处；海拔 1400～1500 m。

分布于独龙江（贡山县独龙江乡段）。7。

12. 热带鳞盖蕨（多毛鳞盖蕨）Microlepia speluncae（Linnaeus）T. Moore

凭证标本：高黎贡山考察队 13943；朱维明、陆树刚 18978。

植株高 120～150（～200）cm，基部数对羽片近等长，叶片被长针状和灰色短毛。生于常绿阔叶林林下或林缘潮湿处；海拔 1500 m。

分布于独龙江（贡山县独龙江乡段）。2。

13. 针毛鳞盖蕨 Microlepia trapeziformis（Roxburgh）Kuhn

凭证标本：独龙江考察队 1340；朱维明、陆树刚 18949。

叶片长 80～120 cm，阔卵状长圆形，三回羽状，草质，密被长针状毛，小羽片先端圆钝头。常生于常绿阔叶林林下、林缘潮湿处；海拔 1320～1450 m。

分布于独龙江（贡山县独龙江乡段）。7。

14. 大叶稀子蕨 Monachosorum davallioides Kunze

凭证标本：高黎贡山考察队 14666。

植株高达 150 cm，叶片四回羽状。生于常绿阔叶林林下；海拔 2540 m。

分布于贡山县丙中洛乡。14-3。

15. 稀子蕨 Monachosorum henryi Christ

凭证标本：J. F. Rock 7404；高黎贡山考察队 11118。

植株高 70～100 cm，叶片三角状卵形，三回羽状。生于常绿阔叶林林下；海拔 1900～2240 m。

分布于缅甸克钦邦；独龙江（贡山县独龙江乡段）；贡山县茨开镇；腾冲市界头乡。14-3。

16. 毛轴蕨 Pteridium revolutum（Blume）Nakai

凭证标本：高黎贡山考察队 25090；朱维明、陆树刚 18909。

植株高 90～110 cm，叶轴、羽轴禾秆色，密被柔毛。生于林缘空地上或空旷山坡上；海拔 1400～2900 m。

分布于独龙江（贡山县独龙江乡段）；贡山县丙中洛乡、茨开镇；腾冲市五合乡。6。

P32. 冷蕨科 Cystopteridaceae

2 属 3 种，***1

1. 禾秆亮毛蕨 Acystopteris tenuisecta（Blume）Tagawa

凭证标本：高黎贡山考察队 17901；朱维明、陆树刚 18980。

能育叶长 28～150 cm，根状茎短横卧，叶柄和叶轴禾秆色，密被多细胞毛。生于林下山谷旁潮湿处；海拔 1450～2280 m。

分布于独龙江（贡山县独龙江乡段）；龙陵县龙江乡。7。

*****2. 卷叶冷蕨 Cystopteris modesta** Ching

凭证标本：高黎贡山考察队 32906，32793。

能育叶长 15～40 cm，末回裂片边缘常反卷。生于针叶林林下；海拔 2881～4003 m。

分布于贡山县丙中洛乡。15-2-6。

3. 宝兴冷蕨 Cystopteris moupinensis Franchet

凭证标本：高黎贡山考察队 16669，32937。

能育叶长 20～50 cm，根状茎细长横走，叶片卵圆形或卵状三角形。生于针阔混交林林下、高山针叶林林下、竹林旁、石壁旁；海拔 2845～3000 m。

分布于贡山县丙中洛乡。14-3。

P33. 轴果蕨科 Rhachidosoraceae

1 属 1 种，*1

*1. 台湾轴果蕨 Rhachidosorus pulcher（Tagawa）Ching

凭证标本：朱维明等 11531。

能育叶长达 2 m，基部羽片与相邻上部羽片同形。生于常绿阔叶林林下；海拔 1330 m。

分布于福贡县上帕镇。15。

P34. 肠蕨科 Diplaziopsidaceae

1 属 1 种

1. 阔羽肠蕨 Diplaziopsis brunoniana（Wallich）W. M. Chu

凭证标本：金效华、张良 11514；朱维明等 22649。

能育叶长达 150 cm，羽片每组两条侧脉出自主脉。生于山谷常绿阔叶林林下或林缘潮湿处；海拔 1400～1500 m。

分布于独龙江（贡山县独龙江乡段）。7。

P37. 铁角蕨科 Aspleniaceae

2 属 30 种，*1，**4

1. 黑色铁角蕨 Asplenium adiantumnigrum Linnaeus

凭证标本：高黎贡山考察队 19160。

植株 15～40 cm，叶片三角形，叶柄黑色，基部加厚。生于溪边林下或岩石上；海拔 1243 m。

分布于福贡县鹿马登乡。8。

2. 西南铁角蕨 Asplenium aethiopicum（N. L. Burman）Becherer

凭证标本：高黎贡山考察队 29576，29817。

植株 25～45 cm，叶柄长在 5 cm 以上，叶柄和叶轴鳞片先端长纤维状。生于次生常绿阔叶林林岩石上；海拔 1630～1930 m。

分布于贡山县丙中洛乡；腾冲市和顺镇、新华乡。2。

3. 大盖铁角蕨 Asplenium bullatum Wallich ex Mettenius

凭证标本：夏念和等-伊洛瓦底队 1336；冯国楣 8654；朱维明、陆树刚 19139。

植株高 10～100 cm，叶片三回羽状，分离小羽片少于 5 对。生于常绿阔叶林林缘；海拔 2100 m。

分布于缅甸克钦邦；独龙江（贡山县独龙江乡段）；贡山县茨开镇。14-3。

4. 线裂铁角蕨 Asplenium coenobiale Hance

凭证标本：依据《怒江自然保护区》记载，未见凭证标本。

植株高 12～35 cm，整个叶柄均为深棕色或黑色。生于林下钙质的岩石上；海拔 1650 m。

分布于贡山县丙中洛乡。14-2。

5. 毛轴铁角蕨 Asplenium crinicaule Hance

凭证标本：高黎贡山考察队 19958。

植株高 12～40 cm，羽片狭卵形，先端尖。生于常绿阔叶林林潮湿的岩石上；海拔 1225 m。

分布于福贡县鹿马登乡。5。

6. 水鳖蕨 Asplenium delavayi（Franchet）Copeland

凭证标本：高黎贡山考察队 9885，19159。

植株高 5～15 cm，叶片圆形，基部心形。生于常绿阔叶林林中潮湿的岩石上；海拔 900～1243 m。

分布于福贡县鹿马登乡；泸水市。14-3。

7. 剑叶铁角蕨 Asplenium ensiforme Wallich ex Hooker & Greville

凭证标本：高黎贡山考察队 25813，25846。

植株高 30～45（～65）cm，单叶，狭披针形。生于常绿阔叶林林下岩石或树干上；海拔 2200～2400 m。

分布于独龙江（贡山县独龙江乡段）；贡山县茨开镇；丙中洛乡；福贡县石月亮乡、鹿马登乡、亚坪乡；泸水市洛本卓乡；腾冲市明光乡。7。

8. 云南铁角蕨 Asplenium exiguum Beddome

凭证标本：South Tibet Exp. Team（STET）0070；朱维明等 17633。

植株高 5～25 cm，羽轴近顶端常具芽胞。生于常绿阔叶林林下岩石缝隙中；海拔 1550～1650 m。

分布于贡山县丙中洛乡、茨开镇。8。

9. 网脉铁角蕨 Asplenium finlaysonianum Wallich ex Hooker

凭证标本：徐炳强等-伊洛瓦底队 4914。

植株高（20～）30～50 cm，叶柄干后禾秆色，叶片一回羽状或稀为单叶，叶脉在羽片近边缘处网结。生于常绿阔叶林林下岩石上或树干上；海拔 1670 m。

分布于缅甸克钦邦。7。

10. 厚叶铁角蕨 Asplenium griffithianum Hooker

凭证标本：张良 1698。

植株高 15～25 cm，叶片边缘具波状齿或缺刻。生于常绿阔叶林林下潮湿的岩石或树干上；海拔 1250 m。

分布于独龙江（贡山县独龙江乡段）。14-1。

11. 撕裂铁角蕨 Asplenium gueinzianum Mettenius ex Kuhn

凭证标本：J. F. Rock 7422；高黎贡山考察队 17917，25142。

植株高 25～35 cm，羽轴近顶端常具被鳞片的芽孢。生于林下溪边潮湿的岩石上；海拔 1400～2405 m。

分布于缅甸克钦邦；独龙江（贡山县独龙江乡段）；贡山县丙中洛乡；腾冲市界头乡；龙陵县龙江乡。14-3。

*12. 肾羽铁角蕨 Asplenium humistratum Ching ex H. S. Kung

凭证标本：朱维明等 23775。

植株高 10～25 cm，羽片肾形或近卵形。生于林下钙质的岩壁上；海拔 2000 m。

分布于贡山县丙中洛乡。15-3。

13. 胎生铁角蕨 Asplenium indicum Sledge

凭证标本：J. F. Rock 7417；滇西植物调查组 11252；滇西植物调查组 11364。

植株高 10～25 cm，叶轴或羽轴常具芽胞。生于常绿阔叶林林下潮湿的岩石上或树干上；海拔 2400 m。

分布于缅甸克钦邦；泸水市片马镇。14-3。

14. 巢蕨 Asplenium nidus Linnaeus

凭证标本：J. F. Rock 7467；高黎贡山考察队 12832，19945。

植株高 80～110 cm，中肋背面扁平。生于常绿阔叶林林中树干上；海拔 1255～1570 m。

分布于缅甸克钦邦；独龙江（贡山县独龙江乡段）；贡山县茨开镇；福贡县鹿马登乡。4。

15. 倒挂铁角蕨 Asplenium normale D. Don

凭证标本：独龙江考察队 4704；高黎贡山考察队 19941。

植株高 15～40 cm，叶轴栗棕色，近先端处常有 1 枚被鳞片的芽胞。生于常绿阔叶林林下岩石旁；海拔 1255～2400 m。

分布于独龙江（贡山县独龙江乡段）；福贡县鹿马登乡；泸水市洛本卓乡。4。

16. 北京铁角蕨 Asplenium pekinense Hance

凭证标本：朱维明等 22768。

植株高 5～20 cm，叶片披针形。生于开阔地的岩石缝中；海拔 1650 m。

分布于贡山县丙中洛乡。11。

17. 长叶巢蕨 Asplenium phyllitidis D. Don

凭证标本：朱维明、陆树刚 19073。

植株高 (50～) 70～110 cm，主脉下部下面隆起为半圆形。生于常绿阔叶林林岩石上或树干上；海拔 1450 m。

分布于独龙江（贡山县独龙江乡段）。7。

18. 长叶铁角蕨 Asplenium prolongatum Hooker

凭证标本：高黎贡山考察队 17079。

植株高 15～30 cm，叶片顶端延伸成鞭状。生于常绿阔叶林潮湿的岩石上或树干上；海拔 1750 m。

分布于贡山县丙中洛乡。7。

****19. 假倒挂铁角蕨 Asplenium pseudonormale** W. M. Chu & X. C. Zhang ex W. M. Chu

凭证标本：朱维明、陆树刚 19071，19093。

植株高 8～20 cm，羽片近长方形，孢子囊群稀少。生于密林下潮湿的土层上；海拔 1500 m。

分布于独龙江（贡山县独龙江乡段）。15-2。

****20. 俅江苍山蕨 Asplenium qiujiangense** (Ching & Fu) Nakaike

凭证标本：朱维明、陆树刚 19153。

植株高达 40 cm，叶片倒披针形，单叶，羽状深裂几达叶轴，裂片正面近叶缘处常有 1 个芽胞。生于常绿阔叶林下潮湿的崖壁上；海拔 2270 m。

分布于独龙江（贡山县独龙江乡段）。15-2。

****21. 俅江铁角蕨 Asplenium subspathulinum** X. C. Zhang

凭证标本：T. T. Yü 20449；朱维明、陆树刚 19072。

植株高达 50～100 cm，叶片二回羽状至三回羽裂。生于郁闭度高的常绿阔叶林林下；海拔 1450 m。

分布于独龙江（贡山县独龙江乡段）。15-2。

22. 细茎铁角蕨 Asplenium tenuicaule Hayata

凭证标本：朱维明等 20268。

植株高 6～15（～25）cm，裂片顶端具波状圆齿。生于常绿阔叶林林下潮湿的岩石上；海拔 1800～2530 m。

分布于贡山县茨开镇。6。

23. 细裂铁角蕨 Asplenium tenuifolium D. Don

凭证标本：高黎贡山考察队 17919；张良 1753。

植株高（10～）20～45 cm，羽片二回羽状至四回羽裂。生于常绿阔叶林或杂木林林下潮湿的岩石上；海拔 1400～2280 m。

分布于独龙江（贡山县独龙江乡段）；腾冲市界头乡、龙江乡、芒棒镇。7。

24. 铁角蕨 Asplenium trichomanes Linnaeus

凭证标本：高黎贡山考察队 29438。

植株高 10～30 cm，叶轴具棕色或黄棕色的翅。生于林下溪流旁的岩石上或石缝中；海拔 1570 m。

分布于贡山县丙中洛乡；腾冲市界头乡。1。

25. 三翅铁角蕨 Asplenium tripteropus Nakai

凭证标本：高黎贡山考察队 28986；金效华等 DLJ-ET2313。

植株高 10～30 cm，叶轴三面具翅，近顶端有时具芽胞。生于林下或林缘的岩石上或石缝中；海拔 1500～1650 m。

分布于独龙江（贡山县独龙江乡段）；福贡县上帕镇。14-1。

26. 变异铁角蕨 Asplenium varians Wallich ex Hooker & Greville

凭证标本：高黎贡山考察队 12017，19292。

植株高 8～20（～35）cm，基部羽片卵状三角形。生于杂木林林下潮湿的岩石上或崖壁上；海拔 1570 m。

分布于独龙江（贡山县独龙江乡段）；贡山县丙中洛乡、茨开镇；泸水市片马镇。6。

27. 棕鳞铁角蕨 Asplenium yoshinagae Makino

凭证标本：高黎贡山考察队 23268；金效华等 DLJ-ET1335。

植株高 25～45 cm，叶轴禾秆色至绿色，具或不具芽胞。生于常绿阔叶林下林岩石或树干上；海拔 1278～2480 m。

分布于独龙江（贡山县独龙江乡段）。7。

28. 齿果铁角蕨 Hymenasplenium cheilosorum（Kunze ex Mettenius）Tagawa

凭证标本：J. F. Rock 7425；夏念和等-伊洛瓦底队 1382；高黎贡山考察队 19957；张良 1689。

植株高 25～60 cm，孢子囊群椭圆形，生于小脉顶部。生于林下潮湿的岩石上；海拔 1230～1450 m。

分布于缅甸克钦邦；独龙江（贡山县独龙江乡段）。7。

29. 切边铁角蕨 Hymenasplenium excisum（C. Presl）S. Lindsay

凭证标本：高黎贡山考察队 17056；金效华、张良 11523。

植株高 40～60 cm，叶片基部最宽，羽片菱形，镰刀状。生于常绿阔叶林林下腐殖质较厚的岩石或土上；海拔 1450～2150 m。

分布于独龙江（贡山县独龙江乡段）；贡山县丙中洛乡；腾冲市界头乡。6。

****30. 微凹膜叶铁角蕨（微凹铁角蕨）Hymenasplenium retusulum**（Ching）Viane & S. Y. Dong

凭证标本：高黎贡山考察队 25849；朱维明、陆树刚 19152。

植株高 20～30 cm，羽片边缘锯齿 2.5～3.5 mm。生于林下溪流旁的岩石上或石缝中；海拔 2270～2400 m。

分布于独龙江（贡山县独龙江乡段）；泸水市洛本卓乡。15-2。

P39. 球子蕨科 Onocleaceae

2 属 2 种

1. 荚果蕨 Matteuccia struthiopteris（Linnaeus）Todaro

凭证标本：朱维明、陆树刚 18943；朱维明等 34201。

植株高 50～100 cm，叶片二型，不育叶基部羽片逐渐缩小成耳形。生于常绿阔叶林下；海拔 1450～2150 m。

分布于独龙江（贡山县独龙江乡段）。8。

2. 东方荚果蕨 Pentarhizidium orientale（Hooker）Hayata

凭证标本：高黎贡山考察队 34201；和兆荣、王焕冲 0372。

植株高 70～120 cm，不育叶基部不缩短。生于常绿阔叶林林下；海拔 2150～2700 m。

分布于福贡县上帕镇。14-1。

P40. 乌毛蕨科 Blechnaceae

3 属 4 种，*1

1. 乌木蕨 Blechnidium melanopus（Hooker）T. Moore

凭证标本：高黎贡山考察队 22123；金效华、张良 11222。

植株高 30～50 cm，根状茎长而横走，叶片具长柄，乌木色或栗红色。生于常绿阔叶林密林中石壁上或树干基部；海拔 1570～2400 m。

分布于独龙江（贡山县独龙江乡段）；贡山县茨开镇；泸水市洛本卓乡。14-3。

*2. 荚囊蕨 Struthiopteris eburnea（Christ）Ching

凭证标本：朱维明等 17698，17700。

植株高 20～40 cm，叶二型，叶脉分离。生于林缘钙质的崖壁上；海拔 1560～2100 m。

分布于贡山县丙中洛乡。15。

3. 狗脊 Woodwardia japonica（Linnaeus f.）Smith

凭证标本：高黎贡山考察队 25964，29551。

植株高 80～150 cm，叶轴近顶端不具芽胞。生于常绿阔叶林林下、林缘及次生林中；海拔 1460～2040 m。

分布于贡山县丙中洛乡、茨开镇；福贡县匹河乡；腾冲市界头乡。14-2。

4. 顶芽狗脊 Woodwardia unigemmata（Makino）Nakai

凭证标本：高黎贡山考察队 19411，19880。

植株高 80～160 cm，叶轴上部具一大芽胞。生于常绿阔叶林林下及林缘山坡上；海拔 1130～2000 m。

分布于独龙江（贡山县独龙江乡段）；贡山县捧当乡、丙中洛乡、茨开镇；福贡县石月亮乡、鹿马登乡。14-1。

P41. 蹄盖蕨科 Athyriaceae

4 属 65 种，*10，**9，***2

1. 大叶假冷蕨 Athyrium atkinsonii Beddome

凭证标本：武素功 8395；朱维明、陆树刚 20202。

能育叶长 60～100（～160）cm，根状茎粗而横卧。生于常绿阔叶或针阔混交林林下潮湿处；海拔 3200～3410 m。

分布于独龙江（贡山县独龙江乡段）；泸水市片马镇。14-1。

*2. **圆果蹄盖蕨 Athyrium bucahwangense** Ching

凭证标本：T. T. Yü 20090；朱维明、陆树刚 18906。

能育叶长 20～80 cm，叶片卵状三角形或卵状长三角形，二至三回羽状。生于针阔混交林林下；海拔 2600～3200 m。

分布于独龙江（贡山县独龙江乡段）；泸水市片马镇。15。

3. 秦氏蹄盖蕨 Athyrium chingianum Z. R. Wang & X. C. Zhang

凭证标本：高黎贡山考察队 26696，34166。

能育叶长 10～25 cm，根状茎长横走，孢子囊群靠近小羽轴。生于针阔混交林林缘及较为开阔和潮湿的山坡上；海拔 3120～3360 m。

分布于贡山县茨开镇；福贡县石月亮乡。15-2。

4. 芽胞蹄盖蕨 Athyrium clarkei Beddome

凭证标本：高黎贡山考察队 11102，33648。

能育叶长 20～80 cm，叶轴常具一大芽胞。生于常绿阔叶林或针阔混交林林下潮湿处；海拔 1790～2250 m。

分布于贡山县茨开镇；泸水市片马镇；腾冲市界头乡。14-3。

5. 大卫假冷蕨（节毛假冷蕨）Athyrium davidii（Franchet）Christ

凭证标本：朱维明、陆树刚 22408。

能育叶长 17～40 cm，下部数对羽片明显缩短。生于高山草甸灌丛中；海拔 3600 m。

分布于独龙江（贡山县独龙江乡段）。14-3。

6. 林光蹄盖蕨 Athyrium decorum Ching

凭证标本：青藏队 8757。

能育叶长 25～65 cm，叶柄基部鳞片椭圆状披针形至披针形。生于高山草甸灌丛潮湿处；海拔 3300～3600 m。

分布于独龙江（贡山县独龙江乡段）。15-2。

7. 翅轴蹄盖蕨 Athyrium delavayi Christ

凭证标本：高黎贡山考察队 12275，12526。

能育叶长 35～65 cm，羽片基部小羽片覆盖叶轴。生于常绿阔叶林林下潮湿处；海拔 2000～2150 m。

分布于贡山县茨开镇。14-3。

* 8. 薄叶蹄盖蕨 Athyrium delicatulum Ching & S. K. Wu

凭证标本：朱维明、陆树刚 19003。

能育叶 30～100 cm，叶片二至三回羽裂，基部的一对小羽片近对生。生于常绿阔叶林林下或杂木林潮湿的林缘；海拔 2060～3000 m。

分布于独龙江（贡山县独龙江乡段）。15。

9. 希陶蹄盖蕨 Athyrium dentigerum（Wallich ex C. B. Clarke）Mehra & Bir

凭证标本：T. T. Yü 20360；朱维明等 21260。

能育叶长 30～120 cm，叶片一至二回羽状，囊群盖边缘啮蚀状或略有睫毛，宿存。生于阔叶林或针阔混交林林缘或林下开阔处；海拔 2450～3600 m。

分布于独龙江（贡山县独龙江乡段）。14-3。

10. 疏叶蹄盖蕨 Athyrium dissitifolium（Baker）C. Christensen

凭证标本：高黎贡山考察队 17186，24706。

能育叶长 20～65 cm，叶柄及叶轴浅紫色，孢子囊群无盖。生于杂木林林缘或林下开阔处；海拔 1419～2169 m。

分布于腾冲市五合乡。14-3。

11. 多变蹄盖蕨 Athyrium drepanopterum（Kunze）A. Braun ex Milde

凭证标本：J. F. Rock 7476，7477；高黎贡山考察队 16591；张良 1716。

能育叶长 11～110 cm，叶柄长 2～40 cm，囊群盖小，边缘啮蚀状。生于常绿阔叶林、杂木林林缘山坡土壁上或岩缝中；海拔 1320～2150 m。

分布于缅甸克钦邦；独龙江（贡山县独龙江乡段）；贡山县茨开镇；福贡县鹿马登乡；腾冲市马站乡。14-3。

12. 毛翼蹄盖蕨 Athyrium dubium Ching

凭证标本：滇西北金沙江队 11233；金效华等 ST 1401。

能育叶长 30～90 cm，叶柄长 10～45 cm，叶片多少被毛。生于针阔混交林林缘或高山草甸潮湿处；海拔 2800～3200 m。

分布于独龙江（贡山县独龙江乡段）；泸水市片马镇。14-3。

** 13. 独龙江蹄盖蕨 Athyrium dulongicola W. M. Chu

凭证标本：朱维明、陆树刚 19189，19199。

能育叶长 75～120 cm，叶柄长 35～55 cm，叶柄基部鳞片同色，羽片及小羽片上面沿中肋白化。生于针阔混交林林下；海拔 3000～3200 m。

分布于独龙江（贡山县独龙江乡段）。15-2。

14. 方氏蹄盖蕨（贴脉蹄盖蕨）Athyrium fangii Ching

凭证标本：滇西北金沙江队 11232A；和兆荣、王焕冲 0376。

能育叶长 60～80 cm，叶片卵形或倒披针形，二回羽状，小裂片边缘近全缘。生于高山灌丛潮湿处；海拔 3000～3100 m。

分布于独龙江（贡山县独龙江乡段）；福贡县鹿马登乡；泸水市片马镇。14-3。

15. 喜马拉雅蹄盖 Athyrium fimbriatum Hooker ex T. Moore

凭证标本：青藏队 8042；张宪春等 6311。

叶片（25～）60～80（～130）cm，二至三回羽状，叶柄淡红色。生于常绿阔叶林、杂木林林缘潮湿的山坡土壁上或岩缝中；海拔 1700～1932 m。

分布于独龙江（贡山县独龙江乡段）；贡山县丙中洛乡。14-3。

16. 大盖蹄盖蕨 Athyrium foliolosum T. Moore ex R. Sim

凭证标本：高黎贡山考察队 12923；张宪春等 6364。

能育叶长 20～70 cm，二至三回羽状，叶柄鳞片红棕色。生于常绿阔叶林或针阔混交林林下；海拔 2100～2830 m。

分布于独龙江（贡山县独龙江乡段）。14-3。

17. 中锡蹄盖蕨 Athyrium himalaicum Ching ex Mehra & Bir

凭证标本：青藏队 7786；朱维明等 22340。

能育叶长 12～100 cm，叶轴和羽轴顶部上面仅具短刺，常被较密的灰白色单细胞毛。生于亚高山针阔混交林、杜鹃林及冷杉林林下；海拔 3100～3500 m。

分布于独龙江（贡山县独龙江乡段）；贡山县丙中洛乡。14-3。

* * **18. 线羽蹄盖蕨 Athyrium lineare Ching**

凭证标本：朱维明等 22884。

能育叶长 60～70 cm，基部羽片常反折。生于林下；海拔 2150 m。

分布于泸水市片马镇。15-2。

19. 川滇蹄盖蕨 Athyrium mackinnoniorum（C. Hope）C. Christensen

凭证标本：滇西植物调查组 11444，11284。

能育叶长（25～）50～85（～120）cm，羽轴禾秆色。生于林下山坡上；海拔 2000～2500 m。

分布于泸水市片马镇。14-3。

20. 狭基蹄盖蕨 Athyrium mehrae Bir

凭证标本：朱维明、陆树刚 19192，20201。

能育叶长（20～）35～48（～80）cm，基部数对羽片逐渐缩短。生于高山草甸岩石旁；海拔 3100～3500 m。

分布于独龙江（贡山县独龙江乡段）。14-3。

21. 红苞蹄盖蕨 Athyrium nakanoi Makino

凭证标本：高黎贡山考察队 22028；张良 1734。

能育叶长 10～50 cm，一回羽状，羽片上侧显著耳状凸起，囊群盖大，边缘啮蚀状至撕裂状。生于常绿阔叶林林下潮湿的崖壁上；海拔 2000～2600 m。

分布于独龙江（贡山县独龙江乡段）；福贡县鹿马登乡；泸水市洛本卓乡。14-1。

22. 黑足蹄盖蕨 Athyrium nigripes（Blume）T. Moore

凭证标本：朱维明、陆树刚 18941；朱维明等 22807。

能育叶长 15～30（～65）cm，根状茎和叶柄基部黑色，小羽片狭长，宽常小于 1 cm。生于常绿阔叶或针阔混交林林下潮湿处；海拔 1450～2900 m。

分布于独龙江（贡山县独龙江乡段）；贡山县丙中洛乡、茨开镇。7。

23. 聂拉木蹄盖蕨 Athyrium nyalamense Y. T. Hsieh & Z. R. Wang

凭证标本：朱维明、陆树刚 18920，19130。

叶片长 22～52 cm，卵形至长圆形，裂片边缘具锯齿。生于常绿阔叶林林下；海拔 1400～2300 m。

分布于独龙江（贡山县独龙江乡段）。14-3。

24. 轴生蹄盖蕨 Athyrium rhachidosorum（Handel-Mazzetti）Ching

凭证标本：高黎贡山考察队 23031；H. Handel-Mazzetti 9545。

能育叶长 25～80 cm，末回裂片线形，孢子囊群小，紧贴中肋，近椭圆形或呈圆肾形。生于常绿阔叶林或针阔混交林林下；海拔 1850～3490 m。

分布于独龙江（贡山县独龙江乡段）；贡山县茨开镇；福贡县石月亮乡。14-3。

＊＊25. 玫瑰蹄盖蕨 Athyrium roseum Christ

凭证标本：青藏队 8186；张宪春 2979。

能育叶长 20～100 cm，羽片 13～20 对，叶轴和羽轴具光泽。生于常绿阔叶林林下及林缘；海拔 1750～1800 m。

分布于独龙江（贡山县独龙江乡段）；腾冲市猴桥镇。15-2。

26. 高山蹄盖蕨（林下蹄盖蕨）Athyrium silvicola Tagawa

凭证标本：J. F. Rock 7519；青藏队 9345；张良 1740。

能育叶长 25～110 cm，近三角形，叶柄和叶轴常呈淡紫红色。生于常绿阔叶林或竹林林下；海拔 1250～1550 m。

分布于缅甸克钦邦；独龙江（贡山县独龙江乡段）。14-1。

＊＊27. 腺叶蹄盖蕨 Athyrium supraspinescens C. Christensen

凭证标本：朱维明等 22810，22851。

能育叶长 30～40 cm，叶片三角状，裂片长圆形。生于常绿阔叶林或针阔混交林林下；海拔 2200～2850 m。

分布于贡山县丙中洛乡。15-2。

＊＊28. 察陇蹄盖蕨 Athyrium tarulakaense Ching

凭证标本：T. T. Yü 20955；高黎贡山考察队 16922。

能育叶长 60～70 cm，叶柄基部鳞片二色，叶片干后黑色。生于针阔混交林林缘或高山草甸；海拔 2800～3400 m。

分布于独龙江（贡山县独龙江乡段）。15-2。

* 29. 西藏蹄盖蕨 Athyrium tibeticum Ching

凭证标本：青藏队 8529；朱维明、陆树刚 20201。

能育叶长 20～80 cm，叶轴禾秆色，被脱落的细短柔毛及稀疏的小鳞片。生于针叶林林下或高山灌丛中；海拔 3100～3500 m。

分布于独龙江（贡山县独龙江乡段）。15。

30. 黑杆蹄盖蕨 Athyrium wallichianum Ching

凭证标本：高黎贡山考察队 17408，31557。

能育叶长 14～60 cm，叶柄短，长 4～10 cm，叶柄和叶轴深棕色，通体密被黑色鳞片。成片生于高山草甸；海拔 3550～4080 m。

分布于独龙江（贡山县独龙江乡段）；贡山县丙中洛乡。14-3。

** 31. 俞氏蹄盖蕨 Athyrium yui Ching

凭证标本：金效华等 ST 1416；T. T. Yü 20095。

能育叶长 15～55 cm，叶片一回羽状，羽片深裂至羽轴，小羽片彼此接近。生于针阔混交林林缘或较为潮湿的灌丛中；海拔 2850～3200 m。

分布于独龙江（贡山县独龙江乡段）。15-2。

32. 复叶角蕨 Cornopteris badia Ching

凭证标本：张良 1688；朱维明、陆树刚 19092。

能育叶长达 3 m，三回羽状，末回裂片先端尖。生于常绿阔叶林下；海拔 1250～1550 m。

分布于独龙江（贡山县独龙江乡段）。14-3。

* 33. 阔片角蕨 Cornopteris latiloba Ching

凭证标本：朱维明、陆树刚 19046，22559。

能育叶长可达 110 cm，羽片基部上侧的裂片较下侧的狭而长或等长。生于常绿阔叶林林下或林缘；海拔 1400～2300 m。

分布于独龙江（贡山县独龙江乡段）；贡山县茨开镇。15。

34. 黑叶角蕨 Cornopteris opaca（D. Don）Tagawa

凭证标本：高黎贡山考察队 20234；青藏队 9548。

叶片长 50～110 cm，根状茎直立或斜生。生于常绿阔叶林林下或林缘；海拔 1600～2445 m。

分布于独龙江（贡山县独龙江乡段）；贡山县茨开镇；福贡县亚坪乡。14-1。

35. 对囊蕨（介蕨）Deparia boryana（Willdenow）M. Kato

凭证标本：青藏队 7964；张良 1680。

能育叶长 80～180 cm，小羽片具短柄。生于常绿阔叶林林下或林缘；海拔 1400～1700 m。

分布于独龙江（贡山县独龙江乡段）；贡山县丙中洛乡；福贡县上帕镇；泸水市片马镇。6。

36. 斜生对囊蕨（斜生假蹄盖蕨）Deparia dickasonii M. Kato

凭证标本：张宪春等 6342；朱维明、陆树刚 18976。

能育叶长 50～70 cm，根状茎斜升，叶柄基部鳞片阔披针形，长达 1 cm。生于常绿阔叶林林下或林缘；海拔 1450～1700 m。

分布于独龙江（贡山县独龙江乡段）；贡山县丙中洛乡、茨开镇。14-3。

* **37. 昆明对囊蕨（大理蛾眉蕨、昆明蛾眉蕨）Deparia dolosa**（Christ）M. Kato

凭证标本：滇西植物调查组 11286。

能育叶长 50～110 cm，叶片狭长，椭圆状披针形。生于常绿阔叶林林缘或杂木林下开阔处；海拔 2100 m。

分布于泸水市片马镇。15。

38. 网脉对囊蕨（网蕨）Deparia heterophlebia（Mettenius ex Baker）R. Sano

凭证标本：青藏队 9124；金效华、张良 11529。

能育叶长达 80 cm，分离羽片 1～5 对。生于常绿阔叶林林下或林缘潮湿处；海拔 1350～1500 m。

分布于独龙江（贡山县独龙江乡段）。14-3。

39. 毛轴对囊蕨（毛轴蛾眉蕨）Deparia hirtirachis（Ching ex Z. R. Wang）Z. R. Wang

凭证标本：G. Forrest 27112；朱维明、陆树刚 19170。

能育叶长约 80 cm，叶轴和羽片中肋两面密被皱缩的长节毛及鳞片状毛。生于常绿阔叶林林缘或杂木林下开阔处；海拔 1917 m。

分布于独龙江（贡山县独龙江乡段）。14-3。

* **40. 狭叶对囊蕨（昆明假蹄盖蕨）Deparia longipes**（Ching）Shinohara

凭证标本：朱维明等 17638，20293。

能育叶长达 90 cm，根状茎细长横走。生于常绿阔叶林林下，或竹林、杂木林潮湿处；海拔 1400～1650 m。

分布于贡山县茨开镇；福贡县上帕镇。15。

* **41. 墨脱对囊蕨（维明蛾眉蕨）Deparia medogensis**（Ching & S. K. Wu）Z. R. Wang

凭证标本：滇西植物调查组 11234；朱维明、陆树刚 19193。

能育叶长 50～90（～140）cm，下部多对羽片向下渐缩短。生于针阔混交林林下；海拔 2550～3100 m。

分布于独龙江（贡山县独龙江乡段）；泸水市片马镇。15。

42. 毛叶对囊蕨（毛轴假蹄盖蕨）Deparia petersenii（Kunze）M. Kato

凭证标本：滇西植物调查组 11472；朱维明、陆树刚 20293。

叶片长达 1 m，根状茎细而横走，叶片两面沿叶轴、羽片中肋及叶脉具节状毛。生于常绿阔叶林林缘或杂木林林下的溪沟旁土坡；海拔 1080～1700 m。

分布于独龙江（贡山县独龙江乡段）；福贡县匹河乡、上帕镇；保山市芒宽乡。7。

* **43. 四川对囊蕨（四川蛾眉蕨）Deparia sichuanensis（Z. R. Wang）Z. R. Wang**

凭证标本：金效华等 ST 0472。

能育叶长 40～100 cm，基部多对羽片逐渐缩小。生于常绿阔叶林或针阔混交林林下潮湿处。

分布于泸水市洛本卓乡。15。

*** **44. 贡山对囊蕨（贡山蛾眉蕨）Deparia sichuanensis var. gongshanensis（Z. R. Wang）Z. R. Wang**

凭证标本：青藏队 7781。

能育叶长 40～100 cm，裂片先端平截。生于针阔混交林林下；海拔 3500 m。

分布于贡山县丙中洛乡。15-2-6。

45. 单叉对囊蕨（峨眉介蕨）Deparia unifurcata（Baker）M. Kato

凭证标本：高黎贡山考察队 21539；金效华等 DLJ-ET 1342。

能育叶长 45～95 cm，根状茎细长横走，孢子囊群及囊群盖圆肾形。生于阔叶林林缘或林下开阔处；海拔 1750～2000 m。

分布于独龙江（贡山县独龙江乡段）。14-2。

* **46. 峨山对囊蕨（华西蛾眉蕨，峨山蛾眉蕨）Deparia wilsonii（Christ）X. C. Zhang**

凭证标本：高黎贡山考察队 16825，31801。

能育叶长 50～120 cm，根状茎斜生或直立。生于阔叶林或针阔混交林林缘或林下开阔处；海拔 2530～3400 m。

分布于独龙江（贡山县独龙江乡段）；贡山县丙中洛乡。15。

47. 褐色双盖蕨（褐色短肠蕨）Diplazium axillare Ching

凭证标本：J. F. Rock 7434；朱维明、陆树刚 19044，20356。

能育叶长达 250 cm 以上，叶柄、叶轴及羽轴均为暗棕色。生于常绿阔叶林林下或林缘；海拔 1400～1950 m。

分布于缅甸克钦邦；独龙江（贡山县独龙江乡段）。14-3。

48. 美丽双盖蕨（美丽短肠蕨）Diplazium bellum（C. B. Clarke）Bir in Mehra & Bir

凭证标本：朱维明、陆树刚 19045，20323。

能育叶长达 2 m 以上，根状茎斜生或直立，长达 30 cm，叶柄鳞片盾状或近盾状着生。生于常绿阔叶林林下山谷旁；海拔 1400～1420 m。

分布于独龙江（贡山县独龙江乡段）。14-3。

49. 毛柄双盖蕨（毛柄短肠蕨）Diplazium dilatatum Blume

凭证标本：J. F. Rock 7443；青藏队 9283；朱维明、陆树刚 19068。

叶柄基部黑色，密被鳞片，鳞片一色，小羽片披针形或卵状披针形。生于常绿阔叶林林下或次生林下潮湿处；海拔 1350～1500 m。

分布于缅甸克钦邦；独龙江（贡山县独龙江乡段）。5。

* * * **50. 独龙江双盖蕨（独龙江短肠蕨）Diplazium dulongjiangense**（W. M. Chu）Z. R. He

凭证标本：金效华等 ST 0931；朱维明、陆树刚 18939。

能育叶长达 160 cm，根状茎直立，叶簇生，叶柄长达 70 cm，鳞片具柄。生于常绿阔叶林林下；海拔 1400～2000 m。

分布于独龙江（贡山县独龙江乡段）。15-2-6。

51. 食用双盖蕨（菜蕨）Diplazium esculentum（Retzius）Swartz

凭证标本：高黎贡山考察队 9835，9836。

能育叶 60～120 cm，根状茎直立，高达 15 cm，裂片下部具斜方形网眼。生于常绿阔叶林林缘潮湿处及灌木林旁河沟边；海拔 980 m。

分布于泸水市。7。

52. 棕鳞双盖蕨（棕鳞短肠蕨）Diplazium forrestii（Ching ex Z. R. Wang）Fraser-Jenkins

凭证标本：独龙江考察队 4341；朱维明、陆树刚 19089。

能育叶长达 2 m，根状茎斜升，直径达 5 cm，先端密被蓬松展开的鳞片，叶柄和叶轴密被鳞片。生于常绿阔叶林林下；海拔 1400～1900 m。

分布于独龙江（贡山县独龙江乡段）。14-3。

53. 大型双盖蕨（大型短肠蕨）Diplazium giganteum（Baker）Ching

凭证标本：青藏队 9713；张宪春等 6306。

能育叶长达 2 m 以上，根状茎横卧，叶干后草质或薄草质。生于常绿阔叶林林下或杂木林潮湿的林缘；海拔 1800～2100 m。

分布于独龙江（贡山县独龙江乡段）；贡山县丙中洛乡。14-3。

54. 篦齿双盖蕨（篦齿短肠蕨）Diplazium hirsutipes（Beddome）B. K. Nayar & S. Kaur

凭证标本：滇西植物调查组 11256；张宪春等 6340。

能育叶长达 1 m，侧生羽片达 25 对，两侧篦齿状深裂。生于常绿阔叶林林下；海拔 2000～2550 m。

分布于独龙江（贡山县独龙江乡段）；贡山县丙中洛乡；泸水市片马镇。14-3。

55. 异裂双盖蕨（异裂短肠蕨）Diplazium laxifrons Rosenstock

凭证标本：滇西植物调查组 11277；张良 1691。

能育叶长达 250 cm，根状茎高达 40 cm，叶片厚草质。生于常绿阔叶林林下或潮湿的杂木林林缘；海拔 1250～2300 m。

分布于独龙江（贡山县独龙江乡段）；贡山县丙中洛乡；泸水市片马镇。14-3。

56. 卵叶双盖蕨 Diplazium leptophyllum Christ

凭证标本：秦仁昌 50708。

植株高达 1 m，小羽片明显具柄。生于常绿阔叶林林下；海拔 1200～1500 m。

分布于腾冲市。14-3。

57. 浅裂双盖蕨（浅裂短肠蕨）Diplazium lobulosum（Wallich ex Mettenius）C. Presl

凭证标本：高黎贡山考察队 22012；金效华、张良 11351。

能育叶长 25～60 cm，根状茎斜升至直立，叶片一回羽状。生于常绿阔叶林林下或潮湿的杂木林林缘；海拔 1500～2100 m。

分布于独龙江（贡山县独龙江乡段）；贡山县丙中洛乡。14-3。

*58. 墨脱双盖蕨（墨脱短肠蕨）Diplazium medogense（Ching & S. K. Wu）Fraser-Jenkins

凭证标本：朱维明、陆树刚 18999，20282。

能育叶长达 160 cm，根状茎通常斜升至直立，叶柄和叶轴干后黄棕色。生于常绿阔叶林林下或林缘；海拔 1500～1900 m。

分布于独龙江（贡山县独龙江乡段）。15。

59. 假密果双盖蕨（假密果短肠蕨）Diplazium multicaudatum（Wallich ex C. B. Clarke）Z. R. He

凭证标本：金效华等 ST 0635；朱维明等 11619。

能育叶长达 150 cm，根状茎斜生或直立，叶片二回羽状。生于常绿阔叶林林下或林缘；海拔 1380 m。

分布于贡山县；福贡县。14-3。

60. 高大双盖蕨（高大短肠蕨）Diplazium muricatum（Mettenius）Alderwerelt

凭证标本：朱维明等 11552，11618。

能育叶长达 2 m 以上，根状茎横走，叶片三回羽状。生于常绿阔叶林林下溪沟边；海拔 1380 m。

分布于福贡县。14-3。

**61. 肉刺双盖蕨（肉刺短肠蕨）Diplazium simile（W. M. Chu）R. Wei & X. C. Zhang

凭证标本：朱维明等 19010，19014。

能育叶长达 2 m，叶柄和叶轴上多少具短刺状突起。生于常绿阔叶林林缘潮湿处；海拔 1230 m。

分布于独龙江（贡山县独龙江乡段）。15-2。

62. 密果双盖蕨（密果短肠蕨）Diplazium spectabile（Wallich ex Mettenius）Ching

凭证标本：滇西植物调查组 11271；青藏队 8838。

能育叶片长 80～120 cm，根状茎横走，裂片边缘具粗锯齿或浅裂。生于常绿阔叶林林下溪沟边；海拔 2250 m。

分布于泸水市片马镇。14-3。

63. 鳞柄双盖蕨（鳞柄短肠蕨）Diplazium squamigerum（Mettenius）C. Hope

凭证标本：张宪春等 6360。

能育叶长 40～80 cm，根状茎常斜生或直立，鳞片边缘具细齿。生于阔叶林林下潮湿的开阔处；海拔 2752 m。

分布于独龙江（贡山县独龙江乡段）。14-1。

64. 肉质双盖蕨（肉质短肠蕨）Diplazium succulentum（C. B. Clarke）C. Christensen

凭证标本：朱维明、陆树刚 19010，19014。

能育叶长达 250 cm，根状茎横卧，粗壮，叶片厚纸质。生于常绿阔叶林林下溪沟边或林缘潮湿处；海拔 1230 m。

分布于独龙江（贡山县独龙江乡段）。14-3。

65. 深绿双盖蕨（深绿短肠蕨）Diplazium viridissimum Christ

凭证标本：滇西植物调查组 11280；朱维明等 11566。

能育叶长达 2 m 以上，小羽片中肋下面有细小腺体。生于常绿阔叶林林下及林缘溪沟边；海拔 2200 m。

分布于泸水市片马镇。14-3。

P42. 金星蕨科 Thelypteridaceae

13 属 35 种，*2，**3

1. 耳羽钩毛蕨 Cyclogramma auriculata（J. smith）Ching

凭证标本：高黎贡山考察队 16635；朱维明、陆树刚 19135。

植株高 60～100 cm，基部 1～2 对羽片缩短呈耳状。生于常绿阔叶林林下；海拔 1890～2050 m。

分布于贡山县丙中洛乡；贡山县茨开镇。14-3。

*2. 小叶钩毛蕨 Cyclogramma flexilis（Christ）Tagawa

凭证标本：朱维明等 17738。

植株高 30～60 cm，根状茎长横走或斜生。生于常绿阔叶林林下钙质的岩石上或崖壁旁；海拔 1500～1750 m。

分布于贡山县丙中洛乡。15。

3. 狭基钩毛蕨 Cyclogramma leveillei（Christ）Ching

凭证标本：冯国楣 8057。

植株高 45～100 cm，根状茎长而横走。生于常绿阔叶林林下岩石上或崖壁旁。

分布于贡山县丙中洛乡。14-2。

4. 干旱毛蕨 Cyclosorus aridus（D. Don）Ching

凭证标本：和兆荣、王焕冲 0387；朱维明等 22238。

植株高 50～80 cm，根状茎长而横走，裂片间缺刻下至少具 3 对小脉。生于常绿阔叶林或杂木林林缘山坡上；海拔 1450～1500 m。

分布于独龙江（贡山县独龙江乡段）；贡山县茨开镇；福贡县匹河乡。5。

5. 齿牙毛蕨 Cyclosorus dentatus（Forsskål）Ching

凭证标本：高黎贡山考察队 9838。

植株高 30～80 cm，基部 2～3 对羽片稍缩短。生于常绿阔叶林或杂木林林缘山坡上；海拔 980 m。

分布于泸水市。2。

6. 高毛蕨（独龙江毛蕨）Cyclosorus procerus（D. Don）S. Lindsay & D. J. Middleton

凭证标本：朱维明、陆树刚 19025。

植株高 10～120 cm，每裂片上有侧脉 6～10 对，基部 1 对连结。生于常绿阔叶林或杂木林林缘山坡上；海拔 1230 m。

分布于独龙江（贡山县独龙江乡段）。14-3。

7. 截裂毛蕨 Cyclosorus truncatus（Poiret）Farwell

凭证标本：朱维明、陆树刚 19016。

植株高 60～200 cm，裂片具圆截头，每裂片上有小脉 5～6 对，基部 2 对连结。生于常绿阔叶林林下开阔处；海拔 1230 m。

分布于独龙江（贡山县独龙江乡段）。7。

8. 方杆蕨 Glaphyropteridopsis erubescens（Wallich ex Hooker）Ching

凭证标本：高黎贡山考察队 19894；张良 1730。

植株高达 2 m，孢子囊群靠近中脉着生，成熟时彼此常汇合，无囊群盖。生于阔叶林林缘潮湿处；海拔 1250～1900 m。

分布于独龙江（贡山县独龙江乡段）；福贡县鹿马登乡、匹河乡。14-1。

* 9. 细裂针毛蕨 Macrothelypteris contingens Ching

凭证标本：朱维明等 17622。

植株高约 1 m，羽片近无柄。生于常绿阔叶林林下溪谷旁开阔处；海拔 1550～1600 m。

分布于贡山县茨开镇。15-3。

10. 疏羽凸轴蕨 Metathelypteris laxa（Franchet & Savatier）Ching

凭证标本：滇西植物调查组 11344；青藏队 9386。

植株高 30～60 cm，根状茎横卧，基部数对羽片间隔宽。生于常绿阔叶林或杂木林林下；海拔 1450～1600 m。

分布于独龙江（贡山县独龙江乡段）；泸水市片马镇。14-2。

11. 锡金假鳞毛蕨 Oreopteris elwesii（Hooker & Baker）Holttum

凭证标本：朱维明等 19194，22498。

植株高 30～50 cm，叶柄长 5～10 cm，深禾秆色，基部黑色并被与根状茎上相同的鳞片。生于高山针叶林林缘；海拔 3100 m。

分布于独龙江（贡山县独龙江乡段）。14-3。

12. 长根金星蕨 Parathelypteris beddomei（Baker）Ching

凭证标本：朱维明等 11585，19106。

植株高 40～70 cm，根状茎细长横走，基部的羽片逐渐缩短为耳状。生于常绿阔叶林林缘或杂木林林下开阔处；海拔 1500～1790 m。

分布于独龙江（贡山县独龙江乡段）；贡山县丙中洛乡。7。

13. 中日金星蕨 Parathelypteris nipponica（Franchet & Savatier）Ching

凭证标本：高黎贡山考察队 21345；王启无 66661。

植株高 40～60 cm，根状茎长横走，叶片近光滑。生于常绿阔叶林林缘或杂木林林下开阔处；海拔 1840 m。

分布于独龙江（贡山县独龙江乡段）；贡山县丙中洛乡。14-2。

14. 卵果蕨 Phegopteris connectilis（Michaux）Watt

凭证标本：朱维明等 20214，22321。

植株高 25～40 cm，根状茎长横走，叶片三角形。生于针阔混交林林下或高山灌丛；海拔 2900～3200 m。

分布于独龙江（贡山县独龙江乡段）。8。

15. 延羽卵果蕨 Phegopteris decursive-pinnata（H. C. Hall）Fée

凭证标本：高黎贡山考察队 28940。

植株高 30～50 cm，根状茎短，叶片披针形。生于常绿阔叶林林缘向阳的土壁上；海拔 1180 m。

分布于福贡县上帕镇。14-2。

16. 红色新月蕨 Pronephrium lakhimpurense（Rosenstock）Holttum

凭证标本：朱维明、陆树刚 19017。

植株高达 100 cm，根状茎长而横走，叶柄长达 1 m，基部疏被鳞片，向上光滑。生于常绿阔叶林林或杂木林缘的土壁上；海拔 1230 m。

分布于独龙江（贡山县独龙江乡段）。14-3。

17. 大羽新月蕨 Pronephrium nudatum（Roxburgh）Holttum

凭证标本：和兆荣、王焕冲 0388；朱维明、陆树刚 19031。

植株高 50～100 cm，孢子囊光滑，囊群盖偶有短毛。生于常绿阔叶林或杂木林缘的土壁上；海拔 1150～1250 m。

分布于独龙江（贡山县独龙江乡段）；福贡县匹河乡。7。

18. 披针新月蕨 Pronephrium penangianum（Hooker）Holttum

凭证标本：高黎贡山考察队 12076；和兆荣、王焕冲 0261。

植株高 50～70 cm，根状茎长而横走，侧生羽片约 15～20 对，披针形。生于常绿阔叶林或杂木林林缘的土壁上；海拔 1400～2050 m。

分布于独龙江（贡山县独龙江乡段）；贡山县丙中洛乡、茨开镇、捧当乡；福贡县上帕镇。14-3。

19. 长根假毛蕨（喜马拉雅假毛蕨）Pseudocyclosorus canus（Baker）Holttum & Jeff W. Grimes

凭证标本：高黎贡山考察队 21941；张宪春等 6277。

植株高 70～90 cm，叶草质，两面有针状毛，基部 5～7 对羽片骤然收缩成极小的耳状突起。生于常绿阔叶林林下开阔处；海拔 1380～2000 m。

分布于独龙江（贡山县独龙江乡段）；贡山县丙中洛乡。14-3。

＊＊20. 独龙江假毛蕨 Pseudocyclosorus dulongjiangensis W. M. Chu

凭证标本：张良 1719；朱维明、陆树刚 19025。

植株高达 100 cm，根状茎横卧，叶草质，两面有针状毛。生于常绿阔叶林林下开阔处；海拔 1230～1450 m。

分布于独龙江（贡山县独龙江乡段）。15-2。

21. 西南假毛蕨 Pseudocyclosorus esquirolii（Christ）Ching

凭证标本：高黎贡山考察队 29944。

植株高达 150 cm，基部一对小脉一条伸达裂片缺刻下面，一条伸达缺刻以上。生于常绿阔叶林林缘或杂木林林下开阔处；海拔 1130～1530 m。

分布于独龙江（贡山县独龙江乡段）；贡山县丙中洛乡；泸水市洛本卓乡；腾冲市曲石乡。14-3。

＊＊22. 似镰羽假毛蕨（似镰片假毛蕨）Pseudocyclosorus pseudofalcilobus W. M. Chu

凭证标本：青藏队 9112；朱维明、陆树刚 19018（A）。

植株高（25～）50～48（～60）cm，叶轴四棱形。生于常绿阔叶林林缘或杂木林林下开阔处；海拔 1230～1450 m。

分布于独龙江（贡山县独龙江乡段）。15-2。

23. 普通假毛蕨 Pseudocyclosorus subochthodes（Ching）Ching

凭证标本：高黎贡山考察队 21921。

植株高 50～80 cm，裂片极斜展。生于常绿阔叶林林缘或杂木林林下开阔处；海拔 1370 m。

分布于独龙江（贡山县独龙江乡段）。14-2。

24. 假毛蕨 Pseudocyclosorus tylodes（Kunze）Ching

凭证标本：青藏队 9546。

植株高 70～120 cm，基部数对羽片突然缩短呈瘤点状。生于常绿阔叶林林缘或杂木林林下开阔处。

分布于独龙江（贡山县独龙江乡段）。14-3。

25. 耳状紫柄蕨 Pseudophegopteris aurita（Hooker）Ching

凭证标本：朱维明、陆树刚 18195，20387。

植株高 80～100 cm，羽片基部一对裂片最大。生于常绿阔叶林林缘或杂木林林下开阔处；海拔 1400 m。

分布于独龙江（贡山县独龙江乡段）。7。

26. 密毛紫柄蕨 Pseudophegopteris hirtirachis（C. Christensen）Holttum

凭证标本：朱维明、陆树刚 18983，19019。

植株高达 1 m，根状茎短而斜生，叶片背面密被节状短毛。生于常绿阔叶林林下开阔处；海拔 1230～1500 m。

分布于独龙江（贡山县独龙江乡段）。14-3。

27. 星毛紫柄蕨 Pseudophegopteris levingei（C. B. Clarke）Ching

凭证标本：滇西植物调查组 11339；和兆荣、王焕冲 0371。

植株高 40～50 cm，叶柄禾秆色，叶草质，两面被毛。生于常绿阔叶林林下；海拔 1550～3050 m。

分布于独龙江（贡山县独龙江乡段）；福贡县鹿马登乡；泸水市片马镇。14-3。

28. 禾秆紫柄蕨 Pseudophegopteris microstegia（Hooker）Ching

凭证标本：滇西植物调查组 114081；朱维明、陆树刚 19196。

植株高 60～80 cm，叶柄禾秆色，裂片边缘具锯齿。生于常绿林林缘潮湿处；海拔 2300～3150 m。

分布于独龙江（贡山县独龙江乡段）；泸水市片马镇。14-3。

29. 紫柄蕨 Pseudophegopteris pyrrhorhachis（Kunze）Ching

凭证标本：金效华等 ST 1404。

植株高 80～100 cm，根状茎长横走，孢子囊光滑。生于常绿阔叶林林缘或杂木林林下开阔处；海拔 3100～3200 m。

分布于贡山县茨开镇。14-3。

30. 浅裂溪边蕨（喜马拉雅溪边蕨）Stegnogramma asplenioides（Desvaux）J. Smith ex Ching

凭证标本：朱维明、陆树刚 19147。

植株高 40～60 cm，羽片边缘具粗齿或浅裂，羽轴两侧形成 1～3 对网眼。生于常绿阔叶林林下；海拔 3100～3200 m。

分布于独龙江（贡山县独龙江乡段）。14-3。

31. 圣蕨 Stegnogramma griffithii（T. Moore）K. Iwatsuki

凭证标本：青藏队 9468；金效华等 DLJ-ET0672。

叶片长 20～40 cm，先端羽裂渐尖，下部一回羽状。生于常绿阔叶林林下土壁上；海拔 1500 m。

分布于独龙江（贡山县独龙江乡段）。14-3。

32. 羽裂圣蕨 Stegnogramma griffithii（T. Moore）K. Iwatsuki var. wilfordii（Hooker）K. Iwatsuki

凭证标本：高黎贡山考察队 32697。

植株高 30～50 cm，叶片羽状半裂。生于常绿阔叶林林缘土壁上；海拔 1586 m。

分布于独龙江（贡山县独龙江乡段）。14-2。

33. 喜马拉雅茯蕨 Stegnogramma himalaica（Ching）K. Iwatsuki

凭证标本：高黎贡山考察队 16600，22025。

植株高 30～35 cm，根状茎短，直立，孢子囊具 3～4 根长刚毛。生于常绿阔叶林林缘潮湿的土壁上；海拔 1550～2150 m。

分布于独龙江（贡山县独龙江乡段）；贡山县茨开镇；福贡县鹿马登乡。14-3。

＊＊34. 阔羽溪边蕨（浅裂溪边蕨）Stegnogramma latipinna Ching ex Y. X. Lin

凭证标本：高黎贡山考察队 12520，12529。

植株高 50～70 cm，基部 3～4 对羽片缩短并反折。生于常绿阔叶林林下；海拔 2000 m。

分布于贡山县茨开镇。15-2。

35. 鳞片沼泽蕨 Thelypteris fairbankii (Beddome) Y. X. Lin

凭证标本：王宝荣 s. n.。

植株高 15～25 cm，根状茎长而横走，叶脉分离。生于沼泽地；海拔 1720 m。

分布于腾冲市北海乡。4。

P44. 肿足蕨科 Hypodematiaceae

2 属 3 种

1. 肿足蕨 Hypodematium crenatum (Forsskål) Kuhn & Decken in Kersten

凭证标本：高黎贡山考察队 9875；金效华等 DLJ-ET1331。

植株高 20～60 cm，叶柄和叶轴密被毛。生于钙质的岩上或崖壁缝隙中；海拔 900～2000 m。

分布于独龙江（贡山县独龙江乡段）；泸水市片马镇。6。

2. 光轴肿足蕨 Hypodematium hirsutum (D. Don) Ching

凭证标本：依据 PE 标本，采集者未知。

植株高 30～60 cm，叶柄基部以上光滑。生于钙质的岩上或崖壁缝隙中；海拔 1400 m。

分布于腾冲市。14-3。

3. 大膜盖蕨 Leucostegia immersa C. Presl

凭证标本：金效华等 DLJ-ET0405；张宪春 2993。

植株高 30～60 cm，叶柄基部具关节。生于常绿阔叶林林下；海拔 1750～1800 m。

分布于独龙江（贡山县独龙江乡段）；腾冲市猴桥乡。7。

P45. 鳞毛蕨科 Dryopteridaceae

6 属 105 种，＊17，＊＊9，＊＊＊3

1. 西南复叶耳蕨 Arachniodes assamica (Kuhn) Ohwi

凭证标本：独龙江考察队 3365；张良 1682。

叶片长 50～120 cm，先端逐渐缩小。生于常绿阔叶林林下或林缘；海拔 1250～1450 m。

分布于独龙江（贡山县独龙江乡段）。14-3。

2. 细裂复叶耳蕨 Arachniodes coniifolia（T. Moore）Ching

凭证标本：滇西植物调查队 11407。

植株高 70～110 cm，裂片先端具骨质的长芒刺。生于常绿阔叶林林下潮湿处；海拔 2000～2200 m。

分布于泸水市片马镇。14-3。

＊＊3. 高大复叶耳蕨 Arachniodes gigantea Ching

凭证标本：朱维明、陆树刚 19051。

叶片长达 170 cm，四至五回羽状，叶柄具锥形和阔披针形鳞片。生于常绿阔叶林林下；海拔 1400 m。

分布于独龙江（贡山县独龙江乡段）。15-2。

4. 四回毛枝蕨 Arachniodes quadripinnata（Hayata）Serizawa

凭证标本：高黎贡山考察队 26498；G. Forrest 26723。

植株高 60～80 cm，叶薄草质，羽轴上面被毛。生于常绿阔叶林林下；海拔 2000～2700 m。

分布于独龙江（贡山县独龙江乡段）；福贡县石月亮乡；腾冲市五合乡。14-2。

5. 长尾复叶耳蕨（异羽复叶耳蕨）Arachniodes simplicior（Makino）Ohwi

凭证标本：冯国楣 8165；和兆荣、王焕冲 0389。

植株高 70～100 cm，裂片边缘明显具芒齿，孢子囊群近羽片边缘。生于常绿阔叶林林下；海拔 1150～2200 m。

分布于贡山县茨开镇；福贡县丙中洛乡、匹河乡。14-2。

6. 石盖蕨 Arachniodes superba Fraser-Jenkins

凭证标本：高黎贡山考察队 20261；朱维明、陆树刚 19157。

植株高 40～70 cm，根状茎短粗，直立或斜升，囊群盖椭圆形、质厚。生于常绿阔叶林林下潮湿处；海拔 2120～2510 m。

分布于独龙江（贡山县独龙江乡段）；福贡县亚坪乡；泸水市洛本卓乡片马镇；腾冲市界头乡、明光乡。14-3。

7. 亮鳞肋毛蕨（虹鳞肋毛蕨）Ctenitis subglandulosa（Hance）Ching

凭证标本：朱维明等 17652，22748。

植株高 80～140 cm，叶柄和叶轴密被披针形鳞片。生于阔叶林林下；海拔 1400～1600 m。

分布于独龙江（贡山县独龙江乡段）；贡山县丙中洛乡。7。

＊8. 等基贯众 Cyrtomium aequibasis（C. Christensen）Ching

凭证标本：高黎贡山考察队 27839；朱维明等 17675。

植株高 30～60 cm，侧生羽片基部阔楔形，囊群盖边缘具齿。生于常绿阔叶林林下；海拔 1400～1580 m。

分布于贡山县茨开镇；福贡县石月亮乡。15。

9. 奇叶贯众 Cyrtomium anomophyllum（Zenker）Fraser-Jenkins

凭证标本：Forrest 25402；独龙江考察队 6902；朱维明、陆树刚 20271。

植株高 25～70 cm，羽片 3～6 对，阔披针形。生于常绿阔叶林林下；海拔 1350～2599 m。

分布于独龙江（贡山县独龙江乡段）；缅甸克钦邦。14-1。

10. 刺齿贯众 Cyrtomium caryotideum（Wallich ex Hooker & Greville）C. Presl

凭证标本：高黎贡山考察队 15485，29127。

植株高 40～70 cm，侧生羽片基部两侧或上侧具耳状突起。生于常绿阔叶林林下；海拔 1460～2200 m。

分布于贡山县茨开镇；腾冲市界头乡。14-1。

11. 大叶贯众 Cyrtomium macrophyllum（Makino）Tagawa

凭证标本：高黎贡山考察队 24017，30438。

植株高 40～60 cm，羽片基部近圆形。生于常绿阔叶林林下；海拔 1260～2253 m。

分布于贡山县丙中洛乡、茨开镇；福贡县鹿马登乡；泸水市片马镇；腾冲市界头乡。14-1。

＊＊12. 云南贯众 Cyrtomium yunnanense Ching

凭证标本：高黎贡山考察队 19161。

植株高 40～60 cm，羽片基部近截形，孢子囊群盖全缘。生于常绿阔叶林林下；海拔 1243 m。

分布于福贡县上帕镇。15-2。

13. 多雄拉鳞毛蕨 Dryopteris alpestris Tagawa

凭证标本：高黎贡山考察队 16842；金效华、张良 11103。

植株高 15～30 cm，叶柄和叶轴被黄色腺体。生于高山草甸岩石缝隙中；海拔 3350～3670 m。

分布于独龙江（贡山县独龙江乡段）；贡山县茨开镇。14-3。

14. 中越鳞毛蕨（圆头红腺蕨）Dryopteris annamensis（Tagawa）Li Bing Zhang

凭证标本：朱维明、陆树刚 3849。

植株高 50～70 cm，裂片先端圆头，全缘或稍具锯齿。生于常绿阔叶林林下及林缘；海拔 1380～1400 m。

分布于独龙江（贡山县独龙江乡段）。7。

15. 顶果鳞毛蕨（顶囊轴鳞蕨）Dryopteris apiciflora（Wallich ex Mettenius）Kuntze

凭证标本：高黎贡山考察队 22048，23260。

植株高 70～110 cm，孢子囊群密集，生于裂片顶部。生于常绿阔叶林林下及林缘；海拔 2248～2800 m。

分布于独龙江（贡山县独龙江乡段）；贡山县丙中洛乡、茨开镇；福贡县石月亮乡；泸水市片马镇。14-3。

16. 暗鳞鳞毛蕨 Dryopteris atrata（Wallich ex Kunze）Ching

凭证标本：J. F. Rock 7507；高黎贡山考察队 18656，21844。

植株高 50～70 cm，叶柄具黑褐色鳞片，羽片无柄。生于常绿阔叶林林下；海拔 1510～2150 m。

分布于缅甸克钦邦；独龙江（贡山县独龙江乡段）；贡山县茨开镇；腾冲市界头乡。7。

17. 多鳞鳞毛蕨 Dryopteris barbigera（T. Moore ex Hooker）Kuntze

凭证标本：高黎贡山考察队 16925，32159。

植株高 60～80 cm，叶柄和叶轴密被棕色鳞片。生于高山草甸山坡或灌丛旁；海拔 3350 m。

分布于贡山县茨开镇。14-3。

18. 基生鳞毛蕨 Dryopteris basisora Christ

凭证标本：滇西植物调查组 11311。

植株高 60～80 cm，小羽片宽，常羽裂，孢子囊群大。生于针阔混交林林下；海拔 1800 m。

分布于泸水市片马镇。14-3。

19. 金冠鳞毛蕨 Dryopteris chrysocoma（Christ）C. Christensen

凭证标本：滇西植物调查组 11314，11429。

植株高 30～120 cm，裂片边缘浅裂。生于灌常绿阔叶林林缘或灌丛旁；海拔 800～2200 m。

分布于泸水市片马镇。14-3。

20. 膜边鳞毛蕨（膜边肋毛蕨、膜边轴鳞蕨）Dryopteris clarkei（Baker）Kuntze

凭证标本：J. F. Rock 7405；高黎贡山考察队 21897，26490。

植株高 30～90 cm，根状茎及叶柄被披针形鳞片。生于针阔混交林林中；海拔 2500～3100 m。

分布于缅甸克钦邦；独龙江（贡山县独龙江乡段）；贡山县茨开镇；福贡县石月亮乡。14-3。

21. 连合鳞毛蕨 Dryopteris conjugata Ching

凭证标本：独龙江考察队 3652；South Tibet Expedition Team（STET）0030。

植株高 80～120 cm，叶柄密被褐色、披针形鳞片，鳞片全缘，长 2～3 cm，先端毛髯状。生于常绿阔叶林林下；海拔 1400～1700 m。

分布于独龙江（贡山县独龙江乡段）；贡山县丙中洛乡。14-3。

22. 桫椤鳞毛蕨 Dryopteris cycadina（Franchet & Savatier）C. Christensen

凭证标本：青藏队 7197，8222。

植株高 40～50 cm，基部羽片缩短并向下反折。生于常绿阔叶林林下或林缘；海拔 1900～2000 m。

分布于独龙江（贡山县独龙江乡段）；福贡县鹿马登乡。14-2。

23. 红腺鳞毛蕨（大囊红腺蕨）Dryopteris diacalpe Li Bing Zhang

凭证标本：T. T. Yü 20037；朱维明等 22377。

植株高 60～80 cm，叶纸质，小羽片平展。生于针阔混交林林下崖壁旁；海拔 1700 ～2400 m。

分布于独龙江（贡山县独龙江乡段）。15。

24. 弯柄假复叶耳蕨 Dryopteris diffracta（Baker）C. Christensen

凭证标本：张良 1692。

植株高 60～80 cm，叶轴呈"之"字形弯曲，孢子囊群具囊群盖。生于较密的常绿阔叶林林下；海拔 1150 m。

分布于独龙江（贡山县独龙江乡段）。7。

25. 独龙江鳞毛蕨（独龙江轴鳞蕨）Dryopteris dulongensis（S. K. Wu & X. Cheng）Li Bing Zhang

凭证标本：高黎贡山考察队 25876。

植株高 150 cm，叶柄和叶轴密被鳞片。生于亚热带常绿阔叶林；海拔 1700～2400 m。

分布于独龙江（贡山县独龙江乡段）；泸水市洛本卓乡。15-2-6。

26. 硬果鳞毛蕨 Dryopteris fructuosa（Christ）C. Christensen

凭证标本：高黎贡山考察队 21516。

植株高 60～80 cm，囊群盖大，螺壳状。生于常绿阔叶林林缘或杂木林林下开阔处；海拔 1850 m。

分布于独龙江（贡山县独龙江乡段）。14-3。

27. 大叶鳞毛蕨（大叶肉刺蕨）Dryopteris grandifrons Li Bing Zhang

凭证标本：朱维明、陆树刚 18916，19080（A）。

植株高 60～80 cm，叶片四回羽状，叶柄具披针形鳞片和毛状鳞片。生于常绿阔叶林林下潮湿处；海拔 1400～1450 m。

分布于独龙江（贡山县独龙江乡段）。15-2-6。

28. 有盖鳞毛蕨（有盖肉刺蕨）Dryopteris hendersonii（Beddome）C. Christensen

凭证标本：滇西植物调查组 11325；张良 1758。

植株高 45～70 cm，孢子囊群有盖。生于常绿阔叶林林下潮湿处；海拔 1600～1800 m。

分布于独龙江（贡山县独龙江乡段）；贡山县茨开镇。7。

29. 异鳞鳞毛蕨（贡山肋毛蕨、异鳞轴鳞蕨）Dryopteris heterolaena C. Christensen

凭证标本：青藏队 9568；朱维明、陆树刚 18982。

植株高 50～90 cm，叶轴具泡状鳞片。生于常绿阔叶林林下；海拔 1500～1700 m。

分布于独龙江（贡山县独龙江乡段）。15。

30. 粗齿鳞毛蕨 Dryopteris juxtaposita Christ

凭证标本：高黎贡山考察队 21403。

植株高 50～100 cm，囊群盖成熟时不覆盖整个孢子囊群。生于常绿阔叶林或针阔混交林林下山谷旁；海拔 2000 m。

分布于独龙江（贡山县独龙江乡段）。14-3。

*31. 泡鳞鳞毛蕨（泡鳞轴鳞蕨）Dryopteris kawakamii Hayata

凭证标本：高黎贡山考察队 12531。

植株高 30～80 cm，羽轴背面均为泡状鳞片，孢子囊群生于叶片中肋两侧。生于针阔混交林林中；海拔 2000 m。

分布于独龙江（贡山县独龙江乡段）。15-3。

32. 近多鳞鳞毛蕨 Dryopteris komarovii Kossinsky

凭证标本：依据《怒江自然保护区》记载，未见凭证标本。

植株高 30～50 cm，叶片基部狭缩，叶柄鳞片稀疏。生于高山草地岩石缝中、灌丛旁和山坡草地上；海拔 3500 m。

分布于独龙江（贡山县独龙江乡段）。14-3。

33. 脉纹鳞毛蕨 Dryopteris lachoongensis（Beddome）B. K. Nayar & S. Kaur

凭证标本：高黎贡山考察队 23251，24052。

植株高 55～85 cm，叶柄鳞片膜质，囊群盖小。生于杂木林林下沟谷旁；海拔 2150～2480 m。

分布于贡山县茨开镇、丙中洛乡；泸水市片马镇。14-3。

34. 黑鳞鳞毛蕨 Dryopteris lepidopoda Hayata

凭证标本：独龙江考察队 1348；高黎贡山考察队 21425。

植株高 80～90 cm，基部一对羽片不缩短或略缩短，叶柄鳞片线状披针形或狭披针形。生于常绿阔叶林或针阔混交林林下潮湿处；海拔 1910～2150 m。

分布于独龙江（贡山县独龙江乡段）；泸水市片马镇。14-3。

35. 路南鳞毛蕨 Dryopteris lunanensis（Christ）C. Christensen

凭证标本：高黎贡山考察队 19448；朱维明、陆树刚 20315。

植株高 70～100 cm，羽片半裂，裂片三角形。生于阔叶林林缘或林下开阔处；海拔 1301～1600 m。

分布于贡山县丙中洛乡；福贡县上帕镇。14-2。

36. 边果鳞毛蕨（具边鳞毛蕨）Dryopteris marginata（C. B. Clark）Christ

凭证标本：朱维明、陆树刚 19096，21942。

植株高达 170 cm，不靠近小羽轴和中肋，囊群盖圆肾形，红棕色。生于常绿阔叶林林下；海拔 1500 m。

分布于独龙江（贡山县独龙江乡段）；贡山县茨开镇。14-3。

* **37. 墨脱鳞毛蕨（光轴红腺蕨）Dryopteris medogensis**（Ching & S. K. Wu）Li Bing Zhang

凭证标本：高黎贡山考察队 22092；朱维明、陆树刚 19122（B）。

植株高 40～60 cm，羽轴或小羽轴背面光滑或近光滑。生于常绿阔叶林林下；海拔 2000～2150 m。

分布于独龙江（贡山县独龙江乡段）。15。

38. 近川西鳞毛蕨（德钦鳞毛蕨）Dryopteris neorosthornii Ching

凭证标本：朱维明、陆树刚 19164。

植株高 100～120 cm，叶柄鳞片棕色至黑色。生于常绿阔叶林或杂木林林下；海拔 2400 m。

分布于独龙江（贡山县独龙江乡段）。14-3。

39. 优雅鳞毛蕨 Dryopteris nobilis Ching

凭证标本：高黎贡山考察队 22766。

植株高 80～100 cm，羽片具透明的膜质狭边。生于常绿阔叶林或杂木林林下；海拔 1850 m。

分布于泸水市片马镇。14-3。

40. 鱼鳞鳞毛蕨（鱼鳞蕨）Dryopteris paleolata（Pichi Sermolli）Li Bing Zhang

凭证标本：J. F. Rock 7392；高黎贡山考察队 32922；张良 1693。

植株高达 1 m 以上，裂片椭圆形，孢子囊群直径约 1 cm。生于常绿阔叶林林下或林缘；海拔 1450～2845 m。

分布于缅甸克钦邦；独龙江（贡山县独龙江乡段）。7。

41. 柄盖鳞毛蕨（柄盖蕨）Dryopteris peranema Li Bing Zhang

凭证标本：高黎贡山考察队 22555；张宪春等 6291。

植株高达 2 m，根状茎、叶柄和羽轴密被深棕色锥形鳞片。生于常绿阔叶林林下或林缘；海拔 1850～2470 m。

分布于独龙江（贡山县独龙江乡段）；贡山县丙中洛乡、茨开镇；福贡县鹿马登乡。14-3。

42. 南亚鳞毛蕨（红腺蕨）Dryopteris pseudocaenopteris（Kunze）Li Bing Zhang

凭证标本：J. F. Rock 7481，7483，7511；高黎贡山考察队 24397，30063。

植株高 30～85 cm，羽片具 5～10 mm 的柄。生于常绿阔叶林林下或林缘；海拔 1340～2253 m。

分布于缅甸克钦邦；独龙江（贡山县独龙江乡段）；泸水市片马镇；保山市芒宽乡；腾冲市界头乡、五合乡。7。

* **43. 假稀羽鳞毛蕨 Dryopteris pseudosparsa Ching**

凭证标本：张宪春等 2976。

植株高 60～80 cm，羽轴和小羽片中脉具泡状鳞片。生于常绿阔叶林林下；海拔 1800 m。

分布于腾冲市猴桥乡。15。

44. 肿足鳞毛蕨 Dryopteris pulvinulifera（Beddome）Kuntze

凭证标本：冯国楣 17542；张良 1680。

植株高 60～90 cm，根状茎密被金黄色线状披针形鳞片。生于常绿阔叶林或针阔混交林林下土壁上或岩石旁；海拔 2100～3200 m。

分布于贡山县丙中洛乡、茨开镇。14-3。

45. 密鳞鳞毛蕨 Dryopteris pycnopteroides（Christ）C. Christensen

凭证标本：高黎贡山考察队 24020；金效华等 DLJ-ET1339。

植株高 60～100 cm，孢子囊群靠近羽片中肋生。生于常绿阔叶林林下；海拔 1450～2142 m。

分布于独龙江（贡山县独龙江乡段）；泸水市片马镇。14-2。

＊46. 川西鳞毛蕨 Dryopteris rosthornii（Diels）C. Christensen

凭证标本：高黎贡山考察队 20333。

植株高 60～90 cm，叶柄和叶轴具黑色鳞片。生于常绿阔叶林林下；海拔 2560 m。

分布于福贡县鹿马登乡。15。

＊＊47. 红褐鳞毛蕨 Dryopteris rubrobrunnea W. M. Chu

凭证标本：滇西植物调查组 11246；金效华、张良 11185。

植株高 120～180 cm，叶柄红褐色。生于常绿阔叶林林下潮湿处；海拔 2050～2550 m。

分布于独龙江（贡山县独龙江乡段）；泸水市洛本卓乡、片马镇。15-2。

48. 无盖鳞毛蕨 Dryopteris scottii（Beddome）Ching ex C. Christensen

凭证标本：张良 1737；朱维明、陆树刚 19097。

植株高 50～80 cm，鳞片边缘具齿，孢子囊群无盖。生于常绿阔叶林林下；海拔 1400～1550 m。

分布于独龙江（贡山县独龙江乡段）。7。

49. 刺尖鳞毛蕨（高山鳞毛蕨）Dryopteris serratodentata（Beddome）Hayata

凭证标本：依据《独龙江植物名录》记载，未见凭证标本。

植株高 18～40 cm，裂片边缘具重锯齿。生于针叶林或高山草甸岩石旁；海拔 3600m。

分布于独龙江（贡山县独龙江乡段）。14-3。

50. 锡金鳞毛蕨 Dryopteris sikkimensis（Beddome）Kuntze

凭证标本：韩玉丰、邓坤梅 81-818；张良 1755。

植株高 70～80 cm，叶片三回深羽裂，叶柄和叶轴红褐色，小羽片狭窄。生于常绿阔叶林林下；海拔 1700～2200 m。

分布于泸水市（鲁掌镇至片马镇）。14-3。

51. 纤维鳞毛蕨 Dryopteris sinofibrillosa Ching

凭证标本：朱维明、陆树刚 20222；朱维明等 22459。

植株高 40～70 cm，基部密被鳞片，鳞片黑褐色、狭披针形、先端钻状，扭曲。生于针阔混交林林下；海拔 3000～3100 m。

分布于独龙江（贡山县独龙江乡段）。14-3。

52. 稀羽鳞毛蕨 Dryopteris sparsa（D. Don）Kuntze

凭证标本：J. F. Rock 7503；高黎贡山考察队 22095，24694。

植株高 50～70 cm，裂片长圆形，顶端钝圆具尖齿。生于常绿阔叶林林下山坡上；海拔 1225～2169 m。

分布于缅甸克钦邦；独龙江（贡山县独龙江乡段）；福贡县鹿马登乡；腾冲市五合乡。7。

53. 肉刺鳞毛蕨 （肉刺蕨）Dryopteris squamiseta（Hooker）Kuntze

凭证标本：朱维明、陆树刚 18994，18998。

植株高 （50～）60～90 （～110） cm，叶片三回羽状，叶柄仅具披针形鳞片。生于常绿阔叶林林下溪沟旁；海拔 1450～2250 m。

分布于独龙江（贡山县独龙江乡段）。6。

54. 狭鳞鳞毛蕨 Dryopteris stenolepis（Baker）C. Christensen

凭证标本：滇西植物调查组 11392；高黎贡山考察队 12847。

植株高 80～100 cm，羽片常 30～40 对，边缘缺刻状。生于常绿阔叶林林下；海拔 1580～2200 m。

分布于贡山县捧当乡；泸水市片马镇。14-3。

55. 半育鳞毛蕨 Dryopteris sublacera Christ

凭证标本：高黎贡山考察队 24128，24049A。

植株高 60～80 cm，叶片中下部不育，叶柄和叶轴具棕色鳞片。生于常绿阔叶林林下；海拔 1859～2150 m。

分布于泸水市片马镇。14-3。

** **56. 陇蜀鳞毛蕨 Dryopteris thibetica**（Franchet）C. Christensen

凭证标本：朱维明、陆树刚 20382。

植株高 40～50 cm，羽片半裂至深裂，裂片具孢子囊群 5～7 对。生于常绿阔叶林林下；海拔 2300 m。

分布于福贡县上帕镇。15。

57. 巢形鳞毛蕨 （巢形肋毛蕨、巢形轴鳞蕨） Dryopteris transmorrisonensis（Hayata）Hayata

凭证标本：高黎贡山考察队 21896，22064。

植株高 40～90 cm，叶柄和叶轴具披针形鳞片。生于针阔混交林或杜鹃林林下；海拔 2500～3600 m。

分布于独龙江（贡山县独龙江乡段）；福贡县石月亮乡、鹿马登乡；泸水市片马镇。14-3。

58. 大羽鳞毛蕨（大叶鳞毛蕨）Dryopteris wallichiana（Sprengel）Hylander

凭证标本：J. F. Rock 7506；独龙江考察队 4856；高黎贡山考察队 23250。

植株高 80～90 cm，叶柄和叶轴鳞片棕色。生于常绿阔叶林或针阔混交林林下；海拔 1510～2750 m。

分布于缅甸克钦邦；独龙江（贡山县独龙江乡段）；贡山县茨开镇；福贡县石月亮乡；腾冲市明光乡、界头乡、五合乡；龙陵县龙江乡。14-1。

＊＊59. 无量山鳞毛蕨 Dryopteris wuliangshanicola W. M. Chu

凭证标本：朱维明、陆树刚 19054。

植株高约 80 cm，羽片约 18 对，具短柄。生于常绿阔叶林林下；海拔 1400 m。

分布于独龙江（贡山县独龙江乡段）。15-2。

＊60. 兆洪鳞毛蕨（大果鱼鳞蕨）Dryopteris wuzhaohongii Li Bing Zhang

凭证标本：高黎贡山考察队 22061；朱维明、陆树刚 19177。

植株高 60～100 cm，中部羽片小羽片 15～30 mm，孢子囊群直径达 1 cm。生于常绿阔叶林林下；海拔 2600～2980 m。

分布于独龙江（贡山县独龙江乡段）。15。

61. 栗柄鳞毛蕨 Dryopteris yoroii Serizawa

凭证标本：朱维明、陆树刚 19187；朱维明等 22384。

植株高 30～50 cm，叶柄栗褐色，有光泽，基部疏被卵圆形或卵圆披针形，棕色，全缘鳞片。生于针阔混交林林下岩石上；海拔 2900～3200 m。

分布于独龙江（贡山县独龙江乡段）。14-3。

62. 舌蕨 Elaphoglossum marginatum T. Moore

凭证标本：高黎贡山考察队 23264，32339。

植株高 10～40 cm，根状茎鳞片披针形，不育叶宽 20～25 mm。生于常绿阔叶林林下树干上或岩石上；海拔 2030～2480 m。

分布于独龙江（贡山县独龙江乡段）；贡山县丙中洛乡。14-3。

63. 云南舌蕨 Elaphoglossum yunnanense（Baker）C. Christensen

凭证标本：张良 1694；朱维明、陆树刚 18975。

植株高 15～50 cm，不育叶宽 12～32 mm，叶片先端长渐尖。生于常绿阔叶林林下树干上；海拔 1500 m。

分布于独龙江（贡山县独龙江乡段）。7。

64. 刺叶耳蕨 Polystichum acanthophyllum（Franchet）Christ

凭证标本：高黎贡山考察队 21705，21751。

植株高 10～25 cm，叶柄基部具两色或黑色鳞片。生于针阔混交林林下；海拔 2500～2800 m。

分布于独龙江（贡山县独龙江乡段）。14-3。

65. 尖齿耳蕨 Polystichum acutidens Christ

凭证标本：高黎贡山考察队 12075，29558。

植株高 20～45 cm，羽片的长宽比大于 3。生于常绿阔叶林林下或林缘岩石上；海拔 1580～2150 m。

分布于独龙江（贡山县独龙江乡段）；贡山县丙中洛乡、捧当乡；保山市芒宽乡；腾冲市界头乡。14-3。

66. 阿当耳蕨 Polystichum adungense Ching & Fraser-Jenkins ex H. S. Kung & Li Bing Zhang

凭证标本：青藏队 99538。

植株高（6～）12～14 cm，叶柄仅具毛状鳞片，羽片先端渐尖成刺头。生于常绿阔叶林林下或林缘崖壁旁；海拔 1600 m。

分布于独龙江（贡山县独龙江乡段）。14-3。

67. 小狭叶芽胞耳蕨 Polystichum atkinsonii Beddome

凭证标本：高黎贡山考察队 16759。

植株高 5～20 cm，叶柄纤细，羽片卵形。生于林下崖壁缝隙中；海拔 2940 m。

分布于贡山县茨开镇。14-3。

68. 长叶芽胞耳蕨（长羽芽胞耳蕨）Polystichum attenuatum Tagawa & K. Iwatsuki

凭证标本：张良 1751；朱维明、陆树刚 18987。

植株高 40～50 cm，叶轴近顶端具芽胞，羽片齿尖具长芒。生于常绿阔叶林林下；海拔 1500～1800 m。

分布于独龙江（贡山县独龙江乡段）；保山市芒宽乡；腾冲市猴桥镇。14-3。

69. 栗鳞耳蕨 Polystichum castaneum（C. B. Clarke）B. K. Nayar & S. Kaur

凭证标本：高黎贡山考察队 16896，27119。

植株高 25～40 cm，叶柄至叶轴被黑色披针形鳞片。生于针叶林林下或高山草甸岩石旁；海拔 3080～3740 m。

分布于独龙江（贡山县独龙江乡段）；贡山县茨开镇；福贡县石月亮乡、鹿马登乡。14-3。

70. 圆片耳蕨 Polystichum cyclolobum C. Christensen

凭证标本：独龙江考察队 6267；金效华等 DLJ-ET1350。

植株高 12～30 cm，叶片二回羽状、孢子囊群盖边缘撕裂状。生于常绿阔叶林或针阔混交林林下；海拔 2000～2400 m。

分布于独龙江（贡山县独龙江乡段）。14-3。

＊＊71. 反折耳蕨 Polystichum deflexum Ching ex W. M. Chu

凭证标本：朱维明等 17657，22283。

植株高 20～55 cm，下部羽片向后反折。生于常绿阔叶林林下；海拔 1250～1650 m。

分布于独龙江（贡山县独龙江乡段）；贡山县丙中洛乡。15-2。

*72. 对生耳蕨 Polystichum deltodon（Baker）Diels

凭证标本：高黎贡山考察队 19627。

植株高 30 cm，羽片 10～30 对，基部上侧急尖并有 1 短尖头。生于常绿阔叶林林下岩石上或崖壁缝隙中；海拔 1276 m。

分布于福贡县鹿马登乡。15。

*73. 尖顶耳蕨 Polystichum excellens Ching

凭证标本：青藏队 9594，18966*（A）。

植株高 23～55 cm，侧生羽片斜方形，羽片边缘近全缘或具钝齿。生于常绿阔叶林林下钙质的岩石上；海拔 1500～1700 m。

分布于独龙江（贡山县独龙江乡段）。15。

**74. 福贡耳蕨 Polystichum fugongense Ching & W. M. Chu ex H. S. Kung & Li Bing Zhang

凭证标本：独龙江考察队 4339；张良等 1685。

植株高 60～100 cm，叶片顶部可育，小羽片狭三角状卵形。生于常绿阔叶林林下；海拔 1320～2200 m。

分布于独龙江（贡山县独龙江乡段）。15-2。

*75. 芒刺耳蕨 Polystichum hecatopterum Diels

凭证标本：金效华等 DLJ-ET1257；青藏队 9847。

植株高 30～50 cm，羽片边缘的齿尖具针状长芒刺。生于常绿阔叶林林下或竹林旁；海拔 1900～2100 m。

分布于独龙江（贡山县独龙江乡段）。15。

76. 虎克耳蕨（尖羽贯众）Polystichum hookerianum（C. Presl）C. Christensen

凭证标本：高黎贡山考察队 17902；张良 1702。

植株高 80～100 cm，羽片长 5～10 cm，无明显耳状突起。生于常绿阔叶林林下潮湿处；海拔 1450～2280 m。

分布于独龙江（贡山县独龙江乡段）；腾冲市界头乡；龙陵县龙江乡。14-3。

***77. 贡山耳蕨 Polystichum integrilimbum Ching & H. S. Kung

凭证标本：高黎贡山考察队 12420；青藏队 7317。

植株高 20～30 cm，叶轴鳞片稀少。生于常绿阔叶林林下；海拔 1600～1640 m。

分布于贡山县丙中洛、捧当乡。15-2-6。

78. 长鳞耳蕨 Polystichum longipaleatum Christ

凭证标本：高黎贡山考察队 12521，22049。

植株高 50～110 cm，小羽片几无耳状突起，无囊群盖。生于常绿阔叶林林下相对开阔处；海拔 2000～2786 m。

分布于贡山县茨开镇；福贡县亚坪乡。14-3。

79. 长羽耳蕨 Polystichum longipinnulum N. C. Nair

凭证标本：高黎贡山考察队 22091，25844。

植株高 10～100 cm，叶片背面全部可育，小羽片狭长。生于常绿阔叶林林下；海拔 1370～2370 m。

分布于独龙江（贡山县独龙江乡段）。7。

80. 黑鳞耳蕨 Polystichum makinoi Tagawa

凭证标本：金效华等 DLJ-ET1337。

植株高 40～60 cm，叶轴鳞片线形或狭披针形。生于常绿阔叶林或杂木林林下；海拔 2000 m。

分布于独龙江（贡山县独龙江乡段）。14-3。

81. 镰叶耳蕨 Polystichum manmeiense（Christ）Nakaike

凭证标本：朱维明等 22812，23798。

植株高 20～50 cm，叶片二回羽状。生于常绿阔叶林林下；海拔 2100～2200 m。

分布于贡山县丙中洛乡。14-3。

82. 穆坪耳蕨 Polystichum moupinense（Franchet）Beddome

凭证标本：高黎贡山考察队 26590。

植株高 10～30 cm，叶柄基部至叶轴鳞片为棕色。生于针叶林林下或高山草甸上；海拔 3160 m。

分布于福贡县石月亮乡。14-3。

83. 革叶耳蕨 Polystichum neolobatum Nakai

凭证标本：滇西植物调查组 11322；朱维明等 17694。

植株高 30～60 cm，叶轴背面密被狭披针形鳞片。生于常绿阔叶林林下；海拔 1600～2200 m。

分布于贡山县丙中洛乡；泸水市片马镇。14-1。

84. 尼泊尔耳蕨 Polystichum nepalense（Sprengel）C. Christensen

凭证标本：高黎贡山考察队 21955。

植株高 20～80 cm，叶轴被卵形鳞片。生于常绿阔叶林林缘崖壁上潮湿处；海拔 2350～2430 m。

分布于独龙江（贡山县独龙江乡段）。14-3。

85. 裸果耳蕨 Polystichum nudisorum Ching

凭证标本：朱维明、陆树刚 19138，19156。

植株高 30～100 cm，叶柄具二色鳞片，无囊群盖。生于常绿阔叶林林下；海拔 1800～2300 m。

分布于独龙江（贡山县独龙江乡段）。14-3。

86. 斜羽耳蕨 Polystichum obliquum（D. Don）T. Moore

凭证标本：高黎贡山考察队 17057，21783。

植株高 6～32 cm，侧生羽片边缘具弯向顶端的锯齿。生于常绿阔叶林林下岩壁缝隙中；海拔 1620～2000 m。

分布于独龙江（贡山县独龙江乡段）；贡山县丙中洛乡、茨开镇。14-3。

＊＊87. 假半育耳蕨 Polystichum oreodoxa Ching ex H. S. Kung & Li Bing Zhang

凭证标本：滇西植物调查组 11316，11319。

植株高 60～110 cm，孢子囊群靠近小羽片中脉着生。生于常绿阔叶林林下；海拔 2200 m。

分布于贡山县丙中洛乡；泸水市片马镇。15-2。

＊88. 片马耳蕨 Polystichum pianmaense W. M. Chu

凭证标本：朱维明等 11368。

植株高 50～60 cm，叶轴被阔卵形乌黑色鳞片。生于常绿阔叶林或杂木林林下；海拔 2400 m。

分布于泸水市片马镇。15。

89. 乌鳞耳蕨 Polystichum piceopaleaceum Tagawa

凭证标本：高黎贡山考察队 15738，20339。

植株高 50～90 cm，叶轴鳞片披针形或阔披针形，二色或黑棕色。生于常绿阔叶林林下；海拔 1800～2405 m。

分布于贡山县茨开镇；泸水市片马镇；保山市芒宽乡、南康镇。14-1。

90. 中缅耳蕨 Polystichum punctiferum C. Christensen

凭证标本：J. F. Rock 7522；高黎贡山考察队 12530；滇西植物调查组 11386。

植株高 60～70 cm，小脉顶端具水囊。生于常绿阔叶林林下；海拔 1750～2400 m。

分布于缅甸克钦邦，独龙江（贡山县独龙江乡段）；泸水市片马镇。14-3。

＊91. 斜方刺叶耳蕨 Polystichum rhombiforme Ching & S. K. Wu

凭证标本：高黎贡山考察队 20216，24239。

植株高 30～40 cm，叶片狭披针形，羽片长 2～3 cm，顶端渐尖。生于常绿阔叶林林下；海拔 2170～2510 m。

分布于福贡县亚坪乡；泸水市片马镇。15。

＊＊92. 岩生耳蕨 Polystichum rupicola Ching ex W. M. Chu

凭证标本：王启无 67103；朱维明、陆树刚 18966（A）。

植株高 15～32 cm，羽片矩圆形，孢子囊群近叶边着生。生于常绿阔叶林林下岩石上或崖壁缝隙中；海拔 1500～2200 m。

分布于独龙江（贡山县独龙江乡段）；贡山县丙中洛乡。15-2。

＊＊93. 怒江耳蕨 Polystichum salwinense Ching & H. S. Kung

凭证标本：朱维明、陆树刚 20205，20207。

植株高 25～30 cm，羽片先端钝或圆形。生于高山草甸岩石；海拔 3360～3900 m。

分布于独龙江（贡山县独龙江乡段）。15-2。

94. 灰绿耳蕨 Polystichum scariosum（Roxburgh）C. V. Morton

凭证标本：张良 1689；朱维明、陆树刚 19056。

植株高 70～150 cm，叶柄基部密被阔卵形、边缘具齿的鳞片。生于常绿阔叶林林下；海拔 1250～1550 m。

分布于独龙江（贡山县独龙江乡段）。7。

95. 半育耳蕨 Polystichum semifertile（C. B. Clarke）Ching

凭证标本：高黎贡山考察队 19514，21265。

植株高 60～100 cm，叶片先端不育。生于常绿阔叶林林下潮湿处；海拔 1380～2453 m。

分布于独龙江（贡山县独龙江乡段）；福贡县马吉乡；腾冲市。14-3。

96. 狭叶芽胞耳蕨 Polystichum stenophyllum（Franchet）Christ

凭证标本：滇西植物调查组 11207（A）；金效华等 DLJ-ET0281。

植株高 15～60 cm，叶片一回羽状。生于常绿阔叶林林下岩石上或崖壁缝隙中；海拔 2600～2900 m。

分布于独龙江（贡山县独龙江乡段）；泸水市片马镇。14-1。

97. 猫儿刺耳蕨 Polystichum stimulans（Kunze ex Mettenius）Beddome

凭证标本：高黎贡山考察队 30362。

植株高 10～20 cm，羽片先端具刺尖头。生于常绿阔叶林林下岩石上或崖壁缝隙中；海拔 1470～2660 m。

分布于独龙江（贡山县独龙江乡段）；腾冲市界头乡。14-3。

* **98. 近边耳蕨 Polystichum submarginale**（Baker）Ching ex P. S. Wang

凭证标本：高黎贡山考察队 17055。

植株高 15～55 cm，羽片 20 对以上，孢子囊群近叶边。生于常绿阔叶林林下；海拔 1750 m。

分布于贡山县丙中洛乡。15-3。

99. 尾叶耳蕨 Polystichum thomsonii（J. D. Hooker）Beddome

凭证标本：滇西植物调查组 11210。

植株高 10～50 cm，叶片先端长尾尖状。生于常绿阔叶林林下潮湿的岩石旁；海拔2900 m。

分布于泸水市片马镇。14-3。

100. 对马耳蕨 Polystichum tsus-simense（Hooker）J. Smith

凭证标本：高黎贡山考察队 12848，22428。

植株高 30～60 cm，小羽片卵状三角形，彼此接近。生于常绿阔叶林林下；海拔 1330～2432 m。

分布于独龙江（贡山县独龙江乡段）；贡山县丙中洛乡、捧当乡；腾冲市芒棒镇。14-1。

101. 细裂耳蕨 Polystichum wattii（Beddome）C. Christensen

凭证标本：高黎贡山考察队 24084，26936。

植株高 35～80 cm，叶柄密被开展的卵形鳞片。生于较密的常绿阔叶林林下；海拔 1400～2170 m。

分布于独龙江（贡山县独龙江乡段）；福贡县石月亮乡、亚坪乡；泸水市片马镇。14-3。

102. 剑叶耳蕨 Polystichum xiphophyllum（Baker）Diels

凭证标本：青藏队 7479。

植株高 20～60 cm，叶片一回羽状。生于常绿阔叶林林下崖壁旁；海拔 2000 m。

分布于贡山县丙中洛乡。14-1。

* **103. 易贡耳蕨 Polystichum yigongense** Ching & S. K. Wu

凭证标本：独龙江考察队 1649；金效华等 DLJ-ET1326。

植株高达 50 cm，小羽片近菱形。生于常绿阔叶林林缘；海拔 1400～2200 m。

分布于独龙江（贡山县独龙江乡段）。15。

104. 云南耳蕨（鸡足山耳蕨）Polystichum yunnanense Christ

凭证标本：J. F. Rock 7521；高黎贡山考察队 13542；南水北调队（滇西北）4244。

植株高达 80 cm，叶柄基部具二色鳞片，叶柄至叶轴的鳞片毛状。生于常绿阔叶林林缘或林下；海拔 1600～2000 m。

分布于缅甸克钦邦；贡山县丙中洛乡；腾冲市新华乡。14-3。

* **105. 察隅耳蕨 Polystichum zayuense** W. M. Chu & Z. R. He

凭证标本：和兆荣、王焕冲 0444。

植株高约 25 cm，叶片先端短渐尖。生于常绿阔叶林林下；海拔 2470～2800 m。

分布于泸水市片马镇。15-3。

P46. 肾蕨科 Nephrolepidaceae

1 属 1 种

1. 肾蕨 Nephrolepis cordifolia（Linnaeus）C. Presl

凭证标本：高黎贡山考察队 19437，25534。

植株高 30～90 cm，羽片在叶轴上呈覆瓦状。生于阔叶林林下或林缘、山坡灌丛或崖壁上；海拔 1060～1400 m。

分布于独龙江（贡山县独龙江乡段）；福贡县石月亮乡、鹿马登乡；泸水市洛本卓乡。2。

P48. 叉蕨科 Tectariaceae

1 属 3 种

1. 大齿叉蕨 Tectaria coadunata（J. Smith）C. Christensen

凭证标本：独龙江考察队 3953，4603。

植株高 30～100 cm，叶柄棕色，叶片被毛。生于常绿阔叶林林缘或林下；海拔 1300～1420 m。

分布于独龙江（贡山县独龙江乡段）；腾冲市。6。

2. 西藏轴脉蕨（硕大轴脉蕨）Tectaria ingens（Atkinson ex C. B. Clarke）Holttum

凭证标本：金效华等 DLJ-ET0282；朱维明、陆树刚 18968。

植株高 120～150 cm，羽轴、羽轴和主脉两面密被毛。生于常绿阔叶林林缘或林下；海拔 1278～1500 m。

分布于独龙江（贡山县独龙江乡段）。14-3。

3. 多形叉蕨 Tectaria polymorpha（Wallich ex Hooker）Copeland

凭证标本：姜恕等 8129。

植株高 60～110 cm，叶片奇数一回羽状。生于常绿阔叶林林缘或林下；海拔 1200 m。

分布于泸水市上江乡。7。

P49. 条蕨科 Oleandraceae

1 属 1 种

1. 高山条蕨 Oleandra wallichii（Hooker）C. Presl

凭证标本：高黎贡山考察队 32672；和兆荣、王焕冲 0374。

植株高 20～50 cm，叶柄深棕色。生于常绿阔叶林林下或林缘崖壁上；海拔 1550～2443 m。

分布于独龙江（贡山县独龙江乡段）。14-3。

P50. 骨碎补科 Davalliaceae

3 属 5 种，*1

1. 细裂小膜盖蕨 Araiostegia faberiana（C. Christensen）Ching

凭证标本：J. F. Rock 7418；高黎贡山考察队 17724。

植株高 50～70 cm，羽片的基部小羽片下先出。生于常绿阔叶林林下；海拔 2169～2700 m。

分布于缅甸克钦邦；福贡县石月亮乡；腾冲市五合乡。14-3。

*2. 鳞轴膜盖蕨 Araiostegia perdurans（Christ）Copeland

凭证标本：高黎贡山考察队 26501，34228。

植株高 50～80 cm，羽片的基部一对小羽片对生。生于亚热带常绿阔叶林林下；海拔 2230～2530 m。

分布于独龙江（贡山县独龙江乡段）；贡山县茨开镇；福贡县石月亮乡；龙陵县龙江乡。15。

3. 长叶阴石蕨 Humata assamica（Beddome）C. Christensen

凭证标本：伊洛瓦底考察队 1562；高黎贡山考察队 21568。

植株高 30～40 cm，基部羽片不伸长。生于常绿阔叶林或次生混交林林下；海拔 1330～1869 m。

分布于缅甸克钦邦；独龙江（贡山县独龙江乡段）；保山市芒宽乡；腾冲市和顺镇、三云乡、五合乡。14-3。

4. 云南阴石蕨 Humata griffithiana（Hooker）C. Christensen

凭证标本：高黎贡山考察队 25447，29828。

植株高 20～50 cm，叶片三角状卵形。生于常绿阔叶林林下岩石上或树干上；海拔 980～1630 m。

分布于泸水市洛本卓乡；腾冲市和顺镇。7。

5. 假钻毛蕨 Paradavallodes multidentata（Hooker）Ching

凭证标本：尹文清 60-1211；武素功 6937。

植株高 40～70 cm，下部羽片明显具柄。生于常绿阔叶林林下岩石或树干上；海拔1800 m。

分布于腾冲市猴桥乡。14-3。

P51. 水龙骨科 Polypodiaceae

19 属 95 种，*6，**2，***5

***1. 贯众叶节肢蕨 Arthromeris cyrtomioides S. G. Lu & C. D. Xu**

凭证标本：徐成东 31601。

植株高 40～60 cm，叶片两面被毛。生于常绿阔叶林林下树干上；海拔 2000 m。

分布于龙陵县。15-1。

2. 美丽节肢蕨 Arthromeris elegans Ching

凭证标本：高黎贡山考察队 12504，32670。

植株高 50～60 cm，根状茎直径 3～6 mm，羽片 5～8 对。生于常绿阔叶林林下崖壁上；海拔 2300～2443 m。

分布于独龙江（贡山县独龙江乡段）；贡山县茨开镇。14-3。

3. 琉璃节肢蕨 Arthromeris himalayensis（Hooker）Ching

凭证标本：高黎贡山考察队 21991。

植株高 30～60 cm，根状茎鳞片稀少，羽片尾尖。生于常绿阔叶林林下崖壁上；海拔 1850～2530 m。

分布于独龙江（贡山县独龙江乡段）；贡山县丙中洛乡、茨开镇。14-3。

4. 节肢蕨 Arthromeris lehmannii（Mettenius）Ching

凭证标本：高黎贡山考察队 23255。

植株高 40～60 cm，孢子囊群不规则散生。生于常绿阔叶林林下岩石上或树干上；海拔 2560～2600 m。

分布于独龙江（贡山县独龙江乡段）；贡山县茨开镇。14-3。

5. 多羽节肢蕨 Arthromeris mairei（Brause）Ching

凭证标本：高黎贡山考察队 11788。

植株高 45～75 cm，根状茎 4～6 mm，羽片卵状披针形。生于常绿阔叶林林下；海拔 1600～1700 m。

分布于贡山县丙中洛乡、茨开镇。14-3。

6. 狭羽节肢蕨 Arthromeris tenuicauda（Hooker）Ching

凭证标本：高黎贡山考察队 21841，30056。

植株高 50～80 cm，羽片明显具柄，孢子囊群大，在羽轴旁各一行。生于常绿阔叶林林下树干上；海拔 1310～2240 m。

分布于独龙江（贡山县独龙江乡段）；福贡县鹿马登乡；腾冲市界头乡。14-3。

7. 单行节肢蕨 Arthromeris wallichiana（Sprengel）Ching

凭证标本：夏念和等-伊洛瓦底队 1518；高黎贡山考察队 21703。

植株高 60～90 cm，羽片无柄，孢子囊群在羽轴旁各一行。生于常绿阔叶林林下树干上或岩石上；海拔 1610～2230 m。

分布于缅甸克钦邦；独龙江（贡山县独龙江乡段）；保山市南康镇；腾冲市界头乡；龙陵县龙江乡。14-3。

8. 灰背节肢蕨 Arthromeris wardii（C. B. Clarke）Ching

凭证标本：高黎贡山考察队 16601；南水北调队 8246。

植株高 70～100 cm，根状茎 4～6 mm，羽片卵状披针形，背面灰白色。生于常绿阔叶林林下岩石上；海拔 1550～2150 m。

分布于贡山县茨开镇；福贡县鹿马登乡。14-3。

9. 川滇槲蕨 Drynaria delavayi Christ

凭证标本：朱维明等 22915，22934。

能育叶长 30～60 cm，根状茎上的鳞片卷曲而蓬松。生于常绿阔叶林或针阔混交林下树干上或岩石上；海拔 1900 m。

分布于福贡县上帕镇。14-3。

10. 石莲姜槲蕨 Drynaria propinqua（Wallich ex Mettenius）J. Smith

凭证标本：高黎贡山考察队 2621，30650。

能育叶长 40～70 cm，根状茎上的鳞片披针形，贴生。生于常绿阔叶林林下岩石或树干上；海拔 1530 m。

分布于保山市百花岭自然保护区；腾冲市曲石乡。7。

11. 雨蕨 Gymnogrammitis dareiformis（Hooker）Ching ex Tardieu & C. Christensen

凭证标本：高黎贡山考察队 26880，32593。

植株高 25～50 cm，叶片三角形，三回羽状分裂。生于山毛榉、松树混交林林树干或岩石上；海拔 2137～2845 m。

分布于贡山县丙中洛乡、茨开镇；福贡县石月亮乡。14-3。

12. 肉质伏石蕨 Lemmaphyllum carnosum（Wallich ex J. Smith）C. Presl

凭证标本：高黎贡山考察队 13108，15872。

植株高 4～10 cm，叶二型，叶片厚纸质或革质，孢子囊群线形。生于常绿阔叶林或杂木林林中岩石上或树干上；海拔 1510～2453 m。

分布于独龙江（贡山县独龙江乡段）；贡山县丙中洛乡、茨开镇；福贡县石月亮乡；泸水市片马镇；保山市芒宽乡、南康镇；腾冲市界头乡、三云乡、五合乡。7。

*13. 抱石莲 Lemmaphyllum drymoglossoides（Baker）Ching

凭证标本：高黎贡山考察队 19912，29010。

植株高 3～6 cm，根状茎细长横走，叶二型，孢子囊群圆形，分离。生于常绿阔叶林或杂木林林中岩石上或树干上；海拔 1090～1380 m。

分布于独龙江（贡山县独龙江乡段）；福贡县鹿马登乡。15。

14. 伏石蕨 Lemmaphyllum microphyllum C. Presl

凭证标本：高黎贡山考察队 19659；张良 1676。

植株高 3～6 cm，根状茎细长横走，叶二型，不育叶圆形或卵圆形，孢子囊群连续。生于常绿阔叶林或杂木林林中岩石上或树干上；海拔 1330～1660 m。

分布于独龙江（贡山县独龙江乡段）；福贡县鹿马登乡。14-2。

15. 骨牌蕨 Lemmaphyllum rostratum（Beddome）Tagawa

凭证标本：王军等-伊洛瓦底队 5997，6436；J. F. Rock 7493。

植株高 10 cm 左右，叶一型或近二型，孢子囊群圆形。生于常绿阔叶林或杂木林林下岩石上或树干上；海拔 810～984 m。

分布于缅甸克钦邦。14-1。

16. 表面星蕨 Lepidomicrosorium superficiale（Blume）Li Wang

凭证标本：J. F. Rock 7497；高黎贡山考察队 13085，24969。

植株高 10～40 cm，孢子囊群多行位于叶脉两侧。生于常绿阔叶林或杂木林林中岩石上或树干上；海拔 1869～2169 m。

分布于缅甸克钦邦；独龙江（贡山县独龙江乡段）；泸水市片马镇；保山市南康镇；腾冲市五合乡。7。

17. 星鳞瓦韦（黄瓦韦）Lepisorus asterolepis（Baker）Ching ex S. X. Xu

凭证标本：高黎贡山考察队 24045，29560。

植株高 15～25 cm，根状茎纤细，鳞片一色，边缘具锯齿，孢子囊群近中肋。生于常绿阔叶林或杂木林林下岩石上；海拔 1820～2150 m。

分布于泸水市片马镇；腾冲市界头乡。14-1。

18. 二色瓦韦 Lepisorus bicolor（Takeda）Ching

凭证标本：高黎贡山考察队 11823，16651。

植株高 15～30（～35）cm，鳞片卵状披针形，中部近黑色，边缘淡棕色，紧贴在粗壮的根状茎上。生于针阔混交林林下岩石上或树干上；海拔 1610～3030 m。

分布于独龙江（贡山县独龙江乡段）；贡山县茨开镇、丙中洛乡；福贡县鹿马登乡、石月亮乡；泸水市洛本卓乡、片马镇；腾冲市明光乡。14-3。

19. 网眼瓦韦 Lepisorus clathratus（C. B. Clarke）Ching

凭证标本：高黎贡山考察队 12193，16893。

植株高 5～20 cm，叶片披针形，基部不扩大，膜质或薄草质。生于针阔混交林林下岩石上；海拔 3080 m。

分布于独龙江（贡山县独龙江乡段）。14-1。

20. 扭瓦韦 Lepisorus contortus（Christ）Ching

凭证标本：高黎贡山考察队 10555，12309。

植株高 10～25 cm，根状茎长而横走，叶片成熟后常反卷扭曲。生于次生常绿阔叶林林下岩石上或树干上；海拔 1510～2770 m。

分布于贡山县茨开镇；保山市芒宽乡；腾冲市东山乡、三云乡。14-3。

21. 高山瓦韦 Lepisorus eilophyllus（Diels）Ching

凭证标本：高黎贡山考察队 29057。

植株高 15～35 cm，根状茎鳞片展开，近透明，叶片线形，宽 2～4 mm。生于常绿阔叶林林下岩石上或树干上；海拔 1740～2230 m。

分布于保山市芒宽乡；腾冲市三云乡、芒棒镇。14-3。

**** **22. 片马瓦韦 Lepisorus elegans** Ching & W. M. Chu

凭证标本：高黎贡山考察队 17961；朱维明等 11329。

植株高 15～25 cm，根状茎鳞片展开，全缘，叶片长尾尖。生于常绿阔叶林林下树干上；海拔 1900～2400 m。

分布于独龙江（贡山县独龙江乡段）；泸水市片马镇。15-1。

23. 线叶瓦韦 Lepisorus lineariformis Ching & S. K. Wu

凭证标本：张良 1725；朱维明、陆树刚 19008（B）。

植株高 10～20 cm，叶片线形或线状披针形，宽 3～5（～40）mm。生于常绿阔叶林林下岩石上或树干上；海拔 1250～1300 m。

分布于独龙江（贡山县独龙江乡段）。14-3。

* **24. 带叶瓦韦 Lepisorus loriformis**（Wallich ex Mettenius）Ching

凭证标本：高黎贡山考察队 11578，12525。

植株高 20～40 cm，叶片宽 5～25 mm。生于常绿阔叶林林下岩石上或树干上；海拔 1800～3000 m。

分布于独龙江（贡山县独龙江乡段）；贡山县茨开镇；福贡县石月亮乡；泸水市片马镇；腾冲市五合乡。15。

25. 大瓦韦 Lepisorus macrosphaerus（Baker）Ching

凭证标本：高黎贡山考察队 11366；张良 1674。

植株高 25～45 cm，叶片中部最宽为 2～5 cm，孢子囊群大，位于叶缘。生于常绿阔叶林林下树干上或岩石上；海拔 1080～2500 m。

分布于独龙江（贡山县独龙江乡段）；贡山县丙中洛乡、茨开镇、捧当乡；福贡县石月亮乡、鹿马登乡、马吉乡；泸水市片马镇；保山市芒宽乡、镇安镇；腾冲市东山乡、界头乡、新华乡、五合乡；龙陵县龙江乡。14-3。

26. 丝带蕨 Lepisorus miyoshianus（Makino）Fraser-Jenkins & Subh. Chandra

凭证标本：未见标本，引自《怒江自然保护区》。

植株高 15～60 cm，叶片线形，孢子囊群在中肋两侧连续。生于阔叶林林下树干上；海拔 1600～2050 m。

分布于贡山县丙中洛乡、茨开镇。14-1。

27. 白边瓦韦 Lepisorus morrisonensis（Hayata）H. Itô

凭证标本：高黎贡山考察队 16671，16735。

植株高 10～35 cm，根状茎鳞片中部棕色，边缘近白色。生于常绿阔叶林或针阔混交林林下岩石上或树干上；海拔 1820～3020 m。

分布于贡山县茨开镇；泸水市片马镇；腾冲市界头乡。14-3。

28. 尖嘴蕨 Lepisorus mucronatus（Fée）Li Wang

凭证标本：高黎贡山考察队 21929；张良 1714。

植株高 10～30 cm，孢子囊群线形，位于羽片先端。生于常绿阔叶林林下树干上；海拔 1250～1550 m。

分布于独龙江（贡山县独龙江乡段）。5。

29. 粤瓦韦 Lepisorus obscurevenulosus（Hayata）Ching

凭证标本：高黎贡山考察队 12194。

植株高 10～20（～30）cm，叶片下部 1/3 处最宽，叶柄深棕色。生于常绿阔叶林林下树干上或岩石上；海拔 1850 m。

分布于贡山县茨开镇。7。

30. 稀鳞瓦韦 Lepisorus oligolepidus（Baker）Ching

凭证标本：J. F. Rock 7421，7494，7498；高黎贡山考察队 23274；和兆荣、王焕冲 s. n.。

植株高 10～20 cm，叶片下部 1/3 处最宽，叶片背面密被贴生鳞片。生于常绿阔叶林林下树干上或岩石上；海拔 1250～1600 m。

分布于缅甸克钦邦；贡山县丙中洛乡；福贡县上帕镇。14-1。

31. 长瓦韦 Lepisorus pseudonudus Ching

凭证标本：朱维明等 11687，18892。

植株高 15～20 cm，叶柄淡红色或浅棕色，叶片狭披针形，宽 5～8 mm。生于针叶林林下树干或岩石上；海拔 3150～3300 m。

分布于独龙江（贡山县独龙江乡段）。14-3。

32. 棕鳞瓦韦 Lepisorus scolopendrium（Buchanan-Hamilton ex D. Don）Mehra & Bir

凭证标本：高黎贡山考察队 17451，18399。

植株高 20～40 cm，叶片最宽在下部 1/3 处，孢子囊群生于叶片中肋与叶缘之间。生于常绿阔叶林或针阔混交林林下的树干或岩石上；海拔 1540～2830 m。

分布于独龙江（贡山县独龙江乡段）；贡山县茨开镇；腾冲市三云乡、五合乡。14-3。

33. 中华瓦韦 Lepisorus sinensis（Christ）Ching

凭证标本：J. F. Rock 7488。

植株高 10～20 cm，孢子囊群汇合成线形，靠近叶边着生。生于常绿阔叶林林下树干上或岩石上。

分布于缅甸克钦邦。7。

34. 舌叶瓦韦（狭带瓦韦）Lepisorus stenistus（C. B. Clarke）Y. X. Lin

凭证标本：高黎贡山考察队 12961，21990。

植株高 30～60 cm，叶片宽 2～5 mm，孢子囊群成熟后突出叶缘。生于常绿阔叶林林下树干上；海拔 2000～3050 m。

分布于独龙江（贡山县独龙江乡段）；贡山县茨开镇；福贡县石月亮乡、鹿马登乡；泸水市洛本卓乡；腾冲市明光乡。14-3。

35. 连珠瓦韦 Lepisorus subconfluens Ching

凭证标本：独龙江考察队 4487；高黎贡山考察队 11075。

植株高 15～27 cm，孢子囊群略靠近叶缘，成熟后常多少汇生。生于林下或林缘的岩石上或树干上；海拔 1740～2470 m。

分布于独龙江（贡山县独龙江乡段）；福贡县石月亮乡；泸水市片马镇；腾冲市三云乡。14-3。

36. 滇瓦韦 Lepisorus sublinearis（Baker ex Takeda）Ching

凭证标本：J. F. Rock 7424；高黎贡山考察队 26090；张良 1713。

植株高 15～25 cm，叶片阔披针形，鳞片一色。生于常绿阔叶林林下岩石或树干上；海拔 1230～2410 m。

分布于缅甸克钦邦；独龙江（贡山县独龙江乡段）。14-3。

* **37. 西藏瓦韦 Lepisorus tibeticus** Ching & S. K. Wu

凭证标本：独龙江考察队 5220；张宪春等 4438。

植株高 15～25 cm，根状茎鳞片中间黑色，边缘 1～2 行网眼淡棕色。生于林下或林缘的岩石上或石缝中；海拔 2000～2200 m。

分布于独龙江（贡山县独龙江乡段）；泸水市鲁掌镇。15。

38. 阔叶瓦韦 Lepisorus tosaensis（Makino）H. Itô

凭证标本：朱维明、陆树刚 19030。

植株高 15～30 cm，根状茎短而横卧。生于常绿阔叶林林下岩石或树干上；海拔1250 m。

分布于独龙江（贡山县独龙江乡段）。14-2。

39. 断线蕨 Leptochilus hemionitideus（C. Presl）Nooteboom

凭证标本：夏念和等-伊洛瓦底队 875；高黎贡山考察队 19949；张良 1684。

植株高 28～60 cm，孢子囊群常为不连续的线形。生于常绿阔叶林林下潮湿的岩石上；海拔 1250～1400 m。

分布于缅甸克钦邦；独龙江（贡山县独龙江乡段）。14-1。

40. 宽羽线蕨 Leptochilus pothifolius（Buchanan-Hamilton ex D. Don）Fraser-Jenkins

凭证标本：独龙江考察队 1672；高黎贡山考察队 21926。

植株高 50～70 cm，裂片宽 2～3 cm。生于常绿阔叶林林下潮湿处或附生岩石上；海拔 1340～1450 m。

分布于独龙江（贡山县独龙江乡段）。14-1。

41. 中华剑蕨 Loxogramme chinensis Ching

凭证标本：高黎贡山考察队 12513，25803。

植株高 10～15 cm，根状茎细长横走，直径约 1 cm。生于常绿阔叶林林下岩石或树干上；海拔 2100～2570 m。

分布于独龙江（贡山县独龙江乡段）；贡山县茨开镇；泸水市洛本卓乡、片马镇。14-3。

42. 褐柄剑蕨 Loxogramme duclouxii Christ

凭证标本：高黎贡山考察队 18766；张良 1717。

植株高 15～40 cm，根状茎短，叶柄基部深棕色或褐色。生于常绿阔叶林林下岩石或树干上；海拔 1780～2400 m。

分布于独龙江（贡山县独龙江乡段）；高黎贡山自然保护区保山市和腾冲市之间。14-1。

43. 内卷剑蕨 Loxogramme involuta（D. Don）C. Presl

凭证标本：高黎贡山考察队 19954；张良 1752。

植株高 15～40 cm，根状茎短，叶柄基部禾秆色。生于常绿阔叶林林下树干上或岩石上；海拔 1225～2330 m。

分布于独龙江（贡山县独龙江乡段）；贡山县鹿马登乡；腾冲市猴桥镇、新华乡。14-3。

44. 篦齿蕨 Metapolypodium manmeiense（Christ）Ching

凭证标本：高黎贡山考察队 17587，17921。

植株高 30～40 cm，叶脉分离，孢子囊群圆形。生于常绿阔叶林林下岩石上；海拔 1750～2230 m。

分布于腾冲市猴桥镇；龙陵县龙江乡。14-3。

45. 锡金锯蕨 Micropolypodium sikkimense（Hieronymus）X. C. Zhang

凭证标本：高黎贡山考察队 9606，20148。

植株高 5～20 cm，叶片篦齿状深裂，草质。生于常绿阔叶林或针阔混交林林下树干上；海拔 2530～3400 m。

分布于独龙江（贡山县独龙江乡段）；贡山县丙中洛乡；福贡县石月亮乡、亚坪乡。14-3。

46. 羽裂星蕨 Microsorum insigne（Blume）Copeland

凭证标本：张良 1697。

植株高 30～50 cm，单叶羽状分裂，孢子囊群小，散生于叶片背面。生于常绿阔叶林林下；海拔 1150 m。

分布于独龙江（贡山县独龙江乡段）。7。

47. 膜叶星蕨 Microsorum membranaceum（D. Don）Ching

凭证标本：J. F. Rock 7478；张宪春 2994。

植株高 14～120 cm，叶片膜质，孢子囊群小，不规则散生于侧脉间。生于常绿阔叶林林下岩石上，有时生于岩石旁土上；海拔 1750～1800 m。

分布于缅甸克钦邦；腾冲市猴桥乡。14-3。

48. 星蕨 Microsorum punctatum（Linnaeus）Copeland

凭证标本：徐炳强等-伊洛瓦底队 4695。

植株高 30～100 cm，根状茎短而横走，孢子囊群小，圆形，叶片通常仅上部可育。生于常绿阔叶林林下或林缘崖壁上或树干上；海拔 856 m。

分布于缅甸克钦邦。2。

49. 剑叶盾蕨 Neolepisorus ensatus（Thunberg）Ching

凭证标本：高黎贡山考察队 12851，14403。

植株高 30～50 cm，叶片基部下延成翅状。生于常绿阔叶林林下岩石上；海拔 1570～1640 m。

分布于贡山县丙中洛乡、捧当乡。14-1。

50. 江南星蕨 Neolepisorus fortunei（T. Moore）Li Wang

凭证标本：高黎贡山考察队 19461，28905。

植株高 25～90 cm，根状茎鳞片阔卵状披针形，盾状着生。生于常绿阔叶林林下岩石上或树干上；海拔 1640 m。

分布于独龙江（贡山县独龙江乡段）。7。

51. 显脉星蕨 Neolepisorus zippelii（Blume）Li Wang

凭证标本：徐炳强等-伊洛瓦底队 5548；张良 1673；朱维明、陆树刚 19305。

植株高 40～65 cm，根状茎短而横走，叶片厚纸质。生于常绿阔叶林林下岩石上或树干上；海拔 1250～1350 m。

分布于缅甸克钦邦；独龙江（贡山县独龙江乡段）。7。

52. 光亮瘤蕨 Phymatosorus cuspidatus（D. Don）Pichi Sermolli

凭证标本：高黎贡山考察队 24577，27435。

植株高 50～100 cm，叶片一回羽状。生于常绿阔叶林林下树干上、树干基部或岩石上；海拔 1060～1820 m。

分布于福贡县石月亮乡、鹿马登乡、马吉乡；腾冲市和顺镇、界头乡、五合乡。7。

53. 尖齿拟水龙骨 Polypodiastrum argutum（Wallich ex Hooker）Ching

凭证标本：高黎贡山考察队 24013，30703。

植株高 50～65 cm，根状茎上鳞片稀疏，网状脉明显。生于常绿阔叶林林下岩石上或树干上；海拔 2142～2580 m。

分布于泸水市片马镇；腾冲市猴桥镇。14-3。

54. 川拟水龙骨 Polypodiastrum dielseanum（C. Christensen）Ching

凭证标本：高黎贡山考察队 26877，28452。

植株高 40～70 cm，根状茎密被鳞片，网状脉不明显。生于常绿阔叶林林下岩石上；海拔 2400～2700 m。

分布于福贡县石月亮乡；泸水市洛本卓乡。14-3。

55. 蒙自拟水龙骨 Polypodiastrum mengtzeense（Christ）Ching

凭证标本：J. F. Rock 7500；朱维明、陆树刚 19132。

植株高 50～80 cm，羽片基部心形，稍覆盖叶轴。生于常绿阔叶林林下岩石或树干上；海拔 2030 m。

分布于缅甸克钦邦；独龙江（贡山县独龙江乡段）。7。

56. 友水龙骨 Polypodiodes amoena（Wallich ex Mettenius）Ching

凭证标本：J. F. Rock 7455；高黎贡山考察队 15637，18555。

植株高 70～90 cm，裂片 15～20 mm 宽。生于常绿阔叶林林下岩石上或树干上；海拔 1330～2650 m。

分布于缅甸克钦邦；独龙江（贡山县独龙江乡段）；贡山县丙中洛乡、茨开镇、捧当乡；福贡县石月亮乡；腾冲市明光乡、三云乡、五合乡；龙陵县龙江乡。14-3。

57. 濑水龙骨 Polypodiodes lachnopus（Wallich ex Hooker）Ching

凭证标本：G. Forrest 26753。

植株高 45～65 cm，根状茎密被毛发状蓬松鳞片。生于常绿阔叶林林下岩石上或树干上。

分布于腾冲市。14-3。

58. 日本水龙骨（光水龙骨）Polypodiodes niponica（Mettenius）Ching

凭证标本：徐炳强等-伊洛瓦底队 4631；独龙江考察队 1132，5320。

植株高 35～55 cm，根状茎鳞片稀少，叶片背面被毛。生于常绿阔叶林林下岩石上或树干上；海拔 1300～1500 m。

分布于缅甸克钦邦；独龙江（贡山县独龙江乡段）。14-1。

59. 假友水龙骨 Polypodiodes subamoena（C. B. Clarke）Ching

凭证标本：高黎贡山考察队 25791，28375。

植株高 25～30 cm，根状茎纤细，裂片顶端钝圆。生于常绿阔叶林林下岩石上；海拔 2700～2800 m。

分布于福贡县石月亮乡；泸水市洛本卓乡、片马镇。14-3。

60. 光茎水龙骨 Polypodiodes wattii（Beddome）Ching

凭证标本：高黎贡山考察队 23269；张良 1677。

植株高 30～80 cm，根状茎墨绿色，光滑无鳞片。生于常绿阔叶林林下岩石上或树干上；海拔 1500～1750 m。

分布于独龙江（贡山县独龙江乡段）；贡山县丙中洛乡。14-3。

61. 冯氏石韦 Pyrrosia boothii（Hooker）Ching

凭证标本：独龙江考察队 5833；冯国楣 7977。

植株高 30～70 cm，根状茎短横走，叶片基部对称，下延呈楔形。生于常绿阔叶林林下岩石上；海拔 1780 m。

分布于独龙江（贡山县独龙江乡段）；贡山县丙中洛乡。14-3。

62. 下延石韦 Pyrrosia costata（Wallich ex C. Presl）Tagawa & K. Iwatsuki

凭证标本：王军等-伊洛瓦底队 5297；夏念和等-伊洛瓦底队 1071；高黎贡山考察队 9897；武素功 8130。

植株高 20～50 cm，叶片中部以上最宽，基部下延。生于常绿阔叶林林下树干上；海拔 1300～1350 m。

分布于缅甸克钦邦；独龙江（贡山县独龙江乡段）；泸水市上江乡。7。

63. 毡毛石韦 Pyrrosia drakeana（Franchet）Ching

凭证标本：徐炳强等-伊洛瓦底队 4076；独龙江考察队 6444；北京植物所横断山队 0551。

植株高 25～65 cm，根状茎短横走，叶片基部近对称。生于常绿阔叶林林下岩石上或树干上；海拔 2300 m。

分布于缅甸克钦邦；独龙江（贡山县独龙江乡段）；泸水市片马镇。14-3。

64. 卷毛石韦 Pyrrosia flocculosa（D. Don）Ching

凭证标本：J. F. Rock 7462，7490。

植株高 25～50 cm，叶片长圆形披针形，软革质。生于常绿阔叶林林下树干上或岩石上。

分布于缅甸克钦邦。7。

65. 纸质石韦 Pyrrosia heteractis（Mettenius ex Kuhn）Ching

凭证标本：徐炳强等-伊洛瓦底队 4645；J. F. Rock 7499，7491a；高黎贡山考察队 13584；张良 1704。

植株高 10～30 cm，根状茎长横走，叶片宽 4～6 cm。生于常绿阔叶林林下岩石上或树干上；海拔 1700～2400 m。

分布于缅甸克钦邦；察隅县察瓦龙乡；独龙江（贡山县独龙江乡段）；贡山县茨开镇；福贡县鹿马登乡、马吉乡；泸水市洛本卓乡；保山市芒宽乡。14-3。

66. 平滑石韦 Pyrrosia laevis（J. Smith ex Beddome）Ching

凭证标本：张良 1701；朱维明、陆树刚 19024。

植株高 8～15 cm，根状茎纤细，直径 1000～1500 μm。生于常绿阔叶林林下溪边树干上；海拔 1250 m。

分布于独龙江（贡山县独龙江乡段）。14-3。

67. 披针叶石韦 Pyrrosia lanceolata（Linnaeus）Farwell

凭证标本：徐炳强等-伊洛瓦底队 6390。

植株高 5～12 cm，根状茎鳞片边缘具分枝状睫毛。生于常绿阔叶林林下岩石上或树干上；海拔 1670 m。

分布于缅甸克钦邦。6。

68. 石韦 Pyrrosia lingua（Thunberg）Farwell

凭证标本：高黎贡山考察队 19318，27528。

植株高 10～40 cm，根状茎鳞片边缘具睫毛，侧脉明显。生于常绿阔叶林或杂木林潮湿的岩石上或树干上；海拔 1231～1950 m。

分布于贡山县茨开镇；福贡县石月亮乡、上帕镇。14-1。

69. 裸叶石韦 Pyrrosia nuda（Giesenhagen）Ching

凭证标本：夏念和等-伊洛瓦底队 1152。

植株高 10～20 cm，叶片近光滑，背面绿色。生于常绿阔叶林林下岩石上；海拔 1200 m。

分布于缅甸克钦邦。7。

70. 钱币石韦 Pyrrosia nummulariifolia（Swartz）Ching

凭证标本：徐炳强等-伊洛瓦底队 4962。

植株高 3～7 cm，叶片二型，不育叶圆形或椭圆形，长 2 cm 左右。生于常绿阔叶林林下岩石上或树干上；海拔 358 m。

分布于缅甸克钦邦。7。

71. 柔软石韦 Pyrrosia porosa（C. Presl）Hovenkamp

凭证标本：高黎贡山考察队 15557，28129。

植株高 10～25 cm，根状茎鳞片边缘具睫毛，叶片宽 12～36 mm，几无柄。生于常绿阔叶林林下岩石上；海拔 1500～2220 m。

分布于贡山县丙中洛乡、捧当乡；腾冲市。7。

72. 狭叶石韦 Pyrrosia stenophylla（Beddome）Ching

凭证标本：夏念和等-伊洛瓦底队 1274；高黎贡山考察队 21354。

植株高 20～45 cm，叶片狭长、边缘向内反卷。生于常绿阔叶林林下树干上；海拔 1850～2160 m。

分布于缅甸克钦邦；独龙江（贡山县独龙江乡段）；泸水市片马镇。14-3。

73. 柱状石韦 Pyrrosia stigmosa（Swartz）Ching

凭证标本：高黎贡山考察队 13932，19086。

植株高 25～65 cm，孢子囊群约由 10 个孢子囊组成。生于常绿阔叶林林下岩石上；海拔 1960 m。

分布于保山市芒宽乡。7。

74. 绒毛石韦 Pyrrosia subfurfuracea（Hooker）Ching

凭证标本：高黎贡山考察队 21284；张良 1668。

植株高 40～60 cm，叶片中上部可育。生于常绿阔叶林林下岩石上；海拔 1410～2049 m。

分布于独龙江（贡山县独龙江乡段）；贡山县茨开镇；福贡县马吉乡；保山市芒宽乡。14-3。

75. 中越石韦 Pyrrosia tonkinensis（Giesenhagen）Ching

凭证标本：徐炳强等-伊洛瓦底队 4013；高黎贡山考察队 21377。

植株高 10～40 cm，叶片 5～10 mm 宽。生于常绿阔叶林林下岩石上；海拔 1640～2453 m。

分布于独龙江（贡山县独龙江乡段）；泸水市片马镇；腾冲市。7。

****76. 鹅绒假瘤蕨 Selliguea chenopus**（Christ）S. G. Lu

凭证标本：青藏队 8190。

植株高 20～35 cm，根状茎鳞片卵形，深棕色，叶片掌状分裂。生于常绿阔叶林林下岩石上或树干上。

分布于独龙江（贡山县独龙江乡段）。15-2。

77. 白茎假瘤蕨 Selliguea chrysotricha（C. Christensen）Fraser-Jenkins

凭证标本：高黎贡山考察队 20229，21984。

植株高 10～20 cm，茎长而横走，被白粉、疏被鳞片。生于常绿阔叶林林下岩石上或树干上；海拔 2100～2400 m。

分布于独龙江（贡山县独龙江乡段）；贡山县茨开镇；福贡县石月亮乡、亚坪乡；腾冲市猴桥镇。14-3。

***78. 钝羽假瘤蕨 Selliguea conmixta**（Ching）S. G. Lu, Hovenkamp & M. G. Gilbert

凭证标本：高黎贡山考察队 31818。

植株高 15～25 cm，基部裂片平直，先端钝圆。生于针阔混交叶林下岩石上；海拔 2530 m。

分布于贡山县丙中洛乡。15。

79. 紫柄假瘤蕨 Selliguea crenatopinnata（C. B. Clarke）S. G. Lu，Hovenkamp & M. G. Gilbert

凭证标本：高黎贡山考察队 11789，14033。

植株高 15～40 cm，叶片边缘具缺刻或波状。生于常绿阔叶林林下岩石上；海拔 1550～1700 m。

分布于贡山县茨开镇；保山市芒宽乡。14-3。

＊80. 指叶假瘤蕨 Selliguea dactylina（Christ）S. G. Lu，Hovenkamp & M. G. Gilbert

凭证标本：高黎贡山考察队 21453，23262。

植株高 20～30 cm，根状茎鳞片狭披针形或钻形。生于常绿阔叶林林下树干上阴处；海拔 1400～2200 m。

分布于独龙江（贡山县独龙江乡段）；贡山县丙中洛乡、茨开镇。15。

81. 黑鳞假瘤蕨（栗鳞假瘤蕨）Selliguea ebenipes（Hooker）S. Lindsay

凭证标本：高黎贡山考察队 25691，28343。

植株高 25～45 cm，鳞片卵形，栗色或黑色。生于常绿阔叶林林下树干上阴处；海拔 2500～3300 m。

分布于独龙江（贡山县独龙江乡段）；贡山县茨开镇；福贡县石月亮乡；泸水市洛本卓乡。14-3。

82. 刺齿假瘤蕨 Selliguea glaucopsis（Franchet）S. G. Lu，Hovenkamp & M. G. Gilbert

凭证标本：高黎贡山考察队 26693。

植株高 10～30 cm，叶片边缘锯齿顶端具芒刺。生于针阔混交林林下岩石或树干上；海拔 3360 m。

分布于福贡县石月亮乡。14-3。

83. 大果假瘤蕨 Selliguea griffithiana（Hooker）Fraser-Jenkins

凭证标本：夏念和等-伊洛瓦底队 1294；高黎贡山考察队 12535。

植株高 15～40 cm，叶片背面黄绿色。生于常绿阔叶林林下岩石上或树干上；海拔 1610～2380 m。

分布于缅甸克钦邦；独龙江（贡山县独龙江乡段）；贡山县茨开镇；泸水市片马镇；保山市芒宽乡；腾冲市明光乡。14-3。

84. 金鸡脚假瘤蕨 Selliguea hastata（Thunberg）Fraser-Jenkins

凭证标本：高黎贡山考察队 16595，19927。

植株高 15～25 cm，叶片常为掌状分裂。生于常绿阔叶林林缘或杂木林土壁上或岩石上；海拔 1298～1610 m。

分布于贡山县茨开镇；福贡县石月亮乡。14-2。

85. 克钦假瘤蕨 Selliguea kachinensis Hovenkamp，S. Lindsay & Fraser-Jenkins

凭证标本：夏念和等-伊洛瓦底队 1519；王军等伊洛瓦底队 5431。

植株高 20～60 cm，通体被毛，单叶，草质。生于常绿阔叶林林下苔藓较厚的树干上；海拔 717～1400 m。

分布于缅甸克钦邦。14-3。

*** **86. 长圆假瘤蕨 Selliguea oblongifolia**（S. K. Wu）S. G. Lu，Hovenkamp & M. G. Gilber

凭证标本：青藏队 9118。

植株高 10～30 cm，叶片边缘具浅缺刻或浅波状。生于常绿阔叶林林下岩石上；海拔 1400 m。

分布于独龙江（贡山县独龙江乡段）。15-2-6。

87. 尖裂假瘤蕨 Selliguea oxyloba（Wallich ex Kunze）Fraser-Jenkins

凭证标本：高黎贡山考察队 17841。

植株高 15～35 cm，叶片羽状深裂，全缘。生于常绿阔叶林林下岩石上、树干上，或土生；海拔 1700～1908 m。

分布于独龙江（贡山县独龙江乡段）；泸水市片马镇；龙陵县龙江乡。14-3。

*** **88. 片马假瘤蕨 Selliguea pianmaensis**（W. M. Chu）S. G. Lu

凭证标本：朱维明等 11350。

植株高 15～30 cm，根状茎鳞片披针形，全缘。生于常绿阔叶林林下岩石或树干上；海拔 2100 m。

分布于泸水市片马镇。15-2-6。

89. 喙叶假瘤蕨 Selliguea rhynchophylla（Hooker）Fraser-Jenkins

凭证标本：J. F. Rock 7513；G. Forrest 29490；19175（A）。

植株高 2～30 cm，叶片二型，单叶。生于常绿阔叶林林下的岩石或树干上；海拔 2500 m。

分布于缅甸克钦邦；独龙江（贡山县独龙江乡段）；腾冲市。7。

90. 尾尖假瘤蕨 Selliguea stewartii（Beddome）S. G. Lu

凭证标本：高黎贡山考察队 11912，22412。

植株高 20～40 cm，根状茎鳞片深棕色或黑色，边缘具白柔毛。生于阔叶林林岩石上或树干上；海拔 2450～2950 m。

分布于独龙江（贡山县独龙江乡段）；贡山县茨开镇；福贡县石月亮乡；腾冲市明光乡。14-3。

** **91. 无量山假瘤蕨 Selliguea wuliangshanense**（W. M. Chu）S. G. Lu，Hovenkamp & M. G. Gilbert

凭证标本：高黎贡山考察队 30058。

植株高 2～10 cm，叶片二型，单叶，孢子囊群汇生于狭缩的叶片上部。生于常绿阔叶林林下岩石上或树干上；海拔 2240 m。

分布于腾冲市界头镇。15-2。

92. 裂禾蕨 Tomophyllum donianum（Sprengel）Fraser-Jenkins & Parris

凭证标本：J. F. Rock 7400；王启无 67247；武素功 6656。

植株高 5～30 cm，叶片羽状或深裂，小脉先端具排水器。生于常绿阔叶林或针阔混交林林下被较厚苔藓层的岩石上；海拔 2000～2100 m。

分布于缅甸克钦邦；贡山县丙中洛乡；腾冲市猴桥乡。14-3。

[*]**93. 狭叶毛鳞蕨 Tricholepidium angustifolium Ching**

凭证标本：王军等-伊洛瓦底队 5388；高黎贡山考察队 21654；张良 1705。

植株高 20～30（～50）cm，叶片带状，宽 1～2 cm。生于常绿阔叶林或针阔混交林林下岩石上；海拔 1380～2400 m。

分布于缅甸克钦邦；独龙江（贡山县独龙江乡段）；泸水市洛本卓乡、片马镇。15。

94. 毛鳞蕨 Tricholepidium normale（D. Don）Ching

凭证标本：高黎贡山考察队 24069，30167。

植株高 30～50 cm，孢子囊群在羽片中肋两侧排成不规则的 2～4 行。生于常绿阔叶林林下树干上；海拔 1720～2240 m。

分布于独龙江（贡山县独龙江乡段）；贡山县茨开镇；泸水市片马镇；保山市龙江乡、南康镇；腾冲市界头乡；龙陵县镇安镇。14-3。

^{* * *}**95. 显脉毛鳞蕨 Tricholepidium venosum Ching**

凭证标本：J. F. Rock 7510；夏念和等-伊洛瓦底队 1232；独龙江考察队 1300；张良 1669。

植株高 30～40 cm，孢子囊群在羽片中肋两侧各 1 行。生于常绿阔叶林林下树干上；海拔 1200～1450 m。

分布于缅甸克钦邦；独龙江（贡山县独龙江乡段）。15-2-6。

第十一章　高黎贡山种子植物名录[*]

高黎贡山种子植物名录是根据 1990 年以来对高黎贡山开展的 16 次考察所采集的 35500 号标本和中国科学院昆明植物所标本馆（KUN）早期收藏的高黎贡山标本（约 5600 号）汇编而成，记载了分布于高黎贡山的种子植物共 218 科 1245 属 4867 种和 272 亚种或变种。

其中，裸子植物按 1978 年郑万均《中国植物志》第七卷的系统排列，被子植物按 1926 年、1934 年 Hutchinson *The Families of Flowering Plants* 的系统排列，新增的科列在其分出科之后，编号与其分出科相同，再加 a、b 等字样；科内按植物的属名，属内按拉丁字母顺序排列。

名录中每种植物包括：种的中文名、重要常见的别名，拉丁学名、基名和常见的异名，凭证标本，生态生活型，在高黎贡山的生境、海拔、产地，个别狭域种列举乡镇及以下的小地名，高黎贡山以外的分布从略，仅记录分布区类型序号。

名录中序号前的"＊"表示该种是分布在高黎贡山但不超出中国国境的"中国特有种"，序号前有"＊＊"表示是分布在高黎贡山但不超出云南省境的"云南特有种"，序号前有"＊＊＊"表示是仅分布于高黎贡山的"高黎贡山特有种"，序号前的"＋"表示栽培植物或入侵外来植物。

在名录中，拉丁学名采用 *Flora of China* 所确定的名称，定名人采用全名而不是缩写名，如苍山冷杉 *Abies delavayi* Franchet、云南黄果冷杉 *Abies ernestii* var. *salouenensis* (Bordères & Gaussen) W. C. Cheng & L. K. Fu；当有个别科的专家对 *Flora of China* 的内容有异议时，本名录接受该专家的鉴定意见。

本名录列举各种的分布时，仅列举其在高黎贡山地区的分布，即怒江河谷西岸和高黎贡山西坡的县、乡、镇；凡在怒江东岸碧罗雪山的分布地域均不予列入；所列举的独龙江流域仅限于贡山县西部和察隅县的日东乡，在本名录中单独列出；在高黎贡山地区以外的分布地域不详细列举，代之以分布区类型的序号。植物的分布区类型是根据物种实际分布范围而划定的，共划分为 17 个类型和 15 个亚型，用数字代号表示。

本名录中编号所对应的分布区类型如下：

1. 世界分布；

2. 泛热带分布；

3. 热带亚洲-热带美洲间断分布；

＊作者：李恒、李嵘。

4. 旧世界热带分布；

5. 热带亚洲-热带大洋洲分布；

6. 热带亚洲-热带非洲分布；

7. 热带亚洲分布；

8. 北温带分布；

9. 东亚-北美间断分布；

10. 旧世界温带分布；

11. 温带亚洲分布；

12. 地中海、西亚和中亚分布；

13. 中亚分布；

14. 东亚分布；

14-1. 全东亚分布；

14-2. 中国-日本分布；

14-3. 中国-喜马拉雅分布；

14-4. 中国和西南邻国分布；

15. 中国特有分布；

15-1. 云南和其他省份分布；

15-2. 云南特有分布；

15-2-1. 云南境内广布；

15-2-2. 云南高原分布；

15-2-3. 云南北部分布；

15-2-3a. 云南西北部分布；

15-2-3b. 云南东北部分布；

15-2-4. 云南东南部分布；

15-2-5. 云南西南部分布；

15-2-6. 高黎贡山地区分布；

15-2-7. 云南南部热带分布；

15-2-8. 云南西北-云南东南间断分布；

16. 栽培植物；

17. 入侵植物。

本名录引证的凭证标本主要是独龙江越冬考察队、高黎贡山考察队、怒江考察队、南水北调队以及新老采集者如俞德浚、蔡希陶、王启无、冯国楣、毛品一、尹文清、陈介、杨竞生、孙航、李恒、郭辉军、刀志灵、李嵘、纪运恒、杨世雄、施晓春、崔景云等采集的标本，这些标本现收藏于中国科学院昆明植物所标本馆；少部分是国外采集家 George Forrest、Heinrich Handel-Mazzetti、Adrien René Franchet、Francis Kingdon-Ward 等所采集的标本，目前多收藏于英国、法国的标本馆，这里均不标明收藏地。

由于 2000 年出版的《高黎贡山植物》第十章中已有关于植物用途的记录，钱子刚、李安华主编的《高黎贡山药用植物名录》也于 2008 年出版，本名录不再重复记录。

近 20 年在高黎贡山地区采集的标本于 2007 年起由各科专家进行了鉴定（表 11-1），在此向他们致以真挚的谢意。

表 11-1　高黎贡山种子植物标本鉴定专家名单及鉴定类群

姓名	鉴定科属
Burce Bartholomew	山茶科（Theaceae）
David E. Boufford	柳叶菜科（Onagraceae）
Ihsan A. Al-Shehbaz	十字花科（Cruciferae）
J. G. Conran	鸭趾草科（Commelinaceae）、百合科（Liliaceae）
Jim Murata	天南星科（Araceae）
Jin-Hyub Paik	伞形科（Umbelliferae）
M. Lidén	紫堇科（Fumariaaceae）
Peter W. Fritsch	杜鹃花科（Ericaceae）、水晶兰科（Monotropaceae）、山矾科（Symplocaceae）
陈高	马钱科（Loganiaceae）
陈艺林	菊科（Compositae）
陈又生	堇菜科（Violaceae）、槭树科（Aceraceae）、菊科（Compositae）
陈哲	落葵科（Basellaceae）、亚麻科（Linaceae）、石榴科（Punicaceae）、海桑科（Sonneratiaceae）、水东哥科（Saurauiaceae）、杨梅科（Myricaceae）、珙桐科（Davidiaceae）
刀志灵	杜英科（Elaeocarpaceae）、椴树科（Tiliaceae）
邓云飞	爵床科（Acanthaceae）、灯心草科（Juncaceae）、莎草科（Cyperaceae）
段林东	荨麻科（Urticaceae）
方瑞征	旋花科（Convolvulaceae）、杜鹃花科（Ericaceae）、越桔科（Vacciniaceae）、岩梅科（Diapensiaceae）
龚洵	木兰科（Magnoliaceae）
洪德元	桔梗科（Campanulaceae）、鸭趾草科（Commelinaceae）
胡光万	狸藻科（Lentibulariaceae）
胡启明	紫金牛科（Myrsinaceae）、报春花科（Primulaceae）
纪运恒	石蒜科（Amaryllidaceae）

姓名	鉴定科属
蒋柱檀	杜鹃花科（Ericaceae）
金效华	兰科（Orchidaceae）
雷立公	茶藨子科（Grossulariaceae）、虎耳草科（Saxifragaceae）、鼠刺科（Iteaceae）、八仙花科（Hydrangeaceae）、肋果茶科（Sladeniaceae）、冬青科（Aquilifoliaceae）、龙胆科（Gentianaceae）
李德铢	Bambusoideae（竹亚科）
李恒	睡莲科（Nymphaeaceae）、旌节花科（Stachyuraceae）、桑科（Moraceae）、桑寄生科（Loranthaceae）、茜草科（Rubiaceae）、水鳖科（Hydrocharidaceae）、泽泻科（Alismataceae）、百合科（Liliaceae）
李宏哲	秋海棠科（Begoniaceae）
李洪涛	葫芦科（Cucurbitaceae）
李嵘	胡椒科（Piperaceae）、桦木科（Betulaceae）、榛科（Corylaceae）、五加科（Araliaceae）、百合科（Liliaceae）、兰科（Orchidaceae）
李锡文	番荔枝科（Annonaceae）、樟科（Lauraceae）、金丝桃科（Hypericaceae）、藤黄科（Guttiferae）、荨麻科（Urticaceae）、苦苣苔科（Gesneriaceae）、唇形科（Labiatae）
李新伟	猕猴桃科（Actinidiaceae）
林祁	八角科（Illiciaceae）、五味子科（Schisandraceae）
刘克明	凤仙花科（Balsaminaceae）
刘艳春	禾亚科（Pooideae）
路安民	葫芦科（Curcurbitaceae）、茄科（Solanaceae）
马海英	禾亚科（Pooideae）
马金双	马兜铃科（Aristolochiaceae）
闵天禄	茶科（Theaceae）
彭华	肋果茶科（Sladeniaceae）
浦发鼎	伞形科（Umbelliferae）
沈云光	鸢尾科（Iridaceae）
施晓春	夹竹桃科（Apocynaceae）、萝藦科（Asclepiadaceae）
孙航	苏木科（Caesalpiniaceae）、含羞草科（Mimosaceae）、蝶形花科（Papilionaceae）
孙苗	胡颓子科（Elaeagnaceae）

姓名	鉴定科属
覃海宁	木通科（Lardizabalaceae）
唐亚	杜英科（Elaeocarpaceae）、椴树科（Tiliaceae）、玄参科（Scrophulariaceae）
陶德定	蓼科（Polygonaceae）
王瑞江	茜草科（Rubiaceae）
王文采	毛茛科（Ranunculaceae）、荨麻科（Urticaceae）
王跃华	禾亚科（Pooideae）
魏晓梅	蔷薇属（*Rosa*）
文军	葡萄科（Vitaceae）、五加科（Araliaceae）
吴德邻	姜科（Zingiberaceae）
杨世雄	茶科（Theaceae）
应俊生	小檗科（Berberidaceae）
于胜祥	凤仙花科（Balsaminaceae）
张玉霄	竹亚科（Bambusoideae）
周丽华	蔷薇科（Rosaceae）
周浙昆	壳斗科（Fagaceae）

裸子植物亚门 GYMNOSPERMAE

松杉纲 CONIFEROPSIDA

G4. 松科 Pinaceae

6 属 13 种，﹡5，﹡﹡2

1. 苍山冷杉 Abies delavayi Franchet

凭证标本：高黎贡山考察队 14851，34557。

常绿乔木，雌雄同株，高达 25 m。生长于常绿阔叶林、针阔叶混交林、沟边杂木林、针叶林、冷杉-红杉林、冷杉-箭竹林、杜鹃-箭竹灌丛；海拔 2770～3360 m。

分布于独龙江（贡山县独龙江乡段）；贡山县丙中洛乡、茨开镇；福贡县鹿马登乡；泸水市片马镇、洛本卓乡；腾冲市猴桥镇、曲石镇。14-4。

﹡**2. 云南黄果冷杉 Abies ernestii var. salouenensis**（Bordères & Gaussen）W. C. Cheng & L. K. Fu-*Abies salouenensis* Bordères & Gaussen

凭证标本：独龙江考察队 6083；南水北调队 60-8901。

常绿乔木，雌雄同株，高达 60 m。生长于针阔叶混交林中；海拔 2200～3100 m。

分布于独龙江（察隅县段，贡山县独龙江乡段）。15-1。

** 3. 急尖长苞冷杉 Abies georgei var. **smithii** (Viguie & Gaussen) W. C. Cheng & L. K. Fu-*Abies forrestii* var. *smithii* Viguie & Gaussen

凭证标本：青藏队 82-8530；高黎贡山考察队 12754A。

常绿乔木，雌雄同株，高达 30 m。生长于云杉、冷杉、铁杉、刺柏及杜鹃灌丛中；海拔 3000～4400 m。

分布于独龙江（察隅县日东乡段）；贡山县丙中洛乡、茨开镇。15-2-3。

4. 怒江冷杉 Abies nukiangensis W. C. Cheng & L. K. Fu

凭证标本：冯国楣 8025；高黎贡山考察队 34400。

常绿乔木，雌雄同株，高达 20 m。生长于冷杉-箭竹林中；海拔 2500～3210 m。

分布于独龙江（贡山县独龙江乡段）；贡山县丙中洛乡。14-3。

* 5. 大果红杉 Larix potaninii var. **australis** A. Henry ex Handel-Mazzetti

凭证标本：青藏队 82-10618；T. T. Yü 20969。

落叶乔木，雌雄同株，高达 50 m。生长于流石滩等地的针叶林中；海拔 2800～4000 m。

分布于独龙江（察隅县日东乡段、贡山县独龙江乡段）。15-1。

* 6. 怒江红杉 Larix speciosa W. C. Cheng & Y. W. Law

凭证标本：高黎贡山考察队 14798，34558。

落叶乔木，雌雄同株，高达 25 m。生长于灌丛地带；海拔 2100～3600 m。

分布于独龙江（贡山县独龙江乡段）；贡山县丙中洛乡、茨开镇；福贡县；泸水市洛本卓乡。15-1。

7. 油麦吊云杉 Picea brachytyla var. **complanata** (Masters) W. C. Cheng ex Rehder-*Picea complanata* Masters

凭证标本：李恒、刀志灵、李嵘 479；高黎贡山考察队 33793。

常绿乔木，雌雄同株，高达 30 m。生长于常绿阔叶林、石柯-云南松林、石柯-铁杉林、石柯-云杉林、针叶林、铁杉-云杉林、云杉林、灌丛、箭竹灌丛-草甸中；海拔 2530～3400 m。

分布于独龙江（察隅县日东乡段，贡山县独龙江乡段）；贡山县丙中洛乡、茨开镇；福贡县鹿马登乡；腾冲市猴桥镇。14-3。

8. 华山松 Pinus armandii Franchet

凭证标本：独龙江考察队 1482；高黎贡山考察队 25995。

常绿乔木，雌雄同株，高达 35 m。生长于常绿阔叶林、松栎林、铁杉-冷杉林、石柯-箭竹林中；海拔 1710～3270 m。

分布于独龙江（贡山县独龙江乡段）；贡山县丙中洛乡、茨开镇；福贡县匹河乡；保山市潞江镇；腾冲市明光乡。14-4。

* **9. 高山松 Pinus densata** Masters

凭证标本：南水北调队 60-8879。

常绿乔木。生长于疏林地带；海拔 3100 m。

分布于贡山县丙中洛乡。15-1。

10. 不丹松 Pinus bhutanica Grierson & Page

凭证标本：高黎贡山考察队 21419，34495。

常绿乔木，雌雄同株，高达 25 m。生长于常绿阔叶林、阔叶混交林、石柯-松林中；海拔 2000～3000 m。

分布于独龙江（贡山县独龙江乡段）。14-3。

* **11. 云南松 Pinus yunnanensis** Franchet

凭证标本：独龙江考察队 6327；高黎贡山考察队 33737。

常绿乔木，雌雄同株，高达 30 m。生长于常绿阔叶林、石柯-云南松林、石柯-栲林、云南松林、铁杉-冷杉林、次生常绿阔叶林、次生灌丛中；海拔 1060～3270 m。

分布于独龙江（贡山县独龙江乡段）；贡山县丙中洛乡、茨开镇；福贡县鹿马登乡、匹河乡；泸水市鲁掌镇、六库镇、上江乡；保山市潞江镇；腾冲市芒棒镇；龙陵县镇安镇。15-1。

** **12. 澜沧黄杉 Pseudotsuga forrestii** Craib

凭证标本：王启无 66150；青藏队 82-10905。

常绿乔木，雌雄同株，高达 40 m。生长于栎类阔叶林、针阔叶混交林、云杉-冷杉林中；海拔 2000～3300 m。

分布于独龙江（察隅县段）。15-2-3a。

13. 云南铁杉 Tsuga dumosa (D. Don) Eichler-*Pinus dumosa* D. Don

凭证标本：独龙江考察队 6266；高黎贡山考察队 34364。

常绿乔木，雌雄同株，高达 40 m。生长于常绿阔叶林、石柯-云南松林、石柯-青冈林、石柯-铁杉林、杜鹃-槭树林、铁杉-云杉林、铁杉-冷杉林、箭竹灌丛中；海拔 1650～3300 m。

分布于独龙江（察隅县日东乡段，贡山县独龙江乡段）；贡山县丙中洛乡、茨开镇；福贡县鹿马登乡、匹河乡；泸水市片马镇、洛本卓乡、上江乡；保山市芒宽乡；腾冲市明光乡、界头乡、猴桥镇。14-3。

G5. 杉科 Taxodiaceae

2 属 2 种，+1

+ **1. 杉木 Cunninghamia lanceolata** (Lambert) Hooker-*Pinus lanceolata* Lambert

凭证标本：高黎贡山考察队 13606，28185。

常绿乔木，雌雄同株，高达 50 m。生长于灌丛和人工林中或路边；海拔 1200～1900 m。

分布于贡山县茨开镇；福贡县上帕镇；泸水市片马镇；腾冲市界头乡。16。

2. 台湾杉 Taiwania cryptomerioides Hayata

凭证标本：独龙江考察队 6638；高黎贡山考察队 33134。

常绿乔木，雌雄同株，高达 75 m。生长于常绿阔叶林、石柯-木荷林、秃杉林或人工林中；海拔 1760～3000 m。

分布于独龙江（贡山县独龙江乡段）；贡山县丙中洛乡、茨开镇；福贡县上帕镇；泸水市洛本卓乡；腾冲市、龙陵县等地大量栽培。14-4。

G6. 柏科 Cupressaceae

3 属 7 种，＊2，＋1

＊1. 干香柏 Cupressus duclouxiana Hickel

凭证标本：独龙江考察队 3814；高黎贡山考察队 15629。

常绿乔木，雌雄同株，高达 25 m。生长于常绿阔叶林及河岸山坡；海拔 1780～2400 m。

分布于独龙江（栽培）和贡山县茨开镇。15-1。

＋2. 刺柏 Juniperus formosana Hayata

凭证标本：南水北调队 7080；夏德云 077。

乔木或灌木，高达 15 m。生长于人工林及寺庙旁；海拔 2900 m。

分布于腾冲市猴桥镇。16。

3. 滇藏方枝柏 Juniperus indica Bertoloni

凭证标本：青藏队 82-10558，82-10723。

灌木直立或匍匐，或小乔木，雌雄异株，高达 2 m。生长于云杉林、灌丛、高山草甸中；海拔 3450～4300 m。

分布于独龙江（察隅县日东乡段）。14-3。

4. 小果垂枝柏 Juniperus recurva var. coxii（A. B. Jackson）Melville-*Juniperus coxii* A. B. Jackson

凭证标本：高黎贡山考察队 14236，26567。

乔木或灌木，雌雄同株或异株。生长于针阔叶混交林、落叶阔叶林、云杉林、冷杉林、箭竹-杜鹃灌丛、箭竹灌丛中；海拔 2940～3740 m。

分布于独龙江（察隅县日东乡段）；贡山县丙中洛乡、茨开镇；福贡县石月亮乡、鹿马登乡；泸水市片马镇；腾冲市明光乡、界头乡、猴桥镇。14-3。

＊5. 方枝柏 Juniperus saltuaria Rehder & E. H. Wilson

凭证标本：王启无 664697；青藏队 82-10087。

乔木，稀灌木，雌雄同株，高达 20 m。生于疏林或灌丛中；海拔 2500～4000 m。

分布于独龙江（察隅县日东乡段）；贡山县丙中洛乡。15-1。

6. 高山柏 Juniperus squamata Buchanan-Hamilton ex D. Don

凭证标本：独龙江考察队 6445；高黎贡山考察队 25933。

灌木直立或匍匐，高达 12 m。生长于针叶林、箭竹-杜鹃灌丛、箭竹-白珠灌丛、石山坡灌丛中；海拔 2900～3450 m。

分布于独龙江（察隅县日东乡段，贡山县独龙江乡段）；贡山县丙中洛乡、茨开镇；福贡县匹河乡；泸水市片马镇；腾冲市猴桥镇；14-3。

7. 侧柏 Platycladus orientalis (Linnaeus) Franco-*Thuja orientalis* Linnaeus

凭证标本：独龙江考察队 4080，5003。

常绿乔木，雌雄同株，高达 20 m。生长于房前路旁；海拔 1330～1800 m。

分布于独龙江（贡山县独龙江乡段）；贡山县茨开镇。14-2。

G7. 罗汉松科 Podocarpaceae

1 属 1 种

1. 百日青 Podocarpus neriifolius D. Don

凭证标本：潘少林 s. n.。

常绿乔木，雌雄异株，高达 25 m。生长于箐沟边；海拔 2200 m。

分布于泸水市鲁掌镇。5。

G8. 三尖杉科 Cephalotaxaceae

1 属 3 种，＊2，＊＊＊1

＊1. 高山三尖杉 Cephalotaxus fortunei var. **alpina** H. L. Li

凭证标本：独龙江考察队 6429。

常绿乔木或灌木，雌雄异株，高达 20 m。生长于针阔叶混交林中；海拔 2200 m。

分布于独龙江（贡山县独龙江乡段）。15-1。

＊＊＊2. 贡山三尖杉 Cephalotaxus lanceolata K. M. Feng

凭证标本：独龙江考察队 1045；高黎贡山考察队 32632。

常绿乔木，雌雄异株，高达 20 m。生长于常绿阔叶林中；海拔 1800～1967 m。

分布于独龙江（贡山县独龙江乡）。15-2-6。

＊3. 粗榧 Cephalotaxus sinensis (Rehder & E. H. Wilson) H. L. Li-*Cephalotaxus drupacea* Siebold & Zuccarini var. *sinensis* Rehder & E. H. Wilson

凭证标本：碧江县草山普查队 356。

常绿乔木或灌木，雌雄异株，高达 12～15 m。生长于针阔叶混交林中；海拔 1450 m。

分布于福贡县架科底乡；腾冲市；龙陵县。15-1。

G9. 红豆杉科 Taxaceae

2 属 2 种，＊＊1

1. 须弥红豆杉 Taxus wallichiana Zuccarini

凭证标本：独龙江考察队 4889；高黎贡山考察队 30941。

常绿乔木或灌木，雌雄异株，高达 30 m。生长于常绿阔叶林、石柯-云南松林、石柯-青冈林、石柯-冬青林、石柯林、针阔叶混交林、针叶林等；海拔 1780～2890 m。

分布于独龙江（察隅县日东乡段，贡山县独龙江乡段）；贡山县丙中洛乡、茨开镇；福贡县石月亮乡、鹿马登乡；腾冲市猴桥镇。14-3。

＊＊ 2. 云南榧 Torreya fargesii var. yunnanensis（W. C. Cheng ＆ L. K. Fu）N. Kang- *Torreya yunnanensis* W. C. Cheng ＆ L. K. Fu

凭证标本：高黎贡山考察队 17838。

常绿乔木或灌木，雌雄异株，高达 20 m。生长于针阔叶混交林、次生常绿阔叶林中；海拔 1560～1650 m。

分布于独龙江（贡山县独龙江乡段）；贡山县丙中洛乡；福贡县匹河乡。15-2-3a。

G10. 麻黄科 Ephedraceae

1 属 1 种，＊1

＊ 1. 丽江麻黄 Ephedra likiangensis Florin

凭证标本：青藏队 82-10582。

直立灌木，雌雄异株，高 150 cm 以下。生长于干旱山地、流石滩；海拔 4000 m。

分布于独龙江（察隅县日东乡段）。15-1。

G11. 买麻藤科 Gnetaceae

1 属 2 种，＊1

1. 买麻藤 Gnetum montanum Markgraf

凭证标本：高黎贡山考察队 17838，30843。

常绿木质藤本，雌雄异株，长 10 m 以上。生长于常绿阔叶林、石柯-白桦林、石柯-山矾林、石柯林中；海拔 1050～1869 m。

分布于福贡县上帕镇；泸水市六库镇、上江乡；保山市芒宽乡、潞江镇；腾冲市清水乡、五合乡。14-3。

＊ 2. 垂子买麻藤 Gnetum pendulum C. Y. Cheng

凭证标本：怒江队 2034；尹文清 60-1392。

常绿木质藤本，雌雄异株。生长于山谷常绿阔叶林、山地栎林中；海拔 1880～2100 m。

分布于福贡县；腾冲市蒲川乡。15-1。

被子植物亚门 ANGIOSPERMAE

双子叶植物纲 DICOTYLEDONES

1. 木兰科 Magnoliaceae

8 属 13 种，＊2

1. 长蕊木兰 Alcimandra cathcartii（J. D. Hooker & Thomson）Dandy-*Michelia cathcartii* J. D. Hooker & Thomson

凭证标本：高黎贡山考察队 18515，32415。

常绿乔木，高达 50 m。生长于常绿阔叶林、山坡次生林中；海拔 1300～2800 m。

分布于独龙江（贡山县独龙江乡段）；福贡县上帕镇；腾冲市界头镇、五合乡、芒棒镇；龙陵县镇安镇、龙新乡。14-3。

2. 长喙厚朴 Houpoëa rostrata（W. W. Smith）N. H. Xia & C. Y. Wu-*Magnolia rostrata* W. W. Smith

凭证标本：独龙江考察队 4801；高黎贡山考察队 32684。

落叶乔木，高达 25 m。生长于常绿阔叶林、次生常绿阔叶林；海拔 1780～3000 m。

分布于独龙江（贡山县独龙江乡段）；贡山县丙中洛乡、茨开镇；福贡县；泸水市片马镇；腾冲市明光镇；14-3。

＊3. 山玉兰 Lirianthe delavayi（Franchet）N. H. Xia & C. Y. Wu-*Magnolia delavayi* Franchet

凭证标本：高黎贡山考察队 11621，27293。

落叶乔木，高达 12 m。生长于常绿阔叶林、山坡杂木林；海拔 1600～2250 m。

分布于福贡县；保山市潞江镇；腾冲市芒棒镇；15-1。

4. 滇藏木兰 Magnolia campbellii J. D. Hooker & Thomson

凭证标本：独龙江考察队 6076；高黎贡山考察队 27041。

落叶大乔木，高达 30 m。生长于山坡常绿落叶混交林、落叶阔叶混交林、针阔混交林、针叶林、沟边；海拔 2100～3150 m。

分布于独龙江（贡山县独龙江乡段）；贡山县丙中洛乡；福贡县石月亮乡；泸水市；腾冲市猴桥镇；14-3。

5. 木莲 Manglietia fordiana Oliver

凭证标本：高黎贡山考察队 13293。

常绿乔木，高达 20 m。生长于次生常绿阔叶林；海拔 2170 m。

分布于保山市潞江镇；14-4。

*6. 滇桂木莲 Manglietia forrestii W. W. Smith ex Dandy

凭证标本：独龙江考察队 6971；高黎贡山考察队 29248。

常绿乔木，高达 25 m。生长于常绿阔叶林、次生常绿阔叶林；海拔 1800～2650 m。

分布于独龙江（贡山县独龙江乡段）；保山市芒宽乡；腾冲市明光镇；龙陵县龙江乡；15-1。

7. 中缅木莲 Manglietia hookeri Cubitt & W. W. Smith

凭证标本：高黎贡山考察队 20380，31138。

常绿乔木，高达 25 m。生长于常绿阔叶林；海拔 1850～2766 m。

分布于福贡县鹿马登乡；腾冲市曲石镇、孟连乡、芒棒镇、新华乡。14-4。

8. 红花木莲 Manglietia insignis (Wallich) Blume-*Magnolia insignis* Wallich

凭证标本：独龙江考察队 1915；高黎贡山考察队 32548。

常绿乔木，高达 30 m。生长于常绿阔叶林、次生常绿阔叶林；海拔 1200～2600 m。

分布于独龙江（贡山县独龙江乡段）；贡山县丙中洛乡、茨开镇；福贡县上帕镇；泸水市片马镇；保山市潞江镇；腾冲市明光镇、界头镇、曲石镇、猴桥镇、马站乡、芒棒镇；龙陵县龙江乡；14-3。

9. 南亚含笑 Michelia doltsopa Buchanan-Hamilton ex Candolle

凭证标本：独龙江考察队 1900；高黎贡山考察队 30018。

常绿乔木，高达 30 m。生长于常绿阔叶林；海拔 1360～2600 m。

分布于独龙江（贡山县独龙江乡段）；福贡县上帕镇；泸水市片马镇、鲁掌镇；保山市潞江镇；腾冲市界头镇、猴桥镇、曲石镇、芒棒镇、五合乡；14-3。

10. 多花含笑 Michelia floribunda Finet & Gagnepain

凭证标本：独龙江考察队 4305；高黎贡山考察队 23404。

常绿乔木，高达 20 m。生长于常绿阔叶林；海拔 1300～2450 m。

分布于独龙江（贡山县独龙江乡段）。14-4。

11. 绒毛含笑 Michelia velutina Candolle

凭证标本：高黎贡山考察队 13313，22147。

常绿乔木，高 15～20 m。生长于常绿阔叶林；海拔 1570～2300 m。

分布于独龙江（贡山县独龙江乡段）；福贡县；保山市芒宽乡。14-3。

12. 毛叶木兰 Oyama globose (J. D. Hooker & Thomson) N. H. Xia & C. Y. Wu-*Magnolia globosa* J. D. Hooker & Thomson

凭证标本：高黎贡山考察队 16701，32940。

落叶小乔木，高达 10 m。生长于落叶阔叶林、针阔叶混交林；海拔 2600～3300 m。

分布于独龙江（贡山县独龙江乡段）；贡山县丙中洛乡、茨开镇。14-3。

13. 光叶拟单性木兰 Parakmeria nitida（W. W. Smith）Y. W. Law-*Magnolia nitida* W. W. Smith

凭证标本：高黎贡山考察队 14338，30204。

常绿乔木，高达 30 m。生长于常绿阔叶林；海拔 1800～2600 m。

分布于贡山县丙中洛乡、茨开镇；福贡县；泸水市片马镇；腾冲市界头镇、五合乡。14-4。

2a. 八角科 Illiciaceae

1 属 3 种，＊1

1. 滇西八角 Illicium merrillianum A. C. Smith

凭证标本：高黎贡山考察队 22823，29949。

常绿小乔木。生长于常绿阔叶林、次生常绿阔叶林；海拔 1510～2160 m。

分布于泸水市片马镇；腾冲市曲石镇。14-4。

＊2. 小花八角 Illicium micranthum Dunn

凭证标本：T. T. Yü 20048。

常绿灌木或小乔木，高达 10 m。生长于阔叶林、针阔叶混交林；海拔 2300 m。

分布于独龙江（贡山县独龙江乡段）。15-1。

3. 野八角 Illicium simonsii Maxim

凭证标本：独龙江考察队 1599；高黎贡山考察队 32629。

常绿乔木，高 15 m 以下。生长于常绿阔叶林、栎林、含铁杉的常绿阔叶林、杜鹃-杨柳林、云南松林；海拔 1390～3030 m。

分布于独龙江（贡山县独龙江乡段）；贡山县丙中洛乡、茨开镇；福贡县马吉乡、石月亮乡、鹿马登乡、上帕镇；泸水市片马镇、鲁掌镇、上江乡；保山市潞江镇；腾冲市明光镇、界头镇、猴桥镇；龙陵县龙江乡。14-3。

3. 五味子科 Schisandraceae

2 属 5 种

1. 异型南五味子 Kadsura heteroclita（Roxburgh）Craib-*Uvaria heteroclita* Roxburgh

凭证标本：独龙江考察队 1678；高黎贡山考察队 34205。

木质藤本。生长于常绿阔叶林、云南松林、秃杉-青冈林；海拔 1280～2400 m。

分布于独龙江（贡山县独龙江乡段）；贡山县茨开镇；福贡县鹿马登乡；泸水市；保山市潞江镇；腾冲市曲石镇、芒棒镇、五合乡。7。

2. 滇藏五味子 Schisandra neglecta A. C. Smith

凭证标本：独龙江考察队 5855，7023。

木质藤本。生长于常绿阔叶林、针叶林；海拔 1400～3000 m。

分布于独龙江（贡山县独龙江乡段）；贡山县丙中洛乡、茨开镇；福贡县石月亮

乡、鹿马登乡、上帕镇；泸水市片马镇；保山市大好坪垭口、潞江镇；腾冲市明光镇、界头镇、猴桥镇、曲石镇、芒棒镇、五合乡；龙陵县龙江乡。7。

3. 大花五味子 Schisandra grandiflora（Wallich）J. D. Hooker & Thomson-*Kadsura grandiflora* Wallich

凭证标本：独龙江考察队 4496；高黎贡山考察队 30805。

木质藤本。生长于常绿阔叶林（栎、青冈）、栎林、铁杉-杜鹃林；海拔 2200～3400 m。

分布于独龙江（贡山县独龙江乡段）；贡山县丙中洛乡、茨开镇；福贡县石月亮乡；泸水市片马、洛本卓乡、鲁掌镇；腾冲市明光镇、猴桥镇；龙陵县龙江。14-3。

4. 翼梗五味子 Schisandra henryi C. B. Clarke

凭证标本：高黎贡山考察队 10627，32727。

木质藤本。生长于常绿阔叶林、青冈-水冬瓜林、云南松林、灌丛；海拔 1200～3460 m。

分布于独龙江（贡山县独龙江乡段）；贡山县丙中洛乡、茨开镇；福贡县鹿马登乡、泸水市片马镇；保山市芒宽乡；腾冲市曲石镇、荷花镇、清水乡、芒棒镇、五合乡；龙陵县镇安镇。14-4。

5. 合蕊五味子 Schisandra propinqua Baillon

凭证标本：高黎贡山考察队 7841，33515。

木质藤本。生长于常绿阔叶林、灌丛、江边、河谷；海拔 1100～2300 m。

分布于贡山县丙中洛乡、茨开镇；福贡县上帕镇、匹河乡至六库镇途中；泸水市洛本卓乡、上江乡；保山市芒宽乡；腾冲市和顺镇；龙陵县龙江乡。7。

6a. 领春木科 Eupteleaceae

1属 1种

1. 领春木 Euptelea pleiosperma J. D. Hooker & Thomson

凭证标本：独龙江考察队 5556；高黎贡山考察队 33942。

落叶乔木或灌木，高 2～15 m。生长于常绿阔叶林、次生常绿阔叶林、耕地旁；海拔 1320～3200 m。

分布于独龙江（贡山县独龙江乡段）；贡山县丙中洛乡、捧当乡、茨开镇、普拉底乡；泸水市片马镇；腾冲市明光镇。14-3。

6b. 水青树科 Tetracentraceae

1属 1种

1. 水青树 Tetracentron sinense Oliver

凭证标本：李恒、刀志灵、李嵘 471；高黎贡山考察队 34184。

常绿乔木，高达 40 m。生长于原始常绿阔叶林、落叶阔叶林、铁杉林、铁杉-栎林、冷杉-箭竹林；海拔 1850～3200 m。

分布于独龙江（贡山县独龙江乡段）；贡山县丙中洛乡、茨开镇；福贡县石月亮乡、鹿马登乡；泸水市片马镇、鲁掌镇；腾冲市明光镇、界头镇；龙陵县碧寨乡。14-3。

8. 番荔枝科 Annonaceae

1 属 2 种，＊1

1. 多苞瓜馥木 Fissistigma bracteolatum Chatterjee

凭证标本：高黎贡山考察队 31121。

攀缘植物，长达 10 m。生长于次生常绿阔叶林；海拔 1940 m。

分布于腾冲市新华乡。14-4。

＊**2. 凹叶瓜馥木 Fissistigma retusum**（H. Léveillé）Rehder-*Melodorum retusum* H. Léveillé

凭证标本：陈介 681。

攀缘植物，长达 10 m。生长于山坡密林中；海拔 1510 m。

分布于龙陵县龙山镇。15-1。

11. 樟科 Lauraceae

13 属 74 种 3 变种，＊25，＊＊12，＊＊＊8

＊**1. 毛尖树 Actinodaphne forrestii**（C. K. Allen）Kostermans-*Actinodaphne reticulata* Meisner var. *forrestii* C. K. Allen

凭证标本：高黎贡山考察队 18509，30117。

常绿乔木，高 8～15 m。生长于常绿阔叶林、栎-青冈林；海拔 1930～2200 m。

分布于腾冲市明光镇、界头镇、曲石镇。15-1。

2. 倒卵叶黄肉楠 Actinodaphne obovata（Nees）Blume-*Tetradenia obovata* Nees

凭证标本：高黎贡山考察队 18509。

常绿乔木，高 10～18 m。生长于常绿阔叶林；海拔 2200 m。

分布于腾冲市芒棒镇。14-3。

＊＊**3. 马关黄肉楠 Actinodaphne tsaii** Hu

凭证标本：高黎贡山考察队 31081。

常绿乔木，高 8～20 m。生长于常绿阔叶林；海拔 2010 m。

分布于腾冲市芒棒镇。15-2-8。

＊**4. 滇琼楠 Beilschmiedia yunnanensis** Hu

凭证标本：高黎贡山考察队 11596，31071。

常绿乔木，高达 18 m。生长于常绿阔叶林；海拔 2010～2100 m。

分布于腾冲市芒棒镇；龙陵县龙江乡。15-1。

5. 钝叶桂 Cinnamomum bejolghota（Buchanan-Hamilton）Sweet-*Laurus bejolghota* Buchanan-Hamilton

凭证标本：独龙江考察队 5030；高黎贡山考察队 15130。

常绿乔木，高 5～25 m。生长于常绿阔叶林；海拔 1300～1700 m。

分布于独龙江（贡山县独龙江乡段）；贡山县丙中洛乡。14-3。

6. 樟 Cinnamomum camphora（Linnaeus）J. Presl-*Laurus camphora* Linnaeus

凭证标本：T. T. Yü 19524。

常绿大乔木，高达 30 m。生长于山坡森林；海拔 1950 m。

分布于独龙江（贡山县独龙江乡段）。14-2。

* **7. 聚花桂 Cinnamomum contractum** H. W. Li

凭证标本：施晓春 352。

常绿小乔木，高达 8 m。生长于常绿阔叶林；海拔 2200 m。

分布于腾冲市芒棒镇。15-1。

8. 尾叶樟 Cinnamomum foveolatum（Merrill）H. W. Li & J. Li-*Beilschmiedia foveolata* Merrill

凭证标本：高黎贡山植被组 S5-10，T6-46。

常绿小乔木，高 5 m。生长于山谷、路旁；海拔 1400～1500 m。

分布于保山市芒宽乡。14-3。

9. 云南樟 Cinnamomum glanduliferum（Wallich）Meisner-*Laurus glandulifera* Wallich

凭证标本：李恒、刀志灵、李嵘 690；高黎贡山考察队 29763。

常绿乔木，高 5～20 m。生长于常绿阔叶林、混交林、杉木林；海拔 1250～2300 m。

分布于独龙江（贡山县独龙江乡段）；贡山县茨开镇；泸水市片马镇；腾冲市曲石镇、腾越镇、五合乡。14-3。

10. 大叶桂 Cinnamomum iners Reinwardt ex Blume

凭证标本：冯国楣 24254。

常绿乔木，高达 20 m。生长于江边阔叶林；海拔 1750 m。

分布于独龙江（贡山县独龙江乡段）。7。

11. 黄樟 Cinnamomum parthenoxylon（Jack）Meisner-*Laurus parthenoxylon* Jack

凭证标本：陈介 270；尹文清 1480。

常绿乔木，高 10～20 m。生长于山地杂木林；海拔 1200～1780 m。

分布于腾冲市五合乡。7。

* **12. 刀把木 Cinnamomum pittosporoides** Handel-Mazzetti

凭证标本：南水北调队 6698；高黎贡山考察队 15243。

常绿乔木，高达 25 m。生长于沟边杂木林；海拔 1800～2300 m。

分布于独龙江（贡山县独龙江乡段）；腾冲市猴桥镇。15-1。

13. 香桂 Cinnamomum subavenium Miquel

凭证标本：独龙江考察队 4882，4890。

常绿乔木，高达 20 m。生长于常绿阔叶林；海拔 1800～2300 m。

分布于腾冲市猴桥镇。7。

14. 柴桂 Cinnamomum tamala (Buchanan-Hamilton) T. Nees & Nees-*Laurus tamala* Buchanan-Hamilton

凭证标本：高黎贡山考察队 18502，30452。

常绿乔木，高达 20 m。生长于常绿阔叶林；海拔 1940～2200 m。

分布于腾冲市界头镇、芒棒镇、五合乡；龙陵县龙江乡。14-3。

** 15. 细毛樟 Cinnamomum tenuipile Kostermans

凭证标本：高黎贡山植被组 T4-89。

常绿小乔木，高 4～25 m。生长于疏林；海拔 1600 m。

分布于保山市芒宽乡。15-2-5。

16. 假桂皮树 Cinnamomum tonkinense (Lecomte) A. Chevalier-*Cinnamomum albiflorum* Nees var. *tonkinense* Lecomte

凭证标本：施晓春 352。

常绿小乔木，高达 30 m。生长于杂木林；海拔 2000 m。

分布于腾冲市芒棒镇。14-4。

17. 无毛单叶木姜子 Dodecadenia grandiflora var. **griffithii** (J. D. Hooker) D. G. Long-*Dodecadenia griffithii* J. D. Hooker

凭证标本：高黎贡山考察队 26345，32437。

常绿乔木，高 10～15 m。生长于常绿阔叶林；海拔 2500～2751 m。

分布于独龙江（贡山县独龙江乡段）；福贡县石月亮乡。14-3。

18. 香面叶 Iteadaphne caudata (Nees) H. W. Li-*Daphnidium caudatum* Nees

凭证标本：高黎贡山考察队 10761，17882。

常绿灌木或小乔木，高 2～20 m。生长于次生常绿阔叶林；海拔 1800～2340 m。

分布于保山市芒宽乡、潞江镇；腾冲市蒲川乡；龙陵县镇安镇。14-4。

19. 香叶树 Lindera communis Hemsley

凭证标本：高黎贡山考察队 10630，30835。

常绿小乔木，高 2～12 m。生长于常绿阔叶林，栎林、云南松林、灌丛、次生林、江边核桃林、油茶林；海拔 960～2100 m。

分布于独龙江（贡山县独龙江乡段）；泸水市片马镇；保山市芒宽乡、潞江镇；腾冲市明光镇、界头镇、曲石镇、马站乡、芒棒镇、和顺镇、清水乡、五合乡、新华乡、团田乡；龙陵县镇安镇。14-4。

** 20. 更里山胡椒 Lindera kariensis W. W. Smith

凭证标本：高黎贡山考察队 12639，34031。

落叶乔木或灌木，高 2～10 m。生长于沟边杂木林、铁杉林、具冷杉、红杉的落叶阔叶林、落叶针叶林、冷杉林、竹灌丛、杜鹃灌丛、高山草甸、沼泽；海拔 2770～3600 m。

分布于贡山县茨开镇；福贡县鹿马登乡；泸水市片马镇；腾冲市猴桥镇。15-2-3a。

21. 团香果 Lindera latifolia J. D. Hooker

凭证标本：独龙江考察队 858；高黎贡山考察队 32645。

常绿乔木，高 3～20 m。生长于常绿阔叶林、云南松林、山箐密林、河岸林、河谷阔叶林、次生常绿阔叶林；海拔 1400～2400 m。

分布于独龙江（贡山县独龙江乡段）；贡山县茨开镇；福贡县上帕镇；泸水上江乡；保山市芒宽乡、潞江镇；腾冲市明光镇、界头镇、中和镇、芒棒镇、新华乡、蒲川乡；龙陵县龙江乡、镇安镇。14-3。

*** 22. 山柿子果 Lindera longipedunculata** C. K. Allen

凭证标本：独龙江考察队 3174；高黎贡山考察队 32674。

常绿乔木，高 3～6 m。生长于常绿阔叶林、云南松林、山坡、河岸；海拔 1360～2900 m。

分布于独龙江（贡山县独龙江乡段）；福贡县石月亮乡、鹿马登乡；泸水市洛本卓乡；腾冲市界头镇、猴桥镇；龙陵县龙江乡。15-1。

*** 23. 黑壳楠 Lindera megaphylla** Hemsley

凭证标本：高黎贡山考察队 18974，33999。

常绿乔木，高 3～25 m。生长于常绿阔叶林、云南松林；海拔 1590～2300 m。

分布于贡山县丙中洛乡、茨开镇；保山市芒宽乡。15-1。

*** 24a. 滇粤山胡椒 Lindera metcalfiana** C. K. Allen

凭证标本：高黎贡山植被组 T1-4。

常绿灌木或乔木，高 3～12 m。生长于常绿阔叶林；海拔 1800 m。

分布于保山市芒宽乡。15-1。

*** 24b. 网叶山胡椒 Lindera metcalfiana** var. **dictyophylla**（C. K. Allen）H. P. Tsui-*Lindera dictyophylla* C. K. Allen

凭证标本：高黎贡山考察队 13324，26262。

常绿灌木或乔木，高 3～13 m。生长于常绿阔叶林、次生林；海拔 1250～1920 m。

分布于保山市芒宽乡、潞江镇；腾冲市芒棒镇、五合乡、清水乡。15-1。

25. 绒毛山胡椒 Lindera nacusua（D. Don）Merrill-*Laurus nacusua* D. Don

凭证标本：独龙江考察队 1588；高黎贡山考察队 34011。

常绿灌木或乔木，高约 2～15 m。生长于常绿阔叶林、灌丛；海拔 1420～2540 m。

分布于独龙江（贡山县独龙江乡段）；贡山县丙中洛乡、茨开镇；福贡县石月亮乡、鹿马登乡、上帕镇；泸水市片马镇；腾冲市界头镇。14-4。

26. 绿叶甘姜 Lindera neesiana（Wallich ex Nees）Kurz-*Benzoin neesianum* Wallich ex Nees

凭证标本：独龙江考察队 302；高黎贡山考察队 32546。

落叶灌木或乔木，高达 12 m。生长于常绿阔叶林、灌丛、火烧地、山坡、河滩、河谷、河岸；海拔 1300～2250 m。

分布于独龙江（贡山县独龙江乡段）；贡山县丙中洛乡；保山市芒宽乡、潞江镇；腾冲市芒棒镇；龙陵县龙江乡。14-3。

27. 滇藏钓樟 Lindera obtusiloba var. **heterophylla**（Meisner）H. P. Tsui-*Lindera heterophylla* Meisner

凭证标本：独龙江考察队 5957；高黎贡山考察队 27286。

落叶乔木或灌木，高 3～10 m。生长于常绿阔叶林、铁杉-冷杉林；海拔 1900～3270 m。

分布于独龙江（贡山县独龙江乡段）；贡山县丙中洛乡、茨开镇；福贡县石月亮乡；泸水市片马镇。14-3。

28. 三桠乌药 Lindera obtusiloba Blume

凭证标本：冯国楣 8641；南水北调队 9247。

落叶乔木或灌木，高 3～11 m。生长于落叶阔叶林、针阔叶林；海拔 2100～3100 m。

分布于独龙江（贡山县独龙江乡段）；贡山县丙中洛乡、茨开镇。14-3。

* **29. 菱叶钓樟 Lindera supracostata** Lecomte

凭证标本：高黎贡山考察队 12870，15798。

常绿乔木，高 3～20 m。生长于常绿阔叶林、次生常绿阔叶林；海拔 1570～2600 m。

分布于贡山县捧当乡；泸水市片马镇。15-1。

29a. 三股筋香 Lindera thomsonii C. K. Allen

凭证标本：独龙江考察队 899；高黎贡山考察队 33964。

常绿乔木，高 3～10 m。生长于原始常绿阔叶林、次生常绿阔叶林。海拔 1140～2800 m。

分布于独龙江（贡山县独龙江乡段）；贡山县丙中洛乡、茨开镇；福贡县马吉乡、石月亮乡、鹿马登乡、上帕镇；保山市潞江镇；腾冲市界头镇、曲石镇、芒棒镇、腾越镇、五合乡；龙陵县龙江乡、镇安镇。14-4。

*** **29b. 长尾钓樟 Lindera thomsonii** var. **velutina**（Forrest）L. C. Wang-*Lindera strychnifolia*（Siebold & Zuccarini）Fernández-Villar var. *velutina* Forrest

凭证标本：冯国楣 7533；南水北调队 6701。

常绿乔木，高 3～11 m。生长于山坡常绿阔叶林、江边阔叶林；海拔 1350～2600 m。

分布于贡山县丙中洛乡；腾冲市猴桥镇。15-2-6。

＊30. 毛柄钓樟 Lindera villipes H. P. Tsui

凭证标本：独龙江考察队 1592；高黎贡山考察队 28480。

常绿小乔木，高 5～8 m。生长于原始常绿阔叶林、铁杉-常绿阔叶林、疏林、针阔叶混交林、针叶-箭竹林、次生常绿阔叶林；海拔 2000～2900 m。

分布于独龙江（贡山县独龙江乡段）；贡山县丙中洛乡、茨开镇；福贡县鹿马登乡、石月亮乡；泸水市片马镇；腾冲市猴桥镇。15-1。

＊＊31. 金平木姜子 Litsea chinpingensis Yen C. Yang & P. H. Huang

凭证标本：高黎贡山植被组 S6-8；高黎贡山考察队 25264。

常绿乔木，高 10～20 m。生长于常绿阔叶林、斜坡疏林；海拔 1600～2680 m。

分布于独龙江（贡山县独龙江乡段）；贡山县茨开镇；福贡县鹿马登乡；保山市潞江镇；腾冲市芒棒镇、五合乡；龙陵县龙江乡、镇安镇。15-2-8。

＊32. 高山木姜子 Litsea chunii Cheng

凭证标本：高黎贡山考察队 12481，20480。

落叶灌木，高达 5 m。生长于原始常绿阔叶林、针阔叶混交林；海拔 2300～2770 m。

分布于独龙江（贡山县独龙江乡段）；贡山县丙中洛乡、茨开镇；福贡县鹿马登乡。15-1。

33. 山鸡椒 Litsea cubeba (Loureiro) Persoon-*Laurus cubeba* Loureiro

凭证标本：独龙江考察队 4156；高黎贡山考察队 24852。

落叶灌木或小乔木，高 8～10 m。生长于原始常绿阔叶林、铁杉-常绿阔叶林、落叶阔叶林、松林、针叶林、山坡灌丛、次生常绿阔叶林；海拔 1350～3000 m。

分布于独龙江（贡山县独龙江乡段）；贡山县丙中洛乡、茨开镇；福贡县上帕镇；泸水市片马镇、上江乡；保山市芒宽乡；腾冲市猴桥镇、五合乡。7。

34. 黄丹木姜子 Litsea elongata (Nees) J. D. Hooker-*Daphnidium elongatum* Nees

凭证标本：独龙江考察队 1021；高黎贡山考察队 33367。

常绿乔木，高达 12 m。生长于常绿阔叶林、山坡灌丛；海拔 1380～2766 m。

分布于独龙江（贡山县独龙江乡段）；贡山县捧打乡、茨开镇；福贡县马吉乡、鹿马登乡、石月亮乡；泸水市片马镇；腾冲市界头镇；龙陵县龙江乡；14-3。

35. 潺槁木姜子 Litsea glutinosa (Loureiro) C. B. Robinson-*Sebifera glutinosa* Loureiro

凭证标本：独龙江考察队 3245；高黎贡山考察队 23909。

常绿或落叶乔木，高 3～15 m。生长于常绿阔叶林、云南松林、次生常绿阔叶林；海拔 691～2400 m。

分布于独龙江（贡山县独龙江乡段）；贡山县茨开镇；泸水市六库镇；保山市潞江镇；龙陵县腊勐乡、镇安镇。7。

＊36. 贡山木姜子 Litsea gongshanensis H. W. Li

凭证标本：独龙江考察队 280；高黎贡山考察队 32646。

常绿灌木或小乔木，高 2.5～6.0 m。生长于常绿阔叶林、灌丛、山坡及箐沟，或河岸；海拔 1310～1600 m。

分布于独龙江（贡山县独龙江乡段）。15-1。

* 37. 华南木姜子 Litsea greenmaniana C. K. Allen

凭证标本：T. T. Yü 20154。

常绿小乔木，高 6～8 m。生长于常绿阔叶林；海拔 1500 m。

分布于独龙江（贡山县独龙江乡段）。15-1。

38. 秃净木姜子 Litsea kingii J. D. Hooker

凭证标本：高黎贡山考察队 12642，34357。

落叶灌木或小乔木，高 8～15 m。生长于常绿阔叶林、铁杉-青冈林、落叶阔叶林、针叶林、铁杉-杜鹃林、高山灌丛、箭竹-杜鹃灌丛、次生常绿阔叶林；海拔 1060～3100 m。

分布于独龙江（贡山县独龙江乡段）；贡山县丙中洛乡、茨开镇；福贡县鹿马登乡、石月亮乡；泸水市片马镇、洛本卓乡、鲁掌镇；腾冲市明光镇。14-3。

** 39. 椭圆果木姜子 Litsea lancifolia var. ellipsoidea Yen C. Yang & P. H. Huang

凭证标本：高黎贡山考察队 24888。

常绿灌木，高达 3 m。生长于常绿阔叶林；海拔 1713 m。

分布于腾冲市五合乡。15-2-2。

40. 滇南木姜子 Litsea martabanica（Kurz）J. D. Hooker-Tetranthera martabanica Kurz

凭证标本：H. T. Tsai 55790，58903。

常绿乔木，高 4～12 m。生长于林内；海拔 1800～2000 m。

分布于福贡县上帕镇；龙陵县。14-4。

41. 毛叶木姜子 Litsea mollis Hemsley

凭证标本：独龙江考察队 403；高黎贡山考察队 31139。

落叶灌木或小乔木，高达 4 m。生长于常绿阔叶林、次生常绿阔叶林、山坡疏林、灌丛；海拔 1240～2240 m。

分布于独龙江（贡山县独龙江乡段）；福贡县石月亮乡；泸水市片马镇；保山市芒宽乡、潞江镇；腾冲市界头镇、曲石镇、腾越镇、五合乡；龙陵县龙江乡、镇安镇、龙山镇。14-4。

42. 假柿木姜子 Litsea monopetala（Roxburgh）Persoon-Tetranthera monopetala Roxburgh

凭证标本：高黎贡山考察队 21038，30903。

常绿乔木，高达 18 m。生长于常绿阔叶林、次生常绿阔叶林；海拔 1240～1800 m。

分布于福贡县瓦屋桥；泸水市六库镇、上江乡；保山市芒宽乡、潞江镇；腾冲市荷花镇。14-3。

* 43a. 红叶木姜子 Litsea rubescens Lecomte

凭证标本：独龙江考察队 177；高黎贡山考察队 34234。

落叶灌木或小乔木，高 4～10 m。生长于常绿阔叶林、青冈-栎林、松疏林、灌丛草坡、次生常绿阔叶林、江边荒草坡上、路边竹丛；海拔 1240～3400 m。

分布于独龙江（贡山县独龙江乡段）；贡山县丙中洛乡、捧打乡、茨开镇；福贡县石月亮乡、上帕镇；泸水市片马镇、鲁掌镇；保山市怒江乡至腾冲市大好坪；腾冲市明光镇、界头镇、猴桥镇、马站乡、芒棒镇、新华乡、蒲川乡。15-1。

* 43b. 滇木姜子 Litsea rubescens var. yunnanensis Lecomte

凭证标本：高黎贡山考察队 14541，14714。

落叶灌木或小乔木，高 4～11 m。生长于常绿阔叶林；海拔 1650～2020 m。

分布于贡山县丙中洛乡、茨开镇。15-1。

44. 绢毛木姜子 Litsea sericea（Wallich ex Nees）J. D. Hooker-*Tetranthera sericea Wallich ex Nees*

凭证标本：独龙江考察队 4875；高黎贡山考察队 33836。

落叶灌木或小乔木，高达 6 m。生长于原始常绿阔叶林、针叶-落叶林、铁杉林、冷杉-云杉林、冷杉林、冷杉-箭竹林、沟边灌丛、竹灌丛、杜鹃灌丛；海拔 1600～3378 m。

分布于独龙江（察隅县日东乡段，贡山县独龙江乡段）；贡山县茨开镇；福贡县石月亮乡、鹿马登乡；泸水市片马镇、鲁掌镇；龙陵县龙江乡。14-3。

* 45. 桂北木姜子 Litsea subcoriacea Yen C. Yang & P. H. Huang

凭证标本：南水北调队 8292；高黎贡山考察队 30022。

常绿乔木，高 6～7 m。生长于常绿阔叶林；海拔 1960～2500 m。

分布于泸水市片马镇；腾冲市界头镇；15-1。

*** 46. 独龙木姜子 Litsea taronensis H. W. Li

凭证标本：独龙江考察队 1272；施晓春 539。

落叶乔木，高达 15 m。生长于常绿阔叶林、河谷林；海拔 1350～2000 m。

分布于独龙江（贡山县独龙江乡段）；保山市芒宽乡。15-2-6。

*** 47. 灌丛润楠 Machilus dumicola（W. W. Smith）H. W. Li-*Alseodaphne dumicola W. W. Smith*

凭证标本：Forrest 18071。

小乔木，高达 7 m。生长于山谷灌丛；海拔 2400 m。

分布于泸水市。15-2-6。

48. 长梗润楠 Machilus duthiei King ex J. D. Hooker

凭证标本：独龙江考察队 953；施晓春 929。

常绿乔木，高 3～8 m。生长于常绿阔叶林；海拔 1380～2200 m。

分布于独龙江（贡山县独龙江乡段）；贡山县丙中洛乡、茨开镇；腾冲市芒棒镇。

14-3。

49. 黄心树 Machilus gamblei King ex J. D. Hooker

凭证标本：高黎贡山考察队 24914，30945。

常绿乔木，高达 25 m。生长于常绿阔叶林、次生常绿阔叶林；海拔 1150～2600 m。

分布于贡山县丙中洛乡、茨开镇；保山市芒宽乡、潞江镇；腾冲市界头镇、芒棒镇、五合乡、新华乡、团田乡。14-3。

***50. 贡山润楠 Machilus gongshanensis** H. W. Li

凭证标本：高黎贡山考察队 10001，33351。

常绿乔木，高 3～10 m。生长于常绿阔叶林、次生常绿阔叶林；海拔 1400～2760 m。

分布于独龙江（贡山县独龙江乡段）；贡山县丙中洛乡、捧打乡、茨开镇；福贡县石月亮乡、鹿马登乡；泸水市片马镇。15-2-6。

***51. 秃枝润楠 Machilus kurzii** King ex J. D. Hooker

凭证标本：高黎贡山考察队 13294，31009。

常绿乔木。生长于常绿阔叶林；海拔 1400～2500 m。

分布于独龙江（贡山县独龙江乡段）；保山市潞江镇；腾冲市界头镇、曲石镇。15-2-6。

52. 粗壮润楠 Machilus robusta W. W. Smith

凭证标本：独龙江考察队 3347；高黎贡山考察队 31067。

常绿乔木，高 15～20 m。生长于常绿阔叶林、次生常绿阔叶林；海拔 1400～2010 m。

分布于独龙江（贡山县独龙江乡段）；泸水市片马镇；腾冲市界头镇、芒棒镇、新华乡；龙陵县。14-4。

*53. 红梗润楠 Machilus rufipes** H. W. Li

凭证标本：施晓春 72；高黎贡山考察队 34199。

常绿乔木，高 10～30 m。生长于常绿阔叶林；海拔 2000～2710 m。

分布于贡山县茨开镇；泸水市片马镇、鲁掌镇；保山市芒宽乡。15-1。

54. 柳叶润楠 Machilus salicima Hance

凭证标本：独龙江考察队 6383，6491。

常绿灌木，高 3～5 m。生长于针阔叶混交林、松林；海拔 1400～2300 m。

分布于独龙江（贡山县独龙江乡段）；保山市芒宽乡。14-4。

***55. 瑞丽润楠 Machilus shweliensis** W. W. Smith

凭证标本：李恒、郭辉军、李正波、施晓春 72；高黎贡山考察队 30912。

常绿灌木或乔木，高 9～12 m。生长于常绿阔叶林、疏林、灌丛；海拔 1150～2650 m。

分布于保山市芒宽乡；腾冲市明光镇、腾越镇、团田乡。15-2-6。

56. 细毛润楠 Machilus tenuipilis H. W. Li

凭证标本：独龙江考察队 839，5484。

常绿乔木，高 8～20 m。生长于河岸林、灌丛；海拔 1600～1700 m。

分布于独龙江（贡山县独龙江乡段）。15-2-5。

^{**}**57. 疣枝润楠 Machilus verruculosa** H. W. Li

凭证标本：李恒、李嵘 813；高黎贡山考察队 26251。

常绿乔木，高 4～10 m。生长于常绿阔叶林；海拔 1550 m。

分布于保山市芒宽乡。15-2-8。

[*]**58. 绿叶润楠 Machilus viridis** Handel-Mazzetti

凭证标本：高黎贡山考察队 13787，32545。

常绿乔木，高 5～25 m。生长于常绿阔叶林、栎林、沟边杂木林；海拔 1973～2800 m。

分布于独龙江（贡山县独龙江乡段）；贡山县茨开镇；腾冲市芒棒镇。15-1。

[*]**59. 滇润楠 Machilus yunnanensis** Lecomte

凭证标本：T. T. Yü 21199；包世英 686。

常绿乔木，高达 30 m。生长于常绿阔叶林；海拔 1650～2000 m。

分布于独龙江；保山市。15-1。

[*]**60. 新樟 Neocinnamomum delavayi** (Lecomte) H. Liu-*Cinnamomum delavayi* Lecomte

凭证标本：独龙江考察队 6206；高黎贡山考察队 26132。

灌木或小乔木，高 150 cm～10 m。生长于常绿阔叶林、栎林、灌丛、次生常绿阔叶林；海拔 1000～2120 m。

分布于独龙江（贡山县独龙江乡段）；泸水市鲁掌镇、六库镇、上江乡；保山市芒宽乡、潞江镇；龙陵县镇安镇。15-1。

[*]**61. 沧江新樟 Neocinnamomum mekongense**（Handel-Mazzetti）Kostermans-*Cinnamomum delavayi* Lecomte var. *mekongense* Handel-Mazzetti

凭证标本：独龙江考察队 6276；高黎贡山考察队 9894。

灌木或小乔木，高 1.5～5.0 m。生长于松林、次生常绿阔叶林；海拔 1000～2400 m。

分布于独龙江（贡山县独龙江乡段）；泸水市六库镇；保山市芒宽乡。15-1。

^{***}**62. 金毛新木姜子 Neolitsea chrysotricha** H. W. Li

凭证标本：高黎贡山考察队 14696，28633。

小乔木，高 3～6 m。生长于常绿阔叶林；海拔 1400～2590 m。

分布于贡山县丙中洛乡；福贡县石月亮乡；泸水市片马镇；腾冲市猴桥镇；15-2-6。

[*]**63. 团花新木姜子 Neolitsea homilantha** C. K. Allen

凭证标本：高黎贡山考察队 14708，33720。

灌木或小乔木。生长于次生常绿阔叶林、草坡；海拔 1550～2600 m。

分布于贡山县丙中洛乡、茨开镇；福贡县上帕镇；泸水市片马镇。15-1。

^{***}**64. 龙陵新木姜子 Neolitsea lunglingensis** H. W. Li

凭证标本：尹文清 60-1234；高黎贡山考察队 15201。

小乔木，高达 5 m。生长于常绿阔叶林；海拔 1560～1800 m。

分布于独龙江（贡山县独龙江乡段）；腾冲市曲石镇。15-2-6。

* 65. 四川新木姜子 Neolitsea sutchuanensis Yen C. Yang

凭证标本：青藏队 8277；独龙江考察队 3102。

小乔木，高达 10 m。生长于常绿阔叶林、河谷灌丛；海拔 1450～2400 m。

分布于独龙江（贡山县独龙江乡段）；贡山县丙中洛乡、茨开镇。15-1。

** 66. 绒毛木姜子 Neolitsea tomentosa H. W. Li

凭证标本：独龙江考察队 4848，5252。

小乔木，高 3～5 m。生长于常绿阔叶林；海拔 2100～2300 m。

分布于独龙江（贡山县独龙江乡段）。15-2-8。

67. 拟檫木 Parasassafras confertiflorum（Meisner）D. G. Long-*Actinodaphne confertiflora* Meisner

凭证标本：高黎贡山考察队 10208，24318。

常绿乔木，高 3～15 m。生长于常绿阔叶林、次生常绿阔叶林；海拔 2150～2800 m。

分布于泸水市片马镇、鲁掌镇（栽培）；腾冲市芒棒镇。14-3。

* 68. 长毛楠 Phoebe forrestii W. W. Smith

凭证标本：高黎贡山考察队 22844，30908。

常绿乔木，高达 15 m。生长于常绿阔叶林、次生常绿阔叶林；海拔 1150～2300 m。

分布于贡山县丙中洛乡；泸水市片马镇；保山市芒宽乡；腾冲市曲石镇、团田乡。
15-1。

69. 大果楠 Phoebe macrocarpa C. Y. Wu

凭证标本：独龙江考察队 3338，6735。

常绿大乔木，高 15～20 m。生长于河岸常绿阔叶林；海拔 1300～1420 m。

分布于独龙江（贡山县独龙江乡段）。14-4。

** 70. 小叶楠 Phoebe microphylla H. W. Li

凭证标本：施晓春 929。

常绿乔木，高达 10 m。生长于山坡疏林；海拔 1890 m。

分布于腾冲市芒棒镇。15-2-8。

** 71. 普文楠 Phoebe puwenensis W. C. Cheng

凭证标本：施晓春 907，930。

常绿大乔木，高达 30 m。生长于村边、路旁人工林；海拔 1230～2000 m。

分布于保山市芒宽乡。15-2-5。

** 72. 红梗楠 Phoebe rufescens H. W. Li

凭证标本：高黎贡山考察队 25061。

常绿乔木，高 12～20 m。生长于常绿阔叶林；海拔 1990 m。

分布于龙陵县龙江乡。15-2-5。

73. 景东楠 Phoebe yunnanensis H. W. Li

凭证标本：施晓春 910；高黎贡山考察队 11458。

常绿乔木，高 8～14 m。生长于陡坡残留常绿阔叶林、山谷田边；海拔 1700～2100 m。

分布于保山市芒宽乡；腾冲市芒棒镇。15-2-5。

*74. 华檫木 Sinosassafras flavinervia (Allen) H. W. Li-*Lindera flavinervia* C. K. Allen

凭证标本：独龙江考察队 1208；高黎贡山考察队 32680。

常绿乔木，高 4～25 m。生长于常绿阔叶林、次生林、灌丛；海拔 1240～2850 m。

分布于独龙江（贡山县独龙江乡段）；泸水市片马镇、鲁掌镇、上江乡；腾冲市明光镇、猴桥镇。15-1。

13. 莲叶桐科 Hernandaceae

1 属 1 种

1. 大花青藤 Illigera grandiflora W. W. Smith & Jeffrey

凭证标本：独龙江考察队 1008；高黎贡山考察队 31059。

常绿藤本，长 2～6 m。生长于常绿阔叶林、松栎林、山坡灌丛、次生常绿阔叶林；海拔 1300～2100 m。

分布于独龙江（贡山县独龙江乡段）；贡山县茨开镇；福贡县上帕镇；泸水市片马镇、鲁掌镇；腾冲市界头镇、芒棒镇、清水乡。14-4。

15. 毛茛科 Ranunculaceae

20 属 98 种 15 变种，*40，**11，***9

**1. 粗茎乌头 Aconitum crassicaule W. T. Wang

凭证标本：冯国楣 7646。

多年生缠绕草本。生长于沟边杂木林；海拔 2800～3000 m。

分布于贡山县丙中洛乡。15-2-3a。

2. 拳距瓜叶乌头 Aconitum hemsleyanum var. circinatum W. T. Wang

凭证标本：高黎贡山考察队 7174。

多年生缠绕草本。生长于沟边杂木林；海拔 1800 m。

分布于泸水市片马镇。14-4。

*3. 滇北乌头 Aconitum iochanicum Ulbrich

凭证标本：青藏队 82-10109。

多年生草本，茎高 10～30 cm。生长于灌丛草地；海拔 4100～4200 m。

分布于独龙江（察隅县日东乡段）。15-1。

*4. 贡山乌头 Aconitum kungshanense W. T. Wang

凭证标本：邓向福 79-1387，79-1474。

多年生草本，茎高 74～80 cm。生长于河岸草地；海拔 2500～4100 m。

分布于贡山县丙中洛乡。15-1。

5a. 保山乌头 Aconitum nagarum Stapf

凭证标本：高黎贡山考察队 7264，15964。

多年生草本，茎高 70～100 cm。生长于云南松林、灌丛、箭竹-白珠灌丛、竹林边草地、溪畔；海拔 1600～3400 m。

分布于泸水市片马镇；腾冲市界头镇、曲石镇、马站乡。14-3。

5b. 小白撑 Aconitum nagarum var. **heterotrichum Fletcher & Lauener

凭证标本：高黎贡山考察队 31365，31627。

多年生草本，茎高 70～100 cm。生长于山沟灌丛、高山沼泽；海拔 1850～4270 m。

分布于独龙江（察隅县日东乡段）；贡山县丙中洛乡；泸水市片马镇；腾冲市界头镇、马站乡。15-2-3a。

*6. 德钦乌头 Aconitum ouvrardianum Handel-Mazzetti

凭证标本：T. T. Yü 19835。

多年生草本，茎高 40～100 cm。生长于高山草甸；海拔 3750 m。

分布于独龙江（贡山县独龙江乡段）。15-1。

***7. 垂果乌头 Aconitum pendulicarpum Chang ex W. T. Wang & P. K. Hsiao

凭证标本：王启无 66223。

多年生草本，茎高 150 cm。生长于林下；海拔 3500 m。

分布于贡山县丙中洛乡。15-2-6。

8. 美丽乌头 Aconitum pulchellum Handel-Mazzetti

凭证标本：青藏队 82-10203，82-10624。

多年生草本，茎高 6～50 cm。生长于山坡灌丛草地；海拔 4100～4400 m。

分布于独龙江（察隅县日东乡段）。14-3。

9. 花葶乌头 Aconitum scaposum Franchet

凭证标本：T. T. Yü 19435；南水北调队 7069。

多年生草本，茎高 35～67 cm。生长于杂木林中、山坡湿润草地；海拔 1700～4000 m。

分布于独龙江（贡山县独龙江乡段）；贡山县茨开镇；腾冲市猴桥镇。14-3。

**10. 茨开乌头 Aconitum souliei Finet & Gagnepain

凭证标本：王启无 67341；高黎贡山考察队 7769。

多年生草本，茎高 25～70 cm。生长于高山草甸；海拔 3200～3700 m。

分布于贡山县丙中洛乡、茨开镇。15-2-3a。

**11. 显柱乌头 Aconitum stylosum Stapf

凭证标本：怒江队 79-1474；高黎贡山考察队 26683。

多年生草本，茎高 70～90 cm。生长于灌丛、草甸；海拔 3310～4100 m。

分布于贡山县丙中洛乡；福贡县石月亮乡。15-2-3a。

*** **12. 独龙乌头 Aconitum taronense** (Handel-Mazzetti) H. R. Fletcher & Lauener-*Aconitum bisma* (Buchanan-Hamilton) Rapaics var. *taronense* Handel-Mazzetti

凭证标本：高黎贡山考察队 17034，34498。

多年生草本，茎高 85～110 cm。生长于高山沼泽，溪旁沼泽湿地；海拔 2900～3600 m。

分布于独龙江（贡山县独龙江乡段）；贡山县丙中洛乡、茨开镇。15-2-6。

13. 类叶升麻 Actaea asiatica H. Hara

凭证标本：怒江队 79-1453；青藏队 82-10345。

多年生草本，茎高 30～80 cm。生长于林下；海拔 2500～3450 m。

分布于独龙江（察隅县日东乡段）；贡山县丙中洛乡。14-2。

14. 短柱侧金盏 Adonis davidii Franchet

凭证标本：怒江队 79-0309。

多年生草本，茎高 10～58 cm。生长于路边草丛；海拔 3000 m。

分布于贡山县到察隅县察瓦龙乡途中。14-3。

* **15. 西南银莲花 Anemone davidii** Franchet

凭证标本：高黎贡山考察队 11863，30326。

多年生匍匐草本。生长于常绿阔叶林、河边灌木丛、针叶-箭竹林；海拔 1930～3400 m。分布于贡山县茨开镇；腾冲市界头镇、猴桥镇。15-1。

** **16. 滇川银莲花 Anemone delavayi** Franchet

凭证标本：独龙江考察队 5478；高黎贡山考察队 20827。

多年生草本。生长于常绿阔叶林、云杉林、竹灌丛、草地、花岗岩上苔藓丛中、火烧地边；海拔 1650～3800 m。

分布于独龙江（贡山县独龙江乡段）；贡山县丙中洛乡；福贡县鹿马登乡；泸水。15-2-3a。

17a. 宽叶展毛银莲花 Anemone demissa var. **major** W. T. Wang

凭证标本：怒江队 79-0499；青藏队 82-8637。

多年生草本。生长于山坡灌丛、灌丛草地、山沟水边；海拔 3500～4000 m。

分布于独龙江（贡山县独龙江乡段）；泸水市丫口至 3796 途中；腾冲市猴桥镇。14-3。

17b. 密毛银莲花 Anemone demissa var. **villosissima** Bruhl

凭证标本：高黎贡山考察队 12686，28620。

多年生草本。生长于高山灌丛、冷杉-杜鹃-箭竹灌丛、高山草甸；海拔 3160～3840 m。

分布于贡山县茨开镇；福贡县高黎贡山 28 号界碑下、石月亮乡、鹿马登乡。14-3。

* **17c. 云南银莲花 Anemone demissa** var. **yunnanensis** Franchet

凭证标本：T. T. Yü 19765；青藏队 82-10580。

多年生草本。生长于山坡灌丛、草地；海拔 3600～3900 m。

分布于独龙江（察隅县日东乡段）。15-1。

＊18. 疏齿银莲花 Anemone geum subsp. **ovalifolia**（Brühl）R. P. Chaudhary-*Anemone obtusiloba* subsp. *ovalifolia* Brühl

凭证标本：高黎贡山考察队 12667，14801。

多年生草本。生长于原始常绿阔叶林、高山灌丛和沼泽、高山草地；海拔 3000～4000 m。

分布于贡山县茨开镇。15-1。

19. 拟卵叶银莲花 Anemone howellii Jeffrey & W. W. Smith

凭证标本：Howell 110。

多年生草本。生长于常绿阔叶林；海拔 1200～2300 m。

分布于腾冲市。14-3。

＊20. 打破碗花花 Anemone hupehensis（Lemoine）Lemoine-*Anemone japonica*（Thunberg）Siebold & Zuccarini var. *hupehensis* Lemoine

凭证标本：独龙江考察队 809；高黎贡山考察队 27681。

多年生草本。生长于常绿阔叶林、松林、灌丛、草地、次生常绿阔叶林、路旁、田边、河边；海拔 1220～3000 m。

分布于独龙江（贡山县独龙江乡段）；贡山县丙中洛乡、茨开镇；福贡县马吉乡、上帕镇；泸水市片马镇；腾冲市和顺镇；龙陵县龙山镇。15-1。

21. 伏毛银莲花 Anemone narcissiflora subsp. **protracta**（Ulbrich）Ziman & Fedoronczuk-*Anemone narcissiflora* var. *protracta* Ulbrich

凭证标本：碧江队 1080。

多年生草本。生长于草地或沟边；海拔 3800 m。

分布于福贡县高黎贡山渣拉落河左侧主峰。13。

＊＊＊22. 光叶银莲花 Anemone obtusiloba subsp. **leiophylla** W. T. Wang

凭证标本：林芹、邓向福 79-0413，79-1044。

多年生草本。生长于林缘、灌丛、高山草甸；海拔 2900～4630 m。

分布于独龙江（贡山县独龙江乡段）；贡山县茨开镇。15-2-6。

23. 草玉梅 Anemone rivularis Buchanan-Hamilton ex de Candolle

凭证标本：高黎贡山考察队 11756，32566。

多年生草本。生长于常绿阔叶林、云南松林、路边灌丛草地、次生常绿阔叶林；海拔 1250～2248 m。

分布于独龙江（贡山县独龙江乡段）；贡山县茨开镇；福贡县石月亮乡；泸水市片马镇；腾冲市界头镇、猴桥镇、马站乡、芒棒镇、五合乡。7。

24. 湿地银莲花 Anemone rupestris Wallich ex J. D. Hooker & Thomson

凭证标本：T. T. Yü 19858；怒江队 79-0413。

多年生草本。生长于高山灌丛草甸；海拔 3800～4600 m。

分布于独龙江（贡山县独龙江乡段）。14-3。

25. 岩生银莲花 Anemone rupicola Cambessèdes

凭证标本：王启无 66247。

多年生草本。生长于高山草甸；海拔 3400 m。

分布于贡山县丙中洛乡。14-3。

** 26. 糙叶银莲花 Anemone scabriuscula W. T. Wang

凭证标本：南水北调队 6950。

多年生草本。生长于河边灌木丛；海拔 2400 m。

分布于腾冲市猴桥镇。15-2-3a。

27. 野棉花 Anemone vitifolia Buchanan-Hamilton ex de Candolle

凭证标本：独龙江考察队 1706；高黎贡山考察队 34433。

多年生草本。生长于常绿阔叶林、云南松林、河谷草地、次生常绿阔叶林、沟边、路旁；海拔 1080～2480 m。

分布于独龙江（贡山县独龙江乡段）；贡山县丙中洛乡、捧打乡、茨开镇；福贡县马吉乡；泸水市片马镇、鲁掌镇；保山市潞江镇。14-3。

*** 28. 福贡银莲花 Anemone yulongshanica var. glabrescens W. T. Wang

凭证标本：高黎贡山考察队 20441，28042。

多年生草本。生长于灌丛、箭竹-杜鹃灌丛、沼泽草甸；海拔 3106～3640 m。

分布于福贡县石月亮乡、鹿马登乡。15-2-6。

* 29. 直距耧斗菜 Aquilegia rockii Munz

凭证标本：青藏队 7554；高黎贡山考察队 32879。

多年生草本，茎高 40～80 cm。生长于铁杉林、云杉林、山坡草地、山箐溪旁；海拔 2700～3600 m。

分布于独龙江（察隅县日东乡段）；贡山县丙中洛乡。15-1。

30. 星果草 Asteropyrum peltatum（Franchet）J. R. Drummond & Hutchinson-Isopyrum peltatum Franchet

凭证标本：青藏队 7790；高黎贡山考察队 14239。

多年生草本。生长于铁杉林、冷杉林；海拔 2730～3480 m。

分布于贡山县丙中洛乡、茨开镇。14-3。

31. 水毛茛 Batrachium bungei（Steudel）L. Liou-Ranunculus bungei Steudel

凭证标本：王启无 67058；T. T. Yü 20722。

多年生沉水草本，茎长 30 cm 以上。生长于湖边、水中；海拔 3170～3600 m。

分布于贡山县丙中洛乡。14-3。

32. 铁破锣 Beesia calthifolia（Maximowicz ex Oliver）Ulbrich-Cimicifuga calthifolia Maximowicz ex Oliver

凭证标本：独龙江考察队 4977；高黎贡山考察队 24282。

多年生草本。具根茎，长达 10 cm。生长于山谷或山坡常绿阔叶林下湿地；海拔 2100~2700 m。

分布于独龙江（贡山县独龙江乡段）；泸水市片马镇、鲁掌镇。14-4。

33a. 驴蹄草 Caltha palustris Linnaeus

凭证标本：高黎贡山考察队 12649，34027。

多年生草本，茎高 10~120 cm。生长于常绿阔叶林、高山灌丛沼泽、箭竹-杜鹃灌丛、高山沼泽、高山草地、冰川谷地沼泽、沟边、小河边；海拔 2400~3940 m。

分布于独龙江（贡山县独龙江乡段）；贡山县丙中洛乡、茨开镇；福贡县石月亮乡、鹿马登乡、匹河乡；泸水市片马镇；腾冲市猴桥镇。8。

33b. 空茎驴蹄草 Caltha palustris var. **barthei** Hance

凭证标本：怒江队 79-1513；高黎贡山考察队 23954。

多年生草本，茎高 120 cm。生长于箭竹-杜鹃灌丛、沟边草丛中、溪边、草地；海拔 2400~4100 m。

分布于贡山县丙中洛乡；泸水市片马镇；腾冲市猴桥镇。14-2。

* **33c. 掌裂驴蹄草 Caltha palustris** var. **umbrosa** Diels

凭证标本：高黎贡山考察队 29067。

多年生草本。生长于石灰岩残留常绿阔叶林；海拔 2100 m。

分布于腾冲市曲石镇。15-1。

34. 花葶驴蹄草 Caltha scaposa J. D. Hooker & Thomson

凭证标本：高黎贡山考察队 31188，31235。

多年生草本，茎高 35 mm~24 cm。生长于沼泽湿地、岩坡上、河岸、溪旁、石缝；海拔 3170~4000 m。

分布于贡山县丙中洛乡。14-3。

* **35. 细茎驴蹄草 Caltha sinogracilis** W. T. Wang

凭证标本：青藏队 8741；李恒、李嵘 1062。

多年生小草本，茎高 4~10 cm。生长于高山湿润草地；海拔 3200~3500 m。

分布于独龙江；贡山县高黎贡山东坡。15-1。

36a. 升麻 Cimicifuga foetida Linnaeus

凭证标本：独龙江考察队 2256；高黎贡山考察队 21667。

多年生草本，茎高 1~2 m。生长于常绿阔叶林、针阔叶混交林、冷杉林、河岸灌丛、山坡灌丛、高山沼泽、沟边草丛；海拔 1860~4100 m。

分布于独龙江（察隅县日东乡段，贡山县独龙江乡段）；贡山县丙中洛乡、茨开镇；福贡县；泸水市片马镇；腾冲市界头镇。14-3。

** **36b. 长苞升麻 Cimicifuga foetida** var. **longibracteata** P. K. Hsiao

凭证标本：高黎贡山考察队 31691。

多年生草本，茎高 1~3 m。生长于高山沼泽；海拔 3710 m。

分布于贡山县丙中洛乡。15-2-3a。

37. 长尾尖铁线莲 Clematis acuminata var. **longicaudata** W. T. Wang

凭证标本：独龙江考察队 805；冯国楣 24394。

木质藤本。生长于江边常绿阔叶林、灌丛；海拔 1250～2200 m。

分布于独龙江（贡山县独龙江乡段）。15-2-3a。

38. 小木通 Clematis armandii Franchet

凭证标本：怒江队 375；高黎贡山考察队 29950。

木质藤本，茎长达 6 m。生长于江边灌丛、残留常绿阔叶林、火山地区常绿阔叶林、路旁；海拔 1240～1600 m。

分布于贡山县丙中洛乡；福贡县上帕镇；泸水市鲁掌镇；腾冲市曲石镇；龙陵县龙山镇。14-4。

39. 毛木通 Clematis buchananiana de Candolle

凭证标本：独龙江考察队 199；高黎贡山考察队 23219。

木质藤本。生长于云南松林、河岸林、河谷灌丛、路边灌丛、次生常绿阔叶林；海拔 1200～2000 m。

分布于独龙江（贡山县独龙江乡段）；贡山县丙中洛乡、捧打乡、茨开镇；福贡县马吉乡、上帕镇；泸水市片马镇；保山市潞江镇；腾冲市界头镇、马站乡、五合乡、芒棒镇。14-3。

40. 金毛铁线莲 Clematis chrysocoma Franchet

凭证标本：南水北调队 6679，6926。

木质藤本。生长于山坡路边灌木丛；海拔 1850～2000 m。

分布于腾冲市猴桥镇；龙陵县碧寨乡。15-1。

41. 合柄铁线莲 Clematis connata de Candolle

凭证标本：T. T. Yü 19894。

木质藤本。生长于山坡林下、灌丛；海拔 2000～2300 m。

分布于独龙江（贡山县独龙江乡段）。14-3。

42. 滑叶藤 Clematis fasciculiflora Franchet

凭证标本：南水北调队 8201。

木质藤本。生长于常绿阔叶林；海拔 1700～2400 m。

分布于泸水市片马镇；保山市芒宽乡。14-4。

43. 禄劝木通 Clematis finetiana var. **lutchuensis**（Koidz.）W. T. Wang

凭证标本：高黎贡山考察队 17173，27913。

木质藤本。生长于常绿阔叶林、松林；海拔 1335～1810 m。

分布于福贡县马吉乡、石月亮乡；腾冲市芒棒镇、五合乡。15-2。

44a. 单叶铁线莲 Clematis henryi Oliver

凭证标本：高黎贡山考察队 22241，22438。

木质藤本。生长于次生常绿阔叶林；海拔 1500～1780 m。

分布于贡山县丙中洛乡。15-1。

* 44b. 陕西单叶铁线莲 Clematis henryi var. ternata M. Y. Fang

凭证标本：高黎贡山考察队 14341。

木质藤本。生长于次生常绿阔叶林；海拔 2020 m。

分布于贡山县茨开镇。15-1。

* 45. 滇川铁线莲 Clematis kockiana C. K. Schneider

凭证标本：李恒、郭辉军、李正波、施晓春 69；高黎贡山考察队 25783。

木质藤本。生长于常绿阔叶林、铁杉林、竹林；海拔 1610～2920 m。

分布于独龙江（贡山县独龙江乡段）；贡山县茨开镇；泸水市洛本卓乡、鲁掌镇；保山市芒宽乡。15-1。

46. 毛蕊铁线莲 Clematis lasiandra Maximowicz

凭证标本：高黎贡山考察队 14732，23194。

多年生草质藤本。生长于江边草地，常绿阔叶林、灌丛、耕地；海拔 1430～2570 m。

分布于贡山县丙中洛乡、茨开镇；福贡县上帕镇；泸水市片马镇。14-2。

*** 47. 泸水铁线莲 Clematis lushuiensis W. T. Wang

凭证标本：高黎贡山考察队 27957。

木质藤本。生长于次生常绿阔叶林；海拔 2450 m。

分布于泸水市洛本卓乡。15-2-6。

48a. 绣球藤 Clematis montana Buchanan-Hamilton ex de Candolle

凭证标本：高黎贡山考察队 7165，34517。

木质藤本。生长于常绿阔叶林，沟边杂木林中、针阔叶混交林、冷杉林、杜鹃-箭竹灌丛、腐木上、竹箐中、岩上阴湿；海拔 2100～3670 m。

分布于独龙江（贡山县独龙江乡段）；贡山县丙中洛乡、茨开镇；福贡县上帕镇；泸水市片马镇；保山市芒宽乡；腾冲市曲石镇。14-3。

* 48b. 毛果绣球藤 Clematis montana var. glabrescens（Comber）W. T. Wang & M. C. Chang-*Clematis chrysocoma* Franchet var. *glabrescens* H. F. Comber

凭证标本：高黎贡山考察队 15008，33881。

木质藤本。生长于常绿阔叶林、旱冬瓜林、槭树-杜鹃林、落叶阔叶林、针叶林、高山竹林、灌木林；海拔 2070～3700 m。

分布于独龙江（贡山县独龙江乡段）；贡山县丙中洛乡、茨开镇；福贡县石月亮乡、鹿马登乡；泸水市片马镇、上江乡；腾冲市明光镇。15-1。

48c. 大花绣球藤 Clematis montana var. longipes W. T. Wang

凭证标本：高黎贡山考察队 7165，29868。

木质藤本。生长于常绿阔叶林、针阔叶混交林、冷杉-箭竹林、箭竹-杜鹃沼泽灌丛；海拔 2000～3660 m。

分布于独龙江（贡山县独龙江乡段）；贡山县丙中洛乡、茨开镇；福贡县石月亮乡、鹿马登乡；泸水市片马镇、洛本卓乡；腾冲市明光镇、马站乡。14-3。

*48d. 小叶绣球藤 Clematis montana var. sterilis Handel-Mazzetti

凭证标本：横断山队 102。

木质藤本。生长于林下、灌丛；海拔 2300～3200 m。

分布于泸水市。15-1。

*48e. 晚花绣球藤 Clematis montana var. wilsonii Sprague

凭证标本：南水北调队 7125。

木质藤本。生长于林缘；海拔 3300 m。

分布于腾冲市滇滩镇、猴桥镇。15-1。

49. 合苞铁线莲 Clematis napaulensis de Candolle

凭证标本：高黎贡山考察队 13535，30317。

木质藤本。生长于常绿阔叶林；海拔 1780～1930 m。

分布于保山市芒宽乡、腾冲市界头镇。14-3。

*50. 裂叶铁线莲 Clematis parviloba Gardner & Champion

凭证标本：T. T. Yü 23038；冯国楣 8045。

木质藤本。生长于江边草坡、山坡密林中、沟边灌丛；海拔 1510～2000 m。

分布于贡山县丙中洛乡、茨开镇；龙陵县龙山镇。15-1。

***51. 片马铁线莲 Clematis pianmaensis W. T. Wang

凭证标本：滇西植物调查队 11094；

木质藤本。生长于山地；海拔 2200 m。

分布于泸水市片马镇。15-2-6。

52a. 短毛铁线莲 Clematis puberula J. D. Hooker & Thomson

凭证标本：独龙江考察队 251；高黎贡山考察队 34262。

木质藤本。生长于疏林、灌丛、次生常绿阔叶林；海拔 1250～1900 m。

分布于贡山县丙中洛乡、捧当乡、茨开镇；福贡县上帕镇、匹河乡。14-3。

*52b. 扬子铁线莲 Clematis puberula var. ganpiniana (H. Léveillé & Vaniot) W. T. Wang-Clematis vitalba Linnaeus var. ganpiniana H. Léveillé & Vaniot

凭证标本：高黎贡山考察队 13384，33238。

木质藤本。生长于灌丛、次生常绿阔叶林；海拔 1640 m。

分布于贡山县捧打乡、茨开镇；保山市芒宽乡。15-1。

*53. 毛茛铁线莲 Clematis ranunculoides Franche

凭证标本：冯国楣 8301；尹文清 60-1384。

多年生草质藤本。生长于山沟灌丛、竹箐；海拔 1880～1980 m。

分布于贡山县茨开镇；腾冲市蒲川乡。15-1。

54. 锡金铁线莲 Clematis siamensis J. R. Drummond & Craib

凭证标本：高黎贡山考察队 13314，21140。

木质藤本。生长于常绿阔叶林；海拔 1460～2130 m。

分布于独龙江（贡山县独龙江乡段）；保山市潞江镇。14-3。

55. 菝葜叶铁线莲 Clematis smilacifolia Wallich

凭证标本：独龙江考察队 1845；高黎贡山考察队 10797。

木质藤本。生长于林缘、江边灌丛；海拔 1800～2300 m。

分布于独龙江（贡山县独龙江乡段）。7。

*****56. 腾冲铁线莲 Clematis tengchongensis** W. T. Wang

凭证标本：高黎贡山考察队 29896。

木质藤本。生长于枸子-蔷薇灌丛；海拔 1940 m。

分布于腾冲市马站乡。15-2-6。

***57. 福贡铁线莲 Clematis tsaii** W. T. Wang

凭证标本：高黎贡山考察队 9860。

木质藤本。生长于疏林；海拔 980 m。

分布于保山市芒宽乡。15-1。

***58. 云贵铁线莲 Clematis vaniotii** H. Léveillé & Porter

凭证标本：高黎贡山植被组 w18-7。

木质藤本。生长于林缘；海拔 2060 m。

分布于腾冲市大坝。15-1。

59. 俞氏铁线莲 Clematis yui W. T. Wang

凭证标本：独龙江考察队 2211；高黎贡山考察队 21628。

木质藤本。生长于常绿阔叶林、疏林；海拔 1720～2011 m。

分布于独龙江（贡山县独龙江乡段）；龙陵县龙江乡。14-4。

***60. 云南铁线莲 Clematis yunnanensis** Franchet

凭证标本：独龙江考察队 712；高黎贡山考察队 8134。

木质藤本。生长于河谷灌丛、常绿阔叶林林缘；海拔 1400～2450 m。

分布于独龙江（贡山县独龙江乡段）；贡山县丙中洛乡、茨开镇；泸水市片马镇；保山市芒宽乡；腾冲市和顺镇。15-1。

61. 云南黄连 Coptis teeta Wallich

凭证标本：独龙江考察队 1195；高黎贡山考察队 30695。

多年生草本。生长于常绿阔叶林、秃杉-青冈林、针叶林、松林、箭竹林、山岩、水沟边；海拔 1300～3000 m。

分布于独龙江（贡山县独龙江乡段）；贡山县茨开镇；福贡县石月亮乡、鹿马登乡、上帕镇；泸水市片马镇、洛本卓乡；腾冲市界头镇、猴桥镇。14-3。

*62. 粗裂宽距翠雀花 Delphinium beesianum var. latisectum W. T. Wang

凭证标本：王启无 64923，64995。

多年生草本，茎高 8～28 cm。生长于高山草甸；海拔 3500～4700 m。

分布于贡山县丙中洛乡。15-1。

***63. 察隅翠雀花 Delphinium chayuense W. T. Wang

凭证标本：青藏队 10671。

多年生草本，茎高 8～16 cm。生长于冷杉林林缘；海拔 4000 m。

分布于独龙江（察隅县日东乡段）。15-2-6。

*64. 滇川翠雀花 Delphinium delavayi Franchet

凭证标本：施晓春 714；李爱花、黄之镨等 SCSB-A-000310。

多年生草本，茎高 55～100 cm。生长于次生林林缘、路边；海拔 2234～3000 m。

分布于保山市芒宽乡；腾冲市界头镇。15-1。

65. 小瓣翠雀花 Delphinium micropetalum Finet & Gagnepain

凭证标本：高黎贡山考察队 9640，32832。

多年生草本，高 45～60 cm。生长于高山沼泽、高山箭竹-杜鹃沼泽、高山草地、草坡上、石上；海拔 2000～3880 m。

分布于独龙江（贡山县独龙江乡段）；贡山县丙中洛乡、茨开镇；福贡县鹿马登乡、上帕镇。14-4。

*66. 螺距翠雀花 Delphinium spirocentrum Handel-Mazzetti

凭证标本：T. T. Yü 20685。

多年生草本，茎高 16～90 cm。生长于草坡；海拔 3200 m。

分布于独龙江（贡山县独龙江乡段）。15-1。

*67. 长距翠雀花 Delphinium tenii H. Léveillé

凭证标本：T. T. Yü 10504。

多年生草本，茎高 25～75 cm。生长于山箐草地；海拔 3200 m。

分布于贡山县丙中洛乡。15-1。

*68. 澜沧翠雀花 Delphinium thibeticum Finet & Gagnepain

凭证标本：王启无 66226。

多年生草本，茎高 28～85 cm。生长于高山草甸；海拔 3500 m。

分布于贡山县丙中洛乡。15-1。

*69. 小花人字果 Dichocarpum franchetii（Finet & Gagnepain）W. T. Wang & P. K. Hsiao-*Isopyrum franchetii* Finet & Gagnepain

凭证标本：高黎贡山考察队 23881，30286。

多年生草本，茎高 1～26 cm。生长于常绿阔叶林、铁杉林；海拔 1930～3200 m。

分布于贡山县茨开镇；泸水市片马镇、鲁掌镇；腾冲市界头镇。15-1。

* 70. 脱萼鸭跖花 Oxygraphis delavayi Franchet

凭证标本：王启无 66617；青藏队 10746。

多年生草本。生长于高山沼泽、高山湖滨草地；海拔 3600～4000 m。

分布于独龙江（贡山县独龙江乡段）；贡山县丙中洛乡；福贡县鹿马登乡。15-1。

71. 拟耧斗菜 Paraquilegia microphylla（Royle）J. R. Drummond & Hutchinson-*Isopyrum microphyllum* Royle

凭证标本：青藏队 10485。

多年生草本。生长于山坡云杉林下、岩石上；海拔 3600 m。

分布于独龙江（察隅县日东乡段）。13。

* 72. 滇牡丹 Paeonia delavayi Franchet

凭证标本：青藏队 10746；王启无 66617。

灌木，高 20～180 cm。生长于山坡云杉林、草甸；海拔 3200～3500 m。

分布于独龙江（察隅县日东乡段）；贡山县丙中洛乡。15-1。

73. 禺毛茛 Ranunculus cantoniensis de Candolle

凭证标本：碧江队 1421；南水北调队 7321。

多年生草本，高 20～65 cm。生长于沟边湿地；海拔 1900～2700 m。

分布于泸水市片马镇；腾冲市猴桥镇。14-1。

74. 回回蒜 Ranunculus chinensis Bunge

凭证标本：李恒、郭辉军、李正波、施晓春 26；高黎贡山考察队 33083。

多年生或一年生草本。茎高 10～50 cm。生长于次生常绿阔叶林、灌丛、荒地、河滩、湿地、田埂；海拔 600～2250 m。

分布于独龙江（贡山县独龙江乡段）；贡山县丙中洛乡、茨开镇；福贡县上帕镇、匹河乡；泸水市六库镇、上江乡；保山市芒宽乡、潞江镇；腾冲市明光镇、界头镇。14-1。

75. 铺散毛茛 Ranunculus diffusus de Candolle

凭证标本：独龙江考察队 272；高黎贡山考察队 33621。

多年生草本，茎高 10～40 cm。生长于河谷灌丛、常绿阔叶林、沟谷林下、落叶阔叶林阴湿地、山坡草地、次生林、瀑布跌水下河滩、河岸路边、菜地杂草；海拔 1320～3700 m。

分布于独龙江（贡山县独龙江乡段）；贡山县茨开镇；腾冲市明光镇、界头镇、猴桥镇；龙陵县镇安镇。14-3。

76. 黄毛茛 Ranunculus distans Wallich ex Royle

凭证标本：碧江队 1304；南水北调队 7129。

多年生草本，茎高 22～65 cm。生长于沟边、林下草地；海拔 2000～3200 m。

分布于独龙江；贡山县丙中洛乡；福贡县匹河乡；腾冲市猴桥镇。14-3。

* 77. 园裂毛茛 Ranunculus dongrergensis Handel-Mazzetti

凭证标本：高黎贡山考察队 31330。

多年生草本，茎高 4～25 cm。生长于沼泽湿地；海拔 3720 m。

分布于贡山县丙中洛乡。15-1。

78. 西南毛茛 Ranunculus ficariifolius H. Léveillé & Vaniot

凭证标本：施晓春 349；高黎贡山考察队 30209。

多年生草本，茎高 40～45 mm。生长于常绿阔叶林下、水塘边；海拔 2160～2432 m。

分布于保山市理惠坡；腾冲市界头镇、猴桥镇、芒棒镇。14-3。

79. 毛茛 Ranunculus japonicus Thunberg

凭证标本：高黎贡山考察队 12315，34438。

多年生草本，茎高 12～65 cm，具短根茎短。生长于松栎林、箭竹-杜鹃沼泽灌丛；海拔 2240～3640 m。

分布于独龙江（贡山县独龙江乡段）；福贡县鹿马登乡。14-2。

*** 80. 片马毛茛 Ranunculus pianmaensis W. T. Wang

凭证标本：高黎贡山考察队 22711，24183。

多年生草本。生长于次生常绿阔叶林；海拔 1600～1950 m。

分布于泸水市片马镇。15-2-6。

81. 矮毛茛 Ranunculus pseudopygmaeus Handel-Mazzetti

凭证标本：高黎贡山考察队 26434，31466。

多年生草本。茎高 8～50 mm。生长于箭竹-杜鹃沼泽灌丛、杜鹃沼泽灌丛、沼泽湿地；海拔 3620～4151 m。

分布于贡山县丙中洛乡；福贡县鹿马登乡。14-3。

82. 石龙芮 Ranunculus sceleratus Linnaeus

凭证标本：高黎贡山考察队 29698。

一年生草本，茎高 10～75 cm。生长于泥炭沼泽湿地；海拔 1730 m。

分布于腾冲市大具乡北海。8。

83. 钩柱毛茛 Ranunculus silerifolius H. Léveillé

凭证标本：高黎贡山考察队 11335，24976。

多年生草本，茎高 28～95 cm。生长于常绿阔叶林、云南松林下溪边、华山松林、林下水中、溪旁草地、溪旁湿地；海拔 1530～2300 m。

分布于泸水市片马镇；保山市芒宽乡、潞江镇；腾冲市芒棒镇、五合乡；龙陵县龙江乡、镇安镇。7。

84. 高原毛茛 Ranunculus tanguticus（Maximowicz）Ovczinnikov-*Ranunculus affinis* R. Brown var. *tanguticus* Maximowicz

凭证标本：王启无 66232；青藏队 10629。

多年生草本，茎高 6～30 cm。生长于沟边草地、沼泽湿地；海拔 4150～4200 m。

分布于独龙江（察隅县日东乡段）；贡山县丙中洛乡。14-3。

*** **85. 腾冲毛茛 Ranunculus tengchongensis** W. T. Wang

凭证标本：高黎贡山考察队 29700。

多年生草本。生长于泥炭火山湖；海拔 1730 m。

分布于腾冲市大具乡北海。15-2-6。

* **86. 棱喙毛茛 Ranunculus trigonus** Handel-Mazzetti

凭证标本：周应再 205。

多年生草本，茎高 45 mm～48 cm。生长于田边；海拔 1530 m。

分布于腾冲市五合乡。15-1。

87. 直梗高山唐松草 Thalictrum alpinum var. **elatum** Ulbrich

凭证标本：T. T. Yü 8506。

多年生草本，茎高 5～40 cm。生长于杜鹃沼泽灌丛；海拔 4100 m。

分布于贡山县丙中洛乡。14-3。

* **88a. 偏翅唐松草 Thalictrum delavayi** Franchet

凭证标本：南水北调队 8004；高黎贡山考察队 34518。

多年生草本，茎高 60～200 cm。生长于落叶阔叶林阴湿地、杉木林缘、杜鹃沼泽灌丛、石楠-箭竹沼泽灌丛、沟边杂林中、荒地；海拔 1130～3280 m。

分布于独龙江（贡山县独龙江乡段）；贡山县丙中洛乡、茨开镇；福贡县上帕镇、匹河乡；泸水市片马镇、洛本卓乡；龙陵县龙山镇。15-1。

* **88b. 渐尖偏翅唐松草 Thalictrum delavayi** var. **acuminatum** Franchet

凭证标本：王启无 67218，71793。

多年生草本，茎高 60～200 cm。生长于栎林、林缘；海拔 2700～3100 m。

分布于贡山县丙中洛乡。15-1。

** **88c. 宽萼偏翅唐松草 Thalictrum delavayi** var. **decorum** Franchet

凭证标本：碧江队 1310，1481。

多年生草本，茎高 60～300 cm。生长于沟谷杂木林，路边草丛中；海拔 2100～3000 m。

分布于福贡县高黎贡山渣拉河谷；泸水市片马镇。15-2-3。

89. 小叶唐松草 Thalictrum elegans Wallich ex Royle

凭证标本：王启无 66468；青藏队 10534。

多年生草本，茎高 20～90 cm。生长于山坡云杉林下、石崖下；海拔 3450～3500 m。

分布于独龙江（察隅县日东乡段）；贡山县丙中洛乡。14-3。

* **90. 滇川唐松草 Thalictrum finetii** B. Boivin

凭证标本：高黎贡山考察队 15310，33842。

多年生草本，茎高 50～200 cm。生长于常绿阔叶林下、针阔叶混交林、云杉-冷杉林、高山沼泽灌丛、冷杉-箭竹林、箭竹-杜鹃沼泽灌丛、山间路边沟谷及石间；海拔 2400～3490 m。

分布于独龙江（贡山县独龙江乡段）；贡山县丙中洛乡、茨开镇；福贡县石月亮乡、鹿马登乡；泸水市洛本卓乡。15-1。

91. 多叶唐松草 Thalictrum foliolosum de Candolle

凭证标本：独龙江考察队 1773；高黎贡山考察队 34329。

多年生草本，茎高 90～120 cm。生长于常绿阔叶林、疏林、河岸灌丛、草坡、石上、古火山口；海拔 1550～3400 m。

分布于独龙江（贡山县独龙江乡段）；贡山县丙中洛乡、捧打乡、茨开镇；福贡县上帕镇；保山市芒宽乡；腾冲市界头镇、马站乡、芒棒镇；龙陵县镇安镇、龙山镇。14-3。

92. 爪哇唐松草 Thalictrum javanicum Blume

凭证标本：高黎贡山考察队 14060，29908。

多年生草本，茎高 30～100 cm。生长于常绿阔叶林、枸子-蔷薇灌丛、山坡、路边草地、沼泽地；海拔 1940～2100 m。

分布于福贡县石月亮乡；保山市芒宽乡；腾冲市猴桥镇、马站乡。7。

93. 小果唐松草 Thalictrum microgynum Lecoyer ex Olive

凭证标本：Forrest 18194；高黎贡山考察队 29570。

多年生草本，茎高 20～40 cm。生长于次生常绿阔叶林；海拔 1820 m。

分布于贡山县；腾冲市界头镇。14-4。

94. 小喙唐松草 Thalictrum rostellatum J. D. Hooker & Thomson

凭证标本：碧江队 1692；青藏队 82-8640。

多年生草本，茎高 40～60 cm。生长于阔叶林下、铁杉林、山坡灌丛草地、河边坡上草丛；海拔 2200～3400 m。

分布于贡山县茨开镇；泸水市片马镇。14-3。

*95. 鞭柱唐松草 Thalictrum smithii B. Boivin

凭证标本：高黎贡山考察队 13362，33067。

多年生草本，茎高 30～150 cm。生长于次生常绿阔叶林、盐肤木-野核桃阔叶林、山坡灌丛；海拔 1550～1600 m。

分布于独龙江（贡山县独龙江乡段）；贡山县丙中洛乡；保山市芒宽乡。15-1。

*96. 钩柱唐松草 Thalictrum uncatum Maximowicz

凭证标本：碧江队 1751；南水北调队 8389。

多年生草本，茎高 45～90 cm。生长于山坡灌丛下，竹林边；海拔 3300～3450 m。

分布于泸水市片马镇、鲁掌镇。15-1。

*97. 小花金莲花 Trollius micranthus Handel-Mazzetti

凭证标本：高黎贡山考察队 31242，31637。

多年生草本，茎高 5 cm，果期可达 24 cm。生长于高山沼泽；海拔 3750～3927 m。

分布于贡山县丙中洛乡。15-1。

**98a. 长瓣云南金莲花 Trollius yunnanensis var. eupetalus（Stapf）W. T. Wang

凭证标本：冯国楣 7627；怒江队 79-1324。

多年生草本，茎高 20 cm 以上，果期高达 80 cm。生长于原始林下、草地、草坝；海拔 2500～3888 m。

分布于贡山县丙中洛乡。15-2-3a。

*98b. 云南金莲花 Trollius yunnanensis（Franchet）Ulbrich **var. yunnanensis** - *Trollius pumilus* D. Don var. *yunnanensis* Franchet

凭证标本：高黎贡山考察队 26584，26822。

多年生草本，茎高 20 cm 以上，果期高达 80 cm。生长于高山灌丛、灌丛沼泽、冷杉-箭竹林、杜鹃-箭竹灌丛、高山草甸；海拔 3040～3700 m。

分布于独龙江（贡山县独龙江乡段）；贡山县丙中洛乡。15-1。

16. 莼菜科 Cabombaceae

1 属 1 种

1. 莼菜 Brasenia schreberi J. F. Gmelin

凭证标本：李恒、李嵘、蒋柱檀、高富、张雪梅 410；高黎贡山考察队 29711。

多年生水生草本。生长于火山堰塞湖泥炭沼泽中；海拔 1730 m。

分布于腾冲市北海乡。1。

17. 金鱼藻科 Ceratophyllaceae

1 属 1 种

1. 金鱼藻 Ceratophyllum demersum Linnaeus

凭证标本：高黎贡山考察队 28223，29853。

多年生沉水草本，茎长 3 m。生长于荷花池，河流海拔 1575～1630 m。

分布于腾冲市和顺镇。1。

18. 睡莲科 Nymphaeaceae

1 属 1 种

1. 睡莲 Nymphaea tetragona Georgi

凭证标本：李恒、李嵘、蒋柱檀、高富、张雪梅 411；高黎贡山考察队 30929。

多年生浮叶草本，具根茎，直立不分枝。生长于火山堰塞湖泥炭沼泽中；海拔 1730 m。

分布于腾冲市北海乡。8。

18a. 莲科 Nelumbonaceae

1 属 1 种

1. 莲 Nelumbo nucifera Gaertner

凭证标本：高黎贡山考察队 29798，30929。

多年生水生草本，具根茎，匍匐分支，季末生长，顶端形成肥厚的块茎。生长于火山湖；海拔 1850 m。

分布于腾冲市北海乡。5。

19. 小檗科 Berberidaceae

2 属 34 种 1 变种，* 19，** 7，*** 4

* 1. 近黑果小檗 Berberis aff. atrocarpa Schneid

凭证标本：高黎贡山考察队 29875。

常绿灌木，高 1～2 m。生长于栒子-蔷薇灌丛；海拔 2000 m。

分布于腾冲市马站乡。15-1。

2. 可爱小檗 Berberis amabilis C. K. Schneider

凭证标本：南水北调队 9092；武素功 6691。

常绿灌木，高 1～2 m。生长于路边、阳坡；海拔 1950～2560 m。

分布于贡山县茨开镇；腾冲市猴桥镇。14-4。

* 3. 黑果小檗 Berberis atrocarpa C. K. Schneider

凭证标本：高黎贡山考察队 23004，30870。

常绿灌木，高 1～2 m。生长于常绿阔叶林林缘、次生林、灌丛；海拔 1470～2600 m。

分布于泸水市片马镇；腾冲市界头镇、猴桥镇、清水乡、五合乡。15-1。

* 4. 道孚小檗 Berberis dawoensis K. Meyer

凭证标本：武素功 6696。

落叶灌木，高 1～2 m。生长于山坡、路边、杂木林中；海拔 1950 m。

分布于腾冲市猴桥镇。15-1。

** 5. 假小檗 Berberis fallax C. K. Schneider

凭证标本：高黎贡山考察队 13656，29193。

常绿灌木，高 100～250 cm。生长于常绿阔叶林、次生林、铁杉-常绿阔叶林、箭竹-白珠灌丛、灌丛、路旁荒地；海拔 835～3250 m。

分布于福贡县；泸水市片马镇、鲁掌镇；腾冲市明光镇、界头镇。15-2-3a。

** 6. 大叶小檗 Berberis ferdinandi-coburgii C. K. Schneider

凭证标本：高黎贡山考察队 14389，30780。

常绿灌木，高达 2 m。生长于次生常绿阔叶林；海拔 1560～2630 m。

分布于贡山县丙中洛乡；腾冲市猴桥镇。15-2-1。

** 7. 凤庆小檗 Berberis holocraspedon Ahrendt

凭证标本：青藏队 9602。

常绿灌木，高 1～2 m。生长于山坡路边、灌丛中；海拔 1700 m。

分布于独龙江（贡山县独龙江乡段）。15-2-3a。

*8. 球果小檗 Berberis insignis subsp. **Incrassata**（Ahrendt）D. F. Chamberlain &
C. M. Hu-*Berberis incrassata* Ahrendt

凭证标本：青藏队 9396；独龙江考察队 3140。

常绿灌木，高 1～2 m。生长于常绿阔叶林，山坡灌丛中；海拔 1300～1600 m。

分布于独龙江（贡山县独龙江乡段）。15-1。

*9. 光叶小檗 Berberis lecomtei C. K. Schneider

凭证标本：香料考察队 85-280；高黎贡山考察队 30682。

落叶灌木，高 1～2 m。生长于常绿阔叶林、沟边灌丛；海拔 1600～2060 m。

分布于腾冲市猴桥镇。15-1。

*10a. 木里小檗 Berberis muliensis Ahrendt

凭证标本：T. T. Yü 20678；冯国楣 7956。

落叶灌木，高达 2 m。生长于岩坡灌丛、高山草甸；海拔 3500～3800 m。

分布于独龙江（贡山县独龙江乡段）；贡山县丙中洛乡。15-1。

*10b. 阿墩小檗 Berberis muliensis var. **atuntzeana** Ahrendt

凭证标本：高黎贡山考察队 12690，32755。

落叶灌木，高达 2 m。生长于箭竹-杜鹃沼泽灌丛、高山沼泽灌丛；海拔 3429～4003 m。
分布于贡山县丙中洛乡、茨开镇；福贡县石月亮乡。15-1。

**11. 淡色小檗 Berberis pallens Franchet

凭证标本：青藏队 82-8590。

落叶灌木，高 100～120 cm。生长于山坡灌丛草地；海拔 3200 m。

分布于贡山县茨开镇。15-2-3a。

**12. 屏边小檗 Berberis pingbianensis S. Y. Bao

凭证标本：高黎贡山考察队 24446。

常绿灌木，高达 2 m。生长于落叶阔叶林；海拔 2737 m。

分布于泸水市鲁掌镇。15-2-8。

*13. 粉叶小檗 Berberis pruinosa Franchet

凭证标本：独龙江考察队 6435；高黎贡山考察队 21717。

常绿灌木，高 1～2 m。生长于常绿阔叶林、硬叶常绿阔叶林、松林、灌丛、河边
多刺灌丛、山坡、河岸、河滩、路边；海拔 1420～2400 m。

分布于独龙江（贡山县独龙江乡段）。15-1。

***14. 卷叶小檗 Berberis replicata W. W. Smith

凭证标本：高黎贡山考察队 10925，29894。

常绿灌木，高达 150 cm。生长于松林、栒子-蔷薇灌丛；海拔 1850～1940 m。

分布于腾冲市马站乡。15-2-6。

*15. 华西小檗 Berberis silva-taroucana C. K. Schneider

凭证标本：高黎贡山考察队 12776。

落叶灌木，高 1～3 m。生长于高山灌丛；海拔 3250 m。

分布于贡山县茨开镇。15-1。

*16. 亚尖叶小檗 Berberis subacuminata C. K. Schneider

凭证标本：李恒、郭辉军、李正波、施晓春 59；高黎贡山考察队 8168。

常绿灌木，高达 250 cm。生长于铁杉林、竹林；海拔 2400～2650 m。

分布于泸水市片马镇；保山市芒宽乡。15-1。

17. 近光滑小檗 Berberis sublevis W. W. Smith

凭证标本：碧江队 1439；高黎贡山考察队 8107。

常绿灌木，高 1～3 m。生长于山坡次生林中、松栎混交林缘、沟边灌丛、村边、路边；海拔 1510～2400 m。

分布于泸水市片马镇、鲁掌镇；腾冲市界头镇、猴桥镇、曲石镇、蒲川乡；龙陵县城。14-3。

*18. 独龙小檗 Berberis taronensis Ahrendt

凭证标本：T. T. Yü 19658。

常绿灌木，高 1～2 m。生长于疏林、灌丛；海拔 2030～2600 m。

分布于独龙江（贡山县独龙江乡段）。15-1。

***19. 微毛小檗 Berberis tomentulosa Ahrendt

凭证标本：T. T. Yü 19640。

落叶灌木，高 50～100 cm。生长于疏林、灌丛；海拔 2500 m。

分布于独龙江（贡山县独龙江乡段）。15-2-6。

*20. 春小檗 Berberis vernalis (C. K. Schneider) D. F. Chamberlain & C. M. Hu-*Berberis ferdinandi-coburgii* C. K. Schneider var. *vernalis* C. K. Schneider

凭证标本：高黎贡山考察队 34309，34319。

常绿灌木，高 1～2 m。生长于次生常绿阔叶林；海拔 1550 m。

分布于贡山县丙中洛乡。15-1。

*21. 金花小檗 Berberis wilsoniae Hemsley

凭证标本：王启无 66825。

半常绿灌木，高约 1 m。生长于林下；海拔 2300 m。

分布于贡山县丙中洛乡。15-1。

*22. 云南小檗 Berberis yunnanensis Franchet

凭证标本：青藏队 7504；高黎贡山考察队 31784。

落叶灌木，高达 1 m。生长于落叶阔叶杜鹃林；海拔 2780 m。

分布于贡山县丙中洛乡。15-1。

*23. 鹤庆十大功劳 Mahonia bracteolata Takeda

凭证标本：冯国楣 8591。

常绿灌木，高 150～200 cm。生长于沟边杂木林；海拔 1900～2100 m。

分布于贡山县茨开镇。15-1。

*   **24. 察隅十大功劳 Mahonia calamicaulis** subsp. **kingdon-wardiana**（Ahrendt）Ying & Boufford-*Mahonia veitchiorum*（Hemsley & E. H. Wilson）C. K. Schneider var. *kingdon-wardiana* Ahrendt

凭证标本：李恒、李嵘、刀志灵 609。

常绿灌木，高 60～150 cm。生长于灌丛；海拔 1900 m。

分布于独龙江（察隅察瓦龙乡段）。15-1。

**　25. 密叶十大功劳 Mahonia conferta** Takeda

凭证标本：陈介 658。

常绿灌木或小乔木，高 150～500 cm。生长于山坡疏林中；海拔 1510 m。

分布于龙陵县龙山镇。15-2-3。

26. 长柱十大功劳 **Mahonia duclouxiana** Gagnepain

凭证标本：高黎贡山考察队 14642，25229。

常绿灌木，高 150～400 cm。生长于常绿阔叶林、疏林；海拔 2020～3000 m。

分布于贡山县茨开镇；泸水市片马镇；保山市潞江镇；腾冲市芒棒镇。14-4。

***　27. 贡山十大功劳 Mahonia dulongensis** H. Li

凭证标本：独龙江考察队 1838；高黎贡山考察队 21834。

常绿灌木。生长于河岸阔叶林。灌丛海拔 1300～2000 m。

分布于独龙江（贡山县独龙江乡段）。15-2-6。

*　28. 宽苞十大功劳 **Mahonia eurybracteata** Fedde

凭证标本：高黎贡山考察队 8108，22394。

常绿灌木，高 50～400 cm。生长于常绿阔叶林、铁杉-云杉林、针叶林；海拔 2700～3020 m。

分布于贡山县茨开镇；泸水市鲁掌镇；保山市芒宽乡。15-1。

***　29. 泸水十大功劳 Mahonia lushuiensis** T. S Ying & H. Li

凭证标本：高黎贡山考察队 24531，24522。

常绿灌木。生长于箭竹灌丛、箭竹-杜鹃灌丛；海拔 3125～3127 m。

分布于泸水市鲁掌镇。15-2-6。

30. 尼泊尔十大功劳 **Mahonia napaulensis** DC

凭证标本：高黎贡山考察队 14419，14496。

常绿灌木或小乔木，高 1～7 m。生长于次生常绿阔叶林；海拔 1560～1600 m。

分布于贡山县丙中洛乡、茨开镇。14-3。

*　31. 阿里山十大功劳 **Mahonia oiwakensis** Hayata

凭证标本：高黎贡山考察队 10682，29488。

常绿乔木，高 1～7 m。生长于常绿阔叶林、人工秃杉林；海拔 1980～2310 m。

分布于保山市潞江镇；腾冲市界头镇、芒棒镇。15-1。

**32. 景东十大功劳 Mahonia paucijuga C. Y. Wu ex S. Y. Bao

凭证标本：武素功 6761。

常绿灌木，高 1～3 m。生长于山坡、杜鹃附生苔藓林中；海拔 2950 m。

分布于腾冲市猴桥镇。15-2-4。

33. 峨眉十大功劳 Mahonia polydonta Fedde

凭证标本：怒江队 1807；高黎贡山考察队 30806。

常绿灌木，高 50～200 cm。生长于常绿阔叶林、竹林下；海拔 2630～3300 m。

分布于泸水市片马镇；保山市芒宽乡；腾冲市猴桥镇。14-3。

*34. 独龙十大功劳 Mahonia taronensis Handel-Mazzetti

凭证标本：独龙江考察队 707；高黎贡山考察队 12320。

常绿灌木，高 100～150 cm。生长于常绿阔叶林、云南松林、竹林；海拔 2200～3000 m。

分布于独龙江（贡山县独龙江乡段）；贡山县茨开镇。15-1。

19a. 鬼臼科 Podophyllaceae

3 属 4 种，*1

1. 红毛七 Caulophyllum robustum Maximowicz

凭证标本：冯国楣 8444；独龙江考察队 5911。

多年生落叶草本，高 80 cm，具根茎，短而有节。生长于松林，山谷混交林；海拔 2300 ～2500 m。

分布于独龙江（贡山县独龙江乡段）；贡山县茨开镇。14-2。

2. 云南八角莲 Dysosma aurantiocaulis（Handel-Mazzetti）Hu-*Podophyllum aurantiocaule* Handel-Mazzetti

凭证标本：冯国楣 8394；独龙江考察队 s. n.。

多年生直立草本，高 30～50 cm，具根茎，褐色、粗壮。生长于沟边竹箐中，杜鹃灌丛；海拔 2800～3400 m。

分布于独龙江（贡山县独龙江乡段）；贡山县茨开镇。14-4。

*3. 川滇八角莲 Dysosma delavayi（Franchet）Hu-*Podophyllum delavayi* Franchet

凭证标本：武素功 6690；高黎贡山考察队 24860。

多年生草本，高 20～50 cm，具根茎，粗壮匍匐。生长于常绿阔叶林下、疏林、落叶阔叶林；海拔 1950～2211 m。

分布于腾冲市猴桥镇、五合乡。15-1。

4. 桃儿七 Sinopodophyllum hexandrum（Royle）T. S. Ying-*Podophyllum hexandrum* Royle

凭证标本：T. T. Yü 19811。

多年生草本，具根茎，粗壮具节。生长于高山草甸；海拔 3700 m。

分布于独龙江（贡山县独龙江乡段）。14-3。

20. 星叶草科 Circaeasteraceae

1 属 1 种

1. 星叶草 Circaeaster agrestis Maximowicz

凭证标本：青藏队 10801。

一年生草本，高 3～10 cm。生长于山坡、冷杉林下；海拔 3200～3600 m。

分布于独龙江（察隅县日东乡段）。14-3。

21. 木通科 Lardizabalaceae

4 属 7 种 1 变种，*2

*1. 白木通 Akebia trifoliata subsp. australis (Diels) T. Shimizu-*Akebia lobata Decaisne* var. *australis* Diels

凭证标本：尹文清 60-1036；高黎贡山考察队 28207。

落叶或半常绿木质藤本。生长于云南松林、耕地旁、沟边；海拔 1550～1590 m。

分布于腾冲市界头镇、曲石镇。15-1。

2. 猫儿屎 Decaisnea insignis (Griffith) J. D. Hooker & Thomson-*Slackia insignis* Griffith

凭证标本：独龙江考察队 801；高黎贡山考察队 33419。

落叶灌木，高约 5 m。生长于常绿阔叶林、松林、阳坡疏林、沟边杂木林、河岸林；海拔 1350～3600 m。

分布于独龙江（贡山县独龙江乡段）；贡山县丙中洛乡、茨开镇；福贡县石月亮乡、鹿马登乡；泸水市片马镇、鲁掌镇；腾冲市明光镇、界头镇。14-3。

3. 五月瓜藤 Holboellia angustifolia Wallich

凭证标本：独龙江考察队 5742，6732。

常绿木质藤本。生长于山坡阔叶林、针阔混交林、河边灌丛；海拔 1320～2450 m。

分布于独龙江（贡山县独龙江乡段）；腾冲市猴桥镇。14-3。

4. 沙坝八月瓜 Holboellia chapaensis Gagnepain

凭证标本：独龙江考察队 6065；冯国楣 8260。

常绿木质藤本。生长于云南松林、山箐溪边栎林、灌丛；海拔 1830～2600 m。

分布于独龙江（贡山县独龙江乡段）；贡山县茨开镇；龙陵县镇安镇。14-4。

5a. 八月瓜 Holboellia latifolia Wallich

凭证标本：李恒、李嵘 900；高黎贡山考察队 30271。

常绿木质藤本。生长于常绿阔叶林、落叶阔叶林、针阔叶混交林；海拔 1310～3000 m。

分布于独龙江（贡山县独龙江乡段）；贡山县丙中洛乡、茨开镇；福贡县石月亮乡、上帕镇；泸水市片马镇、鲁掌镇；腾冲市明光镇、界头镇、猴桥镇、芒棒镇。

14-3。

5b. 纸叶八月瓜 Holboellia latifolia subsp. **chartacea** C. Y. Wu & S. H. Huang ex H. N. Qin

凭证标本：李恒、李嵘 1099；高黎贡山考察队 31795。

常绿木质藤本。生长于落叶阔叶林；海拔 2530～2950 m。

分布于贡山县丙中洛乡、茨开镇；福贡县石月亮乡。14-3。

6. 三叶野木瓜 Stauntonia brunoniana Wallich ex Hemsley

凭证标本：高黎贡山植物组 W15-1。

常绿木质大藤本。生长于混交林；海拔 2830 m。

分布于保山市芒宽乡。14-3。

* 7. 野木瓜 Stauntonia chinensis de Candolle

凭证标本：独龙江考察队 548；高黎贡山考察队 21118。

常绿木质藤本。生长于常绿阔叶林、河岸林、灌丛；海拔 1300～1500 m。

分布于独龙江（贡山县独龙江乡段）。15-1。

23. 防己科 Menispermaceae

6 属 20 种 2 变种，* 5，** 4

1a. 木防己 Cocculus orbiculatus (Linnaeus) Candolle var. orbiculatus-*Menispermum orbiculatum* Linnaeus

凭证标本：高黎贡山考察队 14073，29461。

木质藤本。生长于常绿阔叶林、次生常绿阔叶林、云南松林、村庄、田园杂木林中、石上；海拔 680～1940 m。

分布于福贡县鹿马登乡、上帕镇；泸水市洛本卓乡；保山市芒宽乡、潞江镇；腾冲市界头镇、曲石镇。7。

1b. 毛木防己 Cocculus orbiculatus var. **mollis** (Wallich ex J. D. Hooker & Thomson) H. Hara-*Cocculus mollis* Wallich ex J. D. Hooker & Thomson

凭证标本：南水北调队 8098；高黎贡山考察队 10652。

木质藤本。生长于沟边杂木林中、灌丛、路边；海拔 1000～1800 m。

分布于福贡县匹河乡；泸水市六库镇；保山市芒宽乡。14-3。

2. 铁藤 Cyclea polypetala Dunn

凭证标本：独龙江考察队 3804；高黎贡山考察队 26096。

木质藤本，长达 10 m。生长于常绿阔叶林、河谷林、河滩灌丛；海拔 1310～2410 m。

分布于独龙江（贡山县独龙江乡段）；保山市潞江镇；龙陵县龙江乡。14-4。

* 3. 轮环藤 Cyclea racemosa Oliver

凭证标本：青藏队 7049。

木质藤本。生长于常绿阔叶林。

分布于福贡县上帕镇。15-1。

* 4. 四川轮环藤 Cyclea sutchuenensis Gagnepain

凭证标本：高黎贡山考察队 18360，30954。

草质藤本，老时成木质。生长于常绿阔叶林、次生常绿阔叶林；海拔 1777～2310 m。

分布于泸水市鲁掌镇；保山市芒宽乡；腾冲市芒棒镇、新华乡。15-1。

5. 西南轮环藤 Cyclea wattii Diels

凭证标本：高黎贡山考察队 24831，29498。

木质藤本，长 2～6 m。生长于常绿阔叶林、次生常绿阔叶林、灌丛；海拔 1530～2146 m。

分布于泸水市鲁掌镇；保山市芒宽乡；腾冲市界头镇、五合乡。14-3。

6. 藤枣 Eleutharrhena macrocarpa (Diels) Forman-*Pycnarrhena macrocarpa* Diels

凭证标本：高黎贡山考察队 21144。

木质藤本。生长于常绿阔叶林；海拔 1460 m。

分布于独龙江（贡山县独龙江乡段）。14-3。

7. 细圆藤 Pericampylus glaucus (Lamarck) Merril-*Menispermum glaucum* Lamarck

凭证标本：高黎贡山考察队 20930，30838。

木质藤本，长达 10 m。生长于次生常绿阔叶林；海拔 1160～1510 m。

分布于福贡县上帕镇、架科底乡；保山市芒宽乡；腾冲市清水乡、五合乡。7。

8. 凤龙 Sinomenium acutum (Thunberg) Rehder & E. H. Wilson-*Menispermum acutum* Thunberg

凭证标本：碧江队 351；南水北调队 9118。

木质藤本，长达 20 m。生长于次生常绿阔叶林、灌丛、河谷；海拔 1300～1700 m。

分布于贡山县丙中洛乡、茨开镇；福贡县上帕镇；保山市芒宽乡。14-1。

9. 白线薯 Stephania brachyadra Diels

凭证标本：青藏队 82-9410。

落叶草质藤本。生长于沟边草地；海拔 1700 m。

分布于独龙江（贡山县独龙江乡段）。14-4。

* 10. 金线吊乌龟 Stephania cepharantha Hayata

凭证标本：高黎贡山考察队 23783。

草质藤本，长 1～2 m。生长于次生林；海拔 1250 m。

分布于龙陵县镇安镇。15-1。

** 11. 景东千金藤 Stephania chingtungensis H. S. Lo

凭证标本：高黎贡山考察队 29497，31051。

草质藤本。生长于次生常绿阔叶林；海拔 1650～1820 m。

分布于腾冲市界头镇、芒棒镇。15-2-8。

* 12. 一文钱 Stephania delavayi Diels

凭证标本：独龙江考察队 7075；高黎贡山考察队 25480。

细弱草质藤本。生长于常绿阔叶林、干热河谷植被、灌丛；海拔 980～1560 m。

分布于独龙江（贡山县独龙江乡段）；泸水市洛本卓乡；保山市芒宽乡、潞江镇。15-1。

** 13. 荷包地不容 Stephania dicentrinifera H. S. Lo & M. Yang

凭证标本：独龙江考察队 360；高黎贡山考察队 30626。

落叶草质藤本，长 3 m 以上。生长于常绿阔叶林、河岸林、灌丛；海拔 1250～1777 m。

分布于独龙江（贡山县独龙江乡段）；贡山县茨开镇；福贡县鹿马登乡；保山市芒宽乡；腾冲市曲石镇。15-2-1。

14. 大叶地不容 Stephania dolichopoda Diels

凭证标本：高黎贡山考察队 15097。

草质藤本。生长于林缘、岸边；海拔 900～1100 m。

分布于保山市芒宽乡。14-3。

15. 雅丽千金藤 Stephania elegans J. D. Hooker & Thomson

凭证标本：高黎贡山考察队 29099，30837。

草质藤本。生长于次生常绿阔叶林、江边杂木林、灌丛；海拔 1100～2200 m。

分布于福贡县碧江空洞下怒江途中；腾冲市界头镇、清水乡。14-3。

16. 西藏地不容 Stephania glabra (Roxburgh) Miers-Cissampelos glabra Roxburgh

凭证标本：高黎贡山考察队 12979。

草质藤本。生长于次生常绿阔叶林；海拔 1500 m。

分布于贡山县茨开镇。14-3。

17a. 桐叶千金藤 Stephania japonica var. discolor (Blume) Forman-Clypea discolor Blume

凭证标本：独龙江考察队 4442；高黎贡山考察队 28878。

草质藤本。生长于常绿阔叶林、次生常绿阔叶林、阴坡疏林下、河岸灌丛、石壁上、耕地旁灌丛；海拔 1060～1920 m。

分布于独龙江（贡山县独龙江乡段）；福贡县马吉乡、石月亮乡、鹿马登乡、上帕镇、架科底乡、子里甲乡；泸水市洛本卓乡；保山市芒宽乡；腾冲市蒲川乡；龙陵。5。

17b. 光叶千金藤 Stephania japonica var. timoriensis (Candolle) Forman-Cocculus japonicus Candolle var. timoriensis Candolle

凭证标本：高黎贡山考察队 9705，30977。

草质藤本。生长于次生常绿阔叶林；海拔 1380～1610 m。

分布于福贡县石月亮乡、上帕镇；腾冲市芒棒镇。5。

^{**} 18. 长柄地不容 Stephania longipes H. S. Lo

凭证标本：林芹、邓向福 79-0905；青藏队 82-9410。

草质落叶藤本。生长于沟边密林下、山坡灌丛中、江边草坡；海拔 1300～2400 m。

分布于独龙江（贡山县独龙江乡段）；贡山县茨开镇；福贡县上帕镇；腾冲市曲石镇；龙陵县碧寨乡。15-2-5。

^{**} 19. 大花千金藤 Stephania macrantha Lo & M. Yang

凭证标本：尹文清 16564。

草质藤本，具块茎，巨大。生长于落叶阔叶林；海拔 1550 m。

分布于贡山县茨开镇。15-2-1。

[*] 20. 西南千金藤 Stephania subpeltata H. S. Lo

凭证标本：高黎贡山考察队 23374。

草质藤本。生长于次生常绿阔叶林；海拔 1600 m。

分布于泸水市片马镇。15-1。

24. 马兜铃科 Aristolochiaceae

2 属 10 种，[*]1，^{**}1，^{***}1

^{***} 1. 大囊马兜铃 Aristolochia forrestiana J. S. Ma

凭证标本：高黎贡山考察队 29513。

攀缘灌木。生长于次生常绿阔叶林；海拔 1600 m。

分布于腾冲市界头镇。15-2-6。

2. 西藏马兜铃 Aristolochia griffithii J. D. Hooker & Thomson ex Duchartre

凭证标本：独龙江考察队 6495；高黎贡山考察队 20509。

攀缘灌木。生长于常绿阔叶林，混交林；海拔 2300～2700 m。

分布于独龙江（贡山县独龙江乡段）；贡山县丙中洛乡、茨开镇；福贡县鹿马登乡。14-3。

3. 异叶马兜铃 Aristolochia kaempferi Willdenow

凭证标本：碧江队 0002；高黎贡山植被组 W8-3。

攀缘灌木或草本。生长于山坡路边杂木林中、疏林、灌丛；海拔 1700～2000 m。

分布于福贡县上帕镇；保山市芒宽乡；腾冲市明光镇。14-2。

[*] 4. 昆明马兜铃 Aristolochia kunmingensis C. Y. Cheng & J. S. Ma

凭证标本：青藏队 7410。

攀缘灌木。生长于山坡路边灌丛中；海拔 2000 m。

分布于贡山县丙中洛乡。15-1。

^{**} 5. 偏花马兜铃 Aristolochia obliqua S. M. Hwang

凭证标本：怒江队 79-0054；青藏队 9657。

攀缘灌木，近草质。生长于山坡常绿阔叶林中、铁杉林；海拔 1700～2400 m。

分布于独龙江（贡山县独龙江乡段）；福贡县上帕镇。15-2-3a。

6. 管兰香 Aristolochia saccata Wallich

凭证标本：冯国楣 24017；高黎贡山考察队 9512。

攀缘灌木。生长于常绿阔叶林、林地路旁；海拔 1200～2600 m。

分布于独龙江（贡山县独龙江乡段）；贡山县茨开镇。14-3。

7. 耳叶马兜铃 Aristolochia tagala Chamisso

凭证标本：杨竟生 7755。

缠绕草本。生长于灌丛；海拔 910 m。

分布于泸水市六库镇。7。

8. 粉花马兜铃 Aristolochia transsecta (Chatterjee) C. Y. Wu ex S. M. Hwang-*Isotrema transsectum* Chatterjee

凭证标本：Forrest 21074；南水北调队 9267。

攀缘灌木。生长于河谷灌丛；海拔 680～2100 m。

分布于福贡县；腾冲市。14-4。

9. 印缅马兜铃 Aristolochia wardiana J. S. Ma

凭证标本：高黎贡山考察队 14371，14898。

攀缘灌木。生长于常绿阔叶林，次生常绿阔叶林；海拔 1560～2160 m。

分布于贡山县丙中洛乡、茨开镇。14-4。

10. 苕叶细辛 Asarum himalaicum J. D. Hooker & Thomson ex Klotzsch

凭证标本：高黎贡山考察队 10038。

多年生草本。生长于混交林；海拔 2920 m。

分布于泸水市片马镇。14-3。

28. 胡椒科 Piperaceae

2 属 17 种 2 变种，[**]6，[+]2

1. 石蝉草 Peperomia blanda (Jacquin) Kunth-*Piper blandum* Jacquin

凭证标本：施晓春 486；高黎贡山考察队 29815。

多年生草本，茎高 10～50 cm。生长于次生常绿阔叶林、灌丛、草地、江边石上；海拔 1130～1630 m。

分布于福贡县匹河乡；泸水市洛本卓乡；保山市芒宽乡；腾冲市和顺镇。2。

2. 蒙自草胡椒 Peperomia heyneana Miquel

凭证标本：高黎贡山考察队 13532，28981。

多年生草本，茎高 5～15 cm。生长于常绿阔叶林、次生常绿阔叶林、灌丛、河边石面上、树干上；海拔 1290～2500 m。

分布于贡山县丙中洛乡；福贡县马吉乡、上帕镇；保山市芒宽乡、潞江镇；龙陵县。14-3。

3. 豆瓣绿 Peperomia tetraphylla (G. Forster) Hooker & Arnott-*Piper tetraphyllum* G. Forster

凭证标本：独龙江考察队 1275；高黎贡山考察队 33477。

多年生草本，茎高 10～30 cm。生长于附生于常绿阔叶林、疏林、灌丛中的树上、石上、石崖上；海拔 1080～2400 m。

分布于独龙江（贡山县独龙江乡段）；贡山县茨开镇、丙中洛乡；福贡县上帕镇、子里甲乡；泸水市片马镇、鲁掌镇；保山市芒宽乡、潞江镇；腾冲市界头镇、曲石镇、芒棒镇、五合乡；龙陵县龙江乡、镇安镇。2。

⁺4. 蒌叶 Piper betle Linnaeus

凭证标本：李恒、李嵘 861。

攀缘藤本。生长于次生常绿阔叶林；海拔 1500 m。

分布于独龙江（贡山县独龙江乡段）。16。

5a. 苎叶蒟 Piper boehmeriifolium (Miquel) Wallich ex C. de Candolle-*Piper boehmeriifolium* Miquel

凭证标本：独龙江考察队 490；高黎贡山考察队 21884。

直立亚灌木，高 1～5 m。生长于常绿阔叶林、河谷灌丛、水沟边；海拔 1240～1800 m。

分布于独龙江（贡山县独龙江乡段）。14-3。

** 5b. 光茎胡椒 Piper boehmeriifolium var. **glabricaule** (C. de Candolle) M. G. Gilbert & N. H. Xia-*Piper glabricaule* C. de Candolle

凭证标本：怒江队 450；林芹、邓向福 79-0733。

直立亚灌木，高 1～5 m。生长于密林下、山沟石缝中；海拔 1200～2300 m。

分布于独龙江（贡山县独龙江乡段）；福贡县高黎贡山；泸水市片马镇；龙陵县碧寨乡。15-2-7。

6. 荜拔 Piper longum Linnaeus

凭证标本：独龙江考察队 127。

攀缘藤本，长达数米。生长于怒江河滩；海拔 710 m。

分布于泸水市六库镇。14-3。

** 7. 粗梗胡椒 Piper macropodum C. de Candolle

凭证标本：施晓春 452；高黎贡山考察队 29666。

攀缘藤本。生长于次生常绿阔叶林；海拔 1500～1850 m。

分布于保山市芒宽乡；腾冲市新华乡。15-2。

8. 短蒟 Piper mullesua Buchanan-Hamilton ex D. Don

凭证标本：独龙江考察队 1344；高黎贡山考察队 31085。

木质攀缘植物。生长于常绿阔叶林、次生常绿阔叶林、秃杉林、秃杉＋杉木林（人造）、河边灌丛；附生于树上或石上；海拔 1231～2400 m。

分布于独龙江（贡山县独龙江乡段）；贡山县丙中洛乡、茨开镇；福贡县马吉乡、石月亮乡、鹿马登乡、上帕镇、架科底乡、匹河乡；保山市芒宽乡、潞江镇；腾冲市界头镇、曲石镇、中和镇、腾越镇、芒棒镇、五合乡、新华乡；龙陵县龙江乡、镇安镇、龙山镇。14-3。

+9. 胡椒 Piper nigrum Linnaeus

凭证标本：高黎贡山考察队 17233。

木质藤本。生长于残留常绿阔叶林；海拔 650 m。

分布于保山市怒江坝。16。

** 10. 裸果胡椒 Piper nudibaccatum Y. C. Tseng

凭证标本：高黎贡山考察队 13265，30880。

攀缘植物。生长于常绿阔叶林、次生常绿阔叶林；附生于乔木上；海拔 1200～2150 m。

分布于独龙江（贡山县独龙江乡段）；泸水市；保山市潞江镇；腾冲市界头镇、和顺镇、荷花镇；龙陵县镇安镇。15-2-7。

11. 角果胡椒 Piper pedicellatum C. de Candolle

凭证标本：高黎贡山考察队 13398，25389。

攀缘植物。生长于常绿阔叶林、次生常绿阔叶林；海拔 1500～1777 m。

分布于保山市芒宽乡；腾冲市五合乡、新华乡。14-3。

12. 肉穗胡椒 Piper ponesheense C. de Candolle

凭证标本：高黎贡山考察队 19620，31088。

攀缘植物。生长于常绿阔叶林；海拔 1470～2453 m。

分布于福贡县鹿马登乡；腾冲市曲石镇、芒棒镇、五合乡、新华乡。14-4。

** 13. 毛叶胡椒 Piper puberulilimbum C. de Candolle

凭证标本：冯国楣 24395。

攀缘植物。生长于江边阔叶林树上；海拔 1300 m。

分布于独龙江（贡山县独龙江乡段）。15-2-7。

14. 滇西胡椒 Piper suipigua Buchanan-Hamilton ex D. Don

凭证标本：青藏队 82-9191；杨竞生 6648。

攀缘植物。生长于山坡常绿阔叶林；海拔 1300～1400 m。

分布于独龙江（贡山县独龙江乡段）；贡山二区高拉博。14-3。

15a. 球穗胡椒 Piper thomsonii (C. de Candolle) J. D. Hooker-*Piper bavinum* C. de Candolle

凭证标本：李恒、刀志灵、李嵘 677；高黎贡山考察队 32335。

草质藤本，长 1～2 m。生长于常绿阔叶林；海拔 1068～1900 m。

分布于独龙江（贡山县独龙江乡段）。14-4。

15b. 小叶球穗胡椒 Piper thomsonii var. microphyllum Y. C. Tseng

凭证标本：高黎贡山考察队 32709。

草质藤本，长 1～2 m。生长于常绿阔叶林；海拔 1486 m。

分布于独龙江（贡山县独龙江乡段）。15-2-1。

16. 石楠藤 Piper wallichii（Miquel）Handel-Mazzetti-*Chavica wallichii* Miquel

凭证标本：独龙江考察队 1984；高黎贡山考察队 33075。

攀缘植物。附生于常绿阔叶林古树上、落叶阔叶林、林中岩石上；海拔 900～2300 m。

分布于独龙江（贡山县独龙江乡段）；贡山县丙中洛乡、茨开镇；福贡县石月亮乡、鹿马登乡、上帕镇、架科底乡、子里甲乡；泸水市片马镇。14-3。

17. 蒟子 Piper yunnanense Y. C. Tseng

凭证标本：冯国楣 24249；高黎贡山考察队 15099。

直立亚灌木，高 1～3 m。生长于江边阔叶林；海拔 1250～1750 m。

分布于独龙江（贡山县独龙江乡段）。15-2-2。

29. 三白草科 Saururaceae

1 属 1 种

1. 鱼腥草 Houttuynia cordata Thunberg

凭证标本：独龙江考察队 118；高黎贡山考察队 30946。

多年生草本，茎高 5～60 cm，具根茎，匍匐。生长于林下湿地、林荫溪旁、怒江河滩水中、水沟边、田埂、路旁、河岸边原生林；海拔 686～2200 m。

分布于独龙江（贡山县独龙江乡段）；贡山县丙中洛乡、捧打乡、茨开镇；福贡县石月亮乡、上帕镇、匹河乡；泸水市片马镇；保山市芒宽乡、潞江镇；腾冲市界头镇、猴桥镇、芒棒镇、五合乡、团田乡；龙陵县镇安镇。14-1。

30. 金粟兰科 Chloranthaceae

2 属 2 种

1. 金粟兰 Chloranthus spicatus（Thunberg）Makino-*Nigrina spicata* Thunberg

凭证标本：高黎贡山考察队 10624，29593。

直立亚灌木，高 30～60 cm。生长于常绿阔叶林、次生常绿阔叶林；海拔 1540～1930 m。

分布于保山市芒宽乡；腾冲市五合乡、新华乡。14-2。

2. 海南草珊瑚 Sarcandra glabra subsp. brachystachys（Blume）Verdcourt-*Chloranthus brachystachys* Blume

凭证标本：陈介 648；尹文清 60-1491。

常绿亚灌木，高 50～150 cm。生长于山坡密林、路旁；海拔 1200～1600 m。

分布于腾冲市五合乡；龙陵县龙山镇。14-4。

32. 罂粟科 Papaveraceae

1 属 7 种，[*]3，^{***}1

1. 藿香叶绿绒蒿 Meconopsis betonicifolia Franchet

凭证标本：T. T. Yü 20972。

二年生草本，茎高 30～150 cm，具根茎，膨大。生长于混交林下；海拔 2600 m。

分布于独龙江（贡山县独龙江乡段）。14-4。

[*]**2. 椭果绿绒蒿 Meconopsis chelidoniifolia** Bureau & Franchet

凭证标本：林芹、邓向福 79-0528，79-1058。

多年生草本，高 50～150 cm，具根茎。生长于高山草甸；海拔 3500～3880 m。

分布于独龙江（贡山县独龙江乡段）。15-1。

3. 滇西绿绒蒿 Meconopsis impedita Prain

凭证标本：T. T. Yü 19733；青藏队 10690。

多年生草本，高 25～40 cm。生长于山坡流石滩、岩屑堆、山箐边；海拔 3600～4300 m。

分布于独龙江（察隅县日东乡段，贡山县独龙江乡段）。14-4。

[*]**4. 总状绿绒蒿 Meconopsis racemosa** Maximowicz

凭证标本：碧江队 1135；青藏队 10481。

多年生草本，高 20～50 cm。生长于山坡云杉林缘碎石边；箭竹-杜鹃灌丛；海拔 3600～3640 m。

分布于独龙江（察隅县日东乡段）；福贡县高黎贡山中缅国界交界山脊。15-1。

^{***}**5. 贡山绿绒蒿 Meconopsis smithiana**（Handel-Mazzetti）G. Taylor ex Handel-Mazzetti-*Cathcartia smithiana* Handel-Mazzetti

凭证标本：高黎贡山考察队 15006，34386。

多年生草本，高 30～90 cm，具根茎，短而膨大。生长于冷杉-红杉林、针叶林、箭竹-杜鹃灌丛、箭竹丛边缘、沼泽灌丛、垭口水沟边草地；海拔 3200～3700 m。

分布于独龙江（贡山县独龙江乡段）；贡山县茨开镇。15-2-6。

[*]**6. 美丽绿绒蒿 Meconopsis speciosa** Prain

凭证标本：冯国楣 7882。

多年生草本，高 15～60 cm。生长于高山草甸；海拔 3700～3800 m。

分布于贡山县丙中洛乡。15-1。

7. 少裂尼泊尔绿绒蒿 Meconopsis wilsonii subsp. **australis** Grey-Wilson

凭证标本：武素功 7349；李嵘 1181。

多年生草本，高 70～150 cm。生长于山坡针阔叶混交林、草地；海拔 2900～3600 m。

分布于福贡县高黎贡山东坡；泸水市片马镇。14-4。

33. 紫堇科 Fumariaceae

3 属 32 种 2 变种，*9，** 2，*** 11

*** **1. 对叶紫堇 Corydalis enantiophylla** Lidén

凭证标本：Kindon Ward 3356；高黎贡山考察队 27160。

多年生草本，高 15～35 cm，具根茎。生长于冷杉-箭竹-杜鹃林；海拔 3120 m。

分布于福贡县鹿马登乡；缅甸克钦邦浪潮地区。15-2-6。

*** **2. 攀缘黄堇 Corydalis ampelos** Lidén & Z. Y. Su

凭证标本：高黎贡山考察队 25645，25936。

多年生攀缘植物，长 2～4 m。生长于常绿阔叶林、冷杉-箭竹林；海拔 3000～3450 m。

分布于泸水市洛本卓乡。15-2-6。

* **3. 耳柄紫堇 Corydalis auriculata** Lidén & Z. Y. Su

凭证标本：高黎贡山考察队 20207，26428。

多年生草本，高 35 cm 以上。生长于落叶阔叶林、箭竹-杜鹃灌丛；海拔 2884～3640 m。

分布于福贡县鹿马登乡。15-1。

*** **4. 龙骨籽紫堇 Corydalis carinata** Lidén & Z. Y. Su

凭证标本：高黎贡山考察队 23671，26039。

多年生草本或短命草本，高 10～40 cm。生长于常绿阔叶林；海拔 1830～1920 m。

分布于保山市潞江镇；龙陵县镇安镇。15-2-6。

5. 南黄堇 Corydalis davidii Franchet

凭证标本：施晓春 786；高黎贡山考察队 26060。

多年生草本，高 20～100 cm。生长于常绿阔叶林路边；海拔 2200～2500 m。

分布于腾冲市曲石镇、芒棒镇。14-4。

* **6. 飞燕黄堇 Corydalis delphinioides** Fedde

凭证标本：怒江队 79-0115；青藏队 8514。

多年生草本，高 30～120 cm。生长于山坡草丛或石间、灌丛草地；海拔 3000～3600 m。

分布于贡山县茨开镇。15-1。

* **7. 密穗黄堇 Corydalis densispica** C. Y. Wu

凭证标本：青藏队 82-10818。

多年生草本，高 15～65 cm。生长于山坡栎林下；海拔 3700 m。

分布于独龙江（察隅县日东乡段）。15-1。

*** **8. 独龙江紫堇 Corydalis dulongjiangensis** H. Chuang

凭证标本：高黎贡山考察队 14958，30297。

多年生草本，高 20～50 cm。生长于常绿阔叶林、次生常绿阔叶林；海拔 1530～1930 m。

分布于独龙江（贡山县独龙江乡段）；贡山县丙中洛乡、茨开镇；腾冲市界头镇；龙陵县镇安镇。15-2-6。

9. 裂瓣黄堇 Corydalis flaccida J. D. Hooker & Thomson

凭证标本：T. T. Yü 22530；冯国楣 8425。

多年生草本，高 50～130 cm。生长于草坡、石边；海拔 3200～3400 m。

分布于贡山县茨开镇。14-3。

10. 纤细黄堇 Corydalis gracillima C. Y. Wu ex Govaents

凭证标本：冯国楣 7854；高黎贡山考察队 33894。

一年生或二年生草本，高 10～60 cm。生长于落叶阔叶林、云杉-铁杉林、箭竹-杜鹃沼泽灌丛、多石草坡、石缝中；海拔 3000～3800 m。

分布于独龙江（察隅县日东乡段，贡山县独龙江乡段）；贡山县茨开镇。14-4。

*** 11. 俅江紫堇 Corydalis kiukiangensis C. Y. Wu

凭证标本：独龙江考察队 5424；高黎贡山考察队 21802。

多年生草本，高 20～60 cm。生长于次生林、山坡灌丛、河岸草地、路边草地、火烧地边；海拔 1620～2900 m。

分布于独龙江（贡山县独龙江乡段）。15-2-6。

* 12. 宽裂黄堇 Corydalis latiloba（Franchet）Handel-Mazzetti-*Corydalis albicaulis* Franchet var. *latiloba* Franchet

凭证标本：冯国楣 7489；高黎贡山考察队 17117。

多年生草本，高 10～30 cm。生长于大理石崖上；海拔 2000～2460 m。

分布于贡山县丙中洛乡。15-1。

13. 细果紫堇 Corydalis leptocarpa J. D. Hooker & Thomson

凭证标本：高黎贡山考察队 13898，33340。

多年生草本，高 15～50 cm。生长于常绿阔叶林、人工云南松林、杂木林、山坡灌丛、溪旁、河岸石屑上、河边、河滩、草坡、草地、菜地边、林间荒地；海拔 1175～2230 m。

分布于独龙江（贡山县独龙江乡段）；贡山县茨开镇；福贡县鹿马登乡、上帕镇、匹河乡；泸水市片马镇、洛本卓乡；保山市芒宽乡、潞江镇；腾冲市曲石镇。14-3。

14. 马牙黄堇 Corydalis mayae Handel-Mazzetti

凭证标本：高黎贡山考察队 31402。

多年生草本，15～40 cm。生长于高山沼泽；海拔 3880 m。

分布于贡山县丙中洛乡。14-4。

* 15. 暗绿紫堇 Corydalis melanochlora Maximowicz

凭证标本：Forest 19330；高黎贡山考察队 31652。

多年生草本。生长于石质沼泽、高山坡；海拔 4570 m。

分布于独龙江；贡山县丙中洛乡。15-1。

*** 16. 小籽紫堇 Corydalis microsperma Lidén

凭证标本：高黎贡山考察队 22772，24094。

多年生草本，高 15～50 cm。生长于常绿阔叶林；丛生常绿阔叶林；海拔 1820～2200 m。

分布于泸水市片马镇。15-2-6。

17. 蛇果黄堇 Corydalis ophiocarpa J. D. Hooker & Thomson

凭证标本：独龙江考察队 5946；高黎贡山考察队 13895。

一年生或二年生草本，高 40～100 cm。生长于常绿阔叶林、灌丛；海拔 1990～2000 m。

分布于独龙江（贡山县独龙江乡段）；贡山县茨开镇。14-1。

[＊]**18. 岩生紫堇 Corydalis petrophila** Franchet

凭证标本：独龙江考察队 2223；高黎贡山考察队 14413。

多年生草本，高 10～45 cm。生长于次生常绿阔叶林、河边石岩上；海拔 1560～2300 m。

分布于独龙江（贡山县独龙江乡段）；贡山县丙中洛乡。15-1。

[＊]**19. 多叶紫堇 Corydalis polyphylla** Handel-Mazzetti

凭证标本：高黎贡山考察队 31300，32777。

多年生草本，高 6～20 cm。生长于杜鹃灌丛沼泽、高山沼泽；海拔 3700～4003 m。

分布于贡山县丙中洛乡。15-1。

^{＊＊＊}**20. 紫花紫堇 Corydalis porphyrantha** C. Y. Wu

凭证标本：T. T. Yü 19715。

多年生草本，高 30～45 cm。生长于山坡草地；海拔 3500 m。

分布于独龙江（贡山县独龙江乡段）。15-2-6。

[＊]**21. 波密紫堇 Corydalis pseudoadoxa**（C. Y. Wu & H. Chuang）C. Y. Wu & H. Chuang-*Corydalis balfouriana Diels* var. *pseudoadoxa* C. Y. Wu & H. Chuang

凭证标本：冯国楣 7819；高黎贡山考察队 31657。

多年生草本，高 8～15 cm。生长于高山坡；海拔 3500～4570 m。

分布于贡山县丙中洛乡。15-1。

^{＊＊＊}**22a. 翅瓣黄堇 Corydalis pterygopetala** Handel-Mazzetti

凭证标本：T. T. Yü 19723；独龙江考察队 5863。

多年生草本，高 30～120 cm。生长于阔叶林中、草坡上、沟边；海拔 1900～3700 m。

分布于独龙江（贡山县独龙江乡段）；贡山县丙中洛乡；福贡县沙拉河谷；保山市潞江镇。15-2-6。

^{＊＊}**22b. 无冠翅瓣黄堇 Corydalis pterygopetala** var. **ecristata** H. Chuang

凭证标本：南水北调队 6756；武素功 7204。

多年生草本，高 30～120 cm。生长于山坡常绿阔叶林、沟边；海拔 2200～2900 m。

分布于腾冲市猴桥镇。15-2-5。

^{＊＊＊}**22c. 小花翅瓣黄堇 Corydalis pterygopetala** var. **parviflora** Liden

凭证标本：高黎贡山考察队 26709，32828。

多年生草本，高 30～120 cm。生长于次生常绿阔叶林、冷杉-箭竹林、高山石坡、湖滨多石沼泽；海拔 2300～3561 m。

分布于贡山县丙中洛乡、茨开镇；福贡县石月亮乡；泸水市洛本卓乡。15-2-6。

** 23. 金钩如意草 Corydalis taliensis Franchet

凭证标本：青藏队 82-7089，82-9259。

多年生草本，高 20～90 cm。生长于山坡常绿阔叶林；海拔 1400～2300 m。

分布于独龙江（贡山县独龙江乡段）；福贡县上帕镇。15-2-3a。

24. 三裂紫堇 Corydalis trifoliata Franchet

凭证标本：高黎贡山考察队 26591，32191。

多年生草本，高 12～30 cm。生长于常绿阔叶林、山坡路边灌木丛中、阔叶林边、草丛中；海拔 1700～3450 m。

分布于贡山县丙中洛乡；福贡县上帕镇；泸水市片马镇；腾冲市曲石镇。14-4。

* 25. 滇黄堇 Corydalis yunnanensis Franchet

凭证标本：高黎贡山考察队 14839，31641。

多年生草本，高 40～150 cm。生长于原始常绿阔叶林、落叶阔叶林、针阔叶混交林、冷杉林、冷杉-箭竹林、山坡灌丛、箭竹-杜鹃沼泽灌丛、高山沼泽；海拔 2146～3927 m。

分布于独龙江（贡山县独龙江乡段）；贡山县丙中洛乡、茨开镇；福贡县鹿马登乡、匹河乡；泸水市片马镇；腾冲市明光镇、界头镇、芒棒镇、五合乡。15-1。

*** 26. 滇西（丹珠）紫金龙 Dactylicapnos gaoligongshanensis Liden

凭证标本：高黎贡山考察队 11968，33957。

草质藤本，茎长 2～4 m。生长于常绿阔叶林；海拔 1910～2400 m。

分布于贡山县茨开镇；15-2-6。

*** 27. 平滑籽紫金龙 Dactylicapnos leiosperma Liden

凭证标本：高黎贡山考察队 33541。

夏生一年生草质藤本，长约 2 m。生长于河谷灌丛；海拔 1540 m。

分布于贡山县丙中洛乡。15-2-6。

28. 丽江紫金龙 Dactylicapnos lichiangensis (Fedde) Handel-Mazzetti-*Dicentra lichiangensis* Fedde

凭证标本：青藏队 10883；独龙江考察队 1658。

夏生一年生草质藤本，长 50～400 cm。生长于河边灌丛；海拔 2300～2400 m。

分布于独龙江嘎莫赖河。14-3。

29. 宽果紫金龙 Dactylicapnos roylei (J. D. Hooker & Thomson) Hutchinson-*Dicentra roylei* J. D. Hooker & Thomson

凭证标本：碧江队 1268；李恒、李嵘 1003。

夏生一年生草质藤本，长 2～5 m。生长于原始常绿阔叶林；海拔 1800～2410 m。

分布于贡山县茨开镇；福贡县空洞后山-古堡峰途中。14-3。

30. 紫金龙 Dactylicapnos scandens（D. Don）Hutchinson-*Diclytra scandens* D. Don

凭证标本：高黎贡山考察队 15322，17300。

多年生草质藤本，长 1～5 m。生长于常绿阔叶林、山溪路边；海拔 2011～2400 m。

分布于贡山县茨开镇；保山市潞江镇；腾冲市界头镇；龙陵县龙江乡。14-3。

31. 扭果紫金龙 Dactylicapnos torulosa（J. D. Hooker & Thomson）Hutchinson-*Dicentra torulosa* J. D. Hooker & Thomson

凭证标本：武素功 7225；高黎贡山考察队 15709。

夏生一年生草质藤本，长 2～5 m。生长于常绿阔叶林、山坡疏林中、沟边灌丛中、石岩上、山溪路边；海拔 1750～3300 m。

分布于独龙江（贡山县独龙江乡段）；贡山县丙中洛乡；福贡县上帕镇；保山市潞江镇；腾冲市明光镇、曲石镇、猴桥镇。14-3。

32. 荷包牡丹 Lamprocapnos spectabilis（Linnaeus）Fukuhara-*Fumaria spectabilis* Linnaeus

凭证标本：独龙江考察队 4916。

多年生直立草本，茎高 50～90 cm。生长于常绿阔叶林下；海拔 2200 m。

分布于独龙江（贡山县独龙江乡段）。14-2。

36. 山柑科 Capparidaceae

2 属 5 种，+1

1. 野香橼花 Capparis bodinieri H. Léveillé

凭证标本：和志刚 79-0136；南水北调队 8005。

常绿灌木或小乔木，高 120～800 cm。生长于清香木林、阔叶林；海拔 1000～1800 m。

分布于福贡县；泸水市上江乡；腾冲市腾越镇。14-3。

2. 广州山柑 Capparis cantoniensis Loureiro

凭证标本：怒江队 220。

攀缘灌木，高 2～5 m。生长于江边灌丛；海拔 1100 m。

分布于福贡县。7。

3. 雷公桔 Capparis membranifolia Kurz

凭证标本：施晓春 467。

藤本，灌木，或小乔木，高 3～10 m。生长于灌丛；海拔 1000 m。

分布于保山市芒宽乡。14-3。

4. 小绿刺 Capparis urophylla F. Chun

凭证标本：高黎贡山考察队 13941。

乔木或灌木，高 130～700 cm。生长于次生常绿阔叶林；海拔 1300 m。

分布于保山市芒宽乡。14-4。

+5. 树头菜 Crateva unilocularis Buchanan-Hamilton

凭证标本：刘伟心 199；南水北调 8104。

乔木，高 5～30 m。生长于山坡、沟边潮湿、村中；海拔 1250～1300 m。

分布于泸水市上江乡。16。

39. 十字花科 Cruciferae

13 属 33 种，* 5，** 2，*** 2，+ 4

1. 鼠耳芥 Arabidopsis thaliana（Linnaeus）Heynhold-*Arabis thaliana* Linnaeus

凭证标本：独龙江考察队 5636；高黎贡山考察队 14274。

一年生草本，株高 2～50 cm。生长于麦地杂草、洋芋地杂草丛中；海拔 1780～2000 m。

分布于独龙江（贡山县独龙江乡段）；贡山县捧打乡。8。

2. 圆锥南芥 Arabis paniculata Franchet

凭证标本：高黎贡山考察队 12827，30345。

二年生草本，高 20～75 cm。生长于常绿阔叶林、枸子-蔷薇灌丛；海拔 1510～3400 m。

分布于贡山县丙中洛乡、茨开镇；泸水市片马镇；腾冲市明光镇、界头镇、马站乡。14-3。

+3. 苦菜 Brassica juncea（Linnaeus）Czernajew-*Sinapis juncea* Linnaeus

凭证标本：独龙江考察队 3291；高黎贡山考察队 16849。

一年生草本，高 30～100 cm。稀树灌丛-草坡、箭竹灌丛栽培；海拔 1600～3300 m。

分布于独龙江（贡山县独龙江乡段）；贡山县茨开镇；泸水市片马镇。16。

+4. 白菜 Brassica rapa var. **glabra** Regel

凭证标本：独龙江考察队 4097，5643。

一年生或二年生草本。菜地栽培；海拔 1320～1820 m。

分布于独龙江（贡山县独龙江乡段）。16。

5. 红花肉叶荠 Braya rosea（Turczaninow）Bunge-*Platypetalum roseum* Turczaninow

凭证标本：怒江队 1557。

多年生草本，高 1～16 cm。生长于高山草甸；海拔 3450～4100 m。

分布于贡山县丙中洛乡。13。

6. 荠 Capsella bursa-pastoris（Linnaeus）Medikus-*Thlaspi bursa-pastoris* Linnaeus

凭证标本：独龙江考察队 5649；高黎贡山考察队 23291。

一年生或二年生草本，高 2～70 cm。生长于路边、田野、荒地；海拔 1000～2000 m。

分布于独龙江；贡山县。1。

**** 7. 岩生碎米荠 Cardamine calcicola** W. W. Smith

凭证标本：武素功 6704；高黎贡山考察队 30158。

多年生草本，高 10～35 cm。生长于常绿阔叶林、水沟边；海拔 1850～2000 m。

分布于福贡县上帕镇；腾冲市界头镇、猴桥镇。15-2-3a。

8. 露珠碎米荠 Cardamine circaeoides J. D. Hooker & Thomson

凭证标本：独龙江考察队 1204；高黎贡山考察队 32320。

多年生草本，高 5～45 cm。生长于常绿阔叶林、次生常绿阔叶林、人工秃杉林、次生落叶阔叶林、跌水岩下、河滩、流水沟边石上；海拔 1330～2453 m。

分布于独龙江（贡山县独龙江乡段）；福贡县鹿马登乡、匹河乡；泸水市片马镇；腾冲市明光镇、界头镇、芒棒镇。14-3。

9. 洱源碎米荠 Cardamine delavayi Franchet

凭证标本：高黎贡山考察队 14603，24344。

多年生草本，高 15～45 cm。生长于常绿阔叶林、溪旁、沼泽湿地；海拔 1587～1886 m。

分布于贡山县茨开镇；福贡县鹿马登乡；泸水市片马镇。14-3。

10. 弯曲碎米荠 Cardamine flexuosa Withering

凭证标本：独龙江考察队 1136；高黎贡山考察队 34189。

一年生或二年生直立草本，高 6～50 cm。生长于常绿阔叶林、竹林沟边、灌丛草地、河岸林间、瀑布跌水下河滩、小河滩、流水沟边、溪涧流水处、河谷水边、沼泽、田间、水田边、菜地杂草；海拔 686～3200 m。

分布于独龙江（贡山县独龙江乡段）；贡山县捧打乡、茨开镇；福贡县上帕镇、马吉乡；泸水市片马镇、洛本卓乡、鲁掌镇；保山市芒宽乡、潞江镇。10。

11. 莓叶碎米荠 Cardamine fragariifolia O. E. Schulz

凭证标本：武素功 8071；高黎贡山考察队 26535。

多年生直立草本，高 35～130 cm。生长于常绿阔叶林；海拔 2830 m。

分布于福贡县石月亮乡；泸水市片马镇。14-3。

** 12. 颗粒碎米荠 Cardamine granulifera (Franchet) Diels-*Cardamine tenuifolia* (Ledebour) Turczaninow var. *granulifera* Franchet

凭证标本：高黎贡山考察队 30314，32791。

多年生直立草本，高 6～30 cm。生长于石坡高山沼泽；海拔 3880～4570 m。

分布于贡山县丙中洛乡、茨开镇。15-2-3a。

13. 山芥碎米荠 Cardamine griffithii J. D. Hooker & Thomson

凭证标本：独龙江考察队 15001；高黎贡山考察队 34375。

多年生草本，高 20～115 cm。生长于常绿阔叶林、铁杉林、云杉-铁杉林、冷杉-红杉林、山坡竹林针阔叶混交林、水沟边针阔叶林、冷杉-箭竹林、箭竹-杜鹃沼泽灌丛、沼泽；海拔 1790～3750 m。

分布于独龙江（贡山县独龙江乡段）；贡山县丙中洛乡、茨开镇；福贡县石月亮乡、鹿马登乡、匹河乡；泸水市片马镇、洛本卓乡、鲁掌镇；腾冲市曲石镇、猴桥镇。

14-3。

*14. 德钦碎米荠 Cardamine hydrocotyloides W. T. Wang

凭证标本：高黎贡山考察队 29331，30301。

多年生草本，高 10～26 cm。生长于常绿阔叶林、溪旁；海拔 1930～2120 m。

分布于腾冲市明光镇、界头镇。15-1。

15. 弹裂碎米荠 Cardamine impatiens Linnaeus

凭证标本：独龙江考察队 1199；高黎贡山考察队 30333。

多年生或一年生草本，高 12～90 cm。生长于常绿阔叶林、松林、山坡灌丛、流水坡、河谷水边、江边滩地、高山沼泽、玉米地、麦地、洋芋地、火烧地；海拔 1300～3700 m。

分布于独龙江（贡山县独龙江乡段）；贡山县丙中洛乡、茨开镇；福贡县鹿马登乡；腾冲市界头镇。10。

16. 大叶碎米荠 Cardamine macrophylla Willdenow

凭证标本：独龙江考察队 455；高黎贡山考察队 34389。

多年生草本，高 20～115 cm。生长于常绿阔叶林、云杉林下、冷杉-红杉林、冷杉林、冷杉-箭竹林、混交林谷地、箭竹沼泽灌丛、箭竹-杜鹃沼泽灌丛、岩坡上、沟边草坡、沟边石缝中、河边、河谷石滩、山间路边、高山沼泽；海拔 1350～3927 m。

分布于独龙江（察隅县日东乡段，贡山县独龙江乡段）；贡山县茨开镇、丙中洛乡；福贡县上帕镇、石月亮乡；泸水市鲁掌镇；腾冲市界头镇。11。

17. 细巧碎米荠 Cardamine pulchella (J. D. Hooker & Thomson) Al-Shehbaz & G. Yang-*Loxostemon pulchellus* J. D. Hooker & Thomson

凭证标本：T. T. Yü 22263。

多年生草本，高 5～20 cm。生长于流石滩；海拔 3400～4000 m。

分布于贡山县澜沧江-怒江分水岭。14-3。

*18. 紫花碎米荠 Cardamine purpurascens (O. E. Schulz) Al-Shehbaz et al. -*Cardamine microzyga* var. *purpurascens* O. E. Schulz

凭证标本：怒江队 790473。

多年生草本，高 8～30 cm。生长于沟边路旁阴湿处；海拔 3200 m。

分布于独龙江（贡山县独龙江乡段）。15-1。

*19. 匍匐碎米荠 Cardamine repens (Franchet) Diels-*Dentaria repens* Franchet

凭证标本：青藏队 82-7577。

多年生草本，高 10～45 cm。生长于灌木林下；海拔 2400～3400 m。

分布于贡山县丙中洛乡。15-1。

20. 云南碎米荠 Cardamine yunnanensis Franchet

凭证标本：独龙江考察队 5373；高黎贡山考察队 34465。

多年生短命稀一年生草本，高 10～60 cm。生长于常绿阔叶林、灌丛、针叶-箭竹林、冷杉-杜鹃箭竹林、杜鹃灌丛、河滩、水沟边、耕地边、火烧地上；海拔 1538～3400 m。

分布于独龙江（贡山县独龙江乡段）；贡山县丙中洛乡、茨开镇；福贡县石月亮乡、鹿马登乡、匹河乡；泸水市片马镇、洛本卓乡；腾冲市明光镇、界头镇、猴桥镇、曲石镇。14-3。

21. 纤细葶苈 Draba gracillima J. D. Hooker & Thomson

凭证标本：Handel-Mazzetti 9497。

多年生草本，高 5～55 cm。生长于生坡草地、高山草甸；海拔 3200～4000 m。

分布于贡山县。14-3。

*** **22. 矮葶苈 Draba handelii** O. E. Sculz

凭证标本：Handel-Mazzetti 9502。

多年生草本，高 15～30 mm。生长于高山流石滩；海拔 4000～4100 m。

分布于贡山县。15-2-6。

* **23. 总苞葶苈 Draba involucrata**（W. W. Smith）W. W. Smith-*Draba alpina* Linnaeus var. *involucrata* W. W. Smith

凭证标本：青藏队 10283；高黎贡山考察队 31471。

多年生草本，高 5～30 mm。生长于石坡高山沼泽、杜鹃沼泽灌丛、山坡沙石地、山坡流石滩；海拔 3000～4150 m。

分布于独龙江（察隅县日东乡段，贡山县独龙江乡段）；贡山县丙中洛乡。15-1。

*** **24. 愉悦葶立 Draba jucunda** W. W. Smith

凭证标本：Forrest 19280；Rock 23083。

多年生草本，高 2～10 cm。生长于高山流石滩；海拔 3400～4000 m。

分布于独龙江（察隅县日东乡段）。15-2-6。

* **25. 衰老葶立 Draba senilis** O. E. Schulz

凭证标本：T. T. Yü 19378。

多年生草本，高 1～5 cm。生长于高山流石滩、高山草甸；海拔 4000 m。

分布于独龙江（贡山县独龙江乡段）。15-1。

26. 独行菜 Lepidium apetalum Willdenow

凭证标本：高黎贡山考察队 25515。

一年生或二年生草本，高 5～40 cm。生长于荒地；海拔 1040 m。

分布于泸水市洛本卓乡。11。

+ **27. 豆瓣菜 Nasturtium officinale** R. Brown

凭证标本：高黎贡山考察队 14322，33569。

多年生水生草本，长 10～200 cm。生长于水沟、水田中、河边；海拔 1237～2020 m。

分布于贡山县捧打乡、茨开镇；福贡县石月亮乡、鹿马登乡、上帕镇、匹河乡。16。

28. 单花荠 Pegaeophyton scapiflorum（J. D. Hooker & Thomson）C. Marquand & Airy Shaw-*Pegaeophyton scapiflorum* var. *pilosicalyx* R. L. Guo & T. Y. Cheo

凭证标本：高黎贡山考察队 12767，31626。

多年生草本。生长于石堆、流水溪旁、湖滨、岩坡湿处、沼泽地；海拔 3470～4000 m。

分布于贡山县丙中洛乡、茨开镇；福贡县鹿马登乡。14-3。

+29. 萝卜 Raphanus sativus Linnaeus

凭证标本：独龙江考察队 3285，5797。

一年生或二年生草本，高 10～130 cm。耕地栽培；海拔 1300～1780 m。

分布于独龙江（贡山县独龙江乡段）。16。

30. 无瓣蔊菜 Rorippa dubia（Persoon）H. Hara

凭证标本：高黎贡山考察队 13833，30316。

一年生草本，高 4～45 cm。生长于次生常绿阔叶林、林沼交接带、灌丛石沙地、农田路边、房前屋后；海拔 1010～1930 m。

分布于贡山县丙中洛乡、茨开镇；福贡县马吉乡、上帕镇；泸水市片马镇；保山市芒宽乡、潞江镇；腾冲市界头镇。7。

31. 蔊菜 Rorippa indica（Linnaeus）Hiern-*Sisymbrium indicum* Linnaeus

凭证标本：独龙江考察队 5127；高黎贡山考察队 30897。

一年生草本，高 6～75 cm。生长于林下透光处、菜地杂草；海拔 1310～1730 m。

分布于独龙江（贡山县独龙江乡段）；福贡县石月亮乡；腾冲市北海乡、荷花镇。7。

32. 沼泽焊菜 Rorippa palustris（Linnaeus）Besser-*Sisymbrium amphibium* var. *palustre* Linnaeus

凭证标本：高黎贡山考察队 21065，29777。

一年生草本或多年生短命草本，高 5～140 cm。生长于湖滨湿地、沼泽地、路边；海拔 1200～1850 m。

分布于福贡县上帕镇；腾冲市北海乡。8。

33. 菥蓂 Thlaspi arvense Linnaeus

凭证标本：独龙江考察队 5644，6533。

一年生草本，高 9～80 cm。生长于江边、河滩、麦地；海拔 1820～2200 m。

分布于独龙江（贡山县独龙江乡段）。6。

40. 堇菜科 Violaceae

1 属 19 种，*3，**1

1. 如意草 Viola arcuata Blume

凭证标本：高黎贡山考察队 7370，19291。

多年生草本，高达 35 cm。生长于湿地、湿草地；海拔 1220～2050 m。

分布于福贡县上帕镇；泸水市片马镇。7。

2. 双花堇菜 Viola biflora Linnaeus

凭证标本：李恒、李嵘 1051；高黎贡山考察队 26826。

多年生草本，茎长 10～25 cm。生长于针阔叶混交林、落叶阔叶林、箭竹-杜鹃沼泽灌丛、陡壁下苔藓丛中、草坡湿地、沼泽湿地灌丛中、沼泽草地；海拔 2869～3740 m。

分布于贡山县茨开镇；福贡县石月亮乡、鹿马登乡。8。

*** 3. 阔紫叶堇菜 Viola cameleo** H. Boissien

凭证标本：高黎贡山考察队 12330，26748。

多年生草本，具根茎，匍匐。生长于常绿阔叶林、针阔叶混交林、冷杉-箭竹林、溪旁积水处；海拔 2570～3040 m。

分布于贡山县茨开镇；福贡县石月亮乡。15-1。

4. 七星莲 Viola diffusa Gingins

凭证标本：独龙江考察队 1187；高黎贡山考察队 22215。

一年生草本，具根茎，短。生长于河谷常绿阔叶林、次生常绿阔叶林、混交林石缝中、松林下、河谷灌丛、沟边草丛、冲积扇上、河谷沙滩、洋芋地；海拔 1250～3000 m。

分布于独龙江（贡山县独龙江乡段）；贡山县丙中洛乡、茨开镇；福贡县鹿马登乡；保山市芒宽乡；龙陵县镇安镇。7。

**** 5. 紫点堇菜 Viola duclouxii** W. Backer

凭证标本：李恒、郭辉军、李正波、施晓春 96；高黎贡山考察队 17454。

多年生匍匐草本，茎长达 20 cm。生长于次生常绿阔叶林、竹林；海拔 1985～2300 m。

分布于保山市芒宽乡、潞江镇；腾冲市五合乡。15-2-1。

6. 长萼堇菜 Viola inconspicua Blume

凭证标本：高黎贡山考察队 21795，13993。

多年生草本，具根茎，直立或上升。生长于次生常绿阔叶林；海拔 1560～1710 m。

分布于独龙江（贡山县独龙江乡段）；保山市芒宽乡。14-3。

7. 萱 Viola moupinensis Franchet

凭证标本：高黎贡山考察队 20197。

多年生草本，无茎，或有匍匐茎长达 30 cm。生长于针叶林路边；海拔 2999 m。

分布于福贡县鹿马登乡。14-3。

8. 紫花地丁 Viola philippica Cavanilles

凭证标本：碧江队 1513；独龙江考察队 5269。

多年生草本，株高 4～14 cm。生长于灌丛、草坡、河边草地；海拔 1350～2100 m。

分布于独龙江（贡山县独龙江乡段）；泸水市片马镇；腾冲市猴桥镇。7。

9. 匍匐堇菜 Viola pilosa Blume

凭证标本：独龙江考察队 5810；高黎贡山考察队 15938。

多年生草本，无茎或茎很短，具根茎，直立或斜升。生长于常绿阔叶林、次生常绿阔叶林、沟边杂木林、山坡路边；海拔 1620～2500 m。

分布于独龙江；贡山县丙中洛乡、茨开镇；福贡县上帕镇；泸水市鲁掌镇；保山市芒宽乡；腾冲市界头镇、曲石镇、芒棒镇、蒲川乡；龙陵县镇安镇。7。

10. 早开堇菜 Viola prionantha Bunge

凭证标本：杨竞生 7761；高黎贡山考察队 23197。

多年生草本，株高 3～10 cm。生长于次生常绿阔叶林、河岸；海拔 1430～1600 m。

分布于贡山县丙中洛乡、茨开镇。14-2。

*****11. 假如意草 Viola pseudo-arcuata** C. C. Chang

凭证标本：高黎贡山考察队 7843，22434。

多年生草本。生长于次生常绿阔叶林，江边草地；海拔 1400～1780 m。

分布于独龙江（贡山县独龙江乡段）；贡山县丙中洛乡。15-1。

*****12. 深圆齿堇菜 Viola schneideri** W. Becker

凭证标本：独龙江考察队 6701。

多年生草本，株高 7～10 cm。生长于常绿阔叶林下、铁杉林、河岸石崖下、滴水岩下；海拔 1300～2700 m。

分布于独龙江（贡山县独龙江乡段）。15-1。

13. 锡金堇菜 Viola sikkimensis W. Backer

凭证标本：高黎贡山考察队 13793，20491。

多年生草本，无茎或有匍匐茎。生长于原始常绿阔叶林小路边、秃杉常绿阔叶林、针阔叶混交林、针叶林、灌丛；海拔 1760～3022 m。

分布于贡山县茨开镇；福贡县石月亮乡、鹿马登乡。14-3。

14. 光叶堇菜 Viola sumatrana Miquel

凭证标本：独龙江考察队 449，5007。

多年生草本。生长于河岸、河滩常绿林下、江边河滩；海拔 1300～1700 m。

分布于独龙江（贡山县独龙江乡段）；贡山县丙中洛乡。7。

15. 四川堇菜 Violia szetschwanensis W. Becker & H. de Boiss

凭证标本：武素功 7079；林芹 791972。

多年生草本，茎高 25 cm。生长于山坡岩石上、竹林下阴湿处；海拔 3000～3800 m。

分布于贡山县丙中洛乡；福贡县石月亮乡；泸水市片马镇；腾冲市猴桥镇。14-3。

16. 毛堇菜 Viola thomsonii Oudemans

凭证标本：独龙江考察队 243；高黎贡山考察队 23207。

多年生草本，无茎或有匍匐茎，具根茎。生长于常绿阔叶林、江边阔叶林、河谷灌丛、沟边、田埂、河滩、路边草丛；海拔 2000 m。

分布于独龙江（贡山县独龙江乡段）；贡山县丙中洛乡、茨开镇；福贡县鹿马登乡、上帕镇、匹河乡；保山市芒宽乡；腾冲市界头镇。14-3。

17. 滇西堇菜 Viola tienschiensis W. Becker

凭证标本：高黎贡山考察队 23118，25634。

多年生草本，株高 12 cm。生长于次生常绿阔叶林、松栎林；海拔 1175～2750 m。

分布于贡山县丙中洛乡；福贡县上帕镇；保山市芒宽乡。14-3。

18. 毛瓣堇菜 Viola trichopetala C. C. Chang

凭证标本：高黎贡山考察队 13687，14275。

多年生草本，无茎，株高达 7 cm。生长于次生常绿阔叶林、鱼塘边；海拔 1880 m。

分布于贡山县捧打乡；腾冲市界头镇。14-3。

19. 云南堇菜 Viola yunnanensis W. Becker & H. Boissieu

凭证标本：冯国楣 24496。

多年生草本，无茎或有茎短于 2 cm。生长于路边草丛中；海拔 1300～2400 m。

分布于贡山县丙中洛乡。7。

42. 远志科 Polygalaceae

2 属 9 种，*1，***1

1. 荷包山桂花 Polygala arillata Buchanan-Hamilton ex D. Don

凭证标本：高黎贡山考察队 14629，33016。

灌木或小乔木，高 1～5 m。生长于常绿阔叶林、次生常绿阔叶林、云南松林、杉木林、铁杉-云杉林、云杉-冷杉林、冷杉-杜鹃林、杜鹃-杨柳林、灌丛；海拔 1266～2500 m。

分布于独龙江（贡山县独龙江乡段）；贡山县丙中洛乡、茨开镇；福贡县鹿马登乡、石月亮乡；泸水市片马镇、洛本卓乡；保山市芒宽乡、潞江镇；腾冲市滇滩镇、明光镇、五合乡；龙陵县镇安镇。14-3。

***2. 肾果远志 Polygala didyma** C. Y. Wu

凭证标本：T. T. Yü 20441；施晓春 546。

灌木或小乔木，高约 450 cm。生长于常绿阔叶林、次生林；海拔 1266～1540 m。

分布于独龙江（贡山县独龙江乡段）；保山市芒宽乡。15-2-6。

3. 长序球冠远志 Polygala globurifera var. **longiracemosa** S. K. Chen ex C. Y. Wu & S. K. Chen

凭证标本：青藏队 9179；独龙江考察队 1176。

灌木，高 80～250 cm。生长于常绿阔叶林；海拔 1250～1400 m。

分布于独龙江（贡山县独龙江乡段）。14-3。

4. 瓜子金 Polygala japonica Houttuyn

凭证标本：独龙江考察队 1034；高黎贡山考察队 14269。

多年生草本，高 15～20 cm。生长于次生常绿阔叶林、灌丛；海拔 1450 m。

分布于独龙江（贡山县独龙江乡段）；贡山县丙中洛乡、茨开镇。14-1。

5. 蓼叶远志 Polygala persicariifolia Candolle

凭证标本：高黎贡山考察队 12055。

多年生草本，高 10～70 cm。生长于灌丛；海拔 1720～1760 m。

分布于贡山县丙中洛乡。6。

6. 西伯利亚远志 Polygala sibirica Linnaeus

凭证标本：独龙江考察队 5803，6314。

多年生草本，高 10～30 cm。生长于松林、河滩；海拔 1600～2300 m。

分布于独龙江（贡山县独龙江乡段）。10。

* 7. 合叶草 Polygala subopposita S. K. Chen

凭证标本：高黎贡山考察队 18479。

一年生直立草本，高 10～40 cm。生长于云南松林、灌丛；海拔 1350 m。

分布于保山市潞江镇。15-1。

8. 小扁豆 Polygala tatarinowii Regel

凭证标本：王启无 66719；T. T. Yü 23053。

一年生直立草本，高 5～15 cm。生长于草坡、江边草地；海拔 1600～2500 m。

分布于独龙江（贡山县独龙江乡段）；贡山县丙中洛乡、茨开镇；福贡县上帕镇。7。

9. 齿果草 Salomonia cantoniensis Loureiro

凭证标本：李恒、李嵘 731；高黎贡山考察队 22679。

一年生草本，高 5～25 cm。生长于次生常绿阔叶林、云南松林、桤木-云南松林、落叶阔叶林、河谷灌丛、路边灌丛；海拔 1500～1800 m。

分布于贡山县丙中洛乡、茨开镇；泸水市鲁掌镇；保山市潞江镇；腾冲市五合乡；龙陵县镇安镇。7。

45. 景天科 Crassulaceae

3 属 22 种 1 变种，* 8，** 1，*** 1

1. 异色红景天 Rhodiola discolor（Franchet）S. H. Fu-*Sedum discolor* Franchet

凭证标本：高黎贡山考察队 32758。

多年生草本。生长于多石高山沼泽；海拔 4003 m。

分布于贡山县丙中洛乡。14-3。

2. 长鞭红景天 Rhodiola fastigiata（J. D. Hooker ＆ Thomson）S. H. Fu-*Sedum fastigiatum* J. D. Hooker ＆ Thomson

凭证标本：独龙江考察队 7028；高黎贡山考察队 34514。

多年生草本。生长于冷杉-云杉林、箭竹-杜鹃沼泽灌丛、竹箐岩石上、高山沼泽、高山草地、陡崖壁、草地；海拔 2800～4003 m。

分布于独龙江（贡山县独龙江乡段）；贡山县丙中洛乡、茨开镇；泸水市片马镇；保山市芒宽乡。14-3。

3. 大果红景天 Rhodiola macrocarpa (Praeger) S. H. Fu-*Sedum macrocarpum* Praeger

凭证标本：高黎贡山考察队 16969，34539。

多年生草本。生长于箭竹沼泽灌丛、石楠-箭竹沼泽、山坡灌丛、石坡高山沼泽、草丛中；海拔 3200～4003 m。

分布于独龙江（察隅县日东乡段，贡山县独龙江乡段）；贡山县丙中洛乡、茨开镇；福贡县石月亮乡、鹿马登乡。14-4。

*** **4. 多苞红景天 Rhodiola multibracteata** H. Chuang

凭证标本：李恒、李嵘 1039。

多年生草本。生长于原始针叶林；海拔 3240 m。

分布于贡山县茨开镇。15-2-6。

5. 优秀红景天 Rhodiola nobilis (Franchet) S. H. Fu-*Sedum nobile* Franchet

凭证标本：高黎贡山考察队 26365，27104。

多年生草本。生长于箭竹-杜鹃沼泽灌丛、沼泽；海拔 3660～3740 m。

分布于福贡县石月亮乡。14-4。

* **6. 紫绿红景天 Rhodiola purpureoviridis** (Praeger) S. H. Fu

凭证标本：高黎贡山考察队 31206，31559。

多年生草本。生长于高山沼泽、林缘、草丛中；海拔 2500～4080 m。

分布于贡山县丙中洛乡；福贡县上帕镇。15-1。

7. 粗茎红景天 Rhodiola wallichiana (Hooker) S. H. Fu

凭证标本：T. T. Yü 20637；怒江队 791389。

多年生草本。生长于石面上、岩坡上；海拔 2500～3800 m。

分布于独龙江（贡山县独龙江乡段）；贡山县丙中洛乡。14-3。

* **8. 云南红景天 Rhodiola yunnanensis** (Franchet) S. H. Fu-*Sedum yunnanense* Franchet

凭证标本：青藏队 7590；高黎贡山考察队 25735。

多年生草本。生长于常绿阔叶林、铁杉林、竹林；海拔 2130～3400 m。

分布于贡山县至察瓦龙途中；泸水市片马镇、洛本卓乡。15-1。

* **9. 短尖景天 Sedum beauverdii** Raymond-Hamet

凭证标本：高黎贡山考察队 28696。

多年生草本，具根茎，匍匐。生长于湖滨沼泽、山坡路边；海拔 2710～3650 m。

分布于福贡县鹿马登乡；泸水；腾冲市二区坪地高黎贡山。15-1。

10. 细叶景天 Sedum elatinoides Franchet

凭证标本：高黎贡山考察队 13838，20999。

一年生草本，茎高 5～30 cm。生长于常绿阔叶林；海拔 1160～1520 m。

分布于贡山县茨开镇；福贡县架科底乡。14-4。

*11. 巴塘景天 Sedum heckelii Raymond-Hamet

凭证标本：王启无 66217；高黎贡山考察队 16840。

多年生草本，高 10～25 mm。生长于苔藓石上、灌丛；海拔 3000～3500 m。

分布于独龙江（察隅县段）；贡山县茨开镇。15-1。

12. 山飘风 Sedum majus (Hemsley) Migo-*Sedum filipes* Hemsley var. majus Hemsley

凭证标本：林芹 77-0660；武素功 8338。

多年生草本，高约 10 cm。生长于常绿阔叶林、沙石上、溪旁；海拔 2000～2400 m。

分布于独龙江；泸水市片马镇；腾冲市界头镇。14-3。

13. 多茎景天 Sedum multicaule Wallich ex Lindley

凭证标本：高黎贡山考察队 13723，30458。

多年生草本，茎高 5～15 cm。生长于常绿阔叶林、沙石上；海拔 1240～2280 m。

分布于贡山县茨开镇；福贡县马吉乡、鹿马登乡、上帕镇；泸水市鲁掌镇；保山市芒宽乡；腾冲市界头镇；龙陵县龙江乡。14-3。

14. 大苞景天 Sedum oligospermum Maire

凭证标本：Forrest 8992。

一年生草本，茎高 15～50 cm。生长于林中、岩石、山坡；海拔 1100～2800 m。

分布于腾冲。14-4。

15. 山景天 Sedum oreades (Decaisne) Raymond-Hamet-*Umbilicus oreades* Decaisne

凭证标本：高黎贡山考察队 31308，32787。

多年生草本，茎高 25～120 mm。生长于草坡、高山沼泽湿地；海拔 3000～4003 m。

分布于贡山县丙中洛乡、茨开镇。14-3。

*16. 宽萼景天 Sedum platysepalum Franchet

凭证标本：高黎贡山考察队 16854，16971。

一年生或二年生草本，茎高 6～10 cm。生长于箭竹灌丛；海拔 3250～3300 m。

分布于贡山县茨开镇。15-1。

17. 高原景天 Sedum przewalskii Maximowicz

凭证标本：T. T. Yü 9244，9345。

一年生草本，茎高 1～4 cm。生长于高山、岩石上；海拔 2400～4800 m。

分布于独龙江（察隅县段）；贡山县。14-3。

*18. 火焰草 Sedum stellariifolium Franchet

凭证标本：青藏队 7871。

一年生或二年生草本，茎高 10～15 cm。生长于路边岩石上；海拔 2000 m。

分布于贡山县丙中洛乡。15-1。

19. 馒瓣景天 Sedum trullipetalum J. D. Hooker & Thomson

凭证标本：高黎贡山考察队 26572，31654。

多年生草本，茎高 28～80 mm。生长于杜鹃-箭竹灌丛、高山沼泽石上、高山坡、山坡路边砾石隙；海拔 3200～4570 m。

分布于独龙江（察隅县日东乡段，贡山县独龙江乡段）；贡山县丙中洛乡；福贡县石月亮乡。14-3。

* **20. 长萼石莲 Sinocrassula ambigua**（Praeger）A. Berger-*Sedum ambiguum* Praeger

凭证标本：Forrest 15049；Handel-Mazzetti 8812。

多年生草本，茎高 3～6 cm。生长于山坡、岩石上；海拔 2000～3000 m。

分布于贡山县。15-1。

21a. 石莲 Sinocrassula indica（Decaisne）A. Berger-*Crassula indica* Decaisne

凭证标本：独龙江考察队 5759；高黎贡山考察队 27056。

二年生草本，茎高 5～60 cm。生长于常绿阔叶林、陡坡、松林下石上、田边灌丛、杂草地、石壁上、花岗岩上；海拔 1550～2300 m。

分布于独龙江（贡山县独龙江乡段）；贡山县丙中洛乡、捧打乡；福贡县鹿马登乡、上帕镇。14-3。

** **21b. 圆叶石莲 Sinocrassula indica** var. **forrestii**（Raymond-Hamet）S. H. Fu-*Sedum indicum*（Decaisne）Raymond-Hamet var. *forrestii* Raymond-Hamet

凭证标本：Forrest s. n. 。

二年生草本，茎高 5～60 cm。生长于岩石上；海拔 1800～2800 m。

分布于贡山县。15-2-3a。

* **22. 黄花石莲 Sinocrassula indica** var. **luteorubra**（Praeger）S. H. Fu-*Sedum indicum*（Decaisne）Raymond-Hamet var. *luteorubrum* Praeger

凭证标本：Forrest s. n. 。

二年生草本，茎高 5～60 cm。生长于山坡、岩石上；海拔 1200～3300 m。

分布于福贡县。15-1。

47. 虎耳草科 Saxifragaceae

8 属 56 种 2 变种，* 21，** 1，*** 7

1. 落新妇 Astilbe chinensis（Maximowicz）Franchet & Savatier-*Hoteia chinensis* Maximowicz

凭证标本：林芹、邓向福 790669；武素功 8084。

多年生草本，高 50～100 cm。生长于山谷、次生林林缘、沟边、路边；海拔 2400 m。

分布于独龙江；泸水市片马镇。14-2。

2a. 溪畔落新妇 Astilbe rivularis Buchanan-Hamilton ex D. Don

凭证标本：独龙江考察队 397；高黎贡山考察队 27992。

多年生草本，高 60～250 cm。生长于原始常绿阔叶林、云南松林、林缘草地、灌丛、河岸灌丛、溪旁湿地、箐沟、水沟边；海拔 1231～2900 m。

分布于独龙江（贡山县独龙江乡段）；贡山县丙中洛乡、捧打乡、茨开镇；福贡县马吉乡、石月亮乡、鹿马登乡、上帕镇；泸水市片马镇、洛本卓乡、鲁掌镇；保山市潞江镇；腾冲市曲石镇、猴桥镇。7。

*** 2b. 狭叶落新妇 Astilbe rivularis var. angustifoliolata H. Hara

凭证标本：独龙江考察队 1336；高黎贡山考察队 23201。

多年生草本，高 60～250 cm。生长于常绿阔叶林、山坡、溪旁、路边、悬崖、江边河滩、江边乱石中、河岸；海拔 1250～2800 m。

分布于独龙江（贡山县独龙江乡段）；贡山县茨开镇；福贡县上帕镇；泸水市鲁掌镇。15-2-6。

* 2c. 多花落新妇 Astilbe rivularis var. myriantha (Diels) J. T. Pan-*Astilbe myriantha* Diels

凭证标本：高黎贡山考察队 12783，26808。

多年生草本，高 60～250 cm。生长于常绿阔叶林、铁杉林、针叶林；海拔 2130～3000 m。

分布于贡山县茨开镇；福贡县石月亮乡；泸水市洛本卓乡、鲁掌镇。15-1。

3. 腺萼落新妇 Astilbe rubra J. D. Hooker & Thomson

凭证标本：怒江队 529；独龙江考察队 6688。

多年生草本，高 90～150 cm。生长于铁杉林；海拔 2800～2800 m。

分布于独龙江（贡山县独龙江乡段）。14-3。

4. 岩白菜 Bergenia purpurascens (J. D. Hooker & Thomson) Engler-*Saxifraga purpurascens* J. D. Hooker & Thomson

凭证标本：林芹、邓向福 790487；高黎贡山考察队 28612。

多年生草本，高 13～50 cm。生长于针叶林、箭竹-杜鹃沼泽灌丛、高山灌丛、沼泽草地、高山草地、溪旁、沙土、石块、石山坡、山口岩石缝；海拔 1920～4600 m。

分布于独龙江（察隅县日东乡段，贡山县独龙江乡段）；贡山县丙中洛乡、茨开镇；福贡县石月亮乡、鹿马登乡；泸水市片马镇。14-3。

* 5. 锈毛金腰 Chrysosplenium davidianum Decaisne ex Maximowicz

凭证标本：高黎贡山考察队 14855，24445。

多年生草本，高 1～19 cm。生长于常绿阔叶林、箭竹灌丛、湿地；海拔 2510～3180 m。

分布于贡山县茨开镇；福贡县石月亮乡、鹿马登乡；泸水市片马镇、鲁掌镇。15-1。

6. 肾萼金腰 Chrysosplenium delavayi Franchet

凭证标本：高黎贡山考察队 14920，24442。

多年生草本，高 45～130 mm。生长于原始常绿阔叶林、路边、石面上、山谷水沟边、急流缓冲带、浅水中；海拔 1800～2800 m。

分布于贡山县茨开镇；福贡县石月亮乡；泸水市片马镇、鲁掌镇；腾冲市滇滩镇。
14-4。

7. 贡山金腰 Chrysosplenium forrestii Diels

凭证标本：高黎贡山考察队 7775，28598。

多年生草本，高 35～228 mm。生长于冷杉林下水沟边、箭竹-杜鹃沼泽灌丛、沼泽草甸浅水中、流石滩、溪边；海拔 2400～3800 m。

分布于独龙江（贡山县独龙江乡段）；贡山县丙中洛乡、茨开镇；福贡县石月亮乡、上帕镇。14-3。

8. 肾叶金腰 Chrysosplenium griffithii J. D. Hooker & Thomson

凭证标本：青藏队 8316；高黎贡山考察队 14820。

多年生草本，高 3～33 cm。生长于常绿阔叶林、铁杉林；海拔 2540～2750 m。
分布于贡山县丙中洛乡。14-3。

9. 绵毛金腰 Chrysosplenium lanuginosum J. D. Hooker & Thomson

凭证标本：高黎贡山考察队 14664，29216。

多年生草本，高 7～22 cm。生长于常绿阔叶林林下；海拔 2540～2750 m。
分布于贡山县丙中洛乡；腾冲市明光镇。14-3。

10. 山溪金腰 Chrysosplerium nepalense D. Don

凭证标本：独龙江考察队 3075；高黎贡山考察队 25161。

多年生草本，高 55～210 mm。生长于常绿阔叶林下水中、山谷沟边、溪流中、石上、湿地、滴水岩下；海拔 1850～3100 m。

分布于独龙江（贡山县独龙江乡段）；贡山县茨开镇；福贡县鹿马登乡；泸水市片马镇；保山市芒宽乡；腾冲市明光镇、猴桥镇、芒棒镇、蒲川乡；龙陵县镇安镇。
14-3。

* 11. 西康金腰 Chrysosplenium sikangense H. Hara

凭证标本：冯国楣 7779。

多年生草本，高 35～45 mm。生长于石缝中；海拔 3700～4100 m。
分布于贡山县茨开镇。15-1。

12. 中国梅花草 Parnassia chinensis Franchet

凭证标本：青藏队 10118；高黎贡山考察队 28535。

多年生草本，高 1～16 cm。生长于开阔湿地、山沟；海拔 3700～3800 m。
分布于独龙江（察隅县日东乡段）；福贡县鹿马登乡。14-3。

* 13. 鸡心梅花草 Parnassia crassifolia Franchet

凭证标本：独龙江考察队 765；高黎贡山考察队 28705。

多年生草本，高 17～55 cm。生长于湖泊上游溪旁、水中；海拔 2000～3650 m。
分布于独龙江（贡山县独龙江乡段）；贡山县茨开镇；福贡县鹿马登乡。15-1。

14. 突隔梅花草 Parnassia delavayi Franchet

凭证标本：独龙江考察队 7041；高黎贡山考察队 12552。

多年生草本，高 12～40 cm。生长于山谷草地、流水溪沟、灌丛；海拔 2770～3440 m。

分布于独龙江（贡山县独龙江乡段）；贡山县茨开镇；福贡县石月亮乡。14-3。

***15. 无斑梅花草 Parnassia epunctulata J. T. Pan**

凭证标本：碧江队 1777。

多年生草本，高 9～13 cm。生长于高山草地；海拔 3700 m。

分布于泸水市片马镇。15-2-6。

***16. 长爪梅花草 Parnassia farreri W. E. Evans**

凭证标本：李恒、李嵘 777；高黎贡山考察队 28868。

多年生草本，高 4～10 cm。生长于箭竹灌丛湿地、湖泊上游溪旁、沼泽湿地、溪旁湿地、石坡湿地、湿沙地；海拔 2540～3640 m。

分布于独龙江（贡山县独龙江乡段）；贡山县茨开镇；福贡县石月亮乡、鹿马登乡。15-2-6。

* **17. 长瓣梅花草 Parnassia longipetala Handel-Mazzetti**

凭证标本：青藏队 7408；高黎贡山考察队 11848。

多年生草本，高 12～30 cm。生长于竹林内或草坡上、山坡松林火烧地、路边灌丛；海拔 2400～3100 m。

分布于贡山县丙中洛乡、茨开镇；福贡县高黎贡山东坡。15-1。

18. 类三脉梅花草 Parnassia pusilla Wallich ex Arnott

凭证标本：T. T. Yü 19737；青藏队 10597。

多年生草本，高 1～10 cm。生长于山坡灌丛草地、山坡岩石；海拔 3600～4000 m。

分布于独龙江（察隅县日东乡段）。14-3。

* **19. 白花梅花草 Parnassia scaposa Mattfeld**

凭证标本：高黎贡山考察队 20963。

多年生草本，高 10～20 cm。生长于箭竹灌丛；海拔 3620 m。

分布于福贡县鹿马登乡。15-1。

20. 青铜钱 Parnassia tenella J. D. Hooker & Thomson

凭证标本：青藏队 10336。

多年生草本，高 35～110 mm。生长于山坡松林下；海拔 3000～3250 m。

分布于独龙江（察隅县日东乡段）。14-3。

21. 娇媚梅花草 Parnassia venusta Z. P. Jien

凭证标本：武素功 8810；青藏队 10231。

多年生草本，高 3～8 cm。生长于高山灌丛草地；海拔 4100～4700 m。

分布于独龙江（察隅县日东乡段）；贡山县。14-3。

22. 鸡肫草 Parnassia wightiana Wallich ex Wight & Arnott

凭证标本：李恒、李嵘 776；高黎贡山考察队 28412。

多年生草本，18~30 cm。生长于针阔叶混交林、原始针叶林林下湿地、瀑布下石崖上、湖滨湿地、沼泽草地、沼泽地、河边；海拔 2200~3600 m。

分布于独龙江（察隅县日东乡段，贡山县独龙江乡段）；贡山县丙中洛乡、茨开镇；福贡县鹿马登乡；泸水市洛本卓乡；腾冲市明光镇。14-3。

***23. 俞氏梅花草 Parnassia yui** Z. P. Jian

凭证标本：T. T. Yü 20238。

多年生草本，高 6~14 cm。生长于竹林下；海拔 3000 m。

分布于独龙江。15-2-6。

24. 扯根菜 Penthorum chinense Pursh

凭证标本：李恒、李嵘 1291；高黎贡山考察队 19058。

多年生草本，高 40~90 cm。生长于水塘中；海拔 1520~1525 m。

分布于保山市芒宽乡。14-2。

*** 25. 七叶鬼灯檠 Rodgersia aesculifolia** Batalin

凭证标本：独龙江考察队 747；高黎贡山考察队 22916。

多年生草本，高 80-120 cm。生长于常绿阔叶林、针阔叶混交林、针叶林、林下沟边潮湿处、林缘、山坡灌丛；海拔 2450~3600 m。

分布于独龙江（贡山县独龙江乡段）；贡山县丙中洛乡、茨开镇；福贡县上帕镇；泸水市片马镇；腾冲市猴桥镇。15-1。

*** 26. 羽叶鬼灯檠 Rodgersia pinnata** Franchet

凭证标本：高黎贡山考察队 15258，26514。

多年生草本，高 25~150 cm。生长于常绿阔叶林、松林下、林间湿地、冷杉-箭竹林、箭竹-杜鹃沼泽灌丛、灌丛草地；海拔 2400~3500 m。

分布于独龙江（贡山县独龙江乡段）；贡山县丙中洛乡、茨开镇；福贡县石月亮乡；泸水市洛本卓乡。15-1。

27. 短柄虎耳草 Saxifraga brachypoda D. Don

凭证标本：青藏队 9966；高黎贡山考察队 31272。

多年生草本，高 55~190 mm。生长于箭竹-杜鹃沼泽灌丛、高山草甸、山坡石壁上、山坡岩石隙、岩坡上、溪旁石砾地、湖边草甸；海拔 2300~4250 m。

分布于独龙江（贡山县独龙江乡段）；贡山县丙中洛乡、茨开镇；福贡县鹿马登乡。14-3。

*** 28. 棒蕊虎耳草 Saxifraga clavistaminea** Engler & Irmscher

凭证标本：独龙江考察队 6805，6920。

多年生草本，高 42～55 mm。生长于林下；海拔 2100～2300 m。

分布于独龙江二队。15-1。

29. 双喙虎耳草 Saxifraga davidii Franchet

凭证标本：高黎贡山考察队 22905，24417。

多年生草本，茎高 75～300 cm。生长于常绿阔叶林、落叶阔叶林；海拔 2510～2810 m。

分布于泸水市片马镇、鲁掌镇。14-4。

* 30. 川西虎耳草 Saxifraga dielsiana Engler & Irmscher

凭证标本：T. T. Yü 19625。

多年生草本，高 12～15 cm。生长于悬崖上；海拔 2450 m。

分布于独龙江（贡山县独龙江乡段）。15-1。

* 31. 中甸虎耳草 Saxifraga draboides C. Y. Wu

凭证标本：高黎贡山考察队 33863。

多年生草本，高 25～50 cm。生长于云杉-铁杉-冷杉林；海拔 3030 m。

分布于贡山县茨开镇。15-1。

* 32. 优越虎耳草 Saxifraga egregia Engler

凭证标本：高黎贡山考察队 9641，16917。

多年生草本，高 9～32 cm。生长于水边石上、沼泽湿地；海拔 3350～3400 m。

分布于贡山县茨开镇。15-1。

33. 线茎虎耳草 Saxifraga filicaulis Wallich ex Seringe

凭证标本：青藏队 10331。

多年生草本，茎高 95～240 mm。生长于山坡岩石上；海拔 3000～3500 m。

分布于独龙江（察隅县日东乡段）。14-3。

34. 线叶虎耳草 Saxifraga filifolia J. Anthony

凭证标本：T. T. Yü 19800；青藏队 10596。

多年生草本，高 3～7 cm。生长于悬崖；海拔 3300 m。

分布于独龙江（察隅县日东乡段，贡山县独龙江乡段）。14-3。

35. 齿叶虎耳草 Saxifraga hispidula D. Don

凭证标本：高黎贡山考察队 28622。

多年生草本，高 45～225 mm。生长于杜鹃-箭竹沼泽灌丛；海拔 3840 m。

分布于福贡县鹿马登乡。14-3。

* 36. 藏东虎耳草 Saxifraga implicans H. Smith

凭证标本：高黎贡山考察队 16986。

多年生草本，高 6～50 cm。生长于箭竹-柳树沼泽灌丛；海拔 3250 m。

分布于贡山县茨开镇。15-1。

*** **37. 贡山虎耳草 Saxifraga insolens** Irmscher

凭证标本：T. T. Yü 22484。

多年生草本，高 48 cm。生长于高山草甸；海拔 3800～4000 m。

分布于独龙江。15-2-6。

* **38. 假大柱头虎耳草 Saxifraga macrostigmatoides** Engler

凭证标本：Handel-Mazzetti 9686。

多年生草本，高 25～70 mm。生长于高山草甸；海拔 3900 m。

分布于贡山县。15-1。

* **39. 墨脱虎耳草 Saxifraga medogensis** J. T. Pan

凭证标本：高黎贡山考察队 17051，26728。

多年生草本，高 45 mm。生长于冷杉-箭竹林、箭竹-杜鹃灌丛；海拔 3040～3380 m。

分布于贡山县茨开镇；福贡县石月亮乡。15-1。

40. 黑蕊虎耳草 Saxifraga melanocentra Franchet

凭证标本：高黎贡山考察队 28511。

多年生草本，高 35～220 mm。生长于湖滨湿地；海拔 3700 m。

分布于福贡县鹿马登乡。14-3。

** **41. 蒙自虎耳草 Saxifraga mengtzeana** Engler & Irmscher

凭证标本：高黎贡山考察队 14215，21586。

多年生草本，高 21～25 cm。生长于常绿阔叶林中；海拔 1237-2540 m。

分布于独龙江（贡山县独龙江乡段）；贡山县丙中洛乡、茨开镇；福贡县。15-2-8。

*** **42. 细叶虎耳草 Saxifraga minutifoliosa** C. Y. Wu

凭证标本：王启无 67257；T. T. Yü 20648。

多年生草本，高 20～25 cm。生长于山顶石缝、山坡石面上；海拔 3000～3400 m。

分布于独龙江（贡山县独龙江乡段）；贡山县丙中洛乡。15-2-6。

* **43. 山地虎耳草 Saxifraga montana** H. Smith

凭证标本：青藏队 10676。

多年生草本，高约 20 cm。高生长于山坡岩屑堆；海拔 4100～4300 m。

分布于独龙江（察隅县日东乡段）。15-1。

44. 垂头虎耳草 Saxifraga nigroglandulifera N. P. Balakrishnan

凭证标本：Forrest 2621，6599。

多年生草本，高 5～36 cm。生长于林中、林缘、高山草地；海拔 2700～4500 m。

分布于贡山县。14-3。

45. 多叶虎耳草 Saxifraga pallida Wallich ex Seringe

凭证标本：怒江队 791416；青藏队 10131。

多年生草本，高 35～330 cm。生长于山坡石崖上；海拔 2500～3800 m。

分布于独龙江（察隅县日东乡段，贡山县独龙江乡段）；贡山县丙中洛乡；福贡县。14-3。

*46. 洱源虎耳草 Saxifraga peplidifolia Franchet

凭证标本：高黎贡山考察队 31326。

多年生草本，高 20～135 mm。生长于高山灌丛、高山草地；海拔 2700～4500 m。

分布于 15-1。

47. 垫状虎耳草 Saxifraga pulvinaria Harry Smith

凭证标本：Handel-Mazzetti 6910，9640。

多年生草本，高 45～60 mm。生长于岩石缝中；海拔 3500～4800 m。

分布于贡山县。14-3。

*48. 红毛虎耳草 Saxifraga rufescens I. B. Balfour

凭证标本：高黎贡山考察队 9942，28403。

多年生草本，高 16～40 cm。生长于常绿阔叶林、针叶林、溪旁、灌丛水边、石面上；海拔 1930～3400 m。

分布于泸水市片马镇、洛本卓乡；福贡县石月亮乡。15-1。

49. 金星虎耳草 Saxifraga stella-aurea J. D. Hooker & Thomson

凭证标本：青藏队 10202；王启无 67294。

多年生垫状草本，茎高 1～8 cm。生长于山坡流石滩；海拔 4200 m。

分布于独龙江（察隅县日东乡段）；贡山县丙中洛乡。14-3。

*50. 繁缕虎耳草 Saxifraga stellariifolia Franchet

凭证标本：高黎贡山考察队 7767。

多年生丛生草本，高 7～35 cm。生长于林缘、高山草地；海拔 3000～4300 m。

分布于贡山县。15-1。

51. 虎耳草 Saxifraga stolonifera Curtis

凭证标本：高黎贡山考察队 29110。

多年生草本，高 8～45 cm。生长于人工竹林、茶园；海拔 2200 m。

分布于腾冲市界头镇。14-2。

52. 伏毛虎耳草 Saxifraga strigosa Wallich ex Seringe

凭证标本：施晓春 709；高黎贡山考察队 15967。

多年生草本，高 55～280 mm。生长于箭竹-白珠灌丛；海拔 2800～3250 m。

分布于泸水市片马镇；保山市芒宽乡。14-3。

*53. 近等叶虎耳草 Saxifraga subaequifoliata Irmscher

凭证标本：武素功 8425；高黎贡山考察队 16783。

多年生草本，高 185～370 mm。生长于针叶林、岩坡上、草地；海拔 2500～4100 m。

分布于贡山县丙中洛乡、茨开镇；泸水市片马镇。15-1。

*54. 苍山虎耳草 Saxifraga tsangchanensis Franchet

凭证标本：青藏队 10105，10700。

多年生丛生草本，高 35～150 mm。生长于山坡岩石上；海拔 3600～4700 m。

分布于独龙江（察隅县日东乡段）；贡山县多克拉。15-1。

***55. 多痂虎耳草 Saxifraga versicallosa C. Y. Wu

凭证标本：T. T. Yü 19861。

多年生草本，高约 15 cm。生长于石壁；海拔 4000 m。

分布于独龙江（贡山县独龙江乡段）。15-2-6。

56. 黄水枝 Tiarella polyphylla D. Don

凭证标本：独龙江考察队 5538；高黎贡山考察队 29394。

多年生草本，高 20～45 cm。生长于常绿阔叶林、松林、针阔叶混交林林下、溪旁、河边、火烧地、山坡路边灌丛草地；海拔 1823～2770 m。

分布于独龙江（贡山县独龙江乡段）；贡山县丙中洛乡、茨开镇；福贡县石月亮乡、鹿马登乡；泸水市片马镇；腾冲市明光镇、猴桥镇。14-3。

48. 茅膏菜科 Droseraceae

1 属 1 种

1. 茅膏菜 Drosera peltata Smith ex Willdenow

凭证标本：高黎贡山考察队 30852。

多年生草本，茎高 9～32 cm，具球茎。生长于次生常绿阔叶林苔藓丛中；海拔 1470 m。

分布于腾冲市清水乡。5。

53. 石竹科 Caryophyllaceae

11 属 53 种 1 变种，*16，**9，***2，+2

*1. 髯毛无心菜 Arenaria barbata Franchet

凭证标本：高黎贡山考察队 22693，22960。

多年生草本，高 10～30 cm。生长于常绿阔叶林、高山灌丛；海拔 2370～3080 m。

分布于泸水市片马镇。15-1。

2. 柔软无心菜 Arenaria debilis J. D. Hooker

凭证标本：高黎贡山考察队 26570，32789。

一年生或二年生草本，茎高 30～60 cm。生长于箭竹-杜鹃灌丛、高山灌丛草甸、高山沼泽、溪旁石上、溪旁湿地、湿坡巨石上；海拔 3310～4100 m。

分布于贡山县丙中洛乡；福贡县鹿马登乡。14-3。

*3. 大理无心菜 Arenaria delavayi Franchet

凭证标本：青藏队 10067，10205。

多年生草本，茎高 10～20 cm。生长于山坡灌木丛；海拔 3600～4100 m。

分布于独龙江（察隅县日东乡段）。15-1。

 *4. 滇蜀无心菜 Arenaria dimorphotricha C. Y. Wu ex L. H. Zhou**

凭证标本：高黎贡山考察队 28579。

一年生或二年生直立草本，茎高 15～30 cm。生长于箭竹-杜鹃灌丛；海拔 3630 m。

分布于福贡县鹿马登乡。15-1。

 5. 真齿无心菜 Arenaria euodonta W. W. Smith

凭证标本：冯国楣 7742；邓向福 791553。

多年生草本，茎直立或铺散，高 10～35 cm。生长于沙坡、崖坡；海拔 4000～4100 m。

分布于贡山县丙中洛乡。15-2-3a。

 6. 不显无心菜 Arenaria inconspicua Handel-Mazzetti

凭证标本：Handel-Mazzetti 8146，9677。

多年生草本，高 1～5 cm。生长于高山草甸；海拔 3600～4600 m。

分布于贡山县丙中洛乡。15-2-3a。

 7. 无饰无心菜 Arenaria inornata W. W. Smith

凭证标本：高黎贡山考察队 14887，20444。

多年生直立草本，高 4 cm。生长于常绿阔叶林、针叶林；海拔 2250～3058 m。

分布于贡山县茨开镇；福贡县鹿马登乡。15-2-3a。

 8. 长刚毛无心菜 Arenaria longiseta C. Y. Wu ex Z. Xuan

凭证标本：碧江队 1779。

多年生草本，高 10 cm。生长于山脊草地；海拔 3700 m。

分布于泸水市片马镇。15-2-3a。

9. 圆叶无心菜 Arenaria orbiculata Royle ex Edgeworth & J. D. Hooker

凭证标本：独龙江考察队 5427；高黎贡山考察队 28912。

二年生或多年生草本，长 5～40 cm。生长于次生常绿阔叶林、松林、河边灌丛、林间草地、洋芋地、火烧地、河滩；海拔 1170～2500 m。

分布于独龙江（贡山县独龙江乡段）；福贡县上帕镇；龙陵县镇安镇。14-3。

 *10. 须花无心菜 Arenaria pogonantha W. W. Smith**

凭证标本：Forrest s. n.。

多年生直立草本，茎高 7～15 cm。生长于石崖；海拔 3000 m。

分布于腾冲市。15-1。

 11. 多籽无心菜 Arenaria polysperma C. Y. Wu & L. H. Zhou

凭证标本：T. T. Yü 19742。

多年生草本，茎高 10～40 cm。生长于高山草甸；海拔 4000 m。

分布于独龙江（贡山县独龙江乡段）。15-2-3a。

[*]**12. 团状福禄草 Arenaria polytrichoides Edgeworth**

凭证标本：高黎贡山考察队 12705，31595。

多年生垫状草本，茎高 25～110 mm。生长于高山灌丛沼泽；海拔 3600～3680 m。

分布于贡山县丙中洛乡、茨开镇。15-1。

^{**}**13. 粉花无心菜 Arenaria roseiflora Sprague**

凭证标本：高黎贡山考察队 31210，31440。

多年生草本，茎高 10～25 cm。生长于灌丛、高山草甸、流石滩；海拔 3400～3940 m。

分布于贡山县丙中洛乡。15-2-3a。

^{***}**14. 怒江无心菜 Arenaria salweenensis W. W. Smith**

凭证标本：Forrest 18474。

多年生草本，茎近直立，高 12～20 cm。生长于草地；海拔 2800 m。

分布于泸水市片马镇。15-2-6。

15. 无心菜 Arenaria serpyllifolia Linnaeus

凭证标本：独龙江考察队 5634；高黎贡山考察队 27358。

一年生或二年生草本，长 10～30 cm。生长于常绿阔叶林下、河滩；海拔 1500～1820 m。

分布于独龙江（贡山县独龙江乡段）；福贡县石月亮乡。1。

^{***}**16. 刚毛无心菜 Arenaria setifera C. Y. Wu ex L. H. Zhou**

凭证标本：武素功 8410。

草本，茎高 5～10 cm。生长于山坡岩石上；海拔 3600～4000 m。

分布于福贡县；泸水市片马镇。15-2-6。

[*]**17. 大花福禄草 Arenaria smithiana Mattfeld**

凭证标本：高黎贡山考察队 7171。

多年生垫状草本，茎高 10～15 cm。生长于高山草地；海拔 4000～4500 m。

分布于泸水市片马镇。15-1。

[*]**18. 具毛无心菜 Arenaria trichophora Franchet**

凭证标本：高黎贡山考察队 31249，32781。

多年生草本，茎匍匐或直立，高 10～30 cm。生长于高山草甸、石质高山草甸、山坡、石滩；海拔 3450～4200 m。

分布于独龙江（察隅县日东乡段，贡山县独龙江乡段）；贡山县丙中洛乡。15-1。

19. 短瓣花 Brachystemma calycinum D. Don

凭证标本：孙航 1591；李恒、郭辉军、李正波、施晓春 80。

一年生草本，茎铺散或攀缘，长达 6 m。生长于灌丛上攀缘；海拔 1600～1800 m。

分布于泸水市上江乡；保山市芒宽乡。14-3。

20. 簇生喜泉卷耳 Cerastium fontanum subsp. vulgare（Hartman）Greuter ＆ Bur-det-*Cerastium vulgare* Hartman

凭证标本：独龙江考察队 1356；高黎贡山考察队 34427。

多年生短命草本，高 15～40 cm。生长于常绿阔叶林、枸子-蔷薇灌丛、河边灌丛、河滩湿地、沼泽湿地、水田、菜地；海拔 1175～2630 m。

分布于独龙江（贡山县独龙江乡段）；贡山县丙中洛乡、捧打乡、茨开镇；福贡县马吉乡、上帕镇；泸水市片马镇、鲁掌镇；保山市潞江镇；腾冲市界头镇、马站乡。1。

21. 缘毛卷耳 Cerastium furcatum Chamisso & Schlechtendal

凭证标本：独龙江考察队 6499；高黎贡山考察队 8165。

多年生草本，高 15～55 cm。生长于江边、河滩、溪旁；海拔 1800～2200 m。

分布于独龙江（贡山县独龙江乡段）；泸水市鲁掌镇。14-2。

22. 球序卷耳 Cerastium glomeratum Thuillier

凭证标本：独龙江考察队 5385，6703。

一年生草本，高 10～20 cm。生长于河边、河滩；海拔 1350～2000 m。

分布于独龙江（贡山县独龙江乡段）。1。

⁺23. 荷莲豆草 Drymaria cordata （Linnaeus） Willdenow ex Schultes-*Holosteum cordatum* Linnaeus

凭证标本：独龙江考察队 350；高黎贡山考察队 29773。

一年生草本，茎直立或近攀缘，高 60～90 cm。生长于次生常绿阔叶林、林缘、灌丛、湖滨湿地、石头上、开阔草地、路边、河滩、溪旁、江边；海拔 710～2200 m。

分布于独龙江（贡山县独龙江乡段）；贡山县捧打乡、茨开镇；福贡县石月亮乡；泸水市片马镇、洛本卓乡、鲁掌镇、六库镇；保山市芒宽乡、潞江镇；腾冲市界头镇、曲石镇、北海乡、清水乡、五合乡；龙陵县龙江乡、镇安镇。17。

24. 鹅肠菜 Myosoton aquaticum （Linnaeus） Moench-*Cerastium aquaticum* Linnaeus

凭证标本：独龙江考察队 1141，5130。

多年生草本，长 20～80 cm。生长于河谷灌丛、菜地；海拔 1320～1350 m。

分布于独龙江（贡山县独龙江乡段）。1。

25. 多荚草 Polycarpon prostratum （Forsskål） Ascherson & Schweinfurth-*Alsine prostrata* Forsskål

凭证标本：高黎贡山考察队 21010，28888。

一年生草本，高 10～25 cm。生长于常绿阔叶林、灌丛；海拔 1000～1100 m。

分布于福贡县鹿马登乡。6。

26. 须弥孩儿参 Pseudostellaria himalaica （Franchet） Pax-*Stellaria davidii* Hemsley var. *himalaica* Franchet

凭证标本：青藏队 7100。

多年生直立草本，茎高 3～13 cm。生长于山坡常绿阔叶林下；海拔 2300 m。

分布于福贡县上帕镇。14-3。

27. 细叶孩儿参 Pseudostellaria sylvatica（Maximowicz）Pax-*Krascheninikovia sylvatica* Maximowicz

凭证标本：青藏队 533。

多年生直立草本，茎高 15～25 cm。生长于松林；海拔 2400～2800 m。

分布于独龙江（察隅县日东乡段）；贡山。14-1。

28. 漆姑草 Sagina japonica（Swartz）Ohwi-*Spergula japonica* Swartz

凭证标本：青藏队 8572；高黎贡山考察队 8031。

一年生或二年生草本，高 5～20 cm。生长于山坡路边、公园；海拔 1400～3000 m。

分布于贡山县茨开镇。14-1。

29. 无毛漆姑草 Sagina saginoides（Linnaeus）H. Karsten-*Spergula saginoides* Linnaeus

凭证标本：独龙江考察队 1144；高黎贡山考察队 34353。

多年生草本，高约 7 cm。生长于常绿阔叶林、秃杉林、针阔叶混交林、冷杉-云杉林、箭竹灌丛、河谷灌丛、河谷荒地、湿地、草地、水田、麦地；海拔 1400～3200 m。

分布于独龙江（贡山县独龙江乡段）；贡山县丙中洛乡、茨开镇；福贡县石月亮乡、鹿马登乡、上帕镇；泸水市片马镇、洛本卓乡、鲁掌镇；保山市芒宽乡。10。

30. 女繁缕 Silene aprica Turczaninow ex Fischer & C. A. Meyer

凭证标本：高黎贡山考察队 12856，27932。

一年生、二年生直立草本，高 30～70 cm。生长于残留常绿阔叶林、次生常绿阔叶林、杂木林中、山坡灌丛、草坡上；海拔 1250～2300 m。

分布于贡山县丙中洛乡、捧打乡；福贡县石月亮乡、鹿马登乡、上帕镇；泸水市片马镇、洛本卓乡。14-2。

*** 31. 掌脉蝇子草 Silene asclepiadea** Franchet

凭证标本：武素功 7155；李生堂 411。

多年生草本，茎长达 1 m。生长于村旁阔叶杂木林中、山坡草地；海拔 2000～2100 m。

分布于腾冲市明光镇。15-1。

32. 狗筋蔓 Silene baccifera（Linnaeus）Roth-*Cucubalus baccifer* Linnaeus

凭证标本：独龙江考察队 225；高黎贡山考察队 34349。

多年生草本，茎长 50～150 cm。生长于江边常绿阔叶林、次生常绿阔叶林、山坡松栗林下、沟边草坡上、路边、石上、树桩上；海拔 1300～2750 m。

分布于独龙江（贡山县独龙江乡段）；贡山县丙中洛乡、捧打乡、茨开镇；福贡县石月亮乡、鹿马登乡、上帕镇、架科底乡；泸水市片马镇、洛本卓乡、鲁掌镇；腾冲市明光镇、曲石镇、芒棒镇；龙陵县龙江乡、龙山镇。10。

33. 疏毛女娄菜 Silene firma Siebold & Zuccarini

凭证标本：尹文清 1465。

一年生或二年生直立草本，高 50～100 cm。生长于阳坡松林下；海拔 1650 m。

分布于腾冲市蒲川乡。14-2。

* **34. 宽叶变黑蝇子草 Silene nigrescens** subsp. **latifolia** Bocquet

凭证标本：施晓春 719；高黎贡山考察队 31648。

多年生草本，高 10～15 cm。生长于高山草甸；海拔 3800～4030 m。

分布于贡山县丙中洛乡、茨开镇；保山市芒宽乡；腾冲市曲石镇。15-1。

** **35. 岩生蝇子草 Silene scopulorum** Franchet

凭证标本：南水北调队 8781。

多年生草本，高 20～25 cm。生长于冷杉林、高山草甸；海拔 3300 m。

分布于福贡县碧江。15-2-3a。

* **36. 粘萼蝇子草 Silene viscidula** Franchet

凭证标本：南水北调队 9124；李生堂 491。

多年生草本，茎长达 80 cm。生长于常绿阔叶林下、杂木林边、灌木林边、草地、山坡阳处草丛中；海拔 1540～2300 m。

分布于贡山县茨开镇；福贡县上帕镇；泸水市片马镇；腾冲市明光镇。15-1。

** **37. 云南蝇子草 Silene yunnanensis** Franchet

凭证标本：独龙江考察队 6007。

多年生草本，茎长 20～80 cm。生长于松林下；海拔 2300 m。

分布于独龙江（贡山县独龙江乡段）；腾冲市曲石镇。15-2-3a。

38. 雀舌草 Stellaria alsine Grimm

凭证标本：独龙江考察队 3023，3627。

一年生草本，茎长 25～35 cm。生长于河谷荒地、沼泽、水田；海拔 1320～1560 m。

分布于独龙江（贡山县独龙江乡段）。10。

39. 短瓣繁缕 Stellaria brahypetala Bunge

凭证标本：青藏队 8630。

多年生草本，高 10～30 cm。生长于山坡灌丛草地；海拔 3500 m。

分布于独龙江。13。

40. 偃卧繁缕 Stellaria decumbens Edgeworth

凭证标本：王启无 66569；青藏队 8660。

多年生垫状草本，茎高 10～20 cm。生长于灌丛草地苔藓层中；海拔 3400～3600 m。

分布于贡山县丙中洛乡。14-3。

41. 禾叶繁缕 Stellaria graminea Linnaeus

凭证标本：武素功 8431；林芹、邓向福 790547。

多年生直立草本，茎高 10～30 cm。生长于山谷常绿阔叶林缘、河边沙滩、山坡堙壕内、山坡灌丛、沟边岩石上；海拔 2700～3500 m。

分布于独龙江（贡山县独龙江乡段）；泸水市片马镇。10。

42. 绵毛繁缕 Stellaria lanata J. D. Hooker

凭证标本：独龙江考察队 2227；高黎贡山考察队 25763。

多年生草本，茎高 25～30 cm。生长于常绿阔叶林、针阔叶混交林、灌丛、河滩、麦地；海拔 1840～3000 m。

分布于独龙江（贡山县独龙江乡段）；贡山县茨开镇；泸水市洛本卓乡。14-3。

** 43. 绵柄繁缕 Stellaria lanipes C. Y. Wu & H. Chuang

凭证标本：林芹、邓向福 790520。

披散草本，茎高 15～25 cm。生长于岩上荫湿；海拔 3500 m。

分布于独龙江（贡山县独龙江乡段）。15-2-3a。

44. 繁缕 Stellaria media (Linnaeus) Villars-*Alsine media* Linnaeus

凭证标本：独龙江考察队 1511；高黎贡山考察队 30310。

一年生或二年生草本，茎长 10～30 cm。生长于常绿阔叶林路边、林缘草地、沟谷林下、江边湿地、河滩、路边潮湿地、菜地、水田；海拔 686～3680 m。

分布于独龙江（贡山县独龙江乡段）；贡山县捧打乡、茨开镇；福贡县上帕镇；泸水市片马镇；保山市芒宽乡、潞江镇；腾冲市界头镇。10。

45. 锥花繁缕 Stellaria monosperma var. paniculata (Edgeworth) Majumdar-*Stellaria paniculata* Edgeworth

凭证标本：武素功 8296，8646。

多年生草本，茎长 50～120 cm。生长于山坡常绿阔叶林下；海拔 2600 m。

分布于泸水市片马镇。14-1。

* 46. 峨眉繁缕 Stellaria omeiensis C. Y. Wu & Y. W. Tsui ex P. Ke

凭证标本：高黎贡山考察队 20522，30278。

一年生草本，茎高 20～30 cm。生长于常绿阔叶林、湿地；海拔 1859～2768 m。

分布于福贡县鹿马登乡；泸水市片马镇；保山市潞江镇；腾冲市界头镇。15-1。

47. 沼生繁缕 Stellaria palustris Retzius

凭证标本：高黎贡山考察队 12426，34287。

多年生直立草本，茎高 10～35 cm。生长于次生常绿阔叶林、杂木林边、山坡陡岩上、河边；海拔 1500～1840 m。

分布于贡山县丙中洛乡、捧打乡。10。

* 48. 细柄繁缕 Stellaria petiolaris Handel-Mazzetti

凭证标本：高黎贡山考察队 7149，7163。

多年生草本，茎匍匐或上升，长约 20 cm。生长于针阔叶混交林下；海拔 1800～2700 m。

分布于泸水市片马镇。15-1。

*49. 长毛箐姑草 Stellaria pilosoides Shi L. Chen et al.

凭证标本：高黎贡山考察队 13434，15968。

一年生草本，茎匍匐长 20～30 cm。生长于常绿阔叶林、秃杉林、针阔叶林、箭竹-白珠灌丛；海拔 1283～3250 m。

分布于贡山县茨开镇；泸水市鲁掌镇；保山市芒宽乡。15-1。

50a. 箐姑草 Stellaria vestita Kurz

凭证标本：独龙江考察队 4135；高黎贡山考察队 23083。

多年生草本，高 30～90 cm。生长于次生常绿阔叶林、云南松林、河岸路边、河滩、草地、溪旁；海拔 1310～3100 m。

分布于独龙江（贡山县独龙江乡段）；贡山县丙中洛乡、茨开镇；福贡县鹿马登乡；泸水市鲁掌镇；保山市潞江镇；腾冲市芒棒镇。7。

*50b. 抱茎箐姑草 Stellaria vestita var. amplexicaulis (Handel-Mazzetti) C. Y. Wu-Stellaria saxatillis Buchanan-Hamilton ex D. Don var. amplexicaulis Handel-Mazzetti

凭证标本：武素功 8008；碧江队 1573。

多年生草本，高 30～90 cm。生长于山坡灌丛中、村边；海拔 1800～2200 m。

分布于福贡县美溪公社中山；泸水市片马镇。15-1。

*51. 千针万线草 Stellaria yunnanensis Franchet

凭证标本：高黎贡山考察队 15349，33660。

多年生直立草本，茎高 10～30 cm。生长于常绿阔叶林中、次生常绿阔叶林路边、疏林、山坡灌丛、茶叶地路旁、开阔草地、湿地、江边、溪旁、大理石上；海拔 1231～3000 m。

分布于贡山县茨开镇；福贡县马吉乡、鹿马登乡、上帕镇、匹河乡；泸水市片马镇、洛本卓乡、鲁掌镇；保山市芒宽乡；腾冲市明光镇、界头镇、曲石镇、马站乡、和顺镇、五合乡；龙陵县龙江乡、镇安镇。15-1。

*52. 藏南繁缕 Stellaria zangnanensis L. H. Zhou

凭证标本：独龙江考察队 478，1985。

多年生草本，茎高 10～30 cm。生长于阔叶林、灌丛、山坡湿地；海拔 1350～2550 m。

分布于独龙江（贡山县独龙江乡段）。15-1。

53. 麦蓝菜 Vaccaria hispanica (Miller) Rauschert-Saponaria hispanica Miller

凭证标本：高黎贡山考察队 8264。

多年生草本，茎高 30～70 cm。生长于次生常绿阔叶林、云南松林、河岸路边、河滩、草地、溪旁；海拔 2200 m。

分布于泸水市鲁掌镇。10。

54. 粟米草科 Molluginaceae

1 属 1 种

1. 粟米草 Mollugo stricta Linnaeus

凭证标本：林芹 792053；独龙江考察队 260。

铺散草本，高 10～30 cm。生长于开阔山坡、怒江河谷西岸路边；海拔 1500～2700 m。

分布于贡山县丙中洛乡；福贡县上帕镇。7。

56. 马齿苋科 Portulacaceae

2 属 4 种，[+]2

[+]1. 大花马齿苋 Portulaca grandiflora Hooker

凭证标本：高黎贡山考察队 s. n. 。

多年生草本。生长于各园庭栽培。

分布于各地。16。

2. 马齿苋 Portulaca oleracea Linnaeus

凭证标本：高黎贡山考察队 17400，18913。

一年生草本，茎匍匐或稍直立。生长于江边路旁；海拔 670～1100 m。

分布于保山市芒宽乡；龙陵县龙江乡。2。

3. 四瓣马齿苋 Portulaca quadrifida Linnaeus

凭证标本：高黎贡山考察队 23597。

一年生草本，茎匍匐。生长于江边；海拔 686 m。

分布于保山市潞江镇。2。

[+]4. 土人参 Talinum paniculatum (Jacquin) Gaertner-*Portulaca paniculata* Jacquin

凭证标本：高黎贡山考察队 14002，27824。

多年生草本，高 30～100 cm。生长于次生常绿阔叶林、田边；海拔 1400～3100 m。

分布于福贡县石月亮乡、碧江高黎贡山东坡；泸水市六库镇；保山市芒宽乡。16。

57. 蓼科 Polygonaceae

7 属 54 种 12 变种，[*]10，[**]2，[***]1，[+]1

1. 金线草 Antenoron filiforme Roberty & Vautier

凭证标本：韩裕丰等 81-838。

多年生草本，具根茎，直立。生长于常绿阔叶林下；海拔 2450 m。

分布于泸水市。14-2。

2. 金荞麦 Fagopyrum dibotrys (D. Don) H. Hara-*Polygonum dibotrys* D. Don

凭证标本：独龙江考察队 169；高黎贡山考察队 29867。

多年生直立草本，茎高 40～100 cm。生长于次生常绿阔叶林、次生林路边、松林、林间草丛、林缘开阔地、灌丛、河岸、河边、河谷、草丛、石上；海拔 702～2900 m。

分布于独龙江（贡山县独龙江乡段）；贡山县丙中洛乡、捧打乡、茨开镇；福贡县马吉乡、石月亮乡、鹿马登乡、上帕镇、匹河乡；泸水市片马镇、洛本卓乡、鲁掌镇；保山市芒宽乡；腾冲市明光镇、界头镇、和顺镇、腾越镇、芒棒镇；龙陵县镇安镇。14-3。

+3. 荞麦 Fagopyrum esculentum Moench

凭证标本：独龙江考察队 378；高黎贡山考察队 12989。

一年生直立草本，茎高 30～90 cm。生长于松林下、溪旁沙地、阔叶林边草地、耕地中；海拔 1400～2300 m。

分布于独龙江（贡山县独龙江乡段）；贡山县丙中洛乡、茨开镇；泸水市片马镇；腾冲市明光镇。16。

*4. 细柄野荞麦 Fagopyrum gracilipes Damm ex Diels

凭证标本：碧江队 1621；高黎贡山考察队 15437。

一年生直立草本，茎高 20～80 cm。生长于路边、次生林中；海拔 1680～2200 m。

分布于贡山县丙中洛乡；泸水市片马镇。15-1。

5. 何首乌 Fallopia multiflora (Thunberg) Haraldson-*Polygonum multiflorum* Thunberg

凭证标本：独龙江考察队 164；高黎贡山考察队 26239。

多年生草本，长 2～4 cm。生长于次生林、山坡树上、灌丛树上；海拔 890～1625 m。

分布于福贡县匹河乡；泸水市大兴地乡；保山市芒宽乡。14-2。

6. 山蓼 Oxyria digyna (Linnaeus) Hill-*Rumex digynus* Linnaeus

凭证标本：碧江队 1122；高黎贡山考察队 32877。

多年生直立草本，茎高 15～30 cm。生长于竹灌丛中、路边石间、砂坝中、溪旁巨石上、溪旁草甸、高山沼泽、急流小溪上方；海拔 2150～4020 m。

分布于独龙江（贡山县独龙江乡段）；贡山县丙中洛乡；福贡县碧江高黎贡山脊口。8。

*7. 中华山蓼 Oxyria sinensis Hemsley

凭证标本：南水北调队 8801；高黎贡山考察队 25889。

多年生直立草本，茎高 30～50 cm。生长于冷杉-箭竹林；海拔 2300～3400 m。

分布于贡山县马桶至四蟒雪山；泸水市洛本卓乡。15-1。

8. 高山神血宁 Polygonum alpinum Allioni

凭证标本：高黎贡山考察队 22094。

多年生直立草本，茎高 50～100 cm。生长于河滩；海拔 1950 m。

分布于独龙江（贡山县独龙江乡段）。10。

9. 抱茎蓼 Polygonum amplexicaule D. Don

凭证标本：邓向福 791312。

多年生直立草本，茎高 40～100 cm。生长于原生林内；海拔 3450 m。

分布于贡山县丙中洛乡。14-3。

10. 毛蓼 Polygonum barbatum Linnaeus

凭证标本：杨竞生 s. n.。

多年生直立草本，茎高 40～90 cm。生长于溪旁、湿地、水边；海拔 1200～1800 m。

分布于贡山县；福贡县匹河乡。14-4。

11a. 钟花神血宁 Polygonum campanulatum J. D. Hooker

凭证标本：独龙江考察队 768；高黎贡山考察队 8176。

多年生草本，茎高 60～90 cm。生长于常绿阔叶林下、针阔叶混交林下、山脊岩石隙；海拔 2000～3600 m。

分布于独龙江（贡山县独龙江乡段）；贡山县丙中洛乡；福贡县上帕镇、匹河乡；泸水市片马镇、鲁掌镇；腾冲市北海乡。14-3。

11b. 绒毛钟花神血宁 Polygonum campanulatum var. **fulvidum** J. D. Hooker

凭证标本：高黎贡山考察队 25647，26858。

多年生草本，茎高 60～90 cm。生长于箭竹灌丛、高山草甸、溪旁；海拔 2040～3120 m。

分布于贡山县丙中洛乡；福贡县石月亮乡；泸水市洛本卓乡。14-3。

12. 头花蓼 Polygonum capitatum Buchanan-Hamilton ex D. Don

凭证标本：独龙江考察队 163；高黎贡山考察队 30948。

多年生草本，茎匍匐。生长于次生常绿阔叶林、杂木林缘、灌丛、山坡乱石堆、陡坡崖壁、花岗岩沙地、江边、水沟边、路边草丛、沟边岩石上；海拔 702～3500 m。

分布于独龙江（贡山县独龙江乡段）；贡山县丙中洛乡、茨开镇；福贡县上帕镇；泸水市片马镇、鲁掌镇、六库镇、上江乡；保山市芒宽乡、潞江镇；腾冲市和顺镇、腾越镇、五合乡；龙陵县镇安镇。14-3。

13a. 火炭母 Polygonum chinense Linnaeus

凭证标本：独龙江考察队 773；高黎贡山考察队 26531。

多年生直立草本，茎高 70～100 cm。生长于常绿阔叶林、落叶阔叶林、石砾-桤木林、针阔叶混交林、沟谷林缘、灌丛、林缘溪旁；海拔 1350～3200 m。

分布于独龙江（贡山县独龙江乡段）；贡山县茨开镇；福贡县上帕镇、石月亮乡、鹿马登乡；泸水市片马镇；保山市芒宽乡；腾冲市猴桥镇、北海乡、芒棒镇；龙陵县镇安镇。7。

13b. 硬毛火炭母 Polygonum chinense var. **hispidum** J. D. Hooker

凭证标本：独龙江考察队 1016；高黎贡山考察队 22036。

多年生直立草本，茎高 70～100 cm。生长于常绿阔叶林下、山坡阔叶林中、灌丛、河谷湿地；海拔 850～2700 m。

分布于独龙江（贡山县独龙江乡段）；福贡县上帕镇；泸水市六库镇；保山市芒宽乡；腾冲市中和镇；龙陵县镇安镇、龙山镇。14-4。

13c. 宽叶火炭母 Polygonum chinense var. ovalifolium Meisner

凭证标本：独龙江考察队 381；高黎贡山考察队 33254。

多年生直立草本，茎高 70～100 cm。生长于常绿阔叶林路边、阔叶林下、林下湿地、林缘、灌丛、箐沟、溪旁、水沟边、山坡、河滩、石上、沙地；海拔 900～2500 m。

分布于独龙江（贡山县独龙江乡段）；贡山县茨开镇；福贡县马吉乡、石月亮乡、鹿马登乡、上帕镇；泸水市片马镇、鲁掌镇、六库镇；保山市芒宽乡、潞江镇；腾冲姚老箐及龙潭箐、猴桥镇；龙陵县龙江乡、镇安镇。14-3。

* **13d. 狭叶火炭母 Polygonum chinense var. paradoxum**（H. Léveillé）A. J. Li-*Polygonum paradoxum* H. Léveillé

凭证标本：高黎贡山考察队 15255，33289。

多年生直立草本，茎高 70～100 cm。生长于常绿阔叶林林下、林缘、灌丛、潮湿陡坡、路边、沟边、河边、石灰岩沙地；海拔 1520～2500 m。

分布于独龙江（贡山县独龙江乡段）；贡山县茨开镇；福贡县马吉乡、鹿马登乡、上帕镇、匹河乡；泸水市片马镇、洛本卓乡、鲁掌镇；保山市芒宽乡；腾冲市明光镇。15-1。

* **14. 革叶拳蓼 Polygonum coriaceum** Samuelsson

凭证标本：高黎贡山考察队 27163。

多年生直立草本，茎高 15～30 cm，具根茎，黑褐色。生长于溪旁陡坡；海拔 3120 m。

分布于福贡县鹿马登乡。15-1。

* **15. 蓝药蓼 Polygonum cyanandrum** Diels

凭证标本：高黎贡山考察队 16974，32820。

一年生草本，茎直立或匍匐，长 10～25 cm。生长于箭竹灌丛、箭竹-杜鹃灌丛、沼泽湿地、石山坡草甸中、岩石缝隙、河边沙砾地、石坡；海拔 2640～4270 m。

分布于贡山县丙中洛乡、茨开镇；福贡县石月亮乡、鹿马登乡；泸水市片马镇。15-1。

16. 小叶蓼 Polygonum delicatulum Meisner

凭证标本：高黎贡山考察队 9515，32817。

一年生直立草本，茎高 8～15 cm。生长于山坡竹林下、箭竹灌丛、沼泽湿地、高山草甸、石面苔藓丛、石山坡、石漠地、巨石上、溪旁、水边湿润草地；海拔 2900～4270 m。

分布于独龙江（贡山县独龙江乡段）；贡山县丙中洛乡、茨开镇；福贡县石月亮乡；泸水市片马镇。14-3。

17. 竹叶舒筋匍枝蓼 Polygonum emodi Meisner

凭证标本：高黎贡山考察队 9940，24524。

丛生亚灌木，高 10～25 cm。生长于山坡路边草地、水边石上；海拔 2510～3125 m。

分布于泸水市片马镇、鲁掌镇。14-3。

18. 六铜钱叶神血宁 Polygonum forrestii Diels

凭证标本：高黎贡山考察队 27110，32769。

多年生草本，茎匍匐，高 5～20 cm。生长于高山沼泽、湖滨巨石上、山坡沙地、岩坡上、岩坡乱石上、流石滩；海拔 3700～4570 m。

分布于独龙江（察隅县日东乡段、贡山县独龙江乡段）；贡山县丙中洛乡；福贡县鹿马登乡；14-3。

19. 冰川蓼 Polygonum glaciale（Meisner）J. D. Hooker-*Polygonum perforatum* Meisner var. *glaciale* Meisner

凭证标本：高黎贡山考察队 13186。

一年生草本，茎高 10～25 cm。生长于常绿阔叶林；海拔 1800 m。

分布于保山市潞江镇。14-3。

20. 长梗拳参 Polygonum griffithii J. D. Hooker

凭证标本：碧江队 905；和志刚 500。

多年生草本，具根茎，黑褐色，粗大。生长于阔叶林、杂木林、箭竹-杜鹃灌丛、高山岩坡、高山草甸、溪畔、水边、草坡、石地；海拔 2100～3100 m。

分布于独龙江；贡山县丙中洛乡、茨开镇；福贡县匹河乡；泸水市片马镇。14-3。

21. 辣蓼 Polygonum hydropiper Linnaeus

凭证标本：独龙江考察队 1989；高黎贡山考察队 23883。

一年直立草本，茎高 40～70 cm。生长于密林下阴湿地、沼泽、湖滨、河谷湿地、水沟边潮湿处、水田菜地、田边；海拔 710～3100 m。

分布于独龙江（贡山县独龙江乡段）；贡山县茨开镇；福贡县上帕镇；泸水市六库镇；腾冲市界头镇、曲石镇；龙陵县镇安镇。8。

22. 蚕茧草 Polygonum japonicum Meisner

凭证标本：高黎贡山考察队 11159，23546。

多年生直立草本，茎高 50～100 cm。生长于湿地、水田中、路边；海拔 686～1760 m。

分布于独龙江（贡山县独龙江乡段）；保山市潞江镇；腾冲市界头镇。14-2。

23. 柔茎蓼 Polygonum kawagoeanum Makino

凭证标本：独龙江考察队 5131；高黎贡山考察队 23568。

一年生草本，长 20～50 cm。生长于河边、路边、菜地、草丛；海拔 686～1320 m。

分布于独龙江（贡山县独龙江乡段）；贡山县丙中洛乡；福贡县匹河乡；龙陵县龙江乡。7。

24. 马蓼 Polygonum lapathifolium Linnaeus

凭证标本：李恒、李嵘、蒋柱檀、高富、张雪梅 438；高黎贡山考察队 29776。

一年生直立草本，茎高 40～90 cm。生长于湖滨湿地、河岸、水中；海拔 686～1850 m。

分布于贡山县丙中洛乡、捧打乡；保山市潞江镇；腾冲市北海乡。8。

25a. 长鬃蓼 Polygonum longisetum Bruijn

凭证标本：独龙江考察队 47；高黎贡山考察队 28974。

一年生直立草本，茎高 30～60 cm。生长于山坡灌丛、湿地、河滩；海拔 650～2060 m。

分布于贡山县丙中洛乡、茨开镇；福贡县上帕镇；泸水市六库镇、上江乡；保山市潞江镇；腾冲市芒棒镇；龙陵县镇安镇、勐糯镇。7。

25b. 圆基长鬃蓼 Polygonum longisetum var. **rotundatum** A. J. Li

凭证标本：冯国楣 8155。

一年生直立草本，茎高 30～60 cm。生长于沟边、草丛中；海拔 1800 m。

分布于贡山县茨开镇。14-4。

26. 长戟叶蓼 Polygonum maackianum Regel

凭证标本：高黎贡山考察队 27846，27898。

一年生直立草本，茎长 30～80 cm。生长于次生植被；海拔 1280～1320 m。

分布于福贡县马吉乡、石月亮乡。14-2。

27a. 圆穗拳参 Polygonum macrophyllum D. Don

凭证标本：碧江队 1129；邓向福 791562。

多年生直立草本，茎高 8～30 cm。生长于高山草地、流石滩；海拔 4120～4200 m。

分布于贡山县丙中洛乡；福贡县鹿马登乡。14-3。

27b. 狭叶圆穗拳参 Polygonum macrophyllum var. **stenophyllum**（Meisner）A. J. Li-*Polygonum stenophyllum* Meisner

凭证标本：高黎贡山考察队 22080。

多年生直立草本，茎高 8～30 cm。生长于开阔地；海拔 2760 m。

分布于独龙江（贡山县独龙江乡段）。14-3。

28a. 小头蓼 Polygonum microcephalum D. Don

凭证标本：碧江队 1160；林芹、邓向福 790803。

多年生草本，高 40～60 cm。生长于路边草丛中、阴湿石上；海拔 1430～3200 m。

分布于独龙江（贡山县独龙江乡段）；福贡县沙拉河谷。14-3。

28b. 腺梗小头蓼 Polygonum microcephalum var. **sphaerocephalum**（Wallich ex Meisner）H. Hara-*Polygonum sphaerocephalum* Wallich ex Meisner

凭证标本：高黎贡山考察队 12394，32901。

多年生草本，高 40～60 cm。生长于常绿阔叶林、灌丛、石山坡；海拔 2000～3450 m。

分布于贡山县丙中洛乡、茨开镇；福贡县鹿马登乡；泸水市片马镇；腾冲市北海乡；龙陵县龙江乡。14-3。

29. 大海拳参 Polygonum milletii (H. Léveillé) H. Léveillé-*Bistorta milletii* H. Léveillé

凭证标本：碧江队 1442；独龙江考察队 721。

多年生直立草本，茎高 30～50 cm。生长于常绿阔叶林、林缘草地；海拔 1900 m。

分布于独龙江（贡山县独龙江乡段）；泸水市片马镇。14-3。

30a. 绢毛神血宁 Polygonum molle D. Don

凭证标本：高黎贡山考察队 13070，28772。

亚灌木，高 90～300 cm。生长于原始常绿阔叶林路边、铁杉林林缘、针阔叶林路边、林缘、树上、灌丛、花岗岩沙土、溪旁、河滩、江边沙地；海拔 1300～2800 m。

分布于独龙江（贡山县独龙江乡段）；贡山县茨开镇；福贡县石月亮乡、上帕镇、匹河乡；泸水市片马镇、洛本卓乡、鲁掌镇；保山市芒宽乡、潞江镇；腾冲市曲石镇、界头镇；龙陵县镇安镇。7。

30b. 光叶神血宁 Polygonum molle var. **frondosum** (Meisner) A. J. Li-*Polygonum frondosum* Meisner

凭证标本：T. T. Yü 20939；高黎贡山考察队 8161。

亚灌木，高 90～300 cm。生长于溪旁、石堆中；海拔 2100～2700 m。

分布于独龙江（贡山县独龙江乡段）；泸水市鲁掌镇。7。

30c. 倒毛神血宁 Polygonum molle var. **rude** (Meisner) A. J. Li-*Polygonum rude* Meisner

凭证标本：冯国楣 8564；南水北调（滇西北分队）10392。

亚灌木，高 90～300 cm。生长于沟谷阔叶林下、旱东瓜林中、山坡疏林、灌丛中、林缘、路旁；海拔 1500～2800 m。

分布于独龙江（贡山县独龙江乡段）；贡山县丙中洛乡、茨开镇；福贡县上帕镇；泸水市鲁掌镇；腾冲市曲石镇；龙陵县碧寨乡。14-3。

31. 小蓼花 Polygonum muricatum Meisner

凭证标本：李恒、李嵘、蒋柱檀、高富、张雪梅 364；高黎贡山考察队 30644。

一年生草本，茎长 80～100 cm。生长于沼泽中、湖滨湿地、水田中、湿地、溪旁、河边石堆中；海拔 1530～2200 m。

分布于泸水市片马镇；保山市潞江镇；腾冲市界头镇、曲石镇、北海乡、芒棒镇。14-1。

32. 尼泊尔蓼 Polygonum nepalense Meisner

凭证标本：高黎贡山考察队 13747，32902。

一年生草本，高 20～40 cm。生长于常绿阔叶林林缘、林间草地、江边林下、河谷灌丛、河滩、菜地、路边、路边湿地、路边淤泥地、溪旁空旷地、荒田；海拔 710～3450 m。

分布于独龙江（贡山县独龙江乡段）；贡山县丙中洛乡、茨开镇；福贡县上帕镇、鹿马登乡；泸水市片马镇、六库镇；保山市芒宽乡、潞江镇；腾冲市曲石镇、明光镇；龙陵县龙江乡、镇安镇。6。

33. 铜钱叶神血宁 Polygonum nummulariifolium Meisner

凭证标本：王启无 71807；高黎贡山考察队 32192。

多年生草本。生长于石漠地、高山草甸；海拔 3300～4000 m。

分布于贡山县丙中洛乡、茨开镇。14-3。

34. 红蓼 Polygonum orientale Linnaeus

凭证标本：施晓春 703；高黎贡山考察队 20375。

一年生直立草本，茎高 1～2 m。生长于林间小路旁、灌丛、溪畔；海拔 1330～2300 m。

分布于独龙江（贡山县独龙江乡段）；贡山县丙中洛乡、茨开镇；福贡县上帕镇；泸水市片马镇；保山市芒宽乡；腾冲。10。

35a. 草血竭 Polygonum paleaceum Wallich ex J. D. Hooker

凭证标本：施晓春 842；独龙江考察队 721。

多年生草本，茎高 40～60 cm。生长于草坡、高山草甸；海拔 1700～3700 m。

分布于独龙江（贡山县独龙江乡段）；腾冲市曲石镇。14-3。

*35b. 毛叶草血竭 Polygonum paleaceum var. pubifolium Samuelsson

凭证标本：王启无 66641，70226。

多年生直立草本，茎高 40～60 cm。生长于溪谷；海拔 2100～2700 m。

分布于贡山县丙中洛乡。15-1。

36. 杠板归 Polygonum perfoliatum Linnaeus

凭证标本：独龙江考察队 532；高黎贡山考察队 28885。

一年生草本，茎攀缘，长 80～200 cm。生长于河岸林、阔叶林林缘、村旁杂木林中、水沟边灌丛、农田边灌丛、路旁灌木丛中、阴湿岩壁上；海拔 850～2070 m。

分布于独龙江（贡山县独龙江乡段）；贡山县茨开镇；捧打乡、丙中洛乡；福贡县上帕镇、石月亮乡、鹿马登乡、匹河乡；泸水市片马镇、六库镇；保山市芒宽乡；腾冲市明光镇、猴桥镇、曲石镇、马站乡。7。

*37. 松林神血宁 Polygonum pinetorum Hemsley

凭证标本：独龙江考察队 5573。

多年生直立草本，茎高 50～120 cm。生长于火烧地；海拔 1700 m。

分布于独龙江（贡山县独龙江乡段）。15-1。

38. 铁马鞭 Polygonum plebeium R. Brown

凭证标本：高黎贡山考察队 13702，29651。

一年生草本，茎匍匐，长 10～40 cm。生长于林缘、江边、路旁；海拔 686～1860 m。

分布于福贡县石月亮乡；泸水市六库镇；保山市潞江镇；腾冲市新华乡；龙陵县

镇安镇。4。

39a. 多穗神血宁 Polygonum polystachyum Wallich ex Meisner

凭证标本：南水北调（滇西北队）10392；高黎贡山考察队 22525。

亚灌木，茎高 80～100 cm。生长于沟谷阔叶林下、灌木丛中、草坡、高山流石滩，海拔 2400～3400 m。

分布于贡山县茨开镇；泸水市片马镇、鲁掌镇。14-3。

39b. 长叶多穗神血宁 Polygonum polystachyum var. **longifolium** J. D. Hooker

凭证标本：冯国楣 7122，8418。

亚灌木，茎高 80～100 cm。生长于草坡、沟边杂草中；海拔 2500～2700 m。

分布于贡山县丙中洛乡、茨开镇。14-3。

40. 丛枝蓼 Polygonum posumbu Buchanan-Hamilton ex D. Don

凭证标本：高黎贡山考察队 13189，31054。

一年生草本，长 30～70 cm。生长于山坡密林下沟边、湿地、路边；海拔 1130～2230 m。

分布于泸水市洛本卓乡；保山市潞江镇；腾冲市界头镇、曲石镇、芒棒镇、五合乡；龙陵县龙江乡、镇安镇。7。

41. 疏蓼 Polygonum praetermissum J. D. Hooker

凭证标本：T. T. Yü19196。

一年生草本，茎匍匐或直立，高 30～90 cm。生长于池边；海拔 1750 m。

分布于贡山县丙中洛乡。5。

42. 伏毛蓼 Polygonum pubescens Blume

凭证标本：赵嘉志 3。

一年生直立草本，茎高 60～90 cm。生长于路旁灌丛中；海拔 1900 m。

分布于腾冲市马站乡。7。

43a. 羽叶蓼 Polygonum runcinatum Buchanan-Hamilton ex D. Don

凭证标本：独龙江考察队 1078；高黎贡山考察队 34501。

多年生草本，茎高 30～60 cm。生长于常绿阔叶林缘、杂木林路边、针叶林路边、灌丛中、沼泽地、溪旁积水地、山沟湿润草地、沟边、路旁、公路边、田埂；海拔 1320～3800 m。

分布于独龙江（贡山县独龙江乡段）；贡山县丙中洛乡、茨开镇；福贡县石月亮乡；泸水市片马镇；保山市芒宽乡；腾冲市猴桥镇、曲石镇、五合乡。7。

*43b. 赤胫散 Polygonum runcinatum var. **sinense** Hemsley

凭证标本：独龙江考察队 1247；高黎贡山考察队 34502。

多年生草本，茎高 30～60 cm。生长于常绿阔叶林下、河谷林、针叶林、竹林边草地、灌丛中、河谷杜鹃灌丛、树桩上、高山沼泽、河岸石缝中、山坡石缝中、开阔湿地、水潭边、路边、沙地、路边湿沙土、溪畔、农田旁；海拔 1231～3450 m。

分布于独龙江（贡山县独龙江乡段）；贡山县丙中洛乡、茨开镇；福贡县马吉乡、石月亮乡、鹿马登乡、上帕镇、匹河乡；泸水市片马镇、洛本卓乡、鲁掌镇、上江乡；保山市芒宽乡、潞江镇；腾冲市明光镇、界头镇、猴桥镇、曲石镇、马站乡、五合乡；龙陵县龙江乡、镇安镇。15-1。

* 44. 翅柄拳参 Polygonum sinomontanum Samuelsson

凭证标本：高黎贡山考察队 26458，27264。

多年生直立草本，茎高 30～50 cm。生长于杂木林边、溪旁、路边；海拔 2770～2850 m。

分布于福贡县石月亮乡；泸水市片马镇。15-1。

** 45. 大理拳参 Polygonum subscaposum Diels

凭证标本：高黎贡山考察队 31181，31558。

多年生直立草本，茎高 15～30 cm。生长于杂木林边、溪旁、路边；海拔 3470～4080 m。

分布于贡山县丙中洛乡。15-2-3a。

** 46. 珠芽支柱拳参 Polygonum suffultoides A. J. Li

凭证标本：青藏队 8636；高黎贡山考察队 25373。

多年生草本，茎高 30～60 cm。生长于高山草甸、岩坡上、水塘边；海拔 3060～3900 m。

分布于独龙江（贡山县独龙江乡段）；贡山县丙中洛乡；福贡县石月亮乡。15-2-3a。

47a. 支柱拳参 Polygonum suffultum Maximowicz

凭证标本：高黎贡山考察队 14859，20510。

多年生草本，茎直立或上升，高 30～40 cm。生长于溪旁林下、灌丛、河边开阔地、路边；海拔 2276～3200 m。

分布于独龙江（贡山县独龙江乡段）；福贡县鹿马登乡、上帕镇。14-2。

* 47b. 细穗支柱拳参 Polygonum suffultum var. pergracile (Hemsley) Samuelsson-*Polygonum pergracile* Hemsley

凭证标本：高黎贡山考察队 25919，28398。

多年生草本，高 30～41 cm。生长于湿性常绿林下、冷杉林、高山草甸、水池边、沟边、路旁；海拔 2790～4150 m。

分布于独龙江（贡山县独龙江乡段）；贡山县丙中洛乡；福贡县石月亮乡、鹿马登乡。15-1。

48. 戟叶蓼 Polygonum thunbergii Siebold & Zuccarini

凭证标本：高黎贡山考察队 10254，29701。

一年生草本，茎高 30～90 cm。生长于常绿阔叶林、草甸、湖滨；海拔 1730～2300 m。

分布于泸水市片马镇；腾冲市芒棒镇、北海乡。14-2。

*** **49. 荫地蓼 Polygonum umbrosum** Samuelsson

凭证标本：Handel-Mazzetti 9350；林芹 791611。

多年生草本，茎长 70～90 cm。生长于潮湿处、灌丛中、山沟水边；海拔 1900～3000 m。

分布于贡山县丙中洛乡；福贡县上帕镇；泸水市六库镇。15-2-6。

50. 香蓼 Polygonum viscosum Buchanan-Hamilton ex D. Don

凭证标本：李生堂 566。

一年生直立草本，茎高 50～90 cm。生长于河边；海拔 1820 m。

分布于腾冲叠水河。14-1。

51. 珠芽拳参 Polygonum viviparum Linnaeus

凭证标本：高黎贡山考察队 11075，32223。

多年生草本，茎高 15～60 cm。生长于常绿阔叶林林缘、疏林、针叶林、山谷云杉林下、枸子-蔷薇灌丛、箭竹灌丛、沼泽湿地、草甸、石山坡、高山石崖、石上苔藓丛中、湖滨、溪旁巨石上、河岸；海拔 1748～4500 m。

分布于独龙江（贡山县独龙江乡段）；贡山县丙中洛乡、茨开镇；福贡县石月亮乡、鹿马登乡、上帕镇；泸水市片马镇；保山市潞江镇；腾冲市界头镇、猴桥镇、马站乡、芒棒镇、五合乡。8。

52. 球序蓼 Polygonum wallichii Meisner

凭证标本：独龙江考察队 3228；高黎贡山考察队 32113。

一年生草本，高 20～30 cm。生长于常绿阔叶林、林缘、沟边；海拔 2800～3460 m。

分布于独龙江（贡山县独龙江乡段）；贡山县茨开镇；福贡县鹿马登乡；腾冲市曲石镇、芒棒镇。14-3。

53. 云南大黄 Rheum yunnanense Samuelsson

凭证标本：林芹 791999。

多年生草本，株高 30～60 cm。生长于高山草甸；海拔 3500 m。

分布于福贡县石月亮乡。14-4。

54. 尼泊尔酸模 Rumex nepalensis Sprengel

凭证标本：独龙江考察队 3028；高黎贡山考察队 30294。

多年生直立草本，茎高 50～100 cm。生长于林下路边、河岸灌丛、溪旁草地、溪旁积水地、耕地边、路边；海拔 1255～2580 m。

分布于独龙江（贡山县独龙江乡段）；贡山县捧打乡、茨开镇；福贡县鹿马登乡；泸水市片马镇；腾冲市明光镇、界头镇、中和镇、芒棒镇。7。

59. 商陆科 Phytolaccaceae

1 属 1 种

1. 商陆 Phytolacca acinosa Roxburgh

凭证标本：高黎贡山考察队 10364，27815。

多年生直立草本，高 50～150 cm。生长于常绿阔叶林内、村旁杂木林中、林下路边、灌丛、湿山坡、泥沙地、农舍旁、栽培；海拔 1200～2500 m。

分布于独龙江（贡山县独龙江乡段）；贡山县茨开镇、捧打乡；福贡县石月亮乡、鹿马登乡、上帕镇、架科底乡、匹河乡；泸水市片马镇；保山市芒宽乡、潞江镇；腾冲市明光镇、腾越镇、五合乡。14-1。

61. 藜科 Chenopodiaceae

4 属 4 种，[+]2

1. 千针苋 Acroglochin persicarioides（Poiret）Moquin-Tandon-*Amaranthus persicarioides* Poiret

凭证标本：王启无 66784，71794。

一年生草本，高 30～90 cm。生长于林下溪旁、荒田；海拔 2000～2500 m。

分布于贡山县丙中洛乡。14-3。

2. 藜 Chenopodium album Linnaeus

凭证标本：独龙江考察队 5144；高黎贡山考察队 26167。

一年生直立草本，高 15～150 cm。生长于山坡阔叶林下、溪旁石上、溪谷、路边沙土、田埂、菜地、路边；海拔 600～3000 m。

分布于独龙江（贡山县独龙江乡段）；贡山县丙中洛乡；保山市芒宽乡、潞江镇；龙陵县镇安镇。1。

[+]**3. 土荆芥 Dysphania ambrosioides**（Linnaeus）Mosyakin & Clemants-*Chenopodium ambrosioides* Linnaeus

凭证标本：高黎贡山考察队 15431，25477。

一年生或多年生直立草本，高 50～80 cm。生长于沙土、路边；海拔 650～1680 m。

分布于贡山县丙中洛乡；泸水市片马镇、洛本卓乡；保山市潞江镇；龙陵县镇安镇。17。

[+]**4. 菠菜 Spinacia oleracea** Linnaeus

凭证标本：无标本。

一年生草本，高达 1 m。生长于栽培。

分布于各地栽培。16。

63. 苋科 Amaranthaceae

8 属 17 种，[***]1，[+]5

1. 土牛膝 Achyranthes aspera Linnaeus

凭证标本：独龙江考察队 1448；高黎贡山考察队 26181。

多年生草本，高 20～120 cm。生长于河谷、溪旁、沙地、河滩、路边、甘蔗地；海拔 650～1500 m。

分布于独龙江（贡山县独龙江乡段）；贡山县丙中洛乡、捧打乡；泸水市六库镇；保山市芒宽乡、潞江镇；龙陵县龙江乡。10。

2. 牛膝 Achyranthes bidentata Blume

凭证标本：独龙江考察队 999；高黎贡山考察队 33465。

多年生草本，高 70～120 cm。生长于常绿阔叶林下、江边密林下、河岸林、山坡灌丛、河谷灌丛、河滩灌丛、草坡、湿草地、路边、村旁荒地、耕地旁；海拔 900～3120 m。

分布于独龙江（贡山县独龙江乡段）；贡山县茨开镇、捧打乡；福贡县马吉乡、上帕镇；泸水市片马镇、洛本卓乡、鲁掌镇；保山市芒宽乡、潞江镇；腾冲市曲石镇、界头镇、五合乡；龙陵县龙江乡。7。

3. 柳叶牛膝 Achyranthus longifolia（Makino）Makino-*Achyranthes bidentata* Blume var. *longifolia* Makino

凭证标本：高黎贡山考察队 7107，27456。

多年生草本。生长于河谷、山坡；海拔 1400～1950 m。

分布于福贡县石月亮乡；泸水市鲁掌镇。14-2。

4. 少毛百花苋 Aerva glabrata J. D. Hooker

凭证标本：Forrest 873；杨竞生 7749。

多年生草本，株高 1～2 m。生长于山坡灌丛；海拔 2500 m。

分布于泸水市上江乡；腾冲。14-3。

5. 白花苋 Aerva sanguinolenta（Linnaeus）Blume-*Achyranthes sanguinolenta* Linnaeus

凭证标本：高黎贡山考察队 7978，23536。

多年生草本，茎直立或匍匐。生长于河谷灌丛、沙地；海拔 691～1170 m。

分布于福贡县匹河乡；泸水市六库镇；保山市芒宽乡、龙江乡。7。

⁺6. 刺花莲子草 Alternanthera pungens Kunth

凭证标本：高黎贡山考察队 10477，23555。

一年生草本，披散或匍匐，长 20～30 cm。生长于河岸路边；海拔 686～950 m。

分布于泸水市六库镇；保山市潞江镇。17。

7. 莲子草 Alternanthera sessilis（Linnaeus）R. Brown ex Candolle-*Gomphrena sessilis* Linnaeus

凭证标本：独龙江考察队 074；高黎贡山考察队 18907。

多年生草本，株高 10～45 cm。生长于水田、果园、耕地、河滩；海拔 650～1430 m。

分布于泸水市六库镇、上江乡；保山市芒宽乡、潞江镇。7。

⁺8. 老鸦谷 Amaranthus cruentus Linnaeus

凭证标本：独龙江考察队 1292；高黎贡山考察队 15596。

一年生直立草本。栽培于耕地中；海拔 1300～1700 m。

分布于独龙江（贡山县独龙江乡段）；贡山县丙中洛乡、捧打乡；腾冲市。16。

⁺9. 刺苋 Amaranthus spinosus Linnaeus

凭证标本：高黎贡山考察队 7034，26202。

一年生草本，茎高 30～100 cm。生长于公路边、甘蔗田旁、河漫滩；海拔 650～900 m。

分布于泸水市上江乡；保山市芒宽乡、潞江镇。16。

⁺10. 苋 Amaranthus tricolor Linnaeus

凭证标本：高黎贡山考察队 12010，26186。

一年生草本，茎高 80～150 cm。生长于林缘、河谷、江边、河滩；海拔 611～1570 m。

分布于贡山县捧打乡；保山市芒宽乡、潞江镇；龙陵县。16。

⁺11. 皱果苋 Amaranthus viridis Linnaeus

凭证标本：高黎贡山考察队 15595。

一年生直立草本，茎高 40～80 cm。栽培于耕地中；海拔 1540 m。

分布于贡山县捧打乡。16。

12. 青葙 Celosia argentea Linnaeus

凭证标本：独龙江考察队 124；高黎贡山考察队 26189。

一年生草本，高 30～100 cm。生长于林缘、河谷灌丛、路边、河滩；海拔 686～1250 m。

分布于泸水市六库镇；保山市芒宽乡、潞江镇。6。

13. 头花杯苋 Cyathula capitata Moquin-Tandon

凭证标本：独龙江考察队 259；高黎贡山考察队 33262。

多年生直立草本，高 50～100 cm。生长于常绿阔叶林林缘、次生林路边、灌丛、山溪路边；海拔 1300～1930 m。

分布于独龙江（贡山县独龙江乡段）；贡山县茨开镇、捧打乡；福贡县马吉乡、鹿马登乡、上帕镇；泸水市鲁掌镇；保山市老莹后山；腾冲市芒棒镇、曲石镇。14-3。

14. 川牛膝 Cyathula officinalis K. C. Kuan

凭证标本：高黎贡山考察队 13271，18646。

多年生直立草本，高 50～100 cm。生长于常绿阔叶林内、次生林、林缘、灌丛、溪谷；海拔 1500～2240 m。

分布于独龙江（贡山县独龙江乡段）；贡山县茨开镇；福贡县鹿马登乡；保山市潞江镇；龙陵县龙江乡、镇安镇；腾冲市界头镇、曲石镇、腾越镇。14-3。

15. 杯苋 Cyathula prostrata (Linnaeus) Blume-*Achyranthes prostrata* Linnaeus

凭证标本：高黎贡山考察队 10532。

多年生直立草本，高 30～50 cm。生长于水田边；海拔 900 m。

分布于泸水市六库镇；保山市芒宽乡。4。

16. 浆果苋 Deeringia amaranthoides（Lamarck）Merrill-*Achyranthes amaranthoides* Lamarck

凭证标本：独龙江考察队 394；高黎贡山考察队 19886。

攀缘灌木，茎长 2～6 m。生长于常绿阔叶林路边、河谷林、林下河滩、灌丛、瀑布跌水岩下；海拔 1300～1800 m。

分布于独龙江（贡山县独龙江乡段）；福贡县鹿马登乡、匹河乡；保山市芒宽乡；腾冲市芒棒镇。5。

*** **17. 云南林地苋 Psilotrichum yunnanensis** D. D. Tao

凭证标本：独龙江考察队 009。

亚灌木，高 70～100 cm。生长于河谷灌丛；海拔 850 m。

分布于泸水市六库镇。15-2-6。

64. 落葵科 Basellaceae

2 属 2 种，*2

* **1. 落葵薯 Anredera cordifolia**（Tenore）Van Steenis-*Boussingaultia cordifolia* Tenore

凭证标本：高黎贡山考察队 8008，23196。

缠绕藤本，具根茎，粗厚坚硬。生长于次生林林缘、农舍旁、路边；海拔 1000～1458 m。

分布于贡山县茨开镇；泸水市鲁掌镇；保山市芒宽乡、潞江镇。16。

* **2. 落葵 Basella alba** Linnaeus

凭证标本：各地栽培。

一年生草本，茎长达 10 m。

分布于各地栽培。16。

65. 亚麻科 Linaceae

2 属 3 种

1. 异腺草 Anisadenia pubescens Griffith

凭证标本：冯国楣 2081；高黎贡山考察队 34235。

多年生草本，高 15～40 cm。生长于常绿阔叶林路边、次生林林下、松林下、松栎林下、路边灌丛下、附生于树上、阴湿缓坡、路边田埂上、荒地；海拔 1400～2250 m。

分布于独龙江（贡山县独龙江乡段）；贡山县丙中洛乡、捧打乡、茨开镇；福贡县马吉乡、石月亮乡；泸水市洛本卓乡；腾冲市明光镇、界头镇、曲石镇。14-3。

2. 石异腺草 Anisadenia saxatilis Wallich ex C. F. W. Meissner

凭证标本：高黎贡山考察队 32590。

多年生草本。生长于林内阴湿处；海拔 2248 m。

分布于独龙江（贡山县独龙江乡段）。14-3。

3. 石海椒 Reinwardtia indica Dumortier

凭证标本：高黎贡山考察队 13522。

灌木，高达 1 m。生长于次生林内；海拔 1600 m。

分布于保山市芒宽乡。14-3。

67. 牻牛儿苗科 Geraniaceae

1 属 11 种，* 6

* 1. 五角叶老鹳草 Geranium delavayi Franchet

凭证标本：冯国楣 7784；怒江考察队 791531。

多年生直立草本，茎高 23～85 cm。生长于常绿阔叶林内、林下沟边、山沟中灌丛草地、草坡；海拔 2500～3700 m。

分布于独龙江（察隅县日东乡段、贡山县独龙江乡段）；贡山县丙中洛乡；福贡县渣拉河谷。15-1。

2. 长根老鹳草 Geranium donianum Sweet

凭证标本：青藏队 10256；高黎贡山考察队 32158。

多年生直立草本，茎高 8～40 cm，具根茎。生长于灌丛、山坡灌丛草地、高山草甸山坡、草甸多石处、流石滩；海拔 3350～4570 m。

分布于独龙江（察隅县日东乡段、贡山县独龙江乡段）；贡山县丙中洛乡、茨开镇。14-3。

* 3. 圆柱根老鹳草 Geranium farreri Stapf

凭证标本：冯国楣 7889。

多年生直立草本，茎高 9～16 cm，具根茎。生长于草坡上；海拔 3700～3800 m。

分布于贡山县丙中洛乡。15-1。

* 4. 灰岩紫地榆 Geranium franchetii R. Knuth

凭证标本：怒江队 1844；南水北调队 8464。

多年生直立草本，茎高 25～60 cm，具根茎，多少横走，粗 4.5～7.9 mm。生长于灌丛；海拔 2800～3450 m。

分布于泸水市片马镇、鲁掌镇。15-1。

* 5. 萝卜根老鹳草 Geranium napuligerum Franchet

凭证标本：T. T. Yü 19848。

多年生直立草本，茎高 4～25 cm，具根茎，直立。生长于高山草甸；海拔 3700 m。

分布于独龙江（贡山县独龙江乡段）。15-1。

6. 尼泊尔老鹳草 Geranium nepalense Sweet

凭证标本：独龙江考察队 1020；高黎贡山考察队 33341。

多年生草本，茎高 27～72 cm。生长于常绿阔叶林、云南松林下、灌丛、杜鹃沼泽、草地、溪旁沙地、河边、石缝、菜地、麦地、瀑布跌水岩下河滩；海拔 1175～3120 m。

分布于独龙江（贡山县独龙江乡段）；贡山县丙中洛乡、茨开镇；福贡县石月亮乡、鹿马登乡、上帕镇、架科底乡；泸水市片马镇、鲁掌镇；保山市芒宽乡、潞江镇；腾冲市明光镇、曲石镇；龙陵县镇安镇。7。

7. 二色老鹳草 Geranium ocellatum Cambessèdes
凭证标本：高黎贡山考察队 22262。
一年生草本，茎高 9～37 cm。生长于路边山坡；海拔 1780 m。
分布于独龙江（贡山县独龙江乡段）。6。

8. 多花老鹳草 Geranium polyanthes Edgeworth & J. D. Hooker
凭证标本：高黎贡山考察队 16972，32220。
多年生直立草本，茎高 7～64 cm。生长于箭竹灌丛、箭竹-杜鹃灌丛、高山草甸、多石之草坡上；海拔 2500～3600 m。
分布于独龙江（贡山县独龙江乡段）；贡山县丙中洛乡、茨开镇；泸水市。14-3。

9. 反瓣老鹳草 Geranium refractum Edgeworth & J. D. Hooker
凭证标本：高黎贡山考察队 31204，31628。
多年生直立草本，茎高 16～50 cm。生长于高山草甸、沼泽湿地；海拔 3600～3810 m。
分布于独龙江（贡山县独龙江乡段）；贡山县丙中洛乡。14-3。

* 10. 伞花老鹳草 Geranium umbelliforme Franchet
凭证标本：高黎贡山考察队 16972。
多年生直立草本，茎高 28～45 cm，具根茎，直伸。生长于石漠地；海拔 3450 m。
分布于贡山县茨开镇。15-1。

* 11. 云南老鹳草 Geranium yunnanense Franchet
凭证标本：高黎贡山考察队 25649，31431。
多年生直立草本，茎高 28～54 cm。生长于山坡灌丛、高山草甸石坡、草丛、石缝；海拔 1800～3900 m。
分布于贡山县丙中洛乡；福贡县上帕镇；泸水市片马镇、洛本卓乡、鲁掌镇。15-1。

69. 酢浆草科 Oxalidaceae

2 属 6 种，+1

1. 分支感应草 Biophytum fruticosum Blume
凭证标本：王启无 92322。
多年生草本，高 3～40 cm。生长于混交林下、灌丛草坡；海拔 1200 m。
分布于龙陵县平达乡。7。

2. 无柄感应草 Biophytum umbraculum Welwitsch

凭证标本：尹文清 60-1487。

一年生草本，高 14～15 cm。生长于松林草坡；海拔 1200～1600 m。

分布于腾冲市曲石镇。6。

3. 白花酢浆草 Oxalis acetosella Linnaeus

凭证标本：高黎贡山考察队 14819，33324。

多年生草本，高 8～15 cm。生长于原始常绿阔叶林、秃杉林、落叶阔叶林、针叶林、冷杉-箭竹林、箭竹灌丛、箭竹-杜鹃灌丛、灌丛草甸、高山草甸；海拔 1530～4270 m。

分布于独龙江（贡山县独龙江乡段）；贡山县丙中洛乡、茨开镇；福贡县鹿马登乡、石月亮乡；泸水市片马镇、洛本卓乡。10。

4. 酢浆草 Oxalis corniculata Linnaeus

凭证标本：独龙江考察队 505；高黎贡山考察队 27905。

一年生草本或多年生短命草本，茎长达 50 cm。生长于松林、林缘、灌丛、草地、耕地、麦地、路边、河边、田边、沙地；海拔 1180～2400 m。

分布于独龙江（贡山县独龙江乡段）；贡山县茨开镇；福贡县马吉乡、上帕镇；泸水市片马镇；保山市芒宽乡；腾冲市五合乡。1。

⁺5. 红花酢浆草 Oxalis corymbosa Candolle

凭证标本：高黎贡山考察队 29840。

多年生草本，高 6～40 cm，具鳞茎。生长于灌丛；海拔 1630 m。

分布于腾冲市和顺镇。17。

6. 山酢浆草 Oxalis griffithii Edgeworth & J. D. Hooker

凭证标本：独龙江考察队 1495；怒江考察队 1610。

多年生草本，高 7～25 cm，具根茎，匍匐。生长于常绿林下、阔叶林内、混交林下、松林、林下沟边、林下石上；海拔 1400～2600 m。

分布于独龙江（贡山县独龙江乡段）；贡山县丙中洛乡；福贡县碧江高黎贡山；泸水市片马镇；腾冲市猴桥镇、芒棒镇。14-3。

71. 凤仙花科 Balsaminaceae

1 属 50 种 2 变种，*12，**14，***13，⁺1

**** 1. 水凤仙花 Impatiens aquatilis J. D. Hooker**

凭证标本：尹文清 1078；李生堂 399。

一年生直立草本，高 30～50 cm。生长于阔叶杂木林、疏林；海拔 2000～2300 m。

分布于腾冲市曲石镇、明光镇。15-2-2。

2. 锐齿凤仙花 Impatiens arguta J. D. Hooker & Thomson

凭证标本：独龙江考察队 920；高黎贡山考察队 34444。

多年生直立草本，高 70 cm。生长于江边常绿阔叶林、沟谷林下、生于树桩上、山谷、水边、溪畔、溪旁石上、路边、河岸林、灌丛沟边、路边草丛中；海拔 900～2500 m。

分布于独龙江（贡山县独龙江乡段）；贡山县丙中洛乡、茨开镇；福贡县马吉乡、石月亮乡、鹿马登乡、上帕镇、匹河乡；泸水市片马镇、洛本卓乡、六库镇、上江乡；保山市潞江镇；腾冲市界头镇、芒棒镇；龙陵县镇安镇、碧寨乡。14-3。

3. 缅甸凤仙花 Impatiens aureliana J. D. Hooker

凭证标本：Forrest 18412。

直立草本，高 15～20 cm。生长于江边常绿阔叶林；海拔 700～1700 m。

分布于腾冲瑞丽江、怒江分水岭。14-4。

***** 4. 白汉洛凤仙花 Impatiens bahanensis** Hand. -Mazz.

凭证标本：Handel-Mazzetti 9587；青藏队 8132。

一年生草本，高达 100 cm。生长于山坡、沟边；海拔 1900～3000 m。

分布于贡山县丙中洛乡。15-1。

+5. 凤仙花 Impatiens balsamina Linnaeus

凭证标本：独龙江考察队 197，211。

一年生直立草本，高 60～100 cm。生长于云南松林下、田边石上；海拔 1357～1600 m。

分布于贡山县茨开镇；腾冲市中和镇。16。

****** 6. 东川凤仙花 Impatiens blinii** H. Léveillé

凭证标本：高黎贡山考察队 18878。

一年生直立草本，高 40～80 cm。生长于林下湿地；海拔 2220 m。

分布于保山市芒宽乡。15-2-1。

******* 7. 具角凤仙花 Impatiens ceratophora** H. F. Comber

凭证标本：怒江考察队 791657；高黎贡山考察队 16667。

一年生直立草本，高达 1 m。生长于秃杉林、针阔叶混交林、溪旁；海拔 2200～2950 m。

分布于贡山县茨开镇；福贡县上帕镇；泸水市双麦地；腾冲市瑞丽江-怒江分水界。15-2-6。

8. 高黎贡山凤仙花 Impatiens chimiliensis H. F. Comber

凭证标本：青藏队 8466；高黎贡山考察队 32133。

一年生直立草本，高 75～125 cm。生长于山坡灌丛、草地、开阔草甸、溪畔、湿地；海拔 3200～3700 m。

分布于独龙江（贡山县独龙江乡段）；贡山县茨开镇；福贡县鹿马登乡、石月亮乡。14-4。

9. 华凤仙 Impatiens chinensis Linnaeus

凭证标本：李生堂 80-605；李恒、李嵘、蒋柱檀、高富、张雪梅 401。

一年生草本，高 30～60 cm。生长于山坡阔叶林中、古火山口顶、沼泽、田边、路旁；海拔 1400～2100 m。

分布于腾冲市界头镇、曲石镇、中和镇、北海乡、芒棒镇。14-4。

10. 棒尾凤仙花 Impatiens clavicuspis J. D. Hooker ex W. W. Smith

凭证标本：Forrest 1004，1006。

一年生草本，高 30～60 cm。生长于山地；海拔 2700～3200 m。

分布于腾冲市明光镇。14-4。

11. 短尖棒尾凤仙花 Impatiens clavicuspis var. **brevicuspis Handel-Mazzetti

凭证标本：Handel-Mazzetti 9357；Forrest 26759。

一年生草本，高 30～60 cm。生长于山地；海拔 2800～3400 m。

分布于贡山县茨开镇。15-2-5。

*12. 叶底花凤仙花 Impatiens cornucopia Franchet

凭证标本：韩裕丰等 796。

一年生直立草本，高 40～50 cm。生长于常绿阔叶林；海拔 2660 m。

分布于泸水市。15-1。

*13. 蓝花凤仙花 Impatiens cyanantha J. D. Hooker

凭证标本：高黎贡山考察队 10106。

一年生直立草本，高 20～70 cm。生长于常绿阔叶林；海拔 1950 m。

分布于泸水市。15-1。

**14. 金凤花 Impatiens cyathiflora J. D. Hooker

凭证标本：高黎贡山考察队 11115，11146。

一年生直立草本，高 60～70 cm。生长于常绿阔叶林湿地、灌丛；海拔 1680～2200 m。

分布于腾冲市界头镇。15-2-2。

*15. 耳叶凤仙花 Impatiens delavayi Franchet

凭证标本：Delavay 1946；Forrest 117。

一年生直立草本，高 30～40 cm。生长于林缘、草地；海拔 2100～3350 m。

分布于贡山县。15-1。

**16. 束花凤仙花 Impatiens desmantha J. D. Hooker

凭证标本：李恒、李嵘 1096；高黎贡山考察队 34508。

多年生直立草本，高 30～70 cm。生长于原始常绿阔叶林下路边、林缘湿地、秃杉林缘湿地、针叶林、江边、林下、灌丛、沼泽地、草坡上、溪旁、高山草地；海拔 1550～3800 m。

分布于独龙江（贡山县独龙江乡段）；贡山县丙中洛乡、茨开镇；福贡县石月亮乡、鹿马登乡；泸水市片马镇、洛本卓乡、鲁掌镇；腾冲市马站乡。15-2-1。

17. 镰萼凤仙花 Impatiens drepanophora J. D. Hooker

凭证标本：Forrest 35；Toppin 2778。

粗壮草本，高约 100 cm。生长于林下；海拔 2000～2200 m。

分布于腾冲市；缅甸八莫。14-3。

*** **18. 福贡凤仙花 Impatiens fugongensis** K. M. Liu & Y. Y. Cong

凭证标本：林芹、邓向福 790908，791117。

一年生草本。生长于附生于树上、江边岩石上；海拔 1450～1550 m。

分布于独龙江（贡山县独龙江乡段）。15-2-6。

*** **19. 贡山凤仙花 Impatiens gongshangensis** Y. L，Chen

凭证标本：高黎贡山考察队 32614。

一年生直立草本，高 10～30 cm。生长于瀑布旁；海拔 1270 m。

分布于独龙江（贡山县独龙江乡段）。15-2-6。

* **20. 细梗凤仙花 Impatiens gracilipes** J. D. Hooker

凭证标本：林芹 791832；青藏队 8132。

一年生草本，高 20～30 cm。生长于沟边常绿林下、水沟边；海拔 2000～3750 m。

分布于独龙江（贡山县独龙江乡段）；贡山县茨开镇；福贡县鹿马登乡；保山市芒宽乡。15-1。

*** **21. 横断山凤仙花 Impatiens hengduanensis** Y. L. Chen

凭证标本：青藏队 9448。

一年生直立草本，高 10～15 cm。生长于热带雨林；海拔 1266 m。

分布于独龙江（贡山县独龙江乡段）。15-2-6。

22. 同距凤仙花 Impatiens holocentra Handel-Mazzetti

凭证标本：独龙江考察队 296；高黎贡山考察队 33772。

一年生草本，高 30～50 cm。生长于常绿阔叶林内、林缘、路边、箐沟边、溪旁、冷杉林林下、林缘水沟边；箭竹灌丛、箭竹-杜鹃灌丛、湿山坡；海拔 1150～3500 m。

分布于独龙江（贡山县独龙江乡段）；贡山县茨开镇；福贡县鹿马登乡、石月亮乡、匹河乡；泸水市片马镇、鲁掌镇、洛本卓乡；保山市芒宽乡；腾冲市猴桥镇、腾越镇、芒棒镇、五合乡、团田乡；龙陵县镇安镇。14-4。

** **23. 狭萼凤仙花 Impatiens lancisepala** S. H. Huang

凭证标本：高黎贡山考察队 32300。

多年生直立草本，高约 50 cm，具根茎。生长于常绿阔叶林下；海拔 1720 m。

分布于独龙江（贡山县独龙江乡段）。15-2-8。

* **24. 毛凤仙花 Impatiens lasiophyton** J. D. Hooker

凭证标本：李生堂 80-526；青藏队 7377。

一年生直立草本，高 30～60 cm。生长于阔叶林下、沟边、草丛中；海拔 1220～2070 m。

分布于福贡怒江东岸；腾冲市猴桥镇。15-1。

** 25. 滇西北凤仙花 Impatiens lecomtei J. D. Hooker

凭证标本：独龙江考察队 6285；高黎贡山考察队 33611。

一年生直立草本，高 30～60 cm。生长于常绿阔叶林、沟边杂木林、林缘湿地、溪畔石上；海拔 1420～2590 m。

分布于独龙江（贡山县独龙江乡段）；贡山县茨开镇；福贡县石月亮乡。15-2-3a。

*** 26. 李恒凤仙花 Impatiens lihengiana S. X. Yu & R. Li，sp. nov.

凭证标本：高黎贡山考察队 31810。

一年生草本。生长于常绿阔叶林；海拔 2530 m。

分布于贡山县丙中洛乡。15-2-6。

*** 27. 长喙凤仙花 Impatiens longirostris S. H. Huang

凭证标本：高黎贡山考察队 10210，30159。

一年生直立草本，高约 60 cm。生长于常绿阔叶林路边湿地、疏林边、陡坡上、河岸、巨石上；海拔 1850～2690 m。

分布于泸水市片马镇、鲁掌镇；腾冲市曲石镇、界头镇。15-2-6。

* 28. 路南凤仙花 Impatiens loulanensis J. D. Hooker

凭证标本：Forrest 1104。

一年生直立草本，高 50～80 cm。生长于林下；海拔 2100～2400 m。

分布于腾冲市水寨。15-1。

* 29. 无距凤仙花 Impatiens margaritifera J. D. Hooker

凭证标本：高黎贡山考察队 15390，32904。

一年生直立草本，高 40～50 cm。生长于常绿阔叶林、混交林林缘、山坡灌丛、竹箐中、箭竹灌丛、杜鹃灌丛草甸、高山草甸、石坡；海拔 2830～3940 m。

分布于独龙江（贡山县独龙江乡段）；贡山县丙中洛乡、茨开镇。15-1。

** 30. 蒙自凤仙花 Impatiens mengtszeana J. D. Hooker

凭证标本：高黎贡山考察队 17677，31048。

一年生直立草本，高 20～40 cm。生长于山坡常绿阔叶林下、林下湿地、湿山坡、溪旁湿地；海拔 1500～2300 m。

分布于独龙江（贡山县独龙江乡段）；泸水市片马镇；腾冲市曲石镇、芒棒镇五合乡、蒲川乡；龙陵县龙江乡。15-2-1。

*** 31. 小距凤仙花 Impatiens microcentra Handel-Mazzetti

凭证标本：林芹、邓向福 790644；高黎贡山考察队 32664。

多年生草本，高 20～30 cm，具根茎，匍匐，无毛。生长于混交林下、冷杉林、山坡灌丛草地、竹箐中、开阔地；海拔 2200～3400 m。

分布于独龙江（贡山县独龙江乡段）；贡山县丙中洛乡、茨开镇。15-2-6。

* 32. 西固凤仙花 Impatiens notolopha Maximowicz

凭证标本：高黎贡山考察队 32823。

一年生直立草本，高 40～60 cm。生长于湖边巨石上；海拔 3561 m。

分布于贡山县丙中洛乡。15-1。

*** **33. 片马凤仙花 Impatiens pianmaensis** S. H. Huang

凭证标本：高黎贡山考察队 10231，30162。

一年生直立草本，高 60 cm。生长于常绿阔叶林溪旁；海拔 2080～2400 m。

分布于泸水市洛本卓乡、鲁掌镇；腾冲市界头镇。15-2-6。

*** **34. 澜沧凤仙花 Impatiens principis** J. D. Hooker

凭证标本：怒江考察队 791657；施晓春 455。

一年生直立草本，高 25～30 cm。生长于溪畔；海拔 1550～2500 m。

分布于福贡县上帕镇；保山市芒宽乡。15-2-6。

*** **35. 直距凤仙花 Impatiens pseudokingii** Handel-Mazzetti

凭证标本：王启无 66946；横断山队 423。

一年生直立草本，高 50～90 cm。生长于河边林下；海拔 2000～2600 m。

分布于贡山县丙中洛乡；保山市芒宽乡。15-2-6。

36. 柔毛凤仙花 Impatiens puberula Candolle

凭证标本：武素功 7236。

一年生直立草本，高 30～60 cm。生长于山谷、杂木林、沟边；海拔 2000 m。

分布于腾冲市明光镇。14-3。

** **37. 紫花凤仙花 Impatiens purpurea** Handel-Mazzetti

凭证标本：碧江队 1168；青藏队 10795。

一年生直立草本，高 40～70 cm。生长于山坡松林下、溪畔；海拔 2000～3200 m。

分布于独龙江（察隅县日东乡段）；贡山县丙中洛乡；福贡县上帕镇、匹河乡。15-2-3a。

38. 总状凤仙花 Impatiens racemosa Candolle

凭证标本：碧江队 1676；青藏队 10043。

一年生直立草本，高 3～60 cm。生长于阔叶林下、山坡松林下；海拔 2200～3000 m。

分布于独龙江（察隅县日东乡段）；泸水市片马镇。14-3。

39. 辐射凤仙花 Impatiens radiata J. D. Hooker

凭证标本：高黎贡山考察队 17460，18454。

一年生草本，高达 80 cm。生长于常绿阔叶林林下、湿地、草地；海拔 2060～2500 m。

分布于贡山县丙中洛乡、茨开镇；保山市潞江镇；腾冲市芒棒镇、五合乡。14-3。

** **40. 直角凤仙花 Impatiens rectangula** Handel-Mazzetti

凭证标本：高黎贡山考察队 9971，34190。

一年生草本，高 30～70 cm。生长于常绿阔叶林路边、杂木林、落叶阔叶林、针阔叶林、灌丛、箭竹灌丛、溪旁、河岸湿地；海拔 1430～3000 m。

分布于贡山县丙中洛乡、捧打乡、茨开镇；福贡县石月亮乡；泸水市片马镇；腾冲市曲石镇。15-2-3a。

*41. 红纹凤仙花 Impatiens rubrostriata J. D. Hooker

凭证标本：高黎贡山考察队 13234，18530。

一年生草本，高 30～90 cm。生长于常绿阔叶林、苔藓中、溪旁；海拔 2011～2700 m。

分布于贡山县丙中洛乡；保山市潞江镇；腾冲市明光镇、曲石镇、芒棒镇；龙陵县龙江乡。15-1。

*42a. 黄金凤 Impatiens siculifer J. D. Hooker

凭证标本：李恒、李嵘 815；高黎贡山考察队 33216。

一年生草本，高 30～60 cm。生长于常绿阔叶林林下、湿草地；海拔 1400～3070 m。

分布于独龙江（贡山县独龙江乡段）；贡山县茨开镇；福贡县石月亮乡；泸水市片马镇、洛本卓乡；腾冲市猴桥镇、中和镇、芒棒镇、新华乡、瑞丽江、怒江分水岭；龙陵县龙江乡、镇安镇。15-1。

42b. 雅致黄金凤 Impatiens siculifer var. **mitis Lingelsheim & Borza

凭证标本：尹文清 60-1050。

一年生草本，高 30～60 cm。生长于密林中、潮湿地；海拔 2300 m。

分布于腾冲市曲石镇。15-2-1。

42c. 紫花黄金凤 Impatiens siculifer var. **porphyrea** J. D. Hooker

凭证标本：高黎贡山考察队 11519，25951。

一年生草本，高 30～60 cm。生长于常绿阔叶林、冷杉-箭竹林下；海拔 1809～3450 m。

分布于泸水市片马镇、洛本卓乡；保山市潞江镇；腾冲市瑞丽江、怒江分水岭。14-4。

43. 窄叶凤仙花 Impatiens stenantha J. D. Hooker

凭证标本：高黎贡山考察队 9944，13094。

一年生直立草本，高 30～60 cm。生长于阔叶林；海拔 1700～2900 m。

分布于泸水市片马镇；保山市芒宽乡。14-3。

***44. 独龙凤仙花 Impatiens taronensis Handel-Mazzetti

凭证标本：碧江队 1693；高黎贡山考察队 32090。

多年生草本，茎直立或斜上升，高 15～30 cm。生长于常绿阔叶林下、铁杉林下、林下阴湿地、石坡苔藓丛中、冷杉林下、溪旁、沟边岩石上、高山草沟；海拔 2600～4100 m。

分布于独龙江（贡山县独龙江乡段）；贡山县丙中洛乡、茨开镇；福贡县石月亮乡；泸水市片马镇；腾冲市猴桥镇。15-2-6。

*45. 膜苞凤仙花 Impatiens tenuibracteata Y. L. Chen

凭证标本：高黎贡山考察队 25821，27929。

一年生直立草本，高 25～50 cm。生长于常绿阔叶林；海拔 2200～2200 m。

分布于泸水市洛本卓乡。15-1。

46. 硫色凤仙花 Impatiens thiochroa Handel-Mazzetti

凭证标本：高黎贡山考察队 10168，33605。

一年生直立草本，高 30～50 cm。生长于常绿阔叶林溪旁、沙滩；海拔 1790～2280 m。

分布于贡山县茨开镇；泸水市双麦地。15-2-3a。

47. 微绒毛凤仙花 Impatiens tomentella J. D. Hooker

凭证标本：高黎贡山考察队 15025，32396。

一年生直立草本，高 20～40 cm。生长于常绿阔叶林、附生树干上、巨石上或石块苔藓丛中、次生常绿阔叶林林下阴湿地、箭竹灌丛、灌丛、路边湿地；海拔 1620～3300 m。

分布于独龙江（贡山县独龙江乡段）；福贡县石月亮乡、鹿马登乡；泸水市片马镇；保山市芒宽乡、潞江镇；腾冲市五合乡、新华乡；龙陵县龙江乡。15-2-3。

48. 苍山凤仙花 Impatiens tsangshanensis Y. L. Chen

凭证标本：高黎贡山考察队 27173，27236。

一年生直立小草本，高 15～20 cm。生长于铁杉林、冷杉-杜鹃林、杜鹃-箭竹林、湿地；海拔 2950～3460 m。

分布于福贡县鹿马登乡。15-2-3a。

49. 金黄凤仙花 Impatiens xanthina H. F. Comber

凭证标本：李恒、李嵘 1086；高黎贡山考察队 32742。

一年生小草本，高 6～20 cm。生长于附生石上、滴水崖、石壁上、石崖下、林下阴湿地、林下湿沙地、河谷湿沙地、河谷林水边、流水石面上；海拔 1250～2800 m。

分布于独龙江（贡山县独龙江乡段）；贡山县茨开镇；福贡县马吉乡、石月亮乡、鹿马登乡、上帕镇。15-2-6。

50. 德浚凤仙花 Impatiens yui S. H. Huang

凭证标本：青藏队 7978；高黎贡山考察队 34477。

一年生草本，高 25～50 cm。生长于常绿阔叶林林缘沟边、秃杉林；海拔 1600～2443 m。

分布于独龙江（贡山县独龙江乡段）；贡山县茨开镇。15-2-6。

72. 千屈菜科 Lythraceae

4 属 7 种，+1

1. 耳基水苋 Ammannia auriculata Willdenow

凭证标本：独龙江考察队 099；高黎贡山考察队 23617。

一年生草本，高 15～60 cm。生长于林下石上、河滩；海拔 611～710 m。

分布于泸水市六库镇；龙陵县龙江乡。2。

2. 水苋菜 Ammannia baccifera Linnaeus

凭证标本：独龙江考察队 508，3491。

一年生草本，高 10～100 cm。生长于流水沼泽、水田中、田埂；海拔 1300～1445 m。

分布于独龙江（贡山县独龙江乡段）。2。

⁺3. 紫薇 Lagerstroemia indica Linnaeus

凭证标本：栽培。

灌木或小乔木，高达 7 m。生长于栽培。

分布于各地栽培。16。

4. 小果紫薇 Lagerstroemia minuticarpa Debberm. ex P. C. Kanj

凭证标本：青藏队 9197，9273。

乔木。生长于常绿阔叶林中；海拔 1300～1500 m。

分布于独龙江（贡山县独龙江乡段）。14-3。

5. 节节菜 Rotala indica（Willdenow）Koehne-*Peplis indica* Willdenow

凭证标本：高黎贡山考察队 20666。

一年生草本，高达 40 cm。生长于水田中、田埂；海拔 600～1784 m。

分布于独龙江（贡山县独龙江乡段）；贡山县丙中洛乡；泸水市；保山市潞江镇；腾冲市界头镇、北海乡。7。

6. 圆叶节节菜 Rotala rotundifolia（Buchanan-Hamilton ex Roxburgh）Koehne-*Ammannia rotundifolia* Buchanan-Hamilton ex Roxburgh

凭证标本：李恒、郭辉军、李正波、施晓春 24；高黎贡山考察队 29671。

多年生草本，高达 30 cm。生长于沼泽中、溪流中、水田、水塘边；海拔 600～2037 m。

分布于福贡县上帕镇、鹿马登乡、匹河乡；泸水市片马镇；保山市芒宽乡；腾冲市界头镇、猴桥镇、北海乡、五合乡；龙陵县龙江乡、镇安镇。14-3。

7. 虾子花 Woodfordia fruticosa（Linnaeus）Kurz-*Lythrum fruticosum* Linnaeus

凭证标本：高黎贡山考察队 11629，23865。

灌木，高 1～5 m。生长于云南松林、河谷灌丛、草坡；海拔 1220～1446 m。

分布于保山市潞江镇；龙陵县镇安镇。7。

74. 海桑科 Sonneratiaceae

1 属 1 种

1. 八宝树 Duabanga grandiflora（Roxburgh ex Candolle）Walpers-*Lagerstroemia grandiflora* Roxburgh ex Candolle

凭证标本：高黎贡山考察队 10543，23610。

乔木，高达 30～40 m。生长于江边季雨林；海拔 611～880 m。

分布于保山市芒宽乡；龙陵县龙江乡。7。

75. 石榴科 Punicaceae

1 属 1 种

1. 石榴 Punica granatum Linnaeus

凭证标本：高黎贡山考察队 23505。

灌木或小乔木，高 2～3 m。生长于路边；海拔 691 m。

分布于保山市潞江镇。12。

77. 柳叶菜科 Onagraceae

5 属 25 种 2 变种，*3，***1，+1

1. 柳兰 Chamerion angustifolium (Linnaeus) Holub-*Epilobium angustifolium* Linnaeus

凭证标本：高黎贡山考察队 10440，15354。

多年生直立草本，茎高 20～200 cm。生长于林下、开阔草坡、溪旁、路边湿地、山间箐沟周围；海拔 2500～3400 m。

分布于独龙江（贡山县独龙江乡段）；贡山县丙中洛乡、茨开镇；福贡县；泸水市片马镇、鲁掌镇。8。

2. 网脉柳兰 Chamerion conspersum (Haussknecht) Holub-*Epilobium conspersum* Haussknecht

凭证标本：冯国楣 7635；高黎贡山考察队 17125。

多年生草本，茎高 30～120 cm。生长于林下沙地、草地上；海拔 2300～2510 m。

分布于贡山县丙中洛乡、茨开镇。8。

*3a. 狭叶露珠草 Circaea alpina subsp. **angustifolia** (Handel-Mazzetti) Boufford-*Circaea imaicola* (Ascherson & Magnus) Handel-Mazzetti var. *angustifolia* Handel-Mazzetti

凭证标本：T. T. Yü 22709。

多年生草本，高 7～35 cm，具根茎。生长于松林下；海拔 2600 m。

分布于贡山县白汉洛。15-1。

3b. 高原露珠草 Circaea alpina subsp. **imaicola** (Ascherson & Magnus) Kitamura-*Circaea alpina* var. *imaicola* Ascherson & Magnus

凭证标本：施晓春 838；高黎贡山考察队 33736。

多年生草本，高 35～450 cm。生长于林下苔藓地、树皮上、腐木上、河边湿山坡、开阔地；海拔 1700～3000 m。

分布于贡山县丙中洛乡、茨开镇；福贡县石月亮乡、鹿马登乡；保山市潞江镇；腾冲市曲石镇、芒棒镇、五合乡。14-3。

3c. 高寒露珠草 Circaea alpina subsp. **micrantha** (A. K. Skvortsov) Boufford-*Circaea micrantha* A. K. Skvortsov

凭证标本：怒江考察队 791512；高黎贡山考察队 32195。

多年生草本，高 4～25 cm。生长于林下苔藓地、树皮上、巨石上苔藓层中、箭竹灌丛、石漠地、草地、荞麦地；海拔 2100～3640 m。

分布于独龙江（贡山县独龙江乡段）；贡山县丙中洛乡、茨开镇；福贡县石月亮乡、鹿马登乡；泸水市片马镇、洛本卓乡；腾冲市中和镇。14-3。

4. 露珠草 Circaea cordata Royle

凭证标本：高黎贡山考察队 7511，34251。

多年生草本，高 20～150 cm。生长于常绿阔叶林路边、林缘、江边季雨林下、疏林、灌丛、溪旁、石上、草丛；海拔 1000～3000 m。

分布于独龙江（贡山县独龙江乡段）；贡山县茨开镇、捧打乡、丙中洛乡；福贡县马吉乡、石月亮乡、鹿马登乡、上帕镇；泸水市片马镇；腾冲市中和镇。14-1。

5. 南方露珠草 Circaea mollis Siebold & Zuccarini

凭证标本：高黎贡山考察队 7097，18324。

多年生草本，高 25～150 cm。生长于湿性常绿阔叶林中、山箐密林下、村旁杂木林中、灌丛、草甸、村庄附近田园沟边、溪旁草地、路边湿地；海拔 1530～2360 m。

分布于泸水市片马镇、鲁掌镇；保山市芒宽乡；腾冲市明光镇、界头镇、曲石镇、芒棒镇、五合乡、蒲川乡；龙陵县龙江乡、镇安镇。14-1。

6. 匍茎谷蓼 Circaea repens Wallich ex Ascherson & Magnus

凭证标本：李恒、李嵘 729；高黎贡山考察队 34213。

多年生草本，高 15～100 cm。生长于常绿阔叶林路边、林缘；海拔 1900～3300 m。

分布于贡山县茨开镇；腾冲市芒棒镇。14-3。

7. 卵叶露珠草 Circaea ovata Boufford

凭证标本：碧江队 1452。

多年生草本。生长于阔叶林下；海拔 1900 m。

分布于泸水市片马镇。14-2。

*** **8. 贡山露珠草 Circaea taronensis H. Li**

凭证标本：T. T. Yü 19971。

多年生草本。生长于潮湿林下；海拔 1800 m。

分布于独龙江（贡山县独龙江乡段）。15-2-6。

9. 毛脉柳叶菜 Epilobium amurense Hausskncht

凭证标本：独龙江考察队 1062；高黎贡山考察队 28666。

多年生直立草本。生长于常绿阔叶林、栎林下、冷杉-铁杉林、冷杉-箭竹林、针叶林迹地、山坡灌丛、箭竹灌丛、高山沼泽、沟边草地、溪畔、草坡上；海拔 1390～3650 m。

分布于独龙江（贡山县独龙江乡段）；贡山县茨开镇；丙中洛乡；福贡县石月亮乡、马吉乡；泸水市片马镇、洛本卓乡、鲁掌镇；保山市芒宽乡、潞江镇；龙陵县龙江乡、镇安镇。14-1。

10. 腺茎柳叶菜 Epilobium brevifolium subsp. trichoneurum（Hausskncht）P. H. Raven-Epilobium trichoneurum Hausskncht

凭证标本：独龙江考察队 205；高黎贡山考察队 29675。

多年生草本，直立，或上升，茎高 15～9 cm。生长于阔叶林边、林下、路边湿地、山坡、河谷灌丛、溪旁草地、江边荒地、水田边；海拔1280～2080 m。

分布于独龙江（贡山县独龙江乡段）；贡山县丙中洛乡、捧打乡、茨开镇；福贡县马吉乡、石月亮乡；泸水市片马镇、洛本卓乡、鲁掌镇；腾冲市北海乡、芒棒镇。14-3。

11. 圆柱柳叶菜 Epilobium cylindricum D. Don

凭证标本：独龙江考察队2205；高黎贡山考察队28742。

多年生草本，茎高10～110 cm。生长于常绿阔叶林、杂木林、石山坡、路边、江边、沟边、河滩、沼泽、湿地、房屋后面；海拔1510～3270 m。

分布于独龙江（贡山县独龙江乡段）；贡山县丙中洛乡、茨开镇；福贡县鹿马登乡；泸水市片马镇、洛本卓乡、鲁掌镇；保山市潞江镇；腾冲市五合乡；龙陵县龙江乡、镇安镇。12。

12. 鳞根柳叶菜 Epilobium gouldii P. H. Raven

凭证标本：怒江队991，1824。

多年生直立草本，茎高23～30 cm。生长于阔叶林下、高山草地；海拔2200～3150 m。

分布于福贡县匹河乡。14-3。

13. 柳叶菜 Epilobium hirsutum Linnaeus

凭证标本：高黎贡山考察队9854，16618。

多年生草本，茎高25～250 cm。生长于水田边、河边、湖滨、路边；海拔980～1900 m。

分布于贡山县丙中洛乡、捧打乡、茨开镇；泸水市灯笼坝；保山市芒宽乡。10。

14. 锐齿柳叶菜 Epilobium kermodei P. H. Raven

凭证标本：独龙江考察队269，6908。

多年生直立草本，茎高40～200 cm。生长于常绿阔叶林林缘、河谷灌丛、高山草地、瀑布下河滩、路边、河边、玉米地沟边；海拔1300～3150 m。

分布于独龙江（贡山县独龙江乡段）；贡山县茨开镇；泸水市片马镇。14-4。

*15. 矮生柳叶菜 Epilobium kingdonii** P. H. Raven

凭证标本：高黎贡山考察队9948，25776。

多年生草本，茎高8～25 cm。生长于溪旁、路边；海拔2900～2920 m。

分布于泸水市洛本卓乡、风雪垭口东坡。15-1。

16. 短梗柳叶菜 Epilobium royleanum Hausskneckt

凭证标本：青藏队9033；高黎贡山考察队22632。

多年生草本，茎高10～60 cm。生长于高山草甸、湿地、路边草地；海拔1600～2550 m。

分布于独龙江（贡山县独龙江乡段）；贡山县茨开镇；泸水市片马镇。12。

17. 鳞片柳叶菜 Epilobium sikkimense Hausskneckt

凭证标本：高黎贡山考察队8052，26623。

多年生直立草本，茎高5～60 cm。生长于常绿阔叶林、山谷湿润草地、草甸、草坡、沟边；海拔 1930～3600 m。

分布于独龙江（贡山县独龙江乡段）；贡山县丙中洛乡、茨开镇；福贡县鹿马登乡、上帕镇；泸水市片马镇、鲁掌镇。14-3。

* 18. 亚革叶柳叶菜 Epilobium subcoriaceum Haussknecht

凭证标本：怒江队 1835。

多年生直立草本，茎高 15～45 cm。生长于高山草甸；海拔 2900 m。

分布于泸水市片马镇。15-1。

19. 光籽柳叶菜 Epilobium tibetanum Haussknecht

凭证标本：王启无 66762。

多年生直立草本，茎高 13～100 cm，具根茎。生长于沟渠边；海拔 2800～3500 m。

分布于贡山县丙中洛乡。12。

20. 滇藏柳叶菜 Epilobium wallichianum Haussknecht

凭证标本：武素功 8069；邓向福 791411。

多年生草本，茎高 15～80 cm。生长于常绿阔叶林林缘、草地、草坡；海拔 2200～2500 m。

分布于贡山县丙中洛乡；福贡县匹河乡；泸水市片马镇。14-3。

21. 埋鳞柳叶菜 Epilobium williamsii P. H. Raven

凭证标本：碧江队 1773；孙航 80。

多年生草本，茎高 4～25 cm。生长于草地上、草甸；海拔 3000～3800 m。

分布于贡山县丙中洛乡；泸水市片马镇。14-3。

22. 假柳叶菜 Ludwigia epilobioides Maximowicz

凭证标本：李恒、李嵘、蒋柱檀、高富、张雪梅 389；高黎贡山考察队 15811。

一年生直立草本，茎高 15～130 cm。生长于水边、路边湿地；海拔 900～1730 m。

分布于贡山县捧打乡；福贡县瓦屋桥；泸水市六库镇至上江乡；腾冲市北海乡、芒棒镇。14-2。

23. 毛草龙 Ludwigia octovalvis (Jacquin) P. H. Raven-*Oenothera octovalvis* Jacquin

凭证标本：独龙江考察队 0088；高黎贡山考察队 18908。

多年生直立草本，有时为亚灌木，茎高 25～400 cm。生长于稻田边、甘蔗田边水沟、怒江河谷、河边；海拔 650～1000 m。

分布于泸水市六库镇；保山市芒宽乡。1。

24. 细花丁香蓼 Ludwigia perennis Linnaeus

凭证标本：高黎贡山考察队 18909，18914。

一年生直立草本，茎高 20～100 cm。生长于河边；海拔 790 m。

分布于保山市芒宽乡。4。

\+25. 粉花月见草 Oenothera rosea L'Héritier ex Aiton

凭证标本：高黎贡山考察队 17755，25508。

多年生草本，有时亚灌木，茎高 7～65 cm，具根茎。生长于林缘、路边开阔地、江边、石上、公路旁；海拔 1030～2169 m。

分布于福贡县上帕镇；泸水市洛本卓乡；腾冲市五合乡；龙陵县镇安镇。17。

77a. 菱科 Trapaceae

1 属 2 种

1. 细果野菱 Trapa incisa Siebold & Zuccarini

凭证标本：李恒、李嵘、蒋柱檀、高富、张雪梅 437；高黎贡山考察队 29723。

一年生水生草本。生长于湖中；海拔 1730～1840 m。

分布于腾冲市北海湿地、青海湖。7。

2. 菱 Trapa natans Linnaeus

凭证标本：李恒、李嵘、蒋柱檀、高富、张雪梅 427；高黎贡山考察队 28225。

一年生水生草本。生长于池塘、湖泊中；海拔 1575～1730 m。

分布于腾冲市和顺镇、北海乡。6。

78. 小二仙草科 Haloragidaceae

2 属 2 种

1. 小二仙草 Gonocarpus micranthus Thunberg

凭证标本：独龙江考察队 1098；高黎贡山考察队 12037。

多年生匍匐草本，高 5～45 cm。生长于山坡、路边湿润草地、空旷草地、稻田边；海拔 1750～2300 m。

分布于独龙江（贡山县独龙江乡段）；贡山县丙中洛乡；泸水市片马镇；腾冲市明光镇。5。

2. 穗状狐尾藻 Myriophyllum spicatum Linnaeus

凭证标本：高黎贡山考察队 11301；李恒、李嵘、蒋柱檀、高富、张雪梅 394。

多年生草本，茎长 100～250 cm。生长于湖水中、温泉鱼塘；海拔 1500～1730 m。

分布于腾冲市界头镇、曲石镇、北海乡。10。

78a. 杉叶藻科 Hippuridaceae

1 属 1 种

1. 杉叶藻 Hippuris vulgaris Linnaeus

凭证标本：高黎贡山考察队 29693。

多年生水生草本，茎高 10～150 cm。生长于湖水中；海拔 1730 m。

分布于腾冲市北海乡。8。

79. 水马齿科 Callitrichaceae

1 属 1 种

1. 西南水马齿 Callitriche fehmedianii Majeed Kak & Javeil

凭证标本：高黎贡山考察队 10153，18195。

沉水草本。生长于浅水中、水塘中、路边沟壑；海拔 1540～2280 m。

分布于泸水市片马镇；保山市潞江镇；腾冲市芒棒镇；龙陵县龙江乡。7。

81. 瑞香科 Thymelaeaceae

3 属 10 种，* 4，** 1，*** 1

* 1. 尖瓣瑞香 Daphne acutiloba Rehder

凭证标本：高黎贡山考察队 14809。

常绿灌木，高 50～200 cm。生长于林下路边；海拔 3000 m。

分布于贡山县茨开镇。15-1。

2. 藏东瑞香 Daphne bholua Buchanan-Hamilton ex D. Don

凭证标本：独龙江考察队 6423；高黎贡山考察队 30678。

常绿或落叶灌木，高 1～4 m。生长于常绿阔叶林林、河谷常绿林、山脊常绿林、河岸林、混交林、松林、次生林、针叶林下、灌丛、河谷灌丛、江边巨石上；海拔 1380～3022 m。

分布于独龙江（贡山县独龙江乡段）；贡山县茨开镇；福贡县鹿马登乡；泸水市片马镇、鲁掌镇；保山市芒宽乡；腾冲市明光镇、曲石镇。14-3。

** 3. 少花瑞香 Daphne depauperata H. F. Zhou ex C. Y. Chang

凭证标本：高黎贡山考察队 30693。

常绿灌木，高达 150 cm。生长于林缘；海拔 2000～2580 m。

分布于腾冲市猴桥镇。15-2-3a。

* 4. 滇瑞香 Daphne feddei H. Léveillé

凭证标本：高黎贡山考察队 14495，23331。

常绿灌木，高 60～200 cm。生长于次生林、林缘；海拔 1460～2710 m。

分布于独龙江（贡山县独龙江乡段）；贡山县双拉桥；泸水市片马镇；保山市芒宽乡。15-1。

* 5. 长瓣瑞香 Daphne longilobata (Lecomte) Turrill-*Daphne altaica Pallas* var. *longilobata* Lecomte

凭证标本：高黎贡山考察队 14408；刀志灵，崔景云 9442。

常绿灌木，高达 150 cm。生长于林下、路边灌丛；海拔 1560～2700 m。

分布于独龙江（察隅县日东乡段）；贡山县丙中洛乡、捧打乡；保山市芒宽乡。15-1。

6. 白瑞香 Daphne papyracea Wallich ex G. Don

凭证标本：冯国楣 24310；高黎贡山考察队 7829。

常绿灌木，高 150 cm。生长于阔叶林下、河边、路边；海拔 2000～3100 m。

分布于独龙江（贡山县独龙江乡段）；贡山县丙中洛乡；泸水市上江乡；保山市芒

宽乡；腾冲市明光镇、界头镇、曲石镇；龙陵县龙江乡。14-3。

* **7. 凹叶瑞香 Daphne retusa** Hemsley

凭证标本：高黎贡山考察队 14763。

常绿灌木，高 40～150 cm。生长于林下路边；海拔 1770 m。

分布于贡山县茨开镇。15-1。

*** **8. 云南瑞香 Daphne yunnanensis** H. F. Zhou ex C. Y. Chang

凭证标本：高黎贡山考察队 29304，30302。

常绿灌木。生长于林下、林缘溪旁、竹丛中；海拔 1930～2650 m。

分布于腾冲市明光镇、界头镇。15-2-6。

9. 滇结香 Edgeworthia gardneri Meisner

凭证标本：独龙考察队 6777；高黎贡山考察队 30409。

落叶小乔木，高达 3～4 m。生长于常绿林路边、火山疏林、河岸林、林缘、灌丛、江边、河谷、河滩、水沟边、山坡；海拔 1075-2700 m。

分布于独龙江（贡山县独龙江乡段）；贡山县茨开镇；福贡县鹿马登乡、匹河乡；泸水市片马镇、六库镇；腾冲市明光镇、界头镇、猴桥镇、曲石镇。14-3。

10. 毛花瑞香 Eriosolena composita (Linnaeus) Tieghem-*Scopolia composita* Linnaeus

凭证标本：独龙江考察队 853，4187。

灌木或乔木，高达 10 m。生长于河口常绿林、河岸林、河谷灌丛；海拔 1300～1420 m。

分布于独龙江（贡山县独龙江乡段）。7。

83. 紫茉莉科 Nyctaginaceae

3 属 3 种，+2

1. 黄细心 Boerhavia diffusa Linnaeus

凭证标本：高黎贡山考察队 9111。

多年生草本，茎蔓生，长达 200 cm。生长于灌丛；海拔 1700 m。

分布于贡山县丙中洛乡。2。

+**2. 光叶叶子花 Bougainvillea glabra** Choisy

凭证标本：高黎贡山考察队 s. n.。

藤状灌木。生长于栽培。

分布于各地栽培。16。

+**3. 紫茉莉 Mirabilis jalapa** Linnaeus

凭证标本：高黎贡山考察队 27921。

一年生草本，高达 1 m。生长于栽培；海拔 1470 m。

分布于福贡县马吉乡。16。

84. 山龙眼科 Proteaceae

1 属 7 种,** 2,*** 1

** **1. 山地山龙眼 Helicia clicicola** W. W. Smith

凭证标本：尹文清 60-1511；高黎贡山考察队 13139。

灌木或乔木，高 5～12 m。生长于常绿阔叶林、沟谷竹林中；海拔 1600～2100 m。

分布于保山市潞江镇；腾冲市；龙陵县。15-2-5。

2. 小果山龙眼 Helicia cochinchinensis Loureiro

凭证标本：高黎贡山考察队 18577。

灌木或乔木，高 3～20 m。生长于常绿阔叶林；海拔 2240 m。

分布于保山市潞江镇。14-2。

3. 海南山龙眼 Helicia hainanensis Hayata

凭证标本：高黎贡山考察队 25118。

灌木或乔木，高 2～18 m。生长于林缘；海拔 2405 m。

分布于腾冲市芒棒镇。14-4。

4. 深绿山龙眼 Helicia nilagirica Beddome

凭证标本：高黎贡山考察队 25272，30910。

乔木，高 5-15 m。生长于常绿阔叶林；海拔 1150～1850 m。

分布于保山市芒宽乡、潞江镇；腾冲市团田乡。14-3。

** **5. 瑞丽山龙眼 Helicia shweliensis** W. W. Smith

凭证标本：李恒、李嵘 1270；高黎贡山考察队 26078。

灌木或乔木，高 4～10 m。生长于常绿阔叶林；海拔 1550～2500 m。

分布于保山市芒宽乡、潞江镇；腾冲市芒棒镇、二区坪地。15-2-7。

*** **6. 潞西山龙眼 Helicia tsaii** W. T. Wang

凭证标本：高黎贡山考察队 25402。

乔木，高 6～10 m。生长于常绿阔叶林；海拔 1648 m。

分布于保山市潞江镇。15-2-6。

7. 浓毛山龙眼 Helicia vestita W. W. Smith

凭证标本：高黎贡山考察队 24812，29619。

乔木，高 5～25 m。生长于常绿阔叶林、次生常绿阔叶林；海拔 1530～1850 m。

分布于腾冲市五合乡、新华乡。14-4。

87. 马桑科 Coriariaceae

1 属 2 种

1. 马桑 Coriaria nepalensis Wallich

凭证标本：独龙江考察队 4044；高黎贡山考察队 30947。

披散灌木，高 150～250 cm。生长于常绿林、河边阔叶林、次生林、云南松林、路边疏林、河岸疏林、溪旁林缘、河谷滩地、灌丛、农田边山坡、河岸路边；海拔 1010～2400 m。

分布于独龙江（贡山县独龙江乡段）；贡山县丙中洛乡、捧打乡、茨开镇；福贡县上帕镇；泸水市排罗坝；保山市潞江镇；腾冲市曲石镇、芒棒镇、五合乡；龙陵县镇安镇。14-3。

2. 草马桑 Coriaria terminalis Hemsl

凭证标本：独龙江考察队 6085；高黎贡山考察队 21908。

灌木状草本，高 50～100 cm。生长于常绿阔叶林、秃杉林、松林、针叶林、沟边灌丛、草坡；海拔 2000～3400 m。

分布于独龙江（贡山县独龙江乡段）；贡山县茨开镇。14-3。

88. 海桐花科 Pittosporaceae

1 属 12 种，* 3，** 2，*** 3

** **1. 窄叶海桐 Pittosporum angustilimbum C. Y. Wu**

凭证标本：李恒、刀志灵、李嵘 602；高黎贡山考察队 33717。

常绿灌木，高达 1 m。生长于次生疏林；海拔 1700～1900 m。

分布于贡山县丙中洛乡。15-2-3a。

*** **2. 披针叶聚花海桐 Pittosporum balansae var. chatterjeeanum (Gowda) Z. Y. Zhang & Turland**-*Pittosporum chatterjeeanum* Gowda

凭证标本：模式标本。

常绿灌木。生长于河岸灌丛；海拔 1500～1800 m。

分布于泸水市片马镇。15-2-6。

* **3. 短萼海桐 Pittosporum brevicalyx (Oliver) Gagnepain**-*Pittosporum pauciflorum* Hooker & Arnott var. *brevicalyx* Oliver

凭证标本：高黎贡山考察队 13307。

常绿灌木或小乔木，高 10 m。生长于常绿阔叶林；海拔 2170 m。

分布于保山市潞江镇。15-1。

* **4. 大叶海桐 Pittosporum daphniphylloides var. adaphniphylloides (Hu & F. T. Wang) W. T. Wang**-*Pittosporum adaphniphylloides* H. H. Hu & F. T. Wang

凭证标本：李恒、郭辉军、李正波、施晓春 117。

常绿灌木或小乔木，高 2～8 m。生长于常绿阔叶林；海拔 2170 m。

分布于保山市潞江镇。15-1。

* **5. 异叶海桐 Pittosporum heterophyllum Franchet**

凭证标本：青藏队 10733；李恒、李嵘 50。

常绿灌木，高 250 cm。生长于江边萌生灌丛；海拔 1680～2700 m。

分布于独龙江（察隅县日东乡段）；贡山县丙中洛乡、茨开镇。15-1。

6. 滇西海桐 Pittosporum johnstonianum Gowda

凭证标本：独龙江考察队 531；高黎贡山考察队 21695。

常绿小乔木。生长于江边常绿阔叶林、次生疏林或灌丛；海拔 1200～2000 m。

分布于独龙江（贡山县独龙江乡段）。14-4。

7. 杨脆木 Pittosporum kerrii Craib

凭证标本：高黎贡山考察队 17161。

常绿小乔木，高 4～10 m。生长于耕地旁次生林；海拔 1225 m。

分布于腾冲市五合乡。14-4。

8. 黄杨叶海桐 Pittosporum kweichowense var. **buxifolium（K. M. Feng ex W. Q. Yin）Z. Y. Zhang & Turland-*Pittosporum buxifolium* K. M. Feng ex W. C. Yin

凭证标本：李恒、刀志灵、李嵘 668；高黎贡山考察队 22673。

常绿灌木，高约 150 cm。生长于石灰岩山针叶林、次生林；海拔 1800～1900 m。

分布于贡山县丙中洛乡。15-2-8。

9. 尼泊尔海桐 Pittosporum napaulense（de Candolle）Rehder & E. H. Wilson-*Senacia napaulensis* de Candolle

凭证标本：南水北调（滇西北分队）10441；武素功 8542。

常绿灌木或小乔木。生长于常绿阔叶林、松栎林、松林；海拔 650～1700 m。

分布于独龙江（贡山县独龙江乡段）；福贡县石月亮乡、匹河乡；泸水市六库镇、鲁掌镇、六库镇、上江乡；腾冲市蒲川乡；龙陵县勐糯镇。14-3。

***10. 贫脉海桐 Pittosporum oligophlebium H. T. Chang & S. Z. Yan

常绿灌木，高约 2 m。生长于山谷灌丛；海拔 1800～1800 m。

分布于龙陵县。15-2-6。

11. 柄果海桐 Pittosporum podocarpum Gagnepain

凭证标本：陈介 744；武素功 6733。

常绿灌木，高约 2 m。生长于常绿阔叶林下、路边、山箐、沟边；海拔 1830～2700 m。

分布于泸水市片马镇；腾冲市猴桥镇；龙陵县镇安镇。14-3。

***12. 厚皮香海桐 Pittosporum rehderianum var. **ternstroemioides**（C. Y. Wu）Z. Y. Zhang & Turland-*Pittosporum ternstroemioides* C. Y. Wu。

凭证标本：王启无 90010。

常绿灌木，高达 3 m。生长于常绿阔叶林下；海拔 2400 m。

分布于龙陵县碧寨乡。15-2-6。

93. 大风子科 Flacourtiaceae

3 属 3 种，*1

*1. 云南刺篱木 Flacourtia jangomas（Loureiro）Raeuschel-*Stigmarota jangomas* Loureiro

凭证标本：高黎贡山考察队 26148。

落叶大灌木或乔木，高 5～10 m。生长于溪旁；海拔 650 m。

分布于保山市芒宽乡。15-1。

2. 山桐子 Idesia polycarpa Maximowicz

凭证标本：独龙江考察队 253；高黎贡山考察队 30608。

落叶乔木，高 8～21 m。生长于山坡常绿阔叶林中、云南松林、松栎混交林、沟边杂木林、林缘、河岸、河边；海拔 1600～3000 m。

分布于独龙江（贡山县独龙江乡段）；贡山县丙中洛乡；腾冲市界头镇、猴桥镇、曲石镇。14-1。

3. 长叶柞木 Xylosma longifolia Clos

凭证标本：高黎贡山考察队 10638。

常绿灌木或小乔木，高 4～7 m。生长于山坡疏林；海拔 1540 m。

分布于保山市芒宽乡。14-3。

98. 柽柳科 Tamaricaceae

1 属 2 种

1. 卧生水柏枝 Myricaria rosea W. W. Smith

凭证标本：高黎贡山考察队 31684。

落叶灌木，匍匐，高约 1 m。生长于高山草甸；海拔 3710 m。

分布于贡山县丙中洛乡。14-3。

2. 具鳞水柏枝 Myricaria squamosa Desvaux

凭证标本：独龙江考察队 5451，6323。

落叶灌木，高 1～5 m。生长于江边灌丛、河滩；海拔 1630～1010 m。

分布于独龙江（贡山县独龙江乡段）。13。

101. 西番莲科 Passifloraceae

2 属 5 种，** 3，+ 1

1. 三开瓢 Adenia cardiophylla（Masters）Engler-*Modecca cardiophylla* Masters

凭证标本：高黎贡山考察队 9788，25542。

藤本，长达 25 m。生长于密林中、林缘、灌丛石缝中、河边；海拔 840～1650 m。

分布于福贡县上帕镇；泸水市洛本卓乡；龙陵县镇安镇、勐糯镇。14-4。

** **2. 月叶西番莲 Passiflora altebilobata** Hemsley

凭证标本：高黎贡山考察队 7366。

多年生草质藤本，长约 2 m。生长于河谷灌丛；海拔 1150 m。

分布于福贡县匹河乡。15-2-7。

+ **3. 鸡蛋果 Passiflora edulis** Sims

凭证标本：高黎贡山考察队 18232，24912。

多年生草质藤本，长约 6 m。生长于次生常绿阔叶林、灌丛；海拔 1660～2169 m。

分布于腾冲市芒棒镇、五合乡。16。

  [**] **4. 圆叶西番莲 Passiflora henryi** Hemsley

凭证标本：高黎贡山考察队 17362。

多年生草质藤本，长 2～3 m。生长于咖啡地旁灌丛；海拔 900 m。

分布于保山市潞江镇。15-2-7。

  [**] **5. 山峰西番莲 Passiflora jugorum** W. W. Smith

凭证标本：高黎贡山考察队 13141，26068。

木质藤本，长约 8 m。生长于常绿阔叶林、次生常绿阔叶林；海拔 2060～2230 m。

分布于保山市潞江镇；腾冲市芒棒镇、五合乡；龙陵县镇安镇。15-2-7。

103. 葫芦科 Cucurbitaceae

21 属 38 种 1 变种，[*] 4，[**] 2，[***] 2，[+] 10

1. 盒子草 Actinostemma tenerum Griffith

凭证标本：高黎贡山考察队 7221，10026。

草质藤本。生长于铁杉林、溪旁；海拔 2800～3000 m。

分布于泸水市片马镇。14-1。

[+]**2. 冬瓜 Benincasa hispida**（Thunberg）Cogniaux-*Cucurbita hispida* Thunberg

凭证标本：高黎贡山考察队 15613。

匍匐或攀缘草质藤本。生长于各地路边；海拔 1520 m。

分布于贡山双拉河。16。

[+]**3. 西瓜 Citrullus lanatus**（Thunberg）Matsumura & Nakai-*Momordica lanata* Thunberg

一年生草质藤本。各地栽培。

分布于泸水市；保山市；腾冲市；龙陵县。16。

4. 红瓜 Coccinia grandis（Linnaeus）Voigt-*Bryonia grandis* Linnaeus

凭证标本：高黎贡山考察队 7900。

草质藤本。生长于河谷灌丛；海拔 1100 m。

分布于福贡县鹿马登乡。6。

[+]**5. 甜瓜 Cucumis melo** Linnaeus

凭证标本：高黎贡山考察队 s. n.。

匍匐草本。各地栽培。

分布于泸水市；保山市；腾冲市；龙陵县。16。

[+]**6. 黄瓜 Cucumis sativus** Linnaeus

凭证标本：高黎贡山考察队 s. n.。

一年生蔓生或攀缘草本。栽培。

分布于各地栽培。16。

⁺7. 南瓜 Cucurbita moschata Duchesne

凭证标本：高黎贡山考察队 7028。

一年生蔓生或攀缘草本，茎长 2～5 m。栽培；海拔 960 m。

分布于各地栽培。16。

⁺8. 小雀瓜 Cyclanthera pedata (Linnaeus) Schrader-*Momordica pedata* Linnaeus

凭证标本：王启无 90022；邱炳云 771287。

一年生蔓生或攀缘草本。生长于栽培；海拔 1880～2200 m。

分布于腾冲市腾越镇、马站乡、蒲川乡；龙陵县碧寨乡。16。

9. 缅甸绞股蓝 Gynostemma burmanicum King ex Chakravarty

凭证标本：施晓春、杨世雄 510。

多年生攀缘草本。生长于疏林；海拔 1200 m。

分布于保山市芒宽乡。14-4。

⁎10. 长梗绞股蓝 Gynostemma longipes C. Y. Wu

凭证标本：独龙江考察队 361；高黎贡山考察队 33283。

多年生攀缘草本。生长于江边阔叶林、林内、河岸次生林、灌丛中、河岸灌丛、河边山坡上、河边石崖上；海拔 1300～1720 m。

分布于独龙江（贡山县独龙江乡段）；贡山县丙中洛乡、茨开镇。15-1。

11. 绞股蓝 Gynostemma pentaphyllum (Thunberg) Makino-*Vitis pentaphylla* Thunberg

凭证标本：独龙江考察队 1467；高黎贡山考察队 18695。

多年生攀缘草本。生长于常绿阔叶林、常绿阔叶林大树上、次生常绿阔叶林、松林、河岸林内、湿山坡树上、灌丛中、溪畔；海拔 1380～2400 m。

分布于独龙江（贡山县独龙江乡段）；贡山县茨开镇；捧打乡、丙中洛乡；福贡县石月亮乡、鹿马登乡、上帕镇；泸水市片马镇、鲁掌镇、洛本卓乡；保山市芒宽乡、潞江镇；腾冲市明光镇、芒棒镇；龙陵县镇安镇。7。

⁎⁎⁎12. 独龙江雪胆 Hemsleya dulongjiangensis C. Y. Wu

凭证标本：T. T. Yü 20394；高黎贡山考察队 21096。

多年生攀缘草本，具块茎。生长于常绿阔叶林、山坡、江边；海拔 1330～1400 m。

分布于独龙江（贡山县独龙江乡段）。15-2-6。

13a. 圆锥果雪胆 Hemsleya macrocarpa (Cogniaux) C. Y. Wu ex C. Jeffrey-*Gomphogyne macrocarpa* Cogniaux

凭证标本：高黎贡山考察队 15452，34010。

多年生攀缘草本。生长于常绿阔叶林、林缘；海拔 1520～2390 m。

分布于贡山县茨开镇。14-3。

*** **13b. 大花雪胆 Hemsleya macrocarpa** var. **grandiflora** (C. Y. Wu) D. Z. Li-*Hemsleya grandiflora* C. Y. Wu

凭证标本：李德铢 88198，88199。

多年生攀缘草本，具块茎，扁圆形或卵形。生长于箐沟；海拔 1960～1960 m。

分布于福贡县匹河乡。15-2-6。

* **14. 蛇胆 Hemsleya sphaerocarpa** Kuang & A. M. Lu

凭证标本：高黎贡山考察队 18600。

多年生攀缘草本，具块茎，圆球形。生长于人工松林；海拔 2240 m。

分布于保山市潞江镇。15-1。

15. 油渣果 Hodgsonia heteroclita (Roxburgh) J. D. Hooker & Thomson-*Trichosanthes heteroclite* Roxburgh

凭证标本：青藏队 9054；高黎贡山考察队 27751。

木质大型攀缘藤本，茎长 20～30 m。生长于常绿阔叶林、河谷灌丛；海拔 1330～1500 m。

分布于独龙江（贡山县独龙江乡段）；福贡县石月亮乡。14-4。

+ **16. 葫芦 Lagenaria siceraria** (Molina) Standley-*Cucurbita siceraria* Molina

一年生攀缘草本。栽培。

分布于各地栽培。16。

+ **17. 丝瓜 Luffa aegyptiaca** Miller

凭证标本：高黎贡山考察队 17247。

一年生攀缘草本。生长于沙地；海拔 650 m。

分布于保山市潞江镇。16。

18. 木鳖子 Momordica cochinchinensis (Loureiro) Sprengel-*Muricia cochinchinensis* Loureiro

凭证标本：独龙江考察队 1001；高黎贡山考察队 27888。

一年生或多年生攀缘草本，长达 15 m，具块茎。生长于常绿阔叶林林缘、河谷林缘、河谷次生林；海拔 1300～1650 m。

分布于独龙江（贡山县独龙江乡段）；福贡县马吉乡、石月亮乡。14-4。

19. 云南木鳖 Momordica subangulata subsp. **renigera** (Wallich ex G. Don) W. J. de Wilde-*Momordica renigera* Wallich ex G. Don

凭证标本：独龙江考察队 495；高黎贡山考察队 33260。

纤弱攀缘草本。生长于常绿阔叶林、残留常绿阔叶林、桤木林、次生林、河边阔叶林、河谷灌丛、岩石上；海拔 1200～2500 m。

分布于独龙江（贡山县独龙江乡段）；贡山县丙中洛乡、捧打乡、茨开镇；福贡县马吉乡；腾冲市明光镇；龙陵县碧寨乡。14-4。

⁺20. 苦瓜 Momordica charantia Linnaeus

凭证标本：高黎贡山考察队 23607。

一年生攀缘草本。江边栽培；海拔 611 m。

分布于龙陵县龙江乡。16。

21. 帽儿瓜 Mukia maderaspatana (Linnaeus) M. Roemer-*Cucumis maderaspatanus* Linnaeus

凭证标本：高黎贡山考察队 10582。

一年生攀缘或匍匐草本。生长于次生灌丛；海拔 1000 m。

分布于保山市芒宽乡。4。

22. 棒槌瓜 Neoalsomitra clavigera (Wallich) Hutchinson-*Zanonia clavigera* Wallich

凭证标本：高黎贡山考察队 15116。

攀缘草本。生长于常绿阔叶林；海拔 1330 m。

分布于独龙江（贡山县独龙江乡段）。5。

[*]23. 大花裂瓜 Schizopepon macranthus Handel-Mazzetti

凭证标本：高黎贡山考察队 11636。

一年生攀缘草本。生长于次生林；海拔 1740 m。

分布于保山市芒宽乡。15-1。

⁺24. 佛手瓜 Sechium edule (Jacquin) Swartz-*Sicyos edulis* Jacquin

一年生攀缘草本。栽培。

分布于各地栽培。16。

25. 茅瓜 Solena heterophylla Loureiro

凭证标本：冯国楣 8177；高黎贡山考察队 30898。

多年生攀缘草本。生长于常绿阔叶林、次生常绿阔叶林、松栎林、红果树林、古火山口针阔叶林下、灌丛、山坡、沟边、路边、田边、村旁；海拔 960～2200 m。

分布于贡山县茨开镇；福贡县马吉乡、石月亮乡、上帕镇；泸水市鲁掌镇、上江乡；保山市芒宽乡；腾冲市明光镇、曲石镇、马站乡、中和镇、和顺镇、荷花镇、芒棒镇、五合乡、团田乡；龙陵县龙江乡、镇安镇。7。

26. 大苞赤瓟 Thladiantha cordifolia (Blume) Cogniaux-*Luffa cordifolia* Blume

凭证标本：独龙江考察队 220；高黎贡山考察队 33560。

多年生草质藤本。生长于常绿阔叶林、次生常绿阔叶林、樟栎林、栎林、河岸灌丛、水沟边、河边石上、溪旁田边；海拔 1000～2300 m。

分布于独龙江（贡山县独龙江乡段）；贡山县茨开镇；丙中洛乡；福贡县石月亮乡、鹿马登乡、上帕镇；泸水市片马镇、洛本卓乡；保山市芒宽乡；腾冲市界头镇、中和镇。7。

**27. 大萼赤瓟 Thladiantha grandisepala A. M. Lu & Zhi Y. Zhang

凭证标本：高黎贡山考察队 15098，34320。

多年生草质藤本。生长于常绿阔叶林、次生常绿阔叶林、华山松林、核桃林、灌丛、溪畔、山坡、路旁、河边；海拔 1250～2450 m。

分布于独龙江（贡山县独龙江乡段）；贡山县丙中洛乡、茨开镇；福贡县石月亮乡；泸水市洛本卓乡、鲁掌镇；保山市潞江镇；腾冲市五合乡、芒棒镇；龙陵县镇安镇。15-2-5。

28. 异叶赤瓟 Thladiantha hookeri C. B. Clarke

凭证标本：高黎贡山考察队 12229，24158。

多年生草质藤本，茎长 2～10 m，具块茎，扁球形。生长于常绿阔叶林、秃杉林、河边杂木林、路边灌丛、山谷、河边；海拔 1600～2500 m。

分布于贡山县茨开镇；福贡县匹河乡；泸水市片马镇；腾冲市猴桥镇。14-4。

**29. 山地赤瓟 Thladiantha montana Cogniaux

凭证标本：高黎贡山考察队 11966，12350。

多年生攀缘草本。生长于常绿阔叶林、针阔叶混交林、秃杉林灌丛、林边、沟边；海拔 1700～2200 m。

分布于贡山县丙中洛乡、茨开镇；福贡县匹河乡。15-2-3a。

*30. 长毛赤瓟 Thladiantha villosula Cogniaux

凭证标本：冯国楣 7415。

多年生草质藤本。生长于杂木林；海拔 1400～1500 m。

分布于贡山县丙中洛乡。15-1。

31. 糙点栝楼 Trichosanthes dunniana H. Léveillé

凭证标本：独龙江考察队 3098；高黎贡山考察队 29008。

攀缘草本。生长于次生常绿阔叶林、河岸灌丛；海拔 1280～1700 m。

分布于独龙江（贡山县独龙江乡段）；福贡县马吉乡、石月亮乡、上帕镇、架科底乡；腾冲市和顺镇。14-4。

32. 马干铃栝楼 Trichosanthes lepiniana (Naudin) Cogniaux-*Involucraria lepiniana* Naudin

凭证标本：李恒、刀志灵、李嵘 531；高黎贡山考察队 11362。

草质藤本。生长于原始常绿阔叶林路边、江边阔叶林、次生灌丛；海拔 1000～1800 m。

分布于独龙江（贡山县独龙江乡段）；保山市芒宽乡；腾冲市芒棒镇。14-3。

33. 趾叶栝楼 Trichosanthes pedata Merrill & Chun

凭证标本：高黎贡山考察队 10154。

草质攀缘藤本。生长于常绿阔叶林；海拔 2280 m。

分布于泸水市片马镇。14-4。

34. 全缘栝楼 Trichosanthes pilosa Loureiro

凭证标本：李恒、李嵘、施晓春 1323；高黎贡山考察队 18608。

草质攀缘藤本。生长于次生常绿阔叶林、华山松林；海拔 1600～2240 m。

分布于保山市芒宽乡、潞江镇。7。

35. 五角栝楼 Trichosanthes quinquangulata A. Gray

凭证标本：高黎贡山考察队 17363。

攀缘草本。生长于咖啡地旁灌丛草地；海拔 900 m。

分布于保山市潞江镇。7。

36. 红花栝楼 Trichosanthes rubriflos Thorel ex Cayla

凭证标本：高黎贡山考察队 15153，32619。

攀缘草本。生长于热带雨林、常绿阔叶林、次生常绿阔叶林；海拔 1266～1930 m。

分布于独龙江（贡山县独龙江乡段）。14-3。

37. 钮子瓜 Zehneria bodinieri（H. Léveillé）W. J. de Wilde & Duyfjes-*Melothria bodinieri* H. Léveillé

凭证标本：高黎贡山考察队 10489，27807。

草质攀缘藤本。生长于路边次生常绿阔叶林、干热河谷灌丛、村旁、路边、溪畔、地边；海拔 980～2200 m。

分布于福贡县上帕镇、石月亮乡、鹿马登乡、架科底乡；泸水市六库镇；保山市芒宽乡；腾冲市曲石镇、腾越镇、中和镇；龙陵县镇安镇。7。

38. 马绞儿 Zehneria japonica（Thunberg）H. Y. Liu-*Bryonia japonica* Thunberg in Murray

凭证标本：高黎贡山考察队 21295。

草质攀缘藤本。生长于常绿阔叶林；海拔 1660 m。

分布于独龙江（贡山县独龙江乡段）。7。

104. 秋海棠科 Begoniaceae

1 属 13 种 1 变种，*6，**3，***3

1. 无翅秋海棠 Begonia acetosella Craib

凭证标本：独龙江考察队 3451；高黎贡山考察队 32535。

多年生直立草本，高达 2 m。生长于常绿阔叶林、河谷林；海拔 1300～2049 m。

分布于独龙江（贡山县独龙江乡段）。14-4。

***2. 糙叶秋海棠 Begonia asperifolia** Irmscher

凭证标本：青藏队 9697；高黎贡山考察队 34414。

多年生草本，具块茎，近球形，直径 13～20 mm。生长于原生林内、阔叶林下、林下潮湿石上、阴湿山坡、沟边岩壁上；海拔 1600～2700 m。

分布于独龙江（贡山县独龙江乡段）；贡山县茨开镇、丙中洛乡；福贡县上帕镇、匹河乡；腾冲市曲石镇。15-1。

*** **3. 腾冲秋海棠 Begonia clavicaulis** Irmscher

凭证标本：Forrest 27158；高黎贡山考察队 7699。

多年生直立草本，株高约 60 cm。生长于常绿阔叶林；海拔 1750～2100 m。

分布于贡山县茨开镇；腾冲市。15-2-6。

*** **4. 齿苞秋海棠 Begonia dentatobracteata** C. Y. Wu

凭证标本：F. Kingdon Ward 326；南水北调队 1429。

多年生草本，直径 15～19 mm。生长于常绿阔叶林崖壁上；海拔 1600～1900 m。

分布于泸水市片马镇。15-2-6。

* **5. 紫背天葵 Begonia fimbristipulata** Hance

凭证标本：施晓春、杨世雄 778；高黎贡山考察队 7884。

多年生草本，具块茎，直径 7～8 mm。生长于常绿阔叶林下；海拔 2100～2600 m。

分布于福贡县鹿马登乡；腾冲市曲石镇。15-1。

6. 乳黄秋海棠 Begonia flaviflora var. **vivida** Golding & Karegeannes

凭证标本：怒江考察队 790915；独龙江考察队 3454。

多年生直立草本，茎高 20～30 cm。生长于河岸常绿林、林下潮湿石上、河谷林下、山坡岩壁上；海拔 2000～2300 m。

分布于独龙江（贡山县独龙江乡段）；贡山县高拉博；福贡县上帕镇；腾冲市曲石镇。14-3。

** **7. 陇川秋海棠 Begonia forrestii** Irmscher

凭证标本：高黎贡山考察队 17899，23818。

多年生草本。生长于常绿阔叶林、次生常绿阔叶林；海拔 2120～2480 m。

分布于贡山县丙中洛乡；龙陵县龙江乡、镇安镇。15-2-5。

* **8. 中华秋海棠 Begonia grandis** subsp. **sinensis**（A. Candolle）Irmscher-*Begonia sinensis* A. Candolle

凭证标本：T. T. Yü 13575。

多年生草本，茎高 28～60 cm。生长于常绿阔叶林、岩石上；海拔 3000～3400 m。

分布于贡山县。15-1。

*** **9. 贡山秋海棠 Begonia gungshanensis** C. Y. Wu

凭证标本：独龙江考察队 948；高黎贡山考察队 15044。

多年生直立草本，茎高达 90 cm。生长于常绿阔叶林、河岸林下、山坡水沟边灌丛下；海拔 1400～2100 m。

分布于独龙江（贡山县独龙江乡段）。15-2-6。

* **10. 心叶秋海棠 Begonia labordei** H. Léveillé

凭证标本：高黎贡山考察队 15060，32519。

多年生落叶草本。生长于常绿阔叶林、云南松林、针阔叶混交林、松栎林、沟边杂木林中岩石上、灌丛、溪旁林下、悬崖苔藓层中、附生于树上；海拔 1390~2830 m。

分布于独龙江（贡山县独龙江乡段）；贡山县丙中洛乡、茨开镇；福贡县马吉乡、石月亮乡；泸水市片马镇；保山市芒宽乡；腾冲市明光镇、界头镇、曲石镇、芒棒镇；龙陵县镇安镇。15-1。

* **11. 木里秋海棠 Begonia muliensis** T. T. Yü

凭证标本：高黎贡山考察队 32688。

多年生落叶草本，高 20~30 cm。生长于青冈栎林；海拔 2443 m。

分布于独龙江（贡山县独龙江乡段）。15-1。

* **12a. 红孩儿 Begonia palmata** var. **bowringiana**（Champion ex Bentham）Golding & Karegeannes-*Begonia bowringiana* Champion ex Bentham

凭证标本：独龙江考察队 4101；高黎贡山考察队 33950。

多年生直立草本，高 20~90 cm。生长于常绿阔叶林、次生常绿阔叶林、落叶阔叶林、华山松林、云南松林、杂草地、河边、溪旁；海拔 1090~2390 m。

分布于独龙江（贡山县独龙江乡段）；贡山县茨开镇；福贡县马吉乡、石月亮乡、鹿马登乡、上帕镇；保山市芒宽乡、潞江镇；腾冲市芒棒镇、五合乡；龙陵县龙江乡、镇安镇。15-1。

** **12b. 刺毛红孩儿 Begonia palmata** var. **crassisetulosa**（Irmscher）Golding & Karegeannes-*Begonia laciniata* subsp. *crassisetulosa* Irmscher

凭证标本：青藏队 8016；独龙江考察队 3223。

多年生直立草本，高 20~90 cm。生长于山坡常绿阔叶林、灌丛；海拔 1400~2360 m。

分布于独龙江（贡山县独龙江乡段）；贡山县茨开镇；福贡县上帕镇；泸水市鲁掌镇；保山市潞江镇。15-2-5。

** **13. 匍茎秋海棠 Begonia repenticaulis** Irmscher

凭证标本：高黎贡山考察队 32426。

多年生草本，具根茎，粗约 4.5 mm。生长于常绿阔叶林；海拔 2750 m。

分布于独龙江（贡山县独龙江乡段）。15-2-5。

106. 番木瓜科 Caricaceae

1 属 1 种，+1

+**1. 番木瓜 Carica papaya** Linnaeus

凭证标本：高黎贡山考察队 17212。

小乔木或灌木。生长于河谷次生林；海拔 650 m。

分布于保山市潞江镇。16。

107. 仙人掌科 Cactaceae

1 属 1 种，[+]1

[+]1. 仙人掌 Opuntia monacantha Haw

灌木或乔木，高 130～400 cm。生长于山坡；海拔 1000 m。

分布于怒江河谷。17。

108. 山茶科 Theaceae

9 属 46 种 3 变种，[*]12，[**]7，[***]3

[***]1. 阔叶杨桐 Adinandra latifolia L. K. Ling

凭证标本：独龙江考察队 6999。

常绿乔木，高 10～15 m。生长于热带雨林、常绿阔叶林、江边阔叶林、水沟边疏林、灌丛；海拔 1300～1800 m。

分布于独龙江（贡山县独龙江乡段）；贡山。15-2-6。

2. 大叶红淡 Adinandra megaphylla Hu

凭证标本：780 队 699。

常绿乔木，高 5～20 m。生长于林边；海拔 2400 m。

分布于腾冲市猴桥镇。14-4。

3. 茶梨 Anneslea fragrans Wallich

凭证标本：尹文清 60-1374；780 队 238。

常绿灌木或乔木，高 3～15 m。生长于林内、林缘；海拔 1800～1980 m。

分布于腾冲市蒲川乡、公草山；龙陵县。14-4。

4a. 落瓣油茶 Camellia kissii Wallich

凭证标本：高黎贡山考察队 13136，28896。

常绿灌木或乔木，高 150～900 cm。生长于常绿阔叶林、疏林、河边残留阔叶林、竹灌丛、山坡、溪畔、山谷；海拔 1060～2405 m。

分布于福贡县石月亮乡、上帕镇；泸水市片马镇；保山市潞江镇；腾冲市猴桥镇、芒棒镇、五合乡；龙陵县镇安镇。14-3。

4b. 大叶落瓣油茶 Camellia kissii var. confusa (Craib) T. L. Ming-Thea confusa Craib

凭证标本：高黎贡山考察队 17923，19003。

常绿灌木或乔木，高 150～900 cm。生长于次生常绿阔叶林；海拔 1170～2280 m。

分布于保山市芒宽乡；龙陵县龙江乡。14-3。

5. 油茶 Camellia oleifera C. Abel

凭证标本：高黎贡山考察队 10694，33457。

常绿灌木或乔木，高 1~8 m。生长于常绿阔叶林、落叶林、路边；海拔 1420~2200 m。

分布于贡山县丙中洛乡、茨开镇、普拉底乡；福贡县上帕镇；保山市潞江镇。14-4。

** 6. 滇南离蕊茶 Camellia pachyandra Hu

凭证标本：高黎贡山考察队 33423。

常绿灌木或乔木，高 5~12 m。生长于次生常绿阔叶林；海拔 1420 m。

分布于贡山县普拉底乡。15-2-5。

* 7. 滇山茶 Camellia reticulata Lindley

凭证标本：高黎贡山考察队 13668，31102。

常绿乔木或灌木，高 2~15 m。生长于常绿阔叶林、次生常绿阔叶林、华山松林、云南松林、林缘、红花油茶-竹林、村旁阔叶杂木林、茶园内、疏林栽培；海拔 1590~2400 m。

分布于保山市潞江镇；腾冲市明光镇、界头镇、曲石镇、马站乡、芒棒镇、新华乡；龙陵县。15-1。

* 8. 怒江山茶 Camellia saluenensis Stapf ex Bean

凭证标本：香料植物考察队 85-296；高黎贡山考察队 11064。

常绿乔木或灌木，高 1~4 m。生长于山坡杂木林缘、松林、江边松栎林、路边灌丛；海拔 1300~1800 m。

分布于腾冲市界头镇、曲石镇、猴桥镇。15-1。

9a. 茶 Camellia sinensis（Linnaeus）Kuntze-*Thea sinensis* Linnaeus

凭证标本：780 队 421；独龙江考察队 4093。

常绿乔木或灌木，高 1~9 m。生长于常绿阔叶林、灌丛、栽培；海拔 1200~2000 m。

分布于独龙江（贡山县独龙江乡段）；贡山县丙中洛乡、茨开镇；腾冲市水冲洼。14-1。

9b. 普洱茶 Camellia sinensis var. assamica（J. W. Masters）Kitamura-*Thea assamica* J. W. Masters

凭证标本：独龙江考察队 4410；高黎贡山考察队 33368。

常绿乔木或灌木，高 1~9 m。生长于常绿阔叶林、残留常绿阔叶林、石灰岩常绿阔叶林、次生常绿阔叶林、河谷灌丛、栽培；海拔 1180~2200 m。

分布于独龙江（贡山县独龙江乡段）；贡山县茨开镇；福贡县上帕镇；腾冲市明光镇、界头镇、芒棒镇；龙陵县镇安镇。14-4。

10. 大理茶 Camellia taliensis（W. W. Smith）Melchior-*Thea taliensis* W. W. Smith

凭证标本：高黎贡山考察队 13274，23715。

常绿乔木或灌木，高 2~8 m。生长于常绿阔叶林、华山松林；海拔 1908~2400 m。

分布于保山市潞江镇；腾冲市芒棒镇；龙陵县龙江乡、镇安镇。14-4。

11. 窄叶连蕊茶 Camellia tsaii Hu

凭证标本：孙航 1602；高黎贡山考察队 18859。

常绿灌木或乔木，高 1～10 m。生长于常绿阔叶林、次生常绿阔叶林、林间草地、山坡灌丛；海拔 1500～2210 m。

分布于泸水市上江乡；保山市芒宽乡、潞江镇；龙陵县龙江乡、镇安镇。14-4。

12. 滇缅离蕊茶 Camellia wardii Kobuski

凭证标本：高黎贡山考察队 11517，18714。

常绿灌木或乔木，高 2～6 m。生长于常绿阔叶林、溪畔；海拔 1300～2400 m。

分布于保山市潞江镇；腾冲市芒棒镇。14-4。

*13. 猴子木 Camellia yunnanensis Cohen-Stuart

凭证标本：怒江考察队 790382；高黎贡山考察队 13195。

常绿灌木或乔木，高 100～750 cm。生长于次生常绿阔叶林、杂木林；江边、溪畔；海拔 1300～2100 m。

分布于贡山县茨开镇；福贡县抗大公社；保山市潞江镇。15-1。

14. 大红花淡比 Cleyera japonica var. **wallichiana** (Candolle) Sealy-*Cleyera ochnacea* var. *wallichiana* Candolle

凭证标本：青藏队 8110；高黎贡山考察队 13188。

常绿灌木或乔木，高 2～10 m。生长于常绿阔叶林；海拔 2000～2100 m。

分布于独龙江；福贡县匹河乡；泸水市片马镇；保山市潞江镇；腾冲市猴桥镇。14-3。

15. 尖叶柃 Eurya acuminata Candolle

凭证标本：独龙江考察队 746；高黎贡山考察队 21974。

常绿灌木或乔木。生长于常绿阔叶林、青冈常绿阔叶林；海拔 1300～2430 m。

分布于贡山县茨开镇。7。

*16. 尖叶毛柃 Eurya acuminatissima Merrill & Chun

凭证标本：780 队 78。

常绿灌木或乔木，高 1～7 m。生长于次生常绿阔叶林；海拔 1400 m。

分布于保山市芒宽乡。15-1。

17. 云南凹脉柃 Eurya cavinervis Vesque

凭证标本：高黎贡山考察队 11842，28396。

常绿灌木或乔木，高 1～8 m。生长于常绿阔叶林、青冈-铁杉林、铁杉-云杉林、针阔叶混交林、铁杉-云杉林、落叶针叶林、针叶林、箭竹灌丛；海拔 2130～3500 m。

分布于独龙江（贡山县独龙江乡段）；贡山县丙中洛乡、茨开镇；福贡县石月亮乡、鹿马登乡；泸水市片马镇、洛本卓乡、鲁掌镇；腾冲市猴桥镇。14-3。

* 18. 大果柃 Eurya chuekingensis Hu

凭证标本：独龙江考察队 5341；高黎贡山考察队 28437。

常绿灌木，高 100～350 cm。生长于栎类冬青林、铁杉林、针叶林、疏林、杜鹃苔藓林；海拔 2200～3000 m。

分布于独龙江（贡山县独龙江乡段）；贡山县丙中洛乡；福贡县石月亮乡；腾冲市明光镇。15-1。

19. 岗柃 Eurya groffii Merrill

凭证标本：独龙江考察队 4503；高黎贡山考察队 28876。

常绿灌木或乔木，高 2～7 m。生长于常绿阔叶林、华山松林、云南松林、落叶阔叶林、疏林、河岸林、灌丛、石上、路边、荒坡、溪畔、林内；海拔 1060～2530 m。

分布于独龙江（贡山县独龙江乡段）；贡山县茨开镇；福贡县石月亮乡、鹿马登乡、上帕镇、匹河乡；泸水市鲁掌乡、上江乡；保山市芒宽乡、潞江镇；腾冲市界头镇、曲石镇、腾越镇、清水乡、芒棒镇、五合乡、新华乡；龙陵县镇安镇。14-4。

* 20. 贡山柃 Eurya gungshanensis Hu & L. K. Ling

凭证标本：独龙江考察队 1831；高黎贡山考察队 32700。

常绿乔木，高 4～6 m。生长于常绿阔叶林、河谷常绿林、河岸林、次生林、针叶林、冷杉-杜鹃林、杜鹃-箭竹灌丛、灌丛；海拔 1400～3100 m。

分布于独龙江（贡山县独龙江乡段）；贡山县茨开镇；福贡县鹿马登乡；泸水市鲁掌镇。15-1。

21. 丽江柃 Eurya handel-mazzettii Hung T. Chang

凭证标本：孙航 1605；高黎贡山考察队 21909。

常绿灌木或乔木，高 15～100 cm。生长于常绿阔叶林、青冈-箭竹林、针阔叶混交林、针叶林、次生林、灌丛、深水沟边；海拔 1750～2800 m。

分布于独龙江（贡山县独龙江乡段）；贡山县丙中洛乡、捧打乡、茨开镇；泸水市鲁掌镇。14-3。

** 22. 偏心叶柃 Eurya inaequalis P. S. Hsu

凭证标本：青藏队 8694；独龙江考察队 6897。

常绿灌木或乔木，高 2～5 m。生长于常绿阔叶林、铁杉林；海拔 2000～2600 m。

分布于独龙江（贡山县独龙江乡段）。15-2-8。

** 23. 景东柃 Eurya jintungensis Hu et L. K. Ling

凭证标本：高黎贡山考察队 10335，31093。

常绿灌木或乔木，高 2～10 m。生长于常绿阔叶林、青冈-越橘林、栎-桤木林、山沟密林边、云南松林、杉木林、疏林、竹灌丛、灌丛；路边、田边、河边；海拔 1250～2770 m。

分布于贡山县茨开镇；泸水市片马镇、鲁掌镇；保山市潞江镇；腾冲市界头镇、猴桥镇、曲石镇、腾越镇、清水乡、芒棒镇、五合乡、新华乡、蒲川乡；龙陵县镇安镇。15-2-5。

*24. 滇四角柃 Eurya paratetragonoclada Hu

凭证标本：怒江考察队 1583；孙航 1604。

常绿灌木或乔木，高 2～7 m。生长于常绿阔叶林、铁杉林；海拔 2400～2900 m。

分布于贡山县茨开镇；泸水市片马镇。15-1。

***25. 尖齿叶柃 Eurya perserrata Kobuski

凭证标本：独龙江考察队 3198；高黎贡山考察队 32682。

常绿灌木，高 3 m。生长于常绿阔叶林、青冈栎林；海拔 1380～2600 m。

分布于独龙江（贡山县独龙江乡段）。15-2-6。

26. 坚桃叶柃 Eurya persicifolia Gagnepain

凭证标本：武素功 8065。

常绿灌木或乔木，高 3～7 m。生长于山谷常绿阔叶林；海拔 2400 m。

分布于泸水市片马镇。14-4。

27. 肖樱叶柃 Eurya pseudocerasifera Kobuski

凭证标本：高黎贡山考察队 13194，33682。

常绿灌木或乔木，高 3～8 m。生长于常绿阔叶林、青冈-木兰林、栎-云南松林、栎-油茶林、次生常绿阔叶林、云杉-铁杉林；山坡、林缘、路边、溪畔；海拔 1530～2930 m。

分布于独龙江（贡山县独龙江乡段）；贡山县茨开镇；保山市潞江镇；腾冲市明光镇、界头镇、猴桥镇、芒棒镇、五合乡；龙陵县龙江乡、镇安镇。14-4。

28. 火棘叶柃 Eurya pyracanthifolia P. S. Hsu

凭证标本：高黎贡山考察队 13208，30734。

常绿灌木，高 1～3 m。生长于常绿阔叶林、青冈-木兰林、栎类-铁杉林、云南松林、桤木-杨柳林、枸子木-蔷薇越橘灌丛、灌丛；林缘、林下、山箐、路边；海拔 1240～3000 m。

分布于泸水市片马镇；保山市潞江镇；腾冲市明光镇、界头镇、猴桥镇、曲石镇、马站乡、腾越镇、五合乡；龙陵县镇安镇。15-2-1。

*29. 独龙柃 Eurya taronensis Hu & L. K. Ling

凭证标本：独龙江考察队 4324；高黎贡山考察队 10416。

常绿灌木或乔木，高 2～9 m。生长于常绿阔叶林、混交林中；海拔 2000～2630 m。

分布于独龙江（贡山县独龙江乡段）；泸水市片马镇；腾冲市猴桥镇。15-1。

30. 毛果柃 Eurya trichocarpa Korthals

凭证标本：独龙江考察队 522；高黎贡山考察队 25010。

常绿灌木或乔木，高 2～13 m。生长于常绿阔叶林、次生常绿阔叶林、河岸林、河谷灌丛、河滩林；阴湿岩石上；海拔 1300～2169 m。

分布于独龙江（贡山县独龙江乡段）。7。

* 31. 怒江柃 Eurya tsaii Hung T. Chang

凭证标本：高黎贡山考察队 9505，34476。

常绿灌木或乔木，高 2～9 m。生长于常绿阔叶林、铁杉林、铁杉-云杉林、青冈栎林、杜鹃-冬青林、松栎林、石面上；山坡、山谷、箐沟；海拔 1660～2800 m。

分布于独龙江（贡山县独龙江乡段）；贡山县丙中洛乡、茨开镇；福贡县石月亮乡、鹿马登乡；泸水市片马镇、鲁掌镇；保山市潞江镇；腾冲市界头镇、芒棒镇。15-1。

32. 屏边柃 Eurya tsingpienensis Hu

凭证标本：遥感队 71。

常绿灌木，高达 4 m。生长于常绿阔叶林中；海拔 1800 m。

分布于腾冲市界头镇。14-4。

** 33. 无量山柃 Eurya wuliangshanensis T. L. Ming

凭证标本：高黎贡山考察队 13340。

常绿乔木，高 5～9 m。生长于次生常绿阔叶林；海拔 1870 m。

分布于保山市潞江镇。15-2-5。

** 34. 滇柃 Eurya yunnanensis P. S. Hsu

凭证标本：林芹 770557，770588。

常绿灌木，高 2～3 m。生长于路边灌丛；海拔 2100～2400 m。

分布于腾冲市；龙陵县。15-2-8。

35. 黄药大头茶 Polyspora chrysandra（Cowan）Hu ex B. M. Bartholomew & T. L. Ming-*Gordonia chrysandra* Cowan

凭证标本：高黎贡山考察队 13388，30859。

常绿灌木或小乔木，高 3～6 m。生长于次生常绿阔叶林；海拔 1470～2400 m。

分布于保山市芒宽乡、潞江镇；腾冲市和顺镇、清水乡、芒棒镇、五合乡；龙陵县。14-4。

36. 长果大头茶 Polyspora longicarpa（Hung T. Chang）C. X. Ye ex B. M. Bartholomew & T. L. Ming-*Gordonia longicarpa* Hung T. Chang

凭证标本：高黎贡山考察队 10311，31079。

常绿乔木，高 8～25 m。生长于常绿阔叶林、青冈栎林、疏林；海拔 1900～2320 m。

分布于泸水市片马镇；保山市潞江镇；腾冲市明光镇、界头镇、马站乡、芒棒镇、新华乡；龙陵县龙江乡、镇安镇。14-4。

37. 四川大头茶 Polyspora speciosa（Kochs）B. M. Bartholomew & T. L. Ming-*Thea speciosa* Kochs

凭证标本：武素功 8353；780 队 694。

常绿乔木，高 5～15 m。生长于常绿阔叶林、林缘；海拔 2300～2400 m。

分布于泸水市片马镇吴中村后石灰山；腾冲市猴桥镇；龙陵县。14-4。

38. 银木荷 Schima argentea E. Pritzel

凭证标本：高黎贡山考察队 13046，31002。

常绿乔木，高 6～15 m。生长于常绿阔叶林、青冈栎林、石栎-木荷林、木荷-南烛林、松栎林、云南松林、山脊林、落叶林；海拔 1200～2500 m。

分布于福贡县马吉乡、石月亮乡、鹿马登乡、上帕镇、碧江拉布金；泸水市片马镇、鲁掌镇；保山市芒宽乡、潞江镇；腾冲市明光镇、界头镇、猴桥镇、腾越镇、芒棒镇、五合乡；龙陵县龙江乡、镇安镇。14-4。

39. 印度木荷 Schima khasiana Dyer

凭证标本：高黎贡山考察队 10559，32722。

常绿乔木，高 20～25 m。生长于常绿阔叶林、木荷-石栎林、栎-樟林、栎-冬青林、山谷、山沟、山坡、路边；海拔 1310～2600 m。

分布于独龙江（贡山县独龙江乡段）；泸水市片马镇；六库镇；保山市芒宽乡、潞江镇；腾冲市界头镇、芒棒镇、五合乡、新华乡、蒲川乡；龙陵县龙江乡、镇安镇。14-3。

***40a. 贡山木荷 Schima sericans**（Handel-Mazzetti）T. L. Ming-*Schima khasiana* Dyer var. *sericans* Handel-Mazzetti

凭证标本：独龙江考察队 4798；高黎贡山考察队 34200。

常绿乔木，高 9～15 m。生长于常绿阔叶林、秃杉林、青冈栎-铁杉林、铁杉-云杉林、桤木、桦木落叶林、次生林；海拔 1680～3000 m。

分布于独龙江（贡山县独龙江乡段）；贡山县茨开镇、丙中洛乡；福贡县石月亮乡、鹿马登乡、上帕镇；泸水市片马镇、鲁掌镇；保山市芒宽乡；腾冲市明光镇、界头镇、猴桥镇。15-1。

*****40b. 独龙木荷 Schima sericans var. paracrenata**（Hung T. Chang）T. L. Ming-*Schima paracrenata* Hung T. Chang

凭证标本：独龙江考察队 1850；高黎贡山考察队 8123。

常绿乔木，高 9～15 m。生长于常绿阔叶林林缘、山坡、河谷；海拔 1360～2400 m。

分布于独龙江（贡山县独龙江乡段）；福贡县上帕镇；泸水市片马镇、鲁掌镇。15-2-6。

****41. 毛木荷 Schima villosa Hu**

凭证标本：高黎贡山考察队 7928。

常绿乔木，高 7～25 m。生长于常绿阔叶林；海拔 1300～1500 m。

分布于福贡县上帕镇。15-2-8。

42. 红木荷 Schima wallichii (Candolle) Korthals-*Gordonia wallichii* Candolle

凭证标本：高黎贡山考察队 13047，29844。

常绿乔木，高 10～20 m。生长于石栎-常绿阔叶林、石栎-木荷林、木荷-山胡椒林、云南松林、樟-茶林、青冈-栎林、竹灌丛；山坡、山谷、江边、路边；海拔 1180～2300 m。

分布于独龙江（贡山县独龙江乡段）；泸水市片马镇；保山市芒宽乡、潞江镇；腾冲市曲石镇、猴桥镇、和顺镇、清水乡、芒棒镇、五合乡、蒲川乡；龙陵县镇安镇。14-3。

** **43. 翅柄紫茎 Stewartia pteropetiolata** W. C. Cheng

常绿乔木，高 6～15 m。生长于常绿阔叶林；海拔 1200～1600 m。

分布于腾冲市；保山市；龙陵县。15-2-5。

* **44. 紫茎 Stewartia sinensis** Rehder & E. H. Wilson

凭证标本：高黎贡山考察队 30727。

常绿灌木或乔木，高 3～11 m。生长于常绿阔叶林；海拔 1690 m。

分布于腾冲市猴桥镇。15-1。

* **45. 角柄厚皮香 Ternstroemia biangulipes** Hung T. Chang

凭证标本：独龙江考察队 6623；高黎贡山考察队 32720。

常绿灌木或乔木，高 4～15 m。生长于常绿阔叶林、秃杉林、栎类-箭竹林、河谷林、次生常绿阔叶林、河谷灌丛、林缘、河谷、河岸、山坡、附生于树上；海拔 1320～2700 m。

分布于独龙江（贡山县独龙江乡段）；贡山县茨开镇；福贡县鹿马登乡、匹河乡；泸水市片马镇；腾冲市芒棒镇。15-1。

46. 厚皮香 Ternstroemia gymnanthera Beddome

凭证标本：高黎贡山考察队 13217，29991。

常绿灌木，高 150～1500 m。生长于常绿阔叶林、云南松林、青冈栎林、石栎-木荷林、木荷-栎类林、栎类-木兰林、栎类-楠木林、山矾-槭树林、混交林；海拔 1510～2500 m。

分布于独龙江（贡山县独龙江乡段）；福贡县马吉乡、上帕镇；泸水市片马镇；保山市芒宽乡、潞江镇；腾冲市明光镇、界头镇、猴桥镇、曲石镇、腾越镇、芒棒镇、五合乡；龙陵县龙江乡、镇安镇。14-3。

108b. 肋果茶科 Sladeniaceae

1 属 1 种

1. 肋果茶 Sladenia celastrifolia Kurz

凭证标本：刀志灵、崔景云 9448，9454。

常绿乔木，高 5～18 m。生长于常绿阔叶林中；海拔 1900～2100 m。

分布于保山市芒宽乡。14-4。

112. 猕猴桃科 Actinidiaceae

1 属 7 种 2 变种，*2，**3，***1

1. 软枣猕猴桃 Actinidia arguta（Siebold & Zuccarini）Planchon ex Miquel-*Trochostigma argutum* Siebold & Zuccarini

凭证标本：高黎贡山考察队 11978。

落叶攀缘灌木。生长于湿性常绿阔叶林、沟边杂木林中；海拔 2400～2600 m。

分布于贡山县丙中洛乡；保山市芒宽乡。14-2。

2a. 硬齿猕猴桃 Actinidia callosa Lindley

凭证标本：尹文清 60-1270；高黎贡山考察队 30419。

落叶攀缘灌木。生长于栎-冬青林、混交林、沟边次生林中；海拔 1300～2400 m。

分布于福贡县匹河乡；腾冲市界头镇、曲石镇；龙陵县龙江乡。14-3。

*2b. 京梨猕猴桃 Actinidia callosa var. **henryi** Maximowicz

凭证标本：高黎贡山考察队 9777，30241。

落叶攀缘灌木。生长于常绿阔叶林、栎-山矾林中；海拔 1610～2432 m。

分布于福贡县石月亮乡、上帕镇；泸水市片马镇；保山市潞江镇；腾冲市界头镇、芒棒镇；龙陵县龙江乡。15-1。

**3. 粉叶猕猴桃 Actinidia glauco-callosa C. Y. Wu

凭证标本：高黎贡山考察队 17287，30816。

落叶攀缘灌木。生长于常绿阔叶林、杜鹃-冬青常绿阔叶林、云南松林、桤木林、灌丛、山坡、山谷、林缘；海拔 1300～2650 m。

分布于独龙江（贡山县独龙江乡段）；泸水市片马镇；保山市芒宽乡；腾冲市明光镇、界头镇、猴桥镇、芒棒镇、五合乡；龙陵县龙江乡。15-2-5。

4. 狗枣猕猴桃 Actinidia kolomikta（Maximowicz & Ruprecht）Maximowicz-*Prunus kolomikta* Maximowicz & Ruprecht

凭证标本：高黎贡山考察队 23236，23372。

落叶攀缘灌木。生长于次生常绿阔叶林；海拔 1600～1950 m。

分布于泸水市片马镇。14-2。

***5. 贡山猕猴桃 Actinidia pilosula（Finet & Gagnepain）Stapf ex Handel-Mazzetti -*Actinidia callosa* Lindley var. *pilosula* Finet & Gagnepain

凭证标本：高黎贡山考察队 14966，24321。

落叶攀缘灌木。生长于常绿阔叶林林缘、秃杉林、林缘、山坡、山谷、河边、溪畔、路边；海拔 1600～2800 m。

分布于独龙江（贡山县独龙江乡段）；贡山县丙中洛乡、茨开镇；泸水市片马镇。15-2-6。

** 6a. 伞花猕猴桃 Actinidia umbelloides C. F. Liang

凭证标本：高黎贡山考察队 19900，31136。

落叶攀缘灌木。生长于常绿阔叶林、柯树-木荷林、落叶阔叶林；海拔 1253～1900 m。

分布于福贡县鹿马登乡；腾冲市界头镇、五合乡、孟连乡。15-2-5。

** 6b. 扇叶猕猴桃 Actinidia umbelloides var. flabellifolia C. F. Liang

凭证标本：高黎贡山考察队 20931，30643。

落叶攀缘灌木。生长于河边次生常绿阔叶林、杂木林；海拔 1110～1530 m。

分布于福贡县子里甲乡；腾冲市曲石镇。15-2-7。

* 7. 显脉猕猴桃 Actinidia venosa Rehder

凭证标本：高黎贡山考察队 9536，31794。

落叶攀缘灌木。生长于常绿阔叶林、桤木-杨柳落叶阔叶林、枫树-花楸林、铁杉林、柯树-铁杉林、林缘、山坡、河谷；海拔 1610～3400 m。

分布于独龙江（贡山县独龙江乡段）；贡山县丙中洛乡、茨开镇；福贡县石月亮乡、鹿马登乡；泸水市鲁掌镇；腾冲市明光镇。15-1。

113. 水东哥科 Saurauiaceae

1 属 5 种 2 变种，* 4，*** 1

* 1a. 红果水东哥 Saurauia erythrocarpa C. F. Liang et Y. S. Wang

凭证标本：独龙江考察队 4428；高黎贡山考察队 32285。

乔木，高 4～6 m。生长于常绿阔叶林、疏林；山坡、江边、河岸；海拔 1250～1750 m。

分布于独龙江（贡山县独龙江乡段）；腾冲市曲石镇；龙陵县龙山镇。15-1。

*** 1b. 粗齿水东哥 Saurauia erythrocarpa var. grosseserrata C. F. Liang & Y. S. Wang

凭证标本：T. T. Yü 20414，20466。

灌木，高 1～3 m。生长于常绿阔叶林、林缘；海拔 1200～1350 m。

分布于独龙江（贡山县独龙江乡段）。15-2-6。

2. 长毛水东哥 Saurauia macrotricha Kurz et Dyer

凭证标本：青藏队 9175。

小乔木或灌木，高 1～5 m。生长于山坡、路边灌丛中；海拔 1400 m。

分布于独龙江（贡山县独龙江乡段）。14-3。

* 3. 硃毛水东哥 Saurauia miniata C. F. Liang et Y. S. Wang

凭证标本：高黎贡山考察队 18089，24582。

小乔木或灌木，高 2～8 m。生长于次生常绿阔叶林、村旁路丛；海拔 1250～1310 m。

分布于腾冲市芒棒镇、五合乡。15-1。

4. 尼泊尔水东哥 Saurauia napaulensis Candolle

凭证标本：独龙江考察队 3653；高黎贡山考察队 32637。

小乔木，高 4～20 m。生长于常绿阔叶林、石栎-栲常绿阔叶林、石栎-石楠林、木荷-樟林、木荷-石栎林、松栎林、河谷、路边、地埂上、田边草地；海拔 800～2340 m。

分布于独龙江（贡山县独龙江乡段）；福贡县马吉乡、上帕镇、石月亮乡；泸水市片马镇、洛本卓乡、上江乡；保山市芒宽乡、潞江镇；腾冲市界头镇、曲石镇、芒棒镇、五合乡；龙陵县镇安镇。14-3。

*5a. 多脉水东哥 Saurauia polyneura C. F. Liang & Y. S. Wang

凭证标本：独龙江考察队 2112；高黎贡山考察队 33766。

乔木，高 3～6 m。生长于常绿阔叶林、松栎林、桤木林、华山松林、灌丛、杂木林、江边、河谷、山坡、公路旁低洼湿地、路边地埂；海拔 900～2800 m。

分布于独龙江（贡山县独龙江乡段）；贡山县茨开镇、捧打乡、丙中洛乡；福贡县上帕镇；泸水市鲁掌镇；保山市芒宽乡、潞江镇；腾冲市界头镇、曲石镇、中和镇、北海乡、芒棒镇、五合乡；龙陵县镇安镇。15-1。

*5b. 少脉水东哥 Saurauia polyneura var. paucinervis J. Q. Li & Soejarto

凭证标本：独龙江考察队 670；周应再 060。

乔木，高 3～6 m。生长于常绿阔叶林、次生常绿阔叶林、灌丛；山坡、河谷、河岸、火烧地上、路边；海拔 1240～2100 m。

分布于独龙江（贡山县独龙江乡段）；保山市潞江镇；腾冲市界头镇、五合乡。15-1。

118. 桃金娘科 Myrtaceae

3 属 9 种，* 1，** 1，*** 1，⁺ 2

⁺1. 桉 Eucalyptus robusta Smith

凭证标本：高黎贡山考察队 17333。

常绿乔木，高达 20 m。生长于耕地边；海拔 900 m。

分布于保山市潞江镇。16。

⁺2. 番石榴 Psidium guajava Linnaeus

凭证标本：高黎贡山考察队 13512，23509。

常绿乔木，高 13 m。生长于云南松林、路旁次生林、耕地边；海拔 650～1540 m。

分布于保山市芒宽乡、潞江镇。16。

3. 乌墨 Syzygium cumini (Linnaeus) Skeels-Psidium pomiferum Linnaeus

凭证标本：高黎贡山考察队 54538。

常绿乔木，高 6～20 m。生长于山谷；海拔 1500 m。

分布于泸水市六库镇。5。

** 4. 滇边葡桃 Syzygium forrestii Merrill & L. M. Perry

凭证标本：南水北调队 228，8055。

常绿乔木，高 8~15 m。生长于杂木林、溪旁；海拔 1000 m。

分布于泸水市六库镇、上江乡。15-2-5。

5. 簇花蒲桃 Syzygium fruticosum Roxburgh ex Candolle

凭证标本：刘伟心 196。

常绿乔木，高达 12 m。生长于山脚、阳处；海拔 810 m。

分布于龙陵县。14-4。

*** 6. 贡山蒲桃 Syzygium gongshanense P. Y. Bai

凭证标本：青藏队 8891，9188。

常绿乔木，高 5~6 m。生长于常绿阔叶林；海拔 1600 m。

分布于独龙江（贡山县独龙江乡段）。15-2-6。

7. 水翁葡桃 Syzygium nervosum Candolle

凭证标本：高黎贡山考察队 30923。

常绿乔木，高 15 m。生长于柯-木荷林；海拔 1150 m。

分布于腾冲市团田乡。5。

* 8. 怒江蒲桃 Syzygium salwinense Merrill & L. M. Perry

凭证标本：Forrest 18163。

常绿乔木，高 3~15 m。生长于常绿阔叶林；海拔 800~1800 m。

分布于腾冲市。15-1。

9. 四角蒲桃 Syzygium tetragonum（Wight）Walpers-*Eugenia tetragona* Wight

凭证标本：尹文清 1359；高黎贡山考察队 11375。

常绿乔木，高达 20 m。生长于疏林、次生常绿阔叶林、山坡；海拔 1530~1980 m。

分布于腾冲市芒棒镇。14-3。

120. 野牡丹科 Melastomataceae

9 属 17 种 1 变种，* 3，*** 1

1. 刺毛异型木 Allomorphya baviensis Guillaumin

凭证标本：独龙江考察队 453；高黎贡山考察队 32326。

灌木，高 1~2 m。生长于常绿阔叶林、灌丛、山坡、河谷、江边；海拔 1300~1500 m。

分布于独龙江（贡山县独龙江乡段）；腾冲市。14-4。

2. 锥序酸脚杆 Medinilla himalayana J. D. Hooker ex Triana

凭证标本：高黎贡山考察队 10809，17730。

附生灌木。生长于常绿阔叶林；海拔 2170~2210 m。

分布于保山市潞江镇；龙陵县镇安镇。14-3。

3. 沙坝酸脚杆 Medinilla petelotii Merrill

凭证标本：独龙江考察队 934；高黎贡山考察队 21169。

附生灌木，高 40～150 cm。生长于常绿阔叶林树上、河谷、河岸；海拔 1200～1460 m。

分布于独龙江（贡山县独龙江乡段）。14-4。

4. 红花酸脚杆 Medinilla rubicunda (Jack) Blume-*Melastoma rubicundum* Jack

凭证标本：独龙江考察队 459；高黎贡山考察队 15222。

附生灌木，高 50～500 cm。生长于常绿阔叶林树上、河谷、江边；海拔 1250～1600 m。

分布于独龙江（贡山县独龙江乡段）；腾冲市芒棒镇；龙陵县龙江乡。14-3。

5. 头序金锦香 Osbeckia capitata Bentham ex Walpers

凭证标本：高黎贡山考察队 11068。

草本或灌木，高 8～25 cm。生长于松林、次生林；海拔 1670 m。

分布于腾冲市界头镇。14-3。

6. 宽叶金锦香 Osbeckia chinensis var. angustifolia (D. Don) C. Y. Wu & C. Chen-*Osbeckia angustifolia* D. Don

凭证标本：高黎贡山考察队 15215，32745。

小灌木，高 80～100 cm。生长于常绿阔叶林、柯-木荷林、柯-青冈林、木荷-山胡椒林、山香圆-山茶林、云南松林、山梅花-越橘灌丛、草坡灌丛；海拔 1060～2180 m。

分布于独龙江（贡山县独龙江乡段）；福贡县石月亮乡；保山市芒宽乡、潞江镇；腾冲市曲石镇、马站乡、和顺镇、芒棒镇、五合乡、新华乡；龙陵县龙江乡、镇安镇。14-3。

7a. 蚂蚁花 Osbeckia nepalensis J. D. Hooker

凭证标本：李恒、刀志灵、李嵘 582；高黎贡山考察队 27755。

灌木，高 60～100 cm。生长于常绿阔叶林、残留常绿阔叶林、云南松林、次生常绿阔叶林、灌丛、草地；巨石上、干热河谷；海拔 890～1980 m。

分布于独龙江（贡山县独龙江乡段）；福贡县石月亮乡、上帕镇、架科底乡；泸水市洛本卓乡、鲁掌镇；腾冲市马站乡、芒棒镇、五合乡；龙陵县镇安镇。14-3。

7b. 白蚂蚁花 Osbeckia nepalensis var. albiflora Lindley

凭证标本：尹文清 60-1437；施晓春 456。

灌木，高 60～100 cm。生长于林边、疏林边、田沟边；海拔 1300～1600 m。

分布于保山市芒宽乡；腾冲市芒棒镇、蒲川乡。14-3。

8. 星毛金锦香 Osbeckia stellata Buchanan-Hamilton ex Kew Gawler

凭证标本：独龙江考察队 289；高黎贡山考察队 27060。

草本或灌木，高 20～150 cm。生长于常绿阔叶林、云南松林、次生常绿阔叶林、灌丛、草坡；山坡、沟谷、河谷、路边、田边、村旁；海拔 1350～2300 m。

分布于独龙江（贡山县独龙江乡段）；贡山县茨开镇；福贡县石月亮乡、鹿马登乡；泸水市片马镇、六库镇；保山市芒宽乡、潞江镇；腾冲市明光镇、界头镇、猴桥镇、芒棒镇；龙陵县龙江乡。14-3。

9. 尖子木 Oxyspora paniculata (D. Don) Candolle-*Arthrostemma paniculatum* D. Don

凭证标本：独龙江考察队4200；高黎贡山考察队31061。

灌木，高1～2 m。生长于石栎-常绿阔叶林、木荷-山胡椒林、疏林、次生常绿阔叶林、灌丛；山坡、河岸、江边、溪旁、田边、路边；海拔1250～2220 m。

分布于独龙江（贡山县独龙江乡段）；福贡县石月亮乡、上帕镇、架科底乡；泸水市洛本卓乡、鲁掌镇、六库镇；保山市芒宽乡、潞江镇；腾冲市腾越镇、芒棒镇、五合乡、蒲川乡；龙陵县镇安镇。14-3。

10. 刚毛尖子木 Oxyspora vagans (Roxburgh) Wallich-*Melastoma vagans Roxburgh*

凭证标本：李恒、刀志灵、李嵘587；高黎贡山考察队32314。

灌木，高1～2 m。生长于常绿阔叶林、漆树-榕树林、路边；海拔1170～1390 m。

分布于独龙江（贡山县独龙江乡段）；福贡县上帕镇、架科底乡。14-4。

* 11. 滇尖子木 Oxyspora yunnanensis H. L. Li

凭证标本：独龙江考察队1170；高黎贡山考察队32736。

灌木，高1～2 m。生长于常绿阔叶林、次生常绿阔叶林、山香圆-山茶林、石壁上；江边、河谷、河岸、河滩、山坡；海拔1250～1973 m。

分布于独龙江（贡山县独龙江乡段）；福贡县石月亮乡、上帕镇。15-1。

12. 偏瓣花 Plagiopetalum esquirolii (H. Léveillé) Rehder-*Sonerila esquirolii* H. Léveillé

凭证标本：独龙江考察队1510；高黎贡山考察队32581。

灌木，高50～70 cm。生长于常绿阔叶林、云南松林、落叶阔叶林、次生常绿阔叶林、秃杉林、竹灌丛、山坡、河谷、河岸、河滩、路边、田边；海拔1200～2510 m。

分布于独龙江（贡山县独龙江乡段）；贡山县丙中洛乡、茨开镇；福贡县鹿马登乡、上帕镇；泸水市片马镇、洛本卓乡、鲁掌镇；保山市芒宽乡、潞江镇；腾冲市界头镇、曲石镇、芒棒镇；龙陵县龙江乡。14-4。

* 13. 肉穗草 Sarcopyramis bodinieri H. Léveillé & Vaniot

凭证标本：独龙江考察队3206；高黎贡山考察队34415；

草本，高达5 cm。生长于常绿阔叶林、石栎-木荷林、石栎-乔松林、次生常绿阔叶林、针阔叶混交林、冷杉林；林下湿地、箐沟、沼泽地；海拔1380～3010 m。

分布于独龙江（贡山县独龙江乡段）；贡山县茨开镇；福贡县石月亮乡；保山市潞江镇；腾冲市界头镇、芒棒镇；龙陵县龙江乡。15-1。

14. 楮头红 Sarcopyramis napalensis Wallich

凭证标本：独龙江考察队1698；高黎贡山考察队32562。

草本，高10～30 cm。生长于常绿阔叶林、石栎林、田间云南松林、次生常绿阔叶林、秃杉混交林、铁杉-云杉林；山坡、林下湿地；海拔 1330～2800 m。

分布于独龙江（贡山县独龙江乡段）；贡山县茨开镇；福贡县石月亮乡、上帕镇；泸水市片马镇、洛本卓乡；保山市芒宽乡、潞江镇；腾冲市界头镇、芒棒镇。7。

* **15. 峰斗草 Sonerina cantoniensis** Stapf

凭证标本：青藏队 9256；高黎贡山考察队 10608。

草本或亚灌木，高 20～50 cm。生长于常绿阔叶林、山坡；海拔 1350～1440 m。

分布于独龙江（贡山县独龙江乡段）；保山市芒宽乡。15-1。

16. 海棠叶蜂斗草 Sonerina plagiocardia Diels

凭证标本：高黎贡山考察队 17158，18541。

草本，高 30～40 cm。生长于常绿阔叶林、林下湿地；海拔 2060～2180 m。

分布于保山市潞江镇；腾冲市芒棒镇。14-4。

*** **17. 八蕊花 Sporoxeia sciadophila** W. W. Smith

凭证标本：高黎贡山考察队 20382，32355。

灌木，高 100～120 cm。生长于常绿阔叶林、石栎-箭竹林；溪旁；海拔 2050～2400 m。

分布于独龙江（贡山县独龙江乡段）；福贡县石月亮乡、鹿马登乡、上帕镇；泸水市洛本卓乡；龙陵。15-2-6。

121. 使君子科 Combretaceae

2 属 4 种 1 变种

1. 十蕊风车子 Combretum roxburghii Sprengel

凭证标本：Forrest 9580。

木质藤本。生长于山坡疏林；海拔不详。

分布于泸水市；腾冲市。14-3。

2. 石风车子 Combretum wallichii Candolle

凭证标本：南水北调队 10452。

木质藤本，长达 6 m。生长于沟谷林；海拔 960～960 m。

分布于泸水市上江乡。14-3。

3. 柯子 Terminalia chebula Retzius

凭证标本：高黎贡山考察队 11671，18995。

乔木，高达 30 m。生长于干热河谷灌丛；海拔 800～1500 m。

分布于泸水市上江乡；保山市芒宽乡。14-3。

4a. 千果榄仁 Terminalia myriocarpa Van Heurck & Müller

凭证标本：王启无 89724；高黎贡山考察队 13513。

常绿乔木，高达 35 m。生长于次生常绿阔叶林、灌丛；海拔 900～2500 m。

分布于泸水市六库镇；保山市芒宽乡。7。

4b. 硬毛千果榄仁 Terminalia myriocarpa var. hirsuta Craib

凭证标本：南水北调 8082，8180。

常绿乔木，高达 35 m。生长于山谷水边；海拔 1000～1500 m。

分布于泸水市六库镇、上江乡。14-4。

123. 金丝桃科 Hypericaceae

1 属 10 种 3 变种，* 1

1. 挺茎金丝桃 Hypericum elodeoides Choisy

凭证标本：独龙江考察队 4016；高黎贡山考察队 33674。

多年生草本，高 15～50 cm。生长于常绿阔叶林、云南松林、次生常绿阔叶林、箭竹-杜鹃灌丛、湖滨湿地；河边、田埂、路边；海拔 1350～3350 m。

分布于独龙江（贡山县独龙江乡段）；贡山县茨开镇；福贡：鹿马登乡亚坪亚姆河岔河；腾冲市界头镇、北海乡；龙陵县龙江乡、镇安镇。14-3。

2. 黄海棠 Hypericum ascyron Linnaeus

凭证标本：高黎贡山考察队 34244。

多年生草本，高 50～130 cm。生长于桤木林林缘；海拔 1820 m。

分布于贡山县丙中洛乡。9。

3. 川滇金丝桃 Hypericum forrestii（Chittenden）N. Robson-*Hypericum patulum* Thunberg var. *forrestii* Chittenden

凭证标本：施晓春，杨世雄 686；高黎贡山考察队 7535。

灌木，高 30～150 cm。生长于常绿阔叶林、云南松林；海拔 1500～2200 m。

分布于贡山县茨开镇；保山市芒宽乡；腾冲市马站乡。14-4。

4. 细叶金丝桃 Hypericum gramineum G. Forster

凭证标本：高黎贡山考察队 17474，23651。

多年生草本，高 5～30 cm。生长于常绿阔叶林、木荷-香果树林；海拔 1830～2090 m。

分布于腾冲市五合乡；龙陵县镇安镇。5。

* 5a. 西南金丝桃 Hypericum henryi H. Léveillé & Vaniot

凭证标本：独龙江考察队；高黎贡山考察队 28404。

灌木，高 50～300 cm。生长于常绿阔叶林、针叶林、灌丛、竹箐、草甸、草坡、林缘、山坡、河谷、河边、路边；海拔 1500～3650 m。

分布于独龙江（察隅县日东乡段，贡山县独龙江乡段）；贡山县丙中洛乡、茨开镇；福贡县石月亮乡、鹿马登乡、上帕镇；泸水市片马镇、鲁掌镇；保山市潞江镇；腾冲市明光镇、界头镇、猴桥镇、马站乡、芒棒镇、五合乡。15-1。

5b. 岷江金丝桃 Hypericum henryi subsp. uraloides（Rehder）N. Robson-*Hypericum uraloides* Rehder

凭证标本：独龙江考察队 1082；高黎贡山考察队 24598。

灌木，高 50～300 cm。生长于常绿阔叶林、云南松林、疏林、针叶林、灌丛、林间草地、草甸湿地、山坡、河谷、河滩、沟边、溪旁石缝中、路边；海拔 1250～2600 m。

分布于独龙江（贡山县独龙江乡段）；贡山县茨开镇、丙中洛乡；福贡县鹿马登乡、上帕镇、匹河乡；泸水市片马镇；保山市芒宽乡、潞江镇；腾冲市明光镇、界头镇、芒棒镇；龙陵县龙江乡、镇安镇。14-4。

6. 地耳草 Hypericum japonicum Thunberg

凭证标本：独龙江考察队 470；高黎贡山考察队 32602。

一年生草本，高 2～45 cm。生长于阔叶林下、云南松林、灌丛、草地；林缘、沼泽、泥炭沼泽地、山坡、河谷、水沟边、池塘边、田边、路边；海拔 1250～2480 m。

分布于独龙江（贡山县独龙江乡段）；贡山县丙中洛乡、茨开镇；福贡县上帕镇、石月亮乡、鹿马登乡；泸水市片马镇；保山市芒宽乡、潞江镇；腾冲市明光镇、界头镇、猴桥镇、北海乡、芒棒镇、五合乡；龙陵县龙江乡、镇安镇。5。

7a. 单花遍地金 Hypericum monanthemum J. D. Hooker & Thomson ex Dyer

凭证标本：高黎贡山考察队 12648，27283。

多年生草本，高 10～40 cm。生长于常绿阔叶林、云南松林下、疏林下、冷杉-红杉林、灌丛、高山灌丛和沼泽；草地；山坡、路边附生于树上；海拔 2100～3680 m。

分布于独龙江（贡山县独龙江乡段）；贡山县丙中洛乡、茨开镇；福贡县石月亮乡、鹿马登乡、上帕镇；泸水市片马镇。14-3。

7b. 纤茎金丝桃 Hypericum monanthemum subsp. **filicaule**（Dyer）N. Robson-*Ascyrum filicaule* Dyer

凭证标本：独龙江考察队 1089；高黎贡山考察队 34503。

多年生草本，高 10～40 cm。生长于常绿阔叶林、云杉-铁杉林、灌丛、草甸、山坡、山谷、路边、箐沟、沼泽地；海拔 1400～4100 m。

分布于独龙江（察隅县日东乡段，贡山县独龙江乡段）；贡山县丙中洛乡、茨开镇；福贡县石月亮乡。14-3。

8a. 短柄小连翘 Hypericum petiolulatum J. D. Hooker & Thomson ex Dyer

凭证标本：昆明生态所无号；武素功 7334。

多年生草本，高 1～50 cm。生长于常绿阔叶林林缘、云南松疏林、竹林、灌丛、山坡；海拔 3100～3500 m。

分布于贡山县茨开镇；泸水市片马镇。14-3。

8b. 云南小连翘 Hypericum petiolulatum subsp. **yunnanense**（Franchet）N. Robson-*Hypericum yunnanense* Franchet

凭证标本：高黎贡山考察队 28748，28802。

多年生草本，高 1～50 cm。生长于红杉林林缘、路边灌丛；海拔 2040～2700 m。

分布于贡山县茨开镇；福贡县鹿马登乡。14-4。

9. 匍匐金丝桃 Hypericum reptans J. D. Hooker & Thomson ex Dyer

凭证标本：高黎贡山考察队 16717，33884。

亚灌木，高达 30 cm。生长于云杉-铁杉林、冷杉-红杉林、冷杉-云杉林、箭竹-杜鹃灌丛、竹箐；石坡、山坡；海拔 2500～3400 m。

分布于独龙江（贡山县独龙江乡段）；贡山县丙中洛乡、茨开镇；福贡县鹿马登乡。14-3。

10. 遍地金 Hypericum wightianum Wallich ex Wight & Arnott

凭证标本：李恒、李嵘 1111；高黎贡山考察队 28863。

多年生草本，高 13～45 cm。生长于常绿阔叶林、灌丛、溪旁杂草地、草甸湿地、路边；海拔 1238～3040 m。

分布于贡山县茨开镇；福贡县石月亮乡、鹿马登乡、匹河乡；泸水市片马镇、洛本卓乡、鲁掌镇；保山市芒宽乡、潞江镇；龙陵县龙江乡。14-3。

126. 藤黄科 Guttiferae

1 属 3 种，* 1，** 1

** 1. 山木瓜 Garcinia esculenta Y. H. Li

凭证标本：高黎贡山考察队 27344，27743。

乔木，高 15～20 m。生长于次生植被、山香圆-茶树林；海拔 1310～1800 m。

分布于福贡县石月亮乡。15-2-5。

* 2. 怒江藤黄 Garcinia nujiangensis C. Y. Wu et Y. H. Li

凭证标本：独龙江考察队 4417；高黎贡山考察队 32514。

乔木，高 10～15 m。生长于常绿阔叶林、江边；海拔 1150～1630 m。

分布于独龙江（贡山县独龙江乡段）。15-1。

3. 大果藤黄 Garcinia pedunculata Roxburgh ex Buchanan-Hamilton

凭证标本：冯国楣 24754；毛品一 450。

乔木，高约 20 m。生长于常绿阔叶林、河旁、潮湿地；海拔 1300～1400 m。

分布于独龙江（贡山县独龙江乡段）。14-3。

128. 椴树科 Tiliaceae

3 属 17 种，* 4，** 1，*** 1

1. 甜麻 Corchorus aestuans Linnaeus

凭证标本：独龙江考察队 84；高黎贡山考察队 10447。

一年生草本，高达 1 m。生长于江边灌丛、稻田边草地；海拔 710～1100 m。

分布于泸水市六库镇；保山市芒宽乡。2。

2. 长蒴黄麻 Corchorus olitorius Linnaeus

凭证标本：高黎贡山考察队 17235，18135。

木质草本，高 1～3 m。生长于路边、水旁；海拔 600～1600 m。

分布于福贡县匹河乡。2。

3. 扁担杆 Grewia biloba G. Don

凭证标本：高黎贡山考察队 14106，26117。

灌木或小乔木，高 50～100 cm。生长于云南松林、田间；海拔 670～1210 m。

分布于保山市芒宽乡、潞江镇；龙陵县镇安镇。14-2。

* **4. 短炳扁担杆 Grewia brachypoda** C. Y. Wu

凭证标本：杨竞生 7746；施晓春、杨世雄 655。

灌木，高 50～150 cm。生长于灌丛、草地；河滩、路边；海拔 702～900 m。

分布于泸水市上江乡；保山市岗党江心岛。15-1。

5. 朴叶扁担杆 Grewia celtidifolia Jussieu

凭证标本：高黎贡山考察队 17232，17346。

灌木。生长于灌丛，咖啡地旁；海拔 650～900 m。

分布于保山市潞江镇。7。

6. 镰叶扁担杆 Grewia falcata C. Y. Wu

凭证标本：尹文清 1447。

灌木或小乔木。生长于松林、脊疏荫；海拔 1650 m。

分布于腾冲市蒲川乡。14-4。

* **7. 黄麻叶扁担杆 Grewia henryi** Burret

凭证标本：高黎贡山考察队 7027，7346。

灌木或小乔木，高 1～6 m。生长于河岸、路边；海拔 890～900 m。

分布于泸水市六库镇。15-1。

*** **8. 长柄扁担杆 Grewia longipedunculata**

凭证标本：高黎贡山考察队 9805。

灌木，高 2 m。生长于怒江河岸；海拔 767～900 m。

分布于泸水市六库镇。15-2-6。

9. 光叶扁担杆 Grewia multiflora Jussieu

凭证标本：独龙江考察队 13。

灌木。生长于河谷灌丛；海拔 850 m。

分布于泸水市六库镇。5。

10. 椴叶扁担杆 Grewia tiliifolia Vahl

凭证标本：高黎贡山考察队 23479，26136。

乔木，高 5～8 m。生长于溪旁常绿阔叶林、云南松-木荷林；海拔 680～1220 m。

分布于保山市芒宽乡；龙陵县镇安镇。6。

** **11. 盈江扁担杆 Grewia yinkiangensis** Y. C. Hsu & R. Zhuge

凭证标本：高黎贡山考察队 17336。

灌木。生长于咖啡、甘蔗地旁草坡；海拔 900 m。

分布于保山市潞江镇。15-2-5。

* 12. 华椴 Tilia chinensis Maximowicz

凭证标本：高黎贡山考察队 16787。

落叶乔木，高 30 m。生长于落叶阔叶林、疏林；海拔 2500～2970 m。

分布于贡山县茨开镇。15-1。

* 13. 毛少脉椴 Tilia paucicostata var. **yunnanensis** Diels

凭证标本：独龙江考察队 6694。

落叶乔木，高 10～15 m。生长于次生常绿阔叶林；海拔 1350 m。

分布于独龙江（贡山县独龙江乡段）。15-1。

14. 单毛刺蒴麻 Triumfetta annua Linnaeus

凭证标本：独龙江考察队 525；高黎贡山考察队 21206。

一年生草本或亚灌木。生长于油桐林、江边疏林、河谷阔叶林、路边次生林、路边灌丛、草坡、河滩、农田间灌丛草地、溪畔、河谷、巨石上、农田；海拔 900～300 m。

分布于独龙江（贡山县独龙江乡段）；贡山县丙中洛乡、打乡；福贡县上帕镇；泸水市片马镇、库镇；保山市芒宽乡；腾冲市五合乡、营乡、曲石镇。6。

15. 毛刺蒴麻 Triumfetta cana Blume

凭证标本：碧江队 288；高黎贡山考察队 19101。

木质草本或亚灌木，高达 2 m。生长于次生林、灌丛、高草草地、山坡、路边；海拔 1000～1525 m。

分布于福贡县匹河乡；保山市芒宽乡。7。

16. 长钩刺蒴麻 Triumfetta pilosa Roth

凭证标本：李恒、李嵘、施晓春 1277；高黎贡山考察队 13396。

草本，高 1 m。生长于次生林、草地；陡坡、江边、路边、石上；海拔 900～1743 m。

分布于福贡县匹河乡；泸水市六库镇；保山市芒宽乡；腾冲市曲石镇。4。

17. 刺蒴麻 Triumfetta rhomboidea Jacquin

凭证标本：独龙江考察队 117；高黎贡山考察队 26174。

亚灌木或草本。生长于云南松林、河岸陡坡、河漫滩、田边；海拔 670～1220 m。

分布于独龙江（贡山县独龙江乡段）；泸水市六库镇；保山市芒宽乡；龙陵县镇安镇。2。

128a. 杜英科 Elaeocarpaceae

2 属 15 种 3 变种，* 3，*** 4

1. 滇藏杜英 Elaeocarpus braceanus Watt ex C. B. Clarke

凭证标本：高黎贡山考察队 10766，31127。

乔木，高 5～15 m。生长于常绿阔叶林、木荷-石栎林；海拔 1520～1950 m。

分布于独龙江（贡山县独龙江乡段）；腾冲市荷花镇、芒棒镇；龙陵县镇安镇。14-3。

*** **2a. 短穗杜英 Elaeocarpus brachystachyus** Hung T. Chang

凭证标本：独龙江考察队 5065；高黎贡山考察队 12296。

乔木，高达 17 m。生长于常绿阔叶林、山坡、河谷、江边；海拔 1300～2200 m。

分布于独龙江（贡山县独龙江乡段）；贡山县茨开镇。15-2-6。

*** **2b. 冯氏短穗杜英 Elaeocarpus brachystachyus** var. **fengii** C. Chen & Y. Tang

凭证标本：毛品一 498；高黎贡山考察队 22597。

乔木，高达 17 m。生长于常绿阔叶林、疏林；山坡、河谷；海拔 1400～2470 m。

分布于独龙江（贡山县独龙江乡段）；贡山县丙中洛乡、茨开镇。15-2-6。

3. 杜英 Elaeocarpus decipiens Hemsley

凭证标本：施晓春 341；高黎贡山考察队 30263。

常绿乔木，高 5～15 m。生长于常绿阔叶林、石栎-冬青林；海拔 1930～2260 m。

分布于腾冲市界头镇、芒棒镇。14-2。

*** **4. 滇西杜英 Elaeocarpus dianxiensis** Y. Tang, Z. L. Dao & H. Li

凭证标本：高黎贡山考察队 17718，19545。

常绿乔木。生长于常绿阔叶林；海拔 1675～2230 m。

分布于福贡县鹿马登乡；保山市潞江镇；龙陵县龙江乡。15-2-6。

*** **5. 高黎贡山杜英 Elaeocarpus gaoligongshanensis** Y. Tang, Z. L. Dao & H. Li

凭证标本：高黎贡山考察队 10714，32644。

常绿乔木。生长于常绿阔叶林、石栎-青冈林、石栎-冬青林；海拔 1470～2460 m。

分布于独龙江（贡山县独龙江乡段）；保山市潞江镇；腾冲市界头镇、芒棒镇；龙陵县龙江乡。15-2-6。

* **6. 秃瓣杜英 Elaeocarpus glabripetalus** Merrill

凭证标本：李恒、刀志灵、李嵘 15249。

乔木，高达 15 m。生长于常绿阔叶林；海拔 2500 m。

分布于独龙江（贡山县独龙江乡段）。15-1。

7. 肿柄杜英 Elaeocarpus harmandii Pierre

凭证标本：冯国楣 7397，8555。

乔木，高达 15 m。生长于杂木林、沟边；海拔 1800～2500 m。

分布于贡山县丙中洛乡、茨开镇。14-4。

8a. 薯豆 Elaeocarpus japonicus Siebold & Zuccarini

凭证标本：独龙江考察队 5065；高黎贡山考察队 23139。

乔木，高达 25 m。生长于常绿阔叶林、山坡、河谷、江边；海拔 2000～2480 m。

分布于独龙江（贡山县独龙江乡段）；福贡县上帕镇。14-2。

*8b. 澜沧杜英 **Elaeocarpus japonicus** var. **lantsangensis**（Hu）Hung T. Chang-*Elaeocarpus lantsangensis* Hu

凭证标本：青藏队 7132；高黎贡山考察队 13767。

乔木，高达 25 m。生长于常绿阔叶林、灌丛；山坡、河谷；海拔 2080～2480 m。

分布于贡山县丙中洛乡、茨开镇；福贡县上帕镇。15-1。

9. 多沟杜英 **Elaeocarpus lacunosus** Wallich ex Kurz

凭证标本：独龙江考察队 872，6818。

乔木，高达 20 m。生长于常绿阔叶林、山坡、沟谷、岩石上；海拔 1350～2300 m。

分布于独龙江（贡山县独龙江乡段）；贡山县丙中洛乡、茨开镇；福贡县石月亮乡、上帕镇、匹河乡。7。

10. 披针叶杜英 **Elaeocarpus lanceifolius** Roxburgh

凭证标本：高黎贡山考察队 14308，34009。

乔木，高达 20 m。生长于原始常绿阔叶林、石栎-木荷林、黄杞-八角枫林、次生常绿阔叶林、秃杉林、山坡、河谷；海拔 1550～2050 m。

分布于贡山县丙中洛乡、茨开镇；保山市潞江镇；腾冲市芒棒镇；龙陵县镇安镇。7。

11. 绢毛杜英 **Elaeocarpus nitentifolius** Merrill & Chun

凭证标本：独龙江考察队 6968；高黎贡山考察队 7576。

乔木，高达 20 m。生长于常绿阔叶林；海拔 1800～2200 m。

分布于独龙江（贡山县独龙江乡段）；贡山县茨开镇。14-4。

12. 滇印杜英 **Elaeocarpus varunua** Buchanan-Hamilton ex Masters

凭证标本：T. T. Yü 20473。

乔木，高达 30 m。生长于常绿阔叶林；海拔 1400 m。

分布于独龙江（贡山县独龙江乡段）。14-3。

13. 毛果猴欢喜 **Sloanea dasycarpa**（Bentham）Hemsley-*Echinocarpus dasycarpus* Bentham

凭证标本：高黎贡山考察队 18039，31064。

常绿乔木，高 8～12 m。生长于常绿阔叶林、石栎-木荷林、河边；海拔 1500～2070 m。

分布于贡山县丙中洛乡；腾冲市芒棒镇、五合乡、蒲川乡。14-4。

*14. 仿栗 **Sloanea hemsleyana**（T. Itô）Rehder & E. H. Wilson-*Echinocarpus hemsleyanus* T. Itô

凭证标本：高黎贡山考察队 13322，18532。

乔木，高达 25 m。生长于常绿阔叶林；海拔 1750～2180 m。

分布于贡山县丙中洛乡；保山市潞江镇；腾冲市芒棒镇；龙陵县镇安镇。15-1。

15a. 贡山猴欢喜 **Sloanea sterculiacea** (Bentham) Rehder & E. H. Wilson var. sterculiacea-*Echinocarpus sterculiaceus* Bentham

凭证标本：独龙江考察队 215；高黎贡山考察队 33614。

乔木，高达 20 m。生长于常绿阔叶林、石栎-青冈林、石栎-云南松林、水东哥、猴欢喜-领春木林、灌丛、山坡、山谷、河谷、江边、沟边；海拔 1175～2100 m。

分布于贡山县丙中洛乡、茨开镇；福贡县上帕镇；泸水市；腾冲市曲石镇、芒棒镇。14-3。

15b. 长叶猴欢喜 **Sloanea sterculiacea** var. **assamica** (Bentham) Coode-*Echinocarpus assamicus* Bentham

凭证标本：高黎贡山考察队 7631，12028。

乔木，高达 20 m。生长于常绿阔叶林、次生林、路边；海拔 1700～1900 m。

分布于贡山县茨开镇。14-3。

130. 梧桐科 Sterculiaceae

4 属 6 种，* 2

1. 昂天莲 Ambroma augustum (Linnaeus) Linnaeus-*Theobroma augustum* Linnaeus

凭证标本：李恒、郭辉军、李正波、施晓春 45。

灌木，高 1～4 m。生长于河谷疏灌丛；海拔 900 m。

分布于保山市潞江镇。5。

* 2. 平当树 Paradombeya sinensis Dunn

凭证标本：高黎贡山考察队 10117，18260。

小乔木或灌木，高达 5 m。生长于季雨林、山坡、河边、山沟边；海拔 880～1300 m。

分布于泸水市鲁掌镇、六库镇；保山市芒宽乡、潞江镇。15-1。

3. 桫椤树 Reevesia pubescens Masters

凭证标本：高黎贡山考察队 1886，18812。

乔木，高 16 m。生长于常绿阔叶林、疏林边缘；山坡；海拔 1700～2208 m。

分布于独龙江（贡山县独龙江乡段）；泸水市鲁掌镇；腾冲市猴桥镇、芒棒镇。14-3。

* 4. 粉苹婆 Sterculia euosma W. W. Smith

凭证标本：Forrest 8340；刀志灵、崔景云 9426。

乔木。生长于次生常绿阔叶林；海拔 1520 m。

分布于腾冲市；保山市芒宽乡。15-1。

5. 假苹婆 Sterculia lanceolata Cavanilles

凭证标本：高黎贡山考察队 13319。

乔木。生长于次生常绿阔叶林；海拔 2100 m。

分布于保山市潞江镇。14-4。

6. 苹婆 Sterculia monosperma Ventnat

凭证标本：高黎贡山考察队 30914。

乔木。生长于石栎-木荷林；海拔 1150 m。

分布于腾冲市团田乡。7。

131. 木棉科 Bombacaceae

2 属 2 种，[+]1

1. 木棉 Bombax ceiba Linnaeus

凭证标本：李恒、郭辉军、李正波、施晓春 38；高黎贡山考察队 26180。

落叶乔木，高达 25 m。生长于残留常绿阔叶林；海拔 686～900 m。

分布于泸水市；保山市芒宽乡、潞江镇。7。

[+]**2. 吉贝 Ceiba pentandra**（Linnaeus）Gaertner-*Bombax pentandrum* Linnaeus

凭证标本：高黎贡山考察队 11670。

落叶乔木，高达 30 m。生长于河谷路边；海拔 830 m。

分布于泸水市上江乡。16。

132. 锦葵科 Malvaceae

9 属 22 种 4 变种，[*]5，[**]2，[+]4

1. 长毛黄葵 Abelmoschus crinitus Wallich

凭证标本：高黎贡山考察队 9866，18934。

多年生草本，高 50～200 cm。生长于灌丛、水田旁；海拔 790～980 m。

分布于泸水市六库镇、上江乡；保山市芒宽乡、潞江镇。14-3。

2a. 黄蜀葵 Abelmoschus manihot（Linnaeus）Medikus var. manihot-*Hibiscus manihot* Linnaeus

凭证标本：独龙江考察队 220；高黎贡山考察队 21159。

一年生或多年生草本，高 1～2 m。生长于常绿阔叶林、灌丛、杂草丛；河边、河滩、石面上、湿地；海拔 800～1800 m。

分布于独龙江（贡山县独龙江乡段）；福贡县上帕镇；泸水市六库镇；保山市芒宽乡。14-3。

2b. 刚毛黄蜀葵 Abelmoschus manihot var. pungens（Roxburgh）Hochreutiner-*Hibiscus pungens* Roxburgh

凭证标本：冯国楣 24485；尹文清 1200。

一年生或多年生草本，高 1～3 m。生长于密林下、草丛、江边；海拔 1510～1900 m。

分布于贡山县茨开镇；福贡县；腾冲市曲石镇。14-3。

**3. 滇西苘麻 Abutilon gebauerianum Handel-Mazzetti

凭证标本：高黎贡山考察队 17335。

灌木，高达 3 m。生长于咖啡、甘蔗地边杂草丛；海拔 900 m。

分布于保山市潞江镇。15-2-5。

4. 磨盘草 Abutilon indicum（Linnaeus）Sweet-*Sida indica* Linnaeus

凭证标本：杨竞生 7751；高黎贡山考察队 18899。

一年生或多年生亚灌木状草本，高 100～250 cm。生长于河边灌丛；海拔 790～830 m。

分布于泸水市上江乡；保山市芒宽乡。7。

**5. 无齿华苘麻 Abutilon sinense var. edentatum K. M. Feng

凭证标本：南水北调 8110；高黎贡山考察队 13696。

灌木，高约 350 cm。生长于灌丛；山沟、水沟边、路边。海拔 950～1200 m。

分布于泸水市。15-2-5。

\+6. 海岛棉 Gossypium barbadense Linnaeus

凭证标本：高黎贡山考察队 7037。

多年生灌木或亚灌木，高 2～3 m。栽培；海拔 890 m。

分布于泸水市六库镇。16。

*7. 美丽芙蓉 Hibiscus indicus（N. L. Burman）Hochreutiner-*Alcea indica* N. L. Burman

凭证标本：尹文清 1483。

落叶灌木，高达 3 m。生长于村中栽培；海拔 1800 m。

分布于腾冲市五合乡。15-1。

\+8. 木芙蓉 Hibiscus mutabilis Linnaeus

凭证标本：文绍康、熊若莉 580915。

落叶灌木或小乔木，直立 2～5 m。栽培。

分布于腾冲市。16。

\+9. 木槿 Hibiscus syriacus Linnaeus

凭证标本：冯国楣 24595。

落叶直立灌木，高 150～400 cm。栽培。

分布于贡山县内中洛乡。16。

10. 光叶翅果麻 Kydia glabrescens Masters

凭证标本：李恒、李嵘 1310。

乔木，高达 10 m。生长于次生常绿阔叶林；海拔 1520 m。

分布于保山市芒宽乡。14-3。

11. 圆叶锦葵 Malva pusilla Smith

凭证标本：高黎贡山考察队 18251。

多年生草本，高 20～50 cm。生长于农田旁灌丛；海拔 1000 m。

分布于保山市潞江镇。10。

12. 野葵 Malva verticillata Linnaeus

凭证标本：武素功 7359；高黎贡山考察队 23402。

二年生草本，高 50～100 cm。生长于石栎-木荷林、山坡、路边；海拔 1500～1780 m。

分布于泸水市片马镇。6。

+13. 赛葵 Malvastrum coromandelianum（Linnaeus）Garcke-*Malva coromandeliana* Linnaeus

凭证标本：独龙江考察队 155；高黎贡山考察队 26156。

亚灌木，高达 1 m。生长于河谷、河边、山坡、林缘、滩地、陡坡；海拔 650～2060 m。

分布于泸水市六库镇；保山市芒宽乡、潞江镇。17。

14. 小叶黄花稔 Sida alnifolia var. **microphylla**（Cavanilles）S. Y. Hu-*Sida microphylla* Cavanilles

凭证标本：高黎贡山考察队 10238，11692。

亚灌木或灌木，高 1～2 m。生长于疏林、草坡、田边、路旁；海拔 900～2240 m。

分布于泸水市片马镇、六库镇；腾冲市界头镇。14-4。

*15. 中华黄花稔 Sida chinensis Retzius

凭证标本：杨竞生无号。

直立灌木，高达 70 cm。生长于路旁；海拔 1400 m。

分布于泸水市六库镇。15-1。

16. 心叶黄花稔 Sida cordifolia Linnaeus

凭证标本：施晓春 472。

直立灌木，高约 1 m。生长于路旁；海拔 1600 m。

分布于保山市芒宽乡。2。

17. 东方黄花捻 Sida orientalis Cavanilles

凭证标本：高黎贡山考察队 18268。

直立亚灌木，高达 2 m。生长于沟边；海拔 1000 m。

分布于保山市潞江镇。14-4。

18. 白背黄花稔 Sida rhombifolia Linnaeus

凭证标本：高黎贡山考察队 9812，29850。

直立或匍匐亚灌木，高约 1 m。生长于林下、次生灌丛、路边；海拔 980～1700 m。

分布于贡山县茨开镇；泸水市鲁掌镇、六库镇；保山市芒宽乡；腾冲市和顺镇；龙陵县镇安镇。2。

19. 榛叶黄花稔 Sida subcordata Spanoghe

凭证标本：高黎贡山考察队 26291。

直立亚灌木，高 1～2 m。生长于灌丛；海拔 920 m。

分布于泸水市大兴地乡。7。

20. 拔毒散 Sida szechuensis Matsuda

凭证标本：独龙江考察队 1004；高黎贡山考察队 33424。

直立亚灌木，高达 1 m。生长于常绿阔叶林、灌丛、茶园、核桃地、河谷、江岸陡坡、路边、田边；海拔 850~2240 m。

分布于独龙江（贡山县独龙江乡段）；贡山县茨开镇、普拉底乡；福贡县鹿马登乡、架科底乡；泸水市六库镇；保山市芒宽乡、潞江镇；腾冲市界头镇、曲石镇、芒棒镇；龙陵县镇安镇。15-1。

21a. 地桃花 Urena lobata Linnaeus

凭证标本：独龙江考察队 329；高黎贡山考察队 28949。

直立亚灌木，高达 1 m。生长于常绿阔叶林、云南松林、次生常绿阔叶林、灌丛、杂草丛、石上、草坡；河谷、河边、路边、耕地旁；海拔 670~2050 m。

分布于独龙江（贡山县独龙江乡段）；贡山县茨开镇、捧打乡；福贡县上帕镇、架科底乡、子里甲乡、匹河乡；泸水市片马镇、洛本卓乡、六库镇；保山市芒宽乡、潞江镇；腾冲市清水乡；龙陵县龙江乡、镇安镇。2。

21b. 中华地桃花 Urena lobata var. **chinensis**（Osbeck）S. Y. Hu-*Urena chinensis* Osbeck

凭证标本：陈介 344；尹文清 1203。

直立亚灌木，高达 2 m。生长于林下、草丛中；江边、路边；海拔不详。

分布于腾冲市曲石镇。15-1。

21c. 粗叶地桃花 Urena lobata var. **glauca**（Blume）Borssum-*Urena lappago* Smith var. *glauca* Blume

凭证标本：高黎贡山考察队 7080。

直立亚灌木，高达 1 m。生长于林下、林缘；海拔 1500~2000 m。

分布于福贡县上帕镇；泸水市鲁掌镇。7。

21d. 云南地桃花 Urena lobata var. **yunnanensis** S. Y. Hu

凭证标本：南水北调（滇西北分队）10365；武素功 8596。

直立亚灌木，高达 1 m。生长于灌丛、草丛；山坡、阳处；海拔 1500~2000 m。

分布于福贡县上帕镇、匹河乡；泸水市六库镇；腾冲市。15-1。

22. 波叶梵天花 Urena repanda Roxburgh ex Smith

凭证标本：高黎贡山考察队 17389，18275。

多年生草本，高 50~100 cm。生长于耕地边灌丛；海拔 1000~1010 m。

分布于保山市潞江镇。14-3。

133. 金虎尾科 Malpighiaceae

2 属 2 种，[**]1

[**]1. 多花盾翅藤/Hutchinson

凭证标本：独龙江考察队 958；高黎贡山考察队 23318。

藤状灌木。生长于常绿阔叶林、灌丛；河谷、河岸、路边；海拔 1300～2000 m。

分布于独龙江（贡山县独龙江乡段）；保山市芒宽乡；腾冲市芒棒镇、五合乡。15-2-7。

2. 尖叶风筝果 Hiptage acuminata Wallich ex A. Jussieu

凭证标本：孙航 1673；李恒、李嵘 1303。

攀缘灌木。生长于次生常绿阔叶林、灌丛；山坡、石灰岩山、路边；海拔 890～1530 m。

分布于福贡县匹河乡；泸水市；保山市芒宽乡。14-3。

135. 古柯科 Erythroxylaceae

1 属 1 种

1. 东方古柯 Erythroxylum sinense Y. C. Wu

凭证标本：冯国楣 24743；高黎贡山考察队 29762。

灌木或小乔木，高 1～6 m。生长于江边阔叶林、杉木林；海拔 1500～1790 m。

分布于独龙江（贡山县独龙江乡段）；腾冲市腾越镇。14-3。

136a. 虎皮楠科 Daphniphyllaceae

1 属 3 种，*1

1. 纸叶虎皮楠 Daphniphyllum chartaceum K. Rosenthal

凭证标本：独龙江考察 3930；高黎贡山考察队 25187。

乔木或小乔木，高 5～12 m。生长于常绿阔叶林、石栎林、疏林、次生林、混交林、山坡、林缘、山箐、路边；海拔 1200～2500 m。

分布于独龙江（贡山县独龙江乡段）；保山市潞江镇；腾冲市曲石镇、和顺镇、芒棒镇、五合乡；龙陵县龙江乡、龙山镇。14-3。

2. 西藏虎皮楠 Daphniphyllum himalense（Bentham）Müller Argoviensis-*Goughia himalensis* Bentham

凭证标本：独龙江考察队 1092；高黎贡山考察队 32491。

乔木或小乔木，高 5～12 m。生长于常绿阔叶林、河谷林、石栎林；海拔 1310～2600 m。

分布于独龙江（贡山县独龙江乡段）；贡山县茨开镇；福贡县石月亮乡。14-3。

*3. 显脉虎皮楠 Daphniphyllum paxianum K. Rosenthal

凭证标本：高黎贡山考察队 24832，32401。

灌木或小乔木，高 3～8 m。生长于常绿阔叶林、山坡、路边、山箐；海拔 1530～2620 m。

分布于独龙江（贡山县独龙江乡段）；保山市潞江镇；腾冲市界头镇、猴桥镇、曲石镇、和顺镇、腾越镇、芒棒镇、五合乡。15-1。

136. 大戟科 Euphorbiaceae

24 属 53 种，*2，+7

1. 铁苋菜 Acalypha australis Linnaeus

凭证标本：独龙江考察队 263；高黎贡山考察队 15436。

一年生草本，高 20～50 cm。生长于路边、山坡；海拔 1520～1920 m。

分布于贡山县丙中洛乡、茨开镇。14-2。

2. 毛叶铁苋菜 Acalypha mairei (H. Léveillé) Schneider-*Morus mairei* H. Léveillé

凭证标本：南水北调（滇西北队）8150；高黎贡山考察队 19693。

落叶灌木，高 1～4 m。生长于灌丛、沟谷石缝中；海拔 1030～1300 m。

分布于福贡县匹河乡；泸水市上江乡。14-4。

3. 裂苞铁苋菜 Acalypha supera Forsskål

凭证标本：高黎贡山考察队 15583，33722。

一年生草本，高 20～80 cm。生长于常绿阔叶林、柏拉参-猴欢喜林、核桃-八角枫林、河谷山香圆-茶树林、疏林、灌丛、草地；田边、路边；海拔 1040～1700 m。

分布于贡山县茨开镇、捧打乡、丙中洛乡；福贡县石月亮乡、马吉乡；泸水市洛本卓乡；保山市芒宽乡；龙陵县镇安镇。6。

*   **4. 山麻杆 Alchornea davidii** Franchet

凭证标本：高黎贡山考察队 7957。

落叶灌木，高 1～5 m。生长于河边巨石上；海拔 1240 m。

分布于福贡县匹河乡。15-1。

5. 红背山麻杆 Alchornea trewioides (Bentham) Müller Argoviensis-*Stipellaria trewioides* Bentham

凭证标本：碧江队 129。

落叶灌木，高 1～3 m。生长于灌丛、杂木林；海拔 900～1500 m。

分布于福贡县匹河乡；泸水市六库镇。14-4。

6. 西南五月茶 Antidesma acidum Retzius

凭证标本：高黎贡山考察队 14107，17549。

灌木或小乔木，高达 6 m。生长于云南松林、次生常绿阔叶林；海拔 1090～1210 m。

分布于保山市芒宽乡；龙陵县镇安镇。7。

7. 五月茶 Antidesma bunius (Linnaeus) Sprengel-*Stilago bunius* Linnaeus

凭证标本：高黎贡山考察队 18097，30887。

乔木或灌木，高达 30 m。生长于常绿阔叶林；海拔 1310～1520 m。

分布于腾冲市荷花镇、芒棒镇。5。

8. 酸味子 Antidesma japonicum Siebold & Zuccarini

凭证标本：高黎贡山考察队 17356，26257。

灌木或小乔木，高 2～8 m。生长于石栎-青冈林、山坡、路边；海拔 900～2075 m。

分布于保山市芒宽乡、潞江镇；腾冲市五合乡；龙陵县镇安镇。14-2。

9. 云南斑子木 Baliospermum calycinum Müller Argoviensis

凭证标本：高黎贡山考察队 24895。

落叶灌木，高 50～250 cm。生长于常绿阔叶林；海拔 1713 m。

分布于腾冲市五合乡。14-3。

10. 秋枫 Bischofia javanica Blume

凭证标本：高黎贡山考察队 7958，21029。

常绿大乔木，高达 40 m。生长于常绿阔叶林；海拔 1200～1700 m。

分布于福贡县匹河乡。5。

11. 喙果黑面神 Breynia rostrata Merrill

凭证标本：高黎贡山考察队 14043。

常绿，灌木或乔木，高 4～5 m。生长于次生常绿阔叶林；海拔 2360 m。

分布于保山市。14-4。

12. 禾串树 Bridelia balansae Tutcher

凭证标本：高黎贡山考察队 9907，23849。

乔木，高达 17 m。生长于次生林、石面上；海拔 1000～1250 m。

分布于泸水市六库镇；龙陵县镇安镇。14-2。

13. 土密藤 Bridelia stipularis (Linnaeus) Blume-*Clutia stipularis* Linnaeus

凭证标本：高黎贡山考察队 14115，23507。

木质藤本或攀缘灌木。生长于云南松林、次生常绿阔叶林、灌丛；海拔 691～1415 m。

分布于保山市芒宽乡、潞江镇；龙陵县镇安镇。7。

14. 长叶白桐树 Claoxylon longifolium (Blume) Endlicher ex Hasskarl-*Erytrochilus longifolius* Blume

凭证标本：高黎贡山考察队 20912，20994。

灌木或小乔木，高 2～7 m。生长于常绿阔叶林、硬叶常绿阔叶林；海拔 1160～1200 m。

分布于福贡县架科底乡、子里甲乡。1。

15. 棒柄花 Cleidion brevipetiolatum Pax & K. Hoffmann

凭证标本：南水北调队 8029，8720。

小乔木，高 5～12 m。生长于灌丛；海拔 900 m。

分布于泸水市六库镇。14-4。

16. 风轮桐 Epiprinus siletianus (Baillon) Croizat-*Symphyllia siletiana* Baillon

凭证标本：高黎贡山考察队 21037。

乔木或灌木，高 3～10 m。生长于常绿阔叶林；海拔 1270 m。

分布于福贡县瓦屋乡。14-3。

17. 圆苞大戟 Euphorbia griffithii J. D. Hooker

凭证标本：独龙江考察队 6938；高黎贡山考察队 24108。

多年生草本，高 20～70 cm。生长于竹箐、竹林、灌丛；沟边；海拔 1809～3600 m。

分布于独龙江（贡山县独龙江乡段）；贡山县茨开镇；福贡县上帕镇；泸水市片马镇。14-3。

⁺18. 白苞猩猩草 Euphorbia heterophylla Linnaeus

凭证标本：高黎贡山考察队 17343。

一年生直立草本，高 1 m。生长于灌丛；海拔 900 m。

分布于保山市潞江镇。17。

19. 飞扬草 Euphorbia hirta Linnaeus

凭证标本：高黎贡山考察队 28931。

一年生草本，高 30～60 cm。生长于常绿阔叶林、河滩、路边；海拔 611～1200 m。

分布于福贡县上帕镇；泸水市六库镇、上江乡；保山市芒宽乡、潞江镇；腾冲市五合乡；龙陵县龙江乡。2。

⁺20. 通奶草 Euphorbia hypericifolia Linnaeus

凭证标本：高黎贡山考察队 14110，26157。

一年生草本，高 15～30 cm。生长于次生常绿阔叶林、灌丛、路边；海拔 680～1500 m。

分布于保山市芒宽乡、潞江镇；龙陵县镇安镇。17。

⁺21. 续随子 Euphorbia lathyris Linnaeus

凭证标本：武素功 7149；怒江考察队 2034。

一年生直立草本，高达 1 m。栽培；海拔 2940～3700 m。

分布于福贡县；腾冲市猴桥镇。16。

22. 钩腺大戟 Euphorbia sieboldiana C. Morren & Decaisne

凭证标本：武素功 7378；高黎贡山考察队 40485。

草本，高 40～70 cm。生长于石栎-常绿阔叶林、灌丛、山坡、路旁；海拔 1820～2100 m。

分布于泸水市片马镇；腾冲市明光镇、界头镇、马站乡。14-2。

23. 高山大戟 Euphorbia stracheyi Boissier

凭证标本：高黎贡山考察队 15050，26512。

草本，高 5～30 cm。生长于常绿阔叶林、灌丛、灌丛、高山草地；海拔 2100～3800 m。

分布于独龙江（贡山县独龙江乡段）；福贡县石月亮乡。14-3。

24. 大果大戟 Euphorbia wallichii J. D. Hooker

凭证标本：高黎贡山考察队 20432，32121。

草本，高达 100 cm。生长于箭竹灌丛、石堆中；海拔 3298～3350 m。

分布于贡山县茨开镇；福贡县鹿马登乡。14-3。

25. 云南土沉香 Excoecaria acerifolia Didrichsen

凭证标本：李恒、刀志灵、李嵘 600；高黎贡山考察队 34261。

灌木，高 1～3 m。生长于次生常绿阔叶林、石栎-茶树林、鹅耳枥-盐麸木林、桤木林、河谷灌丛、山坡、江边、路边；海拔 1460～2200 m。

分布于独龙江（察隅县日东乡段）；贡山县丙中洛乡、捧打乡、普拉底乡。14-3。

26. 聚花白饭树 Flueggea leucopyrus Willdenow

凭证标本：高黎贡山考察队 9931，13956。

灌木，高 150～400 cm。生长于灌丛、江边、江岸、石上；海拔 900～1000 m。

分布于泸水市六库镇；保山市芒宽乡。6。

27. 一叶萩 Flueggea suffruticosa (Pallas) Baillon-*Pharnaceum suffruticosum* Pallas

凭证标本：高黎贡山考察队 23602，31752。

灌木，高 1～3 m。生长于常绿阔叶林、槭树-花楸-杜鹃林；海拔 611～2780 m。

分布于贡山县丙中洛乡；泸水市片马镇；龙陵县龙江乡。14-2。

28. 白毛算盘子 Glochidion arborescens Blume

凭证标本：高黎贡山考察队 10546，30964。

乔木，高约 8 m。生长于常绿阔叶林、石栎-木荷林、针叶林、灌丛；海拔 800～2200 m。

分布于泸水市上江乡、六库镇；保山市芒宽乡、潞江镇；腾冲市芒棒镇、五合乡；龙陵县镇安镇。7。

29. 革叶算盘子 Glochidion daltonii (Müller) Kurz-*Diasperus daltonii* Müller

凭证标本：南水北调（滇西北）10446；青藏队 7277。

灌木或乔木，高 3～10 m。生长于常绿阔叶林、灌丛、林缘、山坡；海拔 960～2050 m。

分布于福贡县上帕镇、匹河乡；泸水市六库镇；腾冲市芒棒镇。14-4。

30. 毛果算盘子 Glochidion eriocarpum Champion ex Bentham

凭证标本：尹文清 1468；南水北调队 8190。

灌木或小乔木，高达 5 m。生长于林缘、灌丛；海拔 1300～1600 m。

分布于泸水市上江乡；腾冲市蒲川乡。14-4。

31. 艾胶算盘子 Glochidion lanceolarium (Roxburgh) Voigt-*Bradleia lanceolaria* Roxburgh

凭证标本：高黎贡山考察队 18443，24749。

常绿灌木或乔木，高 1～3 m。生长于常绿阔叶林、针叶林；海拔 1985～2185 m。

分布于保山市芒宽乡、潞江镇；腾冲五合乡。14-4。

32. 圆果算盘子 Glochidion sphaerogynum (Müller) Kurz-*Phyllanthus sphaerogynus* Müller

凭证标本：李恒、李嵘、施晓春 1283；高黎贡山考察队 31045。

乔木，高达 15 m。生长于常绿阔叶林、青冈-石栎林、青冈-木荷林、高山栲-木荷林、云南松林、路边；海拔 1270～2360 m。

分布于福贡县瓦屋乡、匹河乡；泸水市；保山市芒宽乡、潞江镇；腾冲市荷花镇、芒棒镇。14-3。

33. 里白算盘子 Glochidion triandrum（Blanco）C. B. Robinson-*Kirganelia triandra* Blanco

凭证标本：尹文清 60-1348；高黎贡山考察队 31134。

灌木或小乔木，高 3～7 m。生长于青冈-木荷林、石栎-木荷林、次生常绿阔叶林、山坡；海拔 1850～2040 m。

分布于福贡县上帕镇；保山市芒宽乡、潞江镇；腾冲市五合乡、蒲川乡。14-1。

34. 水柳 Homonoia riparia Loureiro

凭证标本：高黎贡山考察队 9919，26204。

灌木，高 1～3 m。生长于河漫滩、江边；海拔 686～1000 m。

分布于泸水市六库镇；保山市芒宽乡、潞江镇；腾冲龙江乡。7。

⁺35. 麻风树 Jatropha curcas Linnaeus

凭证标本：高黎贡山考察队 7042，10515。

灌木或小乔木，高 2～5 m。生长于干热河谷疏灌丛、河岸石砾地；海拔 670～780 m。

分布于泸水市六库镇。16。

36. 雀儿舌头 Leptopus chinensis（Bunge）Pojarkova-*Andrachne chinensis* Bunge

凭证标本：青藏队 10375。

灌木，高 50～400 cm。生长于山坡松林下；海拔 3200～3500 m。

分布于独龙江（察隅县日东乡段）。12。

37. 中平树 Macaranga denticulata（Blume）Müller-*Mappa denticulata* Blume

凭证标本：包士英 914。

小乔木，高 3～15 m。生长于路边；海拔 800～1300 m。

分布于龙陵五合乡。7。

38. 印度血桐 Macaranga indica Wight

凭证标本：高黎贡山考察队 13389，27737。

乔木，高 10～25 m。生长于青冈栎林、次生常绿阔叶林；海拔 1350～1920 m。

分布于独龙江（贡山县独龙江乡段）；福贡县上帕镇、石月亮乡；保山市芒宽乡、潞江镇；腾冲市五合乡。7。

39. 尾叶血桐 Macaranga kurzii（Kuntze）Pax & K. Hoffmann-*Tanarius kurzii* Kuntze

凭证标本：高黎贡山考察队 17947，24800。

灌木或小乔木，高 1～7 m。生长于石栎-桦木林、次生常绿阔叶林；海拔 1530～1900 m。

分布于腾冲市五合乡。14-4。

40. 泡腺血桐 Macaranga pustulata King ex J. D. Hooker

凭证标本：独龙江考察队 1168，4483。

小乔木，高 3～12 m。生长于常绿阔叶林、灌丛、山坡、河谷；海拔 1240～1480 m。

分布于独龙江（贡山县独龙江乡段）；泸水市。14-4。

41. 尼泊尔野桐 Mallotus nepalensis Müller Argoviensis

凭证标本：高黎贡山考察队 13321，34221。

灌木或小乔木，高 3～6 m。生长于常绿阔叶林、石栎-木荷林、石栎-野桐林、青冈-栲树林、木莲-木荷林、针叶林、针阔叶混交林、灌丛；海拔 1450～2400 m。

分布于独龙江（贡山县独龙江乡段）；贡山县丙中洛乡、茨开镇；福贡县石月亮乡、鹿马登乡、上帕镇；泸水市片马镇、鲁掌镇；保山市潞江镇；腾冲市曲石镇、中和镇、芒棒镇、五合乡、新华乡。14-3。

42. 粗糠柴 Mallotus philippensis (Lamarck) Müller-*Croton philippensis* Lamarck

凭证标本：独龙江考察队 051；高黎贡山考察队 30633。

灌木或小乔木，高 2～15 m。生长于常绿阔叶林、针叶林、灌丛；海拔 670～2580 m。

分布于福贡县上帕镇、石月亮乡、匹河乡；泸水市洛本卓乡、六库镇；保山市芒宽乡、潞江镇；腾冲市曲石镇、蒲川乡。5。

43. 石岩枫 Mallotus repandus (Willdenow) Müller-*Croton repandus* Willdenow

凭证标本：高黎贡山考察队 24983，29858。

攀缘灌木，长 5～10 m。生长于常绿阔叶林、次生林、杂草丛；海拔 1140～1869 m。

分布于泸水市洛本卓乡；腾冲市和顺镇、五合乡。5。

44. 云南野桐 Mallotus yunnanensis Pax & K. Hoffmann

凭证标本：王启无 89727；南水北调队 8218。

灌木，高 1～3 m。生长于杂木林、灌丛；河边；海拔 950～2400 m。

分布于泸水市六库镇。14-4。

45. 山靛 Mercurialis leiocarpa Siebold & Zuccarini

凭证标本：武素功 6732。

多年生草本，高 30～100 cm。生长于常绿阔叶林；海拔 1850 m。

分布于腾冲市猴桥镇。14-1。

46. 云南叶轮木 Ostodes katharinae Pax

凭证标本：高黎贡山考察队 11462，31060。

乔木，高达 15 m。生长于常绿阔叶林；海拔 1150～2146 m。

分布于泸水市上江乡；保山市芒宽乡；腾冲市五合乡、芒棒镇、新华乡、团田乡；龙陵县镇安镇。14-4。

47. 余甘子 Phyllanthus emblica Linnaeus

凭证标本：高黎贡山考察队 10122，29752。

乔木，3～8 m。生长于常绿阔叶林、松林、灌丛、山坡、河谷；海拔 800～1790 m。

分布于泸水市鲁掌镇、六库镇；保山市潞江镇；腾冲市腾越镇、新华乡、蒲川乡；龙陵县镇安镇。7。

* **48. 西南叶下珠 Phyllanthus tsarongensis** W. W. Smith

凭证标本：杨竟生 s. n.。

灌木，高达 3 m。生长于常绿阔叶林；海拔 1500 m。

分布于独龙江（贡山县独龙江乡段）。15-1。

49. 叶下珠 Phyllanthus urinaria Linnaeus

凭证标本：独龙江考察队 090；高黎贡山考察队 24949。

一年生草本，高达 80 cm。生长于常绿阔叶林、灌丛、草坡、路边；海拔 710～1920 m。

分布于贡山县茨开镇；福贡县上帕镇；泸水市六库镇；腾冲市芒棒镇、五合乡、清水乡。3。

50. 黄珠子草 Phyllanthus virgatus G. Forster

凭证标本：高黎贡山考察队 17351，18894。

一年生草本，高达 60 cm。生长于灌丛、杂草丛；海拔 790～900 m。

分布于保山市芒宽乡、潞江镇。5。

+**51. 蓖麻 Ricinus communis** Linnaeus

凭证标本：独龙江考察队 045；高黎贡山考察队 22864。

一年生直立草本，呈灌木状，高 2～5 m。栽培于河谷、路边；海拔 850～1800 m。

分布于泸水市片马镇、鲁掌镇、六库镇；腾冲市芒棒镇。16。

+**52. 乌桕 Triadica sebifera** (Linnaeus) Small-*Croton sebifer* Linnaeus

凭证标本：独龙江考察队 166；高黎贡山考察队 25620。

乔木，高 15 m。栽培于河谷、江边；海拔 890～1700 m。

分布于福贡县上帕镇；泸水市鲁掌镇。16。

+**53. 油桐 Vernicia fordii** (Hemsley) Airy Shaw-*Aleurites fordii* Hemsley

凭证标本：独龙江考察队 017；高黎贡山考察队 24562。

落叶乔木，高达 10 m。栽培于路边、灌丛、杂草丛、村旁；海拔 850～1600 m。

分布于贡山县茨开镇；福贡县上帕镇；泸水市六库镇；腾冲市五合乡。16。

139a. 鼠刺科 Iteaceae

1 属 5 种，*3

1. 鼠刺 Itea chinensis Hooker & Arnott

凭证标本：独龙江考察队 1218；高黎贡山考察队 27940。

灌木或小乔木，高 4～10 m。生长于常绿阔叶林、河岸林、灌丛、山坡、河谷、河岸、路边；海拔 1301～2200 m。

分布于独龙江（贡山县独龙江乡段）；贡山县茨开镇；福贡县石月亮乡、鹿马登乡、上帕镇；泸水市洛本卓乡。14-4。

2. 毛脉鼠刺 Itea indochinensis var. **pubinervia**（H. T. Chang）C. Y. Wu-*I. homalioidea* H. T. Chang

凭证标本：蔡希陶 56615；T. T. Yü 19041。

灌木或乔木，高 10～15 m。生长于林内、山谷；海拔 1700～2100 m。

分布于独龙江（贡山县独龙江乡段）；福贡县上帕镇。14-4。

*\ **3. 俅江鼠刺 Itea kiukiangensis** C. C. Huang & S. C. Huang

凭证标本：独龙江考察队 1806；高黎贡山考察队 24399。

乔木，高 10 m。生长于常绿阔叶林、河谷、河岸、沟谷；海拔 1330～2253 m。

分布于独龙江（贡山县独龙江乡段）；福贡县鹿马登乡、上帕镇；泸水市片马镇。15-1。

*\ **4. 峨眉鼠刺 Itea omeiensis** C. K. Schneider

凭证标本：高黎贡山考察队 22675。

灌木或小乔木，高 150～1000 cm。生长于针叶林；海拔 1860 m。

分布于贡山县丙中洛乡。15-1。

*\ **5. 滇鼠刺 Itea yunnanensis** Franchet

凭证标本：怒江队 790252；高黎贡山考察队 16617。

灌木或小乔木，高 1～10 m。生长于常绿阔叶林、灌丛、岩壁上、山坡、沟边、路边；海拔 1520～3000 m。

分布于独龙江（贡山县独龙江乡段）；贡山县丙中洛乡、捧打乡。15-1。

141. 茶藨子科 Grossulariaceae

1 属 12 种 6 变种，*7，**1，***1

1. 长刺茶藨子 Ribes alpestre Wallich ex Decaisne

凭证标本：青藏队 10412，10780。

落叶灌木，高 1～3 m。生长于云杉林、冷杉林；海拔 3500～3800 m。

分布于独龙江（察隅县日东乡段）。14-3。

*2. 革叶茶藨子 Ribes davidii Franchet

凭证标本：怒江队 790405。

常绿灌木，高 30～100 cm。生长于铁杉林、云杉林；海拔 2780 m。

分布于贡山县。15-1。

*3. 光萼茶藨子 Ribes glabricalycinum L. T. Lu

凭证标本：林芹、邓向福 790657。

落叶灌木，高达 1 m。生长于山路旁、沟边；海拔 2800～3500 m。

分布于独龙江（贡山县独龙江乡段）。15-1。

4. 冰川茶藨子 Ribes glaciale Wallich

凭证标本：独龙江考察队 6403；武素功 8397。

灌木，高 2～3 m。生长于混交林、针叶林、灌丛、草甸；海拔 2200～3600 m。

分布于独龙江（贡山县独龙江乡段）；贡山县丙中洛乡、茨开镇；泸水市片马镇；保山市芒宽乡；腾冲市猴桥镇。14-3。

5a. 曲萼茶藨子 Ribes griffithii J. D. Hooker & Thomson

凭证标本：高黎贡山考察队 12364，34530。

灌木，高 2～3 m。生长于常绿阔叶林、落叶阔叶林、针阔叶混交林、针叶林、灌丛、箭竹-杜鹃灌丛、灌丛草甸、河边、沟边、山坡、路边；海拔 2276～3280 m。

分布于独龙江（贡山县独龙江乡段）；贡山县丙中洛乡、茨开镇；福贡县石月亮乡、鹿马登乡、匹河乡；泸水市片马镇、洛本卓乡；腾冲市猴桥镇。14-3。

***5b. 贡山茶藨子 Ribes griffithii var. **gongshanense**（T. C. Ku）L. T. Lu-*Ribes gongshanense* T. C. Ku

凭证标本：青藏队 8649。灌木，高 2～3 m。生长于冷杉林；海拔 3200 m。

分布于独龙江（贡山县独龙江乡段）。15-2-6。

6. 糖茶藨子 Ribes himalense Royle ex Decaisne

凭证标本：独龙江考察队 6084；高黎贡山考察队 7791。

落叶灌木，高 1～2 m。生长于阔叶林、混交林、针叶林、灌丛、杂木林；林缘、林下、山坡、沟边；海拔 1930～3400 m。

分布于独龙江（贡山县独龙江乡段）；贡山县丙中洛乡、茨开镇；福贡县；泸水市鲁掌镇。14-3。

*7a. 桂叶茶藨子 Ribes laurifolium Janczewski

凭证标本：独龙江考察队 5783；高黎贡山考察队 20157。

常绿灌木，高达 150 cm。生长于阔叶林、混交林、树干上、沟边；海拔 1780～2786 m。

分布于独龙江（贡山县独龙江乡段）；贡山县丙中洛乡；福贡县鹿马登乡。15-1。

7b. 光果茶藨子 Ribes laurifolium var. **yunnanense L. T. Lu

凭证标本：武素功 8483；高黎贡山考察队 20500。

常绿灌木，高达 150 cm。生长于常绿阔叶林、松栎、针阔叶混交林、铁杉林、冷杉林、杂木林；山坡、山谷；海拔 1600～3200 m。

分布于独龙江（贡山县独龙江乡段）；贡山县茨开镇；福贡县鹿马登乡；泸水市片马镇；腾冲市猴桥镇。15-2-1。

8a. 长序茶藨子 Ribes longeracemosum Franchet

凭证标本：独龙江考察队 7029。

灌木，高 2～3 m。生长于落叶阔叶林、铁杉林、灌丛、山坡、路边；海拔 2600～3400 m。

分布于独龙江（贡山县独龙江乡段）；贡山县丙中洛乡；泸水市片马镇。15-1。

＊8b. 腺毛长序茶藨子 Ribes longeracemosum var. **davidii** Janczewski

凭证标本：南水北调（滇西北分队）8826；青藏队 7249。

灌木，高 2～3 m。生长于针叶林、灌丛、杂木林、山坡、林缘；海拔 1900～2900 m。

分布于贡山县茨开镇；福贡县鹿马登乡、上帕镇；泸水市片马镇。15-1。

9. 紫花茶藨子 Ribes luridum J. D. Hooker & Thomson

凭证标本：高黎贡山考察队 14790，34024。

灌木，高 1～3 m。生长于常绿阔叶林、混交林、灌丛、山脊；海拔 2770～3450 m。

分布于贡山县茨开镇；福贡县石月亮乡；泸水市片马镇、洛本卓乡；保山市芒宽乡。14-3。

＊10. 宝兴茶藨子 Ribes moupinense Franchet

凭证标本：青藏队 9990，10779。

落叶灌木，高 2～3 m。生长于松林、云杉林、冷杉林、山坡；海拔 3000～3600 m。

分布于独龙江（察隅县日东乡段）。15-1。

11a. 渐尖茶藨子 Ribes takare D. Don

凭证标本：武素功 6640；高黎贡山考察队 30547。

灌木，高 1～3 m。生长于常绿阔叶林、针阔叶混交林、栎类-铁杉林、箭竹-杜鹃林、灌丛山坡、路边；海拔 2737～3600 m。

分布于福贡县上帕镇；泸水市片马镇、鲁掌镇；腾冲市明光镇、猴桥镇。14-3。

11b. 束果茶藨子 Ribes takare var. **desmocarpum**（J. D. Hooker & Thomson）L. T. Lu-*Ribes desmocarpum* J. D. Hooker & Thomson

凭证标本：高黎贡山考察队 14807，25706。

灌木，高 1～3 m。生长于常绿阔叶林、阔叶林、针叶林、山坡；海拔 2300～3500 m。

分布于独龙江（察隅县日东乡段、贡山县独龙江乡段）；贡山县丙中洛乡、茨开镇；福贡县鹿马登乡；泸水市洛本卓乡。14-3。

12a. 细枝茶藨子 Ribes tenue Janczewski

凭证标本：高黎贡山考察队 25899，27203。

灌木，高 1～4 m。生长于针阔叶混交林、冷杉林、冷杉-箭竹林、灌丛、箭竹-杜鹃灌丛、竹灌丛、岩坡、山坡、山谷、沟边、路旁；海拔 2700～3600 m。

分布于独龙江（贡山县独龙江乡段）；贡山县丙中洛乡、茨开镇；福贡县石月亮乡；泸水市洛本卓乡、鲁掌镇。14-3。

*12b. 毛细枝茶藨子 Ribes tenue var. puberulum H. Chuang

凭证标本：怒江队 791471；青藏队 10088。

落叶灌木，高 1～4 m。生长于冷杉林、灌丛、山坡；海拔 2500～3800 m。

分布于独龙江（察隅县日东乡段）；贡山县丙中洛乡。15-1。

*12c. 深裂茶藨子 Ribes tenue var. incisum L. T. Lu

凭证标本：高黎贡山考察队 12572。

落叶灌木，高 1～4 m。生长于针阔叶混交林；海拔 2770～3050 m。

分布于贡山县茨开镇。15-1。

142. 八仙花科 Hydrangeaceae

6 属 36 种 2 变种，* 19，** 1，*** 4

*1. 马桑溲疏 Deutzia aspera Rehder

凭证标本：施晓春、杨世雄 735；高黎贡山考察队 30788。

灌木，高 2～3 m。生长于常绿阔叶林、针叶林、灌丛；海拔 2300～3020 m。

分布于保山市芒宽乡；腾冲市明光镇、界头镇、猴桥镇。15-1。

*2. 大萼溲疏 Deutzia calycosa Rehder

凭证标本：高黎贡山考察队 22914，24452。

灌木，高 2 m。生长于常绿阔叶林、铁杉-石栎林、灌丛、山坡；海拔 2500～2831 m。

分布于泸水市片马镇、鲁掌镇。15-1。

*3. 密序溲疏 Deutzia compacta Craib

凭证标本：独龙江考察队 3800；高黎贡山考察队 33888。

灌木，高 2～3 m。生长于常绿阔叶林、针阔叶混交林、针叶林、灌丛、林缘、山坡、河谷、沟边、路边；海拔 1400～3270 m。

分布于独龙江（贡山县独龙江乡段）；贡山县丙中洛乡、茨开镇；福贡县石月亮乡；泸水市片马镇。15-1。

*4. 灰绿溲疏 Deutzia glaucophylla S. M. Hwang

凭证标本：高黎贡山考察队 24065，30001。

灌木，高 2 m。生长于常绿阔叶林、次生常绿阔叶林；海拔 1960～2102 m。

分布于泸水市片马镇；腾冲市界头镇。15-1。

*5. 球花溲疏 Deutzia glomeruliflora Franchet

凭证标本：独龙江考察队 2260；高黎贡山考察队 20492。

灌木，高 1～2 m。生长于常绿阔叶林、针阔叶混交林、灌丛、山坡；海拔 1560～2400 m。

分布于独龙江（贡山县独龙江乡段）；贡山县丙中洛乡、茨开镇；福贡县鹿马登乡；保山市芒宽乡。15-1。

6. 西南溲疏 Deutzia hookeriana (C. K. Schneider) Airy Shaw-*Deutzia corymbosa* R. Brown ex G. Don var. *hookeriana* C. K. Schneider

凭证标本：怒江队 790643；青藏队 9994。

灌木，高约 2 m。生长于云南松林、灌丛、山坡；海拔 1600～2700 m。

分布于独龙江（察隅县日东乡段、贡山县独龙江乡段）；贡山县丙中洛乡。14-3。

* **7. 长叶溲疏 Deutzia longifolia** Franchet

凭证标本：武素功 7096；高黎贡山考察队 30350。

灌木，高 200～250 cm。生长于常绿阔叶林、针叶林、灌丛、林缘；海拔 1615～3350 m。

分布于贡山县茨开镇；福贡县上帕镇；保山市；腾冲市界头镇、猴桥镇。15-1。

* **8. 维西溲疏 Deutzia monbeigii** W. W. Smith

凭证标本：南水北调（滇西北分队）8765；青藏队 7866。

灌木，高 100～150 cm。生长于林缘、灌丛、草丛；山坡、路边；海拔 1700～2650 m。

分布于贡山县丙中洛乡。15-1。

9. 紫花溲疏 Deutzia purpurascens (Franchet ex L. Henry) Rehder-*Deutzia discolor* Hemsley var. *purpurascens* Franchet ex L. Henry

凭证标本：青藏队 8587；高黎贡山考察队 24469。

灌木，高 1～2 m。生长于常绿阔叶林、石栎-青冈林、铁杉林、冷杉林、灌丛、草地、山坡、路边、沟谷；海拔 1700～3500 m。

分布于贡山县丙中洛乡、茨开镇；福贡县上帕镇、鹿马登乡；泸水市片马镇、鲁掌镇。14-3。

* **10. 四川溲疏 Deutzia setchuenensis** Franchet

凭证标本：高黎贡山考察队 7797，14525。

灌木，高约 2 m。生长于常绿阔叶林；海拔 1900～3150 m。

分布于贡山县茨开镇。15-1。

11. 常山 Dichroa febrifuga Loureiro

凭证标本：高黎贡山考察队 9408，31099。

灌木，高 1～2 m。生长于常绿阔叶林、石栎-木荷林、木荷-山胡椒林、樟-茶林、石栎-桦木林、疏林、灌丛、山坡、山谷、路边；海拔 1400～3000 m。

分布于保山市芒宽乡；腾冲市芒棒镇、五合乡、新华乡；龙陵县镇安镇。14-3。

*** **12. 云南常山 Dichroa yunnanensis S. M. Hwang**

凭证标本：独龙江考察队 685；高黎贡山考察队 32724。

灌丛，高 150～200 cm。生长于常绿阔叶林、河岸林、灌丛、大树上、石岩上、林缘、山坡、沟边、河谷、河口；海拔 1310～2000 m。

分布于独龙江（贡山县独龙江乡段）。15-2-6。

13. 冠盖绣球 Hydrangea anomala D. Don

凭证标本：高黎贡山考察队 14787，30442。

攀缘灌木，长 2～4 m。生长于常绿阔叶林、石栎-青冈林、石栎-冬青林、疏林、铁杉林、林缘、山坡、峡谷、沟边、树上；海拔 1650～3400 m。

分布于贡山县丙中洛乡、茨开镇；福贡县石月亮乡、鹿马登乡；泸水市片马镇；腾冲市界头镇；龙陵县。14-3。

14. 马桑绣球 Hydrangea aspera D. Don

凭证标本：独龙江考察队 191；高黎贡山考察队 34341。

灌木或小乔木，高 1～4 m。生长于常绿阔叶林、针阔叶混交林、针叶林、灌丛、草地、丘陵、山坡、沟边、河岸、江边、山溪、路边；海拔 920～3000 m。

分布于独龙江（贡山县独龙江乡段）；贡山县丙中洛乡、捧打乡、茨开镇；福贡县马吉乡、石月亮乡、鹿马登乡、上帕镇；泸水市片马镇、洛本卓乡、鲁掌镇、六库镇；保山市潞江镇；腾冲市界头镇、猴桥镇、曲石镇。14-3。

* **15. 东陵绣球 Hydrangea bretschneideri Dippel**

凭证标本：青藏队 7405。

灌木，高 1～3 m。生长于铁杉林、云杉林、灌丛、山坡；海拔 1700～3300 m。

分布于独龙江（察隅县日东乡段）；贡山县丙中洛乡、茨开镇。15-1。

16. 中国绣球 Hydrangea chinensis Maximowicz

凭证标本：碧江队 1713；高黎贡山考察队 31069。

灌木，高 50～400 cm。生长于常绿阔叶林下、次生林、灌丛、草丛、林缘、山坡、沟边、江边、岩石上、大树上；海拔 1300～2700 m。

分布于独龙江（贡山县独龙江乡段）；贡山县茨开镇；福贡县上帕镇、匹河乡；泸水市片马镇；腾冲市芒棒镇。14-2。

* **17. 西南绣球 Hydrangea davidii Franchet**

凭证标本：独龙江考察队 6699；高黎贡山考察队 33402。

灌木，高 1～3 m。生长于常绿阔叶林、针叶林、落叶阔叶林、灌丛、草丛中、山坡、山顶、悬崖、山谷、林缘、河岸、江边、村旁；海拔 1350～2800 m。

分布于独龙江（贡山县独龙江乡段）；贡山县茨开镇；福贡县马吉乡、石月亮乡、鹿马登乡、上帕镇；泸水市片马镇、洛本卓乡、鲁掌镇；保山市芒宽乡、潞江镇；腾冲市明光镇、界头镇、猴桥镇、芒棒镇；龙陵县龙江乡、镇安镇、象达乡。15-1。

*** **18. 银针绣球 Hydrangea dumicola** W. W. Smith

凭证标本：高黎贡山考察队 12301，28563。

灌木，高 250～500 cm。生长于常绿阔叶林、落叶阔叶林、灌丛；海拔 2270～2910 m。

分布于贡山县茨开镇；福贡县石月亮乡、鹿马登乡。15-2-6。

19. 微绒绣球 Hydrangea heteromalla D. Don

凭证标本：高黎贡山考察队 11708，23035。

灌木或小乔木，高 2～5 m 以上。生长于常绿阔叶林、针叶-落叶阔叶林、针叶林、铁杉-云杉林、冷杉-红杉林、灌丛；海拔 1700～3270 m。

分布于独龙江（贡山县独龙江乡段）；贡山县茨开镇。14-3。

* **20. 白背绣球 Hydrangea hypoglauca** Rehder

凭证标本：武素功 6947；怒江考察队 790659。

灌木，高 1～3 m。生长于常绿阔叶林、灌丛、山谷、路旁、沟边；海拔 1700～2850 m。

分布于独龙江（贡山县独龙江乡段）；福贡县匹河乡；腾冲市猴桥镇。15-1。

* **21a. 莼兰绣球 Hydrangea longipes** Franchet

凭证标本：独龙江考察队 325；高黎贡山考察队 26489。

灌木，高 1～3 m。生长于常绿阔叶林、灌丛、山坡、河谷、路边；海拔 1240～2700 m。

分布于独龙江（贡山县独龙江乡段）；贡山县茨开镇；福贡县石月亮乡；保山市芒宽乡；腾冲市芒棒镇。15-1。

* **21b. 锈毛绣球 Hydrangea longipes** var. **fulvescens**（Rehder）W. T. Wang ex C. F. Wei-*Hydrangea fulvescens* Rehder

凭证标本：独龙江考察队 1780，3234。

灌木，高 1～3 m。生长于常绿阔叶林、河岸；海拔 1400～1600 m。

分布于独龙江（贡山县独龙江乡段）。15-1。

22. 大果绣球 Hydrangea macrocarpa Handel-Mazzetti

凭证标本：南水北调（滇西北分队）10399。

灌木或小乔木，高 3～4 m。生长于山坡阔叶林；海拔 2000 m。

分布于泸水市鲁掌镇。14-3。

23. 圆锥绣球 Hydrangea paniculata Siebold

凭证标本：高黎贡山考察队 25697。

灌木或小乔木，高 1～5 m。生长于常绿阔叶林；海拔 3300 m。

分布于泸水市洛本卓乡。14-2。

24. 粗枝绣球 Hydrangea robusta J. D. Hooker & Thomson

凭证标本：独龙江考察队 3832；高黎贡山考察队 27642。

灌木或小乔木，高 2～3 m。生长于常绿阔叶林、石栎-木荷林、云南松林、秃杉林、灌丛、草地、山坡、山谷、河岸、河谷、溪畔、沟边、田边；海拔 1300～2800 m。

分布于独龙江（贡山县独龙江乡段）；贡山县茨开镇；福贡县马吉乡、石月亮乡、上帕镇；保山市芒宽乡。14-3。

* 25. 腊莲绣球 Hydrangea strigosa Rehder

凭证标本：高黎贡山考察队 8292，28899。

灌木，高 1～3 m。生长于常绿阔叶林、灌丛、林缘、沟边；海拔 1090～2800 m。

分布于独龙江（贡山县独龙江乡段）；贡山县丙中洛乡、茨开镇；福贡县鹿马登乡、上帕镇；泸水市片马镇；腾冲市蒲川乡。15-1。

26. 长柱绣球 Hydrangea stylosa J. D. Hooker & Thomson

凭证标本：Forrest 17615；T. T. Yü 20453。

灌木，高约 150 cm。生长于常绿阔叶林；海拔 1200～1400 m。

分布于独龙江（贡山县独龙江乡段）。14-3。

* 27. 松潘绣球 Hydrangea sungpanensis Handel-Mazzetti

凭证标本：高黎贡山考察队 18834，25173。

灌木或小乔木，高 3～10 m。生长于常绿阔叶林、灌丛；海拔 2525～2432 m。

分布于腾冲市芒棒镇、五合乡。15-1。

* 28. 挂苦绣球 Hydrangea xauthoneura Diels

凭证标本：武素功 6947。

灌木或小乔木，高 1～7 m。生长于常绿阔叶林；山谷；海拔 2600 m。

分布于腾冲市猴桥镇。15-1。

29a. 云南山梅花 Philadelphus delavayi L. Henry

凭证标本：李恒、李嵘 902；高黎贡山考察队 33436。

灌木，高 2～4 m。生长于常绿阔叶林、针叶林、灌丛、草坡、山谷、溪畔、河边、沟边、田边、路边、林内、林缘；海拔 1240～3250。

分布于独龙江（察隅县日东乡段、贡山县独龙江乡段）；贡山县丙中洛乡、捧打乡、茨开镇、普拉底乡；福贡县马吉乡、石月亮乡、鹿马登乡、上帕镇、匹河乡；泸水市洛本卓乡。14-4。

** 29b. 黑萼山梅花 Philadelphus delavayi var. melanocalyx Lemoine ex L. Henry

凭证标本：冯国楣 7369；南水北调（滇西北分队）8455。

灌木，高 2～4 m。生长于灌丛；山坡；海拔 1420～2300 m。

分布于贡山县普拉底乡。15-2-3a。

* 30. 滇南山梅花 Philadelphus henryi Koehne

凭证标本：武素功 6953。

灌木，高 150～250 cm。生长于林缘、山坡、路边；海拔 2400 m。

分布于腾冲市猴桥镇。15-1。

*** **31. 泸水山梅花 Philadelphus lushuiensis** T. C. Ku & S. M. Hwang

凭证标本：横断山队 2。

灌木，高约 3 m。生长于灌丛；海拔 2300～2400 m。

分布于泸水市。15-2-6。

* **32. 紫萼山梅花 Philadelphus purpurascens**（Koehne）Rehder-*Philadelphus brachybotrys*（Koehne）Koehne var. *purpurascens* Koehne

凭证标本：横断山队 589；怒江考察队 790011。

灌木，高 150～400 cm。生长于灌丛、山坡、路边；海拔 1600 m。

分布于贡山县茨开镇；泸水市。15-1。

* **33. 绢毛山梅花 Philadelphus sericanthus** Koehne

凭证标本：横断山队 30007。

灌木，高 1～3 m。生长于石栎林；海拔 1960 m。

分布于腾冲市界头镇。15-1。

34. 绒毛山梅花 Philadelphus tomentosus Wallich ex G. Don

凭证标本：独龙江考察队 5477，27459。

灌木，高 2～3 m。生长于常绿阔叶林、松林、灌丛、山坡、河谷；海拔 780～2400 m。

分布于独龙江（贡山县独龙江乡段；福贡县石月亮乡）。14-3。

35. 冠盖藤 Pileostegia viburnoides J. D. Hooker & Thomson

凭证标本：独龙江考察队 1338；高黎贡山考察队 33987。

攀缘灌木，长约 15 m。生长于常绿阔叶林、灌丛、林缘、江边；海拔 1510～2000 m。

分布于独龙江（贡山县独龙江乡段）；贡山县丙中洛乡、茨开镇；福贡县上帕镇；泸水市片马镇。14-2。

*** **36. 厚叶钻地风 Schizophragma crassum** Handel-Mazzetti

凭证标本：冯国楣 8196；高黎贡山考察队 12534。

攀缘落叶灌木。生长于乔松林、秃杉林、树上；海拔 2250～2300 m。

分布于贡山县茨开镇。15-2-6。

143. 蔷薇科 Rosaceae

35 属 237 种 19 变种，* 90，** 17，*** 17，+ 8

1. 龙芽草 Agrimonia pilosa Ledebour

凭证标本：独龙江考察队 342；高黎贡山考察队 33034。

多年生草本，高 30～120 cm。生长于常绿阔叶林、针叶林、灌丛、草地、草甸、林下、林缘、山坡、山谷、江边、河滩、沟边、路边、水边荒田、菜地；海拔 650～3100 m。

分布于独龙江（贡山县独龙江乡段）；贡山县丙中洛乡、茨开镇；福贡县石月亮

乡、上帕镇；泸水市片马镇、洛本卓乡；保山市芒宽乡、潞江镇；腾冲市曲石镇、芒棒镇。10。

+2. 光核桃 Amygdalus mira（Koehne）Ricker-*Prunus mira* Koehne

凭证标本：青藏队 6950。

落叶乔木，高达 10 m。生长于冷杉林、山坡；海拔 2900～3100 m。

分布于福贡县鹿马登乡。16。

+3. 桃 Amygdalus persica Linnaeus

凭证标本：独龙江考察队 4125；高黎贡山考察队 23473。

落叶乔木，高 3～8 m。生长于常绿阔叶林、河岸、山坡、村旁栽培；海拔 1200～2200 m。

分布于独龙江（贡山县独龙江乡段）；贡山县茨开镇；龙陵县镇安镇。16。

+4. 梅 Armeniaca mume Siebold

凭证标本：李恒、李嵘 1274；高黎贡山考察队 23290。

乔木，高 4～10 m。生长于常绿阔叶林；海拔 1700～1950 m。

分布于泸水市片马镇。16。

*5. 贡山假升麻 Aruncus gombalanus（Handel-Mazzetti）Handel-Mazzetti -*Pleiosepalum gombalanum* Handel-Mazzetti

凭证标本：青藏队 10159；高黎贡山考察队 26720。

多年生草本，高达 70 cm。生长于高山矮林、灌丛、高山垫状灌丛、箭竹灌丛、竹林、山坡、灌丛草地、草地；山坡、山谷、草坡、崖坡、多石处；海拔 3000～3800 m。

分布于独龙江（察隅县日东乡段、贡山县独龙江乡段）；贡山县丙中洛乡、茨开镇；福贡县石月亮乡、鹿马登乡；泸水市片马镇。15-1。

6. 假升麻 Aruncus sylvester Kosteletzky ex Maximowicz

凭证标本：独龙江考察队 6688；高黎贡山考察队 34509。

多年生草本，高达 3 m。生长于常绿阔叶林、针阔叶混交林、针叶林、铁杉林、竹林、灌丛、高山草甸、林缘、草坡上、岩上、沟边、河滩、路边；海拔 1540～3800 m。

分布于独龙江（贡山县独龙江乡段）；贡山县丙中洛乡、茨开镇；福贡县匹河乡；泸水市片马镇、洛本卓乡。8。

*7. 尖尾樱桃 Cerasus caudata（Franchet）T. T. Yü & C. L. Li-*Prunus caudata* Franchet

凭证标本：高黎贡山考察队 12603，28556。

落叶乔木。生长于常绿阔叶林、落叶阔叶林、针叶林；海拔 1600～3450 m。

分布于贡山县丙中洛乡、茨开镇；福贡县石月亮乡、鹿马登乡；泸水市片马镇、洛本卓乡、鲁掌镇。15-1。

8. 高盆樱桃 Cerasus cerasoides（Buchanan-Hamilton ex D. Don）S. Y. Sokolov-*Prunus cerasoides* Buchanan-Hamilton ex D. Don

凭证标本：独龙江考察队 4806；高黎贡山考察队 20416。

落叶乔木，高 3～10（～30）m。生长于常绿阔叶林、疏林、松林、次生常绿阔叶林、桤木林、灌丛、火烧地边石岩上；山坡、山箐、溪旁、山沟、山谷；海拔 1500～2869 m。

分布于独龙江（贡山县独龙江乡段）；福贡县鹿马登乡；泸水市鲁掌镇；保山市芒宽乡；腾冲市猴桥镇。14-3。

* 9. 微毛樱桃 Cerasus clarofolia（C. K. Schneider）T. T. Yü & C. L. L-*Prunus clarofolia* C. K. Schneider

凭证标本：青藏队 8596；独龙江考察队 6555。

落叶灌木或小乔木，高 250～2000 cm。生长于松林、铁杉林、冷杉林、枯木林、杂木林、山坡、河边、江边、火烧地；海拔 1680～3000 m。

分布于独龙江（贡山县独龙江乡段）；贡山县茨开镇。15-1。

* 10. 锥腺樱桃 Cerasus conradinae（Koehne）T. T. Yü & C. L. Li-*Prunus conradinae* Koehne

凭证标本：T. T. Yü 19649；青藏队 7696。

落叶乔木或灌木，高 6～10 m。生长于混交林；海拔 2500 m。

分布于独龙江（贡山县独龙江乡段）。15-1。

** 11. 蒙自樱桃 Cerasus henryi（C. K. Schneider）T. T. Yü & C. L. Li-*Prunus yunnanensis* Franchet var. *henryi* C. K. Schneider

凭证标本：高黎贡山考察队 14224，32920。

落叶乔木，高 3 m。生长于常绿阔叶林；海拔 1301～2840 m。

分布于贡山县丙中洛乡、茨开镇；福贡县马吉乡、鹿马登乡；泸水市片马镇；腾冲市明光镇、界头镇、猴桥镇、曲石镇。15-2-8。

*** 12. 偃樱桃 Cerasus mugus（Handel-Mazzetti）Handel-Mazzetti -*Prunus mugus* Handel-Mazzetti

凭证标本：碧江队 1090；高黎贡山考察队 32005。

落叶灌木，高达 1 m。生长于冷杉林林缘、灌丛、冷杉-杜鹃-箭竹灌丛、高山杜鹃灌丛、杜鹃-箭竹灌丛、灌丛草甸、高山草甸；山坡、岩石上、湖滨；海拔 1500～3840 m。

分布于独龙江（察隅县日东乡段、贡山县独龙江乡段）；贡山县丙中洛乡、茨开镇；福贡县石月亮乡、鹿马登乡。15-2-6。

13. 川西樱桃 Cerasus trichostoma（Koehne）T. T. Yü et C. L. Li-*Prunus trichostoma* Koehne

凭证标本：碧江队 1747；高黎贡山考察队 19878。

落叶乔木，高 2～10 m。生长于常绿阔叶林、箭竹-杜鹃灌丛、草甸、流石滩、山坡、路边；海拔 1231～1969 m。

分布于福贡县石月亮乡、鹿马登乡、上帕镇；泸水市。15-2。

* **14. 细齿樱桃 Cerasus serrula**（Franchet）T. T. Yü & C. L. L-*Prunus serrula* Franchet

凭证标本：李恒、郭辉军、李正波、施晓春 116，129。

落叶乔木，高 2～12 m。生长于次生常绿阔叶林；海拔 1600～1620 m。

分布于保山市芒宽乡。15-1。

+ **15. 毛叶木瓜 Chaenomeles cathayensis**（Hemsley）C. K. Schneider-*Cydonia cathayensis* Hemsley

凭证标本：孙航 1692；独龙江考察队 4739。

落叶灌木或小乔木，高 2～6 m。栽培；海拔 1350～2000 m。

分布于独龙江（贡山县独龙江乡段）；泸水市上江乡。16。

+ **16. 皱皮木瓜 Chaenomeles speciosa**（Sweet）Nakai-*Cydonia speciosa* Sweet

凭证标本：香料考察队 287；高黎贡山考察队 30373。

落叶灌木，高达 2 m。生长于常绿阔叶林、灌丛、河边、路边；海拔 1600～2060 m。

分布于泸水市片马镇；腾冲市界头镇、猴桥镇。16。

17. 灰栒子 Cotoneaster acutifolius Turczaninow

凭证标本：高黎贡山考察队 28201，29469。

落叶灌木，高 2～4 m。生长于常绿阔叶林、针叶林、林缘；海拔 1500～1940 m。

分布于独龙江（贡山县独龙江乡段）；腾冲市界头镇。14-2。

* **18. 泡叶栒子 Cotoneaster bullatus** Bois

凭证标本：高黎贡山考察队 31786。

落叶灌木，高达 2 m。生长于槭树-杜鹃林；海拔 2780 m。

分布于贡山县丙中洛乡。15-1。

19. 黄杨叶栒子 Cotoneaster buxifolius Wallich ex Lindley

凭证标本：南水北调（滇西北分队）8784；青藏队 7438。

常绿灌木，高 150～300 cm。生长于稀疏松林、山坡、路边岩石上；海拔 1800～2600 m。

分布于贡山县丙中洛乡。14-3。

** **20. 镇康栒子 Cotoneaster chengkangensis** T. T. Yü

凭证标本：高黎贡山考察队 21428，22391。

落叶灌木，高达 2 m。生长于常绿阔叶林、针叶林、灌丛；海拔 1620～3020 m。

分布于独龙江（贡山县独龙江乡段）；贡山县茨开镇。15-2-3a。

* **21. 厚叶栒子 Cotoneaster coriaceus** Franchet

凭证标本：高黎贡山考察队 10123，33478。

常绿灌木，高 1～3 m。生长于常绿阔叶林、桤木-云南松林、灌丛、山坡、路边陡坡；海拔 1300～1620 m。

分布于贡山县丙中洛乡；泸水市片马镇、六库镇；腾冲市曲石镇。15-1。

* 22. 木帮栒子 Cotoneaster dielsianus E. Pritzel

凭证标本：独龙江考察队 2176；高黎贡山考察队 29890。

落叶灌木，高 1～2 m。生长于常绿阔叶林、灌丛、草甸、路边；海拔 1690～2850 m。

分布于独龙江（贡山县独龙江乡段）；贡山县丙中洛乡；福贡县上帕镇；泸水市鲁掌镇；腾冲市马站乡。15-1。

23. 西南栒子 Cotoneaster franchetii Bois

凭证标本：高黎贡山考察队 22777，29906。

半常绿灌木，高 1～3 m。生长于常绿阔叶林、云杉林、蔷薇-栒子灌丛、蕨类草地、火山口、山坡、林缘、河边；海拔 1540～3200 m。

分布于独龙江（察隅县日东乡段）；贡山县丙中洛乡、捧打乡、茨开镇；福贡县匹河乡；泸水市片马镇；腾冲市马站乡、猴桥镇。14-4。

24. 耐寒栒子 Cotoneaster frigidus Wallich ex Lindley

凭证标本：高黎贡山考察队 23421。

落叶灌木或小乔木，高达 10 m。生长于次生常绿阔叶林；海拔 1900 m。

分布于泸水市片马镇。14-4。

* 25. 粉叶栒子 Cotoneaster glaucophyllus Franchet

凭证标本：武素功 8245。

半常绿灌木，高 2～5 m。生长于灌丛、流石滩、山坡、石灰岩；海拔 1800～3500 m。

分布于福贡县上帕镇；泸水市片马镇；腾冲市马站乡。15-1。

26a. 平枝栒子 Cotoneaster horizontalis Decaisne

凭证标本：怒江队 1933。

落叶或半常绿匍匐灌木，长达 50 cm。生长于灌丛；海拔 2000 m。

分布于福贡县上帕镇。14-3。

* 26b. 小叶平枝栒子 Cotoneaster horizontalis var. **perpusillus** C. K. Schneider

凭证标本：横断山队 301。

落叶或半常绿匍匐灌木，长达 50 cm。生长于山坡；海拔 1500 m。

分布于泸水市。15-1。

27. 小叶栒子 Cotoneaster microphyllus Wallich ex Lindley

凭证标本：T. T. Yü 19609；冯国楣 24698。

常绿灌木，高达 1 m。生长于灌丛；海拔 2000～2500 m。

分布于独龙江（贡山县独龙江乡段）；贡山县丙中洛乡。14-3。

* 28. 宝兴栒子 Cotoneaster moupinensis Franchet

凭证标本：南水北调队（滇西北分队）9285；青藏队 10410。

落叶灌木，高达 5 m。生长于阔叶林、云杉林、山坡、沟谷；海拔 2700～3400 m。

分布于独龙江（察隅县日东乡段）；贡山县丙中洛乡；腾冲市猴桥镇。15-1。

29a. 两列栒子 Cotoneaster nitidus Jacques

凭证标本：独龙江考察队 4836；高黎贡山考察队 29516。

落叶或半常绿灌木，高 250 cm。生长于常绿阔叶林、灌丛、杜鹃-箭竹灌丛、山坡、多石山坡、河滩沙地、河边；海拔 1310～3100 m。

分布于独龙江（贡山县独龙江乡段）；贡山县茨开镇；福贡县；泸水市片马镇、鲁掌镇；腾冲市界头镇。14-3。

*** **29b. 小叶两列栒子 Cotoneaster nitidus** var. **parvifolius**（T. T. Yü）T. T. Yü-*Cotoneaster distichus* Lange var. *parvifolius* T. T. Yü

凭证标本：T. T. Yü 19639。

落叶或半常绿灌木，高 250 cm。生长于多石山坡灌丛；海拔 2500～2700 m。

分布于独龙江（贡山县独龙江乡段）。15-2-6。

* **30. 暗红栒子 Cotoneaster obscurus** Rehder & E. H. Wilson

凭证标本：包士英等 911。

落叶灌木，高 150～300 cm。生长于路边；海拔 1500 m。

分布于龙陵县腊勐乡。15-1。

* **31. 毡毛栒子 Cotoneaster pannosus** Franchet

凭证标本：高黎贡山考察队 12006，22510。

半常绿灌木，高达 2 m。生长于常绿阔叶林、灌丛、山坡、河边；海拔 1550～2540 m。

分布于贡山县丙中洛乡、捧打乡；泸水市。15-1。

32. 红花栒子 Cotoneaster rubens W. W. Smith

凭证标本：青藏队 10090，10765。

落叶灌木，高 50～200 cm。生长于冷杉林、灌丛、高山草甸、山坡；海拔 3600～4300 m。

分布于独龙江（察隅县日东乡段、贡山县独龙江乡段）；贡山县丙中洛乡。14-3。

* **33. 柳叶栒子 Cotoneaster salicifolius** Franchet

凭证标本：高黎贡山考察队 16613，22605。

常绿灌木，高达 5 m。生长于常绿阔叶林、灌丛、山坡、河边；海拔 1500～3000 m。

分布于贡山县丙中洛乡。15-1。

* **34. 高山栒子 Cotoneaster subadpressus** T. T. Yü

凭证标本：高黎贡山植被组 S14-6。

落叶或半常绿匍匐灌木。生长于次生常绿阔叶林；海拔 3000～3600 m。

分布于保山市芒宽乡。15-1。

* **35. 陀螺果栒子 Cotoneaster turbinantus** Craib

凭证标本：高黎贡山考察队 15599，34310。

常绿灌木，高 3～5 m。生长于常绿阔叶林、针叶林、铁杉林、灌丛、草甸、老树干上、山坡、河边、江边、岩壁上、路边；海拔 1030～3200 m。

分布于独龙江（贡山县独龙江乡段）；贡山县丙中洛乡、捧打乡、茨开镇；福贡县匹河乡；泸水市片马镇、洛本卓乡；腾冲市界头镇。15-1。

36. 疣枝栒子 Cotoneaster verruculossus Diels

凭证标本：高黎贡山考察队 15959，31221。

落叶或半常绿灌木，高 60～200 cm。生长于石柯-铁树林、冷杉林、竹林、灌丛、草地、高山草甸、山顶、山脊、山坡、流石滩、岩石上、石堆上；海拔 2710～3700 m。

分布于独龙江（察隅县日东乡段、贡山县独龙江乡段）；贡山县丙中洛乡、茨开镇；泸水市片马镇、鲁掌镇、六库镇；保山市芒宽乡；腾冲市明光镇、猴桥镇、曲石镇。14-3。

＊＊37. 中甸山楂 Crataegus chungtienenensis W. W. Smith

凭证标本：高黎贡山考察队 9801。

灌木，高 6 m。生长于河边灌丛；海拔 1630 m。

分布于福贡县上帕镇。15-2-3a。

＊38. 云南山楂 Crataegus scabrifolia (Franchet) Rehder-*Pyrus scabrifolia* Franchet

凭证标本：高黎贡山考察队 19024，30984。

落叶乔木，高达 10 m。生长于常绿阔叶林、石柯-木荷林、石柯-青冈叶林、次生常绿阔叶林、冬青-石柯林、竹林、箐沟边、河边、路边；海拔 2220 m。

分布于福贡县上帕镇；泸水市六库镇；保山市芒宽乡、潞江镇；腾冲市界头镇、曲石镇、五合乡、新华乡；龙陵县。15-1。

＊39. 牛筋条 Dichotomanthes tristaniaecarpa Kurz

凭证标本：尹文清 1425；周丽华 97154。

灌木或小乔木，高 2～7 m。生长于阔叶林、灌丛、杂木林、路边；海拔 1320～2170 m。

分布于泸水市片马镇；保山市潞江镇；腾冲市中和镇、蒲川乡。15-1。

＊40. 云南多衣 Docynia delavayi (Franchet) C. K. Schneider-*Pyrus delavayi* Franchet

凭证标本：高黎贡山考察队 13413，31128。

常绿乔木，高 3～10 m。生长于常绿阔叶林、石柯-木荷林；海拔 1150～2100 m。

分布于保山市芒宽乡；腾冲市腾越镇、团田乡；龙陵县镇安镇。15-1。

41. 蛇莓 Duchesnea indica (Andrews) Focke-*Fragaria indica* Andrews

凭证标本：独龙江考察队 3022；高黎贡山考察队 30330。

多年生草本。生长于常绿阔叶林、石柯-冬青林、次生常绿阔叶林、灌丛、草甸、水田菜地、山坡、河谷、溪畔、河边、路边；海拔 1180～2470 m。

分布于独龙江（贡山县独龙江乡段）；贡山县丙中洛乡、捧打乡、茨开镇；福贡县上帕镇；泸水市片马镇、称杆乡、六库镇；腾冲市界头镇、曲石镇、腾越镇；龙陵县镇安镇。14-1。

＊42. 南亚枇杷 Eriobotrya bengalensis (Roxburgh) J. D. Hooker var. angustifolia

Cardot-*Eriobotrya bengalensis* f. *angustifolia* (Cardot) J. E. Vidal

　　凭证标本：高黎贡山考察队 34289。

　　常绿乔木，高达 10 m。生长于次生常绿阔叶林；海拔 1550 m。

　　分布于贡山县丙中洛乡。15-1。

43. 窄叶枇杷 Eriobotrya henryi Nakai

　　凭证标本：刘伟心 174；南水北调队（滇西北分队）8072。

　　常绿灌木或小乔木，高达 7 m。生长于疏灌丛、河边山坡；海拔 800～900 m。

　　分布于泸水市六库镇、上江乡。14-4。

⁺44. 枇杷 Eriobotrya japonica (Thunberg) Lindley-*Mespilus japonica* Thunberg

　　凭证标本：李恒、李嵘 1308。

　　常绿乔木，高达 10 m。生长于次生常绿阔叶林；海拔 1520 m。

　　分布于保山市芒宽乡。16。

45. 怒江枇杷 Eriobotrya salwinensis Handel-Mazzetti

　　凭证标本：独龙江考察队 4323；高黎贡山考察队 33001。

　　常绿小乔木。生长于常绿阔叶林、石柯-冬青林、次生常绿阔叶林、河谷、江岸、溪畔；海拔 670～2500 m。

　　分布于独龙江（贡山县独龙江乡段）；贡山县丙中洛乡、茨开镇；福贡县；泸水市片马镇；保山市潞江镇；腾冲市界头镇。14-4。

46. 腾冲枇杷 Eriobotrya tengyuehensis W. W. Smith

　　凭证标本：独龙江考察队 5074；高黎贡山考察队 25234。

　　常绿小乔木，高达 20 m。生长于常绿阔叶林、石柯-杜鹃林、山坡、河边、路边；海拔 1460～2400 m。

　　分布于独龙江（贡山县独龙江乡段）；贡山县丙中洛乡；泸水市片马镇；保山市芒宽乡、潞江镇；腾冲市猴桥镇；龙陵县潞江镇。14-4。

＊47. 纤细草莓 Fragaria gracilis Losinskaja

　　凭证标本：高黎贡山考察队 12317，31687。

　　多年生草本，高 5～20 cm。生长于常绿阔叶林、灌丛、草甸；海拔 2300～3720 m。

　　分布于贡山县丙中洛乡、茨开镇；泸水市。15-1。

48. 西南草莓 Fragaria moupinensis (Franchet) Cardot-*Potentilla moupinensis* Franchet

　　凭证标本：高黎贡山考察队 32882。

　　多年生草本，高 5～15 cm。生长于杜鹃-箭竹灌丛；海拔 2881 m。

　　分布于贡山县丙中洛乡。15-1。

49a. 黄毛草莓 Fragaria nilgerrensis Schlechtendal ex J. Gay

　　凭证标本：独龙江考察队 1373；高黎贡山考察队 30551。

　　多年生草本，高 5～25 cm。生长于常绿阔叶林、木荷-山胡椒林、栎类-杜鹃林、灌丛、蔷薇-枸子灌丛、箭竹-杜鹃灌丛、草地；海拔 1237～3127 m。

分布于独龙江（贡山县独龙江乡段）；贡山县茨开镇；福贡县石月亮乡、鹿马登乡；泸水市片马镇、鲁掌镇；腾冲市明光镇、界头镇、猴桥镇、马站乡；龙陵县龙江乡、镇安镇。14-3。

*49b. 粉叶黄毛草莓 **Fragaria nilgerrensis** var. **mairei**（H. Léveillé）Handel-Mazzetti - *Fragaria mairei* H. Léveillé

凭证标本：横断山队 283。

多年生草本，高 5～25 cm。生长于次生常绿阔叶林。

分布于泸水市。15-1。

*50. 五叶草莓 **Fragaria pentaphylla** Losinskaja

凭证标本：高黎贡山考察队 14147，21447。

多年生草本，高 10～15 cm。生长于常绿阔叶林、灌丛；海拔 1910～2200 m。

分布于独龙江（贡山县独龙江乡段）；贡山县茨开镇。15-1。

51. 路边青 **Geum aleppicum** Jacquin

凭证标本：独龙江考察队 341；高黎贡山考察队 33989。

多年生草本，高 30～100 cm。生长于常绿阔叶林、漆树-栎树林、黄杞-八角枫林、针叶林、沼泽地、耕地、荒地、田边、路边；海拔 900～3250 m。

分布于独龙江（贡山县独龙江乡段）；贡山县丙中洛乡、茨开镇；福贡县石月亮乡、鹿马登乡匹河乡；泸水市片马镇；腾冲市界头镇。8。

*52. 柔毛路边青 **Geum japonicum** Thunberg var. **chinense** F. Bolle

凭证标本：独龙江考察队 6223；高黎贡山考察队 33059。

多年生草本，高 25～60 cm。生长于常绿阔叶林、漆树-胡桃林、灌丛、草地、山坡、沟边、路边、田园边；海拔 1140～2600 m。

分布于独龙江（贡山县独龙江乡段）；贡山县丙中洛乡、茨开镇；福贡县马吉乡、鹿马登乡。15-1。

53. 棣棠花 **Kerria japonica**（Linnaeus）Candolle-*Rubus japonicus* Linnaeus

凭证标本：冯国楣 7506。

落叶灌木，高 1～2 m。生长于杂木林；海拔 2000～2500 m。

分布于贡山县丙中洛乡。14-2。

54. 长叶桂樱 **Laurocerasus dolichophylla T. T. Yü & L. T. Lu

凭证标本：高黎贡山考察队 12930，30798。

常绿乔木，高达 20 m。生长于常绿阔叶林、石柯-青冈林、桤木林；海拔 1301～2640 m。

分布于独龙江（贡山县独龙江乡段）；福贡县石月亮乡、鹿马登乡；泸水市片马镇、鲁掌镇；腾冲市明光镇、猴桥镇、曲石镇。15-2-8。

*55. 毛背桂樱 **Laurocerasus hypotricha** (Rehder) T. T. Yü & L. T. Lu-*Prunus hypotricha* Rehder

凭证标本：冯国楣 7270，8661。

乔木，高 5～15 m。生长于灌丛、杂木林、江边、沟边；海拔 2000～2600 m。

分布于贡山县茨开镇。15-1。

56. 坚核桂樱 **Laurocerasus jenkinsii** (J. D. Hooker) Browicz-*Prunus jenkinsii* J. D. Hooker & Thomson ex J. D. Hooker

凭证标本：尹文清 60-1318；独龙江考察队 3099。

乔木，高 20 m。生长于灌丛、山沟、路边、林边；海拔 1450～2020 m。

分布于独龙江（贡山县独龙江乡段）；腾冲市蒲川乡。14-3。

*57. 全缘桂樱 **Laurocerasus marginata** (Dunn) T. T. Yü & L. T. Lu-*Prunus marginata* Dunn

凭证标本：高黎贡山考察队 20548。

常绿乔木或灌木，高 4～6 m。生长于常绿阔叶林；海拔 1480 m。

分布于独龙江（贡山县独龙江乡段）。15-1。

58. 腺叶桂樱 **Laurocerasus phaeosticta** (Hance) C. K. Schneider-*Pygeum phaeosticta* Hance

凭证标本：高黎贡山考察队 10350，24174。

常绿灌木或乔木，高 4～12 m。生长于常绿阔叶林、竹林、灌丛、山坡、山谷、山沟；海拔 1620～2170 m。

分布于独龙江（贡山县独龙江乡段）；福贡县上帕镇；泸水市片马镇；腾冲市蒲川乡；龙陵县镇安镇。14-3。

59. 刺叶桂樱 **Laurocerasus spinulosa** (Siebold & Zuccarini) C. K. Schneider-*Prunus spinulosa* Siebold & Zuccarini

凭证标本：高黎贡山考察队 21843，22119。

常绿乔木，高 20 m。生长于次生常绿阔叶林、灌丛；海拔 1510～1900 m。

分布于独龙江（贡山县独龙江乡段）。14-2。

60. 尖叶桂樱 **Laurocerasus undulata** (Buchanan-Hamilton ex D. Don) M. Roemer-*Prunus undulata* Buchanan-Hamilton ex D. Don

凭证标本：独龙江考察队 4575；高黎贡山考察队 30425。

常绿灌木或乔木，高 5～16 m。生长于常绿阔叶林、石柯-木荷林、石柯-冬青林、木荷-冬青林、山矾-槭树林、河岸林、灌丛、山坡、河谷、江边；海拔 1300～2900 m。

分布于独龙江（贡山县独龙江乡段）；福贡县马吉乡、石月亮乡、鹿马登乡、上帕镇；保山市芒宽乡、潞江镇；腾冲市界头镇、芒棒镇；龙陵县镇安镇。7。

61. 大叶桂樱 **Laurocerasus zippeliana** (Miquel) Browicz-*Prunus zippeliana* Miquel

凭证标本：高黎贡山考察队 11272。

常绿乔木，高 10～25 m。生长于次生常绿阔叶林；海拔 2180 m。

分布于腾冲市界头镇。14-2。

　*62. 四川臭樱 **Maddenia hypoxantha** Koehne

凭证标本：独龙江考察队 5876；高黎贡山考察队 30758。

落叶乔木，高 2～7 m。生长于常绿阔叶林、针叶林、铁杉林、灌丛；海拔 2100～
3500 m。

分布于独龙江（贡山县独龙江乡段）；贡山县茨开镇；福贡县鹿马登乡；腾冲市猴
桥镇。15-1。

　*63. 湖北海棠 **Malus hupehensis** (Pampanini) Rehder-*Pyrus hupehensis* Pampanini

凭证标本：武素功 6671；高黎贡山考察队 30737。

落叶乔木，高 8 m。生长于常绿阔叶林、石柯林、次生常绿阔叶林；林缘、山坡、
山谷、河边；海拔 980～2600 m。

分布于泸水市六库镇、上江乡；腾冲市明光镇、界头镇、猴桥镇。15-1。

　*64. 沧江海棠 **Malus ombrophila** Handel-Mazzetti

凭证标本：青藏队 7596；高黎贡山考察队 31773。

落叶乔木，高达 10 m。生长于针叶林、疏林；山坡；海拔 2500～3400 m。

分布于贡山县丙中洛乡、茨开镇。15-1。

65. 滇池海棠 Malus yunnanensis (Franchet) C. K. Schneider-*Pyrus yunnanensis* Franchet

凭证标本：青藏队 10427；高黎贡山考察队 16664。

落叶乔木，高达 10 m。生长于落叶林、冷杉-红杉林、灌丛、山坡、沟谷、林缘、
林内；海拔 2350～3400 m。

分布于独龙江（察隅县日东乡段、贡山县独龙江乡段）；贡山县丙中洛乡、茨开
镇。14-4。

　*66. 川康绣线梅 **Neillia affinis** Hemsley

凭证标本：高黎贡山考察队 7417，7744。

落叶灌木，高 2 m。生长于云南松林、冷杉-红杉林；海拔 1500～3250 m。

分布于贡山县茨开镇。15-1。

　***67. 短序绣线梅 **Neillia breviracemosa** T. C. Ku

凭证标本：昆明生态所 44-25；高黎贡山考察队 24404。

落叶灌木，高 70 cm。生长于常绿阔叶林、草丛、草甸、路边；海拔 1400～
2300 m。

分布于福贡县鹿马登乡、上帕镇、匹河乡；泸水市片马镇。15-2-6。

　***68. 福贡绣线梅 **Neillia fugongensis** T. C. Ku

凭证标本：青藏队 6922，7162。

落叶灌木，高 3 m。生长于常绿阔叶林、山坡、路边；海拔 1700～1800 m。

分布于福贡县鹿马登乡、上帕镇。15-2-6。

69. 毛叶绣线梅 Neillia ribesioides Rehder

凭证标本：高黎贡山考察队 14218，14711。

落叶灌木，高 2 m。生长于次生常绿阔叶林；海拔 1570～1760 m。

分布于贡山县丙中洛乡。15-1。

70. 粉花绣线梅 Neillia rubiflora D. Don

凭证标本：青藏队 7803；林芹、邓向福 790638。

落叶灌木，高达 2 m。生长于山坡、路旁；海拔 1500～1570 m。

分布于独龙江（贡山县独龙江乡段）；贡山县丙中洛乡。14-3。

71. 云南绣线梅 Neillia serratisepala H. L. Li

凭证标本：独龙江考察队 3838；高黎贡山考察队 31111。

落叶灌木，高达 2 m。生长于常绿阔叶林、针叶林、灌丛、杂木林、山坡、岩石上、河谷、瀑布旁、沟边、河边、江边、路边；海拔 1380～3700 m。

分布于独龙江（贡山县独龙江乡段）；贡山县丙中洛乡、茨开镇；福贡县石月亮乡、上帕镇；泸水市片马镇、洛本卓乡；保山市芒宽乡、潞江镇；腾冲市明光镇、界头镇、曲石镇、五合乡、新华乡、蒲川乡。15-2。

72. 中华绣线梅 Neillia sinensis Oliver

凭证标本：南水北调队 8493；高黎贡山考察队 14427。

落叶灌木，高达 4 m。生长于次生常绿阔叶林、灌丛、江边、林缘；海拔 1580～1680 m。

分布于贡山县丙中洛乡、普拉底乡。15-1。

73. 西康绣线梅 Neillia thibetica Bureau & Franchet

凭证标本：高黎贡山考察队 24225。

落叶灌木，高达 3 m。生长于次生常绿阔叶林；海拔 1870 m。

分布于泸水市片马镇。15-1。

74. 绣线梅 Neillia thyrsiflora D. Don

凭证标本：高黎贡山考察队 34252。

落叶灌木，高达 2 m。生长于常绿阔叶林、灌丛、林缘、山坡、河谷、河岸、河滩、田边、路边；海拔 1350～3000 m。

分布于独龙江（贡山县独龙江乡段）；贡山县丙中洛乡、茨开镇；福贡县石月亮乡、鹿马登乡；泸水市片马镇；保山市潞江镇；腾冲市界头镇、猴桥镇、曲石镇、马站乡、芒棒镇、五合乡；龙陵县龙江乡。7。

75. 华西小石积 Osteomeles schwerinae C. K. Schneider

凭证标本：李恒、刀志灵、李嵘 591。

落叶或常绿灌木或亚灌木。生长于次生林；海拔 1900 m。

分布于独龙江（察隅县段）。15-1。

*76. 短梗绸李 Padus brachypoda (Batalin) C. K. Schneider-*Prunus brachypoda* Batalin

凭证标本：独龙江考察队 5870；高黎贡山考察队 26739。

落叶乔木，高 8～10 m。生长于常绿阔叶林、铁杉林、箭竹灌丛；海拔 2100～3040 m。

分布于独龙江（贡山县独龙江乡段）；贡山县茨开镇；福贡县石月亮乡、鹿马登乡。15-1。

77. 橉木 Padus buergeriana (Miquel) T. T. Yü & T. C. Ku-*Prunus buergeriana* Miquel

凭证标本：武素功 7028；独龙江考察队 7063。

落叶乔木，高 6～12 m。生长于常绿阔叶林、灌丛；海拔 1300～2800 m。

分布于独龙江（贡山县独龙江乡段）；贡山县丙中洛乡；腾冲市猴桥镇。14-1。

78. 灰叶绸李 Padus grayana (Maximowicz) C. K. Schneider-*Prunus grayana* Maximowicz

凭证标本：李恒、郭辉军、李正波、施晓春 427。

落叶乔木，高 8～10 m。生长于次生常绿阔叶林；海拔 1700 m。

分布于保山市芒宽乡。14-2。

*79. 全缘叶稠李 Padus integrifolia T. T. Yü & T. C. Ku

凭证标本：高黎贡山考察队 18364。

落叶乔木，高 2～7 m。生长于常绿阔叶林；海拔 2230 m。

分布于腾冲市芒棒镇。15-1。

80. 粗梗稠李 Padus napaulensis (Seringe) C. K. Schneider-*Cerasus napaulensis* Seringe

凭证标本：武素功 7290；高黎贡山考察队 33893。

落叶乔木，高达 27 m。生长于常绿阔叶林、青冈-石柯林、石柯-冬青林、石柯-润南林、云南松-木荷林、桤木-桦木林、铁杉林、铁杉-冷杉林；山坡；海拔 1740～3200 m。

分布于贡山县茨开镇；保山市潞江镇；腾冲市明光镇、界头镇、猴桥镇、芒棒镇。14-3。

*81. 细齿稠李 Padus obtusata (Koehne) T. T. Yü & T. C. Ku-*Prunus obtusata* Koehne

凭证标本：高黎贡山考察队 20096，20819。

落叶乔木，高 6～20 m。生长于常绿阔叶林；海拔 2276～2726 m。

分布于福贡县鹿马登乡；腾冲市猴桥镇。15-1。

*82. 宿鳞绸李 Padus perulata (Koehne) T. T. Yü & T. C. Ku-*Prunus perulata* Koehne

凭证标本：青藏队 9238。

落叶乔木，高 6～12 m。生长于常绿阔叶林；海拔 1200 m。

分布于独龙江（贡山县独龙江乡段）。15-1。

*83. 绢毛稠李 Padus wilsonii C. K. Schneider

凭证标本：李恒、李嵘 1116；高黎贡山考察队 26327。

落叶乔木，高 10～30 m。生长于常绿阔叶林；海拔 2200～2590 m。

分布于贡山县茨开镇；福贡县石月亮乡。15-1。

84a. 云南锐齿石楠 Photinia arguta var. **hookeri**（Decaisne）J. E. Vidal-*Pourthiaea hookeri* Decaisne

凭证标本：南水北调队 10325。

灌木或小乔木。生长于常绿阔叶林；海拔 1560 m。

分布于泸水市片马镇。14-4。

84b. 柳叶锐齿石楠 Photinia arguta var. **salicifolia**（Decaisne）J. E. Vidal-*Pourthiaea salicifolia* Decaisne

凭证标本：怒江考察队 1935；高黎贡山考察队 27876。

灌木或小乔木。生长于常绿阔叶林、次生常绿阔叶林、灌丛、山坡、丘陵、河谷、江边、河滩、悬崖上、路边；海拔 950～2000 m。

分布于贡山县茨开镇；福贡县马吉乡、石月亮乡、上帕镇、匹河乡；泸水市片马镇、六库镇。14-4。

85. 中华石楠 Photinia beauverdiana C. K. Schneider

凭证标本：武素功 6918；高黎贡山考察队 29942。

落叶灌木或小乔木，高 3～10 m。生长于常绿阔叶林、石柯-木荷林、石柯-石楠林、石柯-槭树林、次生常绿阔叶林、山坡、林下、沟边、路边；海拔 1510～2240 m。

分布于泸水市片马镇；腾冲市界头镇、猴桥镇、曲石镇、芒棒镇、五合乡；龙陵县碧寨乡。14-3。

86. 贵州石楠 Photinia bodinieri H. Léveillé

凭证标本：高黎贡山考察队 24355。

常绿乔木，高 6～15 m。生长于草甸；海拔 1886 m。

分布于泸水市片马镇。7。

* 87. 厚叶石楠 Photinia crassifolia H. Léveillé

凭证标本：高黎贡山植被组 T15-62。

常绿灌木，高 4～5 m。生长于次生常绿阔叶林；海拔 1700 m。

分布于保山市芒宽乡。15-1。

88. 光叶石楠 Photinia glabra（Thunberg）Maximowicz-*Crataegus glabra* Thunberg

凭证标本：碧江队 1444；南水北调队 8322。

常绿乔木，高 3～5 m。生长于常绿阔叶林；海拔 1560～1640 m。

分布于泸水市片马镇。14-4。

* 89. 球花石楠 Photinia glomerata Rehder & E. H. Wilson

凭证标本：高黎贡山考察队 19660，28999。

常绿灌木或小乔木，高 6～10 m。生长于常绿阔叶林、硬叶常绿阔叶林、石柯-木荷林、云南松林；海拔 1200～2500 m。

分布于福贡县鹿马登乡、上帕镇；腾冲市五合乡。15-1。

90. 全缘石楠 Photinia integrifolia Lindley

凭证标本：独龙江考察队 511；高黎贡山考察队 34299。

常绿乔木，高 5～7 m。生长于常绿阔叶林、苔藓林、针叶林、灌丛、草地、山坡、山脊、峡谷、河岸、河谷、水边、河边；海拔 1400～2800 m。

分布于独龙江（贡山县独龙江乡段）；贡山县丙中洛乡、茨开镇；福贡县马吉乡、鹿马登乡、上帕镇、匹河乡；泸水市片马镇、鲁掌镇；保山市潞江镇；龙陵县龙江乡、镇安镇。14-3。

* 91. 倒卵叶石楠 Photinia lasiogyna（Franchet）C. K. Schneider-*Eriobotrya lasiogyna* Franchet

凭证标本：碧江队 1444；高黎贡山考察队 30604。

常绿灌木或小乔木，高 1～2 m。生长于常绿阔叶林；海拔 1600～1910 m。

分布于泸水市片马镇；腾冲市界头镇。15-1。

92. 石楠 Photinia serratifolia（Desfontaines）Kalkman-*Crataegus serratifolia* Desfontaines

凭证标本：高黎贡山考察队 10501，29947。

常绿灌木或小乔木，高 4～6 m。生长于常绿阔叶林、山谷、沟边；海拔 980～2000 m。

分布于贡山县茨开镇；福贡县上帕镇、匹河乡；泸水市片马镇、六库镇；腾冲市界头镇、曲石镇、芒棒镇、五合乡。7。

93. 星毛委陵菜 Potentilla acaulis Linnaeus

凭证标本：碧江队 1521；青藏队 8723。

多年生草本，茎高 2～15 cm。生长于阔叶林、灌丛、草甸、草坡、高山草甸、山顶、山坡、悬崖、岩石上、江边；海拔 1510～3500 m。

分布于独龙江（贡山县独龙江乡段）；贡山县丙中洛乡；福贡县匹河乡；泸水市片马镇；腾冲市曲石镇、团田乡。14-2。

94. 聚伞委陵菜 Potentilla cardotiana Handel-Mazzetti

凭证标本：冯国楣 8316；青藏队 8509。

多年生草本，茎高 10～35 cm。生长于常绿阔叶林、灌丛、草地、山坡、岩坡上；海拔 2500～3850 m。

分布于独龙江（贡山县独龙江乡段）；贡山县丙中洛乡、茨开镇；福贡县。14-3。

95. 蛇莓委陵菜 Potentilla centigrana Maximowicz

凭证标本：高黎贡山考察队 19346，30694。

一年生或二年生草本，茎高 20～50 cm。生长于常绿阔叶林、石柯林、石柯-杜鹃林、石柯-冬青林、山矾林、林缘、山坡；海拔 1238～2580 m。

分布于福贡县鹿马登乡；保山市潞江镇；龙陵县龙江乡、镇安镇；腾冲市界头镇、猴桥镇。14-2。

96. 丛生荽叶委陵菜 Potentilla coriandrifolia var. dumosa Franchet

凭证标本：高黎贡山考察队 12670，28645。

多年生草本，茎高 4～13 cm。生长于杜鹃-箭竹灌丛、沼泽草甸；海拔 3620～3740 m。

分布于独龙江（贡山县独龙江乡段）；贡山县丙中洛乡、茨开镇；福贡县石月亮乡、鹿马登乡。14-4。

97. 楔叶委陵菜 Potentilla cuneata Wallich ex Lehmann

凭证标本：青藏队 10341；怒江考察队 791563。

低矮亚灌木，丛生或多年生草本，茎高 4～12 cm。生长于云杉林、冷杉林、杜鹃-箭竹灌丛、高山草甸、山坡、岩坡、悬崖上、溪边；海拔 2881～4003 m。

分布于独龙江（贡山县独龙江乡段）；贡山县丙中洛乡。14-4。

*98. 裂叶毛果委陵菜 Potentilla eriocarpa var. tsarongensis W. E. Evans

凭证标本：怒江考察队 791525；青藏队 10586。

亚灌木，茎高 4～12 cm。生长于山坡、岩石上；海拔 3450～4100 m。

分布于独龙江（察隅县日东乡段、贡山县独龙江乡段）；贡山县丙中洛乡。15-1。

*99. 川滇委陵菜 Potentilla fallens Cardot

凭证标本：施晓春，杨世雄 697；高黎贡山考察队 7226。

多年生草本，茎高 5～35 cm。生长于次生林、高山灌丛；海拔 2800～3600 m。

分布于泸水市片马镇；腾冲市曲石镇。15-1。

100. 合耳委陵菜 Potentilla festiva Sojak

凭证标本：青藏队 10671；施晓春、杨世雄 837。

多年生草本，茎高 5～25 cm。生长于林缘、灌丛、草坡；海拔 2800～3500 m。

分布于独龙江（察隅县日东乡段）；福贡县；腾冲市曲石镇。14-3。

101. 莓叶委陵菜 Potentilla fragarioides Linnaeus

凭证标本：独龙江考察队 5108；高黎贡山考察队 28716。

多年生草本，茎高 8～25 cm。生长于松林、杜鹃-箭竹林、灌丛、草坡、湖边草甸、山坡、河谷、路边；海拔 1780～3650 m。

分布于独龙江（贡山县独龙江乡段）；福贡县石月亮乡、鹿马登乡；龙陵县镇安镇。14-2。

102. 三叶委陵菜 Potentilla freyniana Bornmüller

凭证标本：邓向福 791568；武素功 8744。

多年生草本，茎高 8～25 cm。生长于山坡垫壮、灌丛、草地。

分布于贡山县丙中洛乡；福贡县。14-2。

103. 金露梅 Potentilla fruticosa Linnaeus

凭证标本：武素功 8372；碧江队 1025。

直立或匍匐灌木。生长于杜鹃灌丛、高山灌丛、山脊岩石上、山坡；海拔 2450～3900 m。

分布于独龙江（贡山县独龙江乡段）；福贡县；泸水市片马镇。8。

104. 银露梅 Potentilla glabra Loddiges

凭证标本：怒江考察队 791568；高黎贡山考察队 27096。

灌木，高 30～100 cm。生长于湖边草甸、岩坡上；海拔 3620～4100 m。

分布于独龙江（贡山县独龙江乡段）；贡山县丙中洛乡；福贡县鹿马登乡。14-2。

105. 光叶委陵菜 Potentilla glabriuscula（T. T. Yü & C. L. Li）Soják-*Sibbaldia glabriuscula* T. T. Yü & C. L. Li

凭证标本：怒江考察队 790536；高黎贡山考察队 31469。

多年生矮草本，茎高 10～25 mm。生长于杜鹃灌丛、高山草甸；海拔 4151～4300 m。

分布于独龙江（贡山县独龙江乡段）；贡山县丙中洛乡。14-3。

106. 柔毛委陵菜 Potentilla griffithii J. D. Hooker

凭证标本：高黎贡山考察队 13150，29916。

多年生草本，茎高 10～60 cm。生长于常绿阔叶林、杜鹃-桤木林、蔷薇-栒子灌丛、垭口草地、山坡；海拔 1930～2720 m。

分布于贡山县丙中洛乡；保山市潞江镇；腾冲市界头镇、猴桥镇、马站乡。14-3。

*107. 白背委陵菜 Potentilla hypargyrea Handel-Mazzetti

凭证标本：冯国楣 7623；高黎贡山考察队 31549。

多年生草本，茎高 5～16 cm。生长于高山草甸、草地上、石山坡；海拔 2300～4160 m。

分布于独龙江（贡山县独龙江乡段）；贡山县丙中洛乡。15-1。

108. 蛇含委陵菜 Potentilla kleiniana Wight & Arnott

凭证标本：独龙江考察队 464；高黎贡山考察队 22782。

一年生、二年生或多年生草本，高 10～50 cm。生长于常绿阔叶林、灌丛、草地、沼泽、山坡、河谷、河岸、路边；海拔 702～2200 m。

分布于独龙江（贡山县独龙江乡段）；贡山县茨开镇；福贡县上帕镇、鹿马登乡；泸水市片马镇、六库镇、上江乡；保山市芒宽乡；腾冲市。7。

109. 银叶委陵菜 Potentilla leuconota D. Don

凭证标本：南水北调队 9294；怒江考察队 792026。

多年生草本，茎高 10～45 cm。生长于云杉林、冷杉林、灌丛、竹林草地、高山草甸、山坡、林内、路边；海拔 2500～4000 m。

分布于独龙江（察隅县日东乡段、贡山县独龙江乡段）；贡山县丙中洛乡、茨开镇；泸水市片马镇；腾冲市猴桥镇。14-3。

110. 西南委陵菜 Potentilla lineata Treviranus

凭证标本：高黎贡山考察队 10946，18461。

多年生草本，高 5～40 cm。生长于常绿阔叶林、草地、山顶、山坡、火山坡、江边、开阔地；海拔 1510～3500 m。

分布于独龙江（贡山县独龙江乡段）；贡山县丙中洛乡；福贡县上帕镇；泸水市片马镇；保山市潞江镇；腾冲市猴桥镇、曲石镇、马站乡、五合乡；龙陵县龙江乡。14-3。

111. 总梗委陵菜 Potentilla peduncularis D. Don

凭证标本：冯国楣 8364；高黎贡山考察队 34537。

多年生草本，茎高 10～35 cm。生长于铁杉-冷杉林、箭竹-杜鹃灌丛、高山草甸、草坡、山坡、溪畔、崖坡；海拔 2500～4100 m。

分布于独龙江（贡山县独龙江乡段）；贡山县丙中洛乡、茨开镇；福贡县鹿马登乡。14-3。

112a. 间断委陵菜 Potentilla polyphylla var. **interrupta**（T. T. Yü & C. L. Li）H. Ikeda & H. Ohba-*Potentilla interrupta* T. T. Yü & C. L. Li

凭证标本：T. T. Yü 20723；冯国楣 7719。

多年生草本，茎高 5～40 cm。生长于林缘、草坡；海拔 3500～3700 m。

分布于独龙江（贡山县独龙江乡段）；贡山县丙中洛乡。14-3。

112b. 多叶委陵菜 Potentilla polyphylla Wallich ex Lehmann

凭证标本：高黎贡山考察队 34173。

多年生草本，茎高 5～40 cm。生长于常绿阔叶林、针叶林、灌丛、箭竹林、高山草地、草坡、山坡、林下；海拔 2500～3600 m。

分布于独龙江（察隅县日东乡段、贡山县独龙江乡段）；贡山县丙中洛乡、茨开镇；福贡县石月亮乡；泸水市片马镇、鲁掌镇；保山市芒宽乡。7。

113. 曲枝委陵菜 Potentilla rosulifera H. Léveillé

凭证标本：南水北调队 8821，10018。

多年生草本，具匍匐茎。生长于山坡林缘；海拔 3200 m。

分布于贡山县捧打乡。14-2。

114. 狭叶委陵菜 Potentilla stenophylla（Franchet）Diels-*Potentilla peduncularis* D. Don var. *stenophylla* Franchet

凭证标本：T. T. Yü 19875；高黎贡山考察队 32804。

多年生草本，茎高 3～25 cm。生长于高山草甸、流石滩；海拔 3800～4300 m。

分布于独龙江（贡山县独龙江乡段）；贡山县丙中洛乡。14-3。

115. 三叶朝天委陵菜 Potentilla supina var. **ternata** Petermann

凭证标本：独龙江考察队 5108，5782。

多年生草本，高 20~50 cm。生长于耕地边；海拔 1780~2000 m。

分布于独龙江（贡山县独龙江乡段）。14-2。

*** 116. 大果委陵菜 Potentilla taronensis C. Y. Wu ex T. T. Yü & C. L. Li

凭证标本：T. T. Yü 20915；独龙江考察队 5428。

多年生草本。生长于河岸林、石山坡；海拔 1650~3000 m。

分布于独龙江（贡山县独龙江乡段）。15-2-6。

117. 簇生委陵菜 Potentilla turfosa Handel-Mazzetti

凭证标本：冯国楣 7850；高黎贡山考察队 28634。

多年生草本，茎高 10~30 cm。生长于箭竹-杜鹃林、草甸、草坡、沟边、石灰岩地；海拔 3600~3740 m。

分布于独龙江（贡山县独龙江乡段）；贡山县丙中洛乡；福贡县石月亮乡、鹿马登乡。15-1。

118. 扁核木 Prinsepia utilis Royle

凭证标本：孙航 1685；高黎贡山考察队 28090。

落叶灌木，高 1~5 m。生长于常绿阔叶林、次生常绿阔叶林、山坡；海拔 1700~2200 m。

分布于泸水市片马镇、上江乡；腾冲市明光镇、曲石镇。14-3。

\+119. 李 Prunus salicina Lindley

凭证标本：独龙江考察队 4654；高黎贡山考察队 30729。

落叶乔木，高 9~12 m。栽培；海拔 1360~2000 m。

分布于独龙江（贡山县独龙江乡段）；泸水市鲁掌镇；腾冲市界头镇、猴桥镇。16。

** 120. 云南臀果木 Pygeum henryi Dunn

凭证标本：独龙江考察队 1167；高黎贡山考察队 27712。

常绿乔木，高 6~15 m。生长于常绿阔叶林、河谷灌丛；海拔 1150~1560 m。

分布于独龙江（贡山县独龙江乡段）；福贡县石月亮乡。15-2-7。

* 121. 窄叶火棘 Pyracantha angustifolia（Franchet）C. K. Schneider-*Cotoneaster angustifolius* Franchet

凭证标本：独龙江考察队 255；高黎贡山考察队 34308。

常绿灌木或小乔木，高达 4 m。生长于常绿阔叶林、灌丛、草丛、山坡、石山、林缘、河边；海拔 950~3000 m。

分布于贡山县丙中洛乡、茨开镇、普拉底乡；福贡县上帕镇、架科底乡、子里甲乡；泸水市洛本卓乡、鲁掌镇；保山市芒宽乡。15-1。

*122. 火棘 Pyracantha fortuneana（Maximowicz）H. L. Li-*Photinia fortuneana* Maximowicz

凭证标本：高黎贡山考察队 29408，30591。

常绿灌木，高 3 m。生长于桤木-桦木林、桤木林；海拔 2070～2220 m。

分布于腾冲市明光镇。15-1。

123. 川梨 Pyrus pashia Buchanan-Hamilton ex D. Don

凭证标本：李恒、李嵘 1266；高黎贡山考察队 31105。

落叶乔木，高达 12 m。生长于常绿阔叶林、木荷林、木荷-石柯林、桤木林、次生常绿阔叶林、灌丛；海拔 1335～2070 m。

分布于保山市芒宽乡；腾冲市明光镇、芒棒镇、清水乡、新华乡；龙陵县。14-3。

124. 沙梨 Pyrus pyrifolia（N. L. Burman）Nakai-*Ficus pyrifolia* N. L. Burman

凭证标本：独龙江考察队 5291；高黎贡山考察队 23642。

落叶乔木，高 7～15 m。生长于常绿阔叶林、次生常绿阔叶林；海拔 1400～2700 m。

分布于独龙江（贡山县独龙江乡段）；贡山县茨开镇；泸水市鲁掌镇；腾冲市蒲川乡；龙陵县镇安镇。14-4。

125. 复伞房蔷薇 Rosa brunonii Lindley

凭证标本：高黎贡山考察队 33656。

攀缘灌木，长 4～6 m。生长于石柯-松林；海拔 2040 m。

分布于贡山县茨开镇。14-3。

⁺126. 月季 Rosa chinensis Jacquin

凭证标本：独龙江考察队 4738；高黎贡山考察队 27832。

直立灌木，高 1～2 m。栽培；海拔 1350～2530 m。

分布于独龙江（贡山县独龙江乡段）；福贡县石月亮乡。16。

*127. 绣球蔷薇 Rosa glomerata Rehder & E. H. Wilson

凭证标本：独龙江考察队 732；高黎贡山考察队 34311。

披散或攀缘灌木或藤本，长达 9 m。生长于常绿阔叶林、松-山胡椒林、次生林、胡桃林、灌丛、杂木林、河谷、林缘；海拔 1540～2800 m。

分布于独龙江（贡山县独龙江乡段）；贡山县丙中洛乡、捧打乡、茨开镇。15-1。

128. 卵果蔷薇 Rosa helenae Rehder & E. H. Wilson

凭证标本：高黎贡山考察队 34247。

披散或攀缘灌木，长达 9 m。生长于桤木林；海拔 1820 m。

分布于贡山县丙中洛乡。14-4。

* **129a. 多花长尖叶蔷薇 Rosa longicuspis** var. **sinowilsonii** (Hemsley) $\&$ T. C. Ku-*Rosa sinowilsonii* Hemsley

凭证标本：冯国楣 8619；独龙江考察队 5342。

常绿攀缘灌木，长 150～600 cm。生长于常绿阔叶林、河谷灌丛；海拔 1300～2800 m。

分布于独龙江（贡山县独龙江乡段）；贡山县茨开镇；福贡县马吉乡。15-1。

129b. 长尖叶蔷薇 Rosa longicuspis Bertolon

凭证标本：高黎贡山考察队 10250，30498。

常绿攀缘灌木，长 150～600 cm。生长于常绿阔叶林、灌丛、草甸、林缘、山坡、山箐、沟边、路边、耕地旁；海拔 1460～3100 m。

分布于独龙江（贡山县独龙江乡段）；贡山县捧打乡、茨开镇；福贡县马吉乡、鹿马登乡、上帕镇；泸水市片马镇；保山市潞江镇；腾冲市明光镇、界头镇、猴桥镇、曲石镇、和顺镇、五合乡；龙陵县龙江乡、镇安镇。14-3。

130. 大叶蔷薇 Rosa macrophylla Lindley

凭证标本：冯国楣 7671；高黎贡山考察队 27174。

灌木，高 150～300 cm。生长于林缘、灌丛、山坡、岩坡、沟边、路边；海拔 3120 m。

分布于独龙江（贡山县独龙江乡段）；贡山县丙中洛乡；福贡县鹿马登乡。14-3。

* **131. 毛叶蔷薇 Rosa mairei** H. Léveillé

凭证标本：高黎贡山考察队 15259，29874。

灌木，高 50～200 cm。生长于常绿阔叶林、山矾林、石柯-槭树林、石柯-木荷林、桤木-柳林、蔷薇-枸子灌丛、山坡、火山地；海拔 1730～3600 m。

分布于独龙江（贡山县独龙江乡段）；贡山县丙中洛乡；泸水市片马镇、六库镇；腾冲市明光镇、界头镇、腾越镇、五合乡、新华乡；龙陵县龙江乡。15-1。

* **132. 峨眉蔷薇 Rosa omeiensis** Rolfe

凭证标本：怒江考察队 791697；高黎贡山考察队 34531。

直立灌木，高 1～4 m。生长于常绿阔叶林、针叶林、灌丛、草甸、林下、山坡、路边、沟边、石缝；海拔 2200～3800 m。

分布于独龙江（贡山县独龙江乡段）；贡山县丙中洛乡、茨开镇；福贡县石月亮乡、上帕镇；泸水市鲁掌镇；保山市芒宽乡；腾冲市明光镇、猴桥镇。15-1。

* **133. 悬钩子蔷薇 Rosa rubus** H. Léveillé $\&$ Vaniot

凭证标本：高黎贡山考察队 12065，23419。

匍匐或攀缘灌木，长 5～6 m。生长于石柯-桤木林、灌丛；海拔 1720～1900 m。

分布于贡山县捧打乡；泸水市片马镇。15-1。

134. 绢毛蔷薇 Rosa sericea Lindley

凭证标本：独龙江考察队 6958。

直立灌木，高 1～2 m。生长于铁杉林、云杉林、竹林、杜鹃混交林、灌丛、山坡、山谷、林缘；海拔 2100～3700 m。

分布于独龙江（贡山县独龙江乡段）；贡山县丙中洛乡；福贡县；泸水市片马镇；腾冲市猴桥镇。14-3。

***135. 双花蔷薇 Rosa sinobiflora T. C. Ku

凭证标本：青藏队 8778。

小灌木，高约 2 m。生长于铁杉林；海拔 2600 m。

分布于贡山县茨开镇。15-2-6。

*136. 川滇蔷薇 Rosa soulieana Crépin

凭证标本：青藏队 10826。

直立灌木，高 2～4 m。生长于山坡、路边；海拔 2700～2800 m。

分布于独龙江（察隅县段）。15-1。

*137. 腺叶扁刺蔷薇 Rosa sweginzowii var. **glandulosa** Cardot

凭证标本：冯国楣 7691。

灌木，高 3～5 m。生长于常绿阔叶林；海拔 2300 m。

分布于贡山县茨开镇。15-1。

**138. 俅江蔷薇 Rosa taronensis T. T. Yü

凭证标本：高黎贡山考察队 15344，34532。

灌木，高 100～250 cm。生长于常绿阔叶林、针叶林、箭竹林、箭竹-杜鹃林、高山灌丛草甸、草甸、高山、溪畔；海拔 2130～3740 m。

分布于独龙江（贡山县独龙江乡段）；贡山县茨开镇；泸水市片马镇、洛本卓乡、鲁掌镇；福贡县石月亮乡、鹿马登乡。15-2-3a。

139. 尖叶悬钩子 Rubus acuminatus Smith

凭证标本：高黎贡山考察队 18076，18096。

攀缘灌木，长达 8 m。生长于常绿阔叶林；海拔 1310～1335 m。

分布于腾冲市芒棒镇。14-3。

140. 西南悬钩子 Rubus assamensis Focke

凭证标本：冯国楣 24577；高黎贡山考察队 34439。

攀缘灌木。生长于常绿阔叶林、灌丛、山坡、山谷、河岸、沟边；海拔 1080～3000 m。

分布于独龙江（贡山县独龙江乡段）；贡山县丙中洛乡、茨开镇；福贡县马吉乡、石月亮乡、鹿马登乡、上帕镇、子里甲乡、匹河乡；腾冲市和顺镇。14-3。

*141. 橘红悬钩子 Rubus aurantiacus Focke

凭证标本：T. T. Yü 20974；高黎贡山考察队 33192。

灌木，高 1～3 m。生长于冷杉-云杉林；海拔 3100 m。

分布于独龙江（贡山县独龙江乡段）；贡山县茨开镇。15-1。

* 142. 藏南悬钩子 Rubus austrotibetanus T. T. Yü & L. T. Lu

凭证标本：武素功 8153；高黎贡山考察队 33779。

灌木，高 1～2 m。生长于常绿阔叶林、针叶林、山坡、山谷、林缘；海拔 2400～3200 m。

分布于贡山县丙中洛乡、茨开镇；泸水市片马镇、洛本卓乡、鲁掌镇；腾冲市明光镇。15-1。

143. 齿萼悬钩子 Rubus calycinus Wallich ex D. Don

凭证标本：高黎贡山考察队 13782，30357。

匍匐草本，长 15～20 cm。生长于常绿阔叶林、石柯-木荷林、壳斗-槭树林、次生常绿阔叶林、山坡、河边；海拔 1820～2485 m。

分布于独龙江（贡山县独龙江乡段）；贡山县丙中洛乡、茨开镇；福贡县鹿马登乡；泸水市片马镇；腾冲市界头镇、曲石镇、蒲川乡；龙陵县龙江乡、镇安镇。7。

*** 144. 黄穗悬钩子 Rubus chrysobotrys Handel-Mazzetti

凭证标本：独龙江考察队 717；高黎贡山考察队 21580。

灌木，高 2～3 m。生长于常绿阔叶林、铁杉林、灌丛、林下、沟边；海拔 1700～2500 m。

分布于独龙江（贡山县独龙江乡段）；贡山县茨开镇。15-2-6。

* 145. 网纹悬钩子 Rubus cinclidodictyus Cardot

凭证标本：T. T. Yü 20564；高黎贡山考察队 7519。

攀缘灌木，高约 2 m。生长于林缘；海拔 1500～1700 m。

分布于独龙江（贡山县独龙江乡段）；贡山县丙中洛乡。15-1。

* 146. 华中悬钩子 Rubus cockburnianus Hemsley

凭证标本：南水北调队 9151。

灌木，高 150～300 cm。生长于常绿阔叶林、铁杉林、灌丛、林下、沟边；海拔 1400 m。

分布于独龙江（贡山县独龙江乡段）。15-1。

147. 小柱悬钩子 Rubus columellaris Tutcher

凭证标本：高黎贡山考察队 34112。

攀缘灌木，高 100～250 cm。生长于灯芯草-苔草草甸；海拔 3220 m。

分布于贡山县茨开镇。14-4。

148. 山莓悬钩子 Rubus corchorifolius Linnaeus f

凭证标本：独龙江考察队 4167；高黎贡山考察队 29259。

直立灌木，高 1～3 m。生长于常绿阔叶林、灌丛、草地、河边；海拔 1301～2650 m。

分布于独龙江（贡山县独龙江乡段）；贡山县茨开镇；福贡县石月亮乡；泸水市片马镇；腾冲市明光镇；龙陵县龙江乡。14-2。

** 149. 三叶悬钩子 Rubus delavayi Franchet

凭证标本：高黎贡山考察队 27409。

直立灌木，高 40～100 cm。生长于常绿阔叶林、松林、灌丛、草地；山脊、山坡、水沟边；海拔 1330～2300 m。

分布于福贡县石月亮乡、上帕镇、匹河乡。15-2-1。

150a. 栽秧泡 Rubus ellipticus var. **obcordatus**（Franchet）Focke-*Rubus ellipticus* Smith f. *obcordatus* Franchet

凭证标本：李恒、郭辉军、李正波、施晓春 13；周应再 214。

灌木，高 1～3 m。生长于次生常绿阔叶林；海拔 1650～1720 m。

分布于保山市芒宽乡；腾冲市北海乡。14-3。

150b. 椭圆悬钩子 Rubus ellipticus Smith

凭证标本：独龙江考察队 4491；黎贡山考察队 29479。

灌木，高 1～3 m。生长于常绿阔叶林、针叶林、灌丛、山坡、山脚、江边、河岸、路边；海拔 800～2016 m。

分布于独龙江（贡山县独龙江乡段）；贡山县丙中洛乡；福贡县鹿马登乡、上帕镇；泸水市六库镇；腾冲市界头镇、腾越镇；龙陵县镇安镇。14-3。

** 151. 红果悬钩子 Rubus erythrocarpus T. T. Yü & L. T. Lu

凭证标本：T. T. Yü 19285；冯国楣 7755。

灌木，高 1～2 m。生长于灌丛；海拔 3500～3700 m。

分布于贡山县丙中洛乡。15-2-3a。

152. 凉山悬钩子 Rubus fockeanus Kurz

凭证标本：青藏队 10607；高黎贡山考察队 27200。

多年生匍匐草本。生长于云杉林、冷杉林、灌丛、草地、山坡；海拔 2950～3700 m。

分布于独龙江（察隅县日东乡段）；贡山县丙中洛乡、茨开镇；福贡县鹿马登乡。14-3。

*** 153. 托叶悬钩子 Rubus foliaceistipulatus T. T. Yü & L. T. Lu

凭证标本：武素功 6754；高黎贡山考察队 33155。

灌木，高达 2 m。生长于常绿阔叶林、石柯-青冈林、壳斗-樟林、槭树-杜鹃林、铁杉林、冷杉-云杉林、杜鹃灌丛、草地、山顶；海拔 2100～2950 m。

分布于独龙江（贡山县独龙江乡段）；贡山县茨开镇；福贡县石月亮乡、鹿马登乡、匹河乡；腾冲市猴桥镇。15-2-6。

*** 154. 贡山蓬蘽 Rubus forrestianus Handel-Mazzetti

凭证标本：尹文清 60-1275。

灌木状藤本，长达 2 m。生长于路边、山坡疏林下；海拔 1400～1880 m。

分布于腾冲市曲石镇。15-2-6。

155. 莓叶悬钩子 Rubus fragarioides Bertoloni

凭证标本：怒江考察队 790532；高黎贡山考察队 34068。

小草本，高 6～16 cm。生长于铁杉-冷杉林、冷杉林、箭竹-杜鹃灌丛、草甸；岩石上、溪畔、林下；海拔 2500～3900 m。

分布于独龙江（贡山县独龙江乡段）；贡山县丙中洛乡、茨开镇；福贡县鹿马登乡。14-3。

** 156. 锈叶悬钩子 Rubus fuscifolius T. T. Yü & L. T. Lu

凭证标本：独龙江考察队 5053；高黎贡山考察队 32489。

灌木，高 1 m 以上。生长于常绿阔叶林、灌丛、河谷、江边；海拔 1300～2137 m。

分布于独龙江（贡山县独龙江乡段）；泸水市片马镇。15-2-1。

*** 157a. 贡山悬钩子 Rubus gongshanensis T. T. Yü & L. T. Lu

凭证标本：青藏队 8398；高黎贡山考察队 30515。

灌木，高 100～150 cm。生长于铁杉林、灌丛、竹箐、林下；海拔 2700～3500 m。

分布于贡山县茨开镇；福贡县上帕镇；泸水市鲁掌镇；腾冲市明光镇。15-2-6。

** 157b. 无刺贡山悬钩子 Rubus gongshanensis var. **qiujiangensis** T. T. Yü & L. T. Lu

凭证标本：王启无 67097。

灌木，高 100～150 cm。生长于林下、匍匐；海拔 3000 m。

分布于贡山县丙中洛乡。15-2-3a。

* 158. 滇藏悬钩子 Rubus hypopitys Focke

凭证标本：武素功 7081；高黎贡山考察队 30548。

匍匐亚灌木。生长于石柯-桤木林、石柯-冷杉林、松林、灌丛、杜鹃-槭树林、草地、山坡、山顶、沟边、路边；海拔 2100～3020 m。

分布于泸水市片马镇；腾冲市明光镇、猴桥镇。15-1。

* 159. 拟覆盆子 Rubus idaeopsis Focke

凭证标本：施晓春 362；高黎贡山考察队 24921。

灌木，高 1～3 m。生长于山茶-樟林、阔叶林；海拔 1500～2500 m。

分布于贡山县丙中洛乡、茨开镇；福贡；腾冲市五合乡、芒棒镇。15-1。

160. 红花悬钩子 Rubus inopertus（Focke）Focke-*Rubus niveus* Thunberg subsp. *inopertus* Focke

凭证标本：独龙江考察队 6755；高黎贡山考察队 28768。

攀缘灌木，长 1～2 m。生长于常绿阔叶林、壳斗-樟林、蔷薇-山茶林、云杉林、灌丛、山坡、沟边、河岸；海拔 1350～2900 m。

分布于独龙江（察隅县日东乡段、贡山县独龙江乡段）；贡山县丙中洛乡、茨开镇；福贡县石月亮乡、鹿马登乡、上帕镇；泸水市片马镇。14-4。

161. 紫色悬钩子 Rubus irritans Focke

凭证标本：高黎贡山考察队 22538，34062。

亚灌木或草本，高 10～60 cm。生长于箭竹-杜鹃灌丛、草甸；海拔 3120～3670 m。

分布于贡山县茨开镇。14-3。

162. 高粱泡 Rubus lambertianus Seringe

凭证标本：怒江考察队 791707，791442。

半落叶灌木状藤本，长达 3 m。生长于疏林、灌丛、山坡、山谷、沟边、河边、路边；海拔 1400～3100 m。

分布于独龙江（贡山县独龙江乡段）；贡山县丙中洛乡；福贡县上帕镇；保山市芒宽乡；腾冲市曲石镇。14-2。

163. 多毛悬钩子 Rubus lasiotrichos Focke

凭证标本：H. T. Tsai 58804；青藏队 15406。

攀缘灌木。生长于常绿阔叶林；海拔 2940 m。

分布于贡山县茨开镇；福贡县上帕镇。14-4。

** 164. 疏松悬钩子 Rubus laxus Focke

凭证标本：T. T. Yü 20514。

攀缘灌木。生长于常绿阔叶林。

分布于独龙江（贡山县独龙江乡段）。15-2-1。

165a. 绢毛悬钩子 Rubus lineatus Reinward

凭证标本：独龙江考察队 3350；高黎贡山考察队 33555。

灌木，高 1～2 m。生长于常绿阔叶林、针叶林、灌丛、山地、山坡、山谷、河谷、林缘；海拔 1300～3000 m。

分布于独龙江（贡山县独龙江乡段）；贡山县丙中洛乡、茨开镇；福贡县石月亮乡、鹿马登乡、上帕镇；泸水市片马镇、洛本卓乡、鲁掌镇；保山市芒宽乡、潞江镇；腾冲市明光镇、界头镇、曲石镇、五合乡。7。

** 165b. 狭叶绢毛悬钩子 Rubus lineatus var. angustifolius J. D. Hooker

凭证标本：王启无 66928。

灌木，高 1～2 m。生长于常绿阔叶林、针叶林、灌丛；海拔 1300～3000 m。

分布于贡山县丙中洛乡。15-2-3a。

166a. 细瘦悬钩子 Rubus macilentus Cambessèdes

凭证标本：独龙江考察队 3527；高黎贡山考察队 30471。

灌木，高 1～2 m。生长于常绿阔叶林、针叶林、灌丛、草坡、草甸、山坡、河谷、江边、路边；海拔 1175～2786 m。

分布于独龙江（贡山县独龙江乡段）；贡山县茨开镇；福贡县鹿马登乡、上帕镇；泸水市片马镇、鲁掌镇；腾冲市界头镇。14-3。

** **166b. 棱枝细瘦悬钩子 Rubus macilentus var. angulatus** Franchet

凭证标本：横断山队 212。

灌木，高 1～2 m。生长于常绿阔叶林、针叶林、灌丛、草坡、草甸、山坡、河谷、江边、路边；海拔 1200～2600 m。

分布于泸水市。15-2-3a。

167. 喜阴悬钩子 Rubus mesogaeus Focke

凭证标本：碧江队 1169；高黎贡山考察队 34036。

攀缘灌木，高 1～4 m。生长于常绿阔叶林、灌丛、草坡、路边；海拔 2500～3250 m。

分布于独龙江（贡山县独龙江乡段）；贡山县丙中洛乡、茨开镇；福贡县鹿马登乡。14-1。

*** **168. 矮生悬钩子 Rubus naruhashii** Yi Sun & Boufford

凭证标本：T. T. Yü 19277；高黎贡山考察队 28554。

多年生矮小草本，高 3～10 cm。生长于石柯-青冈林、落叶阔叶林、针叶林、铁杉-冷杉林、冷杉-箭竹林；海拔 2790～3200 m。

分布于独龙江（贡山县独龙江乡段）；贡山县丙中洛乡、茨开镇；福贡县石月亮乡；泸水市。15-2-6。

*** **169. 荚蒾叶悬钩子 Rubus neoviburnifolius** L. T. Lu & Boufford

凭证标本：高黎贡山考察队 14045，28794。

攀缘灌木。生长于常绿阔叶林、次生常绿阔叶林、灌丛；海拔 2040～2700 m。

分布于福贡县石月亮乡、鹿马登乡；保山市芒宽乡。15-2-6。

170. 红泡刺藤 Rubus niveus Thunberg

凭证标本：独龙江考察队 5603；高黎贡山考察队 30495。

灌木，高 100～250 cm。生长于常绿阔叶林、灌丛、山坡、河边、林缘；海拔800～2400 m。

分布于独龙江（贡山县独龙江乡段）；贡山县茨开镇；福贡县鹿马登乡、匹河乡；泸水市片马镇、六库镇、鲁掌镇；腾冲市明光镇、界头镇；龙陵县镇安镇。7。

171a. 锥悬钩子 Rubus paniculatus Smith

凭证标本：武素功 7167；高黎贡山考察队 28455。

攀缘灌木，高达 3 m。生长于常绿阔叶林、木荷-冬青林、山矾-槭树林、石柯-荚蒾林、灌丛、草坡、山坡、路边、林缘；海拔 1250～2530 m。

分布于独龙江（贡山县独龙江乡段）；福贡县石月亮乡；泸水市片马镇；保山市潞江镇；腾冲市五合乡；龙陵县龙江乡、镇安镇。14-3。

** **171b. 脱毛圆锥悬钩子 Rubus paniculatus var. glabrescens** Yü & L. T. Lu

凭证标本：T. T. Yü 19434。

攀缘灌木，高达 3 m。生长于杂木林；海拔 1700 m。

分布于独龙江（察隅县段）。15-2-3a。

172. 茅莓 Rubus parvifolius Linnaeus

凭证标本：独龙江考察队 6448。

灌木，高 1～2 m。生长于灌丛；海拔 2300 m。

分布于独龙江（贡山县独龙江乡段）。14-2。

173. 匍匐悬钩子 Rubus pectinarioides H. Hara

凭证标本：青藏队 8608；高黎贡山考察队 12952。

匍匐亚灌木，长 10～20 cm。生长于针叶林、冷杉-箭竹林、林下石面上、沟边、路边；海拔 3100～3300 m。

分布于独龙江（贡山县独龙江乡段）。14-3。

*** 174. 梳齿悬钩子 Rubus pectinaris** Focke

凭证标本：高黎贡山考察队 20082。

匍匐灌木，长 20～40 cm。生长于林下石面上；海拔 2800 m。

分布于独龙江（贡山县独龙江乡段）。15-1。

175. 黄泡 Rubus pectinellus Maximowicz

凭证标本：青藏队 9976。

草本或亚灌木，高 8～20 cm。生长于林下；海拔 2300～2400 m。

分布于独龙江（贡山县独龙江乡段）。14-2。

176a. 掌叶悬钩子 Rubus pentagonus Wallich ex Focke

凭证标本：独龙江考察队 4492；高黎贡山考察队 30550。

攀缘灌木，高 150～300 cm。生长于常绿阔叶林、针叶林、灌丛、草丛、山坡、河谷、河岸、沟边、林缘、路边；海拔 1280～3300 m。

分布于独龙江（贡山县独龙江乡段）；贡山县丙中洛乡、茨开镇；福贡县石月亮乡、鹿马登乡；泸水市片马镇、洛本卓乡；保山市潞江镇；腾冲市明光镇、猴桥镇。14-3。

*** 176b. 无刺掌叶悬钩子 Rubus pentagonus** var. **modestus**（Focke）T. T. Yü & L. T. Lu-*Rubus modestus* Focke

凭证标本：青藏队 6040；横断山队 94。

攀缘灌木，高 150～300 cm。生长于常绿阔叶林、灌丛；海拔 1600～2700 m。

分布于福贡县鹿马登乡；泸水市。15-1。

177. 大乌泡 Rubus pluribracteatus L. T. Lu & Boufford

凭证标本：青藏队 7166；高黎贡山考察队 34443。

灌木，高达 3 m。生长于常绿阔叶林、针叶林、灌丛、草甸、荒坡、山坡、沟谷、河边、沟边、火山口；海拔 1130～2380 m。

分布于独龙江（贡山县独龙江乡段）；福贡县上帕镇、石月亮乡；泸水市片马镇、洛本卓乡；保山市芒宽乡、潞江镇；腾冲市界头镇、猴桥镇、五合乡、新华乡；龙陵县龙江乡、镇安镇。14-4。

178. 毛叶悬钩子 Rubus poliophyllus Kuntze

凭证标本：南水北调队（滇西北队）8134；独龙江考察队 6877。

攀缘灌木，长 2～5 m。生长于常绿阔叶林；海拔 1100～1400 m。

分布于独龙江（贡山县独龙江乡段）；福贡县石月亮乡、上江乡；泸水市六库镇。14-4。

**179. 多齿悬钩子 Rubus polyodontus Handel-Mazzetti

凭证标本：青藏队 8383；高黎贡山考察队 34406。

矮灌木，高 20～40 cm。生长于针叶林、箭竹灌丛；海拔 2370～3270 m。

分布于独龙江（贡山县独龙江乡段）；贡山县茨开镇；福贡县鹿马登乡。15-2-3a。

***180. 委陵悬钩子 Rubus potentilloides W. E. Evans

凭证标本：冯国楣 7944。

多年生矮小草本，高 3～8 cm。生长于杂木林；海拔 2700～3500 m。

分布于贡山县丙中洛乡。15-2-6。

*181. 早花悬钩子 Rubus preptanthus Focke

凭证标本：昆明生态所无号；独龙江考察队 4893。

攀缘灌木。生长于常绿阔叶林林林缘；海拔 2300～2500 m。

分布于独龙江（贡山县独龙江乡段）；福贡县碧江中学后山。15-1。

*182. 五叶悬钩子 Rubus quinquefoliolatus T. T. Yü & L. T. Lu

凭证标本：高黎贡山考察队 31108，31125。

攀缘灌木，长约 150 cm。生长于木荷-石柯林；海拔 1900～1940 m。

分布于腾冲市新华乡。15-1。

183. 空心泡 Rubus rosifolius Smith

凭证标本：高黎贡山考察队 24899。

直立或攀缘灌木，高 2～3 m。生长于樟-茶林；海拔 1713 m。

分布于腾冲市五合乡。4。

*184. 红刺悬钩子 Rubus rubrisetulosus Cardot

凭证标本：王启无 68204；高黎贡山考察队 7265。

多年生矮草本，高 10～20 cm。生长于林缘、荒野；海拔 2000～3500 m。

分布于贡山县丙中洛乡；泸水市片马镇。15-1。

185. 棕红悬钩子 Rubus rufus Focke

凭证标本：冯国楣 7603。

攀缘灌木，长达 3 m。生长于密林、灌丛；海拔 1600～2500 m。

分布于贡山县丙中洛乡。14-4。

*** **186. 怒江悬钩子 Rubus salwinensis** Handel-Mazzetti

凭证标本：尹文清 1333；李生堂 523。

攀缘灌木，高达 2 m。生长于山沟密林、沟边草丛；海拔 1880～2070 m。

分布于腾冲市猴桥镇、蒲川乡。15-2-6。

* **187. 华西悬钩子 Rubus stimulans** Focke

凭证标本：冯国楣 7783；高黎贡山考察队 7274。

灌木，高 1～2 m。生长于常绿阔叶林、针叶林、灌丛；海拔 2000～4100 m。

分布于贡山县丙中洛乡、茨开镇；泸水市片马镇。15-1。

188a. 美饰悬钩子 Rubus subornatus Focke

凭证标本：高黎贡山考察队 13694，34394。

灌木，高 1～3 m。生长于常绿阔叶林、针叶林、灌丛、草甸、山坡、岩坡上、林缘、沟边、路边；海拔 1240～3500 m。

分布于独龙江（察隅县日东乡段、贡山县独龙江乡段）；贡山县丙中洛乡、茨开镇；福贡县石月亮乡、鹿马登乡、上帕镇；泸水市片马镇、洛本卓乡；腾冲市界头镇。14-4。

* **188b. 黑腺美饰悬钩子 Rubus subornatus** var. **melanadenus** Focke

凭证标本：青藏队 8517。

灌木，高 1～3 m。生长于冷杉林；海拔 3100～3200 m。

分布于贡山县茨开镇。15-1。

* **189. 密刺悬钩子 Rubus subtibetanus** Handel-Mazzetti

凭证标本：T. T. Yü 20098；冯国楣 7607。

攀缘灌木，高 1～2 m。生长于常绿阔叶林、灌丛、沟边、山坡；海拔 2600～3300 m。

分布于独龙江（贡山县独龙江乡段）；贡山县丙中洛乡。15-1。

190. 红腺悬钩子 Rubus sumatranus Miquel

凭证标本：独龙江考察队 7000；高黎贡山考察队 30218。

直立或攀缘灌木。生长于常绿阔叶林、次生常绿阔叶林、壳斗-槭树林、灌丛、草丛中、山坡、河岸、沟边、沟谷；海拔 1350～2200 m。

分布于独龙江（贡山县独龙江乡段）；贡山县丙中洛乡、茨开镇；福贡县马吉乡、鹿马登乡、上帕镇；腾冲市界头镇。7。

*** **191. 独龙江悬钩子 Rubus taronensis** C. Y. Wu ex T. T. Yü & L. T. Lu

凭证标本：独龙江考察队 1507；高黎贡山考察队 33295。

攀缘灌木。生长于常绿阔叶林、次生常绿阔叶林、冬青-罗伞林、灌丛；山坡、江边、河谷、沟边、石上、林缘；海拔 1310～2070 m。

分布于独龙江（贡山县独龙江乡段）；贡山县茨开镇；福贡县石月亮乡；腾冲市猴桥镇。15-2-6。

192. 滇西北悬钩子 Rubus treutleri J. D. Hooker

凭证标本：T. T. Yü 20028。

矮灌木，高 50～100 cm。生长于常绿阔叶林、灌丛、林缘；海拔 1500～3200 m。

分布于独龙江（贡山县独龙江乡段）。14-3。

193. 红毛悬钩子 Rubus wallichianus Wight & Arnott

凭证标本：独龙江考察队 1382；高黎贡山考察队 29362。

攀缘灌木，长 1～2 m。生长于常绿阔叶林、针叶林、灌丛、山坡、河谷、河岸、河边、河口、田边、林缘；海拔 1310～2500 m。

分布于独龙江（贡山县独龙江乡段）；贡山县丙中洛乡、茨开镇；福贡县；泸水市片马镇、上江乡；腾冲市明光镇。14-3。

194. 大花悬钩子 Rubus wardii Merrill

凭证标本：独龙江考察队 5848；高黎贡山考察队 31742。

匍匐灌木或亚灌木，高约 80 cm。生长于常绿阔叶林、灌丛、山坡、河滩、林缘；海拔 1750～2950 m。

分布于独龙江（贡山县独龙江乡段）；贡山县丙中洛乡、茨开镇；福贡县石月亮乡；腾冲市猴桥镇。14-3。

195. 矮地榆 Sanguisorba filiformis (J. D. Hooker) Handel-Mazzetti -*Poterium filiforme* J. D. Hooker

凭证标本：李恒、李嵘 774；高黎贡山考察队 34095。

多年生草本，高 8～35 cm。生长于苔草-灯芯草草甸、草甸；海拔 3220～3360 m。

分布于贡山县茨开镇。14-3。

196. 伏毛山莓草 Sibbaldia adpressa Bunge

凭证标本：T. T. Yü 20773。

多年生草本。生长于多石山坡；海拔 3600 m。

分布于贡山县丙中洛乡。14-1。

197. 楔叶山莓草 Sibbaldia cuneata Hornemann ex Kuntze

凭证标本：T. T. Yü 19377；高黎贡山考察队 16997。

多年生草本。生长于杜鹃-箭竹灌丛、灌丛草地、高山草甸；海拔 3400～4100 m。

分布于贡山县丙中洛乡、茨开镇。14-3。

198. 短蕊山草莓 Sibbaldia perpusilloides (W. W. Smith) Handel-Mazzetti -*Potentilla perpusilloides* W. W. Smith

凭证标本：T. T. Yü 19801；高黎贡山考察队 32193。

多年生草本。生长于杜鹃-箭竹灌丛、高山草甸、悬崖上；海拔 3450～4300 m。

分布于独龙江（贡山县独龙江乡段）；贡山县丙中洛乡、茨开镇。14-3。

199. 紫花山草莓 Sibbardia purpurea Royle

凭证标本：T. T. Yü 22648。

多年生草本。生长于杜鹃-箭竹灌丛、高山草甸、悬崖上；海拔 3500～4200 m。

分布于独龙江（贡山县独龙江乡段）。14-3。

* 200a. 高丛珍珠梅 Sorbaria arborea C. K. Schneider

凭证标本：青藏队 9978；高黎贡山考察队 31723。

落叶灌木，高达 6 m。生长于槭树-山梨林、针阔混交林、灌丛、山坡、河边、路边；海拔 2300～2800 m。

分布于独龙江（贡山县独龙江乡段）；贡山县丙中洛乡。15-1。

* 200b. 光叶高丛珍珠梅 Sorbaria arborea var. glabrata Rehder

凭证标本：王启无 67087。

落叶灌木，高达 6 m。长于灌丛、山坡、河边、路边；海拔 2500～2800 m。

分布于贡山县丙中洛乡。15-1。

* 200c. 毛叶高丛珍珠梅 Sorbaria arborea var. subtomentosa Rehder

凭证标本：T. T. Yü 1960；冯国楣 7549。

落叶灌木，高达 6 m。长于落叶阔叶林缘、灌丛；山坡、河谷；海拔 2350～3100 m。

分布于独龙江（贡山县独龙江乡段）；贡山县丙中洛乡。15-1。

201. 毛背花楸 Sorbus aronioides Rehder

凭证标本：青藏队 6956；高黎贡山考察队 30760。

落叶灌木或乔木，高 4～12 m。生长于常绿阔叶林、壳斗-樟林、疏林、铁杉林、云杉林、灌丛、山坡、路边；海拔 2485～3000 m。

分布于独龙江（察隅县日东乡段）；贡山县茨开镇；福贡县石月亮乡、鹿马登乡；腾冲市猴桥镇。14-4。

* 202. 多变花楸 Sorbus astateria (Cardot) Handel-Mazzetti -Pyrus astateria Cardot

凭证标本：武素功 8220；怒江考察队 791939。

落叶灌木或小乔木，高达 8 m。生长于杜鹃林、杂木林；山坡；海拔 2900～3000 m。

分布于贡山县茨开镇；泸水市片马镇；腾冲市猴桥镇。15-1。

* 203. 美脉花楸 Sorbus caloneura (Stapf) Rehder-Micromeles caloneura Stapf

凭证标本：高黎贡山考察队 30701。

落叶乔木或灌木，高 10～12 m。生长于常绿阔叶林、山坡、河边；海拔 2500～2400 m。

分布于独龙江（贡山县独龙江乡段）；贡山县茨开镇；泸水市片马镇；保山市芒宽乡、潞江镇；腾冲市界头镇、猴桥镇、曲石镇、芒棒镇、五合乡；龙陵县碧寨乡。15-1。

204. 冠萼花楸 Sorbus coronata (Cardot) T. T. Yü & H. T. Tsai-Pyrus coronata Cardot

凭证标本：高黎贡山考察队 14639，16799。

落叶乔木，高达 10 m。生长于常绿阔叶林、山谷、沟边、林内；海拔 2000～2970 m。

分布于独龙江（贡山县独龙江乡段）；贡山县丙中洛乡、茨开镇；福贡县上帕镇；泸水市片马镇。14-4。

205. 白叶花楸 Sorbus cuspidata（Spach）Hedlund-*Crataegus cuspidata* Spach

凭证标本：怒江考察队 952；高黎贡山考察队 15351。

落叶灌木，高 7～8 m。生长于常绿阔叶林、山脊、林内；海拔 2500～2900 m。

分布于独龙江（贡山县独龙江乡段）；福贡县；龙陵县。14-3。

206. 附生花楸 Sorbus epidendron Handel-Mazzetti

凭证标本：谢立山 862；独龙江考察队 4809。

落叶灌木或乔木，高达 15 m。生长于常绿阔叶林、石柯-胡桃林、混交林、林内、落叶、路边；海拔 1580～2500 m。

分布于独龙江（贡山县独龙江乡段）；贡山县丙中洛乡、茨开镇；福贡县鹿马登乡；腾冲市猴桥镇。14-4。

207. 锈色花楸 Sorbus ferruginea（Wenzig）Rehder-*Sorbus sikkimensis* Wenzig var. *ferruginea* Wenzig

凭证标本：独龙江考察队 5623，6502。

落叶乔木或灌木，高 4～10 m。生长于疏林、河岸、江边、山坡；海拔 1760～2300 m。

分布于独龙江（贡山县独龙江乡段）；腾冲市猴桥镇。14-3。

208. 纤细花楸 Sorbus filipes Handel-Mazzetti

凭证标本：T. T. Yü 19805；青藏队 10290。

落叶灌木，高 150～450 cm。生长于冷杉林、灌丛、林内、山坡；海拔 3000～4000 m。

分布于独龙江（察隅县日东乡段、贡山县独龙江乡段）；贡山县丙中洛乡。14-4。

*209. **湖北花楸 Sorbus hupehensis** C. K. Schneider

凭证标本：H. T. Tsai 57620。

落叶乔木，高 5～10 m。生长于冷杉林、灌丛、林内、山坡；海拔 3000～4000 m。

分布于独龙江（贡山县独龙江乡段）。15-1。

210. 卷边花楸 Sorbus insignis（J. D. Hooker）Hedlund-*Pyrus insignis* J. D. Hooker

凭证标本：独龙江考察队 7022；高黎贡山考察队 33217。

落叶乔木，高 10～15 m。生长于常绿阔叶林、针叶林、灌丛、草甸、沟边、林内；海拔 2500～3100 m。

分布于独龙江（贡山县独龙江乡段）；贡山县丙中洛乡、茨开镇；福贡县石月亮乡、鹿马登乡；腾冲市明光镇。14-3。

*211a. **俅江花楸 Sorbus kiukiangensis** T. T. Yü

凭证标本：独龙江考察队 4978；高黎贡山考察队 27204。

落叶灌木或小乔木，高 3～7 m。生长于山地常绿林、灌丛冷杉-箭竹林、杜鹃-箭竹灌丛；海拔 1700～3460 m。

分布于独龙江（贡山县独龙江乡段）；贡山县丙中洛乡；福贡县鹿马登乡、上帕镇；泸水市洛本卓乡。15-1。

*** 211b. 无毛俅江花楸 Sorbus kiukiangensis var. **glabrescens** T. T. Yü

凭证标本：T. T. Yü 20071。

落叶灌木或小乔木，高 3～7 m。生长于灌丛中；海拔 1700～3500 m。

分布于独龙江（贡山县独龙江乡段）。15-2-6。

* 212. 陕甘花楸 Sorbus koehneana C. K. Schneider

凭证标本：青藏队 10717；高黎贡山考察队 34497。

落叶灌木或小乔木，高 150～400 cm。生长于针叶林、灌丛、岩石坡、林内、林缘、山顶、水边；海拔 3100～3800 m。

分布于独龙江（察隅县日东乡段、贡山县独龙江乡段）；贡山县丙中洛乡、茨开镇；福贡县石月亮乡；泸水市洛本卓乡；腾冲市猴桥镇。15-1。

** 213. 维西花楸 Sorbus monbeigii (Cardot) Balakr-*Pyrus monbeigii* Cardot

凭证标本：青藏队 10469；高黎贡山考察队 33920。

落叶乔木，高达 10 m。生长于针叶林、云杉林、冷杉林、灌丛、杜鹃-箭竹灌丛、草甸、山坡林下；海拔 2750～3600 m。

分布于独龙江（察隅县日东乡段）；贡山县茨开镇；福贡县卡拉河；泸水市片马镇。15-2-3a。

* 214. 褐毛花楸 Sorbus ochracea (Handel-Mazzetti) J. E. Vida-*Eriobotrya ochracea* Handel-Mazzetti

凭证标本：高黎贡山考察队 18322，31063。

落叶乔木或灌木，高 10～15 m。生长于常绿阔叶林、次生林；海拔 1930～2010 m。

分布于腾冲市界头镇、芒棒镇。15-1。

215. 少齿花楸 Sorbus oligodonta (Cardot) Handel-Mazzetti -*Pyrus oligodonta* Cardot

凭证标本：冯国楣 8318；高黎贡山考察队 32010。

落叶乔木，高 5～15 m。生长于常绿阔叶林、灌丛、草甸、山坡、溪旁、水沟边；海拔 2240～3840 m。

分布于独龙江（察隅县日东乡段、贡山县独龙江乡段）；贡山县丙中洛乡、茨开镇；福贡县石月亮乡、鹿马登乡；腾冲市界头镇。14-4。

* 216. 灰叶花楸 Sorbus pallescens Rehder

凭证标本：高黎贡山考察队 24341。

落叶乔木，高达 7 m。生长于常绿阔叶林、针叶林、灌丛、草甸、山坡、溪旁、水沟边；海拔 2450 m。

分布于泸水市片马镇。15-1。

217. 侏儒花楸 Sorbus poteriifolia Handel-Mazzetti

凭证标本：冯国楣 7805；高黎贡山考察队 31579。

落叶小灌木，高 10～270 cm。生长于箭竹-杜鹃灌丛、灌丛草地、高山草甸、山坡、岩坡上；海拔 3500～4200 m。

分布于独龙江（察隅县日东乡段、贡山县独龙江乡段）；贡山县丙中洛乡、茨开镇；福贡县鹿马登乡。14-4。

218. 西康花楸 Sorbus pratii Koehne

凭证标本：毛品一 541；高黎贡山考察队 34542。

落叶灌木，高 2～4 m。生长于常绿阔叶林、针叶林、灌丛、山坡；海拔 2869～4200 m。

分布于独龙江（贡山县独龙江乡段）；贡山县丙中洛乡、茨开镇；福贡县鹿马登乡。14-3。

* **219. 蕨叶花楸 Sorbus pteridophylla** Handel-Mazzetti

凭证标本：T. T. Yü 19253；高黎贡山考察队 34361。

落叶灌木或小乔木，高 4～7 m。生长于常绿阔叶林、石柯林、石柯-铁杉林、阔叶林、铁杉林、灌丛、山坡、山脊、沟边、林下、林缘；海拔 1900～3000 m。

分布于独龙江（贡山县独龙江乡段）；贡山县丙中洛乡、茨开镇；福贡县鹿马登乡、上帕镇；腾冲市界头镇。15-1。

* **220. 铺地花楸 Sorbus reducta** Diels

凭证标本：冯国楣 8314；高黎贡山考察队 34071。

落叶矮灌木，高 15～60 cm。生长于疏林、灌丛、杜鹃-白珠灌丛；海拔 2600～3250 m。

分布于贡山县茨开镇；保山市芒宽乡。15-1。

221a. 西南花楸 Sorbus rehderiana Koehne

凭证标本：青藏队 10093；高黎贡山考察队 28558。

落叶灌木或小乔木，高 3～8 m。生长于冷杉林、铁杉-冷杉林、冷杉-箭竹林、杜鹃灌丛、箭竹灌丛、高山草甸；山坡、沟边、林下；海拔 2500～3600 m。

分布于独龙江（察隅县日东乡段、贡山县独龙江乡段）；贡山县丙中洛乡、茨开镇；福贡县石月亮乡、匹河乡；保山市芒宽乡。14-1。

* **221b. 巨齿西南花楸 Sorbus rehderiana** var. **grosseserrata** Koehne

凭证标本：青藏队 8768。

落叶灌木或小乔木，高 3～8 m。生长于针叶林、灌丛、草甸；海拔 2500～3600 m。

分布于贡山县茨开镇。15-1。

222. 鼠李叶花楸 Sorbus rhamnoides (Decaisne) Rehder-*Micromeles rhamnoides* Decaisne

凭证标本：独龙江考察队 819；高黎贡山考察队 32403。

落叶乔木，高达 12 m。生长于常绿阔叶林、石柯-冬青林、灌丛、杜鹃-冷杉林、河岸、河谷、山坡、山谷；海拔 1330～3100 m。

分布于独龙江（贡山县独龙江乡段）；贡山县丙中洛乡、茨开镇；福贡县鹿马登乡；泸水市片马镇；保山市芒宽乡；腾冲市猴桥镇。14-3。

223. 红花花楸 Sorbus rufopilosa C. K. Schneider

凭证标本：青藏队 10569；高黎贡山考察队 9645。

落叶灌木或小乔木，高270～500 cm。生长于冷杉林、灌丛、草甸、山顶、山坡、山谷、水边、石堆旁；海拔3200～3600 m。

分布于独龙江（察隅县日东乡段）；贡山县茨开镇；泸水市片马镇。14-3。

*** **224. 怒江花楸 Sorbus salwinensis** T. T. Yü & L. T. Lu

凭证标本：青藏队9784；独龙江考察队6835。

落叶乔木，高6～8 m。生长于杂木林；海拔2300～2500 m。

分布于独龙江（贡山县独龙江乡段）。15-2-6。

225. 康藏花楸 Sorbus thibetica（Cardot）Handel-Mazzetti -*Pyrus thibetica* Cardot

凭证标本：独龙江考察队1591；高黎贡山考察队33208。

落叶乔木或灌木，高7 m。生长于常绿林、针叶林、灌丛、杂木林、山坡、山脊、沟边、林内；海拔2000～3600 m。

分布于独龙江（贡山县独龙江乡段）；贡山县丙中洛乡、茨开镇；福贡县石月亮乡、鹿马登乡、上帕镇；泸水市片马镇、洛本卓乡；腾冲市猴桥镇。14-3。

226. 滇缅花楸 Sorbus thomsonii（King ex J. D. Hooker）Rehder-*Pyrus thomsonii* King ex J. D. Hooker

凭证标本：高黎贡山考察队13220，25026。

落叶乔木，高8～10 m。生长于常绿阔叶林、石柯-杜鹃林；海拔2100～2200 m。

分布于保山市潞江镇；腾冲市五合乡。14-3。

* **227. 川滇花楸 Sorbus vilmorinii** C. K. SchneideS

凭证标本：高黎贡山考察队15269，33891。

落叶灌木或小乔木，高4～6 m。生长于常绿阔叶林、针叶林、灌丛、山坡、岩坡、山谷、林内、林缘、路边；海拔2630～4000 m。

分布于独龙江（察隅县日东乡段、贡山县独龙江乡段）；贡山县丙中洛乡、茨开镇；福贡县石月亮乡、鹿马登乡、匹河乡；泸水市片马镇、洛本卓乡、鲁掌镇；腾冲市猴桥镇。15-1。

228. 藏南绣线菊 Spiraea bella Sims

凭证标本：高黎贡山考察队15009，34515。

落叶灌木，高达2 m。生长于针叶林、铁杉林、冷杉-箭竹林、杜鹃-箭竹灌丛、箭竹-灯芯草灌丛、高山草甸、草甸；山坡、岩坡上；海拔2500～3800 m。

分布于独龙江（贡山县独龙江乡段）；贡山县丙中洛乡、茨开镇；福贡县石月亮乡、鹿马登乡。14-3。

** **229. 粉叶绣线菊 Spiraea compsophylla** Handel-Mazzetti

凭证标本：青藏队10398；高黎贡山考察队14204。

落叶灌木，高达150 cm。生长于次生常绿阔叶林、云杉林、沟边岩壁上、山坡；海拔1570～3500 m。

分布于独龙江（察隅县日东乡段）；贡山县丙中洛乡。15-2-3a。

230. 翠蓝绣线菊 Spiraea henryi Hemsley

凭证标本：南水北调队 9094。

落叶灌木，高 1～3 m。生长于云杉林、山坡；海拔 2000～3500 m。

分布于独龙江（贡山县独龙江乡段）。15-1。

⁺231a. 粉花绣线菊 Spiraea japonica Linnaeus f.

凭证标本：高黎贡山考察队 34351。

落叶灌木，高达 150 cm。生长于常绿阔叶林、灌丛、草甸、山坡；海拔 1780～3020 m。

分布于独龙江（贡山县独龙江乡段）；贡山县茨开镇；福贡县石月亮乡、鹿马登乡、匹河乡；泸水市片马镇、鲁掌镇；腾冲市滇滩镇、明光镇、界头镇、猴桥镇、曲石镇、马站乡、腾越镇。16。

231b. 渐尖叶粉花绣线菊 Spiraea japonica var. **acuminata** Franchet

凭证标本：冯国楣 8231；李恒、李嵘 1120。

落叶灌木，高达 150 cm。生长于常绿阔叶林、灌丛；林内、岩坡；海拔 2300～3600 m。

分布于独龙江（贡山县独龙江乡段）；贡山县丙中洛乡、茨开镇；福贡县鹿马登乡；泸水市。15-1。

231c. 椭圆粉花绣线菊 Spiraea japonica var. **ovalifolia** Franchet

凭证标本：高黎贡山考察队 8136。

落叶灌木，高达 150 cm。生长于灌丛、高山草甸、山坡、岩坡上；海拔 3500～3800 m。

分布于独龙江（贡山县独龙江乡段）；贡山县丙中洛乡、茨开镇；泸水市片马镇。15-1。

232. 细枝绣线菊 Spiraea myrtilloides Rehder

凭证标本：高黎贡山考察队 7810。

落叶灌木，高 2～3 m。生长于高山灌丛；海拔 3000～3150 m。

分布于贡山县茨开镇。15-1。

233. 紫花绣线菊 Spiraea purpurea Handel-Mazzetti

凭证标本：高黎贡山考察队 14058，25918。

落叶灌木，高 120 cm。生长于常绿阔叶林、次生常绿阔叶林、冷杉-箭竹林、灌丛、杂木林、山坡、路边；海拔 2130～3450 m。

分布于泸水市洛本卓乡、鲁掌镇；保山市芒宽乡。15-1。

234. 川滇绣线菊 Spiraea schneideriana Rehder

凭证标本：冯国楣 8279；高黎贡山考察队 32167。

落叶灌木，高 1～2 m。长于针叶林、灌丛、杜鹃-箭竹灌丛、竹箐、草甸、山坡、岩坡、沟边；海拔 1900～4200 m。

分布于独龙江（察隅县日东乡段、贡山县独龙江乡段）；贡山县丙中洛乡、茨开镇；福贡县石月亮乡、鹿马登乡；泸水市洛本卓乡；腾冲市猴桥镇。15-1。

* **235. 鄂西绣线菊 Spiraea veitchii** Hemsley

凭证标本：青藏队 10986。

落叶灌木，高达 4 m。生长于冷杉林、山坡；海拔 3700 m。

分布于独龙江（察隅县段）。15-1。

* **236. 陕西绣线菊 Spiraea wilsonii** Duthie

凭证标本：王启无 67130。

落叶灌木，高 150～250 cm。生长于灌丛。海拔 2800 m。

分布于贡山县丙中洛乡。15-1。

237. 红果树 Stranvaesia davidiana Decaisne

凭证标本：高黎贡山考察队 14462，22604。

常绿灌木或小乔木，高 1～10 m。生长于常绿阔叶林；海拔 2470～2500 m。

分布于贡山县丙中洛乡。14-4。

146. 苏木科 Caesalpiniaceae

9 属 28 种，*5，**2，+10

** **1. 丽江羊蹄甲 Bauhinia bohniana** C. Chen

凭证标本：高黎贡山考察队 10571。

直立灌木，高 1～2 m。生长于陡坡灌丛；海拔 1000 m。

分布于保山市芒宽乡。15-2-3。

2. 鞍叶羊蹄甲 Bauhinia brachycarpa Wallich ex Bentham

凭证标本：青藏队 7645；高黎贡山考察队 18997。

直立或披散灌木或小乔木，高达 5 m，雌雄同株或雄花与两性花同株。生长于干热河谷灌丛、山坡、沟边、山谷、江边；海拔 800～2700 m。

分布于泸水市跃进桥；保山市百花岭。14-4。

* **3. 川滇羊蹄甲 Bauhinia comosa** Craib

凭证标本：高黎贡山考察队 15975，19001。

木质藤本。生长于残留常绿阔叶林、灌丛中。海拔 940～1130 m。

分布于保山市百花岭；泸水市鲁掌镇。15-1。

** **4. 薄荚羊蹄甲 Bauhinia delavayi** Franchet

凭证标本：高黎贡山考察队 10493，11694。

木质藤本。生长于干热河谷灌丛、山坡、沟边、山谷；海拔 900～981 m。

分布于福贡县怒江边；泸水市灯笼坝。15-2-1。

5. 薄叶羊蹄甲 Bauhinia glauca subsp. **tenuiflora**（Watt ex C. B. Clarke）K. Larsen & S. S. Larsen-*Bauhinia tenuiflora* Watt ex C. B. Clarke

凭证标本：高黎贡山考察队 10537，26300。

藤本，具卷须。生长于常绿阔叶林、季雨林、灌丛中；海拔 880～1400 m。

分布于福贡县上帕；泸水市洛本卓乡。14-4。

* 6. 海南羊蹄甲 Bauhinia hainanensis Merrill & Chun ex L.

凭证标本：独龙江考察队 27。

木质藤本，幼枝和花序被锈色柔毛，卷须粗壮。生长于河谷灌丛；海拔 900 m。

分布于泸水市六库赖茂。15-1。

* 7. 卵叶羊蹄甲 Bauhinia ovatifolia T. C. Chen

凭证标本：高黎贡山考察队 15294。

木质藤本。生长于高山草甸；海拔 3200 m。

分布于贡山县黑铺山隧道东侧。15-1。

8. 囊托羊蹄甲 Bauhinia touranensis Gagnepain

凭证标本：怒江考察队 486；碧江队 259。

木质藤本，具卷须。生长于路边灌丛；海拔 1100 m。

分布于福贡县匹河怒江西岸江边；泸水市六库至跃进大桥。14-4。

\+ 9. 白花羊蹄甲 Bauhinia variegata var. **candida** (Aiton) Voigt-*Bauhinia candida* Aiton

凭证标本：高黎贡山考察队 18168。

落叶乔木，高达 15 m。生长于杂草丛；海拔 670 m。

分布于保山市潞江镇东风桥。16。

\+ 10. 洋紫荆 Bauhinia variegata Linnaeus

凭证标本：H. T. Tsai55797；刘伟心 166。

落叶乔木，高达 16 m。生长于江边岩石上；海拔 750~1100 m。

分布于泸水市六库排罗坝；龙陵县。16。

11. 华南云实 Caesalpinia crista Linnaeus

凭证标本：碧江队 258；孙航 1702。

木质藤本。生长于疏林、灌丛、山坡、江边、岩石隙；海拔 750~1500 m。

分布于福贡县匹河乡怒江西岸江边；泸水市怒江边；龙陵县天灵寺。5。

12. 见血飞 Caesalpinia cucullata Roxburgh

凭证标本：青藏队 8274。

藤本，长 3~5 m，具弯刺。生长于林缘；海拔 2900 m。

分布于泸水市姚家坪。7。

13. 云实 Caesalpinia decapetala (Roth) Alston-*Reichardia decapetala* Roth

凭证标本：高黎贡山考察队 14085，23517。

藤本。生长于次生常绿阔叶林灌丛、山坡、荒坡、路边、沟边；海拔 691~1600 m。

分布于保山市白花岭潞江镇怒江西岸；泸水市蛮云、丙贡。7。

14. 肉夹云实 Caesalpinia digyna Rottler

凭证标本：高黎贡山考察队 11631，17533。

大型藤本，具弯刺。生长于田间灌丛、杂草丛；海拔 1210~1220 m。

分布于保山市怒江坝；龙陵县镇安镇蚂蟥箐。7。

* **15. 大叶云实 Caesalpinia magnifoliolata** F. P. Metcalf

凭证标本：青藏队 9274。

藤本，具刺。生长于山谷常绿阔叶林中；海拔 1500 m。

分布于独龙江钦郎当。15-1。

16. 喙荚云实 Caesalpinia minax Hance

凭证标本：高黎贡山考察队 17257。

攀缘植物，具刺，被微柔毛。生长于杂草丛；海拔 650 m。

分布于保山市潞江镇东风桥。14-4。

⁺ **17. 金凤花 Caesalpinia pulcherrima** (Linnaeus) Swartz-*Poinciana pulcherrima* Linnaeus

凭证标本：高黎贡山考察队 23494。

灌木或小乔木，枝条绿色或粉绿色，散生小刺。生长于栎类常绿阔叶林；海拔 691 m。

分布于保山市潞江镇东风桥。16。

⁺ **18. 腊肠树 Cassia fistula** Linnaeus

凭证标本：包仕英 652；高黎贡山考察队 17540。

落叶乔木，高达 15 m。生长于草丛、路边；海拔 1150～1210 m。

分布于保山市坝湾；龙陵县镇安镇蚂蟥箐。16。

19. 大叶山扁豆 Chamaecrista leschenaultiana (Candolle) O. Degener-*Cassia leschenaultiana* Candolle

凭证标本：高黎贡山考察队 18991。

一年生或多年生草本或亚灌木，高 30～150 cm。生长于干热河谷灌丛；海拔 940 m。

分布于保山市白花岭。7。

⁺ **20. 山扁豆 Chamaecrista mimosoides** (Linnaeus) Greene-*Cassia mimosoides* Linnaeus

凭证标本：高黎贡山考察队 17760。

一年生或多年生草本或亚灌木，高达 1 m。生长于路边；海拔 1900 m。

分布于龙陵县镇安镇岭岗。17。

* **21. 滇皂荚 Gleditsia japonica** var. **delavayi** (Franchet) L. C. Li-*Gleditsia delavay* Franchet

凭证标本：冯国楣 8677；昆明生态所 F219。

落叶乔木，高达 25 m。生长于村旁、林寨附近；海拔 1500～2000 m。

分布于贡山县丙中洛乡；福贡县高黎贡山；腾冲市大坝公社高黎贡山西坡。15-1。

22. 老虎刺 Pterolobium punctatum Hemsley

凭证标本：尹文清 1486；碧江队 32。

攀缘灌木，高 3～10 m。生长于疏林灌丛、石山、河边、江边、路旁；海拔 900～1600 m。

分布于福贡县匹河附近；泸水市六库至跃进桥之间；腾冲市五合乡三甲街曲石乡

向阳桥河边。14-4。

⁺23. 望江南 Senna occidentalis（Linnaeus）Link-*Cassia occidentalis* Linnaeus

凭证标本：高黎贡山考察队 17222，26534。

直立亚灌木或灌木，高 80～150 cm。生长于云南松林、针阔叶混交林、灌丛、杂草丛；海拔 650～2830 m。

分布于福贡县上帕镇、石月亮乡；保山市芒宽乡、潞江镇。17。

⁺24. 铁刀木 Senna siamea（Lamarck）H. S. Irwin & Barneby-*Cassia siamea* Lamarck

凭证标本：独龙江考察队 76；高黎贡山考察队 23452。

乔木，高 10～15 m。生长于路边、稻田边、公路旁；海拔 650～1600 m。

分布于泸水市上江乡；保山市潞江镇；龙陵县潞江镇。16。

⁺25. 槐叶决明 Senna sophera（Linnaeus）Roxburgh-*Cassia sophera* Linnaeus

凭证标本：高黎贡山考察队 9695，10644。

灌木，高 1～3 m，无毛。生长于田边，溪旁；海拔 950～1340 m。

分布于福贡县怒江西岸；保山市芒宽乡三坝沟、百花岭。17。

⁺26. 决明 Senna tora（Linnaeus）Roxburgh-*Cassia tora* Linnaeus

凭证标本：杨竞生 7753；高黎贡山考察队 18173。

一年生草本或亚灌木，高 1～2 m。生长于田边溪旁、杂草丛、路边；海拔 650～950 m。

分布于泸水市上江乡；保山市芒宽乡、潞江镇。17。

⁺27. 酸豆 Tamarindus indica Linnaeus

凭证标本：乔木，高 10～25 m。生长于桥边；海拔 670 m。

分布于保山市潞江镇东风桥。16。

28. 任豆 Zenia insignis Chun

凭证标本：高黎贡山考察队 33951。

落叶乔木，高 15～20 m。生长于木莲、木荷、野桐林；海拔 2390 m。

分布于贡山县。14-4。

147. 含羞草科 Mimosaceae

6 属 19 种，*2，⁺5

1. 尖叶相思 Acacia caesia（Linnaeus）Willdenow-*Mimosa caesia* Linnaeus

凭证标本：高黎贡山考察队 18533。

攀缘植物，节间具弯刺。生长于常绿阔叶林；海拔 2180 m。

分布于腾冲市芒棒镇。14-4。

⁺2. 台湾相思 Acacia confusa Merrill

凭证标本：碧江队 286；高黎贡山考察队 7934。

常绿乔木，高 6～15 m。生长于路边；海拔 1100 m。

分布于福贡县匹河乡。16。

* 3. 光叶金合欢 Acacia delavayi Franche

凭证标本：780 队 22；施晓春 441。

攀缘植物，小枝具刺。生长于路边；海拔 1800 m。

分布于保山市白花岭。15-1。

+ 4. 金合欢 Acacia farnesiana (Linnaeus) Willdenow-*Mimosa farnesiana* Linnaeus

凭证标本：高黎贡山考察队 18157，30625。

灌木或小乔木，高 2～4 m。生长于次生常绿阔叶林、杂草丛；海拔 670～1930 m。

分布于泸水市片马乡；保山市潞江镇；腾冲市曲石乡、界头乡。16。

5. 羽叶金合欢 Acacia pennata (Linnaeus) Willdenow-*Mimosa pennata* Linnaeus

凭证标本：高黎贡山考察队 26070。

攀缘植物，具刺。生长于石栎、山茶林；海拔 2200 m。

分布于腾冲市芒棒镇。14-3。

6. 粉背金合欢 Acacia pruinescens Kurz

凭证标本：刘伟心 148；南水北调队 8003。

攀缘灌木，小枝具弯刺。生长于河边疏林、河滩；海拔 800～1000 m。

分布于泸水市六库。14-4。

* 7. 无刺金合欢 Acacia teniana Harns

凭证标本：高黎贡山考察队 30386。

小乔木或灌木，高约 3 m。生长于常绿阔叶林；海拔 1970 m。

分布于腾冲市界头乡。15-1。

8. 楹树 Albizia chinensis (Osbeck) Merrill-*Mimosa chinensis* Osbeck

凭证标本：刘伟心 211；高黎贡山考察队 25202。

落叶乔木，高达 30 m。生长于栎类栲树林、沟谷、路边；海拔 940～2050 m。

分布于福贡县马吉乡；泸水市上江乡；腾冲市芒棒镇。7。

+ 9. 合欢 Albizia julibrissin Durazzini

凭证标本：高黎贡山考察队 15797，29855。

落叶乔木，高达 16 m。生长于山胡椒次生林、石栎木荷林、灌丛；海拔 1030～1650 m。

分布于贡山县捧当乡；福贡县马吉乡、匹河乡；腾冲市和顺镇。16。

10. 山槐 Albizia kalkora (Roxburgh) Prain-*Mimosa kalkora* Roxburgh

凭证标本：刘伟心 173；南水北调队 8200。

落叶小乔木或灌木，高 3～8 m。生长于江边云南松林；海拔 800～1320 m。

分布于泸水市蛮蚌至六库。14-2。

11. 光叶合欢 Albizia lucidior (Steudel) I. C. Nielsen ex H. Hara-*Inga lucidior* Steudel

凭证标本：刘伟心 101；尹文清 1453。

乔木，高 8～20 m。生长于栎林、山坡、山谷；海拔 1500 m。

分布于泸水市岩子脚；腾冲市蒲川公社下甲街一把伞。7。

12. 毛叶合欢 Albizia mollis（Wallich）Boivin-*Acacia mollis* Wallich

凭证标本：高黎贡山考察队 13372，30622。

乔木，高 3～30 m。生长于次生阔叶林、河谷、沟边、岩石上；海拔 691～1650 m。

分布于贡山县捧当乡、丙中洛乡；福贡县惟独乡；泸水市片马乡；保山市百花岭；腾冲市和顺镇、五河乡金塘村。14-3。

13. 香合欢 Albizia odoratissima（Linnaeus f.）Bentham-*Mimosa odoratissima* Linnaeus f.

凭证标本：86 年考察队 1205；高黎贡山考察队 25298。

常绿乔木，高 5～15 m。生长于常绿阔叶林、石栎-木荷林、山坡；海拔 850～1805 m。

分布于保山市芒宽乡、潞江镇；龙陵县腊勐。14-3。

14. 藏合欢 Albizia sherriffii E. G. Baker

凭证标本：独龙江考察队 698；高黎贡山考察队 21271。

乔木，高 6～9 m。生长于常绿阔叶林、河谷林、山坡、江边；海拔 1660 m。

分布于贡山县独龙江乡。14-3。

15. 猴耳环 Archidendron clypearia（Jack）I. C. Nielsen-*Inga clypearia* Jack

凭证标本：独龙江考察队 4479；高黎贡山考察队 24894。

乔木，高达 10 m。生长于常绿阔叶林、河谷季雨林、山坡、河谷；海拔 1200～1713 m。

分布于贡山县独龙江乡；福贡县上帕镇；保山市百花岭；腾冲市五河乡。7。

16. 榼藤 Entada phaseoloides（Linnaeus）Merrill-*Lens phaseoloides* Linnaeus

凭证标本：刘伟心 195；高黎贡山考察队 13588。

常绿大藤本。生长于次生常绿阔叶林、沟边；海拔 650～1680 m。

分布于泸水市丙贡乡；保山市百花岭。5。

17. 眼睛豆 Entada rheedii Sprengel

凭证标本：朱明寿 24；尹文清 1400。

木质藤本。生长于次生常绿阔叶林；海拔 700～900 m。

分布于保山市连山蚌；腾冲市浦川乡。4。

+18. 银合欢 Leucaena leucocephala（Lamarck.）de Wit.-*Mimosa leucocephala* Lamarck

凭证标本：高黎贡山考察队 17218，18252。

常绿灌木或小乔木，高 2～6 m。生长于灌丛、杂草丛、路边；海拔 650～1100 m。

分布于保山市潞江镇。16。

+19. 含羞草 Mimosa pudica Linnaeus

凭证标本：高黎贡山考察队 17350，17532。

披散草本，高达 1 m。生长于杂草丛；海拔 900～1210 m。

分布于保山市潞江镇；龙陵县镇安镇。17。

148. 蝶形花科 Papilionaceae

49 属 154 种 5 变种，* 31，** 5，*** 4，+ 10

1. 链荚豆 Alysicarpus vaginalis (Linnaeus) Candolle-*Hedysarum vaginale* Linnaeus

凭证标本：高黎贡山考察队 18936。

多年生草本，茎直立或匍匐，高 30～90 cm。生长于灌丛；海拔 970 m。

分布于保山市芒宽乡马河村。4。

2. 两型豆 Amphicarpaea edgeworthii Bentham

凭证标本：独龙江考察队 2017；高黎贡山考察队 15916。

一年生缠绕草本，长 0.3～1.3 m。生长于常绿阔叶林、灌丛、路边；海拔 1445～1620 m。

分布于独龙江孔当；贡山县茨开镇石鼓、丙中洛乡双拉河桥。14-2。

* 3. 锈毛两型豆 Amphicarpaea ferruginea Bentham

凭证标本：高黎贡山考察队 15671，21433。

多年生缠绕草本。生长于残留常绿阔叶林、灌丛、河岸灌丛；海拔 1910 m。

分布于独龙江迪政当；贡山县丙中洛乡石门关。15-1。

4. 肉色土圞儿 Apios carnea (Wallich) Bentham ex Baker-*Cyrtotropis carnea* Wallich

凭证标本：独龙江考察队 836；高黎贡山考察队 26790。

缠绕草本，长 3～4 m。生长于常绿阔叶林、次生常绿阔叶林栎林、灌丛、竹灌丛、草丛、山坡、沟边、河岸、河边、路旁、岩石上；海拔 1350～3100 m。

分布于独龙江；贡山县茨开镇、丙中洛乡；福贡县上帕镇、石月亮乡；腾冲市明光乡。14-3。

* 5. 云南土圞儿 Apios delavayi Franchet

凭证标本：青藏队 7493，9873。

多年生缠绕草本，无毛。生长于常绿阔叶林、灌丛、山坡、路边；海拔 1700～2600 m。分布于独龙江；贡山县丙中洛乡。15-1。

** 6. 纤细土圞儿 Apios gracillima Dunn

凭证标本：T. T. Yü 19419。

多年生缠绕草本，节上有时被毛。生长于灌丛；海拔 1700 m。

分布于独龙江。15-2-8。

* 7. 大花土圞儿 Apios macrantha Oliver。

凭证标本：高黎贡山考察队 15049。

多年生缠绕草本。生长于常绿阔叶林；海拔 2100～2100 m。

分布于独龙江梅立王。15-1。

*** 8. 俅江黄芪 Astragalus chiukiangensis H. T. Tsai & T. T. Yü。

凭证标本：T. T. Yü 19591；青藏队 7588。

多年生草本，高达 100 cm。生长于铁杉林、沟边；海拔 3400 m。

分布于独龙江；贡山县丙中洛乡。15-2-6。

*** **9. 独龙黄芪 Astragalus dulungkiangensis** P. C. Li。

凭证标本：青藏队 9850。

草本植物，高 40～60 cm。生长于林下；海拔 2100 m。

分布于独龙江雄当。15-2-6。

10. 长果颈黄耆 Astragalus khasianus Bunge

凭证标本：王启无 90236；高黎贡山考察队 25738。

草本植物，高 30～100 cm。生长于常绿阔叶林、林缘；海拔 2130～3000 m。

分布于泸水市洛本卓乡；龙陵县红木树。14-3。

11. 紫云英 Astragalus sinicus Linnaeusx

凭证标本：高黎贡山考察队 20171，24848。

多年生草本，长达 30 cm。生长于针阔叶混交林、石栎木兰林；海拔 2169～2781 m。

分布于福贡县亚坪；腾冲市五合乡。14-2。

+ **12. 木豆 Cajanus cajan** (Linnaeus) Huth-*Cytisus cajan* Linnaeus

凭证标本：高黎贡山考察队 19680，20998。

直立灌木，高 1～3 m。生长于灌丛；海拔 1030～1150 m。

分布于福贡县碧福桥水电站、维度乡纬杜桥。16。

13. 蔓草虫豆 Cajanus scarabaeoides (Linnaeus) Thouars-*Dolichos scarabaeoide*s Linnaeus

凭证标本：高黎贡山考察队 17542，26168。

木质缠绕藤本，长达 2 m。生长于杂草丛，次生植被；海拔 670～1210 m。

分布于保山市芒宽乡怒江边、潞江镇东风桥；龙陵县镇安镇蚂蝗箐。4。

14. 虫豆 Cajanus volubilis (Blanco) Blanco-*Cytisus volubilis* Blanco

凭证标本：高黎贡山考察队 10538，10538。

缠绕藤本。生长于林下；海拔 800 m。

分布于泸水市上江。7。

15. 灰毛鸡血藤 Callerya cinerea (Bentham) Schot-*Millettia cinerea* Bentham

凭证标本：独龙江考察队 248；高黎贡山考察队 31076。

攀缘灌木，长达 6 m。生长于常绿阔叶林、高山木荷林、石栎-十萼花林、石栎木荷林、石栎润楠林、石栎山矾林、山胡椒林、灌丛、杂草丛、石崖；海拔 1060～2460 m。

分布于独龙江；贡山县茨开镇、丙中洛乡；福贡县鹿马登乡、甲科底乡、马吉乡、匹河乡；泸水市片马乡、洛本卓乡；保山市；腾冲市和顺镇、五合乡、芒棒镇、曲石乡、界头乡、猴桥镇。14-3。

* **16. 锈毛鸡血藤 Callerya sericosema** (Hance) Z. Wei & Pedley-*Millettia sericosema* Hance

凭证标本：和志刚 384；高黎贡山考察队 7951。

攀缘灌木，长 150～200 cm。生长于灌丛；海拔 1000 m。

分布于福贡县匹河乡。15-1。

17. 细花梗杭子梢 Campylotropis capillipes Schin

凭证标本：施晓春、杨世雄 512。

灌木，高 1～2 m。生长于灌丛；海拔 1525 m。

分布于保山市白花岭。14-4。

*18. 元江杭子梢 Campylotropis henryi（Schindler）Schindler-*Lespedeza henryi* Schindle

凭证标本：碧江队 274；独龙江考察队 161。

灌木，高 1～2 m。生长于怒江河谷、沟边、山坡；海拔 720～1000 m。

分布于福贡县匹河乡；泸水市拉拉瓦底乡；龙陵县腊勐。15-1。

19. 毛杭子梢 Campylotropis hirtella Schindler

凭证标本：怒江考察队 2038；高黎贡山考察队 19123。

灌木，高 50～100 cm。生长于次生常绿阔叶林、云南松林、河边；海拔 1525～3100 m。

分布于贡山县茨开镇；福贡县；泸水市鲁掌镇；保山市潞江镇；腾冲市芒棒镇。14-3。

***20. 腾冲杭子梢 Campylotropis howellii Schindler

凭证标本：尹文清 1005，1073。

灌木或亚灌木，高约 1 m。生长于山坡、疏林；海拔 1930～2300 m。

分布于腾冲市曲石乡。15-2-6。

21. 杭子梢 Campylotropis macrocarpa（Bunge）Rehder-*Lespedeza macrocarpa* Bunge

凭证标本：青藏队 10907；高黎贡山考察队 10485。

灌木，高 1～2 m。生长于干热河谷植被；海拔 980 m。

分布于察隅县日东；泸水市灯笼坝。14-2。

*22. 小雀花 Campylotropis polyantha（Franchet）Schindler-*Lespedeza eriocarpa* Candolle var. *polyantha* Franchet

凭证标本：独龙江考察队 250；高黎贡山考察队 34312。

灌木，高 1～2 m。生长于常绿阔叶林、次生常绿阔叶林、疏林、盐麸木-胡桃林、灌丛、怒江河谷、路边；海拔 950～1970 m。

分布于贡山县茨开镇、捧当乡、丙中洛乡；福贡县匹河乡；泸水市；保山市芒宽乡；龙陵县龙江乡、镇安镇。15-1。

*23. 三棱枝杭子梢 Campylotropis trigonoclada（Franchet）Schindler-*Lespedeza trigonoclada* Franchet

凭证标本：高黎贡山考察队 11620。

灌木，高 1～3 m。生长于山坡、云南松林；海拔 1850 m。

分布于保山市潞江镇。15-1。

*   **24. 云南锦鸡儿 Caragana franchetiana** Komarov

凭证标本：青藏队 10984。

灌木，高达 3 m。生长于山坡、云南松林。海拔 3000 m。

分布于察隅县察瓦龙区瓦布至左贡。15-1。

*   **25. 小花香槐 Cladrastis delavayi** (Franchet) Prain-*Dalbergia delavayi* Franchet

凭证标本：南水北调队 7262。

落叶乔木，高达 20 m。生长于山地林中；海拔 1000～2500 m。

分布于腾冲市自治乡。15-1。

26. 三叶蝶豆 Clitoria mariana Linnaeus

凭证标本：尹文清 1148；高黎贡山考察队 26223。

多年生缠绕草本，高 45～60 cm。生长于次生常绿阔叶林、青冈-木荷林、云南松林、松栎林、灌丛、山坡、河谷、路边；海拔 2000 m。

分布于泸水市片马乡；保山市；腾冲市芒棒镇、明光乡。9。

27. 纤细旋花豆 Cochlianthus gracilis Bentham

凭证标本：高黎贡山考察队 10600。

纤细缠绕草本，生长于灌丛；海拔 1350 m。

分布于保山市芒宽乡。14-3。

28. 圆叶舞草 Codoriocalyx gyroides (Roxburgh ex Link) Hasskarl-*Hedysarum gyroides* Roxburgh ex Link

凭证标本：独龙江考察队 31；施晓春 649。

灌木，高 1～3 m。生长于疏林、灌丛、河谷；海拔 710～900 m。

分布于泸水市六库赖茂瀑布；保山市岗觉江心岛。7。

29. 舞草 Codariocalyx motorius (Houtt.) Ohashi-*Hedysarum motorium* Houttuyn

凭证标本：独龙江考察队 167；高黎贡山考察队 10505。

灌木，高 150 cm。生长于云南松林、河谷、田边、林内、山坡；海拔 890～2800 m。

分布于福贡县；腾冲市曲石乡。7。

30. 针状猪屎豆 Crotalaria acicularis Buchanan-Hamilton ex Bentham

凭证标本：高黎贡山考察队 9871。

多年生草本，高 20～80 cm。生长于田埂；海拔 980 m。

分布于泸水市上江。5。

31. 翅托叶猪屎豆 Crotalaria alata Buchanan-Hamilton ex D. Don

凭证标本：施晓春、杨世雄 649。

直立草本或亚灌木，高 5～100 cm。生长于疏林；海拔 702 m。

分布于保山市怒江中江觉江心岛龙潭。7。

32. 大猪屎豆 Crotalaria assamica Bentham

凭证标本：高黎贡山考察队 11435。

直立草本，高达 150 cm。生长于次生常绿阔叶林；海拔 1650 m。

分布于腾冲市芒棒镇。7。

33. 长萼猪屎豆 Crotalaria calycina Schrank

凭证标本：高黎贡山考察队 18176，18891。

一年生或多年生短命直立草本，高 30～80 m。生长于灌丛、杂草丛；海拔 670～790 m。

分布于保山市芒宽乡、潞江镇。4。

34. 假地蓝 Crotalaria ferruginea Graham ex Bentham

凭证标本：独龙江考察队 122；高黎贡山考察队 33241。

直立或上升草本，高 20～120 cm。生长于次生常绿阔叶林、松栎林、云南松林、胡桃盐麸木云南松林、干热河谷灌丛、草地、怒江河滩、山坡、阳坡、河谷；海拔 710～2200 m。

分布于贡山县捧当乡；福贡县上帕镇；泸水市片马乡；保山市；腾冲市曲石乡；龙陵县镇安镇。7。

35. 假苜蓿 Crotalaria medicaginea Lamarck

凭证标本：高黎贡山考察队 23579。

草本、亚灌木或灌木，直立或匍匐，高达 1 m。生长于杂木林；海拔 686 m。

分布于保山市潞江镇怒江西岸。5。

36. 猪屎豆 Crotalaria pallida Aiton

凭证标本：高黎贡山考察队 17248，23504。

多年生草本。生长于云南松-木荷林、云南松林、杂草丛；海拔 670～1220 m。

分布于保山市潞江镇；龙陵县镇安镇松山。2。

37. 黄雀儿 Crotalaria psoraleoides D. Don

凭证标本：高黎贡山考察队 10907。

灌木，高 50～100 cm。生长于次生常绿阔叶林；海拔 1500 m。

分布于腾冲市清水乡热海。14-3。

38. 野百合 Crotalaria sessiliflora Linnaeus

凭证标本：高黎贡山考察队 9843，10615。

一年生或多年生短命草本，直立，高 30～100 cm。生长于栎林下、灌丛、河边、田埂、路边；海拔 900～1370 m。

分布于福贡县匹河乡；泸水市上江乡；保山市芒宽乡；腾冲市。5。

39. 补骨脂 Cullen corylifolium (Linnaeus) Medikus-Psoralea corylifolia Linnaeus

凭证标本：熊若莉、文绍康 936。

一年生草本，高 60～150 cm。生长于河谷；海拔 1200 m。

分布于贡山县；腾冲市城关区。6。

⃰ 40. 黄檀 Dalbergia hupeana Hance

凭证标本：高黎贡山考察队 30851。

乔木，高 10～20 m。生长于次生常绿阔叶林；海拔 1470 m。

分布于腾冲市清水乡。15-1。

⃰ 41. 象鼻藤 Dalbergia mimosoides

凭证标本：独龙考察队 2068；高黎贡山考察队 32336。

灌木，高 4～6 m。生长于常绿阔叶林、栎类-木荷林、栎类-箭竹林、灌丛、干热河谷稀树灌丛、山坡、林缘、河谷、河边、江边、路边；海拔 980～2200 m。

分布于独龙江；贡山县茨开镇、捧当乡、丙中洛乡；福贡县上帕镇、匹河乡；泸水市片马乡、洛本卓乡；腾冲市五合乡、曲石乡、界头乡；龙陵县镇安镇。15-1。

42. 斜叶黄檀 Dalbergia pinnata (Loureiro) Prain-*Derris pinnata* Loureiro

凭证标本：刘伟心 208；高黎贡山考察队 26152。

乔木或灌木状藤本，生长于次生林、怒江边；海拔 680～1100 m。

分布于福贡县匹河乡；泸水市六库；保山市芒宽乡。7。

43. 多裂黄檀 Dalbergia rimosa Roxburgh

凭证标本：高黎贡山考察队 17198，26137。

木质藤本，高 4～10 m。生长于常绿阔叶林、云南松林；海拔 680～1410 m。

分布于保山市芒宽乡；腾冲市五合乡。7。

44. 托叶黄檀 Dalbergia stipulacea Roxburgh

凭证标本：中苏考察队 315；高黎贡山考察队 13965。

大型木质藤本或小乔木。生长于次生常绿阔叶林、阳处、斜坡；海拔 1000～1460 m。

分布于保山市百花岭；龙陵县勐兴乡红木寨。14-4。

45. 滇黔黄檀 Dalbergia yunnanensis Franchet

凭证标本：尹文清 1420；高黎贡山考察队 31043。

大型木质藤本，直立灌木或小乔木。生长于常绿阔叶林、次生常绿阔叶林、栎类-木荷林、山胡椒林、疏林、云南松林、灌丛、山沟、河边、路边；海拔 980～2075 m。

分布于福贡县匹河乡；泸水市；保山市芒宽乡；龙陵县镇安镇；腾冲市和顺镇、芒棒镇。14-4。

46. 假木豆 Dendrolobium triangulare (Retzius) Schindler-*Hedysarum triangulare* Retzius

凭证标本：独龙江考察队 116；高黎贡山考察队 18916。

灌木，高 1～2 m。生长于云南松林、杂草丛、灌丛、河谷、山脊、沟边、藤本、石上、路边；海拔 650～1350 m。

分布于泸水市；保山市芒宽乡；腾冲市蒲川公社；龙陵县勐兴乡。6。

47. 锈毛鱼藤 Derris ferruginea Bentham

凭证标本：高黎贡山考察队 14627，30715。

木质藤本。生长于常绿阔叶林、次生常绿阔叶林、栎类冬青林；海拔 1760～2280 m。

分布于贡山县茨开镇；腾冲市界头乡。14-4。

* 48. 粗茎鱼藤 Derris scabricaulis (Franchet) Gagnepain-*Millettia scabricaulis* Franchet

凭证标本：独龙江考察队 964；高黎贡山考察队 33263。

木质藤本。生长于常绿阔叶林、栎类阔叶林、栎类润楠林、盐麸木冬青林、油茶竹林、灌丛、山坡、河谷、河岸、江边、岩石堆、路边、林缘、树上；海拔 750～2650 m。

分布于独龙江；贡山县茨开镇、丙中洛乡；福贡县上帕镇、匹河乡；泸水市六库；保山市潞江镇；腾冲市界头乡、明光乡；龙陵县。15-1。

49. 鱼藤 Derris trifoliata Loureiro

凭证标本：高黎贡山考察队 26961。

木质藤本。生长于常绿阔叶林、针阔叶混交林、杂草丛；海拔 1408～2068 m。

分布于独龙江；福贡县石月亮乡、鹿马登乡。4。

50. 凹叶山蚂蟥 Desmodium concinnum Candolle

凭证标本：高黎贡山考察队 28818。

灌木，高 80～150 cm。生长于河边灌丛；海拔 1170 m。

分布于福贡县上帕镇。14-3。

51. 圆锥山蚂蟥 Desmodium elegans Candolle

凭证标本：高黎贡山考察队 27928。

灌木多分枝，高 1～2 m。生长于常绿阔叶林、次生林、林缘、林窗；海拔 1310～2200 m。

分布于独龙江；福贡县鹿马登乡；泸水市洛本卓乡；腾冲市五合乡、芒棒镇；龙陵县潞江镇。14-3。

52. 大叶山蚂蟥 Desmodium gangeticum (Linnaeus) Candolle-*Hedysarum gangeticum* Linnaeus

凭证标本：杨竞生 7719；高黎贡山考察队 17228。

直立灌木，高达 1 m。生长于次生林、杂草丛；海拔 650～920 m。

分布于泸水市跃进桥上江公社、丙贡；保山市潞江镇怒江西岸。4。

53. 疏果山蚂蟥 Desmodium griffithianum Bentham

凭证标本：尹文清 1070；高黎贡山考察队 24354。

亚灌木或草本，匍匐或上升，高 30～60 cm。生长于常绿阔叶林、疏林、草甸、山坡；海拔 1525～2310 m。

分布于泸水市片马乡；保山市潞江镇；腾冲市曲石乡、芒棒镇；龙陵县镇安镇。14-4。

54. 假地豆 Desmodium heterocarpon（Linnaeus）Candolle-*Hedysarum heterocarpon* Linnaeus

凭证标本：独龙江考察队 1011；高黎贡山考察队 28818。

灌木或亚灌木，直立或匍匐，高 30～150 cm。生长于常绿阔叶林、云南松林、灌丛、草坡、山坡、河岸、林缘藤本、路边；海拔 900～1780 m。

分布于独龙江；贡山县茨开镇、丙中洛乡；福贡县上帕镇；泸水市六库；保山市；腾冲市五合乡、界头乡、清水乡。4。

55. 大叶拿身草 Desmodium laxiflorum Candolle

凭证标本：高黎贡山考察队 17504，25966。

直立亚灌木或灌木，高 30～120 cm。生长于常绿阔叶林、灌丛；海拔 1410～2040 m。

分布于贡山县丙中洛乡；福贡县匹河乡；保山市；龙陵县镇安镇。7。

56. 滇南山蚂蝗 Desmodium megaphyllum Zollinger & Moritzi

凭证标本：高黎贡山考察队 10610，21276。

灌木，高 1～4 m。生长于常绿阔叶林、次生林云南松林、灌丛；海拔 1350～2000 m。

分布于独龙江梅立王；贡山县石门关；泸水市；保山市芒宽乡老缅城、百花岭潞江镇坝湾磨盘石村；腾冲市界头乡东华。7。

57. 小叶三点金 Desmodium microphyllum（Thunberg）Candolle-*Hedysarum microphyllum* Thunberg

凭证标本：独龙江考察队 294；高黎贡山考察队 34343。

多年生草本，直立或匍匐。生长于常绿阔叶林、次生常绿阔叶林、栎类桦木、云南松林、灌丛、草坡、草丛、火山地、山坡、河谷、河岸、林下、田边；海拔 1900 m。

分布于独龙江；贡山县茨开镇、丙中洛乡；福贡县；泸水市鲁掌镇；保山市芒宽乡、潞江镇；腾冲市五合乡、芒棒镇、曲石乡。5。

58. 饿蚂蝗 Desmodium multiflorum Candolle

凭证标本：青藏队 9509；高黎贡山考察队 29978。

直立灌木，高 1～2 m。生长于次生常绿阔叶林、松栎林、栎类木荷林、杂木林、山坡、村旁；海拔 1080～2290 m。

分布于独龙江；福贡县子里甲乡；泸水市片马乡；腾冲市明光乡。14-3。

59. 肾叶山蚂蝗 Desmodium renifolium（Linnaeus）Schindle-*Hedysarum renifolium* Linnaeus

凭证标本：高黎贡山考察队 13517。

亚灌木，高 30～50 cm。生长于次生常绿阔叶林；海拔 1670 m。

分布于保山市百花岭。5。

60. 长波叶山蚂蝗 Desmodium sequax Wallich

凭证标本：独龙江考察队 210；高黎贡山考察队 34336。

直立灌木，高 1～2 m。生长于常绿阔叶林、次生常绿阔叶林、石栎木荷、云南松林、云南松林、落叶阔叶林、灌丛、草地、河边、沟边、田边、路边、林下；海拔 800～2800 m。

分布于独龙江；贡山县茨开镇、丙中洛乡；福贡县上帕镇、石月亮乡、鹿马登乡、马吉乡；泸水市片马乡；保山市潞江镇；龙陵县龙江乡、镇安镇。7。

61. 狭叶山蚂蟥 Desmodium stenophyllum Pampanini

凭证标本：高黎贡山考察队 19117。

灌木，高 1～2 m。生长于次生林；海拔 1250 m。

分布于保山市百花岭。12-5-3。

62. 三点金草 Desmodium triflorum（Linnaeus）Candolle-*Hedysarum triflorum* Linnaeus

凭证标本：高黎贡山考察队 14108，19059。

多年生匍匐草本，长 10～50 cm。生长于次生林、灌丛、干热河谷灌丛；海拔 940～1525 m。

分布于保山市芒宽乡百花岭、打劫山、芒恍村。1。

* **63. 云南山蚂蟥 Desmodium yunnanense Franchet-*Desmodium praestans* Forrest**

凭证标本：Forrest 13093。

灌木，高 120～300 cm。生长于湿地、草坡、林缘、灌丛；海拔 1000～2200 m。

分布于腾冲市。15-1。

64. 单叶拿身草 Desmodium zonatum Miq

凭证标本：高黎贡山考察队 9841。

直立亚灌木，高 30～80 cm。生长于河岸；海拔 950 m。

分布于泸水市六库至上江。5。

65. 心叶山黑豆 Dumasia cordifolia Bentham ex Baker。

凭证标本：独龙江考察队 1278；高黎贡山考察队 21285。

缠绕草本，生长于常绿阔叶林、次生林；海拔 1310～2100 m。

分布于独龙江；保山市；腾冲市曲石乡。14-3。

* **66. 硬毛黑山豆 Dumasia hirsuta Craib**

凭证标本：高黎贡山考察队 8216。

缠绕草本，茎长 1～3 m，密被长硬毛。生长于常绿阔叶林；海拔 1700 m。

分布于泸水市姚家坪。15-1。

67. 柔毛山黑豆 Dumasia villosa Candolle。

凭证标本：尹文清 1495；高黎贡山考察队 26015。

缠绕草本，茎被绒毛。生长于次生常绿阔叶林、石栎-青冈林、草坡、山坡、江边、水沟边、林下；海拔 1000～2000 m。

分布于贡山县茨开镇；福贡县马吉乡；保山市芒宽乡、潞江镇；腾冲市五合乡。
14-4。

68. 黄毛野扁豆 Dunbaria fusca（Wallich）Kurz-*Phaseolus fuscus* Wallich

凭证标本：高黎贡山考察队 8255，8269。

一年生缠绕草本，生长于常绿阔叶林；海拔 2200 m。

分布于泸水市姚家坪。14-4。

69. 鸡头薯 Eriosema chinense Vogel

凭证标本：高黎贡山考察队 11214，17197。

多年生直立草本，高 12～50 cm。生长于云南松林；海拔 1510 m。

分布于腾冲市五河乡。5。

70. 鹦哥花 Erythrina arborescens Roxburgh

凭证标本：施晓春、杨世雄 857；高黎贡山考察队 23160。

乔木。生长于栎类常绿阔叶林、次生林、稻田边、林缘；海拔 1540～2480 m。

分布于贡山县丙中洛乡；泸水市片马镇；腾冲市曲石乡、芒棒镇；龙陵县镇安镇。
14-3。

71. 河边千斤拔 Flemingia fluminalis C. B. Clarke ex Prain

凭证标本：南水北调队（滇西北分队）8078；高黎贡山考察队 10525。

直立灌木，高约 50 cm。生长于山坡、河边冲积地、江边、田边；海拔 900～
1490 m。

分布于泸水市六库镇；腾冲市芒棒镇。14-4。

72. 宽叶千斤拔 Flemingia latifolia Bentham

凭证标本：高黎贡山考察队 15978，23931。

直立灌木，幼枝三棱形。生长于残留阔叶林、云南松林、云南松木荷林；海拔
1460 m。

分布于泸水市鲁掌镇；保山市百花岭；腾冲市五合乡；龙陵县镇安镇。14-4。

73. 细叶千斤拔 Flemingia lineata（Linnaeus）Roxburgh ex W. T. Aiton-*Hedysarum
lineatum* Linnaeus

凭证标本：高黎贡山考察队 18889，23922。

直立灌木，多分枝。生长于云南松林、灌丛；海拔 790～1190 m。

分布于保山市芒宽乡；龙陵县镇安镇。5。

74. 大叶千斤拔 Flemingia macrophylla（Willdenow）Prain-*Crotalaria macrophylla*
Willdenow

凭证标本：高黎贡山考察队 13502；周应再 066。

直立灌木，高 80～250 cm。生长于栎林、灌丛、山坡、路边；海拔 1382～1980 m。

分布于保山市百花岭；腾冲市五合乡。7。

75. 千金拔 Flemingia prostrata Roxburgh-*Flemingia philippinensis* Merrill & Rolfe

凭证标本：高黎贡山考察队 10455，10545。

直立亚灌木，幼枝三棱形，密被茸毛。生长于灌丛、稻田边、灌丛；海拔 960～1350 m。

分布于保山市芒宽乡老缅城；泸水市六库怒江西岸。14-2。

76. 云南千斤拔 Flemingia wallichii Wight & Arnott

凭证标本：孙航 1567。

直立灌木，高约 1 m。生长于山坡、灌丛；海拔 1700 m。

分布于泸水市。14-4。

+77. 大豆 Glycine max（Linnaeus）Merrill-*Phaseolus max* Linnaeus

一年生草本，30～90 cm。栽培；

分布于各地栽培。16。

**78. 空管岩黄芪 Hedysarum fistulosum Handel-Mazzetti

凭证标本：武素功 8465；碧江队 1685。

多年生草本，高 40～120 cm。生长于灌丛草地；海拔 2800～3700 m。

分布于福贡县上帕镇；泸水市片马镇。15-2-3a。

*79. 云南岩黄芪 Hedysarum limitaneum Handel-Mazzetti

凭证标本：青藏队 7798。

多年生草本，高 20～40 cm。生长于灌丛草地；海拔 3650 m。

分布于贡山县丙中洛乡。15-1。

**80. 云南长柄山蚂蟥 Hylodesmum longipes（Franchet）H. Ohashi & R. R. Mill-*Shuteria longipes* Franche

凭证标本：H. T. Tsai58366。

多年生直立草本，高 20～100 cm。生长于混交林；海拔 1900～2100 m。

分布于福贡县。15-2-3a。

81a. 长柄山蚂蟥 Hylodesmum podocarpum（Candolle）H. Ohashi & R. R. Mill-*Desmodium podocarpum* Candolle

凭证标本：独龙江考察队 2059；高黎贡山考察队 33724。

多年生草本，高 50～110 cm。生长于漆树栲木林、核桃八角枫林、鹅耳枥盐麸木林、盐麸木核桃林、次生林、灌丛、山坡、河岸、田边；海拔 1290～2200 m。

分布于独龙江；贡山县捧当乡、丙中洛乡；福贡县上帕镇；泸水市洛本卓乡。14-1。

81b. 宽卵叶长柄山蚂蟥 Hylodesmum podocarpum subsp. **fallax**（Schindler）H. Ohashi & R. R. Mill-*Desmodium fallax* Schindler

凭证标本：李恒、李嵘 727；高黎贡山考察队 34243。

多年生草本，高 50～110 cm。生长于常绿阔叶林、云南松林、桤木林、盐麸木冬青林、盐麸木核桃林、山香圆茶树林、疏林、灌丛、江边、河谷；海拔 1330～3000 m。

分布于独龙江；贡山县茨开镇、丙中洛乡；福贡县石月亮乡、马吉乡；泸水市洛本卓乡；保山市；腾冲市曲石乡。14-2。

81c. 尖叶长柄山蚂蟥 Hylodesmum podocarpum subsp. **oxyphyllum**（Candolle）H. Ohashi & R. R. Mill-*Desmodium oxyphyllum* Candolle

　　凭证标本：青藏队 8892；高黎贡山考察队 18218。

　　多年生草本，高 50～110 cm。生长于灌丛、河岸、河边、田边；海拔 950～1720 m。

　　分布于独龙江；福贡县上帕镇；泸水市六库镇；腾冲市芒棒镇。14-1。

*81d. 四川长柄山蚂蟥 Hylodesmum podocarpum subsp. **szechuenense**（Craib）H. Ohashi & R. R. Mill-*Desmodium podocarpum* var. *szechuenense* Craib

　　凭证标本：高黎贡山考察队 15679，23209。

　　多年生草本，高 50～110 cm。生长于灌丛；海拔 1410～1700 m。

　　分布于贡山县茨开镇、丙中洛乡。15-1。

82. 大苞长柄山蚂蟥 Hylodesmum williamsii（H. Ohashi）H. Ohashi & R. R. Mill-*Desmodium williamsii* H. Ohashi

　　凭证标本：青藏队 9458。

　　多年生草本，高 20～70 cm。生长于常绿阔叶林、灌丛；海拔 1400～2700 m。

　　分布于独龙江孔美。14-3。

*83. 花木蓝 Indigofera amblyantha Craib

　　凭证标本：冯国楣 7053。

　　直立灌木，高 80～300 cm。生长于草地、路边、林缘；海拔 1000～1600 m。

　　分布于贡山县。15-1。

**84. 尖齿木蓝 Indigofera argutidens Craib

　　凭证标本：高黎贡山考察队 10973，11224。

　　灌木，高 30～80 cm。生长于云南松林、灌丛；海拔 1510～1760 m。

　　分布于腾冲市曲石乡。15-2-3a。

85. 深紫木蓝 Indigofera atropurpurea Buchanan-Hamilton

　　凭证标本：独龙江考察队 25；高黎贡山考察队 27705。

　　灌木或小乔木，高 150～500 cm。生长于灌丛、江边、河滩、路边；海拔 691～1500 m。

　　分布于福贡县石月亮乡；泸水市；保山市芒宽乡、潞江镇；腾冲市。14-3。

*86. 丽江木蓝 Indigofera balfouriana Craib

　　凭证标本：高黎贡山考察队 14279，22251。

　　灌木，高 60～200 cm。生长于疏林、灌丛、路边；海拔 1458～1780 m。

　　分布于贡山县茨开捧当乡、丙中洛乡。15-1。

87. 河北木蓝 Indigofera bungeana Walpers

　　凭证标本：高黎贡山考察队 11767，24230。

灌木，高 40～100 cm。生长于桤木林、云南松林、灌丛、河谷；海拔 1400～1600 m。

分布于贡山县丙中洛乡。14-1。

*88. 灰岩木蓝 Indigofera calcicola Craib

凭证标本：李恒、刀志灵、李嵘 638。

灌木，高 30～120 cm。生长于河谷、灌丛；海拔 1900 m。

分布于察隅县察瓦龙乡。15-1。

*89. 木蓝 Indigofera delavayi Franche

凭证标本：高黎贡山考察队 15113，27301。

灌木，高达 2 m。生长于常绿阔叶林、残留常绿阔叶林、杂草丛；海拔 1230～1990 m。

分布于独龙江；贡山县茨开镇；福贡县上帕镇；保山市百花岭；龙陵县镇安镇。15-1。

*90. 灰色木蓝 Indigofera franchetii X. F. Gao & Schrire

凭证标本：高黎贡山考察队 1749，30854。

灌木，高达 1 m。生长于高山栲云南松林、云南松林、石栎-木荷林、石栎-青冈林、山胡椒林、疏林、竹灌丛、灌丛；海拔 1220～1940 m。

分布于福贡县匹河乡；保山市芒宽乡、潞江镇；腾冲市城关镇、和顺镇、五合乡、曲石乡、界头乡；龙陵县镇安镇。15-1。

91. 腾冲木蓝 Indigofera hamiltonii Graham ex Duthie & Prain

凭证标本：Rock 8042；高黎贡山考察队 33219。

灌木，生长于核桃盐麸木林；海拔 1000～1530 m。

分布于贡山县捧当乡；腾冲市。14-4。

*92. 苍山木蓝 Indigofera hancockii Craib

凭证标本：高黎贡山考察队 11808。

灌木，高 50～180 cm。生长于江岸田边；海拔 1550 m。

分布于贡山县捧当乡。15-1。

93. 穗序木蓝 Indigofera hendecaphylla Jacquin

凭证标本：高黎贡山考察队 10544。

多年生草本，匍匐或上升，高 20～100 cm。生长于江边次生林；海拔 880 m。

分布于泸水市上江乡。7。

*94. 亨利木蓝 Indigofera henryi Craib

凭证标本：高黎贡山考察队 15773，33744。

灌木，直立或上升，高 30～100 cm。生长于云南松、山胡椒林、鹅耳枥盐麸木林、盐麸木核桃林、河边、田边；海拔 1460～1784 m。

分布于贡山县丙中洛乡；腾冲市界头乡。15-1。

* **95. 长序木蓝 Indigofera howellii** Craib & W. W. Smith

凭证标本：Howell15；碧江队 1672。

灌木，高达 3 m。生长于杂木林中、河边、林边；海拔 1900～1950 m。

分布于泸水市片马镇；腾冲市。15-1。

96. 黑叶木蓝 Indigofera nigrescens Kurz ex King & Prain

凭证标本：独龙江考察队 203；高黎贡山考察队 33762。

直立灌木，高 1～2 m；生长于常绿阔叶林、次生常绿阔叶林、云南松林、云南松、山胡椒林、灌丛、山坡、河谷、江边、石上、溪旁、林下、稻田边、路边；海拔 960～2800 m。

分布于独龙江；贡山县茨开镇、丙中洛乡；福贡县上帕镇；泸水市鲁掌镇；保山市；龙陵县；腾冲市曲石乡、中和乡。7。

* **97. 垂序木蓝 Indigofera pendula** Franchet

凭证标本：南水北调队（滇西北分队）9351。

灌木，高 2～4 m。生长于松栎林下、山坡、阳处；海拔 2950 m。

分布于贡山县茨开镇。15-1。

98. 网叶木蓝 Indigofera reticulata Franchet

凭证标本：高黎贡山考察队 14090。

灌木，有时匍匐，高 10～30 cm。生长于常绿阔叶林；海拔 1030 m。

分布于保山市百花岭。14-4。

99. 腺毛木蓝 Indigofera scabrida Dunn

凭证标本：高黎贡山考察队 17501，19107。

直立灌木，高 50～80 cm。生长于次生林、灌丛、路边；海拔 1500～1525 m。

分布于保山市百花岭；龙陵县镇安镇。14-4。

* **100. 刺序木蓝 Indigofera silvestrii** Pampanini

凭证标本：青藏队 7700。

灌木，高 60～150 cm。生长于河边阳坡、山坡；海拔 1000～1900 m。

分布于察隅县。15-1。

101. 茸毛木蓝 Indigofera stachyodes Lindley

凭证标本：南水北调队（滇西北分队）8080；高黎贡山考察队 23875。

灌木，高 1～3 m。生长于次生林、灌丛、草坡、山坡、沟边、江边；海拔 1100～2900 m。

分布于福贡县；泸水市鲁掌镇；腾冲市五合乡、曲石乡；龙陵县镇安镇。7。

102. 海南木蓝 Indigofera wightii Graham

凭证标本：高黎贡山考察队 14116。

灌木，高 100～150 cm。生长于次生阔叶林；海拔 1110 m。

分布于保山市百花岭。14-4。

103. 鸡眼草 Kummerowia striata（Thunberg）Schindler-*Hedysarum striatum* Thunberg

凭证标本：尹文清 1401；高黎贡山考察队 33438。

一年生草本，披散或匍匐。生长于盐麸木核桃林、核桃润楠林、南烛核桃林、疏林、云南松林、灌丛、路边、地埂；海拔 1300～2010 m。

分布于贡山县茨开镇、普拉底乡、丙中洛乡；泸水市洛本卓乡；保山市；腾冲市；龙陵县镇安镇。14-2。

+**104. 兵豆 Lens culinaris** Medikus

凭证标本：高黎贡山考察队 s. n.。

一年生草本，高 10～50 cm。栽培。

分布于福贡县。16。

105. 截叶铁扫帚 Lespedeza cuneata（Dumont de Courset）G. Don-*Anthyllis cuneata* Dumont de Courset

凭证标本：独龙江考察队 660；高黎贡山考察队 34345。

亚灌木或多年生草本，高达 1 m。生长于云南松林、干热河谷灌丛、灌丛、杂草丛、山坡、路边；海拔 900～1930 m。

分布于贡山县独龙江乡、丙中洛乡；福贡县上帕镇、马吉乡；泸水市；保山市潞江镇；腾冲市马站乡。7。

*106. 矮生胡枝子 Lespedeza forrestii** Schindler

凭证标本：高黎贡山考察队 7395。

亚灌木，高达 20 cm。生长于云南松林、灌丛、杂草丛、山坡、路边；海拔 1800 m。

分布于贡山县。15-1。

107. 山豆花 Lespedeza tomentosa（Thunberg）Siebold ex Maximowicz-*Hedysarum tomentosum* Thunberg

凭证标本：高黎贡山考察队 19084，19135。

亚灌木或多年生草本，高达 1 m。生长于薪炭林；海拔 1360～1525 m。

分布于保山市百花岭。14-1。

108. 百脉根 Lotus corniculatus Linnaeus

多年生草本，高 15～80 cm。生长于草地、路边；海拔 800～1600 m。

分布于各地。10。

109. 疏叶崖豆藤 Millettia pulchra var. laxior（Dunn）Z. Wei-*Millettia pulchra* f. laxior Dunn

凭证标本：青藏队 7143。

灌木或乔木，高 3～8 m。生长于灌丛；海拔 1100 m。

分布于福贡县。14-3。

110. 厚果崖豆藤 Millettia pachycarpa Bentham

凭证标本：南水北调队（滇西北分队）8476；怒江考察队 790826。

藤本，长达 15 m。生长于杂木林、灌丛、山坡、沟边、岩石上；海拔 750～1700 m。

分布于独龙江；贡山县普拉底乡；福贡县上帕镇；泸水市；龙陵县勐兴乡。14-3。

* **111. 绒毛崖豆 Millettia velutina** Dunn

凭证标本：刘伟心 147；南水北调队（滇西北分队）8012。

乔木，高 8～15 m。生长于河边；海拔 800～1200 m。

分布于泸水市六库江桥、老窝河口。15-1。

* **112. 白花油麻藤 Mucuna birdwoodiana** Tutcher

凭证标本：施晓春 462。

藤本。生长于疏林、河边林中；海拔 1625 m。

分布于保山市百花岭。15-1。

113. 大果油麻藤 Mucuna macrocarpa Wallich

凭证标本：高黎贡山考察队 19037，29086。

大型木质藤本，生长于石灰岩山常绿阔叶林、落叶林、疏林、林内；海拔 1604～2100 m。

分布于福贡县石月亮乡；保山市白花岭；腾冲市曲石乡。14-1。

+**114. 黎豆 Mucuna pruriens** (Linnaeus) Candolle-*Dolichos pruriens* Linnaeus

凭证标本：冯国楣 24236。

灌木质缠绕藤本。栽培；海拔 1300 m。

分布于贡山县独龙江马库镇。16。

115. 常春油麻藤 Mucuna sempervirens Hemsley

凭证标本：刘伟心 132；南水北调队 8751。

木质藤本，长达 25 m。生长于疏林、灌丛；海拔 820～1650 m。

分布于贡山县丙中洛乡；泸水市六库镇。14-2。

116. 小槐花 Ohwia caudata (Thunberg) H. Ohashi-*Hedysarum caudatum* Thunberg

凭证标本：杨竞生 1430；高黎贡山考察队 27885。

灌木，生长于栎类木荷林、灌丛；海拔 790～1651 m。

分布于福贡县马吉乡；泸水市；保山市芒宽乡；藤冲市曲石乡。7。

117. 紫雀花 Parochetus communis Buchanan

凭证标本：独龙江考察队 2071；高黎贡山考察队 33800。

多年生草本，茎匍匐或石上，长 10～20 cm。生长于常绿阔叶林、秃杉林、云杉铁杉林、云南松林、草坡、草地、山坡、山沟、山谷、林缘、路边、树上；海拔 1340～3030 m。

分布于独龙江；贡山县茨开镇；福贡县；泸水市；保山市；腾冲市曲石乡、芒棒镇、界头乡、猴桥镇；龙陵县龙江乡、镇安镇。14-3。

+118. 棉豆 Phaseolus lunatus Linnaeus

凭证标本：高黎贡山考察队 15565，34321。

一年生或多年生缠绕草本，生长于林缘、开阔地、路边；海拔 1130～1550 m。

分布于贡山县捧当乡、丙中洛乡；泸水市鲁掌镇。16。

*119. 长小苞膨果豆 Phyllolobium balfourianum（N. D. Simpson）M. L. Zhang & Podlech-*Astragalus balfourianus* N. D. Simpson

凭证标本：T. T. Yü 19900。

多年生草本，高 20～60 cm。生长于草坡；海拔 2500 m。

分布于独龙江。15-1。

***120. 九叶膨果豆 Phyllolobium enneaphyllum（P. C. Li）M. L. Zhang & Podlech-*Astragalus enneaphyllus* P. C. Li

凭证标本：青藏队 9904。

多年生草本，茎匍匐，长 40～60 cm。生长于疏林；海拔 1200 m。

分布于独龙江。15-2-6。

121. 黄花豆 Piptanthus nepalensis（Hooker）Sweet-*Baptisia nepalensis* Hooker；Piptanthus bicolor Craib

凭证标本：王启无 66467；高黎贡山考察队 8190。

灌木，高 150～300 cm。生长于常绿阔叶林；海拔 2700 m。

分布于泸水市姚家坪。14-3。

*122. 绒毛黄花木 Piptanthus tomentosus Franchet

凭证标本：高黎贡山考察队 24487，29368。

灌木，高 1～3 m。生长于常绿阔叶林、青冈木林；海拔 2160～2720 m。

分布于泸水市姚家坪；腾冲市明光乡。15-1。

+123. 豌豆 Pisum sativum Linnaeus

凭证标本：杨竟生 s. n.。

一年生草本，长 50～200 cm，无毛，茎攀缘。栽培。

分布于各地栽培。16。

124. 黄毛萼葛 Pueraria calycina Franchet

凭证标本：高黎贡山考察队 18592，27496。

木质藤本，茎基块茎状。生长于果松林、疏林；海拔 1400～2210 m。

分布于福贡县石月亮乡；保山坝湾。15-2。

125. 食用葛 Pueraria edulis Pampanini

凭证标本：南水北调队 10351。

缠绕草本，具块根。生长于疏林；海拔 2500 m。

分布于福贡县知子罗；泸水市鲁掌镇。14-3。

126a. 葛麻姆 Pueraria montana var. lobata（Willdenow）Maesen & S. M. Almeida ex Sanjappa & Predeep-*Dolichos lobatus* Willdenow

凭证标本：高黎贡山考察队 9763，27873。

粗壮藤本，具块根。生长于常绿阔叶林、次生常绿阔叶林、山香圆茶树林、灌丛、村庄、耕地旁、石面上；海拔 980～1700 m。

分布于贡山县捧当乡；福贡县上帕镇、石月亮乡、马吉乡；泸水市；保山市；腾冲市芒棒镇、曲石乡。5。

126b. 粉葛 Pueraria montana var. thomsonii（Bentham）M. R. Almeida-*Pueraria thomsonii* Bentham

凭证标本：独龙江考察队 678；高黎贡山考察队 20689。

粗壮藤本，具块根。生长于常绿阔叶林；海拔 1410 m。

分布于独龙江；贡山县丙中洛乡；福贡县上帕镇；泸水市。7。

127. 苦葛 Pueraria peduncularis（Graham ex Bentham）Bentham-*Neustanthus peduncularis* Graham ex Bentham

凭证标本：独龙江考察队 1049；高黎贡山考察队 33633。

粗壮藤本，具块根。生长于常绿阔叶林、石栎-常绿阔叶林、石栎-云南松林、疏林、灌丛、杂草丛、山坡、山谷、沟边、江边、溪旁悬崖、路边；海拔 650～2500 m。

分布于独龙江；贡山县茨开镇、丙中洛；泸水市片马镇、鲁掌镇；保山市芒宽乡、潞江镇；腾冲市曲石乡、界头乡、东山乡；龙陵县天灵寺。14-3。

128. 三裂叶野葛 Pueraria phaseoloides（Roxburgh）Bentham-*Dolichos phaseoloides* Roxburgh

凭证标本：高黎贡山考察队 18254。

草质藤本，茎长 2～4 m。生长于灌丛；海拔 1000 m。

分布于保山坝湾至大好坪。14-3。

129. 须弥葛 Pueraria wallichii Candolle

凭证标本：青藏队 8988；高黎贡山考察队 20738。

灌木，有时攀缘。生长于常绿阔叶林、杂木林、山沟、林缘；海拔 1330～2000 m。

分布于独龙江（察隅县、贡山县）；贡山县丙中洛乡；腾冲市石头山。14-3。

130. 小鹿霍 Rhynchosia minima（Linnaeus）Candolle-*Dolichos minimus* Linnaeus

凭证标本：高黎贡山考察队 15615。

一年生缠绕草本。生长于河口区灌丛；海拔 1520 m。

分布于贡山县丙中洛乡。6。

131. 淡红鹿藿 Rhynchosia rufescens（Willdenow）Candolle-*Glycine rufescens Willdenow*

凭证标本：施晓春、杨世雄 476；高黎贡山考察队 23497。

攀缘或直立灌木，生长于云南松林；海拔 691～1700 m。

分布于保山市百花岭、潞江镇；龙陵县腊勐。7。

132. 鹿霍 Rhynchosia volubilis Loureiro

凭证标本：高黎贡山考察队 24064。

缠绕草本。生长于次生林；海拔 2102 m。

分布于泸水市片马镇。14-2。

133. 宿苞豆 Shuteria involucrata (Wallich) Wight & Arnott-*Glycine involucrata* Wallich

凭证标本：高黎贡山考察队 9451，13057。

缠绕草本，长 1～3 m。生长于常绿阔叶林、灌丛；海拔 1500～2200 m。

分布于保山市百花岭。7。

134. 西南宿苞豆 Shuteria vestita Wight & Arnot

凭证标本：独龙江考察队 5045。

缠绕草本，长 1～3 m。生长于灌丛；海拔 1530 m。

分布于独龙江。7。

135. 缘毛合叶豆 Smithia ciliata Royle

凭证标本：独龙江考察队 268；高黎贡山考察队 21199。

一年生草本，高 15～60 cm。生长于常绿阔叶林、次生常绿阔叶林、栎林、灌丛、山坡、河谷、河岸、水田边；海拔 980～1760 m。

分布于独龙江；泸水市六库镇；保山市百花岭；腾冲市曲石乡、清水乡；龙陵县镇安镇。14-3。

136. 尾叶槐 Sophora benthamii Steenis

凭证标本：高黎贡山考察队 29564。

灌木，高 1～3 m。生长于石栎-木荷林；海拔 1820 m。

分布于腾冲市界头乡。14-3。

137. 柳叶槐 Sophora dunnii Prain

凭证标本：高黎贡山考察队 20900。

灌木，高约 2 m。生长于栎类常绿阔叶林；海拔 1160 m。

分布于福贡县甲科底乡。14-4。

138. 苦参 Sophora flavescens Aiton

凭证标本：高黎贡山考察队 27049，27075。

草本或亚灌木，高 1～2 m。生长于杂草丛；海拔 1780 m。

分布于福贡县鹿马登乡。14-1。

139. 显脉密花豆 Spatholobus parviflorus (Roxburgh ex Candolle) Kuntze-*Butea parviflora* Roxburgh ex Candolle

凭证标本：高黎贡山考察队 19027。

木质藤本，生长于疏林；海拔 1625 m。

分布于保山市百花岭。14-4。

** **140. 美丽密花豆 Spatholobus purcher** Dunn

凭证标本：施晓春、杨世雄 630。

攀缘灌木，生长于疏林；海拔 1600 m。

分布于保山市百花岭。15-2-5。

* **141. 密花豆 Spatholobus suberectus** Dunn

凭证标本：高黎贡山考察队 15163，27861。

木质攀缘植物。生长于常绿阔叶林、疏林、山坡、路边、岩石上；海拔 1280～1850 m。

分布于独龙江；福贡县石月亮乡；保山市百花岭；腾冲市五合乡。15-1。

142. 葫芦茶 Tadehagi triquetrum (Linnaeus) H. Ohashi-*Hedysarum triquetrum* Linnaeus

凭证标本：高黎贡山考察队 9842，18918。

直立灌木，高 1～2 m。生长于次生常绿阔叶林、灌丛、河岸；海拔 880～1500 m。

分布于保山市芒宽乡；泸水市六库镇；腾冲市清水乡。5。

+ **143. 酸豆 Tamarindus indica** Linnaeus

凭证标本：高黎贡山考察队 18144。

乔木，高 10～25 m。生长于杂草丛；海拔 670 m。

分布于保山市潞江镇。16。

144. 滇南狸尾豆 Uraria lacei Craib

凭证标本：尹文清 s. n.。

灌木或草本，直立，高达 2 m。生长于灌丛、路边；海拔 1920 m。

分布于保山市。14-4。

145. 狸尾豆 Uraria lagopodioides (Linnaeus) Candolle-*Hedysarum lagopodioides* Linnaeus

凭证标本：高黎贡山考察队 14109，18911。

匍匐或披散草本，高达 60 cm。生长于云南松林、灌丛、杂草丛；海拔 790～1250 m。

分布于保山市芒宽乡、潞江镇；龙陵县镇安镇。5。

146. 美花狸尾豆 Uraria picta (Jacquin) Desvaux ex Candoll-*Hedysarum pictum* Jacqui

凭证标本：高黎贡山考察队 23501。

直立亚灌木，高 1～2 m。生长于云南松林；海拔 691 m。

分布于保山市潞江镇。4。

147. 中华狸尾豆 Uraria sinensis (Hemsley) Franchet-*Wight & Arnott* var. sinensis Hemsley

凭证标本：李恒、李嵘 744。

直立灌木，高约 1 m。生长于林中、草地、山坡；海拔 1500 m。

分布于贡山县丙中洛乡。14-3。

148. 大花野豌豆 Vicia bungei Ohwi

凭证标本：青藏队 9965。

一年生或多年生短命草本，高 15～50 cm。生长于山坡、针阔混交林；海拔 2300 m。

分布于独龙江。14-2。

⁺149. 蚕豆 Vicia faba Linnaeus

一年生直立草本，高 30～120 cm。栽培。

分布于高黎贡山各地。16。

⁺150a. 救荒野豌豆 Vicia sativa Linnaeus

凭证标本：独龙江考察队 5147；高黎贡山考察队 20530。

一年生草本，长 15～100 cm。生长于林缘、菜地、路边；海拔 1320～2766 m。

分布于独龙江；贡山县茨开镇；福贡县亚坪乡。16。

150b. 窄叶野豌豆 Vicia sativa subsp. **nigra** Ehrhart

凭证标本：独龙江考察队 6124；周应再 193。

一年生草本，长 15～100 cm。生长于江边、洋芋地、耕地边；海拔 1538～2200 m。

分布于独龙江；腾冲市曲石乡。10。

151. 西藏野豌豆 Vicia tibetica Prain ex C. E. C. Fischer

凭证标本：青藏队 9965。

多年生草本，高 10～250 cm。生长于山坡、林缘、岩石上；海拔 1300～4300 m。

分布于独龙江。14-3。

152. 山绿豆 Vigna minima（Roxburgh）Ohwi & H. Ohashi-*Phaseolus minimus* Roxburgh

凭证标本：T. T. Yü 20194；高黎贡山考察队 10598。

一年生缠绕草本。生长于疏林；海拔 1350 m。

分布于独龙江；保山市芒宽乡。7。

⁺153. 绿豆 Vigna radiata R. Wilczek

凭证标本：高黎贡山考察队 21319。

一年生草本，直立或缠绕，或匍匐，高 20～60 cm。生长于杂草丛；海拔 1810 m。

分布于独龙江。16。

154. 野豇豆 Vigna vexillata（Linnaeus）A. Richard-*Phaseolus vexillatus* Linnaeus

凭证标本：李恒、李嵘 751；高黎贡山考察队 19119。

多年生草本。生长于路边次生林、山坡灌丛；海拔 900～1540 m。

分布于独龙江；贡山县捧当乡；保山市百花岭；泸水市。2。

150. 旌节花科 Stachyuraceae

1 属 3 种，*** 1

*** 1. 滇缅旌节花 Stachyurus cordatulus Merrill

凭证标本：独龙江考察队 974；高黎贡山考察队 32521。

常绿灌木，高约 3 m。生长于常绿阔叶林、次生林、河岸，灌丛中；海拔 1400～
2300 m。

分布于独龙江（贡山县独龙江乡段）；贡山县捧打乡。15-2-6。

2. 西域旌节花 Stachyurus himalaicus J. D. Hooker & Thomson ex Bentham

凭证标本：高黎贡山考察队 14733，33486。

灌木或小乔木，高 3～5 m。生长于常绿阔叶林、河谷灌丛、溪边；海拔 1080～3000 m。

分布于独龙江（察隅县日东乡段，贡山县独龙江乡段）；贡山县丙中洛乡、捧打
乡、茨开镇、普拉底乡；福贡县马吉乡、石月亮乡、鹿马登乡、上帕镇；泸水市片马
镇、鲁掌镇；腾冲市明光镇、界头镇、猴桥镇。14-3。

3. 云南旌节花 Stachyurus yunnanensis Franchet

凭证标本：高黎贡山考察队 202，22266。

常绿灌木，高 1～3 m。生长于常绿阔叶林、云南松林、灌丛中。海拔 1750～1860 m。

分布于贡山县丙中洛乡。14-4。

151. 金缕梅科 Hamamelidaceae

4 属 7 种，** 2，*** 2

1. 镰尖蕈树 Altingia siamensis Craib

凭证标本：高黎贡山考察队 18235，24979。

乔木，高 7～30 m。生长于常绿阔叶林；海拔 1869-1960 m。

分布于腾冲市芒棒镇、五合乡。14-4。

** **2. 怒江蜡瓣花 Corylopsis glaucescens** Handel-Mazzetti

凭证标本：独龙江考察队 5963；高黎贡山考察队 33694。

灌木或小乔木。生长于常绿阔叶林、铁杉林、灌丛、沟边、溪边；海拔 1510～3000 m。

分布于独龙江（贡山县独龙江乡段）；贡山县丙中洛乡、茨开镇；福贡县鹿马登
乡、上帕镇。15-2-3a。

*** **3. 俅江蜡瓣花 Corylopsis trabeculosa** He & Cheng

凭证标本：独龙江考察队 5325；高黎贡山考察队 21147。

灌木或小乔木，高 250～500 cm。生长于常绿阔叶林、灌丛、路边；海拔 1300～
2100 m。

分布于独龙江（贡山县独龙江乡段）。15-2-6。

*** **4. 长穗蜡瓣花 Corylopsis yui** Hu & Cheng

凭证标本：独龙江考察队 734；高黎贡山考察队 19890。

灌木，高 3～5 m。生长于常绿阔叶林、灌丛、路边、山坡、溪边；海拔 1615～
3000 m。

分布于独龙江（贡山县独龙江乡段）；贡山县丙中洛乡、茨开镇；福贡县上帕镇。

15-2-6。

**5. 滇蜡瓣花 Corylopsis yunnanensis Diels

凭证标本：武素功 6921；冯国楣 8207。

灌木，高 3 m。生长于常绿阔叶林中；海拔 1500 m。

分布于贡山县丙中洛乡。15-2-3a。

6. 马蹄荷 Exbucklandia populnea (R. Brown ex Griffith) R. W. Brown-*Bucklandia populnea* R. Brown ex Griffith

凭证标本：独龙江考察队 1330；高黎贡山考察队 18777。

乔木，高 16～20 m。生长于常绿阔叶林中；海拔 1274～2650 m。

分布于独龙江（贡山县独龙江乡段）；贡山县丙中洛乡、茨开镇；福贡县马吉乡、上帕镇、匹河乡；泸水市片马镇；保山市芒宽乡、潞江镇；腾冲市滇滩镇、明光镇、界头镇、猴桥镇、清水乡、芒棒镇、五合乡、新华乡、蒲川乡；龙陵县龙江乡、镇安镇。7。

7. 绒毛红花荷 Rhodoleia forrestii Chun ex Exell

凭证标本：李恒、李嵘 1159；高黎贡山考察队 19406。

乔木，高达 15 m。生长于常绿阔叶林、林中、山坡、沟边、溪边；海拔 1500～2800 m。

分布于福贡县石月亮乡；泸水市片马镇；腾冲市大塘乡、界头乡。14-4。

152. 杜仲科 Eucommiaceae

1 属 1 种，+1

+1. 杜仲 Eucommia ulmoides Oliver

凭证标本：昆明生态所无号；碧江队 231。

乔木，高达 20 m。生长于路边；海拔 1100～1200 m。

分布于福贡县匹河乡。16。

154. 黄杨科 Buxaceae

3 属 6 种，*4

*1. 毛果黄杨 Buxus hebecarpa Hatusima

凭证标本：高黎贡山考察队 13720。

灌木，高约 3 m。生长于次生常绿阔叶林中；海拔 950 m。

分布于泸水市六库镇。15-1。

2. 杨梅黄杨 Buxus myrica H. Léveillé

凭证标本：独龙江考察队 6608；高黎贡山考察队 20829。

灌木，高 1～3 m。生长于常绿阔叶林、灌丛、江边、林下；海拔 1550～2766 m。

分布于独龙江（贡山县独龙江乡段）；福贡县鹿马登乡。14-4。

*3. 板凳果 Pachysandra axillaris Franchet

凭证标本：高黎贡山考察队 13885、25240。

亚灌木，高 30～50 cm。生长于常绿阔叶林、沟边、路边、石上；海拔 1231～2453 m。

分布于贡山县丙中洛乡、茨开镇；福贡县鹿马登乡、上帕镇、匹河乡；泸水市鲁掌镇；保山市潞江镇；腾冲市芒棒镇；龙陵县碧寨乡。15-1。

*4. 双蕊野扇花 Sarcococca hookeriana var. **digyna** Franchet

凭证标本：独龙江考察队 6416；高黎贡山考察队 21489。

常绿灌木或小乔木，高达 3 m。生长于常绿阔叶林、落叶阔叶林、针阔混交林、针叶林、灌丛、河滩、路边、山坡、石上、水沟边、采划迹地；海拔 1500～3400 m。

分布于独龙江（贡山县独龙江乡段）；贡山县丙中洛乡、茨开镇；福贡县石月亮乡、鹿马登乡、上帕镇；泸水市片马镇、鲁掌镇；保山市芒宽乡；腾冲市曲石镇。15-1。

*5. 野扇花 Sarcococca ruscifolia Stapf

凭证标本：王启无 65209；孙航 1559。

常绿灌木，高 1～4 m。生长于林中、路边；海拔 1800～2300 m。

分布于贡山县丙中洛乡；泸水市片马镇；腾冲市马站乡。15-1。

6. 云南野扇花 Sarcococca wallichii Stapf

凭证标本：孙航 1558；高黎贡山考察队 29043。

常绿灌木，高 60～300 cm。生长于常绿阔叶林、落叶阔叶林、沟边、润湿山坡、路边；海拔 1510～3100 m。

分布于贡山县丙中洛乡；福贡县石月亮乡；泸水市片马镇、鲁掌镇；保山市芒宽乡；腾冲市界头镇、猴桥镇、曲石镇。14-3。

156. 杨柳科 Salicaceae

2 属 49 种 5 变种，*29，**4，***9，+1

*1. 大叶杨 Populus lasiocarpa Olivier

凭证标本：青藏队 6932。

乔木，高达 20 m。生长于山坡、林缘；海拔 2700 m。

分布于福贡县鹿马登乡。15-1。

*2. 清溪杨 Populus rotundifolia var. **duclouxiana**（Dode）Gombocz-*Populus duclouxiana* Dode

凭证标本：李恒、刀志灵、李嵘 603；高黎贡山考察队 29269。

乔木，高可达 20 m。生长于次生常绿阔叶林、山谷中开阔地；海拔 1820～2650 m。

分布于独龙江（察隅县段）；泸水市片马镇；腾冲市明光镇、界头镇、猴桥镇。15-1。

3. 藏川杨 Populus szechuanica var. tibetica C. K. Schneider

凭证标本：独龙江考察队 6507；高黎贡山考察队 14605。

乔木，生长于常绿阔叶林、次生阔叶林、江边；海拔 1760～2200 m。

分布于独龙江（贡山县独龙江乡段）；贡山县茨开镇。15-1。

4. 椅杨 Populus wilsonii Schneid

凭证标本：王启无 66777；碧江队 85。

乔木，高可达 25 m。生长于林下、杂木林中；海拔 1300～2000 m。

分布于贡山县丙中洛乡；福贡县。15-1。

5. 亚东杨 Populus yatungensis (C. Wang et P. Y. Fu) C. Wang et Tung-*Populus yunnanensis* Dode var. *yatungensis* C. Wang & P. Y. Fu

凭证标本：独龙江考察队 6301。

乔木，高达 10 m。生长于河滩；海拔 1840 m。

分布于独龙江（贡山县独龙江乡段）。15-1。

6. 滇杨 Populus yunnanensis Dode

凭证标本：高黎贡山考察队 22940，30819。

乔木，高达 20 m。生长于次生阔叶林、石砾林、铁杉-杜鹃林；海拔 2370～2660 m。

分布于泸水市片马镇；腾冲市界头镇、猴桥镇。15-1。

7a. 齿苞矮柳 Salix annulifera var. dentata S. D. Zhao

凭证标本：T. T. Yü 19795。

低矮灌木，高达 50 cm。生长于灌丛中；海拔 4000 m。

分布于独龙江（贡山县独龙江乡段）。15-2-6。

7b. 匙叶矮柳 Salix annulifera var. macroula C. Marquand & Airy Shaw

凭证标本：青藏队 10267；高黎贡山考察队 32230。

低矮灌木，高达 50 cm。生长于铁杉林、灌丛、草地、山坡；海拔 2500～4200 m。

分布于独龙江（察隅县日东乡段）；贡山县丙中洛乡、茨开镇。15-1。

8. 藏南柳 Salix austrotibetica N. Chao

凭证标本：冯国楣 7772；林芹、邓向福 790700。

灌木，高 150 cm。生长于山坡灌丛、岩坡上、路旁、沟边；海拔 2900～3800 m。

分布于独龙江（贡山县独龙江乡段）；贡山县丙中洛乡。15-1。

9. 垂柳 Salix babylonica Linnaeus

凭证标本：独龙江考察队 4192；高黎贡山考察队 14654。

乔木，高 18 m。常见栽培；海拔 1350～2540 m。

分布于独龙江（贡山县独龙江乡段）；贡山县丙中洛乡。16。

* **10. 白背柳 Salix balfouriana** C. K. Schneider

凭证标本：独龙江考察队 6299；高黎贡山考察队 18431。

灌木或乔木，高达 5 m。生长于常绿阔叶林、云南松林、河滩；海拔 1840～2100 m。

分布于独龙江（贡山县独龙江乡段）；保山市潞江镇。15-1。

11. 双柱柳 Salix bistyla Handel-Mazzetti

凭证标本：怒江考察队 791696；王启无 67063。

灌木。生长于灌丛、沟边、林下、山坡、竹箐边；海拔 2800～3500 m。

分布于独龙江（贡山县独龙江乡段）；贡山县丙中洛乡、茨开镇；福贡县石月亮乡。14-3。

* **12. 小垫柳 Salix brachista** C. K. Schneider

凭证标本：青藏队 10284，10653。

垫状灌木。生长于山坡；海拔 2600～3900 m。

分布于独龙江（察隅县日东乡段）。15-1。

* **13. 中华柳 Salix cathayana** Diels

凭证标本：怒江队 542；高黎贡山考察队 32911。

灌木，高达 150 cm。生长于阔叶林、杜鹃灌丛、草甸；海拔 2881～3290 m。

分布于贡山县丙中洛乡、茨开镇；福贡县；腾冲市明光镇、界头镇。15-1。

* **14. 栅枝垫柳 Salix clathrata** Handel-Mazzetti

凭证标本：怒江队 136，354。

匍匐灌木。生长于岩石上；海拔 4000 m。

分布于独龙江（贡山县独龙江乡段）；贡山县丙中洛乡。15-1。

* **15. 怒江矮柳 Salix coggygria** Handel-Mazzetti

凭证标本：高黎贡山考察队 16954，27996。

低矮灌木，高达 50 cm。生长于草甸、箭竹-杜鹃灌丛、沼泽；海拔 3429～3740 m。

分布于贡山县茨开镇；福贡县鹿马登乡。15-1。

*** **16. 扭尖柳 Salix contortiapiculata** P. Y. Mao & W. Z. Li

凭证标本：怒江队 705；高黎贡山考察队 28555。

灌木，高达 4 m。生长于针叶-箭竹林、高山草甸；海拔 3200～4270 m。

分布于贡山县丙中洛乡、茨开镇；福贡县石月亮乡。15-2-6。

* **17. 锯齿叶垫柳 Salix crenata** K. S. Hao ex C. F. Fang & A. K. Skvortsov

凭证标本：T. T. Yü 19814。

垫状灌木。生长于灌丛、岩石；海拔 4300～4800 m。

分布于贡山县丙中洛乡。15-1。

* **18. 大理柳 Salix daliensis** C. F. Fang & S. D. Zhao

凭证标本：独龙江考察队 5808；高黎贡山考察队 30660。

灌木。生长于常绿阔叶林、针叶林、灌丛、山坡、沟边；海拔 1760～3125 m。

分布于独龙江（贡山县独龙江乡段）；贡山县丙中洛乡；泸水市片马镇、鲁掌镇；保山市芒宽乡、潞江镇；腾冲市明光镇、界头镇、猴桥镇、曲石镇、马站乡、芒棒镇；龙陵县龙江乡。15-1。

* **19. 异色柳 Salix dibapha** C. K. Schneider

凭证标本：高黎贡山考察队 19539，29276。

灌木，高达 4 m。生长于常绿阔叶林、铁杉林、铁杉-青冈林；海拔 1698～3500 m。

分布于福贡县鹿马登乡；泸水市片马镇、鲁掌镇；保山市芒宽乡；腾冲市明光镇。15-1。

* **20. 银背柳 Salix ernestii** C. K. Schneider

凭证标本：高黎贡山考察队 11987，33898。

灌木。生长于灌丛、沼泽、溪旁石坡、沼泽草甸；海拔 1720～3400 m。

分布于独龙江（贡山县独龙江乡段）；贡山县丙中洛乡、捧打乡、茨开镇；福贡县石月亮乡。15-1。

*** **21a. 贡山柳 Salix fengiana** C. F. Fang & Chang Y. Yang

凭证标本：冯国楣 20157；青藏队 8798。

灌木，高达 150 cm。生长于高山草甸；海拔 3500～3700 m。

分布于独龙江（贡山县独龙江乡段）；贡山县茨开镇。15-2-6。

*** **21b. 裸果贡山柳 Salix fengiana** var. **gymnocarpa** P. Y. Mao & W. Z. Li

凭证标本：碧江队 1114；高黎贡山考察队 14783。

灌木，高达 150 cm。生长于原始常绿阔叶林、路边；海拔 2770 m。

分布于贡山县丙中洛乡；福贡县匹河乡。15-2-6。

22. 扇叶垫柳 Salix flabellaris Andersson

凭证标本：青藏队 10642；怒江队 356。

匍匐灌木。生长于山坡、草地；海拔 3700～4700 m。

分布于独龙江（察隅县日东乡段）；福贡县。14-3。

* **23. 丛毛矮柳 Salix floccosa** Burkill

凭证标本：怒江考察队 791022；青藏队 10651。

低矮灌木，高达 50 cm。生长于山坡灌丛、高山草甸；海拔 3500～4400 m。

分布于独龙江（察隅县日东乡段，贡山县独龙江乡段）。15-1。

** **24. 毛枝垫柳 Salix hirticaulis** Handel-Mazzetti

凭证标本：T. T. Yü 22451；冯国楣 7679。

匍匐灌木，高可达 3 cm。生长于石边、岩坡上；海拔 3400～3700 m。

分布于贡山县丙中洛乡。15-2-3a。

* **25. 卡马垫柳 Salix kamanica** C. Wang & P. Y. Fu

凭证标本：T. T. Yü 19857。

垫状匍匐灌木。生长于高山；海拔 4000～4200 m。

分布于贡山县丙中洛乡。15-1。

*** **26. 孔目矮柳 Salix kungmuensis** P. Y. Mao & W. Z. Li

凭证标本：怒江队 1054；碧江队 1745。

低矮灌木，高可达 50 cm。生长于高山；海拔 3500～3800 m。

分布于独龙江（贡山县独龙江乡段）；福贡县匹河乡；泸水市片马镇。15-2-6。

27a. 长花柳 Salix longiflora Wallich ex Andersson

凭证标本：横断山队 310。

灌木，高达 3 m。生长于高山；海拔 3200～4000 m。

分布于泸水市。14-3。

* **27b. 小花长花柳 Salix longiflora** var. **albescens** Burkill

凭证标本：青藏队 8586。

灌木，高达 3 m。生长于山坡、灌丛草地；海拔 3000 m。

分布于贡山县茨开镇。15-1。

* **28. 丝毛柳 Salix luctuosa** H. Léveillé

凭证标本：独龙江考察队 7030；高黎贡山考察队 22666。

灌木，高达 3 m。生长于针阔叶混交林、高山灌丛、沼泽湿地；海拔 2810～3350 m。

分布于独龙江（贡山县独龙江乡段）；贡山县茨开镇；福贡县鹿马登乡；泸水市片马镇。15-1。

* **29. 贡山大叶柳 Salix magnifica** Hemsley

凭证标本：高黎贡山考察队 32573。

灌木，高达 250 cm。生长于栎类林；海拔 2248 m。

分布于独龙江（贡山县独龙江乡段）；贡山县茨开镇。15-1。

*** **30. 怒江柳 Salix nujiangensis** N. Chao

凭证标本：高黎贡山考察队 14783，27017。

灌木，高达 150 cm。生长于针阔叶混交林、箭竹-杜鹃灌丛、高山灌丛、杜鹃沼泽、高山草甸和疏林、湖滨沼泽湿地、沼泽湿地；海拔 2881～3700 m。

分布于贡山县丙中洛乡、茨开镇；福贡县石月亮乡、鹿马登乡。15-2-6。

* **31. 迟花柳 Salix opsimantha** C. K. Schneider

凭证标本：独龙江考察队 6950；高黎贡山考察队 20398。

小灌木，高可达 50 cm。生长于针叶林、林缘；海拔 2800～2869 m。

分布于独龙江（察隅县日东乡段，贡山县独龙江乡段）；福贡县鹿马登乡。15-1。

32. 尖齿叶垫柳 Salix oreophila J. D. Hooker ex Andersson

凭证标本：高黎贡山考察队 31462，31505。

垫状灌木，高可达 3 cm。生长于杜鹃灌丛、高山沼泽草甸、沼泽；海拔 4151～4270 m。

分布于贡山县丙中洛乡。14-3。

*** **33. 类扇叶垫柳 Salix paraflabellaris** S. D. Zhao

凭证标本：冯国楣 7867；T. T. Yü 19354。

匍匐灌木，高可达 3 cm。生长于岩石缝；海拔 3500～4000 m。

分布于贡山县丙中洛乡。15-2-6。

* **34a. 长叶柳 Salix phanera** C. K. Schneider

凭证标本：青藏队 7446；高黎贡山考察队 8218。

小乔木或大灌木；生长于河边；海拔 2200～3000 m。

分布于独龙江（察隅县日东乡段，贡山县独龙江乡段）；贡山县丙中洛乡。15-1。

** **34b. 维西长叶柳 Salix phanera** var. **weixiensis** C. F. Fang

凭证标本：高黎贡山考察队 23062，34148。

小乔木或大灌木。生长于常绿阔叶林、石砾林、铁杉-石砾林；海拔 2550～2850 m。

分布于贡山县茨开镇；腾冲市明光镇、猴桥镇。15-2-3a。

* **35. 毛小叶垫柳 Salix pilosomicrophylla** C. Wang & P. Y. Fu

凭证标本：T. T. Yü 19857；青藏队 10653。

匍匐灌木。生长于山坡、岩石堆；海拔 3900～4600 m。

分布于独龙江（察隅县日东乡段，贡山县独龙江乡段）。15-1。

36. 裸柱头柳 Salix psilostigma Andersson

凭证标本：独龙江考察队 4731，6322。

灌木，稀小乔木。生长于常绿阔叶林、河岸常绿阔叶林、灌丛、山脚灌丛、河边杂木林、河边、河滩、火烧地上、山坡；海拔 1340～2100 m。

分布于独龙江（贡山县独龙江乡段）。14-3。

37a. 长穗柳 Salix radinostachya Schneid

凭证标本：独龙江考察队 5804；高黎贡山考察队 20525。

大灌木。生长于常绿阔叶林、青冈-栎林、铁杉-石砾林、沟边、竹箐边、河滩、江边、林下、山坡、松林路边、阳处松林林缘；海拔 1760～3000 m。

分布于独龙江（贡山县独龙江乡段）；贡山县丙中洛乡、茨开镇；福贡县鹿马登乡；泸水市片马镇、鲁掌镇；腾冲市猴桥镇。14-3。

** **37b. 绒毛长穗柳 Salix radinostachya** var. **pseudophanera** C. F. Fang

凭证标本：冯国楣 7143；T. T. Yü 19080。

大灌木。生长于灌丛、杂木林、沟边；海拔 3400～2000 m。

分布于独龙江（贡山县独龙江乡段）；贡山县丙中洛乡。15-2-3a。

* **38. 川滇柳 Salix rehderiana** C. K. Schneider

凭证标本：独龙江考察队 6508。

灌木或小乔木。生长于江边；海拔 1400～2000 m。

分布于独龙江（贡山县独龙江乡段）。15-1。

*39. 藏截苞矮柳 Salix resectoides Handel-Mazzetti

凭证标本：怒江队 790136；青藏队 7548。

低矮灌木，高可达 50 cm。生长于灌丛、高山草甸、山坡、草地；海拔 2800～4000 m。

分布于独龙江（贡山县独龙江乡段）；贡山县丙中洛乡、茨开镇。15-1。

40. 对叶柳 Salix salwinensis Handel-Mazzetti ex Enander

凭证标本：独龙江考察队 5955，6401。

灌木，高可超过 1 m。生长于林中；海拔 2900～3200 m。

分布于独龙江（贡山县独龙江乡段）；贡山县丙中洛乡；福贡县鹿马登乡。14-3。

***41. 岩壁垫柳 Salix scopulicola P. Y. Mao & W. Z. Li

凭证标本：T. T. Yü 19864。

垫状灌木，高达 10 cm。生长于高山；海拔 4000 m。

分布于独龙江（贡山县独龙江乡段）。15-2-6。

42. 绢果柳 Salix sericocarpa Andersson

凭证标本：怒江队 2002。

小乔木。生长于河滩；海拔 4000 m。

分布于福贡县。14-3。

*43. 灰叶柳 Salix spodiophylla Handel-Mazzetti

凭证标本：青藏队 10384，10637。

灌木，高 1～3 m。生长于山坡灌丛、山坡、云杉林缘；海拔 3250～4400 m。

分布于独龙江（察隅县日东乡段）。15-1。

***44. 腾冲柳 Salix tengchongensis C. F. Fang

凭证标本：南水北调队 6861。

灌木。生长于河边；海拔 1700 m。

分布于腾冲市猴桥镇。15-2-6。

45. 四子柳 Salix tetrasperma Roxb.

凭证标本：高黎贡山考察队 13691，10649。

乔木，高可达 10 m。生长于次生常绿阔叶林、灌丛、林下、水沟边；海拔 950～1800 m。

分布于福贡县上帕镇；保山市芒宽乡；腾冲市界头镇；龙陵。7。

*46. 乌饭叶矮柳 Salix vaccinioides Handel-Mazzetti

凭证标本：昆明生态所 41。

低矮灌木，高可达 30 cm。生长于高山草甸；海拔 3700 m。

分布于独龙江（贡山县独龙江乡段）；贡山县丙中洛乡；福贡县石月亮乡。15-1。

*47. 秋华柳 Salix variegata Franchet

凭证标本：武素功 7116；青藏队 8586。

灌木，通常高 1 m。生长于灌丛、水沟边；海拔 2400 m。

分布于贡山县茨开镇；腾冲市猴桥镇。15-1。

48. 皂柳 Salix wallichiana Andersson

凭证标本：独龙江考察队 6392；高黎贡山考察队 24510。

灌木或乔木。生长于河边；海拔 2800 m。

分布于独龙江。14-3。

** **49. 小光山柳 Salix xiaoguangshanica** Y. L. Chou & N. Chao

凭证标本：碧江队 0068；高黎贡山考察队 30516。

灌木，可高达 1 m。生长于杨-柳-桤木林、箭竹-杜鹃灌丛、林缘；海拔 2770～3250 m。

分布于贡山县茨开镇；福贡县匹河乡；腾冲市明光镇。15-2-3。

159. 杨梅科 Myricaceae

1 属 2 种

1. 毛杨梅 Myrica esculenta Buchanan-Hamilton ex D. Don

凭证标本：李恒、李嵘 1345；高黎贡山考察队 30735。

常绿乔木，通常 4～10 m。生长于常绿阔叶林、石砾林、栎类林、木荷林、云南松林、灌丛、山坡、林缘、溪旁；海拔 1301～2400 m。

分布于福贡县鹿马登乡、上帕镇、匹河乡；泸水市片马镇、上江乡；保山市芒宽乡、潞江镇；腾冲市滇滩镇、界头镇、猴桥镇、曲石镇、清水乡、芒棒镇、五合乡、新华乡；龙陵县龙江乡、镇安镇。14-3。

2. 杨梅 Myrica rubra Siebold & Zuccarini

凭证标本：高黎贡山考察队 19393，23424。

常绿乔木，高达 15 m。生长于常绿阔叶林、云南松-栎林；海拔 1708～1900 m。

分布于福贡县鹿马登乡；泸水市片马镇。14-2。

161. 桦木科 Betulaceae

2 属 8 种，* 3，*** 1

1. 尼泊尔桤木 Alnus nepalensis D. Don

凭证标本：独龙江考察队 1154；高黎贡山考察队 33955。

乔木，高达 15 m。生长于常绿阔叶林、针阔混交林、灌丛、杂木林、沟谷、草坡、林内、河谷、河滩、山坡杂木林中、沟边；海拔 1140～2600 m。

分布于独龙江（贡山县独龙江乡段）；贡山县丙中洛乡、茨开镇；福贡县鹿马登乡、上帕镇；泸水市片马镇、洛本卓乡、鲁掌镇；保山市芒宽乡、潞江镇；腾冲市滇滩镇、界头镇、马站乡、芒棒镇；龙陵县象达镇。14-3。

2. 西南桦 Betula alnoides Buchanan-Hamilton ex D. Don

凭证标本：高黎贡山考察队 13320，24791。

乔木，高达 30 m。生长于常绿阔叶林、石柯林、石柯-青冈林、桤木-桦木林、青冈-石柯林、针阔混交林、河边林内、林中沟边；海拔 1240～2680 m。

分布于独龙江（贡山县独龙江乡段）；贡山县丙中洛乡、茨开镇；福贡县鹿马登乡亚平路；泸水市片马镇、鲁掌镇、六库镇；保山市芒宽乡、潞江镇；腾冲市明光镇、猴桥镇、芒棒镇、五合乡；龙陵县象达镇。14-3。

3. 长穗桦 Betula cylindrostachya Lindley

凭证标本：T. T. Yü 19550；独龙江考察队 6557。

乔木，高达 30 m。生长于常绿阔叶林、针阔混交林、河边；海拔 1900～2500 m。

分布于独龙江（贡山县独龙江乡段）；贡山县茨开镇；福贡县上帕镇；泸水市片马镇。14-3。

*** 4. 高山桦 Betula delavayi** Franchet

凭证标本：独龙江考察队 4844；高黎贡山考察队 32197。

灌木或乔木，高达 8 m。生长于常绿阔叶林、针叶林、杜鹃林；海拔 1530～3450 m。

分布于独龙江（贡山县独龙江乡段）；贡山县茨开镇；福贡县石月亮乡；腾冲市五合乡。15-1。

***** 5. 贡山桦 Betula gynoterminalis** Y. C. Hsu & C. J. Wang

凭证标本：毛品一 521。

乔木，高达 7 m。生长于常绿阔叶林；海拔 2350 m。

分布于独龙江（贡山县独龙江乡段）。15-2-6。

*** 6. 矮桦 Betula potaninii** Batalin

凭证标本：怒江队 790296。

灌木或乔木，高达 5 m。生长于沟谷悬岩上；海拔 2950 m。

分布于贡山县丙中洛乡。15-1。

*** 7. 亮叶桦 Betula luminifera** H. Winkler

凭证标本：碧江队 691；高黎贡山考察队 30711。

乔木，高达 25 m。生长于常绿阔叶林、石柯林、杂木林、林缘；海拔 1680～2300 m。

分布于福贡县匹河乡；腾冲市界头镇、猴桥镇。15-1。

8. 糙皮桦 Betula utilis D. Don

凭证标本：李恒、李嵘 941；高黎贡山考察队 4552。

乔木，高 35 m。生长灌丛、杜鹃林、箭竹林、高山草甸；沟边杂木林中、竹箐中、林边、草丛。海拔 2500～3800 m。

分布于独龙江（察隅县日东乡段，贡山县独龙江乡段）；贡山县丙中洛乡、茨开镇；福贡县石月亮乡；泸水市洛本卓乡。14-3。

162. 榛科 Corylaceae

2属6种，*3

1. 短尾鹅耳枥 Carpinus londoniana H. Winkler

凭证标本：H. T. Tsai 55774；尹文清 1436。

乔木，高 10～13 m。生长于山沟边、栗林下、林下；海拔 1320～1800 m。

分布于腾冲市蒲川乡；龙陵县。14-4。

＊2. 云南鹅耳枥 Carpinus monbeigiana Hand. -Mazz.

凭证标本：高黎贡山考察队 14210，34290。

乔木，高达 16 m。生长于常绿阔叶林、鹅耳枥-漆树林、胡桃林、胡桃-漆树林、灌丛中、杂林中；江边、林下、石山、小河边；海拔 1100～2800 m。

分布于贡山县丙中洛乡；福贡县上帕镇、匹河乡。15-1。

3. 昌化鹅耳枥 Carpinus tschonoskii Maximowicz

凭证标本：南水北调队 8246；高黎贡山考察队 24336。

乔木，高达 25 m。生长于常绿阔叶林、石灰岩常绿阔叶林、落叶阔叶林；山坡；海拔 2400～2510 m。

分布于泸水市片马镇。14-2。

＊4. 贡山鹅耳枥 Carpinus viminea var. chiukiangensis Hu

凭证标本：独龙江考察队 5519；高黎贡山考察队 21808。

乔木，高 10～15 m。生长于次生林、山坡灌丛及江边；海拔 1660～1950 m。

分布于独龙江（贡山县独龙江乡段）。15-1。

5. 刺榛 Corylus ferox Wallich

凭证标本：碧江队 1183；高黎贡山考察队 31743。

乔木，高达 20 m。生长于常绿阔叶林、石柯-青冈林、壳斗-樟林、槭树-山梨林、石柯-松林、石柯-铁杉林、针阔混交林、针叶林、铁杉-云杉林；海拔 2400～3010 m。

分布于独龙江（贡山县独龙江乡段）；贡山县丙中洛乡、茨开镇；福贡县石月亮乡、鹿马登乡、上帕镇；泸水市片马镇；腾冲市猴桥镇。14-3。

＊6. 滇榛 Corylus yunnanensis（Franchet）A. Camus-Corylus heterophylla Fischer var. yunnanensis Franchet

凭证标本：780 队 912；尹文清 1276。

灌木或小乔木，高达 7 m。生长于疏林下、路边、山坡、铁矿点；海拔 1650～1950 m。分布于腾冲市滇滩镇、曲石镇。15-1。

163. 壳斗科 Fagaceae

4 属 49 种 1 变种，*8，**2，***6，\+1

\+1. 板栗 Castanea mollissima Blume

凭证标本：高黎贡山考察队 14270，26233。

落叶乔木，高 15～20 m。生长于常绿落叶林、石砾-木荷林、村边、村旁、村旁路边、林边、林下、山坡、路边；海拔 1175～2400 m。

分布于独龙江（贡山县独龙江乡段）；贡山县丙中洛乡、捧打乡、茨开镇；福贡县鹿马登乡、上帕镇；泸水市六库镇、上江乡；保山市芒宽乡；腾冲市明光镇；龙陵县。16。

2. 瓦山栲 Castanopsis ceratacantha Rehder & E. H. Wilson

凭证标本：高黎贡山考察队 10857，29415。

乔木，高 8～15 m。生长于常绿阔叶林、桤木-桦木阔叶林；海拔 1700～2500 m。

分布于腾冲市明光镇、曲石镇、五合乡。14-4。

*3. 高山栲 Castanopsis delavayi Franchet

凭证标本：高黎贡山考察队 13969，27948。

乔木，高约 20 m。生长于常绿阔叶林、高山栲-木荷林、石砾-栲树林、石砾-青冈林、灌丛、杂木林、江边、山坡、林缘、石堆中；海拔 800～2500 m。

分布于福贡县石月亮乡、上帕镇、匹河乡；泸水市六库镇、鲁掌镇、洛本卓乡、上江乡；保山市芒宽乡、潞江镇；龙陵县镇安镇。15-1。

4. 短刺锥 Castanopsis echinocarpa J. D. Hooker & Thomson ex Miquel

凭证标本：高黎贡山考察队 14599，24808。

乔木，高 7～15 m。生长于常绿阔叶林、河边、石砾-桦木林、石砾-木荷林、混交林、林边、林中、路边、山沟、山坡；海拔 1500～2500 m。

分布于贡山县茨开镇；福贡县石月亮乡、上帕镇、架科底乡；泸水市上江乡；保山市芒宽乡、潞江镇；腾冲市明光镇、界头镇、猴桥镇、曲石镇、腾越镇、芒棒镇、五合乡、新华乡；龙陵县镇安镇、碧寨乡。14-3。

5. 小果锥 Castanopsis fleuryi Hickel & A. Camus

凭证标本：高黎贡山考察队 11537，30829。

乔木，高达 1 m。生长于常绿阔叶林、栎类-桤木林、石砾林；海拔 1690～2060 m。

分布于腾冲市猴桥镇、芒棒镇。14-4。

6. 刺栲 Castanopsis hystrix J. D. Hooker & Thomson ex A. de Candolle

凭证标本：高黎贡山考察队 15345，30599。

乔木。生长于常绿阔叶林、石砾林；海拔 1150～2500 m。

分布于贡山县丙中洛乡、茨开镇；福贡县马吉乡、石月亮乡；泸水市片马镇；保山市芒宽乡、潞江镇；腾冲市明光镇、界头镇、芒棒镇、五合乡、团田乡。14-3。

7. 湄公栲 Castanopsis mekongensis A. Camus

凭证标本：高黎贡山考察队 29634。

乔木。生长于石砾-木荷林；海拔 1850 m。

分布于腾冲市新华乡。14-4。

* 8. 毛果栲 Castanopsis orthacantha Franchet

凭证标本：南水北调队 8171；高黎贡山考察队 8251。

乔木，高 10～15 m。生长于常绿阔叶林、林中、山坡、林中；海拔 1800～2500 m。

分布于泸水市鲁掌镇、上江乡；腾冲市猴桥镇；龙陵县。15-1。

9. 窄叶青冈 Cyclobalanopsis augustinii (Skan) Schottky-Quercus augustinii Skan

凭证标本：尹文清 1277；高黎贡山考察队 31024。

乔木，高达 10 m。生长于常绿阔叶林、松栎林、石砾-木荷林、云南松林、杜鹃-花楸林、灌丛、林下；海拔 1600～2570 m。

分布于腾冲市滇滩镇、明光镇、界头镇、猴桥镇、曲石镇、五合乡；龙陵县镇安镇、碧寨乡。14-4。

*** 10. 巴坡青冈 Cyclobalanopsis bapoensis H. Li & Y. C. Hsu

凭证标本：独龙江考察队 5618，6917。

乔木，高约 18 m。生长于常绿林中；海拔 1600 m。

分布于独龙江（贡山县独龙江乡段）。15-2-6。

11. 曼青冈 Cyclobalanopsis oxyodon (Miquel) Oersted-Quercus oxyodon Miquel

凭证标本：独龙江考察队 1886，3684。

乔木，高达 20 m。生长于常绿林中；海拔 1800 m。

分布于独龙江（贡山县独龙江乡段）。14-3。

*** 12. 独龙青冈 Cyclobalanopsis dulongensis H. Li & Y. C. Hsu

凭证标本：独龙江考察队 3684，9941。

乔木，高达 20 m。生长于常绿林中；海拔 1800 m。

分布于独龙江（贡山县独龙江乡段）。15-2-6。

13. 饭甑青冈 Cyclobalanopsis fleuryi (Hickel & A. Camus) Chun ex Q. F. Zheng-Quercus fleuryi Hickel & A. Camus

凭证标本：冯国楣 24354。

乔木，高达 25 m。生长于江边阔叶林中；海拔 1300 m。

分布于独龙江（贡山县独龙江乡段）。14-4。

14. 毛曼青冈 Cyclobalanopsis gambleana (A. Camus) Y. C. Hsu & H. W. Jen-Quercus gambleana A. Camus

凭证标本：T. T. Yü 20887；高黎贡山考察队 21876。

乔木，高达 20 m。生长于常绿阔叶林、次生林、青冈-桤木林、杂木林、疏林、沟边、林中、山谷；海拔 1600～3000 m。

分布于独龙江（贡山县独龙江乡段）；贡山县丙中洛乡、茨开镇；福贡县鹿马登乡；泸水市鲁掌镇；腾冲市猴桥镇。14-3。

15. 青冈 Cyclobalanopsis glauca（Thunberg）Oersted-*Quercus glauca* Thunberg

凭证标本：李嵘 009；高黎贡山考察队 5-194。

乔木，可高达 20 m。生长于常绿阔叶林、亚高山常绿阔叶林、怒江边次生杂木林、沟边、山坡、阳处、伐木林中、山箐、水沟边、疏林路边；海拔 1000～2700 m。

分布于独龙江（贡山县独龙江乡段）；贡山县丙中洛乡；泸水市片马镇、六库镇、上江乡；保山市芒宽乡；腾冲市曲石镇。14-1。

* **16. 滇青冈 Cyclobalanopsis glaucoides** Schottky

凭证标本：高黎贡山考察队 11047，29953。

乔木，高 20 m。生长于常绿阔叶林、次生常绿阔叶林、残留常绿阔叶林、田边残留常绿阔叶林、河岸常绿阔叶林、石砾-青冈林、青冈林、湿地、杂草丛。海拔 1130～2710 m。

分布于独龙江（贡山县独龙江乡段）；泸水市片马镇、洛本卓乡；腾冲市界头镇、曲石镇、芒棒镇。15-1。

*** **17. 俅江青冈 Cyclobalanopsis kiukiangensis** Y. T. Chang ex Y. C. Hsu & H. W. Jen

凭证标本：独龙江考察队 6160；高黎贡山考察 34186。

乔木，高达 30 m。生长于常绿阔叶林、河岸常绿阔叶林、河边常绿阔叶林、石砾-木荷林、针阔混交林、河谷、林内、林下、沟边杂木林中；海拔 1500～2550 m。

分布于独龙江（贡山县独龙江乡段）；贡山县丙中洛乡、茨开镇；福贡县上帕镇。15-2-6。

18. 薄片青冈 Cyclobalanopsis lamellosa（Smith）Oersted-*Quercus lamellosa* Smith

凭证标本：高黎贡山考察队 15248，30111。

乔木，高达 40 m。生长于常绿阔叶林、河谷常绿阔叶林、青冈-木兰林、青冈群落、杂木林、山沟、林下、阴湿、山谷、山坡、林内、林中、路边；海拔 1380～2600 m。

分布于独龙江（贡山县独龙江乡段）；贡山县茨开镇；福贡县鹿马登乡、上帕镇；泸水市片马镇、鲁掌镇、上江乡；保山市潞江镇；腾冲市明光镇、界头镇、芒棒镇；龙陵县镇安镇。14-3。

19. 滇西青冈 Cyclobalanopsis lobbii（J. D. Hooker & Thomson ex Wenzig）Y. C. Hsu & H. W. Jen-*Quercus lineata* Blume var. *lobbii* J. D. Hooker & Thomson ex Wenzig

凭证标本：青藏队 7320，9859。

乔木，高达 15 m。生长于落叶常绿阔叶林中、山坡、杂木林中；海拔 1600～2000 m。

分布于独龙江（贡山县独龙江乡段）；贡山县丙中洛乡、茨开镇。14-3。

＊＊20. 龙迈青冈 Cyclobalanopsis lungmaiensis Hu

凭证标本：独龙江考察队 6710。

生长于阔叶林，河谷；海拔 1780 m。

分布于独龙江（贡山县独龙江乡段）。15-2-8。

21. 小叶青冈 Cyclobalanopsis myrsinifolia (Blume) Oersted-*Quercus myrsinifolia* Blume

凭证标本：王启无 67083；冯国楣 8138。

乔木，高达 20 m。生长于常绿阔叶林、沟边杂木林中、林下；海拔 1500～2000 m。

分布于独龙江（贡山县独龙江乡段）；贡山县丙中洛乡、茨开镇。14-2。

＊＊＊22. 能铺拉青冈 Cyclobalanopsis nengpulaensis H. Li & Y. C. Hsu

凭证标本：独龙江考察队 923，6468。

乔木，高达 20 m。生长于常绿阔叶林、沟边杂木林中、林下；海拔 1500～2000 m。

分布于独龙江（贡山县独龙江乡段）。15-2-6。

23. 曼青冈 Cyclobalanopsis oxyodon (Miquel) Oersted-*Quercus oxyodon* Miquel

凭证标本：独龙江考察队 1928；高黎贡山考察队 18726。

乔木，高达 20 m。生长于残留常绿阔叶林、常绿阔叶林、栎类常绿阔叶林、松林、沟边杂木林中、河谷、林中、山坡；海拔 1560～2800 m。

分布于独龙江（贡山县独龙江乡段）；贡山县丙中洛乡、茨开镇；福贡县上帕镇；泸水市片马镇；腾冲市芒棒镇。14-3。

24. 小箱柯 Lithocarpus arcaula (Buchanan-Hamilton ex Sprengel) C. C. Huang & Y. T. Chang-*Quercus arcaula* Buchanan-Hamilton ex Sprengel

凭证标本：高黎贡山考察队 34142，34360。

乔木，高可达 30 m。生长于常绿阔叶林，常绿-落叶阔叶混交林；海拔 2550～2700 m。

分布于贡山县茨开镇。14-3。

25. 格林柯 Lithocarpus collettii (King ex J. D. Hooker) A. Camus-*Quercus spicata* Smith var. *collettii* King ex J. D. Hooker

凭证标本：高黎贡山考察队 32678，33100。

乔木，高 8～25 m。生长于石砾-青冈林、栲木林；海拔 2443～1340 m。

分布于独龙江（贡山县独龙江乡段）；贡山县茨开镇。14-3。

＊＊＊26. 窄叶石栎 Lithocarpus confinis Huang et Chang ex Y. C. Hsu & H. W. Jen

凭证标本：高黎贡山考察队 13151。

生长于常绿阔叶林；海拔 2100 m。

分布于保山市潞江镇。15-2-6。

27. 白穗柯 Lithocarpus craibianus Barnett

凭证标本：冯国楣 7308；南水北调队（滇西北分队）9077。

乔木，高达 20 m。生长于云南松、华山松阔叶树混交林、杜鹃灌丛、林缘、河边、山谷、斜坡、山坡、林中、阳处；海拔 1800～2950 m。

分布于贡山县丙中洛乡、茨开镇；福贡县上帕镇；泸水市片马镇；腾冲市猴桥镇、马站乡、中和镇。14-4。

28a. 白皮柯 Lithocarpus dealbatus（Hook. f. & Thoms. ex Miq.）Rehd. -*Quercus dealbata* J. D. Hooker & Thomson ex Miquel

凭证标本：李恒、李嵘 981；高黎贡山考察队 24933。

乔木，高达 20 m。生长于常绿阔叶林、次生常绿阔叶林、石砾-常绿阔叶林、石砾-冬青林、石砾-杜鹃林、石砾-木荷林、石砾-青冈林、丛林中；海拔 1300～2480 m。

分布于独龙江（贡山县独龙江乡段）；贡山县丙中洛乡、茨开镇；保山市潞江镇；腾冲市界头镇、猴桥镇、芒棒镇、五合乡、新华乡；龙陵县龙江乡。14-3。

28b. 杯斗滇石栎 Lithocarpus dealbatus subsp. **mannii**（King）A. Camus

凭证标本：南水北调队 10464；高黎贡山考察队 23108。

乔木，高达 20 m。生长于栎类林；海拔 2250 m。

分布于贡山县丙中洛乡；泸水市上江乡。14-4。

*** **29. 独龙石栎 Lithocarpus dulongensis** H. Li & Y. C. Hsu

凭证标本：独龙江考察队 6188，6525。

乔木，高达 20 m。生长于栎类林；海拔 2250 m。

分布于独龙江（贡山县独龙江乡段）。15-2-6。

30. 泥椎柯 Lithocarpus fenestratus（Roxburgh）Rehder-*Quercus fenestrata* Roxburgh

凭证标本：高黎贡山考察队 8267，31012。

乔木，高 25～30 m。生长于原始常绿阔叶林、云南松-红果树林、云南松林、针阔叶混交林、石砾-冷杉林、松栎林、铁杉-石砾林、冷杉-云杉林；海拔 1000～3250 m。

分布于贡山县丙中洛乡、茨开镇；福贡县石月亮乡、鹿马登乡、上帕镇；泸水市洛本卓乡、鲁掌镇；保山市芒宽乡、潞江镇；腾冲市滇滩镇、明光镇、清水乡、芒棒镇、五合乡、新华乡；龙陵县龙江乡、镇安镇。14-3。

31. 望楼柯 Lithocarpus garrettianus（Craib）A. Camus-*Quercus garrettiana* Craib

凭证标本：高黎贡山考察队 30731，31023。

乔木，高约 20 m。生长于石砾林、石砾-木荷林、石砾-云南松林；海拔 1150～2550 m。

分布于贡山县茨开镇；腾冲市猴桥镇、滇滩镇、团田乡。14-4。

32. 耳叶柯 Lithocarpus grandifolius（D. Don）S. N. Biswas-*Quercus grandifolia* D. Don

凭证标本：王启无 89974；南水北调队（滇西北分队）10439。

乔木，高 10～15 m。生长于常绿阔叶林、次生松栎林、林中、山坡；海拔 2000～2400 m。

分布于泸水市上江乡；龙陵县碧寨乡。14-3。

* **33. 硬斗柯 Lithocarpus hancei** (Bentham) Rehder-*Quercus hancei* Bentham

凭证标本：独龙江考察队 5251；高黎贡山考察队 26010。

乔木，通常 15 m。生长于常绿阔叶林、山坡常绿阔叶林、石砾-常绿阔叶林、石砾-木荷林、沟边杂木林中、杂木林、林下、林缘、林中、路边、山坡；海拔 1300～2630 m。

分布于独龙江（贡山县独龙江乡段）；贡山县丙中洛乡；福贡县上帕镇；泸水市片马镇；保山市芒宽乡、潞江镇；腾冲市滇滩镇、猴桥镇、曲石镇、芒棒镇；龙陵县镇安镇、碧寨乡。15-1。

** **34. 缅宁柯 Lithocarpus mianningensis** Hu

凭证标本：高黎贡山考察队 13291。

乔木，高达 25 m。生长于常绿阔叶林；海拔 2150 m。

分布于保山市潞江镇。15-2-7。

35. 厚叶柯 Lithocarpus pachyphyllus (Kurz) Rehder-*Quercus pachyphylla* Kurz

凭证标本：独龙江考察队 1870；高黎贡山考察队 23076。

乔木，高达 25 m。生长于常绿阔叶林、落叶阔叶林、针阔叶混交林、针叶林、杜鹃林、高山草甸、沟边杂木林中、林内、林中、山顶、山坡、石堆中；海拔 1330～3050 m。

分布于独龙江（贡山县独龙江乡段）；贡山县丙中洛乡、茨开镇；福贡县鹿马登乡、上帕镇；泸水市片马镇、鲁掌镇；保山市芒宽乡；腾冲市界头镇、猴桥镇、曲石镇、新华乡、马站乡、芒棒镇；龙陵县龙江乡、碧寨乡。14-3。

36. 截果柯 Lithocarpus truncatus (King ex J. D. Hooker) Rehder & E. H. Wilson-*Quercus truncata* King ex J. D. Hooker

凭证标本：高黎贡山考察队 11569，11576。

乔木，高达 30 m。生长于常绿阔叶林；海拔 2080～2170 m。

分布于腾冲市芒棒镇。14-3。

37. 多变柯 Lithocarpus variolosus (Franchet) Chun-*Quercus variolosa* Franchet

凭证标本：陈介 752；青藏队 8009。

乔木，高达 20 m。生长于常绿阔叶林、铁杉林、林中、山坡；海拔 1800～3200 m。

分布于贡山县；福贡县鹿马登乡、匹河乡；泸水市片马镇；腾冲市中和镇；龙陵县镇安镇。14-4。

38. 木果柯 Lithocarpus xylocarpus (Kurz) Markgraf-*Quercus xylocarpa* Kurz

凭证标本：高黎贡山考察队 29302。

乔木，高达 30 m。生长于石砾-润楠林；海拔 2650 m。

分布于腾冲市明光镇。14-3。

39. 麻栎 Quercus acutissima Carruthers

凭证标本：高黎贡山考察队 10995，29766。

落叶乔木，高达 30 m。生长于人工杉木林、灌丛草坡；海拔 1560～1750 m。

分布于腾冲市界头镇、腾越镇。14-1。

* **40. 铁橡栎 Quercus cocciferoides** Handel-Mazzetti

凭证标本：李恒、刀志灵、李嵘 599。

半常绿乔木，高达 15 m。生长于次生林；海拔 1900 m。

分布于独龙江（察隅县段）。15-1。

* **41. 巴东栎 Quercus engleriana** Seemen

凭证标本：高黎贡山考察队 26896，27248。

常绿乔木，高达 25 m。生长于青冈-石砾林、冷杉-杜鹃林；海拔 2750～3100 m。

分布于福贡县石月亮乡、鹿马登乡。15-1。

42. 大叶栎 Quercus griffithii J. D. Hooker & Thomson ex Miquel

凭证标本：青藏队 7883；高黎贡山考察队 30905；

落叶乔木，高达 25 m。生长于常绿阔叶林、高山栲-木荷林、云南松林、人工秃杉林、灌丛、怒江边灌丛中、林下、山坡、路边、次生杂木林中；海拔 1080～2450 m。

分布于贡山县丙中洛乡；福贡县石月亮乡、上帕镇、子里甲乡、匹河乡；泸水市片马镇；保山市潞江镇；腾冲市界头镇、腾越镇、五合乡、团田乡；龙陵县。14-3。

* **43. 帽斗栎 Quercus guyavifolia** Lévl.

凭证标本：高黎贡山考察队 14572。

常绿灌木或乔木，高达 15 m。生长于次生常绿阔叶林；海拔 1710 m。

分布于贡山县丙中洛乡。15-1。

44. 通麦栎 Quercus lanata Smith

凭证标本：独龙江考察队 4871，6487。

常绿乔木，高达 30 m。生长于混交林、铁杉林；海拔 2300～2600 m。

分布于独龙江（贡山县独龙江乡段）；泸水市片马镇。14-3。

45. 毛脉高山栎 Quercus rehderiana Handel-Mazzetti

凭证标本：李恒、刀志灵、李嵘 614。

常绿乔木，高达 20 m。生长于次生林；海拔 1900 m。

分布于独龙江（察隅县段）。14-4。

46. 高山栎 Quercus semecarpifolia Smith

凭证标本：高黎贡山考察队 14222。

常绿乔木，高达 30 m。生长于次生林；海拔 1570 m。

分布于贡山县丙中洛乡。14-3。

* **47. 灰背栎 Quercus senescens** Handel-Mazzetti

凭证标本：高黎贡山考察队 23114。

常绿乔木或灌木，高达 15 m。生长于栎类常绿阔叶林；海拔 2250 m。

分布于贡山县丙中洛乡。15-1。

48. 刺叶栎 Quercus spinosa David ex Franchet

凭证标本：高黎贡山考察队 23114。

常绿乔木，高 6～10 m。生长于常绿阔叶林中；海拔 2250 m。

分布于贡山县丙中洛乡。14-4。

49. 栓皮栎 Quercus variabilis Blume

凭证标本：南水北调队（滇西北分队）10327；高黎贡山考察队 26020。

落叶乔木，高达 30 m。生长于次生常绿阔叶林、石砾常绿阔叶林、阔叶林下、云南松林、栎类灌丛、怒江边、山坡。海拔 1080～2230 m。

分布于福贡县上帕镇、子里甲乡；泸水市鲁掌镇；保山市芒宽乡、潞江镇。14-2。

165. 榆科 Ulmaceae

3 属 10 种，* 3

1. 紫弹树 Celtis biondii Pampanini

凭证标本：高黎贡山考察队 23520，26149。

落叶乔木，高达 18 m；生长于常绿阔叶林、木荷-润楠林、江边、山谷；海拔 680 m。

分布于泸水市；保山市芒宽乡、潞江镇。14-2。

* 2. 小果朴 Celtis cerasifera C. K. Schneider

凭证标本：高黎贡山考察队 29093，29116。

落叶乔木，高达 35 m。生长于常绿阔叶林、山坡、林中；海拔 1700～2400 m。

分布于独龙江（贡山县独龙江乡段）；腾冲市界头镇、曲石镇。15-1。

3. 朴树 Celtis sinensis Persoon

凭证标本：780 队 537。

落叶乔木，高达 20 m。生长于路边、林缘；海拔 2000 m。

分布于腾冲市。14-2。

4. 四蕊朴 Celtis tetrandra Roxburgh

凭证标本：刘伟心 157；徐登禄 4。

落叶或常绿乔木，高达 30 m。生长于江边；海拔 800～1027 m。

分布于泸水市六库镇；龙陵县。7。

* 5. 羽脉山黄麻 Trema levigata Handel-Mazzetti

凭证标本：李恒、郭辉军、李正波、施晓春 12；高黎贡山考察队 18260。

乔木或灌木，高 4～7 m。生长于常绿阔叶林、石柯-木荷林、桤木-松林、松林、疏林、灌丛、次生灌丛、山坡、阳处、路旁、杂草丛、次生植物、江边；海拔 800～2360 m。

分布于泸水市六库镇、鲁掌镇、上江乡；保山市芒宽乡、潞江镇；龙陵县镇安镇、勐糯镇。15-1。

6. 异色山黄麻 Trema orientalis (Linnaeus) Blume-*Celtis orientalis* Linnaeus

凭证标本：怒江考察队 1890；高黎贡山考察队 20855。

乔木或灌木，高达 20 m。生长于常绿阔叶林、次生常绿阔叶林、石柯-李林、地边、篱笆上、杂草丛、次生草地、沟边、房边、林边；海拔 1200～1900 m。

分布于福贡县鹿马登乡、上帕镇、匹河乡；泸水市洛本卓乡、六库镇；保山市芒宽乡；腾冲市五合乡。5。

7. 山黄麻 Trema tomentosa (Roxburgh) H. Hara-*Celtis tomentosa* Roxburgh

凭证标本：碧江队 329；高黎贡山考察队 27812。

乔木或灌木，高达 10 m。生长于常绿阔叶林、硬叶常绿阔叶林、松林、灌丛、山坡灌丛、路边；海拔 1050～1800 m。

分布于福贡县鹿马登乡、上帕镇、匹河乡；泸水市片马镇、六库镇；腾冲市五合乡；龙陵县腊勐镇。4。

* 8. 毛枝榆 Ulmus androssowii Litvinov var. **subhirsuta** (C. K. Schneider) P. H. Huang et al.-*Ulmus wilsoniana* C. K. Schneider var. *subhirsuta* C. K. Schneider

凭证标本：独龙江考察队 4908，30374。

落叶乔木，高达 20 m。生长于壳斗-樟林、壳斗-铁杉林、河滩；海拔 1310～2660 m。

分布于独龙江（贡山县独龙江乡段）；泸水市；腾冲市界头镇。15-1。

9. 常绿榆 Ulmus lanceifolia Roxburgh ex Wallich

凭证标本：高黎贡山考察队 13525。

常绿乔木，高达 30 m。生长于次生常绿阔叶林；海拔 1660 m。

分布于保山市芒宽乡。14-3。

10. 榆树 Ulmus pumila Linnaeus

凭证标本：高黎贡山考察队 31034。

落叶乔木，高达 25 m。生长于次生林；海拔 1650 m。

分布于腾冲市芒棒镇。13。

167. 桑科 Moraceae

5 属 46 种 6 变种，* 7，** 2，*** 1，+ 1

*** 1. 贡山波罗蜜 Artocarpus gongshanensis S. K. Wu ex C. Y. Wu

凭证标本：青藏队 9223。

常绿乔木，高达 30 m。生长于常绿阔叶林、山坡；海拔 1350 m。

分布于独龙江（贡山县独龙江乡段）。15-2-6。

** 2. 猴子瘿袋 Artocarpus pithecogallus C. Y. Wu

凭证标本：高黎贡山考察队 24987。

常绿乔木，高 7～18 m。生长于壳斗-桑林；海拔 1869 m。

分布于腾冲市五合乡。15-2-7。

3. 楮 Broussonetia kazinoki Siebold

凭证标本：高黎贡山考察队 14730，30450。

灌木，高 2～4 m。生长于常绿阔叶林、石柯-冬青林、石柯-木荷林、石柯-青冈林、桦木-柳林、针阔混交林、灌丛、山坡、江边岩石缝中、江边山坡路旁阳处；海拔 800～3100 m。

分布于贡山县丙中洛乡、茨开镇；福贡县上帕镇；泸水市片马镇、六库镇；腾冲市明光镇、界头镇、猴桥镇、五合乡。14-2。

4. 构树 Broussonetia papyrifera（Linnaeus）L'Héritier ex Ventenat-*Morus papyrifera* Linnaeus

凭证标本：李恒、刀志灵、李嵘 716；高黎贡山考察队 25406。

乔木，高 10～20 m。生长于常绿阔叶林、灌丛、沟边灌丛、次生植物、沟边松林中、沟边杂林中、河岸边、林下、路边、怒江边、寨子边；海拔 680～2300 m。

分布于独龙江（察隅县日东乡段，贡山县独龙江乡段）；贡山县丙中洛乡、捧打乡、茨开镇；福贡县马吉乡、石月亮乡、鹿马登乡、上帕镇、匹河乡；泸水市六库镇、上江乡；保山市芒宽乡、潞江镇。7。

5. 石榕树 Ficus abelii Miquel

凭证标本：高黎贡山考察队 9913，30639。

攀缘灌木，长达 100～250 cm。生长于常绿阔叶林、草甸、河边、湿地；海拔 680～1530 m。

分布于福贡县上帕镇、匹河乡；泸水市洛本卓乡、六库镇；保山市芒宽乡；腾冲市曲石镇。14-3。

6. 大果榕 Ficus auriculata Loureiro

凭证标本：独龙江考察队 562；高黎贡山考察队 21210。

乔木，高 4～10 m。生长于常绿阔叶林、松林、路旁、山坡、路边次生杂木林、山坡水沟边、岩石上、杂草丛；海拔 1130～2180 m。

分布于独龙江（贡山县独龙江乡段）；贡山县茨开镇；福贡县马吉乡、石月亮乡、鹿马登乡、上帕镇；泸水市洛本卓乡、六库镇；保山市芒宽乡；腾冲市芒棒镇；龙陵县镇安镇。14-3。

*7. 北碚榕 Ficus beipeiensis S. S. Chang

凭证标本：高黎贡山考察队 21032，30889。

乔木，高达 15 m。生长于常绿阔叶林、木荷-松林；海拔 1270～1740 m。

分布于福贡县瓦屋乡；保山市潞江镇；腾冲市荷花镇。15-1。

8. 沙坝榕 Ficus chapaensis Gagnepain

凭证标本：独龙江考察队 1377；高黎贡山考察队 32714。

乔木或灌木，高 2～10 m。生长于常绿阔叶林、针阔混交林、灌丛、山谷杂木林、河谷、江边岩上、林下、路旁埂上、香果树下、箐沟、山坡、杂草丛；海拔 650～2500 m。

分布于独龙江（贡山县独龙江乡段）；贡山县丙中洛乡；泸水市片马镇；保山市潞江镇；腾冲市明光镇、马站乡；龙陵县碧寨乡。14-4。

9. 歪叶榕 Ficus cyrtophylla（Wallich ex Miquel）Miquel-*Covellia cyrtophylla* Wallich ex Miquel

凭证标本：李恒、郭辉军、李正波、施晓春 41；高黎贡山考察队 30884。

灌木或乔木，高 3～6 m。生长于常绿阔叶林、石柯-榕树林、枪木-榕林、疏林、林下、山坡、山箐、水边、潮湿沟谷、公路边；海拔 600～2300 m。

分布于独龙江（贡山县独龙江乡段）；贡山县普拉底乡；福贡县石月亮乡、上帕镇；泸水市上江乡；保山市芒宽乡；腾冲市荷花镇、芒棒镇；龙陵县龙山镇。14-3。

10. 黄毛榕 Ficus esquiroliana H. Léveillé

凭证标本：独龙江考察队 4502；高黎贡山考察队 30881。

乔木或灌木，高 4～10 m。生长于常绿阔叶林、河岸常绿阔叶林、枪木-榕林、山香圆-山茶林、河谷灌丛、沙地上、山坡；海拔 1060～1610 m。

分布于独龙江（贡山县独龙江乡段）；福贡县石月亮乡、鹿马登乡、上帕镇；腾冲市清水乡。7。

11. 线尾榕 Ficus filicauda Handel-Mazzetti

凭证标本：独龙江考察队 4009；高黎贡山考察队 24241。

乔木，高 7～10 m。生长于常绿阔叶林、林地、山坡、林下；海拔 2100～2700 m。

分布于独龙江（贡山县独龙江乡段）；泸水市片马镇。14-3。

12. 水同木 Ficus fistulosa Reinwardt ex Blume

凭证标本：刘伟心 226。

常绿小乔木。生长于林中、岩石、河边；海拔 600～1000 m。

分布于泸水市。7。

13. 金毛榕 Ficus fulva Reinwardt ex Blume

凭证标本：高黎贡山考察队 18277。

小乔木，高 6～8 m。生长于针叶林、灌丛；海拔 1350 m。

分布于保山市潞江镇。7。

14a. 冠毛榕 Ficus gasparriniana Miquel

凭证标本：独龙江考察队 1421；高黎贡山考察队 24820。

灌木。生长于常绿阔叶林、石柯-桦木林、石柯-木荷林、针叶林、林下、沟边草丛中、山坡、阳处、杂木林中、杂草丛、草坡；海拔 1300～2010 m。

分布于独龙江（贡山县独龙江乡段）；福贡县上帕镇；泸水市称杆乡；腾冲市明光镇、界头镇、芒棒镇、五合乡。14-3。

*14b. 长叶冠毛榕 Ficus gasparriniana var. **esquirolii**（H. Léveillé & Vaniot）Corner-*Ficus esquirolii* H. Léveillé & Vaniot

凭证标本：高黎贡山考察队 14561，29367。

灌木。生长于常绿阔叶林、石柯-木莲林、灌丛、山坡、杂草丛；海拔 1130～2160 m。

分布于贡山县茨开镇；福贡县鹿马登乡、上帕镇、架科底乡；泸水市片马镇、洛本卓乡；腾冲市明光镇、界头镇、芒棒镇。15-1。

14c. 菱叶冠毛榕 Ficus gasparriniana var. **laceratifolia**（H. Léveillé & Vaniot）Corner-*Ficus laceratifolia* H. Léveillé & Vaniot

凭证标本：刘伟心 219；高黎贡山考察队 7990。

灌木。生长于灌丛、路边灌丛、山坡；海拔 1230～2120 m。

分布于福贡县石月亮乡、匹河乡；泸水市上江乡；腾冲市曲石镇。14-3。

15. 大叶水榕 Ficus glaberrima Blume

凭证标本：高黎贡山考察队 18095。

乔木，高达 15 m。生长于常绿阔叶林；海拔 1310 m。

分布于腾冲市芒棒镇。7。

16. 藤榕 Ficus hederacea Roxburgh

凭证标本：刘伟心 218；南水北调队（滇西北分队）8185。

攀缘灌木。生长于山坡常绿阔叶林、林中、河边、水沟边；海拔 900～1900 m。

分布于独龙江（贡山县独龙江乡段）；泸水市六库镇、上江乡。14-3。

17. 尖叶榕 Ficus henryi Warburg ex Diels

凭证标本：青藏队 7921；高黎贡山考察队 31041。

乔木，高 3～10 m。生长于常绿阔叶林、石柯-木荷林、箭竹灌丛、杂木林、沟边、林中、路边；海拔 1250～2075 m。

分布于贡山县丙中洛乡、茨开镇；保山市芒宽乡；腾冲市芒棒镇、五合乡。14-4。

18. 异叶榕 Ficus heteromorpha Hemsley

凭证标本：高黎贡山考察队 14098，28970。

落叶灌木或乔木，高 2～5 m。生长于次生常绿阔叶林、桦木-榕林、硬叶常绿阔叶林、灌丛、林边灌丛、密林下、杂草丛、河边、路边；海拔 1130～2500 m。

分布于福贡县上帕镇；泸水市洛本卓乡；保山市芒宽乡；腾冲市猴桥镇；龙陵县龙山镇、碧寨乡。14-4。

19. 粗叶榕 Ficus hirta Vahl

凭证标本：施晓春，杨世雄 573；高黎贡山考察队 30848。

灌木或小乔木。生长于常绿阔叶林、针叶林、灌丛；海拔 1010～1500 m。

分布于泸水市六库镇；保山市潞江镇、芒宽乡；腾冲市曲石镇、清水乡、五合乡；龙陵县镇安镇。7。

20. 对叶榕 Ficus hispida Linnaeus

凭证标本：南水北调队（滇西北分队）8215；高黎贡山考察队 23554。

灌木或小乔木。生长于硬叶常绿阔叶林、灌丛、江边路边、林边；海拔 686～1600 m。

分布于泸水市六库镇；保山市芒宽乡、潞江镇；腾冲。5。

21. 壶托榕 Ficus ischnopoda Miquel

凭证标本：蔡希陶 58977；南水北调队（滇西北分队）8015。

灌木状乔木，高 2～3 m。生长于公路下大石滩上、沟边；海拔 800～2000 m。

分布于独龙江（贡山县独龙江乡段）；福贡县上帕镇；泸水市六库镇。14-3。

22. 瘤枝榕 Ficus maclellandii King

凭证标本：刘伟心 169；高黎贡山植被组 S18。

乔木，高 15～20 m。生长于河边；海拔 758 m。

分布于泸水市六库镇；保山市芒宽乡。14-3。

23. 森林榕 Ficus neriifolia Smith

凭证标本：独龙江考察队 1651；高黎贡山考察队 25363。

乔木，高达 15 m。生长于常绿阔叶林、针叶林、杂木林、沟边杂木林、河谷、江边、林下、林中、沟边、路边、密林下、山谷中、山坡、岩上阴湿处；海拔 1200～3200 m。

分布于独龙江（贡山县独龙江乡段）；贡山县丙中洛乡、茨开镇；福贡县石月亮乡、鹿马登乡、上帕镇、匹河乡；泸水市片马镇、鲁掌镇、上江乡；保山市芒宽乡、潞江镇；腾冲市界头镇、猴桥镇、曲石镇、腾越镇、芒棒镇、五合乡；龙陵县龙江乡、镇安镇、碧寨乡。14-3。

24. 豆果榕 Ficus pisocarpa Blume

凭证标本：高黎贡山考察队 26115。

乔木，高 5～15 m。生长于木荷-高山锥林；海拔 1740 m。

分布于保山市潞江镇。7。

25. 钩毛榕 Ficus praetermissa Corner

凭证标本：高黎贡山考察队 19423，27576。

直立灌木，高 3～6 m。生长于常绿阔叶林、硬叶常绿阔叶林；海拔 1250～1380 m。

分布于福贡县马吉乡、上帕镇；龙陵县镇安镇。14-4。

26. 平枝榕 Ficus prostrata (Wallich ex Miquel) Miquel-*Covellia prostrata* Wallich ex Miquel

凭证标本：T. T. Yü 20439；独龙江考察队 3390。

小乔木。生长于山坡常绿阔叶林、河谷林、林中；海拔 1200～1450 m。

分布于独龙江（贡山县独龙江乡段）。14-3。

27. 聚果榕 Ficus racemosa Linnaeus

凭证标本：刘伟心 210；林芹 791119。

乔木，高 25～30 m。生长于沟边、江边、林下、溪边、岩上；海拔 800～1500 m。

分布于独龙江（贡山县独龙江乡段）；泸水市六库镇、上江乡；保山市；龙陵县勐糯镇。5。

28a. 匍茎榕 Ficus sarmentosa Buchanan-Hamilton ex Smith var. **Sarmentosa**

凭证标本：独龙江考察队 509，7013。

灌木或木质藤本。生长于江边阔叶林中、西岸上；海拔 1400 m。

分布于独龙江（贡山县独龙江乡段）。14-3。

* **28b. 珍珠莲 Ficus sarmentosa** var. **henryi**（King ex Oliver）Corner-*Ficus foveolata*（Wallich ex Miquel）Wallich ex Miquel var. *henryi* King ex Oliver

凭证标本：T. T. Yü 19482；孙航 1616。

匍匐或攀缘木质灌木。生长于常绿阔叶林、林下水边、沟边；海拔 1600～1980 m。

分布于独龙江（贡山县独龙江乡段）；贡山县丙中洛乡；福贡县；泸水市上江乡；腾冲市界头镇。15-1。

28c. 长柄爬藤榕 Ficus sarmentosa var. **luducca**（Roxburgh）Corner-*Ficus luducca* Roxburgh

凭证标本：高黎贡山考察队 14700，29349。

匍匐藤本。生长于常绿阔叶林、胡桃林、胡桃-漆树林、枪木-榕林、石柯-山矾林、硬叶常绿阔叶林、杜鹃-木荷林、灌丛、林下、林中、杂草丛、沟边岩石上；海拔 1180～2120 m。

分布于独龙江（贡山县独龙江乡段）；贡山县丙中洛乡、捧打乡、茨开镇、普拉底乡；福贡县马吉乡、石月亮乡、鹿马登乡、上帕镇；腾冲市明光镇；龙陵县龙江乡。14-3。

* **28d. 大果爬藤榕 Ficus sarmentosa** var. **duclouxii**（H. Léveillé & Vaniot）Corner-*Ficus duclouxii* H. Léveillé & Vaniot

凭证标本：高黎贡山考察队 23843，30381。

匍匐或攀缘灌木。生长于木荷林、壳斗-樟林、石柯-青冈林；海拔 1940～2160 m。

分布于腾冲市明光镇、界头镇；龙陵县镇安镇；15-1。

28e. 尾尖爬藤榕 Ficus sarmentosa var. **lacrymans**（H. Léveillé）Corner-*Ficus lacrymans* H. Léveillé

凭证标本：高黎贡山考察队 20915，25513。

匍匐或攀缘灌木。生长于硬叶常绿阔叶林、草甸；海拔 1040～1160 m。

分布于福贡县架科底乡；泸水市洛本卓乡。14-4。

29. 鸡嗉子榕 Ficus semicordata Buchanan-Hamilton ex Smith

凭证标本：李恒、郭辉军、李正波、施晓春 41；高黎贡山考察队 25275。

乔木，高 3～10 m。生长于常绿阔叶林、石柯-木荷林、石柯-榕树林、栎类灌丛、次生灌丛、林中、阳处、怒江河谷、瀑布边、山脚、河边、林下、路边；海拔 600～3200 m。

分布于福贡县上帕镇；泸水市鲁掌镇、六库镇、上江乡；保山市芒宽乡、潞江镇；腾冲市芒棒镇、五合乡、荷花镇；龙陵县镇安镇、碧寨乡、勐糯镇。14-3。

30. 竹叶榕 Ficus stenophylla Hemsley

凭证标本：南水北调队 6827。

灌木，高 1～3 m。生长于河边；海拔 1300 m。

分布于腾冲市猴桥镇。14-4。

31. 棒果榕 Ficus subincisa Buchanan-Hamilton ex Smith

凭证标本：陈介 693；碧江队 568。

灌木或小乔木，高 1～3 m。生长于山箐溪边疏林、密林下、灌丛；海拔 1510～2400 m。

分布于贡山县丙中洛乡、茨开镇；福贡县；龙陵县龙山镇、碧寨乡。14-3。

32. 地果 Ficus tikoua Bureau

凭证标本：高黎贡山考察队 12400，34255。

匍匐木质藤本，高 30～40 cm。生长于次生常绿阔叶林、石柯-栲林、桤木林、栎类灌丛、草甸、江边、杂草丛；海拔 1040～1920 m。

分布于贡山县丙中洛乡、捧打乡、茨开镇；福贡县上帕镇、匹河乡；泸水市洛本卓乡；保山市芒宽乡、潞江镇。14-3。

33. 斜叶榕 Ficus tinctoria subsp. **gibbosa**（Blume）Corner-*Ficus gibbosa* Blume

凭证标本：碧江队 230；南水北调队（滇西北分队）8181。

附生乔木或灌木。生长于常绿阔叶林、山灌丛、河边、阴湿山沟；海拔 1170～1550 m。

分布于福贡县匹河乡；泸水市上江乡；保山市芒宽乡；龙陵县。7。

* **34. 岩木瓜 Ficus tsiangii** Merrill ex Corner

凭证标本：高黎贡山考察队 9920，26163。

灌木或乔木，高 4～6 m。生长于常绿阔叶林、田野边；海拔 680～1460 m。

分布于独龙江（贡山县独龙江乡段）；泸水市六库镇；保山市芒宽乡。15-1。

35. 黄葛榕 Ficus virens Aiton

凭证标本：孙航 1615；高黎贡山考察队 27623。

落叶或半落叶乔木。生长于常绿阔叶林、木荷-栲树林、河边、溪边；海拔 800～1740 m。

分布于福贡县马吉乡；泸水市片马镇、六库镇、上江乡；保山市芒宽乡、潞江镇。5。

** **36. 云南榕 Ficus yunnanensis** S. S. Chang

凭证标本：独龙江考察队 4608；孙航 1616。

乔木，高 7～8 m。生长于江边阔叶林石上、河边石壁上、林下巨石上附生、路边、山坡、攀缘于岩石上、山坡石上附生；海拔 1300～2050 m。

分布于独龙江（贡山县独龙江乡段）；泸水市上江乡；腾冲市界头镇。15-2-5。

37. 构棘 Maclura cochinchinensis (Loureiro) Corner-*Vanieria cochinchinensis* Loureiro

凭证标本：南水北调队（滇西北分队）8039；高黎贡山考察队 19228。

直立或攀缘灌木。生长于常绿阔叶林、灌丛、江边、山沟、阳处；海拔 800～1175 m。

分布于贡山县；福贡县上帕镇、匹河乡；泸水市六库镇、上江乡；保山市潞江镇。5。

38. 柘藤 Maclura fruticosa (Roxburgh) Corner-*Batis fruticosa* Roxburgh

凭证标本：蔡希陶 54806；高黎贡山考察队 22441。

木质藤本。生长于常绿阔叶林、灌丛、林下、河边、江岸、乱石堆上、山脚灌丛中阳处、溪边；海拔 1250～2400 m。

分布于贡山县丙中洛乡；福贡县石月亮乡、鹿马登乡、上江乡、匹河乡；泸水市六库镇；腾冲市芒棒镇、五合乡；龙陵县。14-3。

39. 毛柘藤 Maclura pubescens (Trécul) Z. K. Zhou & M. G. Gilbert-*Cudrania pubescens* Trécul

凭证标本：怒江考察队 454。

木质藤本。生长于江岸灌丛中；海拔 1000 m。

分布于福贡县匹河乡；泸水市六库镇。7。

40. 柘 Maclura tricuspidata Carrière

凭证标本：武素功 8550；南水北调队 8039。

落叶灌木或小乔木，高 1～7 m。生长于山谷杂木林下、潮湿处；海拔 800 m。

分布于福贡县石月亮乡；泸水市六库镇；保山市芒宽乡。14-2。

[+]**41. 桑 Morus alba** Linnaeus

凭证标本：高黎贡山考察队 13823，29353。

灌木或乔木，高 3～10 m。生长于常绿阔叶林、石柯-山矾林、壳斗-樟林、江边、路边、村边、山坡、溪中、杂草丛；海拔 1100～2170 m。

分布于贡山县茨开镇；福贡县马吉乡、石月亮乡、鹿马登乡、上帕镇、匹河乡；泸水市片马镇；腾冲市明光镇；龙陵县龙山镇。16。

42. 鸡桑 Morus australis Poiret

凭证标本：横断山队 183；高黎贡山考察队 30482。

小乔木或灌木。生长于常绿阔叶林、石柯-冬青林、石柯-桤木林、石柯-青冈林、针叶林、河边；海拔 1175～2100 m。

分布于福贡县上帕镇；泸水市片马镇；腾冲市界头镇、猴桥镇；龙陵县。14-1。

43. 奶桑 Morus macroura Miquel

凭证标本：独龙江考察队 6622，6788。

乔木，高 7～12 m。生长于河谷林、灌丛；海拔 1330 m。

分布于独龙江（贡山县独龙江乡段）。14-3。

44. 蒙桑 Morus mongolica（Bureau）C. K. Schneider-*Morus alba* Linnaeus var. *mongolica* Bureau

凭证标本：高黎贡山考察队 14658，24797。

小乔木或灌木。生长于常绿阔叶林、石柯-桦木林、公路边、公路边石崖下、怒江边；海拔 1000～2540 m。

分布于贡山县丙中洛乡；福贡县匹河乡；泸水市六库镇；腾冲市五合乡。14-2。

*** 45. 川桑 Morus notabilis** C. K. Schneider

凭证标本：青藏队 9554；高黎贡山考察队 11734。

乔木，高 9～15 m。生长于常绿阔叶林、林中；海拔 1300～2800 m。

分布于独龙江（贡山县独龙江乡段）；贡山县茨开镇。15-1。

*** 46. 裂叶桑 Morus trilobata**（S. S. Chang）Z. Y. Cao-*Morus australis* var. *trilobata* S. S. Chang

凭证标本：高黎贡山考察队 24119，30647。

乔木，高达 350 cm。生长于常绿阔叶林；海拔 1530～2070 m。

分布于泸水市片马镇；腾冲市明光镇、曲石镇。15-1。

169. 荨麻科 Urticaceae

17 属 95 种 10 变种，*8，**3，***23

*** 1. 阴地苎麻 Boehmeria umbrosa**（Handell-Mazzetti）W. T. Wang-*Boehmeria clidemioides* Miquel var. *umbrosa* Handel-Mazzetti

凭证标本：独龙江考察队 3790；高黎贡山考察队 34472。

多年生草本，高 120 cm。生长于常绿阔叶林、河谷常绿阔叶林、石砾-乔松林、山坡路旁、岩上阴湿；海拔 1380～2250 m。

分布于独龙江（贡山县独龙江乡段）；贡山县。15-1。

2a. 白面苎麻 Boehmeria clidemioides Miquel

凭证标本：高黎贡山考察队 7418，23189。

多年生草本或亚灌木，高 70～300 cm。生长于常绿阔叶林、次生常绿阔叶林、林下、田边溪旁；海拔 1000～2300 m。

分布于贡山县茨开镇；泸水市片马镇、鲁掌镇；保山市芒宽乡；腾冲市界头镇、芒棒镇。7。

2b. 序叶苎麻 Boehmeria clidemioides var. diffusa（Weddell）Handel-Mazzetti-*Boehmeria diffusa* Weddell

凭证标本：独龙江考察队 3593；高黎贡山考察队 33236。

多年生草本或亚灌木，高达 150 cm。生长于常绿阔叶林、石砾-木荷林、核桃-云南松林、灌丛、河岸、林下、箐沟边、山沟栗林下、山坡、密林；海拔 1340～2600 m。

分布于独龙江（贡山县独龙江乡段）；贡山县丙中洛乡、捧打乡、茨开镇；福贡县马吉乡；泸水市上江乡；腾冲市曲石镇、五合乡、蒲川乡；龙陵县龙山镇。14-3。

3. 腋球苎麻 Boehmeria glomerulifera Miquel

凭证标本：刘伟心 104。

灌木或小乔木，高 1～5 m。生长于溪旁、阴湿；海拔 1450 m。

分布于泸水市。7。

4a. 水苎麻 Boehmeria macrophylla Hornemann

凭证标本：独龙江考察队 1788；高黎贡山考察队 33984。

亚灌木或者多年生草本，高 1～2 m。生长于常绿阔叶林、黄桤-八角枫林、灌丛、地边、河边、石逢中、林内、路边、箐沟边、林下、石上、杂草丛；海拔 980～2400 m。

分布于独龙江（贡山县独龙江乡段）；贡山县丙中洛乡、捧打乡、茨开镇；福贡县马吉乡、鹿马登乡、上帕镇；泸水市洛本卓乡、六库镇；保山市芒宽乡、潞江镇；腾冲市曲石镇、芒棒镇、五合乡；龙陵县龙江乡、镇安镇。7。

4b. 灰绿水苎麻 Boehmeria macrophylla var. **canescens**（Weddell）D. G. Long-*Boehmeria canescens* Weddell

凭证标本：独龙江考察队 224；高黎贡山考察队 22382。

亚灌木或者多年生草本，高 1～2 m。生长于灌丛、河岸；海拔 1400～1540 m。

分布于独龙江（贡山县独龙江乡段）；贡山县茨开镇。14-3。

5a. 苎麻 Boehmeria nivea（Linnaeus）Gaudichaud-Beaupré-*Urtica nivea* Linnaeus

凭证标本：怒江考察队 1893。

亚灌木或灌木。生长于篱笆上；海拔 1800 m。

分布于泸水市六库镇。7。

5b. 青叶苎麻 Boehmeria nivea var. **tenacissima**（Gaudichaud-Beaupré）Miquel-*Boehmeria tenacissima* Gaudichaud-Beaupré

凭证标本：高黎贡山考察队 21573。

亚灌木，高 50～250 cm。生长于常绿阔叶林；海拔 2150 m。

分布于独龙江（贡山县独龙江乡段）。7。

6. 长叶苎麻 Boehmeria penduliflora Weddell ex D. G. Long

凭证标本：高黎贡山考察队 10839，18276。

灌木直立，高 150～450 cm。生长于次生常绿阔叶林、灌丛、陡坡；海拔 1000～1850 m。

分布于保山市潞江镇；龙陵县镇安镇。14-3。

7. 岐序苎麻 Boehmeria polystachya Weddell

凭证标本：高黎贡山考察队 15200，26281。

草本或灌木，高 100～150 cm。生长于常绿阔叶林、高山栲-木荷林；海拔 1560～

1700 m。

分布于独龙江（贡山县独龙江乡段）；保山市芒宽乡；腾冲市芒棒镇。14-3。

8. 密毛苎麻 Boehmeria tomentosa Weddell

凭证标本：碧江队 1629；高黎贡山考察队 29665。

灌木，高 2～8 m。生长于原始阔叶林、石砾-木荷林、木荷林、林下、沟边、草丛中、阴湿地、山谷、山坡、路边；海拔 1300～2800 m。

分布于贡山县丙中洛乡；福贡县上帕镇、匹河乡；泸水市片马镇；腾冲市明光镇、猴桥镇、曲石镇、五合乡、新华乡；龙陵。14-3。

9. 微柱麻 Chamabainia cuspidata Wight

凭证标本：独龙江考察队 411；高黎贡山考察队 28860。

草本直立，上升，或匍匐，高 12～60 cm。生长于常绿阔叶、秃杉林、灌丛、草地、潮湿处、河边、林内、林下、林缘、路边、山坡、田埂、杂草丛；海拔 1300～3000 m。

分布于独龙江（贡山县独龙江乡段）；贡山县丙中洛乡、茨开镇；福贡县马吉乡、石月亮乡、鹿马登乡、匹河乡；泸水市片马镇、洛本卓乡、鲁掌镇；保山市芒宽乡、潞江镇；腾冲市界头镇、猴桥镇、五合乡；龙陵县龙江乡。7。

10. 长叶水麻 Debregeasia longifolia（N. L. Burman）Weddell-*Urtica longifolia* N. L. Burman

凭证标本：独龙江考察队 1844；高黎贡山考察队 32729。

灌木或小乔木，高 3～6 m。生长于常绿阔叶林、灌丛、河边、河谷、江边、林中、箐沟边、山坡、山坡密林下、溪边、溪谷、阳坡密林、杂草丛、路边；海拔 890～2650 m。

分布于独龙江（贡山县独龙江乡段）；贡山县丙中洛乡、茨开镇、普拉底乡；福贡县马吉乡、石月亮乡、鹿马登乡、上帕镇、架科底乡、匹河乡；泸水市片马镇、六库镇；保山市芒宽乡、潞江镇；腾冲市中和镇、腾越镇、芒棒镇、五合乡、蒲川乡；龙陵县镇安镇、龙山镇、碧寨乡。7。

11. 水麻 Debregeasia orientalis C. J. Chen

凭证标本：独龙江考察队 5415；高黎贡山考察队 20347。

灌木，高 1～4 m。生长于常绿阔叶林、灌丛、沟边、河边、林缘、林下、山谷杂木林缘、山脚、山坡；海拔 1360～3200 m。

分布于独龙江（贡山县独龙江乡段）；贡山县丙中洛乡、茨开镇；福贡县鹿马登乡；泸水市片马镇、上江乡；腾冲市明光镇、界头镇、曲石镇。14-1。

12. 单蕊麻 Droguetia iners subsp. **urticoides**（Wight）Friis & Wilmot-Dear-*Forsskaolea urticoides* Wight

凭证标本：高黎贡山考察队 13276，34499。

多年生草本，高 20～40 cm。生长于常绿阔叶林、黄楸-八角枫林、铁杉-云杉林、针阔叶混交林、箭竹-石楠湿地、石坡高山草甸；海拔 1900～3350 m。

分布于贡山县茨开镇；福贡县石月亮乡、鹿马登乡；保山市潞江镇。7。

*** **13. 厚苞楼梯草 Elatostema apicicrassum** W. T. Wang

凭证标本：金效华等 0428；高黎贡山考察队 32691。

多年生草本，高 20～40 cm。生长于常绿阔叶林、石砾-青冈林；海拔 2270 m。

分布于独龙江（贡山县独龙江乡段）。15-2-6。

* **14. 耳状楼梯草 Elatostema auriculatum** W. T. Wang

凭证标本：独龙江考察队 301；高黎贡山考察队 20840。

多年生草本，高 60～80 cm。生长于常绿阔叶林、山谷常绿林、河谷常绿林、次生林、灌丛、河岸、河谷、箐沟、路边、林下、山箐；海拔 1240～2200 m。

分布于独龙江（贡山县独龙江乡段）；贡山县丙中洛乡、捧打乡；福贡县匹河乡。15-1。

15. 滇黔楼梯草 Elatostema backeri H. Schroeter

凭证标本：高黎贡山考察队 33346。

多年生草本，高 5～45 cm。生长于常绿阔叶林；海拔 1520 m。

分布于贡山县茨开镇。7。

*** **16. 茨开楼梯草 Elatostema cikaiense** W. T. Wang, sp. nov.

凭证标本：高黎贡山考察队 12217，15388。

多年生草本，高 20～40 cm。生长于常绿阔叶林、秃杉林；海拔 1850～2940 m。

分布于贡山县茨开镇。15-2-6。

*** **17. 兜船楼梯草 Elatostema cucullatonaviculare** W. T. Wang

凭证标本：独龙江考察队 4402。

多年生草本。生长于常绿阔叶林；海拔 1500 m。

分布于独龙江（贡山县独龙江乡段）。15-2-6。

18. 骤尖楼梯草 Elatostema cuspidatum Wight

凭证标本：独龙江考察队 4224；高黎贡山考察队 34445。

多年生草本，高 25～90 cm。生长于常绿阔叶林、桤木-桦木林、针阔叶混交林、铁杉-石砾林、铁杉-云杉林、灌丛、滴水岩下、沟边、河岸箐沟林下、路边；海拔 1330～3200 m。

分布于独龙江（贡山县独龙江乡段）；贡山县丙中洛乡、茨开镇；福贡县马吉乡、石月亮乡；泸水市片马镇、洛本卓乡；保山市芒宽乡；腾冲市滇滩镇、明光镇。14-3。

19. 锐齿楼梯草 Elatostema cyrtandrifolium（Zollinger & Moritzi）Miquel-*Procris cyrtandrifolia* Zollinger & Moritzi

凭证标本：高黎贡山考察队 17373，25868。

多年生草本，高 14～70 cm。生长于原始常绿阔叶林、石砾-木荷林、灌丛、箐沟中、路边次生植被；海拔 1010～2400 m。

分布于贡山县捧打乡；福贡县马吉乡、匹河乡；泸水市洛本卓乡；保山市潞江镇；腾冲市界头镇。7。

*** **20. 指序楼梯草 Elatostema dactylocephalum** W. T. Wang

凭证标本：高黎贡山考察队 23678。

多年生草本。生长于常绿阔叶林；海拔 2016 m。

分布于龙陵县镇安镇。15-2-6。

*** **21. 拟盘托楼梯草 Elatostema dissectoides** W. T. Wang

凭证标本：独龙江考察队 4434，4472。

多年生草本，高约 100 cm。生长于山谷常绿林；海拔 1240～1400 m。

分布于独龙江（贡山县独龙江乡段）。15-2-6。

22. 盘托楼梯草 Elatostema dissectum Weddell

凭证标本：独龙江考察队 3432；高黎贡山考察队 23776。

多年生草本，高 30～100 cm。生长于常绿阔叶林、石砾-茶树林、石砾-冬青林、滴水岩下、沟边、河岸林瀑布底、阔叶林下湿地、林下、箐沟水沟边；海拔 1240～2300 m。

分布于独龙江（贡山县独龙江乡段）；贡山县茨开镇；福贡县鹿马登乡；腾冲市芒棒镇；龙陵县镇安镇。14-3。

*** **23. 独龙楼梯草 Elatostema dulongense** W. T. Wang

凭证标本：青藏队 9130。

多年生草本，高 30～40 cm。生长于常绿阔叶林；海拔 1350 m。

分布于独龙江（贡山县独龙江乡段）。15-2-6。

*** **24. 锈茎楼梯草 Elatostema ferrugineum** W. T. Wang

凭证标本：青藏队 9130a。

多年生草本，高 30～45 cm。生长于常绿阔叶林；海拔 1350 m。

分布于独龙江（贡山县独龙江乡段）。15-2-6。

25. 梨序楼梯草 Elatostema ficoides Weddell

凭证标本：高黎贡山考察队 22956，30163。

多年生草本，高 45～100 cm。生长于常绿阔叶林、石砾-杜鹃林；海拔 2080～2370 m。

分布于泸水市片马镇；腾冲市界头镇。14-3。

*** **26. 福贡楼梯草 Elatostema fugongense** W. T. Wang

凭证标本：青藏队 6958。

多年生草本，高 35 cm。生长于常绿阔叶林；海拔 2200 m。

分布于福贡县鹿马登乡。15-2-6。

*** **27. 贡山楼梯草 Elatostema gungshanense** W. T. Wang

凭证标本：青藏队 7467；独龙江考察队 3628。

多年生草本，高 12～15 cm。生长于常绿阔叶林、山坡、路边；海拔 2400～

2600 m。

分布于独龙江（贡山县独龙江乡段）；贡山县丙中洛乡。15-2-6。

28. 疏晶楼梯草 Elatostema hookerianum Weddell

凭证标本：独龙江考察队 384；高黎贡山考察队 30133。

多年生草本，高 20～30 cm。生长于常绿阔叶林、乔松-石砾林、河谷灌丛、河边、林下、林中、阴湿地、山坡沟边、石上；海拔 1300～2600 m。

分布于独龙江（贡山县独龙江乡段）；福贡县马吉乡、上帕镇；保山市潞江镇；腾冲市界头镇、猴桥镇、芒棒镇；龙陵县镇安镇。14-3。

29. 光叶楼梯草 Elatostema laevissimum W. T. Wang

凭证标本：独龙江考察队 5035；高黎贡山考察队 23779。

亚灌木，高 50～200 cm。生长于常绿阔叶林、石砾-冬青林；海拔 1400～2120 m。

分布于独龙江（贡山县独龙江乡段）；龙陵县镇安镇。14-4。

*** 30. 李恒楼梯草 Elatostema lihengianum W. T. Wang

凭证标本：独龙江考察队 620，5027。

亚灌木，高 50～100 cm。生长于常绿阔叶林、林下岩石旁；海拔 1300～1530 m。

分布于独龙江（贡山县独龙江乡段）。15-2-6。

31. 狭叶楼梯草 Elatostema lineolatum Wight

凭证标本：独龙江考察队 1685，6987。

亚灌木，高 50～200 cm。生长于常绿阔叶林、河谷、林下、箐沟；海拔 1400～1560 m。

分布于独龙江（贡山县独龙江乡段）。14-3。

32. 多序楼梯草 Elatostema macintyrei Dunn

凭证标本：南水北调队（滇西北分队）8058；高黎贡山考察队 24784。

亚灌木，高 30～120 cm。生长于石砾-桦木林、林下、阴湿、山谷、岩石上附生、溪谷；海拔 900～1500 m。

分布于泸水市六库镇、上江乡；腾冲市五合乡；龙陵县大头坡。14-3。

33. 异叶楼梯草 Elatostema monandrum (D. Don) H. Hara-*Procris monandra* D. Don

凭证标本：高黎贡山考察队 13848，28869。

草本，高 5～20 cm。生长于常绿阔叶林、林中、树上、草地缘；海拔 1300～2540 m。

分布于独龙江（贡山县独龙江乡段）；贡山县；福贡县石月亮乡、鹿马登乡；泸水市片马镇；保山市潞江镇；腾冲市曲石镇、芒棒镇、团田乡；龙陵县。14-3。

34a. 托叶楼梯草 Elatostema nasutum J. D. Hooker

凭证标本：高黎贡山考察队 13255，26948。

多年生草本，高 15～45 cm。生长于常绿阔叶林、石砾-木兰林、秃杉-青冈林、河谷灌丛、林下、林中、松林、林缘；海拔 1300～2600 m。

分布于独龙江（贡山县独龙江乡段）；贡山县丙中洛乡、茨开镇；福贡县石月亮

乡；泸水市片马镇、洛本卓乡；保山市潞江镇；腾冲市明光镇。14-3。

*** **34b. 紫脉托叶楼梯草 Elatostema nasutum** var. **atrocostatum** W. T. Wang

凭证标本：高黎贡山考察队 s. n.。

多年生草本，高 30～45 cm。生长于次生常绿阔叶林；海拔 1610 m。

分布于福贡县石月亮乡。15-2-6。

*** **34c. 软鳞托叶楼梯草 Elatostema nasutum** var. **yui** W. T. Wang

凭证标本：T. T. Yü 19950；青藏队 8708。

多年生草本，高 30～45 cm。生长于水沟边常绿林、林下；海拔 1900～2000 m。

分布于独龙江（贡山县独龙江乡段）；贡山县茨开镇。15-2-6。

35a. 钝叶楼梯草 Elatostema obtusum Weddell

凭证标本：独龙江考察队 5552；高黎贡山考察队 30748。

多年生草本，高 10～50 cm。生长于常绿阔叶林、石砾-十蕚花林、桤木-桦木林、铁杉-落叶阔叶林、铁杉-青冈林、针阔叶混交林、林下、林缘、山谷林中；海拔 1720～3450 m。

分布于独龙江（贡山县独龙江乡段）；贡山县丙中洛乡、茨开镇；福贡县鹿马登乡；泸水市片马镇；腾冲市明光镇、猴桥镇、芒棒镇。14-3。

35b. 三齿钝叶楼梯草 Elatostema obtusum var. **trilobulatum**（Hayata）W. T. Wang-*Pellionia trilobulata* Hayata

凭证标本：青藏队 7463，8657。

多年生草本，高 10～50 cm。生长于河边岩石上、草地；海拔 2600～3600 m。

分布于贡山县丙中洛乡。14-3。

*** **36. 尖牙楼梯草 Elatostema oxyodontum** W. T. Wang

凭证标本：独龙江考察队 3558。

多年生草本，高 45 cm。生长于河谷灌丛；海拔 1500 m。

分布于独龙江（贡山县独龙江乡段）。15-2-6。

** **37. 粗角楼梯草 Elatostema pachyceras** W. T. Wang

凭证标本：高黎贡山考察队 14975，20335。

多年生草本，高 20～150 cm。生长于常绿阔叶林、落叶阔叶林；海拔 1330～2600 m。

分布于贡山县茨开镇；福贡县马吉乡、石月亮乡、鹿马登乡；泸水市片马镇；腾冲市猴桥镇。15-2-1。

38. 拟渐尖楼梯草 Elatostema paracuminatum W. T. Wang

凭证标本：独龙江考察队 991，5053。

亚灌木，高约 100 cm。生长于山地林中；海拔 1400～1500 m。

分布于独龙江（贡山县独龙江乡段）；贡山县捧打乡。14-4。

*** **39. 少叶楼梯草 Elatostema paucifolium** W. T. Wang

凭证标本：高黎贡山考察队 10272，33084。

多年生草本，高 90 cm。生长于栎类常绿阔叶林、河谷次生林；海拔 1255～2450 m。

分布于贡山县丙中洛乡；福贡县鹿马登乡；泸水市片马镇。15-2-6。

40. 片马楼梯草 Elatostema pianmaense W. T. Wang

凭证标本：高黎贡山考察队 24077。

多年生草本，高 80 cm。生长于次生常绿阔叶林；海拔 2057 m。

分布于泸水市片马镇。14-2-6。

*** **41. 宽角楼梯草 Elatostema platyceras** W. T. Wang

凭证标本：横断山队 441。

多年生草本，高 44～80 cm。生长于河边阴湿处；海拔 1700 m。

分布于泸水市。15-2-6。

42. 宽叶楼梯草 Elatostema platyphyllum Weddell

凭证标本：独龙江考察队 218；高黎贡山考察队 23171。

亚灌木，高 100～150 cm。生长于常绿阔叶林、栎类林、落叶阔叶林、灌丛、江边路旁石缝中、林中、溪谷、杂草丛；海拔 1231～2600 m。

分布于贡山县捧打乡、茨开镇、普拉底乡；福贡县上帕镇；保山市芒宽乡；腾冲市猴桥镇；龙陵县。14-1。

*** **43. 假骤尖楼梯草 Elatostema pseudocuspidatum** W. T. Wang

凭证标本：高黎贡山考察队 19563，34450。

多年生草本，高 30～40 cm。生长于常绿阔叶林，乔松-石砾林。海拔 2050～2410 m。

分布于独龙江（贡山县独龙江乡段）；福贡县鹿马登乡；泸水市洛本卓乡；腾冲市界头镇。15-2-6。

*** **44. 拟托叶楼梯草 Elatostema pseudonasutum** W. T. Wang

凭证标本：独龙江考察队 3823。

多年生草本，高 60 cm。生长于常绿阔叶林；海拔 1380 m。

分布于独龙江（贡山县独龙江乡段）。15-2-6。

*** **45. 拟宽叶楼梯草 Elatostema pseudoplatyphylla** W. T. Wang

凭证标本：独龙江考察队 456；高黎贡山考察队 14939。

多年生草本，高 80 cm。生长于常绿阔叶林；海拔 1350～2080 m。

分布于独龙江（贡山县独龙江乡段）；贡山县茨开镇。15-2-6。

** **46. 对叶楼梯草 Elatostema sinense** H. Schroeter

凭证标本：独龙江考察队 4240；高黎贡山考察队 30287。

多年生草本，高 20～60 cm。生长于石砾-山矾林、石砾-木荷林；海拔 1250～1820 m。

分布于独龙江（贡山县独龙江乡段）；腾冲市界头镇。15-2。

*47a. 拟细尾楼梯草 **Elatostema tenuicaudoides** W. T. Wang

凭证标本：独龙江考察队 4250，4528。

亚灌木，高 25～45 cm。生长于河岸林、滴水岩下；海拔 1280～1850 m。

分布于独龙江（贡山县独龙江乡段）。15-1。

***47b. 钦郎当楼梯 **Elatostema tenuicaudatoides** var. **orientale** W. T. Wang

凭证标本：独龙江考察队 1157，4470。

亚灌木，高 25～45 cm。生长于河谷灌丛、滴水岩下；海拔 1500～1850 m。

分布于独龙江（贡山县独龙江乡段）。15-2-6。

***48. 三茎楼梯草 **Elatostema tricaule** W. T. Wang

凭证标本：高黎贡山考察队 30000。

多年生草本，高 60 cm。生长于石砾-木荷林；海拔 2010 m。

分布于腾冲市滇滩镇。15-2-6。

***49. 文采楼梯草 **Elatostema wangii** Q. Lin & L. D. Duan

凭证标本：独龙江考察队 4482。

多年生草本，高 100～150 cm。生长于河谷常绿阔叶林；海拔 1240 m。

分布于独龙江（贡山县独龙江乡段）。15-2-6。

50. 华南楼梯草 **Elatostema balansae** Gagnepain

凭证标本：武素功 6783。

多年生草本，高 100～150 cm。生长于山坡常绿阔叶林中；海拔 2600 m。

分布于腾冲市猴桥镇。14-4。

51. 大蝎子草 **Girardinia diversifolia** (Link) Friis-*Urtica diversifolia* Link

凭证标本：李恒、郭辉军、李正波、施晓春 52；高黎贡山考察队 21254。

一年生或多年生草本，茎高 25 cm。生长于灌丛、溪边、林缘；海拔 1000～1800 m。

分布于独龙江（贡山县独龙江乡段）；贡山县茨开镇；保山市芒宽乡。6。

52. 糯米团 **Gonostegia hirta** (Blume ex Hasskarl) Miquel-*Pouzolzia hirta* Blume ex Hasskarl

凭证标本：独龙江考察队 2012；高黎贡山考察队 33257。

草本，高 50～100 cm。生长于常绿阔叶林、杂木林、河边、江边、林中、箐沟、山坡、田埂、杂草丛、沼泽地、采伐迹地、路边；海拔 1180～3100 m。

分布于独龙江（贡山县独龙江乡段）；贡山县丙中洛乡、捧打乡、茨开镇；福贡县马吉乡、石月亮乡、鹿马登乡、上帕镇、子里甲乡、匹河乡；泸水市片马镇、洛本卓乡、鲁掌镇、六库镇；保山市芒宽乡、潞江镇；腾冲市明光镇、猴桥镇、曲石镇、芒棒镇、五合乡；龙陵县镇安镇。5。

53. 珠芽艾麻 Laportea bulbifera（Siebold & Zuccarini）Weddell-*Urtica bulbifera Siebold & Zuccarini*

凭证标本：独龙江考察队 861；高黎贡山考察队 34662。

草本，茎高 50～150 cm。生长于常绿阔叶林、针阔叶混交林、针叶林、灌丛、河谷、阴湿处、林下、山坡、路边、石上；海拔 1330～3210 m。

分布于独龙江（贡山县独龙江乡段）；贡山县丙中洛乡、茨开镇；福贡县石月亮乡；泸水市片马镇；保山市潞江镇；腾冲市曲石镇。7。

54. 假楼梯草 Lecanthus peduncularis（Wallich ex Royle）Weddell-*Procris peduncularis Wallich ex Royle*

凭证标本：独龙江考察队 292；高黎贡山考察队 32280。

多年生草本，茎高 25～70 cm。生长于常绿阔叶林、秃杉林、乔松-石砾林、灌丛、河岸、河边、河谷、林下、水沟边、林中、箐沟、山坡、溪谷、阳处；海拔 1000～3000 m。

分布于独龙江（贡山县独龙江乡段）；贡山县丙中洛乡、茨开镇；福贡县马吉乡、石月亮乡、鹿马登乡；泸水市片马镇、洛本卓乡、六库镇；保山市芒宽乡、潞江镇；腾冲市界头镇、曲石镇、芒棒镇、五合乡；龙陵县龙江乡、镇安镇。6。

55. 云南假楼梯草 Lecanthus petelotii var. **yunnanensis** C. J. Chen

凭证标本：王启无 67213。

一年生草本，茎高 2～10 cm。生长于林中阴湿处；海拔 2700 m。

分布于贡山县。14-4。

56. 水丝麻 Maoutia puya（Hooker）Weddell-*Boehmeria puya* Hooker

凭证标本：独龙江考察队 172；高黎贡山考察队 23914。

灌木，高 1～2 m。生长于松林、灌丛、田边；海拔 800～1515 m。

分布于泸水市鲁掌镇、六库镇、上江乡；保山市芒宽乡、潞江镇；龙陵县镇安镇。14-3。

57. 膜叶水麻 Oreocnide boniana（Gagnepain）Handel-Mazzetti -*Villebrunea boniana Gagnepain*

凭证标本：高黎贡山考察队 21192，21204。

灌木，高约 2 m。生长于林中阴湿处；海拔 800 m。

分布于泸水市。14-4。

58a. 紫麻 Oreocnide frutescens（Thunb.）Miq. -*Urtica frutescens* Thunberg

凭证标本：青藏队 7907。

灌木或小乔木，高 1～3 m。生长于江边灌丛草地；海拔 1700 m。

分布于贡山县丙中洛乡。14-2。

58b. 滇藏紫麻 Oreocnide frutescens subsp. **occidentalis** C. J. Chen

凭证标本：李恒、刀志灵、李嵘 715；高黎贡山考察队 20911。

小乔木，高 3~8 m。生长于常绿阔叶林、溪边密林、溪旁阴湿处；海拔 1000~2500 m。

分布于贡山县丙中洛乡、捧打乡、茨开镇；福贡县鹿马登乡、上帕镇、架科底乡；泸水市六库镇；保山市芒宽乡；龙陵县龙山镇、镇安镇。14-3。

59. 红紫麻 Oreocnide rubescens (Blume) Miquel-*Urtica rubescens* Blume

凭证标本：高黎贡山考察队 25346。

小乔木或灌木，高 2~12 m。生长于常绿阔叶林；海拔 1777 m。

分布于保山市芒宽乡。7。

60. 异被赤车 Pellionia heteroloba Weddell

凭证标本：独龙江考察队 989；高黎贡山考察队 30146。

多年生草本。生长于常绿阔叶林、灌丛、河谷、林下、林中、杂木林、溪谷、阴湿处；海拔 1240~2700 m。

分布于独龙江（贡山县独龙江乡段）；贡山县丙中洛乡；福贡县上帕镇；泸水市片马镇；腾冲市界头镇、猴桥镇、北海乡。14-3。

61a. 圆瓣冷水花 Pilea angulata (Blume) Blume-*Urtica angulata* Blume

凭证标本：高黎贡山考察队 13260，33974。

多年生草本，茎 30~100 cm。生长于常绿阔叶林、冷杉-红杉-落叶阔叶林、铁杉-落叶阔叶林、箭竹-杜鹃沼泽湿地、沼泽湿地草甸；海拔 1910~3280 m。

分布于独龙江（贡山县独龙江乡段）；贡山县茨开镇、丙中洛乡；福贡县上帕镇；保山市潞江镇；龙陵县龙江乡。7。

61b. 长柄冷水花 Pilea angulata subsp. **petiolaris** (Siebold & Zuccarini) C. J. Chen-*Urtica petiolaris* Siebold & Zuccarini

凭证标本：独龙江考察队 4215；高黎贡山考察队 34119。

多年生草本，茎高 40~150 cm。生长于常绿阔叶林、落叶阔叶林、灌丛、草甸、沟边、河边、河谷；海拔 1253~3350 m。

分布于独龙江（贡山县独龙江乡段）；贡山县茨开镇；福贡县马吉乡、石月亮乡、鹿马登乡、子里甲乡；泸水市洛本卓乡；龙陵县镇安镇。14-2。

62. 异叶冷水花 Pilea anisophylla Weddell

凭证标本：林芹、邓向福 790615。

多年生草本，茎高 20~150 cm。生长于石上、枯树上；海拔 2000 m。

分布于独龙江（贡山县独龙江乡段）。14-3。

63a. 裂齿冷水花 Pilea approximata C. B. Clarke

凭证标本：李恒、李嵘 1032；高黎贡山考察队 25646。

多年生草本。生长于常绿阔叶林、针阔叶混交林、水边石上；海拔 2770～3050 m。分布于贡山县茨开镇；泸水市洛本卓乡、片马镇。14-3。

63b. 锐裂齿顶叶冷水花 Pilea approximata var. **incisoserrata** C. J. Chen

凭证标本：武素功 7107。

多年生草本，具块茎，褐色，圆锥形。生长于山坡林下岩石上；海拔 3100 m。

分布于腾冲市猴桥镇。14-3。

* 64. 耳基冷水花 Pilea auricularis C. J. Chen

凭证标本：独龙江考察队 764；高黎贡山考察队 33970。

多年生草本，茎高达 100 cm。生长于常绿阔叶林、落叶阔叶林、针叶林、灌丛、溪边、林下、石上；海拔 1340～3010 m。

分布于独龙江（贡山县独龙江乡段）；贡山县丙中洛乡、捧打乡、茨开镇；福贡县石月亮乡、鹿马登乡、上帕镇；泸水市片马镇、洛本卓乡、鲁掌镇；保山市潞江镇；腾冲市界头镇、芒棒镇、五合乡；龙陵县镇安镇。15-1。

65. 多苞冷水花 Pilea bracteosa Weddell

凭证标本：独龙江考察队 6178；高黎贡山考察队 30178；

多年生草本，高 15～30 cm。生长于常绿阔叶林、松林、针阔叶混交林、秃杉林、冷杉-红杉林、林下、阴湿处、山坡、箐沟边、采划迹地、路边；海拔 1310～3500 m。

分布于独龙江（贡山县独龙江乡段）；贡山县捧打乡、茨开镇；泸水市片马镇、鲁掌镇；腾冲市界头镇、曲石镇。14-3。

66. 弯叶冷水花 Pilea cordifolia J. D. Hooker

凭证标本：独龙江考察队 337，1694。

多年生草本，茎高 30～80 cm。生长于箐沟边；海拔 1340～1380 m。

分布于独龙江（贡山县独龙江乡段）；贡山县。14-3。

67. 点乳冷水花 Pilea glaberrima (Blume) Blume-*Urtica glaberrima* Blume

凭证标本：T. T. Yü 20452；高黎贡山考察队 32337。

多年生草本，高达 150 cm。生长于常绿阔叶林、栎类阔叶林、石砾-箭竹林、次生植被、河边、湿地、石上；海拔 1030～2230 m。

分布于独龙江（贡山县独龙江乡段）；福贡县上帕镇、子里甲乡、匹河乡；泸水市洛本卓乡；保山市芒宽乡、潞江镇；龙陵县龙江乡、镇安镇。7。

68. 翠茎冷水花 Pilea hilliana Handel-Mazzetti

凭证标本：武素功 7294；冯国楣 7031。

草本，茎高 25～100 cm。生长于山坡常绿阔叶林、云杉林、沟边杂林中、林下水沟边、松林湿处；海拔 1700～2660 m。

分布于独龙江（贡山县独龙江乡段）；贡山县茨开镇；福贡县上帕镇；腾冲市北海乡。14-4。

**69. 泡果冷水花 Pilea howelliana Handel-Mazzetti

凭证标本：昆明生态所 F165；高黎贡山考察队 20717。

多年生草本，茎高 15～100 cm。生长于常绿阔叶林、潮湿水沟边；海拔 1410～1500 m。

分布于独龙江（贡山县独龙江乡段）；福贡县上帕镇。15-2-5。

70. 山冷水花 Pilea japonica（Maximovicz）Handel-Mazzetti -*Achudemia japonica* Maximowicz

凭证标本：独龙江考察队 219；高黎贡山考察队 24137。

草本，茎高 5～30 cm。生长于怒江西岸岩常阔林、灌丛、次生林；海拔 1560～1809 m。

分布于贡山县丙中洛乡、捧打乡；泸水市片马镇。14-2。

71. 鱼眼果冷水花 Pilea longipedunculata Chien & C. J. Chen

凭证标本：南水北调队（滇西北分队）10342；高黎贡山考察队 27460。

多年生草本，茎高 30～60 cm。生长于常绿阔叶林、华山松林、云南松林、草地、河谷、林边、林中、杂草丛、次生植被；海拔 1040～2360 m。

分布于福贡县石月亮乡、上帕镇；泸水市洛本卓乡、鲁掌镇；保山市潞江镇；腾冲市芒棒镇；龙陵县镇安镇。14-4。

72. 大叶冷水花 Pilea martini（H. Léveillé）Handel-Mazzetti -*Boehmeria martini* H. Léveillé

凭证标本：施晓春、杨世雄 803；高黎贡山考察队 26928。

多年生草本，高 30～100 cm。生长于常绿阔叶林、针阔叶混交林、铁杉林、沟边、林边、林间、林下、林缘、山顶、杂草丛、杂木林下、竹丛下、路边；海拔 1410～3500 m。

分布于独龙江（贡山县独龙江乡段）；贡山县丙中洛乡、茨开镇；福贡县马吉乡、石月亮乡；泸水市片马镇；保山市潞江镇；腾冲市界头镇、明光镇、猴桥镇、曲石镇。14-3。

73. 长序冷水花 Pilea melastomoides（Poiret）Weddell-*Urtica melastomoides* Poiret

凭证标本：李生堂 535；独龙江考察队 4468。

多年生草本，高达 200 cm。生长于阔叶林下、沟边草丛中；海拔 1240～2800 m。

分布于独龙江（贡山县独龙江乡段）；福贡县上帕镇；腾冲市猴桥镇。7。

*74. 念珠冷水花 Pilea monilifera Handel-Mazzetti

凭证标本：武素功 7393。

多年生草本，高 50～150 cm。生长于山坡常绿阔叶林下、水沟边；海拔 2400 m。

分布于腾冲市北海乡。15-1。

*75. 串珠毛冷水花 Pilea multicellularis C. J. Chen

凭证标本：王启无 67333；独龙江考察队 533。

多年生草本，高约 40 cm。生长于河岸林、河谷灌丛、林下；海拔 1300 m。

分布于独龙江（贡山县独龙江乡段）；贡山县丙中洛乡。15-1。

76. 冷水花 Pilea notata C. H. Wright

凭证标本：孙航 1622；高黎贡山考察队 14052。

多年生草本，高 25～75 cm。生长于常绿阔叶林、林下、沟边；海拔 1500～2850 m。

分布于福贡县上帕镇；泸水市鲁掌镇；保山市芒宽乡；腾冲市曲石镇。14-2。

77. 滇东南冷水花 Pilea paniculigera C. J. Chen

凭证标本：高黎贡山考察队 13978。

多年生草本，高达 100 cm。生长于常绿阔叶林；海拔 1570 m。

分布于保山市芒宽乡。14-4。

*** 78. 赤车冷水花 Pilea pellionioides C. J. Chen

凭证标本：独龙江考察队 821；高黎贡山考察队 22354。

多年生草本，高达 120 cm。生长于常绿阔叶林、河谷灌丛、林下、河岸杂木林、河谷沟边、箐沟、阴湿处；海拔 1300～2700 m。

分布于独龙江（贡山县独龙江乡段）；贡山县茨开镇。15-2-6。

* 79. 镜面草 Pilea peperomioides Diels

凭证标本：刘伟心 146；南水北调队（滇西北分队）8050。

多年生草本，高 15～40 cm。生长于林下阴湿处、山坡石崖上；海拔 860～1010 m。

分布于泸水市六库镇。15-1。

80. 石筋草 Pilea plataniflora C. H. Wright

凭证标本：武素功 8584；高黎贡山考察队 21827。

多年生草本，茎高 10～70 cm。生长于常绿阔叶林、云南松林、铁杉混交林、阴湿岩石上、林下、潮湿地、沟边、山坡、岩石上；海拔 1100～2400 m。

分布于独龙江（贡山县独龙江乡段）；福贡县石月亮乡、子里甲乡、匹河乡；14-4。

81. 假冷水花 Pilea pseudonotata C. J. Chen

凭证标本：高黎贡山考察队 13407，33971。

亚灌木，茎高达 200 cm。生长于常绿阔叶林、高山灌丛；海拔 1080～3120 m。

分布于贡山县捧打乡、茨开镇；福贡县马吉乡；泸水市洛本卓乡；保山市芒宽乡。14-4。

82. 怒江冷水花 Pilea salwinensis（Handel-Mazzetti）C. J. Chen-*Pilea symmeria* Weddell var. *salwinensis* Handel-Mazzetti

凭证标本：南水北调队 8174，9164。

多年生，高达 100 cm。生长于常绿阔叶林、山沟阴处；海拔 2300～2700 m。

分布于独龙江（贡山县独龙江乡段）；泸水市上江乡。14-4。

83. 细齿冷水花 Pilea scripta（Buchanan-Hamilton ex D. Don）Weddell-*Urtica scripta* Buchanan-Hamilton ex D. Don

凭证标本：独龙江考察队 308；高黎贡山考察队 29816。

多年生粗壮草本，茎高 100～150 cm。生长于河边阔叶林、石砾-木荷林、沟边灌丛、林下；海拔 1200～2100 m。

分布于独龙江（贡山县独龙江乡段）；贡山县丙中洛乡、捧打乡；腾冲市和顺镇、新华乡。14-3。

84. 镰叶冷水花 Pilea semisessilis Handel-Mazzetti

凭证标本：碧江队 1618；林芹、邓向福 790911。

多年生草本，茎高 20～60 cm。生长于山谷常绿阔叶林、林下；海拔 1550～2800 m。

分布于独龙江（贡山县独龙江乡段）；泸水市片马镇。14-4。

85. 粗齿冷水花 Pilea sinofasciata C. J. Chen

凭证标本：武素功 7287；高黎贡山考察队 29869。

多年生草本，茎高 25～100 cm。生长于常绿阔叶林、灌丛、河谷、山沟杂木林、山谷杂木林缘；海拔 1570～2900 m。

分布于贡山县捧打乡、茨开镇；福贡县石月亮乡；泸水市片马镇；腾冲市马站乡、北海乡。14-3。

86. 荫地冷水花 Pilea umbrosa Blume

凭证标本：高黎贡山考察队 17780，21691。

多年生草本，茎高 20～50 cm。生长于常绿阔叶林；海拔 1740～1900 m。

分布于独龙江（贡山县独龙江乡段）；龙陵县镇安镇。14-3。

87. 少毛冷水花 Pilea umbrosa var. **obesa** Weddell

凭证标本：武素功 7347；怒江考察队 791600。

多年生草本，高 20～50 cm。生长于山坡、混交林下；海拔 2300～2900 m。

分布于独龙江（贡山县独龙江乡段）；福贡县上帕镇；泸水市鲁掌镇。14-3。

88. 美叶雾水葛 Pouzolzia calophylla W. T. Wang & C. J. Chen

凭证标本：独龙江考察队 276；高黎贡山考察队 27046。

灌木，高 150～400 cm。生长于常绿阔叶林、灌丛、河谷、箐沟、山谷、沟边、山坡、林下、石崖上、水边、杂草丛；海拔 1255～2500 m。

分布于独龙江（贡山县独龙江乡段）；贡山县茨开镇；福贡县石月亮乡、鹿马登乡；泸水市鲁掌镇；龙陵县镇安镇。14-3。

89. 红雾水葛 Pouzolzia sanguinea（Blume）Merrill-*Urtica sanguinea* Blume

凭证标本：高黎贡山考察队 15063，33253。

灌木，高 50 cm。生长于常绿阔叶林、疏林、灌丛、高山草甸、沟边草坡上、河岸、荒坡、林地、林下、林缘、路边、山坡、山箐、小沟河边、杂草丛;海拔 920～3300 m。

分布于独龙江(贡山县独龙江乡段);贡山县丙中洛乡、茨开镇;福贡县马吉乡、石月亮乡、鹿马登乡、上帕镇、匹河乡;泸水市洛本卓乡、六库镇;保山市芒宽乡、潞江镇;腾冲市芒棒镇、五合乡;龙陵县镇安镇。7。

90. 雾水葛 Pouzolzia zeylanica (Linnaeus) Bennett-*Parietaria zeylanica* Linnaeus

凭证标本:独龙江考察队 98;高黎贡山考察队 22208。

多年生草本,茎高 12～40 cm。生长于常绿阔叶林、河滩灌丛、河谷山坡、石上、田边、杂草丛、路边;海拔 650～1950 m。

分布于贡山县丙中洛乡、捧打乡、茨开镇;泸水市洛本卓乡、鲁掌镇、六库镇;保山市芒宽乡、潞江镇。5。

91. 藤麻 Procris crenata C. B. Robinson

凭证标本:独龙江考察队 4465;高黎贡山考察队 20651。

多年生草本或亚灌木,高 30～80 cm。生长于常绿阔叶林、树上;海拔 1250～1740 m。

分布于独龙江(贡山县独龙江乡段);福贡县匹河乡;保山市芒宽乡;腾冲市芒棒镇。6。

92. 肉被麻 Sarcochlamys pulcherrima Gaudichaud-Beaupré

凭证标本:青藏队 9114。

小乔木或灌木,高 2～6 m。生长于山坡常绿阔叶林中;海拔 1350 m。

分布于独龙江(贡山县独龙江乡段)。7。

* **93. 小果荨麻 Urtica atrichocaulis** (Handel-Mazzetti) C. J. Chen-*Urtica dioica* var. *atrichocaulis* Handel-Mazzetti

凭证标本:李生堂 375。

多年生草本,茎高 30～150 cm。生长于路边、河边;海拔 1000～2000 m。

分布于泸水市。15-1。

94. 滇藏荨麻 Urtica mairei H. Léveillé

凭证标本:高黎贡山考察队 7193,34461。

多年生草本,茎高达 100 cm。生长于常绿阔叶林、林缘;海拔 2090～2240 m。

分布于独龙江(贡山县独龙江乡段);福贡县鹿马登乡;泸水市鲁掌镇;腾冲市芒棒镇、五合乡。14-3。

*** **95. 察隅荨麻 Urtica zayuensis** C. J. Chen

凭证标本:独龙江考察队 512,5208。

多年生草本,高 90 cm。生长于次生灌丛;海拔 1300～2000 m。

分布于独龙江(贡山县独龙江乡段)。15-2-6。

170. 大麻科 Cannabaceae

1 属 1 种，[+]1

[+]1. 大麻 Cannabis sativa Linnaeus

凭证标本：独龙江考察队 43；高黎贡山考察队 9806。

一年生直立草本，高 1～3 m。生长于河谷路边；海拔 850 m。

分布于福贡县上帕镇；泸水市片马镇、六库镇。16。

171. 冬青科 Aquilifoliaceae

1 属 38 种 3 变种，[*]10，[**]2，[***]4

1a. 黑果冬青 Ilex atrata W. W. Smith

凭证标本：青藏队 7451；高黎贡山考察队 33371；

常绿乔木，高约 10 m。生长于常绿阔叶林、冬青-木荷林、冬青-漆树林、落叶阔叶林、杂木林、林下；海拔 1550～2900 m。

分布于贡山县丙中洛乡、茨开镇；龙陵县。14-3。

[*]1b. 长梗黑果冬青 Ilex atrata var. wangii S. Y. Hu

凭证标本：冯国楣 8636；高黎贡山考察队 12305。

常绿乔木，高约 10 m。生长于常绿阔叶林、沟边杂木林、密林林缘、山坡、混淆林下；海拔 2000～2800 m。

分布于独龙江（贡山县独龙江乡段）；贡山县茨开镇；福贡县；腾冲市猴桥镇。15-1。

[*]2. 刺叶冬青 Ilex bioritsensis Hayata

凭证标本：独龙江考察队 1582，6480。

常绿灌木或乔木，高 150～1000 cm。生长于山坡阔叶林、混交林、灌丛；海拔 1800～2600 m。

分布于独龙江（贡山县独龙江乡段）。15-1。

[***]3. 龙陵冬青 Ilex cheniana T. R. Dudley

凭证标本：庞金虎 8011；高黎贡山考察队 26107。

常绿小乔木，高约 5 m。生长于栲-木荷林、龙江谷地；海拔 1300～1740 m。

分布于保山市潞江镇；腾冲市五合乡。15-2-6。

[*]4. 珊瑚冬青 Ilex corallina Franchet

凭证标本：高黎贡山考察队 13511，17641。

常绿灌木或乔木，高 3～10 m。生长于常绿阔叶林；海拔 1500～1620 m。

分布于泸水市片马镇；保山市芒宽乡；龙陵县镇安镇。15-1。

5. 齿叶冬青 Ilex crenata Thunberg

凭证标本：高黎贡山考察队 22785，24841。

常绿灌木，高 5～10 m。生长于次生常绿阔叶林、石柯-木兰林；海拔 1820～2169 m。

分布于泸水市片马镇；腾冲市五合乡。14-2。

6. 弯尾冬青 Ilex cyrtura Merrill

凭证标本：独龙江考察队 450；高黎贡山考察队 21617。

常绿乔木，高约 12 m。生长于常绿阔叶林、蔷薇-山茶林、落叶阔叶林、河岸灌丛、河谷灌丛、河旁疏林、高山草丛、林下、路边林下；海拔 1350～2940 m。

分布于独龙江（贡山县独龙江乡段）；贡山县丙中洛乡、茨开镇；泸水市鲁掌镇；保山市潞江镇。14-3。

* 7a. 陷脉冬青 Ilex delavayi Franchet

凭证标本：冯国楣 8319；高黎贡山考察队 34042。

常绿灌木或乔木，高 1～9 m。生长于灌丛、杜鹃-箭竹林、竹箐；海拔 3150～3700 m。

分布于贡山县丙中洛乡、茨开镇；泸水市片马镇、鲁掌镇。15-1。

7b. 高山陷脉冬青 Ilex delavayi var. exalata H. F. Comber

凭证标本：怒江考察队 1825；青藏队 8776。

常绿灌木或乔木，高 1～9 m。生长于杜鹃林、山坡、林下；海拔 3000～3600 m。

分布于独龙江（贡山县独龙江乡段）；福贡县上帕镇；泸水市片马镇。14-4。

8. 双核枸骨 Ilex dipyrena Wallich

凭证标本：高黎贡山考察队 13729，29437。

常绿灌木或乔木，高 2～15 m。生长于常绿阔叶林、石柯-青冈林、杜鹃-冬青林、铁杉林、沟谷、林中、林下、路边；海拔 2100～2900 m。

分布于贡山县茨开镇；福贡县鹿马登乡、上帕镇；泸水市片马镇、鲁掌镇、六库镇；腾冲市界头镇、芒棒镇。14-3。

9. 高冬青 Ilex excelsa（Wallich）Wallich-*Cassine excelsa* Wallich

凭证标本：高黎贡山考察队 30088。

常绿乔木，高约 10 m。生长于石柯-青冈林；海拔 1940 m。

分布于腾冲市界头镇。14-3。

10. 毛背高冬青 Ilex excelsa var. hypotricha（Loesener）S. Y. Hu-*Ilex hypotricha* Loesener

凭证标本：蔡希陶 55633；武素功 6828。

常绿乔木，高约 10 m。生长于河边杂木林中；海拔 1680～1800 m。

分布于腾冲市猴桥镇。14-3。

11. 狭叶冬青 Ilex fargesii Franchet

凭证标本：高黎贡山考察队 8188，13786。

常绿乔木，高 4～8 m。生长于常绿阔叶林；海拔 2100 m。

分布于贡山县茨开镇；福贡县鹿马登乡；泸水市鲁掌镇。15-1。

12. 榕叶冬青 Ilex ficoidea Hemsley

凭证标本：李恒、李嵘 908；高黎贡山考察队 33273。

常绿灌木或乔木，高 2～12 m。生长于常绿阔叶林、壳斗-樟林；海拔 1460～2550 m。

分布于独龙江（贡山县独龙江乡段）；贡山县茨开镇；腾冲市界头镇。14-2。

* 13. 滇西冬青 Ilex forrestii H. F. Comber

凭证标本：青藏队 7471；高黎贡山考察队 28773。

常绿灌木或乔木，高约 7 m。生长于常绿阔叶林、石柯-青冈林、针叶林、沟边杂木林、林下、山坡、林缘、林中、杂林中；海拔 1700～2890 m。

分布于独龙江（贡山县独龙江乡段）；贡山县丙中洛乡、茨开镇；福贡县鹿马登乡、上帕镇；泸水市鲁掌镇；腾冲市棋盘石附近。15-1。

14. 薄叶冬青 Ilex fragilis J. D. Hooker

凭证标本：T. T. Yü 20306；怒江考察队 791369。

落叶灌木或小乔木，高 3～5 m。生长于山谷常绿阔叶林、灌丛、沟边杂木林、林下、林中、水沟潮湿林边；海拔 2400～3400 m。

分布于独龙江（察隅县日东乡段，贡山县独龙江乡段）；贡山县丙中洛乡、茨开镇；泸水市片马镇。14-3。

15. 康定冬青 Ilex franchetiana Loesener

凭证标本：冯国楣 24682；高黎贡山考察队 20496。

常绿灌木或小乔木，高 2～8 m。生长于常绿阔叶林、铁杉林；海拔 2649～2800 m。

分布于独龙江（贡山县独龙江乡段）；贡山县茨开镇；福贡县马吉乡、鹿马登乡；泸水市片马镇、鲁掌镇、六库镇。14-4。

16. 长叶枸骨 Ilex georgei H. F. Comber

凭证标本：高黎贡山考察队 29452，30733。

常绿灌木，高 1～5 m。生长于常绿阔叶林、石柯-冬青林、石柯林、针叶林、灌木丛、河边杂木林中、林下、水沟边、路边、村旁；海拔 1590～2000 m。

分布于腾冲市明光镇、界头镇、猴桥镇、北海乡；龙陵县腊勐乡。14-3。

17. 贡山冬青 Ilex hookeri King

凭证标本：独龙江考察队 6892；高黎贡山考察队 28440。

常绿乔木，高约 18 m。生长于山坡阔叶林、山坡湿性常绿林、石柯-冬青林、林下、阴湿处、林边、润湿林中；海拔 2100～3000 m。

分布于独龙江（贡山县独龙江乡段）；贡山县；福贡县石月亮乡；腾冲市猴桥镇。14-3。

18. 错枝冬青 Ilex intricata J. D. Hooker

凭证标本：南水北调队（滇西北分队）10041；高黎贡山考察队 33928。

常绿匍匐小灌木，高 30～200 cm。生长于灌丛、杜鹃-白珠林、箭竹-杜鹃灌丛、沟边岩上、山谷阳处、山坡、林下、潮湿草甸、竹箐中；海拔 2900～3810 m。

分布于独龙江（贡山县独龙江乡段）；贡山县茨开镇；福贡县鹿马登乡。14-3。

** **19a. 长尾冬青 Ilex longecaudata** H. F. Comber

凭证标本：青藏队 7090；高黎贡山考察队 29416。

常绿乔木或灌木，高 3～10 m。生长于山坡常绿阔叶林、桤木-桦木林、丛林、江边、林下、林中岩石上；海拔 1300～2500 m。

分布于独龙江（贡山县独龙江乡段）；福贡县上帕镇；腾冲市明光镇；龙陵县。15-2。

** **19b. 无毛长尾冬青 Ilex longecaudata** var. **glabra** S. Y. Hu

凭证标本：碧江队 676；高黎贡山考察队 19574。

常绿灌木，高 3～10 m。生长于常绿阔叶林；海拔 2050～2300 m。

分布于福贡县鹿马登乡、上帕镇。15-2～8。

20. 倒卵叶冬青 Ilex maximowicziana Loesener

凭证标本：高黎贡山考察队 23233，26084。

常绿小乔木，高 250～300 cm。生长于常绿阔叶林、杜鹃-冬青林；海拔 1990～2432 m。

分布于泸水市片马镇；腾冲市芒棒镇。14-2。

* **21. 黑毛冬青 Ilex melanotricha** Merrill

凭证标本：高黎贡山考察队 23336。

常绿乔木，高 5～10 m。生长于常绿阔叶林、石柯-青冈林、硬叶常绿阔叶林、针叶林、沟边、山谷河边杂林中；海拔 2400～3022 m。

分布于独龙江（贡山县独龙江乡段）；贡山县丙中洛乡、茨开镇；福贡县石月亮乡、鹿马登乡；泸水市片马镇；腾冲市明光镇、猴桥镇。15-1。

22. 小果冬青 Ilex micrococca Maximowicz

凭证标本：高黎贡山考察队 8859。

落叶乔木，高 12～20 m。生长于常绿阔叶林；海拔 1200～1900 m。

分布于独龙江（贡山县独龙江乡段）。14-2。

*** **23. 小核冬青 Ilex micropyrena** C. Y. Wu ex Y. R. Li

凭证标本：冯国楣 8070，29356。

常绿灌木，高约 170 cm。生长于常绿阔叶林、石柯-冬青林、石柯-箭竹林、石柯林、石柯-青冈林、壳斗-樟林、落叶阔叶林、河边灌丛；海拔 1500～2211 m。

分布于独龙江（贡山县独龙江乡段）；贡山县茨开镇；福贡县石月亮乡；腾冲市明光镇、界头镇、曲石镇、五合乡。15-2-6。

24. 小圆叶冬青 Ilex nothofagifolia Kingdon Ward

凭证标本：独龙江考察队 5328；高黎贡山考察队 30192。

常绿小乔木，高 3～5 m。生长于常绿阔叶林、山坡常绿阔叶林、山地常绿林、石柯-铁杉林、杜鹃-壳斗林、林下、林中、亚高山灌丛；海拔 2000～3450 m。

分布于独龙江（贡山县独龙江乡段）；贡山县丙中洛乡、茨开镇；福贡县鹿马登乡；腾冲市明光镇、界头镇。14-3。

25. 皱叶冬青 Ilex perryana S. Y. Hu

凭证标本：南水北调队（滇西北分队）9297；高黎贡山考察队 23947。

常绿匍匐灌木，高 20～30 cm。生长于山坡落叶林、冷杉林、针叶林、灌丛、竹子-杜鹃林、路边、湿润处、竹箐中；海拔 2800～3800 m。

分布于独龙江（察隅县日东乡段，贡山县独龙江乡段）；贡山县丙中洛乡、茨开镇；福贡县鹿马登乡、上帕镇；泸水市片马镇；腾冲市猴桥镇。14-3。

* 26. 多脉冬青 Ilex polyneura (Handel-Mazzetti) S. Y. Hu-*Ilex micrococca* Maximowicz var. *polyneura* Handel-Mazzetti

凭证标本：独龙江考察队 798；高黎贡山考察队 30062。

落叶乔木，高约 20 m。生长于常绿阔叶林、石柯-青冈林、木荷-栲林、李-山茶林、针叶林、杂木林、沟边、林边、河边、林下、林中、山坡、山坡地埂上林边；海拔 1350～2340 m。

分布于独龙江（贡山县独龙江乡段）；贡山县丙中洛乡、茨开镇；福贡县马吉乡、石月亮乡、鹿马登乡、上帕镇；泸水市片马镇、洛本卓乡；保山市芒宽乡；腾冲市界头镇、猴桥镇、蒲川乡；龙陵县镇安镇。15-1。

27. 点叶冬青 Ilex punctatilimba C. Y. Wu ex Y. R. Li

凭证标本：武素功 7014；孙航 1620。

常绿灌木或小乔木，高 3～5 m。生长于山谷河边杂木林中、山坡；海拔 1600～2400 m。

分布于泸水市片马镇；腾冲市猴桥镇。15-2。

* 28. 高山冬青 Ilex rockii S. Y. Hu

凭证标本：高黎贡山考察队 27202。

常绿小灌木，高 1～2 m。生长于箭竹-杜鹃林；海拔 3460 m。

分布于福贡县鹿马登乡。15-1。

29. 锡金冬青 Ilex sikkimensis Kurz

凭证标本：独龙江考察队 1119；高黎贡山考察队 23309。

常绿乔木，高 10～17 m。生长于常绿阔叶林、石柯-青冈林；海拔 2080～2790 m。

分布于独龙江（贡山县独龙江乡段）；泸水市片马镇。14-3。

*** 30. 拟长尾冬青 Ilex sublongecaudata C. J. Tseng & S. Liu ex Y. R. Li

凭证标本：青藏队 7137。

常绿灌木，高约 2 m。生长于山坡常绿阔叶林缘；海拔 1700～1800 m。

分布于福贡县上帕镇。15-2-6。

* 31. 微香冬青 Ilex subodorata S. Y. Hu

凭证标本：武素功 6826；高黎贡山考察队 17556；

常绿乔木，高约 12 m。生长于常绿阔叶林、河边杂木林中；海拔 1680～2230 m。

分布于腾冲市猴桥镇；保山市潞江镇。15-1。

* 32. 四川冬青 Ilex szechwanensis Loesener

凭证标本：王启无 90054；青藏队 6971；

常绿灌木或小乔木，高 1～10 m。生长于常绿阔叶林、灌丛；海拔 2400～2700 m。

分布于福贡县鹿马登乡；龙陵县碧寨乡。15-1。

33. 三花冬青 Ilex triflora Blume

凭证标本：H. T. Tsai 54396。

常绿灌木或乔木，高 2～10 m。生长于常绿阔叶林、灌丛；海拔 800～1600 m。

分布于福贡县上帕镇。7。

34. 微脉冬青 Ilex venulosa J. D. Hooker

凭证标本：独龙江考察队 1209；高黎贡山考察队 29736。

常绿乔木或灌木，高 2～15 m。生长于常绿阔叶林中；海拔 1240～2180 m。

分布于独龙江（贡山县独龙江乡段）；腾冲市芒棒镇、五合乡；龙陵县镇安镇。14-3。

35. 缅冬青 Ilex wardii Merrill

凭证标本：冯国楣 24725；高黎贡山考察队 29973。

常绿灌木，高约 2 m。生长于山坡灌木林；海拔 2600～3000 m。

分布于独龙江（贡山县独龙江乡段）；腾冲市。14-4。

36. 假香冬青 Ilex wattii Loesener

凭证标本：陈介 310。

常绿乔木，高 7～10 m。生长于山坡林中；海拔 2600 m。

分布于腾冲市。14-3。

*** 37. 独龙冬青 Ilex yuana S. Y. Hu

凭证标本：独龙江考察队 978；高黎贡山考察队 32392。

常绿灌木，高 50～400 cm。生长于常绿阔叶林、河岸林、江边阔叶林、河谷灌丛、山坡灌丛、河边杂木林缘、山顶火烧地、林内、路边；海拔 1250～2525 m。

分布于独龙江（贡山县独龙江乡段）；腾冲市猴桥镇、芒棒镇、五合乡。15-2-6。

38. 云南冬青 Ilex yunnanensis Franchet

凭证标本：独龙江考察队 5339；高黎贡山考察队 27234。

常绿灌木或乔木，高 1～12 m。生长于常绿阔叶林、石柯-青冈林、混交林、铁杉-云杉林、针叶林、石柯-箭竹林、杜鹃-山梨林、杜鹃、林中、林缘；海拔 1973～3600 m。

分布于独龙江（贡山县独龙江乡段）；贡山县丙中洛乡、茨开镇；福贡县石月亮

乡、鹿马登乡、上帕镇、匹河乡；泸水市鲁掌镇；腾冲市猴桥镇。14-4。

173a. 十萼花科 Dipentodotaceae

2 属 2 种，* 1

1. 十齿花 Dipentodon sinicus Dunn

凭证标本：独龙江考察队 6689；高黎贡山考察队 30504。

半常绿灌木或乔木，高 3～10 m。生长于常绿阔叶林、桤木-柳林、石柯-青冈林、针阔混交林、石柯-铁杉林、铁杉-云杉林、山坡、溪边山坡；海拔 1480～2900 m。

分布于独龙江（贡山县独龙江乡段）；贡山县茨开镇；福贡县石月亮乡、鹿马登乡、上帕镇；泸水市片马镇、鲁掌镇；保山市芒宽乡；腾冲市明光镇、界头镇、猴桥镇；龙陵县碧寨乡。14-3。

* 2. 核子木 Perrottetia racemosa (Oliver) Loesener-*Ilex racemosa* Oliver

凭证标本：高黎贡山考察队 20358，20882。

灌木，高 1～4 m。生长于常绿阔叶林；海拔 2181～3030 m。

分布于福贡县鹿马登乡。15-1。

173. 卫矛科 Celastraceae

4 属 39 种，* 10，** 2，*** 1

* 1. 过山枫 Celastrus aculeatus Merrill

凭证标本：高黎贡山考察队 30921。

缠绕灌木。生长于石砾-木荷林；海拔 1150 m。

分布于腾冲市团田乡。15-1。

* 2. 大芽南蛇藤 Celastrus gemmatus Loesener

凭证标本：独龙江考察队 1894；青藏队 8139。

灌木，生长于山坡常绿阔叶林、林中；海拔 1900～2000 m。

分布于独龙江（贡山县独龙江乡段）；贡山县茨开镇。15-1。

* 3. 灰叶南蛇藤 Celastrus glaucophyllus Rehder & E. H. Wilson

凭证标本：冯国楣 24619；青藏队 9493。

落叶缠绕灌木。生长于山坡常绿阔叶林、林中、路边；海拔 1600～1700 m。

分布于独龙江（贡山县独龙江乡段）；贡山县丙中洛乡。15-1。

4. 清江藤 Celastrus hindsii Bentham

凭证标本：高黎贡山考察队 24480，27483。

常绿缠绕灌木。生长于常绿阔叶林；海拔 1400～2720 m。

分布于福贡县石月亮乡；泸水市鲁掌镇。14-4。

* 5. 硬毛南蛇藤 Celastrus hirsutus H. F. Comber

凭证标本：高黎贡山考察队 15218，21161。

缠绕灌木。生长于常绿阔叶林、林中、林中树上附生、路边溪旁；海拔 1400～2100 m。

分布于独龙江（贡山县独龙江乡段）；福贡县上帕镇；泸水市上江乡；保山市芒宽乡。15-1。

6. 滇边南蛇藤 Celastrus hookeri Prain

凭证标本：青藏队 7955；南水北调队（滇西北分队）10349。

缠绕灌木。生长于山沟杂木林中、灌丛中、岩石上；海拔 1600～2450 m。

分布于贡山县丙中洛乡；泸水市片马镇、六库镇；腾冲市猴桥镇；14-3。

*7. 薄叶南蛇藤 Celastrus hypoleucoides P. L. Chiu

凭证标本：冯国楣 24281。

缠绕灌木。生长于山沟杂木林中、灌丛中、岩石上；海拔 1280 m。

分布于独龙江（贡山县独龙江乡段）。15-1。

8. 独子藤 Celastrus monospermus Roxburgh

凭证标本：独龙江考察队 1640；高黎贡山考察队 30915。

常绿缠绕灌木，高达 10 m。生长于常绿阔叶林、石砾-木荷林、石砾-青冈林、云南松-木荷林、灌丛、河谷、林中、山箐疏林阴湿处；海拔 1150～2130 m。

分布于独龙江（贡山县独龙江乡段）；福贡县上帕镇；腾冲市蒲川乡、团田乡；龙陵县镇安镇。14-3。

9. 灯油藤 Celastrus paniculatus Willdenow

凭证标本：李恒、李嵘 857；高黎贡山考察队 23488。

大型落叶缠绕灌木。生长于常绿阔叶林、云南松林、杂草丛；海拔 691～1740 m。

分布于独龙江（贡山县独龙江乡段）；保山市潞江镇；龙陵县镇安镇。5。

*10. 短梗南蛇藤 Celastrus rosthornianus Loesener

凭证标本：独龙江考察队 3724，552。

缠绕灌木，高达 7 m。生长于常绿阔叶林、云南松林、灌丛；海拔 1300～1950 m。

分布于独龙江（贡山县独龙江乡段）；泸水市片马镇；保山市潞江镇。15-1。

11. 显柱南蛇藤 Celastrus stylosus Wallich

凭证标本：独龙江考察队 3010；高黎贡山考察队 30671。

缠绕灌木，高 3～5 m。生长于常绿阔叶林、落叶阔叶林、针阔叶混交林、针叶林、灌丛、沟边杂林中、河岸、河边、林缘、林中、路边；海拔 1253-2800 m。

分布于独龙江（察隅县日东乡段，贡山县独龙江乡段）；贡山县丙中洛乡、茨开镇；福贡县石月亮乡、鹿马登乡、上帕镇；泸水市片马镇、鲁掌镇；保山市潞江镇；腾冲市明光镇、界头镇、猴桥镇、曲石镇、芒棒镇、蒲川乡；龙陵县碧寨乡。14-3。

12. 刺果卫矛 Euonymus acanthocarpus Franchet

凭证标本：独龙江考察队 6475；高黎贡山考察队 21476。

落叶灌木，直立或上升，高 2～3 m。生长于阔叶林、混交林、林中；海拔 1600～

3200 m。

分布于独龙江（察隅县日东乡段，贡山县独龙江乡段）；贡山县；福贡县架科底乡。14-4。

13. 刺猬卫矛 Euonymus balansae Sprague

凭证标本：尹文清 1291。

常绿攀缘灌木，高约 3 m。生长于山沟边、溪边栗林下；海拔 1880～2000 m。

分布于腾冲市蒲川乡。14-4。

14. 南川卫矛 Euonymus bockii Loesener

凭证标本：李恒、李嵘、施晓春 1312；高黎贡山考察队 25396。

常绿灌木或上升的亚灌木，高 6～8 m。生长于次生常绿阔叶林；海拔 1312～1777 m。

分布于保山市芒宽乡。14-4。

* **15. 隐刺卫矛 Euonymus chui Handel-Mazzetti**

凭证标本：独龙江考察队 4854，6089。

落叶灌木，高 2～3 m。生长于林中、灌丛中；海拔 1400～2600 m。

分布于独龙江（贡山县独龙江乡段）。15-1。

16. 岩波卫矛 Euonymus clivicola W. W. Smith

凭证标本：独龙江考察队 6105；南水北调队（滇西北分队）9298。

落叶灌木，高 2～3 m。生长于山坡针阔叶林、灌丛、杂木林；海拔 2500～3600 m。

分布于独龙江（察隅县日东乡段，贡山县独龙江乡段）；贡山县丙中洛乡、捧打乡；福贡县鹿马登乡；泸水市；腾冲市猴桥镇。14-3。

17. 角翅卫矛 Euonymus cornutus Hemsley

凭证标本：独龙江考察队 745；高黎贡山考察队 24463。

落叶灌木，高 2～3 m。生长于常绿阔叶林、石砾-冬青林、石砾-润楠林、铁杉-石砾林、针阔叶混交林、高山杜鹃林中、混合的森林、山坡林下；海拔 2300～3200 m。

分布于独龙江（贡山县独龙江乡段）；贡山县丙中洛乡、茨开镇；泸水市片马镇、鲁掌镇；腾冲市明光镇、猴桥镇。14-4。

18. 棘刺卫矛 Euonymus echinatus Wallich

凭证标本：毛品一 531。

常绿或半常绿攀缘灌木，高 2～3 m。生长于林中灌丛；海拔 1300～2300 m。

分布于独龙江（贡山县独龙江乡段）。14-1。

19. 扶芳藤 Euonymus fortunei (Turczaninow) Handel-Mazzetti -*Elaeodendron fortunei* Turczaninow

凭证标本：高黎贡山考察队 14315，30338。

常绿亚灌木，高 10 m。生长于常绿阔叶林、石砾-木荷林、石砾-青冈林、石砾-云南松林、铁杉-石砾林、针阔叶混交林、灌丛中、山坡竹林下；海拔 1050～3000 m。

分布于独龙江（贡山县独龙江乡段）；贡山县丙中洛乡、茨开镇；福贡县石月亮乡；泸水市片马镇、鲁掌镇；腾冲市界头镇、猴桥镇、曲石镇、和顺镇、芒棒镇。7。

20. 冷地卫矛 Euonymus frigidus Wallich

凭证标本：高黎贡山考察队 15306，30718。

落叶灌木至小乔木，高 3～7 m。生长于常绿阔叶林、落叶阔叶林、针叶林、灌丛、沼泽灌丛草甸，杂木林、林内、林下、山坡、阴湿处、竹箐、路旁沟边；海拔 1400～3600 m。

分布于独龙江（察隅县日东乡段，贡山县独龙江乡段）；贡山县丙中洛乡、茨开镇；福贡县马吉乡、石月亮乡、鹿马登乡、上帕镇；泸水市片马镇、洛本卓乡；腾冲市明光镇、猴桥镇。14-3。

˙ 21. 纤齿卫矛 Euonymus giraldii Loesener

凭证标本：王启无 67476。

落叶灌木至小乔木，高 3～7 m。生长于森林；海拔 2000 m。

分布于贡山县丙中洛乡。15-1。

22. 大花卫矛 Euonymus grandiflorus Wallich

凭证标本：李生堂 380；高黎贡山考察队 30584。

落叶灌木至小乔木，高达 15 m。生长于常绿阔叶林、石砾-冬青林、灌丛、杂木林、河岸、阴湿处、路边；海拔 1000～2300 m。

分布于腾冲市明光镇、界头镇、猴桥镇；龙陵县龙江乡。14-3。

23. 西南卫矛 Euonymus hamiltonianus Wallich

凭证标本：高黎贡山考察队 7167，9501。

落叶灌木至小乔木，高 3～20 m。生长于松栎林、针叶林；海拔 2950～3200 m。

分布于贡山县茨开镇；泸水市片马镇。14-1。

24. 克钦卫矛 Euonymus kachinensis Prain

凭证标本：高黎贡山考察队 17995，21661。

落叶灌木，高约 2 m。生长于常绿阔叶林；海拔 2100 m。

分布于保山市潞江镇；龙陵县龙江乡。14-3。

25. 疏花卫矛 Euonymus laxiflorus Champion ex Bentham

凭证标本：青藏队 8996；高黎贡山考察队 23326。

落叶灌木至小乔木，高 3～10 m。生长于山坡常绿阔叶林、林缘；海拔 1880～2710 m。

分布于独龙江（贡山县独龙江乡段）；泸水市片马镇；腾冲市蒲川乡。14-4。

26. 中华卫矛 Euonymus nitidus Bentham

凭证标本：高黎贡山考察队 20219，22907。

常绿灌木至小乔木，高 2～10 m。生长于常绿阔叶林、山坡阔叶林中、铁杉林下或冷杉林下、河边竹林、林下阴湿；海拔 1500～2810 m。

分布于独龙江（贡山县独龙江乡段）；福贡县鹿马登乡、上帕镇；泸水市片马镇；保山市芒宽乡。14-1。

27. 柳叶卫矛 Euonymus salicifolius Loesener

凭证标本：南水北调队 6852。

常绿灌木，高 2～3 m。生长于河边杂木林下；海拔 1750 m。

分布于腾冲市猴桥镇。14-4。

* 28. 石枣子 Euonymus sanguineus Loesener

凭证标本：高黎贡山考察队 26794，32587。

落叶灌木或小乔木，高 3～5 m。生长于常绿阔叶林；海拔 2170～2248 m。

分布于独龙江（察隅县日东乡段，贡山县独龙江乡段）；福贡县石月亮乡、上帕镇；泸水市。15-1。

29. 茶色卫矛 Euonymus theacola C. Y. Cheng ex T. L. Xu & Q. H. Chen

凭证标本：独龙江考察队 727；高黎贡山考察队 15375。

常绿灌木或亚灌木，高 2～4 m。生长于常绿阔叶林、栎类-十萼花-蜡瓣花林、针阔叶林、河边阔叶林下灌丛、林内、林下、箐沟、山沟内岩石上、山坡竹林下；海拔 1510～2940 m。

分布于独龙江（贡山县独龙江乡段）；贡山县茨开镇；泸水市上江乡；保山市潞江镇；腾冲市猴桥镇、曲石镇。14-3。

30. 染用卫矛 Euonymus tingens Wallich

凭证标本：青藏队 9984，9996。

常绿灌木至小乔木，高 2～8 m。生长于山坡针阔混交林下；海拔 2400～3600 m。

分布于独龙江（察隅县日东乡段，贡山县独龙江乡段）；贡山县丙中洛乡。14-3。

31. 游藤卫矛 Euonymus vagans Wallich

凭证标本：南水北调（滇西北队）8722；青藏队 8053。

常绿灌木或上升亚灌木，高达 3 m。生长于常绿阔叶林下、山坡或沟谷常绿林下、林缘、山谷附生苔藓林下、山坡岩石上、杂林中树上；海拔 1600～2620 m。

分布于独龙江（贡山县独龙江乡段）；贡山县丙中洛乡、茨开镇；福贡县上帕镇；泸水市片马镇；腾冲市猴桥镇；龙陵县。14-3。

32. 疣点卫矛 Euonymus verrucosoides Loesener

凭证标本：陈介 319。

落叶灌木，高 1～3 m。生长于山坡小灌木丛中阳处；海拔 2400 m。

分布于腾冲市。15-2。

33. 荚谜卫矛 Euonymus viburnoides Prain

凭证标本：高黎贡山考察队 11516，34204。

落叶灌木至小乔木，高 2～6 m。生长于常绿阔叶林、石砾-木荷林、落叶阔叶林、混交林、箭竹灌丛、林缘丛林、林中；海拔 2300～2900 m。

分布于贡山县茨开镇；福贡县鹿马登乡；泸水市鲁掌镇；保山市潞江镇；龙陵县。14-3。

34. 异色假卫矛 Microtropis discolor（Wallich）Arnott-*Cassine discolor* Wallich

凭证标本：冯国楣 24379。

常绿小乔木或灌木，高 250～700 cm。生长于江边阔叶林中；海拔 1300 m。

分布于独龙江（贡山县独龙江乡段）。14-4。

** **35. 逢春假卫矛 Microtropis oligantha** Merrill & F. L. Freeman

凭证标本：高黎贡山考察队 11981，18817。

灌木。生长于常绿阔叶林、石砾-十萼花-蜡瓣花林；海拔 2400 m。

分布于贡山县茨开镇、龙陵县龙江乡。15-2-8。

** **36. 塔蕾假卫矛 Microtropis pyramidalis** C. Y. Cheng & T. C. Kao

凭证标本：高黎贡山考察队 25045。

小灌木，高 100～150 cm。生长于石砾-山矾林；海拔 2146 m。

分布于腾冲市五合乡。15-2-8。

*** **37. 圆果假卫矛 Microtropis sphaerocarpa** C. Y. Cheng & T. C. Kao

凭证标本：高黎贡山考察队 24904。

小乔木，高 2～3 m。生长于常绿阔叶林；海拔 1713 m。

分布于腾冲市五合乡。15-2-6。

* **38. 方枝假卫矛 Microtropis tetragona** Merrill & F. L. Freeman

凭证标本：独龙江考察队 1194；高黎贡山考察队 10338。

小乔木或灌木。生长于常绿阔叶林、林下、林中；海拔 1380～1500 m。

分布于独龙江（贡山县独龙江乡段）。15-1。

39. 雷公藤 Tripterygium wilfordii J. D. Hooker

凭证标本：南水北调队（滇西北分队）10338；高黎贡山考察队 26031。

落叶攀缘灌木，高 2～6 m。生长于次生常绿阔叶林、云南松林、灌木丛、小河边杂木林、杂草丛、村旁、路边；海拔 1470～3100 m。

分布于福贡县石月亮乡、鹿马登乡、上帕镇；泸水市片马镇、洛本卓乡、鲁掌镇；保山市潞江镇；腾冲市明光镇、界头镇、瑞滇乡、猴桥镇、曲石镇、五合乡、新华乡；龙陵县镇安镇。14-2。

179. 茶茱萸科 Icacinaceae

3 属 3 种，** 1

1. 柴龙树 Apodytes dimidiata E. Meyer ex Arnott

凭证标本：高黎贡山考察队 20943，30097。

灌木或乔木，高 7～10 m。生长于常绿阔叶林、栎类常绿阔叶林、石砾-青冈林、石砾-山矾林；海拔 1200～1940 m。

分布于福贡县上帕镇、子里甲乡；保山市芒宽乡；腾冲市界头镇、五合乡。6。

2. 薄核藤 Natsiatum herpeticum Buchanan-Hamilton ex Arnot

凭证标本：南水北调队 8351。

攀缘灌木。生长于常绿阔叶林、石灰岩山地；海拔 2400 m。

分布于泸水市片马镇。14-3。

** 3. 毛假柴龙树 Nothapodytes tomentosa C. Y. Wu

凭证标本：和志刚 790176；碧江队 0233。

灌木，高 2～3 m。生长于江边、路边；海拔 1000～1100 m。

分布于福贡县匹河乡。15-2-2。

182. 铁青树科 Olacaceae

1 属 1 种

1. 青皮木 Schoepfia jasminodora Siebold & Zuccarini

凭证标本：独龙江考察队 5250；高黎贡山考察队 30993。

灌木或乔木，高 3～15 m。生长于常绿阔叶林、秃杉林、干旱山坡、林窗、石头山；海拔 1300～2130 m。

分布于独龙江（贡山县独龙江乡段）；福贡县马吉乡、匹河乡；泸水市片马镇；保山市芒宽乡；腾冲市明光镇、界头镇、曲石镇、五合乡。14-2。

185. 桑寄生科 Loranthaceae

8 属 21 种 1 变种，* 3，** 1，*** 1

1. 五蕊寄生 Dendrophthoe pentandra (Linnaeus) Miquel-*Loranthus pentandrus* Linnaeus

凭证标本：独龙江考察队 4902；高黎贡山考察队 21028。

寄生灌木，高达 2 m。寄生于独龙木姜子、清香木、梧桐树上；海拔 1030～2200 m。

分布于独龙江（贡山县独龙江乡段）；福贡县匹河乡；泸水市六库镇；保山市芒宽乡。7。

2. 大苞鞘花 Elytranthe albida (Blume) Blume-*Loranthus albidus* Blume

凭证标本：高黎贡山考察队 13531，17885。

寄生灌木，高 2～3 m。寄生于常绿阔叶林中树上；海拔 1540～2200 m。

分布于泸水市上江乡；保山市芒宽乡、潞江镇；腾冲市芒棒镇、五合乡；龙陵县龙江乡、镇安镇。7。

3. 离瓣寄生 Helixanthera parasitica Loureiro

凭证标本：高黎贡山考察队 13835，25051。

寄生灌木，高 100～150 cm。寄生于常绿阔叶林红果树、青冈、山矾、山胡椒、石砾、樟树上，林缘的树上；海拔 750～2405 m。

分布于独龙江（贡山县独龙江乡段）；贡山县茨开镇；福贡县马吉乡；泸水市鲁掌镇、六库镇；保山市芒宽乡、潞江镇；腾冲市界头镇、瑞滇乡、猴桥镇、曲石镇、和顺镇、芒棒镇、五合乡；龙陵县镇安镇、勐糯镇。7。

4. 密花离瓣寄生 Helixanthera pulchra（Candolle）Danser-*Loranthus pulcher* Candolle

凭证标本：高黎贡山考察队 19933，22381。

寄生灌木，高约 1 m。寄生于阔叶林中树上；海拔 1298～1410 m。

分布于贡山县茨开镇；福贡县。7。

5. 油茶离瓣寄生 Helixanthera sampsonii（Hance）Danser-*Loranthus sampsonii* Hance

凭证标本：独龙江考察队 3879；青藏队 9297。

灌木，高约 70 cm。寄生于山坡常绿阔叶林中圆叶米饭花树上；海拔 1330～1620 m。

分布于独龙江（贡山县独龙江乡段）。14-4。

**** 6. 滇西离瓣寄生 Helixanthera scoriarum**（W. W. Smith）Danser-*Loranthus scoriarum* W. W. Smith

凭证标本：高黎贡山考察队 15250，25211。

灌木，高 1～2 m。寄生于常绿阔叶林的木荷、山矾及槭树上；海拔 1266～3120 m。

分布于独龙江（贡山县独龙江乡段）；贡山县茨开镇；福贡县鹿马登乡；保山市潞江镇；腾冲市芒棒镇；龙陵县龙江乡、镇安镇。15-2-5。

7. 栗寄生 Korthalsella japonica（Thunberg）Engler-*Viscum japonicum* Thunberg

凭证标本：高黎贡山考察队 13585，30074。

寄生植物，高 5～15 cm。寄生于板栗、厚皮香、栲、石砾树上；海拔 1648～2720 m。

分布于贡山县茨开镇；保山市芒宽乡、潞江镇；腾冲市界头镇；龙陵县龙江乡。4。

8. 稠树桑寄生 Loranthus delavayi Tieghem

凭证标本：独龙江考察队 4574；高黎贡山考察队 13676。

灌木，高 50～100 cm。寄生于常绿阔叶林的树上；海拔 1600～2400 m。

分布于独龙江（贡山县独龙江乡段）；福贡县上帕镇；腾冲市界头镇、蒲川乡；龙陵县。14-4。

9. 鞘花 Macrosolen cochinchinensis（Loureiro）Tieghem-*Loranthus cochinchinensis* Loureiro

凭证标本：高黎贡山考察队 13199，30846。

灌木，高 50～130 cm。寄生于厚皮香、木荷、木姜子、樱桃属、油桐、云南松树上；海拔 1100～2500 m。

分布于贡山县普拉底乡；福贡县石月亮乡、鹿马登乡、上帕镇、子里甲乡；泸水市洛本卓乡、上江乡；保山市芒宽乡、潞江镇；腾冲市界头镇、瑞滇乡、曲石镇、五合乡；龙陵县碧寨乡、镇安镇。7。

10. 梨果寄生 Scurrula atropurpurea (Blume) Danser-*Loranthus atropurpureus* Blume

凭证标本：李恒、刀志灵、李嵘 635；高黎贡山考察队 32570。

灌木，高 70～100 cm。寄生于滇丁香、花椒、蜡瓣花、银木荷等树上；海拔 1330～2480 m。

分布于独龙江（察隅县日东乡段，贡山县独龙江乡段）；贡山县捧打乡、茨开镇；福贡县石月亮乡、鹿马登乡；保山市潞江镇；腾冲市界头镇、曲石镇、芒棒镇；龙陵县镇安镇。7。

11. 滇藏梨果寄生 Scurrula buddleioides（Desrousseaux）G. Don-*Loranthus buddleioides* Desrousseaux

凭证标本：碧江队 1438；怒江考察队 790861。

灌木，高 50～200 cm。寄生于常绿阔叶林中树上；海拔 1250～2200 m。

分布于独龙江（贡山县独龙江乡段）；泸水市片马镇；腾冲市明光镇。14-3。

12. 锈毛梨果寄生 Scurrula ferruginea（Jack）Danser-*Loranthus ferrugineus* Jack

凭证标本：高黎贡山考察队 13640。

灌木，高约 1 m。寄生于常绿阔叶林中树上；海拔 1000～1800 m。

分布于腾冲市界头镇。7。

***** **13. 贡山梨果寄生 Scurrula gongshanensis** H. S. Kiu

凭证标本：冯国楣 7318。

灌木，高约 1 m。寄生于常绿阔叶林中树上；海拔 1900～2000 m。

分布于贡山县茨开镇。15-2-6。

14. 红花寄生 Scurrula parasitica Linnaeus

凭证标本：独龙江考察队 2141；高黎贡山考察队 28091。

灌木，高 50～100 cm。寄生于常绿阔叶林中树上；海拔 1237～2300 m。

分布于独龙江（贡山县独龙江乡段）；贡山县茨开镇；福贡县马吉乡、石月亮乡、鹿马登乡、匹河乡；泸水市鲁掌镇；保山市芒宽乡、潞江镇；腾冲市曲石镇；龙陵县镇安镇。7。

15. 柳树寄生 Taxillus delavayi（Tieghem）Danser-*Phyllodesmis delavayi* Tieghem

凭证标本：独龙江考察队 7020；高黎贡山考察队 30554。

灌木，高 50～100 cm。寄生于常绿阔叶林中树上；海拔 1780～3200 m。

分布于独龙江（贡山县独龙江乡段）；贡山县丙中洛乡、茨开镇；福贡县石月亮乡、鹿马登乡；泸水市片马镇、鲁掌镇；保山市芒宽乡、潞江镇；腾冲市明光镇、界头镇、猴桥镇、曲石镇、芒棒镇。14-4。

16. 小叶钝果寄生 Taxillus kaempferi（Candolle）Danser-*Viscum kaempferi* Candolle

凭证标本：高黎贡山考察队 27272。

灌木，高 50～100 cm。寄生于铁杉树上；海拔 2850 m。

分布于福贡县鹿马登乡。14-1。

17. 木兰寄生 Taxillus limprichtii（Grüning）H. S. Kiu-*Loranthus limprichtii* Grüning

凭证标本：高黎贡山考察队 24575，31106。

灌木，高 50～150 cm。寄生于木姜子、石栎树上；海拔 1250～2075 m。

分布于腾冲市荷花镇、芒棒镇、五合乡、新华乡。14-4。

18. 龙陵钝果寄生 Taxillus sericus Danser

凭证标本：独龙江考察队 1751；高黎贡山考察队 17799。

灌木，高 50～100 cm。寄生于石栎、荚蒾树上；海拔 1500～2800 m。

分布于独龙江（贡山县独龙江乡段）；贡山县丙中洛乡；腾冲市界头镇、芒棒镇；龙陵县镇安镇。14-3。

* **19a. 桑寄生 Taxillus sutchuenensis**（Lecomte）Danser-*Loranthus sutchuenensis* Lecomte

凭证标本：高黎贡山考察队 16791。

灌木，高 50～100 cm。寄生于石栎树上；海拔 2970 m。

分布于贡山县茨开镇。15-1。

* **19b. 灰毛桑寄生 Taxillus sutchuenensis var. duclouxii**（Lecomte）H. S. Kiu-*Loranthus duclouxii* Lecomte

凭证标本：青藏队 7926。

灌木，高 50～100 cm。寄生于常绿阔叶林中树上；海拔 1600～1700 m。

分布于贡山县丙中洛乡。15-1。

* **20. 滇藏钝果寄生 Taxillus thibetensis**（Lecomte）Danser-*Loranthus thibetensis* Lecomte

凭证标本：林芹、邓向福 790983。

灌木，高 50～100 cm。寄生于杂木林中树上；海拔 1700～2500 m。

分布于独龙江（贡山县独龙江乡段）。15-1。

21. 短梗钝果寄生 Taxillus vestitus（Wallich）Danser-*Loranthus vestitus* Wallich

凭证标本：冯国楣 8075；王启无 66588。

灌木，高 50～100 cm。寄生于沟边杂木林中栗林树上；海拔 1700～2300 m。

分布于贡山县丙中洛乡；福贡县上帕镇；腾冲市。14-3。

185a. 槲寄生科 Loranthaceae

1 属 4 种

1. 卵叶槲寄生 Viscum album Linnaeus subsp. meridianum（Danser）D. G. Long-*Viscum album* var. *meridianum* Danser

凭证标本：碧江队 1710；高黎贡山考察队 30358。

灌木，高 30～50 cm。寄生于胡桃、桤木树上；海拔 900～2600 m。

分布于泸水市片马镇；腾冲市界头镇、曲石镇。14-3。

2. 扁枝槲寄生 Viscum articulatum N. L. Burman

凭证标本：独龙江考察队 4870；高黎贡山考察队 24905。

亚灌木。寄生于石砾林树上；海拔 1530～2400 m。

分布于独龙江（贡山县独龙江乡段）；腾冲市猴桥镇、五合乡；龙陵县。5。

3. 枫寄生 Viscum liquidambaricola Hayata

凭证标本：独龙江考察队 1885；高黎贡山考察队 32409。

灌木，高 30～70 cm。寄生于青冈、栎树、青冈树上；海拔 1400～2350 m。

分布于独龙江（贡山县独龙江乡段）；泸水市片马镇。7。

4. 柄果槲寄生 Viscum multinerve（Hayata）Hayata-*Viscum orientale* var. *multinerve* Hayata

凭证标本：高黎贡山考察队 15979。

灌木，高 50～70 cm。寄生于林中树上；海拔 1130 m。

分布于泸水市鲁掌镇。14-3。

186. 檀香科 Santalaceae

5 属 9 种

1. 异花寄生藤 Dendrotrophe platyphylla（Sprengel）N. H. Xia & M. G. Gilbert-*Viscum platyphyllum* Sprengel

凭证标本：T. T. Yü 19922；青藏队 8015。

木质藤本，长达 2 m。生长于山坡常绿阔叶林中、栎林树上；海拔 1700～2000 m。

分布于独龙江（贡山县独龙江乡段）；贡山县茨开镇。14-3。

2. 多脉寄生藤 Dendrotrophe polyneura（Hu）D. D. Tao ex P. C. Tam-*Henslowia polyneura* Hu

凭证标本：独龙江考察队 1848；高黎贡山考察队 12536。

木质藤本，高 30～40 cm。寄生于棕树、松树上；海拔 2000～2300 m。

分布于独龙江（贡山县独龙江乡段）；贡山县茨开镇；腾冲市界头镇。14-4。

3. 寄生藤 Dendrotrophe varians（Blume）Miquel-*Henslowia varians* Blume

凭证标本：高黎贡山考察队 24913，30421。

木质藤本，通常灌木，高 1～8 m。寄生于荚蒾、樟树上；海拔 1759～1900 m。

分布于腾冲市界头镇、五合乡。7。

4. 沙针 Osyris quadripartita Salzmann ex Decaisne

凭证标本：高黎贡山考察队 14093，28959。

常绿灌木或小乔木，高 2～5 m。生长于常绿阔叶林、云南松林、灌丛、干热河谷、河岸、河谷、杂草丛；海拔 600～2220 m。

分布于独龙江（察隅县段）；贡山县丙中洛乡；福贡县子里甲乡；泸水市大兴地乡、鲁掌镇、六库镇；保山市芒宽乡、潞江镇；龙陵县镇安镇。6。

5. 粗序重寄生 Phacellaria caulescens Collett & Hemsley

凭证标本：高黎贡山考察队 25049，29111。

高 20～30 cm。寄生于楠木、梓树上；海拔 1850～2200 m。

分布于腾冲市界头镇、五合乡、新华乡。14-4。

6. 硬序重寄生 Phacellaria rigidula Bentham

凭证标本：高黎贡山考察队 25217，28134。

高 10～25 cm。寄生于早冬瓜、楠木树上；海拔 2050 m。

分布于腾冲市曲石镇、芒棒镇。14-4。

7. 檀梨 Pyrularia edulis (Wallich) A. Candolle-*Sphaerocarya edulis* Wallich

凭证标本：高黎贡山考察队 13193，30417。

落叶灌木或小乔木，高 3～5 m。生长于常绿阔叶林中；海拔 1510～2400 m。

分布于保山市潞江镇；腾冲市界头镇、芒棒镇、五合乡、新华乡；龙陵县龙山镇、碧寨乡。14-3。

8. 藏南百蕊草 Thesium emodi Hendrych

凭证标本：怒江考察队 790274。

多年生草本。生长于松林、河上坡；海拔 2400 m。

分布于贡山县丙中洛乡。14-3。

9. 露柱百蕊草 Thesium himalense Royle ex Edgeworth

凭证标本：南水北调队（滇西北分队）9235。

草本。生长于山坡松林下草丛中；海拔 2400 m。

分布于贡山县。14-3。

189. 蛇菰科 Balanophoraceae

2 属 6 种

1. 短穗蛇菰 Balanophora abbreviate Blume

凭证标本：高黎贡山考察队 16574。

雌雄同株。寄生在石栎的树根上；海拔 1550 m。

分布于贡山县茨开镇。7。

2. 川藏蛇菰 Balanophora fargesii (Tieghem) Harms-*Bivolva fargesii* Tieghem

凭证标本：高黎贡山考察队 16743，31720。

雌雄同株。生长于落叶阔叶林、针叶-落叶阔叶林、针叶林中；海拔 2800～3020 m。

分布于贡山县丙中洛乡、茨开镇；福贡县石月亮乡。14-3。

3. 红菌 Balanophora involucrata J. D. Hooker

凭证标本：青藏队 10061；高黎贡山考察队 32651。

雌雄同株。生长于常绿阔叶林、针阔叶混交林、针叶林下；海拔 1820～3020 m。

分布于独龙江（贡山县独龙江乡段）；贡山县丙中洛乡、茨开镇；福贡县石月亮乡；泸水市片马镇；腾冲市猴桥镇。14-3。

4. 疏花蛇菰 Balanophora laxiflora Hemsley

凭证标本：独龙江考察队 6933；高黎贡山考察队 32690。

雌雄同株。寄生于树根上、林下、树下、山坡杜鹃林中；海拔 1300～3000 m。

分布于独龙江（贡山县独龙江乡段）；福贡县上帕镇；泸水市片马镇；保山市芒宽乡。14-4。

5. 多蕊蛇菰 Balanophora polyandra Griffith

凭证标本：高黎贡山考察队 26886，32651。

雌雄同株。寄生在石栎的树根上；海拔 1500～2830 m。

分布于独龙江（贡山县独龙江乡段）；贡山县茨开镇；福贡县石月亮乡。14-3。

6. 盾片蛇菰 Rhopalocnemis phalloides Junghuhn

凭证标本：高黎贡山考察队 25158。

高 15～30 cm。生长于常绿阔叶林；海拔 2432 m。

分布于独龙江（贡山县独龙江乡段）；腾冲市芒棒镇。7。

190. 鼠李科 Rhamnaceae

8 属 27 种 3 变种，* 19，** 1，+ 1

1. 多花勾儿茶 Berchemia floribunda（Wallich）Brongniart-*Ziziphus floribunda* Wallich

凭证标本：独龙江考察队 6425；高黎贡山考察队 29825。

攀缘或直立灌木。生长于常绿阔叶林中、混交林、云南松林、灌丛草坡、林边水沟边、林缘、山谷次生林中；海拔 1440～2300 m。

分布于独龙江（贡山县独龙江乡段）；腾冲市滇滩镇、明光镇、界头镇、曲石镇、马站乡、和顺镇、芒棒镇。14-1。

2a. 大果勾儿茶 Berchemia hirtella H. T. Tsai & K. M. Feng

凭证标本：青藏队 9613。

攀缘灌木。生长于路边次生林中；海拔 1700 m。

分布于独龙江（贡山县独龙江乡段）。15-2。

* 2b. 大老鼠耳 Berchemia hirtella var. **glabrescens** C. Y. Wu ex Y. L. Chen

凭证标本：高黎贡山考察队 21633。

攀缘灌木。生长于栎类常绿阔叶林中；海拔 1740 m。

分布于独龙江（贡山县独龙江乡段）。15-1。

* 3. 光枝勾儿茶 Berchemia polyphylla var. **leioclada**（Handel-Mazzetti）Handel-Mazzetti -*Berchemia trichoclada* var. *leioclada* Handel-Mazzetti

凭证标本：陈介 156。

攀缘灌木，高 3～4 m。生长于灌丛、路旁；海拔 2050 m。

分布于保山市；15-1。

* 4. 云南勾儿茶 Berchemia yunnanensis Franchet

凭证标本：青藏队 8584；高黎贡山考察队 12785。

攀缘灌木，高 250～500 cm。生长于针叶-落叶阔叶林、林缘、田边；海拔 900～3050 m。

分布于贡山县茨开镇；泸水市六库镇。15-1。

5. 毛咀签 Gouania javanica Miquel

凭证标本：施晓春 463；怒江考察队 468。

攀缘灌木。生长于石山灌丛、河边一带；海拔 1000～1200 m。

分布于福贡县匹河乡；保山市芒宽乡。14-4。

6. 咀签 Gouania leptostachya Candolle

凭证标本：高黎贡山考察队 7927，19015。

攀缘灌木。生长于河岸灌丛、干热河谷稀树灌丛、攀缘；海拔 1170～1240 m。

分布于福贡县；保山市芒宽乡。7。

⁺7a. 枳椇 Hovenia acerba Lindley

凭证标本：青藏队 27817；高黎贡山考察队 27783。

高大乔木，高 10～25 m。栽培；海拔 1170 m。

分布于福贡县鹿马登乡、架科底乡。16。

* 7b. 俅江枳椇 Hovenia acerba var. kiukiangensis（Hu & Cheng）C. Y. Wu ex Y. L. Chen & P. K. Chou-*Hovenia kiukiangensis* Hu & W. C. Cheng

凭证标本：冯国楣 24289；独龙江考察队 1770。

高大乔木，高 10～25 m。生长于阔叶林、河旁林边、林中；海拔 1150～1560 m。

分布于独龙江（贡山县独龙江乡段）。15-1。

* 8. 短柄铜钱树 Paliurus orientalis（Franchet）Hemsley-*Paliurus australis* Gaertner var. *orientalis* Franche

凭证标本：南水北调队（滇西北队）10430。

常绿灌木至小乔木，高可达 12 m。生长于山坡阳处；海拔 1300 m。

分布于泸水市六库镇。15-1。

* 9. 川滇猫乳 Rhamnella forrestii W. W. Smith

凭证标本：青藏队 10885。

落叶灌木，高 2～4 m。生长于河边灌丛中；海拔 2300～2400 m。

分布于独龙江（察隅县日东乡段）。15-1。

* 10. 毛背猫乳 Rhamnella julianae C. K. Schneider

凭证标本：H. T. Tsai 57286。

落叶灌木，高 2～3 m。生长于林中；海拔 1000～1600 m。

分布于福贡县。15-1。

11. 长叶冻绿 Rhamnus crenata Siebold & Zuccarini

凭证标本：高黎贡山考察队 29280。

落叶灌木或小乔木，高达 4 m。生长于栎类-润楠林；海拔 2650 m。

分布于腾冲市明光镇。14-2。

*12a. 刺鼠李 Rhamnus dumetorum** C. K. Schneider

凭证标本：独龙江考察队 5756；高黎贡山考察队 29927。

雌雄异株的灌木，高 3～5 m。生长于沟谷林、河岸林、云南松林、混交林、灌丛、杂草丛中；海拔 1510～2900 m。

分布于独龙江（察隅县日东乡段，贡山县独龙江乡段）；腾冲市曲石镇。15-1。

*12b. 圆齿刺鼠李 Rhamnus dumetorum** var. **crenoserrata** Rehder & E. H. Wilson

凭证标本：冯国楣 7078；青藏队 9619。

雌雄异株的灌木，高 3～5 m。生长于路边次生林中；海拔 1700 m。

分布于独龙江（贡山县独龙江乡段）。15-1。

*13. 川滇鼠李 Rhamnus gilgiana** Heppeler

凭证标本：青藏队 7348；施晓春 466。

灌木，高 1～2 m。生长于河谷高灌丛、路边灌丛；海拔 1000～1800 m。

分布于贡山县丙中洛乡；保山市芒宽乡。15-1。

*14. 高山亮叶鼠李 Rhamnus hemsleyana** var. **yunnanensis** C. Y. Wu ex Y. L. Chen & P. K. Chou

凭证标本：青藏队 7471；高黎贡山考察队 12931。

常绿乔木，稀灌木，高 8 m。生长于丛林中；海拔 2300 m。

分布于贡山县丙中洛乡；福贡县。15-1。

*15. 毛叶鼠李 Rhamnus henryi** C. K. Schneider

凭证标本：独龙江考察队 1796；高黎贡山考察队 32515。

乔木，高 3～10 m。生长于常绿阔叶林、次生林、石砾-青冈林、旱冬瓜落叶阔叶林、秃杉林、云南松林、沟边杂林中、林内、林缘、林中、溪谷；海拔 1140～2500 m。

分布于独龙江（贡山县独龙江乡段）；贡山县丙中洛乡、茨开镇；福贡县马吉乡、石月亮乡、上帕镇。15-1。

16. 尼泊尔鼠李 Rhamnus napalensis (Wallich) M. A. Lawson-*Ceanothus napalensis* Wallich

凭证标本：尹文清 1500；李恒、李嵘 874。

落叶直立或攀缘灌木，稀乔木。生长于次生常绿阔叶林、江边灌丛上、山坡密林中；海拔 1300～1510 m。

分布于独龙江（贡山县独龙江乡段）；腾冲市；龙陵县龙山镇。14-3。

17. 黑背鼠李 Rhamnus nigricans Handel-Mazzetti

凭证标本：周应再 091。

灌木或小乔木，高可达 5 m。生长于次生林；海拔 1406 m。

分布于腾冲市和顺镇。15-2-5。

　*18. 小冻绿树 **Rhamnus rosthornii** E. Pritze

凭证标本：T. T. Yü 19177；高黎贡山考察队 11161。

灌木或小乔木，高达 3 m。生长于阔叶林、山坡阴处；海拔 1200～1930 m。

分布于贡山县；泸水市上江乡；腾冲市界头镇、马站乡。15-1。

　*19. 多脉鼠李 **Rhamnus sargentiana** C. K. Schneider

凭证标本：Forrest 18063；南水北调队 7079。

落叶灌木，高达 6 m。生长于林中山坡上；海拔 1700～2500 m。

分布于贡山县；腾冲市猴桥镇。15-1。

20. 帚枝鼠李 Rhamnus virgata Roxburgh

凭证标本：南水北调队 9283；高黎贡山考察队 14214。

灌木或乔木，高可达 6 m。生长于次生林；海拔 1570 m。

分布于贡山县丙中洛乡、茨开镇；14-3。

　*21. 西藏鼠李 **Rhamnus xizangensis** Y. L. Chen & P. K. Chou

凭证标本：青藏队 9368，10742。

常绿灌木或小乔木，高可达 2 m。生长于山坡常绿阔叶林缘；海拔 1600 m。

分布于察隅日东乡；独龙江（贡山县独龙江乡段）。15-1。

　*22. 疏花雀梅藤 **Sageretia laxiflora** Handel-Mazzetti

凭证标本：李恒、郭辉军、李正波、施晓春 3。

攀缘或直立灌木，高达 10 m。生长于灌丛；海拔 1500 m。

分布于保山市芒宽乡。15-1。

　*23. 皱叶雀梅藤 **Sageretia rugosa** Hance

凭证标本：高黎贡山考察队 19696，25512。

攀缘或直立灌木，高约 4 m。生长于灌丛中；海拔 1030 m。

分布于福贡县匹河乡；泸水市洛本卓乡。15-1。

　*24. 云龙雀梅藤 **Sageretia yunlongensis** G. S. Fan & L. L. Deng

凭证标本：高黎贡山考察队 11187，23964。

直立灌木，高约 3 m。生长于常绿阔叶林；海拔 1335～2000 m。

分布于泸水市片马镇；腾冲市界头镇。15-1。

　*25. 褐果枣 **Ziziphus fungii** Merrill

凭证标本：高黎贡山考察队 23510。

攀缘灌木，高可达 5 m。生长于云南松疏林；海拔 691 m。

分布于保山市潞江镇。15-1。

26. 印度枣 Ziziphus incurva Roxburgh

凭证标本：高黎贡山考察队 22852，30956。

乔木或大灌木，高达 15 m。生长于常绿阔叶林、石砾-木荷林；海拔 1510～1640 m。

分布于泸水市片马镇；腾冲市曲石镇、芒棒镇、五合乡。14-3。

27. 滇刺枣 Ziziphus mauritiana Lamarck

凭证标本：李恒、郭辉军、李正波、施晓春 37；高黎贡山考察队 18996。

乔木或灌木，高 15 m。生长于干热河谷灌丛、路边、杂草丛；海拔 600～1350 m。

分布于泸水市六库镇；保山市芒宽镇、潞江镇；腾冲市五合乡。4。

191. 胡颓子科 Elaeagnaceae

2 属 10 种，* 6，** 1

** **1. 长柄胡颓子 Elaeagnus delavayi** Lecomte

凭证标本：独龙江考察队 1550；高黎贡山考察队 21611。

常绿直立灌木。生长于常绿阔叶林、沟谷林、次生林、栎类阔叶林、灌丛、两岸灌丛、河岸、江边林下、山坡；海拔 1400～2220 m。

分布于独龙江（贡山县独龙江乡段）；泸水市片马镇；腾冲市曲石镇。15-2-1。

2. 蔓胡颓子 Elaeagnus glabra Thunberg

凭证标本：香料考察队 281。

常绿灌木。生长于沙边灌丛；海拔 1600 m。

分布于腾冲市猴桥镇。14-2。

* **3. 宜昌胡颓子 Elaeagnus henryi** Warburg ex Diels

凭证标本：780 队 462；青藏队 7611。

常绿攀缘灌木。生长于林缘；海拔 1940 m。

分布于贡山县丙中洛乡；腾冲市明光镇。15-1。

* **4. 披针叶胡颓子 Elaeagnus lanceolata** Warburg ex Diels

凭证标本：高黎贡山考察队 21467，21743。

灌木，高 4 m。生长于疏林、灌丛；海拔 1710～1910 m。

分布于独龙江（贡山县独龙江乡段）。15-1。

* **5. 弄化胡颓子 Elaeagnus obovatifolia** D. Fang

凭证标本：高黎贡山考察队 11036，13020。

常绿灌木，高约 2 m。生长于常绿阔叶林、河谷次生阔叶林；海拔 1850～2100 m。

分布于保山市潞江镇；腾冲市界头镇。15-1。

* **6. 毛柱胡颓子 Elaeagnus pilostyla** C. Y. Chang

凭证标本：H. T. Tsai 54742，54831。

常绿灌木，高 150～200 cm。生长于溪谷；海拔 1600 m。

分布于福贡县上帕镇。15-1。

7. 越南胡颓子 Elaeagnus tonkinensis Servettaz

凭证标本：高黎贡山考察队 13076，30891。

常绿直立灌木，高约 3 m。生长于常绿阔叶林、次生林、石砾-常绿阔叶林、石砾-青冈林、旱冬瓜-桦木林、阔叶-竹林、云南松林；海拔 2000～2432 m。

分布于保山市芒宽乡、潞江镇；腾冲市明光镇、界头镇、猴桥镇。14-4。

8. 牛奶子 Elaeagnus umbellata Thunberg

凭证标本：高黎贡山考察队 14592，30651。

落叶灌木。生长于常绿阔叶林、石砾-冬青林、油桐-核桃林、云南松林、灌丛、山谷杂木林中、山坡、杂草丛、次生草地、耕地边、沟边、湖滨湿地、路边；海拔 1300～2479 m。

分布于贡山县丙中洛乡、捧打乡、茨开镇、普拉底乡；福贡县上帕镇；泸水市片马镇、六库镇；腾冲市界头镇、猴桥镇、曲石镇。14-1。

** **9. 绿叶胡颓子 Elaeagnus viridis** Servettaz

凭证标本：高黎贡山考察队 14388，24192。

常绿直立灌木，高达 2 m。生长于常绿阔叶林、次生常绿阔叶林、栎类阔叶林、落叶阔叶林、疏林、灌丛草地、大山脚、山坡、阳处、路边；海拔 1330～2600 m。

分布于贡山县丙中洛乡、茨开镇；福贡县石月亮乡、鹿马登乡；泸水市片马镇；腾冲市猴桥镇。15-1。

** **10. 云南沙棘 Hippophae rhamnoides** subsp. **yunnanensis** Rousi

凭证标本：独龙江考察队 5604；青藏队 9932。

灌木或乔木，高 2～12 m。生长于河滩地次生林、江边、林中；海拔 1840～2200 m。

分布于独龙江（贡山县独龙江乡段）；贡山县；腾冲市。15-1。

193. 葡萄科 Vitaceae

6 属 27 种 7 变种，** 16，*** 2，**** 2

** **1a. 蓝果蛇葡萄 Ampelopsis bodinieri**（H. Léveillé & Vaniot）Rehder-*Vitis bodinieri* H. Léveillé & Vaniot

凭证标本：青藏队 7847，10741。

藤本。生长于山沟常绿阔叶林、山坡松林下、林中；海拔 210～3000 m。

分布于独龙江（察隅县日东乡段）；贡山县丙中洛乡。15-1。

** **1b. 灰毛蛇葡萄 Ampelopsis bodinieri** var. **cinerea**（Gagnepain）Rehder-*Ampelopsis heterophylla*（Thunberg）Siebold & Zuccarini var. *cinerea* Gagnepain

凭证标本：南水北调 8785。

藤本。生长于阔叶林中；海拔 1600 m。

分布于贡山县丙中洛乡。15-1。

** **2a. 三裂蛇葡萄 Ampelopsis delavayana** Planchon ex Franchet

凭证标本：李恒、李嵘 1260；高黎贡山考察队 29846。

藤本。生长于残留常绿阔叶林、木荷-润楠林、山胡椒林、薪炭林、云南松-木荷林、云南松林、路边灌丛；海拔 691-1630 m。

分布于保山市芒宽乡、潞江镇；腾冲市和顺镇；龙陵县腊勐乡、镇安镇。15-1。

* **2b. 毛三裂蛇葡萄 Ampelopsis delavayana** var. **setulosa**（Diels & Gilg）C. L. Li-*Ampelopsis aconitifolia* Bunge var. *setulosa* Diels & Gilg

凭证标本：杨竞生 7762；怒江考察队 1974。

藤本。生长于常绿阔叶林中；海拔 3100 m。

分布于福贡县；泸水市六库镇。15-1。

*** **3. 贡山蛇葡萄 Ampelopsis gongshanensis** C. L. Li

凭证标本：青藏队 9388；高黎贡山考察队 33363。

藤本。生长于常绿阔叶林、核桃-润楠林、山坡常绿阔叶林中；海拔 1330～1500 m。

分布于独龙江（贡山县独龙江乡段）；贡山县茨开镇。15-2-6。

*** **4. 福贡乌蔹梅 Cayratia fugongensis** C. L. Li

凭证标本：青藏队 7048。

半木质或草质藤本。生长于常绿阔叶林；海拔 1300～1800 m。

分布于福贡县鹿马登乡。15-2-6。

5a. 乌蔹莓 Cayratia japonica（Thunberg）Gagnepain-*Vitis japonica* Thunberg

凭证标本：高黎贡山考察队 14022，17433。

草质藤本。生长于次生常绿阔叶林、山坡灌丛、路边、杂草丛；海拔 650～2211 m。

分布于独龙江（贡山县独龙江乡段）；贡山县丙中洛乡；福贡县；保山市芒宽乡、潞江镇；腾冲市曲石镇、五合乡。5。

5b. 毛乌蔹莓 Cayratia japonica var. **mollis**（Wallich ex M. A. Lawson）Momiyama-*Vitis mollis* Wallich ex M. A. Lawson

凭证标本：怒江队 214；高黎贡山考察队 32611。

草质藤本。生长于常绿阔叶林；海拔 1000～2200 m。

分布于独龙江（贡山县独龙江乡段）；贡山县；福贡县马吉乡、石月亮乡、上帕镇；腾冲市界头镇。14-3。

* **6. 长柄地锦 Parthenocissus feddei**（H. Léveillé）C. L. Li-*Vitis feddei* H. Léveillé

凭证标本：高黎贡山考察队 13249。

木质藤本。生长于常绿阔叶林；海拔 2150 m。

分布于保山市潞江镇。15-1。

7. 三叶地锦 Parthenocissus semicordata（Wallich）Planchon-*Vitis semicordata* Wallich

凭证标本：南水北调队（滇西北分队）10383；高黎贡山考察队 31131。

木质藤本。生长于常绿阔叶林、石砾-木荷林、石砾-青冈林、栎类常绿阔叶林、槭树-花楸林、山胡椒林、华山松林、沟边、杂林中、林下、林中；海拔 1630～3000 m。

分布于贡山县丙中洛乡、茨开镇；福贡县石月亮乡、鹿马登乡；泸水市鲁掌镇；保山市潞江镇；腾冲市界头镇、猴桥镇、曲石镇、和顺镇。7。

* 8. 角花崖爬藤 Tetrastigma ceratopetalum C. Y. Wu

凭证标本：高黎贡山考察队 13065。

粗壮木质藤本。生长于常绿阔叶林；海拔 2050 m。

分布于保山市潞江镇。15-1。

9. 七小叶崖爬藤 Tetrastigma delavayi Gagnepain

凭证标本：施晓春 569；高黎贡山考察队 28081。

木质藤本植物。生长于常绿阔叶林、次生常绿阔叶林、石砾-油茶林、栎类常绿阔叶林、江边阔叶林、山坡湿润疏林、公路边密林下；海拔 1160～2400 m。

分布于独龙江（贡山县独龙江乡段）；福贡县马吉乡、上帕镇、架科底乡；泸水市片马镇；保山市芒宽乡、潞江镇；腾冲市界头镇、曲石镇、芒棒镇、蒲川乡；龙陵县镇安镇。14-4。

10. 红枝崖爬藤 Tetrastigma erubescens Planchon

凭证标本：高黎贡山考察队 24771，30640。

木质藤本；生长于常绿-落叶阔叶林、石砾-木荷林；海拔 1530～2075 m。

分布于腾冲市曲石镇、五合乡。14-4。

* 11. 蒙自崖爬藤 Tetrastigma henryi Gagnepain

凭证标本：H. T. Tsai 55718；高黎贡山考察队 19664；

木质藤本。生长于栎类常绿阔叶林、灌木丛、林杂草丛；海拔 900～1243 m。

分布于贡山县茨开镇；福贡县上帕镇、匹河乡；泸水市六库镇、上江乡；保山市芒宽乡；龙陵县。15-1。

* 12. 叉须崖爬藤 Tetrastigma hypoglaucum Planchon

凭证标本：高黎贡山考察队 10819，13395。

纤细木质藤本。生长于常绿阔叶林、次生常绿阔叶林、林下；海拔 1650～2310 m。

分布于贡山县丙中洛乡；保山市芒宽乡；腾冲市界头镇、芒棒镇；龙陵县镇安镇。15-1。

13. 伞花崖爬藤 Tetrastigma macrocorymbum Gagnepain ex J. Wen

凭证标本：高黎贡山考察队 25496，25526。

木质藤本。生长于草地；海拔 1040～1140 m。

分布于泸水市洛本卓乡。14-4。

14. 崖 爬 藤 Tetrastigma obtectum（Wallich ex M. A. Lawson）Planchon ex Franchet-*Vitis obtecta* Wallich ex M. A. Lawson

凭证标本：独龙江考察队 5906；高黎贡山考察队 22323。

半木质藤本。生长于常绿阔叶林、石砾-冬青林、秃杉林、灌丛、陡坡、林缘、山沟边、石头上、路边；海拔 1360～2700 m。

分布于察隅县察瓦龙乡；独龙江（贡山县独龙江乡段）；贡山县丙中洛乡、捧打乡、茨开镇；腾冲市界头镇、猴桥镇。14-3。

15. 扁担藤 Tetrastigma planicaule (J. D. Hooker) Gagnepain-*Vitis planicaulis* J. D. Hooker

凭证标本：高黎贡山考察队 13488。

木质藤本。生长于次生常绿阔叶林；海拔 1680 m。

分布于保山市芒宽乡。7。

16a. 喜马拉雅崖爬藤 Tetrastigma rumicispermum（M. A. Lawson）Planchon-*Vitis rumicisperma* M. A. Lawson

凭证标本：独龙江考察队 1648；高黎贡山考察队 31124。

木质藤本。生长于常绿阔叶林、云南松林、落叶阔叶林，灌丛、阳坡灌丛、林缘、林中、山坡路旁、路边；海拔 691～3100 m。

分布于独龙江（贡山县独龙江乡段）；贡山县茨开镇；福贡县马吉乡、石月亮乡、上帕镇、架科底乡；泸水市洛本卓乡；保山市芒宽乡、潞江镇；腾冲市界头镇、腾越镇、芒棒镇；龙陵县龙江乡、镇安镇。14-3。

** 16b. 锈毛喜马拉雅崖爬藤 Tetrastigma rumicispermum var. *lasiogynum*（W. T. Wang）C. L. Li-*Tetrastigma serrulatum*（Roxburgh）Planchon var. *lasiogynum* W. T. Wang

凭证标本：独龙江考察队 1435，6991。

木质藤本。生长于灌丛、河边；海拔 1500～1800 m。

分布于独龙江（贡山县独龙江乡段）。15-2。

17a. 狭叶崖爬藤 Tetrastigma serrulatum（Roxburgh）Planchon-*Cissus serrulata* Roxburgh

凭证标本：独龙江考察队 3675；高黎贡山考察队 24646。

细长藤本。生长于常绿阔叶林、针阔叶混交林、针叶林、灌丛、沟边、河岸、河谷、林缘、江边、林中、林下、林边、路边；海拔 1650～2700 m。

分布于独龙江（贡山县独龙江乡段）；贡山县丙中洛乡、茨开镇；福贡县马吉乡、石月亮乡、鹿马登乡、上帕镇、匹河乡；泸水市片马镇、鲁掌镇；保山市潞江镇；腾冲市明光镇、界头镇、猴桥镇、马站乡、曲石镇、芒棒镇、五合乡、新华乡；龙陵县龙江乡、腊勐乡、镇安镇。14-3。

*17b. 毛狭叶崖爬藤 Tetrastigma serrulatum（Roxb.）Planch. var. **puberulum**（W. T. Wang & Cao）C. L. Li-*Tetrastigma hypoglaucum* Planchon var. *puberulum* W. T. Wang & Z. Y. Cao

凭证标本：李恒、刀志灵、李嵘 632；碧江队 210。

生长于次生灌丛、沟边杂木林、水沟边、溪谷；海拔 1900～2700 m。

分布于独龙（察隅县段）；贡山县茨开镇；福贡县上帕镇。15-1。

*18. 菱叶崖爬藤 Tetrastigma triphyllum（Gagnepain）W. T. Wang-*Tetrastigma yunnanense* Gagnepain var. *triphyllum* Gagnepain

凭证标本：高黎贡山考察队 24940，28840。

半木质藤本。生长于栎类林、石栎林；海拔 2190～2560 m。

分布于福贡县鹿马登乡；腾冲市五合乡。15-1。

* 19a. 云南崖爬藤 Tetrastigma yunnanensis Gagnep.

凭证标本：高黎贡山考察队 14911，27899。

半木质藤本。生长于常绿阔叶林、栎类林、枪木-山梅花栎、落叶林、灌丛、河边、杂草丛；海拔 1060～2220 m。

分布于贡山县丙中洛乡、捧打乡、茨开镇；福贡县马吉乡、石月亮乡、鹿马登乡、上帕镇；泸水市片马镇；保山市潞江镇；腾冲市界头镇、曲石镇。15-1。

** 19b. 贡山崖爬藤 Tetrastigma yunnanense var. mollissimum C. Y. Wu ex W. T. Wang

凭证标本：青藏队 7393；高黎贡山考察队 23203。

半木质藤本。生长于灌丛、沟边杂木林中、江边杂木林下、江边山坡岩石上；海拔 1410～2000 m。

分布于贡山县丙中洛乡、捧打乡、茨开镇；龙陵县。15-2-3a。

20. 小果葡萄 Vitis balansana Planchon

凭证标本：青藏队 10741。

木质藤本。生长于林中、灌丛中；海拔 600～800 m。

分布于独龙江（察隅县日东乡段）。14-4。

* 21. 美丽葡萄 Vitis bellula (Rehder) W. T. Wang-Vitis pentagona Diels & Gilg var. bellula Rehder

凭证标本：青藏队 9570。

木质藤本。生长于林中、灌丛中；海拔 1300～1600 m。

分布于独龙江（贡山县独龙江乡段）。15-1。

* 22. 桦叶葡萄 Vitis betulifolia Diels & Gilg

凭证标本：冯国楣 8190；高黎贡山考察队 172。

木质藤本。生长于杂林中；海拔 1300～2000 m。

分布于贡山县茨开镇；泸水市。15-1。

* 23. 蘡薁 Vitis bryoniifolia Bunge

凭证标本：李生堂 332。

木质藤本。生长于古火山底层；海拔 2000 m。

分布于腾冲市腾越镇。15-1。

24. 葛藟葡萄 Vitis flexuosa Thunberg

凭证标本：高黎贡山考察队 15214，33420。

木质藤本。生长于常绿阔叶林、油桐-核桃林、沟边杂林中；海拔 1000～1900 m。

分布于独龙江（贡山县独龙江乡段）；贡山县丙中洛乡、普拉底乡；福贡县马吉乡、鹿马登乡。14-1。

25. 毛葡萄 Vitis heyneana Roemer & Schultes

凭证标本：高黎贡山考察队 14075，33534。

木质藤本。生长于常绿阔叶林、灌丛、林中、林缘、杂草丛、路边；海拔 1000～2400 m。

分布于独龙江（贡山县独龙江乡段）；贡山县丙中洛乡；福贡县上帕镇、匹河乡；泸水市片马镇、洛本卓乡；保山市芒宽乡、潞江镇；龙陵县镇安镇。14-3。

*26. 网脉葡萄 Vitis wilsoniae H. J. Veitch

凭证标本：高黎贡山考察队 18897，30719。

木质藤本。生长于阔叶林、石栎-木荷林、云南松林、灌丛；海拔 790～2280 m。

分布于福贡县鹿马登乡；保山市芒宽乡、潞江镇；腾冲市界头镇、猴桥镇。15-1。

27a. 俞藤 Yua thomsonii（M. A. Lawson）C. L. Li var. thomsonii-*Vitis thomsonii* M. A. Lawson

凭证标本：青藏队 7970；高黎贡山考察队 27738。

木质藤本。生长于疏林中、常绿阔叶林缘、河谷灌丛、沟边杂林中树上、河边、草坡；海拔 1330～2000 m。

分布于贡山县丙中洛乡；福贡县石月亮乡。14-3。

*27b. 华西俞藤 Yua thomsonii var. glaucescens（Diels & Gilg）C. L. Li-*Parthenocissus henryana*（Hemsley）Graebner ex Diels & Gilg var. *glaucescens* Diels & Gilg

凭证标本：武素功 7368；碧江队 1393。

木质藤本。生长于阔叶林下、山坡、路边、杂木林缘；海拔 1840 m。

分布于福贡县；泸水市片马镇。15-1。

194. 芸香科 Rutaceae

12 属 34 种 1 变种，*8，+4

1. 臭节草 Boenninghausenia albiflora（Hooker）Reichenbach ex Meisner-*Ruta albiflora* Hooker

凭证标本：独龙江考察队 715；高黎贡山考察队 33054。

多年生草本，高 120 cm。生长于常绿阔叶林、灌丛、高山草甸、河边、林下、林缘、密林下、草地、山脚、路边、农田旁；海拔 1250～3100 m。

分布于独龙江（贡山县独龙江乡段）；贡山县丙中洛乡、捧打乡、茨开镇；福贡县马吉乡、石月亮乡、鹿马登乡、上帕镇、架科底乡、匹河乡；泸水市片马镇、洛本卓乡、鲁掌镇、上江乡；保山市芒宽乡、潞江镇；腾冲市界头镇、曲石镇、马站乡、芒棒镇；龙陵县镇安镇。7。

+2. 来檬 Citrus aurantiifolia（Christmann）Swingle-*Limonia* × *aurantiifolia* Christmann

凭证标本：杨竞生 6688。

小乔木。生长于路边。

分布于福贡县上帕镇。16。

+3. **酸橙 Citrus aurantium** Linnaeus

凭证标本：高黎贡山考察队 19364。

小乔木。生长于村旁；栽培。

分布于福贡县鹿马登乡。16。

+4. **金柑 Citrus japonica** Thunberg

凭证标本：高黎贡山考察队 26162，28953。

乔木，高达 5 m。生长于云南松林、溪旁次生林；海拔 680～1080 m。

分布于福贡县子里甲乡；保山市潞江镇。16。

+5. **香橼 Citrus medica** Linnaeus

凭证标本：独龙江考察队 3399；青藏队 9319。

灌木或小乔木。生长于荒地、林寨栽培；海拔 1000～1540 m。

分布于独龙江（贡山县独龙江乡段）；泸水市上江乡；腾冲市。16。

*6. **毛齿叶黄皮 Clausena dunniana** var. **robusta**（Tanaka）C. C. Huang-*Clausena dentata* var. *robusta* Tanaka

凭证标本：高黎贡山考察队 30906。

落叶乔木，高 2～5 m。生长于石栎-木荷林；海拔 1150 m。

分布于腾冲市团田乡。15-1。

*7. **小黄皮 Clausena emarginata** C. C. Huang

凭证标本：高黎贡山考察队 23534，26160。

乔木，高 4 m。生长于阔叶林、木荷-润楠林；海拔 680～691 m。

分布于保山市芒宽乡、潞江镇。15-1。

8. **假黄皮 Clausena excavata** N. L. Burma

凭证标本：高黎贡山考察队 23543。

灌木，高 1～2 m。生长于木荷-润楠林；海拔 691 m。

分布于保山市潞江镇；龙陵县。7。

9. **光滑黄皮 Clausena lenis** Drake

凭证标本：南水北调队（滇西北分队）8136；高黎贡山考察队 28911。

乔木，高 2～3 m。生长于栎类常绿阔叶林、山沟、杂草丛；海拔 1030～1300 m。

分布于福贡县鹿马登乡、上帕镇、架科底乡、鹿马登乡、匹河乡；泸水市上江乡。14-4。

10. **蓝果山小橘 Glycosmis cyanocarpa**（Bl.）Spneng.

凭证标本：南水北调队（滇西北分队）8142。

生长于沟边、林下、石缝中；海拔 1340 m。

分布于泸水市上江乡。14-4。

11. **山小橘 Glycosmis pentaphylla**（Retzius）Candolle-*Limonia pentaphylla* Retzius

凭证标本：高黎贡山考察队 29095，30109。

乔木，可高达 5 m。生长于常绿阔叶林、石栎-青冈林；海拔 1940～2400 m。

分布于腾冲市界头镇。7。

12. 三桠苦 Melicope pteleifolia（Champion ex Bentham）T. G. Hartley-*Zanthoxylum pteleifolium* Champion ex Bentham

凭证标本：陈介 350；高黎贡山考察队 31117。

灌木或乔木，稀攀缘，高 1～14 m。生长于常绿阔叶林、木荷林、林下、山沟、栗林中阴湿处、林中、山箐疏林中、路边；海拔 1420～2146 m。

分布于贡山县茨开镇；腾冲市界头镇、曲石镇、五合乡、新华乡、蒲川乡；龙陵县龙江乡。14-4。

13. 单叶蜜茱萸 Melicope viticina（Wallich ex Kurz）T. G. Hartley-*Euodia viticina* Wallich ex Kurz

凭证标本：高黎贡山考察队 19458，27725。

灌木或乔木，高 80～600 cm。生长于常绿阔叶林、山香圆-油茶林；海拔 1125～1390 m。

分布于福贡县马吉乡、石月亮乡、鹿马登乡。14-4。

14. 小芸木 Micromelum integerrimum（Buchanan-Hamilton ex Candolle）Wight & Arnott ex M. Roemer-*Bergera integerrima* Buchanan-Hamilton ex Candolle

凭证标本：高黎贡山考察队 24763。

乔木，高 6～8 m。生长于石砾-木荷林；海拔 2075 m。

分布于腾冲市五合乡。14-3。

* **15. 豆叶九里香 Murraya euchrestifolia** Hayata

凭证标本：碧江队 252。

灌木或乔木，高 150～700 cm。生长于林中灌丛；海拔 900～1400 m。

分布于福贡县匹河乡。15-1。

16. 千里香 Murraya paniculata（Linnaeus）Jack-*Chalcas paniculata* Linnaeus

凭证标本：孙航 1663；高黎贡山植被组 S11-8。

灌木或乔木，高 180～1200 cm。生长于江边、山坡、阳处、伐木林下、水沟边、路旁；海拔 800～1100 m。

分布于贡山县；泸水市六库镇、上江乡；保山市芒宽乡。5。

* **17. 秃叶黄檗 Phellodendron chinense** var. **glabriusculum** C. K. Schneide

凭证标本：高黎贡山考察队 10960，33348。

乔木，高达 15 m。生长于核桃-润楠林、灌丛、村寨附近；海拔 1410～1740 m。

分布于贡山县茨开镇；腾冲市曲石镇。15-1。

18. 乔木茵芋 Skimmia arborescens T. Anderson ex Gamble

凭证标本：独龙江考察队 907；高黎贡山考察队 32504。

乔木，高达 8 m。生长于常绿阔叶林、针阔叶混交林、针叶林、灌丛、河边、林缘、路旁、山谷、溪旁、潮湿、密林中、山坡、石上、阴坡；海拔 1200～3500 m。

分布于独龙江（贡山县独龙江乡段）；贡山县丙中洛乡、茨开镇；福贡县石月亮乡、鹿马登乡、上帕镇；泸水市片马镇、鲁掌镇、上江乡；保山市芒宽乡、潞江镇；腾冲市明光镇、界头镇、猴桥镇、曲石镇、五合乡；龙陵县碧寨乡。14-3。

19. 无腺吴茱萸 Tetradium fraxinifolium（Hooker）T. G. Hartley-*Philagonia fraxinifolia* Hooker

凭证标本：独龙江考察队 811；高黎贡山考察队 24679。

乔木，高可达 12 m。生长于常绿阔叶林、沟边、江边、林中、路边、山坡杂木林、斜坡、灌木混生的草地；海拔 1400～2850 m。

分布于独龙江（贡山县独龙江乡段）；贡山县丙中洛乡、茨开镇；福贡县鹿马登乡；泸水市片马镇；保山市芒宽乡、潞江镇；腾冲市明光镇、界头镇、猴桥镇、曲石镇、芒棒镇、五合乡；龙陵县龙江乡。14-3。

20. 棟叶吴茱萸 Tetradium glabrifolium（Champion ex Bentham）T. G. Hartley-*Boymia glabrifolia* Champion ex Bentham

凭证标本：独龙江考察队 2192；高黎贡山考察队 21160。

灌木或乔木，高达 20 m。生长于常绿阔叶林、灌丛、杂木林中；海拔 1460～2300 m。

分布于独龙江（贡山县独龙江乡段）；贡山县丙中洛乡。7。

21. 吴茱萸 Tetradium ruticarpum（A. Jussieu）T. G. Hartley-*Boymia ruticarpa* A. Jussieu

凭证标本：独龙江考察队 5258；高黎贡山考察队 33370。

灌木或乔木，高达 9 m。生长于常绿阔叶林、灌丛、杂木林、河谷、江边、山坡、林内、石上；海拔 1180～2650 m。

分布于独龙江（贡山县独龙江乡段）；贡山县丙中洛乡、茨开镇；福贡县上帕镇；泸水市六库镇、鲁掌镇；保山市芒宽乡、潞江镇；腾冲市明光镇、界头镇、芒棒镇；龙陵县镇安镇。14-3。

22. 牛枓吴茱萸 Tetradium trichotomum Loureiro

凭证标本：独龙江考察队 6698；青藏队 9011。

灌木或乔木，高达 8 m。生长于常绿阔叶林、河谷阔叶林、河岸林、杂木林、河岸、河谷、林缘、林中。海拔 1310～2700 m。

分布于独龙江（贡山县独龙江乡段）。14-4。

23. 飞龙掌血 Toddalia asiatica（Linnaeus）Lamarck-*Paullinia asiatica* Linnaeus

凭证标本：独龙江考察队 476；高黎贡山考察队 30086。

灌木或木质藤本。生长于常绿阔叶林、灌丛、沟边杂林中、丛林、河岸、河沟、河谷、江边、林下、林中、路旁；海拔 691～2500 m。

分布于独龙江（贡山县独龙江乡段）；贡山县丙中洛乡、茨开镇；福贡县鹿马登乡、上帕镇、子里甲乡；泸水市六库镇、上江乡；保山市芒宽乡、潞江镇；腾冲市界头镇、曲石镇、和顺镇、芒棒镇、五合乡；龙陵县龙江乡、镇安镇、龙山镇。6。

24. 刺花椒 Zanthoxylum acanthopodium Candolle

凭证标本：独龙江考察队 3745；高黎贡山考察队 33389。

灌木、木质藤本或乔木，高 6 m。生长于常绿阔叶林、灌丛、沟谷、河岸、路边、山坡、山坡灌木林边湿处、杂草丛；海拔 1300～2550 m。

分布于独龙江（贡山县独龙江乡段）；贡山县茨开镇；福贡县鹿马登乡、鲁掌镇；泸水市片马镇；保山市芒宽乡、潞江镇；腾冲市明光镇、界头镇、中和镇、芒棒镇；龙陵县龙山镇。7。

25a. 竹叶花椒 Zanthoxylum armatum Candolle var. **Armatum**

凭证标本：独龙江考察队 2165；高黎贡山考察队 33734。

落叶灌木、木质藤本、或乔木，高达 5 m。生长于常绿阔叶林、灌丛、杂草丛、河岸、河边、江边草地、路边；海拔 691～2300 m。

分布于独龙江（察隅县日东乡段，贡山县独龙江乡段）；贡山县丙中洛乡、捧打乡、普拉底乡；福贡县马吉乡、石月亮乡、鹿马登乡、上帕镇、架科底乡、子里甲乡、匹河乡；泸水市片马镇，洛本卓乡、大兴地乡、六库镇；保山市芒宽乡、潞江镇；腾冲市明光镇、界头镇、曲石镇、和顺镇；龙陵县镇安镇。7。

*25b. 毛竹叶花椒 Zanthoxylum armatum** var. **ferrugineum** (Rehder & E. H. Wilson) C. C. Huang-*anthoxylum alatum* f. *ferrugineum* Rehder & E. H. Wilson

凭证标本：高黎贡山考察队 14497，18576。

灌木、木质藤本或乔木，高达 5 m。生长于次生林、华山松林；海拔 1600～2240 m。

分布于贡山县茨开镇；保山市潞江镇。15-1。

26. 花椒 Zanthoxylum bungeanum Maximowicz

凭证标本：独龙江考察队 6395；李恒、李嵘 839。

落叶乔木，高 3～7 m。生长于次生林、阔叶杂林中、支流河沟；海拔 1550～2250 m。

分布于独龙江（贡山县独龙江乡段）；腾冲市明光镇。14-3。

27. 异叶花椒 Zanthoxylum dimorphophyllum Hemsley

凭证标本：施晓春 354；高黎贡山考察队 29542。

落叶乔木，高达 10 m。生长于常绿阔叶林、石栎-木荷林、城市常绿阔叶林、杜鹃-竹林、林边；海拔 1399～2405 m。

分布于泸水市片马镇；腾冲市界头镇、曲石镇、芒棒镇、中和镇。14-4。

*28. 大花花椒 Zanthoxylum macranthum** (Handel-Mazzetti) C. C. Huang-*Fagara macrantha* Handel-Mazzetti

凭证标本：孙航 336；独龙江考察队 4944。

木质藤本。生长于常绿林、林中；海拔 2200～2400 m。

分布于独龙江（贡山县独龙江乡段）；泸水市片马镇、上江乡。15-1。

* 29. 朵花椒 Zanthoxylum molle Rehder

凭证标本：高黎贡山考察队 18562。

落叶乔木，高达 10 m。生长于华山松林；海拔 2240 m。

分布于保山市潞江镇。15-1。

* 30. 多叶花椒 Zanthoxylum multijugum Franchet

凭证标本：高黎贡山考察队 17272，21835。

木质藤本。生长于次生常绿阔叶林、灌丛；海拔 1620～2011 m。

分布于独龙江（贡山县独龙江乡段）；龙陵县龙江乡。15-1。

31. 两面针 Zanthoxylum nitidum（Roxburgh）Candolle-*Fagara nitida* Roxburgh

凭证标本：独龙江考察队 5248；高黎贡山考察队 20349。

灌木，直立或蔓生，有时木质藤本。生长于常绿林；海拔 2100～2445 m。

分布于独龙江（贡山县独龙江乡段）；福贡县鹿马登乡；腾冲市芒棒镇。5。

32. 尖叶花椒 Zanthoxylum oxyphyllum Edgeworth

凭证标本：独龙江考察队 5561；高黎贡山考察队 25052。

灌木或小乔木。生长于常绿阔叶林、灌丛、沟谷山坡、林边丛林中、山坡、山坡小乔木林中、石灰岩杂木林、溪旁、路边；海拔 1550～2800 m。

分布于独龙江（贡山县独龙江乡段）；贡山县丙中洛乡；泸水市片马镇、鲁掌镇；腾冲市界头镇、猴桥镇、芒棒镇、五合乡；龙陵县龙江乡。14-3。

33. 花椒簕 Zanthoxylum scandens Blume

凭证标本：独龙江考察队 6664；高黎贡山考察队 30307。

灌木或木质藤本。生长于常绿阔叶林、灌丛、杂木林、林中；海拔 1335～2650 m。

分布于独龙江（察隅县日东乡段，贡山县独龙江乡段）；福贡县石月亮乡、上帕镇；保山市潞江镇；腾冲市猴桥镇、界头镇、明光镇、曲石镇、芒棒镇、五合乡；龙陵县龙江乡。7。

34. 毡毛花椒 Zanthoxylum tomentellum J. D. Hooker

凭证标本：冯国楣 7322；王启无 66857。

木质藤本。生长于沟边杂木林；海拔 1900～3000 m。

分布于贡山县丙中洛乡。14-3。

195. 苦木科 Simarubaceae

2 属 2 种

1. 鸦胆子 Brucea javanica（Linnaeus）Merrill-*Rhus javanica* Linnaeus

凭证标本：杨竞生 7700。

灌木或小乔木。生长于山谷杂木林中；海拔 850～1000 m。

分布于泸水市六库镇。5。

2. 苦树 Picrasma quassioides (D. Don) Bennett-*Simaba quassioides* D. Don

凭证标本：碧江队 305；怒江考察队 2019。

落叶乔木，高达 10 m。生长于石山灌丛中；海拔 1050～3100 m。

分布于福贡县匹河乡。14-1。

197. 楝科 Meliaceae

5 属 6 种，⁺2

1. 溪杪 Chisocheton cumingianus subsp. **balansae** (C. Candolle) Mabberley-*Chisocheton balansae* C. Candolle

凭证标本：高黎贡山考察队 19374，19375。

乔木，高达 16 m。生长于山谷常绿阔叶林中；海拔 1238 m。

分布于福贡县鹿马登乡。14-4。

2. 浆果楝 Cipadessa baccifera (Roth) Miquel-*Melia baccifera* Roth

凭证标本：独龙江考察队 033；高黎贡山考察队 26175。

灌木或乔木，高 1～4 m。生长于常绿阔叶林、云南松林、灌丛、河谷、草丛、路边、田间；海拔 702～2010 m。

分布于泸水市洛本卓乡、六库镇、上江乡；保山市芒宽乡、潞江镇；腾冲市蒲川乡；龙陵县镇安镇。7。

3. 鹧鸪花 Heynea trijuga Roxburgh

凭证标本：怒江队 1285；高黎贡山考察队 19427。

乔木，高 5～10 m。生长于常绿阔叶林、灌丛、沟边、江边、路边；海拔 900～2620 m。

分布于贡山县茨开镇；福贡县石月亮乡、匹河乡；泸水市六库镇、上江乡；保山市芒宽乡；腾冲市和顺镇、芒棒镇；龙陵县龙山镇。7。

4. 楝 Melia azedarach Linnaeus

凭证标本：李恒、李嵘 1225；高黎贡山考察队 26173。

落叶乔木，高达 10 m。生长于次生落叶林中；海拔 702～880 m。

分布于泸水市六库镇；保山市芒宽乡。5。

⁺5. 红椿 Toona ciliata M. Roemer

凭证标本：李恒、李嵘 1221；高黎贡山考察队 10642。

乔木，高达 30 m。生长于常绿阔叶林、江边、田边、路旁；海拔 900～950 m。

分布于贡山县；泸水市六库镇；保山市芒宽乡。16。

⁺6. 香椿 Toona sinensis (A. Jussieu) M. Roemer-*Cedrela sinensis* A. Jussieu

凭证标本：独龙江考察队 5114；高黎贡山考察队 27795。

乔木，可高达 40 m。生长于灌丛、草地；海拔 1170～2700 m。

分布于独龙江（贡山县独龙江乡段）；福贡县架科底乡；泸水市洛本卓乡。16。

198. 无患子科 Sapindaceae

6 属 6 种，[*]1，[+]1

1. 长柄异木患 Allophylus longipes Radlkofer

凭证标本：王启无 89977。

小乔木或灌木，高达 10 m。生长于林缘丛林；海拔 2400 m。

分布于龙陵县碧寨乡。14-4。

2. 倒地铃 Cardiospermum halicacabum Linnaeus

凭证标本：高黎贡山考察队 17214，24764。

攀缘草本，茎长达 100～150 cm。生长于灌丛、杂草丛；海拔 650～790 m。

分布于保山市芒宽乡、潞江镇。2。

[+]**3. 龙眼 Dimocarpus longan** Loureiro

凭证标本：昆明生态所无号。

常绿乔木，高约 10 m。生长于路边；海拔 900 m。

分布于泸水市六库镇。16。

4. 车桑子 Dodonaea viscosa Jacquin

凭证标本：高黎贡山考察队 10115，23450。

灌木或小乔木，高 1～3 m。生长于云南松-木荷林、灌丛；海拔 1000～1300 m。

分布于泸水市鲁掌镇；保山市潞江镇；龙陵县镇安镇。2。

[*]**5. 伞花木 Eurycorymbus cavaleriei**（H. Léveillé）Rehder & Handel-Mazzetti - *Rhus cavaleriei* H. Léveillé

凭证标本：李恒、李嵘 756；高黎贡山考察队 33249。

落叶乔木，高达 20 m。生长于常绿阔叶林、云南松林、山坡灌丛；海拔 1040～1900 m。

分布于贡山县丙中洛乡、捧打乡、茨开镇。15-1。

6. 绒毛无患子 Sapindus tomentosus Kurz

凭证标本：高黎贡山考察队 14712，23928。

乔木。生长于云南松林、杂草丛；海拔 900～1190 m。

分布于保山市潞江镇；龙陵县龙江乡。14-3。

200. 槭树科 Aceraceae

1 属 24 种 4 变种，[*]7，[**]3，[***]1

1. 深灰枫 Acer caesium Wallich ex Brandis

凭证标本：冯国楣 8416。

乔木，高达 25 m。生长于林中；海拔 2000～37000 m。

分布于贡山县茨开镇。14-3。

2a. 藏南枫 Acer campbellii J. D. Hooker & Thomson ex Hiern

凭证标本：独龙江考察队 5688；高黎贡山考察队 22526。

乔木，高达 15 m。生长于常绿阔叶林、针阔叶混交林、针叶林、高山灌丛、林中、荒坡、林下、林中润湿处、路边。海拔 1600～3200 m。

分布于独龙江；贡山县丙中洛乡、茨开镇；福贡县石月亮乡、鹿马登乡、上帕镇、匹河乡；泸水市片马镇、洛本卓乡、鲁掌镇、上江乡；腾冲市明光镇、界头镇、猴桥镇；龙陵县。14-3。

2b. 重齿藏南枫 Acer campbellii var. **serratifolium** Banerji

凭证标本：冯国楣 8187；青藏队 8429。

乔木，高达 15 m。生长铁杉林、河边灌丛中；海拔 2115～2700 m。

分布于独龙江；贡山县丙中洛乡；腾冲市。14-3。

3a. 青皮枫 Acer cappadocicum Gleditsch

凭证标本：青藏队 10878，10879。

乔木，高达 20 m。生长于河边；海拔 2400～2600 m。

分布于独龙江。10。

* **3b. 小叶青皮枫 Acer cappadocicum** subsp. **sinicum** (Rehd.) Hand. -Mazz

凭证标本：T. T. Yü 19612；施晓春 482。

乔木，高达 20 m。生长于针阔混交林中；海拔 1500～2500 m。

分布于独龙江；保山市芒宽乡。15-1。

4. 长尾枫 Acer caudatum Wallich

凭证标本：青藏队 771；高黎贡山考察队 30351。

乔木，高 10 m。生长于常绿阔叶林、混交林、灌丛、高山草甸；海拔 2060～3600 m。

分布于独龙江（察隅县日东乡段、贡山县独龙江乡段）；贡山县茨开镇；福贡县石月亮乡；腾冲市界头镇。14-3。

** **5. 怒江枫 Acer chienii** Hu et Cheng

凭证标本：H. T. Tsai 54377；独龙江考察队 6916。

乔木，高达 17 m。生长于常绿阔叶林、沟边杂林中；海拔 1800～2700 m。

分布于独龙江；贡山县茨开镇；福贡县上帕镇；腾冲市猴桥镇。15-2-3a。

6. 青榨枫 Acer davidii Franchet

凭证标本：高黎贡山考察队 14364，30356。

乔木，高约 10 m。生长于常绿阔叶林、针叶林、灌丛、溪边；海拔 1310～2800 m。

分布于独龙江；贡山县丙中洛乡、茨开镇；福贡县马吉乡、石月亮乡、上帕镇；泸水市片马镇；腾冲市明光镇、界头镇。14-4。

* **7. 丽江枫 Acer forrestii** Diels

凭证标本：李恒、李嵘 1205；高黎贡山考察队 34560。

乔木，高达 17 m。生长于常绿阔叶林、灌丛、针叶林、山坡；海拔 1560～3500 m。

分布于独龙江（察隅县日东乡段、贡山县独龙江乡段）；贡山县丙中洛乡、茨开镇；福贡县石月亮乡、匹河乡；泸水市洛本卓乡、洛本卓乡；腾冲市明光镇、界头镇、猴桥镇。15-1。

** **8. 海拉枫 Acer hilaense** Hu & W. C. Cheng

凭证标本：T. T. Yü 20541。

乔木，高达 10 m。生长于混交林中；海拔 1500 m。

分布于贡山县丙中洛乡。15-2-3a。

** **9. 贡山枫 Acer kungshanense** W. P. Fang & C. Y. Chang

凭证标本：T. T. Yü 23146；独龙江考察队 5882。

乔木，高达 20 m。生长于针阔混交林；海拔 2000 m。

分布于独龙江（贡山县独龙江乡段）。15-2。

*** **10. 怒江光叶枫 Acer laevigatum** var. **salweenense**（W. W. Smith）J. M. Cowan ex W. P. Fang-*Acer salweenense* W. W. Smith

凭证标本：独龙江考察队 4017；高黎贡山考察队 30955。

乔木，高 10～15 m。生长于常绿阔叶林、林中、峡谷；海拔 1200～2400 m。

分布于独龙江（贡山县独龙江乡段）；贡山县丙中洛乡、茨开镇；福贡县上帕镇；泸水市；腾冲市芒棒镇。15-2-6。

* **11. 长柄枫 Acer longipes** Franchet ex Rehder

凭证标本：青藏队 10314。

乔木，高达 10 m。生长于谷地，针叶林；海拔 3100 m。

分布于独龙江（察隅县日东乡段）。15-1。

12. 飞蛾树 Acer oblongum Wallich ex Candolle

凭证标本：碧江队 333；青藏队 9355。

乔木，高达 20 m。生长于常绿阔叶林中；海拔 1050～1600 m。

分布于独龙江（贡山县独龙江乡段）；福贡县匹河乡；腾冲市曲石镇。14-1。

* **13. 少果枫 Acer oligocarpum** W. P. Fang & L. C. Hu

凭证标本：冯国楣 24548；青藏队 9605。

乔木，高达 12 m。生长于阔叶林中、江边次生林；海拔 1700 m。

分布于独龙江（贡山县独龙江乡段）；贡山县丙中洛乡。15-1。

* **14. 五裂枫 Acer oliverianum** Pax

凭证标本：独龙江考察队 6454；青藏队 9871。

乔木，高达 7 m。生长于沟谷林、混交林、路边；海拔 1600～2500 m。

分布于独龙江（贡山县独龙江乡段）。15-1。

15a. 篦齿枫 Acer pectinatum Wallich ex G. Nicholson

凭证标本：高黎贡山考察队 11857，26725。

乔木，高达 20 m。生长于针阔叶混交林、冷杉-箭竹林；海拔 2890～3400 m。

分布于贡山县茨开镇；福贡县石月亮乡；泸水市洛本卓乡。14-3。

15b. 独龙枫 Acer pectinatum subsp. **taronense**（Handel-Mazzetti）A. E. Murray-*Acer taronense* Handel-Mazzetti

凭证标本：独龙江考察队 6531；高黎贡山考察队 29418。

乔木，高达 20 m。生长于常绿阔叶林、针叶林、高山草甸、山坡；海拔 2400～3250 m。

分布于独龙江（察隅县日东乡段，贡山县独龙江乡段）；贡山县丙中洛乡、茨开镇；福贡县鹿马登乡、上帕镇、匹河乡；泸水市片马镇；腾冲市界头镇、明光镇、猴桥镇。14-3。

16. 五角枫 Acer pictum subsp. **mono**（Maximowicz）H. Ohashi-*Acer mono* Maximowicz

凭证标本：青藏队 7519。

乔木，高达 20 m。生长于铁杉林中；海拔 3200 m。

分布于贡山县丙中洛乡。14-2。

17. 楠叶枫 Acer pinnatinervium Merrill

凭证标本：独龙江考察队 4018；高黎贡山考察队 24603。

乔木，高达 10 m。生长于常绿阔叶林、河边石上、林中；海拔 1350～2400 m。

分布于独龙江（贡山县独龙江乡段）；保山市潞江镇；腾冲市曲石镇；龙陵县龙江乡。14-3。

* **18. 毛柄枫 Acer pubipetiolatum** Hu & W. C. Cheng

凭证标本：高黎贡山考察队 7472，19781。

乔木，高达 10 m。生长于常绿阔叶林、林缘、林下；海拔 1650～2200 m。

分布于独龙江（贡山县独龙江乡段）；贡山县丙中洛乡；福贡县鹿马登乡；腾冲市芒棒镇。15-1。

19. 锡金枫 Acer sikkimense Miquel

凭证标本：独龙江考察队 5956；高黎贡山考察队 19470。

乔木，高达 20 m。生长于常绿阔叶林、针叶林、草地、路边；海拔 1450～3200 m。

分布于独龙江（贡山县独龙江乡段）；贡山县丙中洛乡、茨开镇；福贡县鹿马登乡、上帕镇；泸水市片马镇；保山市潞江镇；腾冲市界头镇、猴桥镇。14-3。

* **20. 中华枫 Acer sinense** Pax

凭证标本：武素功 6987；南水北调队 6609。

乔木，高 3～5 m。生长于常绿阔叶林中、杜鹃林中、山坡、山谷；海拔 2410～2500 m。

分布于腾冲市猴桥镇；泸水市片马镇。15-1。

21a. 毛叶枫 Acer stachyophyllum Hiern

凭证标本：碧江队 1199；高黎贡山考察队 23883。

乔木，高达 15 m。生长于常绿阔叶林、针叶林、路边；海拔 2276～3600 m。

分布于独龙江（察隅县日东乡段）；贡山县丙中洛乡、茨开镇；福贡县鹿马登乡；腾冲市猴桥镇。14-3。

21b. 四蕊枫 Acer stachyophyllum subsp. betulifolium（Maximowicz）P. C. de Jong-*Acer betulifolium* Maximowicz

凭证标本：冯国楣 8245；青藏队 10398。

乔木，高达 15 m。生长于沟边杂林中；海拔 3000 m。

分布于独龙江（察隅县日东乡段）；贡山县丙中洛乡、茨开镇。14-4。

22. 苹婆枫 Acer sterculiaceum Wallich

凭证标本：独龙江考察队 5884。

乔木，高达 20 m。生长于混交林；海拔 2000 m。

分布于独龙江（贡山县独龙江乡段）。14-3。

23. 滇藏枫 Acer wardii W. W. Smith

凭证标本：独龙江考察队 7042；高黎贡山考察队 28417。

小乔木或灌木，高达 5 m。生长于常绿阔叶林、针叶林、灌丛、高山草甸、坡地、林中；海拔 1100～3400 m。

分布于独龙江（贡山县独龙江乡段）；贡山县丙中洛乡、茨开镇；福贡县石月亮乡、鹿马登乡；泸水市片马镇；腾冲市明光镇。14-3。

24. 三峡槭 Acer wilsonii Rehder

凭证标本：青藏队 7244。

乔木，高 10～15 m。生长于山坡常绿阔叶林；海拔 2600 m。

分布于福贡县上帕镇。14-4。

200a. 九子母科 Podoaceae

1 属 1 种

1. 贡山九子母 Dobinea vulgaris Buchanan-Hamilton ex D. Don

凭证标本：独龙江考察队 484；高黎贡山考察队 22120。

灌木，高 1～3 m。生长于常绿阔叶林、灌丛、河岸、河谷、山坡、火烧地山谷、江边、林中、林缘、箐沟、杂木林、路旁阴处；海拔 1300～1900 m。

分布于独龙江（贡山县独龙江乡段）。14-3。

201. 清风藤科 Sabiaceae

2 属 15 种 2 变种，*6

1. 珂南树 Meliosma alba（Schlechtendal）Walpers-*Millingtonia alba* Schlechtendal

凭证标本：冯国楣 8559；高黎贡山考察队 34129。

落叶乔木，高达 25 m。生长于石栎-木荷林、石栎-野桐-木荷林、石栎-云南松林、沟边杂木林；海拔 1790～3000 m。

分布于贡山县丙中洛乡、茨开镇。14-4。

2. 南亚泡花树 Meliosma arnottiana（Wight）Walpers-*Sapindus microcarpus* Wight & Arnott

凭证标本：独龙江考察队 6034；高黎贡山考察队 30198。

常绿乔木，高达 20 m。生长于常绿阔叶林、灌丛、江边、林中、山谷、沟边、山坡、林中、路旁；海拔 1300～2400 m。

分布于独龙江（贡山县独龙江乡段）；贡山县茨开镇；福贡县上帕镇；泸水市片马镇；腾冲市界头镇；龙陵县碧寨乡。7。

* **3a. 泡花树 Meliosma cuneifolia** Franchet

凭证标本：独龙江考察队 2154；高黎贡山考察队 34432。

落叶灌木或乔木，高达 9 m。生长于常绿阔叶林、铁杉-栎类林、乔松-石栎林、灌丛、山坡、林缘；海拔 1550～3010 m。

分布于独龙江（贡山县独龙江乡段）；贡山县丙中洛乡、茨开镇；泸水市洛本卓乡。15-1。

* **3b. 光叶泡花树 Meliosma cuneifolia** var. **glabriuscula** Cufodontis

凭证标本：T. T. Yü 19601。

落叶灌木或乔木，高达 9 m。生长于常绿阔叶林中；海拔 850 m。

分布于独龙江（贡山县独龙江乡段）。15-1。

4. 重齿泡花树 Meliosma dilleniifolia（Wallich ex Wight & Arnott）Walpers-*Millingtonia dilleniifolia* Wallich ex Wight & Arnott

凭证标本：碧江队 1176；青藏队 9915。

落叶乔木，高达 8 m。生长于常绿阔叶混交林、山坡杂木林；海拔 1450～2900 m。

分布于独龙江（贡山县独龙江乡段）；贡山县茨开镇；福贡县匹河乡。14-3。

* **5. 贵州泡花树 Meliosma henryi** Diels

凭证标本：H. T. Tsai 54553。

常绿小乔木，高约 3 m。生长于路边；海拔 1400 m。

分布于泸水市鲁掌镇。15-1。

6. 单叶泡花树 Meliosma simplicifolia（Roxburgh）Walpers-*Millingtonia simplicifolia* Roxburgh

凭证标本：碧江队无号；林芹、邓向福无号。

常绿乔木，高达 20 m。生长于常绿林中；海拔 1350 m。

分布于独龙江（贡山县独龙江乡段）。14-3。

7. 西南泡花树 Meliosma thomsonii King ex Brandis

凭证标本：独龙江考察队 1778；高黎贡山考察队 30613。

常绿乔木，高达 12 m。生长于常绿阔叶林中；海拔 1330～2400 m。

分布于独龙江（贡山县独龙江乡段）；贡山县丙中洛乡；腾冲市界头镇。14-3。

*8. 暖木 Meliosma veitchiorum Hemsley

凭证标本：高黎贡山考察队 13873，33118。

落叶乔木，高达 20 m。生长于常绿阔叶林、石栎-野桐林；海拔 1990～3000 m。

分布于贡山县茨开镇。15-1。

9. 绒毛泡花树 Meliosma velutina Rehder & E. H. Wilson

凭证标本：高黎贡山考察队 21609，21883。

常绿乔木，高达 10 m。生长于常绿阔叶林、次生林；海拔 1580～1930 m。

分布于独龙江（贡山县独龙江乡段）。14-4。

10. 云南泡花树 Meliosma yunnanensis Franchet

凭证标本：南水北调队 8762；高黎贡山考察队 33387。

常绿乔木，高达 10 m。生长于常绿阔叶林、木荷-木莲林中；海拔 1700～2400 m。

分布于贡山县丙中洛乡；泸水市片马镇。14-3。

11. 钟花清风藤 Sabia campanulata Wallich

凭证标本：独龙江考察队 3512；高黎贡山考察队 23954。

木质落叶藤本，长达 6 m。生长于常绿阔叶林、次生常绿阔叶林、箭竹-白珠灌丛、箭竹-杜鹃灌丛、河岸、河边、河谷、火烧地、林内、林缘；海拔 1300～3127 m。

分布于独龙江（贡山县独龙江乡段）；泸水市片马镇；腾冲市芒棒镇。14-3。

*12. 平化清风藤 Sabia dielsii H. Léveillé

凭证标本：刘伟心 222；高黎贡山考察队 20131。

木质藤本，长达 1～2 m。生长于针叶林、山坡杂木林缘、河边；海拔 900～3012 m。

分布于福贡县石月亮乡、鹿马登乡、上帕镇；泸水市上江乡。15-1。

13. 簇花清风藤 Sabia fasciculata Lecomte ex L. Chen

凭证标本：独龙江考察队 5021；高黎贡山考察队 25256。

常绿木质藤本，长达 12 m。生长于常绿阔叶林、石栎-木荷林、石栎-润楠林、石栎-山矾林、木荷-山胡椒林、灌丛、草甸、河谷、林中、林缘、山谷、路边；海拔 1300～2146 m。

分布于独龙江（贡山县独龙江乡段）；福贡县匹河乡；泸水市片马镇；腾冲市芒棒镇、五合乡；龙陵县镇安镇。14-4。

14. 小花清风藤 Sabia parviflora Wallich

凭证标本：独龙江考察队 4770；高黎贡山考察队 31055。

常绿木质藤本，长达 6 m。生长于常绿阔叶林、石栎-润楠林、石栎-山矾林、栎类常绿阔叶林、旱冬瓜林、盐麸木-冬青林、油桐-核桃林灌木、枸子-蔷薇灌丛、江边、林中、山坡、山坡阳处；海拔 1000～2650 m。

分布于独龙江（贡山县独龙江乡段）；贡山县茨开镇、普拉底乡；福贡县马吉乡、鹿马登乡、上帕镇、匹河乡；泸水市洛本卓乡、鲁掌镇；保山市芒宽乡；腾冲市明光镇、界头镇、马站乡、芒棒镇、五合乡；龙陵县镇安镇。7。

15a. 云南清风藤 Sabia yunnanensis Franchet

凭证标本：独龙江考察队 6449；高黎贡山考察队 29510。

落叶木质藤本，长达 3～4 m。生长于常绿阔叶林、石栎-青冈林、木荷-饭花林、落叶阔叶林、混交林、铁杉-云杉林、灌丛、石上、杂草丛、路边；海拔 1160～2900 m。

分布于独龙江（贡山县独龙江乡段）；贡山县丙中洛乡、捧打乡、茨开镇；福贡县鹿马登乡、石月亮乡、架科底乡、上帕镇；泸水市片马镇；保山市芒宽乡；腾冲市界头镇、猴桥镇；龙陵县镇安镇。14-3。

* **15b. 阔叶清风藤 Sabia yunnanensis** subsp. **latifolia**（Rehder & E. H. Wilson）Y. F. Wu-*Sabia latifolia* Rehder & E. H. Wilson

凭证标本：碧江队 161；怒江考察队 792049。

落叶木质藤本，长达 3～4 m。生长于次生林、灌木丛、林边、路边；海拔 1900～2600 m。

分布于福贡县鹿马登乡、匹河乡。15-1。

204. 省沽油科 Staphyleaceae

4 属 7 种，* 2，*** 2

1. 野鸭椿 Euscaphis japonica（Thunberg）Kanitz

凭证标本：高黎贡山考察队 30415。

落叶小乔木或灌木，高 3～6 m。生长于石栎-冬青林；海拔 1900 m。

分布于腾冲市界头镇。14-2。

*** **2. 腺齿省沽油 Staphylea shweliensis** W. W. Smith

凭证标本：Forrest 15800。

乔木或灌木，高 6～9 m。生长于林中；海拔 2700 m。

分布于腾冲。15-2-6。

* **3. 云南瘿椒树 Tapiscia yunnanensis** W. C. Cheng & C. D. Chu

凭证标本：高黎贡山考察队 23387，30480。

落叶乔木，高 20～25 m。生长于常绿阔叶林、石栎-冬青林；海拔 1600～1970 m。

分布于泸水市片马镇；腾冲市界头镇。15-1。

* **4. 硬毛山香圆 Turpinia affinis** Merrill & L. M. Perry

凭证标本：李恒、郭辉军、李正波、施晓春 100；高黎贡山植被组 s4-6。

乔木。生长于山坡常绿阔叶林中、河旁；海拔 1450～2200 m。

分布于独龙江（贡山县独龙江乡段）；福贡县上帕镇；泸水市片马镇；保山市芒宽乡。15-1。

5. 越南山香园 Turpinia cochinchinensis（Loureiro）Merrill

凭证标本：独龙江考察队 4122；高黎贡山考察队 31107。

落叶乔木，高达 12 m。生长于常绿阔叶林、次生林、疏林、混交林、杂木林、河谷、山沟栗林下、林缘、林中、水沟边、路边。海拔 1237～2200 m。

分布于独龙江（贡山县独龙江乡段）；福贡县石月亮乡、鹿马登乡、上帕镇；泸水市片马镇、六库镇；保山市芒宽乡、潞江镇；腾冲市界头镇、腾越镇、芒棒镇、五合乡、蒲川乡、新华乡；龙陵县龙江乡。14-3。

*** **6. 大籽山香园 Turpinia macrosperma** C. C. Huang

凭证标本：高黎贡山考察队 13924，32328。

乔木，高约 8 m，有时高达 20 m。生长于热带雨林、常绿阔叶林、河边阔叶林、潮湿林中；海拔 1150～1680 m。

分布于独龙江（贡山县独龙江乡段）；保山市芒宽乡。15-2-6。

7. 大果山香园 Turpinia pomifera（Roxburgh）Candolle

凭证标本：独龙江考察队 5543；高黎贡山考察队 21142。

乔木或灌木，高达 15 m。生长于常绿阔叶林、河谷阔叶林、次生常绿阔叶林、石栎-木荷林、山坡常绿阔叶林中；海拔 1310～2200 m。

分布于独龙江（贡山县独龙江乡段）；福贡县石月亮乡、上帕镇；保山市潞江镇；龙陵县龙江乡、镇安镇。14-3。

205. 漆树科 Anacardiaceae

5 属 15 种 3 变种，* 7，** 1

1. 南酸枣 Choerospondias axillaris（Roxburgh）B. L. Burtt & A. W. Hill

凭证标本：高黎贡山考察队 11461。

落叶乔木，高 8～20 m。生长于常绿阔叶林；海拔 1560 m。

分布于腾冲市芒棒镇。14-1。

2. 藤漆 Pegia nitida Colebrooke

凭证标本：李恒 134；南水北调队 8146。

木质藤本。生长于润湿沟谷林、灌丛、石堆上、沟谷水边、山坡；海拔 1200～1300 m。

分布于泸水市上江乡；保山市芒宽乡、潞江镇；龙陵。14-3。

* **3. 黄连木 Pistacia chinensis** Bunge

凭证标本：李恒、李嵘 1273；高黎贡山考察队 18117。

落叶乔木，高约 20 m。生长于常绿阔叶林、次生林、路边疏林；海拔 972～1850 m。

分布于泸水市六库镇；保山市潞江镇。15-1。

4. 清香木 J. Poisson ex Franchet

凭证标本：高黎贡山考察队 14209，33475。

常绿灌木至小乔木，高 2～8 m。生长于次生常绿阔叶林、木荷-润楠林、鹅耳枥-盐麸木林、核桃林、云南松林、灌丛、干热河谷植被、河谷、江边、树丛中；海拔 691～2300 m。

分布于贡山县丙中洛乡；福贡县瓦屋乡；泸水市大兴地乡、六库镇；保山市芒宽乡、潞江镇；龙陵县镇安镇。14-4。

5a. 盐肤木 Rhus chinensis Miller

凭证标本：李恒、李嵘 829；高黎贡山考察队 27797。

灌木到乔木，高 2～10 m。生长于常绿阔叶林、次生林、灌丛；海拔 1170～2400 m。

分布于独龙江（贡山县独龙江乡段）；贡山县丙中洛乡；福贡县石月亮乡、上帕镇、架科底乡；泸水市片马镇；保山市芒宽乡、潞江镇；腾冲；龙陵县碧寨乡。7。

*5b. 滨盐肤木 Rhus chinensis var. **roxburghii**（Candolle）Rehder-*Rhus semialata* var. *roxburghii* Candolle

凭证标本：独龙江考察队 675；高黎贡山考察队 33030。

灌木到乔木，高 2～10 m。生长于常绿阔叶林、木荷-木莲林、盐麸木-核桃林、落叶阔叶林、灌丛、江边杂林、干热河谷植被、江边疏林阳处；海拔 130～2700 m。

分布于独龙江（察隅县日东乡段、贡山县独龙江乡段）；贡山县丙中洛乡、捧打乡、茨开镇；福贡县石月亮乡、上帕镇；泸水市片马镇、洛本卓乡；保山市芒宽乡、潞江镇；腾冲市曲石镇、芒棒镇、五合乡。15-1。

6. 毛麸杨 Rhus punjabensis var. **pilosa** Engler

凭证标本：冯国楣 24272；青藏队 9946。

乔木或小乔木，高 5～15 m。生长于沟边杂林中；海拔 2000～2800 m。

分布于独龙江（贡山县独龙江乡段）；贡山县茨开镇。14-3。

7. 尖叶漆 Toxicodendron acuminatum（Candolle）C. Y. Wu & T. L. Ming-*Rhus acuminata* Candolle

凭证标本：高黎贡山考察队 10716，32659。

小乔木，高 400～750 cm。生长于常绿阔叶林、次生常绿阔叶林中；海拔 1535～2200 m。

分布于独龙江（贡山县独龙江乡段）；保山市芒宽乡、潞江镇；腾冲市芒棒镇。14-3。

*8. 小漆树 Toxicodendron delavayi（Franch.）F. A. Barkley

凭证标本：高黎贡山考察队 10613，18288。

灌木，高 50～200 cm。生长于次生阔叶林、云南松林中；海拔 1350 m。

分布于保山市芒宽乡、潞江镇。15-1。

*9a. 大花漆 Toxicodendron grandiflorum C. Y. Wu & T. L. Ming

凭证标本：中苏联合考察队 332；遥威队 146。

乔木或灌木，高 3～8 m。生长于疏林、灌丛、河滩、山脚、路旁；海拔 800～2500 m。

分布于福贡县匹河乡；泸水市六库镇；保山市芒宽乡；龙陵县勐糯镇。15-1。

*9b. **长柄大花漆 Toxicodendron grandiflorum** var. **longipes**（Franchet）C. Y. Wu & T. L. Ming

凭证标本：高黎贡山考察队 26218，29118。

乔木或灌木，高 3～8 m。生长于石栎-青冈林、红花油茶-竹林中；海拔 900～2200 m。

分布于泸水市（六库至跃进大桥间）；保山市百花岭；腾冲市界头镇。15-1。

10a. 裂果漆 Toxicodendron griffithii（J. D. Hooker）Kuntze-*Rhus griffithii* J. D. Hooker

凭证标本：林芹、邓向福 790750。

小乔木。生长于树桩上；海拔 1900～2300 m。

分布于贡山县茨开镇。14-4。

10b. 镇康裂果漆 Toxicodendron griffithii var. **barbatum** C. Y. Wu & T. L. Ming

凭证标本：武素功 8321；张玉桥 84007。

小乔木。生长于山坡常绿阔叶林、山坡农田地中；海拔 1800～2400 m。

分布于泸水市片马镇。15-2-5。

*11. **小果大叶漆 Toxicodendron hookeri** var. **microcarpum**（C. C. Huang ex T. L. Ming）C. Y. Wu & T. L. Ming-*Toxicodendron insigne*（J. D. Hooker）Kuntze var. *microcarpum* C. C. Huang ex T. L. Ming

凭证标本：李恒、李嵘 871；高黎贡山考察队 28965。

乔木或小乔木，高 6～8 m。生长于常绿阔叶林、次生林、高山栲-木荷林、漆树林、灌丛、沟边杂木林中、林缘、山坡、林中、路边；海拔 1250～2610 m。

分布于独龙江（贡山县独龙江乡段）；贡山县丙中洛乡、捧打乡、茨开镇；福贡县上帕镇；保山市芒宽乡、潞江镇；龙陵县镇安镇。15-1。

12. 野漆 Toxicodendron succedaneum（Linnaeus）Kuntze

凭证标本：李恒、李嵘 796；高黎贡山考察队 29860。

乔木或灌木，高 1～5 m。生长于山坡常绿阔叶林、针叶林、灌丛；海拔 1500～1800 m。

分布于福贡县上帕镇；保山市芒宽乡、潞江镇；腾冲市和顺镇、芒棒镇；龙陵县镇安镇。14-2。

13. 漆 Toxicodendron vernicifluum（Stokes）F. A. Barkley-*Rhus verniciflua* Stokes

凭证标本：李恒、李嵘 1010；高黎贡山考察队 27575。

落叶乔木，高达 20 m。生长于常绿林、石栎-木荷林、旱冬瓜林、次生植被、沟边杂林中、河上坡松林外、荒地上、向阳山坡、林缘、路边；海拔 1380～2650 m。

分布于贡山县丙中洛乡、茨开镇；福贡县马吉乡。14-1。

14. 绒毛漆 Toxicodendron wallichii（J. D. Hooker）Kuntze-*Rhus wallichii* J. D. Hooker

凭证标本：武素功 8170；高黎贡山考察队 15187。

乔木，高 5～7 m。生长于常绿阔叶林、山坡常绿阔叶林中；海拔 1560～2400 m。

分布于独龙江（贡山县独龙江乡段）；泸水市片马镇。14-3。

* 15. 小果绒毛漆 Toxicodendron wallichii var. microcarpum C. C. Huang ex T. L. Ming

凭证标本：高黎贡山考察队 27505，29862。

乔木，高 5～7 m。生长于山胡椒林、次生植被林中；海拔 1380～1630 m。

分布于福贡县马吉乡、石月亮乡；腾冲市和顺镇。15-1。

206. 牛栓藤科 Connaraceae

1 属 1 种

1. 长尾红叶藤 Rourea caudata Planchon

凭证标本：独龙江考察队 436；青藏队 9348。

藤本或攀缘灌木，高约 3 m。生长于阔叶林、灌丛、林下、林中；海拔 1200～1600 m。

分布于独龙江（贡山县独龙江乡段）。14-4。

207. 胡桃科 Juglandaceae

4 属 6 种 2 变种，* 1

1. 越南山核桃 Carya tonkinensis Lecomte

凭证标本：H. T. Tsai 54203。

乔木，高达 15 m。生长于林中路旁；海拔 1300～1500 m。

分布于福贡县匹河乡。14-4。

2a. 云南黄杞 Engelhardia spicata Leschenault ex Blume

凭证标本：李恒、郭辉军、李正波、施晓春 105；高黎贡山考察队 26125。

乔木，高达 20 m。生长于湿润常绿阔叶林、次生常绿阔叶林、石栎-高山栲林、高山栲-木荷林、山胡椒林、山坡阳处、林中、荒地；海拔 1000～2000 m。

分布于独龙江（贡山县独龙江乡段）；福贡县上帕镇；泸水市上江乡；保山市芒宽乡、潞江镇；腾冲市和顺镇、芒棒镇；龙陵县镇安镇。7。

2b. 爪哇黄杞 Engelhardia spicata var. aceriflora (Reinwardt) Koorders & Valeton-*Pterilema aceriflorum* Reinwardt

凭证标本：独龙江考察队 1024；高黎贡山考察队 11485。

乔木，高达 20 m。生长于常绿阔叶林、次生林、疏林、小乔木林中、灌丛、林缘、山坡、路边、公路旁；海拔 1410～2000 m。

分布于独龙江（贡山县独龙江乡段）；保山市潞江镇；腾冲市芒棒镇、五合乡。7。

2c. 毛叶黄杞 Engelhardia spicata var. **colebrookeana** (Lindley) Koorders & Valeton-
Engelhardia lebrookeana Lindley

凭证标本：高黎贡山考察队 13526，31039。

乔木，高达 20 m。生长于次生林、石栎-青冈林、木荷林、竹灌丛；海拔 800～
1930 m。

分布于泸水市六库镇；保山市芒宽乡；腾冲市芒棒镇、五合乡、新华乡。14-3。

3. 胡桃楸 Juglans mandshurica Maxim

凭证标本：昆明生态所 s. n.；独龙江考察队 6524。

乔木或灌木，高达 25 m。生长于江边、沟前；海拔 1900～2200 m。

分布于独龙江（贡山县独龙江乡段）；贡山县茨开镇。14-2。

4. 胡桃 Juglans regia Linnaeus

凭证标本：冯国楣 8560；施晓春、杨世雄 449。

乔木，高达 25 m。生长于山坡；海拔 1000～1800 m。

分布于独龙江（贡山县独龙江乡段）；保山市芒宽乡。10。

5. 泡核桃 Juglans sigillata Dode

凭证标本：高黎贡山考察队 14186，19201。

乔木，高达 25 m。生长于常绿阔叶林、次生林、沟边杂林中；海拔 1180～2300 m。

分布于独龙江（贡山县独龙江乡段）；贡山县丙中洛乡、茨开镇；福贡县鹿马登
乡、上帕镇；泸水市鲁掌镇。14-3。

* 6. 云南枫杨 Pterocarya macroptera var. **delavayi** (Franchet) W. E. Manning-
Pterocarya delavayi Franchet

凭证标本：冯国楣 24594；高黎贡山考察队 33969。

乔木，高达 15 m。生长于石栎-木荷林、黄桤-八角枫林、沟边常绿阔叶林、沟边
杂林、山坡针阔混交林中；海拔 1790～2500 m。

分布于独龙江（贡山县独龙江乡段）；贡山县丙中洛乡、茨开镇。15-1。

209. 山茱萸科 Cornaceae

1 属 1 种

1. 头状四照花 Cornus capitata Wallich

凭证标本：独龙江考察队 5593；高黎贡山考察队 33598。

乔木或灌木，3～10 m。生长于沟边杂林中、林内、林下河边阴湿处；海拔 1449～
2500 m。

分布于独龙江（察隅县日东乡段，贡山县独龙江乡段）；贡山县丙中洛乡、茨开
镇；福贡县上帕镇；腾冲市明光镇、界头镇、猴桥镇、曲石镇、马站乡、新华乡。
14-3。

209a. 鞘柄木科 Toricelliaceae

1 属 1 种，*1

＊1. 角叶鞘柄木 Toricellia angulata Oliver

凭证标本：高黎贡山考察队 8293，22724。

落叶灌木，高 1～2 m。生长于常绿阔叶林、次生林、灌丛、杂木林；海拔 1830～2800 m。

分布于泸水市片马镇。15-1。

209b. 桃叶珊瑚科 Aucubaceae

2 属 10 种 1 变种，*5，**1

＊1. 狭叶桃叶珊瑚 Aucuba chinensis var. angusta F. T. Wang

凭证标本：冯国楣 7326；怒江考察队 790040。

乔木或灌木，高 3～6 m。生长于常绿阔叶林、秃杉林、润湿密林中；海拔 1800～2400 m。

分布于贡山县丙中洛乡、茨开镇；龙陵县碧寨乡。15-1。

＊＊2. 细齿桃叶珊瑚 Aucuba chlorascens F. T. Wang

凭证标本：高黎贡山考察队 14766，24278。

常绿乔木或灌木，高 3～15 m。生长于常绿阔叶林、次生林、石栎-冬青林、石栎-木荷林、石栎-青冈林、云南松林、疏林、云南松-山胡椒林、盐麸木-核桃林、秃杉林、灌丛、枸子-蔷薇灌丛、杂林中、沟边、草丛中、地边、山坡、村旁、路边；海拔 2150～2800 m。

分布于贡山县茨开镇；福贡县上帕镇；泸水市片马镇；保山市潞江镇。15-2-1。

3. 喜马拉雅桃叶珊瑚 Aucuba himalaica J. D. Hooker & Thomson

凭证标本：高黎贡山考察队 14743，12469。

乔木，高 4～8 m。生长于常绿阔叶林、石栎-青冈林；海拔 2000～2320 m。

分布于贡山县丙中洛乡、茨开镇；福贡县匹河乡；保山市潞江镇；腾冲市猴桥镇。14-3。

4. 川鄂山茱萸 Cornus chinensis Wangerin

凭证标本：高黎贡山考察队 30116，30393。

乔木，高 3～13 m。生长于常绿阔叶林、石栎林、石栎-木荷林、石栎-润楠林、石栎-云南松林、针叶林、铁杉-云杉林、秃杉林-杉木林、红花油茶-竹林；海拔 1940～1970 m。

分布于腾冲市界头镇。14-4。

5. 灯台树 Cornus controversa Hemsley

凭证标本：独龙江考察队 6591；高黎贡山考察队 33657。

灌木或小乔木，高 2～5 m。生长于常绿阔叶林中；海拔 1660～2890 m。

分布于独龙江（贡山县独龙江乡段）；贡山县茨开镇；泸水市片马镇；腾冲市明光镇、界头镇、曲石镇。14-1。

* 6. 红椋子 Cornus hemsleyi C. K. Schneider & Wangerin

凭证标本：王启无 6686。

乔木，稀灌木，高 2～15 m。生长于山坡常绿阔叶林、山胡椒林、落叶阔叶混交林、路边次生灌丛中；海拔 1000～2300 m。

分布于贡山县茨开镇。15-1。

7. 椋木 Cornus macrophylla Wallich

凭证标本：青藏队 9868；高黎贡山考察队 29851。

常绿乔木，高达 16 m。生长于常绿阔叶林、松林、旱冬瓜林、山坡针阔混交林、沟边、河边、河滩、江边、林中、水沟边；海拔 1630～2100 m。

分布于独龙江（贡山县独龙江乡段）；贡山县丙中洛乡、茨开镇；腾冲市和顺镇。14-3。

8a. 长圆叶椋木 Cornus oblonga Wallich

凭证标本：独龙江考察队 5774；高黎贡山考察队 21475。

常绿乔木，高达 16 m。生长于常绿阔叶林中；海拔 1510～2300 m。

分布于独龙江（贡山县独龙江乡段）；泸水市片马镇；腾冲市界头镇、曲石镇。14-3。

* 8b. 无毛长圆叶椋木 Cornus oblonga var. **glabrescens** W. P. Fang & W. K. Hu

凭证标本：青藏队 7879。

灌木，高 1～3 m。生长于耕地边；海拔 1800 m。

分布于贡山县茨开镇。15-1。

* 9. 小椋木 Cornus quinquenervis Franchet

凭证标本：高黎贡山考察队 9910，9926。

乔木，高 6～15 m。生长于常绿阔叶林中；海拔 900 m。

分布于泸水市。15-1。

* 10. 毛椋 Cornus walteri Wangerin

凭证标本：碧江队 1184。

常绿灌木，高 1～2 m。生长于常绿阔叶林、沟谷常绿阔叶林、石栎-木荷林、石栎-桦木林、石栎-高山栲林、河谷灌丛、山坡石灰岩、林下；海拔 1200～2500 m。

分布于福贡县沙拉河谷。15-1。

209c. 青荚叶科 Helwingiaceae

1 属 3 种 1 变种，* 1

1a. 中华青荚叶 Helwingia chinensis Batalin

凭证标本：青藏队 7339；高黎贡山考察队 30949。

落叶灌木或乔木，高 250～800 cm。生长于次生林、房前；海拔 1530～2400 m。

分布于贡山县丙中洛乡、茨开镇；福贡县上帕镇；泸水市片马镇；腾冲市芒棒镇、五合乡。14-4。

*1b. 钝齿青荚叶 **Helwingia chinensis** var. **crenata**（Lingelsheim ex Limpricht）W. P. Fang-*Helwingia crenata* Lingelsheim ex Limpricht

凭证标本：青藏队 7610。

常绿灌木，高 1～2 m。生长于杂木林中；海拔 1400～1900 m。

分布于贡山县茨开镇。15-1。

2. 西域青荚叶 Helwingia himalaica J. D. Hooker & Thomson ex C. B. Clarke

凭证标本：独龙江考察队 5068；高黎贡山考察队 30825。

落叶灌木，高 2～3 m。生长于常绿阔叶林、石栎林、石栎-木荷林、石栎-青冈林、石栎-山矾林、铁杉-石栎林、油桐-核桃林、柏腊参-冬青林、槭树林、核桃林、核桃-盐肤木林、旱冬瓜林、灌丛、山谷、林中、湿地、杂草丛、路边；海拔 1080～3100 m。

分布于独龙江（贡山县独龙江乡段）；贡山县丙中洛乡、茨开镇、捧打乡、普拉底乡；福贡县马吉乡、石月亮乡、鹿马登乡、上帕镇、架科底乡、匹河乡；泸水市片马镇、洛本卓乡、鲁掌镇；腾冲市明光镇、界头镇、猴桥镇、五合乡；龙陵县镇安镇。14-3。

3. 青荚叶 Helwingia japonica F. Dietrich

凭证标本：高黎贡山考察队 14291，19875。

灌木或乔木，高达 7 m。生长于常绿阔叶林、落叶阔叶林；海拔 1570～2700 m。

分布于独龙江（察隅县段）；贡山县丙中洛乡；福贡县鹿马登乡、上帕镇；泸水市片马镇；保山市芒宽乡；腾冲市猴桥镇；龙陵县碧寨乡。14-1。

210. 八角枫科 Alangiceae

1 属 3 种 1 变种，*1，**1

1. 高山八角枫 Alangium alpinum（C. B. Clarke）W. W. Smith & Cave-*Marlea begoniifolia* Roxburgh var. *alpina* C. B. Clarke

凭证标本：青藏队 7251，8229。

落叶灌木或乔木，高 250～800 cm。生长于常绿阔叶林中；海拔 1490～2400 m。

分布于贡山县茨开镇；福贡县上帕镇；腾冲市芒棒镇。14-3。

2a. 八角枫 Alangium chinense（Lour.）Harms-*Stylidium chinense* Loureiro

凭证标本：独龙江考察队 2096；高黎贡山考察队 24213。

灌木或小乔木，高 3～5 m。生长于常绿阔叶林、山香圆-茶树林、盐肤木-核桃林、石栎-青冈林、石栎-石楠林、核桃-润楠林、木荷-木莲林、疏林、灌丛、河边、河谷、江边、山坡、山谷、林中、杂木林中；海拔 1330～2500 m。

分布于独龙江（察隅县段，贡山县独龙江乡段）；贡山县丙中洛乡、捧打乡、茨开镇；福贡县石月亮乡、鹿马登乡、上帕镇、架科底乡、子里甲乡；泸水市片马镇、洛本卓乡；保山市芒宽乡；腾冲市明光镇、曲石镇；龙陵县镇安镇。6。

* 2b. 伏毛八角枫 Alangium chinense var. strigosum W. P. Fang

凭证标本：独龙江考察队 404；青藏队 8023。

灌木或小乔木，高 3～5 m。生长于山坡常绿阔叶林、灌丛、河谷；海拔 1100～2500 m。

分布于独龙江（贡山县独龙江乡段）；贡山县丙中洛乡；泸水市六库镇。15-1。

** 3. 云南八角枫 Alangium yunnanense C. Y. Wu ex W. P. Fang

凭证标本：王启无 89961。

灌木或小乔木，高约 4 m。生长于林下灌丛中；海拔 2400 m。

分布于龙陵县碧寨乡。15-2-2。

211. 蓝果树科 Nyssaceae

2 属 3 种，+1

+1. 喜树 Camptotheca acuminata Decaisne

凭证标本：独龙江考察队 176；高黎贡山考察队 27662。

落叶乔木，高达 20 m。生长于常绿阔叶林、路边；海拔 830～1700 m。

分布于贡山县茨开镇；福贡县马吉乡、上帕镇；泸水市上江乡；龙陵县镇安镇。16。

2. 华南蓝果树 Nyssa javanica（Blume）Wangerin-*Agathisanthes javanica* Blume

凭证标本：南水北调队 6844；高黎贡山考察队 25203。

落叶乔木，高达 30 m。生长于栎类常绿阔叶林中；海拔 2050 m。

分布于独龙江（贡山县独龙江乡段）；腾冲市猴桥镇、芒棒镇。7。

3. 瑞丽蓝果树 Nyssa shweliensis（W. W. Smith）Airy-Shaw-*Alangium shweliense* W. W. Smith

凭证标本：Forrest 18309；高黎贡山考察队 28251。

乔木，高达 15 m。生长于次生常绿阔叶林；海拔 1660 m。

分布于腾冲市界头镇、猴桥镇。14-4。

211a. 珙桐科 Davidiaceae

1 属 1 种，*1

* 1. 光叶珙桐 Davidia involucrata var. vilmoriniana（Dode）Wangerin-*Davidia vilmoriniana* Dode

凭证标本：独龙江考察队 6410；高黎贡山考察队 12026。

乔木，高 20 m。生长于常绿阔叶林、针叶林、杂木林、沟边；海拔 1500～2650 m。

分布于独龙江（贡山县独龙江乡段）；贡山县丙中洛乡、茨开镇。15-1。

212. 五加科 Araliaceae

15 属 64 种 4 变种，* 14，** 7，*** 5

* 1. 芹叶龙眼独活 Aralia apioides Handel-Mazzetti

凭证标本：高黎贡山考察队 15357；青藏队 10555。

多年生草本，高 100～150 cm。生长于常绿阔叶林、针叶林下；海拔 2500～3400 m。

分布于独龙江（察隅县日东乡段，贡山县独龙江乡段）；贡山县丙中洛乡。15-1。

2. 野楤头 Aralia armata（Wallich ex G. Don）Seemann-*Panax armatus* Wallich ex G. Don

凭证标本：李恒、李嵘 825；高黎贡山考察队 27859。

灌木，高达 4 m。生长于常绿阔叶林；海拔 1280～1360 m。

分布于独龙江（贡山县独龙江乡段）；福贡县石月亮乡；保山市芒宽乡；腾冲市曲石镇。14-4。

* 3. 黄毛楤木 Aralia chinensis Linnaeus

凭证标本：李恒、李嵘 975；高黎贡山考察队 33653。

灌木或小乔木，高 150～700 cm。生长于石柯-云南松林、山坡阔叶林中、沟边灌丛中、杂木林；海拔 1600～2400 m。

分布于独龙江（贡山县独龙江乡段）；贡山县茨开镇；福贡县上帕镇。15-1。

* 4. 食用土当归 Aralia cordata Thunberg

凭证标本：高黎贡山考察队 26837。

多年生草本，高 50～300 cm。生长于常绿阔叶林中；海拔 3120 m。

分布于福贡县石月亮乡。15-1。

5. 景东楤木 Aralia gintungensis C. Y. Wu

凭证标本：林芹 770685；高黎贡山考察队 18763。

灌木或小乔木，高 150～1200 cm。生长于常绿阔叶林、林中、溪谷边；海拔 1400～2400 m。

分布于保山市潞江镇；腾冲市猴桥镇；龙陵县碧寨乡。14-4。

*** 6. 独龙楤木（新拟）Aralia kingdon-wardii J. Wen，Esser & Lowry

凭证标本：高黎贡山考察队 21100，21255。

灌木或小乔木，高 150～200 cm。生长于常绿阔叶林中；海拔 1660 m。

分布于独龙江（贡山县独龙江乡段）。15-2-6。

*** 7. 百来楤木（新拟）Aralia sp. nov.

凭证标本：高黎贡山考察队 21756，21793。

灌木或小乔木，高 150～200 cm。生长于常绿阔叶林；海拔 1710 m。

分布于独龙江（贡山县独龙江乡段）。15-2-6。

8. 云南楤木 Aralia thomsonii Seemann ex C. B. Clarke

凭证标本：独龙江考察队 393；高黎贡山考察队 32647。

灌木或小乔木，高 150～1000 cm。生长于常绿阔叶林、山坡灌丛；海拔 1400～1967 m。

分布于独龙江（贡山县独龙江乡段）；福贡县上帕镇。14-4。

** 9. 镇康罗伞 Brassaiopsis chengkangensis H. H. Hu

凭证标本：独龙江考察队 1795；高黎贡山考察队 21270。

乔木，高约 15 m。生长于常绿阔叶林中；海拔 1350～2000 m。

分布于独龙江（贡山县独龙江乡段）；贡山县丙中洛乡。15-2-5。

10. 翅叶罗伞 Brassaiopsis dumicola W. W. Smith

凭证标本：李恒、李嵘 1184；高黎贡山考察队 28782。

灌木或乔木，高达 9 m。生长于常绿阔叶林；海拔 2040 m。

分布于福贡县鹿马登乡。14-4。

* 11. 盘叶罗伞 Brassaiopsis fatsioides Harms

凭证标本：独龙江考察队 1174；高黎贡山考察队 33977。

乔木，高约 10 m。生长于常绿阔叶林、八角枫-杜英林、杂木林中、沟边、林下、河谷、江边、山坡阴湿处；海拔 1250～3000 m。

分布于独龙江（贡山县独龙江乡段）；贡山县丙中洛乡、茨开镇；福贡县上帕镇；泸水市片马镇、鲁掌镇；腾冲市明光镇。15-1。

12. 罗伞 Brassaiopsis glomerulata（Blume）Regel-*Aralia glomerulata* Blume

凭证标本：独龙江考察队 676；高黎贡山考察队 32543。

乔木，高约 20 m。生长于常绿阔叶林、次生林、落叶阔叶林、灌丛、沟边杂木林、河岸、箐沟、林中、河谷、林下、林缘；海拔 1200～2200 m。

分布于独龙江（察隅县日东乡段，贡山县独龙江乡段）；贡山县丙中洛乡、茨开镇；福贡县石月亮乡、上帕镇；泸水市片马镇。7。

13. 浅裂罗伞 Brassaiopsis hainla（Buchanan-Hamilton）Seemann-*Hedera hainla* Buchanan-Hamilton

凭证标本：高黎贡山考察队 13591，26048。

乔木，高达 15 m。生长于常绿阔叶林、次生常绿阔叶林、石柯-榕林、石柯-山茶林、硬叶常绿阔叶林、沟谷岩石缝上、山坡林缘；海拔 1238-2208 m。

分布于贡山县丙中洛乡；福贡县马吉乡、鹿马登乡、上帕镇；泸水市片马镇、上江乡；保山市芒宽乡；腾冲市界头镇、芒棒镇。14-3。

14. 粗毛罗伞 Brassaiopsis hispida Seemann

凭证标本：独龙江考察队 918；高黎贡山考察队 22075。

灌木，高达 5 m。生长于常绿阔叶林、青冈林、石柯-松林、落叶阔叶林、灌丛、江边、林中、林下、林缘、林中、山谷林下、山坡开阔地；海拔 1300～2800 m。

分布于独龙江（贡山县独龙江乡段）；福贡县鹿马登乡、上帕镇。14-3。

** **15. 阔翅柏那参 Brassaiopsis palmipes** Forrest ex W. W. Smith

凭证标本：高黎贡山考察队 13266，33320。

乔木，高约 10 m。生长于次生常绿阔叶林、冬青-罗伞林；海拔 1520～2150 m。

分布于贡山县茨开镇；保山市潞江镇。15-2。

** **16. 假榕叶罗伞 Brassaiopsis pseudoficifolia** Lowry & C. B. Shang

凭证标本：南水北调队 9137；青藏队 7401。

乔木，高达 15 m。生长于常绿阔叶林、灌木林、河边、溪旁；海拔 900～1700 m。

分布于贡山县丙中洛乡、茨开镇；泸水市上江乡。15-2-5。

*** **17. 瑞丽罗伞 Brassaiopsis shweliensis** W. W. Smith

凭证标本：南水北调队 8030；高黎贡山考察队 30461。

乔木，高约 8 m。生长于常绿阔叶林、次生常绿阔叶林、石柯林、石柯-冬青林、石柯-罗伞林、杜鹃-壳斗林中、山坡、林下；海拔 1960～2800 m。

分布于泸水市片马镇、六库镇、鲁掌镇；腾冲市界头镇、明光镇；龙陵县八区。15-2-6。

18. 缅甸树参 Dendropanax burmanicus Merrill

凭证标本：独龙江考察队 608；高黎贡山考察队 33274。

灌木或小乔木，高达 5 m。生长于常绿阔叶林、江边阔叶林、山坡次生林、冬青-罗伞林、灌丛、河谷、河口、河旁、林中；海拔 1300～2800 m。

分布于独龙江（贡山县独龙江乡段）；贡山县丙中洛乡、茨开镇；福贡县上帕镇。14-4。

19. 乌蔹莓五加 Eleutherococcus cissifolius（Griff. ex C. B. Clarke）Nakai-*Aralia cissifolia* Griffith ex C. B. Clarke

凭证标本：独龙江考察队 6496；青藏队 10810。

灌木，高约 3 m。生长于山坡栎林下、江边；海拔 2200～3600 m。

分布于独龙江（察隅县日东乡段，贡山县独龙江乡段）。14-3。

* **20. 康定五加 Eleutherococcus lasiogyne**（Harms）S. Y. Hu-*Acanthopanax lasiogyne* Harms

凭证标本：青藏队 10866。

小乔木或灌木，高可达 10 m。生长于山坡灌丛中；海拔 2300～2400 m。

分布于独龙江（察隅县段）。15-1。

* **21. 糙叶藤五加 Eleutherococcus leucorrhizus** var. **fulvescens**（Harms & Rehder）Nakai-*Acanthopanax leucorrhizus* var. *fulvescens* Harms & Rehder

凭证标本：青藏队 7514，7651。

灌木，高达 4 m。生长于常绿阔叶林中、山坡林中；海拔 2800～3300 m。

分布于独龙江（察隅县段）；贡山县丙中洛乡。15-1。

* **22. 细柱五加 Eleutherococcus nodiflorus**（Dunn）S. Y. Hu-*Acanthopanax nodiflorus* Dunn

凭证标本：冯国楣 24226；独龙江考察队 6781。

灌木，高达 3 m。生长于河岸；海拔 1320 m。

分布于独龙江（贡山县独龙江乡段）；福贡县上帕镇。15-1。

23. 白 勒 Eleutherococcus trifoliatus（Linnaeus） S. Y. Hu-*Zanthoxylum trifoliatum* Linnaeus

凭证标本：780 队 517；高黎贡山考察队 28929。

灌木，攀缘灌木或藤本，高 7 m。生长于常绿阔叶林、木荷-杜鹃林、油桐林、灌丛、河边、林中、林边、山坡、林缘、岩石上；海拔 1170～2280 m。

分布于贡山县茨开镇；福贡县上帕镇；泸水市片马镇；腾冲市明光镇、界头镇、曲石镇；龙陵县龙山镇。7。

24. 萸叶五加 Gamblea ciliata C. B. Clarke

凭证标本：独龙江考察队 432；高黎贡山考察队 33768。

灌木或乔木，高达 12 m。生长于常绿阔叶林、石柯林、木兰-李林、石柯-青冈林、石柯-铁杉林、云杉-箭竹林、针叶林、灌丛、杜鹃-箭竹林、杜鹃-山梨林、杜鹃-冬青林、杂木林中、高山草甸、沟边、林缘、林内、林下、山坡阳处；海拔 1700～3880 m。

分布于独龙江（贡山县独龙江乡段）；贡山县丙中洛乡、茨开镇；福贡县石月亮乡、鹿马登乡、上帕镇、匹河乡；泸水市片马镇、洛本卓乡；腾冲市猴桥镇、界头镇、明光镇。14-3。

25. 常春藤 Hedera nepalensis var. sinensis（Tobler）Rehder-*Hedera himalaica*（Hibberd）Carrière var. *sinensis* Tobler

凭证标本：独龙江考察队 1737；高黎贡山考察队 24115。

攀缘灌木。生长于常绿阔叶林、石柯林、松林、灌丛、河边、石壁上、林缘、林中、山顶乔木林中、石上、溪边、路边石上；海拔 1250～2800 m。

分布于独龙江（察隅县段，贡山县独龙江乡段）；贡山县丙中洛乡、茨开镇；泸水市片马镇、鲁掌镇；保山市芒宽乡；腾冲市界头镇、猴桥镇；龙陵县碧寨乡。14-4。

26. 刺楸 Kalopanax septemlobus（Thunberg）Koidzumi-*Acer septemlobum* Thunberg

凭证标本：冯国楣 7378；李恒、刀志灵、李嵘 613。

乔木，高达 30 m。生长于次生林、沟边杂木林、河边、林中；海拔 1900～2000 m。

分布于独龙江（察隅县段）；贡山县丙中洛乡。14-2。

27. 大参 Macropanax dispermus（Blume）Kuntze-*Aralia disperma* Blume

凭证标本：李恒、李嵘 910；高黎贡山考察队 29066。

乔木，高约 12 m。生长于常绿阔叶林；海拔 1660～2170 m。

分布于独龙江（贡山县独龙江乡段）；腾冲市界头镇、曲石镇；龙陵县龙山镇。14-3。

28. 波缘大参 Macropanax undulatus（Wallich ex G. Don）Seemann-*Hedera undulata* Wallich ex G. Don

凭证标本：独龙江考察队 976，4756。

乔木，高约 15 m。生长于河岸常绿阔叶林中；海拔 300～1500 m。

分布于独龙江（贡山县独龙江乡段）。14-3。

** 29. 常春木 Merrilliopanax listeri（King）H. L. Li-*Dendropanax listeri* King

凭证标本：独龙江考察队 560；高黎贡山考察队 20618。

小乔木，高约 10 m。生长于常绿阔叶、河岸林下、林中；海拔 1280～2000 m。

分布于独龙江（贡山县独龙江乡段）；贡山县茨开镇；福贡县上帕镇。15-2-3a。

30. 单叶常春木 Merrilliopanax membranifolius（W. W. Smith）C. B. Shang-*Nothopanax membranifolius* W. W. Smith

凭证标本：独龙江考察队 3305；高黎贡山考察队 21255。

乔木，高达 10 m。生长于常绿阔叶林、青冈林、石柯-冬青林、石柯-杜鹃林、石柯-木荷林、石柯-青冈林、石柯-榕林、桤木-桦木林、八角枫-杜英林、石柯-云南松林、混交林、沟边杂木林、林下、林中；海拔 1400～3400 m。

分布于独龙江（贡山县独龙江乡段）；贡山县丙中洛乡、茨开镇；福贡县马吉乡、鹿马登乡、上帕镇、匹河乡；泸水市片马镇、洛本卓乡、六库镇、上江乡；保山市芒宽乡、潞江镇；腾冲市滇滩镇、明光镇、界头镇、芒棒镇；龙陵县龙江乡、镇安镇。14-3。

31. 异叶梁王茶 Metapanax davidii（Franchet）J. Wen & Frodin-*Panax davidii* Franchet

凭证标本：南水北调队 8247；高黎贡山考察队 30999。

小乔木，高约 12 m。生长于常绿阔叶林、胡桃-漆树林、杜鹃-云南松林、灌丛、杂木林、沟边、林中、路边；海拔 1490～2600 m。

分布于贡山县丙中洛乡、捧打乡；福贡县架科底乡；泸水市片马镇；腾冲市猴桥镇。14-4。

32. 梁王茶 Metapanax delavayi（Franchet）J. Wen & Frodin-*Panax delavayi* Franchet

凭证标本：李恒、刀志灵、李嵘 692；青藏队区系组 7929。

灌木，高可达 5 m。生长于山坡常绿阔叶林、灌丛中、林中；海拔 1600～2500 m。

分布于独龙江（察隅县段）；贡山县丙中洛乡、茨开镇。14-4。

33a. 竹节参 Panax japonicus C. A. Meyer

凭证标本：青藏队 8462。

草本，高 50～80 cm，具根茎。生长于林下；海拔 3200 m。

分布于贡山县茨开镇。14-3。

33b. 珠子参 Panax japonicus var. **major**（Burkill）C. Y. Wu & K. M. Feng-*Aralia quinquefolia* var. *Major* Burkill

凭证标本：独龙江考察队 6512；高黎贡山考察队 30526。

草本，高 50～80 cm，具根茎。生长于常绿阔叶林、石柯-青冈林、石柯-铁杉林、石柯-云南松林、桦木-桤木林、杜鹃-山梨林、壳斗-山茶林、壳斗-樟林、落叶阔叶林、针阔混交林、针叶林、铁杉-冷杉林、铁杉-云杉林、灌丛、杜鹃-冬青林、箭竹-杜鹃林、沟边杂木林中、草甸、林下、路边；海拔 2000～3740 m。

分布于独龙江（察隅县日东乡段，贡山县独龙江乡段）；贡山县丙中洛乡、茨开镇；福贡县石月亮乡、鹿马登乡；泸水市片马镇、鲁掌镇；腾冲市明光镇、界头镇、猴桥镇、曲石镇。14-3。

*** **33c. 王氏竹节参 Panax japonicus** var. **wangianus** J. Wen

凭证标本：碧江队 1334；武素功 8160。

草本，高 50～80 cm，具根茎。生长于山谷常绿阔叶林中阴湿处；海拔 1950～2900 m。

分布于独龙江（贡山县独龙江乡段）；贡山县丙中洛乡；福贡县上帕镇、匹河乡；泸水市片马镇；腾冲市猴桥镇。15-2-6。

34. 狭叶竹节参 Panax angustifolius（Burkill.）J. Wen-*Aralia quinquefolia* var. *angustifolia* Burkill

凭证标本：武素功 6883；王启无 90065。

草本，高 50～80 cm，具根茎。生长于山坡常绿阔叶林下潮湿处、山顶阳处岩石隙、林中；海拔 2030～3600 m。

分布于腾冲市猴桥镇、曲石镇；龙陵县碧寨乡。14-3。

*** **35. 贡山三七 Panax shangianus** J. Wen

凭证标本：高黎贡山考察队 12263，32696。

草本，高 50～80 cm，具根茎。生长于常绿阔叶林、壳斗-樟林、石柯-木荷林、石柯-青冈林、石柯-云南松林、硬叶常绿阔叶林；海拔 1650～2750 m。

分布于独龙江（贡山县独龙江乡段）；贡山县茨开镇；福贡县石月亮乡、鹿马登乡；泸水市洛本卓。15-2-6。

** **36. 多变三七 Panax variabilis** J. Wen

凭证标本：高黎贡山考察队 29523。

草本，高 50～80 cm，具根茎。生长于石柯-木荷林；海拔 1820 m。

分布于腾冲市界头镇。15-2-5。

37a. 羽叶参 Pentapanax fragrans (D. Don) T. D. Ha-*Hedera fragrans* D. Don

凭证标本：独龙江考察队 432；高黎贡山考察队 25482。

小乔木或攀缘灌木，高可达 15 m。生长于沟谷林中；海拔 2000～3600 m。

分布于独龙江（察隅县日东乡段，贡山县独龙江乡段）；贡山县茨开镇；福贡县鹿马登乡、匹河乡；泸水市洛本卓乡；腾冲市猴桥镇。14-3。

* **37b. 全缘羽叶参 Pentapanax fragrans** var. **forrestii**（W. W. Smith）C. B. Shang-*Pentapanax forrestii* W. W. Smith

凭证标本：武素功 6688；青藏队 10747。

小乔木或攀缘灌木，高可达 15 m。生长于山坡常绿阔叶林下、山坡云杉林下、山坡杂木林缘；海拔 1900～3100 m。

分布于独龙江（察隅县日东乡段）；贡山县丙中洛乡；腾冲市猴桥镇。15-1。

* **38. 锈毛羽叶参 Pentapanax henryi** Harms

凭证标本：青藏队 10829；高黎贡山考察队 32930。

灌木或小乔木，高达 8 m。生长于沟边杂木林、山坡杂木林中；海拔 2200～2845 m。

分布于独龙江（察隅县日东乡段）；贡山县丙中洛乡。15-1。

39. 独龙羽叶参 Pentapanax longipes (Merrill) C. B. Shang & C. F. Ji-*Gamblea longipes* Merrill

凭证标本：独龙江考察队 1627，7019。

灌木，高约 6 m。生长于常绿林、次生林、河岸林、河边残留阔叶林、河岸石壁上、石缝中、林间；海拔 1300～2600 m。

分布于独龙江（贡山县独龙江乡段）。14-3。

40a. 寄生羽叶参 Pentapanax parasiticus (D. Don) Seemann-*Hedera parasitica* D. Don

凭证标本：王启无 66695；冯国楣 24264。

攀缘灌木，高达 3 m。生长于常绿或落叶阔叶林；海拔 2500 m。

分布于独龙江（贡山县独龙江乡段）；贡山县丙中洛乡。14-3。

40b. 毛梗寄生羽叶参 Pentapanax parasiticus var. **khasianus** C. B. Clarke

凭证标本：青藏队 7450。

攀缘灌木，高达 3 m。生长于林中；海拔 2100 m。

分布于贡山县丙中洛乡。14-3。

41. 总序羽叶参 Pentapanax racemosus Seemann

凭证标本：南水北调队 7048；高黎贡山考察队 29957。

常绿乔木或附生灌木，高达 10 m。生长于常绿阔叶林、次生常绿阔叶林、杜鹃-冬青林、壳斗-杜鹃林、石柯-冬青林、石柯-栲林、石柯-木荷林、石柯-山矾林；海拔 1510～2405 m。

分布于保山市潞江镇；腾冲市明光镇、猴桥镇、曲石镇、芒棒镇、五合乡；龙陵县龙江乡、镇安镇。14-3。

*42. 云南羽叶参 Pentapanax yunnanensis Franchet

凭证标本：高黎贡山考察队 30094。

灌木，高 2～8 m。生长于石柯-青冈林中；海拔 1940 m。

分布于腾冲市界头镇。15-1。

43. 短序鹅掌柴 Schefflera bodinieri（H. Léveillé）Rehder-*Heptapleurum bodinieri* H. Léveillé

凭证标本：独龙江考察队 1409，6166。

灌木或小乔木，高达 12 m。生长于常绿林、江岸阔叶林中；海拔 1300～1900 m。

分布于独龙江（贡山县独龙江乡段）；保山市芒宽乡。14-4。

*44. 中华鹅掌柴 Schefflera chinensis（Dunn）H. L. Li-*Oreopanax chinensis* Dunn

凭证标本：李恒、李嵘 1203；高黎贡山考察队 19633。

乔木，高达 10 m。生长于硬叶常绿阔叶林、沟旁；海拔 1330～2000 m。

分布于独龙江（贡山县独龙江乡段）；福贡县鹿马登乡、上帕镇；泸水市鲁掌镇。15-1。

45. 克拉鹅掌柴（拟）Schefflera clarkeana Craib

凭证标本：高黎贡山考察队 20735，21651。

乔木，高达 10 m。生长于常绿阔叶林中；海拔 1330～1740 m。

分布于独龙江（贡山县独龙江乡段）。14-4。

46. 穗序鹅掌柴 Schefflera delavayi（Franchet）Harms-*Heptapleurum delavayi* Franchet

凭证标本：李恒、李嵘 1019；高黎贡山考察队 33250。

乔木，高达 8 m。生长于常绿阔叶林、次生常绿阔叶林、漆树-冬青林、沟边杂木林、河边、林内、林中；海拔 1330～2400 m。

分布于贡山县丙中洛乡、茨开镇；福贡县石月亮乡、上帕镇；泸水市；腾冲市界头镇、孟连乡；龙陵县碧寨乡。14-4。

47. 高鹅掌柴 Schefflera elata（Buchanan-Hamilton）Harms-*Hedera elata* Buchanan-Hamilton

凭证标本：T. T. Yü 23116；H. T. Tsai 57027。

乔木，高约 13 m。生长于林中；海拔 1400～1900 m。

分布于贡山县丙中洛乡；福贡县上帕镇。14-3。

48. 密脉鹅掌柴 Schefflera elliptica（Blume）Harms-*Sciodaphyllum ellipticum* Blume

凭证标本：高黎贡山考察队 26002。

灌木或小乔木，高达 10 m。生长于常绿阔叶林、次生常绿阔叶林、润楠-木荷林、石柯-栲林、山箐溪边疏林中；海拔 691～1920 m。

分布于独龙江（贡山县独龙江乡段）；贡山县丙中洛乡、茨开镇；泸水市上江乡；保山市芒宽乡、潞江镇；腾冲市荷花镇、芒棒镇；龙陵县龙山镇。14-4。

49. 光叶鹅掌柴 Schefflera glabrescens (C. J. Tseng & G. Hoo) Frodin-*Schefflera impressa* (C. B. Clarke) Harms var. *glabrescens* C. J. Tseng & G. Hoo

凭证标本：独龙江考察队 5069；高黎贡山考察队 22082。

乔木，高约 10 m。生长于常绿阔叶林、原始常绿林、山坡阔叶林中、高山杜鹃林中、混交林、杂林中、乱石堆上、山谷、溪边；海拔 2100～2900 m。

分布于独龙江（贡山县独龙江乡段）；贡山县茨开镇；福贡县上帕镇；泸水市片马镇、上江乡；腾冲市曲石镇。14-4。

** 50. 鹅掌柴 Schefflera heptaphylla (Linnaeus) Frodin-*Vitis heptaphylla* Linnaeus

凭证标本：高黎贡山考察队 18865。

乔木，高达 15 m。生长于常绿阔叶林中；海拔 2220 m。

分布于保山市芒宽乡。15-2-5。

51. 红河鹅掌柴 Schefflera hoi (Dunn) R. Viguier-*Heptapleurum hoi* Dunn

凭证标本：独龙江考察队 1790；高黎贡山考察队 32485。

乔木，高达 12 m。生长于常绿阔叶林、次生常绿阔叶林、石柯林、灌丛、杂木林中、林下、山坡、林中；海拔 1620～2900 m。

分布于独龙江（贡山县独龙江乡段）；贡山县丙中洛乡；福贡县上帕镇；保山市潞江镇。14-4。

52. 白背叶鹅掌柴 Schefflera hypoleuca (Kurz) Harms-*Heptapleurum hypoleucum* Kurz

凭证标本：李恒、李嵘 1156；高黎贡山考察队 9781。

乔木，高达 10 m。生长于河边；海拔 1700 m。

分布于福贡县上帕镇。14-4。

53. 离柱鹅掌柴 Schefflera hypoleucoides Harms

凭证标本：高黎贡山考察队 7731。

乔木，高达 15 m。生长于密林中；海拔 1300～2400 m。

分布于贡山县茨开镇。14-4。

54. 扁盘鹅掌柴 Schefflera khasiana (C. B. Clarke) R. Viguier-*Heptapleurum khasianum* C. B. Clarke

凭证标本：独龙江考察队 896，2129。

乔木，高约 10 m。生长于常绿阔叶林、河岸林、杂木林中；海拔 1300～1800 m。

分布于独龙江（贡山县独龙江乡段）；贡山县茨开镇。14-4。

55. 白花鹅掌柴 Schefflera leucantha R. Viguier

凭证标本：独龙江考察队 3848；高黎贡山考察队 23988。

灌木或攀缘植物,高约 10 m。生长于常绿阔叶林树上、河岸林、石柯-冬青林、灌丛、路边;海拔 1050～2020 m。

分布于独龙江(贡山县独龙江乡段);贡山县丙中洛乡、茨开镇;福贡县马吉乡、鹿马登乡、上帕镇、匹河乡;泸水市片马镇、上江乡;保山市芒宽乡;腾冲市新华乡。14-4。

56. 大叶鹅掌柴 Schefflera macrophylla(Dunn)R. Viguier-*Heptapleurum macrophyllum* Dunn

凭证标本:H. T. Tsai 56628。

乔木,高约 20 m。生长于常绿阔叶林中;海拔 2100 m。

分布于福贡县上帕镇。14-4。

* **57. 星毛鹅掌柴 Schefflera minutistellata** Merrill ex H. L. Li

凭证标本:李恒、李嵘 1315;高黎贡山考察队 13123。

灌木或小乔木,高可达 8 m。生长于次生常绿阔叶林、山箐疏林中;海拔 1800～2180 m。

分布于保山市潞江镇;腾冲市和顺镇、五合乡;龙陵县镇安镇。15-1。

58. 金平鹅掌柴 Schefflera petelotii Merrill

凭证标本:H. T. Tsai 55034。

灌木,高可达 5 m。生长于常绿阔叶林中;海拔 2100 m。

分布于龙陵县。14-4。

59. 凹脉鹅掌柴 Schefflera rhododendrifolia(Griffith)Frodin-*Panax rhododendrifolius* Griffith

凭证标本:冯国楣 8243;南水北调队 824。

乔木,高达 20 m。生长于常绿阔叶林中;海拔 2500～3200 m。

分布于贡山县茨开镇;泸水市上江乡。14-3。

** **60. 瑞丽鹅掌柴 Schefflera shweliensis** W. W. Smith

凭证标本:高黎贡山考察队 13124,34223。

乔木,高达 20 m。生长于常绿阔叶林、石柯-木荷林、密林中;海拔 1790～2720 m。

分布于独龙江(贡山县独龙江乡段);贡山县茨开镇;泸水市片马镇;保山市潞江镇;腾冲;龙陵县龙江乡。15-2-5。

* **61. 西藏鹅掌柴 Schefflera wardii** Marquand & Airy Shaw

凭证标本:独龙江考察队 813;高黎贡山考察队 21953。

灌木或小乔木,高达 8 m。生长于常绿阔叶林、山坡沟边常绿阔叶林、沟边、河谷、林内、林中、田边;海拔 1250～2430 m。

分布于独龙江(贡山县独龙江乡段);贡山县;福贡县上帕镇。15-1。

* 62. 吴氏鹅掌柴（拟）Schefflera wuana J. Wen & H. Li

凭证标本：高黎贡山考察队 21830，27975。

乔木，高约 10 m。生长于石柯-木兰林中；海拔 2300 m。

分布于泸水市洛本卓乡。15-1。

63. 刺通草 Trevesia palmata（Roxburgh ex Lindley）Visiani-*Gastonia palmata* Roxburgh ex Lindley

凭证标本：李恒、李嵘 852；高黎贡山考察队 23848。

常绿乔木，高 8 m。生长于常绿阔叶林、山沟林下；海拔 1010～1250 m。

分布于泸水市六库镇；龙陵县镇安镇。14-3。

64. 多蕊木 Tupidanthus calyptratus J. D. Hooker & Thomson

凭证标本：尹文清 1445；780 队 593。

小乔木，高达 30 m。生长于阴坡山沟疏林、林缘；海拔 1320～2640 m。

分布于腾冲市曲石镇、蒲川乡。14-3。

213. 伞形科 Umbelliferae

27 属 99 种 9 变种，* 38，** 8，*** 4，+ 3

* 1. 多变丝瓣芹 Acronema commutatum H. Wolff

凭证标本：碧江队 1311；青藏队 10339。

多年生草本，高 16～60 cm。生长于山坡林中、路边林下；海拔 3000～3500 m。

分布于独龙江（察隅县日东乡段）；福贡县匹河乡。15-1。

2. 矮小丝瓣芹 Acronema minus（M. F. Watson）M. F. Watson & Z. H. Pan-*Sinocarum minus* M. F. Watson

凭证标本：高黎贡山考察队 13266，32152。

多年生草本，高 3～5 cm。生长于草甸；海拔 3350 m。

分布于贡山县茨开镇。14-3。

* 3. 苔间丝瓣芹 Acronema muscicola（Handel-Mazzetti）Handel-Mazzetti -*Pimpinella muscicola* Handel-Mazzetti

凭证标本：王启无 66295；南水北调队 8875。

多年生草本，高 5～20 cm。生长于密林中；海拔 3400 m。

分布于独龙江（察隅县段）；福贡县。15-1。

4. 丝瓣芹 Acronema tenerum（de Candolle）Edgeworth-*Helosciadium tenerum* de Candolle

凭证标本：高黎贡山考察队 26660，26661。

多年生草本；高 5～30 cm。生长于灌丛中；海拔 3300 m。

分布于福贡县石月亮乡。14-3。

**5. 东川当归 Angelica duclouxii Fedde ex H. Wolff

凭证标本：碧江队 1789。

多年生草本。生长于竹林边、草边；海拔 3500 m。

分布于泸水市。15-2-3。

**6. 隆萼当归 Angelica oncosepala Handel-Mazzetti

凭证标本：冯国楣 7754；高黎贡山考察队 31378。

多年生植物，高 30～60 cm。生长于高山草甸、草坡上；海拔 3600～3800 m。

分布于贡山县丙中洛乡。15-2-3。

\+7. 旱芹 Apium graveolens Linnaeus

凭证标本：s. n.

高 15～150 cm。生长于路边；海拔 1300 m。

分布于各地栽培。16。

8a. 川滇柴胡 Bupleurum candollei Wallich ex de Candolle

凭证标本：冯国楣 7198。

多年生草本，40～100 cm。生长于松林中、草丛中、河滩；海拔 1780 m。

分布于独龙江（贡山县独龙江乡段）；贡山县丙中洛乡。14-3。

*8b. 多枝川滇柴胡 Bupleurum candollei var. **virgatissimum** C. Y. Wu

凭证标本：高黎贡山考察队 16790，33712。

多年生草本，高 40～100 cm。生长于石柯-云南松林、石柯-铁杉林；海拔 2530～2970 m。

分布于贡山县茨开镇。15-1。

9. 抱茎柴胡 Bupleurum longicaule var. **amplexicaule C. Y. Wu ex R. H. Shan & Yin Li

凭证标本：T. T. Yü 20828；高黎贡山考察队 31709。

多年生草本，高 50～70 cm。生长于林下灌丛；海拔 1910～3780 m。

分布于独龙江（贡山县独龙江乡段）；贡山县丙中洛乡。15-2-3a。

10. 大叶柴胡 Bupleurum longiradiatum Turczaninow

凭证标本：碧江队 1324。

多年生植物，高 80～150 cm，具根茎，粗壮。生长于路边草丛；海拔 2700 m。

分布于福贡县匹河乡。14-2。

*11. 有柄柴胡 Bupleurum petiolulatum Franchet

凭证标本：高黎贡山考察队 22392。

多年生植物，高 50～70 cm。生长于常绿阔叶林；海拔 3020 m。

分布于贡山县茨开镇。15-1。

*12. 云南柴胡 **Bupleurum yunnanense** Franchet

凭证标本：高黎贡山考察队 15337。

多年生植物，高 12～35 cm。生长于高山草甸中；海拔 2800 m。

分布于独龙江（贡山县独龙江乡段）。15-1。

13. 积雪草 **Centella asiatica**（Linnaeus）Urban

凭证标本：独龙江考察队 70；高黎贡山考察队 26973。

多年生草本。生长于常绿阔叶林、次生常绿阔叶林、石柯-木荷林、灌丛、草坡开阔地、潮湿地区、江边沙地、怒江边河滩、路旁；海拔 900～2080 m。

分布于独龙江（贡山县独龙江乡段）；贡山县丙中洛乡；福贡县石月亮乡、匹河乡；泸水市鲁掌镇、六库镇；保山市芒宽乡；腾冲市芒棒镇、五合乡；龙陵县镇安镇。2。

14. 细叶芹 **Chaerophyllum villosum** de Candolle

凭证标本：武素功 8318。

一年生草本，高 70～120 cm。生长于山坡路边草地；海拔 2000 m。

分布于泸水市。14-3。

15. 鸭儿芹 **Cryptotaenia japonica** Hasskarl

凭证标本：高黎贡山考察队 7868，29106。

多年生草本。生长于常绿阔叶林、灌丛、江边沙地中；海拔 1080～2200 m。

分布于福贡县马吉乡、石月亮乡、上帕镇、匹河乡；泸水市洛本卓乡；腾冲市界头镇。14-2。

*16. 马蹄芹 **Dickinsia hydrocotyloides** Franchet

凭证标本：林芹、邓向福 790554；高黎贡山考察队 32204。

一年生或二年生纤细草本，高 20～55 cm。生长于高山草甸、沟边岩上；海拔 3450 m。

分布于独龙江（贡山县独龙江乡段）；贡山县茨开镇。15-1。

+17. 刺芹 **Eryngium foetidum** Linnaeus

凭证标本：独龙江考察队 1145；高黎贡山考察队 21207。

多年生草本，高 8～40 cm。生长于常绿阔叶林、河谷林地；海拔 1350 m。

分布于独龙江（贡山县独龙江乡段）。16。

+18. 茴香 **Foeniculum vulgare**（Linnaeus）Miller

凭证标本：s. n.

草本，高 40～200 cm。生长于路边、菜地；海拔 1300～1800 m。

分布于各地栽培。16。

19. 二管独活 **Heracleum bivittatum** H. de Boissieu

凭证标本：独龙江考察队 2057；高黎贡山考察队 22305。

多年生草本，高 80～100 cm。生长于常绿阔叶林、次生常绿阔叶林、铁杉-云杉林、箭竹-白珠林、山坡灌丛中、草甸、林下、山谷路边林边阳处；海拔 1370～3250 m。

分布于独龙江（贡山县独龙江乡段）；贡山县捧打乡、茨开镇；泸水市鲁掌镇；腾冲市界头镇。14-4。

20a. 白亮独活 Heracleum candicans Wallich ex de Candolle

凭证标本：南水北调队 9135；独龙江考察队 6489。

多年生草本，高 40～100 cm。生长于常绿阔叶林、灌丛、路边石缝中；海拔 1500 m。

分布于独龙江（贡山县独龙江乡段）；贡山县茨开镇。14-3。

20b. 钝叶独活 Heracleum candicans var. **obtusifolium**（Wallich ex de Candolle）F. T. Pu & M. F. Watson-*Heracleum obtusifolium* Wallich ex de Candolle

凭证标本：李恒、刀志灵、李嵘；高黎贡山考察队 21392b。

多年生草本，高 40～100 cm。生长于次生林、灌丛；海拔 1850～1900 m。

分布于独龙江（察隅县日东乡段，贡山县独龙江乡段）。14-3。

* **21. 中甸独活 Heracleum forrestii** H. Wolff

凭证标本：高黎贡山考察队 16707，32833。

多年生草本，高 80～100 cm。生长于落叶阔叶林、铁杉-云杉林、针叶林、箭竹-灯芯草林、灌丛、草甸、高山草甸；海拔 2950～3710 m。

分布于独龙江（贡山县独龙江乡段）；贡山县丙中洛乡、茨开镇；福贡县石月亮乡。15-1。

* **22. 尖叶独活 Heracleum franchetii** M. Hiroe

凭证标本：碧江队 1318；怒江考察队 791438。

多年生草本，高 60～100 cm。生长于路边草丛中；海拔 2000～2800 m。

分布于独龙江（贡山县独龙江乡段）；贡山县丙中洛乡；福贡县上帕镇、匹河乡。15-1。

** **23. 思茅独活 Heracleum henryi** H. Wolff

凭证标本：刘伟心 887；潘泽惠等 899。

多年生草本，高达 80 cm。生长于林中、林缘；海拔 1300～2300 m。

分布于福贡县；泸水市。15-2-5。

24. 贡山独活 Heracleum kingdonii H. Wolff

凭证标本：独龙江考察队 2103；高黎贡山考察队 21794。

多年生草本，高 50～90 cm。生长于常绿阔叶林、次生常绿阔叶林、铁杉-云杉林、针叶林、江边灌丛、荒地、林下、林缘、竹林边、路边；海拔 1360～3400 m。

分布于独龙江（贡山县独龙江乡段）；贡山县丙中洛乡、捧打乡；福贡县石月亮乡、鹿马登乡、上帕镇；泸水市片马镇、鲁掌镇；保山市芒宽乡；腾冲市界头镇、腾越镇、芒棒镇。14-4。

25. 尼泊尔独活 Heracleum nepalense D. Don

凭证标本：冯国楣 9403；怒江队 1979。

多年生粗壮草本，高达 2 m。生长于林缘、灌丛、草坡；海拔 2000～4000 m。

分布于贡山县丙中洛乡；福贡县石月亮乡。14-3。

** 26. 山地独活 Heracleum oreocharis** H. Wolff

凭证标本：独龙江考察队 1061。

多年生草本，高 60～80 cm。生长于山坡灌丛中；海拔 1800 m。

分布于独龙江（贡山县独龙江乡段）。15-2-3a。

* 27. 狭翅独活 Heracleum stenopterum** Diels

凭证标本：高黎贡山考察队 25895，32723。

多年生草本，高 40～100 cm。生长于常绿阔叶林、杜鹃-箭竹林中；海拔 1408～3460 m。

分布于独龙江（贡山县独龙江乡段）；福贡县鹿马登乡；泸水市洛本卓乡。15-1。

** 28. 云南独活 Heracleum yunnanense** Franchet

凭证标本：冯国楣 7907；林芹 791979。

多年生纤细草本，高约 60 cm。生长于山坡灌木林下、草坡上；海拔 3400～3800 m。

分布于贡山县丙中洛乡；福贡县石月亮乡。15-2-3a。

*** 29. 腾冲独活 Heracleum stenopteroides** Fedde ex H. Wolff

凭证标本：高黎贡山考察队 31616。

多年生草本，高 80～120 cm。生长于高山草甸；海拔 3800 m。

分布于贡山县丙中洛乡。15-2-6。

30. 喜马拉雅天胡荽 Hydrocotyle himalaica P. K. Mukherjee

凭证标本：高黎贡山考察队 32735。

匍匐草本，茎可达 50 cm。生长于常绿阔叶林、次生林、山坡路边灌丛中、沟边、草地、耕地、路边；海拔 1100～2340 m。

分布于独龙江（贡山县独龙江乡段）；贡山县茨开镇；福贡县石月亮乡、上帕镇、匹河乡。14-3。

31a. 缅甸天胡荽 Hydrocotyle hookeri (C. B. Clarke) Craib var. hookeri-*Hydrocotyle javanica* Thunberg var. *hookeri* C. B. Clarke

凭证标本：高黎贡山考察队 15133，26279。

茎匍匐达 150 cm。生长于常绿阔叶林、山坡常绿阔叶林、石柯-木荷林、杂木林下、沟边杂林、山谷、河边、林缘；海拔 1420～2090 m。

分布于独龙江（贡山县独龙江乡段）；贡山县茨开镇、捧打乡；保山市芒宽乡；腾冲市北海乡、五合乡。14-4。

31b. 中华天胡荽 Hydrocotyle hookeri subsp. **chinensis**（Dunn ex R. H. Shan & S. L. Liou）M. F. Watson & M. L. Sheh-*Hydrocotyle javanica* var. *chinensis* Dunn ex R. H. Shan & S. L. Liou

凭证标本：高黎贡山考察队 13246，25672。

茎匍匐达 150 cm。生长于常绿阔叶林、次生常绿阔叶林；海拔 2150～2400 m。

分布于福贡县马吉乡；保山市芒宽乡、潞江镇；腾冲市芒棒镇。14-4。

32. 红马蹄草 Hydrocotyle nepalensis Hooker

凭证标本：李恒、李嵘 1135；高黎贡山考察队 28900。

茎匍匐长 5～45 cm。生长于常绿阔叶林、桤木-枪木林；海拔 1090～2050 m。

分布于贡山县捧打乡、福贡县石月亮乡、鹿马登乡；保山市潞江镇。14-3。

*** 33. 盾叶天胡荽 Hydrocotyle peltiformis R. Li & H. Li

凭证标本：李恒、李嵘 1143；高黎贡山考察队 17508。

多年生草本，茎完匍匐约 120 cm。生长于灌丛中；海拔 1500 m。

分布于保山市芒宽乡；龙陵县镇安镇。15-2-6。

34. 密伞天胡荽 Hydrocotyle pseudoconferta Masamune

凭证标本：李恒、李嵘 1337；高黎贡山考察队 13270。

茎匍匐长 6～30 cm。生长于灌丛中；海拔 2150 m。

分布于保山市芒宽乡。14-4。

* 35. 怒江天胡荽 Hydrocotyle salwinica R. H. Shan & S. L. Liou

凭证标本：独龙江考察队 1632；高黎贡山考察队 25602。

茎高达 50～70 cm。生长于常绿阔叶林、石柯-山矾林、灌丛、沟边、河边、麦地杂草、瀑布跌水沟边、山坡灌丛路旁；海拔 1080～2181 m。

分布于独龙江（贡山县独龙江乡段）；贡山县茨开镇；福贡县马吉乡；龙陵县镇安镇。15-1。

36a. 天胡荽 Hydrocotyle sibthorpioides Lamarck

凭证标本：李恒、李嵘 880；高黎贡山考察队 34337。

生长于常绿阔叶林、桤木林、次生灌丛、潮湿地区、菜地田埂中；海拔 1250～1850 m。

分布于独龙江（贡山县独龙江乡段）；贡山县丙中洛乡；腾冲市北海乡；龙陵县镇安镇。6。

36b. 破铜钱 Hydrocotyle sibthorpioides var. **batrachium**（Hance）Handel-Mazzetti ex R. H. Shan-*Hydrocotyle batrachium* Hance

凭证标本：高黎贡山考察队 13555，25244。

生长于常绿阔叶林、女贞-山矾林、箭竹-杜鹃林中；海拔 2400～2453 m。

分布于保山市芒宽乡；腾冲市芒棒镇。7。

37. 肾叶天胡荽 Hydrocotyle wilfordii Maximowicz

凭证标本：独龙江考察队 261；高黎贡山考察队 34242。

茎匍匐可达 45 cm。生长于常绿阔叶林、桤木林、漆树-胡桃林、灌丛、河滩花岗石、江边河滩、阴湿处、林下、水田边、草地、田埂、路边；海拔 1300～2250 m。

分布于独龙江（贡山县独龙江乡段）；贡山县丙中洛乡；保山市芒宽乡；腾冲市芒棒镇。14-2。

* **38. 尖叶藁本 Ligusticum acuminatum** Franchet

凭证标本：李恒、李嵘 881；高黎贡山考察队 32912。

多年生草本，高 1～2 m。生长于常绿阔叶林、铁杉-云杉林、云杉-箭竹林、针叶林、草甸；海拔 2700～3300 m。

分布于贡山县丙中洛乡、茨开镇；福贡县石月亮乡；泸水市洛本卓乡；保山市芒宽乡。15-1。

* **39. 归叶藁本 Ligusticum angelicifolium** Franchet

凭证标本：高黎贡山考察队 31756。

多年生草本，高 100～150 cm。生长于杜鹃-花楸林；海拔 2780 m。

分布于贡山县丙中洛乡。15-1。

* **40. 短片藁本 Ligusticum brachylobum** Franchet

凭证标本：T. T. Yü 19562。

多年生草本，高达 1 m，生长于高山草甸、岩石缝中；海拔 3200～4100 m。

分布于独龙江（贡山县独龙江乡段）。15-1。

* **41. 紫色藁本 Ligusticum franchetii** H. de Boissieu

凭证标本：高黎贡山考察队 32780。

多年生草本，高 20～35 cm。生长于高山乱石草甸中；海拔 4003 m。

分布于贡山县丙中洛乡。15-1。

*** **42. 贡山藁本 Ligusticum gongshanense** Pu，R. Li & H. Li

凭证标本：高黎贡山考察队 32097。

多年生草本，高 50 cm。生长于溪旁草甸中；海拔 3350 m。

分布于贡山县茨开镇。15-2-6。

* **43. 膜苞藁本 Ligusticum oliverianum**（H. de Boissieu）R. H. Shan-*Selinum oliverianum* H. de Boissieu

凭证标本：青藏队 10484。

多年生草本，高 20～40 cm。生长于山坡云杉林下；海拔 3600 m。

分布于独龙江（察隅县日东乡段）。15-1。

* **44. 蕨叶藁本 Ligusticum pteridophyllum** Franchet

凭证标本：和志刚 s. n. 。

多年生草本，高 30～80 cm。生长于林中、草坡；海拔 1800～3600 m。

分布于泸水市片马镇。15-1。

*45. 藁本 Ligusticum sinense Oliver

凭证标本：独龙江考察队 755；高黎贡山考察队 34111。

多年生草本，高 50～100 cm，具根茎。生长于草丛中；海拔 3220 m。

分布于独龙江（贡山县独龙江乡段）；贡山县丙中洛乡、茨开镇。15-1。

46. 纹藁本 Ligusticum striatum de Candolle

凭证标本：高黎贡山考察队 16966，33874。

多年生草本，高 30～120 cm。生长于常绿阔叶林、壳斗-樟林、铁杉-云杉林、云杉-箭竹林、箭竹-杜鹃灌丛、高山草甸中；海拔 1610～4160 m。

分布于贡山县丙中洛乡、茨开镇；福贡县石月亮乡、鹿马登乡。14-3。

47. 短辐水芹 Oenanthe benghalensis（Roxburgh）Kurz-*Seseli benghalense* Roxburgh

凭证标本：独龙江考察队 1471；高黎贡山考察队 26166。

多年生草本，高 15～60 cm。生长于常绿阔叶林、次生常绿阔叶林、硬叶常绿阔叶林、林下、水沟边、箐沟水边；海拔 686～2040 m。

分布于独龙江（贡山县独龙江乡段）；福贡县匹河乡；保山市芒宽乡、潞江镇。14-3。

48. 高山水芹 Oenanthe hookeri C. B. Clarke

凭证标本：武素功 7255；李恒、李嵘、蒋柱檀、高富、张雪梅 402。

多年生草本，高 40～80 cm。生长于山坡、路边、杂木林下、沼泽；海拔 1730～2700 m。

分布于腾冲市北海乡。14-3。

49a. 水芹 Oenanthe javanica（Blume）de Candolle-*Sium javanicum* Blume

凭证标本：尹文清 1364；高黎贡山考察队 32097。

多年生草本，高 10～80 cm。生长于常绿阔叶林、山沟、溪边；海拔 1760～2050 m。

分布于贡山县茨开镇；福贡县鹿马登乡；泸水市片马镇；腾冲市明光镇、界头镇、蒲川乡。7。

49b. 卵叶水芹 Oenanthe javanica subsp. rosthornii（Diels）F. T. Pu-*Oenanthe rosthornii* Diels

凭证标本：李恒、李嵘、蒋柱檀、高富、张雪梅 368；高黎贡山考察队 27759。

多年生草本，高 10～80 cm。生长于常绿阔叶林、灌丛；海拔 1000～2240 m。

分布于福贡县架科底乡；保山市潞江镇；腾冲市北海乡、芒棒镇、五合乡；龙陵县镇安镇。14-4。

50a. 线叶水芹 Oenanthe linearis Wallich ex de Candolle

凭证标本：李恒、李嵘、蒋柱檀、高富、张雪梅 402；高黎贡山考察队 29783。

多年生草本，高 30～70 cm。生长于湖边、山坡、水沟、苔藓沼泽；海拔 1730～1850 m。

分布于福贡县；泸水市；腾冲市北海乡。7。

50b. 蒙自水芹 Oenanthe linearis subsp. **rivularis** (Dunn) C. Y. Wu & F. T. Pu-*Oenanthe rivularis* Dunn

凭证标本：南水北调队 8023；高黎贡山考察队 29681。

多年生草本，高 30～70 cm。生长于苔藓沼泽中；海拔 1730 m。

分布于贡山县丙中洛乡；腾冲市北海乡。14-4。

51a. 多裂叶水芹 Oenanthe thomsonii C. B. Clarke

凭证标本：独龙江考察队 7076；高黎贡山考察队 29613。

多年生草本，高 20～50 cm。生长于常绿阔叶林、石柯-木荷林、木荷林、灌丛、沟边路旁、山沟杂木林下阴湿、山坡路边潮湿草地、岩上阴湿；海拔 1350～2525 m。

分布于独龙江（贡山县独龙江乡段）；贡山县茨开镇；保山市潞江镇；腾冲市猴桥镇、五合乡、新华乡；龙陵县镇安镇。14-3。

51b. 窄叶水芹 Oenanthe thomsonii subsp. **stenophylla**（H. de Boissieu）F. T. Pu-*Oenanthe thomsonii* var. *stenophylla* H. de Boissieu

凭证标本：高黎贡山考察队 9516，33392。

多年生草本，高 20～50 cm。生长于常绿阔叶林、木荷-冬青林；海拔 1950～3200 m。

分布于贡山县茨开镇；福贡县石月亮乡。14-4。

52. 香根芹 Osmorhiza aristata Rydberg

凭证标本：南水北调队（滇西北分队）9245。

多年生草本，高 25～70 cm。生长于山沟针阔叶林中、阴湿处；海拔 2880 m。

分布于贡山县丙中洛乡。13。

** 53. 疏毛山芹 Ostericum scaberulum（Franchet）C. Q. Yuan & R. H. Shan-*Angelica scaberula* Franchet

凭证标本：高黎贡山考察队 27826，33392。

多年生草本，高 50～70 cm。生长于常绿阔叶林；海拔 1580 m。

分布于贡山县茨开镇；福贡县石月亮乡。15-2～3。

*54. 细裂前胡 Peucedanum macilentum Franchet

凭证标本：高黎贡山考察队 15401，28568a。

多年生草本，高 30～70 cm。生长于常绿阔叶林、针叶林中；海拔 2940～3210 m。

分布于贡山县茨开镇；福贡县石月亮乡。15-1。

55. 波棱滇芎 Physospermopsis obtusiuscula（Wallich ex de Candolle）C. Norman-
Hymenolaena obtusiuscula Wallich ex de Candolle

凭证标本：高黎贡山考察队 15265，16862。

多年生草本，高 15～45 cm。生长于箭竹-杜鹃灌丛、高山草甸；海拔 2900～
3400 m。

分布于独龙江（贡山县独龙江乡段）；贡山县茨开镇。14-3。

56. 丽江滇芎 Physospermopsis shaniana C. Y. Wu & F. T. Pu

凭证标本：高黎贡山考察队 15263，34548。

多年生草本，高 15～30 cm。生长于灌丛、箭竹-杜鹃灌丛、箭竹-灯芯草丛、潮湿
草甸；海拔 3280～3660 m。

分布于独龙江（贡山县独龙江乡段）；贡山县茨开镇；福贡县石月亮乡。14-4。

﹡57. 锐叶茴芹 Pimpinella arguta Diels

凭证标本：高黎贡山考察队 16985。

多年生草本，高 40～100 cm。生长于箭竹-柳林；海拔 3250 m。

分布于贡山县茨开镇。15-1。

58. 杏叶茴芹 Pimpinella candolleana Wight & Arnott

凭证标本：李恒、刀志灵、李嵘 515；高黎贡山考察队 26007。

多年生草本，高 10～100 cm。生长于常绿阔叶林、次生常绿阔叶林、木荷-榕林、
石柯-栲林、针叶林、高山草甸、路边；海拔 1220～3200 m。

分布于独龙江（贡山县独龙江乡段）；贡山县茨开镇；福贡县架科底乡；泸水市鲁
掌镇；保山市潞江镇；龙陵县镇安镇。14-4。

﹡59. 尾尖茴芹 Pimpinella caudata（Franchet）H. Wolff-*Carum caudatum* Franchet

凭证标本：李恒、李嵘 1119；高黎贡山考察队 32377。

多年生草本，高 30～45 cm。生长于常绿阔叶林、灌丛中；海拔 1700～2068 m。

分布于独龙江（贡山县独龙江乡段）；贡山县丙中洛乡。15-1。

60. 异叶茴芹 Pimpinella diversifolia de Candolle

凭证标本：独龙江考察队 2218；青藏队 10032。

多年生草本，高 30～200 cm。生长于江边常绿阔叶林、山坡常绿阔叶林、山坡云
南松林、山坡灌丛草地、林中、林下、路边；海拔 1600～3000 m。

分布于独龙江（察隅县日东乡段，贡山县独龙江乡段）；贡山县茨开镇。14-1。

61. 细软茴芹 Pimpinella flaccida C. B. Clarke

凭证标本：高黎贡山考察队 15667，27485。

一年生纤细草本，高 30～60 cm。生长于常绿阔叶林；海拔 1400 m。

分布于贡山县丙中洛乡；福贡县石月亮乡。14-3。

* 62. 德钦茴芹 Pimpinella kingdon-wardii H. Wolff

凭证标本：怒江考察队 790648；高黎贡山考察队 34121。

多年生草本，高 30～100 cm。生长于常绿阔叶林、针叶林、冷杉-落叶松林、江边栎林下、灌丛、高山草甸、路旁沟边、山坡水旁；海拔 1910～3450 m。

分布于独龙江（贡山县独龙江乡段）；贡山县丙中洛乡、茨开镇；福贡县石月亮乡、鹿马登乡、上帕镇、匹河乡；保山市芒宽乡；腾冲市曲石镇。15-1。

63. 紫瓣茴芹 Pimpinella purpurea（Franchet）H. de Boissieu-*Carum purpureum* Franchet

凭证标本：高黎贡山考察队 12627，32888。

多年生草本，高 30～80 cm。生长于常绿阔叶林、箭竹林、灌丛；海拔 2500～3650 m。

分布于贡山县丙中洛乡、茨开镇；福贡县石月亮乡、鹿马登乡。14-4。

* 64. 直立茴芹 Pimpinella smithii H. Wolff

凭证标本：高黎贡山考察队 28038。

多年生草本，高 30～50 cm。生长于草甸中；海拔 3640 m。

分布于福贡县石月亮乡。15-1。

65. 藏茴芹 Pimpinella tibetanica H. Wolff

凭证标本：独龙江考察队 3442；高黎贡山考察队 33651。

多年生植物，高 20～100 cm。生长于河谷常绿林、石柯-木荷林、石柯-云南松林、疏林下、路边；海拔 1500～2040 m。

分布于独龙江（贡山县独龙江乡段）；贡山县茨开镇。14-3。

66. 归叶棱子芹 Pleurospermum angelicoides（Wallich ex de Candolle）C. B. Clarke-*Hymenolaena angelicoides* Wallich ex de Candolle

凭证标本：高黎贡山考察队 15957；周应再 117。

多年生草本，高 80～120 cm。生长于箭竹-白珠林、次生林中；海拔 1739～3300 m。

分布于泸水市片马镇、鲁掌镇；腾冲市北海乡。14-3。

67. 宝兴棱子芹 Pleurospermum benthamii（Wallich ex de Candolle）C. B. Clarke-*Hymenolaena benthamii* Wallich ex de Candolle

凭证标本：青藏队 8522；高黎贡山考察队 31528。

多年生草本，高 45～150 cm。生长于箭竹-杜鹃灌丛、高山草甸、草坡上、林间草地、山坡湿润草地、竹林下阴湿；海拔 3100～4160 m。

分布于贡山县丙中洛乡、茨开镇；福贡县石月亮乡、鹿马登乡、匹河乡。14-3。

68. 高山棱子芹 Pleurospermum handelii H. Wolff

凭证标本：Handel-Mazzetti 9903；冯国楣 7633。

多年生纤细草本，高 30～45 cm。生长于草地上；海拔 3300～3500 m。

分布于贡山县丙中洛乡。14-4。

** 69. 异叶棱子芹 Pleurospermum decurrens Franchet

凭证标本：王启无 66770；高黎贡山考察队 17050。

多年生草本，高 40～100 cm。生长于箭竹-杜鹃灌丛；海拔 3740 m。

分布于独龙江（贡山县独龙江乡段）；贡山县丙中洛乡。15-2-3a。

* 70. 松潘棱子芹 Pleurospermum franchetianum Hemsley

凭证标本：高黎贡山考察队 31528。

多年生草本，高 40～70 cm。生长于高山草地、岩石中；海拔 2500～4000 m。

分布于贡山县丙中洛乡。15-1。

71. 喜马拉雅棱子芹 Pleurospermum hookeri C. B. Clarke

凭证标本：高黎贡山考察队 32757。

多年生草本，高 10～40 cm。生长于高山草甸中；海拔 4003 m。

分布于贡山县丙中洛乡。14-3。

* 72. 矮棱子芹 Pleurospermum nanum Franchet

凭证标本：高黎贡山考察队 31624，32871。

多年生小草本，高 5～15 cm。生长于高山草甸；海拔 2881～4160 m。

分布于贡山县丙中洛乡。15-1。

*** 73. 三裂叶棱子芹 Pleurospernum tripartitum Pu，R. Li & H. Li

凭证标本：高黎贡山考察队 27178。

多年生草本，高 20 cm。生长于冷杉-杜鹃-箭竹林中；海拔 3120 m。

分布于福贡县鹿马登乡。15-2-6。

74. 云南棱子芹 Pleurospermum yunnanense Franchet

凭证标本：高黎贡山考察队 28646，32227。

多年生草本，高 30～60 cm。生长于杜鹃-箭竹草甸、高山草甸、碎石上、岩坡草丛中；海拔 3450～4270 m。

分布于贡山县丙中洛乡、茨开镇；福贡县鹿马登乡。14-4。

* 75. 心果囊瓣芹 Pternopetalum cardiocarpum（Franchet）Handel-Mazzetti - *Carum cardiocarpum* Franchet

凭证标本：林芹 791948。

多年生草本，高 20～40 cm。生长于山坡林下；海拔 2400 m。

分布于福贡县石月亮乡。15-1。

* 76. 澜沧囊瓣芹 Pternopetalum delavayi（Franchet）Handel-Mazzetti-*Carum delavayi* Franchet

凭证标本：冯国楣 7192。

多年生草本，高 30～60 cm。生长于林中、林缘、高山草地；海拔 2500～4000 m。

分布于贡山县。15-1。

*77. 纤细囊瓣芹 Pternopetalum gracillimum（H. Wolff）Handel-Mazzetti -*Cryptotaeniopsis gracillima* H. Wolff

凭证标本：高黎贡山考察队 12588，12637。

多年生草本，高 10～20 cm。生长于针阔混交林中；海拔 2770～3050 m。

分布于贡山县茨开镇。15-1。

*78. 洱源囊瓣芹 Pternopetalum molle（Franchet）Handel-Mazzetti -*Carum molle* Franchet

凭证标本：武素功 6623。

多年生草本，高 10～35 cm。生长于山沟常绿林中；海拔 2600 m。

分布于腾冲市猴桥镇。15-1。

79. 裸茎囊瓣芹 Pternopetalum nudicaule（H. de Boissieu）Handel-Mazzetti -*Cryptotaeniopsis nudicaulis* H. de Boissieu

凭证标本：高黎贡山考察队 14046，30717。

多年生草本，高 10～25 cm。生长于常绿阔叶林、女贞-山矾林、石柯-青冈林、落叶阔叶林、杜鹃-箭竹林、林下；海拔 1823～2720 m。

分布于泸水市片马镇、鲁掌镇；保山市芒宽乡；腾冲市明光镇、猴桥镇、芒棒镇。14-3。

80. 高山囊瓣芹 Pternopetalum subalpinum Handel-Mazzetti

凭证标本：青藏队 8658；高黎贡山考察队 11859。

多年生草本，高 5～10 cm。生长于针叶林、冷杉林、灌丛下阴湿、林下、垭口附近草地；海拔 2950～3600 m。

分布于独龙江（贡山县独龙江乡段）；贡山县茨开镇；福贡县匹河乡。14-3。

*81. 膜蕨囊瓣芹 Pternopetalum trichomanifolium（Franchet）Handel-Mazzetti -*Carum trichomanifolium* Franchet

凭证标本：高黎贡山考察队 30245，30295。

多年生草本，高 30～40 cm。生长于石柯-冬青林；海拔 1930 m。

分布于腾冲市界头镇。15-1。

82a. 五匹青 Pternopetalum vulgare（Dunn）Handel-Mazzetti-*Cryptotaeniopsis vulgaris* Dunn

凭证标本：碧江队 404；高黎贡山考察队 22973。

多年生草本，高 20～50 cm。生长于山谷常绿阔叶林、山坡常绿阔叶林、次生常绿阔叶林、沟箐林下；海拔 1900～2800 m。

分布于福贡县匹河乡；泸水市片马镇；腾冲市猴桥镇。14-3。

*82b. 尖叶五匹青 Pternopetalum vulgare var. **acuminatum** C. Y. Wu ex R. H. Shan & F. T. Pu

凭证标本：怒江考察队 527；青藏队 6566。

多年生草本，高 20～50 cm。生长于竹林沟边阴湿；海拔 3200 m。

分布于福贡县匹河乡。15-1。

*83. 川滇变豆菜 Sanicula astrantiifolia H. Wolff

凭证标本：独龙江考察队 288；高黎贡山考察队 14918。

多年生草本，高 20～70 cm。生长于常绿阔叶林、山坡常绿阔叶林、次生常绿阔叶林、河谷、山坡、林下、路旁；海拔 1350～2300 m。

分布于独龙江（贡山县独龙江乡段）；贡山县丙中洛乡、茨开镇；福贡县上帕镇、匹河乡。15-1。

*84. 天蓝变豆菜 Sanicula caerulescens Franchet

凭证标本：高黎贡山考察队 30279，30303。

多年生草本，高可达 40 cm。生长于石柯-冬青林；海拔 1930 m。

分布于腾冲市界头镇。15-1。

85. 变豆菜 Sanicula chinensis Bunge

凭证标本：高黎贡山考察队 15555，33500。

多年生草本，高达 1 m。生长于常绿阔叶林、铁杉-云杉林中；海拔 1460～2790 m。

分布于贡山县丙中洛乡、捧打乡、茨开镇；福贡县石月亮乡、匹河乡；龙陵县镇安镇。14-2。

86. 软雀花 Sanicula elata Buchanan-Hamilton ex D. Don

凭证标本：独龙江考察队 565；高黎贡山考察队 31031。

多年生草本，高 20～80 cm。生长于常绿阔叶林、壳斗林、壳斗-樟林、漆树-胡桃林、石柯-李林、灌丛、箭竹林、河岸、河谷、江边、林下、路边；海拔 900～3400 m。

分布于独龙江（贡山县独龙江乡段）；贡山县丙中洛乡、茨开镇；福贡县马吉乡、石月亮乡、鹿马登乡、上帕镇、匹河乡；泸水市片马镇、洛本卓乡；保山市芒宽乡；腾冲市界头镇、猴桥镇、芒棒镇；龙陵县镇安镇。6。

*87. 鳞果变豆菜 Sanicula hacquetioides Franchet

凭证标本：青藏队 8090。

多年生草本，高 5～30 cm。生长于林中、山坡、草地；海拔 2600～3800 m。

分布于贡山县茨开镇。15-1。

88. 野鹅脚板 Sanicula orthacantha S. Moore

凭证标本：李恒、李嵘 1095；高黎贡山考察队 30200。

多年生草本，高 8～35 cm；生长于常绿阔叶林、石柯林、壳斗-山茶林、桤木-柳林中；海拔 1600～2360 m。

分布于泸水市片马镇；腾冲市明光镇、界头镇。14-4。

*89. 锯叶变豆菜 Sanicula serrata H. Wolff

凭证标本：独龙江考察队 4150。

多年生草本，高 8～30 cm；生长于路边；海拔 1400 m。

分布于独龙江（贡山县独龙江乡段）。15-1。

*90. 亮蛇床 Selinum cryptotaenium H. de Boissieu

凭证标本：高黎贡山考察队 8135，31699。

多年生草本，高 40～200 cm。生长于落叶阔叶林、高山草甸、石山坡；海拔 2900～3710 m。

分布于贡山县丙中洛乡、茨开镇；泸水市片马镇。15-1。

91. 竹叶西风芹 Seseli mairei H. Wolff

凭证标本：高黎贡山考察队 18396。

多年生草本，高 15～80 cm，具块根，单生；生长于针叶林中；海拔 1350～1800 m。

分布于保山市潞江镇。14-4。

92a. 钝瓣小芹 Sinocarum cruciatum (Franchet) H. Wolff ex R. H. Shan & F. T. Pu-Carum cruciatum Franchet

凭证标本：怒江队 1915；青藏队 10114。

多年生草本，高 10～30 cm，具根茎，短；生长于山沟灌丛草地；海拔 3700～4000 m。

分布于独龙江（察隅县日东乡段）；福贡县。14-4。

92b. 尖瓣小芹 Sinocarum cruciatum var. linearilobum (Franchet) R. H. Shan & F. T. Pu-Carum cruciatum var. linearilobum Franchet

凭证标本：林芹 791975。

多年生草本，高 10～30 cm，具根茎，短，粗壮；生长于竹林下阴湿处；海拔 3350 m。

分布于福贡县。14-4。

93. 少辐小芹 Sinocarum pauciradiatum R. H. Shan & F. T. Pu

凭证标本：怒江考察队 790509，790536。

多年生草本，高 3～5 cm，具根茎，细长；生长于岩上阴湿处；海拔 3200～4500 m。

分布于贡山县。14-3。

*94. 裂苞舟瓣芹 Sinolimprichtia alpina var. dissecta R. H. Shan & S. L. Liou

凭证标本：T. T. Yü 22801；青藏队 10711。

多年生草本，高 15～30 cm。生长于山坡岩屑堆、石隙中；海拔 3700～4300 m。

分布于独龙江（察隅县日东乡段）；贡山县丙中洛乡。15-1。

95. 小窃衣 Torilis japonica（Houttuyn）de Candolle-*Caucalis japonica* Houttuyn

凭证标本：高黎贡山考察队 13981，33723。

一年生草本，高 20～120 cm。生长于常绿阔叶林、次生常绿阔叶林、木荷林、江边荒地上、山坡、林下、路旁；海拔 1140～2500 m。

分布于贡山县丙中洛乡、捧打乡；福贡县石月亮乡；泸水市片马镇、洛本卓乡；保山市芒宽乡、潞江镇；腾冲市；龙陵县镇安镇。10。

96. 窃衣 Torilis scabra（Thunberg）de Candolle

凭证标本：高黎贡山考察队 25454，33439。

一年生草本，高达 90 cm。生长于常绿阔叶林、草甸中；海拔 1130～1540 m。

分布于贡山县丙中洛乡、捧打乡、普拉底乡；泸水市洛本卓乡。14-2。

* **97. 裂苞瘤果芹 Trachydium involucellatum** R. H. Shan & F. T. Pu

凭证标本：高黎贡山考察队 31358，32756。

一年生草本，高 8～16 cm。生长于高山草甸；海拔 3940～4160 m。

分布于贡山县丙中洛乡。15-1。

* **98. 西藏瘤果芹 Trachydium tibetanicum** H. Wolff

凭证标本：高黎贡山考察队 16861，28676。

一年生草本，高 8～13 cm。生长于杜鹃-箭竹灌丛、高山草甸、潮湿草甸、石上、岩坡上；海拔 3000～3900 m。

分布于独龙江（贡山县独龙江乡段）；贡山县丙中洛乡、茨开镇；福贡县石月亮乡、鹿马登乡。15-1。

* **99. 糙果芹 Trachyspermum scaberulum**（Franchet）H. Wolff-*Carum scaberulum* Franchet

凭证标本：高黎贡山考察队 9789，28941。

多年生植物，高 70～160 cm。生长于常绿阔叶林、木荷-杜鹃林、河边、路边草丛中；海拔 1180～2200 m。

分布于贡山县丙中洛乡；福贡县上帕镇；泸水市洛本卓乡。15-1。

214. 桤叶树科 Clethraceae

1 属 1 种

1. 云南桤叶树 Clethra delavayi Franchet

凭证标本：独龙江考察队 744；高黎贡山考察队 32444。

落叶乔木或灌木，高 1～8 m。生长于常绿阔叶林、山坡常绿阔叶林、山坡针阔混交林、林内、山坡、林缘、阳坡；海拔 2400～3500 m。

分布于独龙江（贡山县独龙江乡段）；福贡县匹河乡；泸水市片马镇、洛本卓乡；腾冲市猴桥镇；龙陵县龙江乡。14-3。

215. 杜鹃花科 Ericaceae

9 属 167 种 32 变种,* 37,** 9,*** 44

** 1. 银毛锦绦花 Cassiope argyrotricha T. Z. Hsu

凭证标本：南水北调队 8829。

灌木，高 12～15 cm。生长于岩石中；海拔 3300～4000 m。

分布于福贡县。15-2-3a。

2. 睫毛岩须 Cassiope dendrotricha Handel-Mazzetti

凭证标本：冯国楣 8360；碧江队 1069。

生长于石头缝苔藓内、岩坡上；海拔 3000～3850 m。

分布于贡山县丙中洛乡、茨开镇；福贡县匹河乡。

3. 扫帚锦绦花 Cassiope fastigiata (Wallich) D. Don-*Andromeda fastigiata* Wallich

凭证标本：武素功 8800。

灌木，高 8～20 cm。生长于山坡岩石隙；海拔 4400 m。

分布于福贡救命房上南侧。14-3。

*** 4. 膜叶锦绦花 Cassiope membranifolia R. C. Fang

凭证标本：南水北调队 8423；高黎贡山考察队 27123。

灌木，茎匍匐，长约 26 cm。生长于高山草甸、岩石中；海拔 3600 m。

分布于泸水市片马镇。15-2-6。

5. 鼠尾锦绦花 Cassiope myosuroides W. W. Smith

凭证标本：蔡希陶 54147；怒江队 595。

灌木，高 4～7 cm。生长于高山草地；海拔 4500 m。

分布于福贡县上帕镇、匹河乡。14-4。

6. 朝天锦绦花 Cassiope palpebrata W. W. Smith

凭证标本：怒江考察队 791537；高黎贡山考察队 32760。

灌木，高 2～6 cm。生长于箭竹-杜鹃灌丛、石地高山草甸；海拔 3000～4271 m。

分布于独龙江（贡山县独龙江乡段）；贡山县丙中洛乡、茨开镇；福贡县鹿马登乡。14-4。

7. 篦叶锦绦花 Cassiope pectinata Stapf

凭证标本：怒江考察队 791529；高黎贡山考察队 31457。

灌木，高 6～18 cm。生长于箭竹-杜鹃灌丛、箭竹灌丛、委陵菜-银莲花沼泽、高山草甸、林下、岩石上、石灰岩；海拔 1000～4100 m。

分布于独龙江（察隅县日东乡段，贡山县独龙江乡段）；贡山县丙中洛乡、茨开镇；福贡县石月亮乡。14-4。

8. 锦绦花 Cassiope selaginoides J. D. Hooker & Thomson

凭证标本：怒江队 414；高黎贡山考察队 32016。

灌木，高 10～20 cm。生长于箭竹-杜鹃-白珠灌丛、箭竹灌丛、高山疏灌丛、湖滨草甸、高山草甸、山谷岩石上、山坡灌丛草地、湿地、岩坡上、岩山上；海拔 3000～4630 m。

分布于独龙江（察隅县日东乡段、贡山县独龙江乡段）；贡山县丙中洛乡、茨开镇；福贡县鹿马登乡、上帕镇。14-3。

9. 柳叶假木荷 Craibiodendron henryi W. W. Smith

凭证标本：独龙江考察队 820；高黎贡山考察队 31129。

乔木或灌木，高 8～15 m。生长于常绿阔叶林、河谷阔叶林、次生常绿阔叶林、木荷-石柯林、云南松林、山坡疏林、路边灌丛、河边、江边、岩上阴湿；海拔 1400～2800 m。

分布于独龙江（贡山县独龙江乡段）；福贡县上帕镇；泸水市片马镇；保山市潞江镇；腾冲孟连乡；龙陵县镇安镇。14-4。

10. 云南假木荷 Craibiodendron yunnanense W. W. Smith

凭证标本：李恒、李嵘 1080；高黎贡山考察队 23413。

乔木或灌木，高 3～6 m。生长于常绿阔叶林、石柯-桤木林、针叶林、沟边杂木林、杂木林中、江边疏林中、林旁、林缘、山坡、林中、阳坡疏林、沟边；海拔 1250～2500 m。

分布于独龙江（贡山县独龙江乡段）；贡山县茨开镇；福贡县石月亮乡、鹿马登乡、上帕镇；泸水市片马镇、鲁掌镇、六库镇；保山市潞江镇；腾冲市界头镇、曲石镇、北海乡、芒棒镇；龙陵县碧寨乡。14-4。

11. 多花杉叶杜鹃 Diplarche multiflora J. D. Hooker & Thomson

凭证标本：高黎贡山考察队 11026，31252。

常绿垫状低矮灌木，高 8～16 cm。生长于杜鹃-箭竹灌丛、山坡灌丛、高山草甸、高山石间、草地、岩坡上；海拔 3100～4400 m。

分布于独龙江（察隅县日东乡段、贡山县独龙江乡段）；贡山县丙中洛乡、茨开镇；福贡县鹿马登乡、匹河乡。14-3。

12. 少花杉叶杜鹃 Diplarche pauciflora J. D. Hooker & Thomson

凭证标本：高黎贡山考察队 32033。

常绿垫状低矮灌木，高 4～7 cm。生长于高山岩石缝中；海拔 3600 m。

分布于贡山县丙中洛乡、茨开镇。14-3。

* 13. 灯笼吊钟花 Enkianthus chinensis Franchet

凭证标本：独龙江考察队 6582；高黎贡山考察队 30563。

落叶灌木或小乔木，高 250～800 cm。生长于常绿阔叶林、石柯-铁杉林、铁杉林下、杜鹃-铁杉林、路边灌丛、沟边杂木林、山顶杜鹃林附生、苔藓林缘；海拔 1780～3200 m。

分布于独龙江（察隅县日东乡段、贡山县独龙江乡段）；贡山县丙中洛乡；福贡县鹿马登乡、匹河乡；泸水市片马镇；腾冲市明光镇、猴桥镇。15-1。

14. 毛叶吊钟花 Enkianthus deflexus (Griffith) C. K. Schneider-*Rhodora deflexa* Griffith

凭证标本：高黎贡山考察队 14460，34149。

落叶灌木或乔木，高 150～500 cm。生长于常绿阔叶林、针叶林、灌丛、杜鹃-山梨林、箭竹-杜鹃灌丛、沟谷坡上灌丛、高山草甸、花岗岩山坡、林缘；海拔 1586～3700 m。

分布于独龙江（察隅县日东乡段、贡山县独龙江乡段）；贡山县丙中洛乡、茨开镇；福贡县石月亮乡、鹿马登乡、上帕镇；泸水市片马镇、洛本卓乡、鲁掌镇；腾冲市猴桥镇。14-3。

** **15. 少花吊钟花 Enkianthus pauciflorus** E. H. Wilson

凭证标本：T. T. Yü 20913；独龙江考察队 750。

灌木，高 1～3 m。生长于高山灌丛；海拔 3000～3700 m。

分布于独龙江（贡山县独龙江乡段）。15-1。

**** **16. 拟苔藓白珠 Gaultheria bryoides** P. W. Fritsch ＆ L. H. Zhou

凭证标本：高黎贡山考察队 9514。

灌木，高 1～3 m。生长于高山灌丛；海拔 3200 m。

分布于贡山县丙中洛乡。15-2-6。

**** **17. 苍山白珠 Gaultheria cardiosepala** Handel-Mazzetti

凭证标本：独龙江考察队 16918；高黎贡山考察队 25749。

灌木，高 4～14 cm。生长于常绿阔叶林、针叶林、灌丛中；海拔 2130～3350 m。

分布于贡山县茨开镇；泸水市片马镇、洛本卓乡；腾冲市猴桥镇。15-2-6。

** **18. 四川白珠 Gaultheria cuneata** (Rehder ＆ E. H. Wilson) Bean-*Gaultheria pyroloides* J. D. Hooker ＆ Thomson ex Miquel var. *cuneata* Rehder ＆ E. H. Wilson

凭证标本：Rock22653；高黎贡山考察队 31581。

匍匐或直立灌木，高 10～60 cm。生长于山坡林下；海拔 3000～3800 m。

分布于独龙江（察隅县段）；贡山县丙中洛乡。15-1。

** **19. 苍白叶白珠 Gaultheria discolor** Nutt. ex Hook. F

凭证标本：青藏队 7547。

直立灌木，高 50 cm。生长于山坡林下；海拔 3000～3300 m。

分布于贡山县丙中洛乡。15-1。

* **20. 长梗白珠 Gaultheria dolichopoda** Airy Shaw

凭证标本：王启无 66695；高黎贡山考察队 22005。

矮小灌木，通常匍匐，高 5～20 cm。生长于杜鹃-箭竹灌丛；海拔 2970 m。

分布于独龙江（贡山县独龙江乡段）。15-1。

21a. 丛林白珠 Gaultheria dumicola W. W. Smith

凭证标本：独龙江考察队 1101；高黎贡山考察队 31006。

直立灌木，高 60～200 cm。生长于常绿阔叶林、石柯林、石柯-木荷林、针叶林、灌丛、杂木林、火烧地路边、林内、林下、林缘、山谷、山坡；海拔 1400～2800 m。

分布于独龙江（贡山县独龙江乡段）；贡山县丙中洛乡、福贡县石月亮乡、鹿马登乡、上帕镇、匹河乡；泸水市片马镇、鲁掌镇、上江乡；保山市芒宽乡、潞江镇；腾冲市滇滩镇、界头镇、猴桥镇、曲石镇、马站乡、中和镇、芒棒镇；龙陵县龙江乡、镇安镇。14-4。

** **21b. 高山丛林白珠 Gaultheria dumicola** var. **petanoneuron** Airy Shaw

凭证标本：武素功 7316。

直立灌木，高 60～200 cm。生长于山坡常绿阔叶林灌丛中；海拔 2400 m。

分布于泸水市鲁掌镇。15-2-5。

22. 芳香白珠 Gaultheria fragrantissima Wallich

凭证标本：独龙江考察队 780；高黎贡山考察队 29289。

灌木，稀小乔木，高 1～3 m。生长于常绿阔叶林、落叶阔叶林、混交林、针叶林、灌丛、河谷、河滩、火烧地上、江边、林边、林下、林缘、山坡；海拔 1250～3250 m。

分布于独龙江（贡山县独龙江乡段）；贡山县丙中洛乡、茨开镇；福贡县马吉乡、石月亮乡、鹿马登乡、上帕镇；泸水市片马镇、鲁掌镇；保山市芒宽乡；腾冲市明光镇、界头镇、曲石镇、马站乡、腾越镇、芒棒镇、五合乡、新华乡；龙陵县龙江乡、龙山镇。14-3。

23. 尾叶白珠 Gaultheria griffithiana Wight

凭证标本：独龙江考察队 6056；高黎贡山考察队 28857。

灌木，稀小乔木，高 50～300 cm。生长于常绿阔叶林、落叶阔叶林、混交林、针叶林、灌丛、沟边杂木林、沟谷、林边、林下、林缘、林中、山脊、山坡、路边；海拔 1300～3400 m。

分布于独龙江（贡山县独龙江乡段）；贡山县丙中洛乡、茨开镇；福贡县石月亮乡、上帕镇、匹河乡；泸水市片马镇、鲁掌镇；保山市芒宽乡、潞江镇；腾冲市滇滩镇、明光镇、界头镇、猴桥镇、芒棒镇、五合乡。14-3。

24a. 红粉白珠 Gaultheria hookeri C. B. Clarke

凭证标本：高黎贡山考察队 33822。

匍匐或直立灌木，高 30～100 cm。生长于常绿阔叶林、杜鹃灌丛中、竹林、杜鹃-

箭竹灌丛、高山草甸、沟边、岩石、林下、林中、阴湿处、竹林、路边；海拔 1600～3880 m。

　　分布于独龙江（察隅县日东乡段、贡山县独龙江乡段）；贡山县丙中洛乡、茨开镇；福贡县石月亮乡、鹿马登乡、上帕镇；泸水市片马镇、鲁掌镇；保山市芒宽乡；腾冲市明光镇、界头镇、猴桥镇。14-3。

24b. 狭叶红粉白珠 Gaultheria hookeri var. angustifolia C. B. Clarke

　　凭证标本：南水北调队 6955；青藏队 7248。

　　匍匐或直立灌木，高 30～100 cm。生长于高山灌丛中；海拔 2000～3700 m。

　　分布于独龙江（贡山县独龙江乡段）；贡山县丙中洛乡；福贡县上帕镇；腾冲市猴桥镇。14-3。

25. 绿背白珠 Gaultheria hypochlora Airy Shaw

　　凭证标本：高黎贡山考察队 28629。

　　匍匐灌木，高 8～20 cm。生长于常绿阔叶林、石柯-冬青林、石柯-樟林、落叶阔叶林、针叶林、灌丛、杜鹃-箭竹灌丛、高山草甸、岩坡上；海拔 2520～3840 m。

　　分布于独龙江（贡山县独龙江乡段）；贡山县丙中洛乡、茨开镇；福贡县石月亮乡、鹿马登乡。14-3。

26. 滇白珠 Gaultheria leucocarpa var. yunnanensis（Franchet）T. Z. Hsu & R. C. Fang-*Vaccinium yunnanense* Franchet

　　凭证标本：高黎贡山考察队 10983，18202。

　　直立灌木，高 50～200 cm。生长于常绿阔叶林、山坡常绿阔叶林缘、山顶疏林、山坡灌丛中、疏林灌木丛中、林下、沟边草丛中、山坡、阳坡丛林；海拔 1510～2400 m。

　　分布于腾冲市曲石镇、猴桥镇、马站乡、和顺镇、芒棒镇；龙陵县龙山镇、碧寨乡。14-4。

*** 27. 短穗白珠 Gaultheria notabilis J. Anthony

　　凭证标本：Forrest 26722；高黎贡山考察队 10983。

　　亚灌木，高 30～40 cm。生长于阔叶林边或灌丛中；海拔 1000～2400 m。

　　分布于腾冲市。15-2-6。

28. 铜钱叶白珠 Gaultheria nummularioides D. Don

　　凭证标本：独龙江考察队 1579；高黎贡山考察队 29885。

　　匍匐小灌木。生长于常绿阔叶林、针叶林、灌丛、高山草甸、岩石上、河谷、林下、山坡、疏林地埂边、岩石上；海拔 1300～3429 m。

　　分布于独龙江（察隅县日东乡段、贡山县独龙江乡段）；贡山县丙中洛乡、茨开镇；福贡县石月亮乡、鹿马登乡；腾冲市界头镇、曲石镇、马站乡。7。

* 29. 草地白珠 Gaultheria praticola C. Y. Wu & T. Z. Hsu

　　凭证标本：高黎贡山考察队 12494，16928。

　　匍匐或直立灌木，高 10～25 cm。生长于灌丛、竹林-杜鹃灌丛、高山草甸、路边；

海拔 2000～3800 m。

分布于独龙江（贡山县独龙江乡段）；贡山县丙中洛乡。15-1。

*** **30. 平卧白珠 Gaultheria prostrata W. W. Smith**

凭证标本：Forrest 14371。

匍匐灌木，高 10～20 cm。生长于高山草地；海拔 4600 m。

分布于贡山县丙中洛乡。15-2-6。

*** **31. 假短穗白珠 Gaultheria pseudonotabilis H. Li ex R. C. Fang**

凭证标本：独龙江考察队 915；高黎贡山考察队 33398。

灌木，高 1～2 m。生长于常绿阔叶林、旱冬瓜林、木荷-冬青林、石柯-木荷林、灌丛、杜鹃-箭竹灌丛、河边石上、火烧地边、林中、路边；海拔 1300～3350 m。

分布于独龙江（贡山县独龙江乡段）；贡山县茨开镇。15-2-6。

32. 鹿蹄草叶白珠 Gaultheria pyrolifolia J. D. Hooker ex C. B. Clarke

凭证标本：冯国楣 7876；T. T. Yü 19879。

近直立或匍匐灌木，高 3～15 cm。生长于岩坡上；海拔 3700～4000 m。

分布于独龙江（贡山县独龙江乡段）；贡山县丙中洛乡。14-3。

33. 五雄白珠 Gaultheria semi-infera (C. B. Clarke) Airy Shaw-*Diplycosia semi-infera* C. B. Clarke

凭证标本：独龙江考察队 1598；高黎贡山考察队 30509。

直立灌木，高 50～100 cm。生长于常绿阔叶、石柯-冬青林、石柯-木荷林、石柯-松林、石柯-樟林、针阔叶混交林、灌丛、林下、林缘、林中；海拔 1458～3650 m。

分布于独龙江（察隅县日东乡段、贡山县独龙江乡段）；贡山县丙中洛乡、茨开镇；福贡县石月亮乡、鹿马登乡、上帕镇、匹河乡；泸水市片马镇、洛本卓乡、鲁掌镇；腾冲市明光镇、猴桥镇、中和镇；龙陵县镇安镇。14-3。

34a. 华白珠 Gaultheria sinensis J. Anthony

凭证标本：怒江队 2039；高黎贡山考察队 32809。

匍匐灌木，高 5～15 cm。生长于灌丛、杜鹃-铁杉林、杜鹃-箭竹灌丛、高山草甸、山坡针阔叶林缘草地、腐树上、山坡杂木林边、路旁及枯树上；海拔 2510～4003 m。

分布于独龙江（察隅县日东乡段、贡山县独龙江乡段）；贡山县丙中洛乡、茨开镇；福贡县石月亮乡、鹿马登乡；泸水市片马镇、鲁掌镇。14-3。

34b. 白果华白珠 Gaultheria sinensis var. nivea J. Anthony

凭证标本：青藏队 6998b；青藏队 8345。

匍匐灌木，高（25～）50～150 mm。生长于岩石坡、崖边；海拔 4300 m。

分布于贡山县；福贡县。15-1。

* **35. 草黄白珠 Gaultheria straminea R. C. Fang**

凭证标本：独龙江考察队 1598；高黎贡山考察队 15970。

灌木，高 1～3 m。生长于常绿阔叶林中；海拔 2850 m。

分布于独龙江（贡山县独龙江乡段）；泸水市鲁掌镇。15-1。

** 36. 伏地白珠 Gaultheria suborbicularis W. W. Smith

凭证标本：怒江考察队 790134；青藏队 10128。

匍匐矮小灌木。生长于山坡灌丛草地、高山草甸、山坡沼泽地边；海拔 3100～3880 m。

分布于独龙江（察隅县日东乡段、贡山县独龙江乡段）；贡山县丙中洛乡、茨开镇。15-2-3a。

* 37. 四裂白珠 Gaultheria tetramera W. W. Smith

凭证标本：独龙江考察队 6173；高黎贡山考察队 17129。

直立灌木，高 80～100 cm。生长于常绿阔叶林；海拔 2510 m。

分布于独龙江（察隅县日东乡段、贡山县独龙江乡段）；贡山县丙中洛乡、茨开镇；腾冲市猴桥镇、中和镇。15-1。

38. 刺毛白珠 Gaultheria trichophylla Royle

凭证标本：高黎贡山考察队 11340，11348。

匍匐矮小灌木。生长于山坡草地、山坡、岩石边；海拔 3000～4200 m。

分布于独龙江（察隅县日东乡段）；贡山。14-3。

39a. 西藏白珠 Gaultheria wardii C. Marquand & Airy Shaw

凭证标本：独龙江考察队 826；高黎贡山考察队 21293。

直立灌木，高 50～200 cm。生长于常绿阔叶林、灌丛、山坡；海拔 1400～2340 m。

分布于独龙江（贡山县独龙江乡段）；贡山县茨开镇。14-3。

*** 39b. 延序西藏白珠 Gaultheria wardii var. **elongata** R. C. Fang

凭证标本：独龙江考察队 1087；青藏队 8925。

直立灌木，高 50～200 cm。生长于山坡阔叶林边；海拔 1800～2000 m。

分布于独龙江（贡山县独龙江乡段）。15-2-6。

40. 尖基木黎芦 Leucothoë griffithiana C. B. Clarke

凭证标本：独龙江考察队 4657；高黎贡山考察队 32580。

灌木，高 2～3 m。生长于常绿阔叶林、混交林、针叶林、杜鹃灌丛、山坡杂木林中、林下、林中、林缘、山坡林下阴湿、斜坡密林中；海拔 1300～3500 m。

分布于独龙江（贡山县独龙江乡段）；贡山县丙中洛乡、茨开镇；福贡县石月亮乡、鹿马登乡、上帕镇。14-3。

** 41. 圆叶珍珠花 Lyonia doyonensis（Handel-Mazzetti）Handel-Mazzetti -*Pieris doyonensis* Handel-Mazzetti

凭证标本：独龙江考察队 1674；高黎贡山考察队 32417。

落叶乔木或灌木，高 2～6 m。生长于常绿阔叶林、混交林、针叶林、灌丛、箭竹-杜鹃灌丛、杂木林、林下、林缘、林中、山坡、石灰岩上阴湿；海拔 1330～3500 m。

分布于独龙江（贡山县独龙江乡段）；贡山县丙中洛乡、茨开镇；福贡县石月亮

乡、鹿马登乡、上帕镇；泸水市片马镇、鲁掌镇、洛本卓乡、上江乡；保山市芒宽乡、潞江镇；腾冲市明光镇。15-2-3a。

42. 大萼珍珠花 Lyonia macrocalyx（J. Anthony）Airy Shaw-*Pieris macrocalyx* J. Anthony

凭证标本：独龙江考察队 1814；高黎贡山考察队 21561。

落叶灌木或小乔木，高 1~2 m。生长于常绿阔叶林、石柯林、石柯-云南松林、山坡松林下、斜坡疏林边缘、针叶林、沟谷灌丛、山坡灌丛、雪地灌丛；海拔 1500~3200 m。

分布于独龙江（察隅县日东乡段、贡山县独龙江乡段）；贡山县丙中洛乡、茨开镇；福贡县上帕镇；保山市芒宽乡。14-4。

43a. 珍珠花 Lyonia ovalifolia（Wallich）Drude-*Andromeda ovalifolia* Wallich

凭证标本：独龙江考察队 3259；高黎贡山考察队 26222。

落叶或常绿灌木或乔木，高 1~4 m。生长于常绿阔叶林、针阔混交林、针叶林、灌丛、山脊、山坡、松林、田缘、斜坡、杂木林边、路边；海拔 1250~3400 m。

分布于独龙江（贡山县独龙江乡段）；贡山县丙中洛乡、捧打乡、茨开镇；福贡县马吉乡、石月亮乡、鹿马登乡、上帕镇；泸水市片马镇、洛本卓乡、上江乡；保山市芒宽乡、潞江镇；腾冲市滇滩镇、明光镇、界头镇、猴桥镇、马站乡、中和镇、和顺镇、芒棒镇、五合乡；龙陵县龙江乡、镇安镇。14-3。

43b. 毛果珍珠花 Lyonia ovalifolia var. hebecarpa（Franchet ex Forbes & Hemsley）Chun-*Pieris ovalifolia* var. *hebecarpa* Franchet ex Forbes & Hemsley

凭证标本：李生堂 80~395；高黎贡山考察队 30078。

落叶或常绿灌木或乔木，高 1~4 m。生长于次生常绿阔叶林、疏林、杜鹃-箭竹林、阔叶杂木林中、草甸、阳坡；海拔 1530~2430 m。

分布于泸水市片马镇；腾冲市明光镇、界头镇、曲石镇、马站乡、芒棒镇。15-1。

43c. 狭叶珍珠花 Lyonia ovalifolia var. lanceolata（Wallich）Handel-Mazzetti -*Andromeda lanceolata* Wallich

凭证标本：独龙江考察队 4050；青藏队 9781。

落叶或常绿灌木或乔木，高 1~4 m。生长于常绿阔叶林、次生常绿阔叶林、火烧地、林中、山脊、山坡、疏林干燥；海拔 1600~2500 m。

分布于独龙江（贡山县独龙江乡段）；贡山县丙中洛乡、茨开镇；福贡县上帕镇；保山市芒宽乡；腾冲市明光镇、界头镇、和顺镇；龙陵县镇安镇。14-4。

44a. 毛叶珍珠花 Lyonia villosa（Wallich ex C. B. Clarke）Handel-Mazzetti -*Pieris villosa* Wallich ex C. B. Clarke

凭证标本：李恒、李嵘 1044；高黎贡山考察队 28654。

落叶灌木或小乔木，高 1~3 m。生长于落叶阔叶林、石柯-箭竹林、针叶林、灌丛、箭竹-杜鹃花灌丛、高山草甸、林下、山坡、山坡次生杜鹃苔藓林；海拔 2000~3880 m。

分布于独龙江（察隅县日东乡段，贡山县独龙江乡段）；贡山县丙中洛乡、茨开镇；福石月亮乡、鹿马登乡；腾冲市猴桥镇。14-3。

44b. 光叶珍珠花 Lyonia villosa var. **sphaerantha**（Handel-Mazzetti）Handel-Mazzetti-*Xolisma sphaerantha* Handel-Mazzetti

凭证标本：南水北调队 8433；怒江考察队 790662。

落叶灌木或小乔木，高 1～3 m。生长于山坡阔叶林、灌丛中、林下、山顶阳处灌丛、腐木上、竹箐中路旁沟边；海拔 3000～3700 m。

分布于独龙江（察隅县日东乡段、贡山县独龙江乡段）；贡山县丙中洛乡、茨开镇；福贡县匹河乡；泸水市片马镇。14-4。

45. 美丽马醉木 Pieris formosa（Wallich）D. Don-*Andromeda formosa* Wallich

凭证标本：刀志灵、崔景云 9436；高黎贡山考察队 28957。

灌木或小乔木，高 3～5 m。生长于常绿阔叶林、石柯-铁杉林、壳斗-云南松林、竹林、花岗岩、林下、林中、山脊、山坡、林路边灌木；海拔 1080～2900 m。

分布于福贡县马吉乡、石月亮乡、上帕镇、子里甲乡、匹河乡；泸水市片马镇、鲁掌镇、上江乡；保山市芒宽乡；腾冲市猴桥镇。14-3。

46. 光柱迷人杜鹃 Rhododendron agastum var. **pennivenium**（I. B. Balfour & Forrest）T. L. Ming-*Rhododendron pennivenium* I. B. Balfour & Forrest

凭证标本：夏德云 BG083；腾冲区划队 1145。

灌木，高 2～3 m。生长于林中；海拔 2400～3300 m。

分布于腾冲市猴桥镇。14-4。

** 47. 亮红杜鹃 Rhododendron albertsenianum Forrest ex I. B. Balfour

凭证标本：高黎贡山考察队 14237，22159。

灌木，高 1～3 m。生长于常绿阔叶林、针阔混交林、针叶林；海拔 2600～3378 m。

分布于贡山县茨开镇。15-2-5。

** 48. 滇西桃叶杜鹃 Rhododendron annae subsp. **laxiflorum**（I. B. Balfour & Forrest）T. L. Ming-*Rhododendron laxiflorum* I. B. Balfour & Forrest

凭证标本：夏德云 BG045；高黎贡山考察队 28267。

常绿灌木，高 150～200 cm。生长于次生林、山坡灌丛、林中；海拔 1650～2340 m。

分布于腾冲市界头镇、猴桥镇；龙陵县镇安镇。15-2-5。

49. 团花杜鹃 Rhododendron anthosphaerum Diels

凭证标本：青藏队 6927；高黎贡山考察队 30537。

灌木或小乔木，高 2～7 m。生长于常绿阔叶林、石柯林、云南松林、杜鹃灌丛、沟边杂木林、山坡杂木林、林中、山坡、林下；海拔 2000～3600 m。

分布于独龙江（察隅县日东乡段、贡山县独龙江乡段）；贡山县丙中洛乡、茨开镇；福贡县石月亮乡、匹河乡；泸水市片马镇；腾冲市明光镇、猴桥镇。14-4。

50. 宿鳞杜鹃 Rhododendron aperantum I. B. Balfour & Kingdon Ward

凭证标本：南水北调队 8772；高黎贡山考察队 28526。

低矮铺地灌木，高 60 cm。生长于草甸；海拔 3620～3700 m。

分布于贡山县；福贡县鹿马登乡。14-4。

51. 窄叶杜鹃 Rhododendron araiophyllum I. B. Balfour & W. W. Smith

凭证标本：高黎贡山考察队 12632，24196。

灌木，高 2～7 m。生长于常绿阔叶林、石柯-青冈林、针阔混交林、杜鹃-箭竹灌丛；海拔 2260～3050 m。

分布于独龙江（贡山县独龙江乡段）；贡山县茨开镇；泸水市片马镇、鲁掌镇。14-4。

52. 夺目杜鹃 Rhododendron arizelum I. B. Balfour & Forrest

凭证标本：高黎贡山考察队 14831，22705。

灌木或小乔木，高 3～7 m。生长于常绿阔叶林、冷杉-落叶松林、针叶林、箭竹-白珠灌丛、杜鹃-箭竹灌丛、高山灌丛；海拔 2770～3460 m。

分布于独龙江（贡山县独龙江乡段）；贡山县丙中洛乡、茨开镇；福贡县鹿马登乡；泸水市片马镇、鲁掌镇；腾冲市猴桥镇。14-4。

53. 瘤枝杜鹃 Rhododendron asperulum Hutchinson & Kingdon Ward

凭证标本：独龙江考察队 3235；高黎贡山考察队 s. n.。

小灌木，有时附生，高约 60 cm。生长于南岸常绿林树上；海拔 1400 m。

分布于腾冲市。14-4。

54. 张口杜鹃 Rhododendron augustinii subsp. **chasmanthum**（Diels）Cullen-*Rhododendron chasmanthum* Diels

凭证标本：高黎贡山考察队 22011。

灌木，高 1～5 m。生长于箭竹-杜鹃灌丛；海拔 2970 m。

分布于独龙江（贡山县独龙江乡段）。15-1。

55. 毛萼杜鹃 Rhododendron bainbridgeanum Tagg & Forrest

凭证标本：Forrest 20297，25562。

灌木，高 1～2 m。生长于针叶林、灌丛、山坡；海拔 3300～3800 m。

分布于贡山县。14-4。

56. 粗枝杜鹃 Rhododendron basilicum I. B. Balfour & W. W. Smith

凭证标本：独龙江考察队 3235；高黎贡山考察队 32943。

灌木或小乔木，高 3～10 m。生长于铁杉-阔叶林、杜鹃-箭竹灌丛；海拔 3150～3400 m。

分布于贡山县丙中洛乡。14-4。

57. 宽钟杜鹃 Rhododendron beesianum Diels

凭证标本：青藏队 7615，10791。

灌木或小乔木，高 2～9 m。生长于山坡林下；海拔 3200～4000 m。

分布于独龙江（察隅县日东乡段）；贡山县丙中洛乡。14-4。

*** 58. 碧江杜鹃 Rhododendron bijiangense T. L. Ming

凭证标本：杨竞生 83；高黎贡山考察队 31706。

灌木，高约 1 m。生长于混交林；海拔 2900 m。

分布于福贡县。15-2-6。

** 59a. 短花杜鹃 Rhododendron brachyanthum Franchet

凭证标本：夏德云 BG063；南水北调队 6889。

常绿灌木，高 30～150 cm。生长于杜鹃灌丛、岩石坡；海拔 3000～3700 m。

分布于独龙江（贡山县独龙江乡段）；贡山县丙中洛乡；腾冲市猴桥镇。15-2-2。

59b. 绿柱短花杜鹃 Rhododendron brachyanthum subsp. **hypolepidotum**（Franchet）Cullen-*Rhododendron brachyanthum* var. *hypolepidotum* Franchet

凭证标本：高黎贡山考察队 15303，34489。

常绿灌木，高 30～150 cm。生长于常绿阔叶林、混交林、针叶林、冷杉-落叶松林、灌丛、杜鹃-箭竹灌丛、箭竹-灯芯草林、高山草甸；海拔 2130～3680 m。

分布于独龙江（察隅县日东乡段、贡山县独龙江乡段）；贡山县茨开镇；泸水市洛本卓乡。14-4。

** 60a. 卵叶杜鹃 Rhododendron callimorphum I. B. Balfour & W. W. Smith

凭证标本：杨增宏 745；南水北调队 7056。

灌木，高约 3 m。生长于箭竹-杜鹃林、杜鹃灌丛、林下丛林；海拔 3100～4000 m。

分布于泸水市片马镇；腾冲市猴桥镇。15-2-5。

*** 60b. 白花卵叶杜鹃 Rhododendron callimorphum var. **myiagrum**（I. B. Balfour & Forrest）D. F. Chamberlain-*Rhododendron myiagrum* I. B. Balfour & Forrest

凭证标本：Forrest 17993；高黎贡山考察队 34489。

灌木，高约 3 m。生长于灌丛中；海拔 3000 m。

分布于腾冲市。15-2-6。

61a. 美被杜鹃 Rhododendron calostrotum I. B. Balfour & Kingdon Ward

凭证标本：高黎贡山考察队 12671，34541。

直立小灌木，高 20～100 cm。生长于杜鹃-箭竹灌丛、高山灌丛；海拔 3280～3740 m。

分布于独龙江（贡山县独龙江乡段）；贡山县丙中洛乡、茨开镇；福贡县鹿马登乡。14-4。

61b. 小叶美被杜鹃 Rhododendron calostrotum var. **calciphilum**（Hutchinson & Kingdon Ward）Davidian-*Rhododendron calciphilum* Hutchinson & Kingdon Ward

凭证标本：高黎贡山考察队 12671a，17000。

直立小灌木，高 20～100 cm。生长于石山坡灌丛、高山草甸；海拔 3500～

2900 m。

分布于独龙江（贡山县独龙江乡段）；泸水市。14-4。

* **62. 变光杜鹃 Rhododendron calvescens** I. B. Balfour & Forrest

凭证标本：Forrest 25634。

灌木，高 1～2 m。生长于针叶林下；海拔 3300 m。

分布于贡山县。15-1。

63. 美丽弯果杜鹃 Rhododendron campylocarpum subsp. **caloxanthum** (I. B. Balfour & Farrer) D. F. Chamberlain-*Rhododendron caloxanthum* I. B. Balfour & Farrer

凭证标本：杨增宏 80-0067；高黎贡山考察队 25932。

灌木，高 2～3 m。生长于针叶林、冷杉-箭竹林、灌丛、杜鹃灌丛、高山草甸、山坡林下、岩坡上；海拔 2000～3900 m。

分布于独龙江（贡山县独龙江乡段）；贡山县丙中洛乡、茨开镇；福贡县石月亮乡、鹿马登乡；泸水市洛本卓乡。14-4。

64. 弯柱杜鹃 Rhododendron campylogynum Franchet

凭证标本：高黎贡山考察队 12701，32004。

常绿小灌木，高 180 cm。生长于高山灌丛中、高山草甸、石崖上；海拔 2700～4600 m。

分布于独龙江（察隅县日东乡段）；贡山县丙中洛乡、茨开镇；福贡县鹿马登乡亚平村；泸水市片马镇。14-3。

65. 美丽弯果杜鹃 Rhododendron campylocarpum subsp. **caloxanthum** (I. B. Balfour & Farrer) D. F. Chamberlain-*Rhododendron caloxanthum* I. B. Balfour & Farrer

凭证标本：怒江考察队 790102，790103。

生长于高山杜鹃灌丛、山坡杜鹃灌丛、灌丛中；海拔 3200～3800 m。

分布于贡山县；福贡县。14-3。

66. 毛喉杜鹃 Rhododendron cephalanthum Franchet-*Rhododendron chamaetortum* I. B. Balfour & Kingdon Ward

凭证标本：青藏队 10100；高黎贡山考察队 27098。

半平卧或半外倾灌木，高 30～60 cm。生长于矮小灌丛、高山灌丛、山坡灌丛草地、山坡灌丛中、高山石缝中、高山悬崖上及坡地、山坡岩石上、沼泽草甸；海拔 3600～4800 m。

分布于独龙江（察隅县日东乡段、贡山县独龙江乡段）；贡山县茨开镇；福贡县鹿马登乡；泸水市叉口至 3796 途中。14-3。

* **67. 毛背云雾杜鹃 Rhododendron chamaethomsonii** var. **chamaedoron** (Tagg) D. F. Chamberlain-*Rhododendron repens* var. *chamaedoron* Tagg

凭证标本：怒江考察队 790012；高黎贡山考察队 17001。

直立灌木，高 15～90 cm。生长于杜鹃-箭竹灌丛；海拔 3530～3670 m。

分布于独龙江（贡山县独龙江乡段）；贡山县茨开镇。15-1。

68. 雅容杜鹃 Rhododendron charitopes I. B. Balfour & Farrer

凭证标本：高黎贡山考察队 20974，34069。

常绿灌木，高 25～90 cm。生长于杜鹃灌丛、杜鹃-箭竹灌丛；海拔 3050～3740 m。

分布于贡山县茨开镇；福贡县鹿马登乡。14-4。

69. 纯黄杜鹃 Rhododendron chrysodoron Tagg ex Hutchinson

凭证标本：独龙江考察队 5503，6243。

常绿灌木，高 20～170 cm。生长于山坡灌丛、亚高山灌丛；海拔 1700～2300 m。

分布于独龙江（贡山县独龙江乡段）；贡山县茨开镇。14-4。

*** 70. 香花白杜鹃 Rhododendron ciliipes Hutchinson

凭证标本：独龙江考察队 5403；高黎贡山考察队 24375。

灌木，高 1～2 m。生长于常绿阔叶林、石柯-冬青林、石柯-杜鹃林、石柯-青冈林、石柯-铁杉林、松林下、杂木林中、林中；海拔 1360～2950 m。

分布于独龙江（贡山县独龙江乡段）；福贡县石月亮乡、匹河乡；泸水市片马镇、鲁掌镇、六库镇；腾冲市明光镇、界头镇、猴桥镇。15-2-6。

71a. 橙黄杜鹃 Rhododendron citriniflorum I. B. Balfour & Forrest

凭证标本：怒江考察队 791680。

小灌木，高达 60～120 cm。生长于高山荒地；海拔 2500～4100 m。

分布于贡山县丙中洛乡；福贡县上帕镇。15-1。

*71b. 美艳橙黄杜鹃 Rhododendron citriniflorum var. **horaeum**（I. B. Balfour & Forrest）D. F. Chamberlain-*Rhododendron horaeum* I. B. Balfour & Forrest

凭证标本：吕正伟、冯宝钧 85062；高黎贡山考察队 31591。

小灌木，高达 60～120 cm。生长于杜鹃灌丛、高山草甸、岩坡上；海拔 3200～4100 m。

分布于贡山县丙中洛乡。15-1。

*72. 环绕杜鹃 Rhododendron complexum I. B. Balfour & W. W. Smith

凭证标本：怒江考察队 790359。

小灌木，高 8～60 cm。生长于高山灌丛；海拔 4200 m。

分布于贡山县。15-1。

*73. 革叶杜鹃 Rhododendron coriaceum Franchet

凭证标本：独龙江考察队 5837；高黎贡山考察队 34129。

小乔木或灌木，高 3～10 m。生长于常绿阔叶林、石柯-木荷林、针阔混交林、铁杉-云杉林、杜鹃-槭树林、林中、河边、山坡、林边、林缘、竹林中、路边；海拔 2000～3500 m。

分布于独龙江（贡山县独龙江乡段）；贡山县丙中洛乡、茨开镇；福贡县鹿马登乡、匹河乡。15-1。

*74. 光蕊杜鹃 Rhododendron coryanum Tagg & Forrest

凭证标本：怒江队 997；高黎贡山考察队 17122。

灌木，高3～6 m。生长于路边；海拔2690 m。

分布于独龙江（察隅县段）；贡山县丙中洛乡、茨开镇；福贡县。15-1。

*75a. 长粗毛杜鹃 Rhododendron crinigerum Franchet

凭证标本：高黎贡山考察队12780，31765。

灌木，高1～6 m。生长于杜鹃-械树林、针阔混交林、冷杉杜鹃林、山谷、山脊路边林间；海拔2780～3650 m。

分布于独龙江（贡山县独龙江乡段）；贡山县丙中洛乡、茨开镇；福贡县匹河乡。15-1。

***75b. 腺背长粗毛杜鹃 Rhododendron crinigerum var. **euadenium** Tagg & Forrest

凭证标本：冯国楣7828；Forrest 25619。

灌木，高1～6 m。生长于河谷、悬崖；海拔3600～3700 m。

分布于贡山县丙中洛乡。15-2-6。

76a. 大白杜鹃 Rhododendron decorum Franchet

凭证标本：高黎贡山考察队13447，33749。

灌木或小乔木，高1～6 m。生长于常绿阔叶林、石柯林、石柯-木荷林、石柯-青冈林、针阔混交林、林下、林缘、林中、山坡、阳坡燥地；海拔1570～3200 m。

分布于独龙江（察隅县日东乡段、贡山县独龙江乡段）；贡山县丙中洛乡；福贡县匹河乡；泸水市片马镇、鲁掌镇、六库镇；保山市芒宽乡；腾冲市滇滩镇、明光镇、界头镇、猴桥镇、曲石镇。14-4。

76b. 高尚大白杜鹃 Rhododendron decorum subsp. **diaprepes** （I. B. Balfour & W. W. Smith） T. L. Ming-Rhododendron diaprepes I. B. Balfour & W. W. Smith

凭证标本：南水北调队6774；高黎贡山考察队30810。

灌木或小乔木，高1～6 m。生长于石柯林、石柯-山茶林、松林边；林下潮湿处、林中、山坡；海拔1700～3000 m。

分布于贡山县丙中洛乡、茨开镇；福贡县普乐山；腾冲市猴桥镇、芒棒镇。14-4。

77a. 马缨杜鹃 Rhododendron delavayi Franchet

凭证标本：高黎贡山考察队13125，30588。

灌木或乔木，高1～7 m。生长于常绿阔叶林、向阳山坡；海拔1600～2600 m。

分布于保山市芒宽乡、潞江镇；腾冲市明光镇、界头镇、猴桥镇、曲石镇；龙陵县龙江乡。14-3。

77b. 狭叶马缨花 Rhododendron delavayi var. **peramoenum** （I. B. Balfour & Forrest） T. L. Ming-Rhododendron peramoenum I. B. Balfour & Forrest

凭证标本：高黎贡山考察队10713，30558。

灌木或乔木，高1～7 m。生长于常绿阔叶林、石柯-杜鹃林、石柯-山矾林、女贞-山矾林、杜鹃-冬青林、山坡；海拔1970～2432 m。

分布于独龙江（贡山县独龙江乡段）；泸水市鲁掌镇；保山市潞江镇；腾冲市芒棒

镇、五合乡；龙陵县镇安镇。14-3。

78. 附生杜鹃 Rhododendron dendricola Hutchinson

凭证标本：独龙江考察队 4661；高黎贡山考察队 21115。

灌木，有时附生，高 100～350 cm。生长于常绿阔叶林、针叶林、灌丛、河岸、河边、林下潮湿处、林中、向阳山坡林缘、岩石上、阳坡、路边；海拔 1200～3240 m。

分布于独龙江（贡山县独龙江乡段）；贡山县丙中洛乡、茨开镇；福贡县马吉乡、沙底乡、鹿马登乡、上帕镇、匹河乡。14-3。

*** **79. 可喜杜鹃 Rhododendron dichroanthum** subsp. **apodectum**（I. B. Balfour & W. W. Smith）Cowan-*Rhododendron apodectum* I. B. Balfour & W. W. Smith

凭证标本：杨竞生 1346；碧江队 1152。

低矮灌木，高 100～250 cm。生长于灌丛中、高山草地；海拔 2600～3600 m。

分布于贡山县；福贡县石月亮乡；腾冲市。15-2-6。

*** **80. 杯萼两色杜鹃 Rhododendron dichroanthum** subsp. **scyphocalyx**（I. B. Balfour & Forrest）Cowan-*Rhododendron scyphocalyx* I. B. Balfour & Forrest

凭证标本：碧江队 1802；杨增宏 80-0044。

低矮灌木，高 100～250 cm。生长于混交林、杜鹃灌丛、沼泽地、林中；海拔 2900～3650 m。

分布于贡山县茨开镇；福贡县；泸水市片马镇。15-2-6。

*** **81. 腺梗两色杜鹃 Rhododendron dichroanthum** subsp. **septentrionale** Cowan

凭证标本：杨增宏 80-0373；高黎贡山考察队 28695。

低矮灌木，高 100～250 cm。生长于杜鹃灌丛中、杜鹃-箭竹灌丛、草甸；海拔 3000～3730 m。

分布于贡山县；福贡县石月亮乡、鹿马登乡；泸水市片马镇。15-2-6。

82a. 杂色杜鹃 Rhododendron eclecteum I. B. Balfour & Forrest

凭证标本：怒江考察队 790323；独龙江考察队 5734。

灌木，高 2～3 m。生长于山坡阔叶林、灌丛中、林下、山脊杜鹃灌丛中、山坡杜鹃灌丛中、山坡灌丛、竹箐中；海拔 1880～4000 m。

分布于独龙江（察隅县日东乡段、贡山县独龙江乡段）；贡山县丙中洛乡。14-4。

* **82b. 长柄杂色杜鹃 Rhododendron eclecteum** var. **bellatulum** Tagg

凭证标本：怒江考察队 790332；青藏队 6863。

灌木，高 2～3 m。生长于山脊杜鹃灌丛中、针叶林、山坡竹箐中；海拔 2800～3770 m。

分布于独龙江（贡山县独龙江乡段）；贡山县丙中洛乡；福贡县鹿马登乡。15-1。

83. 泡泡叶杜鹃 Rhododendron edgeworthii J. D. Hooker

凭证标本：独龙江考察队 6078；高黎贡山考察队 30128。

常绿灌木，高 1 m。生长于常绿阔叶林、针阔混交林、灌丛、杜鹃-箭竹林、林中；

海拔 1800～3800 m。

分布于独龙江（贡山县独龙江乡段）；贡山县丙中洛乡、茨开镇；福贡县石月亮乡、鹿马登乡；泸水市片马镇、鲁掌镇；腾冲市明光镇、界头镇、猴桥镇。14-3。

*** **84. 滇西杜鹃 Rhododendron euchroum** I. B. Balfour & Kingdon Ward

凭证标本：和志刚 499。

小灌木，高 50～60 cm。生长于灌丛、山坡；海拔 3200～3300 m。

分布于福贡县。15-2-6。

* **85a. 华丽杜鹃 Rhododendron eudoxum** I. B. Balfour & Forrest

凭证标本：怒江考察队 790339；和志刚 428。

矮灌木，高 30～120 cm。生长于林下坡地、山坡杜鹃灌丛中；海拔 2700～3700 m。

分布于独龙江（贡山县独龙江乡段）；贡山县；福贡县。15-1。

* **85b. 白毛华丽杜鹃 Rhododendron eudoxum** var. **mesopolium**（I. B. Balfour & Forrest）D. F. Chamberlain-*Rhododendron mesopolium* I. B. Balfour & Forrest

凭证标本：冯国楣 8264；高黎贡山考察队 12758。

矮灌木，高 30～120 cm。生长于灌丛、竹箐中；海拔 3400 m。

分布于独龙江（贡山县独龙江乡段）；贡山县茨开镇。15-1。

*** **86. 翅柄杜鹃 Rhododendron fletcherianum** Davidian

凭证标本：J. F. Rock 22302；怒江考察队 790330。

灌木，高 60～120 cm。生长于路边悬崖山坡上；海拔 3450 m。

分布于独龙江（察隅县段）；贡山县。15-2-6。

87. 绵毛房杜鹃 Rhododendron facetum I. B. Balfour & Kingdon Ward

凭证标本：高黎贡山考察队 26799；独龙江考察队 3136。

灌木或小乔木，高 3～7 m。生长于常绿阔叶林、山谷常绿阔叶林、高山杜鹃林、河谷灌丛、山坡杜鹃林中、山坡路边灌丛、林中；海拔 1360～3000 m。

分布于独龙江（贡山县独龙江乡段）；贡山县；福贡县马吉乡、石月亮乡、鹿马登乡、上帕镇；泸水市片马镇、洛本卓乡、鲁掌镇、上江乡；腾冲市界头镇。14-4。

*** **88. 泸水杜鹃 Rhododendron flavoflorum** T. L. Ming

凭证标本：滇西北分队 10936。

小乔木，高约 3 m。生长于灌丛中；海拔 2700 m。

分布于泸水市鲁掌镇。15-2-6。

* **89. 绵毛杜鹃 Rhododendron floccigerum** Franchet

凭证标本：独龙江考察队 749；高黎贡山考察队 33826。

灌木，高 60～300 cm。生长于河边山坡针阔混交林、铁杉-云杉林、灌丛中、沟边杂木林、河边石隙、林内、林下、竹林、路旁沟边；海拔 2400～3600 m。

分布于独龙江（贡山县独龙江乡段）；贡山县丙中洛乡、茨开镇；福贡县上帕镇。15-1。

90. 河边杜鹃 Rhododendron flumineum W. P. Fang & M. Y. He

凭证标本：冯国楣 24199。

灌木，高 150～300 cm。生长于河边阔叶林中；海拔 1200 m。

分布于独龙江（贡山县独龙江乡段）。15-7。

91. 紫背杜鹃 Rhododendron forrestii I. B. Balfour ex Diels

凭证标本：青藏队 10108；高黎贡山考察队 31561。

矮生匍匐灌木，高 20～60 cm。生长于杜鹃-箭竹灌丛、杜鹃灌丛中沼泽地、高山匍匐灌丛、山坡灌丛、高山灌丛草甸、高山草甸、岩坡上；海拔 3300～4200 m。

分布于独龙江（察隅县日东乡段、贡山县独龙江乡段）；贡山县丙中洛乡、茨开镇；福贡县石月亮乡。14-4。

92. 镰果杜鹃 Rhododendron fulvum I. B. Balfour & W. W. Smith

凭证标本：高黎贡山考察队 14816，32944。

灌木或小乔木，高 2～8 m。生长于常绿阔叶林、沟边灌丛中、山坡杜鹃灌丛中、针叶林中、沟边杂木林、沟边竹箐边、林下；海拔 2200～3600 m。

分布于独龙江（贡山县独龙江乡段）；贡山县丙中洛乡、茨开镇；福贡县鹿马登乡、上帕镇；泸水市片马镇；腾冲市七区茨竹河。14-4。

93. 灰白杜鹃 Rhododendron genestierianum Forrest

凭证标本：独龙江考察队 5920；高黎贡山考察队 29189。

常绿灌木，高 120～300 cm。生长于常绿阔叶林、山坡阔叶林、常绿-落叶阔叶混交林、石柯-铁杉林、沟边杂木林、林内、林下、林缘、山坡、路边；海拔 1750～3450 m。

分布于独龙江（察隅县日东乡段、贡山县独龙江乡段）；贡山县茨开镇；福贡县石月亮乡、鹿马登乡；腾冲市明光镇。14-4。

94a. 粘毛杜鹃 Rhododendron glischrum I. B. Balfour & W. W. Smith

凭证标本：杨增宏 80-0029；高黎贡山考察队 20297。

灌木或小乔木，高 240～700 cm。生长于常绿阔叶林、针叶林、杜鹃-冷杉等杂木林中、杜鹃杂木林中、山林间小路；海拔 2790～3300 m。

分布于贡山县丙中洛乡、茨开镇；福贡县石月亮乡、鹿马登乡。14-3。

94b. 红粘毛杜鹃 Rhododendron glischrum subsp. **rude**（Tagg & Forrest）D. F. Chamberlain-*Rhododendron rude* Tagg & Forrest

凭证标本：毛品一 478。

灌木或小乔木，高 30～120 cm。生长于林中、灌丛中；海拔 2400～3600 m。

分布于独龙江（贡山县独龙江乡段）。14-3。

***95. 贡山杜鹃 Rhododendron gongshanense T. L. Ming

凭证标本：独龙江考察队 4932；高黎贡山考察队 22039。

灌木，高 2～4 m。生长于常绿阔叶林、山地常绿林、山地原始林、针阔混交林、林内、林下、林中；海拔 2100～2800 m。

分布于独龙江（贡山县独龙江乡段）；贡山县茨开镇。15-2-6。

*** **96. 朱红大杜鹃 Rhododendron griersonianum** I. B. Balfour & Forrest

凭证标本：武素功 6864；高黎贡山考察队 30827。

灌木，高约 130 cm。生长于石柯林、石柯-桤木林、河边杂木林下；海拔 1690～1790 m。

分布于腾冲市猴桥镇。15-2-6。

*** **97. 粗毛杜鹃 Rhododendron habrotrichum** I. B. Balfour & W. W. Smith

凭证标本：杨竞生 63-1413；夏德云 BG069。

灌木，高 120～350 cm。生长于林中；海拔 3000 m。

分布于腾冲市界头镇、猴桥镇。15-2-6。

98. 绢毛杜鹃 Rhododendron haematodes subsp. **chaetomallum**（I. B. Balfour & Forrest）D. F. Chamberlain-*Rhododendron chaetomallum* I. B. Balfour & Forrest

凭证标本：青藏队 8624；高黎贡山考察队 28004。

小灌木，高 150～300 cm。生长于针叶林、灌丛、高山草甸、沟边林中岩石上、坡地上、山顶、林间空地、山坡、岩坡上、竹林中；海拔 3022～4100 m。

分布于贡山县丙中洛乡、茨开镇；福贡县石月亮乡、鹿马登乡；腾冲市猴桥镇。14-4。

99a. 亮鳞杜鹃 Rhododendron heliolepis Franchet

凭证标本：碧江队 1149；青藏队 10494。

常绿灌木，高 2～5 m。生长于杜鹃-竹林中、灌丛中、针叶林；海拔 3000～4200 m。

分布于独龙江（察隅县日东乡段）；福贡县石月亮乡；泸水市片马镇；腾冲市界头镇。14-4。

*** **99b. 毛冠亮鳞杜鹃 Rhododendron heliolepis** var. **oporinum**（I. B. Balfour & Kingdon Ward）A. L. Chang ex R. C. Fang-*Rhododendron oporinum* I. B. Balfour & Kingdon Ward

凭证标本：碧江队 1803；青藏队 7655。

常绿灌木，高 2～5 m。生长于山坡云南松林下、山坡林间灌丛；海拔 2800～3400 m。

分布于独龙江（察隅县日东乡段）；福贡县；泸水市片马镇。15-2-6。

*** **100. 凸脉杜鹃 Rhododendron hirsutipetiolatum** A. L. Chang & R. C. Fang

凭证标本：杨增宏 25。

常绿灌木，高达 5 m。生长于冷-杜鹃林下；海拔 3400 m。

分布于福贡县。15-2-6。

*** **101. 粉果杜鹃 Rhododendron hylaeum** I. B. Balfour & Farrer

凭证标本：独龙江考察队 5331；高黎贡山考察队 26906。

灌木或小乔木，高 6～12 m。生长于常绿阔叶林、松林、石柯-青冈林、针阔叶混交林、沟边杂木林；海拔 2500～3450 m。

分布于独龙江（贡山县独龙江乡段）；贡山县丙中洛乡；福贡县石月亮乡、鹿马登乡。15-2-6。

***102. 独龙杜鹃 **Rhododendron keleticum** I. B. Balfour & Forrest

凭证标本：高黎贡山考察队 12675，33909。

匍匐小灌木，高 5～30 cm。生长于常绿阔叶林、针叶林、箭竹灌丛、杜鹃-箭竹灌丛、高山灌丛、山坡灌丛、高山草甸、沟边竹箐边、灌丛下阴湿处；海拔 2000～3730 m。

分布于独龙江（贡山县独龙江乡段）；贡山县丙中洛乡、茨开镇；福贡县石月亮乡、鹿马登乡、上帕镇。15-2-6。

***103. 星毛杜鹃 **Rhododendron kyawii** Lace & W. W. Smith

凭证标本：南水北调队 8254；高黎贡山考察队 22802。

灌木，高 5～10 m。生长于常绿阔叶林、山坡常绿阔叶林、林中；海拔 1600～2500 m。

分布于独龙江（贡山县独龙江乡段）；福贡县上帕镇；泸水市片马镇。15-2-6。

***104. 鳞腺杜鹃 **Rhododendron lepidotum** Wallich ex G. Don

凭证标本：王启无 66459；青藏队 10610。

常绿小灌木，高 50～150 cm。生长于针叶林下、岩石缝、云杉林缘；海拔 3600～4000 m。

分布于独龙江（察隅县日东乡段）。15-2-6。

105. 侧花杜鹃 **Rhododendron lateriflorum R. C. Fang & A. L. Chang

凭证标本：怒江考察队 790667；青藏队 8813。

常绿灌木，高约 5 m。生长于山坡针叶林下、路旁沟边；海拔 2700～3200 m。

分布于独龙江（贡山县独龙江乡段）；贡山县茨开镇。15-2-3a。

***106. 常绿糙毛杜鹃 **Rhododendron lepidostylum** I. B. Balfour & Forrest

凭证标本：Forrest 18143。

常绿灌木，高 30～150 cm。生长于灌丛中；海拔 3000～3700 m。

分布于腾冲市。15-2-6。

107. 薄叶马银花 **Rhododendron leptothrium** I. B. Balfour & Forrest

凭证标本：高黎贡山考察队 11973，30720。

灌木或小乔木，高 3～4 m。生长于常绿阔叶林、次生常绿阔叶林、针阔混交林、杜鹃灌丛、山顶阳坡杜鹃灌丛、沟边杂木林、路边；海拔 1700～2950 m。

分布于贡山县茨开镇；福贡县上帕镇、匹河乡；泸水市洛本卓乡、上江乡；保山市芒宽乡、潞江镇；腾冲市界头镇、猴桥镇、五合乡。14-4。

*108. 蜡叶杜鹃 **Rhododendron lukiangense** Franchet

凭证标本：独龙江考察队 5668；高黎贡山考察队 33637。

灌木或小乔木，高 2～4 m。生长于常绿阔叶林、混交林、针叶林、灌丛、河边山坡林中；海拔 1790～3250 m。

分布于独龙江（贡山县独龙江乡段）；贡山县丙中洛乡、茨开镇；福贡县。15-1。

***109. 长蒴杜鹃 Rhododendron mackenzianum** Forrest

凭证标本：独龙江考察队 1760；高黎贡山考察队 22550。

灌木或小乔木，高 3 m。生长于常绿阔叶林、杂木林中、沟边杂木林、河边、林中、林内、林下、林缘、山坡；海拔 1450～2800 m。

分布于独龙江（贡山县独龙江乡段）；贡山县茨开镇；福贡县鹿马登乡、上帕镇；保山市潞江镇；腾冲市芒棒镇。15-2-6。

110. 滇隐脉杜鹃 Rhododendron maddenii subsp. **crassum**（Franchet）Cullen-*Rhododendron crassum* Franchet

凭证标本：独龙江考察队 726；高黎贡山考察队 32436。

灌木或小乔木，高 3～6 m。生长于常绿阔叶林、河谷常绿林、高山杜鹃林、沟边杂木林、小河边中杂木林、林间、林下、林中；海拔 1500～3000 m。

分布于独龙江（察隅县日东乡段，贡山县独龙江乡段）；贡山县丙中洛乡；福贡县匹河乡；泸水市片马镇、六库镇、上江乡；腾冲市界头镇、猴桥镇。14-4。

***111. 羊毛杜鹃 Rhododendron mallotum** I. B. Balfour & Kingdon Ward

凭证标本：武素功 8375；碧江队 1804。

常绿灌木或小乔木，高 3～6 m。生长于山脊阳处杜鹃林中；海拔 3300～3500 m。

分布于泸水市片马镇。15-2-6。

112. 少花杜鹃 Rhododendron martinianum I. B. Balfour & Forrest

凭证标本：Forrest 21687；高黎贡山考察队 31216。

灌木，高 1～2 m。生长于高山草甸；海拔 3750 m。

分布于贡山县丙中洛乡。14-4。

***113a. 红萼杜鹃 Rhododendron meddianum** Forrest var. **Meddianum**

凭证标本：南水北调队 6887；夏德云 BG067。

灌木，高 1～2 m。生长于山坡杜鹃林中；海拔 2600～3600 m。

分布于贡山县；腾冲市猴桥镇。15-2-6。

***113b. 腺房红萼杜鹃 Rhododendron meddianum** var. **atrokermesinum** Tagg

凭证标本：Forrest 26499。

灌木，高 1～2 m。生长于杜鹃灌丛、河岸边；海拔 3200 m。

分布于泸水市。15-2-6。

114. 大萼杜鹃 Rhododendron megacalyx I. B. Balfour & Kingdon Ward

凭证标本：独龙江考察队 6882；高黎贡山考察队 33706。

灌木或小乔木，高 150～300 cm。生长于常绿阔叶林、石栎-云南松林、山坡中阔叶混交林、铁杉-杜鹃林、杜鹃-花楸林、高山杜鹃林林内，大棕树上附生；海拔 2000～3000 m。

分布于独龙江（贡山县独龙江乡段）；贡山县丙中洛乡、茨开镇；泸水市上江乡；腾冲市界头镇。14-3。

115. 招展杜鹃 Rhododendron megeratum I. B. Balfour & Forrest

凭证标本：独龙江考察队 5358；高黎贡山考察队 23024。

常绿矮灌木，有时附生，高 30～60 cm。生长于针叶林、杜鹃灌丛中，沟边杂木林岩石上、竹箐中、路边，杜鹃-杂木林中、冷杉、杜鹃林中附生；海拔 2900～3800 m。

分布于独龙江（察隅县日东乡段、贡山县独龙江乡段）；贡山县丙中洛乡、茨开镇；福贡县鹿马登乡；泸水市片马镇。14-3。

116. 异鳞杜鹃 Rhododendron micromores Tagg

凭证标本：青藏队 8447；高黎贡山考察队 13001。

常绿灌木。生长于针阔混交林、沟边杂木林中、林中树上；海拔 2150～3200 m。

分布于贡山县丙中洛乡、茨开镇。14-3。

117a. 弯月杜鹃 Rhododendron mekongense Franchet

凭证标本：独龙江考察队 6941；高黎贡山考察队 32176。

落叶、常绿或半常绿灌木，高 100～150 cm。生长于常绿阔叶林、针叶林、冷杉林下、灌丛、山坡阴湿、竹箐中；海拔 1900～4000 m。

分布于独龙江（贡山县独龙江乡段）；贡山县丙中洛乡、茨开镇；福贡县石月亮乡；腾冲市猴桥镇。14-3。

117b. 红线弯月杜鹃 Rhododendron mekongense var. **rubrolineatum** (I. B. Balfour & Forrest) Cullen-*Rhododendron rubrolineatum* I. B. Balfour & Forrest

凭证标本：高黎贡山考察队 15034，25883。

常绿有时或半常绿灌木。生长于常绿阔叶林、针叶林；海拔 2570～3400 m。

分布于独龙江（贡山县独龙江乡段）；泸水市洛本卓乡。14-3。

118a. 亮毛杜鹃 Rhododendron microphyton Franchet

凭证标本：独龙江考察队 3851；高黎贡山考察队 30750。

常绿直立灌木，高 1～2 m。生长于常绿阔叶林、木荷林、石柯-冬青林、石柯林、石柯-木荷林、石柯-山矾林、灌丛、杂木林、河边；海拔 1080～2300 m。

分布于独龙江（贡山县独龙江乡段）；福贡县石月亮乡、上帕镇、子里甲乡；泸水市片马镇、上江乡；保山市芒宽乡；腾冲市滇滩镇、界头镇、猴桥镇、曲石镇、马站乡、北海乡、和顺镇；龙陵县象达镇。14-4。

***118b. 碧江亮毛杜鹃 Rhododendron microphyton** var. **trichanthum** A. L. Chang ex R. C. Fang

凭证标本：高黎贡山考察队 19525。

常绿直立灌木，高 1～2 m。生长于次生常绿阔叶林；海拔 1388 m。

分布于福贡县马吉乡。15-2-6。

119. 一朵花杜鹃 Rhododendron monanthum I. B. Balfour & W. W. Smith

凭证标本：独龙江考察队 748；高黎贡山考察队 16901。

灌木，有时附生，高 30～100 cm。生长于常绿阔叶林、沟边杂木林中、林中、河边、林内、林中树上、山箐路边；海拔 2000～3600 m。

分布于独龙江（贡山县独龙江乡段）；贡山县茨开镇；福贡县。14-4。

* **120. 墨脱杜鹃 Rhododendron montroseanum** Davidian

凭证标本：独龙江考察队 4791；独龙江考察队 6800。

乔木，高 12～15 m。生长于常绿林、山地常绿林、林内；海拔 1950～2300 m。

分布于独龙江（贡山县独龙江乡段）。15-1。

121. 毛棉杜鹃 Rhododendron moulmainense J. D. Hooker

凭证标本：高黎贡山考察队 10740，31132。

灌木或小乔木，高 3～15 m。生长于常绿阔叶林、路边杂木林中、林内、林中、山坡乔木林下；海拔 1540～2405 m。

分布于泸水市上江乡；保山市芒宽乡；腾冲市界头镇、猴桥镇、和顺镇、腾越镇、芒棒镇、五合乡、新华乡；龙陵县龙江乡、镇安镇。7。

* **122a. 火红杜鹃 Rhododendron neriiflorum** Franchet

凭证标本：南水北调队 6989；高黎贡山考察队 22698。

灌木，高 1～3 m。生长于山脊松林下、混交林、杜鹃-铁杉林、杜鹃-苔藓林、灌丛；海拔 2300～3080 m。

分布于福贡县；泸水市片马镇、鲁掌镇；保山市芒宽乡；腾冲市明光镇、猴桥镇。15-1。

*** **122b. 网眼火红杜鹃 Rhododendron neriiflorum** var. **agetum**（I. B. Balfour & Forrest）T. L. Ming-*Rhododendron agetum* I. B. Balfour & Forrest

凭证标本：碧江队 1793。

灌木，高 1～3 m。生长于铁杉林中；海拔 2800 m。

分布于泸水市。15-2-6。

122c. 腺房火红杜鹃 Rhododendron neriiflorum var. **appropinquans**（Tagg & Forrest）W. K. Hu-*Rhododendron floccigerum* Franchet var. *appropinquans* Tagg & Forrest

凭证标本：T. T. Yü 20209；杨增宏 80-0053。

灌木，高 1～3 m。生长于河边、杜鹃灌丛中、杂木林中；海拔 2600～2900 m。

分布于独龙江（贡山县独龙江乡段）；贡山县茨开镇。14-3。

123. 山育杜鹃 Rhododendron oreotrephes W. W. Smith

凭证标本：碧江队 610；青藏队 10973。

灌木，高 1～4 m。生长于冷杉林下、山坡灌丛中、山脊杜鹃林下；海拔 3250～3800 m。

分布于独龙江（察隅县日东乡段）；福贡县匹河乡。14-4。

124. 云上杜鹃 Rhododendron pachypodum I. B. Balfour & W. W. Smith

凭证标本：刀志灵、崔景云 9404；高黎贡山考察队 29742。

灌木，高 1~4 m。生于常绿阔叶林、次生林、石柯-木荷林、山顶斜坡灌丛、山顶阳坡灌丛中、山坡灌丛中、杂木林中；海拔 1700~2000 m。

分布于贡山县茨开镇；保山市芒宽乡、潞江镇；腾冲市和顺镇、腾越镇、芒棒镇。14-4。

125a. 杯萼杜鹃 Rhododendron pocophorum I. B. Balfour ex Tagg

凭证标本：冯国楣 7861；和志刚 400。

常绿灌木，高 60~300 cm。生长于岩坡杜鹃灌丛；海拔 3600~3800 m。

分布于察隅县；贡山县丙中洛乡；福贡县。14-3。

*** 125b. 腺柄杯萼杜鹃 Rhododendron pocophorum var. **hemidartum**（I. B. Balfour ex Tagg）D. F. Chamberlain-*Rhododendron hemidartum* I. B. Balfour ex Tagg

凭证标本：J. F. Rock 10145；Forrest 20028。

常绿灌木，高 60~300 cm。生长于林中；海拔 3900~4200 m。

分布于察隅县；贡山县。15-2-6。

* 126. 优秀杜鹃 Rhododendron praestans I. B. Balfour & W. W. Smith

凭证标本：怒江考察队 0568；杨增宏 80-0024。

灌木或乔木，高 3~7 m。生长于阔叶林边、灌丛杂木林中；海拔 3200~3600 m。

分布于贡山县茨开镇；福贡县匹河乡。15-1。

127. 复毛杜鹃 Rhododendron preptum I. B. Balfour & Forrest

凭证标本：夏德云 BG64；高黎贡山考察队 14856。

灌木或小乔木，高 5~7 m。生长于常绿阔叶林、石柯-铁杉林；海拔 2750~2850 m。

分布于贡山县茨开镇；腾冲市明光镇、猴桥镇。14-4。

128. 樱草杜鹃 Rhododendron primuliflorum Bureau & Franchet

凭证标本：南水北调队（滇西北分队）8972；怒江考察队 790334。

小灌木，高 30~100 cm。生长于山坡林中、高山草地灌丛、悬崖上；海拔 3500~4200 m。

分布于察隅县察瓦龙乡；贡山县；福贡县。14-3。

129. 矮生杜鹃 Rhododendron proteoides I. B. Balfour & W. W. Smith

凭证标本：Forrest 19150，19188。

矮灌木，高 60~150 cm。生长于高山灌丛中；海拔 3600~4000 m。

分布于贡山县。14-3。

*** 130a. 翘首杜鹃 Rhododendron protistum I. B. Balfour & Forrest

凭证标本：独龙江考察队 709；高黎贡山考察队 30225。

乔木，高 5~10 m。生长于山坡常绿阔叶林、石柯-杜鹃林、石柯-青冈林、山坡混交林、杜鹃林、北山灌丛、林中、沟边、山脊；海拔 1900~3000 m。

分布于独龙江（贡山县独龙江乡段）；贡山县丙中洛乡、茨开镇；腾冲市界头镇。15-2-6。

*** **130b. 大树杜鹃 Rhododendron protistum** var. **giganteum** (Forrest) D. F. Chamberlain-*Rhododendron giganteum* Forrest

凭证标本：独龙江考察队 3069；高黎贡山考察队 20311。

乔木，高 5～10 m。生长于常绿阔叶林、混交林、沟谷中、林中；海拔 2100～2500 m。

分布于独龙江（贡山县独龙江乡段）；贡山县茨开镇；福贡县鹿马登乡；腾冲市明光镇、界头镇。15-2-6。

*** **131. 褐叶杜鹃 Rhododendron pseudociliipes** Cullen

凭证标本：青藏队 7948；高黎贡山考察队 31030。

灌木，高 60～200 cm。生长于常绿阔叶林、石柯-木荷林、杜鹃-箭竹灌丛、山脊杂木林中；海拔 1900～2430 m。

分布于独龙江（贡山县独龙江乡段）；泸水市片马镇；腾冲市滇滩镇、界头镇。15-2-6。

* **132. 腋花杜鹃 Rhododendron racemosum** Franchet

凭证标本：高黎贡山考察队 21555。

小灌木，高 15～200 cm。生长于常绿阔叶林；海拔 1930 m。

分布于独龙江（贡山县独龙江乡段）。15-1。

133. 假乳黄叶杜鹃 Rhododendron rex subsp. **fictolacteum** (I. B. Balfour) D. F. Chamberlain-*Rhododendron fictolacteum* I. B. Balfour

凭证标本：怒江考察队 790100；青藏队 7616。

小乔木，通常 5～7 m。生长于冷杉杜鹃林中、山坡箭竹丛中；海拔 3200～3700 m。

分布于察隅县察瓦龙乡；贡山县独龙江乡。14-3。

*** **134. 菱形叶杜鹃 Rhododendron rhombifolium** R. C. Fang

凭证标本：独龙江考察队 3294；独龙江考察队 5470。

灌木，通常附生，高 2～3 m。生长于常绿林、河岸林、河谷灌丛、山坡路边灌丛、杂木林中树上、河口；海拔 1400～2000 m。

分布于独龙江（贡山县独龙江乡段）；贡山县茨开镇。15-2-6。

*** **135. 红晕杜鹃 Rhododendron roseatum** Hutchinson

凭证标本：怒江考察队 359；杨增宏 80-0073。

灌木，有时小乔木，高 120～300 cm。生长于阔叶林中、山坡阳处灌木丛中、悬崖上杂木林中、水沟边；海拔 2000～3000 m。

分布于福贡县上帕镇、匹河乡；腾冲市猴桥镇。15-2-6。

*136. 兜尖卷叶杜鹃 Rhododendron roxieanum var. **cucullatum**（Handel-Mazzetti）D. F. Chamberlain ex L. C. Hu in L. C. Hu & M. Y. Fang-*Rhododendron cucullatum* Handel-Mazzetti

凭证标本：南水北调队 8770。

灌木，高 1～3 m。生长于高山灌丛、山坡；海拔 3500～4300 m。

分布于福贡县。15-1。

137. 红棕杜鹃 Rhododendron rubiginosum Franchet

凭证标本：青藏队 7671；高黎贡山考察队 33858。

常绿灌木或有时小乔木，高 1～3 m。生长于常绿阔叶林、针叶林、杜鹃冷杉林中、灌丛、杜鹃灌丛、沟边杂木林中、高山草甸、河边、山坡林下；海拔 2000～3900 m。

分布于独龙江（察隅县日东乡段、贡山县独龙江乡段）；贡山县丙中洛乡、茨开镇；福贡县鹿马登乡、匹河乡；泸水市洛本卓乡。14-4。

138a. 多色杜鹃 Rhododendron rupicola W. W. Smith

凭证标本：南水北调队 8773；高黎贡山考察队 31566。

小灌木，高 60 cm。生长于铁杉-云杉林、杜鹃-箭竹灌丛、山坡灌丛、高山草甸、高山林灌丛、沟边岩石上、山坡垫状灌丛草地、岩坡上；海拔 2790～4200 m。

分布于独龙江（贡山县独龙江乡段）；贡山县丙中洛乡、茨开镇；福贡县石月亮乡、匹河乡。14-4。

138b. 金黄多色杜鹃 Rhododendron rupicola var. **chryseum**（I. B. Balfour & Kingdon Ward）M. N. Philipson & Philipson-*Rhododendron chryseum* I. B. Balfour & Kingdon Ward

凭证标本：王启无 67298；怒江考察队 792090。

小灌木，高 60 cm。生长于高山灌丛、石山坡灌丛中、高山草甸；海拔 2000～4100 m。

分布于独龙江（贡山县独龙江乡段）；贡山县丙中洛乡。14-4。

139a. 怒江杜鹃 Rhododendron saluenense Franchet

凭证标本：怒江考察队 791463；青藏队 10279。

直立或攀缘灌木，高 10～120 cm。生长于灌丛中、山坡灌丛草地；海拔 2500～4000 m。

分布于独龙江（察隅县日东乡段、贡山县独龙江乡段）；贡山县丙中洛乡。14-4。

139b. 平卧怒江杜鹃 Rhododendron saluenense var. **prostratum**（W. W. Smith）R. C. Fang-*Rhododendron prostratum* W. W. Smith

凭证标本：怒江考察队 791078；青藏队 10103。

直立或攀缘灌木，高 10～120 cm。生长于山坡灌丛中、高山草甸、山坡岩石缝；海拔 3100～4100 m。

分布于独龙江（察隅县日东乡段）；贡山县茨开镇；福贡县匹河乡。15-2-3a。

140a. 血红杜鹃 Rhododendron sanguineum Franchet

凭证标本：高黎贡山考察队 12761，33852。

矮灌木，高 30～150 cm。生长于落叶阔叶、铁杉-云杉林、箭竹-灯芯草林、山坡灌丛、高山灌丛、高山杜鹃灌丛、高山草甸；海拔 2800～3880 m。

分布于独龙江（察隅县日东乡段、贡山县独龙江乡段）；贡山县丙中洛乡、茨开镇。14-4。

140b. 退色血红杜鹃 Rhododendron sanguineum var. **cloiophorum**（I. B. Balfour & Forrest） D. F. Chamberlain-*Rhododendron cloiophorum* I. B. Balfour & Forrest；*R. asmenistum* I. B. Balfour & Forrest

凭证标本：青藏队 8611，10273。

矮灌木，高 30～150 cm。生长于针叶林下、山坡灌丛草地；海拔 2600～3600 m。

分布于独龙江（察隅县日东乡段）；贡山县茨开镇。15-1。

140c. 变色血红杜鹃 Rhododendron sanguineum var. **didymoides** Tagg & Forrest

凭证标本：高黎贡山考察队 15291，17003。

矮灌木，高 30～150 cm。生长于落叶阔叶林、灌丛、高山灌丛、山坡杜鹃灌丛中、杜鹃-箭竹灌丛、潮湿草甸、高山草甸、竹箐中；海拔 2930～3670 m。

分布于独龙江（察隅县日东乡段、贡山县独龙江乡段）；贡山县茨开镇。14-4。

*****140d. 黑红血红杜鹃 Rhododendron sanguineum** var. **didymum**（I. B. Balfour & Forrest） T. L. Ming-*Rhododendron didymum* I. B. Balfour & Forrest

凭证标本：怒江考察队 790561。

矮灌木，高 30～150 cm。生长于沟边岩坡上、竹箐中、路旁沟边；海拔 3000～3800 m。

分布于独龙江（察隅县日东乡段、贡山县独龙江乡段）；贡山县丙中洛乡、茨开镇。15-1。

*****140e. 紫血杜鹃 Rhododendron sanguineum** var. **haemaleum**（I. B. Balfour & Forrest） D. F. Chamberlain-*Rhododendron haemaleum* I. B. Balfour & Forrest

凭证标本：南水北调队（滇西北分队）9006；高黎贡山考察队 12757。

矮灌木，高 30～150 cm。生长于杜鹃灌丛、岩坡上、沼泽地带；海拔 3000～3900 m。

分布于独龙江（察隅县日东乡段、贡山县独龙江乡段）；贡山县丙中洛乡、茨开镇。15-1。

*****141. 糙叶杜鹃 Rhododendron scabrifolium** Franchet

凭证标本：夏德云 2。

灌木，高 50～200 cm。生长于混交林中；海拔 2000～2600 m。

分布于腾冲市滇滩镇。15-1。

*******142. 裂萼杜鹃 Rhododendron schistocalyx** I. B. Balfour & Forrest

凭证标本：Forrest 17637。

灌木，高 5～7 m。生长于杜鹃灌丛；海拔 2700～3000 m。

分布于腾冲市。15-2-6。

*** **143. 黄花泡泡叶杜鹃 Rhododendron seinghkuense** Kingdon Ward ex Hutchinson

凭证标本：独龙江考察队 725；高黎贡山考察队 12440。

匍匐或直立灌木，通常附生，高 30～90 cm。生长于常绿阔叶林、山坡针阔混交林下、林下阴湿处、林中附生、山坡阔叶林银叶杜鹃树干上、树上附生；海拔 1880～3500 m。

分布于独龙江（贡山县独龙江乡段）；贡山县茨开镇。15-2-6。

* **144. 刚刺杜鹃 Rhododendron setiferum** I. B. Balfour & Forrest

凭证标本：冯国楣 7662；南水北调队 8978。

灌木，高 2～3 m。生长于山坡灌丛中、沟边杂木林中、岩坡；海拔 2800～3800 m。

分布于察隅县；贡山县丙中洛乡。15-1。

145. 银灰杜鹃 Rhododendron sidereum I. B. Balfour

凭证标本：独龙江考察队 6922；高黎贡山考察队 22887。

灌木或小乔木，高 3～10 m。生长于常绿阔叶林、山坡阔叶林中、石柯-铁杉、杜鹃-铁杉林、杜鹃-箭竹林、杜鹃林中、灌丛、林内、山坡阳处杜鹃林中；海拔 2100～3400 m。

分布于独龙江（贡山县独龙江乡段）；贡山县茨开镇；泸水市片马镇、六库镇；腾冲市明光镇、界头镇、猴桥镇。14-4。

146. 杜鹃 Rhododendron simsii Planchon

凭证标本：高黎贡山考察队 10329，29495。

灌木，高 2 m。生长于常绿阔叶林、次生林、针叶林、杜鹃林、河边灌丛、村旁阔叶杂木林中、沟边杂木林中、河边杂木林中、山脊杂木林中、林下；海拔 1544～3100 m。

分布于独龙江（贡山县独龙江乡段）；福贡县匹河乡；泸水市片马镇、上江乡；腾冲市明光镇、界头镇、猴桥镇。14-2。

147. 凸尖杜鹃 Rhododendron sinogrande I. B. Balfour & W. W. Smith

凭证标本：独龙江考察队 6001；高黎贡山考察队 32854。

乔木，高 5～12 m。生长于常绿阔叶林、灌丛、杜鹃-箭竹灌丛、杂木林中、沟边杂木林中、林中、河边潮湿地、山顶、杜鹃林中；海拔 1880～3500 m。

分布于独龙江（贡山县独龙江乡段）；贡山县丙中洛乡、茨开镇；福贡县鹿马登乡、匹河乡；泸水市片马镇；腾冲市明光镇、界头镇、猴桥镇。14-4。

* **148. 大果杜鹃 Rhododendron sinonuttallii** I. B. Balfour & Forrest

凭证标本：独龙江考察队 5929；高黎贡山考察队 21786。

灌木，高 1～3 m。生长于常绿阔叶林、松林、灌丛、火烧地灌丛、沟边、林中、火烧地石上、林下、岩石上、松树林中阳坡上，路边灌丛附生；海拔 1200～2500 m。

分布于独龙江（贡山县独龙江乡段）；贡山县丙中洛乡、茨开镇；福贡县上帕镇。15-1。

*149. 糠秕杜鹃 Rhododendron sperabiloides Tagg & Forrest

凭证标本：独龙江考察队 5363；高黎贡山考察队 20884。

矮灌木，高 60～200 cm。生长于常绿阔叶林、石柯-铁杉林、针叶林、冷杉林、竹林、杜鹃灌丛中、沟边、河边、路旁沟边；海拔 2300～3100 m。

分布于独龙江（贡山县独龙江乡段）；贡山县丙中洛乡、茨开镇；福贡县鹿马登乡；泸水市片马镇。15-1。

*150. 爆仗花 Rhododendron spinuliferum Franchet

凭证标本：陈介 1091。

灌木，高 50～100 cm。生长于山坡、灌丛中；海拔 1850～2000 m。

分布于腾冲市和顺镇。15-1。

151. 多趣杜鹃 Rhododendron stewartianum Diels

凭证标本：高黎贡山考察队 12683，34523。

小灌木，高 1～2 m。生长于绿阔叶林、落叶阔叶林、针叶林、箭竹灌丛、潮湿草甸、湖边、高山坡地、沟边、竹箐中、山脊、林下、山坡、灌丛草地；海拔 2869～3730 m。

分布于独龙江（贡山县独龙江乡段）；贡山县丙中洛乡、茨开镇；福贡县石月亮乡、鹿马登乡；泸水市洛本卓乡。14-4。

152. 硫磺杜鹃 Rhododendron sulfureum Franchet

凭证标本：怒江考察队 1041；高黎贡山考察队 30538。

常绿灌木，高 30～160 cm。生长于常绿阔叶林、杜鹃-冬青林、铁杉-云杉林、针叶林；海拔 2755～3700 m。

分布于福贡县石月亮乡、匹河乡；腾冲市明光镇。14-4。

153. 白喇叭杜鹃 Rhododendron taggianum Hutchinson

凭证标本：独龙江考察队 1112；高黎贡山考察队 23091。

灌木，高 150～400 cm。生长于常绿阔叶林、灌丛、杂木林中、河边；海拔 1780～2530 m。

分布于独龙江（贡山县独龙江乡段）；贡山县茨开镇；腾冲市猴桥镇。14-3。

154. 光柱杜鹃 Rhododendron tanastylum I. B. Balfour & Kingdon Ward

凭证标本：独龙江考察队 4112；高黎贡山考察队 20269。

小乔木或灌木，高 2～6 m。生长于常绿阔叶林、山地常绿林、山坡常绿林、河岸林、河谷常绿林、石柯-青冈林、混交林、针叶林、林下、林内、山脊林缘；海拔 1450～3012 m。

分布于独龙江（贡山县独龙江乡段）；福贡县石月亮乡、鹿马登乡；泸水市上江乡；腾冲市滇滩镇。14-3。

*** **155. 薄枝杜鹃 Rhododendron taronense** Hutchinson

凭证标本：独龙江考察队 3766；高黎贡山考察队 20556。

灌木，高 120～300 cm。生长于常绿阔叶林、灌丛、河岸石壁上、林中；海拔 1250～1600 m。

分布于独龙江（贡山县独龙江乡段）。15-2-6。

* **156a. 滇藏杜鹃 Rhododendron temenium** I. B. Balfour & Forrest

凭证标本：林芹、邓向福 790524；高黎贡山考察队 31172。

直立小灌木，高 60～100 cm。生长于铁杉-冷杉林、岩上阴处；海拔 1500～4000 m。

分布于独龙江（察隅县日东乡段、贡山县独龙江乡段）；贡山县丙中洛乡。15-1。

* **156b. 粉红滇藏杜鹃 Rhododendron temenium** var. **dealbatum**（Cowan）D. F. Chamberlain-*Rhododendron temenium* subsp. *dealbatum* Cowan

凭证标本：林芹、邓向福 790525；青藏队 8622。

直立小灌木，高 60～100 cm。生长于高山杜鹃灌丛中、山顶灌丛草地；海拔 3600 m。

分布于贡山县丙中洛乡。15-1。

* **157. 黄花滇藏杜鹃 Rhododendron temenium** var. **gilvum**（Cowan）D. F. Chamberlain-*Rhododendron temenium* subsp. *gilvum* Cowan

凭证标本：怒江考察队 790350；青藏队 8618。

直立小灌木，高 60～100 cm。生长于冷杉杜鹃林、山顶灌丛草地；海拔 3500～3950 m。

分布于贡山县丙中洛乡。15-1。

158. 灰被杜鹃 Rhododendron tephropeplum I. B. Balfour & Farrer

凭证标本：独龙江考察队 6951；高黎贡山考察队 33143。

常绿灌木，高 30～150 cm。生长于常绿阔叶林、针叶林、灌丛；海拔 2600～3030 m。

分布于独龙江（贡山县独龙江乡段）；贡山县茨开镇；福贡县鹿马登乡、上帕镇。14-3。

159. 糙毛杜鹃 Rhododendron trichocladum Franchet

凭证标本：怒江考察队 790139；高黎贡山考察队 27265。

落叶灌木，高 40～150 cm。生长于常绿阔叶林、石柯-青冈林、杜鹃灌丛、杜鹃-箭竹灌丛、高山灌丛中；海拔 2000～3900 m。

分布于独龙江（察隅县日东乡段）；贡山县丙中洛乡、茨开镇；福贡县石月亮乡、鹿马登乡；泸水市片马镇、六库镇；保山市芒宽乡；腾冲市界头镇。14-4。

160. 越橘杜鹃 Rhododendron vaccinioides J. D. Hooker

凭证标本：独龙江考察队 3313；高黎贡山考察队 32694。

小灌木，高 30～100 cm。生长于常绿阔叶林、石柯-木荷林、石柯-青冈林、山坡针阔叶混交林；海拔 1400～3100 m。

分布于独龙江（贡山县独龙江乡段）；贡山县茨开镇；福贡县鹿马登乡；泸水市片马镇。14-3。

161. 毛柄杜鹃 Rhododendron valentinianum Forrest ex Hutchinson

凭证标本：Forrest 15899。

灌木，高 30～300 cm。生长于杜鹃灌丛；海拔 2300 m。

分布于腾冲市。14-4。

*** 162. 泡毛杜鹃 Rhododendron vesiculiferum Tagg

凭证标本：T. T. Yü 19650；高黎贡山考察队 32694。

灌木或小乔木，高 150～300 cm。生长于林中、岩石坡；海拔 2400～3000 m。

分布于独龙江（贡山县独龙江乡段）。15-2-6。

163. 柳条杜鹃 Rhododendron virgatum J. D. Hooker

凭证标本：独龙江考察队 6380；高黎贡山考察队 33764。

小灌木，高 1～2 m。生长于常绿阔叶林、松林、灌丛、杜鹃灌丛、杂木林边、河滩、林下、山坡、路边；海拔 1458～3150 m。

分布于独龙江（贡山县独龙江乡段）；贡山县丙中洛乡、茨开镇；福贡县上帕镇；腾冲市界头镇。14-3。

* 164. 黄杯杜鹃 Rhododendron wardii W. W. Smith

凭证标本：高黎贡山考察队 12677，17045。

灌木，高约 3 m。生长于箭竹-杜鹃灌丛、高山草甸；海拔 3600～3740 m。

分布于独龙江（贡山县独龙江乡段）；贡山县茨开镇；福贡县。15-1。

165. 鲜黄杜鹃 Rhododendron xanthostephanum Merrill

凭证标本：独龙江考察队 1714；高黎贡山考察队 33680。

常绿灌木，高 1～3 m。生长于常绿阔叶林、落叶阔叶林、杜鹃林、碎石边灌丛、山坡路边灌丛、沟边湿地、冲积扇上、河谷、河滩、山坡、路边；海拔 1300～2800 m。

分布于独龙江（贡山县独龙江乡段）；贡山县丙中洛乡、茨开镇；福贡县上帕镇、匹河乡。14-3。

166. 云南杜鹃 Rhododendron yunnanense Franchet

凭证标本：杨增宏、张启泰 84-0671；高黎贡山考察队 32419。

灌木，高 1～2 m。生长于常绿阔叶林、沟边杂木林中、山坡、林下；海拔 1900～3200 m。

分布于独龙江（察隅县段）；贡山县丙中洛乡；福贡县鹿马登乡；泸水市片马镇。
14-4。

*** 167. 白面杜鹃 Rhododendron zaleucum I. B. Balfour & W. W. Smith

凭证标本：碧江队 1043；高黎贡山考察队 30556。

灌木或小乔木，高 1～3 m。生长于石柯-冬青林、杜鹃-箭竹灌丛、山顶阳处杜鹃林中、山坡杜鹃林中、杂木林边、山脊路边；海拔 1300～3640 m。

分布于福贡县匹河乡；泸水市片马镇、鲁掌镇；腾冲市明光镇、界头镇、猴桥镇。
15-2-6。

216. 越橘科 Vacciniaceae

2 属 32 种 4 变种，* 6，*** 4

1. 棱枝树萝卜 Agapetes angulata (Griffith) J. D. Hooker-*Ceratostema angulatum* Griffith

凭证标本：独龙江考察队 3980，4186。

常绿灌木，高 80～130 cm。附生于常绿阔叶林树干上；海拔 1300～3020 m。

分布于独龙江（贡山县独龙江乡段）；腾冲市明光镇。14-4。

*** 2. 中型树萝卜 Agapetes interdicta (Handel-Mazzetti) Sleumer-*Pentapterygium interdictum* Handel-Mazetti

凭证标本：独龙江考察队 4986；高黎贡山考察队 13766。

常绿灌木，高 30～60 cm。生长于常绿阔叶林、针叶林、杜鹃林中；海拔 1500～3300 m。

分布于独龙江（贡山县独龙江乡段）；贡山县茨开镇。15-2-6。

3a. 灯笼花 Agapetes lacei Craib

凭证标本：王启无 89731；高黎贡山考察队 13911。

常绿灌木，高 30～90 cm，具根茎，块茎状。生长于常绿阔叶林；海拔 1990 m。

分布于贡山县茨开镇；泸水市六库镇。14-4。

*** 3b. 无毛灯笼花 Agapetes lacei var. **glaberrima** Airy Shaw

凭证标本：王启无 21597；高黎贡山考察队 14406。

常绿灌木，高 30～90 cm。生长于次生常绿阔叶林；海拔 1560 m。

分布于贡山县丙中洛乡、捧打乡。15-2-6。

*** 3c. 绒毛灯笼花 Agapetes lacei var. **tomentella** Airy Shaw

凭证标本：夏德云 BG055；高黎贡山考察队 30332。

常绿灌木，高 30～90 cm。生长于常绿阔叶林、石柯-青冈林；海拔 1930～2650 m。

分布于贡山县丙中洛乡；福贡县石月亮乡；腾冲市明光镇、界头镇、猴桥镇。15-2-6。

4. 白花树萝卜 Agapetes mannii Hemsley

凭证标本：高黎贡山考察队 26350，28358。

常绿灌木，高 30～100 cm。生长于石柯-木荷林、铁杉-云杉林；海拔 2590～2800 m。

分布于福贡县石月亮乡。14-3。

5. 夹竹桃叶树萝卜 Agapetes neriifolia（King & Prain）Airy Shaw-*Desmogyne neriifolia* King & Prain

凭证标本：高黎贡山考察队 20159。

常绿灌木，生长于常绿阔叶林；海拔 2786 m。

分布于福贡县鹿马登乡。14-4。

6. 长圆叶树萝卜 Agapetes oblonga Craib

凭证标本：独龙江考察队 3006；高黎贡山考察队 30002。

常绿灌木，高 50～300 cm。生长于常绿阔叶林、次生常绿阔叶林、石柯林、石柯-冬青林、桤木-桦木林、杜鹃-壳斗林；海拔 1330～2220 m。

分布于独龙江（贡山县独龙江乡段）；福贡县石月亮乡；泸水市片马镇；保山市潞江镇；腾冲市明光镇、界头镇、猴桥镇。14-4。

7. 倒挂树萝卜 Agapetes pensilis Airy Shaw

凭证标本：T. T. Yü 20038；独龙江考察队 4925。

常绿灌木，直径约 35 mm。生长于常绿阔叶林、附生灌木；海拔 2400～3450 m。

分布于独龙江（贡山县独龙江乡段）。14-4。

8. 钟花树萝卜 Agapetes pilifera J. D. Hooker ex C. B. Clarke-*Vaccinium piliferum*（J. D. Hooker）Sleumer

凭证标本：独龙江考察队 631。

常绿乔木，高 5 m，或大型附生灌木。生长于河岸林；海拔 1200～1500 m。

分布于独龙江（贡山县独龙江乡段）。14-3。

*** **9. 杯梗树萝卜 Agapetes pseudogriffithii** Airy Shaw

凭证标本：南水北调队 8597；独龙江考察队 3212。

常绿灌木，高 40～200 cm，具根茎，纺锤形。生长于江边阔叶林树上；海拔 1350～1800 m。

分布于贡山县独龙江乡段。15-2-6。

10. 毛花树萝卜 Agapetes pubiflora Airy Shaw

凭证标本：冯国楣 24248；高黎贡山考察队 22149。

常绿灌木，高 150～300 cm。生长于附生灌木，附生于老树上；海拔 1200～1600 m。

分布于贡山县独龙江乡段。14-4。

11. 鹿蹄草叶树萝卜 Agapetes pyrolifolia Airy Shaw

凭证标本：独龙江考察队 1117；高黎贡山考察队 32588。

常绿灌木，高 60～80 cm。生长于常绿阔叶林中，附生灌木；海拔 2200～2700 m。

分布于贡山县独龙江乡段。14-4。

12. 草莓树状越橘 Vaccinium arbutoides C. B. Clarke

凭证标本：青藏队 8780；高黎贡山考察队 32448。

附生灌木，高 60～100 cm。生长于常绿阔叶林；海拔 2751 m。

分布于贡山县独龙江乡段。14-3。

13. 红梗越橘 Vaccinium rubescens R. C. Fang

凭证标本：冯国楣 24370；独龙江考察队 3676。

常绿灌木，高 1～2 m。附生于树干上；海拔 2000～2150 m。

分布于贡山县独龙江乡段。14-4。

***14. 灯台越橘 Vaccinium bulleyanum** (Diels) Sleumer-*Agapetes bulleyana* Diels

凭证标本：独龙江考察队 4485；高黎贡山考察队 23341。

常绿灌木，高 120～250 cm。生长于石柯-青冈林、石柯-冬青林；海拔 1930～2710 m。

分布于贡山县独龙江乡段；泸水市片马镇；腾冲市界头镇。15-2-6。

15. 团叶越橘 Vaccinium chaetothrix Sleumer

凭证标本：Forrest 25654；独龙江考察队 6930。

附生常绿灌木。生长于灌丛、箭竹-冷杉林；海拔 2500～3400 m。

分布于独龙江（贡山县独龙江乡段）；贡山县茨开镇；泸水市洛本卓乡。14-3。

16. 苍山越橘 Vaccinium delavayi Franchet

凭证标本：怒江队 297；高黎贡山考察队 30520。

常绿灌木，高 50～100 cm。生长于铁杉林、杜鹃-铁杉林、杜鹃-箭竹林；海拔 2750～3020 m。

分布于独龙江（贡山县独龙江乡段）；贡山县丙中洛乡；泸水市片马镇；腾冲市明光镇、界头镇。14-4。

17. 树生越橘 Vaccinium dendrocharis Handel-Mazzetti

凭证标本：独龙江考察队 5359；高黎贡山考察队 20294。

常绿灌木，高 30～260 cm。生长于常绿阔叶林、石柯-铁杉林、石柯-青冈林、石柯-木荷林、落叶阔叶林、针阔混交林、针叶林、杜鹃-铁杉林；海拔 2300～3800 m。

分布于独龙江（贡山县独龙江乡段）；贡山县丙中洛乡、茨开镇；腾冲市猴桥镇。14-4。

***18a. 云南越橘 Vaccinium duclouxii**（H. Léveillé）Handel-Mazzetti -*Pieris duclouxii* H. Léveillé

凭证标本：独龙江考察队 2221；高黎贡山考察队 26267。

常绿灌木，高 1～10 m。生长于常绿阔叶林、石柯-木荷林、石柯-冬青林、石柯-山矾林、石柯-青冈林、石柯-云南松林、次生常绿阔叶林；海拔 1390～2630 m。

分布于独龙江（贡山县独龙江乡段）；贡山县丙中洛乡、茨开镇；福贡县马吉乡、石月亮乡；泸水市片马镇；保山市芒宽乡、潞江镇；腾冲市明光镇、界头镇、猴桥镇、腾越镇、清水乡、芒棒镇、新华乡；龙陵县龙江乡、镇安镇。15-1。

*18b. 柔毛云南越橘 Vaccinium duclouxii var. pubipes C. Y. Wu

凭证标本：独龙江考察队 782；高黎贡山考察队 21679。

常绿灌木或小乔木，高 1～10 m。生长于常绿阔叶林；海拔 1360～2500 m。

分布于独龙江（贡山县独龙江乡段）；贡山县茨开镇；福贡县上帕镇；泸水市片马镇；保山市芒宽乡；腾冲市猴桥镇芒棒镇。15-1。

19a. 樟叶越橘 Vaccinium dunalianum (C. B. Clarke) Ridley

凭证标本：独龙江考察队 6294；高黎贡山考察队 29976。

常绿灌木，高 1～4 m。生长于常绿阔叶林、石柯-木荷林、松林、次生常绿阔叶林、山坡灌丛；海拔 1450～2500 m。

分布于独龙江（贡山县独龙江乡段）；贡山县茨开镇；保山市芒宽乡；腾冲市界头镇、瑞滇乡、曲石镇、腾越镇、芒棒镇。14-4。

19b. 尾叶越橘 Vaccinium dunalianum var. urophyllum Rehder & E. H. Wilson

凭证标本：独龙江考察队 5493；高黎贡山考察队 21810。

常绿灌木，高 1～4 m。生长于常绿阔叶林、石柯-木荷林、石柯-云南松林、石柯林、落叶阔叶林、次生常绿阔叶林、灌丛；海拔 1360～2200 m。

分布于独龙江（贡山县独龙江乡段）；贡山县丙中洛乡、茨开镇；福贡县马吉乡、石月亮乡、鹿马登乡；泸水市片马镇、洛本卓乡；腾冲市界头镇、猴桥镇。14-4。

*20. 乌鸦果 Vaccinium fragile Franchet

凭证标本：李恒、刀志灵、李嵘 596；高黎贡山考察队 14593。

常绿灌木，高 20～100 cm。生长于常绿阔叶林、次生常绿阔叶林；海拔 1458～1900 m。

分布于贡山县丙中洛乡、捧打乡。15-1。

21. 软骨边越橘 Vaccinium gaultheriifolium (Griffith) J. D. Hooker ex C. B. Clarke-*Thibaudia gaultheriifolia* Griffith

凭证标本：独龙江考察队 6983；高黎贡山考察队 23276。

常绿灌木，高 2～4 m。生长于常绿阔叶林、石柯-青冈林、石柯-冬青林、次生常绿阔叶林、硬叶常绿阔叶林、山坡灌丛、次生灌丛、火烧地；海拔 1380～2760 m。

分布于独龙江（贡山县独龙江乡段）；贡山县茨开镇；泸水市片马镇。14-3。

22. 粉白越橘 Vaccinium glaucoalbum J. D. Hooker ex C. B. Clarke

凭证标本：T. T. Yü 20922；高黎贡山考察队 22081。

常绿灌木，高 30～300 cm。生长于常绿阔叶林；海拔 2760 m。

分布于独龙江（贡山县独龙江乡段）。14-3。

˙23. 黄背越橘 Vaccinium iteophyllum Hance

凭证标本：独龙江考察队 5421，5496。

常绿灌木或小乔木，高 1～7 m。生长于河岸灌丛；海拔 1650～1700 m。

分布于独龙江（贡山县独龙江乡段）。15-1。

24. 卡钦越橘 Vaccinium kachinense Brandis

凭证标本：南水北调队 6622；高黎贡山考察队 30051。

常绿灌木，高 50～400 cm，具根茎，膨大。生长于常绿阔叶林、石柯-木荷林、杜鹃-箭竹林；海拔 2160～2430 m。

分布于腾冲市界头镇、瑞滇乡、猴桥镇、曲石镇、芒棒镇。14-4。

25. 羽毛越橘 Vaccinium lanigerum Sleumer

凭证标本：独龙江考察队 3373；高黎贡山考察队 20577。

常绿灌木，高约 2 m。生长于常绿阔叶林、河谷石壁上；海拔 1300～1450 m。

分布于独龙江（贡山县独龙江乡段）。14-4。

26. 白果越橘 Vaccinium leucobotrys (Nuttall) G. Nicholson-*Epigynium leucobotrys* Nuttall

凭证标本：独龙江考察队 5850；高黎贡山考察队 30821。

常绿灌木，高 50～100 cm。生长于常绿阔叶林、松林、落叶阔叶林、次生常绿阔叶林、硬叶常绿阔叶林、混交林、灌丛、杜鹃-冬青林或树上附生；海拔 1300～2770 m。

分布于贡山县独龙江乡、丙中洛乡、茨开镇；福贡县马吉乡、石月亮乡、鹿马登乡、上帕镇；泸水市片马镇；保山市潞江镇；腾冲市明光镇、界头镇、猴桥镇、芒棒镇；龙陵县镇安镇。14-3。

˙27. 江南越橘 Vaccinium mandarinorum Diels

凭证标本：高黎贡山考察队 13945，30740。

常绿灌木或小乔木，高 1～7 m。生长于常绿阔叶林；海拔 1560～2650 m。

分布于贡山县茨开镇；泸水市片马镇；保山市芒宽乡、潞江镇；腾冲市明光镇、猴桥镇。15-1。

28. 大苞越橘 Vaccinium modestum W. W. Smith

凭证标本：高黎贡山考察队 11952，34154。

落叶矮灌木，高 5～10 cm。生长于针叶林、高山灌丛、杜鹃-箭竹林、高山草甸、灯芯草苔属丛；海拔 3000～3710 m。

分布于独龙江（察隅县日东乡段，贡山县独龙江乡段）；贡山县丙中洛乡、茨开镇；福贡县石月亮乡。14-3。

29. 毛萼越橘 Vaccinium pubicalyx Franchet

凭证标本：高黎贡山考察队 11225，30756。

常绿灌木，高 1～4 m。生长于常绿阔叶林、石柯林、针叶林、灌丛；海拔 1510～

1980 m。

分布于腾冲市界头镇、猴桥镇、曲石镇。14-4。

30. 西藏越橘 Vaccinium retusum（Griffith）J. D. Hooker ex C. B. Clarke-*Thibaudia retusa* Griffith

凭证标本：高黎贡山考察队 11830，12911。

常绿矮灌木，高约 30 cm。生长于常绿阔叶林，针阔混交林；海拔 2500～2650 m。

分布于独龙江（贡山县独龙江乡段）；贡山县茨开镇。14-3。

31. 岩生越橘 Vaccinium scopulorum W. W. Smith

凭证标本：施晓春 340；高黎贡山考察队 31122。

常绿灌木，高 120～500 cm。生长于常绿阔叶林、石柯-桤木林、石柯-木荷林、石柯-青冈林、石柯-冬青林、杜鹃-山茶林；海拔 1510～2010 m。

分布于泸水市片马镇；腾冲市明光镇、界头镇、瑞滇乡、曲石镇、芒棒镇、五合乡、新华乡；龙陵县龙江乡。14-3。

* 32. 荚迷叶越橘 Vaccinium sikkimense C. B. Clarke

凭证标本：独龙江考察队 6956；高黎贡山考察队 34528。

常绿灌木，高 30～70 cm。生长于灌丛、杜鹃-白珠林、高山草甸；海拔 2500～3810 m。

分布于独龙江（察隅县日东乡段，贡山县独龙江乡段）；贡山县丙中洛乡、茨开镇；福贡县鹿马登乡。15-1。

218. 水晶兰科 Monotropaceae

2 属 3 种

1. 松下兰 Monotropa hypopitys Linnaeus

凭证标本：T. T. Yü 19647；高黎贡山考察队 17835。

寄生草本，生长于常绿阔叶林；海拔 1980 m。

分布于独龙江（察隅县日东乡段，贡山县独龙江乡段）；保山市芒宽乡；龙陵县龙江乡。8。

2. 水晶兰 Monotropa uniflora Linnaeus

凭证标本：独龙江考察队 6904；高黎贡山考察队 30749。

寄生草本，生长于常绿阔叶林、石栎-山矾林、石栎-木荷林、石栎-杜鹃林、次生常绿阔叶林、冷杉-杜鹃林、杜鹃-箭竹灌丛；海拔 1850～3100 m。

分布于独龙江（贡山县独龙江乡段）；福贡县石月亮乡、鹿马登乡；保山市芒宽乡；腾冲市界头镇、瑞滇乡、猴桥镇、五合乡；龙陵县镇安镇。9。

3. 球果假沙晶兰 Monotropastrum humile（D. Don）H. Hara-*Monotropa humilis* D. Don

凭证标本：青藏队 8235，10041。

多年生腐生草本，生长于常绿阔叶林中；海拔 2300 m。

分布于独龙江（察隅县日东乡段，贡山县独龙江乡段）；贡山县茨开镇；福贡县上帕镇；腾冲市猴桥镇。7。

219. 岩梅科 Diapensiaceae

2 属 3 种，1 *

* 1. 岩匙 Berneuxia thibetica Decaisne

凭证标本：独龙江考察队 371；高黎贡山考察队 34056。

多年生草本，高 10～25 cm。生长于常绿阔叶林下岩石上、秃杉林、灌丛、箭竹-杜鹃-白珠灌丛、高山灌丛和沼泽草甸、高山草甸；海拔 1990～4020 m。

分布于独龙江（察隅县日东乡段，贡山县独龙江乡段）；贡山县丙中洛乡、茨开镇；福贡县石月亮乡、鹿马登乡。15-1。

2. 喜马拉雅岩梅 Diapensia himalaica J. D. Hooker & Thomson

凭证标本：高黎贡山考察队 12664，27122。

小灌木，高约 5 cm。生长于高山沼泽灌丛、湖滨沼泽；海拔 3620～3810 m。

分布于独龙江（贡山县独龙江乡段）；贡山县丙中洛乡、茨开镇；福贡县鹿马登乡；泸水市片马镇。14-3。

3. 红花岩梅 Diapensia purpurea Diels

凭证标本：高黎贡山考察队 12689，32048。

小灌木，高 3～10 cm，生长于冷杉-杜鹃-箭竹林、箭竹-杜鹃灌丛、杜鹃灌丛、高山沼泽灌丛、箭竹灌丛、沼泽草甸；海拔 3300～4160 m。

分布于独龙江（察隅县日东乡段，贡山县独龙江乡段）；贡山县丙中洛乡、茨开镇；福贡县鹿马登乡；泸水市片马镇。14-4。

221. 柿树科 Ebenaceae

1 属 4 种 2 变种，* 2，*** 1，+ 1

1. 岩柿 Diospyros dumetorum W. W. Smith

凭证标本：高黎贡山考察队 13935，19082。

乔木，高 5～14 m。生长于路边、村旁；海拔 1520 m。

分布于贡山县；保山市芒宽乡。14-4。

*** 2. 腾冲柿 Diospyros forrestii J. Anthony

凭证标本：高黎贡山考察队 31056，31057。

乔木，高 6～12 m。生长于常绿阔叶林；海拔 1525～1650 m。

分布于保山市芒宽乡；腾冲市芒棒镇。15-2-6。

+ 3a. 柿 Diospyros kaki Thunberg

凭证标本：南水北调队 8589；高黎贡山考察队 31097。

落叶乔木，高达 27 m。生长于常绿阔叶林路边、村旁、林内；海拔 1380～

2016 m。

分布于独龙江（贡山县独龙江乡段）；贡山县茨开镇；福贡县马吉乡、上帕镇；腾冲市界头镇、新华乡；龙陵县镇安镇。16。

*3b. 大花柿 **Diospyros kaki** var. **macrantha** Handel-Mazzetti

凭证标本：高黎贡山考察队 13825，14175。

落叶乔木，高达 27 m。生长于常绿阔叶林、路边；海拔 1458～1520 m。

分布于贡山县茨开镇。15-1。

*3c. 野柿 **Diospyros kaki** var. **silvestris** Makino

凭证标本：独龙江考察队 867；高黎贡山考察队 24737。

生长于常绿阔叶林；海拔 1400～2075 m。

分布于独龙江（贡山县独龙江乡段）；保山市芒宽乡、潞江镇。15-1。

4. 君迁子 Diospyros lotus Linnaeus

凭证标本：高黎贡山考察队 13323，29112。

落叶乔木，生长于常绿阔叶林、旱冬瓜林、茶园；海拔 1530～2200 m。

分布于保山市芒宽乡、潞江镇；腾冲市界头镇、五合乡；龙陵县镇安镇。10。

222. 山榄科 Sapotaceae

2 属 2 种，** 1

1. 大肉实树 Sarcosperma arboreum Buchanan

凭证标本：高黎贡山考察队 14029，26260。

乔木，高 20～28 m。生长于常绿阔叶林；海拔 1510～1700 m。

分布于保山市芒宽乡。14-3。

****2. 瑞丽刺榄 Xantolis shweliensis**（W. W. Smith）P. Royen-*Sideroxylon shweliensis* W. W. Smith

凭证标本：高黎贡山考察队 11580，30991。

灌木，高 1～2 m。生长于常绿阔叶林、石栎-茶林、石栎-青冈林；海拔 2130～2200 m。

分布于腾冲市明光镇、芒棒镇。15-2-5。

223. 紫金牛科 Myrsinaceae

5 属 19 种，*1，** 1

***1. 剑叶紫金牛 Ardisia ensifolia** E. Walker

凭证标本：独龙江考察队 4956。

灌木，高约 1 m。生长于常绿阔叶林；海拔 2200 m。

分布于独龙江（贡山县独龙江乡段）。15-1。

2. 朱砂根 Ardisia crenata Sims

凭证标本：刘恩德 1906；高黎贡山考察队 21102。

灌木，高 1～3 m。生长于常绿阔叶林灌丛；海拔 1330～2180 m。

分布于独龙江（贡山县独龙江乡段）；福贡县鹿马登乡。14-1。

2. 纽子果 Ardisia virens Kurz

凭证标本：独龙江考察队 452；高黎贡山考察队 34303。

灌木或小乔木，高 1～3 m。生长于常绿阔叶林、落叶阔叶林、核桃林、混交林、秃杉林、杉木林、灌丛；海拔 1240～3070 m。

分布于独龙江（贡山县独龙江乡段）；贡山县丙中洛乡、茨开镇；福贡县马吉乡、石月亮乡、鹿马登乡、上帕镇、架科底乡；泸水市片马镇；保山市芒宽乡、潞江镇；腾冲市界头镇、猴桥镇、腾越镇、清水乡、芒棒镇、五合乡、新华乡、团田乡；龙陵县龙江乡、镇安镇。7。

4. 南方紫金牛 Ardisia thyrsiflora D. Don

凭证标本：刀志灵、崔景云 9420。

灌木或小乔木，高 1.50～9.0 m。生长于常绿阔叶林；海拔 1500 m。

分布于保山市芒宽乡。14-3。

5. 多花酸藤子 Embelia floribunda Wallich

凭证标本：独龙江考察队 1063；高黎贡山考察队 32663。

攀缘灌木。生长于常绿阔叶林、云南松林、华山松林、灌丛；海拔 1080～2770 m。

分布于独龙江（贡山县独龙江乡段）；贡山县茨开镇；泸水市片马镇、鲁掌镇；福贡县马吉乡、石月亮乡、上帕镇；保山市芒宽乡、潞江镇；腾冲市上帕镇、瑞滇乡、猴桥镇、腾越镇、芒棒镇、五合乡、新华乡。14-3。

6. 皱叶酸藤子 Embelia gamblei Kurz ex C. B. Clarke

凭证标本：独龙江考察队 4007；高黎贡山考察队 30187。

攀缘藤本。生长于常绿阔叶林林内、石栎-润楠林、旱冬瓜-桦木林、石栎-青冈林、杜鹃-石栎槭树林缘；海拔 2100～2650 m。

分布于独龙江（贡山县独龙江乡段）；福贡县鹿马登乡马、上帕镇；泸水市片马镇、鲁掌镇；腾冲市明光镇、界头镇、猴桥镇。14-3。

7. 当归藤 Embelia parviflora Wallich ex A. de Candolle

凭证标本：独龙江考察队 877；高黎贡山考察队 22150。

攀缘灌木，生长于河岸常绿阔叶林、河岸灌丛、林下石壁上；海拔 1350～2100 m。

分布于独龙江（贡山县独龙江乡段）。7。

8. 白花酸藤果 Embelia ribes N. L. Burman

凭证标本：独龙江考察队 998；高黎贡山考察队 29669。

攀缘藤本。生长于常绿阔叶林、石栎-木荷林、云南松林、栎类阔叶林、山坡灌丛；海拔 1250～1950 m。

分布于独龙江（贡山县独龙江乡段）；福贡县鹿马登乡；泸水市片马镇；保山市芒

宽乡；腾冲市滇滩镇、明光镇、曲石镇、清水乡、五合乡、新华乡。7。

9. 短梗酸藤子 Embelia sessiliflora Kurz

凭证标本：高黎贡山考察队 19151，26225。

攀缘灌木，生长于次生常绿阔叶林、云南松林、次生疏林；海拔 1100～1655 m。

分布于保山市芒宽乡；龙陵县镇安镇。14-4。

10. 平叶酸藤子 Embelia undulata（Wallich）Mez-*Myrsine undulata* Wallich

凭证标本：独龙江考察队 559；高黎贡山考察队 17072。

攀缘灌木。生长于常绿阔叶林、河岸林；海拔 1300～1967 m。

分布于独龙江（贡山县独龙江乡段）；贡山县丙中洛乡。14-3。

11. 密齿酸藤子 Embelia vestita Roxburgh

凭证标本：高黎贡山考察队 11373，30969。

攀缘灌木。生长于常绿阔叶林、石栎-青冈林、石栎-冬青林、石栎-木荷林、云南松、次生林、灌丛；海拔 1410～1940 m。

分布于贡山县丙中洛乡；腾冲市明光镇、界头镇、猴桥镇、曲石镇、芒棒镇、五合乡。14-3。

12. 坚髓杜茎山 Maesa ambigua C. Y. Wu & C. Chen

凭证标本：李恒、郭辉军、李正波、施晓春 20。

灌木，高 1～4 m。生长于常绿阔叶林中；海拔 1800 m。

分布于保山市芒宽乡。14-4。

13. 密腺杜茎山 Maesa chisia Buchanan-Hamilton ex D. Don

凭证标本：独龙江考察队 644；高黎贡山考察队 30971。

灌木，高 1～6 m。生长于河边常绿阔叶林林下、灌丛、竹丛；海拔 980～2540 m。

分布于独龙江（贡山县独龙江乡段）；贡山县丙中洛乡、茨开镇；福贡县石月亮乡、鹿马登乡、上帕镇、子里甲乡；泸水市六库镇、上江乡；保山市芒宽乡、潞江镇；腾冲市界头镇、曲石镇、荷花镇、芒棒镇、五合乡、新华乡；龙陵县腊勐乡、镇安镇。14-3。

14. 鲫鱼胆 Maesa perlarius（Loureiro）Merrill-*Dartus perlarius* Loureiro

凭证标本：独龙江考察队 4534；高黎贡山考察队 19779。

灌木，高 1～3 m。生长于常绿阔叶林、云南松林、河谷灌丛；海拔 1250～2200 m。

分布于独龙江（贡山县独龙江乡段）；贡山县茨开镇；福贡县架科底乡；泸水市片马镇；保山市芒宽乡、潞江镇；腾冲市界头镇、芒棒镇、五合乡、新华乡；龙陵县龙江乡、镇安镇。14-4。

15. 皱叶杜茎山 Maesa rugosa C. B. Clarke

凭证标本：独龙江考察队 183；高黎贡山考察队 22576。

灌木，高 1～3 m。生长于常绿阔叶林、云南松林、秃杉林、灌丛；海拔 1420～2390 m。

分布于贡山县丙中洛乡、捧打乡、茨开镇、普拉底乡。14-3。

** 16. 纹果杜茎山 Maesa striatocarpa C. Chen

凭证标本：高黎贡山考察队 17185，17607。

灌木，高达 5 m。生长于云南松林、次生常绿阔叶林；海拔 1410～1880 m。

分布于保山市芒宽乡；腾冲市五合乡；龙陵县镇安镇。15-2-3a。

17. 铁仔 Myrsine africana Linnaeus

凭证标本：李恒、刀志灵、李嵘 649；王启无 66572。

灌木，高 50～100 cm。生长于常绿阔叶林中；海拔 1600～2100 m。

分布于贡山县丙中洛乡。6。

18. 密花树 Myrsine seguinii H. Léveillé

凭证标本：高黎贡山考察队 13523，29582。

灌木或乔木，高 2～12 m。生长于常绿阔叶林、薪炭林、杂草丛；海拔 680～1700 m。

分布于福贡县上帕镇；保山市芒宽乡；腾冲市和顺镇。14-2。

19. 针齿铁仔 Myrsine semiserrata Wallich

凭证标本：独龙江考察队 3865；高黎贡山考察队 22110。

灌木或乔木，高 3～7 m。生长于常绿阔叶林、落叶阔叶林、混交林、松-栎林、针叶林、杉木林；海拔 1300～2800 m。

分布于独龙江（贡山县独龙江乡段）；贡山县丙中洛乡、捧打乡、茨开镇；福贡县马吉乡、石月亮乡、鹿马登乡；泸水市片马镇、洛本卓乡、鲁掌镇；保山市芒宽乡、潞江镇；腾冲市界头镇、曲石镇、腾越镇、五合乡；龙陵县龙江乡、镇安镇。14-3。

224. 安息香科 Styracaceae

3 属 8 种，* 2，** 1，*** 1

1. 双齿山茉莉 Huodendron biaristatum（W. W. Smith）Rehder

凭证标本：高黎贡山考察队 25207，30239。

灌木或乔木，高达 12 m。生长于常绿阔叶林、石栎-桦木林、石砾-山矾林、石栎-青冈林、石栎-冬青林；海拔 1900～2340 m。

分布于独龙江（贡山县独龙江乡段）；福贡县石月亮乡；腾冲市界头镇、芒棒镇；龙陵县龙江乡。14-4。

2. 西藏山茉莉 Huodendron tibeticum（J. Anthony）Rehder-Styrax tibeticus J. Anthony

凭证标本：青藏队 9249；高黎贡山考察队 27513。

乔木或灌木，高 6～25 m。生长于密林中；海拔 1310～1660 m。

分布于福贡县马吉乡、石月亮乡、鹿马登乡。14-4。

** 3. 绒毛山茉莉 Huodendron tomentosum Y. C. Tang ex S. M. Hwang

凭证标本：青藏队 7949。

乔木，高 20 m。生长于混交林；海拔 1900 m。

分布于贡山县。15-2-5。

*** 4. 贡山木瓜红 Rehderodendron gongshanense Y. C. Tang

凭证标本：高黎贡山考察队 15221，32557。

乔木，高达 10 m。生长于热带雨林；海拔 1270～1400 m。

分布于独龙江（贡山县独龙江乡段）；贡山县茨开镇。15-2-6。

* 5. 瓦山安息香 Styrax perkinsiae Rehder

凭证标本：南水北调队 6670；高黎贡山考察队 30519。

乔木或灌木，高 2～10 m。生长于常绿阔叶林、石栎-青冈林、落叶阔叶林、槭花楸林、针阔叶混交林、铁杉-云杉林；海拔 2000 m。

分布于独龙江（贡山县独龙江乡段）；贡山县丙中洛乡、茨开镇；福贡县石月亮乡、鹿马登乡、上帕镇；泸水市片马镇；腾冲市明光镇、猴桥镇。15-1。

6. 大花野茉莉 Styrax grandiflorus Griffith

凭证标本：横断山队 81-5；高黎贡山考察队 31805。

灌木或小乔木，高 4～7 m。生长于落叶阔叶林；海拔 2530 m。

分布于贡山县丙中洛乡、茨开镇；泸水市片马镇。14-1。

7. 野茉莉 Styrax japonicus Siebold & Zuccarini

凭证标本：高黎贡山考察队 11907，30755。

灌木或小乔木，高 4～10 m。生长于常绿阔叶林、石栎-桦木林；海拔 1530～2470 m。

分布于福贡县石月亮乡；腾冲市界头镇、猴桥镇、五合乡。14-2。

* 8. 粉花安息香 Styrax roseus Dunn

凭证标本：冯国楣 7454。

乔木，高 4～8 m。生长于常绿阔叶林中；海拔 1800 m。

分布于贡山县丙中洛乡。15-1。

225. 山矾科 Symplocaceae

1 属 18 种，* 2

1. 薄叶山矾 Symplocos anomala Brand

凭证标本：王启无 90160；高黎贡山考察队 9778。

灌木或小乔木。生长于常绿阔叶林、混交林、溪边、山谷、岩石上；海拔 1650～2500 m。

分布于贡山县茨开镇；福贡县上帕镇；保山市芒宽乡；腾冲市界头镇；龙陵县碧寨乡。7。

2. 越南山矾 Symplocos cochinchinensis（Loureiro）S. Moore

凭证标本：青藏队 9358；蔡希陶 59127。

灌木或乔木。生长于山坡常绿阔叶林中、林下；海拔 1500～2000 m。

分布于独龙江（贡山县独龙江乡段）；福贡县上帕镇。5。

3. 坚木山矾 Symplocos dryophila C. B. Clarke

凭证标本：独龙江考察队 742；高黎贡山考察队 32704。

乔木高达 8 m。生长于常绿阔叶林下、针叶林、铁杉-云杉林、杜鹃-铁杉林、杜鹃-箭竹林、杜鹃-珍珠花丛、高山草甸；海拔 1330～3400 m。

分布于独龙江（贡山县独龙江乡段）；贡山县丙中洛乡、茨开镇；福贡县石月亮乡、鹿马登乡、上帕镇；泸水市片马镇、鲁掌镇；腾冲市明光镇、界头镇、猴桥镇、芒棒镇、五合乡。14-3。

4. 羊舌树 Symplocos glauca（Thunberg）Koidzumi

凭证标本：Forrest 24641，25241。

乔木或灌木。生长于混交林；海拔 2500 m。

分布于腾冲市界头镇。14-2。

5. 团花山矾 Symplocos glomerata King ex C. B. Clarke

凭证标本：独龙江考察队 1949；高黎贡山考察队 25064。

灌木或小乔木。生长于常绿阔叶林、灌丛、山坡阴湿栗林下；海拔 800～2770 m。

分布于独龙江（贡山县独龙江乡段）；贡山县丙中洛乡、茨开镇；福贡县鹿马登乡、上帕镇；泸水市片马镇；腾冲市界头镇、猴桥镇、芒棒镇、新华乡；龙陵县龙江乡。14-3。

6. 毛山矾 Symplocos groffii Merrill

凭证标本：施晓春、杨世雄 537；高黎贡山植被组 2-116。

灌木或小乔木，高达 6 m。生长于混交林；海拔 1300 m。

分布于保山市芒宽乡。14-4。

7. 绒毛滇南山矾 Symplocos hookeri C. B. Clarke

凭证标本：施晓春 353。

乔木。生长于混交林；海拔 1500 m。

分布于腾冲市猴桥镇。14-4。

8. 黄牛奶树 Symplocos cochinchinensis var. **laurina**（Retzius）Nooteboom

凭证标本：独龙江考察队 1943；高黎贡山考察队 30611。

乔木。生长于常绿阔叶林、密林下、疏林；海拔 1400～2900 m。

分布于独龙江（贡山县独龙江乡段）；福贡县鹿马登乡；保山市潞江镇；腾冲市明光镇、界头镇、芒棒镇、五合乡、新华乡；龙陵县龙江乡。5。

9. 尖叶山矾 Symplocos oxyphylla Wall

凭证标本：Mg Kyaw 50。

小乔木。生长于常绿阔叶林；海拔 1200 m。

分布于缅甸密支那、八莫、克钦邦。14-4。

10. 白檀 Symplocos paniculata（Thunberg）Miquel-*Prunus paniculata* Thunberg

凭证标本：高黎贡山考察队 11369，29750。

灌木或小乔木。生长于常绿阔叶林、密林中、山坡路边疏林下；海拔 1250～2200 m。

分布于独龙江（察隅县段）；腾冲市界头镇、猴桥镇、曲石镇、腾越镇、清水乡、芒棒镇、五合乡、新华乡；龙陵县龙山镇。14-1。

11. 吊钟山矾 Symplocos pendula Wight

凭证标本：独龙江考察队 6658；高黎贡山考察队 27376。

灌木或乔木。生长于常绿阔叶林；海拔 1500～1900 m。

分布于独龙江（贡山县独龙江乡段）；福贡县石月亮乡。7。

12. 珠仔树 Symplocos racemosa Roxburgh

凭证标本：蔡希陶 54551；高黎贡山考察队 23917。

灌木或小乔木。生长于常绿阔叶林；海拔 1190 m。

分布于泸水市古登乡；腾冲市芒棒镇；龙陵县镇安镇。14-4。

13. 多花山矾 Symplocos ramosissima Wallich ex G. Don

凭证标本：独龙江考察队 4859；高黎贡山考察队 32677。

灌木或小乔木。生长于常绿阔叶林、石柯-杜鹃林、石柯-樟林、石柯-冬青林、石柯-木荷林、石柯-山茶林、次生常绿阔叶林、杜鹃-冬青林；海拔 1350～2700 m。

分布于独龙江（贡山县独龙江乡段）；贡山县茨开镇；福贡县鹿马登乡、上帕镇；泸水市片马镇；保山市芒宽乡、潞江镇；腾冲市明光镇、界头镇、猴桥镇、曲石镇、芒棒镇、五合乡；龙陵县龙江乡、镇安镇。14-3。

** **14. 沟槽山矾 Symplocos sulcata** Kurz

凭证标本：高黎贡山考察队 14100，18964。

乔木。生长于常绿阔叶林、石柯-山矾林；海拔 1470～1770 m。

分布于保山市芒宽乡。15-1。

15. 山矾 Symplocos sumuntia Buchanan-Hamilton ex D. Don

凭证标本：南水北调队 6692；Forrest 29378。

乔木。生长于山坡林缘；海拔 1950 m。

分布于泸水市六库镇；保山市芒宽乡；腾冲市明光镇、界头镇、猴桥镇、曲石镇。14-1。

16. 光亮山矾 Symplocos lucida（Thunberg）Siebold & Zuccarini-*Laurus lucida* Thunberg

凭证标本：独龙江考察队 6925；高黎贡山考察队 28310。

灌木或乔木。生长于常绿阔叶林、石柯-木荷林、石柯-铁杉林、石柯-云南松林、次生常绿阔叶林、栗林下、针阔混交林、针叶林、铁杉-云杉林、箭竹林；海拔 1880～3010 m。

分布于独龙江（贡山县独龙江乡段）；贡山县丙中洛乡、茨开镇；福贡县石月亮乡、鹿马登乡；泸水市洛本卓乡；腾冲市明光镇、界头镇、曲石镇。7。

17. 绿枝山矾 Symplocos viridissima Brand

凭证标本：独龙江考察队 788；高黎贡山考察队 20783。

灌木或乔木，高 3～6 m。生长于常绿阔叶林；海拔 1300～2400 m。

分布于独龙江（贡山县独龙江乡段）。14-3。

* **18. 木核山矾 Symplocos xylopyrena** C. Y. Wu ex Y. F. Wu

凭证标本：独龙江考察队 6720；高黎贡山考察队 2387。

乔木，高 350～500 cm。生长于常绿阔叶林；海拔 1300～2400 m。

分布于独龙江（贡山县独龙江乡段）。15-1。

228. 马钱科 Loganiaceae

4 属 11 种，* 2

1. 驳骨丹 Buddleja asiatica Loureiro

凭证标本：独龙江考察队 221；高黎贡山考察队 19250。

灌木或小乔木，高 1～8 m。生长于常绿阔叶林、石栎-木荷林、云南松林、次生常绿阔叶林、灌丛杂草丛、次生植被、怒江河谷两岸；海拔 1030～2300 m。

分布于独龙江（贡山县独龙江乡段）；贡山县捧打乡；福贡县上帕镇、匹河乡；泸水市片马镇；保山市潞江镇；腾冲市五合乡。7。

2. 大花醉鱼草 Buddleja colvilei J. D. Hooker & Thomson

凭证标本：高黎贡山考察队 12884，26461。

灌木或小乔木，高 2～6 m。生长于常绿阔叶林、针阔叶混交林；海拔 2750～2800 m。

分布于独龙江（贡山县独龙江乡段）；福贡县石月亮乡；保山市芒宽乡。14-3。

* **3. 腺叶醉鱼草 Buddleja delavayi** Gagnepain

凭证标本：高黎贡山考察队 30398。

灌木或小乔木，高 1～6 m。生长于常绿阔叶林；海拔 1970 m。

分布于腾冲市界头镇。15-1。

* **4. 紫花醉鱼草 Buddleja fallowiana** I. B. Balfour & W. W. Smith

凭证标本：独龙江考察队 6720；高黎贡山考察队 27951。

灌木高 1～5 m。生长于常绿阔叶林、次生林、河岸林；海拔 1310～2630 m。

分布于独龙江（贡山县独龙江乡段）；泸水市洛本卓乡。15-1。

5. 川滇醉鱼草 Buddleja forrestii Diels

凭证标本：碧江队 1768；高黎贡山考察队 22403。

灌木，高 1～6 m。生长于铁杉-云杉林、溪旁；海拔 3020～3120 m。

分布于独龙江（贡山县独龙江乡段）；贡山县茨开镇；福贡县上帕镇；泸水市片马镇、鲁掌镇；腾冲市猴桥镇。14-3。

6. 大序醉鱼草 Buddleja macrostachya Wallich

凭证标本：高黎贡山考察队 13621，30518。

灌木或小乔木，高 1～6 m。生长于常绿阔叶林、石栎-青冈林、云南松林、次生常绿阔叶林、落叶阔叶林、箭竹-白珠灌丛、箭竹、杜鹃灌丛；海拔 2050～3250 m。

分布于贡山县。14-3。

7. 酒药花醉鱼草 Buddleja myriantha Diels

凭证标本：独龙江考察队 190；高黎贡山考察队 33092。

灌木，高 1～3 m。生长于常绿阔叶林、落叶阔叶林、铁杉林、灌丛；海拔 1460～2940 m。

分布于独龙江（贡山县独龙江乡段）；贡山县丙中洛乡、茨开镇；福贡县石月亮乡、鹿马登乡、上帕镇；泸水市片马镇、洛本卓乡、鲁掌镇；保山市芒宽乡。14-4。

8. 密蒙花 Buddleja officinalis Maximowicz

凭证标本：南水北调队 8164；高黎贡山考察队 19823。

灌木，高 1～4 m。生长于常绿阔叶林、落叶阔叶林、河岸灌丛；海拔 1160～2050 m。

分布于福贡县石月亮乡、上帕镇、架科底乡、匹河乡；泸水市洛本卓乡；保山市芒宽乡。14-4。

9. 灰莉 Fagraea ceilanica Thunberg

凭证标本：青藏队 9298；独龙江考察队 4462。

攀缘灌木或乔木，高 15 m。生长于常绿阔叶林、河谷林下；海拔 1250～1320 m。

分布于独龙江（贡山县独龙江乡段）。7。

10. 毛叶度量草 Mitreola pedicellata Bentham

凭证标本：南水北调队 8116。

多年生植物，高 60 cm。生长于山坡开阔地；海拔 1600 m。

分布于泸水市片马镇。14-3。

11. 狭叶蓬莱葛 Gardneria angustifolia Wallich

凭证标本：蔡希陶 58418；高黎贡山考察队 26073。

攀缘灌木，高 4 m。生长于石栎-荚蒾林、次生林、针阔叶混交林；海拔 2410～2600 m。

分布于贡山县茨开镇；泸水市鲁掌镇；保山市潞江镇。14-3。

229. 木樨科 Oleaceae

6 属 25 种，* 11，*** 1

1. 象蜡树 Fraxinus platypoda Oliver

凭证标本：冯国楣 25049。

乔木，高 28 m。生长于山坡混交林；海拔 2600 m。

分布于贡山县。14-2。

2. 锡金梣 Fraxinus sikkimensis (Lingelsheim) Handel-Mazzetti -*Fraxinus paxiana* var. *sikkimensis* Lingelsheim

凭证标本：T. T. Yü 10373；南水北调队 8345。

乔木，高约 17 m。生长于河边树林中；海拔 2300 m。

分布于贡山县丙中洛乡；泸水市片马镇；腾冲市。14-3。

* 3. 红茉莉 Jasminum beesianum Forrest & Diels

凭证标本：南水北调队 6843；高黎贡山考察队 30570。

木质藤本，1～3 m。生长于旱冬瓜-阔叶林；海拔 2070 m。

分布于腾冲市明光镇、猴桥镇。15-1。

4. 双子素馨 Jasminum dispermum Wallich

凭证标本：高黎贡山考察队 11101，25048。

攀缘灌木，高 6 m。生长于石栎-山矾林、潮湿山坡；海拔 2146～2200 m。

分布于腾冲市界头镇、五合乡、蒲川乡。14-3。

* 5. 丛林素馨 Jasminum duclouxii (H. Léveillé) Rehder-*Melodinus duclouxii* H. Léveillé

凭证标本：独龙江考察队 1274；高黎贡山考察队 24640。

攀缘灌木，250～500 cm。生长于常绿阔叶林、石栎-山矾林、石栎-冬青林、石栎-木荷林、石栎-茶林、石栎-青冈林、云南松林、杉木林、灌丛、路边；海拔 1300～2290 m。

分布于独龙江（贡山县独龙江乡段）；泸水市片马镇；保山市芒宽乡、潞江镇；腾冲市界头镇、瑞滇乡、腾越镇、芒棒镇、五合乡、新华乡；龙陵县龙江乡、镇安镇。15-1。

6. 矮探春 Jasminum humile Linnaeus

凭证标本：独龙江考察队 2220；高黎贡山考察队 21395。

灌木或小乔木，30～300 cm。生长于常绿阔叶林、灌丛；海拔 1850～2200 m。

分布于独龙江（贡山县独龙江乡段）；贡山县丙中洛乡。12。

7. 清香藤 Jasminum lanceolaria Roxburgh

凭证标本：独龙江考察队 6879；高黎贡山考察队 21634。

攀缘灌木，高 10～15 m。生长于常绿阔叶林、石栎-青冈林、栎类阔叶林、旱冬瓜林、次生林、河岸灌丛、杂木林；海拔 1330～2550 m。

分布于独龙江（贡山县独龙江乡段）；贡山县丙中洛乡、茨开镇；福贡县鹿马登乡；泸水市片马镇；保山市芒宽乡；腾冲市界头镇、曲石镇。14-3。

8. 小萼素馨 Jasminum microcalyx Hance

凭证标本：高黎贡山考察队 19004，26138。

攀缘灌木，高 5 m。生长于常绿阔叶林、次生阔叶林；海拔 680～2100 m。

分布于泸水市片马镇；保山市芒宽乡。14-4。

* 9. 迎春花 Jasminum nudiflorum Lindley

凭证标本：李恒、刀志灵、李嵘 639。

落叶灌木直立，高 30～500 cm。栽培；海拔 1900 m。

分布于独龙江（察隅县日东乡段）。15-1。

10. 具毛素方花 Jasminum officinale var. piliferum P. Y. Bai

凭证标本：青藏队 73-349。

木质藤本，高 1～7 m。生长于河谷；海拔 2650 m。

分布于福贡县匹河乡。14-4。

* **11. 华清香藤 Jasminum sinense** Hemsley

凭证标本：冯国楣 8090；高黎贡山考察队 33473。

藤本缠绕植物，高 1～8 m。生长于鹅耳枥盐麸木林；海拔 1460 m。

分布于贡山县丙中洛乡、茨开镇。15-1。

12. 滇素馨 Jasminum subhumile W. W. Smith

凭证标本：南水北调队 8994；高黎贡山考察队 25494。

灌木或小乔木，高 5 m。生长于石栎-木荷林、云南松林、次生阔叶林、灌丛、湿地、草地、次生植被；海拔 1030～1800 m。

分布于贡山县捧打乡；福贡县架科底乡、匹河乡；泸水市洛本卓乡、六库镇；保山市芒宽乡、潞江镇；腾冲市芒棒镇；龙陵县镇安镇。14-3。

* **13. 川素馨 Jasminum urophyllum** Hemsley

凭证标本：高黎贡山考察队 11329，25154。

攀缘灌木，高 2～3 m。生长于常绿阔叶林、杜鹃-箭竹林、湿地；海拔 1440～2650 m。

分布于泸水市片马镇；保山市芒宽乡、潞江镇；腾冲市明光镇、界头镇、曲石镇、芒棒镇、五合乡；龙陵县龙江乡。15-1。

14. 元江素馨 Jasminum yuanjiangense P. Y. Bai

凭证标本：高黎贡山考察队 29132。

攀缘灌木，高约 2 m。生长于红花油茶茶园；海拔 2200 m。

分布于腾冲市界头镇。14-3。

15. 长叶女贞 Ligustrum compactum (Wallich ex G. Don) J. D. Hooker & Thomson ex Brandis-*Olea compacta* Wallich ex G. Don

凭证标本：怒江队 1885；高黎贡山考察队 23645。

灌木或小乔木，高达 12 m。生长于常绿阔叶林、云南松林、灌丛中；海拔 690～2525 m。

分布于贡山县丙中洛乡；福贡县马吉乡、上帕镇、匹河乡；泸水市鲁掌镇；保山市芒宽乡、潞江镇；腾冲市界头镇、曲石镇、和顺镇五合乡；龙陵县镇安镇。14-3。

16. 散生女贞 Ligustrum confusum Decaisne

凭证标本：高黎贡山考察队 13628，18230。

灌木或小乔木，高达 8 m。生长于常绿阔叶林、河边；海拔 1321～2320 m。

分布于福贡县上帕镇、架科底乡；泸水市片马镇、六库镇；保山市芒宽乡、潞江镇；腾冲市界头镇芒棒镇。14-3。

* 17. 川滇蜡树 Ligustrum delavayanum Hariot

凭证标本：独龙江考察队 3203；高黎贡山考察队 23979。

常绿灌木，高 1～4 m。生长于常绿阔叶林、云南松林、旱冬瓜-桦木林、次生林、灌丛、河谷林下、江边；海拔 1420～2300 m。

分布于独龙江（贡山县独龙江乡段）；泸水市片马镇；腾冲市明光镇、界头镇、猴桥镇、五合乡。15-1。

* 18. 女贞 Ligustrum lucidum W. T. Aiton

凭证标本：和志刚 151；高黎贡山考察队 27305。

灌木或乔木，高达 25 m。生长于常绿阔叶林、次生林中；海拔 1420～2037 m。

分布于贡山县茨开镇、普拉底乡；福贡县上帕镇、泸水市六库镇；保山市潞江镇；龙陵县龙江乡。15-1。

19. 小蜡 Ligustrum sinense Loureiro

凭证标本：独龙江考察队 1380；高黎贡山考察队 25193。

灌木或小乔木，高 2～7 m。生长于河岸阔叶林中、河谷常绿林、杜鹃-冬青林、石栎-水红木林、女贞-山矾林；海拔 1310～2432 m。

分布于独龙江（贡山县独龙江乡段）；腾冲市芒棒镇、团田乡。14-4。

* 20. 兴仁女贞 Ligustrum xingrenense D. J. Liu

凭证标本：高黎贡山考察队 30343。

常绿灌木，高 50～300 cm。生长于常绿阔叶林；海拔 2060 m。

分布于腾冲市界头镇。15-1。

*** 21. 疏花木犀榄 Olea laxiflora H. L. Li

凭证标本：独龙江考察队 776；高黎贡山考察队 22002。

灌木，高约 250 cm。生长于常绿阔叶林、青冈林、河边；海拔 1360～2100 m。

分布于独龙江（贡山县独龙江乡段）。15-2-6。

* 22. 云南木樨榄 Olea tsoongii (Merrill) P. S. Green-*Ligustrum tsoongii* Merrill

凭证标本：高黎贡山考察队 13524，25247。

灌木或乔木，高 3～15 m。生长于次生阔叶林、青冈-木荷林；海拔 1540～2137 m。

分布于独龙江（贡山县独龙江乡段）；福贡县；腾冲市芒棒镇、蒲川乡；保山市芒宽乡。15-1。

* 23. 蒙自桂花 Osmanthus henryi P. S. Green

凭证标本：高黎贡山考察队 11570，16552。

灌木或小乔木，高 3～10 m。生长于常绿阔叶林；海拔 1700～2170 m。

分布于贡山县茨开镇；腾冲市界头镇、芒棒镇。15-1。

24. 厚边木樨 Osmanthus marginatus (Champion ex Bentham) Hemsley

凭证标本：南水北调队 6798。

灌木或乔木，高 5～20 m。生长于常绿阔叶林、河谷疏林；海拔 1800 m。

分布于腾冲市猴桥镇。14-2。

*25. 野桂花 Syringa yunnanensis Franchet

凭证标本：南水北调队 9313。

灌木，高 2～5 m。生长于杂木林、灌丛草地；海拔 2300 m。

分布于贡山县普拉底乡。15-1。

230. 夹竹桃科 Apocynaceae

11 属 16 种，*4，+1

1. 云南香花藤 Aganosma cymosa（Roxburgh）G. Don-*Echites cymosa* Roxburgh

凭证标本：怒江队 453。

藤本植物，长 10 m。生长于河谷疏林；海拔 1400 m。

分布于福贡县匹河乡。14-4。

2. 海南香花藤 Aganosma schlechteriana H. Léveillé

凭证标本：韩裕丰等 81-507。

藤本植物，长达 9 m。生长于河谷疏林；海拔 1400 m。

分布于泸水市六库镇。14-4。

*3. 鸡骨常山 Alstonia yunnanensis Diels

凭证标本：高黎贡山考察队 23879。

灌木直立，高 3 m。生长于次生林；海拔 1250 m。

分布于龙陵县镇安镇。15-1。

4. 长序链珠藤 Alyxia siamensis Craib

凭证标本：独龙江考察队 3955；高黎贡山考察队 20593。

粗壮木质藤本，达 8 m。生长于常绿阔叶林、河岸常绿阔叶林；海拔 1300～1360 m。

分布于独龙江（贡山县独龙江乡段）。14-4。

5. 云南清明花 Beaumontia khasiana J. D. Hooker

凭证标本：怒江队 163；高黎贡山考察队 31049。

藤本植物，长达 15 m。生长于常绿阔叶林、木荷-润楠林、湿灌丛；海拔 691～1713 m。

分布于贡山县丙中洛乡；福贡县匹河乡；保山市潞江镇；腾冲市芒棒镇、五合乡。14-4。

6. 漾濞鹿角藤 Chonemorpha griffithii J. D. Hooker

凭证标本：T. T. Yü 20506；高黎贡山考察队 26142。

木质藤本，长达 20 m。生长于次生常绿阔叶林；海拔 680 m。

分布于独龙江（贡山县独龙江乡段）；保山市潞江镇。14-3。

7. 腰骨藤 Ichnocarpus frutescens（Linnaeus）W. T. Aiton-*Apocynum frutescens* Linnaeus

凭证标本：施晓春、杨世雄 545。

藤本植物，长达 10 m。生长于灌木林中；海拔 800 m。

分布于保山市芒宽乡。5。

8. 小花藤 Ichnocarpus polyanthus（Blume）P. I. Forster-*Tabernaemontana polyantha* Blume

凭证标本：高黎贡山考察队 26151，26161。

藤本植物，长达 30 m。生长于木荷-润楠林、次生林；海拔 680～1250 m。

分布于保山市芒宽乡、潞江镇；腾冲市；龙陵县镇安镇。7。

9. 景东山橙 Melodinus khasianus J. D. Hooker

凭证标本：高黎贡山考察队 10796，23819。

藤本植物，长达 10 m。生长于常绿阔叶林、石栎-山矾林、石栎-木荷林、石栎-阔叶林、石栎-青冈林；海拔 1960～2230 m。

分布于泸水市片马镇；保山市潞江镇；腾冲市界头镇、芒棒镇、五合乡；龙陵县龙江乡、镇安镇。14-4。

* **10. 雷打果 Melodinus yunnanensis** Tsiang & P. T. Li

凭证标本：高黎贡山考察队 19940。

藤本，可达 10 m。生长于栎类阔叶林；海拔 1255 m。

分布于福贡县鹿马登乡。15-1。

11. 萝芙木 Rauvolfia verticillata（Loureiro）Baillon-*Dissolena verticillata* Loureiro

凭证标本：高黎贡山考察队 23537。

直立灌木，高达 3 m。生长于木荷-润楠林；海拔 691 m。

分布于保山市潞江镇。7。

+**12. 黄花夹竹桃 Thevetia peruviana**（Persoon）K. Schumann-*Cerbera peruviana* Persoon

凭证标本：刘伟心 233。

乔木，高 6 m。栽培。海拔 850 m。

分布于泸水市六库镇。16。

* **13. 紫花络石 Trachelospermum axillare** J. D. Hooker

凭证标本：独龙江考察队 4178；高黎贡山考察队 32533。

木质藤本，长达 10 m。生长于常绿阔叶林、河岸林；海拔 1310～2049 m。

分布于独龙江（贡山县独龙江乡段）；福贡县。15-1。

* **14. 贵州络石 Trachelospermum bodinieri**（H. Léveillé）Woodson-*Melodinus bodinieri* H. Léveillé

凭证标本：独龙江考察队 970；高黎贡山考察队 21079。

木质藤本，长达 15 m。生长于常绿阔叶林、木荷-冬青林、石栎-冬青林、石栎-木荷林、石栎-青冈林、石栎-山矾林、云南松林、次生常绿阔叶林、落叶阔叶林、河岸灌丛、次生植被、耕地旁；海拔 1260～2190 m。

分布于独龙江（贡山县独龙江乡段）；贡山县丙中洛乡、捧打乡、茨开镇；福贡县马吉乡、鹿马登乡、上帕镇；泸水市六库镇；腾冲市明光镇、界头镇、芒棒镇、五合乡；龙陵县龙江乡、镇安镇。15-1。

15. 络石 Trachelospermum jasminoides（Lindley）Lemaire-*Rhynchospermum jasminoides* Lindley

凭证标本：南水北调队 8088；高黎贡山考察队 14188。

木质藤本，长达 10 m。生长于次生常绿阔叶林；海拔 1458 m。

分布于独龙江（贡山县独龙江乡段）；贡山县茨开镇；泸水市六库镇。14-2。

16. 个溥 Wrightia sikkimensis Gamble

凭证标本：南水北调队 8032。

乔木，高达 12 m。生长于石灰岩灌丛中；海拔 900 m。

分布于泸水市六库镇。14-3。

231. 萝藦科 Asclepiadaceae

15 属 48 种，* 16，** 4，*** 3

1. 箭药藤 Belostemma hirsutum Wallich ex Wight

凭证标本：青藏队 9206。

藤本，长达 4 m。生长于河谷密林中；海拔 1350 m。

分布于独龙江（贡山县独龙江乡段）。14-3。

2. 牛角瓜 Calotropis gigantea（Linnaeus）W. T. Aiton-*Asclepias gigantea* Linnaeus

凭证标本：南水北调队 s. n.。

灌木，高 1～5 m。生长于河岸边；海拔 850 m。

分布于泸水市六库镇。6。

3. 西藏吊灯花 Ceropegia pubescens Wallich

凭证标本：南水北调队 8630；高黎贡山考察队 27915。

草植藤本，长达 1 m。生长于次生灌丛、次生植被；海拔 1080～1470 m。

分布于贡山县丙中洛乡；福贡县马吉乡。14-3。

4. 古钩藤 Cryptolepis buchananii Schultes

凭证标本：高黎贡山考察队 17379，18983。

藤本，长达 6 m。生长于次生常绿阔叶林、灌丛；海拔 940～1010 m。

分布于保山市芒宽乡、潞江镇。14-3。

5. 牛皮消 Cynanchum auriculatum Royle ex Wight

凭证标本：高黎贡山考察队 32324，32734。

生长于常绿阔叶林；海拔 1390～1408 m。

分布于独龙江（贡山县独龙江乡段）。14-3。

*** 6. 山白前 Cynanchum fordii** Hemsley

凭证标本：高黎贡山考察队 27612。

茎长达 2 m。生长于次生植被；海拔 1710 m。

分布于福贡县马吉乡。15-1。

* 7. 大理白前 Cynanchum forrestii Schlechter

凭证标本：尹文清 1033；高黎贡山考察队 29436。

多年生直立植物，茎高 60 cm，具根茎。生长于常绿阔叶林、石栎-樱桃林、石栎-冬青林、旱冬瓜林、云南松林、河边常绿阔叶林、枸子-蔷薇灌丛、路边；海拔 1510～2550 m。

分布于贡山县丙中洛乡；泸水市鲁掌镇；腾冲市明光镇、界头镇、曲石镇、马站乡。15-1。

* 8. 朱砂藤 Cynanchum officinale（Hemsley）Tsiang & Zhang-*Pentatropis officinalis* Hemsley

凭证标本：独龙江考察队 5121。

茎长达 4 m。生长于灌丛；海拔 1315 m。

分布于独龙江（贡山县独龙江乡段）。15-1。

* 9. 青羊参 Cynanchum otophyllum C. K. Schneider

凭证标本：南水北调队 7316；高黎贡山考察队 27960。

茎缠绕，长达 2 m。生长于次生常绿阔叶林、混交林、灌丛、林缘。海拔 1910～3050 m。

分布于独龙江（贡山县独龙江乡段）；贡山县茨开镇；福贡县上帕镇；泸水市片马镇、洛本卓乡、鲁掌镇；腾冲市五合乡。15-1。

10. 昆明杯冠藤 Cynanchum wallichii Wight

凭证标本：青藏队 9476。

茎缠绕，长达 2 m。生长于密林中；海拔 1900 m。

分布于独龙江（贡山县独龙江乡段）。14-3。

* 11. 尖叶眼树莲 Dischidia australis Tsiang & P. T. Li

凭证标本：高黎贡山考察队 25518。

附生草本，茎高达 2 m。生长于草地；海拔 1140 m。

分布于泸水市洛本卓乡。15-1。

12. 圆叶眼树莲 Dischidia nummularia R. Brown

凭证标本：独龙江考察队 3166，3947。

草本，茎长达 150 cm。生长于河岸常绿阔叶林、河边树上；海拔 1300～1360 m。

分布于独龙江（贡山县独龙江乡段）。5。

13. 滴锡眼树莲 Dischidia tonkinensis Costantin

凭证标本：刘伟心 232。

草本，茎可达 2 m。生长于混交林；海拔 900 m。

分布于泸水市六库镇。14-4。

14. 须花藤 Genianthus bicoronatus Klackenberg

凭证标本：高黎贡山考察队 19284。

藤本，可达 10 m。生长于栎类阔叶林；海拔 1231 m。

分布于福贡县上帕镇。14-4。

15. 纤冠藤 Gongronema napalense（Wallich）Decaisne-*Gymnema napalense* Wallich

凭证标本：刘伟心 1440；高黎贡山考察队 27399。

藤本，可达 8 m。生长于薪炭林、次生植被；海拔 1330～1525 m。

分布于福贡县石月亮乡；保山市芒宽乡；腾冲市蒲川乡。14-3。

** **16. 勐腊藤 Goniostema punctatum** Tsiang & P. T. Li

凭证标本：高黎贡山考察队 17545。

植株长达 4 m。生长于次生植被；海拔 1210 m。

分布于保山市芒宽乡、潞江镇。15-2-7。

17. 广东匙羹藤 Gymnema inodorum（Loureiro）Decaisne-*Cynanchum inodorum* Loureiro

凭证标本：高黎贡山考察队 13250，17465。

藤本，可达 10 m。生长于常绿阔叶林、次生常绿阔叶林、路边；海拔 1570～3090 m。

分布于贡山县丙中洛乡；保山市潞江镇；腾冲市五合乡；龙陵县龙江乡。7。

* **18. 云南匙羹藤 Gymnema yunnanensis** Tsiang

凭证标本：高黎贡山考察队 23918。

藤本，可达 7 m。生长于云南松林；海拔 1190 m。

分布于龙陵县镇安镇。15-1。

19. 球兰 Hoya carnosa（Linnaeus f.）R. Brown-*Asclepias carnosa* Linnaeus

凭证标本：高黎贡山考察队 23901。

附生攀缘灌木，茎长达 6 m。生长于次生阔叶林；海拔 1250 m。

分布于龙陵县镇安镇。14-4。

** **20. 景洪球兰 Hoya chinghungensis** Tsiang & P. T. Li

凭证标本：高黎贡山考察队 24754。

附生灌木，茎可达 2 m。生长于栎类常绿阔叶林；海拔 2075 m。

分布于龙陵县龙江乡。15-2-7。

21. 黄花球兰 Hoya fusca Wallic

凭证标本：高黎贡山考察队 13140，25871。

茎长达 3 m。生长于常绿阔叶林；海拔 1900～2400 m。

分布于贡山县丙中洛乡、茨开镇；福贡县石月亮乡、鹿马登乡、上帕镇；泸水市片马镇、洛本卓乡；保山市潞江镇；龙陵县龙江乡。14-3。

***22. 贡山球兰 **Hoya lii** C. M. Burton

凭证标本：青藏队 9253。

灌木，茎可达 2 m。生长于常绿阔叶林；海拔 1400 m。

分布于独龙江（贡山县独龙江乡段）。15-2-6。

23. 线叶球兰 **Hoya linearis** Wallich ex D. Don

凭证标本：南水北调队 8760；冯国楣 8089。

茎可达 150 cm。生长于常绿阔叶林；海拔 1800 m。

分布于贡山县丙中洛乡、茨开镇。14-3。

24. 长叶球兰 **Hoya longifolia** Wallich ex Wight

凭证标本：高黎贡山考察队 21252。

附生灌木，茎可达 3 m。生长于常绿阔叶林；海拔 1660 m。

分布于独龙江（贡山县独龙江乡段）。14-3。

*25. 香花球兰 **Hoya lyi** H. Léveillé

凭证标本：冯国楣 7290；高黎贡山考察队 21721。

茎可达 150 cm。生长于栎类阔叶林核桃树上；海拔 1670 m。

分布于独龙江（贡山县独龙江乡段）；贡山县丙中洛乡。15-1。

*26. 凸脉球兰 **Hoya nervosa** Tsiang & P. T. Li

凭证标本：高黎贡山考察队 17856。

附生灌木，茎可达 6 m。生长于常绿阔叶林、栎类阔叶林；海拔 1500～2210 m。

分布于贡山县茨开镇；保山市潞江镇；龙陵县龙江乡。15-1。

27. 琴叶球兰 **Hoya pandurata Tsiang

凭证标本：独龙江考察队 909；高黎贡山考察队 29561。

附生亚灌木，茎可达 150 cm。生长于常绿阔叶林、石栎-木荷林、次生常绿阔叶林、河岸林、林下石上附生；海拔 1350～2060 m。

分布于独龙江（贡山县独龙江乡段）；贡山县丙中洛乡；腾冲市界头镇、芒棒镇；龙陵县龙江乡。15-2-7。

*28. 多脉球兰 **Hoya polyneura** J. D. Hooker

凭证标本：青藏队 9304。

附生灌木，茎可达 250 cm。生长于常绿阔叶林；海拔 1400 m。

分布于独龙江（贡山县独龙江乡段）。14-3。

*29. 匙叶球兰 **Hoya radicalis** Tsiang & P. T. Li

凭证标本：高黎贡山考察队 20648。

附生灌木，茎可达 150 cm。生长于常绿阔叶林；海拔 1360 m。

分布于独龙江（贡山县独龙江乡段）。15-1。

*** **30. 怒江球兰 Hoya salweenica** Tsiang & P. T. Li

凭证标本：T. T. Yü 23006；独龙江考察队 909。

附生灌木，茎可达 2 m。生长于河岸林；海拔 1350 m。

分布于独龙江（贡山县独龙江乡段）。15-2-6。

31. 菖蒲球兰 Hoya siamica Craib

凭证标本：冯国楣 7568。

附生灌木，茎可达 150 cm。生长于山地林中；海拔 1650 m。

分布于独龙江（贡山县独龙江乡段）。14-4。

* **32. 山球兰 Hoya silvatica** Tsiang & P. T. Li

凭证标本：独龙江考察队 4612；高黎贡山考察队 29015。

附生灌木，茎长达 150 cm。生长于次生常绿阔叶林、林下石上附生；海拔 1310～1400 m。

分布于独龙江（贡山县独龙江乡段）；福贡县上帕镇；腾冲市。15-1。

*** **33. 单花球兰 Hoya uniflora** D. D. Tao

凭证标本：施晓春、杨世雄 544。

附生于常绿阔叶林树上；海拔 1820 m。

分布于保山市芒宽乡。15-2-6。

34. 大白药 Marsdenia griffithii J. D. Hooker

凭证标本：施晓春 461；高黎贡山考察队 19622。

粗壮木质藤本，长可达 10 m。生长于次生常绿阔叶林；海拔 1276 m。

分布于福贡县鹿马登乡；腾冲市新华乡。14-3。

35. 大叶牛奶菜 Marsdenia koi Tsiang

凭证标本：高黎贡山考察队 7655。

粗壮藤本，长可达 15 m。生长于常绿阔叶林；海拔 1600 m。

分布于贡山县丙中洛乡。14-4。

* **36. 海枫屯 Marsdenia officinalis** Tsiang & P. T. Li

凭证标本：高黎贡山考察队 18538，28832。

木质藤本，长可达 5 m。生长于常绿阔叶林、石栎-冬青林；海拔 2180～2700 m。

分布于福贡县鹿马登乡；腾冲市芒棒镇。15-1。

* **37. 喙柱牛奶菜 Marsdenia oreophila** W. W. Smith

凭证标本：青藏队 9948；南水北调队 8722。

藤本，长可达 6 m。生长于密林中；海拔 2300 m。

分布于独龙江（贡山县独龙江乡段）。15-1。

38. 通光散 Marsdenia tenacissima (Roxburgh) Moon-*Asclepias tenacissima* Roxburgh

凭证标本：高黎贡山考察队 19178。

粗壮藤本，生长于杂草丛；海拔 1500 m。

分布于福贡县上帕镇。14-3。

39. 蓝叶藤 Marsdenia tinctoria R. Brown

凭证标本：南水北调队 8031；高黎贡山考察队 24896。

长达 5 m。生长于湿润混交林；海拔 1350 m。

分布于独龙江（贡山县独龙江乡段）。7。

* **40. 奶茶 rsdeia sinensis** Hemsley

凭证标本：高黎贡山考察队 2352，23899。

藤本，达 10 m。生长于木荷林、生常绿阔叶林、类阔叶林；海拔 1691～1970 m。

分布于保山市潞江镇；龙陵县镇安镇。15-1。

* **41. 羊婆奶 Marsdenia yunnanensis**（H. Léveillé）Woodson-*Gongronema yun-nanense* H. Léveillé

凭证标本：施晓春、杨世雄 461。

藤本，茎长可达 5 m。生长于次生林；海拔 1500 m。

分布于保山市芒宽乡。15-1。

42. 青蛇藤 Periploca calophylla（Wight）Falconer-*Streptocaulon calophyllum* Wight

凭证标本：横断山队 437；高黎贡山考察队 21245。

攀缘灌木，长达 10 m。生长于河谷常绿阔叶林；海拔 1300～1380 m。

分布于独龙江（贡山县独龙江乡段）；福贡县上帕镇；泸水市六库镇。14-3。

43. 多花青蛇藤 Periploca floribunda Tsiang

凭证标本：T. T. Yü 23058；南水北调队 10362。

攀缘灌木，长达 5 m。生长于山地林中；海拔 1800 m。

分布于独龙江（贡山县独龙江乡段）；贡山县茨开镇；福贡县上帕镇；泸水市鲁掌镇；腾冲市芒棒镇、蒲川乡。14-4。

44. 黑龙骨 Periploca forrestii Schlechter

凭证标本：无号。

攀缘灌木，长达 10 m。生长于常绿阔叶林、次生常绿阔叶林；海拔 1350～2240 m。

分布于独龙江（贡山县独龙江乡段）；贡山县丙中洛乡、茨开镇；福贡县匹河乡；保山市潞江镇；腾冲市芒棒镇。14-3。

45. 大花藤 Raphistemma pulchellum（Roxburgh）Wallich-*Asclepias pulchella* Roxburgh

凭证标本：尹文清 1463。

茎可达 8 m。生长于开阔地、林中；海拔 1200 m。

分布于腾冲市蒲川乡。14-3。

** **46. 阔叶娃儿藤 Tylophora astephanoides** Tsiang & P. T. Li

凭证标本：高黎贡山考察队 17348，17357。

茎长达 3 m。生长于杂草植被；海拔 900 m。

分布于保山市潞江镇。15-2-7。

*47. 娃儿藤 Tylophora ovata (Lindley) Hooker ex Steudel-*Diplolepis ovata* Lindley

凭证标本：高黎贡山考察队 9833。

藤本植物，长达 5 m。生长于林中、灌丛中；海拔 880 m。

分布于泸水市上江乡。15-1。

48. 通天莲 Tylophora koi Merrill

凭证标本：高黎贡山考察队 18064，19023。

藤本，茎可达 3 m。生长于常绿阔叶林；海拔 1170～2240 m。

分布于保山市芒宽乡、潞江镇。14-4。

232. 茜草科 Rubiaceae

35 属 116 种 7 变种，* 26，** 113，*** 4，+ 5

1. 茜树 Aidia cochinchinensis Loureiro

凭证标本：李恒、李嵘 809；高黎贡山考察队 32317。

灌木或乔木，高 2～15 m。生长于常绿阔叶林林下；海拔 680～1810 m。

分布于独龙江（贡山县独龙江乡段）；福贡县石月亮乡、鹿马登乡；保山市芒宽乡、潞江镇；龙陵县镇安镇。14-4。

** 2. 滇簕茜 Benkara forrestii (J. Anthony) Ridsdale-*Randia forrestii* J. Anthony

凭证标本：施晓春、杨世雄 564；高黎贡山考察队 25395。

灌木或乔木，高 2～5 m。生长于常绿阔叶林；海拔 1670～1777 m。

分布于保山市芒宽乡。15-2-5。

** 3a. 滇短萼齿木 Brachytome hirtellata Hu

凭证标本：冯国楣 24189；高黎贡山考察队 32264。

灌木，高约 3 m。生长于热带雨林、常绿阔叶林；海拔 1255～2049 m。

分布于独龙江（贡山县独龙江乡段）；贡山县丙中洛乡；福贡县石月亮乡、鹿马登乡。15-2-8。

3b. 疏毛短萼齿木 Brachytome hirtellata var. **glabrescens** W. C. Chen

凭证标本：T. T. Yü 20462；高黎贡山考察队 23768。

灌木，高约 3 m。生长于石柯-木荷林；海拔 2170 m。

分布于独龙江（贡山县独龙江乡段）；龙陵县镇安镇。14-4。

4. 短萼齿木 Brachytome wallichii J. D. Hooker

凭证标本：独龙江考察队 556；高黎贡山考察队 20144。

灌木或小乔木，高 150～300 cm。生长于常绿阔叶林、硬叶常绿阔叶林、灌丛、河谷、林缘、石壁上、林内；海拔 1300～2200 m。

分布于独龙江（贡山县独龙江乡段）。14-4。

5. 风箱树 Cephalanthus tetrandrus（Roxburgh）Ridsdale & Bakhuizen f. -*Nauclea tetrandra* Roxburgh

凭证标本：高黎贡山考察队 11754。

落叶灌木或小乔木，高 1～5 m。生长于云南松林；海拔 1600～1900 m。

分布于贡山县茨开镇。14-4。

⁺6. 小粒咖啡 Coffea arabica Linnaeus

凭证标本：李恒、郭辉军、李正波、施晓春 046。

小乔木或大灌木，高 5～8 m。生长于灌丛；海拔 600 m。

分布于保山市潞江镇。16。

⁺7. 大粒咖啡 Coffea liberica W. Bull ex Hiern

凭证标本：高黎贡山考察队 17265，26200。

小乔木或大灌木，高 6～15 m。生长于常绿阔叶林、灌丛；海拔 650～702 m。

分布于保山市芒宽乡、潞江镇。16。

8. 虎刺 Damnacanthus indicus C. F. Gaertner

凭证标本：独龙江考察队 6269；高黎贡山考察队 22042。

灌木，高 30～150 cm。生长于常绿阔叶林、针阔混交林、山坡灌丛；海拔 1300～2770 m。

分布于独龙江（贡山县独龙江乡段）；贡山县丙中洛乡、茨开镇；福贡县鹿马登乡、上帕镇；泸水市片马镇；保山市芒宽乡、潞江镇；腾冲市界头镇、芒棒镇。14-1。

***9. 瑞丽茜树 Fosbergia shweliensis（J. Anthony）Tirvengadum & Sastre-*Randia shweliensis* J. Anthony

凭证标本：高黎贡山考察队 11584，31068。

乔木，高 8～20 m。生长于常绿阔叶林、石柯-冬青林、石柯-木荷林、石柯-山茶林、次生常绿阔叶林、杜鹃-壳斗林、石柯-杜鹃林、山地雨林、林下荫处；海拔 1190～2210 m。

分布于保山市潞江镇；腾冲市界头镇、曲石镇、芒棒镇、五合乡；龙陵县龙江乡、镇安镇。15-2-6。

10. 尖瓣拉拉藤 Galium acutum Edgeworth

凭证标本：Handel-Mazzetti 9773。

多年生草本，茎可达 30 cm。生长于山地；海拔 2800 m。

分布于独龙江（贡山县独龙江乡段）。14-3。

11a. 楔叶葎 Galium asperifolium Wallich

凭证标本：独龙江考察队 388；高黎贡山考察队 27302。

植株粗壮，茎 20～70 cm。生长于常绿阔叶林；海拔 1400～1990 m。

分布于独龙江（贡山县独龙江乡段）；贡山县捧打乡；福贡县匹河乡；腾冲市明光镇、曲石镇。14-3。

11b. 小叶葎 Galium asperifolium var. **sikkimense**（Gandoger）Cufodontis-*Galium sikkimense* Gandoger

凭证标本：独龙江考察队 1644；高黎贡山考察队 22397。

多年生草本，茎 20～60 cm。生长于常绿阔叶林、壳斗林、斗樟林、冬青-漆树林、蔷薇-山茶林、杜鹃-箭竹林、灌丛、林缘、河滩、路边；海拔 1080～3020 m。

分布于独龙江（贡山县独龙江乡段）；贡山县丙中洛乡、茨开镇；福贡县马吉乡、石月亮乡；泸水市片马镇、鲁掌镇；保山市芒宽乡、潞江镇；腾冲市明光镇、曲石镇、马站乡、芒棒镇、五合乡；龙陵县镇安镇。14-3。

12. 四叶葎 Galium bungei Steudel

凭证标本：独龙江考察队 1083；高黎贡山考察队 29217。

多年生直立草本，高 5～50 cm。生长于常绿阔叶林、石柯-木荷林、石柯-铁杉林、山矾-女贞林、落叶阔叶林、杜鹃-箭竹林、山坡灌丛；海拔 1770～2950 m。

分布于独龙江（贡山县独龙江乡段）；福贡县子里甲乡；泸水市片马镇；保山市芒宽乡；腾冲市明光镇、界头镇、芒棒镇、五合乡；龙陵县镇安镇。14-2。

13a. 广西拉拉藤 Galium elegans var. **glabriusculum** Requien ex Candolle
凭证标本：高黎贡山考察队 12155，33121。

生长于常绿阔叶林、石柯松林、石柯-木荷林、石柯-冬青林、木荷-樟林、次生常绿阔叶林、山茶-木兰林、杜鹃-壳斗林、灌丛、路边、林缘、林下、林间；海拔 1080～3000 m。

分布于独龙江（贡山县独龙江乡段）；贡山县丙中洛乡、捧打乡、茨开镇；福贡县马吉乡、石月亮乡；保山市芒宽乡；腾冲市界头镇、曲石镇、芒棒镇；龙陵县镇安镇。14-3。

13b. 小红参 Galium elegans Wallich
凭证标本：高黎贡山考察队 15324，23171。

多年生草本，高 10～100 cm。生长于常绿阔叶林、针阔混交林、灌丛、草甸、溪边；海拔 1080～3020 m。

分布于独龙江（贡山县独龙江乡段）；贡山县丙中洛乡、捧打乡、茨开镇；福贡县马吉乡、石月亮乡、鹿马登乡、上帕镇；泸水市洛本卓乡；保山市潞江镇；龙陵县镇安镇。14-3。

*13c. 肾柱拉拉藤 Galium elegans** var. **nephrostigmaticum**（Diels）W. C. Chen-*Galium nephrostigmaticum* Diels

凭证标本：怒江队 1248；独龙江考察队 1031。

多年生草本，高 10～100 cm。生长于常绿阔叶林、灌丛、路边、草丛；海拔 1350～1634 m。

分布于独龙江（贡山县独龙江乡段）；贡山县丙中洛乡、茨开镇；福贡县石月亮乡、匹河乡；泸水市片马镇；腾冲市猴桥镇。15-1。

14. 六叶葎 Galium hoffmeisteri（Klotzsch）Ehrendorfer & Schönbeck-Temesy ex R. R. Mill-*Asperula hoffmeisteri Klotzsch*

凭证标本：独龙江考察队 388；高黎贡山考察队 24489。

多年生草本，茎高 10～40 cm。生长于常绿阔叶林、石柯-青冈林、落叶阔叶林、针阔混交林、铁杉云杉林、针叶林；高山草甸、路边；海拔 1400～3340 m。

分布于独龙江（贡山县独龙江乡段）；贡山县丙中洛乡、茨开镇；福贡县石月亮乡、鹿马登乡；泸水市片马镇、鲁掌镇、六库镇；腾冲市明光镇。14-1。

15. 小猪殃殃 Galium innocuum Miquel

凭证标本：南水北调队 6788；高黎贡山考察队 30687。

多年生草本，茎长 7～60 cm。生长于常绿阔叶林、灌丛、潮湿处；海拔 1530～3250 m。

分布于贡山县丙中洛乡、茨开镇；腾冲市猴桥镇、曲石镇、芒棒镇、五合乡；龙陵县龙江乡、镇安镇。7。

* **16. 怒江拉拉藤 Galium salwinense** Handel-Mazzetti

凭证标本：高黎贡山考察队 12830，33490。

多年生细弱草本，高 8～50 cm。生长于林中、江边草地；海拔 1460～1570 m。

分布于贡山县丙中洛乡、茨开镇。15-1。

17. 猪殃殃 Aalium spurium Linnaeus

凭证标本：独龙江考察队 6373；高黎贡山考察队 20909。

一年生草本，高 30～50 cm。生长于常绿阔叶林、松林、云南松林；海拔 1160～2400 m。

分布于独龙江（贡山县独龙江乡段）；贡山县丙中洛乡；福贡县架科底乡。1。

+ **18. 栀子 Gardenia jasminoides** J. Ellis

凭证标本：高黎贡山考察队 25632。

灌木，高 30～300 cm。生长于常绿阔叶林；海拔 1250 m。

分布于福贡县上帕镇。16。

19. 耳草 Hedyotis auricularia Linnaeus

凭证标本：独龙江考察队 66，105。

多年生草本。生长于灌丛、河滩灌丛；海拔 710～800 m。

分布于贡山县茨开镇；泸水市六库镇。5。

20. 头花耳草 Hedyotis capitellata Wallich ex G. Don

凭证标本：青藏队 8830；独龙江考察队 281。

高大攀缘藤状植物。生长于河谷常绿阔叶林、灌丛、路边、河谷、沼泽地、林下；海拔 1300～1900 m。

分布于独龙江（贡山县独龙江乡段）。7。

21. 毛耳草 Hedyotis chrysotricha (Palibin) Merrill-*Anotis chrysotricha* Palibin

凭证标本：青藏队 8081；独龙江考察队 1044。

一年生或多年生草本，长达 40 cm。生长于灌丛、路边荒地、山地、河边、路边、田埂；海拔 1350～1800 m。

分布于独龙江（贡山县独龙江乡段）；泸水市六库镇。14-2。

22. 伞房花耳草 Hedyotis corymbosa (Linnaeus) Lamarck-*Oldenlandia corymbosa* Linnaeus

凭证标本：施晓春、杨世雄 522；高黎贡山考察队 11298。

多年生草本，长 60 cm。生长于干燥露地、温泉旁鱼塘；海拔 1500～1540 m。

分布于保山市芒宽乡；腾冲市界头镇。2。

23. 脉耳草 Hedyotis vestita R. Brown ex G. Don

凭证标本：孙航 1651；杨竞生 7741。

一年生或多年生草本，长 60 cm。生长于山谷林缘；海拔 1200 m。

分布于泸水市上江乡。7。

24. 牛白藤 Hedyotis hedyotidea (Candolle) Merrill-*Spermacoce hedyotidea* Candolle

凭证标本：施晓春、杨世雄 522。

一年生或二年生草本，高达 60 cm。长于河谷、丘陵；海拔 1200 m。

分布于保山市。14-4。

25. 丹草 Hedyotis herbacea Linnaeus

凭证标本：周元川 770；李汝贤 682。

灌木或亚灌木，长至 5 m。生长于湿润岩石上；海拔 2300 m。

分布于福贡县上帕镇。6。

26. 攀茎耳草 Hedyotis scandens Roxburgh

凭证标本：独龙江考察队 576；高黎贡山考察队 28881。

灌木或多年生草本。生长于常绿阔叶林、灌丛、河谷林下、路边、山坡、乱石堆、河边、荒地；海拔 1060～2100 m。

分布于独龙江（贡山县独龙江乡段）；贡山县茨开镇；福贡县马吉乡、石月亮乡、鹿马登乡、上帕镇；泸水市洛本卓乡、六库镇；保山市芒宽乡、潞江镇；腾冲市清水乡、芒棒镇；龙陵县龙江乡、镇安镇。14-3。

27. 纤花耳草 Hedyotis tenelliflora Blume

凭证标本：高黎贡山考察队 10851，17613。

一年生或多年生草本，高达 40 cm。生长于常绿阔叶林；海拔 1680～1700 m。

分布于腾冲市五合乡；龙陵县镇安镇。4。

28. 长节耳草 Hedyotis uncinella Hooker & Arnott

凭证标本：高黎贡山考察队 18198。

多年生直立草本，高 70 cm。生长于常绿阔叶林；海拔 1000～1980 m。

分布于保山市芒宽乡、潞江镇；腾冲市界头镇、曲石镇、芒棒镇；龙陵县龙江乡。14-4。

29. 红大戟 Knoxia roxburghii (Sprengel) M. A. Rau-*Spermacoce roxburghii* Sprengel

凭证标本：尹文清 1120。

直立草本，高 30～70 cm。生长于山坡草本；海拔 2300 m。

分布于腾冲市曲石镇。14-3。

30. 红芽大戟 Knoxia sumatrensis (Retzius) Candolle-*Spermacoce sumatrensis* Retzius

凭证标本：周元川 765。

草本或亚灌木，高 20～100 cm。生长于草丛中；海拔 1400 m。

分布于泸水市片马镇。5。

31. 梗花粗叶木 Lasianthus biermannii King ex J. D. Hooker

凭证标本：独龙江考察队 510；高黎贡山考察队 21812。

灌木，高达 150 cm。生长于常绿阔叶林、灌丛、河谷石壁上、林下；海拔 1300～2240 m。

分布于独龙江（贡山县独龙江乡段）；贡山县茨开镇；福贡县石月亮乡、鹿马登乡、上帕镇；保山市潞江镇；腾冲市芒棒镇；龙陵县龙江乡、镇安镇。14-3。

* **32. 西南粗叶木 Lasianthus henryi** Hutchinson

凭证标本：怒江队 360。

灌木，高 100～150 cm。生长于林缘、疏林中；海拔 1800 m。

分布于福贡县。15-1。

33. 虎克粗叶木 Lasianthus hookeri C. B. Clarke ex J. D. Hooker

凭证标本：高黎贡山考察队 25022，25375。

灌木，高达 5 m。生长于石柯-榕林、石柯-木荷林；海拔 1777～1850 m。

分布于保山市芒宽乡；腾冲市五合乡。14-3。

34a. 日本粗叶木 Lasianthus japonicus Miquel subsp

凭证标本：高黎贡山考察队 18960，25192。

灌木，高 1～2 m。生长于常绿阔叶林、杜鹃-冬青林；海拔 1590～2405 m。

分布于泸水市片马镇；保山市芒宽乡；腾冲市芒棒镇。14-2。

34b. 云广粗叶木 Lasianthus japonicus subsp. **longicaudus** (J. D. Hooker) C. Y. Wu & H. Zhu-*Lasianthus longicaudus* J. D. Hooker

凭证标本：高黎贡山考察队 10825。

灌木，高 1～2 m。生长于常绿阔叶林；海拔 2160～2170 m。

分布于龙陵县镇安镇。14-3。

35. 小花粗叶木 Lasianthus micranthus J. D. Hooker

凭证标本：高黎贡山考察队 16563，32342。

灌木，高 1～2 m。生长于石柯林、落叶阔叶林；海拔 1550～2068 m。

分布于独龙江（贡山县独龙江乡段）；贡山县茨开镇。14-3。

36. 锡金粗叶木 Lasianthus sikkimensis J. D. Hooker

凭证标本：青藏队 9016。

灌木，高 1～3 m。生长于密林下；海拔 1800 m。

分布于独龙江（贡山县独龙江乡段）。14-3。

* **37. 高山野丁香 Leptoderis forrestii** Diels

凭证标本：怒江队 254；青藏队 7181。

灌木，高 60～120 cm。生长于山谷溪边、路边灌丛；海拔 1680～3100 m。

分布于贡山县丙中洛乡；福贡县上帕镇。15-1。

** **38. 聚花野丁香 Leptodermis glomerata** Hutchinson

凭证标本：高黎贡山考察队 27304，27745。

小灌木，高达 60 cm。生长于常绿阔叶林；海拔 1810～1990 m。

分布于福贡县石月亮乡、匹河乡。15-2-1。

* **39. 柔枝野丁香 Leptodermis gracillis** C. F. C. Fischer

凭证标本：高黎贡山考察队 12405，15440。

灌木，高 150～200 cm。生长于常绿阔叶林、灌丛、江边、路边；海拔 1420～1680 m。

分布于贡山县丙中洛乡、捧打乡。15-1。

40. 薄皮木 Leptodermis oblonga Bunge

凭证标本：高黎贡山考察队 12824。

灌木，高 20～100 cm。生长于次生林中；海拔 1510～1570 m。

分布于贡山县茨开镇。14-4。

* **41. 川滇野丁香 Leptodermis pilosa** Diels

凭证标本：青藏队 7351；冯国楣 8079。

灌木，高 70～300 cm。生长于路边、溪边、林缘；海拔 1640～1800 m。

分布于贡山县丙中洛乡。15-1。

* **42. 野丁香 Leptodermis potaninii** Batalin

凭证标本：青藏队 73182；高黎贡山考察队 30364。

灌木，高 50～200 cm。生长于杜鹃-铁杉林；海拔 2660 m。

分布于独龙江（察隅县日东乡段、贡山县独龙江乡段）；腾冲市界头镇。15-1。

43. 糙叶野丁香 Leptodermis scabrida J. D. Hooker

凭证标本：高黎贡山考察队 15440。

灌木，高 100～150 cm。生长于路边；海拔 1680 m。

分布于贡山县丙中洛乡。14-3。

** **44. 蒙自野丁香 Leptodermis tomentella** H. J. P. Winkler

凭证标本：高黎贡山考察队 9691，24394。

灌木。生长于常绿阔叶林、溪边；海拔 1340～2253 m。

分布于福贡县；泸水市片马镇。15-2-2。

45. 滇丁香 Luculia pinceana Hooker

凭证标本：高黎贡山考察队 14026，25340。

灌木或乔木，高 2～10 m。生长于常绿阔叶林、针叶林、杜鹃-桤木林、箭竹林；海拔 1540～2260 m。

分布于泸水市片马镇、鲁掌镇、上江乡；保山市芒宽乡、潞江镇；腾冲市界头镇、芒棒镇、五合乡、蒲川乡；龙陵县龙江乡、镇安镇。14-3。

** **46. 鸡冠滇丁香 Luculia yunnanensis** S. Y. Hu

凭证标本：独龙江考察队 863；高黎贡山考察队 21931。

灌木和乔木，高 350～1000 cm。生长于常绿阔叶林、灌丛、河谷、路边、山坡、河边、林下；海拔 1080～2200 m。

分布于独龙江（贡山县独龙江乡段）；贡山县丙中洛乡、茨开镇；福贡县马吉乡、石月亮乡、鹿马登乡、上帕镇、匹河乡；泸水市洛本卓乡；保山市芒宽乡。15-2-5。

+ **47. 盖裂果 Mitracarpus hirtus** (Linnaeus) Candolle-*Spermacoce hirta* Linnaeus

凭证标本：高黎贡山考察队 10474，26203。

一年生草本，高 40～80 cm。生长于常绿阔叶林、灌丛、稻田边；海拔 1200 m。

分布于福贡县鹿马登乡；泸水市六库镇；保山市芒宽乡、潞江镇。17。

48. 鸡眼藤 Morinda parvifolia Bartling ex Candolle

凭证标本：高黎贡山考察队 17666。

木质藤本。生长于常绿阔叶林；海拔 1530 m。

分布于龙陵县镇安镇。7。

49. 印度羊角藤 Morinda umbellata Linnaeus

凭证标本：冯国楣 24244；青藏队 9367。

木质藤本。生长于林中、灌丛中；海拔 1200～1640 m。

分布于独龙江（贡山县独龙江乡段）；福贡县上帕镇。14-2。

50. 短裂玉叶金花 Mussaenda breviloba S. Moore

凭证标本：高黎贡山考察队 23472，25527。

灌木，高 150 cm。生长于常绿阔叶林、石柯-青冈林、草甸；海拔 1140～1550 m。

分布于泸水市洛本卓乡；保山市芒宽乡；龙陵县镇安镇。14-4。

* **51. 墨脱玉叶金花 Mussaenda decipiens** H. Li

凭证标本：青藏队 8854，9341。

灌木，高 1～2 m。生长于常绿阔叶林、沟谷灌丛、林缘；海拔 1350～1700 m。

分布于独龙江（贡山县独龙江乡段）。15-1。

52. 展枝玉叶金花 Mussaenda divaricata Hutchinson

凭证标本：李恒、刀志灵、李嵘 578；高黎贡山考察队 18068。

攀缘或近直立灌木。生长于常绿阔叶林；海拔 1335～1400 m。

分布于独龙江（贡山县独龙江乡段）；腾冲市芒棒镇。14-4。

53. 楠藤 Mussaenda erosa Champion ex Bentham

凭证标本：高黎贡山考察队 15086，26255。

攀缘灌木，高达 5 m。生长于常绿阔叶林、山茶-樟林、石柯-李林、石柯-青冈林、石柯-山矾林、石柯-木荷林、次生常绿阔叶林、硬叶常绿阔叶林；海拔 1250～1850 m。

分布于独龙江（贡山县独龙江乡段）；福贡县上帕镇；保山市芒宽乡；腾冲市清水乡、五合乡、新华乡；龙陵县镇安镇。14-2。

54. 大叶玉叶金花 Mussaenda macrophylla Wallich

凭证标本：T. T. Yü 20148；高黎贡山考察队 30922。

直立或攀缘灌木。生长于石柯-木荷林；海拔 1150 m。

分布于独龙江（贡山县独龙江乡段）；腾冲市团田乡。7。

**55. 多毛玉叶金花 Mussaenda mollissima C. Y. Wu ex Hsue et H. Wu

凭证标本：李恒、刀志灵、李嵘 550；高黎贡山考察队 32471。

灌木，高 7 m。生长于常绿阔叶林、乱石下；海拔 1330～1700 m。

分布于独龙江（贡山县独龙江乡段）；福贡县石月亮乡、上帕镇；保山市芒宽乡。15-2-8。

**56. 多脉玉叶金花 Mussaenda multinervis C. Y. Wu ex H. H. Hsue & H. Wu

凭证标本：高黎贡山考察队 20724。

灌木，高 2～3 m。生长于常绿阔叶林；海拔 1410 m。

分布于独龙江（贡山县独龙江乡段）。15-2-5。

*57. 单裂玉叶金花 Mussaenda simpliciloba Handel-Mazzetti

凭证标本：高黎贡山考察队 17406，31038。

攀缘灌木。生长于常绿阔叶林、针叶林；海拔 1100～1650 m。

分布于泸水市上江乡；腾冲市芒棒镇；龙陵县镇安镇。15-1。

58. 贡山玉叶金花 Mussaenda treutleri Stapf

凭证标本：高黎贡山考察队 10586，17371。

直立或攀缘灌木。生长于常绿阔叶林、灌丛、乱石上；海拔 1000～1740 m。

分布于独龙江（贡山县独龙江乡段）；福贡县马吉乡、石月亮乡、上帕镇、匹河乡；泸水市六库镇、上江乡；保山市芒宽乡、潞江镇；腾冲市芒棒镇。14-3。

***59. 短柄腺萼木 Mycetia brevipes F. C. How ex S. Y. Jin & Y. L. Chen

凭证标本：李恒、刀志灵、李嵘 579；高黎贡山考察队 32534。

灌木，高约 1 m。生长于常绿阔叶林；海拔 1330～2100 m。

分布于独龙江（贡山县独龙江乡段）；龙陵县镇安镇。15-2-6。

60. 腺萼木 Mycetia glandulosa Craib

凭证标本：独龙江考察队 954，12393。

灌木，高约 1 m。生长于常绿阔叶林、南岸常绿阔叶林、河谷灌丛；海拔 1400～1650 m。

分布于独龙江（贡山县独龙江乡段）。14-4。

**61. 长花腺萼木 Mycetia longiflora F. C. How ex H. S. Lo

凭证标本：杨竞生 7770；高黎贡山考察队 17374。

灌木，高 60～200 cm。生长于灌丛；海拔 1010 m。

分布于泸水市六库镇；保山市潞江镇。15-2-7。

*62. 华腺萼木 Mycetia sinensis（Hemsley）Craib-*Adenosacme longifolia* var. *sinensis* Hemsley

凭证标本：高黎贡山考察队 25332。

灌木或亚灌木，高 20～100 cm。生长于木荷-栲林；海拔 1650 m。

分布于保山市芒宽乡。15-1。

*63. 密脉木 Myrioneuron faberi Hemsley-*Myrioneuron oligoneuron* Handel-Mazzetti

凭证标本：高黎贡山考察队 17624。

大型到半灌木状草本，高 20～100 cm。生长于常绿阔叶林；海拔 1530 m。

分布于龙陵县镇安镇。15-1。

*64. 卷毛新耳草 Neanotis boerhaavioides（Hance）W. H. Lewis-*Hedyotis boerhaavioides* Hance

凭证标本：王启无 6236；南水北调队 8607。

一年生或多年生草本。生长于山坡林中；海拔 1500 m。

分布于独龙江（贡山县独龙江乡段）；贡山县丙中洛乡；福贡县上帕镇；泸水市片马镇。15-1。

65. 薄叶新耳草 Neanotis hirsuta（Linnaeus f.）W. H. Lewis-*Oldenlandia hirsuta* Linnaeus

凭证标本：高黎贡山考察队 10827，21358。

多年生草本。生长于常绿阔叶林、灌丛、潮湿山谷、山坡、路边；海拔 1220～2700 m。

分布于独龙江（贡山县独龙江乡段）；贡山县丙中洛乡、茨开镇；福贡县石月亮乡、上帕镇、匹河乡；泸水市片马镇、洛本卓乡；保山市芒宽乡、潞江镇；腾冲市曲石镇、五合乡；龙陵县龙江乡、镇安镇。14-2。

66. 臭味新耳草 Neanotis ingrata（Wallich ex J. D. Hooker）W. H. Lewis-*Anotis ingrata* Wallich ex J. D. Hooker

凭证标本：独龙江考察队 1662；高黎贡山考察队 9704。

多年生草本，直立，匍匐，高达 1 m。生长于次生常绿阔叶林、沟边灌丛、河谷山坡、路边、怒江河谷两岸山路旁、岩石上；海拔 1320～1780 m。

分布于独龙江（贡山县独龙江乡段）；贡山县棒打乡；福贡县鹿马登乡、上帕镇。14-3。

67. 西南新耳草 Neanotis wightiana（Wallich ex Wight & Arnott）W. H. Lewis-*Hedyotis wightiana* Wallich ex Wight & Arnott

凭证标本：独龙江考察队 740；高黎贡山考察队 27908。

多年生草本。生于灌丛、山坡、河边、水沟边、路边、河谷；海拔 1350～2400 m。

分布于独龙江（贡山县独龙江乡段）；贡山县丙中洛乡、茨开镇；福贡县马吉乡、上帕镇、匹河乡；泸水市片马镇、洛本卓乡；腾冲市界头镇、猴桥镇、曲石镇；龙陵县龙江乡、镇安镇。14-4。

68. 疏果石丁香 Neohymenopogon oligocarpus（H. L. Li）Bennet-*Hymenopogon oligocarpus* H. L. Li

凭证标本：包士英 718；高黎贡山考察队 32685。

灌木，高约 2 m。生长于石柯-青冈林；海拔 2443 m。

分布于独龙江（贡山县独龙江乡段）；保山市潞江镇。15-2-3a。

69. 石丁香 Neohymenopogon parasiticus（Wallich）Bennet-*Hymenopogon parasiticus* Wallich

凭证标本：高黎贡山考察队 18662，18813。

小灌木，高 30～200 cm。生长于常绿阔叶林；海拔 2208 m。

分布于腾冲市芒棒镇。14-3。

70. 红果薄柱草 Nertera granadensis（Mutis ex Linnaeus f.）Druce-*Gomozia granadensis* Mutis ex Linnaeus f

凭证标本：高黎贡山考察队 20962。

匍匐草本。生长于箭竹灌丛；海拔 3620 m。

分布于福贡县鹿马登乡。3。

71. 薄柱草 Nertera sinensis Hemsley

凭证标本：独龙江考察队 3218；高黎贡山考察队 21878。

低矮草本，高 10 cm。生长于常绿阔叶林、路边、河滩；海拔 1290～2020 m。

分布于独龙江（贡山县独龙江乡段）；贡山县丙中洛乡、茨开镇；福贡县石月亮乡、上帕镇、匹河乡。15-1。

72. 广州蛇根草 Ophiorrhiza cantoniensis Hance

凭证标本：怒江队 1955；南水北调队 8120。

草本或亚灌木，纤弱到直立，高 120 cm。生长于山谷密林下、溪边；海拔 1300～2700 m。

分布于独龙江（贡山县独龙江乡段）；贡山县丙中洛乡；泸水市片马镇、上江乡；腾冲市。15-1。

*** **73. 独龙蛇根草 Ophiorrhiza dulongensis** H. S. Lo

凭证标本：南水北调队 8062；高黎贡山考察队 12225。

纤弱草本。生长于常绿阔叶林；海拔 2100～2200 m。

分布于独龙江（贡山县独龙江乡段）；贡山县茨开镇；泸水市片马镇。15-2-6。

74. 日本蛇根草 Ophiorrhiza japonica Blume

凭证标本：高黎贡山考察队 14356，19869。

草本，纤弱至直立，高 60 cm。生长于常绿阔叶林、石柯-冬青林、次生常绿阔叶林、秃杉-青冈林、杜鹃-冬青林、灌丛；海拔 1430～2405 m。

分布于独龙江（贡山县独龙江乡段）；贡山县丙中洛乡、茨开镇；福贡县石月亮乡、鹿马登乡、匹河乡；泸水市片马镇；腾冲市界头镇、芒棒镇；龙陵县镇安镇。14-2。

75. 黄褐蛇根草 Ophiorrhiza lurida J. D. Hooker

凭证标本：青藏队 8286；杨竞生 s. n. 。

草本，平卧到直立，高达 20 cm。生长于常绿阔叶林；海拔 1800～2300 m。

分布于独龙江（贡山县独龙江乡段）；福贡县上帕镇。14-3。

76. 垂花蛇根草 Ophiorrhiza nutans C. B. Clarke ex J. D. Hooker

凭证标本：T. T. Yü 19983；高黎贡山考察队 26098。

草本，纤弱到直立，高达 70 cm。生长于常绿阔叶林、木荷-冬青林、木荷林、木荷-樟林、山矾-女贞林、石柯-杜鹃林、石柯-荚蒾林；海拔 1790～2432 m。

分布于独龙江（贡山县独龙江乡段）；保山市潞江镇；腾冲市腾越镇、芒棒镇；龙陵县龙江乡、镇安镇。14-3。

77. 美丽蛇根草 Ophiorrhiza rosea J. D. Hooker

凭证标本：蔡希陶 54873；高黎贡山考察队 34108。

草本或亚灌木，高达 100～150 cm。生长于常绿阔叶林、石柯-木荷林、石柯-云南松林、次生常绿阔叶林、灯芯草-苔属丛、河谷林下；海拔 1080～3220 m。

分布于独龙江（贡山县独龙江乡段）；贡山县茨开镇；福贡县马吉乡、石月亮乡、上帕镇；保山市芒宽乡、潞江镇。14-3。

78. 匍地蛇根草 Ophiorrhiza rugosa Wallich

凭证标本：怒江队 271。

草本，稀一年生，纤弱，直立，高达 60 cm。生长于常绿阔叶林；海拔 1700～3400 m。

分布于独龙江（贡山县独龙江乡段）。14-3。

79. 高原蛇根草 Ophiorrhiza succirubra King ex J. D. Hooker

凭证标本：独龙江考察队 3026；高黎贡山考察队 25860。

草本到灌木，纤弱，直立，高 60～75 cm。生长于常绿阔叶林、河谷灌丛、林下、山坡；海拔 1280～2400 m。

分布于独龙江（贡山县独龙江乡段）；贡山县丙中洛乡、茨开镇；福贡县石月亮

乡、上帕镇；泸水市洛本卓乡；保山市潞江镇；腾冲市芒棒镇。14-3。

80. 大果蛇根草 Ophiorrhiza wallichii J. D. Hooker

凭证标本：独龙江考察队 818；高黎贡山考察队 7478。

草本，高 20～60 cm。生长于常绿阔叶林、灌丛、箐沟、山坡路边；海拔 1280～2500 m。

分布于独龙江（贡山县独龙江乡段）；贡山县茨开镇；福贡县上帕镇；泸水市片马镇、鲁掌镇。14-3。

*81. 耳叶鸡矢藤 Paederia cavaleriei H. Léveillé

凭证标本：高黎贡山考察队 18102。

藤本，高 4 m。生长于常绿阔叶林；海拔 1560 m。

分布于保山市潞江镇。15-1。

82. 鸡矢藤 Paederia foetida Linnaeus

凭证标本：独龙江考察队 258；高黎贡山考察队 18211。

藤本，高达 4 m。生长于常绿阔叶林、灌丛、路边、溪边、草甸、草地、河边、荒地；海拔 980～2211 m。

分布于贡山县丙中洛乡、捧打乡、茨开镇；福贡县石月亮乡、鹿马登乡；泸水市片马镇、洛本卓乡、六库镇；保山市芒宽乡；腾冲市明光镇、界头镇、荷花镇、芒棒镇、五合乡。7。

83. 云南鸡矢藤 Paederia yunnanensis（H. Léveillé）Rehder-Cynanchum yunnanense H. Léveillé

凭证标本：蔡希陶 54380；高黎贡山考察队 23218。

藤本，长达 7 m。生长于常绿阔叶林、次生常绿阔叶林、灌丛；海拔 1410～1560 m。

分布于贡山县丙中洛乡、茨开镇；福贡县上帕镇；保山市芒宽乡。14-4。

84. 四蕊三角瓣花 Prismatomeris tetrandra（Roxburgh）K. Schumann-Coffea tetrandra Roxburgh

凭证标本：高黎贡山考察队 8213。

灌木或小乔木，高达 8 m。生长于林中、灌丛下；海拔 1200 m。

分布于泸水市鲁掌镇。14-4。

85. 美果九节 Psychotria calocarpa Kurz

凭证标本：独龙江考察队 491；高黎贡山考察队 21867。

亚灌木，高 25～100 cm。生长于常绿阔叶林、灌丛、林下、山坡；海拔 1330～1600 m。

分布于独龙江（贡山县独龙江乡段）；福贡县石月亮乡。14-3。

86. 聚果九节 Psychotria morindoides Hutchinson

凭证标本：T. T. Yü 20996；高黎贡山考察队 20765。

灌木，高 50 cm。生长于常绿阔叶林；海拔 1330～1973 m。

分布于独龙江（贡山县独龙江乡段）。14-4。

87. 山矾叶九节 Psychotria symplocifolia Kurz

凭证标本：高黎贡山考察队 17783。

灌木或小乔木，高 1～5 m。生长于常绿阔叶林；海拔 1200～2300 m。

分布于龙陵县镇安镇。14-4。

88. 假九节 Psychotria tutcheri Dunn

凭证标本：高黎贡山考察队 10818，18004。

灌木，高 50～400 cm。生长于常绿阔叶林、石柯-冬青林、石柯-杜鹃林、石柯-桦木林、石柯-木荷林、次生常绿阔叶林、杜鹃-山矾林；海拔 1150～2230 m。

分布于保山市潞江镇；腾冲市五合乡、团田乡；龙陵县龙江乡、镇安镇。14-4。

*89. 云南九节 Psychotria yunnanensis Hutchinson

凭证标本：高黎贡山考察队 13404，18962。

灌木，高 1～4 m。生长于常绿阔叶林、石柯-山矾林；海拔 1580～1777 m。

分布于保山市芒宽乡。15-1。

90. 金剑草 Rubia alata Wallich

凭证标本：独龙江考察队 3091；高黎贡山考察队 19888。

攀缘藤本，茎可达 4 m。生长于常绿阔叶林、灌丛、路边；海拔 1316～2400 m。

分布于独龙江（贡山县独龙江乡段）；贡山县茨开镇；福贡县马吉乡、鹿马登乡、上帕镇；泸水市片马镇；保山市芒宽乡、潞江镇；腾冲市明光镇、界头镇、曲石镇、五合乡。14-3。

91. 中华茜草 Rubia chinensis Regel & Maack

凭证标本：怒江队 706；青藏队 7797。

多年生直立草本，高 60 cm。生长于林缘、草地；海拔 1700～2100 m。

分布于独龙江（贡山县独龙江乡段）；贡山县丙中洛乡、茨开镇。14-2。

92. 茜草 Rubia cordifolia Linnaeus

凭证标本：南水北调队 8348；高黎贡山考察队 13459。

草质藤本，茎可达 350 cm。生长于林缘、草地；海拔 1300～2400 m。

分布于贡山县；福贡县上帕镇；泸水市片马镇、鲁掌镇。6。

**93. 镰叶茜草 Rubia falciformis H. S. Lo

凭证标本：高黎贡山考察队 30699，30751。

多年生草本，攀缘藤本。生长于常绿阔叶林；海拔 1910～2580 m。

分布于腾冲市猴桥镇。15-2-5。

94. 梵茜草 Rubia manjith Roxburgh

凭证标本：独龙江考察队 757；高黎贡山考察队 21050。

草质藤本，茎可达 3 m。生长于常绿阔叶林、次生灌丛、杂木林、林缘、河谷、江边、林下、路边；海拔 1170～2200 m。

分布于独龙江（贡山县独龙江乡段）；贡山县丙中洛乡、茨开镇；福贡县马吉乡、石月亮乡、上帕镇、子里甲乡；泸水市片马镇、洛本卓乡；保山市芒宽乡、潞江镇；腾冲市曲石镇；龙陵县镇安镇。14-3。

[*]**95. 金线草 Rubia membranacea** Diel

凭证标本：高黎贡山考察队 15347，33146。

藤本或攀缘的草本，茎可达 2 m。生长于常绿阔叶林、针阔混交林、铁杉-云杉林、冷杉-落叶松林、云杉-箭竹林、箭竹-白珠灌丛；海拔 2350～3110 m。

分布于独龙江（贡山县独龙江乡段）；贡山县丙中洛乡、茨开镇；泸水市片马镇、鲁掌镇。15-1。

[*]**96. 钩毛茜草 Rubia oncotricha** Handel-Mazzetti

凭证标本：高黎贡山考察队 7356，10531。

草本，攀缘或攀爬，茎高 50～150 cm。生长于稻田边；海拔 890～900 m。

分布于泸水市六库镇。15-1。

^{***}**97. 片马茜草 Rubia pianmaensis** R. Li & H. Li

凭证标本：武素功 8348；高黎贡山考察队 22830。

生长于常绿阔叶林、栎类石楠林、次生常绿阔叶林；海拔 1600～2253 m。

分布于泸水市片马镇。15-2-6。

[*]**98. 柄花茜草 Rubia podantha** Diels

凭证标本：碧江队 1646；高黎贡山考察队 9474。

直立或攀登多年生草本，茎可达 120 cm。生长于林缘、草地；海拔 1400～2600 m。

分布于独龙江（贡山县独龙江乡段）；腾冲市界头镇。15-1。

99. 对叶茜草 Rubia siamensis Craib

凭证标本：高黎贡山考察队 12052，20787。

草质藤本，长达 3 m。生长于常绿阔叶林、石栎-青冈林、盐麸木-冬青林、栎类阔叶林、灌丛、草丛；海拔 1330～2453 m。

分布于独龙江（贡山县独龙江乡段）；贡山县丙中洛乡、茨开镇、普拉底乡；福贡县鹿马登乡；保山市潞江镇；腾冲市芒棒镇。14-4。

[*]**100. 紫参 Rubia yunnanensis** Diels

凭证标本：高黎贡山考察队 s. n. 。

多年生草本，茎高 50 cm。生长于路边、草坡、灌丛中；海拔 1700～3000 m。

分布于贡山县茨开镇。15-1。

101. 鸡仔木 Sinoadina racemosa (Siebold & Zuccarini) Ridsdale-*Nauclea racemosa Siebold & Zuccarini*

凭证标本：蔡希陶 54554；高黎贡山考察队 26150。

落叶乔木，高 4～12 m。生长于常绿阔叶林；海拔 680 m。

分布于泸水市六库镇；保山市芒宽乡。14-2。

+102. 阔叶丰花草 Spermacoce alata Aublet-*Borreria alata*（Aublet）Candolle

凭证标本：高黎贡山考察队 17191，17938。

多年生草本，高 1 m。生长于次生常绿阔叶林；海拔 1419～1900 m。

分布于腾冲市五合乡。17。

*103. 尖萼乌口树 Tarenna acutisepala F. C. How ex W. C. Chen

凭证标本：高黎贡山考察队 13487，19026。

灌木，高 100～250 cm。生长于常绿阔叶林、次生常绿阔叶林；海拔 1625～1680 m。

分布于保山市芒宽乡。15-1。

*104. 假桂乌口树 Tarenna attenuata（J. D. Hooker）Hutchinson-*Webera attenuata* J. D. Hooker

凭证标本：高黎贡山考察队 31098。

灌木或乔木，高 1～8 m。生长于石柯-木荷林；海拔 1930 m。

分布于腾冲市新华乡。14-4。

105. 披针叶乌口树 Tarenna lancilimba W. C. Chen

凭证标本：高黎贡山考察队 24750。

灌木或乔木，高 2～15 m。生长于壳斗-杜鹃林；海拔 2075 m。

分布于龙陵县龙江乡。14-4。

106. 岭罗麦 Tarennoidea wallichii（J. D. Hooker）Tirvengadum & Sastre-*Randia wallichii* J. D. Hooker

凭证标本：独龙江考察队 950；高黎贡山考察队 26258。

乔木，高 2～3 m。生长于常绿阔叶林、山坡灌丛；海拔 680～1550 m。

分布于独龙江（贡山县独龙江乡段）；保山市芒宽乡。7。

107. 倒挂金钩 Uncaria lancifolia Hutchinson

凭证标本：怒江中药调查组 2437。

大型木质藤本。生长于常绿阔叶林；海拔 1500～1900 m。

分布于独龙江（贡山县独龙江乡段）。14-4。

*108. 攀茎钩藤 Uncaria scandens（Smith）Hutchinson-*Nauclea scandens* Smith

凭证标本：高黎贡山考察队 14627，25055。

大型木质藤本。生长于常绿阔叶林、石柯-木荷林、山茶-樟林；海拔 1560～1990 m。

分布于独龙江（贡山县独龙江乡段）；贡山县茨开镇；福贡县；泸水市上江乡；腾冲市五合乡；龙陵县龙江乡。15-1。

*109. 华钩藤 Uncaria sinensis（Oliver）Haviland-*Nauclea sinensis* Oliver

凭证标本：独龙江考察队 2062；高黎贡山考察队 20537。

藤本。生长于常绿阔叶林、河谷常绿阔叶林、山坡灌丛；海拔 1420～1680 m。

分布于独龙江（贡山县独龙江乡段）；贡山县茨开镇；福贡县上帕镇。15-1。

110. 西藏水锦树 Wendlandia grandis（J. D. Hooker）Cowan-*Wendlandia tinctoria* (Roxburgh) Candolle var. *grandis* J. D. Hooker

凭证标本：独龙江考察队 5815；高黎贡山考察队 31123。

乔木，高 3～4 m。生长于常绿阔叶林、灌丛、箐沟、河谷；海拔 1300～2100 m。

分布于独龙江（贡山县独龙江乡段）；福贡县马吉乡；保山市芒宽乡、潞江镇；腾冲市界头镇、腾越镇、芒棒镇。14-3。

****111. 小叶水锦树 Wendlandia ligustrina** Wallich ex G. Don

凭证标本：碧江队 154，595。

灌木，高 150～300 cm。生长于山谷河边；海拔 1500～1600 m。

分布于福贡县。14-4。

****112. 屏边水锦树 Wendlandia pingpienensis** How

凭证标本：施晓春、杨世雄 580。

灌木或乔木，高 3～15 m。生长于林中、沟边；海拔 1400 m。

分布于保山市芒宽乡。15-2-8。

113. 粗叶水锦树 Wendlandia scabra Kurz

凭证标本：独龙江考察队 1162；高黎贡山考察队 26106。

灌木或乔木，高 1～12 m。生长于云南松-木荷林、河谷灌丛；海拔 1500～1740 m。

分布于独龙江（贡山县独龙江乡段）；泸水市六库镇；保山市潞江镇。14-3。

***114. 美丽水锦树 Wendlandia speciosa** Cowan

凭证标本：高黎贡山考察队 13029，21277。

灌木或乔木，高 1～12 m。生长于常绿阔叶林、次生常绿阔叶林；海拔 1600～1920 m。

分布于独龙江（贡山县独龙江乡段）；福贡县上帕镇；泸水市片马镇；保山市芒宽乡、潞江镇；腾冲市蒲川乡；龙陵县镇安镇。15-1。

115a. 厚毛水锦树 Wendlandia tinctoria subsp. **callitricha**（Cowan）W. C. Chen-*Wendlandia tinctoria* var. *callitricha* Cowan

凭证标本：怒江队 154。

灌木或小乔木，高达 6 m。生长于林中、灌丛中；海拔 1450 m。

分布于独龙江（贡山县独龙江乡段）。14-4。

***115b. 麻栗水锦树 Wendlandia tinctoria** subsp. **handelii** Cowan

凭证标本：杨竞生 1348；孙航 165。

灌木或小乔木，高达 6 m。生长于林中、灌丛中；海拔 1200～2300 m。

分布于泸水市上江乡；保山市潞江镇。15-1。

115c. 东方水锦树 Wendlandia tinctoria subsp. **orientalis** Cowan

凭证标本：无号。

灌木或小乔木，高达 6 m。生长于石柯-木荷林、木荷-云南松林、云南松林、次生灌丛、坡地；海拔 1000～1850 m。

分布于保山市芒宽乡、潞江镇；腾冲市五合乡；龙陵县腊勐乡、镇安镇。14-4。

116. 水锦树 Wendlandia uvariifolia Hance

凭证标本：怒江队 479；高黎贡山考察队 24963。

灌木或乔木，高 2～15 m。生长于常绿阔叶林、石柯-木荷林；海拔 691～1780 m。

分布于泸水市六库镇；保山市芒宽乡、潞江镇；腾冲市五合乡。14-4。

232a. 香茜科 Carlemanniaceae

1 属 1 种

1. 香茜 Carlemannia tetragona J. D. Hooker

凭证标本：独龙江考察队 386；高黎贡山考察队 21220。

多年生草本，高 50～150 cm。生长于常绿阔叶林、灌丛、河谷；海拔 1320～2250 m。

分布于独龙江（贡山县独龙江乡段）；贡山县茨开镇。7。

233. 忍冬科 Caprifoliaceae

6 属 45 种，* 15，** 1

1. 糯米条 Abelia chinensis R. Brown

凭证标本：高黎贡山考察队 13952。

落叶半常绿灌木，高 2 m。生长于次生常绿阔叶林；海拔 1460 m。

分布于保山市芒宽乡。14-2。

* 2. 云南双盾木 Dipelta yunnanensis Franchet

凭证标本：高黎贡山考察队 12072，22674。

落叶灌木，高 4 m。生长于常绿阔叶林、针叶林、杜鹃-铁杉林；海拔 1650～2660 m。

分布于贡山县丙中洛乡；腾冲市界头镇、猴桥镇。15-1。

3. 鬼吹箫 Leycesteria formosa Wallich

凭证标本：独龙江考察队 4805；高黎贡山考察队 25344。

灌木，高 1～5 m。生长于常绿阔叶林、铁杉-云杉林、针叶林、灌丛、草甸、河滩、江边；海拔 1530～3020 m。

分布于独龙江（贡山县独龙江乡段）；贡山县丙中洛乡、捧打乡、茨开镇；福贡县石月亮乡、鹿马登乡、上帕镇；泸水市片马镇、洛本卓乡、鲁掌镇；保山市芒宽乡；腾冲市明光镇、猴桥镇、五合乡；龙陵县龙江乡。14-3。

4. 纤细鬼吹箫 Leycesteria gracilis (Kurz) Airy Shaw-*Lonicera gracilis* Kurz

凭证标本：独龙江考察队 2217；高黎贡山考察队 29228。

灌木，高 150～300 cm。生长于常绿阔叶林、灌丛、山谷、溪边；海拔 1350～2800 m。

分布于独龙江（贡山县独龙江乡段）；贡山县茨开镇；福贡县石月亮乡、鹿马登乡、上帕镇；泸水市片马镇、洛本卓乡、鲁掌镇；保山市芒宽乡；腾冲市明光镇、瑞滇乡、猴桥镇、芒棒镇。14-3。

5. 绵毛鬼吹箫 Leycesteria stipulata（J. D. Hooker & Thomson）Fritsch-*Lonicera stipulata* J. D. Hooker & Thomson

凭证标本：独龙江考察队 3296；高黎贡山考察队 34409。

灌木，高约 3 m。生长于常绿阔叶林、石柯-冬青林、石柯-青冈林、石柯-松林、石柯-铁杉林、河谷常绿阔叶林、灌丛、林缘、沙石地；海拔 1310～2766 m。

分布于独龙江（贡山县独龙江乡段）；贡山县茨开镇；福贡县鹿马登乡、上帕镇。14-3。

6. 淡红忍冬 Lonicera acuminata Wallich

凭证标本：高黎贡山考察队 14584，26901。

攀缘植物，半常绿。生长于常绿阔叶林、石柯-李林、石柯-木荷林、石柯-青冈林、石柯-铁杉林、次生常绿阔叶林、针叶林、灌丛；海拔 1440～3010 m。

分布于独龙江（贡山县独龙江乡段）；贡山县丙中洛乡、茨开镇；福贡县石月亮乡；泸水市鲁掌镇；保山市芒宽乡、潞江镇；腾冲市五合乡。14-3。

7. 越橘叶忍冬 Lonicera angustifolia var. myrtillus（J. D. Hooker & Thomson）Q. E. Yang-*Lonicera myrtillus* J. D. Hooker & Thomson

凭证标本：高黎贡山考察队 12939，28637。

落叶灌木，高 3 m。生长于常绿阔叶林、石柯林、石柯-木兰林、针叶林、杜鹃-箭竹林、杜鹃灌丛、草甸、高山草甸；海拔 2169～4151 m。

分布于独龙江（贡山县独龙江乡段）；贡山县丙中洛乡、茨开镇；福贡县鹿马登乡；腾冲市猴桥镇、五合乡。14-3。

8. 西南忍冬 Lonicera bournei Hemsley

凭证标本：独龙江考察队 1586，3308。

攀缘植物。生长于常绿阔叶林、混交林；海拔 1400～2650 m。

分布于独龙江（贡山县独龙江乡段）。14-4。

9. 微毛忍冬 Lonicera cyanocarpa Franchet

凭证标本：T. T. Yü 22748；高黎贡山考察队 31497。

灌木，高达 1 m。生长于杜鹃灌丛、高山草甸；海拔 4151～4270 m。

分布于独龙江（贡山县独龙江乡段）；贡山县丙中洛乡。14-3。

10. 锈毛忍冬 Lonicera ferruginea Rehder

凭证标本：李恒、郭辉军、李正波、施晓春 83；高黎贡山考察队 26477。

攀缘植物。生长于常绿阔叶林、漆树-胡桃林、箭竹林；海拔 1570～2950 m。

分布于贡山县丙中洛乡；福贡县石月亮乡；泸水市片马镇；保山市芒宽乡。14-4。

11. 大果忍冬 Lonicera hildebrandiana Collett & Hemsley

凭证标本：高黎贡山考察队 25071，31066。

攀缘植物。生长于常绿阔叶林、石柯-栲林、石柯-山茶林；海拔 1920～2200 m。

分布于保山市潞江镇；腾冲市芒棒镇；龙陵县龙江乡。14-4。

12. 刚毛忍冬 Lonicera hispida Pallas ex Schultes

凭证标本：T. T. Yü 19728。

攀缘植物。生长于林下、灌丛中；海拔 1700～2800 m。

分布于独龙江（贡山县独龙江乡段）。12。

13. 菰腺忍冬 Lonicera hypoglauca Miquel

凭证标本：高黎贡山考察队 13528，21309。

攀缘植物。生长于常绿阔叶林、次生常绿阔叶林；海拔 1550～2400 m。

分布于独龙江（贡山县独龙江乡段）；保山市芒宽乡、潞江镇；腾冲市芒棒镇；龙陵县龙江乡。14-1。

14. 忍冬 Lonicera japonica Thunberg

凭证标本：高黎贡山考察队 14656，28859。

攀缘植物，半常绿。生长于常绿阔叶林、石柯-冬青林、石柯-青冈林、次生常绿阔叶林、硬叶常绿阔叶林、铁杉-云杉林、灌丛；海拔 1500～2900 m。

分布于独龙江（贡山县独龙江乡段）；贡山县丙中洛乡、茨开镇；福贡县石月亮乡、鹿马登乡、架科底乡；泸水市片马镇、鲁掌镇、六库镇；保山市芒宽乡；腾冲市五合乡。14-2。

*15. 亮叶忍冬 Lonicera ligustrina var. **yunnanensis** Franchet

凭证标本：高黎贡山考察队 14688，22226。

灌木，高 150～500 cm。生长于常绿阔叶林；海拔 1740～2540 m。

分布于独龙江（贡山县独龙江乡段）；贡山县丙中洛乡、捧打乡。15-1。

16. 大花忍冬 Lonicera macrantha (D. Don) Sprengel-*Caprifolium macranthum* D. Don

凭证标本：T. T. Yü 19458；高黎贡山考察队 24809。

灌木。生长于常绿阔叶林、石柯-木荷林；海拔 1530～1869 m。

分布于独龙江（贡山县独龙江乡段）；腾冲市五合乡、新华乡。14-3。

17. 黑果忍冬 Lonicera nigra Linnaeus

凭证标本：高黎贡山考察队 11990，33818。

灌木。生长于常绿阔叶林、石柯-杜鹃林、石柯-青冈林、落叶阔叶林、针阔混交林、铁杉-云杉林、针叶林、灌丛、杜鹃-壳斗林、杜鹃-箭竹灌丛、高山草甸；海拔 2410～3450 m。

分布于独龙江（贡山县独龙江乡段）；贡山县丙中洛乡、茨开镇；福贡县石月亮乡；泸水市片马镇、洛本卓乡；腾冲市界头镇。10。

18. 细毡毛忍冬 Lonicera similis Hemsley

凭证标本：高黎贡山考察队 19663，29849。

灌木。生长于常绿阔叶林、樟林、针叶林、潮湿处；海拔 1030～1940 m。

分布于福贡县匹河乡；腾冲市界头镇、和顺镇。14-4。

19. 唐古特忍冬 Lonicera tangutica Max

凭证标本：T. T. Yü 19695；青藏队 7805。

灌木。生长于亚高山灌丛；海拔 3160 m。

分布于独龙江（贡山县独龙江乡段）；贡山县丙中洛乡、茨开镇。14-4。

﹡20. 察瓦龙忍冬 Lonicera tomentella var. tsarongensis W. W. Smith

凭证标本：Handel-Mazzetti 9885。

灌木；生长于林中、灌丛中；海拔 2000～3200 m。

分布于贡山县。15-1。

21. 血满草 Sambucus adnata Wallich ex Candolle

凭证标本：独龙江考察队 2073；高黎贡山考察队 23444。

草本，半灌木状，或矮灌木，高 1～2 m。生长于常绿阔叶林、针阔混交林、次生灌丛、箐沟、路边；海拔 1180～2400 m。

分布于独龙江（贡山县独龙江乡段）；贡山县捧打乡、茨开镇；福贡县上帕镇、子里甲乡；泸水市片马镇；保山市芒宽乡、潞江镇；腾冲市界头镇、曲石乡；龙陵县龙江乡、镇安镇。14-3。

22. 接骨草 Sambucus javanica Blume

凭证标本：独龙江考察队 682；高黎贡山考察队 21233。

草本，半灌木状，或矮灌木，高 1～2 m。生长于常绿阔叶林、樟-山茶林、落叶阔叶林、铁杉林下、箭竹-山香圆林、灌木、溪边、河岸、箐沟；海拔 1330～2800 m。

分布于独龙江（贡山县独龙江乡段）；贡山县丙中洛乡、捧打乡、茨开镇；福贡县石月亮乡、上帕镇；泸水市片马镇、鲁掌镇；保山市潞江镇；腾冲市芒棒镇、五合乡；龙陵县镇安镇。7。

﹡23. 接骨木 Sambucus williamsii Hance

凭证标本：独龙江考察队 2073；高黎贡山考察队 15486。

灌木或小乔木，高 5～6 m。生长于常绿阔叶林、次生常绿阔叶林、路边；海拔 1458～1770 m。

分布于独龙江（贡山县独龙江乡段）；贡山县捧打乡、茨开镇。15-1。

24. 蓝黑果荚蒾 Viburnum atrocyaneum C. B. Clarke

凭证标本：独龙江考察队 5986；高黎贡山考察队 33495。

灌木，常绿，高 3 m。生长于常绿阔叶林、针阔混交林、灌丛；海拔 1310～2540 m。

分布于独龙江（贡山县独龙江乡段）；贡山县丙中洛乡、茨开镇；泸水市片马镇；腾冲市芒棒镇。14-3。

* **25. 桦叶荚蒾 Viburnum betulifolium** Batalin

凭证标本：高黎贡山考察队 12491，32681。

灌木或小乔木，落叶，高 5～7 m。生长于常绿阔叶林、岩石上；海拔 2443～2800 m。

分布于独龙江（贡山县独龙江乡段）；贡山县丙中洛乡、茨开镇；福贡县上帕镇；泸水市洛本卓乡。15-1。

26. 漾濞荚蒾 Viburnum chingii P. S. Hsu

凭证标本：高黎贡山考察队 14517，30092。

灌木或小乔木。生长于常绿阔叶林、林缘；海拔 1820～3010 m。

分布于独龙江（贡山县独龙江乡段）；贡山县茨开镇；泸水市片马镇、鲁掌镇；保山市芒宽乡；腾冲市明光镇、界头镇、曲石镇、芒棒镇、五合乡；龙陵县龙江乡。14-3。

* **27. 樟叶荚蒾 Viburnum cinnamomifolium** Rehder

凭证标本：高黎贡山考察队 25228。

常绿灌木或小乔木，高 6 m。生长于石柯-杜鹃林；海拔 2453 m。

分布于腾冲市芒棒镇。15-1。

* **28. 密花荚蒾 Viburnum congestum** Rehder

凭证标本：南水北调队 8567；高黎贡山考察队 28954。

常绿灌木，高 5 m。生长于常绿阔叶林、针叶林、灌丛；海拔 920～1620 m。

分布于福贡县子里甲乡、匹河乡；泸水市片马镇、大兴地乡；保山市芒宽乡。15-1。

29. 水红木 Viburnum cylindricum Buchanan-Hamilton ex D. Don

凭证标本：独龙江考察队 2255；高黎贡山考察队 20697。

常绿灌木或小乔木，高 8～15 m。生长于常绿阔叶林、石柯-木荷林、石柯-青冈林、石柯-云南松林、针叶林、铁杉林、杜鹃-铁杉林、灌丛、路边；海拔 1080～3000 m。

分布于独龙江（贡山县独龙江乡段）；贡山县丙中洛乡、茨开镇；福贡县马吉乡、石月亮乡、鹿马登乡、上帕镇、匹河乡；泸水市片马镇、洛本卓乡、鲁掌镇、六库镇；保山市芒宽乡、潞江镇；腾冲市明光镇、界头镇、瑞滇乡、猴桥镇、曲石镇、芒棒镇、五合乡；龙陵县镇安镇、碧寨乡。7。

* **30. 红荚蒾 Viburnum erubescens** Wallich

凭证标本：独龙江考察队 475；高黎贡山考察队 33577。

落叶灌木或小乔木，高 6 m。生长于常绿阔叶林、铁杉-落叶松林、铁杉-云杉林、冷杉-箭竹林、针叶林、箭竹-杜鹃灌丛、林缘、路边、河谷、林缘；海拔 1300～3220 m。

分布于独龙江（贡山县独龙江乡段）；贡山县茨开镇；福贡县石月亮乡、鹿马登乡、上帕镇；泸水市片马镇、鲁掌镇；保山市芒宽乡、潞江镇；腾冲市明光镇、界头镇、芒棒镇、五合乡；龙陵县龙江乡。14-3。

* **31. 珍珠荚蒾 Viburnum foetidum** var. **ceanothoides**（C. H. Wright）Handel-Mazzetti -*Viburnum ceanothoides* C. H. Wright

凭证标本：高黎贡山考察队 11613，28193。

落叶灌木，直立或攀缘，高 4 m。生长于常绿阔叶林、木荷-樟林、石柯-木荷林、次生常绿阔叶林、针叶林、低坡；海拔 1419～2570 m。

分布于独龙江（贡山县独龙江乡段）；保山市潞江镇；腾冲市明光镇、界头镇、曲石镇、腾越镇、芒棒镇、五合乡；龙陵县镇安镇。15-1。

*32. 直角荚蒾 Viburnum foetidum var. rectangulatum（Graebner）Rehder-*Viburnum rectangulatum* Graebner

凭证标本：施晓春、杨世雄 351。

落叶灌木，直立或攀缘，高 4 m。生长于林中、灌丛中；海拔 1500 m。

分布于腾冲市芒棒镇。15-1。

33. 聚花荚蒾 Viburnum glomeratum Maximowicz

凭证标本：高黎贡山考察队 20411，30652。

落叶灌木或小乔木，高 3～6 m。长于常绿阔叶林、杜鹃-冬青林；海拔 1530～3030 m。

分布于福贡县石月亮乡、鹿马登乡；腾冲市明光镇、曲石镇。14-4。

34. 厚绒荚蒾 Viburnum inopinatum Craib

凭证标本：高黎贡山考察队 13973，27290。

常绿灌木或小乔木，高 10 m。生长于常绿阔叶林；海拔 1500～2040 m。

分布于福贡县匹河乡；保山市芒宽乡、潞江镇。14-4。

*35. 甘肃荚蒾 Viburnum kansuense Batal**

凭证标本：高黎贡山考察队 7166。

落叶灌木，高达 3 m。生长于松林下；海拔 2950 m。

分布于泸水市片马镇。15-1。

36. 西域荚蒾 Viburnum mullaha Buchanan-Hamilton ex D. Don

凭证标本：高黎贡山考察队 19236，29140。

落叶灌木或小乔木，高 4 m。生长于常绿阔叶林、灌丛；海拔 1175～3050 m。

分布于福贡县石月亮乡、上帕镇；泸水市片马镇；腾冲市明光镇。14-3。

37. 显脉荚蒾 Viburnum nervosum D. Don

凭证标本：独龙江考察队 4946；高黎贡山考察队 27226。

落叶灌木或小乔木，高达 5 m。生长于常绿阔叶林、针阔混交林、铁杉-冷杉林、冷杉林、灌丛、杜鹃-箭竹林、杜鹃林、高山草甸、林中；海拔 2000～3500 m。

分布于独龙江（贡山县独龙江乡段）；贡山县丙中洛乡、茨开镇；福贡县鹿马登乡；泸水市；腾冲市猴桥镇。14-3。

*38. 少花荚蒾 Viburnum oliganthum Batalin**

凭证标本：高黎贡山考察队 14862，22988。

常绿灌木或小乔木，高 6 m。生长于常绿阔叶林、秃杉-青冈林；海拔 1950～2770 m。

分布于贡山县茨开镇；泸水市片马镇、鲁掌镇；保山市芒宽乡。15-1。

39. 鳞斑荚蒾 Viburnum punctatum Buchanan-Hamilton ex D. Don

凭证标本：高黎贡山考察队 13418，23426。

常绿灌木或小乔木，高 9 m。生长于石柯-云南松林；海拔 1900 m。

分布于泸水市片马镇。7。

40. 亚高山荚蒾 Viburnum subalpinum Handel-Mazzetti

凭证标本：高黎贡山考察队 15317，24853。

落叶灌木，低于 1 m。生长于常绿阔叶林、石柯-冬青林、石柯-木荷林、石柯-桤木林、落叶阔叶林、针叶林、路边；海拔 1660～2400 m。

分布于独龙江（贡山县独龙江乡段）；贡山县茨开镇；福贡县匹河乡；泸水市片马镇、鲁掌镇；腾冲市明光镇、界头镇、猴桥镇、曲石镇、五合乡。14-4。

*41. 合轴荚蒾 Viburnum sympodiale** Graebner

凭证标本：刀志灵、崔景云 14327。

落叶灌木或小乔木，高达 10 m。生长于次生常绿阔叶林；海拔 2020 m。

分布于贡山县茨开镇。15-1。

*42. 腾越荚蒾 Viburnum tengyuehense** (W. W. Smith) P. S. Hsu-*Viburnum brachybotryum* Hemsley var. *tengyuehense* W. W. Smith

凭证标本：蔡希陶 59187；Forrest 8216。

落叶灌木，高 7 m。生长于林中；海拔 1500～2300 m。

分布于福贡县上帕镇；腾冲市。15-1。

43. 横脉荚蒾 Viburnum trabeculosum C. Y. Wu ex P. S. Hsu

凭证标本：刀志灵、崔景云 9430；高黎贡山考察队 13416。

落叶乔木，高达 8 m。生长于常绿阔叶林、铁杉-云杉林、潮湿处；海拔 1650～2790 m。

分布于福贡县石月亮乡；保山市芒宽乡。15-2-8。

44. 醉鱼草状六道木 Zabelia triflora (R. Brown) Makino-*Abelia triflora* R. Brown

凭证标本：冯国楣 7504；王启无 66687。

落叶灌木，高 1～2 m。生长于林中、灌丛、草地；海拔 1800～3500 m。

分布于贡山县丙中洛乡。14-3。

*45. 南方六道木 Zabelia dielsii** (Graebner) Makino-*Linnaea dielsii* Graebner

凭证标本：青藏队 9973。

落叶灌木，高 2～3 m。林中、灌丛、草地；海拔 1800 m。

分布于贡山县。15-1。

235. 败酱科 Valerianaceae

2 属 9 种，*3

*1. 墓头回 Patrinia heterophylla** Bunge

凭证标本：独龙江考察队 4111；高黎贡山考察队 15423。

多年生直立草本，高 15～100 cm。生长于山坡灌丛、路边；海拔 1380～1680 m。

分布于独龙江（贡山县独龙江乡段）；贡山县丙中洛乡、茨开镇、捧打乡；福贡县上帕镇。15-1。

2. 少蕊败酱 Patrinia monandra C. B. Clarke

凭证标本：独龙江考察队 5394；高黎贡山考察队 22233。

多年生草本，高 150～220 cm。生长于常绿阔叶林、灌丛；海拔 1350～1780 m。

分布于独龙江（贡山县独龙江乡段）；贡山县丙中洛乡、捧打乡、茨开镇；福贡县上帕镇。14-3。

* 3. 秀苞败酱 Patrinia speciosa Handel-Mazzetti

凭证标本：冯国楣 7674；高黎贡山考察队 32759。

多年生草本，高 8～30 cm。生长于高山草甸；海拔 3710～4003 m。

分布于独龙江（贡山县独龙江乡段）；贡山县丙中洛乡。15-1。

4. 髯毛缬草 Valeriana balbulata Diels

凭证标本：冯国楣 7770；高黎贡山考察队 16827。

多年生草本，高 5～25 cm。生长于杜鹃-箭竹灌丛；海拔 3080～3400 m。

分布于独龙江（察隅县日东乡段、贡山县独龙江乡段）；贡山县丙中洛乡。14-3。

* 5. 瑞香缬草 Valeriana daphniflora Handel-Mazzetti

凭证标本：高黎贡山考察队 31305，31468。

多年生草本，高 15～40 cm。生长于杜鹃灌丛、高山草甸；海拔 3980～4270 m。

分布于贡山县丙中洛乡。15-1。

6. 柔垂缬草 Valeriana flaccidissima Maximowicz

凭证标本：高黎贡山考察队 14370，21008。

多年生草本，高 20～80 cm。生长于常绿阔叶林、石柯-青冈林；海拔 1450～2737 m。

分布于贡山县丙中洛乡、捧打乡、茨开镇；福贡县架科底乡；泸水市鲁掌镇；保山市潞江镇。14-2。

7. 长序缬草 Valeriana hardwickii Wallich

凭证标本：独龙江考察队 4068；高黎贡山考察队 18670。

多年生草本，高 150 cm。生长于常绿阔叶林、针叶林、灌丛、林下、路旁、山坡、沼泽；海拔 1080～3450 m。

分布于独龙江（贡山县独龙江乡段）；贡山县丙中洛乡、捧打乡、茨开镇；福贡县马吉乡、石月亮乡、鹿马登乡、上帕镇；泸水市片马镇、洛本卓乡、鲁掌镇；保山市芒宽乡、潞江镇；腾冲市曲石镇、马站乡、芒棒镇、五合乡；龙陵县镇安镇。7。

8. 蜘蛛香 Valeriana jatamansi W. Jones

凭证标本：独龙江考察队 4964；高黎贡山考察队 30779。

多年生草本，高 20～70 cm。生长于常绿阔叶林、灌丛、高山草甸、河边、河谷、河滩、火烧地、林缘；海拔 1237～3450 m。

分布于独龙江（贡山县独龙江乡段）；贡山县丙中洛乡、捧打乡、茨开镇；福贡县石月亮乡、上帕镇；泸水市片马镇；腾冲市猴桥镇、五合乡；龙陵县镇安镇。14-3。

9. 缬草 Valeriana officinalis Linnaeus

凭证标本：高黎贡山考察队 27659。

多年生草本，高达 150 cm。生长于石柯-云南松林；海拔 1700 m。

分布于福贡县马吉乡。10。

236. 川续断科 Dipsacaceae

3 属 3 种

1. 大花刺参 Acanthocalyx nepalensis subsp. **delavayi**（Franchet）D. Y. Hong-*Morina delavayi* Franchet

凭证标本：独龙江考察队 11793；高黎贡山考察队 32768。

多年生草本，茎高 10～50 cm。生长于高山草甸；海拔 3900～4003 m。

分布于独龙江（贡山县独龙江乡段）；贡山县丙中洛乡。14-3。

2. 川续断 Dipsacus asper Wallich ex Candolle

凭证标本：独龙江考察队 193；高黎贡山考察队 33727。

多年生草本，高达 2 m。生长于常绿阔叶林、灌丛、山坡、河谷；海拔 1380～2250 m。

分布于独龙江（贡山县独龙江乡段）；贡山县丙中洛乡、捧打乡、茨开镇；福贡县马吉乡、鹿马登乡、上帕镇；泸水市片马镇、鲁掌镇；保山市芒宽乡；腾冲市曲石镇。14-4。

3. 双参 Triplostegia glandulifera Wallich ex Candolle

凭证标本：南水北调队 8641；高黎贡山考察队 28323。

多年生草本，高 15～40 cm。生长于常绿阔叶林、针叶林、灌丛；海拔 2130～3400 m。

分布于独龙江（贡山县独龙江乡段）；贡山县丙中洛乡、茨开镇；福贡县石月亮乡、上帕镇；泸水市片马镇、洛本卓乡。14-3。

238. 菊科 Asteraceae

73 属 277 种 7 种，[*]69，[**]25，[***]11，[+]23

[+]**1. 刺苞果 Acanthospermum hispidum** Candolle

凭证标本：独龙江考察队 015；高黎贡山考察队 9874。

一年生直立草本，高达 130 cm。生长于灌丛、田野边、河滩；海拔 850～950 m。

分布于泸水市六库镇。17。

2. 和尚菜 Adenocaulon himalaicum Edgeworth

凭证标本：青藏队 82-9862。

多年生直立草本，茎高 30～100 cm。生长于林缘、草坡、路边；海拔 1350 m。

分布于独龙江（贡山县独龙江乡段）。14-1。

3. 下田菊 Adenostemma lavenia (Linnaeus) Kuntze-*Verbesina lavenia* Linnaeus

凭证标本：独龙江考察队 132；高黎贡山考察队 20621。

一年生草本，高 30～100 cm。生长于常绿阔叶林、灌丛、河谷；海拔 1220～2240 m。

分布于独龙江（贡山县独龙江乡段）；贡山县丙中洛乡、茨开镇；福贡县马吉乡、上帕镇；泸水市片马镇、鲁掌镇；保山市芒宽乡、潞江镇；腾冲市界头镇、腾越镇、五合乡。5。

+4. 破坏草 Ageratina adenophora (Sprengel) R. M. King & H. Robinson-*Eupatorium adenophorum* Sprengel

凭证标本：高黎贡山考察队 14612，23459。

灌木或多年生草本，高 30～200 cm。生长于常绿阔叶林、河边；海拔 1175～2640 m。

分布于贡山县茨开镇；福贡县鹿马登乡、上帕镇；泸水市片马镇；龙陵县镇安镇。17。

+5. 藿香蓟 Ageratum conyzoides Linnaeus

凭证标本：独龙江考察队 378；高黎贡山考察队 33221。

一年生草本，50～100 cm。生长于常绿阔叶林、针叶林、灌丛、林下、路边、山坡、田野边、溪边、杂草；海拔 650～2000 m。

分布于独龙江（贡山县独龙江乡段）；贡山县丙中洛乡、捧打乡、茨开镇；福贡县匹河乡；泸水市片马镇、洛本卓乡、鲁掌镇；保山市芒宽乡、潞江镇；腾冲市腾越镇；五合乡。17。

6. 狭翅兔儿风 Ainsliaea apteroides (C. C. Chang) Y. C. Tseng-*Ainsliaea pteropoda* Candolle var. *apteroides* C. C. Chang

凭证标本：高黎贡山考察队 13438。

多年生草本，高 20～50 cm。生长于次生常绿阔叶林；海拔 2200 m。

分布于保山市芒宽乡。14-3。

**7. 黄毛兔儿风 Ainsliaea fulvipes J. F. Jeffrey & W. W. Smith-*Ainsliaea fulvioides* H. Chuang

凭证标本：怒江队 79087；高黎贡山考察队 27215。

多年生草本，高 15～45 cm。生长于灌丛；海拔 3460 m。

分布于独龙江（贡山县独龙江乡段）；贡山县丙中洛乡、茨开镇；福贡县鹿马登乡、上帕镇；泸水市片马镇；腾冲市曲石镇。15-2-3a。

*8. 长穗兔儿风 Ainsliaea henryi Diels

凭证标本：独龙江考察队 3271；高黎贡山考察队 30666。

多年生草本，高 10～80 cm。生长于常绿阔叶林、山坡灌丛、林下；海拔 2000～2950 m。

分布于独龙江（贡山县独龙江乡段）；泸水市片马镇、六库镇；保山市芒宽乡；腾冲市明光镇、界头镇、猴桥镇。15-1。

9. 宽叶兔儿风 Ainsliaea latifolia (D. Don) Schultz Bipontinus-*Liatris latifolia* D. Don

凭证标本：独龙江考察队 305；高黎贡山考察队 26475。

多年生草本，高 30～130 cm。生长于常绿阔叶林、针阔混交林、铁杉-云杉林、杜鹃-箭竹灌丛、河谷、林内、林下、林缘、路边，、山坡；海拔 1330～3050 m。

分布于独龙江（贡山县独龙江乡段）；贡山县丙中洛乡、茨开镇；福贡县石月亮乡、鹿马登乡、上帕镇；泸水市片马镇、洛本卓乡、鲁掌镇；保山市芒宽乡、潞江镇；腾冲市明光镇、界头镇、新华乡；龙陵县镇安镇。7。

10. 长柄兔儿风 Ainsliaea reflexa Merrill

凭证标本：横断山队 345；独龙江考察队 2120。

多年生草本，高 10～60 cm。生长于江边常绿阔叶林林中；海拔 1550 m。

分布于独龙江（贡山县独龙江乡段）；泸水市六库镇。7。

11. 细穗兔儿风 Ainsliaea spicata Vaniot

凭证标本：高黎贡山考察队 14589，22656。

多年生草本，高 20～60 cm。生长于常绿阔叶林、次生常绿阔叶林；海拔 1640～2485 m。

分布于贡山县丙中洛乡、捧打乡、茨开镇；福贡县鹿马登乡；泸水市片马镇；保山市潞江镇；腾冲市界头镇、曲石镇；龙陵县镇安镇。14-3。

*12. 云南兔儿风 Ainsliaea yunnanensis Franchet

凭证标本：独龙江考察队 784；高黎贡山考察队 20983。

多年生草本，高 20～70 cm。生长于常绿阔叶林、山坡灌丛、林下；海拔 1420～3200 m。

分布于独龙江（贡山县独龙江乡段）；贡山县茨开镇；泸水市片马镇；腾冲市界头镇、芒棒镇；龙陵县镇安镇。15-1。

*13a. 黄腺香青 Anaphalis aureopunctata Lingelsheim & Borza

凭证标本：高黎贡山考察队 15355，34169。

多年生草本，高达 20～50 cm。生长于常绿阔叶林、铁杉-冷杉林、杜鹃-箭竹灌丛、箭竹灌丛、山坡灌丛、高山草甸、路边；海拔 2200～3840 m。

分布于独龙江（贡山县独龙江乡段）；贡山县丙中洛乡、茨开镇；福贡县石月亮乡；泸水市片马镇、鲁掌镇；保山市芒宽乡；腾冲市曲石镇。15-1。

*13b. 黑鳞黄腺香青 Anaphalis aureopunctata var. **atrata** (Handel-Mazzetti) Handel-Mazzetti -*Anaphalis pterocaulon* var. *atrata* Handel-Mazzetti

凭证标本：冯国楣 7801；T. T. Yü 22566。

多年生草本，高达 20～51 cm。生长于高山草地、岩石坡；海拔 3000～4200 m。

分布于贡山县丙中洛乡。15-1。

*13c. 车前叶黄腺香青 Anaphalis aureopunctata var. **plantaginifolia** F. H. Chen

凭证标本：高黎贡山考察队 33780，33787。

多年生草本，茎高 20～52 cm。生长于铁杉-石柯林；海拔 3010 m。

分布于贡山县茨开镇。15-1。

14. 蛛毛香青 Anaphalis busua (Buchanan-Hamilton ex D. Don) Candolle-*Gnaphalium busua* Buchanan-Hamilton ex D. Don

凭证标本：高黎贡山考察队 10552，22581。

多年生直立草本，茎高 2～13 cm。生长于常绿阔叶林；海拔 1850～2480 m。

分布于贡山县丙中洛乡、茨开镇；福贡县上帕镇。14-3。

15. 旋叶香青 Anaphalis contorta (D. Don) J. D. Hooker-*Antennaria contorta* D. Don

凭证标本：高黎贡山考察队 10185，27954。

多年生草本，茎高 15～80 cm。生长于常绿阔叶林、针叶林、林下；海拔 1420～2940 m。

分布于独龙江（贡山县独龙江乡段）；贡山县捧打乡、茨开镇；泸水市片马镇、洛本卓乡、鲁掌镇；保山市潞江镇；腾冲市界头镇。14-3。

** 16. 苍山香青 Anaphalis delavayi (Franch.) Diels-*Gnaphalium delavayi* Franchet

凭证标本：蔡希陶 58078；碧江队 1143。

多年生直立草本，茎高 5～35 cm。生长于高山草地、林缘；海拔 3000～4000 m。

分布于独龙江（贡山县独龙江乡段）；贡山县茨开镇；福贡县上帕镇。15-2-3a。

17a. 珠光香青 Anaphalis margaritacea (Linnaeus) Bentham & J. D. Hooker-*Gnaphalium margaritaceum* Linnaeus

凭证标本：李恒、刀志灵、李嵘 483；高黎贡山考察队 34399。

多年生草本，茎高 30～100 cm。生长于常绿阔叶林、针叶林、灌丛、山坡、溪边潮湿草甸；海拔 1360～3350 m。

分布于独龙江（贡山县独龙江乡段）；贡山县茨开镇；福贡县上帕镇；泸水市片马镇、洛本卓乡、鲁掌镇；腾冲市马站乡。9。

17b. 线叶珠光香青 Anaphalis margaritacea var. angustifolia (Franchet & Savatier) Hayata-*Gnaphalium margaritaceum* var. *angustifolium* Franchet & Savatier

凭证标本：高黎贡山考察队 10359，30144。

多年生草本，茎高 30～60 cm。生长于常绿阔叶林、针叶林、路边、河边、林缘；海拔 1490～3020 m。

分布于独龙江（贡山县独龙江乡段）；贡山县茨开镇；泸水市片马镇、鲁掌镇；保山市潞江镇；龙陵县镇安镇。14-2。

17c. 黄褐珠光香青 Anaphalis margaritacea var. cinnamomea (Candolle) Herder ex Maximowicz-*Antennaria cinnamomea* Candolle

凭证标本：高黎贡山考察队 11963，31714。

多年生草本，高 70 cm。生长于常绿阔叶林、针叶林、高山草甸；海拔 2350～3930 m。

分布于独龙江（贡山县独龙江乡段）；贡山县丙中洛乡、茨开镇；福贡县石月亮乡、上帕镇；泸水市洛本卓乡；保山市潞江镇。14-3。

18a. 尼泊尔香青 Anaphalis nepalensis（Sprengel）Handel-Mazzetti -*Helichrysum nepalense* Sprengel

凭证标本：王启无 68459；高黎贡山考察队 31245。

多年生草本，高约 20 cm。生长于落叶阔叶林、冷杉-箭竹林、冷杉-云杉林、箭竹-白珠林、箭竹-杜鹃灌丛、高山草甸、湿地、溪边、潮湿处；海拔 2910～3940 m。

分布于独龙江（贡山县独龙江乡段）；贡山县丙中洛乡、茨开镇；福贡县石月亮乡；泸水市鲁掌镇。14-3。

*18b. 伞房尼泊尔香青 Anaphalis nepalensis var. **corymbosa**（Bureau & Franchet）Handel-Mazzetti -*Gnaphalium corymbosum* Bureau & Franchet

凭证标本：怒江队 1482；王启无 67287。

多年生草本，茎高 30～45 cm。生长于针叶林、高山草地、河边；海拔 3000～4000 m。

分布于独龙江（贡山县独龙江乡段）。15-1。

18c. 单头尼泊尔香青 Anaphalis nepalensis var. **monocephala**（Candolle）Handel-Mazzetti -*Anaphalis monocephala* Candolle

凭证标本：T. T. Yü 19880。

多年生草本，高不超过 6 cm。生长于河岸边、岩石边；海拔 3800～4100 m。

分布于独龙江（贡山县独龙江乡段）。14-3。

***19. 锐叶香青 Anaphalis oxyphylla Y. Ling & C. Shih

凭证标本：高黎贡山考察队 15021，34101。

多年生草本，高 16～30 cm。生长于常绿阔叶林、高山草甸；海拔 1950～3980 m。

分布于独龙江（贡山县独龙江乡段）；贡山县丙中洛乡、茨开镇；泸水市洛本卓乡。15-2-6。

20. 污毛香青 Anaphalis pannosa Handel-Mazzetti

凭证标本：T. T. Yü 22328；蔡希陶 58047。

多年生草本，高达 20 cm。生长于高山岩山坡；海拔 3800～4100 m。

分布于独龙江（贡山县独龙江乡段）；福贡县上帕镇。15-2-3。

*21. 红指香青 Anaphalis rhododastyla W. W. Smith

凭证标本：王启无 11485；高黎贡山考察队 15313。

多年生草本，高达 30 cm。生长于常绿阔叶林；海拔 2400 m。

分布于独龙江（贡山县独龙江乡段）。15-1。

22. 绿香青 Anaphalis viridis Cummins

凭证标本：T. T. Yü 19589。

多年生草本，茎高 4～8 cm。生长于高山草地、岩石坡；海拔 3000～4800 m。

分布于独龙江（贡山县独龙江乡段）。15-1。

23. 山黄菊 Anisopappus chinensis Hooker & Arnott

凭证标本：尹文清 60-1413。

一年生直立草本，高 40～100 cm。生长于林缘、草坡；海拔 2400 m 以下。

分布于腾冲市曲石镇。6。

24. 牛蒡 Arctium lappa Linnaeus

凭证标本：南水北调队 8024；高黎贡山考察队 33088。

多年生草本，高达 2 m。生长于次生常绿阔叶林、胡桃-漆树林；海拔 1570～1840 m。

分布于贡山县丙中洛乡；泸水市片马镇；保山市芒宽乡。10。

25. 艾 Artemisia argyi H. Léveillé & Vaniot

凭证标本：李恒、郭辉军、李正波、施晓春 17。

多年生草本，或亚灌木，高 80～250 cm。生长于地边；海拔 1500 m。

分布于保山市芒宽乡。14-2。

26. 牛尾蒿 Artemisia dubia Wallich ex Besser

凭证标本：独龙江考察队 664；高黎贡山考察队 32146。

亚灌木，高 80～180 cm。生长于常绿阔叶林、铁杉-云杉林、冷杉-箭竹林、灌丛、高山草甸、沼泽地、山坡、荒地；海拔 1340～3350 m。

分布于独龙江（贡山县独龙江乡段）；贡山县茨开镇；腾冲市芒棒镇。14-1。

27. 牡蒿 Artemisia japonica Thunberg

凭证标本：独龙江考察队 1013；高黎贡山考察队 15634。

多年生草本，高 50～130 cm。生长于常绿阔叶林、灌丛、河谷；海拔 1620～2200 m。

分布于独龙江（贡山县独龙江乡段）；贡山县丙中洛乡、茨开镇；福贡县上帕镇；腾冲市。14-1。

28. 野艾蒿 Artemisia lavandulifolia Candolle

凭证标本：高黎贡山考察队 21188。

多年生直立草本或灌木，高 50～200 cm。生长于常绿阔叶林；海拔 1350 m。

分布于独龙江（贡山县独龙江乡段）。14-2。

29. 魁蒿 Artemisia princeps Pampanini

凭证标本：高黎贡山考察队 20767，22554。

多年生草本，高 60～150 cm。生长于常绿阔叶林、杂草丛；海拔 1330～1860 m。

分布于独龙江（贡山县独龙江乡段）；贡山县丙中洛乡、茨开镇。14-2。

* 30. 粗茎蒿 Artemisia robusta (Pampanini) Y. Ling & Y. R. Ling-*Artemisia strongylocephala* Pampanini

凭证标本：冯国楣 7546；王启无 67327。

亚灌木，高 100～200 cm。生长于路边、灌木丛、林缘；海拔 1600～2300 m。

分布于独龙江（贡山县独龙江乡段）；贡山县丙中洛乡。15-1。

31. 灰苞蒿 Artemisia roxburghiana Besser

凭证标本：横断山队 469。

亚灌木，高 20～120 cm。生长于路边、山坡、草地；海拔 900 m。

分布于泸水市六库镇。14-3。

32. 宽叶山蒿 Artemisia stolonifera（Maximowicz）Komarov-*Artemisia vulgaris* var. *stolonifera* Maximowicz

凭证标本：T. T. Yü 20084；南水北调队 8146。

多年生草本，高 50～120 cm。生长于路边、山坡；海拔 1200 m。

分布于独龙江（贡山县独龙江乡段）；泸水市片马镇。14-2。

33. 毛莲蒿 Artemisia vestita Wallich ex Besser

凭证标本：李恒、刀志灵、李嵘 653。

亚灌木，高 50～120 cm。生长于次生常绿阔叶林；海拔 1900 m。

分布于独龙江（察隅县日东乡段）。14-2。

34a. 小舌紫菀 Aster albescens（Candolle）Wallich ex Handel-Mazzetti -*Aster cabulicus* Lindley

凭证标本：高黎贡山考察队 15262，34390。

直立灌木，高 30～400 cm。生长于常绿阔叶林、落叶阔叶林、铁杉-云杉林、冷杉-箭竹林、高山草甸；海拔 2400～3290 m。

分布于独龙江（贡山县独龙江乡段）；贡山县丙中洛乡、茨开镇。14-3。

ˣ34b. 无毛小舌紫菀 Aster albescens var. **glabratus**（Diels）Boufford ＆ Y. S. Chen-*Aster harrowianus* var. *glabratus* Diels

凭证标本：高黎贡山考察队 33801，34396。

直立灌木，高 30～400 cm。生长于铁杉-云杉林、冷杉-箭竹林；海拔 3030～3210 m。

分布于独龙江（贡山县独龙江乡段）；贡山县茨开镇。15-1。

34c. 柳叶小舌紫菀 Aster albescens var. **salignus**（Franchet）Handel-Mazzetti -*Inula cuspidata* var. *saligna* Franchet

凭证标本：T. T. Yü 22617；王启无 67082。

直立灌木，高 30～400 cm。生长于针叶林、灌丛；海拔 1900～3900 m。

分布于贡山县丙中洛乡、茨开镇。14-3。

ˣ35. 耳叶紫菀 Aster auriculatus Franch

凭证标本：T. T. Yü 22691；南水北调队 8599。

多年生直立草本，高 23～90 cm。生长于混交林、开阔地；海拔 1600～2800 m。

分布于贡山县丙中洛乡；福贡县匹河乡；腾冲市猴桥镇。15-1。

ˣ36. 线舌紫菀 Aster bietii Franchet

凭证标本：T. T. Yü 22789。

多年生草本，高 14～45 cm。生长于高山草地、悬崖边；海拔 3300 m。

分布于独龙江（贡山县独龙江乡段）。15-1。

37a. 褐毛紫菀 Aster fuscescens Bureau & Franchet

凭证标本：T. T. Yü 22820；高黎贡山考察队 32876。

多年生草本，高 15～120 cm。生长于常绿阔叶林、落叶阔叶林、箭竹-杜鹃灌丛、箭竹灌丛、高山草甸、石坡；海拔 2400～4080 m。

分布于独龙江（贡山县独龙江乡段）；贡山县丙中洛乡、茨开镇；福贡县石月亮乡、鹿马登乡、上帕镇。14-4。

＊37b. 少毛褐毛紫菀 Aster fuscescens var. **scaberoides** C. C. Chang

凭证标本：独龙江考察队 756；高黎贡山考察队 33862。

多年生草本，茎高达 45 cm。生长于常绿阔叶林、落叶阔叶林、针叶林、铁杉-冷杉林、杜鹃-箭竹林、灌丛、高山草甸、林缘；海拔 2500～3940 m。

分布于独龙江（贡山县独龙江乡段）；贡山县丙中洛乡、茨开镇。15-1。

38. 马兰 Aster indicus Linnaeus

凭证标本：尹文清 1238；高黎贡山考察队 29857。

多年生草本，高 30～70 cm。生长于常绿阔叶林；海拔 1630～2040 m。

分布于福贡县匹河乡；腾冲市曲石镇、和顺镇。14-4。

39. 宽苞紫菀 Aster latibracteatus Franchet

凭证标本：T. T. Yü 22798。

多年生草本，高 5～60 cm。生长于高山草地、山坡；海拔 2800 m。

分布于独龙江（贡山县独龙江乡段）。14-4。

＊40. 石生紫菀 Aster oreophilus Franchet

凭证标本：蔡希陶 57591，58073。

多年生草本，高 20～60 cm。生长于林缘、草地、路边；海拔 2200 m。

分布于福贡县。15-1。

＊41. 密叶紫菀 Aster pycnophyllus Franchet ex W. W. Smith

凭证标本：南水北调队 8475；高黎贡山考察队 15963。

多年生直立草本，茎高 30～60 cm。生长于白珠-箭竹林；海拔 3250 m。

分布于泸水市片马镇。15-1。

42. 怒江紫菀 Aster salwinensis Onno

凭证标本：高黎贡山考察队 12741，31441。

多年生草本，高 4～24 cm。生长于高山灌丛、高山草甸、沼泽地；海拔 3400～4160 m。

分布于独龙江（贡山县独龙江乡段）；贡山县丙中洛乡、茨开镇；福贡县石月亮乡、鹿马登乡。14-4。

* **43. 甘川紫菀 Aster smithianus** Handel-Mazzetti

凭证标本：T. T. Yü 10180。

直立半灌木或多年生木质草本，高 60～150 cm。生长于草地、河边；海拔 2800 m。

分布于独龙江（贡山县独龙江乡段）。15-1。

44. 三脉紫菀 Aster trinervius subsp. **ageratoides**（Turczaninow）Grierson-*Aster ageratoides* Turczaninow

凭证标本：T. T. Yü 20018；高黎贡山考察队 21956。

茎直立，高 40～100 cm。生长于常绿阔叶林、针叶林、溪边；海拔 1560～3120 m。

分布于独龙江（贡山县独龙江乡段）；贡山县丙中洛乡；泸水市片马镇、鲁掌镇；腾冲市界头镇。14-1。

45. 察瓦龙紫菀 Aster tsarungensis（Grierson）Y. Ling

凭证标本：王启无 64840；T. T. Yü 22574。

多年生直立草本，高 6～45 cm。生长于高山草地、河边；海拔 2600 m。

分布于独龙江（贡山县独龙江乡段）。15-1。

46. 秋分草 Aster verticillatus（Reinwardt）Brouillet

凭证标本：冯国楣 24708；高黎贡山考察队 33756。

多年生直立草本，高 5～150 cm。生长于常绿阔叶林、杜英-八角枫林、木荷-冬青林、钓樟-松林；海拔 1430～2410 m。

分布于贡山县丙中洛乡、捧打乡、茨开镇；保山市芒宽乡；腾冲市界头镇、曲石镇、芒棒镇、五合乡；龙陵县龙江乡。7。

\+ **47. 云木香 Aucklandia costus** Falconer

凭证标本：怒江队 0253。

多年生草本，高 40～200 cm。栽培。

分布于贡山县民大当垭口下。16。

48. 婆婆针 Bidens bipinnata Linnaeus

凭证标本：尹文清 1350；独龙江考察队 121。

一年生草本，高 15～150 cm 以上。生长于河谷；海拔 710 m。

分布于泸水市六库镇；腾冲市蒲川乡。8。

49. 鬼针草 Bidens pilosa Linnaeus

凭证标本：独龙江考察队 2005；高黎贡山考察队 22792。

一年生植物，茎高 30～180 cm。生长于常绿阔叶林、灌丛、河谷、路边、溪边；海拔 611～2050 m。

分布于独龙江（贡山县独龙江乡段）；贡山县丙中洛乡、茨开镇、普拉底乡；福贡县上帕镇；泸水市片马镇；保山市芒宽乡、潞江镇；腾冲市五合乡；龙陵县勐糯镇。2。

50. 狼把草 Bidens tripartita Linnaeus

凭证标本：蔡希陶 54963，58957。

一年生草本，高 10～150 cm。生长于路边；海拔 1200 m。

分布于泸水市。1。

51. 馥芳艾纳香 Blumea aromatica Candolle

凭证标本：高黎贡山考察队 14424，21877。

多年生草本，高 80～220 cm。生长于常绿阔叶林、次生常绿阔叶林；海拔 1390～1760 m。

分布于独龙江（贡山县独龙江乡段）；贡山县丙中洛乡、茨开镇；福贡县马吉乡、石月亮乡、上帕镇。14-3。

52. 毛毡草 Blumea hieraciifolia (Sprengel) Candolle-*Conyza hieraciifolia* Sprengel

凭证标本：怒江队 0210。

多年生直立草本，高 50～120 cm。生长于草地、路边；海拔 900 m。

分布于泸水市六库镇。7。

53. 薄叶艾纳香 Blumea hookeri C. B. Clarke ex J. D. Hook. f.

凭证标本：高黎贡山考察队 30144，30440。

多年生直立草本。生长于石柯-冬青林、杜鹃-壳斗林；海拔 2020～2080 m。

分布于腾冲市界头镇。14-3。

54. 千头艾纳香 Blumea lanceolaria (Roxburgh) Druce-*Conyza lanceolaria* Roxburgh

凭证标本：独龙江考察队 180。

多年生直立草本或亚灌木，高 100～250 cm。生长于河岸山坡灌丛；海拔 1600 m。

分布于贡山县茨开镇。7。

55. 东风草 Blumea megacephala (Randeria) C. C. Chang & Y. Q. Tseng-*Blumea riparia* Candolle var. *megacephala* Randeria

凭证标本：独龙江考察队 3910，4830。

亚灌木或灌木，多年生草本。生长于常绿阔叶林、河谷灌丛；海拔 1310～1500 m。

分布于独龙江（贡山县独龙江乡段）。14-2。

56. 长柄艾纳香 Blumea membranacea Candolle

凭证标本：独龙江考察队 1189。

一年生草本，高 70～100 cm。生长于灌丛；海拔 1250 m。

分布于独龙江（贡山县独龙江乡段）。7。

57. 假东风草 Blumea riparia Candolle

凭证标本：陈介 1061；高黎贡山考察队 23425。

攀缘灌木，茎高 50～250 cm。生长于常绿阔叶林、山茶-樟林、石柯-木荷林、石柯-云南松林、硬叶常绿阔叶林；海拔 1253～1900 m。

分布于福贡县鹿马登乡；泸水市片马镇；腾冲市界头镇、腾越镇、五合乡。5。

58. 六耳铃 Blumea sinuata (Loureiro) Merrill-*Gnaphalium sinuatum* Loureiro

凭证标本：高黎贡山考察队 13433，23524。

多年生草本，高 50～150 cm。生长于木荷-润楠林、次生常绿阔叶林；海拔 2160 m。

分布于保山市芒宽乡、潞江镇。5。

59. 丝毛飞廉 Carduus crispus Linnaeus

凭证标本：独龙江考察队 6096。

二年生或多年生草本，高 40～150 cm。生长于火烧地；海拔 2500 m。

分布于独龙江（贡山县独龙江乡段）。10。

60. 天名精 Carpesium abrotanoides Linnaeus

凭证标本：独龙江考察队 5831；高黎贡山考察队 34246。

多年生草本，茎高 50～100 cm。生长于常绿阔叶林、次生常绿阔叶林、灌丛、荒地、林下、路边；海拔 1330～2550 m。

分布于独龙江（贡山县独龙江乡段）；贡山县丙中洛乡、捧打乡、茨开镇；福贡县石月亮乡；泸水市片马镇、鲁掌镇；腾冲市界头镇、曲石镇、芒棒镇。10。

61. 烟管头草 Carpesium cernuum Linnaeus

凭证标本：李恒、刀志灵、李嵘 491；高黎贡山考察队 33698。

多年生直立草本，茎高 50～100 cm。生长于常绿阔叶林、针叶林、冷杉林、灌丛、杜鹃灌丛、河谷荒地、路边；海拔 850～3100 m。

分布于贡山县丙中洛乡、捧打乡、茨开镇、普拉底乡；福贡县石月亮乡、鹿马登乡、架科底乡、匹河乡；泸水市片马镇、六库镇；保山市潞江镇；腾冲市曲石镇；龙陵县龙江乡、镇安镇。5。

*62. 心叶天名精 Carpesium cordatum F. H. Chen & C. M. Hu

凭证标本：青藏队 82-8329；碧江队 1305。

多年生草本，茎高达 60 cm。生长于针叶林、草坡；海拔 2500～3000 m。

分布于独龙江（贡山县独龙江乡段）；福贡县。15-1。

63. 金挖耳 Carpesium divaricatum Siebold & Zuccarini

凭证标本：独龙江考察队 982；高黎贡山考察队 27636。

多年生草本，茎高 25～150 cm。生长于常绿阔叶林、石柯-木荷林、河岸常绿阔叶林、次生常绿阔叶林；海拔 1400～2100 m。

分布于独龙江（贡山县独龙江乡段）；福贡县马吉乡、上帕镇。14-2。

*64. 高原天名精 Carpesium lipskyi C. Winkler

凭证标本：高黎贡山考察队 32850。

多年生草本，茎高 35～70 cm。生长于高山草甸；海拔 3561 m。

分布于贡山县丙中洛乡。15-1。

*65. 长叶天名精 Carpesium longifolium F. H. Chen & C. M. Hu

凭证标本：施晓春、杨世雄 526；高黎贡山考察队 33627。

多年生草本，茎高 50～100 cm。生长于石柯-木荷林、潮湿山谷；海拔 1620～1790 m。

分布于贡山县茨开镇；保山市芒宽乡。15-1。

*66. 小金挖耳 Carpesium minus Hemsley

凭证标本：独龙江考察队 555；高黎贡山考察队 27748。

茎直立，高 10～30 cm。生长于常绿阔叶林、灌丛、河滩、江边；海拔 1300～1810 m。

分布于独龙江（贡山县独龙江乡段）；贡山县丙中洛乡；福贡县石月亮乡、上帕镇。15-1。

67a. 尼泊尔天名精 Carpesium nepalense Lessing

凭证标本：冯国楣 7124；施晓春 526。

茎直立，高 23～60 cm。生长于山地林中；海拔 1100～2200 m。

分布于独龙江（贡山县独龙江乡段）；保山市芒宽乡。14-3。

67b. 棉毛尼泊尔天名精 Carpesium nepalense var. **lanatum** (J. D. Hooker & Thomson ex C. B. Clarke) Kitamura-*Carpesium cernuum* var. *lanatum* J. D. Hooker & Thomson ex C. B. Clarke

凭证标本：尹文清 60-1069。

茎直立，高 23～60 cm。生长于山坡、路边；海拔 1100～2700 m。

分布于腾冲市曲石镇。14-3。

68. 粗齿天名精 Carpesium tracheliifolium Lessing

凭证标本：李恒、刀志灵、李嵘 521；高黎贡山考察队 33023。

多年生草本，茎高 30～50 cm。生长于常绿阔叶林、高山草甸、山脊、风口、开阔地、路边；海拔 1500～3340 m。

分布于独龙江（贡山县独龙江乡段）；贡山县丙中洛乡；保山市芒宽乡。14-3。

69. 暗花天名精 Carpesium triste Maximowicz

凭证标本：南水北调队 8129；高黎贡山考察队 22367。

多年生草本，茎高 40～100 cm。生长于常绿阔叶林、壳斗-樟林；海拔 1460～2700 m。

分布于独龙江（贡山县独龙江乡段）；贡山县丙中洛乡、茨开镇；福贡县石月亮乡；泸水市片马镇。14-2。

70. 石胡荽 Centipeda minima (Linnaeus) A. Braun & Ascherson-*Artemisia minima* Linnaeus

凭证标本：高黎贡山考察队 14084。

多年生草本，茎高 80 cm。生长于次生常绿阔叶林；海拔 1440 m。

分布于保山市芒宽乡。5。

⁺71. 飞机草 Chromolaena odorata（Linnaeus）R. M. King & H. Robinson-*Eupatorium odoratum* Linnaeus

凭证标本：独龙江考察队 095；高黎贡山考察队 17550。

多年生草本，茎高 1～3 m。生长于甘蔗地旁、杂草植被、怒江河边；海拔 600～1210 m。

分布于泸水市六库镇；保山市潞江镇；龙陵县镇安镇。17。

*72. 灰蓟 Cirsium botryodes Petrak

凭证标本：李生堂 80～486；高黎贡山考察队 17313。

多年生草本，高 50～100 cm。生长于常绿阔叶林；海拔 2011～2400 m。

分布于保山市潞江镇；腾冲市明光镇；龙陵县龙江乡。15-1。

73. 贡山蓟 Cirsium eriophoroides（J. D. Hooker）Petrak-*Cnicus eriophoroides* J. D. Hooker

凭证标本：高黎贡山考察队 15268，34366。

多年生草本，高 1～3 m。生长于常绿阔叶林、次生常绿阔叶林、冷杉-落叶松林、针叶林、冷杉-箭竹林、高山草甸、河滩、林缘；海拔 1770～3620 m。

分布于独龙江（贡山县独龙江乡段）；贡山县丙中洛乡、茨开镇；福贡县石月亮乡、鹿马登乡；泸水市鲁掌镇。14-3。

*74. 骆骑 Cirsium handelii Petrak

凭证标本：高黎贡山考察队 12079，33633。

多年生草本，高 170 cm。生长于常绿阔叶林、杜鹃-云南松林；海拔 1510～2400 m。

分布于独龙江（贡山县独龙江乡段）；贡山县丙中洛乡、茨开镇；福贡县上帕镇。15-1。

*75. 披裂蓟 Cirsium interpositum Petrak

凭证标本：独龙江考察队 1060；高黎贡山考察队 34273。

多年生草本，高 200～250 cm。生长于常绿阔叶林、次生常绿阔叶林、八角枫-杜英林、灌丛、河岸、荒地；海拔 1445～2280 m。

分布于独龙江（贡山县独龙江乡段）；贡山县丙中洛乡、茨开镇；福贡县上帕镇；泸水市片马镇。15-1。

**76. 丽江蓟 Cirsium lidjiangense Petrak & Handel-Mazzetti

凭证标本：高黎贡山考察队 33799。

多年生草本，高 70～120 cm。生长于铁杉-云杉林；海拔 3030 m。

分布于贡山县茨开镇。15-2-3a。

77. 牛口蓟 Cirsium shansiense Petrak

凭证标本：南水北调队 8594；高黎贡山考察队 12838。

多年生草本，高 30～150 cm。生长于云南松林、次生林；海拔 1510～1930 m。

分布于贡山县丙中洛乡、茨开镇；福贡县上帕镇、匹河乡；腾冲市曲石镇、马站乡、腾越镇。14-3。

***78. 钻苞蓟 Cirsium subulariforme** C. Shih

凭证标本：独龙江考察队 6393；高黎贡山考察队 31527。

多年生直立草本，高 150～200 cm。生长于高山草甸、河滩；海拔 2200～4160 m。

分布于独龙江（贡山县独龙江乡段）；贡山县丙中洛乡。15-1。

79. 尼泊尔藤菊 Cissampelopsis buimalia（Buchanan-Hamilton ex D. Don）C. Jeffrey & Y. L. Chen-*Senecio buimalia* Buchanan-Hamilton ex D. Don

凭证标本：Forrest 9521。

亚灌木或大型攀缘草本，长 3～5 m。生长于灌丛中；海拔 2100 m。

分布于腾冲市。14-3。

80. 革叶藤菊 Cissampelopsis corifolia C. Jeffrey & Y. L. Chen

凭证标本：独龙江考察队 1697；高黎贡山考察队 22303。

亚灌木或大型攀缘草本，高 3～7 m。生长于常绿阔叶林、秃杉-青冈林、灌丛、荒地、林缘、箐沟；海拔 1340～2350 m。

分布于独龙江（贡山县独龙江乡段）；贡山县丙中洛乡、茨开镇；福贡县鹿马登乡、上帕镇；腾冲市界头镇、曲石镇；龙陵县镇安镇。14-3。

****81. 腺毛藤菊 Cissampelopsis glandulosa** C. Jeffrey & Y. L. Chen

凭证标本：高黎贡山考察队 13122。

亚灌木或大型攀缘草本，生长于次生常绿阔叶林；海拔 2050 m。

分布于保山市潞江镇。15-2-1。

82. 藤菊 Cissampelopsis volubilis（Blume）Miquel-*Cacalia volubilis* Blume

凭证标本：施晓春、杨世雄 332。

亚灌木或大型攀缘草本，3 m 或更长。生长于林中、灌丛中；海拔 2100 m。

分布于腾冲市芒棒镇。14-3。

+**83. 秋英 Cosmos bipinnatus** Cavanilles

凭证标本：高黎贡山考察队 15915。

高 30～200 cm。生长于常绿阔叶林；海拔 1620 m。

分布于贡山县茨开镇。17。

+**84. 野茼蒿 Crassocephalum crepidioides**（Bentham）S. Moore-*Gynura crepidioides* Bentham

凭证标本：独龙江考察队 2026；高黎贡山考察队 20794。

多年生草本，高 20～120 cm。生长于常绿阔叶林、木荷-润楠林、耕地、河滩、林缘、路边、田埂、杂草丛、沼泽地；海拔 600～2650 m。

分布于独龙江（贡山县独龙江乡段）；贡山县丙中洛乡、茨开镇；福贡县石月亮乡、鹿马登乡、上帕镇；泸水市片马镇、洛本卓乡、鲁掌镇、六库镇；保山市芒宽乡、潞江镇；腾冲市马站乡、腾越镇。17。

*85. 珠芽垂头菊 Cremanthodium bulbilliferum W. W. Smith

凭证标本：李恒、刀志灵、李嵘 511；高黎贡山考察队 31644。

多年生草本，高 8～25 cm。生长于高山草甸；海拔 3200～4270 m。

分布于贡山县丙中洛乡、茨开镇。15-1。

*86. 柴胡叶垂头菊 Cremanthodium bupleurifolium W. W. Smith

凭证标本：T. T. Yü 19764；王启无 67279。

多年生草本，茎高 20～40 cm。生长于高山草地；海拔 3500～4100 m。

分布于独龙江（贡山县独龙江乡段）。15-1。

87a. 钟花垂头菊 Cremanthodium campanulatum Diels

凭证标本：T. T. Yü 19780；高黎贡山考察队 28517。

多年生草本，茎高 10～30 cm。生长于杜鹃-箭竹灌丛、高山草甸；海拔 3700～3840 m。

分布于贡山县茨开镇；福贡县石月亮乡、鹿马登乡。14-4。

**87b. 短毛钟花垂头菊 Cremanthodium campanulatum var. brachytrichum Y. Ling & S. W. Liu

凭证标本：Rock22717。

多年生草本，茎高 10～30 cm。生长于高山草地；海拔 4300 m。

分布于福贡县上帕镇。15-2-3a。

***88. 细裂垂头菊 Cremanthodium dissectum Grierson

凭证标本：T. T. Yü 20055；高黎贡山考察队 34150。

多年生草本，茎高 25～40 cm。生长于石柯-木荷林；海拔 2550 m。

分布于独龙江（贡山县独龙江乡段）；贡山县茨开镇。15-2-6。

89. 车前叶垂头菊 Cremanthodium ellisii (J. D. Hooker) Kitamura

凭证标本：T. T. Yü 9117。

多年生草本，茎高 6～60 cm。生长于高山草地；海拔 3500 m。

分布于独龙江（贡山县独龙江乡段）。14-3。

90. 红花垂头菊 Cremanthodium farreri W. W. Smith

凭证标本：Rock 21967；南水北调队 8803。

多年生草本，茎高 30～47 cm。生长于高山草地；海拔 4000 m。

分布于独龙江（察隅县日东乡段）；福贡县上帕镇。14-4。

***91. 矢叶垂头菊 Cremanthodium forrestii Jeffrey

凭证标本：南水北调队 8803；高黎贡山考察队 31322。

多年生草本，茎高 10～30 cm。生长于杜鹃-箭竹灌丛、高山草甸；海拔 3560～3980 m。

分布于独龙江（贡山县独龙江乡段）；贡山县丙中洛乡、茨开镇；福贡县上帕镇。

15-2-6。

*** **92. 福贡垂头菊 Cremanthodium fugongense** H. Li

凭证标本：高黎贡山考察队 26386，26860。

多年生草本，茎高 15～17 cm。生长于冷杉疏林、箭竹-杜鹃灌丛、箭竹灌丛、湿草甸；海拔 3040～3700 m。

分布于福贡县石月亮乡、鹿马登乡。15-2-6。

* **93. 向日垂头菊 Cremanthodium helianthus** (Franchet) W. W. Smith-*Senecio helianthus* Franchet

凭证标本：高黎贡山考察队 31405。

多年生草本，茎高 7～56 cm。生长于高山草甸；海拔 3880 m。

分布于贡山县丙中洛乡。15-1。

* **94. 条叶垂头菊 Cremanthodium lineare** Maximowicz

凭证标本：高黎贡山考察队 16959，34545。

多年生草本，茎高 45 cm。生长于杜鹃-箭竹、灌丛、高山草甸、湿地植被、溪边潮湿草甸；海拔 3280～3980 m。

分布于独龙江（贡山县独龙江乡段）；贡山县丙中洛乡、茨开镇。15-1。

* **95. 叶状柄垂头菊 Cremanthodium phyllodineum** S. W. Liu

凭证标本：高黎贡山考察队 26420。

多年生草本，高 35～60 cm。生长于杜鹃-箭竹灌丛；海拔 3640 m。

分布于福贡县鹿马登乡。15-1。

96. 肾叶垂头菊 Cremanthodium reniforme (Candolle) Bentham-*Ligularia reniformis* Candolle

凭证标本：T. T. Yü 19783；高黎贡山考察队 28709。

多年生草本，高 30～40 cm。生长于杜鹃-箭竹灌丛、高山草甸；海拔 3630～3650 m。

分布于福贡县石月亮乡、鹿马登乡。14-3。

* **97. 长柱垂头菊 Cremanthodium rhodocephalum** Diels

凭证标本：冯国楣 7704；高黎贡山考察队 31658。

多年生草本，高 8～33 cm。生长于高山草甸、山坡；海拔 3620～4570 m。

分布于贡山县丙中洛乡；福贡县鹿马登乡。15-1。

98. 紫茎垂头菊 Cremanthodium smithianum Handel-Mazzetti

凭证标本：高黎贡山考察队 31315。

多年生草本，茎高 10～25 cm。生长于高山草甸；海拔 3980 m。

分布于贡山县丙中洛乡。14-4。

* **99. 木里垂头菊 Cremanthodium suave** W. W. Smith

凭证标本：高黎贡山考察队 33186，33200。

多年生草本，茎高 20～40 cm。生长于冷杉-云杉林；海拔 3010 m。

分布于贡山县茨开镇。15-1。

***100. 变叶垂头菊 Cremanthodium variifolium** R. D. Good

凭证标本：T. T. Yü 20671；高黎贡山考察队 16865。

多年生草本，高 8～25 cm。生长于杜鹃-箭竹灌丛；海拔 3400 m。

分布于贡山县丙中洛乡、茨开镇。15-1。

101. 杯菊 Cyathocline purpurea（Buchanan-Hamilton ex D. Don）Kuntze-*Tanacetum purpureum* Buchanan-Hamilton ex D. Don

凭证标本：李恒、郭辉军、李正波、施晓春 031；高黎贡山考察队 10464。

一年生直立草本，高 10～36 cm。生长于田埂、杂草丛；海拔 600～960 m。

分布于泸水市六库镇；保山市潞江镇。14-3。

102. 小鱼眼草 Dichrocephala benthamii C. B. Clarke

凭证标本：独龙江考察队 930；高黎贡山考察队 22717。

一年生草本，高 75 mm。生长于常绿阔叶林、灌丛、河滩、草地；海拔 950～2160 m。

分布于独龙江（贡山县独龙江乡段）；贡山县丙中洛乡、茨开镇；福贡县上帕镇；泸水市片马镇、六库镇；保山市潞江镇；腾冲市界头镇；龙陵县镇安镇。14-3。

103. 菊叶鱼眼草 Dichrocephala chrysanthemifolia（Blume）Candolle-*Cotula chrysanthemifolia* Blume

凭证标本：独龙江考察队 1661；高黎贡山考察队 23286。

一年生草本，高 8 cm。生长于常绿阔叶林、灌丛；海拔 1300～1950 m。

分布于独龙江（贡山县独龙江乡段）；泸水市片马镇。4。

104. 鱼眼草 Dichrocephala integrifolia（Linnaeus f.）Kuntze-*Hippia integrifolia* Linnaeus f.

凭证标本：高黎贡山考察队 13803，25835。

一年生草本，茎高 12～55 cm。生长于常绿阔叶林、路边、溪边；海拔 1238～3120 m。

分布于独龙江（贡山县独龙江乡段）；贡山县丙中洛乡、茨开镇；福贡县马吉乡、鹿马登乡、匹河乡；泸水市片马镇、洛本卓乡、鲁掌镇；保山市潞江镇；腾冲市界头镇；龙陵县龙江乡。6。

***105. 重羽菊 Diplazoptilon picridifolium**（Handel-Mazzetti）Y. Ling-*Jurinea picridifolia* Handel-Mazzetti

凭证标本：高黎贡山考察队 15265，34486。

多年生直立草本，高 3～9 cm。生长于杜鹃-箭竹灌丛、高山草甸、高山潮湿草甸；海拔 2900～4270 m。

分布于独龙江（贡山县独龙江乡段）；贡山县丙中洛乡、茨开镇；福贡县石月亮乡、鹿马登乡。15-1。

106. 怒江川木香 Dolomiaea salwinensis（Handel-Mazzetti）C. Shih-*Jurinea salwinensis* Handel-Mazzetti

凭证标本：T. T. Yü 19274；高黎贡山考察队 31577。

多年生草本，高 4～10 cm。生长于高山草甸；海拔 3770 m。

分布于独龙江（贡山县独龙江乡段）；贡山县丙中洛乡。14-4。

107. 阿尔泰多郎菊 Doronicum altaicum Pallas

凭证标本：T. T. Yü 19356，20809。

多年生直立草本，茎高 20～80 cm。生长于山坡林下；海拔 2300～2500 m。

分布于独龙江（贡山县独龙江乡段）。14-4。

*****108. 西藏多榔菊 Doronicum calotum**（Diels）Q. Yuan-*Cremanthodium calotum* Diels

凭证标本：青藏队 8772；高黎贡山考察队 31633。

多年生直立草本，茎高 6～75 cm。生长于高山草甸；海拔 3900～4030 m。

分布于独龙江（贡山县独龙江乡段）；贡山县丙中洛乡。15-1。

***** **109. 棕毛厚喙菊 Dubyaea amoena**（Handel-Mazzetti）Stebbins-*Lactuca amoena* Handel-Mazzetti

凭证标本：冯国楣 23352；高黎贡山考察队 31513。

多年生植物，高 7 cm。生长于杜鹃-箭竹灌丛、高山草甸；海拔 3470～4270 m。

分布于独龙江（贡山县独龙江乡段）；贡山县丙中洛乡、茨开镇。15-2-6。

110. 紫花厚喙菊 Dubyaea atropurpurea Stebbins-*Lactuca atropurpurea* Franchet

凭证标本：T. T. Yü 20365；高黎贡山考察队 26817。

多年生直立草本，高 30～120 cm。生长于常绿阔叶林、云杉-铁杉林、灌丛、高山草甸；海拔 3030～3800 m。

分布于独龙江（贡山县独龙江乡段）；贡山县丙中洛乡、茨开镇；福贡县石月亮乡。14-4。

*****111. 矮小厚喙菊 Dubyaea gombalana**（Handel-Mazzetti）Stebbins-*Lactuca gombalana* Handel-Mazzetti

凭证标本：Forrest 22793；高黎贡山考察队 31214。

多年生植物，高 10 cm。生长于高山草甸；海拔 3470 m。

分布于独龙江（贡山县独龙江乡段）；贡山县丙中洛乡。15-1。

*****112. 长柄厚喙菊 Dubyaea rubra** Stebbins-*Dubyaea muliensis* C. Shih

凭证标本：高黎贡山考察队 25742，27190。

多年生直立草本，高 30～60 cm。生长于常绿阔叶林、针叶林；海拔 2130～2950 m。

分布于福贡县鹿马登乡；泸水市洛本卓乡。15-1。

113. 察隅厚喙菊 Dubyaea tsarongensis（W. W. Smith）Stebbins-*Lactuca tsarongensis* W. W. Smith

凭证标本：Forrest 16871；T. T. Yü 19832。

多年生草本，高 6～30 cm。生长于高山草地；海拔 2500～4100 m。

分布于独龙江（贡山县独龙江乡段）。14-4。

114. 羊耳菊 Duhaldea cappa（Buchanan-Hamilton ex D. Don）Pruski & Anderberg-*Conyza cappa* Buchanan-Hamilton ex D. Don

凭证标本：南水北调队 10433；蔡希陶 58829。

灌木，高 70～200 cm。生长于山坡、路边；海拔 1800～2600 m。

分布于福贡县上帕镇；泸水市鲁掌镇；腾冲市曲石镇。14-3。

115. 泽兰羊耳菊 Duhaldea eupatorioides（Candolle）Steetz-*Inula eupatorioides* Candolle

凭证标本：独龙江考察队 5383；李恒、郭辉军、李正波、施晓春 109。

灌木，高 1～2 m。生长于河岸常绿阔叶林、灌丛、火烧地；海拔 1400～1600 m。

分布于独龙江（贡山县独龙江乡段）；保山市芒宽乡。14-3。

116. 显脉旋覆花 Duhaldea nervosa（Wallich ex Candolle）Anderberg-*Inula nervosa* Wallich ex Candolle

凭证标本：尹文清 60-1441；怒江队 790378。

块茎近草质，茎长 20～100 cm。生长于草地、灌丛；海拔 1000～2600 m。

分布于贡山县茨开镇；腾冲市蒲川乡。14-3。

* **117. 翼茎羊耳菊 Duhaldea pterocaula**（Franchet）Anderberg-*Inula nervosa* Wallich ex Candolle

凭证标本：Delavayi 4594；冯国楣 2074。

多年生草本或半灌木，茎高 60～100 cm。生长于灌丛、草地；海拔 2000～2800 m。

分布于独龙江（贡山县独龙江乡段）。15-1。

118. 滇南羊耳菊 Duhaldea wissmanniana（Handel-Mazzetti）Anderberg-*Inula wissmanniana* Handel-Mazzetti

凭证标本：李恒、郭辉军、李正波、施晓春 101；高黎贡山考察队 27657。

直立亚灌木，高约 1 m。生长于常绿阔叶林；海拔 1800 m。

分布于保山市芒宽乡。14-4。

+**119. 鳢肠 Eclipta prostrata**（Linnaeus）Linnaeus-*Verbesina prostrata* Linnaeus

凭证标本：高黎贡山考察队 14087，26201。

一年生直立草本，茎高 60～100 cm。生长于常绿阔叶林、水田边；海拔 611～1520 m。

分布于福贡县石月亮乡、鹿马登乡、上帕镇；泸水市洛本卓乡、六库镇；保山市芒宽乡、潞江镇；腾冲市曲石镇；龙陵县镇安镇、勐糯镇。16。

120. 地胆草 Elephantopus scaber Linnaeus

凭证标本：独龙江考察队 318；高黎贡山考察队 25201。

多年生直立草本，高 20～60 cm。生长于常绿阔叶林、云南松林、次生常绿阔叶林、针叶林、耕地旁、河边草丛；海拔 1100～1748 m。

分布于独龙江（贡山县独龙江乡段）；保山市芒宽乡；腾冲市界头镇、曲石镇、五合乡；龙陵县镇安镇。2。

121. 小一点红 Emilia prenanthoidea Candolle

凭证标本：高黎贡山考察队 10901，11219。

一年生草本，高 30～90 cm。生长于云南松林、次生常绿阔叶林；海拔 1500～1670 m。

分布于腾冲市界头镇、曲石镇、清水乡。7。

122. 一点红 Emilia sonchifolia（Linnaeus）Candolle-*Cacalia sonchifolia* Linnaeus

凭证标本：高黎贡山考察队 10900，31032。

一年生草本，茎高 25～40 cm。生长于常绿阔叶林、针叶林、灌丛；海拔 600～1870 m。

分布于泸水市鲁掌镇、六库镇、上江乡；保山市芒宽乡、潞江镇；腾冲市清水乡、芒棒镇、五合乡；龙陵县镇安镇。2。

123. 沼菊 Enydra fluctuans Loureiro

凭证标本：高黎贡山考察队 23576。

多年生草本，茎高 50～80 cm。生长于河滩石上；海拔 686 m。

分布于保山市潞江镇。5。

+**124. 梁子菜 Erechtites hieraciifolius**（Linnaeus）Rafinesque ex Candolle-*Senecio hieraciifolius* Linnaeus

凭证标本：高黎贡山考察队 23611。

一年生直立草本，茎高 40～100 cm。生长于硬叶常绿阔叶林；海拔 611 m。

分布于龙陵县勐糯镇。16。

+**125. 一年蓬 Erigeron annuus**（Linnaeus）Persoon-*Aster annuus* Linnaeus

凭证标本：高黎贡山考察队 12841。

一年生直立草本，高 10～150 cm。生长于次生植被；海拔 1510～1570 m。

分布于贡山县茨开镇。17。

+**126. 香丝草 Erigeron bonariensis** Linnaeus

凭证标本：怒江队 1806；高黎贡山考察队 14167。

一年生或二年生草本，高 10～50 cm。生长于次生常绿阔叶林；海拔 1458 m。

分布于贡山县茨开镇；福贡县石月亮乡。17。

*+**127. 短葶飞蓬 Erigeron breviscapus**（Vaniot）Handel-Mazzetti -*Aster breviscapus* Vaniot

凭证标本：高黎贡山考察队 29460。

一年生草本，高 1～50 cm。生长于针叶林；海拔 1940 m。

分布于腾冲市界头镇。15-1。

+**128. 小蓬草 Erigeron canadensis** Linnaeus

凭证标本：李恒、刀志灵、李嵘 628；高黎贡山考察队 22186。

一年生直立草本，高 50～100 cm。生长于常绿阔叶林、灌丛、河边；海拔 890～

2000 m。

分布于独龙江（贡山县独龙江乡段）；贡山县丙中洛乡、捧打乡、茨开镇；福贡县上帕镇；泸水依地坝；保山市芒宽乡；龙陵县镇安镇。17。

*129. 俅江飞蓬 Erigeron kiukiangensis Y. Ling & Y. L. Chen

凭证标本：王启无 67189；独龙江考察队 5596。

多年生草本，高 55 cm。生长于云南松林；海拔 1900 m。

分布于独龙江（贡山县独龙江乡段）；贡山县丙中洛乡。15-1。

***130. 贡山飞蓬 Erigeron kunshanensis Y. Ling & Y. L. Chen

凭证标本：青藏队 9889；T. T. Yü 20805。

多年生直立草本，高 10～20 cm。生长于高山草地、岩石坡；海拔 3000～3800 m。

分布于贡山县丙中洛乡。15-2-6。

131. 密叶飞蓬 Erigeron multifolius Handel-Mazzetti

凭证标本：T. T. Yü 22876；高黎贡山考察队 32895。

多年生草本，高 3～25 cm。生长于高山草甸；海拔 2881～3880 m。

分布于独龙江（贡山县独龙江乡段）；贡山县丙中洛乡。15-2-3a。

\+132. 苏门白酒草 Erigeron sumatrensis Retzius

凭证标本：碧江队 1546；南水北调队 8097。

一年生或二年生直立草本，高 80～150 cm。生长于路边、河边；海拔 1200～2600 m。

分布于独龙江（贡山县独龙江乡段）；泸水市片马镇。17。

133. 白酒草 Eschenbachia japonica (Thunberg) J. Koster-*Erigeron japonicus* Thunberg

凭证标本：无号。

多年生草本，高 15～45 cm。生长于常绿阔叶林、灌丛、路边；海拔 1237～1960 m。

分布于独龙江（贡山县独龙江乡段）；贡山县茨开镇；福贡县匹河乡；保山市潞江镇；腾冲片马镇、马站乡；龙陵县镇安镇。14-1。

134. 粘毛白酒草 Eschenbachia leucantha (D. Don) Brouillet-*Erigeron leucanthus* D. Don

凭证标本：独龙江考察队 6776。

一年生直立草本，高 40～200 cm。生长于河岸林；海拔 1310 m。

分布于独龙江（贡山县独龙江乡段）。5。

135. 异叶泽兰 Eupatorium heterophyllum Candolle

凭证标本：冯国楣 7114；高黎贡山考察队 33996。

多年生草本，高 1～2 m。生长于常绿阔叶林、灌丛、杂草植被；海拔 1420～2940 m。

分布于独龙江（贡山县独龙江乡段）；贡山县丙中洛乡、捧打乡、茨开镇、普拉底乡；福贡县鹿马登乡。14-3。

136. 白头婆 Eupatorium japonicum Thunberg

凭证标本：冯国楣 7102；高黎贡山考察队 23220。

多年生草本，高 50～200 cm。生长于常绿阔叶林、石柯-云南松林、云南松林、灌丛、江边草坡、林下、路边、岩石上；海拔 1080～1950 m。

分布于贡山县丙中洛乡、捧打乡、茨开镇；福贡县马吉乡、石月亮乡、上帕镇；泸水市片马镇、鲁掌镇；保山市芒宽乡；腾冲市明光镇、曲石镇；龙陵县镇安镇。14-2。

⁺137. 牛膝菊 Galinsoga parviflora Cavanilles

凭证标本：独龙江考察队 1150；高黎贡山考察队 22733。

一年生草本，高 4～60 cm。生长于常绿阔叶林、石柯-木荷林、木荷-钓樟林、次生常绿阔叶林、灌丛、荒地、路边、杂草植被、菜地、草地；海拔 710～3000 m。

分布于独龙江（贡山县独龙江乡段）；贡山县丙中洛乡、茨开镇；福贡县石月亮乡、上帕镇；泸水市片马镇、洛本卓乡、六库镇；保山市芒宽乡；龙陵县镇安镇。17。

138. 匙叶合冠鼠麴草 Gamochaeta pensylvanica（Willdenow）Cabrera-*Gnaphalium pensylvanicum* Willdenow

凭证标本：高黎贡山考察队 13709，29691。

一年生草本，茎高 10～50 cm。生长于常绿阔叶林、稻田边；海拔 702～1730 m。

分布于泸水市六库镇；保山市芒宽乡；腾冲市腾越镇。1。

⁺139. 南茼蒿 Glebionis segetum（Linnaeus）Fourreau-*Chrysanthemum segetum* Linnaeus

凭证标本：高黎贡山考察队 s. n.。

一年生直立草本，高 20～60 cm。栽培。

分布于各地栽培。16。

⁺140. 茼蒿 Glebionis coronaria（Linnaeus）Cassini ex Spach-*Chrysanthemum coronarium* Linnaeus

凭证标本：高黎贡山考察队 s. n.。

一年生直立草本，茎高 70 cm。栽培。

分布于各地栽培。16。

141. 木耳菜 Gynura cusimbua（D. Don）S. Moore-*Cacalia cusimbua* D. Don

凭证标本：独龙江考察队 831；高黎贡山考察队 21818。

多年生草本，高 150～300 cm。生长于常绿阔叶林、石柯-木荷林、河岸常绿阔叶林、次生常绿阔叶林、灌丛、阴湿处、林下、林缘、溪边；海拔 1350～2610 m。

分布于独龙江（贡山县独龙江乡段）；贡山县丙中洛乡、茨开镇；福贡县马吉乡、鹿马登乡；泸水市片马镇、鲁掌镇；保山市芒宽乡、潞江镇；腾冲市芒棒镇；龙陵县龙江乡、镇安镇。14-3。

142. 菊三七 Gynura japonica（Thunb.）Juel-*Senecio japonicus* Thunberg

凭证标本：青藏队 82-7290；高黎贡山考察队 21076。

多年生直立草本，高 60～100 cm 或更高。生长于常绿阔叶林；海拔 1400 m。

分布于福贡县上帕镇。14-1。

⁺143. 向日葵 Helianthus annuus Linnaeus

凭证标本：高黎贡山考察队 s. n.。

一年生直立草本，高 100～300 cm。栽培。

分布于各地栽培。16。

⁺144. 菊芋 Helianthus tuberosus Linnaeus

凭证标本：高黎贡山考察队 27657。

多年生草本，高 50～200 cm。生长于石柯-云南松林；海拔 1700 m。

分布于福贡县马吉乡。16。

145. 泥胡菜 Hemisteptia lyrata（Bunge）Fischer & C. A. Meyer-*Cirsium lyratum* Bunge

凭证标本：青藏队 7881；高黎贡山考察队 12839。

一年生草本，高 20～150 cm。生长于次生林；海拔 1510～1570 m。

分布于独龙江（贡山县独龙江乡段）；贡山县茨开镇。5。

146. 三角叶须弥菊 Himalaiella deltoidea（Candolle）Raab-Straube-*Aplotaxis deltoidea* Candolle

凭证标本：高黎贡山考察队 12353，27057。

二年生直立草本，高 60～300 cm。生长于常绿阔叶林、次生常绿阔叶林、灌丛、河滩、林缘、林下、溪边、杂草植被；海拔 1350～3120 m。

分布于独龙江（贡山县独龙江乡段）；贡山县茨开镇；福贡县鹿马登乡；泸水市片马镇、鲁掌镇；腾冲市界头镇、曲石镇。14-3。

⃰147. 水朝阳旋覆花 Inula helianthus-aquatilis C. Y. Wu ex Ling

凭证标本：熊若莉 580926。

多年生草本，茎高 30～80 cm。生长于田园中；海拔 1800 m。

分布于腾冲市腾越镇。15-1。

148. 锈毛旋覆花 Inula hookeri C. B. Clarke

凭证标本：T. T. Yü 20835；高黎贡山考察队 32873。

多年生草本，高 60～150 cm。生长于常绿阔叶林、草甸；海拔 2700～2881 m。

分布于贡山县丙中洛乡、茨开镇。14-3。

149. 细叶小苦荬 Ixeridium gracile（Candolle）Pak & Kawano-*Lactuca gracilis* Candolle

凭证标本：独龙江考察队 6321；高黎贡山考察队 30457。

多年生草本，高 10～50 cm。生长于常绿阔叶林、石柯-冬青林、杜鹃-壳斗林、次生常绿阔叶林、针叶林、稻田边、河滩、林下、怒江边、潮湿处；海拔 1237～2170 m。

分布于独龙江（贡山县独龙江乡段）；贡山县丙中洛乡、茨开镇；泸水市片马镇、鲁掌镇；保山市潞江镇；腾冲市界头镇、腾越镇；龙陵县龙江乡、镇安镇。14-3。

+150. 莴苣 Lactuca sativa Linn. var. sativa

凭证标本：高黎贡山考察队 s. n. 。

一年生或二年生直立草本，高 25～100 cm。栽培。

分布于各地栽培。16。

151. 瓶头草 Lagenophora stipitata (Labillardière) Druce-*Bellis stipitata* Labillardière

凭证标本：青藏队 9332。

一年生草本，高 35～120 mm。生长于林缘、草坡；海拔 1700～1800 m。

分布于独龙江（贡山县独龙江乡段）。5。

152. 翼齿六棱菊 Laggera crispata (Vahl) Hepper & J. R. I. Wood-*Conyza crispata* Vahl

凭证标本：高黎贡山考察队 24953。

多年生草本，茎高 40～100 cm。生长于常绿阔叶林；海拔 1780 m。

分布于腾冲市五合乡。6。

153. 丛生火绒草 Leontopodium caespitosum Diels

凭证标本：Handel-Mazzetti 9228。

多年生直立草本，株高 12 cm。生长于高山草甸；海拔 3300～3600 m。

分布于独龙江（贡山县独龙江乡段）。14-4。

154. 戟叶火绒草 Leontopodium dedekensii (Bureau & Franchet) Beauverd-*Gnaphalium dedekensii* Bureau & Franchet

凭证标本：南水北调队 8600，8824。

多年生草本，茎高 10～45 cm。生长于草地、灌丛、针叶林；海拔 1800～2800 m。

分布于贡山县丙中洛乡。14-4。

155. 鼠麴火绒草 Leontopodium forrestianum Handel-Mazzetti

凭证标本：冯国楣 7881；王启无 67302。

多年生直立草本，茎高 2～10 cm。生长于高山草地、灌丛；海拔 3500～3800 m。

分布于独龙江（贡山县独龙江乡段）；贡山县丙中洛乡。14-4。

156. 珠峰火绒草 Leontopodium himalayanum Candolle

凭证标本：高黎贡山考察队 31413。

高 3～32 cm。生长于高山草甸；海拔 3880 m。

分布于贡山县丙中洛乡。14-3。

157. 雅谷火绒草 Leontopodium jacotianum Beauverd

凭证标本：高黎贡山考察队 11926，16863。

多年生草本，茎高 6～28 cm。生长于常绿阔叶林、混交林、灌丛、杜鹃-箭竹灌丛、高山草甸；海拔 2600～4570 m。

分布于独龙江（贡山县独龙江乡段）；贡山县丙中洛乡、茨开镇；福贡县石月亮乡。14-3。

　　* **158. 藓状火绒草 Leontopodium muscoides** Handel-Mazzetti

凭证标本：T. T. Yü 22332；高黎贡山考察队 32792。

多年生草本，茎高 1～8 cm。生长于高山草甸；海拔 4003 m。

分布于独龙江（贡山县独龙江乡段）；贡山县丙中洛乡。15-1。

　　* **159. 华火绒草 Leontopodium sinense** Hemsley

凭证标本：南水北调队 8271；高黎贡山考察队 22671。

亚灌木，茎高 30～70 cm。生长于常绿阔叶林；海拔 1860 m。

分布于贡山县丙中洛乡；泸水市片马镇。15-1。

　　* **160. 银叶火绒草 Leontopodium souliei** Beauverd

凭证标本：高黎贡山考察队 17047，31501。

多年生草本，生长于杜鹃-箭竹灌丛、高山草甸；海拔 3450～4270 m。

分布于独龙江（贡山县独龙江乡段）；贡山县丙中洛乡、茨开镇；福贡县石月亮乡、鹿马登乡。15-1。

　　161. 毛香火绒草 Leontopodium stracheyi (J. D. Hooker) C. B. Clarke ex Hemsley-*Leontopodium alpinum* Cassini var. *stracheyi* J. D. Hooker

凭证标本：T. T. Yü 22314；高黎贡山考察队 32894。

多年生直立草本，茎高 5～60 cm。生长于草甸；海拔 2881 m。

分布于独龙江（贡山县独龙江乡段）；贡山县丙中洛乡。14-3。

　　162. 黄亮橐吾 Ligularia caloxantha (Diels) Handel-Mazzetti -*Senecio caloxanthus* Diels

凭证标本：高黎贡山考察队 28660，34175。

多年生直立草本，茎高 40～115 cm。生长于杜鹃-箭竹灌丛、箭竹灌丛、高山草甸；海拔 3220～3650 m。

分布于贡山县茨开镇；福贡县石月亮乡、鹿马登乡。15-1。

　　163. 缅甸橐吾 Ligularia chimiliensis C. C. Chang

凭证标本：蔡希陶 58288；南水北调队 8415。

多年生直立草本，茎高 25～70 cm。生长于草坡；海拔 3600 m。

分布于福贡县上帕镇；泸水市片马镇。14-4。

　　** **164. 弯苞橐吾 Ligularia curvisquama** Handel-Mazzetti

凭证标本：高黎贡山考察队 28595。

多年生直立草本，茎高 70 cm。生长于杜鹃-箭竹灌丛；海拔 3630 m。

分布于福贡县石月亮乡。15-2-3a。

　　** **165. 浅苞橐吾 Ligularia cyathiceps** Handel-Mazzetti

凭证标本：T. T. Yü 22340；高黎贡山考察队 31669。

多年生直立草本，茎高 57～90 cm。生长于常绿阔叶林、杜鹃-箭竹灌丛、高山草甸、潮湿处；海拔 3120～3900 m。

分布于贡山县丙中洛乡、茨开镇；福贡县石月亮乡。15-2-3a。

* **166. 大黄囊吾 Ligularia duciformis**（C. Winkler）Handel-Mazzetti -*Senecio duciformis* C. Winkler

凭证标本：高黎贡山考察队 9978，12587。

多年生直立草本，茎高达 170 cm。生长于针阔混交林、林缘、山脊、风口、开阔地、溪边；海拔 2770～3120 m。

分布于独龙江（贡山县独龙江乡段）；贡山县茨开镇；泸水市片马镇；保山市芒宽乡。15-1。

* **167. 隐舌囊吾 Ligularia franchetiana**（H. Léveillé）Handel-Mazzetti -*Senecio franchetianus* H. Léveillé

凭证标本：高黎贡山考察队 25957，28708。

多年生草本，茎高 70～150 cm。生长于冷杉-箭竹灌丛、高山草甸；海拔 3400～3650 m。

分布于福贡县鹿马登乡；泸水市洛本卓乡。15-1。

168. 细茎囊吾 Ligularia hookeri（C. B. Clarke）Handel-Mazzetti -*Cremanthodium hookeri* C. B. Clarke

凭证标本：冯国楣 5406；T. T. Yü 22164。

多年生直立草本，茎高 17～40 cm。生长于高山草地、林下、河边；海拔 3000～4100 m。

分布于贡山县茨开镇。14-3。

169. 狭苞囊吾 Ligularia intermedia Nakai

凭证标本：高黎贡山考察队 32835。

多年生直立草本，茎高达 100 cm。生长于山坡草甸；海拔 3561 m。

分布于贡山县丙中洛乡。14-2。

** **170. 长戟囊吾 Ligularia longihastata** Handel-Mazzetti

凭证标本：T. T. Yü 19807，22213。

多年生直立草本，茎高达 56 cm。生长于高山草地；海拔 3400～3800 m。

分布于独龙江（贡山县独龙江乡段）。15-2-3a。

** **171. 小头囊吾 Ligularia microcephala**（Handel-Mazzetti）Handel-Mazzetti -*Cremanthodium microcephalum* Handel-Mazzetti

凭证标本：T. T. Yü 9034。

多年生直立草本，茎高达 24 cm。生长于高山草甸、岩石坡；海拔 3700～4100 m。

分布于独龙江（贡山县独龙江乡段）。15-2-3a。

[*]**172. 木里橐吾 Ligularia muliensis** Handel-Mazzetti

凭证标本：T. T. Yü 19826。

多年生直立草本，茎高 32 cm。生长于草坡、林下、灌丛中；海拔 3800～4200 m。

分布于独龙江（贡山县独龙江乡段）。15-1。

[*]**173. 疏舌橐吾 Ligularia oligonema** Handel-Mazzetti

凭证标本：T. T. Yü 22736；南水北调队 10419。

多年生直立草本，茎高 55～150 cm。生长于林上、草坡；海拔 3000～4000 m。

分布于独龙江（贡山县独龙江乡段）；泸水市鲁掌镇；保山市芒宽乡。15-1。

^{***}**174. 紫缨橐吾 Ligularia phaenicochaeta** (Franchet) S. W. Liu-*Senecio phaenico-chaetus* Franchet

凭证标本：T. T. Yü 22635；高黎贡山考察队 31680。

多年生直立草本，茎高 15～40 cm。生长于高山草甸；海拔 3900 m。

分布于独龙江（贡山县独龙江乡段）；贡山县丙中洛乡。15-2-6。

^{***}**175. 宽翅橐吾 Ligularia pterodonta** C. C. Chang

凭证标本：Forrest 28837，30729。

多年生直立草本，茎高约 62 cm。生长于灌木林缘；海拔 4000 m。

分布于独龙江（贡山县独龙江乡段）。15-2-6。

176. 黑毛橐吾 Ligularia retusa Candolle

凭证标本：冯国楣 7714；T. T. Yü 22797。

多年生直立草本，茎高 38～100 cm。生长于河岸边、高山草甸；海拔 3800～4100 m。

分布于独龙江（贡山县独龙江乡段）；贡山县丙中洛乡。14-3。

^{**}**177. 独舌橐吾 Ligularia rockiana** Handel-Mazzetti

凭证标本：T. T. Yü 22839；高黎贡山考察队 7162。

多年生直立草本，茎高 50～70 cm。生长于河边、林下、高山草地；海拔 3400～3900 m。

分布于独龙江（贡山县独龙江乡段）；泸水市片马镇。15-2-3a。

178. 橐吾 Ligularia sibirica (Linnaeus) Cassini-*Othonna sibirica* Linnaeus

凭证标本：高黎贡山考察队 25724。

多年生高草本，茎高 20～200 cm。生长于常绿阔叶林；海拔 2130 m。

分布于泸水市洛本卓乡。10。

179. 裂舌橐吾 Ligularia stenoglossa (Franchet) Handel-Mazzetti -*Senecio stenoglossus* Franchet

凭证标本：高黎贡山考察队 26415，28031。

多年生高草本，茎高达 150 cm。生长于杜鹃-箭竹灌丛、草甸；海拔 3640 m。

分布于福贡县石月亮乡、鹿马登乡。15-2-3a。

180. 纤细橐吾 Ligularia tenuicaulis C. C. Chang

凭证标本：T. T. Yü 20657；高黎贡山考察队 16999。

多年生高草本，茎高 42～65 cm。生长于杜鹃-箭竹灌丛；海拔 3670 m。

分布于独龙江（贡山县独龙江乡段）；贡山县丙中洛乡。15-2-3a。

181. 横叶橐吾 Ligularia transversifolia Handel-Mazzetti

凭证标本：T. T. Yü 19753。

多年生高草本，茎高 50～100 cm。生长于河边、高山草甸；海拔 3500～4100 m。

分布于独龙江（贡山县独龙江乡段）。15-2-3a。

182. 苍山橐吾 Ligularia tsangchanensis（Franchet）Handel-Mazzetti -*Senecio tsangchanensis* Franchet

凭证标本：T. T. Yü 22539，22240。

多年生草本，茎高 15～120 cm。生长于高山草甸、林下；海拔 2800～4100 m。

分布于独龙江（贡山县独龙江乡段）。15-1。

183. 云南橐吾 Ligularia yunnanensis（Franchet）C. C. Chang -*Senecio yunnanensis* Franchet

凭证标本：冯国楣 20251；高黎贡山考察队 31576。

多年生草本，茎高 30～56 cm。生长于铁杉-冷杉林、灌丛、杜鹃-箭竹灌丛、高山草甸；海拔 3450～4020 m。

分布于独龙江（贡山县独龙江乡段）；贡山县丙中洛乡、茨开镇；福贡县石月亮乡、鹿马登乡。15-2-3a。

184. 大花毛鳞菊 Melanoseris atropurpurea（Franchet）N. Kilian & Z. H. Wang -*Lactuca atropurpurea* Franchet

凭证标本：施晓春、杨世雄 676；高黎贡山考察队 21344。

多年生直立草本，高 50～100 cm。生长于常绿阔叶林、落叶阔叶林、铁杉-云杉林、高山草甸、山脊、风口、开阔地、杂草丛；海拔 1550～3780 m。

分布于独龙江（贡山县独龙江乡段）；贡山县丙中洛乡、捧打乡、茨开镇；保山市芒宽乡。14-3。

185. 蓝花毛鳞菊 Melanoseris cyanea（D. Don）Edgeworth -*Sonchus cyaneus* D. Don

凭证标本：高黎贡山考察队 13240，20628。

多年生直立草本，高 80～180 cm。生长于常绿阔叶林、石柯-铁杉林、次生常绿阔叶林；海拔 1360～2970 m。

分布于独龙江（贡山县独龙江乡段）；贡山县茨开镇；泸水市片马镇、鲁掌镇；保山市潞江镇。14-3。

186. 细莴苣 Melanoseris graciliflora（Candolle）N. Kilian -*Lactuca graciliflora* Candolle

凭证标本：高黎贡山考察队 12821，15380。

多年生直立草本，高 50～250 cm。生长于常绿阔叶林、石柯-铁杉林、铁杉-云杉林；海拔 2940～3030 m。

分布于贡山县茨开镇。14-3。

187. 栉齿细莴苣 Melanoseris pectiniformis（C. Shih）N. Kilian & J. W. Zhang-*Chaetoseris pectiniformis* C. Shih

凭证标本：高黎贡山考察队 13455，23049。

多年生草本，高约 90 cm。生长于常绿阔叶林、石柯-青冈林；海拔 1330～2720 m。

分布于独龙江（贡山县独龙江乡段）；贡山县茨开镇。15-2-8。

188. 小舌菊 Microglossa pyrifolia（Lamarck）Kuntze-*Conyza pyrifolia* Lamarck

凭证标本：高黎贡山考察队 23458，29630。

木质藤本，高 70～300 cm。生长于石柯-木荷林、木荷-云南松林；海拔 1220～1850 m。

分布于泸水市；腾冲市新华乡；龙陵县腊勐乡、镇安镇。6。

189. 羽裂粘冠草 Myriactis delavayi Gagnepain

凭证标本：李恒、李嵘 990；高黎贡山考察队 8196。

多年生直立草本，茎长高 18～50 cm。生长于次生常绿阔叶林、铁杉林内、岩石上；海拔 1380～1800 m。

分布于贡山县茨开镇；福贡县上帕镇；泸水市鲁掌镇。14-4。

190. 贡山粘冠草 Myriactis mekongensis Handel-Mazzetti

凭证标本：高黎贡山考察队 33293。

多年生直立草本，茎高 45 cm。生长于常绿阔叶林；海拔 1520 m。

分布于贡山县茨开镇。15-1。

191. 圆舌粘冠草 Myriactis nepalensis Lessing

凭证标本：独龙江考察队 145；高黎贡山考察队 34006。

多年生直立草本，高 15～100 cm。生长于常绿阔叶林、针叶林、铁杉-云杉林、次生灌丛、耕地旁、林下、溪边、杂草植被；海拔 1300～3120 m。

分布于独龙江（贡山县独龙江乡段）；贡山县丙中洛乡、捧打乡、茨开镇；福贡县石月亮乡、上帕镇；泸水市片马镇、洛本卓乡；保山市潞江镇；腾冲市曲石镇、五合乡；龙陵县镇安镇。14-3。

192. 狐狸草 Myriactis wallichii Lessing

凭证标本：独龙江考察队 2022；高黎贡山考察队 34021。

一年生直立草本，高 15～60 cm。生长于常绿阔叶林、冷杉-落叶松林、灌丛、杜鹃-箭竹林、高山草甸；海拔 1445～3250 m。

分布于独龙江（贡山县独龙江乡段）；贡山县丙中洛乡、茨开镇；保山市潞江镇；腾冲市界头镇；龙陵县龙江乡。13。

193. 粘冠草 Myriactis wightii Candolle

凭证标本：独龙江考察队 3325；高黎贡山考察队 15387。

一年生直立草本，高 20 cm。生长于常绿阔叶林、灌丛；海拔 1400～2940 m。

分布于独龙江（贡山县独龙江乡段）；贡山县捧打乡、茨开镇；福贡县上帕镇；泸水市片马镇；腾冲市马站乡、新华乡。7。

¨ 194. 黑花紫菊 Notoseris melanantha（Franchet）C. Shih-*Lactuca melanantha* Franchet

凭证标本：李恒、刀志灵、李嵘 519；高黎贡山考察队 20948。

多年生直立草本，高 50～200 cm。生长于常绿阔叶林、冷杉-落叶松林、草甸、路边、林缘；海拔 1237～3220 m。

分布于独龙江（贡山县独龙江乡段）；贡山县茨开镇；福贡县子里甲乡；泸水市片马镇、鲁掌镇；保山市芒宽乡、潞江镇；腾冲市界头镇、曲石镇。15-1。

¨¨¨ 195. 垭口紫菊 Notoseris yakoensis（Jeffrey）N. Kilian-*Prenanthes yakoensis* Jeffrey

凭证标本：T. T. Yü 19834；高黎贡山考察队 32571。

多年生藤本，长 3～4 m。生长于常绿阔叶林；海拔 1080～2248 m。

分布于独龙江（贡山县独龙江乡段）；福贡县马吉乡、上帕镇。15-2-6。

¨ 196. 蕨叶假福王草 Paraprenanthes polypodiifolia（Franchet）C. C. Chang ex C. Shih-*Lactuca polypodiifolia* Franchet

凭证标本：高黎贡山考察队 12147，23254。

多年生草本，高 50～110 cm。生长于常绿阔叶林、灌丛、溪边；海拔 1440～2650 m。

分布于贡山县丙中洛乡、茨开镇；泸水市片马镇。15-1。

¨¨ 197. 云南假福王草 Paraprenanthes yunnanensis（Franchet）C. Shih-*Lactuca yunnanensis* Franchet

凭证标本：李恒、刀志灵、李嵘 525；高黎贡山考察队 27650。

多年生草本，高 60～150 cm。生长于常绿阔叶林、石柯-木荷林；海拔 1650～2290 m。

分布于独龙江（贡山县独龙江乡段）；福贡县马吉乡。15-2-2。

¨¨ 198. 戟状蟹甲草 Parasenecio hastiformis Y. L. Chen

凭证标本：高黎贡山考察队 25881。

多年生直立草本，茎高 80～100 cm。生长于针叶林、冷杉林、箭竹灌丛；海拔 3400 m。

分布于泸水市洛本卓乡。15-2-3a。

199. 掌裂蟹甲草 Parasenecio palmatisectus（Jeffrey）Y. L. Chen-*Senecio palmatisectus* Jeffrey

凭证标本：高黎贡山考察队 13240，32203。

多年生草本，高 50～100 cm。生长于杜鹃-箭竹灌丛、高山草甸；海拔 3150～3940 m。

分布于贡山县丙中洛乡、茨开镇。14-3。

200. 五裂蟹甲草 Parasenecio quinquelobus（Wallich ex Candolle）Y. L. Chen-*Prenanthes quinqueloba* Wallich ex Candolle

凭证标本：高黎贡山考察队 7266，28493。

多年生草本，茎高 40～90 cm。生长于常绿阔叶林、林下、林缘；海拔 2510～3000 m。

分布于福贡县鹿马登乡；泸水市片马镇。14-3。

* 201. 针叶帚菊 Pertya phylicoides Jeffrey

凭证标本：青藏队 82-7367。

灌木，高约 1 m。生长于干热河谷；海拔 2400 m。

分布于贡山县。15-1。

202. 毛裂蜂斗菜 Petasites tricholobus Franchet

凭证标本：独龙江考察队 6562；高黎贡山考察队 22895。

多年生草本。生长于常绿阔叶林、石柯-青冈林、杜鹃-箭竹灌丛；海拔 1780～3125 m。

分布于独龙江（贡山县独龙江乡段）；贡山县丙中洛乡、茨开镇；泸水市片马镇、鲁掌镇、六库镇。14-3。

* 203. 滇苦荬 Picris divaricata Vaniot

凭证标本：高黎贡山考察队 29797。

多年生直立草本，高 10～40 cm。生长于潮湿地区；海拔 1850 m。

分布于腾冲市腾越镇。15-1。

204. 毛莲菜 Picris hieracioides Linnaeus

凭证标本：高黎贡山考察队 12347，29485。

一年生直立草本，高 16～120 cm。生长于常绿阔叶林、木荷-钓樟林、针叶林、蔷薇-荀子灌丛、河边、林缘；海拔 1700～2650 m。

分布于独龙江（贡山县独龙江乡段）；贡山县茨开镇；福贡县上帕镇；泸水市片马镇、鲁掌镇；腾冲市界头镇、马站乡；龙陵县镇安镇。10。

205. 日本毛连菜 Picris japonica Thunberg

凭证标本：青藏队 8115。

多年生直立草本，高 30～120 cm。生长于林中空地、山坡草地；海拔 1600～2100 m。

分布于贡山县茨开镇。13。

206. 兔耳一枝箭 Piloselloides hirsuta（Forsskål）C. Jeffrey ex Cufodontis-*Arnica hirsuta* Forsskål

凭证标本：独龙江考察队 5159；高黎贡山考察队 13967。

多年生草本。生长于次生常绿阔叶林；海拔 1460～2100 m。

分布于独龙江（贡山县独龙江乡段）；保山市芒宽乡。4。

207. 宽叶拟鼠麴草 Pseudognaphalium adnatum（Candolle）Y. S. Chen-*Anaphalis adnata* Candollet

凭证标本：高黎贡山考察队 10552。

多年生直立草本，茎高 50～100 cm。生长于次生常绿阔叶林；海拔 1350 m。

分布于保山市芒宽乡。7。

208. 拟鼠麴草 Pseudognaphalium affine（D. Don）Anderberg-*Gnaphalium affine* D. Don

凭证标本：独龙江考察队 1846；高黎贡山考察队 30331。

二年生草本，茎高 15～40 cm。生长于常绿阔叶林、石柯-冬青林、石柯-木兰林、次生常绿阔叶林、灌丛、玉米地、稻田边、荒地、路边；海拔 1180～2700 m。

分布于独龙江（贡山县独龙江乡段）；贡山县丙中洛乡、茨开镇；福贡县鹿马登乡、上帕镇；泸水市片马镇、鲁掌镇；保山市潞江镇；腾冲市界头镇、腾越镇、五合乡；龙陵县镇安镇。5。

209. 秋拟鼠麴草 Pseudognaphalium hypoleucum（Candolle）Hilliard & B. L. Burtt-*Gnaphalium hypoleucum* Candolle

凭证标本：高黎贡山考察队 12984，25605。

多年生直立草本，高 30～80 cm。生长于常绿阔叶林、石柯-桤木林、次生常绿阔叶林、灌丛、空旷地、路边；海拔 1080～2600 m。

分布于贡山县茨开镇；福贡县马吉乡；泸水市片马镇、鲁掌镇；保山市潞江镇；腾冲市曲石镇、马站乡。7。

210. 柱茎风毛菊 Saussurea columnaris Handel-Mazzetti

凭证标本：冯国楣 7703，7903。

多年生草本，高 4～10 cm。生长于高山草甸、岩石坡；海拔 3000～4100 m。

分布于贡山县丙中洛乡。14-3。

**211. 大理雪兔子 Saussurea delavayi Franchet

凭证标本：碧江队 1782；青藏队 8771。

多年生直立草本，高 10～35 cm。生长于山坡草地；海拔 3300～4000 m。

分布于独龙江（贡山县独龙江乡段）；泸水市片马镇。15-2-3a。

*212. 锐齿风毛菊 Saussurea euodonta Diels

凭证标本：高黎贡山考察队 25726，26828。

多年生草本，高 30～150 cm。生长于常绿阔叶林、落叶阔叶林；海拔 2130～3120 m。

分布于福贡县石月亮乡；泸水市洛本卓乡。15-1。

213. 奇形风毛菊 Saussurea fastuosa（Decaisne）Schultz Bipontinus-*Aplotaxis fastuosa* Decaisne

凭证标本：T. T. Yü 20752；高黎贡山考察队 31781。

多年生直立植物，高 60～150 cm。生长于常绿阔叶林；海拔 2780 m。

分布于独龙江（贡山县独龙江乡段）；贡山县丙中洛乡。14-3。

*** 214. 黄绿苞风毛菊 Saussurea flavo-virens Y. L. Chen & S. Y. Liang

凭证标本：高黎贡山考察队 12714，16868。

多年生直立植物，高 1 m。生长于杜鹃-箭竹灌丛、高山灌丛；海拔 3200～3650 m。

分布于独龙江（贡山县独龙江乡段）；贡山县茨开镇；福贡县石月亮乡。15-2-6。

215. 绵头雪兔子 Saussurea laniceps Handel-Mazzetti

凭证标本：高黎贡山考察队 32870。

多年生直立草本，高 15～45 cm。生长于高山草甸；海拔 4700 m。

分布于贡山县丙中洛乡。14-3。

* 216. 巴塘风毛菊 Saussurea limprichtii Diels

凭证标本：高黎贡山考察队 31297，31398。

多年生直立草本，高 15 cm。生长于高山灌丛、石山坡草甸；海拔 3880～3980 m。

分布于贡山县丙中洛乡。15-1。

* 217. 小舌风毛菊 Saussurea lingulata Franchet

凭证标本：冯国楣 7728；T. T. Yü 22664。

多年生直立草本，高 6～50 cm。生长于岩石坡、草地；海拔 3800～4100 m。

分布于独龙江（贡山县独龙江乡段）；贡山县丙中洛乡。15-1。

*** 218. 滇风毛菊 Saussurea micradenia Handel-Mazzetti

凭证标本：Handel-Mazzetti 9873。

多年生直立草本，高 60 cm。生长于山地林中；海拔 2300～3100 m。

分布于独龙江（贡山县独龙江乡段）。15-2-6。

219. 苞叶雪莲 Saussurea obvallata (Candolle) Schultz Bipontinus-*Aplotaxis obvallata* Candolle

凭证标本：T. T. Yü 22764；高黎贡山考察队 31303。

多年生直立植物，高 15～80 cm。生长于高山草甸、潮湿处；海拔 3470～4030 m。

分布于贡山县丙中洛乡。14-3。

* 220. 少花风毛菊 Saussurea oligantha Franchet

凭证标本：王启无 67340；高黎贡山考察队 32887。

多年生直立草本，高 40～70 cm。生长于草甸；海拔 2881 m。

分布于贡山县丙中洛乡。15-1。

221. 东俄洛风毛菊 Saussurea pachyneura Franchet

凭证标本：T. T. Yü 22852；高黎贡山考察队 32781。

多年生直立草本，高 5～30 cm。生长于高山草甸；海拔 3927～4270 m。

分布于贡山县丙中洛乡。14-3。

222. 弯齿风毛菊 Saussurea przewalskii Maximowicz

凭证标本：高黎贡山考察队 32869。

多年生直立草本，高 6～80 cm。生长于乱石处；海拔 4700 m。

分布于贡山县丙中洛乡。14-3。

** 223. 显鞘风毛菊 Saussurea rockii J. Anthony

凭证标本：冯国楣 7903。

多年生直立草本，高 10～15 cm。生长于岩石坡；海拔 2700～3900 m。

分布于独龙江（贡山县独龙江乡段）。15-2-3a。

* 224. 鸢尾叶风毛菊 Saussurea romuleifolia Franchet

凭证标本：高黎贡山考察队 17014，31500。

多年生草本，高 10～40 cm。生长于杜鹃-箭竹灌丛、高山草甸；海拔 3670～4270 m。

分布于独龙江（贡山县独龙江乡段）；贡山县丙中洛乡。15-1。

* 225. 怒江风毛菊 Saussurea salwinensis J. Anthony

凭证标本：T. T. Yü 22372。

多年生草本，高 1～5 cm。生长于高山草甸、岩石坡；海拔 3500～4100 m。

分布于独龙江（贡山县独龙江乡段）。15-1。

* 226. 糙毛风毛菊 Saussurea scabrida Franchet

凭证标本：T. T. Yü 22325；冯国楣 5420。

多年生直立草本，高 30～60 cm。生长于林缘、林下、草坡；海拔 2700～3600 m。

分布于独龙江（贡山县独龙江乡段）；贡山县丙中洛乡。15-1。

* 227. 半琴叶风毛菊 Saussurea semilyrata Bureau & Franchet

凭证标本：冯国楣 7728；高黎贡山考察队 31676。

多年生直立草本，高 20～50 cm。生长于杜鹃灌丛、高山草甸；海拔 3470～4151 m。

分布于贡山县丙中洛乡、茨开镇。15-1。

* 228. 川滇风毛菊 Saussurea wardii J. Anthony

凭证标本：T. T. Yü 22852；高黎贡山考察队 32878。

多年生直立草本，高 18～40 cm。生长于高山草甸；海拔 2881～3350 m。

分布于独龙江（贡山县独龙江乡段）；贡山县丙中洛乡、茨开镇。15-1。

* 229. 垂头雪莲 Saussurea wettsteiniana Handel-Mazzetti

凭证标本：T. T. Yü 19834。

多年生直立草本，高 30～90 cm。生长于林缘、草地、草坡；海拔 3200～4100 m。

分布于独龙江（贡山县独龙江乡段）。15-1。

230. 菊状千里光 Senecio analogus Candolle

凭证标本：高黎贡山考察队 14276，23720。

多年生直立草本，茎高 40～80 cm。生长于木荷-钓樟林、木荷-樟林、灌丛、田边；海拔 1100～3800 m。

分布于贡山县捧打乡；龙陵县镇安镇。14-3。

* 231. 密齿千里光 Senecio densiserratus C. C. Chang

凭证标本：T. T. Yü 20385；独龙江考察队 1032。

多年生草本，茎高 70～120 cm。生长于常绿阔叶林、灌丛、路边；海拔 1300～1450 m。

分布于独龙江（贡山县独龙江乡段）；贡山县捧打乡、茨开镇；保山市芒宽乡。15-1。

232. 纤花千里光 Senecio graciliflorus Candol

凭证标本：冯国楣 7746；高黎贡山考察队 34496。

多年生直立草本，茎高 50～120 cm。生长于常绿阔叶林、针叶林、冷杉-箭竹灌丛、箭竹-杜鹃花丛、高山草甸；海拔 2800～3700 m。

分布于贡山县丙中洛乡、茨开镇；福贡县鹿马登乡；泸水市洛本卓乡。14-3。

* 233. 黑苞千里光 Senecio nigrocinctus Franchet

凭证标本：高黎贡山考察队 22077。

多年生草本，茎高 30～60 cm。生长于常绿阔叶林；海拔 2760 m。

分布于独龙江（贡山县独龙江乡段）。15-1。

** 234. 蕨叶千里光 Senecio pteridophyllus Franchet

凭证标本：施晓春、杨世雄 782；高黎贡山考察队 8128。

多年生直立草本，茎高 70～90 cm。生长于常绿阔叶林、石山坡、路边、林缘；海拔 2770～2900 m。

分布于泸水市片马镇；腾冲市曲石镇。15-2-3a。

235a. 千里光 Senecio scandens Buchanan-Hamilton ex D. Don

凭证标本：独龙江考察队 149；高黎贡山考察队 25432。

多年生草本，茎长 2～5 m。生长于常绿阔叶林、针叶林、灌丛；海拔 890～3270 m。

分布于独龙江（贡山县独龙江乡段）；贡山县丙中洛乡、捧打乡、茨开镇；福贡县鹿马登乡、上帕镇；泸水市片马镇、洛本卓乡、鲁掌镇、六库镇；保山市芒宽乡；腾冲市界头镇。7。

235b. 缺刻千里光 Senecio scandens var. incisus Franchet

凭证标本：高黎贡山考察队 19687，20918。

多年生草本，茎长 2～5 m。生长于硬叶常绿阔叶林；海拔 1030～1160 m。

分布于福贡县架科底乡、匹河乡。14-3。

236. 岩生千里光 Senecio wightii (Candolle) Bentham ex C. B. Clarke-*Doronicum wightii* Candolle

凭证标本：T. T. Yü 19320；高黎贡山考察队 11062。

多年生草本，茎高 60～120 cm。生长于次生常绿阔叶林；海拔 1670～2070 m。

分布于贡山县丙中洛乡；福贡县上帕镇；腾冲市明光镇、界头镇、五合乡。14-3。

237. 毛梗豨莶 Sigesbeckia glabrescens（Makino）Makino-*Sigesbeckia orientalis* Linnaeus f. *glabrescens* Makino

凭证标本：碧江队 0858；高黎贡山考察队 13352。

一年生植物，茎高 35～100 cm。生长于次生常绿阔叶林；海拔 1550 m。

分布于独龙江（贡山县独龙江乡段）；福贡；保山市芒宽乡；腾冲市。14-2。

238. 豨莶 Sigesbeckia orientalis Linnaeus

凭证标本：独龙江考察队 343；高黎贡山考察队 20572。

一年生直立植物，茎高 30～100 cm。生长于常绿阔叶林、灌丛、潮湿处、荒地上、路边、杂草植被；海拔 650～1990 m。

分布于独龙江（贡山县独龙江乡段）；贡山县丙中洛乡、茨开镇；福贡县匹河乡；泸水市洛本卓乡、六库镇；保山市芒宽乡、潞江镇。2。

239. 腺梗豨莶 Sigesbeckia pubescens（Makino）Makino-*Sigesbeckia orientalis* Linnaeus f. *pubescens* Makino

凭证标本：高黎贡山考察队 11282，33732。

一年生植物，茎高 60～120 cm。生长于常绿阔叶林、路边灌丛；海拔 1550～2280 m。

分布于贡山县丙中洛乡、茨开镇；福贡县上帕镇；泸水市鲁掌镇、六库镇；腾冲市界头镇。14-1。

240. 耳柄蒲儿根 Sinosenecio euosmus（Handel-Mazzetti）B. Nordenstam-*Senecio euosmus* Handel-Mazzetti

凭证标本：高黎贡山考察队 31377，34107。

多年生草本，茎高 20～75 cm。生长于石柯-木荷林、高山草甸；海拔 2550～3780 m。

分布于贡山县丙中洛乡、茨开镇。14-4。

241. 蒲儿根 Sinosenecio oldhamianus（Maximowicz）B. Nordenstam-*Senecio oldhamianus* Maximowicz

凭证标本：独龙江考察队 6179；高黎贡山考察队 20944。

多年生草本，茎高 40～80 cm。生长于常绿阔叶林、灌丛、高山草甸、火烧地、路边、采伐迹地、沼泽、草地；海拔 1243～3000 m。

分布于独龙江（贡山县独龙江乡段）；贡山县丙中洛乡、捧打乡、茨开镇；福贡县马吉乡、上帕镇、子里甲乡、匹河乡；泸水市片马镇、鲁掌镇；腾冲市界头镇、猴桥镇、曲石镇；龙陵县镇安镇。14-4。

242. 长裂苦苣菜 Sonchus brachyotus Candolle

凭证标本：高黎贡山考察队 11618，23463。

多年生草本，高 30～100 cm。生长于木荷-云南松林、灌丛；海拔 960～1850 m。

分布于泸水市六库镇；保山市潞江镇；腾冲市界头镇；龙陵县镇安镇。13。

243. 苦苣菜 Sonchus oleraceus Linnaeus

凭证标本：高黎贡山考察队 14179，22736。

草本，高 40～150 cm。生长于常绿阔叶林、路边、溪边、潮湿处；海拔 1030～3120 m。

分布于贡山县茨开镇；福贡县匹河乡；泸水市片马镇。1。

244. 苣荬菜 Sonchus wightianus Candolle

凭证标本：高黎贡山考察队 12063，22732。

多年生草本，高 30～150 cm。生长于常绿阔叶林、灌丛、潮湿处；海拔 650～2160 m。

分布于贡山县捧打乡；福贡县匹河乡；泸水市片马镇；保山市潞江镇。7。

+245. 金腰箭 Synedrella nodiflora（Linnaeus）Gaertner-*Verbesina nodiflora* Linnaeus

凭证标本：独龙江考察队 1269。

一年生草本，高 10～80 cm。生长于草坡；海拔 1450 m。

分布于独龙江（贡山县独龙江乡段）。17。

246. 尾尖合耳菊 Synotis acuminata（Wallich ex Candolle）C. Jeffrey & Y. L. Chen-*Senecio acuminatus* Wallich ex Candolle

凭证标本：高黎贡山考察队 8175，13442。

多年生草本，茎高 40～120 cm。生长于常绿阔叶林、河滩、林缘；海拔 2270～2950 m。

分布于泸水市片马镇、鲁掌镇；保山市芒宽乡。14-3。

247. 翅柄合耳菊 Synotis alata（Wallich ex Candolle）C. Jeffrey & Y. L. Chen-*Senecio alatus* Wallich ex Candolle

凭证标本：李恒、郭辉军、李正波、施晓春 66；高黎贡山考察队 33195。

多年生草本。生长于常绿阔叶林、针叶林、冷杉-箭竹灌丛；海拔 2000～3400 m。

分布于贡山县茨开镇；福贡县石月亮乡；泸水市洛本卓乡；保山市芒宽乡。14-3。

248. 缅甸合耳菊 Synotis birmanica C. Jeffrey & Y. L. Chen

凭证标本：据 Flora of China。

多年生直立草本，茎高 30～60 cm。生长于高山草甸；海拔 3000～3300 m。

分布于贡山县。14-4。

249. 密花合耳菊 Synotis cappa（Buchanan-Hamilton ex D. Don）C. Jeffrey & Y. L. Chen-*Senecio cappa* Buchanan-Hamilton ex D. Don

凭证标本：高黎贡山考察队 13632，28791。

亚灌木或灌木状草本，高达 150 cm。生长于常绿阔叶林、云南松林、次生常绿阔叶林、硬叶常绿阔叶林、铁杉次生林、次生灌丛、路边草地；海拔 1130～2510 m。

分布于独龙江（贡山县独龙江乡段）；贡山县丙中洛乡；福贡县鹿马登乡；泸水市

鲁掌镇；保山市芒宽乡、潞江镇；腾冲市界头镇、曲石镇。14-3。

** **250. 心叶合耳菊 Synotis cordifolia** Y. L. Chen

凭证标本：高黎贡山考察队 8127，16753。

多年生直立草本，茎高 40～70 cm。生长于常绿阔叶林、落叶阔叶林、冷杉-落叶松林、溪边；海拔 2900～3120 m。

分布于贡山县茨开镇；泸水市片马镇。15-2-3a。

* **251. 红缨合耳菊 Synotis erythropappa**（Bureau & Franchet）C. Jeffrey & Y. L. Chen-*Senecio erythropappus* Bureau & Franchet

凭证标本：Handel-Mazzetti 9602；倪至诚 804。

多年生草本，茎高达 100 cm。生长于林缘、草坡；海拔 1500～2800 m。

分布于独龙江（察隅县日东乡段）；贡山县茨开镇。15-1。

252. 聚花合耳菊 Synotis glomerata C. Jeffrey & Y. L. Chen

凭证标本：高黎贡山考察队 7209，15207。

多年生草本，茎高 120 cm。生长于常绿阔叶林、路边、林缘；海拔 1560～2950 m。

分布于独龙江（贡山县独龙江乡段）；福贡县上帕镇；泸水市片马镇；腾冲市曲石镇。14-4。

** **253. 丽江合耳菊 Synotis lucorum**（Franchet）C. Jeffrey & Y. L. Chen-*Senecio lucorum* Franchet；*S. bulleyanus* Diels

凭证标本：高黎贡山考察队 7170，25886。

多年生直立草本，茎高 30～60 cm。生长于针叶林、灌丛；海拔 2950～3400 m。

分布于泸水市片马镇、洛本卓乡。15-2-3a。

254. 锯叶合耳菊 Synotis nagensium（C. B. Clarke）C. Jeffrey & Y. L. Chen-*Senecio nagensium* C. B. Clarke

凭证标本：高黎贡山考察队 19971，25886。

亚灌木，高 150 cm。生长于常绿阔叶林、冷杉-箭竹林；海拔 1255～3400 m。

分布于福贡县鹿马登乡；泸水市洛本卓乡。14-3。

255. 腺毛合耳菊 Synotis saluenensis（Diels）C. Jeffrey & Y. L. Chen-*Senecio saluenensis* Diels

凭证标本：高黎贡山考察队 13627，21764。

亚灌木状草本，高 3 m。生长于常绿阔叶林、路边、河谷林下；海拔 1350～3000 m。

分布于独龙江（贡山县独龙江乡段）；贡山县丙中洛乡、茨开镇；福贡县上帕镇；泸水市片马镇、鲁掌镇、六库镇；腾冲市界头镇。14-4。

256. 林荫合耳菊 Synotis sciatrephes（W. W. Smith）C. Jeffrey & Y. L. Chen-*Senecio sciatrephes* W. W. Smith

　　凭证标本：施晓春、杨世雄733；李恒、郭辉军、李正波、施晓春66。

　　多年生直立草本。生长于路边、林缘；海拔2000～2650 m。

　　分布于保山市芒宽乡；腾冲市曲石镇。15-2-1。

257. 三舌合耳菊 Synotis triligulata（Buchanan-Hamilton ex D. Don）C. Jeffrey & Y. L. Chen-*Senecio triligulatus* Buchanan-Hamilton ex D. Don

　　凭证标本：Forrest 25326；南水北调队8109。

　　亚灌木状草本，高达150 cm。生长于林中；海拔1200～2100 m。

　　分布于泸水市；腾冲市。14-3。

258. 羽裂合耳菊 Synotis vaniotii（H. Léveillé）C. Jeffrey & Y. L. Chen-*Senecio vaniotii* H. Léveillé

　　凭证标本：施晓春、杨世雄109。

　　多年生直立草本，高达110 cm。生长于次生常绿阔叶林；海拔1800 m。

　　分布于保山市芒宽乡。15-2-2。

259. 黄白合耳菊 Synotis xantholeuca（Handel-Mazzetti）C. Jeffrey & Y. L. Chen-*Senecio xantholeucus* Handel-Mazzetti

　　凭证标本：冯国楣7547；高黎贡山考察队22574。

　　多年生直立草本，茎高70～150 cm。生长于常绿阔叶林、铁杉-云杉林、灌丛；海拔1360～2750 m。

　　分布于独龙江（贡山县独龙江乡段）；贡山县丙中洛乡、茨开镇；福贡县鹿马登乡。15-2-3a。

260. 丫口合耳菊 Synotis yakoensis（Jeffrey）C. Jeffrey & Y. L. Chen-*Senecio yakoensis* Jeffrey

　　凭证标本：蔡希陶5442；高黎贡山考察队20325。

　　多年生直立草本植物，茎高约90 cm。生长于常绿阔叶林；海拔2000 m。

　　分布于贡山县捧打乡；福贡县石月亮乡、上帕镇。15-2-3a。

261. 蔓生合耳菊 Synotis yui C. Jeffrey & Y. L. Chen

　　凭证标本：T. T. Yü 20229。

　　多年生草本，茎高35～45 cm。生长于湿润林中；海拔2700～2900 m。

　　分布于贡山县。14-4。

+262. 万寿菊 Tagetes erecta Linnaeus

　　凭证标本：高黎贡山考察队15839。

　　一年生草本，高10～120 cm。生长于灌丛；海拔1640 m。

　　分布于贡山县捧打乡。16。

263. 川西小黄菊 Tanacetum tatsienense（Bureau & Franchet）K. Bremer & Humphries-*Chrysanthemum tatsienense* Bureau & Franchet

凭证标本：高黎贡山考察队 16967，31179。

多年生草本，高 7～25 cm。生长于杜鹃-箭竹灌丛、高山草甸；海拔 3429～4270 m。

分布于贡山县丙中洛乡、茨开镇。14-3。

* 264. 蒙古蒲公英 Taraxacum mongolicum Handel-Mazzetti

凭证标本：高黎贡山考察队 13718，22695。

多年生草本，高 8～25 cm。生长于常绿阔叶林、灌丛、高山草甸；海拔 950～3080 m。

分布于福贡县鹿马登乡；泸水市片马镇、洛本卓乡、六库镇。15-1。

265. 锡金蒲公英 Taraxacum sikkimense Handel-Mazzetti

凭证标本：高黎贡山考察队 9623。

多年生草本，高 25～120 mm。生长于潮湿处；海拔 3600～3800 m。

分布于贡山县茨开镇。14-3。

⁺266. 羽芒菊 Tridax procumbens Linnaeus

凭证标本：高黎贡山考察队 14113，26143。

多年生草本植物，茎高 20～50 cm。生长于常绿阔叶林、云南松-木荷林、灌丛；海拔 611～1220 m。

分布于保山市芒宽乡、潞江镇；龙陵县镇安镇。17。

267. 喜斑鸠菊 Vernonia blanda Candolle

凭证标本：蔡希陶 58720；高黎贡山考察队 13203。

攀缘灌木，高达 3 m。生长于次生常绿阔叶林；海拔 2130 m。

分布于福贡县上帕镇；保山市潞江镇；腾冲市蒲川乡。14-4。

268. 夜香牛 Vernonia cinerea（Linnaeus）Lessing-*Conyza cinerea* Linnaeus

凭证标本：独龙江考察队 106；高黎贡山考察队 26182。

多年生直立草本，高达 100 cm。生长于常绿阔叶林、灌丛；海拔 650～1570 m。

分布于泸水市六库镇；保山市芒宽乡、潞江镇；腾冲市曲石镇。6。

* 269. 斑鸠菊 Vernonia esculenta Hemsley

凭证标本：高黎贡山考察队 13497，26237。

灌木或小乔木，高 2～6 m。生长于常绿阔叶林、石柯-青冈林；海拔 1350～1625 m。

分布于保山市芒宽乡。15-1。

270. 展枝斑鸠菊 Vernonia extensa Candolle

凭证标本：高黎贡山考察队 13204，21049。

灌木或亚灌木，高 2～3 m。生长于常绿阔叶林、石柯-木荷林、石柯-樟林、河岸灌丛石上；海拔 1250～2130 m。

分布于福贡县匹河乡；泸水市片马镇；保山市芒宽乡、潞江镇；腾冲市腾越镇、芒棒镇；龙陵县镇安镇。14-3。

271. 柳叶斑鸠菊 Vernonia saligna Candolle

凭证标本：独龙江考察队 008；高黎贡山考察队 10800。

多年生直立草本，高 60～200 cm。生长于常绿阔叶林、河谷灌丛；海拔 900～2170 m。

分布于泸水市六库镇；保山市芒宽乡；腾冲市芒棒镇；龙陵县镇安镇。14-3。

272. 大叶斑鸠菊 Vernonia volkameriifolia Candolle

凭证标本：施晓春、杨世雄 505；高黎贡山考察队 9458。

乔木，高 3～8 m。生长于常绿阔叶林；海拔 1360～1900 m。

分布于泸水市；保山市芒宽乡。14-3。

273. 山蟛蜞菊 Wollastonia montana (Blume) Candolle-*Verbesina montana* Blume

凭证标本：碧江队 490，527。

多年生直立草本植物。生长于河边、路边；海拔 1200 m。

分布于福贡县匹河乡；泸水市六库镇。14-3。

+274. 苍耳 Xanthium strumarium Linnaeus

凭证标本：高黎贡山考察队 10468，34285。

一年生草本，高 20～120 cm。生长于常绿阔叶林、灌丛、路边；海拔 960～1840 m。

分布于贡山县丙中洛乡、捧打乡；泸水市六库镇。17。

*275. 厚绒黄鹌菜 Youngia fusca (Babcock) Babcock & Stebbins-*Crepis fusca* Babcock

凭证标本：冯国楣 5770；王启无 66761。

多年生草本，高 20～40 cm。生长于河边、路边、山坡；海拔 2000～2600 m。

分布于贡山县丙中洛乡；保山市芒宽乡。15-1。

276. 黄鹌菜 Youngia japonica (Linnaeus) Candolle-*Prenanthes japonica* Linnaeus

凭证标本：独龙江考察队 1138；高黎贡山考察队 27786。

一年生直立草本，高 10～150 cm。生长于常绿阔叶林、灌丛、沟边、路边、山坡；海拔 686～3030 m。

分布于独龙江（贡山县独龙江乡段）；贡山县茨开镇；福贡县马吉乡、鹿马登乡、上帕镇、架科底乡、匹河乡；泸水市片马镇、六库镇；保山市芒宽乡、潞江镇；腾冲市界头镇；龙陵县镇安镇。7。

*277. 羽裂黄鹌菜 Youngia paleacea (Diels) Babcock & Stebbins-*Crepis paleacea* Diels

凭证标本：高黎贡山考察队 12354，24217。

多年生草本，高 30～100 cm。生长于常绿阔叶林；海拔 1440～1870 m。

分布于独龙江（贡山县独龙江乡段）；贡山县丙中洛乡、茨开镇；泸水市片马镇；腾冲市界头镇。15-1。

239. 龙胆科 Gentianaceae

14 属 97 种，* 30，** 9，*** 12

1. 罗星草 Canscora andrographioides Griffith ex C. B. Clarke

凭证标本：李恒、李嵘、蒋柱檀、高富、张雪梅 442；高黎贡山考察队 10469。

一年生直立草本，高 20～40 cm。生长于水田边；海拔 960 m。

分布于泸水市六库镇。14-3。

2. 长梗喉毛花 Comastoma pedunculatum（Royle ex D. Don）Holub-*Eurythalia pedunculata* Royle ex D. Don

凭证标本：李恒、李嵘、蒋柱檀、高富、张雪梅 386；高黎贡山考察队 33908。

一年生草本，高 5～15 cm。生长于高山湿地；海拔 3360 m。

分布于贡山县茨开镇。14-3。

3. 纤枝喉毛花 Comastoma stellariifolium（Franchet）Holub-*Gentiana stellariifolia* Franchet

凭证标本：高黎贡山考察队 12278，32810。

多年生植物，高 8～20 cm。生长于针叶林、杜鹃灌丛、高山草甸；海拔 3200～4270 m。

分布于独龙江（贡山县独龙江乡段）；贡山县丙中洛乡、茨开镇。14-3。

4. 杯药草 Cotylanthera paucisquama C. B. Clarke-*Cotylanthera yunnanensis* W. W. Smith

凭证标本：高黎贡山考察队 12278，17737。

腐生直立草本，高 5～10 cm。生长于常绿阔叶林；海拔 2000～2400 m。

分布于贡山县茨开镇；福贡县匹河乡；保山市潞江镇；腾冲。14-3。

5. 大花蔓龙胆 Crawfurdia angustata C. B. Clarke

凭证标本：独龙江考察队 400；高黎贡山考察队 21811。

多年生草本。生长于常绿阔叶林、灌丛、路边、田边、林下；海拔 1310～1950 m。

分布于独龙江（贡山县独龙江乡段）；贡山县茨开镇；福贡县马吉乡、上帕镇。14-4。

** 6. 云南蔓龙胆 Crawfurdia campanulacea Wallich & Griffith ex C. B. Clarke

凭证标本：高黎贡山考察队 11645，21825。

多年生草本。生长于常绿阔叶林、针叶林、铁杉-云杉林、云杉-冷杉林、路边；海拔 1380～3450 m。

分布于独龙江（贡山县独龙江乡段）；贡山县丙中洛乡、茨开镇；福贡县石月亮乡、鹿马登乡、上帕镇；泸水市片马镇、洛本卓乡；保山市芒宽乡；腾冲市明光镇、界头镇、猴桥镇；龙陵县碧寨乡。15-2-3。

* 7. 裂萼蔓龙胆 Crawfurdia crawfurdioides（C. Marquand）Harry Smith-*Gentiana crawfurdioides* C. Marquand

凭证标本：王启无 67090；高黎贡山考察队 33896。

多年生草本。生长于常绿阔叶林、落叶阔叶林、针叶林、云杉-铁杉林、杜鹃-箭竹灌丛、潮湿草甸；海拔 1550～3600 m。

分布于独龙江（贡山县独龙江乡段）；贡山县捧打乡、茨开镇。15-1。

** 8. 披针叶蔓龙胆 Crawfurdia delavayi Franchet

凭证标本：李恒、李嵘 1022；高黎贡山考察队 34032。

多年生草本。生长于针叶林、杜鹃-箭竹灌丛、潮湿草甸；海拔 3120～3600 m。

分布于贡山县茨开镇；福贡县石月亮乡。15-2-3a。

* 9. 细柄蔓龙胆 Crawfurdia gracilipes Harry Smith

凭证标本：李恒、李嵘 512；高黎贡山考察队 33900。

多年生草本。生长于杜鹃-箭竹灌丛、高山草甸、潮湿处；海拔 3200～3600 m。

分布于贡山县茨开镇。15-1。

* 10. 斑茎蔓龙胆 Crawfurdia maculaticaulis C. J. Wu

凭证标本：高黎贡山考察队 s. n.

多年生草本。生长于河谷、灌丛中；海拔 1000～1800 m。

分布于保山市。15-1。

* 11. 福建蔓龙胆 Crawfurdia pricei（C. Marquand）Harry Smith-*Gentiana pricei* C. Marquand

凭证标本：高黎贡山考察队 31693。

多年生草本，具块根，圆柱状，肉质。生长于高山草甸；海拔 3710 m。

分布于贡山县丙中洛乡。15-1。

* 12. 无柄蔓龙胆 Crawfurdia sessiliflora（C. Marquand）Harry Smith-*Gentiana sessiliflora* C. Marquand

凭证标本：高黎贡山考察队 16949，31345。

多年生草本。生长于铁杉-冷杉林、杜鹃-箭竹灌丛、潮湿处；海拔 3429～3720 m。

分布于贡山县丙中洛乡、茨开镇。15-1。

*** 13. 新固蔓龙胆 Crawfurdia sinkuensis（Marquand）Harry Smith

凭证标本：冯国楣 7891。

多年生草本。生长于针叶林、杜鹃-箭竹灌丛、潮湿草甸；海拔 3100～3600 m。

分布于独龙江（贡山县独龙江乡段）；贡山县丙中洛乡。15-2-6。

** 14. 苍山蔓龙胆 Crawfurdia tsangshanensis C. J. Wu

凭证标本：高黎贡山考察队 7164，31715。

多年生草本。生长于杜鹃-箭竹杯、灌丛；海拔 2950～3150 m。

分布于贡山县丙中洛乡；泸水市片马镇。15-2-3a。

** 15. 膜边龙胆 Gentiana albomarginata C. Marquand

凭证标本：高黎贡山考察队 13636。

一年生植物，高 2～8 cm。生长于次生常绿阔叶林；海拔 2200 m。

分布于腾冲市界头镇。15-2-3a。

16. 高山龙胆 Gentiana algida Pallas

凭证标本：Handel-Mazzetti 9878；冯国楣 8438。

多年生直立植物，高 8～20 cm。生长于高山草甸、山坡；海拔 1800～4100 m。

分布于贡山县丙中洛乡、茨开镇。9。

* 17. 繁缕状龙胆 Gentiana alsinoides Franchet

凭证标本：高黎贡山考察队 14553，29476。

一年生草本，高 35～70 mm。生长于常绿阔叶林、针叶林、草甸；海拔 1800～2075 m。

分布于贡山县茨开镇；泸水市片马镇；保山市潞江镇；腾冲市界头镇；龙陵县龙江乡。15-1。

** 18. 异药龙胆 Gentiana anisostemon C. Marquand

凭证标本：高黎贡山考察队 26102。

一年生直立植物，高 4～7 cm。生长于常绿阔叶林、石柯-冬青林、石柯-杜鹃林、石柯-荚蒾林、石柯-木荷林、灌丛；海拔 1900～2453 m。

分布于保山市；腾冲市界头镇、马站乡、芒棒镇；龙陵县镇安镇。15-2-3a。

* 19. 七叶龙胆 Gentiana arethusae var. **delicatula** C. Marquand

凭证标本：高黎贡山考察队 7780，22079。

多年生草本，高 10～15 cm。生长于常绿阔叶林、针叶林、灌丛；海拔 2760～3200 m。

分布于独龙江（贡山县独龙江乡段）；贡山县茨开镇。15-1。

*** 20. 天冬叶龙胆 Gentiana asparagoides T. N. Ho

凭证标本：高黎贡山考察队 s. n.

一年生植物，高 4～7 cm。生长于高山草甸；海拔 3500～3800 m。

分布于贡山县。15-2-6。

21. 秀丽龙胆 Gentiana bella Franchet

凭证标本：T. T. Yü 19747。

一年生草本，高 2～6 cm。生长于高山草甸、林中；海拔 3000～4100 m。

分布于独龙江（贡山县独龙江乡段）。14-4。

*** 22. 缅甸龙胆 Gentiana burmensis C. Marquand

凭证标本：碧江队 1008；怒江队 791913。

多年生植物，高 4～7 cm。生长于沙地、林中；海拔 3900～4100 m。

分布于福贡县匹河乡；泸水市片马镇。15-2-6。

23. 头状龙胆 Gentiana capitata Buchanan-Hamilton ex D. Don

凭证标本：怒江队 1913；李恒、郭辉军、李正波、施晓春 71。

多年生直立草本，高 20～55 mm。生长于林间草地；海拔 2000 m。

分布于保山市芒宽乡。14-3。

*** **24. 石竹叶龙胆 Gentiana caryophyllea** Harry Smith

凭证标本：独龙江考察队 5270；高黎贡山考察队 31550。

多年生草本，高 3～5 cm。生长于铁杉-冷杉林、高山草甸、草地；海拔 2100～4160 m。

分布于独龙江（贡山县独龙江乡段）；贡山县丙中洛乡。15-2-6。

25. 头花龙胆 Gentiana cephalantha Franchet

凭证标本：高黎贡山考察队 11096，15973。

多年生草本，高 10～50 cm。生长于常绿阔叶林、铁杉林内；海拔 2100～2850 m。

分布于贡山县；泸水市片马镇、鲁掌镇；保山市潞江镇；腾冲市界头镇、猴桥镇、芒棒镇。14-4。

* **26. 粗茎秦艽 Gentiana crassicaulis** Duthie ex Burkill

凭证标本：高黎贡山考察队 23123。

多年生草本，高 25～40 cm。生长于硬叶常绿阔叶林；海拔 2250 m。

分布于贡山县丙中洛乡。15-1。

27. 肾叶龙胆 Gentiana crassuloides Bureau & Franchet

凭证标本：青藏队 82-1045；王启无 66281。

一年生植物，高 3～6 cm。生长于河岸边、草坡、高山草地；海拔 2700～4200 m。

分布于独龙江（察隅县日东乡段）；贡山县丙中洛乡。14-3。

28. 髯毛龙胆 Gentiana cuneibarba Harry Smith

凭证标本：青藏队 82-10490；T. T. Yü 19733。

一年生草本，高 45～70 mm。生长于草坡、林中；海拔 3100～4000 m。

分布于独龙江（察隅县日东乡段、贡山县独龙江乡段）；贡山县丙中洛乡。14-3。

29. 深裂龙胆 Gentiana damyonensis C. Marquand

凭证标本：冯国楣 7823；高黎贡山考察队 31498。

多年生草本，高 5～10 cm。生长于高山草甸；海拔 3940～4270 m。

分布于贡山县丙中洛乡。14-4。

30. 美龙胆 Gentiana decorata Diels

凭证标本：T. T. Yü 20695；高黎贡山考察队 31582。

多年生草本植物，高 2～5 cm。生长于杜鹃灌丛、高山草甸；海拔 3770～4700 m。

分布于贡山县丙中洛乡。14-4。

* **31. 三角叶龙胆 Gentiana deltoidea** Harry Smith

凭证标本：高黎贡山考察队 15292，27024。

一年生草本，高 4～6 cm。生长于灌丛、高山草甸；海拔 3340～3560 m。

分布于独龙江（贡山县独龙江乡段）；福贡县石月亮乡。15-1。

*32. 无尾尖龙胆 Gentiana ecaudata C. Marquand

凭证标本：高黎贡山考察队 7780。

多年生植物，高 4～10 cm。生长于草坡；海拔 3000～4200 m。

分布于贡山县。15-1。

33. 壶冠龙胆 Gentiana elwesii C. B. Clarke

凭证标本：高黎贡山考察队 16742，22668。

多年生直立草本，8～20 cm。生长于落叶阔叶林、杜鹃-箭竹灌丛；海拔 2940～3350 m。

分布于贡山县茨开镇。14-3。

**34. 齿褶龙胆 Gentiana epichysantha Handel-Mazzetti

凭证标本：高黎贡山考察队 28491，34099。

一年生草本植物，高 5～10 cm。生长于针叶林、灌丛、高山草甸；海拔 2510～4080 m。

分布于贡山县丙中洛乡、茨开镇；福贡县石月亮乡、鹿马登乡。15-2-3a。

35. 丝瓣龙胆 Gentiana exquisita Harry Smith

凭证标本：李恒、刀志灵、李嵘 502；高黎贡山考察队 32092。

多年生草本植物，高 10～20 cm。生长于针叶林、杜鹃-箭竹灌丛、箭竹灌丛、高山草甸、潮湿处；海拔 3010～4160 m。

分布于独龙江（贡山县独龙江乡段）；贡山县丙中洛乡、茨开镇；福贡县石月亮乡、鹿马登乡。14-4。

36. 毛喉龙胆 Gentiana faucipilosa Harry Smith

凭证标本：怒江队 1523；T. T. Yü 20795。

一年生植物，高 5～10 cm。生长于草坡、林中；海拔 2200～3800 m。

分布于独龙江（贡山县独龙江乡段）；贡山县丙中洛乡。14-3。

37. 丝柱龙胆 Gentiana filistyla I. B. Balfour & Forrest

凭证标本：T. T. Yü 19888。

多年生直立草本，高 2～5 cm。生长于高山草甸、草坡；海拔 2900～4200 m。

分布于贡山县丙中洛乡。14-4。

*38. 美丽龙胆 Gentiana formosa Harry Smith

凭证标本：Handel-Mazzetti 9896；T. T. Yü 19686。

多年生植物，高 3～8 cm。生长于草坡、林中；海拔 2700～4200 m。

分布于独龙江（贡山县独龙江乡段）。15-1。

*39. 苍白龙胆 Gentiana forrestii C. Marquand

凭证标本：Forrest s. n.；青藏队 82-6873。

一年生植物，高 3～5 cm。生长于高山草甸、草坡；海拔 3000～4200 m。

分布于独龙江（贡山县独龙江乡段）；福贡县鹿马登乡。15-1。

40. 密枝龙胆 Gentiana franchetiana Kusnezow

凭证标本：高黎贡山考察队 14781，22702。

一年生直立草本，高 20～35 mm。生长于常绿阔叶林、灌丛；海拔 2770～3080 m。

分布于贡山县茨开镇；泸水市片马镇。15-1。

41. 滇西龙胆 Gentiana georgei Diels

凭证标本：T. T. Yü 23223。

多年生植物，高 5～7 cm，茎高 2～3 cm。生长于高山草甸、草坡；海拔 3000～4200 m。

分布于贡山县。15-1。

42. 长流苏龙胆 Gentiana grata Harry Smith

凭证标本：Handel-Mazzetti 9898；T. T. Yü 20272。

多年生直立植物，高 8～25 cm。生长于高山草甸、草坡；海拔 2900～4100 m。

分布于独龙江（贡山县独龙江乡段）；贡山县丙中洛乡。14-4。

43. 斑点龙胆 Gentiana handeliana Harry Smith

凭证标本：T. T. Yü 19771；高黎贡山考察队 31454。

多年生直立草本，高 10～15 cm。生长于高山草甸；海拔 3750～4160 m。

分布于独龙江（贡山县独龙江乡段）；贡山县丙中洛乡。14-4。

44. 扭果柄龙胆 Gentiana harrowiana Diels

凭证标本：高黎贡山考察队 17009，31585。

多年生草本植物，高 3～6 cm。生长于杜鹃-箭竹灌丛、高山草甸；海拔 3670～3940 m。

分布于独龙江（贡山县独龙江乡段）；贡山县丙中洛乡。14-4。

* **45. 钻叶龙胆 Gentiana haynaldii** Kanitz

凭证标本：高黎贡山考察队 31294。

一年生草本植物，高 3～10 cm。生长于高山草甸；海拔 3980 m。

分布于贡山县丙中洛乡。15-1。

* **46. 帚枝龙胆 Gentiana intricata** C. Marquand

凭证标本：无号。

一年生直立植物，高 25～35 mm。生长于草坡，灌丛中；海拔 2200～3500 m。

分布于保山市芒宽乡。15-1。

** **47. 亚麻状龙胆 Gentiana linoides** Franchet

凭证标本：高黎贡山考察队 30620。

一年生直立草本植物，高 5～15 cm。生长于常绿阔叶林；海拔 1530 m。

分布于腾冲市曲石镇。15-2-3a。

48. 马耳山龙胆 Gentiana maeulchanensis Franchet

凭证标本：李恒、郭辉军、李正波、施晓春 84；高黎贡山考察队 25518。

一年生直立草本，高 2～10 cm。生长于常绿阔叶林、针叶林；海拔 2300～3000 m。

分布于贡山县茨开镇；保山市芒宽乡。14-3。

* **49. 寡流苏龙胆 Gentiana mairei** H. Léveillé

凭证标本：高黎贡山考察队 16820，34538。

一年生草本植物，高 8～15 cm。生长于常绿阔叶林、针叶林、杜鹃-箭竹灌丛、箭竹灌丛、高山草甸；海拔 3120～3620 m。

分布于贡山县茨开镇；福贡县石月亮乡、鹿马登乡；泸水市洛本卓乡。15-1。

*** **50. 缅北龙胆 Gentiana masonii** T. N. Ho

凭证标本：高黎贡山考察队 27024，28593。

多年草本植物。生长于杜鹃-箭竹灌丛、高山草甸；海拔 3560～3700 m。

分布于福贡县石月亮乡、鹿马登乡。15-2-6。

*** **51. 念珠脊龙胆 Gentiana moniliformis** C. Marquand

凭证标本：Forrest 7655。

一年生草本，高 4～6 cm。生长于路边；海拔 2100 m。

分布于腾冲市。15-2-6。

52. 藓生龙胆 Gentiana muscicola C. Marquand

凭证标本：高黎贡山考察队 s. n. 。

多年生植物，高 3～6 cm。生长于苔藓石缝中、林下；海拔 2700～3200 m。

分布于腾冲市。14-4。

53. 山景龙胆 Gentiana oreodoxa Harry Smith

凭证标本：冯国楣 7794。

多年生植物，高 3～5 cm。生长于高山草甸、草坡；海拔 3000～4100 m。

分布于贡山县丙中洛乡。14-3。

54. 耳褶龙胆 Gentiana otophora Franchet

凭证标本：冯国楣 8331；高黎贡山考察队 32049。

多年生植物，高 5～15 cm。生长于杜鹃-箭竹灌丛、高山草甸；海拔 3400～4160 m。

分布于独龙江（察隅县日东乡段）；贡山县丙中洛乡、茨开镇。14-4。

* **55. 类耳褶龙胆 Gentiana otophoroides** Harry Smith

凭证标本：T. T. Yü 20330；高黎贡山考察队 32075。

多年生草本植物，高 5～10 cm。生长于杜鹃-箭竹灌丛、高山灌丛、高山草甸；海拔 3490～4030 m。

分布于独龙江（贡山县独龙江乡段）；贡山县丙中洛乡、茨开镇；福贡县石月亮

乡、鹿马登乡。15-1。

[*] **56. 流苏龙胆 Gentiana panthaica** Prain & Burkill

凭证标本：高黎贡山考察队 11929，26619。

一年生草本植物，高 30 cm。生长于杜鹃-箭竹灌丛、林缘、溪边；海拔 2600～3740 m。

分布于贡山县茨开镇；福贡县鹿马登乡。15-1。

57. 叶萼龙胆 Gentiana phyllocalyx C. B. Clarke

凭证标本：高黎贡山考察队 12676，32181。

多年生草本植物，高 3～12 cm。生长于针叶林、铁杉-冷杉林、杜鹃-箭竹灌丛、高山灌丛、高山草甸；海拔 3350～3940 m。

分布于独龙江（贡山县独龙江乡段）；贡山县丙中洛乡、茨开镇；福贡县鹿马登乡、匹河乡。14-3。

^{**} **58. 纤细龙胆 Gentiana pluviarum** subsp. **subtilis**（Harry Smith）T. N. Ho

凭证标本：高黎贡山考察队 s. n.。

一年生草本，高 20～45 mm。生长于高山草坡；海拔 3700～4100 m。

分布于贡山县。15-2-3a。

^{***} **59. 俅江龙胆 Gentiana qiujiangensis** T. N. Ho

凭证标本：高黎贡山考察队 16846，28639。

多年生草本植物，高 4～10 cm。生长于杜鹃-箭竹灌丛、高山草甸；海拔 3620～3660 m。

分布于独龙江（贡山县独龙江乡段）；福贡县石月亮乡、鹿马登乡。15-2-6。

60. 外弯龙胆 Gentiana recurvata C. B. Clarke

凭证标本：高黎贡山考察队 25960，37327。

一年生直立草本植物，高 3～22 cm。生长于针叶林、高山草甸；海拔 3450～3650 m。

分布于福贡县鹿马登乡；泸水市洛本卓乡。14-3。

[*] **61. 红花龙胆 Gentiana rhodantha** Franchet

凭证标本：王启无 67555。

多年生直立草本植物，高 20～50 cm。生长于灌丛、草坡；海拔 1600 m。

分布于独龙江（贡山县独龙江乡段）。15-1。

[*] **62. 滇龙胆草 Gentiana rigescens** Franchet

凭证标本：赵嘉治 44；高黎贡山考察队 13424。

多年生草本植物，高 10～50 cm。生长于次生常绿阔叶林、灌丛；海拔 1930～2600 m。

分布于保山市芒宽乡；腾冲市曲石镇、马站乡、新华乡。15-1。

[*] **63. 二裂深红龙胆 Gentiana rubicunda** var. **biloba** T. N. Ho

凭证标本：高黎贡山考察队 12740，28679。

一年生直立草本植物，高 8～15 cm。生长于路边灌丛、草甸；海拔 3400～3700 m。

分布于贡山县茨开镇；福贡县鹿马登乡。15-1。

64. 短管龙胆 Gentiana sichitoensis C. Marquand

凭证标本：T. T. Yü 20674；高黎贡山考察队 31522。

多年生草本植物，高 5～15 cm。生长于杜鹃-箭竹灌丛、箭竹灌丛、高山草甸、潮湿处；海拔 3300～3803 m。

分布于独龙江（贡山县独龙江乡段）；贡山县丙中洛乡、茨开镇。14-4。

65. 锡金龙胆 Gentiana sikkimensis C. B. Clarke

凭证标本：高黎贡山考察队 9502，31703。

多年生草本植物，高 3～10 cm。生长于针叶林、杜鹃-箭竹灌丛；海拔 3150～3470 m。

分布于贡山县丙中洛乡、茨开镇。14-3。

*66. 星状龙胆 Gentiana stellulata Harry Smith

凭证标本：怒江队 790584；独龙江考察队 4642。

一年生草本植物，高 4～10 cm。生长于路边草地；海拔 1400 m。

分布于独龙江（贡山县独龙江乡段）。15-1。

*67. 匙萼龙胆 Gentiana stragulata I. B. Balfour & Forrest

凭证标本：王启无 66694。

多年生草本植物，高 5～7 cm。生长于高山草坡；海拔 3000～4000 m。

分布于贡山县丙中洛乡。15-1。

68. 四川龙胆 Gentiana sutchuenensis Franchet

凭证标本：高黎贡山考察队 19757。

一年生直立植物，高 25～80 mm。生长于怒江边；海拔 1237 m。

分布于福贡县。14-3。

69. 大理龙胆 Gentiana taliensis I. B. Balfour & Forrest

凭证标本：独龙江考察队 1375；高黎贡山考察队 24254。

一年生直立草本，高 2～10 cm。生长于常绿阔叶林、针阔混交林、针叶林、杜鹃林、灌丛、山坡灌丛、次生灌丛、林缘、河边、路边、草丛；海拔 1330～3378 m。

分布于独龙江（贡山县独龙江乡段）；贡山县茨开镇；福贡县鹿马登乡；泸水市片马镇；龙陵县。14-4。

70. 蓝玉簪龙胆 Gentiana veitchiorum Hemsley

凭证标本：T. T. Yü 20747；高黎贡山考察队 16765。

多年生草本植物，高 5～8 cm。生长于落叶阔叶林；海拔 2940～3000 m。

分布于贡山县丙中洛乡、茨开镇。14-3。

71. 湿生扁蕾 Gentianopsis paludosa (Munro ex J. D. Hooker) Ma-*Gentiana detonsa* Rottbøll var. *paludosa* Munro ex J. D. Hooker

凭证标本：T. T. Yü 19593；青藏队 10358。

一年生植物，高 35～400 mm。生长于草坡、林缘、河边；海拔 1300～2600 m。

分布于独龙江（察隅县日东乡段，贡山县独龙江乡段）。14-3。

72. 椭圆叶花锚 Halenia elliptica D. Don

凭证标本：独龙江考察队 207；高黎贡山考察队 33705。

多年生草本植物，高 7～90 cm。生长于常绿阔叶林、针叶林、灌丛、高山草甸、荒地、江边、草坡、林下、田缘、溪边；海拔 1530～3930 m。

分布于独龙江（贡山县独龙江乡段）；贡山县丙中洛乡、茨开镇；福贡县上帕镇；泸水市片马镇、鲁掌镇；保山市潞江镇；腾冲市马站乡。14-3。

73. 肋柱花 Lomatogonium carinthiacum（Wulfen）Reichenbach-*Swertia carinthiaca* Wulfen

凭证标本：T. T. Yü 20793。

一年生草本，高 3～30 cm。生长于河边、灌丛、草坡；海拔 1300～2800 m。

分布于独龙江（贡山县独龙江乡段）。10。

*** 74. 长叶肋柱花 Lomatogonium longifolium** Harry Smith

凭证标本：T. T. Yü 22849。

多年生直立植物，高 8～25 cm。生长于河边、灌丛、草坡；海拔 3200～4100 m。

分布于独龙江（贡山县独龙江乡段）。15-1。

*** 75. 宿根肋柱花 Lomatogonium perenne** T. N. Ho & S. W. Liu

凭证标本：高黎贡山考察队 31688。

多年生直立植物，高 8～25 cm。生长于高山草甸；海拔 3710 m。

分布于贡山县丙中洛乡。15-1。

76. 大钟花 Megacodon stylophorus（C. B. Clarke）Harry Smith-*Gentiana stylophora* C. B. Clarke

凭证标本：怒江队 791542；高黎贡山考察队 31176。

多年生草本，高 30～100 cm。生长于潮湿处；海拔 3470 m。

分布于贡山县丙中洛乡。14-3。

77. 狭叶獐牙菜 Swertia angustifolia Buchanan-Hamilton ex D. Don

凭证标本：高黎贡山考察队 10136。

一年生直立草本，高 20～80 cm。生长于次生常绿阔叶林；海拔 1620 m。

分布于泸水市片马镇。14-3。

*** 78. 细辛叶獐牙菜 Swertia asarifolia Franchet

凭证标本：高黎贡山考察队 s. n. 。

多年生直立草本植物，高 12 cm。生长于草坡、草地；海拔 3400～4200 m。

分布于泸水市片马镇。15-2-6。

79. 獐牙菜 Swertia bimaculata（Siebold & Zuccarini）J. D. Hooker & Thomson ex C. B. Clarke-*Ophelia bimaculata* Siebold & Zuccarini

凭证标本：高黎贡山考察队 13419，18339。

一年生直立草本，高 30～200 cm。生长于常绿阔叶林、石柯-冬青林、石柯-木荷林、次生常绿阔叶林、次生灌丛、林下；海拔 1420～3000 m。

分布于贡山县丙中洛乡、茨开镇、普拉底乡；泸水市片马镇、鲁掌镇；保山市芒宽乡、潞江镇；腾冲市界头镇、曲石镇、芒棒镇、蒲川乡；龙陵县龙江乡、镇安镇。14-1。

*80. 西南獐牙菜 Swertia cincta Burkill

凭证标本：高黎贡山考察队 10379，23119。

一年生直立草本，高 30～150 cm。生长于常绿阔叶林、次生常绿阔叶林、硬叶常绿阔叶林、灌丛、溪边、林缘；海拔 1780～2470 m。

分布于贡山县丙中洛乡、茨开镇；泸水市片马镇、鲁掌镇；保山市潞江镇；腾冲市明光镇。15-1。

81. 心叶獐牙菜 Swertia cordata (Wallich ex G. Don) C. B. Clarke-*Ophelia cordata* Wallich ex G. Don

凭证标本：高黎贡山考察队 10937，13143。

一年生直立草本，高 30～60 cm。生长于次生常绿阔叶林、灌丛；海拔 1930～2100 m。

分布于保山市潞江镇；腾冲市马站乡、新华乡。14-3。

***82. 叉序獐牙菜 Swertia divaricata Harry Smith

凭证标本：Forrest 18528。

多年生直立草本，高 50～70 cm。生长于河谷边缘；海拔 2400 m。

分布于贡山县。15-2-6。

*83. 矮獐牙菜 Swertia handeliana Harry Smi

凭证标本：T. T. Yü 19785；高黎贡山考察队 32037。

多年生直立草本，高 2～4 cm。生长于杜鹃-箭竹灌丛、高山草甸；海拔 3490～3740 m。

分布于独龙江（贡山县独龙江乡段）；贡山县丙中洛乡、茨开镇；福贡县石月亮乡、鹿马登乡。15-1。

84. 大籽獐牙菜 Swertia macrosperma (C. B. Clarke) C. B. Clarke-*Ophelia macrosperma* C. B. Clarke

凭证标本：独龙江考察队 672；高黎贡山考察队 21304。

一年生直立草本，高 30～100 cm。生长于常绿阔叶林、石柯-铁杉林、次生常绿阔叶林、铁杉-云杉林、山坡灌丛；河岸山坡、沙地坡上、山脊、风口、开阔地；海拔 1400～3100 m。

分布于独龙江（贡山县独龙江乡段）；贡山县茨开镇；福贡县上帕镇；泸水市片马镇；保山市芒宽乡、潞江镇；腾冲市明光镇、曲石镇。14-3。

**85. 膜叶獐牙菜 Swertia membranifolia Franchet

凭证标本：高黎贡山考察队 s. n.。

一年生直立草本，高 60 cm。生长于河谷湿地；海拔 2500～2700 m。

分布于贡山县。15-2-3a。

*86. 川西獐牙菜 Swertia mussotii Franchet

凭证标本：高黎贡山考察队 22680。

一年生直立草本，高 15～60 cm。生长于落叶阔叶林；海拔 1683 m。

分布于贡山县丙中洛乡。15-1。

87. 显脉獐牙菜 Swertia nervosa（Wallich ex G. Don）C. B. Clarke-*Agathotes nervosa* Wallich ex G. Don

凭证标本：独龙江考察队 2124；高黎贡山考察队 21477。

一年生草本植物，高 30～100 cm。生长于常绿阔叶林、山坡灌丛；海拔 1460～2200 m。

分布于独龙江（贡山县独龙江乡段）；贡山县丙中洛乡、茨开镇；保山市潞江镇。14-3。

***88. 片马獐牙菜 Swertia pianmaensis T. N. Ho & S. W. Liu

凭证标本：南水北调队 8249。

多年生植物，高 20～40 cm。生长于林中；海拔 1600 m。

分布于泸水市片马镇。15-2-6。

*89. 紫红獐牙菜 Swertia punicea Hemsley

凭证标本：T. T. Yü 23105；独龙江考察队 545。

一年生草本植物，高 15～80 cm。生长于河边、草坡；海拔 1350 m。

分布于独龙江（贡山县独龙江乡段）。15-1。

***90. 圆腺獐牙菜 Swertia rotundiglandula T. N. Ho & S. W. Liu

凭证标本：高黎贡山考察队 s. n.。

多年生直立植物，高 12～18 cm。生长于山坡；海拔 3100 m。

分布于贡山县。15-2-6。

*91. 细瘦獐牙菜 Swertia tenuis T. N. Ho & S. W. Li

凭证标本：独龙江考察队 1054，3323。

一年生直立草本，高 8～30 cm。生长于常绿阔叶林、山坡灌丛；海拔 1400～1800 m。

分布于独龙江（贡山县独龙江乡段）。15-1。

***92. 察隅獐牙菜 Swertia zayuensis T. N. Ho & S. W. Liu

凭证标本：高黎贡山考察队 10256，31813。

一年生直立草本，高 15～25 cm。生长于常绿阔叶、石柯-松林、次生常绿阔叶林、蔷薇-槭树林、灌丛、空地、路边；海拔 2000～2600 m。

分布于独龙江（贡山县独龙江乡段）；贡山县丙中洛乡；泸水市片马镇；保山市潞江镇；腾冲市曲石镇、五合乡。15-2-6。

* **93. 细茎双蝴蝶 Tripterospermum filicaule**（Hemsley）Harry Smith-*Gentiana filicaule* Hemsley

凭证标本：高黎贡山考察队 16515，22601。

多年生草本。生长于铁杉-云杉林，灌丛；海拔 2470～2800 m。

分布于贡山县丙中洛乡、茨开镇。15-1。

94. 毛萼双蝴蝶 Tripterospermum hirticalyx C. Y. Wu ex C. J. Wu

凭证标本：高黎贡山考察队 7688，34207。

多年生草本。生长于常绿阔叶林、针叶林、杜鹃灌丛；海拔 2011～3100 m。

分布于独龙江（贡山县独龙江乡段）；贡山县茨开镇；福贡县鹿马登乡；龙陵县龙江乡。14-4。

95. 膜叶双蝴蝶 Tripterospermum membranaceum（C. Marquand）Harry Smith-*Gentiana membranacea* C. Marquand

凭证标本：Forrest 25060；冯国楣 7205。

多年生草本。生长于林缘；海拔 2000～3700 m。

分布于澜沧江和怒江分水界。14-4。

96. 尼泊尔双蝴蝶 Tripterospermum volubile（D. Don）H. Hara-*Gentiana volubilis* D. Don

凭证标本：冯国楣 7205；高黎贡山考察队 13097。

多年生草本。生长于常绿阔叶林、次生常绿阔叶林；海拔 1850～2200 m。

分布于保山市潞江镇；腾冲市界头镇；龙陵县镇安镇。14-3。

97. 黄秦艽 Veratrilla baillonii Franchet

凭证标本：南水北调队 9167；高黎贡山考察队 31182。

多年生植物，高 30～85 cm。生长于草坡、高山灌丛；海拔 3470～3680 m。

分布于贡山县丙中洛乡、茨开镇；福贡县石月亮乡、鹿马登乡。14-3。

239a. 睡菜科 Menyanthaceae

2 属 3 种

1. 睡菜 Menyanthes trifoliata Linnaeus

凭证标本：高黎贡山考察队 29670，30935。

多年生挺水植物。生长于稻田边；海拔 1730 m。

分布于腾冲市北海乡。8。

2. 金银莲花 Nymphoides indica（Linnaeus）Kuntze-*Menyanthes indica* Linnaeus

凭证标本：李恒、李嵘、蒋柱檀、高富、张雪梅 407；高黎贡山考察队 29792。

多年生水生植物。生长于潮湿处；海拔 1730～1850 m。

分布于腾冲市北海乡。5。

3. 荇菜 Nymphoides peltata（S. G. Gmelin）Kuntze-*Limnanthemum peltatum* S. G. Gmelin

凭证标本：李恒、李嵘、蒋柱檀、高富、张雪梅 440。

多年生水生植物，具根茎，横走。生长于水中；海拔 1730 m。

分布于腾冲市。10。

240. 报春花科 Primulaceae

3 属 78 种 2 变种，*22，**8，***10

1. 腋花点地梅 Androsace axillaris（Franchet）Franchet-*Androsace rotundifolia* Hardwicke var. *axillaris* Franchet

凭证标本：高黎贡山考察队 13858，14372。

多年生草本，茎长 30 cm。生长于常绿阔叶林、次生常绿阔叶林；海拔 1560～2020 m。

分布于贡山县丙中洛乡、茨开镇。14-4。

2. 滇西北点地梅 Androsace delavayi Franche

凭证标本：高黎贡山考察队 31681，32837。

多年生草本，具块根。生长于高山草甸、多石山坡；海拔 3900～4700 m。

分布于贡山县丙中洛乡。14-3。

3. 直立点地梅 Androsace erecta Maximowicz

凭证标本：王启无 717841。

一年生或二年生直立草本，茎高 2～35 cm。生长于草坡、河岸；海拔 2400～3400 m。

分布于贡山县。14-3。

4. 披散点地梅 Androsace gagnepainiana Handel-Mazzetti

凭证标本：Handel-Mazzetti 94.95。

多年生草本，生长于岩石缝、林地；海拔 3500～4100 m。

分布于独龙江（贡山县独龙江乡段）。14-4。

5. 掌叶点地梅 Androsace geraniifolia Watt

凭证标本：Ward 1645；Forrest 23485。

多年生草本，茎高 10～30 cm。生长于冷杉林、草坡；海拔 2700～3000 m。

分布于贡山县。14-3。

*6. 圆叶点地梅 Androsace graceae Forrest

凭证标本：T. T. Yü 23237。

多年生草本。生长于岩石缝中；海拔 3800 m。

分布于贡山县沙瓦龙巴。15-1。

7. 莲叶点地梅 Androsace henryi Oliver

凭证标本：独龙江考察队 6106；高黎贡山考察队 28325。

多年生草本。生长于常绿阔叶林、针阔混交林、针叶林、灌丛、杜鹃-箭竹灌丛；海拔2500～3125 m。

分布于独龙江（贡山县独龙江乡段）；贡山县茨开镇；福贡县石月亮乡、鹿马登乡；泸水市鲁掌镇。14-3。

* 8. 石莲叶点地梅 Androsace integra（Maximowicz）Handel-Mazzetti -*Androsace aizoon* Duby var. *integra* Maximowicz

凭证标本：高黎贡山考察队 26609，27040。

一年生或二年生草本。生长于箭竹灌丛、杜鹃-箭竹灌丛；海拔 3560～3740 m。

分布于福贡县石月亮乡、鹿马登乡。15-1。

* 9. 柔软点地梅 Androsace mollis Handel-Mazzetti

凭证标本：T. T. Yü 19385；高黎贡山考察队 28692。

多年生草本。生长于高山草甸；海拔 3650～3700 m。

分布于独龙江（贡山县独龙江乡段）；贡山县丙中洛乡；福贡县鹿马登乡。15-1。

*** 10. 短花珍珠菜 Lysimachia breviflora C. M. Hu

凭证标本：青藏队 82-7150；高黎贡山考察队 27606。

多年生直立草本，高 1 m。生长于常绿阔叶林；海拔 1710 m。

分布于福贡县马吉乡。15-2-6。

11. 泽珍珠菜 Lysimachia candida Lindley

凭证标本：青藏队 7150；李恒、郭辉军、李正波、施晓春 30。

一年生或二年生直立草本，高 10～30 cm。生长于田埂；海拔 600 m。

分布于保山市潞江镇。14-2。

12. 细梗香草 Lysimachia capillipes Hemsley

凭证标本：高黎贡山考察队 28963。

多年生草本，高 40～60 cm。生长于漆树-榕树林；海拔 1290 m。

分布于福贡县上帕镇。7。

13. 藜状珍珠菜 Lysimachia chenopodioides Watt ex J. D. Hooker

凭证标本：高黎贡山考察队 26176。

一年生草本，高 7～50 cm。生长于常绿阔叶林；海拔 702 m。

分布于保山市芒宽乡。14-3。

* 14. 过路黄 Lysimachia christiniae Hance

凭证标本：怒江队 1943；独龙江考察队 6955。

多年生草本，茎长 20～60 cm。生长于灌丛；海拔 2900 m。

分布于独龙江（贡山县独龙江乡段）；福贡县上帕镇、匹河乡。15-1。

15. 临时救 Lysimachia congestiflora Hemsley

凭证标本：独龙江考察队 6629；高黎贡山考察队 25330。

多年生草本，高 6～50 cm。生长于常绿阔叶林、木荷-钓樟林、木荷-栲林、木荷林、木荷-樟林、石柯林、石柯-木荷林、石柯-云南松林、水田；海拔 1580～2410 m。

分布于独龙江（贡山县独龙江乡段）；贡山县茨开镇；福贡县马吉乡、匹河乡；泸水市片马镇；保山市芒宽乡；腾冲市界头镇、五合乡、新华乡；龙陵县龙江乡、镇安镇。14-3。

16. 南亚过路黄 Lysimachia debilis Wallich

凭证标本：和志刚 79-325。

多年生草本，高 15～30 cm。生长于草坡；海拔 1700 m。

分布于独龙江（贡山县独龙江乡段）。14-3。

17. 延叶珍珠菜 Lysimachia decurrens G. Forster

凭证标本：高黎贡山考察队 21017，22858。

多年生直立草本，高 40～90 cm。生长于常绿阔叶林；海拔 1270～1640 m。

分布于福贡县架科底乡；泸水市片马镇。5。

18. 小寸金黄 Lysimachia deltoidea var. **cinerascens** Franchet

凭证标本：高黎贡山考察队 11794，29899。

多年生草本，高 4～25 cm。生长于常绿阔叶林、次生常绿阔叶林、栒子-蔷薇林、草甸；海拔 1670～2410 m。

分布于贡山县丙中洛乡、茨开镇；泸水市片马镇；腾冲市界头镇、马站乡；龙陵县龙江乡。14-4。

* **19. 锈毛过路黄 Lysimachia drymarifolia** Franchet

凭证标本：高黎贡山考察队 30472，30574。

多年生草本，高 735 cm。生长于石柯-冬青林、尼泊尔桤木林；海拔 1820～2070 m。

分布于腾冲市界头镇、明光镇。15-1。

20. 多枝香草 Lysimachia laxa Baudo

凭证标本：高黎贡山考察队 15155，21579。

多年生草本直立，高达 60 cm。生长于常绿阔叶林、针阔混交林；海拔 1550～2650 m。

分布于独龙江（贡山县独龙江乡段）；贡山县丙中洛乡、茨开镇；泸水市片马镇；腾冲市猴桥镇。7。

21. 丽江珍珠菜 Lysimachia lichiangensis Forrest

凭证标本：T. T. Yü 19545。

多年生直立草本，高 35～75 cm。生长于草坡、林缘；海拔 2900～3200 m。

分布于独龙江（贡山县独龙江乡段）。14-4。

22. 长蕊珍珠菜 Lysimachia lobelioides Wallich

凭证标本：高黎贡山考察队 17852，30631。

一年生直立草本，高 25～50 cm。生长于常绿阔叶林、箭竹灌丛；海拔 1250～2400 m。

分布于保山市芒宽乡、潞江镇；腾冲市界头镇、曲石镇、北海乡、荷花镇、五合乡；龙陵县龙江乡、镇安镇。14-3。

23. 小果香草 Lysimachia microcarpa Handel-Mazzetti ex C. Y. Wu

凭证标本：南水北调队 8253；高黎贡山考察队 23356。

多年生草本，高 10～30 cm。生长于常绿阔叶林、石柯-云南松林；海拔 1160～2150 m。

分布于福贡县上帕镇、架科底乡；泸水市片马镇；腾冲市清水乡。14-4。

*24. 小叶珍珠菜 Lysimachia parvifolia Franchet ex F. B. Forbes & Hemsley

凭证标本：高黎贡山考察队 23596。

二年生或多年生草本，高 30～50 cm。生长于硬叶常绿阔叶林；海拔 686 m。

分布于保山市潞江镇。15-1。

25. 阔叶假排草 Lysimachia petelotii Merrill

凭证标本：高黎贡山考察队 17647，25331。

多年生草本，高 10～30 cm。生长于常绿阔叶林；海拔 1530～2220 m。

分布于保山市芒宽乡、潞江镇；龙陵县镇安镇。14-4。

*26. 阔瓣珍珠菜 Lysimachia platypetala Franchet

凭证标本：高黎贡山考察队 12801，33603。

多年生直立草本，高 30～70 cm。生长于石柯-木荷林、溪边；海拔 1510～1790 m。

分布于贡山县茨开镇；福贡县上帕镇。15-1。

27. 多育星宿菜 Lysimachia prolifera Klatt

凭证标本：南水北调队 7136；高黎贡山考察队 27267。

多年生草本，高 10～28 cm。生长于石柯-青冈林；海拔 2850 m。

分布于贡山县丙中洛乡；福贡县鹿马登乡；腾冲市猴桥镇。14-3。

*28. 矮星宿菜 Lysimachia pumila (Baudo) Franchet-Bernardina pumila Baudo

凭证标本：Delavay 1091。

多年生草本，高 3～20 cm。生长于湿草地、沼泽边缘；海拔 3500～4000 m。

分布于贡山县。15-1。

***29. 粗壮珍珠菜 Lysimachia robusta Handel-Mazzetti

凭证标本：Forrest 11997；李恒、李嵘、蒋柱檀、高富、张雪梅 408。

多年生直立草本，高 100～150 cm。生长于湿润沼泽中；海拔 1730 m。

分布于腾冲市北海乡。15-2-6。

***30. 腾冲过路黄 Lysimachia tengyuehensis Handel-Mazzetti

凭证标本：高黎贡山考察队 30891。

多年生草本，高 15～50 cm。生长于常绿阔叶林、箭竹灌丛；海拔 1250～1520 m。

分布于腾冲市曲石镇、荷花镇、五合乡、清水乡。15-2-6。

*** 31. 藏珍珠菜 Lysimachia tsarongensis Handel-Mazzetti

凭证标本：Forrest 19282。

二年生或多年生直立草本，高达 37 cm。生长于湿生草地；海拔 2800 m。

分布于独龙江（察隅县段）。15-2-6。

** 32. 大理独花报春 Omphalogramma delavayi（Franchet）Franchet-*Primula delavayi* Franchet

凭证标本：碧江队 1137。

多年生草本植物。生长于高山灌丛、高山草地；海拔 3300～4000 m。

分布于福贡县鹿马登乡。15-2-5。

33. 丽花独报春 Omphalogramma elegans Forrest

凭证标本：独龙江考察队 7033；高黎贡山考察队 31455。

多年生植物，生长于杜鹃-箭竹林、箭竹灌丛、高山草甸、路边；海拔 2900～4020 m。

分布于独龙江（察隅县日东乡段、贡山县独龙江乡段）；贡山县丙中洛乡、茨开镇；福贡县鹿马登乡。14-4。

* 34. 小独花报春 Omphalogramma minus Handel-Mazzetti

凭证标本：冯国楣 7710；T. T. Yü 20736。

多年生植物。生长于石缝草坡；海拔 3500～4000 m。

分布于独龙江（贡山县独龙江乡段）；贡山县丙中洛乡。15-1。

* 35. 长柱独花报春 Omphalogramma souliei Franchet

凭证标本：怒江队 79-0590；高黎贡山考察队 14799。

多年生植物。生长于常绿阔叶林、高山灌丛；海拔 3300～4300 m。

分布于贡山县茨开镇；福贡县匹河乡。15-1。

36. 乳黄雪山报春 Primula agleniana I. B. Balfour & Forrest

凭证标本：独龙江考察队 6924；高黎贡山考察队 16837。

多年生草本，生长于常绿阔叶林、石柯-青冈林、落叶阔叶林、灌丛、杜鹃-箭竹灌丛、箭竹-莎草灌丛、高山灌丛、高山草甸、林内；海拔 2300～3940 m。

分布于独龙江（贡山县独龙江乡段）；贡山县丙中洛乡、茨开镇；福贡县石月亮乡、鹿马登乡。14-4。

** 37a. 紫晶报春 Primula amethystina Franchet

凭证标本：T. T. Yü 19796。

多年生草本。生长于高山湿草地；海拔 4000 m。

分布于贡山县。15-2-3a。

* 37b. 短叶紫晶报春 Primula amethystina subsp. brevifolia（Forrest）W. W. Smith & Forrest-*Primula brevifolia* Forres

凭证标本：王启无 65988；南水北调队 9325。

多年生草本。生长于湿草地；海拔 3400～4200 m。

分布于独龙江（察隅县段）；贡山县。15-1。

*38. 茴香灯台报春 **Primula anisodora** I. B. Balfour & Forrest-*Primula wilsonii* var. *anisodora*（I. B. Balfour & Forrest）A. J. Richards

凭证标本：高黎贡山考察队 12886。

多年生草本。生长于常绿阔叶林；海拔 2700 m。

分布于独龙江（贡山县独龙江乡段）。15-1。

39. 细辛叶报春 **Primula asarifolia H. R. Fletcher

凭证标本：刀志灵、崔景云 9477。

多年生草本。生长于混交林；海拔 2800 m。

分布于保山市。15-2-5。

*40. 山丽报春 **Primula bella** Franchet

凭证标本：T. T. Yü 19767。

多年生草本。生长于山坡；海拔 3700 m。

分布于贡山县丙中洛乡。15-1。

*41. 小苞报春 **Primula bracteata** Franchet

凭证标本：王启无 66475。

多年生草本，茎长达 15 cm。生长于岩石缝中；海拔 2500 m。

分布于独龙江（察隅县段）。15-1。

42. 橘红灯台报春 **Primula bulleyana Forrest

凭证标本：独龙江考察队 704。

多年生草本，生长于河滩石上；海拔 1290 m。

分布于独龙江（贡山县独龙江乡段）。15-2-3a。

***43. 霞红灯台报春 **Primula beesiana** Forrest

凭证标本：高黎贡山考察队 30593。

多年生草本。生长于常绿阔叶林、次生林；海拔 2070 m。

分布于腾冲市明光镇。15-2-6。

44 a. 美花报春 **Primula calliantha Franchet

凭证标本：冯国楣 7609。

多年生草本。生长于高山草地；海拔 4000 m。

分布于贡山县丙中洛乡。15-2-5。

44 b. 黛粉美花报春 **Primula calliantha subsp. **bryophila**（I. B. Balfour & Farrer）W. W. Smith & Forrest-*Primula bryophila* I. B. Balfour & Farrer

凭证标本：T. T. Yü 19357；高黎贡山考察队 26379。

多年生草本。生长于杜鹃-箭竹灌丛、高山草甸；海拔 3620～3660 m。

分布于贡山县丙中洛乡；福贡县石月亮乡、鹿马登乡。14-4。

45. 异葶脆蒴报春 Primula chamaethauma W. W. Smith

凭证标本：T. T. Yü 19860。

多年生草本。生长于石山坡；海拔 4000 m。

分布于独龙江（贡山县独龙江乡段）。14-4。

***46. 腾冲灯台报春 Primula chrysochlora I. B. Balfour & Kingdon-Ward-*Primula helodoxa* I. B. Balfour subsp. *chrysochlora* （I. B. Balfour & Kingdon Ward） W. W. Smith & Forrest

凭证标本：南水北调队 6836；高黎贡山考察队 29697。

多年生草本。生长于常绿阔叶林、稻田边；海拔 1730～2060 m。

分布于腾冲市猴桥镇、北海乡。15-2-6。

*47. 中甸灯台报春 Primula chungensis I. B. Balfour & Kingdon-Ward

凭证标本：青藏队 73-526。

多年生草本。生长于高山沼泽；海拔 2900～3200 m。

分布于独龙江（察隅县段）。15-1。

48. 滇北球花报春 Primula denticulata subsp. **sinodenticulata** （I. B. Balfour & Forrest） W. W. Smith-*Primula sinodenticulata* I. B. Balfour & Forrest

凭证标本：高黎贡山考察队 30503。

多年生草本。生长于柳-桤木林；海拔 2770 m。

分布于腾冲市明光镇、猴桥镇；龙陵县。14-4。

49. 展瓣紫晶报春 Primula dickieana Watt

凭证标本：T. T. Yü 19338；南水北调队 9011。

多年生草本。生长于高山湿草甸；海拔 4000 m。

分布于贡山县茨开镇。14-3。

50. 石岩报春 Primula dryadifolia Franchet

凭证标本：高黎贡山考察队 16992，31464。

常绿多年生草本。生长于杜鹃灌丛、杜鹃-箭竹灌丛、高山草甸；海拔 3670～4151 m。

分布于独龙江（贡山县独龙江乡段）；贡山县丙中洛乡。14-3。

*51. 灌丛报春 Primula dumicola W. W. Smith & Forrest

凭证标本：Forrest 21027；高黎贡山考察队 14563。

多年生草本。生长于次生常绿阔叶林；海拔 2200 m。

分布于独龙江（贡山县独龙江乡段）；贡山县茨开镇。15-1。

52. 绿眼报春 P rimula euosma Craib

凭证标本：Forrest 26526；T. T. Yü 20743。

多年生草本。生长于高山湿草地；海拔 3000 m。

分布于贡山县丙中洛乡；腾冲市。14-4。

53. 葶立钟报春 Primula firmipes I. B. Balfour & Forrest-*Primula deleiensis* Kingdon Ward

凭证标本：独龙江考察队 769；高黎贡山考察队 27271。

多年生草本。生长于石柯-青冈林、针阔混交林、针叶林、杜鹃-箭竹灌丛、高山草甸、溪边、潮湿草甸、沟边；海拔 3340～3927 m。

分布于独龙江（贡山县独龙江乡段）；贡山县丙中洛乡、茨开镇；福贡县鹿马登乡；泸水市。14-4。

54. 滇藏掌叶报春 Primula geraniifolia J. D. Hooker

凭证标本：T. T. Yü 19063。

多年生草本。生长于林缘；海拔 3000～4000 m。

分布于贡山县。14-3。

55. 线葶粉报春 Primula glabra subsp. **genestieriana**（Handel-Mazzetti）C. M. Hu-*Primula genestieriana* Handel-Mazzetti

凭证标本：Handel-Mazzetti 9200。

多年生草本。生长于高山草甸；海拔 4100～4200 m。

分布于贡山县。14-4。

*** **56. 泽地灯台报春 Primula helodoxa** I. B. Balfour

凭证标本：高黎贡山考察队 29073，30500。

多年生草本。生长于常绿阔叶林、石柯林、石柯-冬青林；海拔 1820～2630 m。

分布于腾冲市界头镇、猴桥镇、曲石镇。15-2-6。

** **57. 亮叶报春 Primula hylobia** W. W. Smith

凭证标本：独龙江考察队 5740。

多年生草本。生长于山地常绿阔叶林；海拔 1880 m。

分布于独龙江（贡山县独龙江乡段）。15-2-3a。

58. 云南卵叶报春 Primula klaveriana Forrest

凭证标本：Forrest 18056。

多年生草本。生长于灌木林缘、河边；海拔 2700～3700 m。

分布于腾冲市。14-4。

*** **59. 李恒报春 Primula lihengiana** C. M. Hu & R. Li

凭证标本：高黎贡山考察队 14321。

多年生草本。生长于次生常绿阔叶林；海拔 2020 m。

分布于贡山县茨开镇。15-2-6。

*** **60. 芒齿灯台报春 Primula melanodonta** W. W. Smith

凭证标本：高黎贡山考察队 26554，28479。

多年生草本。生长于石柯-冬青林、壳斗-樟林；海拔 2510～2830 m。

分布于福贡县石月亮乡、鹿马登乡。15-2-6。

*61. 雪山小报春 **Primula minor** I. B. Balfour & Kingdon-Ward-*Primula atuntzuensis* I. B. Balfour & Forrest

凭证标本：王启无 62141。

多年生草本。生长于杜鹃林；海拔 4300 m。

分布于独龙江（察隅县段）。15-1。

62. 灰毛报春 **Primula mollis** Nuttall ex Hooker

凭证标本：高黎贡山考察队 30359。

多年生草本。生长于常绿阔叶林、杜鹃-铁杉林；海拔 1950～2660 m。

分布于泸水市片马镇；腾冲市界头镇、北海乡。14-3。

*63. 麝草报春 **Primula muscarioides** Hemsley

凭证标本：高黎贡山考察队 31403。

多年生草本。生长于高山草甸；海拔 3880 m。

分布于贡山县丙中洛乡。15-1。

*64. 鄂报春 **Primula obconica** Hance

凭证标本：J. F. Rock 21946；高黎贡山考察队 25280。

多年生草。生长于常绿阔叶林、石柯-木荷林、硬叶常绿阔叶林；海拔 1160～1805 m。

分布于贡山县；福贡县架科底乡；保山市潞江镇。15-1。

*65. 多脉报春 **Primula polyneura** Franchet

凭证标本：王启无 66242。

多年生草本。生长于河谷、林缘；海拔 2000 m。

分布于独龙江（察隅县段）。15-1。

66. 小花灯台报春 **Primula prenantha** I. B. Balfour & W. W. Smith

凭证标本：T. T. Yü 19313；高黎贡山考察队 12577。

多年生草本。生长于针阔混交林、针叶落叶林；海拔 2600～3050 m。

分布于独龙江（贡山县独龙江乡段）；贡山县茨开镇。14-3。

*67. 七指报春 **Primula septemloba** Franchet

凭证标本：高黎贡山考察队 12624。

多年生草本。生长于针叶落叶林；海拔 2770～3050 m。

分布于贡山县茨开镇。15-1。

68. 齿叶灯台报春 **Primula serratifolia** Franchet

凭证标本：高黎贡山考察队 26509。

多年生草本。生长于杜鹃灌丛、箭竹灌丛、高山草甸、溪边；海拔 3220～4151 m。

分布于独龙江（贡山县独龙江乡段）；贡山县丙中洛乡、茨开镇；福贡县石月亮乡。

14-4。

69. 钟花报春 Primula sikkimensis J. D. Hooker

凭证标本：J. F. Rock 22252；青藏队 82-7827。

多年生草本。生长于湿草地、林缘；海拔 3200 m。

分布于独龙江（察隅县日东乡段）；贡山县丙中洛乡。14-3。

70. 贡山紫晶报春 Primula silaensis Petitmengin

凭证标本：青藏队 82-8654；高黎贡山考察队 26508。

多年生草本。生长于杜鹃-箭竹灌丛、高山草甸、石堆中；海拔 3280～3840 m。

分布于贡山县茨开镇；福贡县石月亮乡、鹿马登乡。14-3。

** 71. 糙叶铁梗报春 Primula sinolisteri var. **aspera** W. W. Smith & H. R. Fletcher

凭证标本：刀志灵、崔景云 9477；独龙江考察队 6140。

多年生草本。生长于混交林下、河边松林、路边；海拔 2050～2600 m。

分布于独龙江（贡山县独龙江乡段）；腾冲市。15-2-5。

** 72. 华柔毛报春 Primula sinomollis I. B. Balfour & Forrest

凭证标本：高黎贡山考察队 25279。

多年生草本。生长于石柯-木荷林；海拔 1805 m。

分布于保山市潞江镇。15-2-5。

*** 73. 群居粉报春 Primula socialis F. H. Chen & C. M. Hu

凭证标本：Forrest 5523；南水北调队 8445。

多年生草本。生长于岩石缝中；海拔 3000 m。

分布于腾冲市猴桥镇。15-2-6。

74. 苣叶报春 Primula sonchifolia Franchet

凭证标本：高黎贡山考察队 28548。

多年生草本。生长于常绿阔叶林、石柯-青冈林、冷杉林、灌丛、箭竹灌丛、箭竹-蔷薇灌丛、杜鹃-箭竹灌丛、高山草甸；海拔 2720～4000 m。

分布于贡山县丙中洛乡；福贡县石月亮乡、鹿马登乡；泸水市片马镇、鲁掌镇、六库镇。14-4。

75. 大理报春 Primula taliensis Forrest

凭证标本：高黎贡山考察队 22904，24552。

多年生草本。生长于常绿阔叶林、石柯-青冈林、杜鹃-箭竹灌丛；海拔 2737～3125 m。

分布于泸水市片马镇、鲁掌镇。14-4。

* 76. 三裂叶报春 Primula triloba I. B. Balfour & Forrest

凭证标本：T. T. Yü 19787；高黎贡山考察队 31289。

多年生草本。生长于杜鹃灌丛、高山草甸；海拔 3930～4151 m。

分布于贡山县丙中洛乡。15-1。

77. 圆叶报春 Primula vaginata subsp. eucyclia（W. W. Smith & Forrest）Chen & C. M. Hu

凭证标本：J. F. Rock 21956；独龙江考察队 7048。

多年生草本。生长于灌丛；海拔 2900 m。

分布于独龙江（贡山县独龙江乡段）。14-4。

78. 暗红紫晶报春 Primula valentiniana Handel-Mazzetti

凭证标本：高黎贡山考察队 14984，28699。

多年生草本。生长于杜鹃-箭竹灌丛、高山草甸；海拔 3106～4000 m。

分布于独龙江（贡山县独龙江乡段）；贡山县丙中洛乡、茨开镇；福贡县石月亮乡、鹿马登乡。14-4。

241. 白花丹科 Plumbaginaceae

2 属 2 种，1*

*1. 岷江蓝雪花 Ceratostigma willmotianum Stapf

凭证标本：李恒、刀志灵、李嵘 688；李恒、李嵘 723。

多年生落叶草本，高达 2 m。生长于次生林；海拔 1710～1900 m。

分布于独龙江（察隅县段）；泸水市六库镇。15-1。

2. 白花丹 Plumbago zeylanica Linnaeus

凭证标本：碧江队 120；高黎贡山考察队 13514。

多年生直立草本或灌木，高 1～3 m。生长于次生常绿阔叶林；海拔 1560 m。

分布于福贡县；保山市芒宽乡。4。

242. 车前科 Plantaginaceae

1 属 2 种

1. 平车前 Plantago depressa Willdenow

凭证标本：高黎贡山考察队 10402，19770。

多年生草本。生长于常绿阔叶林、石柯-青冈林、路边、乱石堆；海拔 920～2766 m。

分布于贡山县茨开镇；福贡县亚坪；泸水市片马镇；保山市；腾冲市明光镇、界头镇、北海乡。11。

2. 大车前 Plantago major Linnaeus

凭证标本：高黎贡山考察队 11746，18671。

多年生草本。生长于常绿阔叶林、石柯林、河边、路边、采伐迹地；海拔 686～3000 m。

分布于独龙江（贡山县独龙江乡段）；贡山县茨开镇；福贡县马吉乡、石月亮乡、匹河乡；泸水市鲁掌镇；保山市潞江镇；腾冲市芒棒镇、五合乡；龙陵县镇安镇。10。

243. 桔梗科 Campanulaceae

10 属 32 种,* 11,** 2,*** 3

* 1. 细萼沙参 Adenophora capillaris subsp. **leptosepala**（Diels）D. Y. Hong-*Adenophora leptosepala* Diels

凭证标本：高黎贡山考察队 13432，25759。

多年生草本，高 50～100 cm。生长于常绿阔叶林、铁杉-云杉林、草甸；海拔 2130～3030 m。

分布于独龙江（贡山县独龙江乡段）；贡山县丙中洛乡、茨开镇；泸水市洛本卓乡；保山市芒宽乡。15-1。

* 2. 天蓝沙参 Adenophora coelestis Diels

凭证标本：施晓春、杨世雄 631；南水北调队 8603。

多年生草本，茎高 50～80 cm。生长于林中、林缘；海拔 1800 m。

分布于福贡县上帕镇。15-1。

3. 云南沙参 Adenophora khasiana（J. D. Hooker & Thomson）Oliver ex Collett & Hemsley-*Campanula khasiana* J. D. Hooker & Thomson

凭证标本：蔡希陶 54854，57625。

多年生草本，茎高达 1 m。生长于林中、草坡；海拔 2300 m。

分布于福贡县上帕镇。14-3。

** 4. 昆明沙参 Adenophora stricta subsp. **confusa**（Nannfeldt）D. Y. Hong-*Adenophora confusa* Nannfeldt

凭证标本：南水北调队 8603。

多年生草本，茎高 40～80 cm。生长于山坡、林缘；海拔 1200 m。

分布于泸水市六库镇。15-2-1。

* 5. 球果牧根草 Asyneuma chinense D. Y. Hong

凭证标本：南水北调队 8094；高黎贡山考察队 29486。

多年生直立草本，茎高 20～100 cm。生长于常绿阔叶林、针叶林；海拔 1510～1980 m。

分布于福贡县上帕镇；泸水市片马镇；腾冲市界头镇、曲石镇、马站乡。15-1。

6. 灰毛风铃草 Campanula cana Wallich

凭证标本：高黎贡山考察队 12043，32559。

多年生植物，茎高 15～30 cm。生长于常绿阔叶林、针叶林、灌丛、路边、石堆、林下；海拔 686～2470 m。

分布于独龙江（贡山县独龙江乡段）；贡山县丙中洛乡；福贡县匹河乡；泸水市片马镇、洛本卓乡；保山市潞江镇；龙陵县镇安镇。14-3。

* **7. 长柱风铃草 Campanula chinensis** D. Y. Hong

凭证标本：王启无 66533；高黎贡山考察队 21859。

多年生植物，茎高达 35 cm。生长于常绿阔叶林；海拔 1660 m。

分布于独龙江（贡山县独龙江乡段）。15-1。

8. 西南风铃草 Campanula pallida Wallich

凭证标本：李恒、李嵘 806；高黎贡山考察队 33222。

多年生植物，茎高达 60 cm。生长于常绿阔叶林、针叶林、山坡灌丛、河谷林下、空旷地、林缘；海拔 1440～2900 m。

分布于独龙江（贡山县独龙江乡段）；贡山县捧打乡、茨开镇；福贡县鹿马登乡；泸水市片马镇、鲁掌镇；腾冲市界头镇、曲石镇。14-3。

9. 金钱豹 Campanumoea javanica Blume

凭证标本：高黎贡山考察队 13494，29014。

多年生草本。生长于常绿阔叶林、石柯-木荷林、云南松林、次生常绿阔叶林、灌丛、草坡、河岸；海拔 1240～2240 m。

分布于贡山县茨开镇；福贡县石月亮乡、鹿马登乡、上帕镇、匹河乡；泸水市片马镇、鲁掌镇；保山市芒宽乡、潞江镇；腾冲市界头镇、曲石镇、北海乡、芒棒镇、五合乡；龙陵县龙江乡。7。

* **10. 高山党参 Codonopsis alpina** Nannfeldt

凭证标本：T. T. Yü 22651；高黎贡山考察队 28529。

多年生草本，茎高 15～25 cm。生长于草甸；海拔 3700 m。

分布于独龙江（贡山县独龙江乡段）；福贡县鹿马登乡。15-1。

11. 大萼党参 Codonopsis benthamii J. D. Hooker & Thomson

凭证标本：南水北调队 8701；高黎贡山考察队 32812。

多年生草本，茎高达 2 m。生长于铁杉-冷杉林、杜鹃-箭竹灌丛、高山草甸、溪边潮湿草甸；海拔 3220～3800 m。

分布于独龙江（贡山县独龙江乡段）；贡山县丙中洛乡、茨开镇；福贡县鹿马登乡、上帕镇。14-3。

*** **12. 滇缅党参 Codonopsis chimiliensis** J. Anthony

凭证标本：南水北调队 8361。

多年生直立草本，茎 60～90 cm。生长于高山草坡；海拔 3600 m。

分布于泸水市片马镇。15-2-6。

13. 鸡蛋参 Codonopsis convolvulacea Kurz

凭证标本：独龙江考察队 925；高黎贡山考察队 34521。

多年生草本，茎高达 1 m。生长于常绿阔叶林、落叶阔叶林、针叶林、灌丛、杜鹃-箭竹灌丛、箭竹-灯芯草丛、高山草甸、河岸林下；海拔 1335～3660 m。

分布于独龙江（贡山县独龙江乡段）；贡山县茨开镇；福贡县石月亮乡、鹿马登乡；保山市潞江镇；腾冲市曲石镇、芒棒镇。14-3。

*** **14. 心叶党参 Codonopsis cordifolioidea** P. C. Tsoong

凭证标本：李恒、刀志灵、李嵘 551；高黎贡山考察队 21121。

多年生草本，茎长 1 m。生长于常绿阔叶林、次生常绿阔叶林；海拔 1420～2050 m。

分布于独龙江（贡山县独龙江乡段）；保山市芒宽乡、潞江镇。15-2-6。

* **15. 脉花党参 Codonopsis foetens** subsp. **nervosa**（Chipp）D. Y. Hong-*Codonopsis ovata* Bentham var. *nervosa* Chipp

凭证标本：T. T. Yü 19887。

多年生草本，茎高 20～40 cm。生长于草坡、林缘；海拔 3300 m。

分布于独龙江（贡山县独龙江乡段）。15-1。

* **16. 贡山党参 Codonopsis gombalana** C. Y. Wu

凭证标本：冯国楣 8295；T. T. Yü 20265。

多年生草本，茎高 50～160 cm。生长于山坡灌丛、竹林灌丛；海拔 3600 m。

分布于独龙江（贡山县独龙江乡段）；贡山县茨开镇。15-2-6。

** **17. 珠鸡斑党参 Codonopsis meleagris** Diels

凭证标本：南水北调队 8898。

多年生直立草本，茎高 40～90 cm。生长于草坡、林中开阔地；海拔 3000 m。

分布于福贡县。15-2-3a。

*** **18. 片马党参 Codonopsis pianmaensis** S. H. Huang

凭证标本：李恒、李嵘 1034；高黎贡山考察队 32891。

多年生草本，茎高 80～120 cm。生长于针叶林、草甸；海拔 1881～3030 m。

分布于贡山县丙中洛乡、茨开镇；泸水市片马镇。15-2-6。

* **19. 闪毛党参 Codonopsis pilosula** subsp. **handeliana**（Nannfeldt）D. Y. Hong & L. M. Ma-*Codonopsis handeliana* Nannfeldt

凭证标本：独龙江考察队 1642；高黎贡山考察队 33846。

多年生草本，茎长 1～2 m。生长于常绿阔叶林、铁杉-云杉林；海拔 1800～3030 m。

分布于独龙江（贡山县独龙江乡段）；贡山县茨开镇。15-1。

* **20. 球花党参 Codonopsis subglobosa** W. W. Smit

凭证标本：王启无 66061。

多年生草本，茎长 2～4 m。生长于灌丛、草坡；海拔 2500 m。

分布于贡山县。15-1。

* 21. 管花党参 Codonopsis tubulosa Komarov

凭证标本：高黎贡山考察队 25676。

多年生草本，茎通常 1～3 m。生长于常绿阔叶林；海拔 3000 m。

分布于泸水市洛本卓乡。15-1。

22. 蓝钟花 Cyananthus hookeri C. B. Clarke

凭证标本：高黎贡山考察队 10935，10958。

多年生草本，茎高 4～20 cm。生长于灌丛；海拔 1930 m。

分布于腾冲市马站乡。14-3。

23. 灰毛蓝钟花 Cyananthus incanus J. D. Hooker & Thomson

凭证标本：冯国楣 7896；高黎贡山考察队 31472。

多年生草本。生长于杜鹃灌丛、草甸；海拔 4151 m。

分布于贡山县丙中洛乡、福贡县上帕镇。14-3。

24. 胀萼蓝钟花 Cyananthus inflatus J. D. Hooker & Thomson

凭证标本：高黎贡山考察队 31518。

多年生草本，茎高达 80 cm。生长于高山草甸；海拔 4270 m。

分布于贡山县丙中洛乡。14-3。

25. 裂叶蓝钟花 Cyananthus lobatus Wallich ex Bentham

凭证标本：T. T. Yü 19736；南水北调队 8777。

多年生草本。生长于草坡、林缘；海拔 2800 m。

分布于独龙江（贡山县独龙江乡段）；贡山县丙中洛乡；福贡县上帕镇。14-3。

26. 大萼蓝钟花 Cyananthus macrocalyx Franchet

凭证标本：高黎贡山考察队 31357。

多年生草本，茎高 5～20 cm。生长于高山草甸；海拔 3780～4270 m。

分布于贡山县丙中洛乡。14-3。

27. 小叶轮钟草 Cyclocodon celebicus (Blume) D. Y. Hong-*Campanumoea celebica* Blume

凭证标本：独龙江考察队 890；高黎贡山考察队 32513。

多年生草本，高 1～2 m。生长于常绿阔叶林、灌丛、溪边、路边；海拔 1180～1780 m。

分布于独龙江（贡山县独龙江乡段）；贡山县丙中洛乡、捧打乡、茨开镇；福贡县马吉乡、石月亮乡、上帕镇、架科底乡；龙陵县镇安镇。7。

28. 轮钟花 Cyclocodon lancifolius (Roxburgh) Kurz-*Campanula lancifolia* Roxburgh

凭证标本：独龙江考察队 713，1951。

多年生或一年生草本，茎高可达 3 m。生长于常绿阔叶林、林边；海拔 1900～2600 m。

分布于独龙江（贡山县独龙江乡段）。7。

29. 小花轮钟草 Cyclocodon parviflorus（Wallich ex A. Candolle）J. D. Hooker & Thomson-*Codonopsis parviflora* Wallich ex A. Candolle

凭证标本：尹文清 60-1473。

多年生或一年生直立草本，高 1～2 m。生长于灌丛；海拔 1200 m。

分布于腾冲市蒲川乡。14-3。

* **30. 毛细钟花 Leptocodon hirsutus** D. Y. Hong

凭证标本：李恒、刀志灵、李嵘 571；高黎贡山考察队 21299。

多年生藤本，生长于常绿阔叶林；海拔 1660 m。

分布于独龙江（贡山县独龙江乡段）。15-1。

31. 袋果草 Peracarpa carnosa（Wallich）J. D. Hooker & Thomson-*Campanula carnosa* Wallich

凭证标本：碧江队 1320；南水北调队 8047。

多年生草本，茎高 4～25 cm。生长于林中、河岸边；海拔 1500 m。

分布于福贡县；泸水市片马镇。7。

32. 蓝花参 Wahlenbergia marginata（Thunberg）A. Candolle-*Campanula marginata* Thunberg

凭证标本：高黎贡山考察队 12056，25139。

多年生草本，茎高 10～40 cm。生长于常绿阔叶林、杜鹃-冬青林、草坡、灌丛；海拔 1600～2405 m。

分布于贡山县捧打乡；泸水市鲁掌镇；保山市潞江镇；腾冲市界头镇、芒棒镇；龙陵县镇安镇。7。

244. 半边莲科 Lobeliaceae

1 属 7 种，1 *

1. 江南山梗菜 Lobelia davidii Franchet

凭证标本：高黎贡山考察队 11034，18640。

多年生草本，高 60～80 cm。生长于常绿阔叶林、灌丛、林缘；海拔 1750～2300 m。

分布于泸水市片马镇、鲁掌镇；保山市潞江镇；腾冲市界头镇、曲石镇。14-3。

2. 山紫锤草 Lobelia montana Reinwardt ex Blume

凭证标本：独龙江考察队 713；高黎贡山考察队 28837。

多年生直立草本，高可达 2 m。生长于常绿阔叶林、壳斗-樟林、木荷-冬青林、石柯林、石柯-青冈林、针叶林、林边、林内；海拔 1350～2751 m。

分布于独龙江（贡山县独龙江乡段）；贡山县茨开镇；福贡县石月亮乡、鹿马登乡、上帕镇；龙陵县镇安镇。7。

3. 铜锤玉带草 Lobelia nummularia Lamarck

凭证标本：独龙江考察队 703；高黎贡山考察队 33334。

多年生草本，茎长 12～55 cm。生长于常绿阔叶林、针叶林、灌丛、林下、水边、空地、路边、阴湿地、河岸沼泽地；海拔 1080～2950 m。

分布于独龙江（贡山县独龙江乡段）；贡山县茨开镇；福贡县马吉乡、石月亮乡、鹿马登乡；泸水市片马镇；保山市芒宽乡、潞江镇；腾冲市界头镇、曲石镇、芒棒镇、五合乡、新华乡；龙陵县龙江乡、镇安镇。7。

4. 毛萼山梗菜 Lobelia pleotricha Diels

凭证标本：高黎贡山考察队 15017，32109。

多年生草本，高 60～80 cm。生长于常绿阔叶林、灌丛、高山草甸、路边、林缘、水边、溪边潮湿草甸；海拔 1670～3750 m。

分布于独龙江（贡山县独龙江乡段）；贡山县丙中洛乡、茨开镇；福贡县石月亮乡、鹿马登县；泸水市洛本卓乡；保山市潞江镇；腾冲市界头镇、曲石镇、芒棒镇。14-4。

5. 西南山梗菜 Lobelia seguinii H. Léveillé & Vaniot

凭证标本：独龙江考察队 332；高黎贡山考察队 21669。

半灌木状草本，高 90～500 cm。生长于常绿阔叶林、松林下、次生常绿阔叶林、灌丛、河岸林、路边、林缘；海拔 1350～2700 m。

分布于独龙江（贡山县独龙江乡段）；贡山县丙中洛乡、茨开镇；福贡县鹿马登乡、上帕镇；泸水市洛本卓乡；保山市芒宽乡、潞江镇；腾冲市曲石镇、猴桥镇。14-4。

* 6. 大理山梗菜 Lobelia taliensis Diels

凭证标本：高黎贡山考察队 10951，22541。

多年生直立草本，高 50～120 cm。生长于冷杉-落叶松林、灌丛；海拔 1930～3120 m。

分布于贡山县茨开镇；腾冲市明光镇、曲石镇、芒棒镇。15-1。

7. 顶花半边莲 Lobelia terminalis C. B. Clarke

凭证标本：高黎贡山考察队 22962，29387。

一年生草本，茎高 10～40 cm。生长于常绿阔叶林、石柯-青冈林；海拔 2142～2710 m。

分布于泸水市片马镇；腾冲市明光镇、芒棒镇。14-4。

249. 紫草科 Boraginaceae

7 属 14 种，* 2，** 2

* 1. 长蕊斑种草 Antiotrema dunnianum（Diels）Handel-Mazzetti -*Cynoglossum dunnianum* Diel

凭证标本：南水北调队 10429。

茎高 10～30 cm。生长于路边、林缘；海拔 1600 m。

分布于泸水市六库镇。15-1。

2. 倒提壶 Cynoglossum amabile Stapf & J. R. Drummond

凭证标本：独龙江考察队 1530；高黎贡山考察队 26130。

多年生草本，高 15～60 cm。生长于常绿阔叶林、铁杉林下、溪边、河滩、路边；海拔 1160～3000 m。

分布于独龙江（贡山县独龙江乡段）；贡山县茨开镇；福贡县鹿马登乡、上帕镇、架科底乡；泸水市片马镇、鲁掌镇；保山市芒宽乡、潞江镇；龙陵县镇安镇。14-3。

3. 琉璃草 Cynoglossum furcatum Wallich

凭证标本：独龙江考察队 6779；高黎贡山考察队 22371。

多年生直立草本，高 40～60 cm。生长于常绿阔叶林、灌丛中；海拔 1300～2700 m。

分布于独龙江（贡山县独龙江乡段）；贡山县丙中洛乡、茨开镇；保山市芒宽乡；腾冲市一区。14-1。

4. 小花琉璃草 Cynoglossum lanceolatum Forsskål

凭证标本：高黎贡山考察队 13289，33237。

多年生直立草本，高 20～90 cm。生长于常绿阔叶林、灌丛；海拔 686～2150 m。

分布于贡山县捧打乡；泸水秤杆乡；保山市潞江镇；腾冲市曲石镇；龙陵县镇安镇。6。

5. 西南琉璃草 Cynoglossum wallichii G. Don

凭证标本：高黎贡山考察队 26159。

二年生草本，高 20～70 cm。生长于常绿阔叶林；海拔 680 m。

分布于保山市芒宽乡。14-3。

6. 宽叶假鹤虱 Hackelia brachytuba（Diels）I. M. Johnston-*Paracaryum brachytubum* Diels

凭证标本：高黎贡山考察队 12656，32187。

多年生草本，高 40～70 cm。生长于常绿阔叶林、铁杉-云杉林、针叶林、针叶落叶林、杜鹃-箭竹林、高山灌丛、草甸、高山草甸、开阔地、路边、林缘；海拔 2500～3900 m。

分布于独龙江（贡山县独龙江乡段）；贡山县丙中洛乡、茨开镇；福贡县鹿马登乡；泸水市片马镇、洛本卓乡；保山市芒宽乡；腾冲市曲石镇、猴桥镇。14-3。

7. 卵萼假鹤虱 Hackelia uncinatum（Bentham）C. E. C. Fischer-*Cynoglossum uncinatum* Bentham

凭证标本：青藏队 82-8164，82-8515。

多年生草本，高 60～80 cm。生长于林下、湿草地；海拔 2700 m。

分布于独龙江（贡山县独龙江乡段）。14-3。

8. 大孔微孔草 Microula bhutanica（T. Yamazaki）H. Hara-*Actinocarya bhutanica* T. Yamazaki

凭证标本：T. T. Yü 19847。

多年生草本，茎直立或上升，高 5～22 cm。生长于林缘、岩石缝；海拔 3000～4100 m。

分布于独龙江（贡山县独龙江乡段）。14-3。

9. 勿忘草 Myosotis alpestris F. W. Schmidt

凭证标本：南水北调队 8677，8837。

多年生草本，茎高 20～45 cm。生长于林缘、草地；海拔 3100 m。

分布于福贡县。8。

** **10. 湿地勿忘草 Myosotis caespitosa** C. F. Schultz

凭证标本：青藏队 82-7803。

多年生草本，茎高 15～70 cm。生长于河边、潮湿地；海拔 2300 m。

分布于独龙江（贡山县独龙江乡段）。8。

** **11. 易门滇紫草 Onosma decastichum** Y. L. Liu

凭证标本：高黎贡山考察队 28140。

多年生草本，高约 45 cm。生长于次生林；海拔 2150 m。

分布于保山市。15-2。

12. 毛束草 Trichodesma calycosum Collett & Hemsley

凭证标本：南水北调队 8132。

亚灌木，高 100～250 cm。生长于林缘、路边、灌丛；海拔 1200 m。

分布于泸水市六库镇。14-4。

* **13. 细梗附地菜 Trigonotis gracilipes** I. M. Johnston

凭证标本：T. T. Yü 22453，22474。

多年生草本，茎高 10～40 cm。生长于林缘、路边、灌丛；海拔 2300 m。

分布于独龙江（贡山县独龙江乡段）。15-1。

14. 毛脉附地菜 Trigonotis microcarpa（de Candolle）Bentham ex C. B. Clarke-*Eritrichium microcarpum* de Candolle

凭证标本：独龙江考察队 2516；高黎贡山考察队 25356。

多年生直立草本，茎高 20～60 cm。生长于常绿阔叶林、高山草甸、河谷、路边；海拔 1130～3930 m。

分布于独龙江（贡山县独龙江乡段）；贡山县丙中洛乡、茨开镇、普拉底乡；福贡县马吉乡、石月亮乡、鹿马登乡、上帕镇、架科底乡；泸水市片马镇、洛本卓乡；保山市芒宽乡；腾冲市界头镇、曲石镇、芒棒镇；龙陵县镇安镇。14-1。

249a. 厚壳树科 Ehretiaceae

1 属 1 种，1 **

**** 1. 西南厚壳树 Ehretia corylifolia** C. H. Wright

凭证标本：高黎贡山考察队 10471，14734。

乔木，高约 12 m。生长于次生常绿阔叶林、稻田边；海拔 950～1970 m。

分布于贡山县丙中洛乡；福贡县上帕镇；泸水市六库镇。15-2-4。

250. 茄科 Solanaceae

11 属 30 种 2 变种，* 3，** 2，+ 13

* 1. 赛莨菪 Anisodus carniolicoides (C. Y. Wu & C. Chen) DArcy & Z. Y. Zhang-*Scopolia carniolicoides* C. Y. Wu & C. Chen

凭证标本：李生堂 80-365。

多年生草本，生长于草坡、林缘、岩石缝；海拔 3000 m。

分布于腾冲市腾越镇。15-1。

2. 铃铛子 Anisodus luridus Link

凭证标本：高黎贡山考察队 32122，32185。

植物高 5～20 cm。生长于杜鹃-箭竹林、高山草甸；海拔 3450～3810 m。

分布于贡山县丙中洛乡、茨开镇。14-3。

3. 山莨菪 Anisodus tanguticus (Maximowicz) Pascher-*Scopolia tangutica* Maximowicz

凭证标本：青藏队 10448。

多年生草本，高 40～100 cm。生长于草坡；海拔 4200 m。

分布于独龙江（察隅县日东乡段）。14-3。

+ 4. 夜香树 Cestrum nocturnum Linnaeus

凭证标本：高黎贡山考察队 33430。

灌木，高 1～3 m。生长于常绿阔叶林、次生常绿阔叶林、庭院中；海拔 1420～1580 m。

分布于贡山县普拉底乡；福贡县石月亮乡；施甸县；腾冲市腾越镇。16。

+ 5. 树番茄 Cyphomandra betacea Sendt.

凭证标本：熊若莉 581008。

灌木。栽培。

分布于腾冲市腾越镇。16。

+ 6. 曼陀罗 Datura stramonium Linnaeus

凭证标本：怒江队 1874；高黎贡山考察队 15769。

草本或亚灌木，高 50～150 cm。生长于田缘；海拔 1784 m。

分布于贡山县丙中洛乡；泸水市鲁掌镇；腾冲市腾越镇。17。

7a. 红丝线 Lycianthes biflora (Loureiro) Bitter-*Solanum biflorum* Loureiro

凭证标本：独龙江考察队 230；高黎贡山考察队 33091。

灌木或亚灌木，高 50～150 cm。生长于常绿阔叶林、路边；海拔 1540～1610 m。

分布于独龙江（贡山县独龙江乡段）；贡山县丙中洛乡、茨开镇；福贡县石月亮乡、上帕镇。7。

7b. 密毛红丝线 Lycianthes biflora var. **subtusochracea** Bitter

凭证标本：高黎贡山考察队 9728，33492。

灌木或亚灌木，高 50～150 cm。生长于常绿阔叶林、灌丛、石堆处；海拔 920～1780 m。

分布于贡山县丙中洛乡、捧打乡、茨开镇；福贡县石月亮乡、上帕镇；泸水市大兴地乡；保山市芒宽乡。14-4。

* 8. 鄂红丝线 Lycianthes hupehensis (Bitter) C. Y. Wu & S. C. Huang-*Lycianthes biflora* subsp. *hupehensis* Bitter

凭证标本：青藏队 9255。

灌木或亚灌木，高 1～2 m。生长于路边、林中；海拔 1400 m。

分布于独龙江（贡山县独龙江乡段）。15-1。

9a. 单花红丝线 Lycianthes lysimachioides (Wallich) Bitter-*Solanum lysimachioides* Wallich

凭证标本：独龙江考察队 1225；高黎贡山考察队 33476。

多年生草本，高达 150 cm。生长于常绿阔叶林、灌丛、林缘、路边；海拔 1320～1740 m。

分布于独龙江（贡山县独龙江乡段）；贡山县丙中洛乡、捧打乡；福贡县上帕镇；泸水市片马镇；腾冲市芒棒镇；龙陵县镇安镇。7。

* 9b. 中华红丝线 Lycianthes lysimachioides var. **sinensis** Bitter

凭证标本：蔡希陶 59121；冯国楣 8008。

多年生草本。生长于林中、河边；海拔 2100 m。

分布于贡山县丙中洛乡；福贡县上帕镇。15-1。

10. 大齿红丝线 Lycianthes macrodon (Wallich ex Nees) Bitter-*Solanum macrodon* Wallich ex Nees

凭证标本：尹文清 60-1191；T. T. Yü 20377。

灌木，亚灌木，高约 1 m。生长于湿润处；海拔 1500～2300 m。

分布于独龙江（贡山县独龙江乡段）；腾冲市曲石镇。14-3。

** 11. 顺宁红丝线 Lycianthes shunningensis C. Y. Wu & S. C. Huang

凭证标本：青藏队 7069。

灌木，高 150～250 cm。生长于灌丛中；海拔 2200 m。

分布于福贡县上帕镇。15-2-5。

** 12. 滇红丝线 Lycianthes yunnanensis（Bitter）C. Y. Wu & S. C. Huang-*Lycianthes biflora* subsp. *yunnanensis* Bitter

凭证标本：李生堂 80-475；独龙江考察队 387。

灌木，高约 1 m。生长于河谷灌丛；海拔 1350 m。

分布于独龙江（贡山县独龙江乡段）；腾冲市明光镇。15-2-5。

+ 13. 番茄 Lycopersicon esculentum Miller

凭证标本：独龙江考察队 68；高黎贡山考察队 7036。

一年生草本，高 60～200 cm。生长于硬叶常绿阔叶林；路边栽培；海拔 850～1330 m。

分布于福贡县鹿马登乡；泸水市六库镇。16。

14. 茄参 Mandragora caulescens C. B. Clarke

凭证标本：怒江队 790408；高黎贡山考察队 7245A。

多年生草本，高 20～60 cm。生长于林缘；海拔 1750 m。

分布于独龙江（察隅县日东乡段）；贡山县茨开镇；泸水市片马镇。14-3。

+ 15. 假酸浆 Nicandra physalodes（Linnaeus）Gaertner-*Atropa physalodes* Linnaeus

凭证标本：独龙江考察队 2003；高黎贡山考察队 18143。

直立草本，茎高 40～150 cm。生长于常绿阔叶林、灌丛、路边；海拔 670～1920 m。

分布于独龙江（贡山县独龙江乡段）；泸水市片马镇；保山市潞江镇；腾冲市腾越镇、五合乡。16。

+ 16. 烟草 Nicotiana tabacum Linnaeus

凭证标本：独龙江考察队 3496，3716。

一年生草本或多年生黏性草本，高 70～200 cm。生长于菜地，栽培；海拔 1320～1700 m。

分布于独龙江（贡山县独龙江乡段）。16。

17. 挂金灯 Physalis alkekengi var. **franchetii**（Masters）Makino-*Physalis franchetii* Masters

凭证标本：怒江队 78-0067。

多年生草本，茎高 40～80 cm。生长于林中；海拔 1400 m。

分布于福贡县匹河乡。14-2。

18. 苦蘵 Physalis angulata Linnaeus

凭证标本：李恒、刀志灵、李嵘 674；高黎贡山考察队 26196。

一年生草本，高 30～50 cm。生长于常绿阔叶林、次生常绿阔叶林；海拔 702～

1900 m。

分布于独龙江（察隅县段）；福贡县匹河乡；保山市芒宽乡。1。

⁺19. 灯笼果 Physalis peruviana Linnaeus

凭证标本：高黎贡山考察队 11817，33451。

多年生直立草本，高 45～90 cm。生长于常绿阔叶林、稻田边；海拔 1420～1570 m。

分布于贡山县捧打乡、普拉底乡；福贡县；泸水市鲁掌镇；腾冲市蒲川乡。16。

⁺20. 喀西茄 Solanum aculeatissimum Jacquin

凭证标本：高黎贡山考察队 13382，29058。

直立草本至亚灌木，高 1～2 m，最高达 3 m。生长于常绿阔叶林、云南松-壳斗林、杜鹃-壳斗林、次生常绿阔叶林、硬叶常绿阔叶林、灌丛、河岸、石上；海拔 1080～2100 m。

分布于贡山县；福贡县上帕镇、子里甲乡、匹河乡；保山市芒宽乡；腾冲市曲石镇、芒棒镇、蒲川乡；龙陵县龙江乡。16。

⁺21. 红茄 Solanum aethiopicum Linnaeus

凭证标本：高黎贡山考察队 10998。

一年生草本，高约 70 cm。生长于田野上；海拔 1560 m。

分布于腾冲市界头镇。16。

22. 少花龙葵 Solanum americanum Miller

凭证标本：高黎贡山考察队 15695。

一年生草本或短命多年生植物，茎高 25～100 cm。生长于常绿阔叶林；海拔 1700 m。

分布于贡山县丙中洛乡。1。

⁺23. 假烟叶树 Solanum erianthum D. Don

凭证标本：李恒、郭辉军、李正波、施晓春 29；高黎贡山考察队 26139。

灌木或小乔木，高 150～1000 cm。生长于常绿阔叶林、润楠-木荷林、硬叶常绿阔叶林、灌丛、河谷、山坡、江边、山谷、路边；海拔 600～1160 m。

分布于福贡县架科底乡、匹河乡；泸水市洛本卓乡、大兴地乡、六库镇、鲁掌镇；保山市芒宽乡、潞江镇。16。

24. 龙葵 Solanum nigrum Linnaeus

凭证标本：独龙江考察队 287；高黎贡山考察队 34191。

一年生直立草本，高 25～100 cm。生长于常绿阔叶林、灌丛、山林、路边、林缘、河谷、山坡、河谷湿地、江边；海拔 650～2530 m。

分布于独龙江（贡山县独龙江乡段）；贡山县丙中洛乡、捧打乡、茨开镇；福贡县马吉乡、石月亮乡、鹿马登乡、上帕镇、子里甲乡；泸水市片马镇、洛本卓乡、六库镇、鲁掌镇；保山市芒宽乡、潞江镇；腾冲市猴桥镇；龙陵县镇安镇。10。

25. 海桐叶白英 Solanum pittosporifolium Hemsley

凭证标本：独龙江考察队 1003；高黎贡山考察队 8039。

灌木，高达 2 m。生长于常绿阔叶林、山坡灌丛、高山草甸；海拔 1680～2800 m。

分布于独龙江（贡山县独龙江乡段）；福贡县鹿马登乡、匹河乡；泸水市鲁掌镇、六库镇。14-4。

+26. 珊瑚樱 Solanum pseudocapsicum Linnaeus

凭证标本：高黎贡山考察队 12819，15850。

直立灌木。生长于次生常绿阔叶林、灌丛、溪边；海拔 1458～2200 m。

分布于贡山县捧打乡、茨开镇；保山市芒宽乡。16。

27. 旋花茄 Solanum spirale Roxburgh

凭证标本：南水北调队 8040；高黎贡山考察队 27792。

直立灌木，茎高 0.5～3.0 m。生长于常绿阔叶林、硬叶常绿阔叶林、灌丛、石堆上；海拔 1170～1650 m。

分布于福贡县上帕镇、架科底乡、匹河乡；泸水市六库镇。5。

+28. 水茄 Solanum torvum Swartz

凭证标本：独龙江考察队 006；高黎贡山考察队 7031。

灌木，高 1～3 m。生长于常绿阔叶林、云南松-壳斗林、云南松-木荷林、次生常绿阔叶林、灌丛、稻田边、河谷；海拔 650～1510 m。

分布于福贡县子里甲乡；泸水市六库镇；保山市芒宽乡、潞江镇；龙陵县镇安镇。16。

+29. 阳芋 Solanum tuberosum Linnaeus

凭证标本：独龙江考察队 5639；高黎贡山考察队 13811。

直立或蔓生草本，高 30～80 cm。生长于常绿阔叶林；栽培于麦地中；海拔 1520 m。

分布于独龙江（贡山县独龙江乡段）；贡山县茨开镇。16。

30. 刺天茄 Solanum violaceum Ortega

凭证标本：独龙江考察队 006；高黎贡山考察队 7031。

灌木，高 50～200 cm。生长于常绿阔叶林、次生常绿阔叶林、叶常绿阔叶林、稻田、边灌丛、河谷灌丛、路边；海拔 650～1550 m。

分布于泸水市大兴地乡、六库镇；保山市芒宽乡、潞江镇；腾冲市五合乡。7。

251. 旋花科 Convolvulaceae

5 属 8 种，*1，+2

1. 亮叶银背藤 Argyreia splendens (Hornemann) Sweet-*Convolvulus splendens* Hornemann

凭证标本：高黎贡山考察队 10632，23519。

攀缘灌木。生长于常绿阔叶林、木荷-润楠林、灌丛、坡地；海拔 691～1540 m。

分布于福贡县上帕镇；保山市芒宽乡、潞江镇。14-3。

2. 飞蛾藤 Dinetus racemosus（Wallich）Sweet-*Porana racemosa* Wallich

凭证标本：独龙江考察队 1164；高黎贡山考察队 22503。

一年生草本。生长于常绿阔叶林、灌丛、河岸、江边、溪边；海拔 710～3050 m。

分布于独龙江（贡山县独龙江乡段）；贡山县丙中洛乡、捧打乡、茨开镇；福贡县上帕镇；泸水市片马镇、六库镇；保山市芒宽乡；腾冲市界头镇、曲石镇、北海乡。7。

+3. 番薯 Ipomoea batatas（Linnaeus）Lamarck-*Convolvulus batatas* Linnaeus

凭证标本：无号。

一年生草本。栽培。

分布于各地，栽培。16。

4. 毛果薯 Ipomoea eriocarpa R. Brown

凭证标本：独龙江考察队 126。

一年生草本，缠绕或平卧，茎 1～2 m。生长于怒江河滩；海拔 710 m。

分布于泸水市六库镇。4。

5. 小心叶薯 Ipomoea obscura（Linnaeus）Ker Gawler-*Convolvulus obscurus* Linnaeus

凭证标本：高黎贡山考察队 17250，23571。

缠绕草本，茎 1～2 m。生长于硬叶常绿阔叶林、灌丛；海拔 650 m。

分布于保山市潞江镇。4。

+6. 圆叶牵牛 Ipomoea purpurea（Linnaeus）Roth-*Convolvulus purpureus* Linnaeus

凭证标本：独龙江考察队 039；高黎贡山考察队 7124。

一年生草本，茎长 2～3 m。生长于河谷、林缘；海拔 850～1950 m。

分布于泸水市六库镇、鲁掌镇；腾冲市腾越镇。17。

*7. 心叶山土瓜 Merremia cordata R. C. Fang

凭证标本：高黎贡山考察队 9928。

缠绕草本。生长于石堆上；海拔 980 m。

分布于泸水市六库镇。15-1。

8. 搭棚藤 Poranopsis discifera（C. K. Schneider）Staples-*Porana discifera* C. K. Schneider

凭证标本：蔡希陶 54736；高黎贡山考察队 10579。

藤本植物。生长于次生常绿阔叶林；海拔 1000～1550 m。

分布于福贡县上帕镇；保山市芒宽乡。14-3。

251a. 菟丝子科 Cuscutacea

1 属 1 种

1. 大花菟丝子 Cuscuta reflexa Roxburgh

凭证标本：独龙江考察队 941；高黎贡山考察队 30635。

寄生草本。生长于常绿阔叶林、灌丛、河谷、路边，寄生在南蛇藤上、寄生在槭树上、农舍附近；海拔 1220～3010 m。

分布于独龙江（察隅县日东乡段、贡山县独龙江乡段）；贡山县丙中洛乡、捧打乡、茨开镇；福贡县上帕镇；泸水市片马镇、上江乡；保山市芒宽乡；腾冲市界头镇、曲石镇、和顺镇、马站乡、五合乡；龙陵县镇安镇。7。

252. 玄参科 Scrophulariaceae

26 属 109 种 9 变种，[*]31，[**]18，[***]7，[+]1

1. 黑蒴 Alectra avensis（Bentham）Merrill-*Glossostylis avensis* Bentham；*Alectra indica* Bentham

凭证标本：独龙江考察队 1029；高黎贡山考察队 10959。

一年生草本，高 10～50 cm。生长于常绿阔叶林、山坡灌丛、山坡；海拔 1350～1930 m。

分布于独龙江（贡山县独龙江乡段）；贡山县茨开镇；福贡县上帕镇；腾冲市马站乡。7。

2. 假马齿苋 Bacopa monnieri（Linnaeus）Pennell-*Lysimachia monnieri* Linnaeus

凭证标本：高黎贡山考察队 10906。

茎匍匐。生长于次生常绿阔叶林；海拔 1500 m。

分布于腾冲市腾越镇。2。

[*]3. 来江藤 Brandisia hancei J. D. Hooker

凭证标本：独龙江考察队 5628；高黎贡山考察队 21417。

灌木，高 2～3 m。生长于常绿阔叶林、云南松林、次生常绿阔叶林、珍珠花-杜鹃花林、灌丛、河边松林内、江边、山坡；海拔 1650～2300 m。

分布于独龙江（贡山县独龙江乡段）；贡山县丙中洛乡；腾冲市界头镇。15-1。

4a. 红花来江藤 Brandisia rosea W. W. Smith

凭证标本：蔡希陶 58548；高黎贡山考察队 28846。

灌木，高约 1 m。生长于常绿阔叶林；海拔 1940 m。

分布于独龙江（贡山县独龙江乡段）；贡山县茨开镇；福贡县上帕镇。14-3。

4b. 黄花红花来江藤 Brandisia rosea var. **flava** C. E. C. Fischer

凭证标本：蔡希陶 56644。

灌木，高约 1 m。生长于林中；海拔 2500 m。

分布于福贡县上帕镇。14-4。

5. 囊萼花 Cyrtandromoea grandiflora C. B. Clarke

凭证标本：青藏队 9433；高黎贡山考察队 21870。

草本，高 1～2 m。生长于常绿阔叶林；海拔 1600 m。

分布于独龙江（贡山县独龙江乡段）。7。

6. 虻眼 Dopatrium junceum (Roxburgh) Buchanan-Hamilton ex Bentham-*Gratiola juncea* Roxburgh

凭证标本：青藏队 9433；高黎贡山考察队 27552。

一年生草本，高达 50 cm。生长于常绿阔叶林；海拔 1610 m。

分布于独龙江（贡山县独龙江乡段）；福贡县石月亮乡。5。

7. 幌菊 Ellisiophyllum pinnatum（Wallich ex Bentham）Makino-*Ourisia pinnata* Wallich ex Bentham

凭证标本：南水北调队 6680。

多年生匍匐草本，匍匐茎可长达 1 m。生长于草坡、河边、林中；海拔 1800 m。

分布于腾冲市猴桥镇。7。

8. 鞭打绣球 Hemiphragma heterophyllum Wallich

凭证标本：独龙江考察队 807；高黎贡山考察队 22003。

草本植物。生长于常绿阔叶林、针叶林、杜鹃-箭竹灌丛、竹林下、山脊、风口、开阔地、石堆上、林间空地；海拔 1090～3450 m。

分布于独龙江（贡山县独龙江乡段）；贡山县丙中洛乡、茨开镇；福贡县石月亮乡、鹿马登乡、上帕镇、匹河乡；泸水市片马镇、洛本卓乡、鲁掌镇；保山市芒宽乡、潞江镇；腾冲市界头镇、马站乡、五合乡；龙陵县龙江乡、镇安镇。7。

9. 中华石龙尾 Limnophila chinensis（Osbeck）Merrill-*Columnea chinensis* Osbeck

凭证标本：高黎贡山考察队 11414，21507。

多年生草本，高 5～50 cm。生长于次生常绿阔叶林、稻田边；海拔 900～1670 m。

分布于泸水市六库镇；腾冲市界头镇、芒棒镇。5。

10. 抱茎石龙尾 Limnophila connata（Buchanan-Hamilton ex D. Don）Handel-Mazzetti -*Cybbanthera connata* Buchanan-Hamilton ex D. Don

凭证标本：高黎贡山考察队 11061，11413。

多年生草本，高 30～50 cm。生长于次生常绿阔叶林；海拔 1530～1670 m。

分布于腾冲市界头镇、芒棒镇、五合乡。14-3。

11. 野地钟萼草 Lindenbergia muraria（Roxburgh ex D. Don）Bruhl-*Stemodia muraria* Roxburgh ex D. Don

凭证标本：包士英 832。

一年生草本，高 10～40 cm。生长于路边、河边、山坡；海拔 1600 m；
分布于腾冲市和顺镇。14-3。

12. 钟萼草 Lindenbergia philippensis（Chamisso & Schlechtendal）Bentham-*Stemodia philippensis* Chamisso & Schlechtendal

凭证标本：横断山队 045。

多年生直立草本，高 1 m。生长于干山坡、岩石缝；海拔 1300 m。
分布于泸水市片马镇。7。

13. 长蒴母草 Lindernia anagallis（N. L. Burman）Pennell-*Ruellia anagallis* N. L. Burman

凭证标本：高黎贡山考察队 10483，27848。

一年生草本，高 10～40 cm。生长于常绿阔叶林、灌丛、水田边；海拔 900～1280 m。
分布于福贡县石月亮乡；泸水市大兴地乡、六库镇。5。

14. 泥花母草 Lindernia antipoda（Linnaeus）Alston-*Ruellia antipoda* Linnaeus

凭证标本：高黎贡山考察队 9826，27868。

一年生草本，高 30 cm。生长于常绿阔叶林、江边、沙地、水田；海拔 900～1320 m。
分布于福贡县马吉乡、石月亮乡、上帕镇；泸水市六库镇。5。

15. 刺齿泥花草 Lindernia ciliata（Colsmann）Pennell-*Gratiola ciliata* Colsmann

凭证标本：施晓春 516；高黎贡山考察队 9829。

一年生草本，高达 20 cm。生长于干燥露地、水田；海拔 980～1540 m。
分布于泸水市六库镇；保山市芒宽乡。5。

16. 母草 Lindernia crustacea（Linnaeus）F. Mueller-*Capraria crustacea* Linnaeus

凭证标本：高黎贡山考察队 9865，23889。

一年生草本，高 10～20 cm。生长于常绿阔叶林、灌丛、水田；海拔 790～1540 m。
分布于泸水市六库镇；保山市芒宽乡；龙陵县镇安镇。2。

17. 尖果母草 Lindernia hyssopoides（Linnaeus）Haines-*Gratiola hyssopoides* Linnaeus

凭证标本：高黎贡山考察队 11242，13680。

草本，高达 30 cm。生长于次生常绿阔叶林、稻田边；海拔 1530～1670 m。
分布于腾冲市界头镇、芒棒镇。7。

18. 狭叶母草 Lindernia micrantha D. Don

凭证标本：独龙江考察队 096；高黎贡山考察队 20579。

一年生草本，高达 40 cm。生长于常绿阔叶林、田缘、怒江河边；海拔 710～1784 m。
分布于独龙江（贡山县独龙江乡段）；贡山县丙中洛乡；泸水市六库镇。7。

19. 红骨母草 Lindernia mollis（Bentham）Wettstein-*Vandellia mollis* Bentham

凭证标本：高黎贡山考察队 9867。

一年生匍匐草本，茎 5～20 cm 或更长。生长于水田；海拔 980 m。

分布于泸水市六库镇。7。

20. 宽叶母草 Lindernia nummulariifolia（D. Don）Wettstein-*Vandellia nummu-lariifolia* D. Don

凭证标本：独龙江考察队 298；高黎贡山考察队 27936。

一年生直立草本，高 1~15 cm。生长于常绿阔叶林、桤木-大青林、罗伞-冬青林、石柯-木荷林、水沟边、水田、干燥露地；海拔 1060~2200 m。

分布于独龙江（贡山县独龙江乡段）；贡山县茨开镇；福贡县马吉乡、石月亮乡、鹿马登乡；泸水市洛本卓乡；保山市芒宽乡；龙陵县镇安镇。14-3。

21. 陌上菜 Lindernia procumbens（Krocker）Borbas-*Anagalloides procumbens* Krocker

凭证标本：高黎贡山考察队 18923。

直立草本，高 5~20 cm。生长于灌丛；海拔 790 m。

分布于保山市芒宽乡。10。

22. 细茎母草 Lindernia pusilla（Willdenow）Boldingh-*Gratiola pusilla* Willdenow

凭证标本：独龙江考察队 112；高黎贡山考察队 9830。

一年生草本，高 6~30 cm。生长于河滩、水田；海拔 710~980 m。

分布于泸水市六库镇。7。

23. 旱田草 Lindernia ruellioides（Colsmann）Pennell-*Gratiola ruellioides* Colsmann

凭证标本：高黎贡山考察队 13120，29632。

一年生草本，高 10~15 cm，匍匐茎达 30 cm。生长于常绿阔叶林、针叶林、箭竹灌丛；海拔 1030~2167 m。

分布于保山市芒宽乡、潞江镇；腾冲市芒棒镇、五合乡、新华乡；龙陵县龙江乡、镇安镇。7。

24. 粘毛母草 Lindernia viscosa（Hornemann）Boldingh-*Gratiola viscosa* Hornemann

凭证标本：高黎贡山考察队 9827。

一年生草本，生长于水田；海拔 980 m。

分布于泸水市六库镇。7。

* 25. 琴叶通泉草 Mazus celsioides Handel-Mazzetti

凭证标本：高黎贡山考察队 30447。

一年生直立草本，高达 40 cm。生长于常绿阔叶林、石柯-冬青林；海拔 1860~2020 m。

分布于独龙江（贡山县独龙江乡段）；泸水市片马镇；腾冲市界头镇。15-1。

* 26. 低矮通泉草 Mazus humilis Handel-Mazzetti

凭证标本：独龙江考察队 3545；高黎贡山考察队 23753。

多年生植物，低于 10 cm。生长于石柯-木荷林、灌丛、沟边、河边、水田、田埂、沼泽地、干燥露地；海拔 920~2170 m。

分布于独龙江（贡山县独龙江乡段）；福贡县上帕镇、匹河乡；泸水市六库镇；保山市芒宽乡；龙陵县镇安镇。15-1。

27a. 通泉草 Mazus pumilus（N. L. Burman）Steenis var. pumilus-*Lobelia pumila* N. L. Burman

凭证标本：独龙江考察队 4157；高黎贡山考察队 30327。

一年生草本，高 3～30 cm。生长于常绿阔叶林、石柯-冬青林、石柯-杜鹃林、石柯-木荷林、草甸、潮湿处、次生植被、水池边、田埂、田中；海拔 600～2167 m。

分布于独龙江（贡山县独龙江乡段）；贡山县茨开镇；福贡县石月亮乡；泸水市片马镇；保山市潞江镇；腾冲市界头镇、北海乡。7。

27b. 多枝通泉草 Mazus pumilus var. delavayi（Bonati）T. L. Chin ex D. Y. Hong-*Mazus delavayi* Bonati

凭证标本：横断山队 513。

一年生草本，超过 10 cm。生长于路边、湿草地；海拔 1400 m。

分布于泸水市。14-3。

28. 西藏通泉草 Mazus surculosus D. Don

凭证标本：高黎贡山考察队 14168，23284。

多年生草本，高达 8 cm。生长于常绿阔叶林、次生常绿阔叶林；海拔 1458～1950 m。

分布于贡山县茨开镇；泸水市片马镇、上江乡。14-3。

29. 小果草 Microcarpaea minima（Retzius）Merrill-*Paederota minima* Retzius

凭证标本：高黎贡山考察队 s. n.。

一年生植物。生长于沼泽、湿草地；海拔 1300 m。

分布于泸水市片马镇。5。

** 30. 匍生沟酸浆 Mimulus bodinieri Vaniot

凭证标本：T. T. Yü 20976；施晓春、杨世雄 785。

多年生草本。生长于河边、路边；海拔 1900～2400 m。

分布于独龙江（贡山县独龙江乡段）；腾冲市曲石镇。15-2-1。

* 31. 四川沟酸浆 Mimulus szechuanensis Pai

凭证标本：碧江队 8700；南水北调队 8051。

多年生直立草本，高达 60 cm。生长于林中湿润处、河边；海拔 1300～2800 m。

分布于福贡县匹河乡；泸水市片马镇。15-1。

32a. 尼泊尔沟酸浆 Mimulus tenellus var. nepalensis（Bentham）P. C. Tsoong ex H. P. Yang-*Mimulus nepalensis* Bentham

凭证标本：独龙江考察队 6653；高黎贡山考察队 34457。

多年生草本，高达 40 cm。生长于常绿阔叶林、冷杉-落叶松林、灌丛、箐沟沼泽地、河谷草地、水田、溪边；海拔 691～3210 m。

分布于独龙江（贡山县独龙江乡段）；贡山县茨开镇；福贡县石月亮乡、架科底乡；泸水市片马镇；保山市芒宽乡、潞江镇；腾冲市曲石镇、芒棒镇；龙陵县龙江乡、镇安镇。14-1。

*32b. 南红藤 Mimulus tenellus var. **platyphyllus**（Franchet）P. C. Tsoong ex H. P. Yang-*Mimulus nepalensis* Bentham var. *platyphyllus* Franchet

凭证标本：高黎贡山考察队 14305，34350。

多年生草本，高达 40 cm。生长于常绿阔叶林、灌丛、冷杉-箭竹林、高山草甸；海拔 2020～3927 m。

分布于独龙江（贡山县独龙江乡段）；贡山县丙中洛乡、茨开镇。15-1。

32c. 高大沟酸浆 Mimulus tenellus var. **procerus**（Grant）Handel-Mazzetti -*Mimulus nepalensis* Bentham var. *procerus* Grant

凭证标本：高黎贡山考察队 10431，32826。

多年生直立草本，茎高 20～35 cm。生长于常绿阔叶林、针叶林、冷杉林、杜鹃-箭竹灌丛、高山草甸；海拔 2130～3561 m。

分布于贡山县丙中洛乡；福贡县鹿马登乡；泸水市片马镇、洛本卓乡。14-3。

33. 胡黄连 Neopicrorhiza scrophulariiflora（Pennell）D. Y. Hong-*Picrorhiza scrophulariiflora* Pennell

凭证标本：冯国楣 7762；T. T. Yü 22341。

多年生植物，高 4～12 cm。生长于高山草地；海拔 3600～4200 m。

分布于贡山县丙中洛乡。14-3。

*34. 近多枝马先蒿 Pedicularisaff. ramosissima Bonati

凭证标本：高黎贡山考察队 10010，21523。

多年生草本。生长于常绿阔叶林、溪边、林下；海拔 1850～2420 m。

分布于独龙江（贡山县独龙江乡段）；泸水市片马镇。15-1。

*35. 金黄马先蒿 Pedicularis aurata（Bonati）H. L. Li-*Phtheirospermum auratum* Bonati

凭证标本：高黎贡山考察队 27217，31719。

多年生草本，高达 30 cm。生长于石柯-青冈林、壳斗-樟林、冷杉林、铁杉-冷杉林、杜鹃-箭竹灌丛；海拔 2510～3470 m。

分布于独龙江（贡山县独龙江乡段）；贡山县丙中洛乡；福贡县石月亮乡、鹿马登乡。15-1。

*36. 腋花马先蒿 Pedicularis axillaris Franchet ex Maximowicz

凭证标本：怒江队 792016；高黎贡山考察队 31685。

多年生草本，生长于高山草甸；海拔 3710 m。

分布于贡山县丙中洛乡；福贡县上帕镇；泸水市鲁掌镇；保山市芒宽乡。15-1。

*37. 短盔马先蒿 Pedicularis brachycrania H. L. Li

凭证标本：碧江队 1778；怒江队 791055。

二年生或多年生草本，高达 30 cm。生长于高山草甸；海拔 4000 m。

分布于独龙江（贡山县独龙江乡段）；泸水市片马镇。15-1。

*38. 头花马先蒿 Pedicularis cephalantha Franchet ex Maximowicz

凭证标本：Rock J. F. 23174。

多年生草本，高 12～20 cm。生长于高山草甸；海拔 4000 m。

分布于独龙江（察隅县段）。15-1。

*39a. 俯垂马先蒿 Pedicularis cernua Bonati

凭证标本：怒江队 790411；T. T. Yü 19784。

多年生草本，高 45～220 mm。生长于高山草甸；海拔 3800～4000 m。

分布于独龙江（贡山县独龙江乡段）；贡山县丙中洛乡；福贡县。15-1。

***39b. 宽叶俯垂马先蒿 Pedicularis cernua subsp. **latifolia**（H. L. Li）P. C. Tsoong-*Pedicularis cernua* Bonati var. *latifolia* H. L. Li

凭证标本：T. T. Yü 19784a。

多年生草本，高 45～220 mm。生长于高山草地；海拔 4200 m。

分布于独龙江（贡山县独龙江乡段）。15-2-6。

40. 聚花马先蒿 Pedicularis confertiflora Prain

凭证标本：高黎贡山考察队 15010，32141。

一年生草本，高 1～25 cm。生长于石柯-青冈林、杜鹃-箭竹灌丛、高山草甸；海拔 2850～3490 m。

分布于独龙江（察隅县日东乡段、贡山县独龙江乡段）；贡山县茨开镇；福贡县鹿马登乡。14-3。

*41. 拟紫堇马先蒿 Pedicularis corydaloides Handel-Mazzetti

凭证标本：怒江队 790945，791549。

多年生直立草本，高达 16 cm。生长于林中、高山草甸；海拔 3200～3800 m。

分布于独龙江（贡山县独龙江乡段）；贡山县丙中洛乡。15-1。

**42. 环喙马先蒿 Pedicularis cyclorhyncha H. L. Li

凭证标本：高黎贡山考察队 31205，33934。

草本，高达 40 cm。生长于草甸、潮湿草甸、溪边草甸；海拔 3350～3470 m。

分布于贡山县丙中洛乡、茨开镇。15-2-3a。

**43. 弱小马先蒿 Pedicularis debilis Franchet ex Maximowicz

凭证标本：高黎贡山考察队 32219。

一年生草本，高达 20 cm。生长于杜鹃-箭竹灌丛；海拔 3450 m。

分布于贡山县茨开镇。15-2-3a。

***44. 独龙马先蒿 Pedicularis dulongensis H. P. Yang

凭证标本：青藏队 82-8506。

多年生草本，高 10 cm。生长于山坡湿草地；海拔 3500～3600 m。

分布于贡山县茨开镇。15-2-6。

45a. 哀氏马先蒿 Pedicularis elwesii J. D. Hooker

凭证标本：怒江队 791024；高黎贡山考察队 32897。

多年生草本，8～20 cm，最高 32 cm。生长于草甸；海拔 2881 m。

分布于独龙江（贡山县独龙江乡段）；贡山县丙中洛乡。14-3。

* 45b. 高大哀氏马先蒿 Pedicularis elwesii subsp. major（H. L. Li）P. C. Tsoong-

Pedicularis elwesii var. *major* H. L. Li

凭证标本：T. T. Yü 19738；青藏队 8506。

多年生直立草本，可高达 32 cm。生长于草甸；海拔 2900 m。

分布于独龙江（贡山县独龙江乡段）。15-1。

46. 曲茎马先蒿 Pedicularis flexuosa J. D. Hooke

凭证标本：高黎贡山考察队 26443，32881。

多年生草本，矮小或高达 40 cm。生长于落叶阔叶林、杜鹃-箭竹灌丛、高山草甸；海拔 2881～3900 m。

分布于贡山县丙中洛乡；福贡县石月亮乡、鹿马登乡。14-3。

** 47. 显盔马先蒿 Pedicularis galeata Bonati

凭证标本：高黎贡山考察队 17025，28604。

多年生草本，高 15～35 cm。生长于杜鹃-箭竹灌丛、高山草甸；海拔 3630～3810 m。

分布于独龙江（贡山县独龙江乡段）；贡山县丙中洛乡；福贡县石月亮乡、鹿马登乡。15-2-3a。

** 48. 退毛马先蒿 Pedicularis glabrescens H. L. Li

凭证标本：T. T. Yü 8751。

多年生草本，高 10～25 cm。生长于湿草地；海拔 3500 m。

分布于贡山县。15-2-3a。

49. 贡山马先蒿 Pedicularis gongshanensis H. P. Yang

凭证标本：青藏队 82-845。

多年生草本，高达 30 cm。生长于灌草丛、山坡；海拔 3600 m。

分布于独龙江（贡山县独龙江乡段）。

** 50. 细瘦马先蒿 Pedicularis gracilicaulis H. L. Li

凭证标本：T. T. Yü 19701。

一年生草本，高 20～40 cm。生长于高山草甸；海拔 3000～3300 m。

分布于独龙江（贡山县独龙江乡段）。15-2-3a。

* **51. 中国纤细马先蒿 Pedicularis gracilis** subsp. **sinensis**（H. L. Li）P. C. Tsoong-*Pedicularis gracilis* var. *sinensis* H. L. Li

凭证标本：独龙江考察队 213；高黎贡山考察队 18761。

一年生草本，超过 1 m。生长于常绿阔叶林、山坡云南松林；海拔 1600～2400 m。

分布于贡山县茨开镇；福贡县上帕镇；泸水市片马镇；保山市潞江镇。15-1。

** **52. 旋喙马先蒿 Pedicularis gyrorhyncha** Franchet ex Maximowicz

凭证标本：怒江队 791918。

一年生草本，高 23～110 cm。生长于林中湿地；海拔 2700～4000 m。

分布于福贡县石月亮乡。15-2-3a。

** **53. 矮马先蒿 Pedicularis humilis** Bonati

凭证标本：施晓春 699；李嵘 1208。

多年生草本，茎高 5～15 cm。生长于高山草甸；海拔 3160 m。

分布于保山市芒宽乡。15-2-3a。

*** **54. 孱弱马先蒿 Pedicularis infirma** H. L. Li

凭证标本：青藏队 8458；T. T. Yü 20060。

多年生草本，高达 11 cm。生长于开阔阳光地带；海拔 3000 m。

分布于独龙江（贡山县独龙江乡段）。15-2-6。

** **55. 元宝草马先蒿 Pedicularis lamioides** Handel-Mazzetti

凭证标本：T. T. Yü 22567，22675。

一年生草本，高 7～15 cm。生长于杜鹃灌丛、高山草甸、林中；海拔 3400～4200 m。

分布于贡山县丙中洛乡。15-2-3a。

* **56. 丽江马先蒿 Pedicularis likiangensis** Franchet ex Maximowicz

凭证标本：怒江队 791558。

多年生草本，高 3～9 cm。生长于林缘、高山草甸；海拔 3200 m。

分布于贡山县丙中洛乡。15-1。

* **57. 多枝浅黄马先蒿 Pedicularis lutescens** subsp. **ramosa**（Bonati）P. C. Tsoong-*Pedicularis lutescens* var. *ramosa* Bonati

凭证标本：T. T. Yü 19794。

多年生草本，10～30 cm。生长于高山草甸；海拔 3200 m。

分布于独龙江（贡山县独龙江乡段）。15-1。

* **58. 大管马先蒿 Pedicularis macrosiphon** Franchet

凭证标本：独龙江考察队 5422；高黎贡山考察队 14515。

多年生草本，可高达 40 cm。生长于河岸常绿阔叶林、松林、次生常绿阔叶林、混交林、河滩灌丛、山坡灌丛、河谷林下；海拔 1550～2400 m。

分布于独龙江（贡山县独龙江乡段）；贡山县内中洛乡、茨开镇。15-1。

**59. 迈亚马先蒿 Pedicularis mayana Handel-Mazzetti

凭证标本：独龙江考察队 7032；怒江队 790493。

多年生草本，高 4～9 cm。生长于灌丛；海拔 2900 m。

分布于独龙江（贡山县独龙江乡段）。15-2-3a。

60. 小花马先蒿 Pedicularis micrantha H. L. Li

凭证标本：T. T. Yü 20344。

多年生直立草本，高约 20 cm。生长于灌丛边缘；海拔 3100 m。

分布于贡山县丙中洛乡。15-2-3a。

*61. 小唇马先蒿 Pedicularis microchilae Franchet ex Maximowicz

凭证标本：T. T. Yü 19751，19825。

一年生草本，高达 40 cm。生长于高山草甸、河滩灌丛边缘；海拔 2800～4000 m。

分布于贡山县丙中洛乡。15-1。

*62. 蒙氏马先蒿 Pedicularis monbeigiana Bonati

凭证标本：高黎贡山考察队 15306，31237。

多年生直立草本，高 50～90 cm。生长于常绿阔叶林、落叶阔叶林、冷杉林、铁杉-冷杉林、杜鹃-箭竹灌丛、高山草甸、湖边；海拔 3040～3927 m。

分布于独龙江（贡山县独龙江乡段）；贡山县丙中洛乡、茨开镇；福贡县石月亮乡、鹿马登乡、匹河乡；泸水市片马镇。15-1。

*63. 薅菜叶马先蒿 Pedicularis nasturtiifolia Franchet

凭证标本：高黎贡山考察队 34233。

多年生草本。生长于次生常绿阔叶林；海拔 1820 m。

分布于贡山县丙中洛乡。15-1。

64a. 短果潘氏马先蒿 Pedicularis pantlingii subsp. **brachycarpa Tsoong ex C. Y. Wu & H. Wang

凭证标本：青藏队 7795；冯国楣 7748。

多年生草本，高达 30～60 cm。生长于混交林、湿草地；海拔 3500～4200 m。

分布于贡山县丙中洛乡、茨开镇。15-2-3a。

64b. 缅甸潘氏马先蒿 Pedicularis pantlingii subsp. **chimiliensis（Bonati）P. C. Tsoong-*Pedicularis pantlingii* var. *chimiliensis* Bonati

凭证标本：Handel-Mazzetti 9148；怒江队 791405。

多年生草本，高达 30～60 cm。生长于混交林、湿草地；海拔 3500～4200 m。

分布于独龙江（贡山县独龙江乡段）；贡山县丙中洛乡。15-2-3a。

*65. 悬岩马先蒿 Pedicularis praeruptorum Bonati

凭证标本：怒江队 0493；高黎贡山考察队 9687。

多年生直立草本，高 4～19 cm。生长于岩石缝、高山草甸；海拔 3600～4200 m。

分布于独龙江（贡山县独龙江乡段）。15-1。

*66. 高超马先蒿 Pedicularis princeps Bureau & Franchet

凭证标本：Nick 9446；施晓春、杨世雄 722。

多年生草本，高超过 1 m。生长于路边；海拔 2900 m。

分布于保山市芒宽乡。15-1。

**67. 疏裂马先蒿 Pedicularis remotiloba Handel-Mazzetti

凭证标本：青藏队 82-8628。

矮小草本，高 6～7 cm。生长于高山草坡；海拔 3700～4200 m。

分布于独龙江（贡山县独龙江乡段）；贡山县丙中洛乡。15-2-3a。

68a. 大唇拟鼻花马先蒿 Pedicularis rhinanthoides subsp. **labellata**（Jacquemont）Pennell-*Pedicularis labellata* Jacquemont

凭证标本：高黎贡山考察队 31392，31638。

多年生草本，高 4～40 cm。生长于高山草甸；海拔 3880～3927 m。

分布于贡山县丙中洛乡。14-3。

*68b. 西藏拟鼻花马先蒿 Pedicularis rhinanthoides subsp. **tibetica**（Bonati）P. C. Tsoong-*Pedicularis rhinanthoides* var. *tibetica* Bonati

凭证标本：青藏队 82-8507；王红 9686。

多年生草本，高 4～40 cm。生长于高山草甸；海拔 3000～4000 m。

分布于独龙江（贡山县独龙江乡段）；贡山县丙中洛乡、茨开镇。15-1。

*69. 丹参花马先蒿 Pedicularis salviiflora Franchet

凭证标本：杨竞生无号。

多年生直立草本，高达 130 cm。生长于草坡、林中；海拔 2000～3900 m。

分布于贡山县。15-1。

**70. 之形喙马先蒿 Pedicularis sigmoidea Franchet ex Maximowicz

凭证标本：T. T. Yü 12817。

多年生草本，高达 30 cm。生长于高山草地；海拔 3000～3600 m。

分布于腾冲市。15-2-3a。

71. 纤裂马先蒿 Pedicularis tenuisecta Franchet ex Maximowicz

凭证标本：王启无 66668。

多年生直立草本，高 30～60 cm。生长于针叶林、高山草甸；海拔 2300 m。

分布于贡山县丙中洛乡。14-4。

72. 毛盔马先蒿 Pedicularis trichoglossa J. D. Hooker

凭证标本：T. T. Yü 19772。

多年生草本，高 13～60 cm。生长于林中岩石中；海拔 3000 m。

分布于独龙江（贡山县独龙江乡段）。14-3。

73. 茨口马先蒿 Pedicularis tsekouensis Bonati

凭证标本：T. T. Yü 20331；高黎贡山考察队 31479。

多年生草本，高 10～60 cm。生长于杜鹃-箭竹灌丛、高山草甸；海拔 3600～4151 m。

分布于独龙江（贡山县独龙江乡段）；贡山县丙中洛乡；福贡县石月亮乡、鹿马登乡。14-4。

***74. 马鞭草叶马先蒿 Pedicularis verbenifolia** Franchet ex Maximowicz

凭证标本：怒江队 790523；高黎贡山考察队 28711。

多年生直立草本，高 20～50 cm。生长于草甸；海拔 3650 m。

分布于独龙江（贡山县独龙江乡段）；贡山县丙中洛乡；福贡县鹿马登乡。15-1。

75. 维氏马先蒿 Pedicularis vialii Franchet

凭证标本：怒江队 791406；高黎贡山考察队 34044。

茎高 80 cm。生长于针叶林、杜鹃-箭竹灌丛、灌丛；海拔 3050～3450 m。

分布于独龙江（贡山县独龙江乡段）；贡山县丙中洛乡、茨开镇；福贡县石月亮乡、鹿马登乡；泸水市洛本卓乡。14-4。

76a. 季川马先蒿 Pedicularis yui H. L. Li

凭证标本：T. T. Yü 19382。

直立草本，高 6～7 cm。生长于高山沼泽；海拔 4100 m。

分布于贡山县丙中洛乡。15-2-6。

*****76b. 缘毛季川马先蒿 Pedicularis yui** var. **ciliata** Tsoong

凭证标本：T. T. Yü 19863。

直立草本，高 6～7 cm。生长于高山沼泽；海拔 4100 m。

分布于独龙江（贡山县独龙江乡段）。15-2-6。

****77. 云南马先蒿 Pedicularis yunnanensis** Franchet ex Maximowicz

凭证标本：高黎贡山考察队 26363，28704。

多年生直立草本，高达 25 cm。生长于杜鹃-箭竹灌丛、高山草甸；海拔 3600～3740 m。

分布于福贡县石月亮乡、鹿马登乡。15-2-3a。

78. 松蒿 Phtheirospermum japonicum (Thunberg) Kanitz-*Gerardia japonica* Thunberg

凭证标本：高黎贡山考察队 7816。

一年生草本，高 5～100 cm。生长于次生常绿阔叶林、沟谷边、江边、草坡、林下；海拔 1500～2500 m。

分布于独龙江（察隅县日东乡段、贡山县独龙江乡段）；贡山县丙中洛乡、茨开镇；福贡县石月亮乡、上帕镇；腾冲市曲石镇。14-2。

79. 细裂叶松蒿 Phtheirospermum tenuisectum Bureau & Franchet

凭证标本：高黎贡山考察队 14586，27927。

多年生草本，高 10～55 cm。生长于常绿阔叶林、次生常绿阔叶林、铁杉-云杉林、灌丛、路边；海拔 1420～2800 m。

分布于独龙江（贡山县独龙江乡段）；贡山县丙中洛乡、捧打乡、茨开镇；福贡县石月亮乡、上帕镇；泸水市洛本卓乡；腾冲市棋盘石。14-3。

**80. 齿叶翅茎草 Pterygiella bartschioides Handel-Mazzetti

凭证标本：冯国楣 8267；T. T. Yü 20312。

一年生或多年生植物，高 14～50 cm。生长于灌丛、草坡；海拔 2700～3400 m。

分布于独龙江（贡山县独龙江乡段）；贡山县丙中洛乡。15-2-3a。

*81. 大花玄参 Scrophularia delavayi Franchet

凭证标本：南水北调队 7068；高黎贡山考察队 32785。

多年生草本，高可达 45 cm。生长于常绿阔叶林、高山草甸；海拔 2810～4030 m。

分布于贡山县丙中洛乡；福贡县鹿马登乡；泸水市片马镇、六库镇；腾冲市猴桥镇。15-1。

**82. 重齿玄参 Scrophularia diplodonta Franchet

凭证标本：高黎贡山考察队 11845，27277。

多年生草本，高达 70 cm。生长于石柯-青冈林、针阔混交林；海拔 2750～2800 m。

分布于贡山县茨开镇；福贡县鹿马登乡。15-2-3a。

83. 高玄参 Scrophularia elatior Bentham

凭证标本：高黎贡山考察队 18712。

多年生草本，高可达 2 m。生长于常绿阔叶林；海拔 2300 m。

分布于腾冲市芒棒镇。14-3。

***84. 高山玄参 Scrophularia hypsophila Handel-Mazzetti

凭证标本：冯国楣 7709；T. T. Yü 19380。

多年生草本，高达 25 cm。生长于高山草地；海拔 3000～4100 m。

分布于贡山县丙中洛乡。15-2-6。

*85. 单齿玄参 Scrophularia mandarinorum Franchet

凭证标本：南水北调队 8299。

多年生草本，高可达 1 m。生长于林中、河边、山坡草地；海拔 1800 m。

分布于泸水市片马镇。15-1。

86. 荨麻叶玄参 Scrophularia urticifolia Wallich ex Bentham

凭证标本：T. T. Yü 19380；高黎贡山考察队 15252。

多年生草本，高达 1 m。生长于常绿阔叶林；海拔 2500 m。

分布于独龙江（贡山县独龙江乡段）；贡山县丙中洛乡。14-3。

*87. 云南玄参 Scrophularia yunnanensis Franchet

凭证标本：独龙江考察队 1719。

多年生草本，纤细，30～80 cm。生长于河谷灌丛；海拔 1620 m。

分布于独龙江（贡山县独龙江乡段）。15-1。

88. 阴行草 Siphonostegia chinensis Bentham

凭证标本：冯国楣 7709；高黎贡山考察队 34344。

一年生草本，高 30～80 cm。生长于针叶林、灌丛；海拔 1500～1800 m。

分布于贡山县丙中洛乡；保山市潞江镇；龙陵县镇安镇。14-2。

***** **89. 白蝴蝶草 Torenia alba** H. Li, sp. nov.

凭证标本：高黎贡山考察队 15550，15906。

多年生草本。生长于常绿阔叶林；海拔 1500～1620 m。

分布于贡山县捧打乡、茨开镇。15-2-6。

90. 紫萼蝴蝶草 Torenia violacea（Azaola ex Blanco）Pennell-*Mimulus violaceus* Azaola ex Blanco

凭证标本：高黎贡山考察队 10491，28887。

草本，高 8～35 cm。生长于常绿阔叶林、灌丛、河谷、山坡、河滩、林下、山地；海拔 650～2068 m。

分布于独龙江（贡山县独龙江乡段）；贡山县丙中洛乡、茨开镇；福贡县马吉乡、石月亮乡、鹿马登、上帕镇；泸水市六库镇；保山市芒宽乡、潞江镇。7。

91. 长叶蝴蝶草 Torenia asiatica Linnaeus

凭证标本：独龙江考察队 299；高黎贡山考察队 20564。

草本。生长于常绿阔叶林、灌丛、江边、沙地、山坡、开阔草地；海拔 1300～2200 m。

分布于独龙江（贡山县独龙江乡段）；福贡县上帕镇；保山市潞江镇；腾冲市曲石镇、五合乡；龙陵县镇安镇。14-2。

92. 单色蝴蝶草 Torenia concolor Lindley

凭证标本：高黎贡山考察队 17314，18582。

匍匐草本。生长于常绿阔叶林；海拔 1908～2240 m。

分布于保山市潞江镇；龙陵县龙江乡。14-2。

93. 西南蝴蝶草 Torenia cordifolia Roxburgh

凭证标本：李恒、刀志灵、李嵘 522；高黎贡山考察队 21792。

一年生直立草本，高 15～20 cm。生长于常绿阔叶林；海拔 1710～2290 m。

分布于独龙江（察隅县日东乡段、贡山县独龙江乡段）；贡山县茨开镇。14-3。

94. 黄花蝴蝶草 Torenia flava Buchanan-Hamilton ex Bentham

凭证标本：施晓春、杨世雄 624；高黎贡山考察队 20561。

直立草本，高 25～40 cm。生长于常绿阔叶林；海拔 1480～1900 m。

分布于独龙江（贡山县独龙江乡段）；贡山县茨开镇；福贡县上帕镇；保山市芒宽乡。7。

95. 毛蕊花 Verbascum thapsus Linnaeus

凭证标本：独龙江考察队 5652。

二年生草本，高可达 150 cm。生长于河滩；海拔 1910 m。

分布于独龙江（贡山县独龙江乡段）。10。

96. 灰毛婆婆纳 Veronica cana Wallich ex Bentham

凭证标本：蔡希陶 56538；高黎贡山考察队 31707。

多年生草本，高 20～25 cm。生长于常绿阔叶林、壳斗-樟林、石柯-冬青林、落叶阔叶林、铁杉-冷杉林、铁杉-云杉林、杜鹃灌丛、杜鹃-箭竹灌丛、高山草甸；海拔 2510～3470 m。

分布于独龙江（贡山县独龙江乡段）；贡山县丙中洛乡；福贡县石月亮乡、鹿马登乡、上帕镇。14-3。

*97. 察隅婆婆纳 Veronica chayuensis D. Y. Hong

凭证标本：怒江队 791491；青藏队 82-8634。

多年生草本，高 4～6 cm。生长于林下、河边、湿草地；海拔 3500 m。

分布于独龙江（贡山县独龙江乡段）。15-1。

*98. 中甸长果婆婆纳 Veronica ciliata subsp. **zhongdianensis** D. Y. Hong

凭证标本：王启无 65949；青藏队 82-10705。

多年生植物。生长于林下、高山草甸；海拔 2700 m。

分布于独龙江（察隅县日东乡段）。15-1。

99. 多枝婆婆纳 Veronica javanica Blume

凭证标本：独龙江考察队 1703；高黎贡山考察队 19713。

一年生或二年生草本，高 10～30 cm。生长于常绿阔叶林、灌丛、荒地、怒江边、水田；海拔 1030～2600 m。

分布于独龙江（贡山县独龙江乡段）；贡山县丙中洛乡；福贡县匹河乡；泸水市鲁掌镇。6。

100. 疏花婆婆纳 Veronica laxa Bentham

凭证标本：南水北调队 6688；高黎贡山考察队 22826。

多年生草本，高 15～80 cm。生长于常绿阔叶林、壳斗-木兰林、石柯-冬青林、石柯-李林；海拔 1823～2200 m。

分布于福贡县匹河乡；泸水市片马镇；腾冲市界头镇、猴桥镇。14-1。

+101. 阿拉伯婆婆纳 Veronica persica Poiret

凭证标本：高黎贡山考察队 14178，22966。

一年生草本，茎高约 10～50 cm。生长于常绿阔叶林、灌丛、田边；海拔 1238～3080 m。

分布于贡山县茨开镇；福贡县鹿马登乡；泸水市片马镇。17。

102. 小婆婆纳 Veronica serpyllifolia Linnaeus

凭证标本：T. T. Yü 22494；高黎贡山考察队 13832。

多年生草本，茎高 10～30 cm。生长于常绿阔叶林；海拔 1520～1990 m。

分布于独龙江（贡山县独龙江乡段）；贡山县茨开镇；福贡县上帕镇。8。

103. 多毛四川婆婆纳 Veronica szechuanica subsp. **sikkimensis** (J. D. Hooker) D. Y. Hong-*Veronica capitata* Royle ex Bentham var. *sikkimensis* J. D. Hooker

凭证标本：蔡希陶 58602；高黎贡山考察队 34160。

茎高 5～15 cm。生长于常绿阔叶林、箭竹灌丛、高山草甸；海拔 3120～3450 m。

分布于贡山县茨开镇；福贡县石月亮乡。14-3。

104. 水苦荬 Veronica undulata Wallich ex Jack

凭证标本：怒江队 206；高黎贡山考察队 26188。

多年生草本。生长于常绿阔叶林、木荷-润楠林、灌丛；海拔 691～1010 m。

分布于保山市芒宽乡、潞江镇。14-1。

^{**} **105. 云南婆婆纳 Veronica yunnanensis** D. Y. Hong

凭证标本：碧江队 11707；高黎贡山考察队 27263。

多年生草本，高 10～30 cm。生长于石柯-青冈林；海拔 2850 m。

分布于独龙江（贡山县独龙江乡段）；贡山县丙中洛乡；福贡县鹿马登乡；泸水上帕镇；腾冲市猴桥镇。15-2-3a。

106. 美穗草 Veronicastrum brunonianum (Bentham) D. Y. Hong-*Calorhabdos brunoniana* Bentham

凭证标本：施晓春、杨世雄 808；高黎贡山考察队 33601。

多年生直立，茎高 30～150 cm。生长于常绿阔叶林、石柯-冬青林、石柯-木荷林、老林迹地、路边、林缘、山脊、风口、开阔地；海拔 1600～3500 m。

分布于贡山县茨开镇；福贡县鹿马登乡；泸水市片马镇、洛本卓乡、鲁掌镇；保山市芒宽乡；腾冲市曲石镇。14-3。

[*] **107. 云南腹水草 Veronicastrum yunnanense** (W. W. Smith) T. Yamazaki-*Botryopleuron yunnanense* W. W. Smith

凭证标本：高黎贡山考察队 17516，23618。

多年生草本，生长于硬叶常绿阔叶林、灌丛；海拔 611～1500 m。

分布于龙陵县镇安镇。15-1。

108. 美丽桐 Wightia speciosissima (D. Don) Merrill-*Gmelina speciosissima* D. Don

凭证标本：高黎贡山考察队 9405，13329。

乔木或半附生灌木，高 15 m。生长于次生常绿阔叶林；海拔 1920 m。

分布于保山市芒宽乡、潞江镇。14-3。

***109. 马松蒿 Xizangia bartschioides（Handel-Mazzetti）D. Y. Hong

凭证标本：李恒、李嵘 1038；高黎贡山考察队 27018。

多年生直立植物，高 15～25 m。生长于常绿阔叶林、落叶阔叶林、针叶林、灌丛、杜鹃-箭竹灌丛、高山草甸、湿地植被；海拔 2800 m。

分布于贡山县茨开镇；福贡县石月亮乡。15-2-6。

253. 列当科 Orobanchaceae

5 属 5 种

1. 野菰 Aeginetia indica Linnaeus

凭证标本：T. T. Yü 19937，20147。

直立草本，植株高 15～50 cm。生长于山坡路边；海拔 2800 m。

分布于独龙江（贡山县独龙江乡段）。7。

2. 丁座草 Boschniakia himalaica J. D. Hooker & Thomson

凭证标本：高黎贡山考察队 12716，31545。

直立草本，高 15～45 cm。生长于杜鹃-箭竹灌丛、高山草甸；海拔 3460～4160 m。

分布于贡山县丙中洛乡、茨开镇；福贡县石月亮乡、鹿马登乡。14-3。

3. 假野菰 Christisonia hookeri C. B. Clarke

凭证标本：高黎贡山考察队 27255。

直立草本，植株高 3～12 cm，茎高 1～2 cm。生长于针叶林；海拔 3100 m。

分布于福贡县鹿马登乡。14-4。

4. 藨寄生 Gleadovia ruborum Gamble & Prain

凭证标本：碧江队 390。

直立草本，植株高 8～18 cm，茎高 4～10 cm。生长于林中湿地；海拔 2800 m。

分布于福贡县。14-4。

5. 列当 Orobanche coerulescens Stephan

凭证标本：T. T. Yü 19002。

二年生直立草本，高 15～50 cm。生长于山坡草地；海拔 2800 m。

分布于贡山县。10。

254. 狸藻科 Lentibulariaceae

2 属 11 种，*1，***1

1. 高山捕虫堇 Pinguicula alpina Linnaeus

凭证标本：高黎贡山考察队 26571，28070。

草本植物。生长于杜鹃-箭竹灌丛；海拔 3640 m。

分布于福贡县石月亮乡。10。

2. 近圆叶挖耳草 Utricularia aff. striatula J. Smith

凭证标本：高黎贡山考察队 33940。

草本植物。生长于湿地植被；海拔 3360 m。

分布于贡山县茨开镇。10。

3. 黄花狸藻 Utricularia aurea Loureiro

凭证标本：李恒、李嵘、蒋柱檀、高富、张雪梅 369；高黎贡山考察队 11410。

多年生或一年生水生。生长于次生常绿阔叶林、稻田边、水中；海拔 1530~1730 m。

分布于腾冲市北海乡、芒棒镇。5。

4. 挖耳草 Utricularia bifida Linnaeus

凭证标本：高黎贡山考察队 11058，30940。

一年生草本。生长于次生常绿阔叶林、稻田边；海拔 1670~1730 m。

分布于腾冲市界头镇、北海乡。5。

5. 短梗挖耳草 Utricularia caerulea Linnaeus

凭证标本：高黎贡山考察队 11059。

一年生草本。生长于次生常绿阔叶林；海拔 1670 m。

分布于腾冲市界头镇。4。

*** **6. 福贡挖耳草 Utricularia fugongensis** G. W. Hu & H. Li

凭证标本：高黎贡山考察队 27012，28315。

一年生草本。生长于栎类-青冈林、河边箭竹灌丛；海拔 2900~3560 m。

分布于福贡县石月亮乡。15-2-6。

7. 叉状挖耳草 Utricularia furcellata Oliver

凭证标本：高黎贡山考察队 s. n.。

一年生草本。生长于常绿阔叶林；海拔 1760 m。

分布于腾冲市。14-3。

8. 禾叶挖耳草 Utricularia graminifolia Vahl

凭证标本：南水北调队 6767，高黎贡山考察队 30938。

多年生草本。生长于水田中；海拔 1730 m。

分布于腾冲市猴桥镇、北海乡。14-4。

* **9. 怒江挖耳草 Utricularia salwinensis** Handel-Mazzetti

凭证标本：T. T. Yü 22116；高黎贡山考察队 32740。

多年生草本植物。生长于常绿阔叶林、壳斗-樟林、石柯-青冈林、灌丛、杜鹃-箭竹灌丛、箭竹-莎草灌丛；海拔 1408~3840 m。

分布于独龙江（贡山县独龙江乡段）；贡山县茨开镇；福贡县石月亮乡、鹿马登乡。15-1。

10. 缠绕挖耳草 Utricularia scandens Benjamin

凭证标本：T. T. Yü 20276。

一年生草本。生长于草村、池塘中；海拔 1300 m。

分布于独龙江（贡山县独龙江乡段）。4。

11. 圆叶挖耳草 Utricularia striatula J. Smith

凭证标本：高黎贡山考察队 12887，26682。

多年生植物。生长于常绿阔叶林、针叶林、杜鹃-箭竹灌丛、石壁；海拔 2650～3310 m。

分布于独龙江（贡山县独龙江乡段）；贡山县茨开镇；福贡县石月亮乡；腾冲市猴桥镇、曲石镇。6。

256. 苦苣苔科 Gesneriaceae

16 属 48 种，* 3，** 7，*** 7

*** **1. 狭矩叶芒毛苣苔 Aeschynanthus angustioblongus** W. T. Wang

凭证标本：独龙江考察队 3875；高黎贡山考察队 11784。

多年生草本，茎高 12～30 cm。附生于常绿阔叶林中树上；海拔 1380～1600 m。

分布于独龙江（贡山县独龙江乡段）；贡山县茨开镇。15-2-6。

* **2. 滇南芒毛苣苔 Aeschynanthus austroyunnanensis** W. T. Wang

凭证标本：独龙江考察队 1723，3189。

多年生草本，茎高达 1 m。生长于常绿阔叶林、河谷灌丛；海拔 1400～1620 m。

分布于独龙江（贡山县独龙江乡段）；贡山县丙中洛乡。15-1。

3. 显苞芒毛苣苔 Aeschynanthus bracteatus Wallich ex A. P. de Candolle

凭证标本：独龙江考察队 623；高黎贡山考察队 18870。

多年生划晒，茎高 25～150 cm。生长于常绿阔叶林、秃杉-青冈林、次生灌丛、林下；海拔 1270～2400 m。

分布于独龙江（贡山县独龙江乡段）；贡山县丙中洛乡、茨开镇；福贡县马吉乡、石月亮乡、上帕镇、匹河乡；泸水市片马镇、洛本卓乡；保山市芒宽乡、潞江镇；腾冲市曲石镇、芒棒镇。14-3。

4. 束花芒毛苣苔 Aeschynanthus hookeri C. B. Clarke

凭证标本：施晓春、杨世雄 672；青藏队 82-8957。

茎约 40 cm。生长于林中树上；海拔 1200～2100 m。

分布于贡山；保山市芒宽乡；腾冲市曲石镇。14-3。

*** **5. 毛花芒毛苣苔 Aeschynanthus lasianthus** W. T. Wang

凭证标本：青藏队 9679；高黎贡山考察队 17564。

多年生草本，茎高 40～120 cm。生长于常绿阔叶林；海拔 2230 m。

分布于独龙江（贡山县独龙江乡段）；贡山县丙中洛乡；福贡县上帕镇；保山市芒宽乡、潞江镇。15-2-6。

6. 条叶芒毛苣苔 Aeschynanthus linearifolius C. E. C. Fischer

凭证标本：独龙江考察队 733；高黎贡山考察队 27257。

多年生草本，茎高 50～100 cm。生长于常绿阔叶林、石柯林、石柯-木荷林、石柯-青冈林、壳斗-樟林、落叶阔叶林、冷杉林、杜鹃灌丛；海拔 1500～3100 m。

分布于独龙江（贡山县独龙江乡段）；贡山县丙中洛乡、茨开镇；福贡县鹿马登乡、上帕镇；泸水市片马镇；保山市芒宽乡；腾冲市界头镇。14-3。

7. 线条芒毛苣苔 Aeschynanthus lineatus Craib

凭证标本：高黎贡山考察队 13068，27731。

多年生草本，茎达 1 m。生长于常绿阔叶林、针叶林中树上；海拔 1390～2240 m。

分布于福贡县马吉乡、石月亮乡；保山市芒宽乡、潞江镇；腾冲市界头镇、曲石镇、芒棒镇、五合乡；龙陵县龙江乡。14-4。

8. 具斑芒毛苣苔 Aeschynanthus maculatus Lindley

凭证标本：独龙江考察队 1849；高黎贡山考察队 25241。

多年生草本，茎高约 40 cm。生长于常绿阔叶林、石柯-杜鹃林、杜鹃-冬青林、河谷灌丛；海拔 1310～2525 m。

分布于独龙江（贡山县独龙江乡段）；保山市芒宽乡、潞江镇；腾冲市芒棒镇、五合乡；龙陵县龙江乡。14-3。

9. 大花芒毛苣苔 Aeschynanthus mimetes B. L. Burtt

凭证标本：高黎贡山考察队 10719，32639。

多年生草本，茎高 30～100 cm。生长于常绿阔叶林；海拔 1587～2200 m。

分布于独龙江（贡山县独龙江乡段）；福贡县鹿马登乡；腾冲市芒棒镇；保山市潞江镇。14-3。

10. 尾叶芒毛苣苔 Aeschynanthus stenosepalus J. Anthony

凭证标本：独龙江考察队 3106；高黎贡山考察队 32252。

多年生草本，茎高 60～100 cm。生长于常绿阔叶林、石柯-木荷林、罗伞-冬青林、落叶阔叶林、河谷灌丛、江边岩石上；海拔 1080～1720 m。

分布于独龙江（贡山县独龙江乡段）；贡山县茨开镇；福贡县马吉乡。14-4。

11. 华丽芒毛苣苔 Aeschynanthus superbus C. B. Clarke

凭证标本：高黎贡山考察队 10791，28108。

多年生草本，茎高 50～100 cm。生长于常绿阔叶林；海拔 2170 m。

分布于独龙江（贡山县独龙江乡段）；腾冲市曲石镇；龙陵县镇安镇。14-3。

***12. 腾冲芒毛苣苔 Aeschynanthus tengchongensis** W. T. Wang

凭证标本：高黎贡山考察队 11600，25343。

多年生草本，茎达 1 m。生长于常绿阔叶林、木荷-栲林、石柯-冬青林、石柯林、石柯-木荷林、石柯-樟林、杜鹃-铁杉林；海拔 1650~2660 m。

分布于保山市芒宽乡；腾冲市界头镇、猴桥镇、曲石镇、芒棒镇、五合乡。15-2-6。

13. 狭花芒毛苣苔 Aeschynanthus wardii Merrill

凭证标本：高黎贡山考察队 15145，18953。

多年生草本，茎高 1~2 m。生长于常绿阔叶林、河边；海拔 1350~1700 m。

分布于独龙江（贡山县独龙江乡段）；贡山县；福贡县上帕镇；保山市芒宽乡。14-4。

**14. 凸瓣苣苔 Ancylostemon convexus Craib

凭证标本：Forrest 15930，17623。

多年生草本，茎高 12 cm。生长于树上、岩石上；海拔 2500 m。

分布于腾冲市。15-2-3a。

***15. 云南粗筒苣苔 Briggsia forrestii** Craib

凭证标本：独龙江考察队 4726；高黎贡山考察队 24083。

多年生草本，无茎。生长于常绿阔叶林；海拔 1450~2057 m。

分布于独龙江（贡山县独龙江乡段）；泸水市片马镇；龙陵县龙江乡、镇安镇。15-2-6。

16. 粗筒苣苔 Briggsia kurzii (C. B. Clarke) W. E. Evans-*Didymocarpus kurzii* C. B. Clarke

凭证标本：高黎贡山考察队 21805。

多年生草本，茎高 12~40 cm。生长于常绿阔叶林；海拔 1660 m。

分布于独龙江（贡山县独龙江乡段）。14-3。

17. 长叶粗筒苣苔 Briggsia longifolia Craib

凭证标本：王启无 90770；高黎贡山考察队 18954。

多年生草本，无茎。生长于常绿阔叶林；海拔 1590 m。

分布于福贡县；保山市芒宽乡。14-4。

18. 藓丛粗筒苣苔 Briggsia muscicola (Diels) Craib-*Briggsia muscicola* Diels。

凭证标本：Rock22978。

多年生草本，无茎。生长于林中树上、岩石上；海拔 2500 m。

分布于贡山县。14-3。

**19. 腺萼唇柱苣苔 Chirita adenocalyx Chatterjee

凭证标本：李恒、李嵘 1140；高黎贡山考察队 12906。

多年生草本。生长于常绿阔叶林、次生常绿阔叶林；海拔 1400~2150 m。

分布于独龙江（贡山县独龙江乡段）；福贡县石月亮乡。15-2-5。

20. 钩序唇柱苣苔 Chirita hamosa R. Brown

凭证标本：高黎贡山考察队 13468，15054。

一年生直立草本，高 5～36 cm。生长于常绿阔叶林；海拔 1620～2100 m。

分布于独龙江（贡山县独龙江乡段）；保山市芒宽乡。14-4。

21. 大叶唇柱苣苔 Chirita macrophylla Wallich

凭证标本：高黎贡山考察队 12906，17900。

多年生草本植物，高 15～37 cm。生长于常绿阔叶林；海拔 1590～2300 m。

分布于福贡县匹河乡；泸水市片马镇；保山市芒宽乡、潞江镇；腾冲市曲石镇、芒棒镇；龙陵县龙江乡、镇安镇。14-3。

22. 长圆叶唇柱苣苔 Chirita oblongifolia (Roxburgh) Sinclair-*Incarvillea oblongifolia* Roxburgh

凭证标本：独龙江考察队 4464；高黎贡山考察队 32617。

多年生直立植物，45～90 cm。生长于常绿阔叶林、河谷石岩边；海拔 1250～1320 m。

分布于独龙江（贡山县独龙江乡段）。14-3。

23. 斑叶唇柱苣苔 Chirita pumila D. Don

凭证标本：高黎贡山考察队 15090，32462。

一年生直立草本，6～46 cm。生长于常绿阔叶林、漆树-胡桃林、石柯-木荷林、枪木-大青林、领春木-猴欢喜树林、落叶阔叶林、灌丛、河边；海拔 1060～3000 m。

分布于独龙江（贡山县独龙江乡段）；贡山县丙中洛乡、捧打乡、茨开镇；福贡县马吉乡、石月亮乡、鹿马登乡、上帕镇、架科底乡；泸水市片马镇、洛本卓乡、鲁掌镇；保山市芒宽乡、鲁掌镇；腾冲市猴桥镇、曲石镇、芒棒镇、五合乡；龙陵镇安镇。14-3。

24. 美丽唇柱苣苔 Chirita speciosa Kurz

凭证标本：高黎贡山考察队 11017，12905。

多年生草本，茎长约 5 cm。生长于常绿阔叶林、潮湿处；海拔 1850～2400 m。

分布于独龙江（贡山县独龙江乡段）；贡山县茨开镇；腾冲市界头镇。14-4。

25. 西藏珊瑚苣苔 Corallodiscus lanuginosus (Wall. ex R. Brown) B. L. Burtt-*Didymocarpus lanuginosus* Wallich ex R. Brown

凭证标本：独龙江考察队 5943；高黎贡山考察队 25456。

多年生草本，叶柄长达 40～55 mm。生长于常绿阔叶林、石柯-木荷林、石柯-桤木林、鹅耳枥-漆树林、壳斗-云南松林、灌丛、江边、草地、山坡石上、溪边；海拔 1080～2500 m。

分布于独龙江（贡山县独龙江乡段）；贡山县丙中洛乡、茨开镇；福贡县马吉乡、鹿马登乡、子里甲乡；泸水市片马镇、洛本卓乡。14-3。

26. 片马长蒴苣苔 Didymocarpus praeteritus B. L. Burtt & R. Davidson

凭证标本：Ward 1697；南水北调队 7379。

多年生草本，茎长达 11～30 cm。生长于常绿阔叶林；海拔 1800 m。

分布于泸水市片马镇；保山市芒宽乡；腾冲市曲石镇。14-4。

27. 云南长蒴苣苔 Didymocarpus yunnanensis（Franchet）W. W. Smith-*Roettlera yunnanensis* Franchet

凭证标本：李生堂 80-6-4；高黎贡山考察队 17863。

多年生草本，茎 3～48 cm。生长于常绿阔叶林；海拔 1908 m。

分布于腾冲市曲石镇、中和乡；龙陵县龙江乡。14-3。

28. 紫花苣苔 Loxostigma griffithii（Wight）C. B. Clarke-*Didymocarpus griffithii* Wight

凭证标本：独龙江考察队 662；高黎贡山考察队 21866。

多年生草本，茎可达 1 m。生长于常绿阔叶林、灌丛、河滩石壁、瀑布跌水岩、箐沟、路边、河谷林下岩石上、林下阴湿处岩石上；海拔 1250～1930 m。

分布于独龙江（贡山县独龙江乡段）；贡山县茨开镇；福贡县上帕镇、匹河乡；龙陵县镇安镇。14-3。

**29. 澜沧紫花苣苔 Loxostigma mekongense（Franchet）B. L. Burtt-*Roettlera mekongensis* Franchet

凭证标本：独龙江考察队 2190；高黎贡山考察队 7518。

多年生草本，茎高 60 cm。生长于常绿阔叶林；海拔 1690 m。

分布于独龙江（贡山县独龙江乡段）；贡山县茨开镇；泸水市。15-2-3a。

*30. 滇西吊石苣苔 Lysionotis forrestii W. W. Smith

凭证标本：独龙江考察队 795；高黎贡山考察队 32488。

亚灌木，茎 30～60 cm 以上。生长于常绿阔叶林、石柯-木荷林、混交林石壁上；海拔 1586～2751 m。

分布于独龙江（贡山县独龙江乡段）；贡山县丙中洛乡、茨开镇；福贡县；泸水市鲁掌镇；保山市潞江镇；腾冲市五合乡；龙陵县龙江乡。15-1。

31. 齿叶吊石苣苔 Lysionotis serratus D. Don

凭证标本：高黎贡山考察队 13209，30202。

亚灌木，茎 10～100 cm。生长于次生常绿阔叶林、壳斗-山茶林；海拔 1600～2160 m。

分布于保山市芒宽乡、潞江镇；腾冲市界头镇。14-3。

32. 纤细吊石苣苔 Lysionotus gracilis W. W. Smith

凭证标本：碧江队 1646；南水北调队 8250。

亚灌木，茎 15～30 cm。生长于常绿阔叶林中树上；海拔 2100 m。

分布于泸水市片马镇。14-4。

33. 狭萼吊石苣苔 Lysionotus levipes（C. B. Clarke）B. L. Burtt-*Aeschynanthus levipes* C. B. Clarke

凭证标本：T. T. Yü 20454；独龙江考察队 4420。

亚灌木，茎高 30～60 cm。生长于常绿阔叶林；海拔 1400 m。

分布于独龙江（贡山县独龙江乡段）。14-3。

34. 毛枝吊石苣苔 Lysionotus pubescens C. B. Clarke

凭证标本：独龙江考察队 4883；高黎贡山考察队 17575。

亚灌木，茎 15～45 cm 以上。生长于常绿阔叶林中树上；海拔 1800～2300 m。

分布于独龙江（贡山县独龙江乡段）；贡山县茨开镇；保山市潞江镇；龙陵县镇安镇。14-3。

*** 35. 短柄吊石苣苔 Lysionotus sessilifolius Handel-Mazzetti

凭证标本：独龙江考察队 431；高黎贡山考察队 25370。

亚灌木，有时攀缘；茎 25～45 cm。生长于常绿阔叶林、落叶阔叶林、漆树-胡桃林、山坡灌丛、林下、石堆上、阴湿处；海拔 1060～2300 m。

分布于独龙江（贡山县独龙江乡段）；贡山县丙中洛乡、捧打乡、茨开镇；福贡县马吉乡、石月亮乡、鹿马登乡、上帕镇、架科底乡、子里甲乡；泸水市片马镇、洛本卓乡、六库镇；保山市芒宽乡、潞江镇。15-2-6。

*** 36. 叔亢吊石苣苔 Lysionotus sulphureoides H. W. Li & Y. X. Lu

凭证标本：高黎贡山考察队 13126。

亚灌木。生长于常绿阔叶林；海拔 2050 m。

分布于保山市潞江镇。15-2-6。

** 37. 黄花吊石苣苔 Lysionotus sulphureus Handel-Mazzetti

凭证标本：高黎贡山考察队 11951，26778。

亚灌木，茎 20～30 cm。生长于石柯-木荷林、针阔混交林；海拔 1790～2600 m。

分布于贡山县丙中洛乡、茨开镇；福贡县石月亮乡。15-2-3a。

** 38. 橙黄马铃苣苔 Oreocharis aurantiaca Franchet

凭证标本：高黎贡山考察队 32393，32430。

亚灌木。生长于常绿阔叶林、石柯-青冈林；海拔 1973～2751 m。

分布于独龙江（贡山县独龙江乡段）。15-2-3a。

* 39. 椭圆马铃苣苔 Oreocharis delavayi Franchet

凭证标本：T. T. Yü 19614。

亚灌木。生长于河边林中树上；海拔 2100 m。

分布于独龙江（贡山县独龙江乡段）。15-1。

40. 蛛毛喜鹊苣苔 Ornithoboea arachnoidea（Diels）Craib-*Boea arachnoidea* Diels

凭证标本：Forrest 1；高黎贡山考察队 9740。

亚灌木。茎高 5～45 cm。生长于林下、石堆上；海拔 1380～1390 m。

分布于独龙江（贡山县独龙江乡段）；福贡县上帕镇；腾冲市。14-4。

41. 滇桂喜鹊苣苔 Ornithoboea wildeana Craib

凭证标本：高黎贡山考察队 27453，27560。

亚灌木。茎 20～40 cm。生长于常绿阔叶林；海拔 1310～1610 m。

分布于独龙江（贡山县独龙江乡段）；福贡县马吉乡、石月亮乡。14-4。

42. 蛛毛苣苔 Paraboea sinensis（Oliver）B. L. Burtt-*Phylloboea sinensis* Oliver

凭证标本：高黎贡山考察队 15084，17648。

亚灌木，茎可达 1 m。生长于常绿阔叶林；海拔 1530～1750 m。

分布于独龙江（贡山县独龙江乡段）；龙陵县镇安镇。14-4。

** 43. 蓝石蝴蝶 Petrocosmea coerulea C. Y. Wu ex W. T. Wang

凭证标本：高黎贡山考察队 17794，23698。

多年生草本。生长于常绿阔叶林、木荷-樟林；海拔 1900～2016 m。

分布于龙陵县龙江乡、镇安镇。15-2-8。

44. 滇泰石蝴蝶 Petrocosmea kerrii Craib

凭证标本：Forrest 24376，24690。

多年生草本。生长于林中岩石上；海拔 1500 m。

分布于腾冲市。14-4。

45. 尖舌苣苔 Rhynchoglossum obliquum Blume

凭证标本：李恒、李嵘 1321；高黎贡山考察队 18981。

一年生草本，茎 18～100 cm。生长于常绿阔叶林；海拔 1000～1600 m。

分布于独龙江（贡山县独龙江乡段）；贡山县丙中洛乡；福贡县石月亮乡；泸水市六库镇；保山市芒宽乡；腾冲市曲石镇。7。

46. 毛线柱苣苔 Rhynchotechum vestitum Wallich ex C. B. Clarke

凭证标本：青藏队 82-9083；独龙江考察队 396。

小灌木，茎高 20～200 cm。生长于河谷灌丛、路边灌丛；海拔 1300～1350 m。

分布于独龙江（贡山县独龙江乡段）；福贡县石月亮乡。14-3。

** 47. 异叶苣苔 Whytockia chiritiflora（Oliver）W. W. Smith-*Stauranthera chiritiflora* Oliver

凭证标本：独龙江考察队 882，4119。

多年生草本。生长于常绿阔叶林、河岸灌丛、林下岩石上、河岸林；海拔 1300～1800 m。

分布于独龙江（贡山县独龙江乡段）。15-2-8。

*** 48. 贡山异叶苣苔 Whytockia gongshanensis Y. Z. Wang & H. Li

凭证标本：独龙江考察队 283。

多年生草本。生长于溪旁湿地；海拔 1380 m。

分布于独龙江（贡山县独龙江乡段）。15-2-6。

257. 紫葳科 Bignoniaceae

4 属 7 种，*3，**1

* 1. 灰楸 Catalpa fargesii Bureau

凭证标本：独龙江考察队 283；高黎贡山考察队 18595。

乔木，高约 25 m。生长于常绿阔叶林、漆树-云南松林、溪旁湿地；海拔 1380～2240 m。

分布于独龙江（贡山县独龙江乡段）；贡山县捧打乡、茨开镇；福贡县；保山市潞江镇；腾冲市界头镇、曲石镇、腾越镇、芒棒镇。15-1。

* 2. 梓 Catalpa ovata G. Don

凭证标本：碧江队 256。

乔木，高约 15 m。生长于路边、山坡；海拔 1900 m。

分布于福贡县匹河乡。15-1。

* 3. 藏楸 Catalpa tibetica Forrest

凭证标本：Forrest 18950；秦仁昌 31014。

灌木或小乔木，高约 5 m。生长于林中、山坡；海拔 2400 m。

分布于贡山县。15-1。

4. 两头毛 Incarvillea arguta（Royle）Royle-*Amphicome arguta* Royle

凭证标本：高黎贡山考察队 13726。

多年生草本，可高达 150 cm。生长于次生植被；海拔 1600 m。

分布于贡山县。14-3。

5. 木蝴蝶 Oroxylum indicum（Linnaeus）Bentham ex Kurz-*Bignonia indica* Linnaeus

凭证标本：高黎贡山考察队 14041。

乔木，高 6～10 m。生长于次生常绿阔叶林；海拔 1000 m。

分布于保山市芒宽乡。7。

6. 菜豆树 Radermachera sinica（Hance）Hemsley-*Stereospermum sinicum* Hance

凭证标本：高黎贡山考察队 11456，26134。

乔木，高约 10 m。生长于常绿阔叶林、石柯-李林；海拔 680 m。

分布于保山市芒宽乡；腾冲市芒棒镇、五合乡。14-3。

** 7. 滇菜豆树 Radermachera yunnanensis C. Y. Wu & W. C. Yin

凭证标本：青藏队 82-6896；南水北调队 8158。

乔木，高约 16 m。生长于山坡林中；海拔 1100 m。

分布于独龙江（贡山县独龙江乡段）；泸水市六库镇。15-2-5。

259. 爵床科 Acanthaceae

14 属 40 种 1 变种，*4，**3，***5，+1

1. 白接骨 Asystasia neesiana（Wallich）Nees-*Ruellia neesiana* Wallich

凭证标本：高黎贡山考察队 13482，20699。

草本，高可达 1 m。生长于常绿阔叶林、次生常绿阔叶林；海拔 1410～1730 m。

分布于独龙江（贡山县独龙江乡段）；保山市芒宽乡；龙陵县镇安镇。7。

2. 假杜鹃 Barleria cristata Linnaeus

凭证标本：独龙江考察队 040；高黎贡山考察队 26179。

亚灌木，高达 2 m。生长于常绿阔叶林、灌丛、河谷、山坡、路边；海拔 702～1250 m。

分布于泸水市大兴地乡、六库镇；保山市芒宽乡、潞江镇；龙陵县镇安镇。7。

3. 鳔冠花 Cystacanthus paniculatus T. Anderson

凭证标本：毛品一 459；T. T. Yü 20459。

灌木高达 2 m。生长于常绿阔叶林中；海拔 1350 m。

分布于独龙江（贡山县独龙江乡段）。14-4。

4. 三花刀枪药 Hypoestes triflora (Forsskål) Roemer & Schultes-*Justicia triflora* Forsskål

凭证标本：高黎贡山考察队 10341，22293。

草本，可高达 1 m。生长于常绿阔叶林、灌丛江边、沙地、田缘；海拔 1000～2200 m。

分布于贡山县捧打乡、茨开镇；福贡县上帕镇；泸水市片马镇；保山市芒宽乡、潞江镇；腾冲市腾越镇。6。

5. 叉序草 Isoglossa collina (T. Anderson) B. Hansen-*Justicia collina* T. Anderson

凭证标本：尹文清 60-1052。

草本，高 40～100 cm。生长于常绿阔叶林、河边湿地；海拔 1800 m。

分布于腾冲市曲石镇。14-3。

+6. 鸭嘴花 Justicia adhatoda Linnaeus

凭证标本：独龙江考察队 1175，4194。

灌木，高达 4 m。生长于河谷林下、路边草丛；海拔 1250～1470 m。

分布于独龙江（贡山县独龙江乡段）。17。

7. 爵床 Justicia procumbens Linnaeus

凭证标本：独龙江考察队 057；高黎贡山考察队 26177。

匍匐草本，高 20～50 cm。生长于常绿阔叶林、云南松林、次生常绿阔叶林、针叶林、灌丛、稻田边、河谷、路边、山坡；海拔 702～1930 m。

分布于福贡县匹河乡；泸水市鲁掌镇、六库镇；保山市芒宽乡、鲁掌镇；腾冲市界头镇、曲石镇、马站乡、清水乡、五合乡；龙陵县镇安镇。7。

8. 杜根藤 Justicia quadrifaria (Nees) T. Anderson-*Gendarussa quadrifaria* Nees

凭证标本：高黎贡山考察队 18980，23880。

草本。生长于常绿阔叶林；海拔 1170～1590 m。

分布于保山市芒宽乡；龙陵县镇安镇。7。

9. 干地杜根藤 Justicia xerophila W. W. Smith

凭证标本：高黎贡山考察队 23781。

草本，高达 10 cm。生长于路边；海拔 1500 m。

分布于保山。15-2-1。

10. 地皮消 Pararuellia delavayana (Baillon) E. Hossain-*Ruellia delavayana* Baillon

凭证标本：李恒、李嵘 1295；高黎贡山考察队 19100。

多年生草本，茎高 1～2 cm。生长于常绿阔叶林、次生常绿阔叶林；海拔 1100～1525 m。

分布于保山市芒宽乡。15-1。

11. 九头狮子草 Peristrophe fera C. B. Clarke

凭证标本：南水北调队 8034。

直立草本，高 1 m。生长于密林中；海拔 900 m。

分布于泸水市六库镇。14-3。

12. 毛脉火焰花 Phlogacanthus pubinervius T. Anderson

凭证标本：高黎贡山考察队 13593，23676。

灌木或小乔木，可高达 5 m。生长于常绿阔叶林、木荷-钓樟林；海拔 1600～1830 m。

分布于保山市芒宽乡；龙陵县镇安镇。14-3。

13. 云南山壳骨 Pseuderanthemum crenulatum (Wallich ex Lindley) Radlkofer-*Eranthemum crenulatum* Wallich ex Lindley

凭证标本：刘伟心 1397；南水北调队 8044。

亚灌木或灌木，高 3 m。生长于林中、灌丛中；海拔 900 m。

分布于泸水市六库镇。14-4。

14. 滇灵枝草 Rhinacanthus beesianus Diels

凭证标本：高黎贡山考察队 13516，19024。

灌木，可高达 150 cm。生长于常绿阔叶林、次生常绿阔叶林；海拔 1170～1625 m。

分布于保山市芒宽乡。15-2-3a。

15. 孩儿草 Rungia pectinata (Linnaeus) Nees-*Justicia pectinata* Linnaeus

凭证标本：尹文清 60-1482。

一年生或多年生，高 20～50 cm。生长于荒地；海拔 1300 m。

分布于腾冲市五合乡。14-3。

16. 匍匐鼠尾黄 Rungia stolonifera C. B. Clarke

凭证标本：尹文清 60-1204。

直立草本，高 30～60 cm。生长于林中、路边；海拔 1300 m。

分布于腾冲市曲石镇。14-3。

17. 肖笼鸡 Strobilanthes affinis (Griffith) Terao ex J. R. I. Wood & J. R. Bennett-*Adenosma affinis* Griffith

凭证标本：高黎贡山考察队 10584，19126。

草本，高达 60 cm。生长于常绿阔叶林、稻田边；海拔 900～1525 m。

分布于泸水市六库镇；保山市芒宽乡。14-4。

18. 翅柄马蓝 Strobilanthes atropurpurea Nees

凭证标本：施晓春、杨世雄 788。

多年生草本，高 30～100 cm。生长于常绿阔叶林缘、路边；海拔 2500 m。

分布于腾冲市曲石镇。14-3。

19. 密序马蓝 Strobilanthes congesta Terao

凭证标本：高黎贡山考察队 12897。

亚灌木，高 60～180 cm。生长于常绿阔叶林；海拔 1510 m。

分布于独龙江（贡山县独龙江乡段）。14-4。

20. 板蓝 Strobilanthes cusia（Nees）Kuntze-*Gold fussia cusia* Nees

凭证标本：高黎贡山考察队 13520。

直立草本，高 50～150 cm。生长于次生常绿阔叶林；海拔 1550 m。

分布于保山市芒宽乡。14-3。

21. 球花马蓝 Strobilanthes dimorphotricha Hance

凭证标本：高黎贡山考察队 13481，33298。

多年生草本，高 40～150 cm。生长于常绿阔叶林、罗伞-冬青林、落叶阔叶林；海拔 1500～2170 m。

分布于贡山县捧打乡、茨开镇；福贡县石月亮乡、鹿马登乡；保山市芒宽乡；腾冲市芒棒镇。14-4。

*** 22. 腾冲马蓝 Strobilanthes euantha J. R. I. Wood

凭证标本：高黎贡山考察队 11534，29636。

多年生草本，高 50～150 cm。生长于常绿阔叶林、山茶-樟林、石柯-木荷林、石柯-云杉林、栎-松林；海拔 1560～2970 m。

分布于贡山县茨开镇；泸水市片马镇、洛本卓乡；腾冲市芒棒镇、五合乡、新华乡。15-2-6。

23. 棒果马蓝 Strobilanthes extensa（Nees）Nees-*Gold fussia extensa* Nees

凭证标本：高黎贡山考察队 30185。

亚灌木，高 50～200 cm。生长于杜鹃-壳斗林；海拔 2410 m。

分布于腾冲市界头镇。14-3。

24. 球序马蓝 Strobilanthes glomerata（Nees）T. Anderson-*Gold fussia glomerata* Nees

凭证标本：蔡希陶 54221，59125。

亚灌木，可高达 1 m。生长于林中；海拔 1500 m。

分布于福贡县上帕镇。14-4。

25. 叉花草 Strobilanthes hamiltoniana（Steudel）Bosser & Heine-*Ruellia hamiltoniana* Steudel

凭证标本：尹文清 60-1039。

灌木，高 50～150 cm。生长于山坡林中；海拔 1400 m。

分布于腾冲市曲石镇。14-3。

*　**26. 南一笼鸡 Strobilanthes henryi** Hemsley

凭证标本：高黎贡山考察队 12021，33496。

亚灌木，高达 70 cm。生长于常绿阔叶林、八角枫-胡桃林、灌丛；海拔 1420～1840 m。

分布于独龙江（贡山县独龙江乡段）；贡山县丙中洛乡、捧打乡、茨开镇、普拉底乡。15-1。

27a. 锡金马蓝 Strobilanthes inflata T. Anderson

凭证标本：高黎贡山考察队 17411，34448。

草本，高 50～100 cm。生长于常绿阔叶林、石柯-铁杉林；海拔 221～2850 m。

分布于独龙江（贡山县独龙江乡段）；贡山县茨开镇；腾冲市明光镇、芒棒镇、五合乡。14-3。

27b. 铜毛马蓝 Strobilanthes inflata var. **aenobarba**（W. W. Smith）J. R. I. Wood & Y. F. Deng-*Strobilanthes aenobarba* W. W. Smith

凭证标本：青藏队 8953；高黎贡山考察队 25772。

多年生草本。生长于常绿阔叶林；海拔 2100～3300 m。

分布于独龙江（贡山县独龙江乡段）；贡山县茨开镇；泸水市洛本卓乡。7。

*　**28. 合页草 Strobilanthes kingdonii** J. R. I. Wood

凭证标本：李恒、李嵘 1150；高黎贡山考察队 18885。

亚灌木，高 50 cm。生长于常绿阔叶林、次生常绿阔叶林、沟边、林缘、山林、路边；海拔 1400～2180 m。

分布于福贡县石月亮乡；泸水市鲁掌镇；保山市芒宽乡。15-1。

***　**29. 李恒马蓝 Strobilanthes lihengiae** Y. F. Deng & J. R. I. Wood

凭证标本：高黎贡山考察队 13630，34410。

多年生草本，高达 40 cm。生长于常绿阔叶林、次生常绿阔叶林；海拔 2000～2370 m。

分布于独龙江（贡山县独龙江乡段）；腾冲市界头镇。15-2-6。

***　**30. 长穗腺背蓝 Strobilanthes longispica**（H. P. Tsui）J. R. I. Wood & Y. F. Deng-*Adenacanthus longispicus* H. P. Tsui

凭证标本：独龙江考察队 3793；高黎贡山考察队 22148。

草本，高可达 120 cm。生长于河谷灌丛；海拔 1380～1570 m。

分布于独龙江（贡山县独龙江乡段）。12-5-6。

31. 瑞丽叉花草 Strobilanthes mastersii T. Anderson

凭证标本：Forrest 16107；高黎贡山考察队 7237。

直立草本，高 100～150 cm。生长于栎松林；海拔 1730 m。

分布于泸水市片马镇；腾冲市。14-4。

　*****32. 山马蓝 Strobilanthes oresbia** W. W. Smith

凭证标本：高黎贡山考察队 11837，33890。

直立草本，高可达 2 m。生长于常绿阔叶林、石柯-冬青林、落叶阔叶林、针阔混交林、针叶林、杜鹃-箭竹灌丛、箭竹-灯芯草丛、箭竹灌丛、高山草甸；海拔 2040～3350 m。

分布于独龙江（贡山县独龙江乡段）；贡山县茨开镇；福贡县石月亮乡、鹿马登乡；泸水市洛本卓乡、鲁掌镇。14-4。

　*****33. 滇西马蓝 Strobilanthes ovata** Y. F. Deng & J. R. I. Wood

凭证标本：高黎贡山考察队 13101，13171。

多年生草本植物，高 30～40 cm。生长于次生常绿阔叶林；海拔 2050～2100 m。

分布于保山市潞江镇。15-2-6。

34. 圆苞马蓝 Strobilanthes penstemonoides（Nees）T. Anderson-*Goldfussia penstemonoides* Nees

凭证标本：怒江队 1202；T. T. Yü 22696。

草本，可高达 1 m。生长于山坡林中；海拔 2100～2300 m。

分布于贡山县丙中洛乡；福贡县匹河乡。14-3。

　35. 匍枝马蓝 Strobilanthes stolonifera Benoist

凭证标本：高黎贡山考察队 26227。

亚灌木，高可达 20 cm。生长于石柯-青冈林；海拔 1550 m。

分布于保山市芒宽乡。15-2-1。

36. 尖药花 Strobilanthes tomentosa（Nees）J. R. I. Wood-*Aechmanthera tomentosa* Nees

凭证标本：李恒、李嵘 1236；高黎贡山考察队 19080。

直立亚灌木，高可达 1 m。生长于常绿阔叶林；海拔 1525 m。

分布于保山市芒宽乡。14-3。

　***37. 云南马蓝 Strobilanthes yunnanensis** Diels

凭证标本：独龙江考察队 874；高黎贡山考察队 8055。

亚灌木，高 50～250 cm。生长于常绿阔叶林、河谷灌丛、河边；海拔 1350～1950 m。

分布于独龙江（贡山县独龙江乡段）；泸水市鲁掌镇。15-1。

38. 红花山牵牛 Thunbergia coccinea Wallich

凭证标本：施晓春、杨世雄 527。

木质藤本。生长于山坡林中；海拔 1620 m。

分布于保山市芒宽乡。14-4。

39. 碗花草 Thunbergia fragrans Roxburgh

凭证标本：高黎贡山考察队 9900。

草质藤本。生长于石堆上；海拔 1000～1150 m。

分布于泸水市六库镇。7。

40. 黄花山牵牛 Thunbergia lutea T. Anderson

凭证标本：高黎贡山考察队 10804，17568。

藤本植物，长达 5 m 或更长。生长于常绿阔叶林、次生常绿阔叶林；海拔 2150～2230 m。

分布于保山市潞江镇；腾冲市芒棒镇、蒲川乡；龙陵县龙江乡、镇安镇。14-3。

263. 马鞭草科 Verbenaceae

8 属 31 种，*9，**2，+1

1. 木紫珠 Callicarpa arborea Roxburgh

凭证标本：高黎贡山考察队 10609，23926。

乔木，高约 8 m。生长于常绿阔叶林、灌丛；海拔 691～1740 m。

分布于独龙江（贡山县独龙江乡段）；泸水市上江乡；保山市芒宽乡、潞江镇；腾冲市蒲川乡；龙陵县镇安镇。7。

2. 紫珠 Callicarpa bodinieri H. Léveillé

凭证标本：高黎贡山考察队 12078，33308。

灌木，高约 2 m。生长于常绿阔叶林、石柯-木荷林、松-钓樟林、罗伞-冬青林、落叶阔叶林、灌丛、石堆上；海拔 1170～1900 m。

分布于独龙江（察隅县段）；贡山县丙中洛乡、茨开镇；福贡县马吉乡、架科底乡；泸水市六库镇；保山市芒宽乡。14-4。

3. 杜虹花 Callicarpa formosana Rolfe

凭证标本：李恒、李嵘、施晓春 1304；高黎贡山考察队 20941。

灌木，高 1～3 m。生长于常绿阔叶林、灌丛；海拔 1253～1520 m。

分布于福贡县鹿马登乡、上帕镇、子里甲乡；保山市芒宽乡。7。

***4. 老鸦糊 Callicarpa giraldii** Hesse ex Rehder

凭证标本：李恒、李嵘 1222；高黎贡山考察队 30952。

灌木，高 1～5 m。生长于常绿阔叶林、石柯-木荷林、灌丛；海拔 1150～1590 m。

分布于贡山县丙中洛乡、茨开镇；福贡县上帕镇；泸水曲石镇、芒棒镇、团田乡；保山市芒宽乡。15-1。

5. 长叶紫珠 Callicarpa longifolia Lamarck

凭证标本：高黎贡山考察队 33716。

灌木，高 2～5 m。生长于次生常绿阔叶林；海拔 1700 m。

分布于贡山县丙中洛乡。7。

6. 大叶紫珠 Callicarpa macrophylla Vahl

凭证标本：高黎贡山考察队 14438。

灌木或小乔木。生长于混交林；海拔 1600 m。

分布于保山市。14-3。

7. 红紫珠 Callicarpa rubella Lindley

凭证标本：独龙江考察队 321；高黎贡山考察队 32259。

灌木，高约 2 m。生长于常绿阔叶林、石柯-云南松林、桤木-大青林、山坡灌丛、路边、石堆上、草甸、河滩；海拔 1000～1850 m。

分布于独龙江（贡山县独龙江乡段）；贡山县丙中洛乡；福贡芒宽乡、石月亮乡、鹿马登乡、上帕镇；泸水市洛本卓乡、鲁掌镇；保山市芒宽乡；腾冲市界头镇、曲石镇、五合乡。7。

* 8. 单花莸 Caryopteris nepetifolia (Bentham) Maximowicz-*Teucrium nepetifolium* Bentham

凭证标本：高黎贡山考察队 14379，26291a。

多年生草本，高 30～60 cm。生长于次生常绿阔叶林、灌丛；海拔 920～1560 m。

分布于贡山县丙中洛乡；泸水市大兴地乡。15-1。

9. 锥花莸 Caryopteris paniculata C. B. Clarke

凭证标本：李恒、郭辉军、李正波、施晓春 123；高黎贡山考察队 11638。

灌木，高 1～3 m。生长于常绿阔叶林、次生常绿阔叶林、次生灌丛；海拔 800～1800 m。

分布于保山市芒宽乡。14-3。

* 10. 三花莸 Caryopteris terniflora Maximowicz

凭证标本：高黎贡山考察队 20989，21009。

直立灌木，高 15～60 cm。生长于常绿阔叶林；海拔 1800 m。

分布于福贡县架科底乡。15-1。

11. 苞花大青 Clerodendrum bracteatum Wallich ex Walpers

凭证标本：独龙江考察队 500；高黎贡山考察队 32272。

灌木或小乔木，高 3～10 m。生长于常绿阔叶林、灌丛；海拔 1280～1850 m。

分布于独龙江（贡山县独龙江乡段）；泸水市。14-3。

12. 灰毛大青 Clerodendrum canescens Wallich ex Walpers

凭证标本：高黎贡山考察队 23868，26213。

灌木，高 100～350 cm。生长于常绿阔叶林、石柯-青冈林；海拔 691～1550 m。

分布于保山市芒宽乡、潞江镇；龙陵县镇安镇。14-4。

* 13. 臭茉莉 Clerodendrum chinense var. simplex (Moldenke) S. L. Chen-*Clerodendrum philippinum* var. *simplex* Moldenke

凭证标本：高黎贡山考察队 10645，25380。

灌木。生长于石柯-山矾林、田缘；海拔 950～1777 m。

分布于泸水市六库镇；保山市芒宽乡。15-1。

14. 腺茉莉 Clerodendrum colebrookianum Walpers

凭证标本：独龙江考察队 153；高黎贡山考察队 18079。

灌木或小乔木，高 150~600 cm。生长于常绿阔叶林、石堆上；海拔 880~1810 m。

分布于独龙江（贡山县独龙江乡段）；贡山县茨开镇；福贡县马吉乡、石月亮乡、鹿马登乡、上帕镇；泸水市六库镇；保山市芒宽乡；腾冲市曲石镇、芒棒镇、蒲川乡。7。

****15. 尖齿臭茉莉 Clerodendrum lindleyi** Decaisne ex Planchon

凭证标本：高黎贡山考察队 12370，33630。

灌木，高 50 cm。生长于常绿阔叶林、石柯-木荷林；海拔 1790~1880 m。

分布于贡山县茨开镇。15-1。

16. 三对节 Clerodendrum serratum (Linnaeus) Moon-*Volkameria serrata* Linnaeus

凭证标本：尹文清 60-1456；高黎贡山考察队 17620。

灌木，高 1~4 m。生长于常绿阔叶林；海拔 1530 m。

分布于腾冲市蒲川乡；龙陵县镇安镇。6。

17. 海州常山 Clerodendrum trichotomum Thunberg

凭证标本：高黎贡山考察队 11186，30986。

灌木或小乔木，高 150~1000 cm。生长于常绿阔叶林、石柯林、石柯-木荷林、石柯-青冈林、次生常绿阔叶林；海拔 1510~2130 m。

分布于腾冲市东山乡、界头镇、猴桥镇、曲石镇。7。

****18. 滇常山 Clerodendrum yunnanense** Hu ex Handel-Mazzetti

凭证标本：李恒、刀志灵、李嵘 15342。

灌木，高 1~3 m。生长于高山草甸；海拔 2800 m。

分布于独龙江（贡山县独龙江乡段）。15-1。

⁺**19. 马缨丹 Lantana camara** Linnaeus

凭证标本：高黎贡山考察队 11634，23608。

灌木。生长于硬叶常绿阔叶林、灌丛；海拔 611~1100 m。

分布于保山市潞江镇；龙陵龙镇桥。17。

20. 过江藤 Phyla nodiflora (Linnaeus) E. L. Greene-*Verbena nodiflora* Linnaeus

凭证标本：高黎贡山考察队 23598，23866。

多年生草本。生长于常绿阔叶林、硬叶常绿阔叶林；海拔 686~1250 m。

分布于保山市潞江镇；龙陵县镇安镇。2。

21. 间序豆腐柴 Premna interrupta Wallich ex Schauer

凭证标本：高黎贡山考察队 23809，30463。

灌木。生长于常绿阔叶林、石柯-杜鹃林、石柯-木荷林；海拔 1920~2190 m。

分布于贡山县茨开镇；保山市潞江镇；腾冲市界头镇、芒棒镇、五合乡；龙陵县镇安镇。14-3。

＊22. 少花豆腐柴 Premna oligantha C. Y. Wu

凭证标本：高黎贡山考察队 13961。

灌木，高 30～100 cm。生长于次生常绿阔叶林；海拔 1500 m。

分布于保山市芒宽乡。15-1。

＊23. 狐臭柴 Premna puberula Pampanini

凭证标本：高黎贡山考察队 30850。

灌木或小乔木。生长于常绿阔叶林；海拔 1470 m。

分布于腾冲市清水乡。15-1。

24. 总序豆腐柴 Premna racemosa Wallich ex Schauer

凭证标本：高黎贡山考察队 19592，30646。

灌木，高 3～6 m。生长于常绿阔叶林、壳斗-蝶形花丛；海拔 1390～1530 m。

分布于贡山沧怒分水岭；福贡县马吉乡；腾冲市曲石镇。14-3。

＊＊25. 大坪子豆腐柴 Premna tapintzeana Dop

凭证标本：高黎贡山考察队 19676，19699。

灌木，高 1～4 m。生长于灌丛、潮湿处；海拔 1030 m。

分布于福贡县匹河乡。15-2-3a。

＊＊26. 黄绒豆腐柴 Premna velutina C. Y. Wu

凭证标本：高黎贡山考察队 7343，25291。

灌木，高约 50 cm。生长于常绿阔叶林、石柯-木荷林、灌丛、路边、河谷、山地；海拔 890～1850 m。

分布于泸水市；保山市芒宽乡、潞江镇。15-2-5。

27. 马鞭草 Verbena officinalis Linnaeus

凭证标本：高黎贡山考察队 23550，27916。

多年生直立草本，茎高 30～140 cm。生长于常绿阔叶林、次生常绿阔叶林、硬叶常绿阔叶林、鹅耳枥-漆树林、灌丛、林缘、路边、田缘、潮湿处；海拔 686～1950 m。

分布于独龙江（察隅县日东乡段、贡山县独龙江乡段）；贡山县丙中洛乡、捧打乡、茨开镇；福贡县马吉乡、石月亮乡、上帕镇、匹河乡；泸水市洛本卓乡、大兴地乡、鲁掌镇、六库镇；保山市潞江镇；腾冲市明光镇、界头镇；龙陵县镇安镇。2。

28. 长叶荆 Vitex burmensis Moldenke

凭证标本：尹文清 60-1514。

灌木或乔木，高 2～12 m。生长于山谷密林中；海拔 1500 m。

分布于腾冲市五合乡。14-4。

＊29. 金沙荆 Vitex duclouxii Dop

凭证标本：高黎贡山考察队 10487，29819。

灌木或乔木。生长于常绿阔叶林、灌丛；海拔 1630 m。

分布于泸水市大兴地乡；腾冲市和顺镇。15-1。

30. 黄荆 Vitex negundo Linnaeus

凭证标本：李恒、刀志灵、李嵘 646；高黎贡山考察队 23587。

灌木或小乔木。生长于次生常绿阔叶林、硬叶常绿阔叶林、灌丛；海拔 650～1900 m。

分布于独龙江（察隅县段）；保山市潞江镇。4。

31. 蔓荆 Vitex trifolia Linnaeus

凭证标本：高黎贡山考察队 18987，23549。

直立灌木或小乔木，高 150～500 cm。长于常绿阔叶林、叶常绿阔叶林；海拔 940 m。

分布于保山市芒宽乡、潞江镇。5。

263a. 透骨草科 Phrymaceae

1 属 1 种

1. 透骨草 Phryma leptostachya subsp. **asiatica**（H. Hara）Kitamura-*Phryma leptostachya* var. *asiatica* H. Hara

凭证标本：高黎贡山考察队 9697，33718。

多年生草本，高 10～100 cm。生长于常绿阔叶林、灌丛、石堆上；海拔 1060～1700 m。

分布于独龙江（贡山县独龙江乡段）；贡山县丙中洛乡、茨开镇；福贡县石月亮乡、上帕镇；腾冲市芒棒镇。14-1。

264. 唇形科 Lamiaceae

33 属 104 种 8 变种，* 29，** 15，*** 6，+ 5

** 1. 弯花筋骨草 Ajuga campylantha Diels

凭证标本：施晓春、杨世雄 841。

多年生匍匐草本，高 6～16 cm。生长于空旷地；海拔 2630 m。

分布于腾冲市曲石镇。15-2-3a。

* 2. 痢止蒿 Ajuga forrestii Diels

凭证标本：独龙江考察队 1296；高黎贡山考察队 24168。

多年生直立草本，茎 6～30 cm 或更高。生长于常绿阔叶林、木荷-钓樟林、松林、灌丛、潮湿处、林下、林荫处、草地；海拔 1060～2300 m。

分布于独龙江（贡山县独龙江乡段）；贡山县丙中洛乡、茨开镇；福贡县鹿马登乡、上帕镇；泸水市片马镇；保山市芒宽乡；龙陵县镇安镇。15-1。

3. 匍枝筋骨草 Ajuga lobata D. Don

凭证标本：南水北调队 6674；高黎贡山考察队 30823。

多年生直立草本，高 7～12 cm。生长于石柯林；海拔 2630 m。

分布于泸水市六库镇；腾冲市猴桥镇。14-3。

4a. 大籽筋骨草 Ajuga macrosperma Wallich ex Bentham

凭证标本：青藏队 82-9329。

草本直立或匍匐，茎 15～40 cm 或更高。生长于林中空旷地；海拔 1600 m。

分布于独龙江（贡山县独龙江乡段）。14-3。

4b. 无毛大籽筋骨草 Ajuga macrosperma var. thomsonii（Maxim.）Hook. f. -Ajuga thomsonii Maximowicz

凭证标本：Handel-Mazzetti 9803。

草本直立或匍匐，茎 15～40 cm。生长于林中岩石上；海拔 1700 m。

分布于贡山县。14-3。

5. 紫背金盘 Ajuga nipponensis Makino

凭证标本：高黎贡山考察队 11762，33440。

二年生草本，茎 8～20 cm 或更高。生长于常绿阔叶林、木荷-钓樟林、鹅耳枥-漆树林、灌丛；海拔 600～1900 m。

分布于独龙江（贡山县独龙江乡段）；贡山县丙中洛乡、茨开镇、普拉底乡；福贡县石月亮乡、上帕镇；保山市潞江镇；龙陵县镇安镇。14-2。

6. 广防风 Anisomeles indica（Linnaeus）Kuntze-Nepeta indica Linnaeus

凭证标本：独龙江考察队 063；高黎贡山考察队 19011。

茎直立，高 1～2 m。生长于常绿阔叶林、灌丛、河谷、山坡、田边；海拔 710～1170 m。

分布于泸水市大兴地乡、六库镇；保山市芒宽乡、潞江镇。7。

* 7. 齿唇铃子香 Chelonopsis odontochila Diels

凭证标本：蔡希陶 5453。

灌木，高 1～2 m。生长于河谷灌丛中；海拔 1400 m。

分布于福贡县上帕镇。15-1。

* 8. 异色风轮菜 Clinopodium discolor（Diels）C. Y. Wu & Hsuan ex H. W. Li-Calamintha discolor Diels

凭证标本：独龙江考察队 1487；高黎贡山考察队 21493。

多年生草本，茎高 20～40 cm。生长于常绿阔叶林、钓樟-松林、木荷-钓樟林、灌丛、水边、草地、沙地、路边、石堆旁；海拔 1300～3150 m。

分布于独龙江（察隅县日东乡段、贡山县独龙江乡段）；贡山县丙中洛乡、捧打乡、茨开镇；福贡县石月亮乡、上帕镇；保山市芒宽乡；龙陵县镇安镇。15-1。

9. 细风轮菜 Clinopodium gracile（Bentham）Matsumura-Calamintha gracilis Bentham

凭证标本：高黎贡山考察队 13561，28496。

多年生纤细草本，茎高 8～30 cm。生长于常绿阔叶林、石柯-木荷林、铁杉-云杉林、灌丛、林下潮湿处、路边；海拔 1180～2510 m。

分布于独龙江（贡山县独龙江乡段）；福贡县马吉乡、鹿马登乡、上帕镇；泸水市片马镇；保山市芒宽乡。7。

*10. 寸金草 Clinopodium megalanthum（Diels）C. Y. Wu & Hsuan ex H. W. Li-*Calamintha chinensis* Bentham var. *megalantha* Diels

凭证标本：高黎贡山考察队 10919，21687。

多年生草本，茎高 10～60 cm。生长于常绿阔叶林；海拔 1740～1930 m。

分布于独龙江（贡山县独龙江乡段）；腾冲市猴桥镇、马站乡。15-1。

*11. 灯笼草 Clinopodium polycephalum（Vaniot）C. Y. Wu & Hsuan ex P. S. Hsu-*Calamintha polycephala* Vaniot

凭证标本：李恒、刀志灵、李嵘 488；高黎贡山考察队 30621。

多年生直立草本，茎高 50～100 cm。生长于常绿阔叶林、木荷-钓樟林、石柯-木荷林、石柯-松林、石柯-云南松林、针叶林、灌丛、林下、路边；海拔 1310～3030 m。

分布于独龙江（贡山县独龙江乡段）；贡山县丙中洛乡、茨开镇；福贡县石月亮乡、上帕镇；泸水市片马镇、鲁掌镇；保山市潞江镇；腾冲市界头镇、曲石镇、马站乡、北海乡、五合乡；龙陵县龙江乡、镇安镇。15-1。

12. 匍匐风轮菜 Clinopodium repens（Buchanan-Hamilton ex D. Don）Bentham-*Thymus repens* Buchanan-Hamilton ex D. Don

凭证标本：独龙江考察队 3572；高黎贡山考察队 25252。

多年生草本，高约 35 cm。生长于常绿阔叶林、石柯-杜鹃林、石柯-木荷林、针叶林、灌丛、菜地、水田、草地、石缝中、路边、林缘；海拔 950～2900 m。

分布于独龙江（贡山县独龙江乡段）；贡山县丙中洛乡、茨开镇；福贡县马吉乡、架科底乡；泸水市称杆乡；保山市芒宽乡、潞江镇；腾冲市芒棒镇；龙陵县镇安镇。7。

13. 秀丽火把花 Colquhounia elegans Wallich ex Bentham

凭证标本：李恒、郭辉军、李正波、施晓春 44；高黎贡山考察队 13368。

灌木，高 1～3 m。生长于次生常绿阔叶林；海拔 600～1550 m。

分布于保山市芒宽乡、潞江镇；腾冲市曲石镇。14-4。

**14. 白毛火把花 Colquhounia vestita Wallich

凭证标本：高黎贡山考察队 13637。

直立灌木，高 150～300 cm。生长于次生常绿阔叶林；海拔 2200 m。

分布于腾冲市界头镇。15-2-3a。

15. 簇序草 Craniotome furcata（Link）Kuntze-*Ajuga furcata* Link

凭证标本：独龙江考察队 222；高黎贡山考察队 33566。

多年生直立草本，茎高 1~2 m。生长于常绿阔叶林、石柯-木荷林、次生常绿阔叶林、江边阔叶林、壳斗-杜鹃花丛、灌丛、箐沟、林内、林间草地、林下；海拔 1350~2260 m。

分布于独龙江（贡山县独龙江乡段）；贡山县茨开镇；福贡县匹河乡；保山市芒宽乡、潞江镇；腾冲市界头镇、芒棒镇、新华乡；龙陵县镇安镇。14-3。

16. 水虎尾 Dysophylla stellata（Loureiro）Bentham-*Mentha stellata* Loureiro

凭证标本：刘朝蓬 s. n. 。

一年生直立草本，高 15~40 cm。生长于河边湿地；海拔 1200 m。

分布于保山市。5。

17. 四方蒿 Elsholtzia blanda（Bentham）Bentham-*Aphanochilus blandus* Bentham

凭证标本：独龙江考察队 4262；高黎贡山考察队 20936。

直立草本，高 100~150 cm。生长于常绿阔叶林、次灌丛、林下、路边；海拔 680~1980 m。

分布于独龙江（贡山县独龙江乡段）；福贡县子里甲乡；泸水市鲁掌镇；保山市芒宽乡；腾冲市和顺镇、新华乡；龙陵县镇安镇。7。

18. 香薷 Elsholtzia ciliata（Thunberg）Hylander-*Sideritis ciliata* Thunberg

凭证标本：独龙江考察队 2007；高黎贡山考察队 22302。

直立草本，高 30~50 cm。生长于常绿阔叶林、灌丛、荒地、江边、草地、林下；海拔 1300~2940 m。

分布于独龙江（贡山县独龙江乡段）；贡山县丙中洛乡、茨开镇；福贡县上帕镇；泸水市鲁掌镇；保山市芒宽乡、潞江镇；腾冲市界头镇。11。

+19. 吉龙草 Elsholtzia communis（Collett & Hemsley）Diels-*Dysophylla communis* Collett & Hemsley

凭证标本：独龙江考察队 1133。

直立草本，高约 60 cm。生长于河谷；海拔 1360 m。

分布于独龙江（贡山县独龙江乡段）。17。

*20. 野香草 Elsholtzia cyprianii（Pavolini）S. Chow ex P. S. Hsu-*Lophanthus cyprianii* Pavolini

凭证标本：独龙江考察队 141；高黎贡山考察队 22220。

草本植物，茎 10~100 cm。生长于常绿阔叶林、灌丛、江边；海拔 800~1740 m。

分布于独龙江（贡山县独龙江乡段）；贡山县丙中洛乡、捧打乡；福贡县匹河乡；泸水市六库镇；保山市芒宽乡；腾冲市马站乡。15-1。

*21. 高原香薷 Elsholtzia feddei H. Léveillé

凭证标本：高黎贡山考察队 22073，22085。

草本，高 3~20 cm。生长于针叶林；海拔 2600~2760 m。

分布于独龙江（贡山县独龙江乡段）。15-1。

22. 黄花香薷 Elsholtzia flava (Bentham) Bentham-*Aphanochilus flavus* Bentham

凭证标本：高黎贡山考察队 13132，18863。

直立亚灌木，高 60～260 cm。生长于常绿阔叶林、次生常绿阔叶林；海拔 2050～2400 m。

分布于贡山县茨开镇；泸水市鲁掌镇；保山市芒宽乡、潞江镇；腾冲市曲石镇、芒棒镇。14-3。

23. 鸡骨柴 Elsholtzia fruticosa (D. Don) Rehder-*Perilla fruticosa* D. Don

凭证标本：独龙江考察队 189；高黎贡山考察队 22568。

直立灌木，高 80～200 cm。生长于常绿阔叶林、灌丛、林间、林下；海拔 1360～2600 m。

分布于独龙江（贡山县独龙江乡段）；贡山县丙中洛乡、茨开镇；泸水市片马镇、鲁掌镇；腾冲市曲石镇。14-3。

* **24. 光香薷 Elsholtzia glabra** C. Y. Wu & S. C. Huang

凭证标本：独龙江考察队 362，7966。

灌木，高 150～250 cm。生长于灌丛、箐沟；海拔 1340～1600 m。

分布于独龙江（贡山县独龙江乡段）。15-1。

25. 异叶香薷 Elsholtzia heterophylla Diels

凭证标本：陈介 265；高黎贡山考察队 11052。

草本，高 30～80 cm。生长于常绿阔叶林、次生常绿阔叶林；海拔 1670～2070 m。

分布于腾冲市界头镇、芒棒镇。14-4。

26. 水香薷 Elsholtzia kachinensis Prain

凭证标本：高黎贡山考察队 10385，20709。

纤细铺散草本，高 10～40 cm。生长于常绿阔叶林、灌丛；海拔 980～2420 m。

分布于独龙江（贡山县独龙江乡段）；福贡县上帕镇；泸水市大兴地乡、鲁掌镇、六库镇；保山市潞江镇；腾冲市界头镇、芒棒镇；龙陵县龙江乡。14-4。

27. 长毛香薷 Elsholtzia pilosa (Bentham) Bentham-*Aphanochilus pilosus* Bentham

凭证标本：独龙江考察队 3517；高黎贡山考察队 21464。

匍匐草本，高 10～50 cm。生长于常绿阔叶林、灌丛、玉米地；海拔 160～2150 m。

分布于独龙江（贡山县独龙江乡段）；贡山县丙中洛乡；福贡县上帕镇；泸水市片马镇；腾冲市马站乡；龙陵县镇安镇。14-3。

* **28. 野拔子 Elsholtzia rugulosa** Hemsley

凭证标本：高黎贡山考察队 13051，25348。

草本至亚灌木，茎高 30～150 cm。生长于常绿阔叶林、石柯-青冈林、石柯-山矾林、针叶林、灌丛、空地、林下、草地；海拔 160～2440 m。

分布于贡山县茨开镇；福贡县鹿马登乡、上帕镇；泸水市片马镇、鲁掌镇；保山市芒宽乡、潞江镇；腾冲市曲石镇、和顺镇、马站乡；龙陵县龙江乡、镇安镇。15-1。

29. 穗状香薷 Elsholtzia stachyodes (Link) C. Y. Wu-*Hyptis stachyodes* Link

凭证标本：独龙江考察队 157；高黎贡山考察队 7955。

直立草本，茎高 30～100 cm。生长于江岸灌丛、怒江河谷；海拔 890～1250 m。

分布于福贡县上帕镇、匹河乡；泸水市六库镇。14-3。

30. 球穗香薷 Elsholtzia strobilifera Bentham

凭证标本：高黎贡山考察队 13251，26219。

一年生草本，茎高 2～15 cm。生长于常绿阔叶林、铁杉-云杉林、杜鹃-箭竹灌丛、灌丛、林缘；海拔 2150～3250 m。

分布于独龙江（察隅县日东乡段、贡山县独龙江乡段）；贡山县丙中洛乡、茨开镇；泸水市鲁掌镇；保山市芒宽乡、潞江镇；腾冲市界头镇。14-3。

*31. 白香薷 Elsholtzia winitiana Craib

凭证标本：尹文清 60-1448；李恒、郭辉军、李正波、施晓春 47。

直立草本，高 100～170 cm。生长于路边；海拔 600 m。

分布于保山市芒宽乡；腾冲市蒲川乡。15-1。

32. 鼬瓣花 Galeopsis bifida Boenninghausen

凭证标本：杨竞生 s. n. 。

一年生直立草本，高 20～100 cm。生长于林缘、路边；海拔 1600 m。

分布于独龙江（贡山县独龙江乡段）。10。

***33. 全唇花 Holocheila longipedunculata S. Chow

凭证标本：高黎贡山考察队 28146，29439。

多年生草本，茎高 20～30 cm。生长于常绿阔叶林、石柯-木荷林；海拔 1820～2300 m。

分布于腾冲市。15-2-6。

*34. 腺花香茶菜 Isodon adenanthus (Diels) Kudo-*Plectranthus adenanthus* Diels

凭证标本：高黎贡山考察队 18281。

多年生草本，茎高 15～40 cm。生长于针叶林；海拔 1350 m。

分布于保山市潞江镇。15-1。

35. 细锥香茶菜 Isodon coetsa (Buchanan-Hamilton ex D. Don) Kudô-*Plectranthus coetsa* Buchanan-Hamilton ex D. Don

凭证标本：独龙江考察队 695；高黎贡山考察队 22234。

多年生直立草本或亚灌木，茎高 50～200 cm。生长于常绿阔叶林、次生常绿阔叶林、河岸灌丛、河谷灌丛、江岸灌丛、山坡灌丛、怒江河谷东岸、箐沟；海拔 1250～2150 m。

分布于独龙江（贡山县独龙江乡段）；贡山县丙中洛乡；福贡县上帕镇、匹河乡；保山市芒宽乡、潞江镇；龙陵县镇安镇。14-3。

*36. 扇脉香茶菜 Isodon flabelliformis （C. Y. Wu） H. Hara-*Rabdosia flabelliformis* C. Y. Wu

凭证标本：高黎贡山考察队 7438。

多年生草本，茎约 1 m。生长于常绿阔叶林、岩石坡、林缘；海拔 2600 m。

分布于贡山县茨开镇。15-1。

*37. 紫萼香茶菜 Isodon forrestii （Diels） Kudô-*Plectranthus forrestii* Diels

凭证标本：高黎贡山考察队 7152，7196。

多年生草本，茎高 60～180 cm。生长于林缘、林中开阔地；海拔 2500 m。

分布于泸水市片马镇。15-1。

38. 刚毛香茶菜 Isodon hispidus （Bentham） Murata-*Plectranthus hispidus* Bentham

凭证标本：独龙江考察队 1376；高黎贡山考察队 16633。

多年生草本，高 33～100 cm。生长于常绿阔叶林、灌丛、山坡；海拔 1340～3050 m。

分布于独龙江（贡山县独龙江乡段）；贡山县茨开镇；福贡县上帕镇；泸水市鲁掌镇；腾冲市马站乡。14-4。

39a. 线纹香茶菜 Isodon lophanthoides （Buchanan-Hamilton ex D. Don） H. Hara-*Hyssopus lophanthoides* Buchanan-Hamilton ex D. Don

凭证标本：高黎贡山考察队 11071，22655。

多年生草本，茎高 50～150 cm。生长于常绿阔叶林、灌丛、江边、草坡、林下、路边；海拔 1500～1930 m。

分布于贡山县丙中洛乡、茨开镇；福贡县上帕镇；泸水市鲁掌镇；保山市芒宽乡；腾冲市界头镇、马站乡；龙陵县镇安镇。14-3。

39b. 狭基线纹香茶菜 Isodon lophanthoides var. **gerardianus** （Bentham） H. Hara-*Plectranthus gerardianus* Bentham

凭证标本：高黎贡山考察队 10363，23229。

多年生草本，茎高 50～100 cm。生长于常绿阔叶林、林下；海拔 1360～2350 m。

分布于独龙江（贡山县独龙江乡段）；贡山县茨开镇；泸水市片马镇、鲁掌镇；保山市芒宽乡；腾冲市曲石镇。14-3。

*39c. 小花线纹香茶菜 Isodon lophanthoides var. **micranthus** （C. Y. Wu） H. W. Li-*Rabdosia lophanthoides* （Buchanan-Hamilton ex D. Don） H. Hara var. *micrantha* C. Y. Wu

凭证标本：高黎贡山考察队 10606，11074。

多年生草本，茎高 50～150 cm，具块根。生长于次生常绿阔叶林；海拔 1350～1670 m。分布于保山市芒宽乡；腾冲市界头镇。15-1。

*40. 弯锥香茶菜 Isodon loxothyrsus（Handel-Mazzetti）H. Hara-*Plectranthus loxothyrsus* Handel-Mazzetti

凭证标本：高黎贡山考察队 10562，34263。

灌木，高 100～160 cm。生长于常绿阔叶林、次生常绿阔叶林；海拔 1760～1840 m。

分布于独龙江（察隅县日东乡段）；贡山县丙中洛乡、茨开镇；保山市芒宽乡。15-1。

*41. 大锥香茶菜 Isodon megathyrsus（Diels）H. W. Li-*Plectranthus megathyrsus* Diels

凭证标本：高黎贡山考察队 31828。

多年生直立草本。生长于蔷薇-槭树林；海拔 2530 m。

分布于贡山县丙中洛乡。15-1。

**42. 类皱叶香茶菜 Isodon rugosiformis（Handel-Mazzetti）H. Hara-*Plectranthus rugosiformis* Handel-Mazzetti

凭证标本：独龙江考察队 196；高黎贡山考察队 22417。

亚灌木，高 80～120 cm。生长于常绿阔叶林、灌丛、江边、草地；海拔 1420～1700 m。

分布于贡山县丙中洛乡、捧打乡、茨开镇。15-2-3a。

43. 宽花香茶菜 Isodon scrophularioides（Wallich ex Bentham）Murata-*Plectranthus scrophularioides* Wallich ex Bentham

凭证标本：南水北调队 8429；高黎贡山考察队 27146。

多年生直立草本，茎可达 60 cm。生长于石柯-云杉林、铁杉-云杉林、杜鹃-箭竹灌丛、山坡灌丛、溪边；海拔 2750～3240 m。

分布于贡山县茨开镇；福贡县鹿马登乡；泸水市片马镇。14-3。

44. 黄花香茶菜 Isodon sculponeatus（Vaniot）Kudô-*Plectranthus sculponeatus* Vaniot

凭证标本：独龙江考察队 232；高黎贡山考察队 22230。

多年生直立草本，茎高 50～200 cm。生长于常绿阔叶林、灌丛、林下；海拔 1170～1900 m。

分布于独龙江（贡山县独龙江乡段）；贡山县丙中洛乡、捧打乡、茨开镇；保山市芒宽乡。14-3。

*45. 细叶香茶菜 Isodon tenuifolius（W. Smith）Kudô-*Plectranthus tenuifolius* W. Smith

凭证标本：N. T. Tsai 54542；高黎贡山考察队 10125。

灌木，高达 1 m。生长于次生灌丛；海拔 1300 m。

分布于泸水市六库镇。15-1。

**46. 维西香茶菜 Isodon weisiensis（C. Y. Wu）H. Hara-*Rabdosia weisiensis* C. Y. Wu

凭证标本：王启无 71778。

多年生直立草本。生长于河谷；海拔 2600 m。

分布于贡山县丙中洛乡。15-2-3a。

47. 宝盖草 Lamium amplexicaule Linnaeus

凭证标本：独龙江考察队 6011，5647。

二年生草本，茎可达 30 cm。生长于云南松林下、河滩上；海拔 1780～2300 m。

分布于独龙江（贡山县独龙江乡段）。10。

48. 益母草 Leonurus japonicus Houttuyn

凭证标本：高黎贡山考察队 10495，23582。

多年生直立草本，茎高 30～120 cm。生长于常绿阔叶林、灌丛；海拔 686～1030 m。

分布于贡山县茨开镇；福贡县匹河乡；泸水市大兴地乡；保山市潞江镇。10。

49. 绣球防风 Leucas ciliata Bentham

凭证标本：高黎贡山考察队 10934，17757。

草本，高 30～100 cm。生长于常绿阔叶林、灌丛；海拔 1250～2000 m。

分布于腾冲市腾越镇、马站乡、五合乡；龙陵县镇安镇。14-3。

50. 线叶白绒草 Leucas lavandulifolia Smith

凭证标本：高黎贡山考察队 18928，26170。

直立草本，高 20～100 cm。生长于常绿阔叶林；海拔 702～790 m。

分布于保山市芒宽乡。6。

51. 卵叶白绒草 Leucas martinicensis（Jacquin）R. Brown-*Clinopodium martinicense* Jacquin

凭证标本：独龙江考察队 041；高黎贡山考察队 26183。

一年生直立草本，高达 60 cm。生长于常绿阔叶林、田缘、河谷；海拔 702～980 m。

分布于泸水市六库镇；保山市芒宽乡。2。

52. 白绒草 Leucas mollissima Wallich ex Bentham

凭证标本：高黎贡山考察队 10581，18415。

直立草本，高 50～150 cm。生长于次生常绿阔叶林、针叶林、灌丛、河边、河谷、路边、山坡、江边、石堆上；海拔 1000～1800 m。

分布于福贡县上帕镇、匹河乡；泸水市六库镇；保山市芒宽乡、潞江镇。7。

53. 米团花 Leucosceptrum canum Smith

凭证标本：独龙江考察队 544；高黎贡山考察队 31047。

灌木或小乔木，高 150～700 cm。生长于常绿阔叶林、木荷-钓樟林、石柯-栲林、石柯-木荷林、灌丛、沼泽地；海拔 1300～2240 m。

分布于独龙江（贡山县独龙江乡段）；泸水市上江乡；保山市芒宽乡、潞江镇；腾冲市界头镇、芒棒镇、新华乡；龙陵县镇安镇。14-3。

*54a. 华西龙头草 Meehania fargesii（H. Léveillé）C. Y. Wu var. fargesii-*Dracocephalum fargesii* H. Léveillé

凭证标本：南水北调队 6706；高黎贡山考察队 22961。

多年生草本，茎高 10～45 cm。生长于常绿阔叶林、石柯-冬青林、石柯-青冈林、杜鹃-壳斗林；海拔 1809～2410 m。

分布于泸水市片马镇；腾冲市明光镇、界头镇、猴桥镇。15-1。

*54b. 梗花龙头草 Meehania fargesii var. **pedunculata**（Hemsley）C. Y. Wu-*Dracocephalum urticifolium* Miquel var. *pedun-culatum* Hemsley

凭证标本：高黎贡山考察队 24103。

多年生草本，茎高 10～45 cm。生长于常绿阔叶林；海拔 1823 m。

分布于泸水市片马镇。15-1。

55. 蜜蜂花 Melissa axillaris（Bentham）Bakhuizen f-*Geniosporum axillare* Bentham

凭证标本：高黎贡山考察队 14311，33482。

茎高 60～100 cm。生长于常绿阔叶林、罗伞-冬青林、钓樟-松林、壳斗-樟林、漆树-胡桃林、鹅耳枥-漆树林、河滩、林缘、路边、石堆上；海拔 1080～2650 m。

分布于独龙江（贡山县独龙江乡段）；贡山县丙中洛乡、捧打乡、茨开镇；福贡县马吉乡、石月亮乡、鹿马登乡、上帕镇；泸水市鲁掌镇；保山市芒宽乡；腾冲市芒棒镇；龙陵县镇安镇。7。

56. 薄荷 Mentha canadensis Linnaeus-*Mentha* arvensis f. *chinensis* Debeaux

凭证标本：独龙江考察队 109；高黎贡山考察队 7392。

多年生直立草本，茎高 30～60 cm。生长于湿润处；海拔 1600 m。

分布于独龙江（贡山县独龙江乡段）；福贡县上帕镇。9。

+57. 皱叶留香 Mentha crispata Schrader ex Willdenow

凭证标本：无号。

直立草本，茎高 30～60 cm。栽培。

分布于独龙江（贡山县独龙江乡段）。16。

**58a. 云南冠唇花 Microtoena delavayi Prain

凭证标本：尹文清 60-1010；青藏队 82-8280。

多年生草本，茎高 1～2 m。生长于林缘、草坡、湿地；海拔 2200～2600 m。

分布于独龙江（贡山县独龙江乡段）；腾冲市曲石镇。15-2-1。

58b. 黄花冠唇花 Microtoena delavayi var. **lutea C. Y. Wu & Hsuan

凭证标本：高黎贡山考察队 33661。

多年生草本，茎高 1～2 m。生长于石柯-云南松林；海拔 2530 m。

分布于贡山县茨开镇。15-2-1。

* **59. 木里冠唇花 Microtoena muliensis** C. Y. Wu ex Hsuan

凭证标本：南水北调队 8496。

草本。生长于常绿阔叶林；海拔 2700 m。

分布于泸水市鲁掌镇。15-1。

** **60. 狭萼冠唇花 Microtoena stenocalyx** C. Y. Wu & Hsuan

凭证标本：蔡希陶 56519；高黎贡山考察队 27979。

多年生草本，茎高 1～2 m。生长于常绿阔叶林、石柯-木兰林；海拔 2220～2450 m。

分布于福贡县上帕镇；泸水市洛本卓乡；保山市芒宽乡。15-2-5。

61. 小花荠 Mosla cavaleriei H. Léveillé

凭证标本：独龙江考察队 275；高黎贡山考察队 20571。

一年生草本，茎高 25～100 cm。生长于常绿阔叶林、灌丛中；海拔 1350～1600 m。

分布于独龙江（贡山县独龙江乡段）；贡山县茨开镇。14-4。

62. 小鱼仙草 Mosla dianthera（Buchanan-Hamilton ex Roxburgh）Maximowicz-*Lycopus dianthera* Buchanan-Hamilton ex Roxburgh

凭证标本：独龙江考察队 1184；高黎贡山考察队 23603。

一年生草本，茎达 1 m。生长于常绿阔叶林、河谷灌丛、路边；海拔 611～1820 m。

分布于独龙江（贡山县独龙江乡段）；贡山县丙中洛乡、茨开镇；福贡县上帕镇；腾冲市界头镇、芒棒镇；龙陵龙镇桥。14-3。

63. 穗花荆芥 Nepeta laevigata（D. Don）Handel-Mazzetti -*Betonica laevigata* D. Don

凭证标本：蔡希陶 58444；T. T. Yü 22819。

茎高 20～80 cm。生长于草坡、林缘、草地；海拔 2300 m。

分布于独龙江（贡山县独龙江乡段）；福贡县匹河乡。14-3。

\+ **64. 裂叶荆芥 Nepeta tenuifolia** Bentham

凭证标本：杨竞生 5910-148；尹文清 60-1083。

一年生草本，茎高 30～100 cm。栽培。

分布于腾冲市曲石镇。16。

65. 钩萼草 Notochaete hamosa Bentham

凭证标本：高黎贡山考察队 13396，18864。

茎高 100～250 cm。生长于常绿阔叶林、次生常绿阔叶林；海拔 1540～2300 m。

分布于泸水市鲁掌镇；保山市芒宽乡、潞江镇；腾冲市曲石镇、北海乡；龙陵县龙江乡。14-3。

*** **66. 长刺钩萼草 Notochaete longiaristata** C. Y. Wu & H. W. Li

凭证标本：独龙江考察队 796；高黎贡山考察队 21256。

茎高 35～80 cm。生长于常绿阔叶林、胡桃-润楠林、石柯-木荷林、灌丛、路边；海拔 1410～2350 m。

分布于独龙江（贡山县独龙江乡段）；贡山县丙中洛乡、茨开镇；泸水市鲁掌镇；保山市芒宽乡。15-2-6。

67. 假糙苏 Paraphlomis javanica（Blume）Prain-*Leonurus javanicus* Blume

凭证标本：高黎贡山考察队 25390，26280。

直立草本，高 50～150 cm。生长于石柯-木荷林、石柯-山矾林；海拔 1570～1777 m。

分布于保山市芒宽乡。7。

⁺68a. 紫苏 Perilla frutescens（Linnaeus）Britton var. frutescens-*Ocimum frutescens* Linnaeus

凭证标本：独龙江考察 3524；高黎贡山考察队 22648。

草本直立，茎高 30～200 cm。生长于常绿阔叶林、石柯-冬青林、杜鹃-木荷林、灌丛、荒地；海拔 710～2020 m。

分布于独龙江（贡山县独龙江乡段）；贡山县丙中洛乡、茨开镇；福贡县上帕镇；泸水市六库镇；保山市芒宽乡；腾冲市界头镇、曲石镇。16。

⁺68b. 野生紫苏 Perilla frutescens var. purpurascens（Hayata）H. W. Li-*Perilla ocymoides* Linnaeus var. *purpurascens* Hayata

凭证标本：高黎贡山考察队 10646，15836。

直立草本，茎高 30～200 cm。生长于常绿阔叶林、灌丛、林下、田缘；海拔 950～1640 m。

分布于福贡县上帕镇；贡山县茨开镇、捧打乡；保山市芒宽乡。16。

***69. 裂唇糙苏 Phlomis fimbriata C. Y. Wu

凭证标本：T. T. Yü 19718 高黎贡山考察队 34158。

多年生草本，茎高 20～30 cm。生长于混交林、针叶林、箭竹灌丛；海拔 2900～3220 m。

分布于独龙江（察隅县日东乡段、贡山县独龙江乡段）；贡山县茨开镇。15-2-6。

**70. 苍山糙苏 Phlomis forrestii Diels

凭证标本：T. T. Yü 22091；H. T. Tsai 58411。

多年生草本，茎高 30～90 cm。生长于云杉林、松林；海拔 2700 m。

分布于独龙江（贡山县独龙江乡段）；福贡县上帕镇。15-2-3a。

*71. 黑花糙苏 Phlomis melanantha Diels

凭证标本：南水北调队 7295；高黎贡山考察队 25696。

多年生草本，茎高 60～90 cm，生长于常绿阔叶林；海拔 3300 m。

分布于泸水市片马镇、洛本卓乡；腾冲市六库镇。15-1。

*72. 假轮状糙苏 Phlomis pararotata Sun ex C. H. Hu

凭证标本：南水北调队 8447。

多年生草本，茎高 35 cm 以上。生长于山坡；海拔 4000 m。

分布于泸水市片马镇。15-1。

73. 水珍珠菜 Pogostemon auricularius（Linnaeus）Hasskarl-*Mentha auricularia Linnaeus*

凭证标本：高黎贡山考察队 18942。

多年生草本。生长于灌丛；海拔 790 m。

分布于保山市芒宽乡。7。

* **74. 短冠刺蕊草 Pogostemon brevicorollus** Sun ex C. H. Hu

凭证标本：蔡希陶 58783；高黎贡山考察队 9692。

直立草本或亚灌木。生长于河谷、林中；海拔 1200～2300 m。

分布于独龙江（贡山县独龙江乡段）；贡山县茨开镇；福贡县上帕镇。15-1。

*** **75. 狭叶刺蕊草 Pogostemon dielsianus** Dunn

凭证标本：Forrest 875。

灌木，高 130～270 cm。生长于灌丛中；海拔 1600～2000 m。

分布于贡山县。15-2-6。

76. 刺蕊草 Pogostemon glaber Bentham

凭证标本：独龙江考察队 4514；高黎贡山考察队 20723。

直立草本，茎高 50～200 cm。生长于常绿阔叶林、次生常绿阔叶林；海拔 1280～1800 m。

分布于独龙江（贡山县独龙江乡段）；贡山县茨开镇；保山市芒宽乡；腾冲市芒棒镇。14-3。

*** **77. 刚毛萼刺蕊花 Pogostemon hispidocalyx** C. Y. Wu & Y. C. Huang

凭证标本：蔡希陶 58679；独龙江考察队 1177。

直立草本，茎高 40～65 cm。生长于河谷林下；海拔 1250 m。

分布于独龙江（贡山县独龙江乡段）；福贡县上帕镇。15-2-6。

** **78. 黑刺蕊草 Pogostemon nigrescens** Dunn

凭证标本：高黎贡山考察队 10850，18348。

草本直立，茎高 30～70 cm。生长于常绿阔叶林、次生常绿阔叶林；海拔 1700～2240 m。

分布于独龙江（贡山县独龙江乡段）；腾冲市芒棒镇、五合乡；保山市潞江镇。15-2-5。

79. 硬毛夏枯草 Prunella hispida Bentham

凭证标本：高黎贡山考察队 10850，34286。

茎高 15～30 cm。生长于次生常绿阔叶林、栒子-蔷薇灌丛；海拔 1840～2040 m。

分布于贡山县丙中洛乡；腾冲市马站乡。14-4。

80a. 夏枯草 Prunella vulgaris Linnaeus

凭证标本：独龙江考察队 2198；高黎贡山考察队 33571。

茎高 20～30 cm。生长于常绿阔叶林、石柯-木荷林、木荷-云南松林、灌丛、路边；海拔 1220～2330 m。

分布于独龙江（贡山县独龙江乡段）；贡山县茨开镇；福贡县石月亮乡；保山市芒宽乡、潞江镇；腾冲市界头镇、芒棒镇；龙陵县龙江乡。8。

***80b. 狭叶夏枯草 Prunella vulgaris** var. **lanceolata**（Barton）Fernald-*Prunella pennsylvanica* Willdenow var. *lanceolata* Barton

凭证标本：独龙江考察队 451；高黎贡山考察队 21817。

茎高 20～30 cm。生长于常绿阔叶林、路边灌丛、江边石滩、河滩；海拔 1300～1900 m。

分布于独龙江（贡山县独龙江乡段）。15-1。

81. 掌叶石蚕 Rubiteucris palmata（Bentham ex J. D. Hooker）Kudô-*Teucrium palmatum* Bentham ex J. D. Hooker

凭证标本：T. T. Yü 259。

茎直立，高 20～60 cm。生长于亚高山针叶林；海拔 2800 m。

分布于独龙江（贡山县独龙江乡段）。14-3。

82a. 钟萼鼠尾草 Salvia campanulata Wallich ex Bentham

凭证标本：T. T. Yü 20019。

多年生直立植物，茎高 43～80 cm。生长于林缘；海拔 3200 m。

分布于独龙江（贡山县独龙江乡段）。14-3。

82b. 截萼鼠尾草 Salvia campanulata var. **codonantha**（E. Peter）E. Peter-*Salvia codonantha* E. Peter

凭证标本：Handel-Mazzetti 9607；Forrest 19763。

多年生直立草本，茎高 43～80 cm。生长于常绿阔叶林；海拔 2800 m。

分布于独龙江（贡山县独龙江乡段）。14-4。

83. 栗色鼠尾草 Salvia castanea Diels

凭证标本：Forrest 13345。

多年生草本，茎高 30～65 cm。生长于山地、林中、草地；海拔 2500 m。

分布于福贡县上帕镇。14-3。

+84. 朱唇 Salvia coccinea Buc'hoz ex Etlinger

凭证标本：杨竞生 5910；熊若莉 580965。

一年生或二年生直立草本，茎高可达 70 cm。栽培。

分布于腾冲市。16。

***85. 圆苞鼠尾草 Salvia cyclostegia** E. Peter

凭证标本：青藏队 82-7796；高黎贡山考察队 31675。

多年生草本，生长于高山草甸；海拔 3900 m。

分布于贡山县丙中洛乡。15-1。

 * **86a. 雪山鼠尾草 Salvia evansiana** Handel-Mazzetti

凭证标本：青藏队 82-10206；T. T. Yü 22623。

多年生直立植物，茎高 13～45 cm。生长于高山草甸，林中；海拔 3800～4200 m。

分布于独龙江（察隅县日东乡段、贡山县独龙江乡段）。15-1。

 ** **86b. 葶花雪山鼠尾草 Salvia evansiana var. scaposa** E. Peter

凭证标本：Forrest 1801。

多年生直立植物，茎高 13～45 cm。生长于高山草甸；海拔 3400 m。

分布于福贡县上帕镇。15-2-3a。

 *** **87. 异色鼠尾草 Salvia heterochroa** E. Peter

凭证标本：Handel-Mazzetti 9507；冯国楣 7905。

多年生草本。生长于山坡林中；海拔 3800 m。

分布于独龙江（贡山县独龙江乡段）。15-2-6。

 ** **88. 湄公鼠尾草 Salvia mekongensis** E. Peter

凭证标本：Handel-Mazzetti 9666；T. T. Yü 22211。

多年生草本。生长于高山草地；海拔 2800～4100 m。

分布于独龙江（贡山县独龙江乡段）。15-2-3a。

89. 荔枝草 Salvia plebeia R. Brown

凭证标本：高黎贡山考察队 13698，23860。

多年生直立草本，茎高 15～90 cm。生长于常绿阔叶林、路边；海拔 686～1830 m。

分布于福贡县鹿马登乡、上帕镇、匹河乡；泸水市片马镇；保山市潞江镇；龙陵县镇安镇。5。

 * **90. 甘西鼠尾草 Salvia przewalskii** Maximowicz

凭证标本：青藏队 82-9801；高黎贡山考察队 31241。

多年生植物，茎可达 60 cm。生长于常绿阔叶林、高山草甸；海拔 2000～3750 m。

分布于独龙江（贡山县独龙江乡段）；贡山县丙中洛乡。15-1。

 ** **91. 裂萼鼠尾草 Salvia schizocalyx** E. Peter

凭证标本：蔡希陶 58104。

多年生植物。生长于山地林中；海拔 4000 m。

分布于福贡县匹河乡。15-2-3a。

 * **92. 三叶鼠尾草 Salvia trijuga** Diels

凭证标本：冯国楣 7179。

多年生直立草本，茎高 30～60 cm。生长于林缘、山地林中、河边；海拔 2100 m。

分布于贡山县丙中洛乡。15-1。

* 93. 云南鼠尾草 Salvia yunnanensis C. H. Wright

凭证标本：高黎贡山考察队 29920，29954。

多年生植物，茎高约 30 cm，具块根。生长于常绿阔叶林；海拔 1510 m。

分布于腾冲市曲石镇。15-1。

94. 异色黄芩 Scutellaria discolor Wallich ex Bentham

凭证标本：高黎贡山考察队 10994，18058。

多年生草本，茎高 55～380 mm。生长于常绿阔叶林、针叶林、灌丛；海拔 900～1560 m。

分布于泸水市六库镇；保山市潞江镇；腾冲市界头镇、曲石镇、芒棒镇、蒲川乡。14-3。

** 95. 假韧黄芩 Scutellaria pseudotenax C. Y. Wu

凭证标本：高黎贡山考察队 10503，25528。

多年生草本；茎高 9～27 cm。生长于常绿阔叶林、灌丛、草甸、潮湿处、河谷、山坡；海拔 890～1270 m。

分布于福贡县架科底乡、匹河乡；泸水市洛本卓乡、大兴地乡、六库镇。15-2-3a。

** 96. 瑞丽黄芩 Scutellaria shweliensis W. W. Smith

凭证标本：南水北调队 7115。

亚灌木，茎直立，高 30～60 cm。生长于路边阳坡；海拔 1600 m。

分布于腾冲市猴桥镇。15-2-5。

97. 紫苏叶黄芩 Scutellaria violacea var. sikkimensis J. D. Hooker

凭证标本：青藏队 82-8705。

多年生直立草本，茎高 25～60 cm。生长于松林、草坡；海拔 1900 m。

分布于贡山县茨开镇。14-3。

98. 筒冠花 Siphocranion macranthum（J. D. Hooker）C. Y. Wu-*Plectranthus macranthus* J. D. Hooker

凭证标本：高黎贡山考察队 11165，28365。

茎匍匐上升，高 20～70 cm。生长于常绿阔叶林、石柯-木兰林、石柯-青冈林、壳斗-樟林、铁杉-云杉林；海拔 1760～2900 m。

分布于福贡县石月亮乡；泸水市洛本卓乡；腾冲市界头镇。14-3。

* 99. 光柄筒冠花 Siphocranion nudipes（Hemsley）Kudô-*Plectranthus nudipes* Hemsley

凭证标本：蔡希陶 56528。

多年生直立草本，茎高 35～50 cm。生长于常绿阔叶林；海拔 2100 m。

分布于福贡县上帕镇。15-1。

* 100. 西南水苏 Stachys kouyangensis（Vaniot）Dunn-*Lamium kouyangensis* Vaniot

凭证标本：高黎贡山考察队 10650，28873。

多年生草本，茎长约 50 cm。生长于常绿阔叶林、灌丛、林缘；海拔 1000～2240 m。

分布于福贡县鹿马登乡、匹河乡；保山市芒宽乡、潞江镇；腾冲市芒棒镇。15-1。

** 101. 直花水苏 Stachys strictiflora C. Y. Wu

凭证标本：南水北调队 7268。

多年生直立草本，茎高 30～60 cm。生长于草坡；海拔 2100 m。

分布于腾冲市五合乡。15-2-3a。

102. 铁轴草 Teucrium quadrifarium Buchanan-Hamilton ex D. Don

凭证标本：高黎贡山考察队 18020。

亚灌木，高 30～110 cm。生长于常绿阔叶林；海拔 1630 m。

分布于腾冲市五合乡。7。

103. 裂苞香科科 Teucrium veronicoides Maximowicz

凭证标本：独龙江考察队 426，6310。

多年生草本，茎高 20～40 cm。生长于常绿阔叶林、山坡灌丛、河滩、耕地旁；海拔 1280～2000 m。

分布于独龙江（贡山县独龙江乡段）；贡山县茨开镇。14-2。

104. 血见愁 Teucrium viscidum Blume

凭证标本：高黎贡山考察队 12854，33364。

多年生草本，茎高 30～70 cm。生长于次生常绿阔叶林、胡桃-润楠林；海拔 1500 m。

分布于贡山县捧打乡、茨开镇；福贡县鹿马登乡；泸水市片马镇。7。

单子叶植物纲 MONOCOTYLEDONES

266. 水鳖科 Hydrocharidaceae

4 属 6 种，*1

1. 无尾水筛 Blyxa aubertii Richard-*Blyxa ecaudata* Hayata

凭证标本：高黎贡山考察队 11044，24851。

淡水沉水草本，茎短。生长于水田、沼泽、稻田边、池塘；海拔 900～1730 m。

分布于贡山县丙中洛乡、茨开镇；泸水市六库镇；腾冲市界头镇、北海乡。4。

2. 水筛 Blyxa japonica（Miquel）Maximowicz ex Ascherson & Gürke-*Hydrilla japonica* Miquel

凭证标本：李恒、李嵘、蒋柱檀、高富、张雪梅 374；高黎贡山考察队 8843。

淡水沉水草本，茎长。生长于水田中；海拔 1730～1770 m。

分布于贡山县丙中洛乡；腾冲市北海乡。10。

3. 黑藻 Hydrilla verticillata (Linnaeus f.) Royle-*Serpicula verticillata* Linnaeus f.

凭证标本：李恒、李嵘、蒋柱檀、高富、张雪梅 420；高黎贡山考察队 11299。

沉水草本，茎伸长。生长于湖泊、温泉鱼塘；海拔 1500～2130 m。

分布于腾冲市界头镇、北海乡。2。

* **4. 海菜花 Ottelia acuminata** (Gagnepain) Dandy-*Boottia acuminata* Gagnepain

凭证标本：Forrest 8442，8784。

淡水沉水草本。生长于腾冲市：明光乡；海拔 1750 m。

分布于腾冲市明光镇。15-1。

5. 龙舌草 Ottelia alismoides (Linnaeus) Persoon-*Stratiotes alismoides* Linnaeus

凭证标本：李恒、李嵘、蒋柱檀、高富、张雪梅 370，433。

淡水沉水草本。生长于湖泊中；海拔 1730 m。

分布于腾冲市北海乡。5。

6. 苦草 Vallisneria natans (Loureiro) H. Hara-*Physkium natans* Loureiro

凭证标本：李恒、李嵘、蒋柱檀、高富、张雪梅 426。

沉水草本，茎匍匐。生长于水田中；海拔 1730 m。

分布于腾冲市北海乡。5。

267. 泽泻科 Alismataceae

3 属 5 种 1 变种，+1

1. 东方泽泻 Alisma orientale (Samuelsson) Juzepczuk-*Alisma plantago-aquatica* Linnaeus var. *orientale* Samuelsson

凭证标本：Forrest 8443；高黎贡山考察队 12083。

挺水草本，具块茎，粗 1～2 cm。生长于河边湿地；海拔 1730～1770 m。

分布于贡山县丙中洛乡；腾冲市北海乡。14-1。

2. 泽苔草 Caldesia parnassifolia (Bassi ex Linnaeus) Parlatore-*Alisma parnassifolium* Bassi ex Linnaeus

凭证标本：李恒、李嵘、蒋柱檀、高富、张雪梅 396。

多年生水生草本，具根茎。生长于湖泊；海拔 1730 m。

分布于腾冲市北海乡。4。

3. 矮慈姑 Sagittaria pygmaea Miquel

凭证标本：Forrest 8182。

多年生水生草本，具根茎。生长于水田；海拔 1730 m。

分布于腾冲市北海乡。14-2。

4. 腾冲慈姑 Sagittaria tengtsungensis H. Li

凭证标本：高黎贡山考察队 8842，30939。

多年生水生草本，具根茎。生长于湖泊，水田；海拔 1730～1770 m。

分布于贡山县丙中洛乡；腾冲市北海乡。14-3。

5a. 野慈姑 Sagittaria trifolia Linnaeus

凭证标本：独龙江考察队 7070；高黎贡山考察队 11412。

多年生水生草本，匍匐茎顶端膨大而成。生长于河边、稻田；海拔 1300～1730 m。

分布于独龙江（贡山县独龙江乡段）；腾冲市北海乡、芒棒镇。10。

+5b. 华夏慈姑 Sagittaria trifolia subsp. **leucopetala**（Miquel）Q. F. Wang-*Sagittaria sagittifolia* var. *leucopetala* Miquel

凭证标本：高黎贡山考察队 9747，11300。

多年生水生草本，匍匐茎顶端膨大而成。生长于温泉鱼塘、水田；海拔 900～1500 m。

分布于福贡县上帕镇；泸水市六库镇；腾冲市界头镇。16。

269. 无叶莲科 Petrosataceae

1 属 1 种，*1

***1. 无叶莲 Petrosavia sinii**（K. Krause）Gagnepain-*Protolirion sinii* K. Krause

凭证标本：高黎贡山考察队 32699。

腐生小草本。生长于常绿阔叶林；海拔 1586 m。

分布于独龙江（贡山县独龙江乡段）。15-1。

271. 水麦冬科 Juncaginaceae

1 属 2 种

1. 海韭菜 Triglochin maritima Linnaeus

凭证标本：无号。

多年生沼生草本。生长于沼泽；海拔 1600 m。

分布于独龙江（贡山县独龙江乡段）。8。

2. 水麦冬 Triglochin palustris Linnaeus

凭证标本：王启无 56700，66174。

多年生沼生草本。生长于沼泽；海拔 1800 m。

分布于独龙江（察隅县日东乡段）。1。

276. 眼子菜科 Potamogetonaceae

1 属 6 种

1. 菹草 Potamogeton crispus Linnaeus

凭证标本：高黎贡山考察队 11297；李恒、李嵘、蒋柱檀、高富、张雪梅 424。

淡水多年生沉水草本。生长于湖泊、温泉鱼塘、水田；海拔 1500～1730 m。

分布于保山市芒宽乡；腾冲市腾越镇。1。

2. 眼子菜 Potamogeton distinctus A. Bennett

凭证标本：独龙江考察队 6635；李恒、李嵘、蒋柱檀、高富、张雪梅 366。

淡水多年生浮叶草本。生长于水田、水塘、河边；海拔 1575～1730 m。

分布于独龙江（贡山县独龙江乡段）；贡山县丙中洛乡、捧打乡；腾冲市北海乡、和顺镇。5。

3. 微齿眼子菜 Potamogeton maackianus A. Bennett

凭证标本：王启无 66010。

淡水多年生沉水草本。生长于沼泽、湖泊；海拔 1600 m。

分布于独龙江（察隅县日东乡段）。11。

4. 浮叶眼子菜 Potamogeton natans Linnaeus

凭证标本：高黎贡山考察队 29686，29749。

淡水多年生浮叶草本。生长于湖泊、水田；海拔 1730～1850 m。

分布于腾冲市北海乡。8。

5. 尖叶眼子菜 Potamogeton oxyphyllus Miquel

凭证标本：王启无 66127；李恒、李嵘、蒋柱檀、高富、张雪梅 421。

淡水一年生或多年生沉水草本。生长于湖泊、水潭；海拔 1730 m。

分布于独龙江（察隅县日东乡段）；腾冲市北海乡。7。

6. 小眼子菜 Potamogeton pusillus Linnaeus

凭证标本：高黎贡山考察队 28228。

淡水一年生沉水草本。生长于湖泊；海拔 1730 m。

分布于腾冲市北海乡。8。

278. 角果藻科 Zannichelliaceae

1 属 1 种

1. 角茨藻 Zannichellia palustris Linnaeus

凭证标本：李恒、李嵘、蒋柱檀、高富、张雪梅 378。

淡水或咸水沉水草本。生长于湖泊、水田；海拔 1730 m。

分布于腾冲市北海乡。1。

280. 鸭趾草科 Commelinaceae

11 属 21 种，*1

1. 穿鞘花 Amischotolype hispida (A. Richard) D. Y. Hong-*Forrestia hispida* A. Richard

凭证标本：李恒、李嵘 1134；高黎贡山考察队 27689。

多年生直立草本。生长于常绿阔叶林；海拔 1140～1400 m。

分布于福贡县马吉乡、石月亮乡、上帕镇。7。

2. 假紫万年青 Belosynapsis ciliata（Brume）R. S. Rao-*Tradescantia ciliata* Blume

凭证标本：高黎贡山考察队 27844，28928。

多年生匍匐草本。生长于常绿阔叶林、杜鹃-木荷林；海拔 1180～1320 m。

分布于福贡县马吉乡、石月亮乡、上帕镇。7。

3. 饭饱草 Commelina benghalensis Linnaeus

凭证标本：高黎贡山考察队 7334，28812。

多年生草本，茎匍匐上升。生长于常绿阔叶林下、次生林、田野；海拔 840～1360 m。

分布于贡山县丙中洛乡；福贡县上帕镇、匹河乡；泸水市六库镇；保山市芒宽乡；腾冲市。6。

4. 鸭跖草 Commelina communis Linnaeus

凭证标本：高黎贡山考察队 17146，23581。

一年生匍匐草本。生长于硬叶常绿阔叶林；海拔 686～2100 m。

分布于保山市潞江镇。14-2。

5. 竹节草 Commelina diffusa N. L. Burman

凭证标本：独龙江考察队 101；高黎贡山考察队 33303。

一年生匍匐草本。生长于常绿阔叶林、次生林、路边、水沟边；海拔 1320～2280 m。

分布于独龙江（贡山县独龙江乡段）；贡山县茨开镇；福贡县马吉乡；泸水市鲁掌镇；保山市芒宽乡、潞江镇；腾冲市腾越镇；龙陵县龙江乡、镇安镇。2。

6. 地地藕 Commelina maculata Edgeworth

凭证标本：高黎贡山考察队 7334，33730。

多年生匍匐草本。生长于常绿阔叶林、针叶林、灌丛、草甸；海拔 1280～2000 m。

分布于贡山县丙中洛乡、捧打乡、茨开镇；福贡县马吉乡、石月亮乡、鹿马登乡；泸水市片马镇；腾冲市明光镇、五合乡。14-3。

7. 大苞鸭跖草 Commelina paludosa Blume

凭证标本：独龙江考察队 282；高黎贡山考察队 32743。

多年生直立草本。生长于常绿阔叶林、次生林、灌丛、江边、田边；海拔 980～2100 m。

分布于独龙江（贡山县独龙江乡段）；贡山县茨开镇；福贡县石月亮乡、上帕镇、匹河乡；泸水市洛本卓乡、六库镇；保山市芒宽乡、潞江镇；腾冲市界头镇。7。

8. 蛛丝毛蓝耳草 Cyanotis arachnoides C. B. Clarke

凭证标本：施晓春、杨世雄 839；高黎贡山考察队 15777。

多年生上升草本。生长于河岸灌丛、荒坡、路边、田边、空旷地；海拔 1240～2600 m。

分布于贡山县丙中洛乡；福贡县匹河乡；泸水市片马镇；腾冲市曲石镇。14-4。

9. 鞘苞花 Cyanotis axillaris（Linnaeus）D. Don ex Sweet-*Commelina axillaris* Linnaeus

凭证标本：李恒、李嵘、蒋柱檀、高富、张雪梅 414。

一年生直立或匍匐草本。生长于水边；海拔 1730 m。

分布于腾冲市北海乡。5。

10. 四孔草 Cyanotis cristata（Linnaeus）D. Don-*Commelina cristata* Linnaeus

凭证标本：独龙江考察队 26；高黎贡山考察队 28976。

一年生匍匐草本。生长于常绿阔叶林、次生林、灌丛、江边、田边；海拔 900～1500 m。

分布于贡山县茨开镇；福贡县马吉乡、上帕镇、匹河乡；泸水市六库镇；保山市芒宽乡。7。

11. 兰耳草 Cyanotis vaga（Loureiro）Schultes & J. H. Schultes-*Tradescantia vaga* Loureiro

凭证标本：施晓春、杨世雄 599；高黎贡山考察队 23130。

多年生草本，生长于常绿阔叶林、次生林、针叶林、灌丛、荒坡；海拔 1419～2600 m。

分布于贡山县丙中洛乡、茨开镇；泸水市片马镇、鲁掌镇；保山市芒宽乡、潞江镇；腾冲市曲石镇、马站乡、芒棒镇、五合乡；龙陵县镇安镇。14-3。

12. 聚花草 Floscopa scandens Loureiro

凭证标本：独龙江考察队 1171；高黎贡山考察队 20637。

多年生匍匐草本。生长于常绿阔叶林、河边草丛；海拔 1250～1500 m。

分布于独龙江（贡山县独龙江乡段）。5。

13. 紫背水竹叶 Murdannia divergens（C. B. Clarke）Brückner-*Aneilema herbaceum*（Roxburgh）Wallich ex C. B. Clarke var. *divergens* C. B. Clarke

凭证标本：高黎贡山考察队 11171，29821。

多年生直立草本。生长于常绿阔叶林、松林、次生林；海拔 1380～1800 m。

分布于福贡县马吉乡；泸水市片马镇；保山市潞江镇；腾冲市界头镇、和顺镇。14-3。

14. 裸花水竹叶 Murdannia nudiflora（Linnaeus）Brenan-*Commelina nudiflora* Linnaeus

凭证标本：施晓春、杨世雄 519；高黎贡山考察队 27858。

一年生匍匐草本。生长于常绿阔叶林、次生林、干燥露地；海拔 790～1610 m。

分布于福贡县石月亮乡、上帕镇；保山市芒宽乡。5。

15. 矮水竹叶 Murdannia spirata（Linnaeus）Brückner-*Commelina spirata* Linnaeus

凭证标本：高黎贡山考察队 9819，9868。

多年生匍匐草本。生长于河岸边、水田中；海拔 980 m。

分布于泸水市六库镇。5。

16. 大杜若 Pollia hasskarlii R. S. Rao

凭证标本：高黎贡山考察队 13486，27724。

多年生上升草本。生长于常绿阔叶林、次生林；海拔 1330～1500 m。

分布于独龙江（贡山县独龙江乡段）；福贡县石月亮乡、上帕镇、匹河乡；保山市芒宽乡。14-3。

17. 小杜若 Pollia miranda（H. Léveillé）H. Hara-*Tovaria miranda* H. Léveillé

凭证标本：高黎贡山考察队 27734，28985。

多年生上升草本。生长于常绿阔叶林；海拔 1290～1810 m。

分布于福贡县石月亮乡、上帕镇。14-2。

* 18. 孔药花 Porandra ramosa D. Y. Hong

凭证标本：施晓春、杨世雄 617；高黎贡山考察队 26282。

多年生攀缘草本。生长于常绿阔叶林、石柯-木荷林；海拔 1140～1770 m。

分布于福贡县马吉乡。15-1。

19. 钩毛子草网子草 Rhopalephora scaberrima（Blume）Faden-*Commelina scaberrima* Blume

凭证标本：高黎贡山考察队 11428，27878。

多年生匍匐草本。生长于常绿阔叶林、次生林；海拔 1320～1900 m。

分布于独龙江（贡山县独龙江乡段）；福贡县马吉乡、上帕镇；泸水市；保山市芒宽乡；腾冲市芒棒镇、五合乡；龙陵县镇安镇。7。

20. 竹叶吉祥草 Spatholirion longifolium（Gagnepain）Dunn-*Streptolirion longifolium* Gagnepain

凭证标本：南水北调队 7230；高黎贡山考察队 11023。

多年生攀缘草本。生长于次生常绿阔叶林；海拔 1850 m。

分布于腾冲市明光镇、界头镇。14-4。

21. 竹叶子 Streptolirion volubile Edgeworth

凭证标本：独龙江考察队 369；高黎贡山考察队 33530。

多年生攀缘草本。生长于常绿阔叶林、铁杉林、路边山坡、溪畔；海拔 1400～2280 m。

分布于独龙江（贡山县独龙江乡段）；贡山县丙中洛乡、茨开镇；福贡县上帕镇；泸水市片马镇、鲁掌镇；保山市芒宽乡、潞江镇；腾冲市明光镇、猴桥镇、曲石镇、中和镇、芒棒镇；龙陵县龙江乡、镇安镇。14-1。

283. 黄眼草科 Xyridaceae

1 属 1 种

1. 南非黄眼草 Xyris capensis var. schoenoides（Martius）Nilsson-*Xyris schoenoides* Martius

凭证标本：李恒、李嵘、蒋柱檀、高富、张雪梅 412；高黎贡山考察队 30927。

多年生丛生直立草本。生长于湖泊水中；海拔 1730 m。

分布于腾冲市北海乡。2。

285. 谷精草科 Eriocaulaceae

1 属 7 种，[*]1，[***]1

1. 云南谷精草 Eriocaulon brownianum Martius

凭证标本：高黎贡山考察队 11241，11405。

一年生沼生草本。生长于水田；海拔 1300～1530 m。

分布于独龙江（贡山县独龙江乡段）；腾冲市界头镇、芒棒镇。7。

2. 白药谷精草 Eriocaulon cinereum R. Brown

凭证标本：高黎贡山考察队 8620，20615。

一年生沼生草本。生长于水田、沼泽；海拔 790～2050 m。

分布于独龙江（贡山县独龙江乡段）；贡山县丙中洛乡；福贡县上帕镇、匹河乡；泸水市片马镇；保山市芒宽乡。4。

3. 蒙自谷精草 Eriocaulon henryanum Ruhl.

凭证标本：李恒、李嵘、蒋柱檀、高富、张雪梅 428；高黎贡山考察队 30936。

一年生沼生草本。生长于稻田、湖滨；海拔 1730 m。

分布于腾冲市明光镇、北海乡。14-4。

[***] **4. 光萼谷精草 Eriocaulon leianthum W. L. Ma**

凭证标本：T. T. Yü 20319；高黎贡山考察队 8848。

一年生沼生草本。生长于水田；海拔 1770～3100 m。

分布于贡山县丙中洛乡。15-2-6。

5. 尼泊尔谷精草 Eriocaulon nepalense Prescott ex Bongard

凭证标本：独龙江考察队 353；刘朝蓬 16。

一年生沼生草本。生长于湖泊、水沟、水田；海拔 1300～1730 m。

分布于独龙江（贡山县独龙江乡段）；福贡县；泸水市；腾冲市北海乡。14-1。

[*] **6. 云贵谷精草 Eriocaulon schochianum Handel-Mazzetti**

凭证标本：高黎贡山考察队 7888；李恒、李嵘、蒋柱檀、高富、张雪梅 403。

一年生沼生草本。生长于江边、湖滨、水田；海拔 1300～1730 m。

分布于福贡县上帕镇；泸水市六库镇；腾冲市界头镇、北海乡、芒棒镇。15-1。

7. 丝叶谷精草 Eriocaulon setaceum Linnaeus

凭证标本：Forrest 18388。

一年生沉水草本。生长于水田；海拔 1300 m。

分布于腾冲市明光镇。5。

287. 芭蕉科 Musaceae

1 属 4 种，[+]2

1. 野芭蕉 Musa balbisiana Colla

凭证标本：独龙江考察队 1203。

多年生草本。生长于常绿阔叶林林缘、山谷、河谷；海拔 1300～1900 m。

分布于独龙江（贡山县独龙江乡段）。7。

+2. 芭蕉 Musa basjoo Siebold & Zuccarini

凭证标本：无号。

多年生草本。栽培。

分布于各地栽培。16。

+3. 香蕉 Musa nana Loureuro

凭证标本：无号。

多年生草本。栽培。

分布于泸水市、保山市等地栽培。16。

4. 阿西蕉 Musa rubra Wallich ex Kurz

凭证标本：独龙江考察队 1205；高黎贡山考察队 21208。

多年生草本，具根茎，根茎具块茎。生长于热带河谷；海拔 1240～1350 m。

分布于独龙江（贡山县独龙江乡段）。14-4。

290. 姜科 Zingiberaceae

10 属 33 种，*4，**4，***3，+4

1. 云南草寇 Alpinia blepharocalyx K. Schumann

凭证标本：独龙江考察队 1169；高黎贡山考察队 32555。

多年生草本，具根茎，匍匐。生长于常绿阔叶林、河谷雨林；海拔 1250～1900 m。

分布于独龙江（贡山县独龙江乡段）；福贡县石月亮乡；保山市芒宽乡；腾冲市荷花镇、五合乡；龙陵县镇安镇。14-4。

2. 山姜 Alpinia japonica (Thunberg) Miquel-*Globba japonica* Thunberg

凭证标本：高黎贡山考察队 30970。

多年生草本，具根茎，匍匐。生长于石柯-木荷林；海拔 1590 m。

分布于腾冲市芒棒镇。14-2。

3. 艳山姜 Alpinia zerumbet (Persoon) B. L. Burtt & R. M. Smith-*Costus zerumbet* Persoon

凭证标本：施晓春、杨世雄 608；高黎贡山考察队 26178。

多年生草本，根茎匍匐，假茎高 2～3 m。生长于常绿阔叶林、灌丛；海拔 702～1450 m。

分布于保山市芒宽乡。7。

4. 九翅豆蔻 Amomum maximum Roxburgh

凭证标本：高黎贡山植被组 G6-5。

多年生草本，具根茎，匍匐。生长于次生林；海拔 1450 m。

分布于保山市芒宽乡。7。

* 5. 拟草果 Amomum paratsaoko S. Q. Tong & Y. M. Xia

凭证标本：高黎贡山考察队 23701，25092。

多年生草本，具根茎，匍匐。生长于常绿阔叶林、灌丛；海拔 1600~2146 m。

分布于泸水市片马镇；腾冲市五合乡；龙陵县镇安镇。15-1。

+ 6. 草果 Amomum tsaoko Crevost & Lemarie

凭证标本：高黎贡山考察队 13798，29747。

多年生草本，具根茎，匍匐。栽培于常绿阔叶林下；海拔 1520~2016 m。

分布于贡山县茨开镇；腾冲市腾越镇；龙陵县镇安镇。16。

+ 7. 砂仁 Amomum villosum Lour.

凭证标本：冯国楣 24187；怒江队 790794。

多年生草本，具根茎，匍匐。栽培于常绿阔叶林下；海拔 1300~1500 m。

分布于独龙江（贡山县独龙江乡段）。16。

8. 距药姜 Cautleya gracilis (Smith) Dandy-Roscoea gracilis Smith

凭证标本：高黎贡山考察队 8206，32654。

多年生草本。生长于常绿阔叶林、栎林、次生林、灌丛；海拔 1820~2570 m。

分布于独龙江（贡山县独龙江乡段）；贡山县茨开镇；福贡县鹿马登乡；泸水市洛本卓乡、鲁掌镇；保山市潞江镇；腾冲市芒棒镇、曲石镇。14-3。

9. 红苞距药姜 Cautleya spicata (Smith) Baker-Roscoea spicata Smith

凭证标本：高黎贡山考察队 32427，34421。

多年生草本，具根茎，短。生长于常绿阔叶林、松栎林、栎林；海拔 2248~2751 m。

分布于独龙江（贡山县独龙江乡段）。14-3。

* 10. 长圆闭鞘姜 Costus oblongus S. Q. Tong

凭证标本：高黎贡山考察队 9908；高黎贡山考察队 18890。

陆生多年生草本。生长于河边灌丛、河滩、石堆中；海拔 790~1420 m。

分布于泸水市六库镇；保山市芒宽乡。15-1。

11. 郁金 Curcuma aromatica Salisbury

凭证标本：南水北调队 8138；高黎贡山考察队 23910。

多年生草本，茎高 1 m。生长于常绿阔叶林、云南松-木荷林；海拔 1190~1420 m。

分布于保山市芒宽乡；龙陵县镇安镇。14-3。

+ 12. 姜黄 Curcuma longa Linnaeus

凭证标本：高黎贡山考察队 9862；李恒、李嵘、蒋柱檀、高富、张雪梅 434。

多年生草本，茎高 1 m。生长于林下、田边；海拔 980~1730 m。

分布于泸水市六库镇；腾冲市北海乡栽培。16。

** 13. 茴香砂仁 Etlingera yunnanensis（T. L. Wu & S. J. Chen）R. M. Smith-*Achasma yunnanense* T. L. Wu & S. J. Chen

凭证标本：高黎贡山考察队 13634。

多年生草本，具根茎，匍匐。生长于次生常绿阔叶林；海拔 2100 m。

分布于保山市潞江镇。15-2-5。

14. 舞花姜 Globba racemosa Smith

凭证标本：高黎贡山考察队 7647，34331。

多年生草本。生长于常绿阔叶林、次生常绿阔叶林、江边灌丛；海拔 1266～1650 m。

分布于独龙江（贡山县独龙江乡段）；贡山县丙中洛乡、捧打乡、茨开镇；福贡县架科底乡；腾冲市曲石镇、芒棒镇。14-3。

*** 15. 碧江姜花 Hedychium bijiangense T. L. Wu & S. J. Chen

凭证标本：独龙江考察队 1923；高黎贡山考察队 33444。

多年生草本，具根茎，匍匐。生长于常绿阔叶林、栎林、灌丛；海拔 1170～2370 m。

分布于独龙江（贡山县独龙江乡段）；贡山县茨开镇；福贡县马吉乡、石月亮乡、上帕镇、架科底乡；泸水市片马镇；保山市芒宽乡、潞江镇；腾冲市芒棒镇；龙陵县龙江乡。15-2-6。

16. 红姜花 Hedychium coccineum Smith

凭证标本：高黎贡山考察队 7860，18303。

多年生草本，具根茎，匍匐。生长于常绿阔叶林、江边油桐林；海拔 1300～1600 m。

分布于福贡县上帕镇；保山市芒宽乡、潞江镇。14-3。

17. 姜花 Hedychium coronarium J. König

凭证标本：冯国楣 24184；高黎贡山考察队 15942。

多年生草本，具根茎，匍匐。生长于常绿阔叶林、次生林、灌丛；海拔 1350～1620 m。

分布于独龙江（贡山县独龙江乡段）；贡山县茨开镇。5。

*** 18. 无丝姜花 Hedychium efilamentosum Handel-Mazzetti

凭证标本：高黎贡山考察队 12135。

多年生草本，具根茎，匍匐。生长于常绿阔叶林、灌丛；海拔 1760～1800 m。

分布于独龙江（贡山县独龙江乡段）；贡山县丙中洛乡。15-2-6。

19. 黄姜花 Hedychium flavum Roxburgh

凭证标本：独龙江考察队 419；高黎贡山考察队 27934。

多年生草本，具根茎，匍匐。生长于常绿阔叶林、河谷雨林、灌丛；海拔 1240～2200 m。

分布于独龙江（贡山县独龙江乡段）；福贡县马吉乡、鹿马登乡；泸水市洛本卓乡。14-4。

***20. 多花姜花 Hedychium floribundum** H. Li

凭证标本：高黎贡山考察队 32312。

多年生草本，具根茎，匍匐。生长于河谷雨林；海拔 1390 m。

分布于独龙江（贡山县独龙江乡段）。15-2-6。

21. 园瓣姜花 Hedychium forrestii Diels

凭证标本：独龙江考察队 1400；高黎贡山考察队 18302。

多年生草本，具根茎，匍匐。生长于常绿阔叶林、灌丛；海拔 1300～1600 m。

分布于独龙江（贡山县独龙江乡段）；保山市潞江镇；龙陵县镇安镇。14-4。

22. 小花姜花 Hedychium sinoaureum Stapf

凭证标本：高黎贡山考察队 13263，34301。

多年生草本，具根茎，匍匐。生长于常绿阔叶林、次生林、灌丛；海拔 1410～2530 m。

分布于独龙江（贡山县独龙江乡段）；贡山县丙中洛乡、茨开镇；福贡县鹿马登乡；泸水市洛本卓乡、鲁掌镇；保山市潞江镇；腾冲市曲石镇、芒棒镇、五合乡。14-3。

23. 草果药 Hedychium spicatum Smith

凭证标本：高黎贡山考察队 7391，34257。

多年生草本，具根茎，匍匐。生长于常绿阔叶林、松栎林、次生林；海拔 1420～2200 m。

分布于独龙江（贡山县独龙江乡段）；贡山县丙中洛乡、茨开镇；泸水市片马镇、洛本卓乡；保山市潞江镇；腾冲市芒棒镇、五合乡。14-3。

24. 毛姜花 Hedychium villosum Wallich

凭证标本：独龙江考察队 427；高黎贡山考察队 29854。

多年生草本。生长于常绿阔叶林、次生林、灌丛、荒地；海拔 1231～1630 m。

分布于独龙江（贡山县独龙江乡段）；贡山县丙中洛乡；福贡县马吉乡、鹿马登乡、上帕镇、架科底乡；保山市芒宽乡。14-3。

25. 滇姜花 Hedychium yunnanense Gagnepain

凭证标本：独龙江考察队 537；高黎贡山考察队 29854。

多年生草本。生长于常绿阔叶林、栎林、次生林、河岸灌丛；海拔 1240～2250 m。

分布于独龙江（贡山县独龙江乡段）；贡山县丙中洛乡、捧打乡、茨开镇；福贡县上帕镇；保山市芒宽乡。14-4。

*26. 早花象牙参 Roscoea cautleoides** Gagnepain

凭证标本：高黎贡山考察队 28113。

多年生草本。生长于常绿阔叶林；海拔 2220 m。

分布于腾冲市曲石镇。15-1。

27. 长柄象牙参 Roscoea debilis Gagnepain

凭证标本：高黎贡山植被组 G12-9。

多年生草本。生长于常绿阔叶林；海拔 1600 m。

分布于保山市芒宽乡。15-2-5。

28. 大理象牙参 Roscoea forrestii Cowley

凭证标本：高黎贡山考察队 12334，25754。

多年生草本。生长于常绿阔叶林；海拔 2130～2580 m。

分布于贡山县茨开镇；泸水市洛本卓乡。15-2-5。

29. 无柄象牙参 Roscoea schneideriana （Loesener）Cowley-*Roscoea yunnanensis* var. *schneideriana* Loesener

凭证标本：施晓春、杨世雄 844。

多年生草本。生长于空旷地；海拔 2600 m。

分布于腾冲市曲石镇。15-1。

30. 绵枣象牙参 Roscoea scillifolia （Gagnepain）Cowley-*Roscoea capitata* var. *scillifolia* Gagnepain

凭证标本：施晓春、杨世雄 747。

多年生草本。生长于林下；海拔 2200 m。

分布于腾冲市曲石镇。15-2-3a。

31. 藏象牙参 Roscoea tibetica Batalin

凭证标本：T. T. Yü 19653。

多年生草本，具根茎，黄色。生长于林下；海拔 2400～3800 m。

分布于贡山县。14-3。

32. 蘘荷 Zingiber mioga （Thunberg）Roscoe-*Amomum mioga* Thunberg

凭证标本：高黎贡山考察队 11201。

多年生草本，具块茎，分支。生长于常绿阔叶林；海拔 2000 m。

分布于腾冲市界头镇。14-2。

33. 姜 Zingiber officinalis Rosc.

凭证标本：无号。

多年生草本。栽培。

分布于各地栽培。16。

291. 美人蕉科 Cannaceae

1 属 2 种，+2

1. 芭蕉芋 Canna edulis Ker Gawler

凭证标本：独龙江考察队 515；高黎贡山考察队 20630。

多年生草本，茎高达 250 cm，具块茎，发达。栽培于河谷、路边；海拔 1330～1500 m。分布于各地栽培。16。

⁺2. 美人蕉 Canna indica Linnaeus

凭证标本：杨竞生 7768；高黎贡山考察队 23591。

多年生草本，茎高 250 cm。栽培；海拔 686～1500 m。

分布于保山市潞江镇栽培。16。

293. 百合科 Liliaceae

27 属 85 种 5 变种，*30，**3，***9，⁺1

*1. 高山粉条儿菜 Aletris alpestris Diels

凭证标本：怒江队 191725；高黎贡山考察队 14581。

多年生草本。生长于次生常绿阔叶林、路边、高山草甸；海拔 1458～3300 m。

分布于独龙江（贡山县独龙江乡段）；贡山县丙中洛乡、捧打乡。15-1。

2. 无毛粉条儿菜 Aletris glabra Bureau & Franchet

凭证标本：高黎贡山考察队 11849，12558。

多年生草本。生长于针阔混交林、针叶-落叶阔叶林；海拔 2750～3050 m。

分布于贡山县茨开镇。14-3。

3. 星花粉条儿菜 Aletris gracilis Rendle

凭证标本：独龙江考察队 752；高黎贡山考察队 33907。

多年生草本。生长于常绿阔叶林、溪边、混交林、针叶林、灌丛；海拔 2580～3429 m。

分布于独龙江（贡山县独龙江乡段）；贡山县丙中洛乡、茨开镇；福贡县鹿马登乡。14-3。

4a. 少花粉条儿菜 Aletris pauciflora（Klotzsch）Handel-Mazzetti var. pauciflora-*Stachyopogon pauciflorus* Klotzschr

凭证标本：高黎贡山考察队 34485。

多年生草本。生长于常绿阔叶林、针叶林、灌丛、高山草甸；海拔 2570～4270 m。

分布于独龙江（贡山县独龙江乡段）；贡山县丙中洛乡、茨开镇；福贡县石月亮乡、鹿马登乡。14-3。

4b. 穗花粉条儿菜 Aletris pauciflora var. **khasiana**（J. D. Hooker）F. T. Wang & Tang-*Aletris khasiana* J. D. Hooker

凭证标本：高黎贡山考察队 9622，33853。

多年生草本。生长于针叶林、灌丛、高山草甸；海拔 3030～3700 m。

分布于独龙江（贡山县独龙江乡段）；贡山县茨开镇；福贡县石月亮乡、鹿马登乡。14-3。

5. 粉条儿菜 Aletris spicata（Thunberg）Franchet-*Hypoxis spicata* Thunberg

凭证标本：高黎贡山考察队 12140，34236。

多年生草本。生长于石柯-木荷林、次生常绿阔叶林；海拔 1400～1820 m。

分布于贡山县丙中洛乡、捧打乡、茨开镇；泸水市片马镇；腾冲市界头镇。7。

* 6. 狭瓣粉条儿菜 Aletris stenoloba Franchet

凭证标本：高黎贡山考察队 19599。

多年生草本。生长于常绿阔叶林；海拔 1390～1390 m。

分布于福贡县马吉乡。15-1。

⁺7. 芦荟 Aloe vera（Linn.）Burm. f.-*Aloe perfoliata* Linnaeus var. *vera* Linnaeus

凭证标本：无号。

多年生肉质草本。栽培。

分布于各地栽培。16。

8. 橙花开口箭 Campylandra aurantiaca Baker

凭证标本：独龙江考察队 763；高黎贡山考察队 34354。

多年生草本。生长于常绿阔叶林、针叶林、杜鹃-冷杉灌丛；海拔 1420～3100 m。

分布于独龙江（贡山县独龙江乡段）；贡山县茨开镇；福贡县石月亮乡、鹿马登乡；泸水市片马镇；腾冲市明光镇。14-3。

* 9. 开口箭 Campylandra chinensis（Baker）M. N. Tamura et al. -*Tupistra chinensis* Baker

凭证标本：冯国楣 24709。

多年生草本。生长于常绿阔叶林中；海拔 1680 m。

分布于独龙江（贡山县独龙江乡段）。15-1。

** 10. 箭叶开口箭 Campylandra ensifolia（F. T. Wang & T. Tang）M. N. Tamura et al. -*Tupistra ensifolia* F. T. Wang & T. Tang

凭证标本：青藏队 82-7063；高黎贡山考察队 25365。

多年生草本。生长于常绿阔叶林中；海拔 1316～1777 m。

分布于福贡县上帕镇；保山市芒宽乡；腾冲市。15-2-5。

11. 齿瓣开口箭 Campylandra fimbriata（Handel-Mazzetti）M. N. Tamura et al. -*Tupistra fimbriata* Handel-Mazzetti

凭证标本：李恒、刀志灵、李嵘 604；高黎贡山考察队 30479。

多年生草本。生长于常绿阔叶林、竹林、灌丛；海拔 1450～2780 m。

分布于贡山县丙中洛乡、茨开镇；保山市芒宽乡、潞江镇；腾冲市界头镇、芒棒镇；龙陵县镇安镇。14-3。

12. 大百合 Cardiocrinum giganteum（Wallich）Makino-*Lilium giganteum* Wallich

凭证标本：独龙江考察队 4909；高黎贡山考察队 33291。

多年生草本。生长于常绿阔叶林、针叶林、竹林、灌丛、林缘；海拔 1300～3200 m。

分布于独龙江（贡山县独龙江乡段）；贡山县茨开镇；泸水市片马镇、鲁掌镇；保山市芒宽乡；腾冲市界头镇、芒棒镇。14-3。

13. 七筋姑 Clintonia udensis Trautvetter & C. A. Meyer

凭证标本：独龙江考察队 6000；高黎贡山考察队 34079。

多年生草本。生长于常绿阔叶林、针叶林、灌丛；海拔 2750～3450 m。

分布于独龙江（察隅县日东乡段）；贡山县丙中洛乡、茨开镇；福贡县石月亮乡、鹿马登乡；泸水市片马镇、洛本卓乡。14-1。

14. 山菅 Dianella ensifolia（Linnaeus）Redouté-*Dracaena ensifolia* Linnaeus

凭证标本：南水北调队 8095；高黎贡山考察队 30849。

多年生常绿草本。生长于常绿阔叶林、针叶林、灌丛、高山草甸；海拔 1100～1525 m。

分布于泸水市；保山市芒宽乡；腾冲市清水乡、五合乡；龙陵县镇安镇。4。

***15. 散斑竹根七 Disporopsis aspersa**（Hua）Engler-*Aulisconema aspersa* Hua

凭证标本：施晓春 73；高黎贡山考察队 20808。

陆生多年生草本。生长于常绿阔叶林、栎类-杜鹃林、石柯-青冈林；海拔 1500～2766 m。

分布于贡山县茨开镇；福贡县鹿马登乡；泸水市片马镇、鲁掌镇；保山市芒宽乡；腾冲市界头镇。15-1。

***16. 短蕊万寿竹 Disporum bodinieri**（H. Léveillé & Vaniot）F. T. Wang & T. Tang-*Tovaria bodinieri* H. Léveillé & Vaniot

凭证标本：独龙江考察队 1284；高黎贡山考察队 33509。

多年生生草本。生长于常绿阔叶林、路边；海拔 1500～2650 m。

分布于独龙江（贡山县独龙江乡段）；贡山县丙中洛乡、茨开镇；福贡县鹿马登乡；泸水市片马镇、鲁掌镇；保山市芒宽乡、潞江镇；腾冲市界头镇、曲石镇、荷花镇、芒棒镇。15-1。

17. 距花万寿竹 Disporum calcaratum D. Don

凭证标本：高黎贡山考察队 24573。

多年生草本。生长于箭竹灌丛；海拔 1250～1250 m。

分布于腾冲市五合乡。14-3。

18. 万寿竹 Disporum cantoniense（Loureiro）Merrill-*Fritillaria cantoniense* Loureiro

凭证标本：高黎贡山考察队 21485，30439。

多年生生草本。生长于常绿阔叶林、箭竹林、灌丛、岩石堆；海拔 1170～2300 m。

分布于独龙江（贡山县独龙江乡段）；贡山县茨开镇；福贡县上帕镇、架科底乡；泸水市片马镇、洛本卓乡；保山市芒宽乡、潞江镇；腾冲市界头镇、曲石镇、五合乡、新华乡；龙陵县镇安镇。14-3。

*19. 长蕊万寿竹 Disporum longistylum（H. Léveillé & Vaniot）H. Hara-*Tovaria longistyla* H. Léveillé & Vaniot

凭证标本：高黎贡山考察队 28151，32473。

多年生草本。生长于常绿阔叶林、栎类-山茶林、次生常绿阔叶林；海拔 1720～2300 m。

分布于独龙江（贡山县独龙江乡段）；腾冲市界头镇。15-1。

20. 横脉万寿竹 Disporum trabeculatum Gagnepain

凭证标本：高黎贡山考察队 21671。

多年生草本。生长于常绿阔叶林；海拔 1800 m。

分布于独龙江（贡山县独龙江乡段）。14-4。

*21. 粗茎贝母 Fritillaria crassicaulis S. C. Chen

凭证标本：高黎贡山考察队 22872。

多年生草本。生长于箭竹-杜鹃灌丛；海拔 3180 m。

分布于泸水市片马镇。15-1。

*22. 垂茎异黄精 Heteropolygonatum pendulum（Z. G. Liu & X. H. Hu）M. N. Tamura & Ogisu-*Polygonatum pendulum* Z. G. Liu & X. H. Hu

凭证标本：青藏队 82-9644。

多年生附生草本，粗 1～2 cm。生长于常绿阔叶林树上；海拔 2200 m。

分布于贡山县茨开镇。15-1。

23. 山慈菇 Iphigenia indica Kunth

凭证标本：高黎贡山考察队 17380，17547。

多年生草本。生长于灌丛；海拔 1010～1020 m。

分布于保山市潞江镇；龙陵县镇安镇。5。

*24a. 野百合 Lilium brownii F. E. Brown ex Miellez

凭证标本：怒江队 1949；高黎贡山考察队 27838。

多年生草本，直径 20～45 mm。生长于常绿阔叶林、灌丛；海拔 1250～1580 m。

分布于福贡县石月亮乡、鹿马登乡、匹河乡；腾冲市五合乡。15-1。

*24b. 百合 Lilium brownii var. **virudulum** Baker

凭证标本：高黎贡山考察队 21045，28188。

多年生草本，直径 20～45 mm。生长于常绿阔叶林、灌丛；海拔 1270～1900 m。

分布于福贡县石月亮乡；腾冲市界头镇。15-1。

*25. 川百合 **Lilium davidii** Duchartre ex Elwes

凭证标本：独龙江考察队 6347；高黎贡山考察队 12009。

多年生草本，具鳞茎。生长于灌丛；海拔 1570～2300 m。

分布于独龙江（贡山县独龙江乡段）；贡山县丙中洛乡。15-1。

*26. 宝兴百合 **Lilium duchartrei** Franchet

凭证标本：怒江队 790635；独龙江考察队 4818。

多年生草本，具鳞茎，直径 4 cm。生长于草坡草丛中；海拔 2350～3300 m。

分布于独龙江（察隅县日东乡段、贡山县独龙江乡段）；福贡县。15-1。

*27. 墨江百合 **Lilium henrici** Franchet

凭证标本：T. T. Yü 22099；高黎贡山考察队 12774。

多年生草本，具鳞茎。生长于常绿阔叶林、针叶林、灌丛、草坡；海拔 2650～3250 m。

分布于独龙江（贡山县独龙江乡段）；贡山县茨开镇。15-1。

*28. 线叶尖被百合 **Lilium lophophorum** var. **linearifolium**（Sealy）S. Yun Liang-*Lilium lophophorum* subsp. *linearifolium* Sealy

凭证标本：青藏队 82-10141；高黎贡山考察队 12736。

多年生草本，具鳞茎。生长于云杉林路边、高山灌丛、高山草甸；海拔 3400～4500 m。

分布于独龙江（察隅县日东乡段）；贡山县茨开镇。15-1。

29. 小百合 **Lilium nanum** Klotzsch

凭证标本：高黎贡山考察队 26357，28700。

多年生草本，具鳞茎。生长于杜鹃-箭竹灌丛、草甸；海拔 3600～3730 m。

分布于福贡县石月亮乡、鹿马登乡。14-3。

30. 紫斑百合 **Lilium nepalense** D. Don

凭证标本：T. T. Yü 20941；碧江队 1489。

多年生草本，具鳞茎。生长于林下、草地；海拔 2000～2800 m。

分布于独龙江（贡山县独龙江乡段）；福贡县；泸水市；腾冲市。14-3。

*31. 紫花百合 **Lilium souliei**（Franchet）Sealy-*Fritillaria souliei* Franchet

凭证标本：高黎贡山考察队 15283，26596。

多年生草本，具鳞茎。生长于杜鹃-箭竹灌丛、高山灌丛、草甸；海拔 3340～3660 m。

分布于独龙江（贡山县独龙江乡段）；贡山县丙中洛乡、茨开镇；福贡县石月亮乡、鹿马登乡、匹河乡。15-1。

*32. 禾叶山麦冬 **Liriope graminifolia**（Linnaeus）Baker-Asparagus graminifolius Linnaeus

凭证标本：高黎贡山考察队 7848，29814。

多年生草本，具块根，纺锤形。生长于常绿阔叶林、次生林、草地；海拔 1310～1900 m。

分布于贡山县丙中洛乡；保山市芒宽乡；腾冲市界头镇、和顺镇。15-1。

33. 山麦冬 Liriope spicata（Thunberg）Loureiro-*Convallaria spicata* Thunberg

凭证标本：高黎贡山植被队 G2-1，G6-2。

多年生草本，具块根，纺锤形。生长于常绿阔叶林、次生林、草地；海拔 1200～1400 m。

分布于保山市芒宽乡；腾冲市。14-4。

34. 黄洼瓣花 Lloydia delavayi Franchet

凭证标本：高黎贡山考察队 12650，26448。

多年生草本，高 15～25 cm。生长于杜鹃-箭竹灌丛，高山灌丛；海拔 3600～3680 m。

分布于贡山县茨开镇；福贡县鹿马登乡。14-4。

＊35. 尖果洼瓣花 Lloydia oxycarpa Franch.

凭证标本：怒江队 791041。

多年生草本，高 5～20 cm。生长于高山草甸；海拔 3500～3800 m。

分布于独龙江（贡山县独龙江乡段）。15-1。

36. 洼瓣花 Lloydia serotina（Linnaeus）Reichenbach-*Bulbocodium serotinum* Linnaeus

凭证标本：高黎贡山考察队 31469。

多年生草本，高 3～20 cm，具鳞茎。生长于高山草甸；海拔 3880 m。

分布于贡山县丙中洛乡。8。

37. 西藏洼瓣花 Lloydia tibetica Baker ex Oliver

凭证标本：青藏队 82-8471。

多年生草本，高 10～30 cm。生长于高山草甸；海拔 3700 m。

分布于独龙江（贡山县独龙江乡段）。14-3。

＊38. 高大鹿药 Maianthemum atropurpureum（Franchet）La Frankie-*Tovaria atropurpurea* Franchet

凭证标本：独龙江考察队 6547；高黎贡山考察队 26515。

多年生草本，高 30～60 cm。生长于常绿阔叶林、针叶林、箭竹灌丛、高山草甸；海拔 1530～3450 m。

分布于独龙江（贡山县独龙江乡段）；贡山县茨开镇；福贡县石月亮乡；泸水市片马镇、鲁掌镇；腾冲市五合乡。15-1。

＊＊39. 抱茎鹿药 Maianthemum forrestii（W. W. Smith）La Frankie-*Tovaria forrestii* W. W. Smith

凭证标本：高黎贡山考察队 15012，33194。

多年生草本，高 50～80 cm。生长于冷杉-云杉林、高山草甸；海拔 3010～3350 m。

分布于独龙江（贡山县独龙江乡段）；贡山县茨开镇。15-2-3a。

40. 褐花鹿药 Maianthemum fusciduliflorum（Kawano）S. C. Chen & Kawano-*Smilacina fusciduliflora* Kawano

凭证标本：独龙江考察队 5915；高黎贡山考察队 32232。

多年生草本，高 3～20 cm。生长于冷杉-云杉林、高山草甸；海拔 2000～3600 m。

分布于独龙江（察隅县日东乡段、贡山县独龙江乡段）；贡山县茨开镇。14-4。

41a. 西南鹿药 Maianthemum fuscum（Wallich）La Frankie-*Smilacina fusca* Wallich

凭证标本：独龙江考察队 3117；高黎贡山考察队 34203。

多年生草本，高 25～50 cm。生长于常绿阔叶林；海拔 1300～2950 m。

分布于独龙江（贡山县独龙江乡段）；贡山县茨开镇；福贡县石月亮乡、鹿马登乡；泸水市片马镇、洛本卓乡、鲁掌镇；腾冲市明光镇、界头镇、芒棒镇。14-3。

*** **41b. 心叶鹿药 Maianthemum fuscum var. cordatum** H. Li & R. Li

凭证标本：独龙江考察队 6854；高黎贡山考察队 22107。

多年生草本，高 20～40 cm。生长于常绿阔叶林、铁杉林；海拔 1710～2340 m。

分布于独龙江（贡山县独龙江乡段）；腾冲市芒棒镇。15-2-6。

*** **42. 贡山鹿药 Maianthemum gongshanense**（S. Y. Liang）H. Li-*Smilacina gongshanensis* S. Yun Liang

凭证标本：高黎贡山考察队 16770，34479。

多年生草本，高 5～20 cm。生长于落叶阔叶林、箭竹灌丛；海拔 3120～3600 m。

分布于贡山县茨开镇。15-2-6。

43. 管花 Maianthemum henryi（Baker）La Frankie-*Oligobotrya henryi* Baker

凭证标本：怒江队 790194；高黎贡山考察队 31386。

多年生草本，高 50～80 cm。生长于常绿阔叶林、混交林、针叶林、箭竹灌丛、高山草甸；海拔 2570～3880 m。

分布于独龙江（贡山县独龙江乡段）；贡山县丙中洛乡、茨开镇；泸水市洛本卓乡。14-4。

* **44. 丽江鹿药 Maianthemum lichiangense**（W. W. Smith）La Frankie-*Tovaria lichiangensis* W. W. Smith

凭证标本：高黎贡山考察队 19717，20145。

多年生草本，高 7～20 cm。生长于常绿阔叶林；海拔 2640～2790 m。

分布于福贡县鹿马登乡。15-1。

45. 长柱鹿药 Maianthemum oleraceum（Baker）La Frankie-*Tovaria oleracea* Baker

凭证标本：独龙江考察队 5115；高黎贡山考察队 34063。

多年生草本，高 45～80 cm。生长于常绿阔叶林、杜鹃-箭竹灌丛；海拔 1310～3250 m。

分布于独龙江（贡山县独龙江乡段）；贡山县茨开镇；腾冲市猴桥镇。14-3。

46. 紫花鹿药 Maianthemum purpureum（Wall.）La Frankie-*Smilacina purpurea* Wallich

凭证标本：怒江队 790240；高黎贡山考察队 28608。

多年生草本，高 25～60 cm。生长于常绿阔叶林、针叶林、铁杉林、杜鹃-箭竹灌丛、高山灌丛；海拔 1520～3660 m。

分布于独龙江（贡山县独龙江乡段）；贡山县丙中洛乡、茨开镇；福贡县石月亮乡、鹿马登乡；泸水市片马镇、鲁掌镇、六库镇。14-3。

47. 窄瓣鹿药 Maianthemum tatsienense（Franch.）La Frankie-*Tovaria tatsienensis* Franchet

凭证标本：怒江队 791092；高黎贡山考察队 34519。

多年生草本，高 30～80 cm。生长于常绿阔叶林、灌丛、高山草甸；海拔 1450～3450 m。

分布于独龙江（贡山县独龙江乡段）；贡山县茨开镇；福贡县鹿马登乡；泸水市鲁掌镇；腾冲市明光镇。14-3。

** **48. 中甸鹿药 Maianthemum zhongdianense** H. Li et Y. Chen-*Smilacina purpurea* Wallich

凭证标本：高黎贡山考察队 20179，20478。

多年生草本，高 25～60 cm。生长于常绿阔叶林；海拔 2757～2786 m。

分布于福贡县鹿马登乡。15-2-3a。

49. 开瓣豹子花 Nomocharis aperta（Franch.）E. H. Wilson.-*Lilium apertum* Franchet

凭证标本：怒江队 790343；高黎贡山考察队 32062。

多年生草本。生长于常绿阔叶林、灌丛、高山草甸；海拔 2850～3940 m。

分布于独龙江（贡山县独龙江乡段）；贡山县丙中洛乡、茨开镇；福贡县石月亮乡、鹿马登乡。14-4。

*** **50. 美丽豹子花 Nomocharis basilissa** Farrer ex E. W. Evans

凭证标本：高黎贡山考察队 7235；高黎贡山考察队 34490。

多年生草本。生长于铁杉-云杉林、杜鹃-箭竹灌丛、高山草甸；海拔 3000～3660 m。

分布于贡山县茨开镇；福贡县石月亮乡、鹿马登乡；泸水市片马镇。15-2-6。

*** **51. 滇西豹子花 Nomocharis farreri**（W. E. Evens）Harrow-*Nomocharis pardanthina* Franchet var. *farreri* W. E. Evans

凭证标本：T. T. Yü 20746；高黎贡山考察队 15283。

多年生草本。生长于冷杉-箭竹林、高山灌丛、高山草甸；海拔 3100～3340 m。

分布于独龙江（贡山县独龙江乡段）；贡山县丙中洛乡。15-2-6。

* **52. 多斑豹子花 Nomocharis meleagrina** Franchet

凭证标本：高黎贡山考察队 11864，15281。

多年生草本。生长于常绿阔叶林、针叶林、高山草甸；海拔 2580～3340 m。

分布于独龙江（贡山县独龙江乡段）；贡山县丙中洛乡、茨开镇。15-1。

* 53. 豹子花 Nomocharis pardanthina Franchet

凭证标本：怒江队 790538；高黎贡山考察队 12563。

多年生草本，鳞茎卵球形。生长于针阔叶林、沟边石上；海拔 2700～3200 m。

分布于独龙江（贡山县独龙江乡段）；贡山县茨开镇。15-1。

54. 云南豹子花 Nomocharis saluenensis I. B. Balfour

凭证标本：怒江队 791069；高黎贡山考察队 34500。

多年生草本。生长于常绿阔叶林、针叶林、灌丛、高山草甸；海拔 2570～3700 m。

分布于独龙江（贡山县独龙江乡段）；贡山县茨开镇；福贡县鹿马登乡。14-4。

55. 假百合 Notholirion bulbuliferum（Lingelsh. ex H. Limpr.）Stearn-*Paradisea bulbuliferum* Lingelsheim ex H. Limpricht

凭证标本：青藏队 10137；高黎贡山考察队 12617。

多年生草本。生长于针叶落叶阔叶林、灌丛；海拔 3050～3700 m。

分布于独龙江（察隅县日东乡段）；贡山县茨开镇。14-3。

56. 钟花假百合 Notholirion campanulatum Cotton & Stearn

凭证标本：碧江队 1946；高黎贡山考察队 31388。

多年生草本。生长于针阔混交林、针叶林、高山草甸；海拔 2650～3880 m。

分布于独龙江（贡山县独龙江乡段）；贡山县丙中洛乡、茨开镇；泸水市洛本卓乡；腾冲市猴桥镇。14-3。

57. 沿阶草 Ophiopogon bodinieri H. Lév.

凭证标本：独龙江考察队 1887；高黎贡山考察队 30950。

多年生草本。生长于常绿阔叶林、针叶林、灌丛；海拔 1510～2800 m。

分布于独龙江（贡山县独龙江乡段）；贡山县茨开镇；福贡县石月亮乡、鹿马登乡；泸水市片马镇；腾冲市界头镇、曲石镇、马站乡、芒棒镇。14-3。

* 58. 大沿阶草 Ophiopogon grandis W. W. Smith

凭证标本：独龙江考察队 718；高黎贡山考察队 33582。

多年生草本。生长于常绿阔叶林、杜鹃-冬青林；海拔 1520～2800 m。

分布于独龙江（贡山县独龙江乡段）；贡山县丙中洛乡、茨开镇；福贡县；泸水市；保山市芒宽乡；腾冲市芒棒镇、五合乡；龙陵县龙江乡。15-1。

59. 间型沿阶草 Ophiopogon intermedius D. Don

凭证标本：独龙江考察队 6490。

多年生草本，具块根，肉质。生长于混交林；海拔 2300 m。

分布于独龙江（贡山县独龙江乡段）。14-3。

*60. 狭叶沿阶草 Ophiopogon stenophyllus（Merrill）L. Rodriguez-*Peliosanthes stenophylla* Merrill

凭证标本：高黎贡山植被队 G17-3。

多年生草本。生长于常绿阔叶林；海拔 900～1400 m。

分布于腾冲市界头镇。15-1。

***61. 泸水沿阶草 Ophyopogon lushuiensis S. C. Chen

凭证标本：高黎贡山考察队 23328，30768。

多年生草本。生长于常绿阔叶林、石柯-青冈林、石柯-铁杉林；海拔 2220～2950 m。

分布于福贡县石月亮乡；泸水市片马镇、鲁掌镇；腾冲市明光镇、界头镇、猴桥镇。15-2-6。

***62. 滇西沿阶草 Ophyopogon yunnanense S. C. Chen

凭证标本：横断山队 449。

多年生草本。生长于河谷林；海拔 1700 m。

分布于泸水市。15-2-6。

63. 大盖球子草 Peliosanthes macrostegia Hance

凭证标本：南水北调队 8043。

多年生草本。生长于常绿阔叶林；海拔 1000 m。

分布于泸水市鲁掌镇。14-4。

64. 棒丝黄精 Polygonatum cathcartii Baker

凭证标本：南水北调队 7212；高黎贡山考察队 28291。

多年生草本。生长于常绿阔叶林、针阔叶混交林、针叶林；海拔 2130～2900 m。

分布于贡山县丙中洛乡、茨开镇；福贡县石月亮乡；泸水市洛本卓乡；腾冲市猴桥镇。14-3。

65. 卷叶黄精 Polygonatum cirrhifolium（Wallich）Royle-*Convallaria cirrhifolia* Wallich

凭证标本：独龙江考察队 6481；高黎贡山考察队 34064。

多年生草本。生长于常绿阔叶林、针叶林、灌丛、潮湿草甸；海拔 1630～3680 m。

分布于独龙江（贡山县独龙江乡段）；贡山县丙中洛乡、茨开镇；福贡县石月亮乡、鹿马登；泸水市片马镇、鲁掌镇；保山市；腾冲市界头镇、和顺镇。14-3。

*66. 垂叶黄精 Polygonatum curvistylum Hua

凭证标本：高黎贡山考察队 22700，26601。

多年生草本。生长于杜鹃-箭竹灌丛；海拔 3080～3650 m。

分布于福贡县鹿马登乡；泸水市片马镇。15-1。

67. 滇黄精 Polygonatum kingianum Collett & Hemsley

凭证标本：高黎贡山考察队 14040，26559。

多年生草本。生长于常绿阔叶林、灌丛、杜鹃-箭竹灌丛、草甸；海拔 1270～3650 m。

分布于独龙江（贡山县独龙江乡段）；贡山县茨开镇；福贡县石月亮乡、鹿马登乡；保山市芒宽乡；龙陵县镇安镇。14-4。

68. 对叶黄精 Polygonatum oppositifolium（Wallich）Royle-*Polygonatum prattii* Wallich

凭证标本：高黎贡山考察队 30763，33690。

多年生草本。生长于常绿阔叶林、石柯-云南松林；海拔 2530～2600 m。

分布于贡山县茨开镇；腾冲市猴桥镇。14-3。

* **69. 康定玉竹 Polygonatum prattii** Baker

凭证标本：独龙江考察队 3414，4927。

多年生附生或陆生草本。生长于常绿阔叶林石上或树上；海拔 1950～2650 m。

分布于独龙江（贡山县独龙江乡段）。15-1。

70. 点花黄精 Polygonatum punctatum Royle ex Kunth

凭证标本：独龙江考察队 6927；高黎贡山考察队 23773。

多年生附生或陆生草本。生长于常绿阔叶林、石柯-冬青林；海拔 1700～2650 m。

分布于独龙江（贡山县独龙江乡段）；贡山县茨开镇；保山市潞江镇；龙陵县镇安镇。14-3。

* **71. 西南黄精 Polygonatum stewartianum** Diels

凭证标本：高黎贡山考察队 31153，32935。

多年生草本。生长于混交林、铁杉-冷杉林、开阔草甸；海拔 2845～3470 m。

分布于贡山县丙中洛乡。15-1。

72. 格脉黄 Polygonatum tessellatum F. T. Wang & T. Tang

凭证标本：独龙江考察队 790，4272。

多年生草本。附生于常绿阔叶林的树上或石上；海拔 1600～3600 m。

分布于独龙江（贡山县独龙江乡段）；福贡县上帕镇；腾冲市猴桥镇。14-4。

73. 轮叶黄精 Polygonatum verticillatum（Linn.）All.-*Convallaria verticillata* Linnaeus

凭证标本：高黎贡山考察队 19522，32661。

多年生附生草本。生长于常绿阔叶林、栎类-山茶林、灌丛；海拔 1388～3080 m。

分布于独龙江（贡山县独龙江乡段）；福贡县马吉乡；泸水市片马镇；保山市芒宽乡、潞江镇；腾冲市界头镇、猴桥镇、芒棒镇、五合乡；龙陵县镇安镇。10。

74. 吉祥草 Reineckea carnea（Andr.）Kunth-*Sansevieria carnea* Andrews

凭证标本：施晓春、杨世雄 817；高黎贡山考察队 29233。

多年生常绿草本。生长于常绿阔叶林、石柯-青冈林、沼泽；海拔 2100～3100 m。

分布于贡山县茨开镇；福贡县石月亮乡、鹿马登乡；泸水市片马镇、鲁掌镇；保山市芒宽乡；腾冲市明光镇、界头镇、曲石镇。14-2。

* 75. 小花扭柄花 Streptopus parviflorus Franchet

凭证标本：高黎贡山考察队 12387，31145。

多年生草本。生长于常绿阔叶林、针叶林、杜鹃灌丛、草甸；海拔 2650～3630 m。

分布于贡山县丙中洛乡、茨开镇；福贡县石月亮乡、鹿马登乡。15-1。

*** 76a. 柄叶扭柄花 Streptopus petiolatus H. Li

凭证标本：高黎贡山考察队 25812，30771。

多年生草本，具根茎，粗 1500～2000 μm。生长于常绿阔叶林；海拔 2200～2600 m。

分布于泸水市洛本卓乡；腾冲市猴桥镇。15-2-6。

*** 76b. 双花扭柄花 Streptopus petiolatus var. **biflorus** H. Li

凭证标本：高黎贡山考察队 32353，32414。

多年生草本，具根茎，粗短。生长于常绿阔叶林、栎林；海拔 1973～2068 m。

分布于独龙江（贡山县独龙江乡段）。15-2-6。

77. 腋花扭柄花 Streptopus simplex D. Don

凭证标本：独龙江考察队 4314；高黎贡山考察队 34487。

多年生草本。生长于常绿阔叶林、针叶林、灌丛、潮湿草甸；海拔 2130～3700 m。

分布于独龙江（贡山县独龙江乡段）；贡山县茨开镇；福贡县石月亮乡、鹿马登乡、上帕镇；泸水市洛本卓乡。14-3。

78. 夏须草 Theropogon pallidus Maximowicz

凭证标本：高黎贡山考察队 25295。

多年生草本，具根茎，短。生长于石柯-木荷林；海拔 1805 m。

分布于保山市潞江镇。14-3。

* 79. 叉柱岩菖蒲 Tofieldia divergens Bureau & Franchet

凭证标本：独龙江考察队 6607；高黎贡山考察队 34060。

多年生草本。生长于杜鹃-箭竹灌丛、灌丛草甸；海拔 1620～5000 m。

分布于独龙江（察隅县日东乡段、贡山县独龙江乡段）；贡山县茨开镇。15-1。

* 80. 岩菖蒲 Tofieldia thibetica Franchet

凭证标本：高黎贡山考察队 15024，33899。

多年生草本。生长于常绿阔叶林、杜鹃灌丛、箭竹灌丛、草甸；海拔 2570～3560 m。

分布于独龙江（贡山县独龙江乡段）；贡山县茨开镇；福贡县石月亮乡。15-1。

81. 黄花油点草 Tricyrtis pilosa Wallich

凭证标本：高黎贡山考察队 7554，15091。

多年生草本。生长于常绿阔叶林、秃杉-青冈林、石柯-木荷林；海拔 1570～2000 m。

分布于独龙江（贡山县独龙江乡段）；贡山县茨开镇；福贡县石月亮乡；泸水市片马镇。14-3。

* **82. 毛叶藜芦 Veratrum grandiflorum**（Maximowicz ex Baker）Loesener-*Veratrum album* var. *grandiflorum* Maximowicz ex Baker

凭证标本：怒江队 790598；青藏队 82-8545。

多年生草本。生长于冷杉林、高山草甸；海拔 2900～3200 m。

分布于独龙江（贡山县独龙江乡段）；贡山县茨开镇。15-1。

* **83a. 狭叶藜芦 Veratrum stenophyllum** Diels

凭证标本：高黎贡山考察队 34373。

多年生草本。生长于针叶林；海拔 3210 m。

分布于独龙江（贡山县独龙江乡段）。15-1。

*** **83b. 独龙狭叶藜芦 Veratrum stenophyllum** var. **taronense** F. T. Wang & Z. H. Tsi

凭证标本：T. T. Yü 20813，20938。

多年生草本。生长于灌丛、草甸；海拔 2900～3200 m。

分布于独龙江（贡山县独龙江乡段）。15-2-6。

84. 高山丫蕊花 Ypsilandra alpina F. T. Wang & T. Tang

凭证标本：怒江队 435，791091。

多年生草本。生长于箭竹灌丛、高山草甸；海拔 2000～3400 m。

分布于独龙江（贡山县独龙江乡段）；福贡县。14-4。

85. 云南丫蕊花 Ypsilandra yunnanensis W. W. Smith & Jeffrey

凭证标本：独龙江考察队 7027；高黎贡山考察队 34023。

多年生草本。生长于针叶林、杜鹃-箭竹灌丛、灌丛、草甸；海拔 2869～4270 m。

分布于独龙江（贡山县独龙江乡段）；贡山县丙中洛乡、茨开镇；福贡县石月亮乡、鹿马登乡、匹河乡。14-3。

294. 天门冬科 Ruscaceae

1 属 5 种，*1

1. 天门冬 Asparagus cochinchinensis（Loureiro）Merrill-*Melanthium cochinchinense* Loureiro

凭证标本：高黎贡山考察队 17524。

多年生草本，具块根。生长于常绿阔叶林；海拔 1500～1600 m。

分布于保山市潞江镇；龙陵县镇安镇。14-4。

2. 羊齿天门冬 Asparagus filicinus D. Don

凭证标本：怒江队 790284；独龙江考察队 4327。

多年生草本。生长于常绿阔叶林、灌丛；海拔 1700～1800 m。

分布于独龙江（贡山县独龙江乡段）。14-3。

3. 短梗天门冬 Asparagus lycopodineus (Wallich ex Baker) F. T. Wang & T. Tang-*Asparagus filicinus* D. Don var. *lycopodineus* Baker

凭证标本：高黎贡山考察队 10039，26088。

多年生草本，具块根，膨大。生长于常绿阔叶林、石柯-木荷林；海拔 1780～2800 m。

分布于泸水市片马镇；保山市潞江镇；腾冲市芒棒镇、五合乡；龙陵县镇安镇。14-3。

＊**4. 密齿天门冬 Asparagus meioclados** H. Léveillé

凭证标本：杨竞生 63-1178。

多年生草本，具块根，膨大。生长于云南松林、杂木林；海拔 1820～2500 m。

分布于腾冲市。15-1。

5. 多刺天门冬 Asparagus myriacanthus F. T. Wang & S. C. Chen

凭证标本：吴征镒等 5125。

多年生草本。生长于栎林、河谷灌丛；海拔 2200～3600 m。

分布于独龙江（察隅县段）。15-1。

295. 延龄草科 Trilliaceae

2 属 7 种 3 变种，＊1，＊＊＊2

＊＊＊**1. 独龙重楼 Paris dulongensis** H. Li & S. Kurita

凭证标本：独龙江考察队 5329；高黎贡山考察队 23990。

多年生草本，具根茎。生长于河谷常绿阔叶林、河谷灌丛；海拔 1320～2340 m。

分布于独龙江（贡山县独龙江乡段）；泸水市片马镇。15-2-6。

2. 长柱重楼 Paris forrestii (Takhtajan) H. Li-*Daiswa forrestii* Takhtajan

凭证标本：独龙江考察队 1832；高黎贡山考察队 33193。

多年生草本。生长于常绿阔叶林、石柯-青冈林、云南松林、栎林、疏林、混交林、针叶-阔叶林、针叶林、灌丛、箭竹灌丛、杜鹃-箭竹灌丛、河谷草地；海拔 1540～3000 m。

分布于独龙江（贡山县独龙江乡段）；贡山县丙中洛乡、茨开镇；福贡县石月亮乡、鹿马登乡；泸水市片马镇、鲁掌镇；保山市芒宽乡、潞江镇；腾冲市明光镇、界头镇、芒棒镇、五合乡。14-4。

* 3. 毛重楼 Paris mairei H. Léveillé

凭证标本：独龙江考察队 5516；高黎贡山考察队 33770。

多年生草本。生长于常绿阔叶林、落叶阔叶林、针叶林、铁杉-冷杉林、杜鹃-箭竹灌丛、石堆上；海拔 1238～3150 m。

分布于独龙江（贡山县独龙江乡段）；贡山县丙中洛乡、茨开镇；福贡县石月亮乡、鹿马登乡、上帕镇；泸水市片马镇、鲁掌镇；腾冲市明光乡、界头镇、曲石镇。15-1。

4a. 多叶重楼 Paris polyphylla Smith

凭证标本：高黎贡山考察队 10909，23792。

多年生草本，具根茎，粗 10～25 mm。生长于石柯-冬青林、次生林；海拔 1900～2150 m。

分布于贡山县；福贡县；腾冲市马站乡；龙陵县镇安镇。14-3。

4b. 狭叶重楼 Paris polyphylla var. **stenophylla** Franch.

凭证标本：高黎贡山考察队 7647，30513。

多年生草本。生长于常绿阔叶林、次生林、灌丛；海拔 1900～2800 m。

分布于贡山县茨开镇；泸水市片马镇、鲁掌镇；保山市芒宽乡；腾冲市明光镇、界头镇。14-3。

4c. 滇重楼 Paris polyphylla var. **yunnanensis**（Franchet）Handel-Mazzetti -*Paris yunnanensis* Franchet

凭证标本：施晓春 413；高黎贡山考察队 30967。

多年生草本。生长于常绿阔叶林、石柯-木荷林、灌丛；海拔 1500～2250 m。

分布于贡山县丙中洛乡、茨开镇；泸水市片马镇；保山市芒宽乡；腾冲市界头镇、曲石镇、芒棒镇、荷花镇、五合乡；龙陵县镇安镇。14-4。

*** 5. 皱叶重楼 Paris rugosa H. Li & S. Kurita

凭证标本：独龙江考察队 3427；李恒、刀志灵、李嵘 581。

多年生草本。生长于常绿阔叶林、河谷灌丛、路边；海拔 1400～1620 m。

分布于独龙江（贡山县独龙江乡段）。15-2-6。

6a. 无瓣黑籽重楼 Paris thibetica var. **apetala** Handel-Mazzetti

凭证标本：独龙江考察队 5970；高黎贡山考察队 20446。

多年生草本。生长于常绿阔叶林、疏林、针叶林；海拔 2276～3800 m。

分布于独龙江（贡山县独龙江乡段）；贡山县茨开镇；福贡县鹿马登乡；泸水市片马镇、鲁掌镇。14-3。

6b. 黑籽重楼 Paris thibetica Franchet

凭证标本：独龙江考察队 5960；高黎贡山考察队 33895。

多年生草本。生长于常绿阔叶林、针叶林、灌丛、箭竹-杜鹃灌丛；海拔 2276～3232 m。

分布于独龙江（贡山县独龙江乡段）；贡山县茨开镇；福贡县鹿马登乡；泸水市片马镇、鲁掌镇。14-3。

7. 延龄草 Trillium tschonoskii Maximowicz

凭证标本：独龙江考察队 5856；高黎贡山考察队 28314。

多年生草本。生长于常绿阔叶林、针叶林、杜鹃灌丛；海拔 2276～3000 m。

分布于独龙江（贡山县独龙江乡段）；贡山县茨开镇；福贡县石月亮乡、鹿马登乡。14-1。

296. 雨久花科 Pontederiaceae

2 属 3 种，⁺1

⁺**1. 凤眼莲 Eichhornia crassipes**（Martius）Solms-*Pontederia crassipes* Martius
凭证标本：高黎贡山考察队 11249，29680。

水生多年生草本。生长于深水田、水塘、稻田边；海拔 1530～1730 m。

分布于腾冲市界头镇、北海乡。17。

2. 雨久花 Monochoria korsakowii Regel & Maack

凭证标本：高黎贡山考察队 17169，19060。

水生多年生草本。生长于池塘、水田、湖滨；海拔 1419～1525 m。

分布于保山市芒宽乡；腾冲市五合乡。7。

3. 鸭舌草 Monochoria vaginalis（N. L. Burman）C. Presl ex Kunth-*Pontederia vaginalis* N. L. Burman

凭证标本：高黎贡山考察队 7863，29685。

水生多年生草本。生长于水田、稻田、江边、溪畔；海拔 900～2011 m。

分布于贡山县丙中洛乡；福贡县石月亮乡；泸水市六库镇；保山市芒宽乡；腾冲市界头镇、北海乡、芒棒镇。4。

297. 菝葜科 Smilacaceae

2 属 26 种 1 变种，*6，**3，***2

1. 多蕊肖菝葜 Heterosmilax polyandra Gagnepain

凭证标本：高黎贡山考察队 10834，28903。

木质攀缘藤本。生长于常绿阔叶林；海拔 680～2160 m。

分布于福贡县鹿马登乡；保山市芒宽乡、潞江镇；龙陵县镇安镇。14-4。

2. 短柱肖菝葜 Heterosmilax septemnervia F. T. Wang & T. Tang

凭证标本：高黎贡山考察队 17102，29813。

木质攀缘藤本。生长于常绿阔叶林、灌丛；海拔 691～2620 m。

分布于贡山县丙中洛乡；福贡县石月亮乡、鹿马登乡、上帕镇、子里甲乡；泸水市；保山市潞江镇；腾冲市界头镇、和顺镇；龙陵县镇安镇。14-4。

3. 穗菝葜 Smilax aspera Linnaeus

凭证标本：碧江队 325；高黎贡山考察队 13642。

木质攀缘藤本。生长于常绿阔叶林、次生常绿阔叶林、江边灌丛；海拔 1050～2280 m。

分布于福贡县上帕镇；保山市潞江镇；腾冲市界头镇。6。

4. 疣枝菝葜 Smilax aspericaulis Wallich ex A. de Candolle

凭证标本：独龙江考察队 1311；高黎贡山考察队 20586。

木质攀缘藤本。生长于常绿阔叶林、河谷灌丛、路边；海拔 1180～2000 m。

分布于独龙江（贡山县独龙江乡段）。14-4。

*** 5. 巴坡菝葜 Smilax bapauensis H. Li**

凭证标本：独龙江考察队 303；高黎贡山考察队 20586。

常绿直立灌木，高 2～3 m。生长于常绿阔叶林、灌丛；海拔 1350～1370 m。

分布于独龙江（贡山县独龙江乡段）。15-2-6。

6. 西南菝葜 Smilax biumbellata T. Koyama

凭证标本：怒江队 79093；刀志灵、崔景云 9460。

木质无刺攀缘藤本。生长于常绿阔叶林、石柯-荚蒾林、栎林；海拔 820～2630 m。

分布于独龙江（贡山县独龙江乡段）；贡山县丙中洛乡；泸水市片马镇；保山市芒宽乡。14-4。

7. 圆锥菝葜 Smilax bracteata C. Presl

凭证标本：高黎贡山考察队 13582，13583。

木质攀缘藤本。生长于次生常绿阔叶林；海拔 1830 m。

分布于保山市芒宽乡。7。

8. 密疣菝葜 Smilax chapaensis Gagnepain

凭证标本：独龙江考察队 679，4466。

木质攀缘藤本。生长于河岸林；海拔 1300～1700 m。

分布于独龙江（贡山县独龙江乡段）。14-4。

* **9. 柔毛菝葜 Smilax chingii F. T. Wang & Tang**

凭证标本：冯国楣 7478；怒江队 923。

木质攀缘藤本。生长于江边灌丛、杂木林；海拔 920～2800 m。

分布于贡山县丙中洛乡；福贡县匹河乡。15-1。

* **10. 合蕊菝葜 Smilax cyclophylla Warburg**

凭证标本：高黎贡山考察队 20138，28295。

无刺直立灌木。生长于常绿阔叶林、石柯-青冈林、针叶林；海拔 2790～2999 m。

分布于福贡县石月亮乡、鹿马登乡。15-1。

11. 长托菝葜 Smilax ferox Wallich ex Kunth

凭证标本：独龙江考察队 446；高黎贡山考察队 33405。

木质攀缘藤本。生长于常绿阔叶林、针叶林、林缘、灌丛；海拔 686～2600 m。

分布于独龙江（贡山县独龙江乡段）；贡山县茨开镇；福贡县石月亮乡、鹿马登乡、匹河乡；泸水市片马镇、大兴地乡、鲁掌镇、六库镇；保山市芒宽乡、潞江镇；腾冲市明光镇、界头镇、曲石镇、五合乡；龙陵县镇安镇。14-3。

12. 束丝菝葜 Smilax hemsleyana Craib

凭证标本：刘伟心 149。

木质攀缘藤本。生长于江边阔叶林；海拔 800 m。

分布于泸水市六库镇。14-4。

*** **13. 建昆菝葜 Smilax jiankunii** H. Li

凭证标本：独龙江考察队 1625；刀志灵、崔景云 9459。

木质攀缘藤本。生长于山坡灌丛、河岸；海拔 1300～1750 m。

分布于独龙江（贡山县独龙江乡段）。15-2-6。

14. 马甲菝葜 Smilax lanceifolia1 Roxburgh

凭证标本：独龙江考察队 842；高黎贡山考察队 30833。

木质攀缘藤本。生长于常绿阔叶林、杜鹃-箭竹林；海拔 1470～2500 m。

分布于独龙江（贡山县独龙江乡段）；贡山县丙中洛乡、茨开镇；福贡县架科底乡；泸水市片马镇；保山市芒宽乡；腾冲市界头镇、五合乡、新华乡、清水乡。7。

** **15. 马钱叶菝葜 Smilax lunglingensis** F. T. Wang & Tang

凭证标本：怒江队 770611；高黎贡山考察队 31007。

木质攀缘藤本。生长于常绿阔叶林、杜鹃-箭竹林；海拔 1590～2230 m。

分布于保山市潞江镇；腾冲市滇滩镇、界头镇、曲石镇、五合乡；龙陵县龙江乡、镇安镇。15-2-1。

** **16. 泸水菝葜 Smilax lushuiensis** S. C. Chen

凭证标本：横断山队 074。

木质攀缘藤本。生长于常绿阔叶林；海拔 2500～2700 m。

分布于泸水市。15-2-3a。

* **17. 无刺菝葜 Smilax mairei** H. Léveillé

凭证标本：李恒、郭辉军、李正波、施晓春 8；高黎贡山考察队 33516。

无刺直立灌木。生长于常绿阔叶林、灌丛；海拔 1460～2253 m。

分布于贡山县丙中洛乡；泸水市片马镇；保山市芒宽乡、潞江镇；龙陵县镇安镇。

15-1。

18. 防己叶菝葜 Smilax menispermoidea A. de Candolle

凭证标本：独龙江考察队 4929；高黎贡山考察队 34146。

落叶攀缘藤本。生长于常绿阔叶林、冷杉-杜鹃林、箭竹灌丛；海拔 2480～3010 m。

分布于独龙江（贡山县独龙江乡段）；贡山县丙中洛乡、茨开镇；福贡县鹿马登乡；泸水市洛本卓乡；保山市芒宽乡。14-3。

* **19. 小叶菝葜 Smilax microphylla** C. H. Wright

凭证标本：李恒、郭辉军、李正波、施晓春 76；高黎贡山考察队 22600。

木质攀缘藤本。生长于常绿阔叶林、灌丛；海拔 1810～2470 m。

分布于独龙江（贡山县独龙江乡段）；贡山县丙中洛乡；保山市芒宽乡。15-1。

20. 劲直菝葜 Smilax munita S. C. Chen

凭证标本：独龙江考察队 1827；高黎贡山考察队 22029。

直立灌木。生长于常绿阔叶林、灌丛；海拔 2400～3000 m。

分布于独龙江（贡山县独龙江乡段）；贡山县丙中洛乡；福贡县。14-3。

21a. 乌饭叶菝葜 Smilax myrtillus A. de Candolle

凭证标本：独龙江考察队 1605；高黎贡山考察队 29309。

直立灌木。生长于常绿阔叶林、石柯-青冈林、竹林、灌丛；海拔 1500～2800 m。

分布于独龙江（贡山县独龙江乡段）；贡山县丙中洛乡、茨开镇；福贡县马吉乡、鹿马登乡；泸水市片马镇、鲁掌镇；保山市芒宽乡；腾冲市明光镇、曲石镇。14-3。

** **21b. 独龙菝葜 Smilax myrtillus** var. **dulongensis** H. Li

凭证标本：碧江队 1225；高黎贡山考察队 30528。

直立灌木。生长于常绿阔叶林、杜鹃-冬青林、灌丛；海拔 1330～1600 m。

分布于独龙江（贡山县独龙江乡段）；福贡县马吉乡、鹿马登乡；泸水市鲁掌镇；腾冲市五合乡。15-2-5。

* **22. 黑叶菝葜 Smilax nigrescens** F. T. Wang et Tang ex P. Y. Li

凭证标本：高黎贡山考察队 20960。

木质攀缘藤本。生长于硬叶常绿阔叶林；海拔 1110～1570 m。

分布于贡山县丙中洛乡；福贡县鹿马登乡、上帕镇、子里甲乡。15-1。

23. 抱茎菝葜 Smilax ocreata A. de Candolle

凭证标本：高黎贡山考察队 18023，14366。

木质攀缘藤本。生长于常绿阔叶林、石柯-木荷林；海拔 1130～2020 m。

分布于贡山县茨开镇；福贡县子里甲乡、匹河乡；泸水市洛本卓乡；保山市芒宽乡；腾冲市芒棒镇、五合乡。14-3。

24. 穿鞘菝葜 Smilax perfoliata Loureiro

凭证标本：怒江队 791628；高黎贡山考察队 29859。

木质攀缘藤本。生长于常绿阔叶林、河边灌丛；海拔 1175～1630 m。

分布于独龙江（贡山县独龙江乡段）；贡山县茨开镇；福贡县上帕镇、匹河乡；保山市芒宽乡；腾冲市和顺镇。14-4。

* 25. 短梗菝葜 Smilax scobinicaulis C. H. Wright

凭证标本：怒江队 790144；高黎贡山考察队 30985。

木质攀缘藤本。生长于常绿阔叶林、灌丛；海拔 1310～2130 m。

分布于贡山县丙中洛乡、茨开镇；福贡县马吉乡、上帕镇；保山市芒宽乡；腾冲市界头镇、马站乡。15-1。

26. 鞘柄菝葜 Smilax stans Maxim.

凭证标本：高黎贡山考察队 23261，24293。

落叶直立灌木。生长于常绿阔叶林；海拔 1890～2150 m。

分布于泸水市片马镇。14-2。

302a. 菖蒲科 Acoraceae

1 属 2 种

1. 菖蒲 Acorus calamus Linnaeus

凭证标本：独龙江考察队 6457；高黎贡山考察队 24880。

沼生或水生多年生草本。生长于河边、沼泽；海拔 1580～2169 m。

分布于独龙江（贡山县独龙江乡段）；泸水市片马镇；腾冲市五合乡。9。

2. 金钱蒲 Acorus gramineus Solander ex Aiton

凭证标本：南水北调队 6612。

沼生或水生多年生草本。生长于溪旁石上；海拔 1600 m。

分布于腾冲市猴桥镇。14-1。

302. 天南星科 Araceae

11 属 55 种 1 变种，* 8，** 3，*** 9，+1

1. 海芋 Alocasia odora (Roxburgh) Koch-*Arum odorum* Roxburgh

凭证标本：高黎贡山考察队 23544；李恒、李嵘、蒋柱檀、高富、张雪梅 48。

多年生常绿草本。生长于江边；海拔 691 m。

分布于保山市潞江镇。14-1。

2. 勐海魔芋 Amorphophallus kachinensis Engler & Gehrmann

凭证标本：周元川 886；高黎贡山考察队 23643。

多年生草本、具块茎。生长于常绿阔叶林林缘、灌丛；海拔 1170～1830 m。

分布于福贡县马吉乡、架科底乡；泸水市六库镇；保山市芒宽乡；龙陵县镇安镇。14-4。

** 3. 花魔芋 Amorphophallus konjac C. Koch

凭证标本：高黎贡山考察队 13799，20910。

多年生草本。生长于常绿阔叶林、硬叶常绿阔叶林、河岸灌丛；海拔 1160～1900 m。

分布于贡山县茨开镇；福贡县架科底乡；泸水市；龙陵县镇安镇。15-2。

4. 旱生南星 Arisaema aridum H. Li

凭证标本：高黎贡山考察队 7430，8059。

多年生草本，具块茎，扁球形。生长于林缘、灌丛；海拔 1500～2100 m。

分布于贡山县茨开镇；泸水市鲁掌镇。15-2-3a。

5. 长耳南星 Arisaema auriculatum Buchet

凭证标本：高黎贡山考察队 14679，24546。

多年生草本，具块茎，球形。生长于常绿阔叶林、杜鹃-箭竹灌丛；海拔 2540～3180 m。

分布于贡山县丙中洛乡、茨开镇；福贡县鹿马登乡；泸水市片马镇、鲁掌镇。15-1。

6. 版纳南星 Arisaema bannaense H. Li

凭证标本：Keenan et al. 3324；高黎贡山考察队 15703。

多年生常绿草本。生长于常绿阔叶林、杜鹃-箭竹灌丛；海拔 1500～1650 m。

分布于保山市芒宽乡。15-2-5。

7. 察隅南星 Arisaema bogneri P. C. Boyce & H. Li

凭证标本：高黎贡山考察队 8966，33519。

多年生草本，具块茎，球形。生长于常绿阔叶林；海拔 1550～1990 m。

分布于独龙江（察隅县段）；贡山县丙中洛乡、捧打乡、茨开镇；福贡县石月亮乡；保山市潞江镇。15-2-6。

8. 丹珠南星 Arisaema bonatianum Engl.

凭证标本：高黎贡山考察队 20142，34516。

多年生草本。生长于常绿阔叶林、针阔混交林、针叶林、铁杉-冷杉林、杜鹃-箭竹灌丛、箭竹灌丛、高山草甸；海拔 1930～3650 m。

分布于贡山县丙中洛乡、茨开镇；福贡县石月亮乡、鹿马登乡。15-1。

9. 贝氏南星 Arisaema brucei H. Li, R. Li & J. Murata

凭证标本：高黎贡山考察队 15020。

多年生草本，具块茎，球形。生长于常绿阔叶林；海拔 2570 m。

分布于独龙江（贡山县独龙江乡段）。15-2-6。

10. 缅甸南星 Arisaema burmanica P. Boyce & H. Li

凭证标本：Ward 20841；高黎贡山考察队 9986。

多年生草本。生长于常绿阔叶林、开阔草地、箭竹林、林缘；海拔 2000～3000 m。

分布于泸水市片马镇。15-2-6。

11. 皱序南星 Arisaema concinnum Schott

凭证标本：独龙江考察队 5560。

多年生草本。生长于江边常绿阔叶林；海拔 2500～2700 m。

分布于独龙江（贡山县独龙江乡段）。15-1。

12. 会泽南星 Arisaema dahaiense H. Li

凭证本：独龙江考察队 4380；高黎贡山考察队 30016。

多年生草本。生长于江边常绿阔叶林、针阔混交林；海拔 1350～2850 m。

分布于独龙江（贡山县独龙江乡段）；泸水市片马镇、鲁掌镇；保山市芒宽乡；腾冲市明光镇、界头镇、五合乡；龙陵县镇安镇。14-4。

13. 奇异南星 Arisaema decipiens Schott

凭证标本：独龙江考察队 529；高黎贡山考察队 32453。

多年生草本。生长于常绿阔叶林、石柯-青冈林、铁杉林、溪边；海拔 1360～2980 m。

分布于独龙江（察隅县日东乡段、贡山县独龙江乡段）；贡山县茨开镇；福贡县石月亮乡；泸水市；保山市芒宽乡、潞江镇；腾冲市明光镇、界头镇、曲石镇；龙陵县龙江乡。14-3。

14. 刺棒南星 Arisaema echinatum（Wallich）Schott-*Arum echinatum* Wallich

凭证标本：Kingdon-Ward 9580；杨世雄 678。

多年生草本，具根茎，圆柱形。生长于常绿阔叶林；海拔 1680～3000 m。

分布于独龙江（察隅县段）；保山市芒宽乡。14-3。

15. 象南星 Arisaema elephas Buchet

凭证标本：T. T. Yü 20069；高黎贡山考察队 31341。

多年生草本。生长于杜鹃-箭竹灌丛、灌丛、草甸；海拔 1800～3720 m。

分布于独龙江（察隅县日东乡段，贡山县独龙江乡段）；贡山县丙中洛乡、茨开镇；福贡县石月亮乡；腾冲市。14-3。

16. 一把伞南星 Arisaema erubescens（Wallich）Schott-*Arum erubescens* Wallich

凭证标本：独龙江考察队 1893；高黎贡山考察队 23725。

多年生草本。生长于常绿阔叶林、箭竹灌丛、石堆上、草甸、溪旁；海拔 1320～3120 m。

分布于独龙江（察隅县日东乡段、贡山县独龙江乡段）；贡山县丙中洛乡、茨开镇；福贡县鹿马登乡、上帕镇、架科底乡；泸水市片马镇、洛本卓乡、鲁掌镇；保山市芒宽乡、潞江镇；腾冲市界头镇、曲石镇、芒棒镇、五合乡；龙陵县镇安镇。14-3。

17. 黄苞南星 Arisaema flavum（Forsskål）Schott subsp. tibeticum J. Murata-*Arisaema flavum* var. *tibeticum*（J. Murata）Gusman & L. Gusman

凭证标本：青藏队 73-283。

多年生草本。生长于灌丛、草地、碎石坡、流石滩、荒地、耕地；海拔 2100～4400 m。

分布于独龙江（察隅县段）。14-3。

18. 象头花 Arisaema franchetianum Engler

凭证标本：Kingdon-Ward 4247。

多年生草本，具块茎，扁球形，直径 1～6 cm。生长于灌丛、草坡；海拔 960～3000 m。分布于泸水市。14-4。

* 19. 疣序南星 Arisaema handelii Stapf ex Handel-Mazzetti

凭证标本：Forrest 19317。

多年生草本。生长于混交林、针叶林、灌丛、草甸；海拔 2800～3500 m。

分布于察隅县；独龙江（贡山县独龙江乡段）。15-1。

20. 高原南星 Arisaema intermedium Blume

凭证标本：高黎贡山考察队 16858，17038。

多年生草本。生长于溪边常绿林、杜鹃-箭竹灌丛、箭竹灌丛；海拔 1530～3300 m。

分布于独龙江（贡山县独龙江乡段）；贡山县茨开镇；泸水市片马镇、鲁掌镇；腾冲市界头镇。14-3。

21. 藏南绿南星 Arisaema jacquemontii Blume

凭证标本：Kingdon-Ward 8353；青藏队 73-366。

多年生草本。生长于灌丛、草地；海拔 3000～3500 m。

分布于独龙江（察隅县段）。14-3。

* 22. 花南星 Arisaema lobatum Engler

凭证标本：高黎贡山考察队 9987，24428。

多年生草本。生长于常绿阔叶林、溪边常绿林、箭竹灌丛；海拔 2680～3000 m。

分布于察隅县；贡山县茨开镇；泸水市片马镇、鲁掌镇。15-1。

23. 猪龙南星 Arisaema nepenthoides (Wallich) Martius-Arum nepenthoides Wallich

凭证标本：H. Li, G. Ruckert 10225；高黎贡山考察队 29230。

多年生草本。生长于常绿阔叶林、杜鹃-箭竹灌丛、高山草甸；海拔 2100～3400 m。

分布于独龙江（察隅县日东乡段、贡山县独龙江乡段）；贡山县茨开镇；泸水市片马镇、鲁掌镇；腾冲市明光镇。14-3。

*** 24. 双耳南星 Arisaema pangii H. Li

凭证标本：独龙江考察队 4995。

多年生草本。生长于常绿阔叶林；海拔 1350～1400 m。

分布于独龙江（贡山县独龙江乡段）。15-2-6。

25. 三匹箭 Arisaema petiolulatum J. D. Hooker

凭证标本：Kingdon-Ward 21625；高黎贡山考察队 13493。

多年生常绿草本。生长于次生常绿阔叶林、山坡灌丛；海拔 1550～1700 m。

分布于保山市芒宽乡。14-3。

*** 26. 片马南星 Arisaema pianmaense H. Li

凭证标本：Forrest 24511；周元川 1243。

多年生草本。生长于次生常绿阔叶林、林缘、灌丛、河谷；海拔 2700 m。

分布于泸水市片马镇；腾冲市猴桥镇。15-2-6。

*27. 旱生南星 Arisaema saxatile Buchet

凭证标本：杨竞生 3619；杨世雄 677。

多年生草本。生长于次生常绿阔叶林、林缘、河边、草坡；海拔 1400～2400 m。

分布于贡山县茨开镇；保山市芒宽乡。15-1。

*28. 瑶山南星 Arisaema sinii Krause

凭证标本：高黎贡山考察队 29068，29138。

多年生草本。生长于常绿阔叶林；海拔 2100～2300 m。

分布于腾冲市界头镇、曲石镇。15-1。

29. 美丽南星 Arisaema speciosum (Wallich) Martius-*Arum speciosum* Wallich

凭证标本：高黎贡山考察队 7701，12261。

多年生草本，具根茎，圆柱形。生长于常绿阔叶林、石堆上；海拔 2200～2770 m。

分布于贡山县茨开镇；福贡县鹿马登乡；泸水市片马镇；腾冲市。14-3。

***30a. 腾冲南星 Arisaema tengchongense H. Li

凭证标本：Kingdon-Ward 1709；杨竞生 1294。

多年生草本。生长于常绿阔叶林、杜鹃灌丛；海拔 2600～3200 m。

分布于泸水市片马镇；腾冲市界头镇。15-2-6。

***30b. 五叶腾冲南星 Arisaema tengchongense var. pentaphyllum H. Li

凭证标本：杨竞生 1539。

多年生草本。生长于常绿阔叶林、杜鹃灌丛；海拔 2700 m。

分布于腾冲市。15-2-6。

31. 曲序南星 Arisaema tortuosum (Wallich) Schott-*Arum tortuosum* Wallich

凭证标本：Forrest 12575。

多年生草本。生长于林下、路边、草地；海拔 1300～3900 m。

分布于腾冲市。14-3。

32. 网檐南 Arisaema utile J. D. Hooker ex Schott

凭证标本：南水北调队 7085；高黎贡山考察队 28072。

多年生草本。生长于杜鹃-箭竹灌丛、草甸；海拔 3600～3740 m。

分布于福贡县石月亮乡、鹿马登乡；腾冲市猴桥镇。14-3。

33. 双耳南星 Arisaema wattii J. D. Hooker

凭证标本：独龙江考察队 4129；高黎贡山考察队 33775。

多年生草本。生长于常绿阔叶林、针阔混交林、针叶林、箭竹灌丛；海拔 1310～3500 m。

分布于独龙江（察隅县日东乡段、贡山县独龙江乡段）；贡山县茨开镇；福贡县石月亮乡、鹿马登乡；泸水市片马镇、洛本卓乡；腾冲市明光镇、猴桥镇。14-3。

34. 川中南星 Arisaema wilsonii Engl.

凭证标本：施晓春、杨世雄 679，680。

多年生草本，具块茎，球形，直径 5～7 cm。生长于常绿阔叶林；海拔 1900～3200 m。分布于保山市芒宽乡。15-1。

35. 山珠南星 Arisaema yunnanense Buchet

凭证标本：冯国楣 8641；高黎贡山考察队 29138。

多年生草本。生长于常绿阔叶林、石柯-青冈林、灌丛、草坡；海拔 1400～2200 m。

分布于贡山县捧打乡、茨开镇；福贡县上帕镇；保山市芒宽乡；腾冲市界头镇、五合乡。14-4。

36. 滇南芋 Colocasia antiquorum Schott

凭证标本：高黎贡山考察队 10367，27583。

多年生草本。生长于常绿阔叶林、灌丛、沼泽、溪边潮湿地；海拔 611～2290 m。

分布于独龙江（贡山县独龙江乡段）；贡山县茨开镇；福贡县马吉乡、鹿马登乡；保山市芒宽乡、潞江镇；腾冲市芒棒镇；龙陵县龙镇桥、龙江乡。14-3。

37. 半夏 Pinellia ternata (Thunberg) Tenore ex Breitenbach-*Arum ternatum* Thunberg

凭证标本：杨竞生 63-0139。

多年生草本。生长于林下、草坡、耕地；海拔 2500 m。

分布于腾冲市。14-2。

38. 石柑子 Pothos chinensis (Rafinesque) Merrill-*Tapanava chinensis* Rafinesque

凭证标本：刘伟心 224；高黎贡山考察队 27834。

根攀藤本植物，长达 10 m。生长于常绿阔叶林；海拔 1260～1777 m。

分布于贡山县；福贡县马吉乡、石月亮乡、鹿马登乡、上帕镇；泸水市片马镇、鲁掌镇、匹河乡；保山市芒宽乡；腾冲市腾越镇、芒棒镇；龙陵县。14-3。

39. 螳螂跌打 Pothos scandens Linnaeus

凭证标本：Forrest 121338；J. Keenan et al. 3948。

根攀藤本植物，长达 6 m。生长于常绿阔叶林树上、附生、石崖上；海拔 1000 m。分布于腾冲市。6。

40. 早花岩芋 Remusatia hookeriana Schott

凭证标本：独龙江考察队 6881；高黎贡山考察队 33550。

多年生草本。生长于常绿阔叶林、石柯-冬青林、石柯-杜鹃林、石柯-木荷林、石柯林、次生常绿阔叶林；海拔 1790～2300 m。

分布于独龙江（贡山县独龙江乡段）；贡山县茨开镇；泸水市片马镇、洛本卓乡；保山市潞江镇；腾冲市界头镇、芒棒镇；龙陵县龙江乡、镇安镇。14-3。

41. 曲苞芋 Remusatia pumila (D. Don) H. Li & A. Hay-*Caladium pumilum* D. Don

凭证标本：Forrest 16661。

多年生草本。生长于常绿阔叶林；海拔 1630 m。

分布于泸水市片马镇；腾冲市和顺镇。14-3。

42. 岩芋 Remusatia vivipara（Roxb.）Schott-*Arum viviparum* Roxburgh

凭证标本：Forrest 18551。

多年生草本，具块茎，扁球形。生长于常绿阔叶林、沟谷疏林；海拔 2100 m。

分布于腾冲市。14-3。

43. 爬树龙 Rhaphidophora decursiva（Roxburgh）Schott-*Pothos decursivus* Roxburgh

凭证标本：独龙江考察队 5262；高黎贡山考察队 29133。

粗壮附生藤本，长 20 m 以上。生长于常绿阔叶林、河谷溪旁；海拔 1340～2200 m。

分布于独龙江（察隅县日东乡段、贡山县独龙江乡段）；贡山县茨开镇；福贡县马吉乡、石月亮乡；泸水市片马镇；保山市芒宽乡、潞江镇；腾冲市界头镇、芒棒镇、五合乡；龙陵县龙江乡、镇安镇。14-3。

*** **44. 独龙崖角藤 Rhaphidophora dulongensis** H. Li

凭证标本：独龙江考察队 931；高黎贡山考察队 22181。

附生藤本，茎长 1～2 m。生长于常绿阔叶林；海拔 1400～1850 m。

分布于独龙江（贡山县独龙江乡段）。15-2-6。

45. 粉背崖角藤 Rhaphidophora glauca（Wall.）Schott-*Pothos glaucus* Wallich

凭证标本：高黎贡山考察队 29628，29653。

附生藤本。生长于石柯-木荷林；海拔 1850 m。

分布于腾冲市新华乡。14-3。

46. 狮子尾 Rhaphidophora hongkongensis Schott

凭证标本：独龙江考察队 779，6165。

附生藤本，长达 11 m。生长于常绿阔叶林；海拔 1300～2020 m。

分布于独龙江（贡山县独龙江乡段）。7。

47. 毛过山龙 Rhaphidophora hookeri Schott

凭证标本：独龙江考察队 1140；高黎贡山考察队 30031。

附生藤本，长达 16 m。生长于石柯林、硬叶常绿阔叶林、河边；海拔 1238-1960 m。

分布于独龙江（贡山县独龙江乡段）；贡山县茨开镇；福贡县鹿马登乡、上帕镇；泸水市六库镇；腾冲市界头镇。14-3。

48. 上树蜈蚣 Rhaphidophora lancifolia Schott

凭证标本：独龙江考察队 6150；高黎贡山考察队 34013。

附生藤本，长达 20 m。生长于常绿阔叶林、次生常绿阔叶林；海拔 1400～2400 m。

分布于独龙江（贡山县独龙江乡段）；贡山县茨开镇；福贡县石月亮乡、上帕镇；泸水市洛本卓乡；保山市芒宽乡；腾冲市；龙陵县龙江乡。14-3。

* 49. 绿春崖角藤 Rhaphidophora luchunensis H. Li

凭证标本：H. Li，G. Ruckert 10659；高黎贡山考察队 17830。

附生藤本。生长于常绿阔叶林；海拔 1450～1950 m。

分布于贡山县茨开镇；保山市芒宽乡；龙陵县龙江乡。15-1。

50. 大叶南苏 Rhaphidophora peepla（Roxb.）Schott-*Pothos peepla* Roxburgh

凭证标本：冯国楣 24519；高黎贡山考察队 29266。

附生藤本。生长于常绿阔叶林、石柯-青冈林、箭竹林；海拔 1580～2650 m。

分布于贡山县丙中洛乡、捧打乡；保山市潞江镇；腾冲市明光镇、界头镇。14-3。

*** 51. 贡山斑龙芋 Sauromatum gaoligongense Z. L. Wang & H. Li

凭证标本：独龙江考察队 4047；高黎贡山考察队 13131。

多年生草本，具块茎，扁球形。生长于常绿阔叶林；海拔 1360～2290 m。

分布于独龙江（贡山县独龙江乡段）；保山市潞江镇；腾冲市界头镇。15-2-6。

⁺52. 独角莲 Sauromatum giganteum（Engler）Cusimano & Hetterscheid-*Typhonium giganteum* Engler

凭证标本：杨竞生 63-0161。

多年生草本，具根茎，扁球形。生长于田边、沟旁；海拔 1500 m。

分布于腾冲市。16。

53. 西南犁头尖 Sauromatum horsfieldii Miquel

凭证标本：高黎贡山考察队 9984，26206。

多年生草本，具根茎。生长于常绿阔叶林、溪边常绿林；海拔 1320～2150 m。

分布于泸水市片马镇；保山市芒宽乡、潞江镇。7。

54. 滇南泉七 Steudnera henryana Engler

凭证标本：刀志灵无号。

多年生常绿草本，高达 45 cm。生长于常绿阔叶林下流水旁；海拔 1800 m。

分布于保山市芒宽乡。14-4。

55. 金慈姑 Typhonium roxburghii Schott

凭证标本：高黎贡山考察队 17211，17246。

多年生草本，具根茎，块茎状，球形或近球形。生长于灌丛；海拔 650 m。

分布于保山市潞江镇。7。

303. 浮萍科 Lemnaceae

2 属 2 种

1. 日本浮萍 Lemna japonica Landolt

凭证标本：高黎贡山考察队 8598，28226。

水面浮游叶状体。生长于稻田边、池塘；海拔 900～1805 m。

分布于贡山县茨开镇；福贡县鹿马登乡；泸水市大兴地乡、六库镇；保山市潞江镇；腾冲市和顺镇、北海乡；龙陵县镇安镇。14-2。

2. 紫萍 Spirodela polyrhiza（Linnaeus）Schleiden-*Lemna polyrhiza* Linnaeus

凭证标本：高黎贡山考察队 10533，28227。

水面浮游叶状体。生长于稻田边、池塘；海拔 900～1575 m。

分布于福贡县石月亮乡、鹿马登乡；泸水市六库镇；腾冲市和顺镇。1。

304. 黑三棱科 Sparganiaceae

1 属 3 种，*** 2

*** **1. 穗状黑三棱 Sparganium confertum** Y. D. Chen

凭证标本：冯国楣 8376；高黎贡山考察队 34555。

多年生挺水草本。生长于杜鹃-箭竹灌丛沼泽、高山沼泽；海拔 3280～3600 m。

分布于贡山县茨开镇；福贡县石月亮乡、鹿马登乡。15-2-6。

2. 小黑三棱 Sparganium emersum Rehmann

凭证标本：李恒、李嵘、蒋柱檀、高富、张雪梅 415；高黎贡山考察队 30933。

多年生挺水草本。生长于湖泊；海拔 1730 m。

分布于腾冲市北海乡。8。

*** **3. 沼生黑三棱 Sparganium limosum** Y. D. Chen

凭证标本：T. T. Yü 19197。

多年生挺水草本。生长于沼泽；海拔 1750 m。

分布于贡山县。15-2-6。

305. 香蒲科 Typhaceae

1 属 1 种

1. 东方香蒲 Typha orientalis C. Presl

凭证标本：Forrest 25106。

多年生挺水草本。生长于沼泽；海拔 2170～2700 m。

分布于泸水市片马镇。5。

306. 石蒜科 Amaryllidaceae

4 属 14 种，* 3，+ 6

+ **1. 洋葱 Allium cepa** Linnaeus

凭证标本：无号。

多年生草本。房前屋后常见栽培。

分布于各地栽培。16。

+ **2. 薤头 Allium chinense** G. Don

凭证标本：王启无 67104。

多年生草本。房前屋后常见栽培。

分布于贡山县。16。

⁺3. 葱 Allium fistulosum Linnaeus

凭证标本：无号。

多年生草本，球茎单生或群生。房前屋后常见栽培。

分布于各地栽培。16。

* 4. 梭沙韭 Allium forrestii Diels

凭证标本：青藏队 73-1132；高黎贡山考察队 32786。

多年生草本。生长于杜鹃-箭竹灌丛、高山草甸；海拔 3600～4270 m。

分布于独龙江（察隅县日东乡段）；贡山县丙中洛乡；福贡县鹿马登乡。15-1。

5. 宽叶韭 Allium hookeri Thwaites

凭证标本：T. T. Yü 20334。

多年生草本。生长于竹林中；海拔 3260 m。

分布于独龙江（贡山县独龙江乡段）。14-3。

6. 大花韭 Allium macranthum Baker

凭证标本：T. T. Yü 20836；高黎贡山考察队 16987。

多年生草本。生长于箭竹-柳灌、草地；海拔 3250～3500 m。

分布于贡山县茨开镇。14-3。

* 7. 滇韭 Allium mairei H. Léveillé

凭证标本：T. T. Yü 20321。

多年生草本，球茎常丛生，圆柱形，外皮褐色。生长于疏林、草地；海拔 1200～4200 m。

分布于独龙江（贡山县独龙江乡段）。15-1。

* 8. 卵叶山葱 Allium ovalifolium Handel-Mazzetti

凭证标本：南水北调队 9166；高黎贡山考察队 13839。

多年生草本。生长于常绿阔叶林、沟边湿地；海拔 2800～4000 m。

分布于独龙江（贡山县独龙江乡段）；贡山县茨开镇。15-1。

9. 太白山葱 Allium prattii C. H. Wright ex Hemsley

凭证标本：南水北调队 8377；高黎贡山考察队 31509。

多年生草本。生长于针叶林、箭竹灌丛、高山草甸；海拔 3560～4270 m。

分布于独龙江（察隅县段）；贡山县丙中洛乡、茨开镇；福贡县石月亮乡、鹿马登乡；泸水市片马镇。14-3。

⁺10. 蒜 Allium sativum Linnaeus

凭证标本：无号。

多年生草本。房前屋后常见栽培。

分布于各地栽培。16。

11. 多星韭 Allium wallichii Kunth

凭证标本：独龙江考察队 405；高黎贡山考察队 33856。

多年生草本。生长于常绿阔叶林、灌丛、高山草甸、溪旁；海拔 1350～3720 m。

分布于独龙江（贡山县独龙江乡段）；贡山县丙中洛乡、茨开镇；福贡县马吉乡、石月亮乡；泸水市鲁掌镇；保山市芒宽乡。14-3。

⁺12. 蜘蛛兰 Hymenocallis americana Roem.

凭证标本：高黎贡山考察队 26192。

多年生草本，球茎近球形，直径 2～3 cm。生长于常绿阔叶林；海拔 1702 m。

分布于保山市芒宽乡。16。

13. 忽地笑 Lycoris aurea（L'Héritier）Herbert-*Amaryllis aurea* L'Héritier

凭证标本：独龙江考察队 4041；高黎贡山考察队 28993。

多年生草本。生长于常绿阔叶林、江岸灌丛、河滩、田边；海拔 900～1580 m。

分布于独龙江（贡山县独龙江乡段）；贡山县茨开镇；福贡县石月亮乡、上帕镇、匹河乡；泸水市六库镇。7。

⁺14. 韭莲 Zephyranthes carinata Herbert

凭证标本：高黎贡山考察队 29107。

多年生草本。生长于常绿阔叶林、箭竹林；海拔 2200 m。

分布于腾冲市界头镇。16。

307. 鸢尾科 Iridaceae

2 属 13 种，*1

1. 射干 Belamcanda chinensis（Linn.）Redouté-*Ixia chinensis* Linnaeus

凭证标本：蔡希陶 54624。

多年生草本，具根茎，具节。生长于路边；海拔 1100 m。

分布于福贡县上帕镇。14-1。

2. 西南鸢尾 Iris bulleyana Dykes

凭证标本：高黎贡山考察队 7795，32118。

多年生草本。生长于常绿阔叶林、针阔混交林、高山草甸；海拔 2580～3980 m。

分布于独龙江（察隅县日东乡段、贡山县独龙江乡段）；贡山县丙中洛乡、茨开镇。14-4。

3. 金脉鸢尾 Iris chrysographes Dykes

凭证标本：Forrest 25043，27182。

多年生草本，具根茎，匍匐。生长于林缘、草地；海拔 3000～4400 m。

分布于福贡县；泸水市；腾冲市。14-4。

4. 高原鸢尾 Iris collettii J. D. Hooker.

凭证标本：Forrest s. n.。

多年生丛生草本，具块茎。生长于草地；海拔 1650～2100 m。

分布于腾冲市腾越镇。14-3。

˙5. 长葶鸢尾 Iris delavayi Micheli

凭证标本：Forrest 19029；T. T. Yü 19745。

多年生草本，具根茎，匍匐。生长于水沟边湿地、林缘草地；海拔 2700～3800 m。

分布于独龙江（察隅县日东乡段、贡山县独龙江乡段）；福贡县。15-1。

6. 长管鸢尾 Iris dolichosiphon Noltie

凭证标本：高黎贡山考察队 31259，31634。

多年生草本，具根茎，短。生长于高山草甸；海拔 3927～4270 m。

分布于贡山县丙中洛乡。14-3。

7. 云南鸢尾 Iris forrestii Dykes.

凭证标本：Forrest 19298；高黎贡山考察队 26753。

多年生草本，具根茎，粗短，匍匐。生长于草丛、溪畔湿地；海拔 2750～3050 m。

分布于独龙江（贡山县独龙江乡段）；福贡县鹿马登乡。14-4。

8. 蝴蝶花 Iris japonica Thunberg

凭证标本：高黎贡山考察队 18738，30456。

多年生草本。生长于常绿阔叶林、石柯-桤木林、石柯-冬青林；海拔 1237～2480 m。

分布于贡山县丙中洛乡；福贡县鹿马登乡；泸水市片马镇、鲁掌镇；保山市潞江镇；腾冲市明光镇、界头镇、曲石镇、芒棒镇。14-2。

9. 库门鸢尾 Iris kemaonensis Wallich

凭证标本：Forrest 19365。

多年生草本，局根茎，短，根细。生长于稻田边、水中；海拔 3500～4200 m。

分布于贡山县丙中洛乡。14-3。

10. 燕子花 Iris laevigata Fisch.

凭证标本：Forrest 26637；高黎贡山考察队 30926。

多年生草本，具根茎，粗大，匍匐。生长于稻田边、水中；海拔 1730～2400 m。

分布于腾冲市明光镇、北海乡。14-2。

11. 红花鸢尾 Iris milesii Foster

凭证标本：冯国楣 7301；南水北调队 8178。

多年生草本，具根茎，粗。生长于疏林、林缘、河滩；海拔 1740～3500 m。

分布于贡山县丙中洛乡；泸水市上江乡；腾冲市猴桥镇。14-3。

12. 鸢尾 Iris tectorum Maxim.

凭证标本：独龙江考察队 5827；高黎贡山考察队 14472。

多年生草本。生长于常绿阔叶林、次生常绿阔叶林、路边；海拔 1458～2000 m。

分布于独龙江（贡山县独龙江乡段）；贡山县丙中洛乡、捧打乡、茨开镇。14-2。

13. 扇形鸢尾 Iris wattii Baker

凭证标本：怒江队 791265；高黎贡山考察队 13755。

多年生草本。生长于常绿阔叶林、河谷路边；海拔 1400～2300 m。

分布于贡山县丙中洛乡、茨开镇。14-2。

310. 百部科 Stemonaceae

1 属 1 种

1. 大百部 Stemona tuberosa Loureiro

凭证标本：高黎贡山考察队 11675。

藤本。生长于河谷路边；海拔 800 m。

分布于泸水市上江乡。14-3。

311. 薯蓣科 Dioscoreaceae

1 属 21 种，*2，**3，+2

+1. 参薯 Dioscorea alata Linnaeus

凭证标本：独龙江考察队 3753；高黎贡山考察队 20688。

多年生草质藤本。生长于灌丛中、田边；海拔 950～1740 m。

分布于独龙江（贡山县独龙江乡段）；贡山县捧打乡；保山市芒宽乡；腾冲市曲石镇。16。

2. 蜀葵叶薯蓣 Dioscorea althaeoides Knuth

凭证标本：南水北调队 7215。

多年生草质藤本，具块茎，圆柱形。生长于灌丛、箐沟林下；海拔 1400～3200 m。

分布于腾冲市明光镇。14-4。

*3. 丽叶薯蓣 Dioscorea aspersa Prain & Burkill

凭证标本：高黎贡山考察队 21289。

多年生草质藤本。生长于常绿阔叶林、灌丛；海拔 1170～1660 m。

分布于独龙江（贡山县独龙江乡段）；福贡县架科底乡。15-1。

**4. 异叶薯蓣 Dioscorea biformifolia Pei & Ting

凭证标本：南水北调队 8074；吕春朝 62158。

多年生草质藤本。生长于松林、桦木林、灌丛；海拔 600～2200 m。

分布于泸水市六库镇、上江乡。15-2。

5. 独龙薯蓣 Dioscorea birmanica Prain & Burkill

凭证标本：冯国楣 24752。

多年生草质藤本。生长于江边阔叶林、山坡；海拔 1350～1550 m。

分布于独龙江（贡山县独龙江乡段）；贡山县丙中洛乡、茨开镇。14-4。

6. 黄独 Dioscorea bulbifera Linnaeus

凭证标本：高黎贡山考察队 7020；高黎贡山考察队 29012。

多年生草质藤本。生长于常绿阔叶林、针叶林、次生林、灌丛；海拔 900～2450 m。

分布于贡山县丙中洛乡、茨开镇；福贡县上帕镇；泸水市洛本卓乡；保山市芒宽乡；腾冲市芒棒镇、五合乡。4。

7. 薯莨 Dioscorea cirrhosa Loureiro

凭证标本：尹文清 60-1509；高黎贡山考察队 24804。

多年生草质藤本。生长于石柯-桦木林；海拔 1300～1530 m。

分布于独龙江（贡山县独龙江乡段）；腾冲市五合乡。14-4。

8. 叉蕊薯蓣 Dioscorea collettii J. D. Hooker

凭证标本：南水北调队 7372；高黎贡山考察队 29913。

多年生草质藤本。生长于常绿阔叶林、蔷薇-枸子灌丛；海拔 1500～2200 m。

分布于贡山县丙中洛乡、捧打乡、茨开镇；福贡县；泸水市片马镇；腾冲市界头镇、马站乡。14-3。

9. 吕宋薯蓣 Dioscorea cumingii Prain & Burkill

凭证标本：冯国楣 24362。

多年生草质藤本。生长于江边阔叶林；海拔 1300 m。

分布于独龙江（贡山县独龙江乡段）。7。

10. 多毛叶薯蓣 Dioscorea decipiens J. D. Hooker

凭证标本：南水北调队 8509；高黎贡山考察队 18898。

多年生草质藤本。生长于次生常绿阔叶林、灌丛；海拔 790～1350 m。

分布于泸水市六库镇；保山市芒宽乡、潞江镇；腾冲市蒲川乡。14-4。

11. 光叶薯蓣 Dioscorea glabra Roxburgh

凭证标本：冯国楣 24180。

多年生草质藤本。生长于次生常绿阔叶林、灌丛；海拔 1350 m。

分布于独龙江（贡山县独龙江乡段）。7。

12. 粘山药 Dioscorea hemsleyi Prain & Burkill

凭证标本：南水北调队 8632；高黎贡山考察队 19127。

多年生草质藤本。生长于常绿阔叶林、针叶林、次生林、灌丛；海拔 1000～1600 m。

分布于独龙江（贡山县独龙江乡段）；贡山县丙中洛乡；泸水；保山市芒宽乡、潞江镇；腾冲市曲石镇、五合乡；龙陵县镇安镇。14-4。

13. 高山薯蓣 Dioscorea kamoonensis Kunth

凭证标本：高黎贡山考察队 7143，33433。

多年生草质藤本。生长于常绿阔叶林、铁杉林缘、落叶阔叶林灌丛；海拔 1000～3030 m。

分布于独龙江（贡山县独龙江乡段）；贡山县丙中洛乡、茨开镇；福贡县马吉乡、石月亮乡；泸水市片马镇；保山市潞江镇；腾冲市马站乡、芒棒镇；龙陵县龙江乡。14-3。

14. 黑珠芽薯蓣 Dioscorea melanophyma Prain & Burkill

凭证标本：高黎贡山考察队 27467。

多年生草质藤本。生长于常绿阔叶林、次生林、稻田边；海拔 1380～1900 m。

分布于福贡县石月亮乡、上帕镇；泸水市片马镇；腾冲市曲石镇。14-3。

** 15. 南腊薯蓣 Dioscorea nanlaensis H. Li

凭证标本：青藏队 82-9131。

多年生草质藤本。生长于常绿阔叶林；海拔 1600 m。

分布于贡山县。15-2-5。

16. 黄山药 Dioscorea panthaica Prain & Burkill

凭证标本：高黎贡山考察队 7022，15879。

多年生草质藤本。生长于常绿阔叶林、次生林、江边、草丛；海拔 1550～1900 m。

分布于贡山县丙中洛乡、茨开镇。14-4。

17. 五叶薯蓣 Dioscorea pentaphylla Linnaeus

凭证标本：独龙江考察队 390；高黎贡山考察队 22287。

多年生草质藤本。生长于常绿阔叶林、针叶林、次生林、灌丛；海拔 790～1590 m。

分布于独龙江（贡山县独龙江乡段）；贡山县丙中洛乡、茨开镇；福贡县上帕镇；泸水市片马镇；保山市芒宽乡、潞江镇；腾冲市蒲川乡。4。

⁺18. 薯蓣 Dioscorea polystachya Turczaninow

凭证标本：青藏队 82-9361；高黎贡山考察队 33450。

多年生草质藤本。生长于次生常绿阔叶林；海拔 1420～1900 m。

分布于贡山县丙中洛乡、茨开镇。16。

** 19. 小花盾叶薯蓣 Dioscorea sinoparviflora Ting

凭证标本：滇西北队 10428；独龙江考察队 249。

多年生草质藤本。生长于次生常绿阔叶林、灌丛；海拔 900～1450 m。

分布于贡山县茨开镇；泸水市。15-2。

* 20. 毛胶薯蓣 Dioscorea subcalva Prain & Burkill

凭证标本：高黎贡山考察队 7240，33499。

多年生草质藤本，具根茎。生长于常绿阔叶林、次生常绿阔叶林；海拔 1460～1750 m。

分布于贡山县丙中洛乡；泸水市片马镇；龙陵县镇安镇。15-1。

21. 毡毛薯蓣 Dioscorea velutipes Prain & Burkill

凭证标本：独龙江考察队 960，1233。

多年生草质藤本，具根茎，直升，圆柱形。生长于常绿阔叶林；海拔 1400～1500 m。

分布于独龙江（贡山县独龙江乡段）。14-4。

313. 龙舌兰科 Agavaceae

2 属 3 种，⁺3

⁺1. 龙舌兰 Agave americana Linnaeus

凭证标本：无标本。

多年生植物。栽培于园庭中。海拔 2000 m。

分布于福贡县；泸水市；保山市。16。

⁺2. 剑麻 Agave sisalana Perrine ex Engelmann

凭证标本：无标本。

多年生植物。生长于路边；海拔 2000 m。

分布于福贡县；保山市。16。

⁺3. 朱蕉 Cordyline fruticosa（Linn.）A. Chevalier-*Convallaria fruticosa* Linnaeus

凭证标本：无标本。

直立灌木。生长于路边；海拔 2000 m。

分布于福贡县；保山市。16。

314. 棕榈科 Arecaceae

3 属 4 种，***1

1. 云南省藤 Calamus acanthospathus Griffith

凭证标本：独龙江考察队 1211。

茎长达 30 m。生长于河谷雨林；海拔 1240 m。

分布于独龙江（贡山县独龙江乡段）。14-3。

2. 鱼尾葵 Caryota maxima Blume ex Martius

凭证标本：独龙江考察队 1206；高黎贡山考察队 13518。

茎高达 30 m。生长于河谷雨林、次生常绿阔叶林；海拔 1240～1550 m。

分布于独龙江（贡山县独龙江乡段）；保山市芒宽乡。7。

3. 董棕 Caryota obtusa Griffith

凭证标本：独龙江考察队 1434；李恒、李嵘 783。

茎高达 40 m。生长于热带雨林、常绿阔叶林；海拔 1240～1400 m。

分布于独龙江（贡山县独龙江乡段）。14-4。

***4. 贡山棕榈 Trachycarpus princeps Gibbons，Spanner & San Y. Chen

凭证标本：高黎贡山考察队 8835，12070。

茎单高达 10 m。生长于石灰岩山灌丛；海拔 1470～1640 m。

分布于贡山县丙中洛乡。15-2-6。

318. 仙茅科 Hypoxidaceae

2 属 5 种，** 1

1. 大叶仙茅 Curculigo capitulata (Loureiro) O. Kuntze-*Leucojum capitulatum* Loureiro

凭证标本：独龙江考察队 4346；高黎贡山考察队 32294。

多年生草本。生长于常绿阔叶林、石柯-李树林、次生常绿阔叶林；海拔 1225～2300 m。

分布于独龙江（贡山县独龙江乡段）；泸水市上江乡；腾冲市明光镇、界头镇、荷花镇、五合乡；龙陵县镇安镇。7。

2. 绒叶仙茅 Curculigo crassifolia (Baker) J. D. Hooke-*Molineria crassifolia* Baker

凭证标本：施晓春 422；高黎贡山考察队 18571。

多年生草本，高 3 m。生长于常绿阔叶林、松栎林；海拔 1400～2240 m。

分布于福贡县；泸水市；保山市芒宽乡、潞江镇。14-3。

3. 仙茅 Curculigo orchioides Gaertner

凭证标本：高黎贡山考察队 29455，30744。

多年生草本。生长于常绿阔叶林、松栎林；海拔 1910～1940 m。

分布于腾冲市界头镇、猴桥镇。7。

** **4. 中华仙茅 Curculigo sinensis** S. C. Chen

凭证标本：高黎贡山考察队 15535，33944。

多年生草本。生长于常绿阔叶林、石柯-木荷、木莲-木荷林；海拔 1140～2390 m。

分布于独龙江（贡山县独龙江乡段）；贡山县茨开镇；福贡县马吉乡、鹿马登乡；泸水市片马镇。15-2-8。

5. 小金梅草 Hypoxis aurea Loureiro

凭证标本：高黎贡山考察队 17870，28199。

多年生小草本。生长于常绿阔叶林、松栎林、荒草地；海拔 1590～1908 m。

分布于贡山县；泸水市；腾冲市界头镇；龙陵县龙江乡。7。

321. 蒟蒻薯科 Taccaceae

1 属 1 种

1. 箭根薯 Tacca chantrieri Andre

凭证标本：Forrest 9148。

多年生草本，具根茎，近圆柱形，粗厚。生长于常绿阔叶林下湿地；海拔 1336 m。

分布于腾冲市。14-4。

323. 水玉簪科 Burmanniaceae

1 属 2 种

1. 三品一枝花 Burmannia coelestis D. Don

凭证标本：Forrest 941；高黎贡山考察队 10942。

一年生自养半腐生草本。生长于湿地、草地；海拔 1250～1930 m。

分布于腾冲市明光镇、马站乡。5。

2. 水玉簪 Burmannia disticha Linnaeus

凭证标本：Forrest 7953，12003。

一年生自养草本，高 12.5～70 cm。生长于湿灌丛、湿草地；海拔 1200～2400 m。

分布于腾冲市。5。

326. 兰科 Orchidaceae

96 属 360 种 3 变种，* 47，** 6，*** 27

1. 多花脆兰 Acampe rigida（Buchanan-Hamilton ex Smith）P. F. Hunt-*Aerides rigida* Buchanan-Hamilton ex Smith

凭证标本：南水北调队 8008。

附生或石生草本，高达 1 m。附生于阔叶林中树上、溪旁岩石上；海拔 1000 m。

分布于泸水市六库镇。6。

2. 禾叶兰 Agrostophyllum callosum H. G. Reichenbach

凭证标本：独龙江考察队 1430；高黎贡山考察队 13147。

附生丛生草本，高 30～60 cm。附生于阔叶林树上、溪旁岩石上；海拔 1300～2400 m。

分布于独龙江（贡山县独龙江乡段）；保山市潞江镇。14-3。

* **3. 长苞无柱兰 Amitostigma farreri** Schlechter

凭证标本：高黎贡山考察队 12694。

地生兰，35～90 mm，具块茎。生长于常绿阔叶林林下；海拔 2200 m。

分布于贡山县茨开镇。15-1。

* **4. 一花无柱兰 Amitostigma monanthum**（Finet）Schlechter-*Peristylus monanthus* Finet

凭证标本：王启无 67262；高黎贡山考察队 32026。

地生兰，6～10 cm。生长于杜鹃-箭竹灌丛、高山沼泽、草甸；海拔 3120～3730 m。

分布于独龙江（贡山县独龙江乡段）；贡山县茨开镇；福贡县鹿马登乡；泸水市片马镇。15-1。

* **5. 少花无柱兰 Amitostigma parceflorum**（Finet）Schlechter-*Peristylus tetralobus* Finet f. *parceflorus* Fine

凭证标本：Handel-Mazzetti 9928。

地生兰，高 10～15 cm，具块茎，近球形。生长于常绿阔叶林林下；海拔 1700～2000 m。

分布于贡山县丙中洛乡。15-1。

*6. 西藏无柱兰 Amitostigma tibeticum Schlechter

凭证标本：碧江队 79-1074；T. T. Yü 22069。

地生兰，高 6～8 cm，具块茎，椭圆形至球形。生长于高山草甸；海拔 3500～4000 m。

分布于贡山县丙中洛乡；福贡县上帕镇；泸水市片马镇。15-1。

***7. 三叉无柱兰 Amitostigma trifurcatum Tang & Li ang

凭证标本：T. T. Yü 20257。

地生兰，高 24～36 cm，具块茎，近球形。生长于林缘沼泽；海拔 2900 m。

分布于独龙江（贡山县独龙江乡段）。15-2-6。

*8. 齿片无柱兰 Amitostigma yuanum Tang & F. T. Wang

凭证标本：独龙江考察队 1007；林芹 791973。

地生兰，高 75～150 mm，具块茎，球形。生长于针叶林下、草坡；海拔 3400～3600 m。

分布于独龙江（贡山县独龙江乡段）；福贡县上帕镇；泸水市片马镇。15-1。

9. 剑唇兜蕊兰 Androcorys pugioniformis（Lindley ex J. D. Hooker）K. Y. Lang-*Herminium pugioniforme* Lindley ex J. D. Hooker

凭证标本：金效华 8413。

地生兰，高 55～180 mm，具块茎，球形。生长于灌丛；海拔 2700～2900 m。

分布于贡山县丙中洛乡。14-3。

*10. 蜀藏兜蕊兰 Androcorys spiralis Tang & F. T. Wang

凭证标本：王启无 66285。

地生兰，高 5～12 cm，具块茎，球形。生长于针叶林；海拔 3500 m。

分布于独龙江（察隅县日东乡段）。15-1。

11. 金线兰 Anoectochilus roxburghii（Wallich）Lindley-*Chrysobaphus roxburghii* Wallich

凭证标本：独龙江考察队 s. n.。

地生兰，高 8～20 cm。生长于河谷林；海拔 1350 m。

分布于独龙江（贡山县独龙江乡段）。14-1。

12. 筒瓣兰 Anthogonium gracile Lindley

凭证标本：高黎贡山考察队 32441；李恒、李嵘 934。

地生兰，高 55 cm。生长于常绿阔叶林、针叶林、次生林；海拔 1400～2751 m。

分布于独龙江（贡山县独龙江乡段）；保山市芒宽乡、潞江镇；腾冲市芒棒镇。14-3。

13. 无叶兰 Aphyllorchs montana H. G. Reichenbach

凭证标本：高黎贡山考察队 19105。

腐生兰，高 43～70 cm。生长于常绿阔叶林；海拔 1525 m。

分布于保山市芒宽乡。7。

14. 竹叶兰 Arundina graminifolia（D. Don）Hochreutiner-*Bletia graminifolia* D. Don

凭证标本：毛品一 458；尹文清 60-1409。

地生兰，附生兰，高 40～100 cm。生长于常绿阔叶林、河边灌丛；海拔 1200～1400 m。

分布于独龙江（贡山县独龙江乡段）；泸水市上江乡；腾冲市界头镇、蒲川乡；龙陵县龙山镇。7。

15. 圆柱叶鸟舌兰 Ascocentrum himalaicum（Deb，Sengupta & Malick）Christenson-*Saccolabium himalaicum* Deb，Sengupta & Malick

凭证标本：高黎贡山考察队 11286；金效华 6744。

附生兰，高 9～24 cm。生长于常绿阔叶林、次生常绿阔叶林；海拔 2000～2200 m。

分布于独龙江（贡山县独龙江乡段）；腾冲市界头镇。14-3。

16. 小白及 Bletilla formosana（Hayata）Schlechter-*Bletia formosana* Hayata

凭证标本：高黎贡山考察队 11779，30477。

地生兰，高 15～80 cm，具根茎，球形或卵形。生长于常绿阔叶林、杜鹃-云南松灌丛、草丛；海拔 1310～2900 m。

分布于独龙江（贡山县独龙江乡段）；贡山县丙中洛乡、茨开镇；福贡县；泸水市鲁掌镇；保山市芒宽乡。14-2。

17. 黄花白及 Bletilla ochracea Schlechter

凭证标本：高黎贡山考察队 12091，18204。

地生兰，高 25～55 cm。生长于次生常绿阔叶林；海拔 1540～1780 m。

分布于贡山县丙中洛乡；腾冲市芒棒镇。14-4。

18. 白及 Bletilla striata（Thunb.）Rechb. f.-*Limodorum striatum* Thunberg

凭证标本：独龙江考察队 3007；王启无 67397。

地生兰，高 18～60 cm。生长于常绿阔叶林、灌丛、草丛；海拔 1400～2600 m。

分布于独龙江（贡山县独龙江乡段）。14-2。

19. 长叶苞叶兰 Brachycorythis henryi（Schlechter）Summerhayes-*Phyllomphax henryi* Schlechter

凭证标本：Forrest 8180，24958。

地生兰，高 24～54 cm，具块茎。生长于林缘、河边、沼泽地；海拔 1800～2000 m。

分布于腾冲市腾越镇。14-4。

20. 大叶卷瓣兰 Bulbophyllum amplifolium (Rolfe) N. P. Balakrishnan & Sud. Chowdhury-*Cirrhopetalum amplifolium* Rolfe

凭证标本：王启无 66800；高黎贡山考察队 15913。

附生兰，高 6～10 mm。附生于江边常绿阔叶林中树上；海拔 1620～1700 m。

分布于贡山县丙中洛乡、茨开镇。14-3。

˟ 21. 波密卷瓣兰 Bulbophyllum bomiense Tsai & Lang

凭证标本：独龙江考察队 4974。

附生兰。附生于山地阔叶林中树上；海拔 2700 m。

分布于独龙江（贡山县独龙江乡段）。15-1。

22. 茎花石豆兰 Bulbophyllum cauliflorum J. D. Hooker

凭证标本：高黎贡山考察队 12889，31799。

附生兰。附生于常绿阔叶林中树上；海拔 1510～2530 m。

分布于独龙江（贡山县独龙江乡段）；贡山县丙中洛乡。14-3。

23. 环唇石豆兰 Bulbophyllum corallinum Tixier & Guillaumin

凭证标本：金效华 7015。

附生兰，具根茎，平伸或悬垂，具假鳞茎。附生于常绿阔叶林中树上；海拔 1300 m。

分布于泸水市大兴地乡。14-4。

24. 大苞石豆兰 Bulbophyllum cylindraceum Lindley

凭证标本：独龙江考察队 1762，5372。

附生兰，具根茎，匍匐，具假鳞。附生于常绿阔叶林中树上；海拔 1700～1800 m。

分布于独龙江（贡山县独龙江乡段）；福贡县上帕镇；泸水市上江乡。14-3。

25. 圆叶石豆兰 Bulbophyllum drymoglossum Maximowicz ex Okubo

凭证标本：金效华 6940。

附生兰，具根茎，匍匐细长。附生于常绿阔叶林中树上；海拔 900～950 m。

分布于泸水市六库镇。14-2。

˟˟˟ 26. 独龙江石豆兰 Bulbophyllum dulongjiangense X. H. Jin

凭证标本：金效华 6479。

附生兰，具根茎，平伸或下垂，具假鳞茎，密生，圆柱形。附生于常绿阔叶林中树上。

分布于独龙江（贡山县独龙江乡段）。15-2-6。

27. 高茎卷瓣兰 Bulbophyllum elatum (J. D. Hooker) J. J. Smith-*Cirrhopetalum elatum* J. D. Hooker

凭证标本：独龙江考察队 6534。

附生兰，具假鳞茎，连续，圆柱形。附生于江边石上；海拔 2200 m。

分布于独龙江（贡山县独龙江乡段）。14-3。

28. 匍茎卷瓣兰 Bulbophyllum emarginatum（Finet）J. J. Smith-*Cirrhopetalum emarginatum* Finet

凭证标本：独龙江考察队 1125，3702。

附生兰。附生于常绿阔叶林中树上、江边石崖上；海拔 1200～2400 m。

分布于独龙江（贡山县独龙江乡段）；贡山县丙中洛乡；泸水市。14-3。

29. 墨脱卷瓣兰 Bulbophyllum eublepharum H. G. Reichenbach-*Bulbophyllum yuanyangense* Z. H. Tsi

凭证标本：独龙江考察队 1126；高黎贡山考察队 17323。

附生兰，具假鳞茎，密集，圆柱形。附生于常绿阔叶林中树上；海拔 2011～2080 m。

分布于独龙江（贡山县独龙江乡段）；贡山县茨开镇；龙陵县龙江乡。14-3。

30. 尖角卷瓣兰 Bulbophyllum forrestii Seidenfaden

凭证标本：高黎贡山考察队 28136，30081。

附生兰，具假鳞茎，卵形。生长于常绿阔叶林、杜鹃-南烛林；海拔 1850～2150 m。

分布于保山市芒宽乡、潞江镇；腾冲市明光镇、界头镇、新华乡；泸水市。14-4。

*** **31. 贡山卷瓣兰 Bulbophyllum gongshanense** Tsi

凭证标本：王启无 67596。

附生兰，具根茎，匍匐，具假鳞茎，狭卵形。生长于阔叶林树上；海拔 2000 m。

分布于贡山怒江和独龙江分水岭（高黎贡山）。15-2-6。

32. 毛唇石豆兰 Bulbophyllum gyrochilum Seidenfaden

凭证标本：金效华 9387。

附生兰，具根茎，悬垂，具假鳞茎，纺锤形。生长于阔叶林树上；海拔 1500 m。

分布于腾冲市猴桥镇。14-4。

33. 角萼卷瓣兰 Bulbophyllum helenae（Kuntze）J. J. Smith-*Phyllorkis helenae* Kuntze

凭证标本：南水北调队 8165。

附生兰，具根茎，粗短，具假鳞茎，狭卵形。生长于杂木林石上；海拔 1980 m。

分布于泸水市上江乡。14-4。

34. 卷苞石豆兰 Bulbophyllum khasyanum Griffith

凭证标本：金效华 7934。

附生兰，具假鳞茎，卵球形，很小。生长于常绿阔叶林；海拔 2000 m。

分布于独龙江（贡山县独龙江乡段）。14-4。

* **35. 广东石豆兰 Bulbophyllum kwangtungense** Schlechter

凭证标本：金效华 9065。

附生兰，具根茎，匍匐，具假鳞茎，圆柱形。生长于常绿阔叶林；海拔 1200 m。

分布于腾冲市猴桥镇。15-1。

36. 齿瓣石豆兰 Bulbophyllum levinei Schlechter

凭证标本：独龙江考察队 3765，4813。

附生兰，具假鳞茎，密生。生长于常绿阔叶林中树上；海拔 1400～1560 m。

分布于独龙江（贡山县独龙江乡段）。14-4。

37. 密花石豆兰 Bulbophyllum odoratissimum（Smith）Lindley-*Stelis odoratissima* Smith

凭证标本：怒江队 791156；青藏队 9352。

附生兰。生长于常绿阔叶林中树上；海拔 1100～2300 m。

分布于独龙江（贡山县独龙江乡段）。14-3。

38. 卵叶石豆兰 Bulbophyllum ovalifolium（Blume）Lindley-*Diphyes ovalifolia* Blume

凭证标本：金效华 7024。

附生兰，具根茎，匍匐，具假鳞茎。附生于树上；海拔 2400 m。

分布于泸水市六库镇。14-4。

39. 唇卷瓣兰 Bulbophyllum pectenveneris（Gagnepain）Seidenfaden-*Cirrhopetalum pecten-veneris* Gagnepain

凭证标本：高黎贡山考察队 21722，30580。

附生兰，具根茎，匍匐，卵形。生长于常绿阔叶林、次生林、灌丛；海拔 1580～2240 m。

分布于独龙江（贡山县独龙江乡段）；贡山县丙中洛乡；腾冲市明光镇、界头镇、曲石镇。14-4。

40. 长足石豆兰 Bulbophyllum pectinatum Finet

凭证标本：碧江队 1260；高黎贡山考察队 23245。

附生兰，具根茎，匍匐，具假鳞茎，密集，卵球形。生长于河谷林；海拔 1400～1950 m。

分布于独龙江（贡山县独龙江乡段）；泸水市片马镇、六库镇。14-3。

41. 伏生石豆兰 Bulbophyllum reptans（Lindley）Lindley-*Tribrachia reptans Lindley*

凭证标本：独龙江考察队 1120；高黎贡山考察队 13177。

附生兰，具假鳞茎，卵形或圆锥形。生长于常绿阔叶林中树上；海拔 1300～2700 m。

分布于独龙江（贡山县独龙江乡段）；贡山县丙中洛乡、茨开镇；泸水市片马镇、六库镇；保山市潞江镇；龙陵县镇安镇。14-3。

42. 藓叶卷瓣兰 Bulbophyllum retusiusculum H. G. Reichenbach

凭证标本：独龙江考察队 3765；高黎贡山考察队 34135。

附生兰，具根茎，匍匐，具假鳞茎，或密集，卵状圆锥形。生长于常绿阔叶林、冷杉林、杜鹃灌丛；海拔 1790～3100 m。

分布于独龙江（贡山县独龙江乡段）；贡山县丙中洛乡、茨开镇；福贡县鹿马登乡；保山市潞江镇；腾冲市瑞滇乡、曲石镇、芒棒镇、五合乡；龙陵县镇安镇。14-3。

43. 若氏卷瓣兰 Bulbophyllum rolfei（Kuntze）Seidenfaden-*Phyllorkis rolfei Kuntze*

凭证标本：金效华 7920。

附生兰，具根茎，匍匐，具假鳞茎，卵形。生长于次生林；海拔 2422 m。

分布于福贡县架科底乡。14-3。

44. 花石豆兰 Bulbophyllum shweliense W. W. Smith

凭证标本：独龙江考察队 1276，5029。

附生兰，具根茎，匍匐，具假鳞茎，近圆柱形。生长于江边石崖；海拔 1300～1500 m。

分布于独龙江（贡山县独龙江乡段）；泸水市。14-4。

45. 细柄石豆兰 Bulbophyllum striatum（Griffith）H. G. Reichenbach-*Dendrobium striatum Griffith*

凭证标本：金效华 8677。

附生兰，具根茎，匍匐，假鳞茎远离，卵球形。生长于崖石上；海拔 1000～2300 m。

分布于腾冲市。14-3。

*** **46. 云北石豆兰 Bulbophyllum tengchongense Tsi**

凭证标本：吉占和 147。

附生兰，具根茎，匍匐，具假鳞茎，密集，近卵形。生长于林中树上；海拔 2000 m。

分布于腾冲市。15-2-6。

47. 伞花卷瓣兰 Bulbophyllum umbellatum Lindley

凭证标本：王启无 66850；冯国楣 8035。

附生兰，具假鳞茎，卵形。生长于江边常绿阔叶林、石崖；海拔 1700～2000 m。

分布于贡山县丙中洛乡。14-4。

48. 蒙自石豆兰 Bulbophyllum yunnanense Rolfe

凭证标本：金效华 7981。

附生兰，具假鳞茎，远离，卵形。生长于常绿阔叶林；海拔 2000～2400 m。

分布于贡山县丙中洛乡。14-3。

49. 蜂腰兰 Bulleyia yunnanensis Schlechter

凭证标本：独龙江考察队 1791；高黎贡山考察队 15125。

附生或石生草本。生长于常绿阔叶林，栎类阔叶林，次生林；海拔 1240～2380 m。

分布于独龙江（贡山县独龙江乡段）；贡山县茨开镇；福贡县石月亮乡、鹿马登乡；腾冲市芒棒镇。14-3。

50. 泽泻虾脊兰 Calanthe alismatifolia Lindley

凭证标本：冯国楣 7429；高黎贡山考察队 12074。

地生兰，高 20～45 cm。生长于常绿阔叶林；海拔 1600～1700 m。

分布于独龙江（贡山县独龙江乡段）；贡山县丙中洛乡。14-1。

51. 流苏虾脊兰 Calanthe alpina J. D. Hooker ex Lindley

凭证标本：独龙江考察队 6274；怒江队 791278。

地生兰，高 25～50 cm。生长于阔叶林下；海拔 1700～1850 m。

分布于独龙江（贡山县独龙江乡段）；贡山县丙中洛乡；腾冲市界头镇。14-1。

52. 弧距虾脊兰 Calanthe arcuata Rolfe

凭证标本：独龙江考察队 6396；T. T. Yü 19559。

地生兰，高 18～45cm。生长于阔叶林下；海拔 2100～2400 m。

分布于独龙江（贡山县独龙江乡段）。15-1。

53. 肾唇虾脊兰 Calanthe brevicornu Lindley

凭证标本：独龙江考察队 719；高黎贡山考察队 24313。

地生兰，高 30～45 cm，具假鳞茎，圆锥形。生长于阔叶林下；海拔 2300～2800 m。

分布于独龙江（贡山县独龙江乡段）；贡山县茨开镇；泸水市片马镇；腾冲市猴桥镇。14-3。

54. 剑叶虾脊兰 Calanthe davidii Franchet

凭证标本：独龙江考察队 1769；高黎贡山考察队 32311。

地生兰，高 32～70 cm。生长于常绿阔叶林、箭竹林；海拔 1720～2420 m。

分布于独龙江（贡山县独龙江乡段）；贡山县丙中洛乡；福贡县石月亮乡；腾冲市界头镇。14-1。

55. 密花虾脊兰 Calanthe densiflora Lindley

凭证标本：独龙江考察队 3196；高黎贡山考察队 15468。

地生兰，高 50～60 cm。生长于常绿阔叶林、落叶阔叶林；海拔 1550～1700 m。

分布于独龙江（贡山县独龙江乡段）；贡山县丙中洛乡、茨开镇。14-3。

56. 独龙虾脊兰 Calanthe dulongensis H. Li & R. Li

凭证标本：独龙江考察队 5896，6501。

地生兰，高约 50 cm，具假鳞茎，卵形。生长于沟谷林下；海拔 1900～2300 m。

分布于独龙江（贡山县独龙江乡段）。15-2-6。

57. 福贡虾脊兰 Calanthe fugongensis X. H. Jin & S. C. Chen

凭证标本：金效华 8962。

地生兰，高 50～60 cm。生长于次生林；海拔 1950 m。

分布于福贡县架科底乡。15-2-6。

58. 通麦虾脊兰 Calanthe griffithii Lindley

凭证标本：金效华 6928，7013。

地生兰，高 30～60 cm，具假鳞茎，近圆锥形，小。生长于山坡灌丛；海拔 2000 m。

分布于泸水市古登乡、大兴地乡。14-3。

59. 叉唇虾脊兰 Calanthe hancockii Rolfe

凭证标本：独龙江考察队 4860；高黎贡山考察队 29432。

地生兰，高 32～85 cm。生长于落叶阔叶林、次生常绿阔叶林；海拔 1600～2520 m。

分布于独龙江（贡山县独龙江乡段）；贡山县茨开镇；福贡县石月亮乡、鹿马登乡；泸水市片马镇、洛本卓乡；腾冲市明光镇、界头镇；龙陵县龙江乡。15-1。

60. 细花虾脊兰 Calanthe mannii J. D. Hooker

凭证标本：高黎贡山考察队 22748，27367。

地生兰，具根茎，不明显，具假鳞茎，圆锥形。生长于常绿阔叶林；海拔 1500～2169 m。

分布于福贡县石月亮乡；泸水市片马镇；腾冲市五合乡。14-3。

* **61. 墨脱虾脊兰 Calanthe metoensis** Z. H. Tsi & K. Y. Lang

凭证标本：怒江队 0936。

地生兰，具根茎，不明显，具假鳞茎，圆锥形。生长于林下；海拔 2200～2300 m。

分布于独龙江（贡山县独龙江乡段）。15-1。

*** **62. 水车前虾脊兰 Calanthe plantaginea** var. **lushuiensis** K. Y. Lang & Z. H. Tsi

凭证标本：横断山队 81-557。

地生兰，高 40～65 cm。生长于林下；海拔 2500 m。

分布于泸水市鲁掌镇。15-2-6。

63. 镰萼虾脊兰 Calanthe puberula Lindley

凭证标本：高黎贡山考察队 11266；怒江队 0936。

地生兰，高 25～60 cm。生长于常绿阔叶林、次生林；海拔 1860～2500 m。

分布于贡山县丙中洛乡；福贡县匹河乡；泸水市片马镇；腾冲市界头镇、猴桥镇。14-1。

64. 反瓣虾脊兰 Calanthe reflexa Maxim.

凭证标本：高黎贡山考察队 17999。

地生兰，高 20～45 cm。生长于常绿阔叶林；海拔 2100 m。

分布于龙陵县龙江乡。14-2。

65. 三棱虾脊兰 Calanthe tricarinata Lindley

凭证标本：独龙江考察队 1581；高黎贡山考察队 24260。

地生兰，高 35～50 cm。生长于常绿阔叶林、落叶阔叶林；海拔 1800～2700 m。

分布于独龙江（贡山县独龙江乡段）；贡山县茨开镇；泸水市片马镇。14-3。

66. 褶虾脊兰 Calanthe triplicata（Willemet）Ames-*Orchis triplicata* Willemet

凭证标本：独龙江考察队 6397；高黎贡山考察队 30222。

地生兰，高 40～100 cm。生长于常绿阔叶林、石栎-青岗林；海拔 1560～2480 m。

分布于独龙江（贡山县独龙江乡段）；贡山县捧打乡；腾冲市明光镇、界头镇、曲石镇。4。

67. 竹叶美柱兰（竹叶毛兰）Callostylis bambusifolia（Lindley）S. C. Chen & J. J. Wood-*Eria bambusifolia* Lindley

凭证标本：高黎贡山考察队 2547；陈介 664。

附生兰，高 20～70 cm。生长于松-栎林、次生常绿阔叶林；海拔 1563-2250 m。

分布于贡山县茨开镇；腾冲市瑞滇乡、和顺镇。14-3。

68. 银兰 Cephalanthera erecta（Thunberg）Blume-*Serapias erecta* Thunberg

凭证标本：金效华 6966；高黎贡山考察队 14588。

自养型地生兰，高 10～30 cm。生长于次生常绿阔叶林；海拔 1710～1800 m。

分布于贡山县丙中洛乡；福贡县。14-2。

69a. 金兰 Cephalanthera falcata（Thunb.）Blume-*Serapias falcata* Thunberg

凭证标本：碧江队 214；金效华 7010。

自养型地生兰，高 20～50 cm。生长于阔叶林；海拔 1100～2400 m。

分布于福贡县上帕镇、架科底乡。14-2。

*** 69b. 无距金兰 Cephalanthera falcata var. flava X. H. Jin & S. C. Chen

凭证标本：金效华 6967，7011。

自养型地生兰，高 20～40 cm。生长于常绿阔叶林；海拔 2100～2400 m。

分布于福贡县架科底乡。15-2-6。

70. 头蕊兰 Cephalanthera longifolia（Linnaeus）Fritsch-*Serapias helleborine* Linnaeus subsp. *longifolia* Linnaeus

凭证标本：碧江队 0214；和志刚 79-0134。

地生兰，高 20～50 cm。生长于阔叶林下，水沟边；海拔 2000～3000 m。

分布于福贡县架科底乡；腾冲市。10。

* 71. 川滇叠鞘兰 Chamaegastrodia inverta（W. W. Smith）Seidenfaden-*Zeuxine inverta* W. W. Smith

凭证标本：金效华 9400。

腐生小草本，高 5～15 cm。生长于山坡林下；海拔 1200～2000 m。

分布于腾冲市。7。

72. 细小叉柱兰 Cheirostylis pusilla Lindley

凭证标本：金效华 s. n.。

地生兰，高 4～6 cm，具根茎，匍匐伸长，念珠状。生长于阔叶林；海拔 1300～1350 m。

分布于独龙江（贡山县独龙江乡段）。14-3。

73. 云南叉柱兰 Cheirostylis yunnanensis Rolfe

凭证标本：金效华 9333。

地生兰，高 10～18 cm，具根茎，匍匐，念珠状。生长于次生林；海拔 1563 m。

分布于腾冲市和顺镇。14-3。

74. 锚钩金唇兰 Chrysoglossum assamicum J. D. Hooker

凭证标本：金效华 9100。

地生兰，具根茎，粗壮，具假鳞茎，圆柱形，圆锥形。生长于次生林；海拔 1600 m。

分布于贡山县茨开镇。14-3。

75. 金塔隔距兰 Claisostoma filiforme（Lindley）Garay-*Sarcanthus filiformis* Lindley

凭证标本：Forrest 161。

附生兰，茎长 60 cm 以上。生长于常绿阔叶林；海拔 1000 m。

分布于滇缅交界处。14-3。

76. 大叶隔距兰 Claisostoma racemiferum（Lindley）Garay

凭证标本：Forrest 18284。

附生兰，茎直立，高 5～20 cm。生长于疏林；海拔 1800 m。

分布于腾冲市。14-3。

77. 毛柱隔距兰 Cleisostoma simondii（Gagnepain）Seidenfaden-*Vanda simondii* Gagnepain

凭证标本：Forrest 25126。

附生兰，上升，茎长达 50 cm。生长于疏林；海拔 1600 m。

分布于腾冲市马站乡。14-3。

78. 红花隔距兰 Cleisostoma williamsonii（H. G. Reichenbach）Garay-*Sarcanthus williamsonii* H. G. Reichenbach

凭证标本：金效华 7028。

附生兰，茎长达 7 cm。生长于树上；海拔 1200 m。

分布于泸水市六库镇。7。

79. 髯毛贝母兰 Coelogyne barbata Lindley ex Griffith

凭证标本：高黎贡山考察队 20581；T. T. Yü 20521。

附生兰，具根茎，坚实，具假鳞茎。生长于常绿阔叶林；海拔 1360～2000 m。

分布于独龙江（贡山县独龙江乡段）；福贡县匹河乡。14-3。

80. 眼斑贝母兰 Coelogyne corymbosa Lindley

凭证标本：独龙江考察队 422；高黎贡山考察队 29146。

附生兰。生长于常绿阔叶林、落叶阔叶林、针叶林、灌丛；海拔 1237～3000 m。

分布于独龙江（贡山县独龙江乡段）；贡山县丙中洛乡、茨开镇；福贡县鹿马登乡、上帕镇；泸水市片马镇；保山市芒宽乡、潞江镇；腾冲市明光镇、界头镇、猴桥镇。14-3。

81. 流苏贝母兰 Coelogyne fimbriata Lindley

凭证标本：独龙江考察队 6834；高黎贡山考察队 15470。

附生兰。生长于常绿阔叶林、落叶阔叶林；海拔 1360～2000 m。

分布于独龙江（贡山县独龙江乡段）；贡山县茨开镇。14-3。

82. 栗鳞贝母兰 Coelogyne flaccida Lindley

凭证标本：高黎贡山考察队 10964；金效华 6925。

地生兰，具根茎，坚硬，具假鳞茎，长圆形或圆柱形。生长于林中；海拔 1100～1740 m。

分布于泸水市古登乡；腾冲市曲石镇。14-3。

***83. 贡山贝母兰 Coelogyne gongshanensis H. Li ex S. C. Chen

凭证标本：独龙江考察队 5355，6940。

附生兰，具假鳞茎，密集，卵球形。生长于冷杉林、杜鹃灌丛；海拔 2360～2500 m。

分布于独龙江（贡山县独龙江乡段）；贡山县丙中洛乡；福贡县石月亮乡、鹿马登乡。15-2-6。

84. 花贝母兰 Coelogyne leucantha W. W. Smith

凭证标本：Forrest 24518；高黎贡山考察队 29820。

附生兰，具假鳞茎，卵状长圆形。生长于常绿阔叶林；海拔 1630 m。

分布于腾冲市和顺镇。14-4。

85. 长柄贝母兰 Coelogyne longipes Lindley

凭证标本：独龙江考察队 3139；高黎贡山考察队 31029。

附生兰，具假鳞茎，近圆柱形。生长于常绿阔叶林，次生林；海拔 1820～2290 m。

分布于独龙江（贡山县独龙江乡段）；贡山县丙中洛乡；保山市潞江镇；腾冲市明光镇、界头镇、瑞滇乡、猴桥镇、芒棒镇。14-3。

86. 密茎贝母兰 Coelogyne nitida（Wallich ex D. Don）Lindley-*Cymbidium nitidum* Wallich ex D. Don

凭证标本：高黎贡山考察队 20587，30083。

附生兰。生长于常绿阔叶林、云南松林、杂木林；海拔 1360～2240 m。

分布于独龙江（贡山县独龙江乡段）；腾冲市界头镇。14-3。

87. 卵叶贝母兰 Coelogyne occultata J. D. Hooker

凭证标本：独龙江考察队 4861；高黎贡山考察队 14302。

附生兰。生长于常绿阔叶林、栎林、次生阔叶林；海拔 1300～1550 m。

分布于独龙江（贡山县独龙江乡段）；贡山县丙中洛乡、茨开镇；福贡县上帕镇；泸水市鲁掌镇；保山市潞江镇；腾冲市界头镇；龙陵县龙江乡。14-3。

88. 长鳞贝母兰 Coelogyne ovalis Lindley

凭证标本：独龙江考察队 981；高黎贡山考察队 15195。

附生兰。生长于常绿阔叶林、槭树-核桃林；海拔 1530～1600 m。

分布于独龙江（贡山县独龙江乡段）；贡山县丙中洛乡。14-3。

89. 黄绿贝母兰 Coelogyne prolifera Lindley

凭证标本：独龙江考察队 4536；高黎贡山考察队 23244。

附生兰，具根茎，匍匐，具假鳞茎，长卵形。生长于常绿阔叶林；海拔 1500～2170 m。

分布于独龙江（贡山县独龙江乡段）；福贡县匹河乡；泸水市片马镇；腾冲市曲石镇。14-3。

90. 双褶贝母兰 Coelogyne stricta (D. Don) Schlechter-*Cymbidium strictum* D. Don

凭证标本：金效华9060。

附生兰，具假鳞茎，长圆形或卵形。生长于林中树上；海拔1100～2000 m。

分布于腾冲市五合乡。14-3。

***91. 吉氏贝母兰 Coelogyne tsii** X. H. Jin & H. Li

凭证标本：金效华6807。

附生兰，具根茎，匍匐，具假鳞茎，圆锥形或卵形。生长于林中树上；海拔2600 m。

分布于泸水市上江乡。15-2-6。

*92. 南方吻兰 Collabium delavayi** (Gagnepain) Seidenfaden-*Tainia delavayi* Gagnepain

凭证标本：碧江队1657；高黎贡山考察队25814。

地生兰，具根茎，长达30 cm。生长于常绿阔叶林中；海拔1500～2200 m。

分布于独龙江（贡山县独龙江乡段）；泸水市片马镇、洛本卓乡。15-1。

93. 蛤兰 Conchidium pusillum Griffith

凭证标本：金效华9065，9067。

附生兰，高1～3 cm。生长于林中树上；海拔1500 m。

分布于腾冲市猴桥镇、芒棒镇。14-3。

*94. 大理铠兰 Corybas taliensis** Tang & F. T. Wang

凭证标本：金效华9066。

小草本地生兰，高50～65 mm，具块茎，近球形。生长于林下；海拔2150 m。

分布于腾冲市猴桥镇。15-1。

95. 杜鹃兰 Cremastra appendiculata (D. Don) Makino-*Cymbidium appendiculatum* D. Don

凭证标本：高黎贡山考察队15468，30214。

地生兰，高20～70 cm，具假鳞茎。生长于阔叶林、栎类-青冈林；海拔1550～2650 m。

分布于独龙江（贡山县独龙江乡段）；贡山县茨开镇；福贡县石月亮乡、鹿马登乡、架科底乡；泸水市片马镇；腾冲市猴桥镇。14-1。

96. 浅裂沼兰 Crepidium acuminatum (D. Don) Szlachetko-*Malaxis acuminata* D. Don

凭证标本：怒江队1950。

地生兰，茎高4～7 cm。生长于林下；海拔1800～2100 m。

分布于泸水市片马镇。5。

97. 二耳沼兰 Crepidium biauritum (Lindley) Szlashetko-*Microstylis biaurita* Lindley

凭证标本：王启无66862，75004。

地生兰，茎高20～25 mm。生长于林下；海拔1350～1500 m。

分布于贡山县丙中洛乡。14-3。

98. 细茎沼兰 Crepidium khasianum（J. D. Hooker）Szlashetko-*Microstylis khasiana* J. D. Hooker

凭证标本：Forrest 18436，75004。

地生兰，茎高 7～8 cm。生长于林下；海拔 2100～2400 m。

分布于贡山县恩梅开江与怒江分水岭；腾冲市瑞丽江-怒江分水岭。14-3。

** 99. 齿唇沼兰 Crepidium orbiculare（W. W. Smith & Jeffrey）Seidenfaden-*Microstylis orbicularis* W. W. Smith & Jeffrey

凭证标本：Forrest 1844；Howell344。

地生兰，具假鳞茎，卵形。生长于林下；海拔 1700～2100 m。

分布于腾冲市。15-2-5。

100. 宿苞兰 Cryptochilus luteus Lindley

凭证标本：独龙江考察队 1122；高黎贡山考察队 32346。

附生兰，具假鳞茎，圆柱形。生长于常绿阔叶林；海拔 1700～2210 m。

分布于独龙江（贡山县独龙江乡段）；保山市芒宽乡、潞江镇。14-3。

* 101. 玫瑰宿苞兰 Cryptochilus roseus（Lindley）S. C. Chen & J. J. Wood-*Eria rosea* Lindley

凭证标本：金效华 6743。

附生兰，具根茎，短，具假鳞茎，卵形。生长于林中树上；海拔 1700～2000 m。

分布于独龙江（贡山县独龙江乡段）。15-1。

102. 红花宿苞兰 Cryptochilus sanquineus Wallich

凭证标本：青藏队 82-8962，82-8963。

附生兰，具假鳞茎，卵形或近圆柱形。生长于林中树上；海拔 1700～2000 m。

分布于独龙江（贡山县独龙江乡段）。14-3。

103. 鸡冠柱兰 Cylindrolobus cristatus（Rolfe）S. C. Chen & J. J. Wood-*Eria cristata* Rolfe

凭证标本：金效华 7004，7005。

附生兰，具假鳞茎，圆柱形或棒状。附生于树上；海拔 1300～1700 m。

分布于贡山县茨开镇。14-4。

104. 柱兰棒茎毛兰 Cylindrolobus marginatus（Rolfe）S. C. Chen & J. J. Wood-*Eria marginata* Rolfe

凭证标本：独龙江考察队 3217；高黎贡山考察队 30565。

附生兰，高 10～20 cm。生长于常绿阔叶林，石柯林，杜鹃-冬青林；海 1460～3020 m。

分布于独龙江（贡山县独龙江乡段）；贡山县丙中洛乡；腾冲市明光镇。14-4。

105. 独占春 Cymbidium eburneum Lindley

凭证标本：无号。

自养型附生兰，具假鳞茎，近纺锤形或卵状球形。生长于林中树上；海拔 2000 m。分布于腾冲市。14-3。

106a. 莎草兰 Cymbidium elegans Lindley

凭证标本：Forrest 8978；冯国楣 24329。

自养型附生兰或石生兰，具假鳞茎，近球形。生长于山谷阔叶林；海拔 1300～2200 m。

分布于独龙江（贡山县独龙江乡段）；贡山县茨开镇；福贡县上帕镇；腾冲市。14-3。

*** **106b. 泸水兰 Cymbidium elegans** var. **lushuiense**（Z. J. Liu，S. C. Chen & X. C. Shi）Z. J. Liu & S. C. Chen-*Cymbidium lushuiense* Z. J. Liu，S. C. Chen & X. C. Shi

凭证标本：高黎贡山考察队 22069，30065。

自养型附生兰或石生兰，具假鳞茎，近球形。生长于山茶-李林；海拔 2240 m。

分布于独龙江（贡山县独龙江乡段）；腾冲市界头镇。15-2-6。

107. 长叶兰 Cymbidium erythraceum Lindley

凭证标本：高黎贡山考察队 32434；冯国楣 8103。

附生兰或石生兰，具假鳞茎，卵形。生长于疏林；海拔 1800～2751 m。

分布于独龙江（贡山县独龙江乡段）；贡山县茨开镇。14-3。

108. 蕙兰 Cymbidium faberi Rolfe

凭证标本：王启无 66936；怒江队 79-0173。

自养型地生兰，具假鳞茎。生长于常绿阔叶林、云南松林、灌丛；海拔 1400～2300 m。

分布于独龙江（贡山县独龙江乡段）；贡山县丙中洛乡。14-3。

109. 多花兰 Cymbidium floribundum Lindley

凭证标本：冯国楣 8552；青藏队 82-7321。

自养型附生兰，具假鳞茎，近卵形。生长于常绿阔叶林，石崖；海拔 1400～2200 m。

分布于贡山县丙中洛乡。14-4。

110. 春兰 Cymbidium goeringii（H. G. Reishenbach）H. G. Reichenbach-*Maxillaria goeringii* H. G. Reichenbach

凭证标本：Forrest 27747。

自养型地生兰，具假鳞茎，卵形。生长于常绿阔叶林；海拔 1800 m。

分布于腾冲市。14-1。

*** **111. 贡山凤兰 Cymbidium gongshanense** H. Li，& K. M. Feng

凭证标本：杨增红 8708；

附生兰或石生兰，具假鳞茎，卵形。生长于常绿阔叶林，石崖；海拔 1800 m。

分布于独龙江（贡山县独龙江乡段）。15-2-6。

112. 虎头兰 Cymbidium hookerianum H. G. Reichenbach

凭证标本：独龙江考察队 1433；高黎贡山考察队 13573。

附生兰或石生兰，具假鳞茎。生长于常绿阔叶林，次生林；海拔 1350～2200 m。

分布于独龙江（贡山县独龙江乡段）；福贡县石月亮乡、鹿马登乡、上帕镇、架科底乡；保山市芒宽乡。14-3。

113. 黄婵兰 Cymbidium iridioides D. Don

凭证标本：王启无 66635；尹文清 60-1477。

自养型附生兰，具假鳞茎。生长于常绿阔叶林、石崖；海拔 1600～2500 m。

分布于独龙江（贡山县独龙江乡段）；贡山县丙中洛乡、捧打乡、茨开镇；福贡县上帕镇；腾冲市瑞滇乡、芒棒镇、蒲川乡；龙陵县。14-3。

114. 寒兰 Cymbidium kanran Makino

凭证标本：王启无 66960；冯国楣 7313。

自养型地生兰，具假鳞茎，狭卵形。生长于林下；海拔 1470～1700 m。

分布于贡山县丙中洛乡。14-2。

115. 兔耳兰 Cymbidium lancifolium Hooker

凭证标本：独龙江考察队 3082；高黎贡山考察队 14996。

自养型石生兰或地生兰，具假鳞茎。生长于常绿阔叶林、灌丛；海拔 1560～2900 m。

分布于独龙江（贡山县独龙江乡段）；贡山县丙中洛乡、茨开镇；腾冲市芒棒镇。7。

116. 碧玉兰 Cymbidium lowianum（H. G. Reichenbach）H. G. Reichenbach

凭证标本：Forrest 8365；金效华 s. n.。

自养型附生兰或石生兰，具假鳞茎。生长于河边树上、石崖上；海拔 1800 m。

分布于腾冲市五合乡。14-4。

117. 斑舌兰 Cymbidium tigrinum E. C. Parish ex Hooker

凭证标本：金效华 s. n.。

自养型附生兰或石生兰，具假鳞茎，近球形或卵球形。生长于石崖上；海拔 1470 m。

分布于贡山县茨开镇。14-3。

118. 西藏虎头兰 Cymbidium tracyanum L. Castle

凭证标本：金效华 s. n.。

自生型附生兰或石生兰，具假鳞茎。生长于河岸林、石崖；海拔 1400～2300 m。

分布于高黎贡山东坡广布。14-4。

119. 滇南虎头兰 Cymbidium wilsonii（Rolfe ex E. T. Cook）Rolfe-*Cymbidium giganteum* Wallich ex Lindley var. *wilsonii* Rolfe ex E. T. Cook

凭证标本：倪志诚等 245。

自养型附生兰，具假鳞茎，狭卵形。生长于沟边阔叶林；海拔 2100～2300 m。

分布于独龙江（察隅县日东乡段）。14-4。

120. 雅致杓兰 Cypripedium elegans Reichb.

凭证标本：Handel-Mazzetti 9513。

地生兰，高 10～15 cm，具根茎，匍匐。生长于林缘；海拔 3600～3700 m。

分布于贡山县丙中洛乡。14-3。

*121. 华西杓兰 Cypripedium farreri W. W. Smith

凭证标本：高黎贡山考察队 14989。

地生兰，高 20～30 cm。生长于常绿阔叶林；海拔 3100 m。

分布于贡山县丙中洛乡。15-1。

*122. 黄花杓兰 Cypripedium flavum P. F. Hunt & Summerhayes

凭证标本：怒江队 790304；高黎贡山考察队 14202。

地生兰，高 30～50 cm，具根茎，粗短。生长于次生常绿阔叶林；海拔 1570～2600 m。

分布于贡山县丙中洛乡。15-1。

123. 紫点杓兰 Cypripedium guttatum Swartz

凭证标本：南水北调队 9451。

地生兰，高 15～25 cm，具根茎，匍匐。生长于云杉林，山坡草地；海拔 3100～4100 m。

分布于独龙江（贡山县独龙江乡段）。8。

*124. 绿花杓兰 Cypripedium henryi Rolfe

凭证标本：高黎贡山考察队 14499，14728。

地生兰，高 30～60 cm，具根茎，粗壮。生长于次生常绿阔叶林；海拔 1600～1970 m。

分布于贡山县茨开镇。15-1。

125. 丽江杓兰 Cypripedium lichingense S. C. Chen & P. J. Cribb

凭证标本：Kingdon-Ward s. n. 。

地生兰，高 7～14 cm，具根茎，粗壮。生长于常绿阔叶林中；海拔 2400～2700 m。

分布于缅甸北部。14-4。

126. 离萼杓兰 Cypripedium plectrochilun Franch.

凭证标本：Forrest 19228。

地生兰，高 12～30 cm，具根茎，粗短。生长于针叶林；海拔 2000～3400 m。

分布于独龙江（察隅县日东乡段）。14-4。

127. 西藏杓兰 Cypripedium tibeticum King ex Rolfe

凭证标本：Forrest 19230；怒江队 790367。

地生兰，高 15～35 cm，具根茎，粗短。生长于高山草甸；海拔 3600 m。

分布于独龙江（察隅县日东乡段）；贡山县丙中洛乡。14-3。

* 128. 宽口杓兰 Cypripedium wardii Rolfe

凭证标本：王启无 65764；Kingdon-Ward 145。

地生兰，高 10～20 cm，具根茎，匍匐。生长于高山松林下；海拔 3200～3400 m。

分布于独龙江（察隅县日东乡段）。15-1。

129. 束花石斛 Dendrobium chrysanthum Wallich ex Lindley

凭证标本：青藏队 829284，82-9204。

附生兰，茎 50～200 cm。生长于常绿阔叶林、河谷草坡石崖；海拔 1000～2500 m。

分布于贡山县茨开镇；福贡县石月亮乡。14-3。

130. 草石斛 Dendrobium compactum Rolfe ex W. Hackett

凭证标本：高黎贡山考察队 23794。

附生兰，茎高 15～30 mm。生长于常绿阔叶林；海拔 2181 m。

分布于腾冲市五合乡；龙陵县镇安镇。14-4。

131. 兜唇石斛 Dendrobium cucullatum R. Brown

凭证标本：H. T. Tsai 55792；刘伟心 225。

附生兰，茎高 30～60 cm。生长于林中树上；海拔 1500 m。

分布于独龙江（贡山县独龙江乡段）；泸水市上江乡；龙陵县。14-3。

132. 叠鞘石斛 Dendrobium denneanum Kerr

凭证标本：怒江队 79-0371；独龙江考察队 1432。

附生兰，茎高达 47 cm。生长于常绿阔叶林；海拔 1500～2700 m。

分布于独龙江（贡山县独龙江乡段）；贡山县丙中洛乡、茨开镇。14-3。

133. 串珠石斛 Dendrobium falconeri Hooker

凭证标本：高黎贡山考察队 30988；金效华 8200。

附生兰，茎高 30～40 cm。生长于石柯-青冈林；海拔 2130 m。

分布于腾冲市明光镇、猴桥镇。14-3。

134. 流苏石斛 Dendrobium fimbriatum Hooker

凭证标本：怒江队 79-0906；高黎贡山考察队 15152。

附生兰，茎 50～100 cm。生长于常绿阔叶林；海拔 1350～1550 m。

分布于独龙江（贡山县独龙江乡段）；福贡县上帕镇、匹河乡。14-3。

135. 金耳石斛 Dendrobium hookerianum Lindley

凭证标本：碧江队 1412；独龙江考察队 3689。

附生兰，茎 30～80 cm。生长于常绿阔叶林、江边石崖；海拔 1300～1900 m。

分布于独龙江（贡山县独龙江乡段）；贡山县丙中洛乡、茨开镇；福贡县上帕镇；泸水市片马镇。14-3。

136. 喇叭唇石斛 Dendrobium lituiflorum Lindley

凭证标本：刘伟心 225。

附生兰，茎 30～40 cm。生长于林中树上；海拔 800～1600 m。

分布于泸水市上江乡。14-3。

137. 长距石斛 Dendrobium longicornu Lindley

凭证标本：高黎贡山考察队 13156，25815。

附生兰，茎 7～35 cm。生长于常绿阔叶林、石柯-木荷林、次生林；海拔 1830～2200 m。

分布于独龙江（贡山县独龙江乡段）；福贡县鹿马登乡、上帕镇；泸水市洛本卓乡；保山市潞江镇；腾冲市；龙陵县龙江乡、碧寨乡。14-3。

138. 细茎石斛 Dendrobium moniliforme（Linnaeus）Sweet-*Epidendrum moniliforme* Linnaeus

凭证标本：独龙江考察队 4866；高黎贡山考察队 24403。

直立附生兰，茎高 10～30 cm。生长于常绿阔叶林，江边石崖；海拔 1990～2220 m。

分布于独龙江（贡山县独龙江乡段）；贡山县丙中洛乡、茨开镇；福贡县；泸水市片马镇。14-3。

139. 石斛 Dendrobium nobile Lindley

凭证标本：碧江队 317；怒江队 790143。

直立附生兰，茎高 10～60 cm。生长于常绿阔叶林；海拔 1000～1700 m。

分布于独龙江（贡山县独龙江乡段）；福贡县匹河乡。14-3。

140. 单葶草石斛 Dendrobium porphyrochilum Lindley

凭证标本：金效华 8172。

直立附生兰，茎高 15～40 mm。生长于林中树上；海拔 2700 m。

分布于腾冲市界头镇。14-3。

141. 独龙石斛 Dendrobium praecintum H. G. Reichenbach

凭证标本：独龙江考察队 659。

附生兰，茎长 70 cm。生长于常绿阔叶林；海拔 1450 m。

分布于独龙江（贡山县独龙江乡段）。14-3。

142. 腾冲石斛 Dendrobium scoriarum W. W. Smith

凭证标本：Forrest 8517。

直立附生兰，茎高达 60 cm。生长于次生林；海拔 1560 m。

分布于腾冲市和顺镇。14-4。

143. 梳唇石斛 Dendrobium strongylanthum H. G. Reichenbach

凭证标本：高黎贡山考察队 11542。

直立附生兰，茎高 3～27 cm。生长于常绿阔叶林；海拔 2010 m。

分布于腾冲市芒棒镇。14-4。

144. 球花石斛 Dendrobium thyrsiflorum H. G. Reichenbach ex André

凭证标本：高黎贡山考察队 30474；金效华 8192。

附生兰，茎 12～46 cm。生长于常绿阔叶林；海拔 1910 m。

分布于腾冲市猴桥镇。14-3。

145. 大苞鞘石斛 Dendrobium wardianum Warner

凭证标本：高黎贡山考察队 25011，29596。

附生兰，茎 11～50 cm。生长于石柯-木荷林；海拔 1850～1930 m。

分布于腾冲市五合乡。14-3。

146. 黑毛石斛 Dendrobium williamsonii J. Day & H. G. Reichenbach

凭证标本：金效华 6746；高黎贡山考察队 30743。

附生兰，茎高达 20 cm。生长于常绿阔叶林；海拔 1000 m。

分布于腾冲市界头镇。14-3。

*** **147. 长苞尖药兰 Diphylax contigua**（Tang & F. T. Wang）Tang，F. T. Wang & K. Y. Lang-*Platanthera contigue* Tang & F. T. Wang

凭证标本：独龙江考察队 1544。

地生兰，高 20～24 cm。生长于常绿阔叶林、石柯-青冈林；海拔 1540～2800 m。

分布于独龙江（贡山县独龙江乡段）；贡山县捧打乡；福贡县鹿马登乡；腾冲市猴桥镇。15-2-6。

* **148. 西南尖药兰 Diphylax uniformis**（Tang & F. T. Wang）Tang，F. T. Wang & K. Y. Lang-*Platanthera uniformis* Tang & F. T. Wang

凭证标本：高黎贡山考察队 12713；李恒、刀志灵、李嵘 516。

地生兰，高 100～185 mm。生长于高山草甸；海拔 3000～3400 m。

分布于独龙江（贡山县独龙江乡段）；贡山县茨开镇。15-1。

149. 药兰 Diphylax urceolata（C. B. Clarke）J. D. Hooker-*Habenaria unceolata* C. B. Clarke

凭证标本：王启无 67228；T. T. Yü 20270。

地生兰，高 8～10 cm，具块茎，卵形或圆柱形。生长于针叶林；海拔 2700～3750 m。

分布于独龙江（贡山县独龙江乡段）；贡山县丙中洛乡。14-3。

150. 合柱兰 Diplomeris pulchella D. Don

凭证标本：独龙江考察队 1544；高黎贡山考察队 9912。

地生兰，高 75～225 mm，具块茎。生长于常绿阔叶林、次生林；海拔 900～1540 m。

分布于独龙江（贡山县独龙江乡段）；泸水市六库镇。14-3。

151. 宽叶厚唇兰 Epigeneium amplum（Lindley）Summerhayes-*Dendrobium amplum* Lindley

凭证标本：独龙江考察队 1343。

附生兰，具根茎，具假鳞茎，卵形或椭圆形。生长于次生林、石崖；海拔 1350～1450 m。

分布于独龙江（贡山县独龙江乡段）；贡山县丙中洛乡。14-3。

152. 景东厚唇兰 Epigeneium fuscescens（Griffith）Summerhayes-*Dendrobium fuscescens* Griffith

凭证标本：独龙江考察队 3863，6263。

附生兰，具假鳞茎，狭卵形，略弯。生长于常绿阔叶林、石崖；海拔 1380～2300 m。

分布于独龙江（贡山县独龙江乡段）；腾冲市。14-3。

*** **153. 高黎贡厚唇兰 Epigeneium gaoligongense** H. Yu & S. G. Zhang

凭证标本：H. Yu & S. Z. Zhang 101。

附生兰，具假鳞茎。生长于林中树上；海拔 2500 m。

分布于泸水市。15-2-6。

154. 双叶厚唇兰 Epigeneium rotundatum（Lindley）Summerhayes-*Sarcopodium rotundatum* Lindley

凭证标本：独龙江考察队 783；高黎贡山考察队 30304。

附生兰。生长于常绿阔叶林、石柯-青冈林、石柯-冬青林；海拔 1604～2650 m。

分布于独龙江（贡山县独龙江乡段）；贡山县丙中洛乡；福贡县石月亮乡、鹿马登乡；泸水市上江乡；腾冲市明光镇、界头镇；龙陵县龙江乡。14-3。

155. 长爪厚唇兰 Epigeneium treutleri（J. D. Hooker）Ormerod-*Coelogyne treutleri* J. D. Hooker

凭证标本：独龙江考察队 3863，6263。

附生兰，具假鳞，上升，狭卵形。生长于常绿阔叶林；海拔 1300～2300 m。

分布于独龙江（贡山县独龙江乡段）。14-3。

156. 火烧兰 Epipactis helleborine（Linnaeus）Crantz-*Serapias helleborine* Linnaeus

凭证标本：王启无 9000；高黎贡山考察队 31814。

地生兰，高 20～70 cm。生长于河谷灌丛、槭树-蔷薇灌丛；海拔 1300～2530 m。

分布于贡山县丙中洛乡；福贡县上帕镇。6。

157. 大叶火烧兰 Epipactis mairei Schlechter

凭证标本：王启无 69720。

地生兰，高 30～100 cm，具根茎，不明显。生长于河谷灌丛；海拔 900～2000 m。

分布于泸水市六库镇。14-3。

158. 裂唇虎舌兰 Epipogium aphyllum Swartz

凭证标本：王启无 66580；T. T. Yü 19604。

腐生兰，高 10～30 cm，具根茎，珊瑚状。生长于林下；海拔 2350～3500 m。

分布于独龙江（贡山县独龙江乡段）；贡山县丙中洛乡。10。

159. 虎舌兰 Epipogium roseum (D. Don) Lindley-*Limodorum roseum* D. Don

凭证标本：高黎贡山考察队 25400，30883。

腐生兰，高 10～45 cm。生长于常绿阔叶林、石柯-山矾林；海拔 1520～1777 m。

分布于保山市芒宽乡；腾冲市荷花镇。4。

160. 足茎毛兰 Eria coronaria (Lindley) H. G. Reichenbach-*Coelogyne coronaria* Lindley

凭证标本：独龙江考察队 3134，6628。

附生兰，具假鳞茎，集生或，圆柱形。生长于常绿阔叶林，石崖；海拔 1100～2700 m。

分布于独龙江（贡山县独龙江乡段）；贡山县茨开镇；福贡县上帕镇。14-3。

* 161. 香港毛兰 Eria gagnepainii Hawkes et Heller

凭证标本：高黎贡山考察队 14601，19479。

附生兰，具假鳞茎，圆柱形。生长于常绿阔叶林、栎类阔叶林；海拔 1388～2240 m。

分布于贡山县茨开镇；福贡县马吉乡、上帕镇；泸水市六库镇；腾冲市界头镇。15-1。

162. 条纹毛兰 Eria vittata Lindley

凭证标本：金效华 s. n. 。

附生兰，具根茎，细，具假鳞茎，圆柱形。生长于林中石上；海拔 1600 m。

分布于贡山县。14-3。

163. 梗兰 Eriodes barbata (Lindley) Rolfe-*Tainia barbata* Lindley

凭证标本：金效华 s. n. 。

附生兰，具假鳞茎，近球形。生长于次生常绿阔叶林；海拔 1593 m。

分布于腾冲市和顺镇。14-3。

164. 蜘蛛兰 Esmeralda clarkei H. G. Reichenbach

凭证标本：金效华 s. n. 。

附生兰，茎高达 1 m。生长于常绿阔叶林；海拔 1600～2170 m。

分布于腾冲市五合乡。14-3。

165. 花美冠兰 Eulophia spectabilis (Dennst) Suresh. -*Wolfia spectabilis* Dennst

凭证标本：Forrest 8186；Ward 3020。

自养型地生兰，高 30～65 cm。生长于灌丛、石山坡；海拔 1800～2100 m。

分布于腾冲市五合乡。5。

166. 滇金石斛 Flickingeria albopurourea Seidenfaden

凭证标本：T. T. Yü 22055。

附生兰，具假鳞茎，扁纺锤形。生长于常绿阔叶林石崖上；海拔 1600 m。

分布于独龙江（贡山县独龙江乡段）。14-4。

167. 二叶盔花兰 Galearis spathulata (Lindley) P. F. Hunt-*Gymnadenia spathulata* Lindley

凭证标本：王启无 65642。

地生兰，高 8～15 cm，具根茎，细。生长于林中、高山草甸；海拔 2300～4300 m。

分布于独龙江（察隅县日东乡段）。14-3。

* **168. 斑唇盔花兰 Galearis wardii** (W. W. Smith) P. F. Hunt-*Orchis wardii* W. W. Smith

凭证标本：高黎贡山考察队 14985。

地生兰，高 12～25 cm，具根茎，肉质。生长于高山草甸；海拔 4000 m。

分布于贡山县丙中洛乡。15-1。

* **169. 山珊瑚兰 Galeola faberi** Rolfe

凭证标本：独龙江考察队 1181，5860。

直立腐生兰，高 1～2 m。生长于林下、江边灌丛；海拔 1250～2300 m。

分布于独龙江（贡山县独龙江乡段）；福贡县匹河乡。15-1。

170. 毛萼山珊瑚 Galeola lindleyana (J. D. Hooker & Thomson) H. G. Reichenbach-*Cyrtosia lindleyana* J. D. Hooker & Thomson

凭证标本：独龙江考察队 913；高黎贡山考察队 15154。

附生兰，高 1～3 m。生长于常绿阔叶林、石柯-青冈林、次生林；海拔 1480～2610 m。

分布于独龙江（贡山县独龙江乡段）；贡山县茨开镇；福贡县马吉乡、石月亮乡；泸水市片马镇、洛本卓乡；腾冲市明光镇、界头镇、猴桥镇；龙陵县镇安镇。7。

171. 二瘠盆距兰 Gastrochilus affinis (King & Pantling) Schlechter

凭证标本：金效华 6984。

附生兰，茎高 3～5 cm。生长于常绿阔叶林；海拔 2555 m。

分布于福贡县架科底乡。14-3。

*** **172. 翅盆距兰 Gastrochilus alatus** X. H. Jin & S. C. Chen

凭证标本：金效华 6998，8151。

附生兰，茎长 10 cm。生长于林中树上；海拔 2685～2758 m。

分布于贡山县丙中洛乡；福贡县上帕镇。15-2-6。

173. 盆距兰 Gastrochilus calceolaris (Buchanan-Hamilton ex Smith) D. Don-*Aerides calceolaris* Buchanan-Hamilton ex Smith

凭证标本：独龙江考察队 1288；高黎贡山考察队 30892。

附生兰，茎长 5～30 cm。生长于常绿阔叶林、杜鹃林、次生林；海拔 1570～2660 m。

分布于独龙江（贡山县独龙江乡段）；贡山县丙中洛乡；福贡县上帕镇；泸水市片马镇、上江乡；保山市芒宽乡；腾冲市界头镇、曲石镇、荷花镇、芒棒镇、五合乡；

龙陵县。14-3。

174. 列叶盆距兰 Gastrochilus distichus (Lindley) Kuntze-*Saccolabium distichum* Lindley

凭证标本：高黎贡山考察队 18739，25117。

附生兰，茎长 1.5～20 cm。生长于常绿阔叶林、针叶林、灌丛；海拔 1970～2660 m。

分布于独龙江（察隅县日东乡段）；贡山县丙中洛乡；泸水市古登乡、大兴地乡；保山市潞江镇；腾冲市界头镇、芒棒镇；龙陵县镇安镇。14-3。

*** **175. 贡山盆距兰 Gastrochilus gongshangensis** Z. H. Tsi

凭证标本：王启无 71803。

附生兰，茎长 1.5～20 cm。生长于林中石崖上；海拔 3200 m。

分布于贡山县丙中洛乡。15-2-6。

176. 滇南盆距兰 Gastrochilus platycalcaratus（Rolfe）Schlechter-*Saccolabium platycalcaratum* Rolfe

凭证标本：高黎贡山考察队 14211，30045。

附生兰，茎长约 5 cm。生长于次生常绿阔叶林、壳斗-山茶林；海拔 1570～2240 m。

分布于贡山县丙中洛乡；腾冲市界头镇。14-4。

177. 小唇盆距兰 Gastrochilus pseudodistichus（King & Pantling）Schlechter-*Saccolabium pseudodistichum* King & Pantling

凭证标本：王启无 67560。

附生兰，茎长达 28 cm。生长于常绿阔叶林；海拔 2500 m。

分布于贡山县丙中洛乡。14-3。

178. 天麻 Gastrodia elata Blume

凭证标本：金效华 s. n.。

腐生兰，高 30～100 cm，具根茎，块茎状。生长于竹林、次生林；海拔 2000 m。

分布于独龙江（贡山县独龙江乡段）。14-1。

* **179. 夏天麻 Gastrodia flavilabella** S. S. Ying

凭证标本：金效华 7932。

腐生兰，高 40～100 cm，具根茎，块茎状。生长于常绿阔叶林；海拔 2000 m。

分布于独龙江（贡山县独龙江乡段）。15-1。

180. 大花斑叶兰 Goodyera biflora（Lindley）J. D. Hooker-*Georchis biflora* Lindley

凭证标本：倪志诚等 700；青藏队林业组 73-570。

地生兰，高 5～15 cm，具根茎，纤细。生长于常绿阔叶林；海拔 1500～2200 m。

分布于独龙江（察隅县日东乡段）。14-1。

*** **181. 高黎贡斑叶兰 Goodyera dongchenii** Lucksom var. **gongligongensis** X. H. Jin & S. C. Chen

凭证标本：金效华 8380。

地生兰，高约 20 cm。生长于林下；海拔 2400 m。

分布于独龙江（贡山独龙江段）。15-2-6。

182. 叶斑叶兰 Goodyera foliosa（Lindley）Bentham ex C. B. Clarke-*Georchis foliosa* Lindley

凭证标本：T. T. Yü 20525；冯国楣 24376。

地生兰，高 15～25 cm。生长于江边阔叶林；海拔 1300～2000 m。

分布于独龙江（贡山县独龙江乡段）；福贡县上帕镇。14-1。

183. 瘠唇斑叶兰 Goodyera fusca（Lindley）J. D. Hooker-*Hetaeria fusca* Lindley

凭证标本：张经纬 1252。

地生兰，高 10～22 cm。生长于针叶林、柳树灌丛；海拔 3700～4000 m。

分布于独龙江（察隅县日东乡段）。14-3。

184. 光萼斑叶兰 Goodyera henryi Rolfe

凭证标本：独龙江考察队 264；高黎贡山考察队 13570。

地生兰，高 8～15 cm。生长于常绿阔叶林下、云南松林、次生林；海拔 1500～1700 m。

分布于贡山；福贡县石月亮乡；保山市芒宽乡；腾冲市曲石镇。14-2。

185. 高斑叶兰 Goodyera procera（Ker Gawler）Hooker-*Neottia procera* Ker Gawler

凭证标本：刘伟心 220；高黎贡山考察队 25408。

地生兰，高 25～80 cm，具根茎，粗壮。生长于草地；海拔 1300～1500 m。

分布于福贡县上帕镇；泸水市。7。

186. 长苞斑叶兰 Goodyera recurva Lindley

凭证标本：朱维明等 lu-2；高黎贡山考察队 28443。

附生兰，高 12～18 cm，具根茎，粗壮。生长于石柯-冬青林；海拔 2520～2800 m。

分布于福贡县石月亮乡；泸水市。14-3。

187. 小斑叶兰 Goodyera repens（Linnaeus）R. Brown-*Satyrium repens* Linnaeus

凭证标本：碧江队 1359；高黎贡山考察队 33077。

地生兰，高 8～20 cm，具根茎，纤细。生长于漆树-胡桃林；海拔 2500～3800 m。

分布于独龙江（贡山县独龙江乡段）；贡山县丙中洛乡；泸水市片马镇。8。

188. 滇藏斑叶兰 Goodyera robusta J. D. Hooker

凭证标本：倪志诚 757。

地生兰或附生兰，高 11～22 cm，具根茎，粗壮。生长于针阔叶混交林；海拔 2100 m。

分布于独龙江（察隅县日东乡段）。14-3。

189. 斑叶兰 Goodyera schlechtendaliana H. G. Reichenbacher

凭证标本：高黎贡山考察队 13026，15459。

地生兰，高 6～25 cm，具根茎。生长于常绿阔叶林、次生林；海拔 1550～2100 m。

分布于独龙江（贡山县独龙江乡段）；贡山县丙中洛乡、茨开镇；福贡县鹿马登乡；腾冲市马站乡；龙陵县镇安镇。7。

190. 绿花斑叶兰 Goodyera viridiflora（Blume）Lindley ex D. Dietrich-*Neottia viridiflora* Blume

凭证标本：金效华 s. n. 。

地生兰，高 13～20 cm，具根茎，细。生长于林中石上；海拔 1600 m。

分布于腾冲市芒棒镇。5。

191. 秀丽斑叶兰 Goodyera vittata（Lindley）Bentham ex J. D. Hooker. -*Georchis vittata* Lindley

凭证标本：高黎贡山考察队 18882。

地生兰，高 10～16 cm，具根茎，细。生长于次生常绿阔叶林；海拔 2220 m。

分布于保山市芒宽乡。14-3。

* **192. 川滇斑叶兰 Goodyera yunnanensis** Schlechter

凭证标本：金效华 8354。

地生兰，高 10～23 cm，具根茎，细。生长于林中；海拔 2600～3900 m。

分布于贡山县。15-1。

* **193. 短距手参 Gymnadenia crassinervis** Finet

凭证标本：王启无 67429。

地生兰，高 7～20 cm，具块茎，椭圆状，掌裂。生长于杜鹃林；海拔 2800 m。

分布于贡山县丙中洛乡。15-1。

194. 西南手参 Gymnadenia orchidis Lindley

凭证标本：独龙江考察队 3272；高黎贡山考察队 14988。

地生兰，高 15～50 cm。生长于常绿阔叶林、针叶林、高山草甸；海拔 2300～3710 m。

分布于独龙江（贡山县独龙江乡段）；贡山县丙中洛乡、茨开镇；福贡县石月亮乡。14-3。

* **195. 厚瓣玉凤花 Habenaria delavayi** Finet

凭证标本：T. T. Yü 22158。

地生兰，高 9～35 cm。生长于林下、灌丛、草甸；海拔 1500～2900 m。

分布于独龙江（贡山县独龙江乡段）。15-1。

196. 鹅毛玉凤花 Habenaria dentata（Swartz）Schlechter-*Orchis dentata* Swartz

凭证标本：高黎贡山考察队 18398，19104。

地生兰，高 35～87 cm。生长于常绿阔叶林、针叶林、次生林；海拔 1520～1800 m。

分布于独龙江（贡山县独龙江乡段）；贡山县丙中洛乡、捧打乡；福贡县上帕镇；保山市芒宽乡、潞江镇；腾冲市曲石镇。14-1。

* **197. 棒距玉凤花 Habenaria mairei** Schlechter

凭证标本：王启无 66526。

地生兰，高 18～65 cm。生长于山坡林下；海拔 2600～3400 m。

分布于独龙江（察隅县日东乡段）。15-1。

198. 南方玉凤花 Habenaria malintana (Blanco) Merrill-*Thelymitra malintana* Blanco

凭证标本：尹文清 60-1415。

地生兰，高 40～55 cm。生长于常绿阔叶林；海拔 850～2300 m。

分布于腾冲市蒲川乡。7。

*199. 扇唇舌喙兰 Hemipilia flabellata Bureau & Franchet

凭证标本：高黎贡山考察队 14994，31855。

地生兰，高 15～28 cm。生长于常绿阔叶林、山茶林、灌丛、石堆；海拔 1500～2900 m。

分布于贡山县丙中洛乡、茨开镇。15-1。

*200. 长距舌喙兰 Hemipilia forrestii Rolfe

凭证标本：高黎贡山考察队 18401。

地生兰，高约 20 cm，具块茎，椭圆形，肉质。生长于云南松林；海拔 1800 m。

分布于保山市潞江镇。15-1。

201. 狭唇角盘兰 Herminium angustilabre King & Pantlng

凭证标本：青藏队 82-8543。

地生兰，高 7～18 cm，具块茎。生长于高山草甸；海拔 3500 m。

分布于贡山县茨开镇。14-3。

***202. 厚唇角盘兰 Herminium carnosilabre Tang & Wang

凭证标本：T. T. Yü 20244。

地生兰，高 10～22 cm，具块茎，卵形，肉质。生长于箭竹灌丛；海拔 3200～3600 m。

分布于独龙江（贡山县独龙江乡段）。15-2-6。

*203. 矮角盘兰 Herminium chloranthum Tang & F. T. Wang

凭证标本：王启无 65902。

地生兰，高 4～15 cm，具块茎。生长于高山草甸；海拔 3000～4100 m。

分布于独龙江（察隅县日东乡段）。15-1。

*204. 无距角盘兰 Herminium ecalcaratum (Finet) Schlechter-*Peristylus ecalcaratus* Finet

凭证标本：金效华 7913。

地生兰，高 10～20 cm，具块茎。生长于高山草甸；海拔 2500～3200 m。

分布于福贡县上帕镇。15-1。

205. 宽卵角盘兰 Herminium josephii H. G. Reichenbach

凭证标本：高黎贡山考察队 14986。

地生兰，高 11～27 cm，具块茎。生长于高山草甸；海拔 4000 m。

分布于贡山县丙中洛乡。14-3。

206. 叉唇角盘兰 Herminium lanceum (Thunberg ex Swartz) Vuijk-*Ophrys lancea* Thunberg ex Swartz

凭证标本：怒江队 1263；青藏队 82-9001。

地生兰，高 14～83 cm，具块茎。生长于疏林、灌丛、草地；海拔 3000～3600 m。

分布于独龙江（贡山县独龙江乡段）；贡山县丙中洛乡、茨开镇；福贡县上帕镇、匹河乡；泸水市片马镇；腾冲市；龙陵县龙江乡。7。

207. 西藏角盘兰 Herminium orbiculare J. D. Hooker

凭证标本：金效华 7985。

地生兰，高 6～15 cm，具块茎。生长于高山灌丛；海拔 3200 m。

分布于贡山县茨开镇。14-3。

208. 秀丽角盘兰 Herminium quinquilobum King & Plantling

凭证标本：青藏队 82-9908。

地生兰，高 25～29 cm，具块茎。生长于常绿阔叶林；海拔 2200 m。

分布于独龙江（贡山县独龙江乡段）。14-3。

* **209. 披针唇角盘兰 Herminium singulum** Tang & F. T. Wang

凭证标本：高黎贡山考察队 26839，31795。

地生兰，高 8～30 cm。生长于常绿阔叶林、箭竹-杜鹃灌丛、草甸；海拔 2510～3640 m。

分布于独龙江（贡山县独龙江乡段）；贡山县丙中洛乡、茨开镇；福贡县石月亮乡、鹿马登乡。15-1。

* **210. 宽萼角盘兰 Herminium souliei**（Finet）Rolfe-*Herminium angustifolium* (Lindley) Ridley var. *souliei* Finet

凭证标本：高黎贡山考察队 27292，33510。

地生兰，12～40 cm，具块茎。生长于常绿阔叶林、鹅耳枥-漆树林；海拔 1460～2040 m。

分布于独龙江（察隅县日东乡段）；贡山县丙中洛乡；福贡县匹河乡；泸水市片马镇。15-1。

211. 爬兰 Herpysma longicaulis Lindley

凭证标本：Forrest 9378。

地生兰，18～30 cm，具根茎，匍匐伸长。生长于林下；海拔 2100～2200 m。

分布于腾冲市。7。

*** **212. 怒江槽舌兰 Holcoglossum nujiangense** X. H. Jin & S. C. Chen

凭证标本：金效华 6930。

附生兰。生长于常绿阔叶林；海拔 2400～3000 m。

分布于福贡县架科底乡。15-2-6。

*** **213. 中华槽舌兰 Holcoglossum sinicum** Christenson

凭证标本：金效华 8940。

附生兰。生长于桤木林、栎林；海拔 2600～3200 m。

分布于腾冲市。15-2-6。

214. 锡金盂兰 Lecanorchis sikkimensis N. Pearce & P. J. Cribb

凭证标本：金效华 8197。

附生兰，高 35～45 cm，具根茎，匍匐。生长于常绿阔叶林中；海拔 2100 m。

分布于腾冲市。14-3。

** **215. 扁茎羊耳蒜 Liparis assamica** King & Pantling

凭证标本：陈介 367；独龙江考察队 4463。

附生兰，具假鳞茎。生长于河谷常绿阔叶林；海拔 1300～2100 m。

分布于独龙江（贡山县独龙江乡段）；腾冲市芒棒镇。15-2-5。

216. 圆唇羊耳蒜 Liparis balansae Gagnepain

凭证标本：高黎贡山考察队 17571，17728。

附生兰，具假鳞茎，密集，卵形。生长于常绿阔叶林；海拔 2210～2230 m。

分布于保山市潞江镇；龙陵县龙江乡。14-4。

217. 镰翅羊耳蒜 Liparis bootanensis Griffith

凭证标本：独龙江考察队 868；高黎贡山考察队 19581。

附生兰，具假鳞茎。生长于常绿阔叶林、石崖；海拔 1300～1800 m。

分布于独龙江（贡山县独龙江乡段）；福贡县马吉乡。7。

218. 羊耳蒜 Liparis campylostalix H. G. Reichenbach

凭证标本：王启无 66904。

地生兰，具假鳞茎，集生，卵形至球形。生长于江边阔叶林；海拔 2070～2500 m。

分布于贡山县丙中洛乡。14-2。

219. 二褶羊耳蒜 Liparis cathcartii J. D. Hooker

凭证标本：高黎贡山考察队 12177。

地生兰，具假鳞茎，卵形。生长于常绿阔叶林；海拔 1950 m。

分布于贡山县茨开镇。14-3。

220. 丛生羊耳蒜 Liparis cespitosa (Lamarck) Lindley-*Epidendrum cespitosum* Lamarck

凭证标本：独龙江考察队 922；高黎贡山考察队 13109。

附生兰，具假鳞茎。生长于常绿阔叶林、次生林；海拔 1100～2150 m。

分布于独龙江（贡山县独龙江乡段）；贡山县丙中洛乡、捧打乡、茨开镇；保山市潞江镇。4。

221. 平卧羊耳蒜 Liparis chapaensis Gagnepain

凭证标本：独龙江考察队 922，4722。

附生兰，具假鳞茎，集生，长卵形。生长于阔叶林树上；海拔 1400～2500 m。

分布于独龙江（贡山县独龙江乡段）；贡山县丙中洛乡。14-4。

222. 心叶羊耳蒜 Liparis cordifolia J. D. Hooker

凭证标本：T. T. Yü 19422。

地生兰，具假鳞茎，集生，卵形，扁。生长于阔叶林下、树上；海拔 1000～2000 m。

分布于独龙江（贡山县独龙江乡段）。14-3。

223. 小巧羊耳蒜 Liparis delicatula J. D. Hooker

凭证标本：独龙江考察队 1560。

附生兰，具假鳞茎，密集，长圆形或纺锤形。生长于阔叶林；海拔 900～1900 m。

分布于独龙江（贡山县独龙江乡段）；泸水市；腾冲市腾越镇。14-3。

224. 大花羊耳蒜 Liparis distans C. B. Clarke

凭证标本：独龙江考察队 4260；高黎贡山考察队 33505。

附生兰，具假鳞茎。生长于常绿阔叶林、鹅耳枥-漆树林；海拔 1390～2170 m。

分布于独龙江（贡山县独龙江乡段）；贡山县丙中洛乡、茨开镇；福贡县马吉乡；龙陵县龙江乡、镇安镇。14-3。

225. 扁球羊耳蒜 Liparis elliptica Wight

凭证标本：冯国楣 24356。

附生兰，具假鳞茎。生长于常绿阔叶林；海拔 1800 m。

分布于独龙江（贡山县独龙江乡段）。5。

*****226. 绿虾虾膜花 Liparis forrestii** Rolfe

凭证标本：Forrest 261。

附生兰。生长于常绿阔叶林；海拔 2100 m。

分布于腾冲市。15-2-6。

227. 尖唇羊耳蒜 Liparis gamblei J. D. Hooker

凭证标本：金效华 9058。

地生兰。生长于常绿阔叶林中；海拔 2100 m。

分布于腾冲市。

228. 方唇羊耳蒜 Liparis glossula H. G. Reichenbach

凭证标本：独龙江考察队 980；高黎贡山考察队 18819。

地生兰，具假鳞茎，聚生，卵形。生长于常绿阔叶林；海拔 1400～2410 m。

分布于独龙江（贡山县独龙江乡段）；龙陵县龙江乡。14-3。

229. 见雪青 Liparis nervosa (Thunberg) Lindley-*Ophrys nervosa* Thunberg

凭证标本：独龙江考察队 3836；高黎贡山考察队 13033。

地生兰，茎高 2～8 cm。生长于常绿阔叶林、云南松林、灌丛；海拔 1400～2800 m。

分布于独龙江（贡山县独龙江乡段）；贡山县；泸水市片马镇；保山市芒宽乡、潞江镇；腾冲市曲石镇、五合乡、蒲川乡；龙陵县镇安镇。2。

230. 香花羊耳蒜 Liparis odorata（Willdenow）Lindley-*Malaxis odorata* Willdenow

凭证标本：Forrest 8829。

地生兰，具假鳞茎，近卵形。生长于林中、草坡；海拔 1200 m。

分布于腾冲市。5。

231. 小花羊耳蒜 Liparis platyrachis J. D. Hooker

凭证标本：高黎贡山考察队 18007，27243。

附生兰，具假鳞茎。生长于常绿阔叶林、冷杉林、杜鹃灌丛；海拔 1960～3100 m。

分布于福贡县鹿马登乡；腾冲市芒棒镇；龙陵县龙江乡。14-3。

232. 丝蕊羊耳蒜 Liparis resupinata Ridley

凭证标本：独龙江考察队 847；高黎贡山考察队 13153。

附生兰，具假鳞茎。生长于常绿阔叶林、石柯-山茶林；海拔 1320～2100 m。

分布于独龙江（贡山县独龙江乡段）；保山市潞江镇；腾冲市界头镇、芒棒镇。14-3。

233. 齿突羊耳蒜 Liparis rostrata H. G. Reichenbach。

凭证标本：高黎贡山考察队 23263，24351。

地生兰，具假鳞茎。生长于常绿阔叶林、草甸；海拔 1886～1950 m。

分布于泸水市片马镇。14-3。

234. 扇唇羊耳蒜 Liparis stricklandiana H. G. Reichenbach

凭证标本：独龙江考察队 937；高黎贡山考察队 22427。

附生兰，具假鳞茎。生长于常绿阔叶林、次生林、路边；海拔 1300～1780 m。

分布于独龙江（贡山县独龙江乡段）；贡山县丙中洛乡、捧打乡；福贡县上帕镇；腾冲市。14-3。

235. 长茎羊耳蒜 Liparis virdiflora（Blume）Lindley-*Malaxis viridiflora* Blume

凭证标本：Forrest 926；南水北调队 8009。

附生兰，具假鳞茎。生长于河谷阔叶林、石崖；海拔 880～2300 m。

分布于泸水市六库镇；腾冲市。5。

236. 紫唇钗子股 Luisia macrotis H. G. Reichenbach

凭证标本：金效华 6944。

附生兰，茎直立。生长于常绿阔叶林；海拔 2500 m。

分布于泸水市上江乡。14-3。

237. 沼兰 Malaxis monophyllos（Linnaeus）Swartz-*Ophrys monophyllos* Linnaeus

凭证标本：高黎贡山考察队 17205，28399。

地生兰，具假鳞茎。生长于常绿阔叶林、针阔混交林；海拔 1335～3050 m。

分布于独龙江（贡山县独龙江乡段）；贡山县茨开镇；福贡县石月亮乡；泸水市洛

本卓乡；保山市芒宽乡；腾冲市芒棒镇、五合乡；龙陵县。8。

238. 短瓣兰 Monomeria barbata Lindley

凭证标本：冯国楣 24397。

附生兰，假鳞茎，卵形。生长于常绿阔叶林树上；海拔 1600 m。

分布于独龙江（贡山县独龙江乡段）。14-3。

239. 日本全唇兰 Myrmechis japonicus（H. G. Reichenbach）Rolfe-*Rhamphidia japonica* H. G. Reichenbach

凭证标本：T. T. Yü 19662。

地生兰，高 8～15 cm，具根茎，匍匐。生长于沙石山坡；海拔 2600 m。

分布于独龙江（贡山县独龙江乡段）。14-2。

240. 矮全唇兰 Myrmechis pumila（J. D. Hooker）Tang & F. T. Wang-*Odontochilus pumilus* J. D. Hooker

凭证标本：Handel-Mazzetti 9919。

地生兰，高 5～12 cm，具根茎，匍匐。生长于林下；海拔 2800 m。

分布于贡山县丙中洛乡。14-4。

* **241. 宽瓣全唇兰 Myrmechis urceolata** Tang & K. Y. Lang

凭证标本：金效华 9141。

地生兰，高 5～9 cm，具根茎，匍匐。生长于林下阴湿处；海拔 1000 m。

分布于腾冲市猴桥镇。15-1。

242. 新型兰 Neogyna gardneriana（Lindley）H. G. Reichenbach-*Coelogyne gardneriana* Lindley

凭证标本：高黎贡山考察队 11434，30481。

附生兰，具根茎。生长于石柯-冬青林、次生常绿阔叶林；海拔 1560～1820 m。

分布于腾冲市界头镇、芒棒镇；龙陵县。14-3。

243. 尖唇鸟巢兰 Neottia acuminata Schlechter

凭证标本：高黎贡山考察队 16713，26924。

腐生兰，高 14～30 cm。生长于石柯-青冈林、冷杉-红杉林；海拔 2750～3000 m。

分布于贡山县茨开镇；福贡县石月亮乡。14-1。

*** **244. 高山对叶兰 Neottia bambusetorum**（Handel-Mazzetti）Szlachetko-*Listera bambusetorum* Handel-Mazzetti

凭证标本：Handel-Mazzetti 9238。

自养型地生兰，高 10～18 cm，具根茎。生长于山坡灌丛；海拔 3200～3350 m。

分布于贡山县。15-2-6。

245. 短茎对叶兰 Neottia brevicaulis（King & Pantling）Szlachetko-*Listera brevicaulis* King & Pantling

凭证标本：金效华 8357。

自养型地生兰，高 20～30 cm，具根茎。生长于箭竹灌丛草甸；海拔 3300 m。

分布于贡山县丙中洛乡。14-3。

246. 叉唇对叶兰 Neottia divaricata（Panigrahi & P. Taylor）Szlachetko-*Listera divaricata* Panigrahi & P. Taylor

凭证标本：高黎贡山考察队 16772；金效华 9124。

自养型地生兰，高 15～24 cm。生长于落叶阔叶林；海拔 3120 m。

分布于独龙江（贡山县独龙江乡段）；贡山县茨开镇。14-3。

*** **247. 福贡对叶兰 Neottia fugongensis** X. H. Jin

凭证标本：金效华 7914。

地生兰，高 30～40 cm。生长于常绿阔叶林中；海拔 2600 m。

分布于福贡县上帕镇。15-2-6。

248. 卡氏对叶兰 Neottia karoana Szlachetko

凭证标本：高黎贡山考察队 31293，31603。

自养型地生兰，高 6～13 cm。生长于高山草甸；海拔 3980～4030 m。

分布于贡山县丙中洛乡、茨开镇。14-3。

249. 高山鸟巢兰 Neottia listeroides Lindley

凭证标本：怒江队 790965。

腐生兰，高 15～35 cm，具根茎，具多数肉质根。生长于松林下；海拔 1500 m。

分布于独龙江（贡山县独龙江乡段）。14-3。

250. 西藏对叶兰 Neottia pinetorum（Lindley）Szlachetko-*Listera pinetorum* Lindley

凭证标本：青藏队 82-10332；独龙江考察队 6476。

自养型地生兰，高 6～33 cm。生长于针阔叶混交林下；海拔 2300～2500 m。

分布于独龙江（察隅县日东乡段，贡山县独龙江乡段）；贡山县丙中洛乡。14-3。

* **251. 大花对叶兰 Neottia wardii**（Rolfe）Szlachetko-*Listera wardii* Rolfe

凭证标本：王启无 65127；高黎贡山考察队 32664。

自养型地生兰，高 15～25 cm。生长于石柯-青冈林；海拔 2443～2600 m。

分布于独龙江（贡山县独龙江乡段）；贡山县丙中洛乡。15-1。

** **252. 淡黄花兜被兰 Neottianthe luteola** K. Y. Lang & S. C. Chen

凭证标本：王启无 67260。

地生兰，13～17 cm，具块茎，近球形。生长于山坡灌丛；海拔 4000 m。

分布于贡山县丙中洛乡。15-2-3a。

253. 侧花兜被兰 Neottianthe secundiflora Schlechter

凭证标本：蔡希陶 57719；青藏队 82-10185。

地生兰，10～35 cm，具根茎，近球形，椭圆形。生长于水边；海拔 3000 m。

分布于独龙江（察隅县日东乡段）；贡山。14-3。

254. 广布芋兰 Nervilia aragoana Gaudichaud

凭证标本：青藏队 82-7856。

地生兰，具块茎，近球形，卵形。生长于常绿阔叶林；海拔 1500～2300 m。

分布于贡山县丙中洛乡。5。

255. 七角叶芋兰 Nervilia mackinnonii (Duthie) Schlechter-*Pogonia mackinnonii* Duthie

凭证标本：高黎贡山考察队 9983；金效华 8179。

地生兰，具块茎，近球形。生长于松林；海拔 1700 m。

分布于泸水市片马镇；腾冲市界头镇。14-3。

256. 怒 江 兰 Nujiangia griffithii （Hook. f.） X. H. Jin ＆ D. Z. Li-Habenaria griffithii Hook. f.

凭证标本：金效华 10879。

地生兰，高 13～17 cm，具块茎，球形，椭圆形。生长于河谷阔叶林；海拔 1523 m。

分布于贡山县丙中洛乡。14-3。

257. 显脉鸢尾兰 Oberonia acaulis Griffith

凭证标本：金效华 7926。

附生兰。生长于常绿阔叶林；海拔 1000～2400 m。

分布于独龙江（贡山县独龙江乡段）。14-3。

258. 狭叶鸢尾兰 Oberonia caulescens Lindley

凭证标本：独龙江考察队 4275；高黎贡山考察队 30478。

附生兰，高 10～45 mm。生长于常绿阔叶林、石柯-木荷林、次生林；海拔 1820～2500 m。

分布于独龙江（贡山县独龙江乡段）；泸水市鲁掌镇；保山市潞江镇；腾冲市界头镇、曲石镇、五合乡。14-3。

259. 剑叶鸢尾兰 Oberonia ensiformis (Smith) Lindley-*Malaxis ensiformis* Smith

凭证标本：金效华 9260。

附生兰，茎短。生长于河谷阔叶林；海拔 900 m。

分布于泸水市六库镇。14-3。

260. 短耳鸢尾兰 Oberonia falconeri J. D. Hooker

凭证标本：高黎贡山考察队 13574，28089。

附生兰，茎短或不明显。生长于常绿阔叶林、石柯-木荷林；海拔 1680～2200 m。

分布于泸水市片马镇；保山市芒宽乡；腾冲市明光镇、曲石镇、芒棒镇；龙陵县龙江乡、镇安镇。14-3。

261. 条裂鸢尾兰 Oberonia jenkinsiana Griffith ex Lindley

凭证标本：南水北调队 6665；独龙江考察队 4553。

附生兰，茎高 1～2 cm。生长于河边常绿阔叶林；海拔 1100～2700 m。

分布于独龙江（贡山县独龙江乡段）；腾冲市猴桥镇。14-3。

262. 广西鸢尾兰 Oberonia kwangsiensis Seidenfaden

凭证标本：青藏队 82-9205。

附生兰，茎高 1～2 cm。生长于常绿阔叶林；海拔 1300～1400 m。

分布于独龙江（贡山县独龙江乡段）。14-4。

** 263. 阔瓣鸢尾兰 Oberonia latipetala L. O. Williams

凭证标本：冯国楣 24353；金效华 6723。

附生兰，茎短或不明显。生长于常绿阔叶林；海拔 1700～2200 m。

分布于独龙江（贡山县独龙江乡段）；腾冲市芒棒镇。15-2-5。

264. 小花鸢尾兰 Oberonia mannii J. D. Hooker

凭证标本：高黎贡山考察队 15043，25043。

附生兰，茎 15～70 mm。生长于石柯-木荷林；海拔 2146～2167 m。

分布于保山市潞江镇；腾冲市五合乡。14-3。

265. 裂唇鸢尾兰 Oberonia pyrulifera Lindley

凭证标本：T. T. Yü 20855；金效华 7939。

附生兰，茎高 3～4 cm。生长于常绿阔叶林；海拔 1900～2000 m。

分布于独龙江（贡山县独龙江乡段）；福贡县上帕镇。14-3。

266. 圆柱叶鸢尾兰 Oberonia teres Kerr

凭证标本：金效华 7029。

附生兰，茎长约 1 cm。生长于阔叶林；海拔 2400 m。

分布于泸水市六库镇。14-4。

267. 小齿唇兰 Odontochilus crispus (Lindley) J. D. Hooker-*Anoectochilus crispus* Lindley

凭证标本：王启无 67039；高黎贡山考察队 17857。

自养型地生兰，高 6～20 cm。生长于常绿阔叶林、山坡阔叶林；海拔 1800～1908 m。

分布于独龙江（贡山县独龙江乡段）；龙陵县龙江乡。14-3。

268. 西南齿唇兰 Odontochilus elwesii C. B. Clarke ex J. D. Hooker

凭证标本：青藏队 82-9049。

自养型地生兰，高 6～20 cm。生长于常绿阔叶林；海拔 1500～1700 m。

分布于独龙江（贡山县独龙江乡段）。14-3。

269. 齿唇兰 Odontochilus lancelatus (Lindley) Blume-*Anoectochilus lanceolatus* Lindley

凭证标本：独龙江考察队 4221；高黎贡山考察队 32458。

自养型地生兰，高 15～30 cm。生长于常绿阔叶林；海拔 1100～1908 m。

分布于独龙江（贡山县独龙江乡段）；福贡县石月亮乡；保山市潞江镇。14-3。

270. 齿爪齿唇兰 Odontochilus poilanei（Gagnepain）Ormerod-*Evrardia poilanei* Gagnepain

凭证标本：金效华 9392。

腐生兰，高 12～18 cm。生长于常绿阔叶林；海拔 1800 m。

分布于腾冲。14-2。

*__**271. 短梗山兰 Oreorchis erythrochrysea** Handel-Mazzetti

凭证标本：独龙江考察队 6515；高黎贡山考察队 30708。

地生兰，高 16～35 cm，具假鳞茎。生长于常绿阔叶林、高山草甸；海拔 2200～4000 m。

分布于独龙江（贡山县独龙江乡段）；贡山县丙中洛乡；腾冲市猴桥镇。15-1。

272. 囊唇山兰 Oreorchis foliosa Lindley var. **indica**（Lindley）N. Pearce & P. J. Cribb-*Corallorhiza indica* Lindley

凭证标本：Forrest 8158，19075。

地生兰，高 18～36 cm，具假鳞茎。生长于常绿阔叶林；海拔 2200～3000 m。

分布于贡山县；腾冲市。14-1。

*__**273. 硬叶山兰 Oreorchis nana** Schlechter

凭证标本：青藏队 82-7794。

地生兰，高 8～16 cm，具假鳞茎。生长于云杉林；海拔 2950 m。

分布于贡山县茨开镇。15-1。

274. 山兰 Oreorchis patens（Lindley）Lindley-*Corallorhiza patens* Lindley

凭证标本：Forrest 19045；南水北调队 6999。

地生兰，高 25～70 cm，具假鳞茎。生长于山坡林下；海拔 1800～2600 m。

分布于贡山县丙中洛乡；腾冲市猴桥镇。14-2。

__275. 盈江羽唇兰 Ornithochilus yingjiangensis** Z. H. Tsi

凭证标本：金效华 s. n.。

附生兰，单轴型，高约 2 cm。生长于常绿阔叶林；海拔 1980 m。

分布于腾冲市五合乡。15-2-7。

276. 白花耳唇兰 Otochilus albus Lindley

凭证标本：横断山队 81-55；青藏队 81-9075。

附生兰，具假鳞茎。生长于常绿阔叶林、石崖；海拔 1400～1950 m。

分布于独龙江（贡山县独龙江乡段）；泸水市。14-3。

277. 狭叶耳唇兰 Otochilus fuscus Lindley

凭证标本：独龙江考察队 4411；高黎贡山考察队 32305。

附生兰，具假鳞茎。生长于常绿阔叶林、河谷林石上、次生林；海拔 1300～1980 m。

分布于独龙江（贡山县独龙江乡段）；泸水市上江乡；腾冲市中和镇、芒棒镇；龙陵县龙江乡、镇安镇。14-3。

278. 宽叶耳唇兰 Otochilus lancilabius Seidenfaden.

凭证标本：高黎贡山考察队 13179，31028。

附生兰，具假鳞茎。生长于常绿阔叶林、石柯-木荷林、栎类-山茶林、云南松林、灌丛；海拔 2100～2290 m。

分布于保山市潞江镇；腾冲市界头镇、瑞滇乡、曲石镇。14-3。

279. 耳唇兰 Otochilus porrectus Lindley

凭证标本：独龙江考察队 423；高黎贡山考察队 25153。

附生兰，具假鳞茎。生长于常绿阔叶林、杜鹃-冬青林；海拔 1280～2405 m。

分布于独龙江（贡山县独龙江乡段）；贡山县丙中洛乡；福贡县石月亮乡、鹿马登乡、上帕镇；泸水市片马镇、上江乡；保山市潞江镇；腾冲市界头镇、芒棒镇；龙陵县龙江乡、龙山镇。14-3。

** **280. 平卧曲唇兰 Panisea cavaleriei** Schlechter

凭证标本：高黎贡山考察队 10372，10374。

附生兰，具假鳞茎。生长于常绿阔叶林；海拔 2330 m。

分布于泸水市片马镇。15-2-4。

*** **281. 杏黄兜兰 Paphiopedilum armeniacum** S. C. Chen & F. Y. Liu

凭证标本：张敖罗 7901。

地生兰或石生兰。生长于常绿阔叶林；海拔 1400～2100 m。

分布于福贡县。15-2-6。

*** **282. 虎斑兜兰 Paphiopedilum markianum** Fowlie

凭证标本：无号。

地生兰。生长于常绿阔叶林；海拔 2300 m。

分布于泸水市。15-2-6。

283. 龙头兰 Pecteilis susannae（Linnaeus）Rafinesque-*Orchis susannae* Linnaeus

凭证标本：李生堂 80-344。

地生兰，高 45～120 cm，具假鳞茎。生长于火山疏林；海拔 2100 m。

分布于腾冲市马站乡。7。

284. 短距兰 Penkimia nagalandensis Phukan & Odyuo

凭证标本：金效华 8923。

附生兰，茎直立或上升。生长于阔叶林；海拔 1600～2000 m。

分布于腾冲市。14-3。

285. 小花阔蕊兰 Peristylus affinis（D. Don）Seidenfaden-*Habenaria affinis* D. Don

凭证标本：青藏队 82-8077。

地生兰，高 21～54 cm，具块茎。生长于山坡林下、灌丛；海拔 1700～3000 m。

分布于独龙江（贡山县独龙江乡段）。14-3。

286. 条叶阔蕊兰 Peristylus bulleyi (Rolfe) K. Y. Lang-*Habenaria bulleyi* Rolfe

凭证标本：金效华 7962。

地生兰，高 15～35 cm，具块茎，肉质，长圆形。生长于常绿阔叶林；海拔 2200 m。

分布于腾冲市芒棒镇。15-1。

287. 长须阔蕊兰 Peristylus calcaratus (Rolfe) S. Y. Hu-*Glossula calcarata* Rolfe

凭证标本：T. T. Yü 20520；金效华 7986。

地生兰，高 17～48 cm，具块茎。生长于常绿阔叶林；海拔 1200～1700 m。

分布于独龙江（贡山县独龙江乡段）；贡山县丙中洛乡。14-4。

288. 凸孔阔蕊兰 Peristylus coeloceras Finet

凭证标本：T. T. Yü 7175；高黎贡山考察队 25920。

地生兰，高 6～35 cm，具块茎，肉质，长卵形。生长于针叶林下；海拔 3450～3600 m。

分布于福贡县鹿马登乡、上帕镇。14-4。

289. 大花阔蕊兰 Peristylus constrictus (Lindley) Lindley-*Herminium constrictum* Lindley

凭证标本：Forrest 8625，24787。

地生兰，高 45～77 cm，具块茎，长圆形。生长于灌丛；海拔 1500～2000 m。

分布于腾冲市。14-3。

290. 狭穗阔蕊兰 Peristylus densus (Lindley) Santapau & Kapadia-*Coeloglossum densum* Lindley

凭证标本：Forrest 8663；高黎贡山考察队 28318。

地生兰，高 15～50 cm，具块茎。生长于石柯-冬青林、草坡；海拔 2000～2620 m。

分布于福贡县石月亮乡；腾冲市。14-2。

291. 纤茎阔蕊兰 Peristylus mannii (H. G. Reichenbach) Mukerjee-*Coeloglossum mannii* H. G. Reichenbach

凭证标本：高黎贡山考察队 17877。

地生兰，高 15～40 cm，具块茎，肉质，长椭圆形。生长于常绿阔叶林；海拔 1908 m。

分布于龙陵县龙江乡。14-3。

292. 小巧阔蕊兰 Peristylus nematocaulon (J. D. Hooker) Banerji & P. Pradhan-*Habenaria nematocaulon* J. D. Hooker

凭证标本：高黎贡山考察队 27028。

地生兰，高 75～250 mm，具块茎，长圆圆柱形。生长于灌丛；海拔 3560 m。

分布于贡山县；福贡县石月亮乡。14-3。

293. 高山阔蕊兰 Peristylus superanthus J. J. Wood

凭证标本：金效华 9165。

地生兰，高 10～15 cm，具块茎，全缘，圆柱形。生长于常绿阔叶林；海拔 3385 m。

分布于贡山县。14-3。

294. 黄花鹤顶兰 Phaius flavus（Blume）Lindley-*Limodorum flavum* Blume

凭证标本：冯国楣 8007；碧江队 768。

地生兰，高 40～100 cm，具块茎，卵形-圆锥形。生长于溪畔林下；海拔 2100～2500 m。

分布于贡山县丙中洛乡；福贡县匹河乡。7。

295. 鹤顶兰 Phaius tancarvilleae（L'Héritier）Blume-*Limodorum tancarvilleae* L'Héritier

凭证标本：怒江队 1955；南水北调队 8201。

地生兰，高 100～200 cm。生长于老林、灌丛、石灰岩山坡；海拔 900～1700 m。

分布于福贡县；泸水市片马镇、六库镇。5。

** 296. 滇西蝴蝶兰 Phalaenopsis stobartiana H. G. Reichenbach

凭证标本：金效华 s. n.。

附生兰，茎很短。生长于常绿阔叶林；海拔 1980 m。

分布于腾冲市五合乡。15-2-5。

297. 小尖囊蝴蝶兰 Phalaenopsis taenialis（Lindley）Christenson & Pradhan-*Aerides taenialis* Lindley

凭证标本：刀志灵、崔景云 9417；高黎贡山考察队 14992。

附生兰，茎不明显。附生于阔叶林树上；海拔 1600～2900 m。

分布于贡山县丙中洛乡；保山市芒宽乡。14-3。

298. 华西蝴蝶兰 Phalaenopsis wilsonii Rolfe

凭证标本：高黎贡山考察队 11506，29936。

附生兰，茎长约 1 cm。生长于常绿阔叶林、次生常绿阔叶林；海拔 1510～1740 m。

分布于贡山县茨开镇；腾冲市芒棒镇。14-4。

299. 节茎石仙桃 Pholidota articulata Lindley

凭证标本：独龙江考察队 3690；高黎贡山考察队 34305。

附生兰，具假鳞茎。生长于常绿阔叶林、次生林、灌丛；海拔 1050～2160 m。

分布于独龙江（贡山县独龙江乡段）；贡山县丙中洛乡、茨开镇；福贡县石月亮乡；泸水市鲁掌镇、六库镇；龙陵县镇安镇、碧寨乡。7。

300. 石仙桃 Pholidota chinensis Lindley

凭证标本：独龙江考察队 5047；高黎贡山考察队 25527。

附生兰，具假鳞茎。生长于常绿阔叶林、栎类阔叶林，草地；海拔 1140～1570 m。

分布于独龙江（贡山县独龙江乡段）；贡山县；福贡县鹿马登乡；泸水市洛本卓乡。14-4。

301. 凹唇石仙桃 Pholidota convallariae（E. C. Parish & H. G. Reichenbach）J. D. Hooker-*Coelogyne convallariae* E. C. Parish & H. G. Reichenbach

凭证标本：Forrest 7799。

附生兰，具根茎，匍匐，具假鳞茎，狭卵形。生长于林下；海拔 1500 m。

分布于腾冲市。14-3。

302. 宿苞石仙桃 Pholidota imbricata Hooker

凭证标本：独龙江考察队 869；高黎贡山考察队 21302。

附生兰，具假鳞茎，密集，近球形。生长于常绿阔叶林；海拔 1300～1660 m。

分布于独龙江（贡山县独龙江乡段）；龙陵县龙江乡。5。

303. 尖叶石仙桃 Pholidota missionariorum Gagnepain

凭证标本：王启无 66743；高黎贡山考察队 23271。

附生兰，具假鳞茎，卵形，近圆柱形。生长于常绿阔叶林；海拔 1560～2000 m。

分布于独龙江（贡山县独龙江乡段）；贡山县丙中洛乡。14-3。

304. 尾尖石仙桃 Pholidota prostrata J. D. Hooker

凭证标本：独龙江考察队 4874；高黎贡山考察队 30075。

附生兰，假鳞茎近圆柱形。生长于常绿阔叶林、杜鹃林；海拔 1300～2430 m。

分布于独龙江（贡山县独龙江乡段）；贡山县茨开镇；腾冲市界头镇。14-3。

305. 云南石仙桃 Pholidota yunnanensis Rolfe

凭证标本：横断山队 81-57。

附生兰，具假鳞茎，近圆柱形。生长于林内石崖；海拔 1200 m。

分布于泸水市。14-4。

306. 粗茎苹兰 Pinalia amica (H. G. Reichenbach) Kuntze-*Eria amica* H. G. Reichenbach

凭证标本：高黎贡山考察队 14995；金效华 6770。

附生兰，具假鳞茎，纺锤形或圆柱形。生长于常绿阔叶林；海拔 1000～2900 m。

分布于贡山县丙中洛乡；泸水市六库镇；腾冲市界头镇。14-3。

307. 禾叶苹兰 Pinalia graminifolia (Lindley) Kuntze-*Eria graminifolia* Lindley

凭证标本：独龙江考察队 3156；高黎贡山考察队 32296。

附生兰，假鳞茎密集，圆柱形。生长于次生常绿阔叶林、栎类-乔松林、石崖；海拔 1700～2700 m。

分布于独龙江（贡山县独龙江乡段）；贡山县茨开镇；福贡县匹河乡；泸水市片马镇；保山市潞江镇。14-3。

* **308. 长苞苹兰 Pinalia obvia** （W. W. Smith) S. C. Chen & J. J. Wood-*Eria obvia* W. W. Smith

凭证标本：Forrest 11762，18419。

附生兰，具假鳞茎，集生，纺锤形。生长于阔叶林；海拔 1300～2100 m。

分布于贡山县茨开镇。15-1。

309. 密花苹兰 Pinalia spicata (D. Don) S. C. Chen & J. J. Wood-*Octomeria spicata* D. Don

凭证标本：高黎贡山考察队 13113，32325。

附生兰，具假鳞茎。生长于常绿阔叶林、次生常绿阔叶林；海拔 1390～2050 m。

分布于独龙江（贡山县独龙江乡段）；贡山县丙中洛乡；福贡县上帕镇；保山市潞江镇；龙陵县龙江乡。14-3。

310. 鹅白苹兰 Pinalia stricta (Lindley) Kuntze-*Eria stricta* Lindley

凭证标本：高黎贡山考察队 10734，24999。

附生兰，具根茎，不明显，具假鳞茎，集生，圆柱形。生长于常绿阔叶林、石柯-木荷林、次生常绿阔叶林；海拔 1850～1980 m。

分布于保山市潞江镇；腾冲市五合乡；龙陵县镇安镇。14-3。

311. 滇藏舌唇兰 Platanthera bakeriana (King & Pantling) Kraenzlin-*Habenaria bakeriana* King & Pantling

凭证标本：Forrest 8977；金效华 7984。

地生兰，高 30～58 cm。生长于高山草甸；海拔 2700 m。

分布于贡山县丙中洛乡；福贡县上帕镇；腾冲市。14-3。

***312. 察瓦龙舌唇兰 Platanthera chiloglossa** (Tang & F. T. Wang) K. Y. Lang-*Habenaria chiloglossa* Tang & F. T. Wang

凭证标本：碧江队 1172；怒江队 79-0704。

地生兰，高 10～31 cm。生长于林下、路边草丛；海拔 2700～3200 m。

分布于独龙江（察隅县日东乡段，贡山县独龙江乡段）；贡山县丙中洛乡；福贡县子里甲乡。15-1。

***313. 弓背舌唇兰 Platanthera curvata** K. Y. Lang

凭证标本：金效华 s. n. 。

地生兰，高 24～32 cm。生长于云杉林；海拔 2800 m。

分布于贡山县。15-1。

314. 高原舌唇兰 Platanthera exelliana Soó

凭证标本：高黎贡山考察队 25955，28606。

地生兰。生长于冷杉林、箭竹林、杜鹃灌丛、草甸；海拔 3450～3700 m。

分布于独龙江（贡山县独龙江乡段）；贡山县；福贡县石月亮乡、鹿马登乡；泸水市洛本卓乡。14-3。

****315. 贡山舌唇兰 Platanthera handel-mazzettii** K. Inoue

凭证标本：无号。

地生兰，高达 16 cm。生长于箭竹灌丛；海拔 2600～3800 m。

分布于贡山县。15-2-6。

****316. 高黎贡舌唇兰 Platanthera helminioides** Tang & Wang

凭证标本：T. T. Yü 19763。

直立地生兰，高达 12 cm。生长于林下；海拔 3800 m。

分布于贡山县。15-2-6。

317. 密花舌唇兰 Platanthera hologlottis Maximowicz

凭证标本：Forrest 8148。

直立地生兰，高达 12 cm。生长于灌丛、草坡；海拔 3200 m。

分布于腾冲市。14-2。

318. 舌唇兰 Platanthera japonica (Thunberg) Lindley-*Orchis japonica* Thunberg

凭证标本：高黎贡山考察队 14979，34029。

地生兰，高 35～80 cm。生长于常绿阔叶林、石柯-青冈林、石柯-冬青林、冷杉林、针阔混交林、铁杉-云杉林、杜鹃-箭竹灌丛；海拔 2130～3560 m。

分布于贡山县丙中洛乡、茨开镇；福贡县石月亮乡、鹿马登乡；泸水市片马镇、洛本卓乡；保山市潞江镇。14-2。

319. 白鹤参 Platanthera latilabris Lindley

凭证标本：王启无 90178；李生堂 80-377。

地生兰，高 18～55 cm。生长于云南松疏林、草坡；海拔 1800～2900 m。

分布于贡山县；腾冲市马站乡；龙陵县。14-3。

320. 条叶舌唇兰 Platanthera leptocaulon (J. D. Hooker) Sóo-*Habenaria leptocaulon* J. D. Hooker

凭证标本：高黎贡山考察队 28027，28037。

地生兰，高 19～25 cm。生长于草甸、溪畔潮湿山坡；海拔 3000～3640 m。

分布于贡山县茨开镇；福贡县鹿马登乡。14-3。

321. 小舌唇兰 Platanthera minor (Miquel) H. G. Reichenbach-*Habenaria japonica* (Thunberg) A. Gray var. *minor* Miquel

凭证标本：高黎贡山考察队 26839，28503。

地生兰，高 20～60 cm。生长于常绿阔叶林、草甸；海拔 2510～3120 m。

分布于福贡县石月亮乡、鹿马登乡；腾冲市。14-1。

*322. 齿瓣舌唇兰 Platanthera oreophila Schlechter

凭证标本：T. T. Yü 7178。

地生兰，高 30～35 cm。生长于草甸；海拔 3500～3600 m。

分布于福贡县上帕镇。15-1。

323. 棒距舌唇兰 Platanthera roseotincta (W. W. Smith) T. Tang & F. T. Wang-*Habenaria roseotincta* W. W. Smith

凭证标本：高黎贡山考察队 16878，34546。

地生兰，高 8～15 cm。生长于云杉-箭竹林、灌丛、杜鹃-箭竹灌丛、箭竹-莎草丛、高山草甸；海拔 3010～3980 m。

分布于独龙江（贡山县独龙江乡段）；贡山县丙中洛乡、茨开镇；福贡县石月亮乡、鹿马登乡。14-4。

324. 长瓣舌唇兰 Platanthera sikkimensis (J. D. Hooker) Kraenzlin-*Habenaria sikkimensis* J. D. Hooker

凭证标本：金效华 s. n. 。

地生兰，高 17～21 cm。生长于常绿阔叶林；海拔 2300 m。

分布于独龙江（贡山县独龙江乡段）。14-3。

** 325. 滇西舌唇兰 Platanthera sinica Tang & F. T. Wang

凭证标本：T. T. Yü 19244。

地生兰，高 35～50 cm。生长于混交林；海拔 2800 m。

分布于贡山县丙中洛乡。15-2-3a。

326. 条瓣舌唇兰 Platanthera stenantha (J. D. Hooker) Sóo-*Habenaria stenantha* J. D. Hooker

凭证标本：高黎贡山考察队 25902，32071。

地生兰，高 25～32 cm。生长于冷杉林、杜鹃-箭竹灌丛、高山草甸、高山湖畔；海拔 3500～4030 m。

分布于贡山县丙中洛乡、茨开镇；福贡县石月亮乡、鹿马登乡；泸水市洛本卓乡。14-3。

* 327. 独龙江舌唇兰 Platanthera stenophylla Tang & F. T. Wang

凭证标本：王启无 67106。

地生兰，高 150～175 mm。生长于山坡林下；海拔 2500 m。

分布于贡山县。15-1。

** 328a. 黄花独蒜兰 Pleione forrestii Schlechter

凭证标本：高黎贡山考察队 28621。

附生兰或石生兰，具假鳞茎，圆锥形，长卵形。生长于杜鹃灌丛；海拔 3840 m。

分布于福贡县石月亮乡、鹿马登乡；腾冲市。15-2-3。

** 328b. 白瓣独蒜兰 Pleione forrestii var. **alba** (H. Li & G. H. Feng) P. J. Cribb-*Pleione alba* H. Li & G. H. Feng

凭证标本：高黎贡山考察队 9646。

附生兰或石生兰，具假鳞茎，圆锥形，长卵形。生长于针阔叶林；海拔 2700 m。

分布于贡山县茨开镇。15-2-3。

329. 疣鞘独蒜兰 Pleione praecox (Smith) D. Don-*Epidendrum praecox* Smith

凭证标本：金效华 6747。

附生兰，具假鳞茎，陀螺状。生长于河边石崖上；海拔 2400～2500 m。

分布于独龙江（贡山县独龙江乡段）。14-3。

330. 岩生独蒜兰 Pleione saxicola Tang & F. T. Wang ex S. C. Chen

凭证标本：冯国楣 1714。

附生兰或地生兰，具假鳞茎，陀螺状，扁。生长于石崖上；海拔 2400～2500 m。

分布于贡山县丙中洛乡。14-3。

331. 二叶独蒜兰 Pleione scopulorum W. W. Smith

凭证标本：高黎贡山考察队 14982，34492。

地生兰，具假鳞茎，卵形。生长于常绿阔叶林、针叶林、箭竹-杜鹃灌丛、高山草甸；海拔 2580～3700 m。

分布于独龙江（贡山县独龙江乡段）；贡山县丙中洛乡、茨开镇；福贡县。14-3。

332. 云南独蒜兰 Pleione yunnanensis Finet

凭证标本：王启无 67430；高黎贡山考察队 9647。

地生兰或石生兰，具假鳞茎。生长于松栎林、杜鹃林林缘；海拔 2250～2700 m。

分布于贡山县丙中洛乡、茨开镇。14-4。

＊333. 云南朱兰 Pogonia yunnanensis Finet

凭证标本：王启无 67263；高黎贡山考察队 11931。

地生兰，高 5～9 cm，具根茎。生长于松栎林、草地；海拔 2300～2600 m。

分布于贡山县丙中洛乡、茨开镇；福贡县。15-1。

334. 黄花小红门兰 Ponerorchis chrysea（W. W. Smith）Soó-Habenaria chrysea W. W. Smith

凭证标本：Forrest 14738；T. T. Yü 22457。

地生兰，高 4～10 cm，具块茎。生长于林下苔藓沼泽、苔藓石崖；海拔 3000～3300 m。

分布于独龙江（贡山县独龙江乡段）；贡山县茨开镇。14-3。

335. 广布小红门兰 Ponerorchis chusua（D. Don）Soó-Orchis chusua D. Don

凭证标本：青藏队 82-7741；高黎贡山考察队 14990。

地生兰，高 8～45 cm，具块茎。生长于灌丛、草地；海拔 2600～3100 m。

分布于独龙江（察隅县日东乡段，贡山县独龙江乡段）；贡山县丙中洛乡；福贡县上帕镇；泸水市片马镇。14-1。

336. 盾柄兰 Porpax ustulata（E. C. Parish & H. G. Reichenbach）Rolfe-Eria ustulata E. C. Parish & H. G. Reichenbach

凭证标本：金效华 8196。

附生兰，具假鳞茎，扁球形，横卧。生长于常绿阔叶林；海拔 2200 m。

分布于腾冲市猴桥镇。14-4。

337. 艳丽菱兰 Rhomboda moulmeinensis（E. C. Parish & H. G. Reichenbach）Ormerod-Hetaeria moulmeinensis E. C. Parish & H. G. Reichenbach。

凭证标本：独龙江考察队 4447。

地生兰，高 16～35 cm。生长于常绿阔叶林；海拔 1380 m。

分布于独龙江（贡山县独龙江乡段）。14-4。

338. 紫茎兰 Risleya atropurpurea King & Pantling

凭证标本：金效华 9174。

腐生兰，高 6～21 cm。生长于云杉林、灌丛；海拔 2900～3700 m。

分布于贡山县茨开镇。14-3。

339. 鸟足兰 Satyrium nepalense D. Don

凭证标本：独龙江考察队 1895；高黎贡山考察队 34510。

地生兰，高 20～70 cm。生长于常绿阔叶林、次生常绿阔叶林、杜鹃-箭竹灌丛、箭竹-莎草灌丛、箭竹-白珠灌丛、高山草甸；海拔 1420～3880 m。

分布于独龙江（贡山县独龙江乡段）；贡山县丙中洛乡、茨开镇；泸水市片马镇、鲁掌镇；保山市潞江镇。14-3。

340. 匙唇兰 Schoenorchis gemmata (Lindley) J. J. Smith-*Saccolabium gemmatum* Lindley

凭证标本：独龙江考察队 1718；高黎贡山考察队 15129。

附生兰，茎高 5～20 cm。生长于常绿阔叶林；海拔 1350～1750 m。

分布于独龙江（贡山县独龙江乡段）；贡山县丙中洛乡。14-3。

** **341. 反唇兰 Smithorchis calceoliformis** （W. W. Smith) Tang & F. T. Wang-*Herminium calceoliforme* W. W. Smith

凭证标本：T. T. Yü 20244。

地生兰，高 5～10 cm。生长于草坡；海拔 3200 m。

分布于贡山县。15-2-3a。

342. 紫花苞舌兰 Spathoglottis plicata Blume

凭证标本：尹文清 60-1412；高黎贡山考察队 18060。

地生兰，具假鳞茎，圆锥形。生长于疏林、草甸；海拔 1320～1335 m。

分布于腾冲市芒棒镇、蒲川乡。5。

343. 苞舌兰 Spathoglottis pubescens Lindley

凭证标本：高黎贡山考察队 9982，18204。

地生兰，具假鳞茎。生长于常绿阔叶林；海拔 1540～1700 m。

分布于腾冲市芒棒镇。14-3。

344. 绶草 Spiranthes sinensis (Persoon) Ames-*Neottia sinensis* Persoon

凭证标本：高黎贡山考察队 14401，30934。

地生兰，高 13～30 cm。生长于常绿阔叶林、山矾-槭树林、杜鹃-云南松林、河边、路旁、稻田边；海拔 2180 m。

分布于独龙江（贡山县独龙江乡段）；贡山县丙中洛乡、茨开镇；福贡县上帕镇；腾冲市北海乡；龙陵县龙江乡、镇安镇。5。

345. 黄花大苞兰 Sunipia andersonii (King & Pantling) P. F. Hunt-*Ione andersonii* King & Pantling

凭证标本：金效华 5884。

附生兰,具根茎,匍匐,具假鳞茎,卵形。生长于常绿阔叶林;海拔 1980 m。

分布于腾冲市五合乡。14-3。

346. 二色大苞兰 Sunipia bicolor Lindley

凭证标本:独龙江考察队 5445;高黎贡山考察队 29055。

附生兰,具假鳞茎,近梨形。生长于常绿阔叶林、次生常绿阔叶林;海拔 1900～
2200 m。

分布于独龙江(贡山县独龙江乡段);保山市潞江镇;腾冲市曲石镇。14-3。

347. 白花大苞兰 Sunipia candida (Lindley) P. F. Hunt-*Ione candida* Lindley

凭证标本:独龙江考察队 1121;高黎贡山考察队 18628。

附生兰,具根茎,匍匐,具假鳞茎,卵形。生长于常绿阔叶林;海拔 1360～2240 m。

分布于独龙江(贡山县独龙江乡段);保山市潞江镇;龙陵县碧寨乡。14-3。

348. 云南大苞兰 Sunipia cirrhata (Lindley) P. F. Hunt-*Ione cirrhata* Lindley

凭证标本:金效华 9261。

附生兰,具假鳞茎,圆锥卵形至倒梨形。生长于常绿阔叶林;海拔 900 m。

分布于泸水市六库镇。14-3。

349. 少花大苞兰 Sunipia intermedia (King & Pantling) P. F. Hunt-Ione intermedia
King & Pantling

凭证标本:独龙江考察队 4554;金效华 5885。

附生兰,具根茎,匍匐,具假鳞茎,圆锥卵形。生长于常绿阔叶林;海拔 2100 m。

分布于独龙江(贡山县独龙江乡段)。14-3。

350. 大苞兰 Sunipia scariosa Lindley

凭证标本:高黎贡山考察队 11418,31040。

附生兰,具假鳞茎,卵形或斜卵形。生长于常绿阔叶林;海拔 1530～1650 m。

分布于腾冲市芒棒镇。14-3。

351. 带叶兰 Taeniophyllum glandulosum Blum

凭证标本:金效华 s. n. 。

附生兰。生长于常绿阔叶林;海拔 2200 m。

分布于腾冲市猴桥镇。5。

352. 阔叶带唇兰 Tainia latifolia (Lindley) H. G. Reichenbach-*Ania latifolia* Lindley

凭证标本:刘伟心 114。

地生兰,具假鳞茎,密生,卵圆柱形。生长于常绿阔叶林;海拔 1400 m。

分布于泸水市古登乡。14-3。

353. 滇南带唇兰 Tainia minor J. D. Hooker

凭证标本:青藏队 82-7125。

地生兰,具假鳞茎,密生或疏离,卵圆柱形。生长于常绿阔叶林;海拔 2400 m。

分布于福贡县。14-3。

354. 长轴白点兰 Thrixspermum saruwatarii（Hayata）Schlechter-*Sarcochilus saruwatarii Hayata*

凭证标本：高黎贡山考察队 30084，30106。

附生兰，高约 2 cm。生长于常绿阔叶林、石柯-青冈林；海拔 1880～1940 m。

分布于腾冲市界头镇。15-1。

355. 筒距兰 Tipularia szechuanica Schlechter。

凭证标本：金效华 8400。

地生兰，高 15～25 cm，具假鳞茎，狭圆柱形。生长于针叶林下；海拔 3300 m。

分布于贡山县丙中洛乡。15-1。

356. 叉喙兰 Uncifera acuminata Lindley

凭证标本：高黎贡山考察队 13110，25073。

附生兰，茎高 5～27 cm。生长于常绿阔叶林、石柯-木荷林；海拔 2050～2240 m。

分布于独龙江（贡山县独龙江乡段）；保山市潞江镇；腾冲市五合乡；龙陵县龙江乡、镇安镇。14-3。

357. 白柱万代兰 Vanda brunnea H. G. Reichenbach

凭证标本：Forrest 7665；蔡希陶 56302。

附生兰，茎长约 15 cm。生长于常绿阔叶林、疏林；海拔 1300～1400 m。

分布于泸水市；腾冲市腾越镇。14-4。

358. 白花拟万代兰 Vandopsis undulata（Lindley）J. J. Smith-*Vanda undulata* Lindley

凭证标本：独龙江考察队 3580；高黎贡山考察队 30046。

附生兰，茎长达 1 m。生长于常绿阔叶林；海拔 1500～2320 m。

分布于独龙江（贡山县独龙江乡段）；福贡县鹿马登乡、架科底乡；腾冲市界头镇、曲石镇、芒棒镇。14-3。

359. 宽叶线柱兰 Zeuxine affinis（Lindley）Bentham ex J. D. Hooker-*Monochilus affinis* Lindley

凭证标本：Forrest 12382。

地生兰，高 11～30 cm，具根茎，匍匐伸长。生长于林下；海拔 1200 m。

分布于腾冲市。14-3。

360. 白肋线柱兰 Zeuxine goodyeroides Lindley

凭证标本：高黎贡山考察队 13212，22437。

地生兰，高 17～30 cm，具根茎，伸长。生长于常绿阔叶林；海拔 1460～2220 m。

分布于贡山县丙中洛乡、捧打乡、茨开镇；保山市芒宽乡、潞江镇。14-3。

327. 灯心草科 Juncaceae

2 属 36 种 1 变种，*3，**2，***5

*1. 米易灯心草 Juncus miyiensis K. F. Wu

凭证标本：高黎贡山考察队 10395，34464。

多年生草本，高 15～25 cm。生长于常绿阔叶林、针叶林、箭竹林；海拔 1910～3220 m。

分布于独龙江（贡山县独龙江乡段）；贡山县茨开镇；福贡县鹿马登乡；泸水市片马镇，洛本卓乡。15-1。

2. 葱状灯心草 Juncus allioides Franch.

凭证标本：T. T. Yü 19836；高黎贡山考察队 16899。

多年生草本。生长于箭竹灌丛、高山沼泽；海拔 3080 m。

分布于独龙江（贡山县独龙江乡段）。14-3。

3. 走茎灯心草 Juncus amplifolius A. Camus

凭证标本：独龙江考察队 1976；高黎贡山考察队 31668。

多年生草本，高 20～40 cm。生长于常绿阔叶林、石柯-青冈林、针叶林、针阔混交林、杜鹃-箭竹灌丛、高山灌丛、高山草甸、林下石缝；海拔 2130～3927 m。

分布于独龙江（贡山县独龙江乡段）；贡山县丙中洛乡、茨开镇；福贡县石月亮乡、鹿马登乡；泸水市片马镇、洛本卓乡、鲁掌镇。14-3。

4. 小花灯心草 Juncus articulatus Linn.

凭证标本：独龙江考察队 1485；高黎贡山考察队 34012。

多年生草本，高 15～40 cm。生长于常绿阔叶林、石柯-木兰林、灌丛、溪旁、沙滩、河边、稻田边；海拔 1266～1200 m。

分布于独龙江（贡山县独龙江乡段）；贡山县捧打乡、茨开镇；泸水市片马镇、洛本卓乡；腾冲市五合乡；龙陵县镇安镇。8。

**5. 长耳灯心草 Juncus auritus K. F. Wu

凭证标本：高黎贡山考察队 10171，13454。

多年生草本，高 6～11 cm。生长于常绿阔叶林、次生常绿阔叶林；海拔 2280～2300 m。

分布于泸水市片马镇；保山市芒宽乡。15-2-3a。

6. 孟加拉灯心草 Juncus benghalensis Kunth

凭证标本：高黎贡山考察队 9601，34378。

多年生草本，高 65～250 mm。生长于针阔混交林、铁杉-云杉林、冷杉-箭竹林、箭竹灌丛、石山、高山草甸、池塘边；海拔 2510～3400 m。

分布于独龙江（贡山县独龙江乡段）；贡山县丙中洛乡、茨开镇；福贡县石月亮乡、鹿马登乡。14-3。

7. 二颖灯心草 Juncus biglumis Linnaeus

凭证标本：高黎贡山考察队 12619。

多年生草本。生长于针阔叶混交林；海拔 2770～3050 m。

分布于贡山县茨开镇。8。

8. 短柱灯心草 Juncus brachystigma Samuelsson

凭证标本：高黎贡山考察队 32848。

多年生草本，高 5～10 cm，具根茎，很短。生长于高山草甸；海拔 3100～3561 m。

分布于独龙江（贡山县独龙江乡段）；贡山县丙中洛乡；泸水市片马镇。14-3。

9. 小灯心草 Juncus bufonius Linnaeus

凭证标本：李恒、李嵘、蒋柱檀、高富、张雪梅 367；高黎贡山考察队 34426。

一年生草本，高 4～20 cm。生长于常绿阔叶林、沼泽地、水田边；海拔 1250～2370 m。

分布于独龙江（贡山县独龙江乡段）；腾冲市北海乡；龙陵县镇安镇。8。

10. 头柱灯心草 Juncus cephalostigma Samuelsson

凭证标本：碧江队 1076；高黎贡山考察队 34551。

多年生草本，高 5～15 cm。生长于杜鹃-箭竹灌丛、草甸；海拔 2100～3680 m。

分布于独龙江（贡山县独龙江乡段）；贡山县茨开镇；福贡县石月亮乡、鹿马登乡、匹河乡。14-3。

11a. 印度灯心草 Juncus clarkei Buchenau

凭证标本：高黎贡山考察队 16751，34075。

多年生草本，高 22～30 cm。生长于落叶阔叶林、杜鹃-箭竹灌丛；海拔 2940～3250 m。

分布于独龙江（贡山县独龙江乡段）；贡山县茨开镇。14-3。

* 11b. 膜边灯心草 Juncus clarkei var. marginatus A. Camus

凭证标本：青藏队 82-8592；怒江队 1852。

多年生草本，高 22～31 cm。生长于落叶阔叶林、杜鹃-箭竹灌丛；海拔 3800～4100 m。

分布于独龙江（贡山县独龙江乡段）；泸水市片马镇。15-1。

12. 雅灯心草 Juncus concinnus D. Don

凭证标本：碧江队 1705；高黎贡山考察队 33715。

多年生草本，高 16～45 cm。生长于常绿阔叶林、落叶阔叶林、针叶林、灌丛、草地、水沟边；海拔 2400～3010 m。

分布于独龙江（贡山县独龙江乡段）；贡山县茨开镇；泸水市片马镇、鲁掌镇；腾冲市。14-3。

** 13. 粗状灯心草 Juncus crassistylus A. Camus

凭证标本：高黎贡山考察队 7778，8049。

多年生草本，高 35～60 cm。生长于灌丛、草甸、山顶；海拔 2700～3300 m。

分布于贡山县茨开镇；福贡县；泸水市鲁掌镇；腾冲市。15-2-3a。

14. 灯心草 Juncus effusus Linnaeus

凭证标本：独龙江考察队 1572；高黎贡山考察队 17932。

多年生草本。生长于常绿阔叶林、沼泽地、水沟边、河谷；海拔 1250～2500 m。

分布于独龙江（贡山县独龙江乡段）；泸水市鲁掌镇；腾冲市明光镇、五合乡。8。

*** 15. 福贡灯心草 Juncus fugongensis S. Y. Bao

凭证标本：怒江队 882；高黎贡山考察队 34524。

多年生草本。生长于杜鹃-箭竹灌丛、草甸、湖边开阔地；海拔 3350～3740 m。

分布于独龙江（贡山县独龙江乡段）；贡山县丙中洛乡、茨开镇；福贡县石月亮

乡、鹿马登乡。15-2-6。

16. 喜马拉雅灯心草 Juncus himalensis Klotzsch

凭证标本：高黎贡山考察队 9968，34034。

多年生草本，高 30～70 cm。生长于落叶阔叶林、铁杉-云杉林、杜鹃-箭竹灌丛、高山草甸、湖边开阔地；海拔 3020～3927 m。

分布于独龙江（贡山县独龙江乡段）；贡山县丙中洛乡、茨开镇；福贡县石月亮乡；泸水市片马镇。14-3。

17. 片髓灯心草 Juncus inflexus Linnaeus

凭证标本：独龙江考察队 1817；高黎贡山考察队 8091。

多年生草本，茎高 40～80 cm。生长于水沟、沼泽；海拔 1500～2950 m。

分布于独龙江（贡山县独龙江乡段）；福贡县上帕镇；泸水市鲁掌镇。8。

18. 细籽灯心草 Juncus leptospermus Buchen.

凭证标本：高黎贡山考察队 17758，18590。

多年生草本，高 35～70 cm，具根茎，粗厚。生长于常绿阔叶林；海拔 1900～2240 m。

分布于保山市潞江镇；腾冲市五合乡；龙陵县镇安镇。14-3。

19. 甘川灯心草 Juncus leucanthus Royle ex D. Don

凭证标本：青藏队 82-8536。

多年生草本，高 7～18 cm。生长于灌丛、草甸、岩石上苔藓层；海拔 3000～4500 m。

分布于贡山县茨开镇。14-3。

20. 德钦灯心草 Juncus longiflorus (A. Camus) Noltie-*Juncus sikkimensis* J. D. Hooker var. *longiflorus* A. Camus

凭证标本：Kingdon Ward 33825。

多年生草本，高 10～25 cm，具根茎，匍匐，分枝密。生长于草地；海拔 2100～2400 m。

分布于泸水市片马镇。14-3。

*** **21. 长蕊灯心草 Juncus longistamineus** A. Camus

凭证标本：Kingdon Ward 338。

多年生草本，高 9～18 cm，具根茎，黑褐色。生长于草坡、沟旁；海拔 3600 m。

分布于泸水市。15-2-6。

22. 分枝灯心草 Juncus luzuliformis Franchet

凭证标本：T. T. Yü 19707。

多年生草本，高 7～30 cm。生长于冷杉林、灌丛；海拔 3400 m。

分布于独龙江（贡山县独龙江乡段）。14-2。

*** **23. 大叶灯心草 Juncus megalophyllus** S. Y. Bao

凭证标本：怒江队 1832；高黎贡山考察队 9965。

多年生草本。生长于高山草甸；海拔 3120～3600 m。

分布于泸水市片马镇。15-2-6。

24. 矮灯心草 Juncus minimus Buchenau

凭证标本：Handel-Mazzetti 9744；高黎贡山考察队 31598。

多年生草本，丛生，高 3～7 cm，具根茎，短。生长于高山草甸；海拔 4030～4800 m。

分布于贡山县丙中洛乡、茨开镇。14-3。

25. 羽序灯心草 Juncus ochraceus Buchenau

凭证标本：高黎贡山考察队 7485，24465。

多年生草本，高 15～33 cm。生长于常绿阔叶林、石柯-青冈林、落叶阔叶林、针叶林、铁杉-冷杉林；海拔 1530～3100 m。

分布于独龙江（贡山县独龙江乡段）；贡山县茨开镇；福贡县鹿马登乡；泸水市片马镇、鲁掌镇。14-3。

26. 笄石草 Juncus prismatocarpus R. Brown

凭证标本：高黎贡山考察队 7443，34192。

多年生草本，高 10～65 cm。生长于常绿阔叶林、石柯-木荷林、松栎林、次生常绿阔叶林、湖边、溪旁、水田；海拔 1640～2380 m。

分布于贡山县茨开镇；福贡县石月亮乡、鹿马登乡；泸水市片马镇；腾冲市界头镇、北海乡。5。

* 27. 长柱灯心草 Juncus przewalskii Buchenau

凭证标本：高黎贡山考察队 25765，34182。

多年生草本，高 6～25 cm。生长于常绿阔叶林、针叶林、杜鹃-箭竹灌丛、高山草甸；海拔 2920～3450 m。

分布于贡山县茨开镇；福贡县鹿马登乡；泸水市洛本卓乡。15-1。

28. 野灯心草 Juncus setchuensis Buchenau ex Diels

凭证标本：独龙江考察队 1817；高黎贡山考察队 34018。

多年生草本，具根茎，粗。生长于常绿阔叶林、石柯-木荷林、石柯-木荷林、次生常绿阔叶林、湖边潮湿处、沟边、溪旁、水田；海拔 1604～2680 m。

分布于独龙江（贡山县独龙江乡段）；贡山县茨开镇；福贡县石月亮乡、鹿马登乡；泸水市片马镇；腾冲市北海乡；龙陵县镇安镇。14-2。

29. 锡金灯心草 Juncus sikkimensis J. D. Hooker

凭证标本：青藏队 82-10243；独龙江考察队 7044。

多年生草本，高 10～25 cm。生长于疏林、杜鹃林、沼泽、溪旁；海拔 3000～4600 m。

分布于独龙江（察隅县日东乡段、贡山县独龙江乡段）；贡山县丙中洛乡。14-3。

30. 枯灯心草 Juncus sphacelatus Decaisne

凭证标本：李恒、李嵘、蒋柱檀、高富、张雪梅 392；高黎贡山考察队 34163。

多年生草本，高 17～55 cm，具根茎。生长于常绿阔叶林、铁杉-云杉林、铁杉-冷杉林、冷杉-箭竹灌丛、箭竹-杜鹃灌丛、高山草甸、沼泽、水田；海拔 1730～4270 m。

分布于独龙江（贡山县独龙江乡段）；贡山县丙中洛乡、茨开镇；福贡县石月亮乡、鹿马登乡；泸水市洛本卓乡；腾冲市北海乡。14-3。

*** **31. 碧落灯心草 Juncus spumosus** Noltie

凭证标本：高黎贡山考察队 22369，28327。

多年生草本，高 60 cm。生长于常绿阔叶林、石柯-青冈林、灌丛；海拔 2700～2770 m。

分布于贡山县茨开镇；福贡县石月亮乡。15-2-6。

32. 针灯心草 Juncus wallichianus J. Gay ex Laharpe

凭证标本：独龙江考察队 1485；高黎贡山考察队 8094。

多年生草本，高 25～40 cm。生长于河边、沼泽、草甸；海拔 1130～1680 m。

分布于独龙江（贡山县独龙江乡段）；泸水市鲁掌镇。14-3。

*** **33. 俞氏灯心草 Juncus yui** S. Y. Bao

凭证标本：T. T. Yü 22533。

多年生草本。生长于高山草甸；海拔 3400 m。

分布于独龙江（贡山县独龙江乡段）。15-2-6。

34. 散序地杨梅 Luzula effusa Buchenau

凭证标本：南水北调队 9337；高黎贡山考察队 30508。

多年生草本，高 20～70 cm。生长于常绿阔叶林、石柯-青冈林、落叶阔叶林、针阔混交林、高山草甸；海拔 2100～3000 m。

分布于独龙江（贡山县独龙江乡段）；贡山县丙中洛乡、茨开镇；泸水市片马镇、鲁掌镇。14-3。

35. 多花地杨梅 Luzula multiflora（Ehrhart）Lejeune-*Juncus campestris* Linnaeus *var. multiflorus* Ehrhar

凭证标本：Forrest 12311；独龙江考察队 6332。

多年生草本，高 16～35 cm。生长于草甸、林缘水沟边、溪畔；海拔 2200～3600 m。

分布于独龙江（贡山县独龙江乡段）；腾冲市明光镇。8。

36. 羽毛地杨梅 Luzula plumosa E. Meyer

凭证标本：独龙江考察队 5770，6536。

多年生草本，高 8～25 cm。生长于林下、河滩、草甸、耕地；海拔 1700～2200 m。

分布于独龙江（贡山县独龙江乡段）；腾冲怒江-瑞丽江分水岭。14-1。

331. 莎草科 Cyperaceae

16 属 135 种 2 变种，* 22，** 10，*** 8

1. 扁杆荆三棱 Bolboschoenus planiculmis（F. Schmidt）T. V. Egorova-*Scirpus planiculmis* F. Schmidt

凭证标本：高黎贡山考察队 11295。

多年生草本，秆高 60～100 cm，具根茎，匍匐。生长于温泉鱼塘；海拔 1500 m。

分布于腾冲市界头镇。10。

2. 线叶球柱草 Bulbostylis densa（Wallich）Handel-Mazzetti -*Scirpus densus* Wallich

凭证标本：独龙江考察队 1492；高黎贡山考察队 21422。

多年生草本，秆高 7～35 cm。生长于常绿阔叶林、栎林、灌丛；海拔 1420～2248 m。

分布于独龙江（贡山县独龙江乡段）；腾冲市芒棒镇；龙陵县镇安镇。4。

3. 禾状苔草 Carex alopecuroides D. Don

凭证标本：青藏队 82-8221；高黎贡山考察队 30213。

多年生草本，秆高 30～60 cm。生长于常绿阔叶林、草甸；海拔 1859～2737 m。

分布于贡山县；福贡县；泸水市片马镇、鲁掌镇；腾冲市界头镇。7。

4. 高秆苔草 Carex alta Boott

凭证标本：高黎贡山考察队 11899，32027。

多年生草本，秆高 40～80 cm。生长于高山草甸、池塘边；海拔 2930～3650 m。

分布于贡山县茨开镇；福贡县鹿马乡。7。

*** **5. 长芒苔草 Carex aristulifera** P. C. Li

凭证标本：青藏队 8539；高黎贡山考察队 31311。

多年生草本，秆高 15～30 cm。生长于箭竹-杜鹃灌丛、高山草甸；海拔 3300～3980 m。

分布于贡山县丙中洛乡、茨开镇；福贡县鹿马登乡。15-2-6。

6. 浆果苔草 Carex baccans Nees

凭证标本：独龙江考察队 300；高黎贡山考察队 22661。

多年生草本。生长于常绿阔叶林、灌丛、路边；海拔 1300～2270 m。

分布于独龙江（贡山县独龙江乡段）；贡山县丙中洛乡、捧打乡、茨开镇；泸水市片马镇、鲁掌镇；保山市芒宽乡。14-4。

7. 青绿苔草 Carex breviculmis R. Brown

凭证标本：独龙江考察队 6319。

多年生草本，秆高 8～40 cm。生长于山坡草地、水塘边；海拔 2230 m。

分布于独龙江（贡山县独龙江乡段）。14-2。

8. 褐果苔草 Carex brunnea Thunberg

凭证标本：独龙江考察队 561；高黎贡山考察队 34274。

多年生草本，秆高 40～70 cm。生长于常绿阔叶林、河滩石面上；海拔 1300～1840 m。

分布于独龙江（贡山县独龙江乡段）；贡山县丙中洛乡、捧打乡。5。

9. 发秆苔草 Carex capillacea Boott

凭证标本：张正华 102。

多年生草本，秆高 15～40 cm。生长于沼泽、草甸、河边湿地；海拔 3150～3400 m。

分布于泸水市。7。

* 10. 曲氏苔草 Carex chuii Nelmes

凭证标本：高黎贡山考察队 19053。

多年生草本，秆高 5~20 cm，具根茎，短。生长于常绿阔叶林；海拔 1525 m。

分布于保山市芒宽乡。15-1。

11. 复序苔草 Carex composita Boott

凭证标本：独龙江考察队 649；高黎贡山考察队 12375。

多年生草本，秆高 40~60 cm。生长于常绿阔叶林、河滩、江边；海拔 1350~2930 m。

分布于独龙江（贡山县独龙江乡段）；贡山县茨开镇。14-3。

12. 密花苔草 Carex confertiflora Boott

凭证标本：高黎贡山考察队 11913，25093。

多年生草本，秆高 60~95 cm。生长于石柯-木荷林、针阔混交林；海拔 2146~2600 m。

分布于贡山县茨开镇；腾冲市五合乡。14-1。

13. 隐穗柄苔草 Carex courtallensis Nees ex Boott

凭证标本：高黎贡山考察队 18437，25094。

多年生草本，秆高 35~55 cm。生长于常绿阔叶林、石柯-木荷林；海拔 1660~2146 m。

分布于独龙江（贡山县独龙江乡段）；保山市潞江镇；腾冲市五合乡。14-3。

14. 十字苔草 Carex cruciata Wahlenberg

凭证标本：独龙江考察队 377；高黎贡山考察队 33136。

多年生草本，40~90 cm。生长于常绿阔叶林、灌丛、河滩、路边；海拔 1130~1910 m。

分布于独龙江（贡山县独龙江乡段）；贡山县棒打乡、茨开镇；福贡县石月亮乡、鹿马登乡；泸水市洛本卓乡；保山市芒宽乡；龙陵县镇安镇。6。

15. 狭囊苔草 Carex cruenta Nees

凭证标本：高黎贡山考察队 32778

多年生草本，秆高 20~75 cm。生长于多石高山草甸；海拔 4003 m。

分布于贡山县丙中洛乡。14-3。

*** 16. 落鳞苔草 Carex deciduisquama F. T. Wang & Tang ex P. C. Li

凭证标本：高黎贡山考察队 19872。

多年生草本，秆高达 1 m。生长于常绿阔叶林；海拔 1610 m。

分布于福贡县鹿马登乡。15-2-6。

** 17. 德钦苔草 Carex deqinensis L. K. Dai

凭证标本：高黎贡山考察队 28669，32899。

多年生草本，秆高 65~80 cm。生长于杜鹃-箭竹灌丛、高山草甸；海拔 2881~3650 m。

分布于贡山县丙中洛乡、茨开镇；福贡县鹿马登乡。15-2-3a。

* 18. 丽江苔草 Carex dielsiana Kükenthal

凭证标本：青藏队 82-8108。

多年生草本，秆高 25～60 cm。生长于林缘、混交林、灌丛、草甸；海拔 1900～3400 m。

分布于独龙江（贡山县独龙江乡段）。15-1。

*19. 镰喙苔草 Carex drepanorhyncha Franchet

凭证标本：青藏队 82-8770。

多年生草本，具根茎，具匍匐枝。生长于灌丛、草甸、河滩；海拔 3300～4200 m。

分布于独龙江（贡山县独龙江乡段）。15-1。

*20. 类稗苔草 Carex echinochloiformis Y. F. Deng ex S. Y. Liang

凭证标本：高黎贡山考察队 23432，25080。

多年生草本，秆高 35～90 cm。生长于常绿阔叶林、石柯-木荷林、石柯-青冈林、石柯-桤木林；海拔 1859～2737 m。

分布于泸水市片马镇、鲁掌镇；腾冲市五合乡。15-1。

21. 蕨状苔草 Carex filicina Nees

凭证标本：独龙江考察队 3377；高黎贡山考察队 29751。

多年生草本，秆高 40～90 cm。生长于常绿阔叶林、栎林、落叶阔叶林、针叶林、路边、河谷；海拔 1300～3030 m。

分布于独龙江（贡山县独龙江乡段）；贡山县茨开镇；福贡县石月亮乡、鹿马登乡、上帕镇；泸水；保山市芒宽乡；腾冲市腾越镇、五合乡；龙陵县镇安镇。7。

22. 亮绿苔草 Carex finitima Boott

凭证标本：青藏队 82-8542；高黎贡山考察队 32916。

多年生草本，秆高 25～80 cm。生长于常绿阔叶林、石柯-青冈林、落叶阔叶林、混交林、灌丛、草甸、河边；海拔 1900～3500 m。

分布于独龙江（贡山县独龙江乡段）；贡山县丙中洛乡；福贡县鹿马登乡；泸水市片马镇、鲁掌镇。7。

***23. 高黎贡苔草 Carex goligongshanensis P. C. Li

凭证标本：青藏队 82-8727；高黎贡山考察队 12747。

多年生草本，秆高 40～60 cm。生长于高山灌丛、潮湿草甸；海拔 3400～3600 m。

分布于独龙江（贡山县独龙江乡段）；贡山县茨开镇。15-2-6。

*24. 贡山苔草 Carex gongshanensis Tang & F. T. Wang ex Y. C. Yang

凭证标本：独龙江考察队 1518；高黎贡山考察队 33533。

多年生草本，高 70～80 cm。生长于常绿阔叶林、河谷灌丛、江边；海拔 1400～1900 m。

分布于独龙江（贡山县独龙江乡段）；贡山县捧打乡、丙中洛乡。15-1。

25. 红嘴苔草 Carex haematostoma Nees

凭证标本：高黎贡山考察队 12762。

多年生草本，秆高 25～70 cm，具根茎，木质。生长于高山疏林；海拔 3400 m。

分布于贡山县茨开镇。14-3。

[*] **26. 双脉囊苔草 Carex handelii** Kükenthal

凭证标本：青藏队 82-8540；高黎贡山考察队 34231。

多年生草本。生长于石柯-青冈林、丛生常绿阔叶林、草甸；海拔 1820～2720 m。

分布于贡山县丙中洛乡、茨开镇；泸水市片马镇。15-1。

[*] **27. 亨氏苔草 Carex henryi**（C. B. Clarke）L. K. Dai-*Carex longicruris* Nees var. *henryi* C. B. Clarke

凭证标本：青藏队 82-9905；高黎贡山考察队 34401。

多年生草本，秆高 80～140 cm。生长于松栎林、灌丛；海拔 1580～2370 m。

分布于独龙江（贡山县独龙江乡段）；贡山县丙中洛乡。15-1。

^{**} **28. 糙毛囊苔草 Carex hirtiutriculata** L. K. Dai

凭证标本：高黎贡山考察队 25095。

多年生草本，秆高 45～60 cm。生长于石柯-木荷林；海拔 2146 m。

分布于腾冲市五合乡。15-2-5。

29. 毛囊苔草 Carex inanis Kunth

凭证标本：青藏队 82-8719；高黎贡山考察队 33830。

多年生草本，秆高 10～50 cm。生长于铁杉-冷杉林；海拔 1300～3030 m。

分布于独龙江（贡山县独龙江乡段）；贡山县茨开镇。14-3。

30. 垂穗苔草 Carex inclinis Boott ex C. B. Clarke

凭证标本：青藏队 82-9144；高黎贡山考察队 8095。

多年生草本。生长于林下、河滩；海拔 1300～2200 m。

分布于独龙江（贡山县独龙江乡段）；泸水市鲁掌镇。14-3。

31. 印度苔草 Carex indica Linnaeus

凭证标本：施晓春、杨世雄 577。

多年生草本，秆高 40～100 cm，具根茎，粗厚，木质。生长于灌丛；海拔 1600 m。

分布于保山市芒宽乡。5。

32. 秆叶苔草 Carex insignis Boott

凭证标本：高黎贡山考察队 15394，33788。

多年生草本，秆高 90～100 cm。生长于常绿阔叶林、铁杉-石柯林；海拔 2350～3010 m。

分布于独龙江（贡山县独龙江乡段）；贡山县茨开镇；福贡县鹿马登乡。14-3。

33. 日本苔草 Carex japonica Thunberg

凭证标本：青藏队 82-8221；高黎贡山考察队 24420。

多年生草本，秆高 20～40 cm。生长于常绿阔叶林、石柯-青冈；海拔 1600～2737 m。

分布于贡山县茨开镇；福贡县鹿马登乡；泸水市片马镇、鲁掌镇。14-2。

34. 明亮苔草 Carex laeta Boott

凭证标本：青藏队 8535。

多年生草本，秆高 10～30 cm。生长于冷杉林缘、高山草甸；海拔 3400～3800 m。

分布于贡山县茨开镇。14-3。

** **35. 披针鳞苔草 Carex lancisquamata L. K. Dai**

凭证标本：高黎贡山考察队 14825，23938。

多年生草本，秆高 40～45 cm。生长于常绿阔叶林、灌丛；海拔 2770～3127 m。

分布于贡山县茨开镇；泸水市片马镇。15-2-3a。

36. 舌叶苔草 Carex ligulata Nees

凭证标本：青藏队 82-9698。

多年生草本，秆高 35～70 cm。生长于疏林、灌丛、河中；海拔 1800～2000 m。

分布于独龙江（贡山县独龙江乡段）。14-1。

37. 长穗柄苔草 Carex longipes D. Don ex Tilloch & Taylor

凭证标本：青藏队 82-7026；高黎贡山考察队 25100。

多年生草本，秆高 10～70 cm。生长于石柯-木荷林、疏林、灌丛；海拔 1600～3100 m。

分布于独龙江（贡山县独龙江乡段）；腾冲市五合乡。7。

*** **38. 龙盘拉苔草 Carex longpanlaensis S. Y. Liang**

凭证标本：高黎贡山考察队 12375。

多年生草本，秆高 65～90 cm。生长于常绿阔叶林；海拔 2650 m。

分布于贡山县丙中洛乡、茨开镇。15-2-6。

*** **39. 马库苔草 Carex makuensis P. C. Li**

凭证标本：青藏队 9148。

多年生草本，秆高 30～40 cm。生长于河滩；海拔 1400 m。

分布于独龙江（贡山县独龙江乡段）。15-2-6。

40. 套鞘苔草 Carex maubertiana Boott

凭证标本：高黎贡山考察队 20997。

多年生草本，秆高 60～80 cm。生长于常绿阔叶林；海拔 1220 m。

分布于福贡县架科底乡。14-3。

* **41. 扭喙苔草 Carex melinacra Franch.**

凭证标本：高黎贡山考察队 11930，20342。

多年生草本，秆高 50～95 cm。生长于混交林、溪旁；海拔 2056～2600 m。

分布于贡山县茨开镇；福贡县鹿马登乡。15-1。

* **42. 宝兴苔草 Carex moupinensis Franchet**

凭证标本：南水北调队 8145；高黎贡山考察队 25077。

多年生草本，秆高 20～50 cm。生长于石柯-木荷林、沟边石缝；海拔 1300～2146 m。

分布于泸水市；腾冲市五合乡。15-1。

43. 鼠尾苔草 Carex myosurus Nees

凭证标本：青藏队 82-7293，82-8150。

多年生草本，秆 80～120 cm。生长于常绿阔叶林、林缘、河滩；海拔 1700～2800 m。

分布于独龙江（贡山县独龙江乡段）；福贡县上帕镇。14-3。

** 44. 新多穗苔草 Carex neopolycephala Tang & F. T. Wang ex L. K. Dai

凭证标本：高黎贡山考察队 13733，30562。

多年生草本，秆高 25～50 cm。生长于常绿阔叶林、石柯-冬青林、石柯-青冈林、石柯-铁杉林、落叶林、杜鹃-箭竹灌丛；海拔 2100～3020 m。

分布于贡山县茨开镇；福贡县鹿马登乡；泸水市片马镇、鲁掌镇；腾冲市明光镇、界头镇。15-2-1。

** 45. 亮果苔草 Carex nitidiutriculata L. K. Dai

凭证标本：高黎贡山考察队 12391，24466。

多年生草本，秆高 25～70 cm。生长于常绿阔叶林、石柯-青冈林、针叶林、针阔混交林；海拔 1859～3007 m。

分布于贡山县茨开镇；福贡县鹿马登乡；泸水市片马镇、鲁掌镇。15-2-3。

46. 喜马拉雅苔草 Carex nivalis Boott

凭证标本：Forrest 14361。

多年生草本，秆高 20～40 cm，具根茎，匍匐。生长于常绿阔叶林；海拔 2800 m。

分布于贡山县。13。

47. 云雾苔草 Carex nubigena D. Don ex Tilloch & Taylor

凭证标本：青藏队 82-9720；高黎贡山考察队 29796。

多年生草本，秆高 10～70 cm。生长于常绿阔叶林、石柯-冬青林、石柯-木荷林、石柯-槭树林；海拔 1850～2170 m。

分布于独龙江（贡山县独龙江乡段）；泸水市片马镇；腾冲市北海乡、芒棒镇、五合乡；龙陵县龙江乡、镇安镇。7。

48. 刺囊苔草 Carex obscura var. **brachycarpa** C. B. Clarke

凭证标本：高黎贡山考察队 12622，26836。

多年生草本，秆高 15～80 cm。生长于常绿阔叶林、针阔混交林；海拔 2770～3120 m。

分布于贡山县茨开镇；福贡县石月亮乡。14-3。

49. 针叶苔草 Carex onoei Franchet & Savatier

凭证标本：Handel-Mazzetti 9234。

多年生草本，秆高 20～40 cm。生长于常绿阔叶林；海拔 3000 m。

分布于贡山县。14-2。

* **50. 卵穗苔草 Carex ovatispiculata** F. T. Wang & Y. L. Chang ex S. Yun Liang

凭证标本：高黎贡山考察队 12388，30337。

多年生草本，秆高 25～50 cm。生长于常绿阔叶林、石柯-冬青林；海拔 1238-2650 m。

分布于贡山县茨开镇；福贡县鹿马登乡、上帕镇；泸水市片马镇；腾冲市界头镇、五合乡；龙陵县镇安镇。15-1。

* **51. 尖叶苔草 Carex oxyphylla** Franchet

凭证标本：青藏队 82-8720；高黎贡山考察队 24153。

多年生草本，秆高 20～40 cm。生长于常绿阔叶林、松林、林缘；海拔 1680～2253 m。

分布于泸水市片马镇。15-1。

52. 霹雳苔草 Carex perakensis C. B. Clarke

凭证标本：独龙江考察队 5872；高黎贡山考察队 20253。

多年生草本，秆高 30～120 cm。生长于常绿阔叶林；海拔 2137～2467 m。

分布于独龙江（贡山县独龙江乡段）；福贡县鹿马登乡。7。

* **53. 纤细苔草 Carex pergracilis** Nehmes

凭证标本：高黎贡山考察队 28547。

多年生草本，秆高 10～25 cm。生长于针叶林；海拔 3200 m。

分布于福贡县石月亮乡。15-1。

54. 镜子苔草 Carex phacota Sprengel

凭证标本：高黎贡山考察队 22753，24862。

多年生草本，秆高 20～75 cm。生长于常绿阔叶林、石柯-槭树林；海拔 1850～2169 m。

分布于泸水市片马镇；腾冲市五合乡。7。

* **55. 波密苔草 Carex pomiensis** Y. C. Yang

凭证标本：青藏队 82-9463，82-9145。

多年生草本，秆高 40～50 cm。生长于常绿阔叶林；海拔 2100 m。

分布于独龙江（贡山县独龙江乡段）。15-1。

56. 帚状苔草 Carex praelonga C. B. Clarke

凭证标本：高黎贡山考察队 13740，34081。

多年生草本，秆高 60～90 cm。生长于常绿阔叶林、灌丛、草甸；海拔 1886～3050 m。

分布于贡山县茨开镇；泸水市片马镇、六库镇；腾冲市五合乡。14-3。

** **57. 延长苔草 Carex prolongata** Kükenthal

凭证标本：高黎贡山考察队 17017，32029。

多年生草本，秆高 30 cm。生长于铁杉-冷杉林、杜鹃-箭竹灌丛、高山潮湿草甸；海拔 3470～3670 m。

分布于独龙江（贡山县独龙江乡段）；贡山县丙中洛乡、茨开镇；福贡县鹿马登乡。15-2-3a。

58. 粉被苔草 Carex pruinosa Boott

凭证标本：高黎贡山考察队 24866。

多年生草本，秆高 30～80 cm。生长于石柯-槭树林；海拔 2169 m。

分布于腾冲市五合乡。7。

*** **59. 紫鳞苔草 Carex purpureo-squamata** L. K. Dai

凭证标本：高黎贡山考察队 28544。

多年生草本，秆高 60～65 cm。生长于针叶林；海拔 3200 m。

分布于福贡县石月亮乡。15-2-6。

* **60. 松叶苔草 Carex rara** Boott

凭证标本：高黎贡山考察队 11896，24366。

多年生草本，秆高 20～30 cm，具根茎，短。生长于潮湿草甸；海拔 1886～3400 m。

分布于贡山县茨开镇；泸水市片马镇。15-1。

*** **61. 日东苔草 Carex ridongensis** P. C. Li

凭证标本：青藏队 10145。

多年生草本，秆高 70～80 cm，具根茎。生长于高山草甸；海拔 3500～4000 m。

分布于独龙江（察隅县日东乡段）。15-2-6。

62. 书带苔草 Carex rochebrunii Franchet & Savatier

凭证标本：青藏队 82-8288；高黎贡山考察队 25101。

多年生草本，秆高 25～50 cm，具根茎，短，粗壮，坚硬。生长于常绿阔叶林、石柯-木荷林、铁杉林、水沟边；海拔 2146～2400 m。

分布于贡山县茨开镇；腾冲市五合乡。7。

63. 点囊苔草 Carex rubro-brunnea C. B. Clarke

凭证标本：高黎贡山考察队 12746，24343。

多年生草本，秆高 20～60 cm。生长于常绿阔叶林、潮湿草甸；海拔 1886～3400 m。

分布于贡山县茨开镇；泸水市片马镇。14-3。

* **64. 川滇苔草 Carex schneideri** Nelmes

凭证标本：高黎贡山考察队 12711。

多年生草本，秆高 60～90 cm，具根茎，短。生长于高山灌丛；海拔 3680 m。

分布于贡山县茨开镇。15-1。

65. 长茎苔草 Carex setigera D. Don

凭证标本：高黎贡山考察队 24538。

多年生草本，秆高 8～35 cm，具根茎。生长于杜鹃-箭竹灌丛；海拔 3125 m。

分布于泸水市鲁掌镇。14-3。

^{**} **66. 双柏苔草 Carex shuangbaiensis** L. K. Dai

凭证标本：高黎贡山考察队 12980，24132。

多年生草本，秆高 75 cm。生长于常绿阔叶林、次生常绿阔叶林；海拔 1500～2510 m。

分布于贡山县茨开镇；泸水市片马镇。15-2-2。

[*] **67. 华芒鳞苔草 Carex sinoaristata** Tang & F. T. Wang ex L. K. Dai

凭证标本：高黎贡山考察队 30184。

多年生草本，秆高 35～75 cm，具根茎，短，木质。生长于杜鹃-箭竹林；海拔 2410 m。

分布于腾冲市界头镇。15-1。

[*] **68. 柄果苔草 Carex stipitinux** C. B. Clarke ex Franchet

凭证标本：青藏队 82-7857；高黎贡山考察队 9769。

多年生草本，秆高 60～100 cm。生长于常绿阔叶林、灌丛、草地；海拔 1470～2500 m。

分布于贡山县丙中洛乡；福贡县上帕镇。15-1。

[*] **69. 近蕨苔草 Carex subfilicinoides** Kükenthal

凭证标本：独龙江考察队 1527；高黎贡山考察队 34338。

多年生草本，秆高 50～90 cm，具根茎，有粗纤维。生长于常绿阔叶林、石柯-铁杉林、灌丛、林间路旁、江边沙滩；海拔 1388～3010 m。

分布于独龙江（贡山县独龙江乡段）；贡山县丙中洛乡、茨开镇；福贡县马吉乡。15-1。

70. 长柱头苔草 Carex teinogyna Boott

凭证标本：独龙江考察队 1513；高黎贡山考察队 21750。

多年生草本，秆高 25～60 cm，具根茎，短。生长于常绿阔叶林、灌丛、河滩；海拔 1300～3400 m。

分布于独龙江（贡山县独龙江乡段）；贡山县茨开镇；泸水市片马镇。14-1。

71. 高节苔草 Carex thomsonii Boott

凭证标本：高黎贡山考察队 30655。

多年生草本，秆高 15～30 cm，具根茎，短，坚挺。生长于栎类灌丛；海拔 1530 m。

分布于腾冲市曲石镇。14-3。

^{**} **72. 文山苔草 Carex wenshanensis** L. K. Dai

凭证标本：高黎贡山考察队 23105。

多年生草本，秆高 50～60 cm。生长于常绿阔叶林；海拔 2530 m。

分布于贡山县茨开镇。15-2-8。

[*] **73. 云南苔草 Carex yunnanensis** Franchet

凭证标本：青藏队 82-7449。

多年生草本，秆高 20～50 cm，无匍匐枝。生长于河谷灌丛；海拔 1500 m。

分布于贡山县丙中洛乡。15-1。

74. 翅鳞莎 Courtoisina cyperoides（Roxburgh）Soják-*Kyllinga cyperoides* Roxburgh

凭证标本：高黎贡山考察队 9817。

一年生草本，秆高 8～38 cm。生长于水田；海拔 980 m。

分布于泸水市六库镇。6。

75. 阿穆尔莎草 Cyperus amuricus Maximowicz

凭证标本：青藏队 82-9816；高黎贡山考察队 27517。

一年生草本，秆高 10～60 cm。生长于林缘、河谷草地；海拔 1130～2000 m。

分布于独龙江（贡山县独龙江乡段）；福贡县石月亮乡；泸水市洛本卓乡。14-2。

76. 长尖莎草 Cyperus cuspidatus Kunth

凭证标本：高黎贡山考察队 17188。

一年生草本，秆高 3～15 cm。生长于针叶林；海拔 1419 m。

分布于腾冲市五合乡。2。

77. 砖子苗 Cyperus cyperoides（Linnaeus）Kuntze-*Scirpus cyperoides* Linnaeus

凭证标本：独龙江考察队 3414；高黎贡山考察队 30623。

多年生草本，秆高 10～60 cm。生长于常绿阔叶林、路边、溪边；海拔 702～1960 m。

分布于独龙江（贡山县独龙江乡段）；贡山县捧打乡、茨开镇；福贡县石月亮乡；泸水市六库镇；保山市芒宽乡；腾冲市曲石镇。4。

78. 异型苔草 Cyperus difformis Linnaeus

凭证标本：高黎贡山考察队 17262，18167。

一年生草本，秆高 2～65 cm。生长于草甸；海拔 650～670 m。

分布于保山市潞江镇。4。

79. 畦畔莎草 Cyperus haspan Linnaeus

凭证标本：独龙江考察队 3537；高黎贡山考察队 10518。

多年生或一年生草本，秆高 10～60 cm。生长于江边沙地、稻田边；海拔 900～1400 m。

分布于独龙江（贡山县独龙江乡段）；福贡县上帕镇；泸水市六库镇。2。

80. 迭穗莎草 Cyperus imbricatus Retzius

凭证标本：高黎贡山考察队 18247。

多年生草本，秆高 7～15 cm，具根茎，短。生长于灌丛；海拔 1000 m。

分布于保山市潞江镇。4。

81. 碎米莎草 Cyperus iria Linnaeus

凭证标本：独龙江考察队 304；高黎贡山考察队 28817。

一年生草本，高 8～80 cm。生长于常绿阔叶林、针叶林、草甸；海拔 650～1419 m。

分布于独龙江（贡山县独龙江乡段）；福贡县上帕镇；保山市芒宽乡、潞江镇；腾冲市五合乡。4。

82. 南莎草 Cyperus niveus Retzius

凭证标本：李恒、李嵘、蒋柱檀、高富、张雪梅 413。

多年生草本，秆高 10～70 cm，具根茎，短。生长于湖泊中；海拔 1730 m。

分布于腾冲市北海乡。14-3。

83. 毛轴莎草 Cyperus pilosus Vahl

凭证标本：独龙江考察队 87；高黎贡山考察队 11401。

多年生草本，秆高 25～85 cm。生长于常绿阔叶林；海拔 1300～1750 m。

分布于独龙江（贡山县独龙江乡段）。5。

84. 水莎草 Cyperus serotinus Rottbøll

凭证标本：高黎贡山考察队 13044，18924。

多年生草本，秆高 35～100 cm。生长于次生常绿阔叶林、灌丛；海拔 790～1760 m。

分布于保山市芒宽乡；龙陵县镇安镇。10。

85. 具芒鳞砖子苗 Cyperus squarrosus Linnaeus

凭证标本：高黎贡山考察队 20184。

一年生草本，秆高 2～10 cm。生长于针叶林；海拔 2999 m。

分布于福贡县鹿马登乡。2。

86. 四棱莎草 Cyperus tenuiculmis Boeckeler

凭证标本：高黎贡山考察队 19112。

多年生草本，秆高 40～75 cm，具根茎，短，木质。生长于常绿阔叶林；海拔 1525 m。

分布于保山市芒宽乡。4。

87. 窄穗莎草 Cyperus tenuispica Steudel

凭证标本：高黎贡山考察队 7898，10866。

一年生草本，秆高 3～30 cm。生长于次生常绿阔叶林、江边沙地；海拔 1240～1700 m。

分布于福贡县；腾冲市五合乡。4。

88. 假香附子 Cyperus tuberosus Rottbøll

凭证标本：高黎贡山考察队 19148。

多年生草本，秆高 20～55 cm。生长于常绿阔叶林；海拔 1360 m。

分布于保山市芒宽乡。6。

89. 荸荠 Eleocharis dulcis (N. L. Burman) Trinius ex Henschel-*Andropogon dulcis* N. L. Burman

凭证标本：李恒、李嵘、蒋柱檀、高富、张雪梅 441。

多年生草本，秆高 15～60 cm。生长于湖泊中；海拔 1730 m。

分布于腾冲市北海乡。4。

90. 卵穗荸荠 Eleocharis ovata（Roth）Roemer & Schultes-*Scirpus ovatus* Roth

凭证标本：独龙江考察队 6637；高黎贡山考察队 12042。

一年生草本，秆高 4～50 cm，具根茎。生长于沼泽、水田中；海拔 1580～1760 m。

分布于独龙江（贡山县独龙江乡段）；贡山县丙中洛乡。8。

91. 透明鳞荸荠 Eleocharis pellucida J. Presl & C. Presl

凭证标本：李恒、李嵘、蒋柱檀、高富、张雪梅 417。

一年生草本或多年生短命草本，秆高 5～30 cm。生长于湖泊水中；海拔 1730 m。

分布于腾冲市北海乡。7。

** 92. 三面秆荸荠 Eleocharis trilateralis Tang & F. T. Wang

凭证标本：王启无 77229。

多年生草本，秆高 30～75 cm。生长于沼泽中；海拔 3200 m。

分布于贡山县茨开镇。15-2-7。

93. 牛毛毡 Eleocharis yokoscensis（Franchet & Savatier）Tang & F. T. Wang-*Scirpus yokoscensis* Franchet & Savatier

凭证标本：高黎贡山考察队 24865。

多年生草本，秆高 2～12 cm。生长于沼泽中；海拔 3200 m。

分布于腾冲市五合乡。7。

** 94. 云南荸荠 Eleocharis yunnanensis Svenson

凭证标本：高黎贡山考察队 24870，34005。

多年生草本，秆高 16～40 cm，具根茎，粗，匍匐，斜上升。生长于常绿阔叶林、石柯-槭树林、湖边、稻田；海拔 1730～2169 m。

分布于贡山县茨开镇；泸水市；腾冲市北海乡、五合乡。15-2-3a。

95. 丛毛羊胡子草 Eriophorum comosum（Wallich）Nees-*Scirpus comosus* Wallich

凭证标本：横断山队 213；高黎贡山考察队 22413。

多年生草本，秆高 14～78 cm，具根茎，粗短。生长于常绿阔叶林；海拔 1100～1500 m。

分布于贡山县丙中洛乡；泸水市。7。

96. 白毛羊胡子草 Eriophorum vaginatum Linnaeus

凭证标本：高黎贡山考察队 29725。

多年生草本，秆高 15～80 cm，具根茎，短。生长于稻田边；海拔 1730 m。

分布于腾冲市北海乡。8。

97. 夏飘拂草 Fimbristylis aestivalis（Retzius）Vahl-*Scirpus aestivalis* Retzius

凭证标本：高黎贡山考察队 29769，29799。

一年生草本，秆高 3～25 cm。生长于湖泊水中；海拔 1850 m。

分布于腾冲市北海乡。6。

98. 复序飘拂草 Fimbristylis bisumbellata（Forsk.）Bunani-*Scirpus bisumbellatus* Forssk

凭证标本：高黎贡山考察队 23562，23585。

一年生草本，秆高 4～20 cm。生长于硬叶常绿阔叶林；海拔 686 m。

分布于保山市潞江镇。10。

99. 扁鞘飘拂草 Fimbristylis complanata（Retzius）Link-*Scirpus complanatus* Retzius

凭证标本：独龙江考察队 1248；高黎贡山考察队 11236。

多年生草本，秆高 20～70 cm，具根茎。生长于灌丛；海拔 1450～2300 m。

分布于独龙江（贡山县独龙江乡段）。

100. 两歧飘拂草 Fimbristylis dichotoma（Linnaeus）Vahl-*Scirpus dichotomus* Linnaeus

凭证标本：高黎贡山考察队 10844，27881。

多年生草本，秆高 5～50 cm。生长于常绿阔叶林、林缘、潮湿地；海拔 1320～1700 m。

分布于独龙江（贡山县独龙江乡段）；福贡县马吉乡；腾冲市五合乡。2。

101. 水虱草 Fimbristylis littoralis Gaudichaud

凭证标本：高黎贡山考察队 10879，28816。

一年生草本，秆高 10～60 cm。生长于常绿阔叶林、灌丛、稻田边；海拔 790～1530 m。

分布于贡山县丙中洛乡；福贡县石月亮乡、上帕镇；腾冲市界头镇、曲石镇。2。

102. 五棱秆飘拂草 Fimbristylis quinquangularis（Vahl）Kunth-*Scirpus quinquangularis* Vah

凭证标本：独龙江考察队 103。

多年生草本，秆高 5～40 cm，具根茎，短。生长于河滩灌丛；海拔 1300 m。

分布于独龙江（贡山县独龙江乡段）。4。

103. 少穗飘拂草 Fimbristylis schoenoides（Retzius）Vahl-*Scirpus schoenoides* Retzius

凭证标本：高黎贡山考察队 17767。

多年生草本，秆高 5～40 cm，具根茎，短。生长于常绿阔叶林；海拔 1900 m。

分布于龙陵县镇安镇。4。

104. 畦畔飘拂草 Fimbristylis squarrosa Vahl

凭证标本：高黎贡山考察队 11244。

一年生草本，秆高 6～25 cm。生长于稻田边；海拔 1350 m。

分布于腾冲市界头镇。4。

105. 匍匐茎飘拂草 Fimbristylis stolonifera C. B. Clarke

凭证标本：高黎贡山考察队 12094，15775。

多年生草本，秆高 30～70 cm。生长于稻田边；海拔 1720～1784 m。

分布于贡山县丙中洛乡。14-3。

106. 西南飘拂草 Fimbristylis thomsonii Boeckeler

凭证标本：高黎贡山考察队 18496。

多年生草本，秆高 25～70 cm，具根茎，短。生长于常绿阔叶林；海拔 2080 m。

分布于腾冲市芒棒镇。7。

107. 割鸡芒 Hypolytrum nemorum（Vahl）Sprengel-*Schoenus nemorum* Vahl

凭证标本：高黎贡山考察队 14657，20934。

多年生草本，秆高 30～90 cm。生长于常绿阔叶林；海拔 2050～2766 m。

分布于贡山县丙中洛乡；福贡县鹿马登乡、子里甲乡。2。

108. 尾穗嵩草 Kobresia cercostachys（Franchet）C. B. Clarke-*Carex cercostachys* Franchet

凭证标本：青藏队 10239。

多年生草本，秆高 5～35 cm，具根茎，短。生长于高山草甸；海拔 4200 m。

分布于独龙江（察隅县日东乡段）。14-3。

109. 三脉嵩草 Kobresia esenbeckii（Kunth）Noltie-*Carex esenbeckii* Kunth

凭证标本：青藏队 82-7802。

多年生草本。生长于冷杉林下石崖上、高山灌丛、高山草甸；海拔 3200～4000 m。

分布于贡山县丙中洛乡。14-3。

110. 膨囊嵩草 Kobresia inflata P. C. Li

凭证标本：青藏队 10103。

多年生草本，秆高 4～12 cm，具根茎，斜上升。生长于高山草甸；海拔 4500 m。

分布于独龙江（察隅县日东乡段）。14-3。

* 111. 黑麦嵩草 Kobresia loliacea Wang & Tang ex P. C. Li

凭证标本：高黎贡山考察队 20405。

多年生草本，秆高 15～45 cm，具根茎，短。生长于常绿阔叶林；海拔 2869 m。

分布于福贡县鹿马登乡。15-1。

112. 钩状嵩草 Kobresia uncinoides（Boott）C. B. Clarke-*Carex uncinioides* Boott

凭证标本：青藏队 82-8483；高黎贡山考察队 28653。

多年生草本，秆高 6～50 cm。生长于杜鹃-箭竹灌丛、高山草甸；海拔 3600～4400 m。

分布于贡山县茨开镇；福贡县石月亮乡、鹿马登乡。14-3。

113a. 短叶水蜈蚣 Kyllinga brevifolia Rottbøll

凭证标本：独龙江考察队 271；高黎贡山考察队 34004。

多年生草本，秆高 2～30 cm。生长于常绿阔叶林、潮湿地、江边；海拔 611～2720 m。

分布于独龙江（贡山县独龙江乡段）；贡山县丙中洛乡、茨开镇；福贡县马吉乡、石月亮乡、鹿马登乡、上帕镇、匹河乡；泸水市洛本卓乡、六库镇；保山市芒宽乡、潞江镇；腾冲市芒棒镇、五合乡；龙陵县镇安镇。2。

113b. 无刺鳞水蜈蚣 Kyllinga brevifolia var. leiolepis（Franchet & Savatier）H. Hara-*Kyllinga monocephala* var. *leiolepis* Franchet & Savatier

凭证标本：青藏队 82-9445。

多年生草本，秆高 2～31 cm。生长于江边沙地；海拔 1450 m。

分布于独龙江（贡山县独龙江乡段）。14-1。

113c. 小星穗水蜈蚣 Kyllinga brevifolia var. stellulata（J. V. Suringar）Ohwi-*Cyperus brevifolius* var. *stellulatus* J. V. Suringar

凭证标本：高黎贡山考察队 10292。

多年生草本，秆高 2～32 cm。生长于次生常绿阔叶林；海拔 1950～2050 m。

分布于泸水市。7。

114. 冠鳞水蜈蚣 Kyllinga squamulata Vahl

凭证标本：王启无 66827；施晓春 518。

一年生草本，秆高 2～20 cm。生长于干燥露地；海拔 1540 m。

分布于保山市芒宽乡。4。

115. 华湖瓜草 Lipocarpha chinensis（Osbeck）J. Kern-*Scirpus chinensis* Osbeck

凭证标本：李恒、李嵘、蒋柱檀、高富、张雪梅 400。

多年生草本，秆高 10～60 cm。生长于湖泊水中；海拔 1730 m。

分布于腾冲市北海乡。4。

116. 湖瓜草 Lipocarpha microcephala（R. Brown）Kunth-*Hypaelyptum microcephalum* R. Brown

凭证标本：高黎贡山考察队 27869。

一年生草本，秆高 5～40 cm。生长于常绿阔叶林；海拔 1320 m。

分布于福贡县马吉乡。5。

117. 宽穗扁莎 Pycreus diaphanus（Schrader ex Schultes）S. S. Hooper & T. Koyama-*Cyperus diaphanus* Schrader ex Schultes

凭证标本：高黎贡山考察队 11330。

一年生草本，秆高 10～35 cm。生长于次生常绿阔叶林；海拔 2000 m。

分布于腾冲市明光镇。7。

118. 球穗扁莎 Pycreus flavidus（Retzius）T. Koyama-*Cyperus flavidus* Retzius

凭证标本：高黎贡山考察队 7299，33986。

多年生草本，秆高 2～50 cm。生长于常绿阔叶林、稻田边；海拔 686～2240 m。

分布于贡山县丙中洛乡、茨开镇；福贡县；泸水市片马镇；保山市潞江镇；腾冲市曲石镇、五合乡；龙陵县镇安镇。4。

* 119. 丽江扁莎 Pycreus lijiangensis L. K. Dai

凭证标本：高黎贡山考察队 18359。

多年生草本，秆高 15～40 cm，具根茎，短。生长于常绿阔叶林；海拔 2060 m。

分布于腾冲市芒棒镇。15-1。

* 120. 拟宽穗扁莎 Pycreus pseudolatispicatus L. K. Dai

凭证标本：高黎贡山考察队 18718。

一年生草本，秆高 3～15 cm。生长于常绿阔叶林；海拔 2260 m。

分布于腾冲市芒棒镇。15-1。

121. 矮扁莎 Pycreus pumilus（Linn.）Domin-*Cyperus pumilus* Linnaeus

凭证标本：高黎贡山考察队 9823，18906。

一年生草本，秆高 2～20 cm。生长于灌丛；海拔 790～980 m。

分布于保山市芒宽乡；泸水市六库镇。4。

122. 红鳞扁莎 Pycreus sanguinolentus（Vahl）Nees ex C. B. Clarke-*Cyperus sanguinolentus* Vahl

凭证标本：独龙江考察队 277；高黎贡山考察队 33649。

一年生草本，秆高 5～50 cm。生长于常绿阔叶林、湿地、水田；海拔 790～2280 m。

分布于独龙江（贡山县独龙江乡段）；贡山县丙中洛乡、茨开镇；福贡县上帕镇；泸水市片马镇、六库镇；保山市芒宽乡；腾冲市芒棒镇、五合乡；龙陵县镇安镇。4。

123. 槽果扁莎 Pycreus sulcinux（C. B. Clarke）C. B. Clarke-*Cyperus sulcinux* C. B. Clarke

凭证标本：独龙江考察队 3534。

一年生草本，秆高 5～40 cm。生长于沼泽地；海拔 1340 m。

分布于独龙江（贡山县独龙江乡段）。5。

124. 禾状扁莎 Pycreus unioloides（R. Brown）Urban-*Cyperus unioloides* R. Brown

凭证标本：李恒、李嵘、蒋柱檀、高富、张雪梅 413。

多年生草本，秆高 40～90 cm，具根茎，短。生长于湖泊水中；海拔 1730 m。

分布于腾冲市北海乡。2。

** 125. 中间水葱 Schoenoplectus intermedius（Tang & Wang）Y. F. Deng

凭证标本：高黎贡山考察队 10155。

多年生草本。生长于常绿阔叶林；海拔 2280 m。

分布于泸水市六库镇。15-2-3。

126. 萤蔺 Schoenoplectus juncoides（Roxburgh）Palla-*Scirpus juncoides* Roxburgh

凭证标本：独龙江考察队 1486；高黎贡山考察队 33959。

多年生草本，秆高 18～70 cm。生长于湿地、湖泊、稻田；海拔 1240～1784 m。

分布于独龙江（贡山县独龙江乡段）；贡山县丙中洛乡、茨开镇；福贡县上帕镇；腾冲市北海乡、芒棒镇。5。

127. 水毛花 Schoenoplectus mucronatus（Linnaeus）Palla subsp. robustus（Miquel）T. Koyama-*Scirpus mucronatus* Linnaeus var. *robustus* Miquel

凭证标本：李恒、李嵘、蒋柱檀、高富、张雪梅 443；高黎贡山考察队 34553。

多年生草本，秆高 45～130 cm。生长于湿地、沼泽、湖边；海拔 1850～3280 m。

分布于独龙江（贡山县独龙江乡段）；腾冲市北海乡；龙陵县镇安镇。6。

128. 水葱 Schoenoplectus tabernaemontani（C. C. Gmelin）Palla-*Scirpus tabernae-montani* C. C. Gmelin

凭证标本：李恒、李嵘、蒋柱檀、高富、张雪梅 383；高黎贡山考察队 29719。

多年生草本，秆高 1～2 m。生长于稻田、湖泊浅水区；海拔 1730 m。

分布于腾冲市北海乡。2。

129. 猪毛草 Schoenoplectus wallichii（Nees）T. Koyama-*Scirpus wallichii* Nees

凭证标本：李恒、李嵘、蒋柱檀、高富、张雪梅 439；高黎贡山考察队 29790。

多年生草本，秆高 10～40 cm。生长于湖边、水中；海拔 1850 m。

分布于腾冲市北海乡。14-1。

130. 庐山藨草 Scirpus lushanensis Ohwi

凭证标本：高黎贡山考察队 7259，10282。

多年生草本，秆高 100～150 cm。生长于阴湿处、河滩、路边、沙石地；海拔 1950～3000 m。

分布于泸水市片马镇、鲁掌镇。14-1。

131. 百球藨草 Scirpus rosthornii Diels

凭证标本：高黎贡山考察队 20870，33972。

多年生草本，秆高 70～100 cm。生长于常绿阔叶林、松栎林；海拔 1250～2350 m。

分布于贡山县茨开镇；福贡县石月亮乡、鹿马登乡、匹河乡；泸水市片马镇；腾冲市五合乡。14-1。

*** **132. 独龙珍珠茅 Scleria dulongensis** P. C. Li

凭证标本：青藏队 9195。

多年生草本，秆高 100 cm。生长于林缘；海拔 1300～1400 m。

分布于独龙江（贡山县独龙江乡段）。15-2-6。

133. 黑鳞珍珠茅 Scleria hookeriana Boeckeler

凭证标本：高黎贡山考察队 11223，25529。

多年生草本，秆高 60～100 cm。生长于常绿阔叶林、灌丛、草甸；海拔 1140～1410 m。

分布于独龙江（贡山县独龙江乡段）；泸水市洛本卓乡；保山市芒宽乡；腾冲市曲石镇。14-4。

134. 小型珍珠茅 Scleria parvula Steudel

凭证标本：青藏队 9522。

一年生草本，秆高 40～60 cm。生长于林缘、江边草地；海拔 1600 m。

分布于独龙江（贡山县独龙江乡段）。6。

135. 高秆珍珠茅 Scleria terrestris (Linnaeus) Fassett-*Zizania terrestris* Linnaeus

凭证标本：青藏队 82-8907。

多年生草本，秆高 60～300 cm。生长于江边草地；海拔 1500～1700 m。

分布于独龙江（贡山县独龙江乡段）。4。

332. 禾本科 Poaceae

74 属 168 种 4 变种，*16，**1，***1，$^+$8

1. 大锥剪股颖 Agrostis brachiata Munro ex J. D. Hooker

凭证标本：独龙江考察队 1987。

多年生草本，秆长 100～130 cm。生长于河谷林下、草地；海拔 1600～2900 m。

分布于独龙江（贡山县独龙江乡段）；泸水市。14-3。

2. 剪股颖 Agrostis clavata Trinius

凭证标本：高黎贡山考察队 24601，32900。

一年生草本，高 30～70 cm。生长于常绿阔叶林、高山草甸、湖边；海拔 1850～3560 m。

分布于贡山县丙中洛乡；腾冲市北海乡、五合乡；龙陵县龙江乡。8。

3. 巨序剪股颖 Agrostis gigantea Roth

凭证标本：高黎贡山考察队 12749，17012。

多年生草本，秆高达 130 cm。生长于常绿阔叶林、灌丛、草甸；海拔 2270～3670 m。

分布于独龙江（贡山县独龙江乡段）；贡山县茨开镇；泸水市鲁掌镇。10。

4. 疏花剪股颖 Agrostis hookeriana C. B. Clarke ex J. D. Hooker

凭证标本：Handel-Mazzetti 8036；高黎贡山考察队 32856。

多年生草本，秆高达 50 cm。生长于冷杉林、高山草甸；海拔 3561 m。

分布于贡山县丙中洛乡。14-3。

5. 玉山剪股颖 Agrostis infirma Buse

凭证标本：高黎贡山考察队 29720。

多年生草本，秆高 20～100 cm。生长于稻田边；海拔 1730 m。

分布于腾冲市北海乡。7。

6. 歧颖剪股颖 Agrostis mackliniae Bor

凭证标本：高黎贡山考察队 29806。

多年生草本，秆高 30 cm。生长于湖边潮湿处；海拔 1850 m。

分布于腾冲市北海乡。14-4。

7. 多花剪股颖 Agrostis micrantha Steudel

凭证标本：独龙江考察队 6829；高黎贡山考察队 30340。

多年生草本，秆高 40～100 cm。生长于常绿阔叶林、石柯-冬青林、湖边潮湿处、沼泽；海拔 1600～2700 m。

分布于独龙江（贡山县独龙江乡段）；福贡县上帕镇；泸水市片马镇、鲁掌镇；腾冲市界头镇、北海乡；龙陵县镇安镇。14-3。

8. 长稃剪股颖 Agrostis munroana Aitchison & Hemsley

凭证标本：高黎贡山考察队 32862。

一年生草本，秆高 10～45 cm。生长于高山草甸；海拔 3561 m。

分布于贡山县丙中洛乡。14-3。

9. 泸水剪股颖 Agrostis nervosa Nees ex Trinius

凭证标本：高黎贡山考察队 26633，32908。

多年生草本，秆高 20～30 cm。生长于杜鹃-箭竹灌丛、高山草甸；海拔 2700～3740 m。

分布于独龙江（贡山县独龙江乡段）；贡山县丙中洛乡、茨开镇；福贡县鹿马登乡。14-3。

10. 柔毛剪股颖 Agrostis pilosula Trinius

凭证标本：高黎贡山考察队 32857，32909。

一年生草本或多年生短命草本，秆高 30～90 cm。生长于高山草甸；海拔 2881～3561 m。

分布于贡山县丙中洛乡。14-3。

*** **11. 紧序剪股颖 Agrostis sinocontracta** S. M. Phillips & S. L. Lu

凭证标本：王启无 67178。

多年生草本，秆高 30～50 cm。生长于河谷、高山草甸；海拔 2500～4000 m。

分布于贡山县；福贡县。15-2-6。

* **12. 台湾剪股颖 Agrostis sozanensis** Hayata

凭证标本：高黎贡山考察队 26834，34120。

多年生草本，秆高达 90 cm，具根茎，短。生长于常绿阔叶林、冷杉-云杉林、杜鹃-箭竹灌丛、草甸；海拔 3010～3250 m。

分布于贡山县茨开镇；福贡县石月亮乡。15-1。

13. 看麦娘 Alopecurus aequalis Sobolewsky

凭证标本：独龙江考察队 4509，23897。

一年生草本，秆高 15～40 cm。生长于林下、路边沼泽、湿地；海拔 1240～2766 m。

分布于独龙江（贡山县独龙江乡段）；贡山县茨开镇；福贡县鹿马登乡、上帕镇；泸水市片马镇、鲁掌镇；龙陵县镇安镇。8。

14. 沟浮草 Aniselytron treutleri（Kuntze）Soják-*Milium treutleri* Kuntze

凭证标本：高黎贡山考察队 16773。

多年生草本。秆高 45～110 cm。生长于常绿阔叶林、混交林；海拔 2150～3150 m。

分布于贡山县丙中洛乡、茨开镇；福贡县石月亮乡、鹿马登乡。7。

15. 藏黄花茅 Anthoxanthum hookeri（Grisebach）Rendle-*Ataxia hookeri* Grisebach

凭证标本：高黎贡山考察队 11893，14030。

多年生草本，秆高 20～50 cm，根茎，短。生长于潮湿草甸；海拔 2930 m。

分布于贡山县茨开镇。14-3。

16. 锡金黄花茅 Anthoxanthum sikkimense（Maximowicz）Ohwi-*Hierochloë sikkimensis* Maximowicz

凭证标本：高黎贡山考察队 16831，16832。

多年生草本，秆高 30～45 cm，具根茎，短。生长于灌丛；海拔 3400 m。

分布于独龙江（贡山县独龙江乡段）。14-3。

17. 水蔗草 Apluda mutica Linnaeus

凭证标本：独龙江考察队 123；高黎贡山考察队 7358。

多年生草本，秆长达 3 m。生长于山坡、江岸灌丛；海拔 710～890 m。

分布于泸水市六库镇。4。

18. 楔颖草 Apocopis paleaceus（Trinius）Hochreutiner-*Ischaemum paleaceum* Trinius

凭证标本：滇西金沙江队 10439。

多年生草本，秆高达 60 cm，具根茎，延长。生长于河谷草坝；海拔 1000 m。

分布于泸水市。14-3。

19. 荩草 Arthraxon hispidus（Thunberg）Makino-*Phalaris hispida* Thunberg

凭证标本：独龙江考察队 487；高黎贡山考察队 17503。

一年生草本，秆高 30 cm。生长于常绿阔叶林、林缘、田边；海拔 1220～1900 m。

分布于独龙江（贡山县独龙江乡段）；贡山县捧打乡、茨开镇；福贡县上帕镇；保山市芒宽乡；腾冲市界头镇、曲石镇；龙陵县镇安镇。6。

20. 光轴荩草 Arthraxon nudus（Nees ex Steudel）Hochstetter-*Andropogon nudus* Nees ex Steudel

凭证标本：高黎贡山考察队 11407，26195。

一年生草本，秆长达 50 cm。生长于常绿阔叶林；海拔 702～1530 m。

分布于保山市芒宽乡；腾冲市芒棒镇。12。

21. 洱源荩草 Arthraxon typicus（Buse）Koorders-*Lucaea typica* Buse

凭证标本：高黎贡山考察队 20668，22651。

多年生草本，秆长 60 cm 以上。生长于常绿阔叶林；海拔 1360～1740 m。

分布于独龙江（贡山县独龙江乡段）；贡山县丙中洛乡、茨开镇。14-3。

22. 孟加拉野古草 Arundinella bengalensis（Sprenger）Druce-*Panicum bengalense* Sprengel

凭证标本：独龙江考察队 1245；高黎贡山考察队 17190。

多年生草本，秆高 50～120 cm。生长于常绿阔叶林、林缘草地；海拔 1225～1500 m。

分布于独龙江（贡山县独龙江乡段）；腾冲市五合乡。14-3。

23. 丈野古草 Arundinella decempedalis（Kuntze）Janowski-*Panicum decempedale* Kuntze

凭证标本：青藏队 82-9383。

多年生草本，秆高达 250 cm。生长于常绿阔叶林、松林、灌丛；海拔 1500 m。

分布于独龙江（贡山县独龙江乡段）。14-3。

24. 石芒草 Arundinella nepalensis Trinius

凭证标本：高黎贡山考察队 11393，19078。

多年生草本，秆高 90～200 cm。生长于常绿阔叶林、路旁、灌丛草地；海拔 1000～1530 m。

分布于泸水市；保山市芒宽乡；腾冲市芒棒镇。4。

*25. 云南野古草 Arundinella yunnanensis Keng ex B. S. Sun & Z. H. Hu

凭证标本：王启无 66574。

多年生草本，秆高 30～50 cm。生长于山坡草丛；海拔 3000 m。

分布于贡山县丙中洛乡。15-1。

26. 芦竹 Arundo donax Linnaeus

凭证标本：独龙江考察队 462；高黎贡山考察队 34256。

多年生高大草本，秆高达 2～6 m。生长于林缘、灌丛、河谷；海拔 1170～2142 m。

分布于独龙江（贡山县独龙江乡段）；贡山县丙中洛乡、捧打乡、茨开镇；福贡县石月亮乡、架科底乡、匹河乡；泸水市片马镇。6。

⁺27. 地毯草 Axonopus compressus（Swartz）P. Beauvois-*Milium compressum* Swartz

凭证标本：高黎贡山考察队 11252，11400。

多年生草本，秆高 15～60 cm。生长于次生常绿阔叶林、稻田边；海拔 1530 m。

分布于腾冲市界头镇、芒棒镇。17。

28. 白羊草 Bothriochloa ischaemum（Linnaeus）Keng-*Andropogon ischaemum* Linnaeus

凭证标本：高黎贡山考察队 18271。

多年生草本，秆高 25～70 cm。生长于灌丛；海拔 1000 m。

分布于保山市潞江镇。10。

29. 臂形草 Brachiaria eruciformis（Smith）Grisebach-*Panicum eruciforme* Smith

凭证标本：高黎贡山考察队 7041。

一年生草本，秆高 30～40 cm。生长于江岸草坡；海拔 920 m。

分布于泸水市六库镇。6。

30. 无名臂形草 Brachiaria kurzii (J. D. Hooker) A. Camus-*Panicum kurzii* J. D. Hooker

凭证标本：青藏队 82-8072A。

一年生草本，秆高 15～60 cm。生长于灌丛草甸；海拔 1700 m。

分布于贡山县茨开镇。5。

31. 毛臂形草 Brachiaria villosa (Lamarck) A. Camus-*Panicum villosum* Lamarck

凭证标本：高黎贡山考察队 7250，27802。

一年生草本，秆长 10～40 cm。生长于常绿阔叶林、灌丛、草坡；海拔 670～1750 m。

分布于福贡县上帕镇、架科底乡；泸水市片马镇、洛本卓乡；保山市潞江镇；龙陵县镇安镇。6。

*　**32. 草地短柄草 Brachypodium pratense** Keng ex P. C. Keng

凭证标本：青藏队 82-8072B。

多年生草本，秆长达 90 cm。生长于灌丛草甸；海拔 1700 m。

分布于贡山县茨开镇。15-1。

33. 短柄草 Brachypodium sylvaticum (Hudson) P. Beauvois-*Festuca sylvatica* Hudson

凭证标本：高黎贡山考察队 7845，33248。

多年生草本，秆高 40～90 cm。生长于常绿阔叶林、胡桃-漆树林、混交林、江边草地；海拔 1500～2845 m。

分布于贡山县丙中洛乡、捧打乡；福贡县匹河乡。10。

34. 喜马拉雅雀麦 Bromus himalaicus Stapf

凭证标本：汤宗孝 137。

多年生草本，秆高 50～70 cm。生长于林缘、灌丛、草甸；海拔 3800～4500 m。

分布于泸水市。14-3。

35. 单蕊拂子茅 Calamagrostis emodensis Grisebach

凭证标本：高黎贡山考察队 8065，33773。

多年生草本，秆高 100～130 cm。生长于常绿阔叶林、混交林，灌丛；海拔 1570～3010 m。

分布于贡山县丙中洛乡、茨开镇；福贡县石月亮乡；泸水市片马镇、鲁掌镇。14-3。

36. 假苇佛子茅 Calamagrostis pseudophragmites (A. Haller) Koeler-*Arundo pseudophragmites* A. Haller

凭证标本：独龙江考察队 2125；高黎贡山考察队 34266。

多年生草本，秆高 40～150 cm，具根茎。生长于常绿阔叶林、石柯-青冈林、石柯-木荷林、次生常绿阔叶林、针叶林、灌丛；海拔 1130～2930 m。

分布于独龙江（察隅县日东乡段、贡山县独龙江乡段）；贡山县丙中洛乡、茨开镇；福贡县石月亮乡；泸水市洛本卓乡。10。

37. 硬杆子草 Capillipedium assimile (Steudel) A. Camus-*Andropogon assimilis* Steudel

凭证标本：独龙江考察队 656；高黎贡山考察队 23613。

多年生草本，秆长 150～350 cm。生长于常绿阔叶林、硬叶常绿阔叶林、石柯-冬青林、次生常绿阔叶林、灌丛、草坡；海拔 611～1850 m。

分布于独龙江（贡山县独龙江乡段）；贡山县丙中洛乡、茨开镇；泸水市；保山市潞江镇；腾冲市曲石镇、芒棒镇；龙陵县。7。

38. 细柄草 Capillipedium parviflorum (R. Brown) Stapf-*Holcus parviflorus* R. Brown

凭证标本：独龙江考察队 114；高黎贡山考察队 17369。

多年生草本，秆高 50～120 cm。生长于山坡灌丛、草地、林缘；海拔 890～1950 m。

分布于独龙江（贡山县独龙江乡段）；泸水市鲁掌镇；保山市潞江镇。4。

39. 异序虎尾草 Chloris pycnothrix Trinius

凭证标本：碧江队 309。

一年生或多年生短命草本，秆高 35～60 cm。生长于河岸草地；海拔 1050 m。

分布于福贡县匹河乡。6。

40. 竹节草 Chrysopogon aciculatus (Retzius) Trinius-*Andropogon aciculatus* Retzius

凭证标本：高黎贡山考察队 17615。

多年生草本，秆高 20～50 cm。生长于常绿阔叶林；海拔 1680 m。

分布于龙陵县镇安镇。4。

41. 小丽草 Coelachne simpliciuscula (Wight & Arnott ex Steudel) Munro ex Bentham-*Panicum simpliciusculum* Wight & Arnott ex Steudel

凭证标本：高黎贡山考察队 10291，11243。

一年生草本，秆高 10～20 cm。生长于次生常绿阔叶林、稻田边；海拔 1530～2050 m。

分布于泸水市六库镇；腾冲市界头镇。14-3。

42a. 薏苡 Coix lacryma-jobi Linnaeus

凭证标本：独龙江考察队 669；高黎贡山考察队 33456。

一年生草本，秆高 1～3 m。生长于常绿阔叶林、潮湿地、水边；海拔 1360～1570 m。

分布于独龙江（贡山县独龙江乡段）；贡山县捧打乡、普拉底乡；腾冲市曲石镇。7。

42b. 小珠薏苡 Coix lacryma-jobi var. **puellarum** (Balansa) A. Camus-*Coix puellarum* Balansa

凭证标本：独龙江考察队 154。

一年生草本，秆高 1～3 m。生长于河谷灌丛；海拔 1360 m。

分布于独龙江（贡山县独龙江乡段）。14-3。

43. 扭鞘香茅 Cymbopogon tortilis (J. Presl) A. Camus-*Anthistiria tortilis* J. Presl

凭证标本：高黎贡山考察队 25426。

多年生草本，秆高 50～150 cm。生长于路边林下；海拔 1130 m。

分布于泸水市洛本卓乡。7。

44. 狗牙根 Cynodon dactylon (Linnaeus) Persoon-*Panicum dactylon* Linnaeus

凭证标本：高黎贡山考察队 29793。

多年生草本，秆高 10～40 cm，具根茎，垫状。生长于湖滨潮湿处；海拔 1850 m。

分布于腾冲市北海乡。1。

45. 弓果黍 Cyrtococcum patens (Linnaeus) A. Camus-*Panicum patens* Linnaeus

凭证标本：高黎贡山考察队 9880，28919。

多年生草本，秆高 15～60 cm。生长于常绿阔叶林、杜鹃-木荷林、针叶林、乱石堆；海拔 900～1590 m。

分布于福贡县上帕镇；泸水市六库镇；保山市芒宽乡；腾冲市五合乡。5。

46. 鸭茅 Dactylis glomerata Linn

凭证标本：高黎贡山考察队 21335，21518。

多年生草本，秆高 40～140 cm。生长于常绿阔叶林林缘、路边；海拔 1600～1850 m。

分布于独龙江（贡山县独龙江乡段）。10。

47. 龙爪茅 Dactyloctenium aegyptium (Linnaeus) Willdenow-*Cynosurus aegyptius* Linnaeus

凭证标本：高黎贡山考察队 17264。

一年生草本，秆高 15～60 cm。生长于灌丛；海拔 650 m。

分布于保山市潞江镇。4。

48. 发草 Deschampsia caespitosa (Linnaeus) P. Beauvois-*Aira cespitosa* Linnaeus

凭证标本：高黎贡山考察队 16923，32863。

多年生草本，秆高 30～150 cm。生长于杜鹃-箭竹灌丛、高山草甸；海拔 3120～3720 m。

分布于贡山县丙中洛乡、茨开镇。8。

* **49. 散穗野青茅 Deyeuxia diffusa** Keng

凭证标本：高黎贡山考察队 34035。

多年生草本，秆长 30～80 cm。生长于杜鹃-箭竹灌丛；海拔 3250 m。

分布于贡山县茨开镇。15-1。

* **50. 疏穗野青茅 Deyeuxia effusiflora** Rendle

凭证标本：独龙江考察队 1707。

多年生草本，秆高 80～120 cm。生长于溪畔湿地；海拔 1600 m。

分布于独龙江（贡山县独龙江乡段）。15-1。

* **51. 会理野青茅 Deyeuxia mazzzettii** Veldkamp

凭证标本：高黎贡山考察队 16915，17031。

多年生草本，秆高 20～60 cm。生长于杜鹃-箭竹灌丛；海拔 3350～3750 m。

分布于独龙江（贡山县独龙江乡段）；贡山县茨开镇。15-1。

*52. 宝兴野青茅 Deyeuxia moupinensis（Franchet）Pilger-*Calamagrostis moupinensis* Franchet

凭证标本：王启无 67256。

多年生草本，秆高 40～70 cm，具根茎，短。生长于溪畔草地；海拔 2500 m。

分布于独龙江（贡山县独龙江乡段）。15-1。

53. 异颖草 Deyeuxia petelotii（Hitchcock）S. M. Phillips & W. L. Chen-*Aulacolepis petelotii* Hitchcock

凭证标本：高黎贡山考察队 24876，24956。

多年生草本，秆高 11～25 cm。生长于常绿阔叶林、石柯-槭树林；海拔 1748～2169 m。

分布于腾冲市五合乡。14-3。

54. 野青茅 Deyeuxia pyramidalis（Host）Veldkamp-*Calamagrostis pyramidalis* Host

凭证标本：高黎贡山考察队 22535，34333。

多年生草本，秆高 100～150 cm，具根茎，短。生长于灌丛、草甸；海拔 1580～3220 m。

分布于贡山县丙中洛乡、茨开镇。10。

*55. 玫红野青茅 Deyeuxia rosea Bor

凭证标本：高黎贡山考察队 8155，16891。

多年生草本，秆高 25～35 cm。生长于箭竹灌丛、石山坡；海拔 2900～3080 m。

分布于独龙江（贡山县独龙江乡段）；泸水市。15-1。

56. 糙野青茅 Deyeuxia scabrescens（Grisseb.）Munro ex Duthie-*Calamagrostis scabrescens* Grisebach

凭证标本：高黎贡山考察队 8158，31379。

多年生草本，秆高 60～150 cm，具根茎，短。生长于箭竹-白珠灌丛、箭竹-蔷薇灌丛、高山草甸、溪畔、石山坡；海拔 2900～3780 m。

分布于贡山县丙中洛乡；福贡县石月亮乡；泸水市鲁掌镇。14-3。

57. 双花草 Dichanthium annulatum（Forsskal）Stapf-*Andropogon annulatus* Forsskål

凭证标本：高黎贡山考察队 17341，23566。

多年生草本，秆高 30～100 cm。生长于常绿阔叶林、草甸；海拔 670～1560 m。

分布于泸水市；保山市潞江镇；龙陵县镇安镇。4。

58. 纤毛马唐 Digitaria ciliaris（Retzius）Koeler-*Panicum ciliare* Retzius

凭证标本：杨宗孝 863；高黎贡山考察队 7402。

一年生草本，秆高 30～100 cm。生长于灌丛草地、山坡；海拔 1500 m。

分布于泸水市；贡山县茨开镇。2。

59. 十字马唐 Digitaria cruciata（Nees ex Steudel）A. Camus-*Panicum cruciatum* Nees ex Steudel

凭证标本：高黎贡山考察队 10408，22567。

一年生草本，秆高 30～100 cm。生长于常绿阔叶林、灌丛；海拔 1840～2420 m。

分布于独龙江（贡山县独龙江乡段）；贡山县茨开镇；泸水市片马镇。14-3。

60. 长花马唐 Digitaria longiflora（Retzius）Persoon-*Paspalum longiflorum* Retzius

凭证标本：高黎贡山考察队 7881，18494。

一年生草本，秆高 10～40 cm。生长于常绿阔叶林、油桐林下；海拔 1300～2080 m。

分布于福贡县上帕镇；腾冲市芒棒镇。2。

61. 红尾翎 Digitaria radicosa（J. Presl）Miquel-*Panicum radicosum* J. Presl

凭证标本：高黎贡山考察队 7035，23600。

一年生草本，秆高 30～50 cm。生长于常绿阔叶林、灌丛、路边；海拔 650～1540 m。

分布于贡山县捧打乡；福贡县；泸水市六库镇；保山市芒宽乡、潞江镇；腾冲市五合乡。5。

62. 马唐 Digitaria sanguinalis（Linnaeus）Scopoli-*Panicum sanguinale* Linnaeus

凭证标本：独龙江考察队 104，3518。

一年生草本，秆高 10～80 cm。生长于田野、溪畔、路旁；海拔 1300～1400 m。

分布于独龙江（贡山县独龙江乡段）。1。

63. 海南马唐 Digitaria setigera Roth ex Roemer & Schultes

凭证标本：高黎贡山考察队 9822，17254。

一年生草本，秆高 30～100 cm。生长于水田；海拔 650～980 m。

分布于泸水市六库镇；保山市潞江镇。4。

64. 紫马唐 Digitaria violascens Link

凭证标本：独龙江考察队 1025，1473。

一年生草本，高 20～60 cm。生长于山坡、路边；海拔 1000～1500 m。

分布于独龙江（贡山县独龙江乡段）。5。

65. 茅 Dimeria ornithopoda Trinius

凭证标本：高黎贡山考察队 11398。

一年生直立草本，秆高 3～40 cm。生长于次生常绿阔叶林；海拔 1530 m。

分布于腾冲市芒棒镇。5。

66. 光头稗 Echinochloa colona（Linnaeus）Link-*Panicum colonum* Linnaeus

凭证标本：独龙江考察队 3507；高黎贡山考察队 18915。

一年生草本，秆高 60 cm 以上。生长于河岸灌丛、路旁草甸；海拔 700～1500 m。

分布于独龙江（贡山县独龙江乡段）。8。

67a. 稗 Echinochloa crusgalli（Linnaeus）P. Beauvois-*Panicum crusgalli* Linnaeus

凭证标本：独龙江考察队 3530；高黎贡山考察队 7249。

一年生草本，高 20～150 cm。生长于稻田、沼泽、沟边；海拔 1300～1750 m。

分布于独龙江（贡山县独龙江乡段）；泸水市片马镇。8。

67b.　短芒稗 Echinochloa crusgalli var. **breviseta**（Döll）Podpéra-*Panicum crusgalli* var. *brevisetum* Döll

凭证标本：高黎贡山考察队 7070。

一年生草本，高 30～70 cm。生长于田边；海拔 1150 m。

分布于福贡县匹河乡。6。

⁺68.　湖南稗 Echinochloa frumentacea（Roxb.）Link.-*Panicum frumentaceum* Roxburgh

凭证标本：独龙江考察队 416；高黎贡山考察队 7066。

一年生直立草本，秆高 100～150 cm。生长于水田；海拔 1150～1500 m。

分布于独龙江（贡山县独龙江乡段）；福贡县匹河乡。16。

69.　硬稃稗 Echinochloa glabrescens Kossenko

凭证标本：独龙江考察队 82；高黎贡山考察队 15845。

一年生草本，秆高 50～120 cm。生长于稻田、湿地；海拔 700～1784 m。

分布于独龙江（贡山县独龙江乡段）；贡山县捧打乡。8。

70.　水田稗 Echinochloa oryhzoides（Arduino）Fritsch-*Panicum oryzoides* Arduino

凭证标本：高黎贡山考察队 7895，10362。

一年生草本，秆高 1 m。生长于江边、沙地；海拔 1240～1640 m。

分布于福贡县上帕镇；泸水市片马镇。8。

⁺71.　穇 Eleusine coracana（Linnaeus）Gaertner-*Cynosurus coracanus* Linnaeus

凭证标本：独龙江考察队 1163；高黎贡山考察队 21418。

一年生草本，秆高 50～120 cm。生长于常绿阔叶林路边；海拔 2000 m。

分布于独龙江（贡山县独龙江乡段）；贡山县。16。

72.　牛筋草 Eleusine indica（Linnaeus）Gaertner-*Cynosurus indicus* Linnaeus

凭证标本：独龙江考察队 83；高黎贡山考察队 33728。

一年生草本。生长于常绿阔叶林、灌丛、路边；海拔 670～2160 m。

分布于贡山县丙中洛乡、捧打乡；泸水市洛本卓乡、六库镇；保山市芒宽乡、潞江镇；龙陵县镇安镇。2。

＊73.　高株披碱草 Elymus altissimus（Keng）Á. Löve ex B. Rong Lu-*Roegneria altissima* Keng

凭证标本：王启无 66469。

多年生草本，高 70～150 cm。生长于路边；海拔 1500～2160 m。

分布于贡山县。15-1。

74.　小颖披碱草 Elymus antiquus（Nevski）Tzvelev-*Agropyron antiquum* Nevski

凭证标本：无号。

多年生草本，秆高 50～100 cm。生长于路边；海拔 1700～2160 m。

分布于贡山县。14-3。

*75. 钙生披碱草 Elymus calcicola（Keng）S. L. Chen-*Roegneria calcicola* Keng

凭证标本：高黎贡山考察队 29873。

多年生草本，秆高 100 cm。生长于枸子-蔷薇灌丛；海拔 2000 m。

分布于腾冲市马站乡。15-1。

76. 西藏披碱草 Elymus tibeticus（Melderis）G. Singh-*Agropyron tibeticum* Melderis

凭证标本：倪至诚 191；独龙江考察队 6529。

多年生草本，秆高 70～100 cm。生长于林下；海拔 2300 m。

分布于独龙江（察隅县日东乡段、贡山县独龙江乡段）。14-3。

77. 大画眉草 Eragrostis cilianensis（Allioni）Vignolo-Lutati ex Janchen-*Poa cilianensis* Allioni

凭证标本：高黎贡山考察队 11296。

一年生草本，秆高 30～90 cm。生长于温泉鱼塘边；海拔 1500 m。

分布于腾冲市界头镇。2。

78. 乱草 Eragrostis japonica（Thunberg）Trinius-*Poa japonica* Thunberg

凭证标本：独龙江考察队 71；高黎贡山考察队 10460。

一年生草本。生长于河滩湿地、稻田边；海拔 710～960 m。

分布于泸水市六库镇。7。

79. 小画眉草 Eragrostis minor Host.

凭证标本：高黎贡山考察队 34281。

一年生草本，秆高 15～50 cm。生长于次生常绿阔叶林；海拔 1840 m。

分布于贡山县丙中洛乡。1。

80. 黑穗画眉草 Eragrostis nigra Nees ex Steudel

凭证标本：独龙江考察队 646；高黎贡山考察队 33463。

多年生草本，秆高 90 cm。生长于常绿阔叶林、灌丛、路边；海拔 1180～2090 m。

分布于独龙江（贡山县独龙江乡段）；贡山县捧打乡、茨开镇、普拉底乡；福贡县鹿马登乡、上帕镇；泸水市弯草坪；腾冲市芒棒镇、五合乡。12。

81. 细叶画眉草 Eragrostis nutans（Retz.）Nees ex Steudel-*Poa nutans* Retzius

凭证标本：高黎贡山考察队 17162。

多年生草本。秆直立，高 30～60 cm。生长于常绿阔叶林；海拔 1225 m。

分布于腾冲市五合乡。7。

82. 牛虱草 Eragrostis unioloides（Retz.）Nees ex Steudel-*Poa unioloides* Retzius

凭证标本：高黎贡山考察队 18933。

一年生或多年生草本，秆高 20～60 cm。生长于灌丛；海拔 790 m。

分布于保山市芒宽乡。6。

83. 四脉金茅 Eulalia quadrinervis (Hackel) Kuntze-*Pollinia quadrinervis* Hackel

凭证标本：独龙江考察队 1052；高黎贡山考察队 21420。

多年生草本，秆高 60～120 cm。生长于常绿阔叶林、灌丛、江边；海拔 1550～1910 m。

分布于独龙江（贡山县独龙江乡段）；贡山县丙中洛乡、茨开镇。14-1。

* 84. 拟金茅 Eulaliopsis binata (Retzius) C. E. Hubbard-*Andropogon binatus* Retzius

凭证标本：姜恕 8025。

多年生直立草本，秆高 30～80 cm。生长于松林、灌丛；海拔 1000～2500 m。

分布于泸水市。15-1。

* 85. 蛊羊茅 Festuca fascinata Keng ex S. L. Lu

凭证标本：高黎贡山考察队 11763，26866。

多年生草本，秆高 60～90 cm。生长于常绿阔叶林、路边；海拔 1600～3120 m。

分布于贡山县茨开镇；福贡县石月亮乡。15-1。

86. 弱序羊茅 Festuca leptopogon Stapf

凭证标本：高黎贡山考察队 8090。

多年生草本，秆高 60～120 cm。生长于采伐迹地、沼泽；海拔 2700 m。

分布于泸水市鲁掌镇。14-3。

87. 小颖羊茅 Festuca parvigluma Steud.

凭证标本：青藏队 82-8318；高黎贡山考察队 26311。

多年生草本，秆高 40～80 cm。生长于常绿阔叶林、云杉林、路旁；海拔 2530～3700 m。

分布于贡山县；福贡县石月亮乡；泸水市。14-2。

88. 三芒耳稃草 Garnotia acutigluma (Steudel) Ohwi-*Urachne acutigluma* Steudel

凭证标本：独龙江考察队 3169；高黎贡山考察队 32620。

多年生草本，秆高 20～60 cm。生长于常绿阔叶林、山坡、灌丛；海拔 1266～1700 m。

分布于独龙江（贡山县独龙江乡段）。7。

89. 卵花甜茅 Glyceria tonglensis C. B. Clarke

凭证标本：高黎贡山考察队 12750，31155。

多年生草本，秆高 10～50 cm。生长于常绿阔叶林、针叶林、田边；海拔 1730～3650 m。

分布于贡山县丙中洛乡、茨开镇；福贡县鹿马登乡；泸水市；腾冲市明光镇、北海乡。14-3。

90. 水甜茅 Glyceria triflora (Korshinsky) Komarov-*Glyceria aquatica* (Linnaeus) Wahlberg var. *triflora* Korshinsky

凭证标本：高黎贡山考察队 12372，30328。

多年生草本，秆高 50～150 cm。生长于常绿阔叶林、石柯-冬青林；海拔 1930～2650 m。

分布于贡山县茨开镇；保山市潞江镇；腾冲市界头镇。10。

*91. 云南异燕麦 Helictotrichon delavayi（Hackel）Henrard-*Avena delavayi* Hackel

凭证标本：青藏队 83-10503；高黎贡山考察队 28668。

多年生直立草本，秆高 35～50 cm。生长于草甸；海拔 2500～3650 m。

分布于独龙江（察隅县段）；福贡县鹿马登乡；泸水市。15-1。

92. 变绿异燕麦 Helictotrichon junghuhnii（Buse）Henrard-*Avena junghuhnii* Buse

凭证标本：独龙江考察队 5632；高黎贡山考察队 32844。

多年生直立草本，秆高 60～120 cm。生长于混交林、高山草甸；海拔 1980～3561 m。

分布于独龙江（贡山县独龙江乡段）；贡山县丙中洛乡、茨开镇；腾冲市界头镇。14-3。

93. 扁穗牛鞭草 Hemarthria compressa（Linnaeus f.）R. Brown-*Rottboellia compressa* Linnaeus f.

凭证标本：李恒、李嵘、蒋柱檀、高富、张雪梅 380。

多年生草本，秆长 1 m 以上。生长于稻田；海拔 1730 m。

分布于腾冲市北海乡。12。

94. 扭黄茅 Heteropogon contortus（Linnaeus）P. Beauvois ex Roemer & Schultes-*Andropogon contortus* Linnaeus

凭证标本：高黎贡山考察队 10135。

多年生草本，秆高 20～100 cm。生长于次生常绿阔叶林；海拔 1620 m。

分布于泸水市片马镇。2。

95. 白茅 Imperata cylindrica（Linnaeus）Raeuschel-*Lagurus cylindricus* Linnaeus

凭证标本：李恒、郭辉军、李正波、施晓春 66；高黎贡山考察队 24877。

多年生草本，秆高 25～120 cm。生长于石柯-槭树林、灌丛；海拔 1600～2169 m。

分布于保山市芒宽乡；腾冲市五合乡。4。

96. 白花柳叶箬 Isachne albens Trinius

凭证标本：独龙江考察队 284；高黎贡山考察队 34335。

多年生草本，秆高 30～100 cm。生长于常绿阔叶林、松栎林、灌丛、石堆上、路边；海拔 1360～2350 m。

分布于独龙江（贡山县独龙江乡段）；贡山县丙中洛乡、茨开镇；福贡县石月亮乡、上帕镇；泸水市片马镇、洛本卓乡；腾冲市界头镇、北海乡、芒棒镇、五合乡。14-3。

97. 小柳叶箬 Isachne clarkei J. D. Hooker

凭证标本：独龙江考察队 373。

一年生纤弱草本，秆高 12～30 cm。生长于河边草丛；海拔 1400 m。

分布于独龙江（贡山县独龙江乡段）。7。

98. 柳叶箬 Isachne globosa（Thunberg）Kuntze-*Milium globosum* Thunberg

凭证标本：独龙江考察队 1484；高黎贡山考察队 32344。

多年生草本，秆直高达 80 cm。生长于常绿阔叶林、水田；海拔 1320～2150 m。

分布于独龙江（贡山县独龙江乡段）；福贡县马吉乡、鹿马登乡；腾冲市北海乡。5。

99. 矮小柳叶箬 Isachne pulchella Roth-*Isachne dispar* Trinius

凭证标本：独龙江考察队 111；高黎贡山考察队 11389。

一年生草本，秆高 10～25 cm。生长于常绿阔叶林、灌丛、山谷湿地、水田、田边；海拔 710～1760 m。

分布于泸水市片马镇、六库镇；腾冲市界头镇、曲石镇、芒棒镇。14-3。

100. 田间鸭嘴草 Ischaemum rugosum Salisbury

凭证标本：独龙江考察队 89；高黎贡山考察队 18910。

一年生草本，秆高 20～100 cm。生长于湿地、灌丛、常绿阔叶林；海拔 710～1530 m。

分布于福贡县上帕镇；泸水市六库镇；保山市芒宽乡；腾冲市芒棒镇。5。

101. 芒菭草 Koeleria litvinowii Domin

凭证标本：高黎贡山考察队 33833。

多年生草本，秆高达 50 cm。生长于铁杉-云杉林；海拔 3030 m。

分布于贡山县茨开镇。13。

102. 李氏禾 Leersia hexandra Swartz

凭证标本：高黎贡山考察队 11290；李恒、李嵘、蒋柱檀、高富、张雪梅 381。

多年生草本，秆高达 50 cm。生长于温泉鱼塘边、水田；海拔 1500～1730 m。

分布于腾冲市界头镇、北海乡。4。

103. 虮子草 Leptochloa panicea（Retzius）Ohwi-*Poa panicea* Retzius

凭证标本：高黎贡山考察队 18171。

一年生草本，秆高 30～80 cm。生长于草甸；海拔 670 m。

分布于保山市潞江镇。4。

104. 淡竹叶 Lophatherum gracile Brongniart

凭证标本：施晓春、杨世雄 576；高黎贡山考察队 19139。

多年生直立草本，秆高 60～150 cm。生长于常绿阔叶林；海拔 1350～1360 m。

分布于保山市芒宽乡。5。

105. 刚莠竹 Microstegium ciliatum（Trinius）A. Camus-*Pollinia ciliata* Trinius

凭证标本：独龙江考察队 1236；高黎贡山考察队 20670。

多年生草本，秆长 1 m 以上。生长于常绿阔叶林、灌丛；海拔 1360～2270 m。

分布于独龙江（贡山县独龙江乡段）；贡山县捧打乡；泸水市鲁掌镇；腾冲市曲石镇。14-3。

106. 竹叶茅 Microstegium nudum（Trinius）A. Camus-*Pollinia nuda* Trinius

凭证标本：独龙江考察队 1077；高黎贡山考察队 21698。

一年生草本，秆长 20～80 cm。生长于常绿阔叶林、灌丛、草坡；海拔 1500～2050 m。

分布于独龙江（贡山县独龙江乡段）；贡山县丙中洛乡、捧打乡、茨开镇。4。

107. 网脉莠竹 Microstegium reticulatum B. S. Sun ex H. Peng & X. Yang

凭证标本：高黎贡山考察队 10275。

一年生草本，秆高达 50 cm。生长于常绿阔叶林；海拔 1950～2050 m。

分布于泸水市片马镇。14-3。

108. 柔枝莠竹 Microstegium vimineum（Trinius）A. Camus-*Andropogon vimineus* Trinius

凭证标本：高黎贡山考察队 11250，21697。

一年生草本，秆长达 1 m。生长于常绿阔叶林；海拔 1530～1740 m。

分布于独龙江（贡山县独龙江乡段）；腾冲市界头镇、芒棒镇。12。

109. 尼泊尔芒 Miscanthus nepalensis（Trinius）Hackel-*Eulalia nepalensis* Trinius

凭证标本：高黎贡山考察队 7615；高黎贡山考察队 24512。

多年生草本，秆高 20～200 cm。生长于常绿阔叶林、石柯-青冈林；海拔 1640～2649 m。

分布于贡山县丙中洛乡、茨开镇；泸水市片马镇、鲁掌镇、六库镇；龙陵县。14-3。

110. 双药芒 Miscanthus nudipes（Grisebach）Hackel-*Erianthus nudipes* Grisebach

凭证标本：高黎贡山考察队 11935。

多年生直立草本，秆高 25～120 cm。生长于混交林；海拔 2600 m。

分布于贡山县茨开镇。14-3。

111. 日本乱子草 Muhlenbergia japonica Steudel

凭证标本：独龙江考察队 502；高黎贡山考察队 21331。

多年生草本，秆高 15～50 cm。生长于常绿阔叶林、灌丛、草地；海拔 1300～1840 m。

分布于独龙江（贡山县独龙江乡段）；贡山县茨开镇。14-2。

112. 多枝乱子草 Muhlenbergia ramosa（Hackel ex Matsumura）Makino-*Muhlenbergia japonica* Steudel var. *ramosa* Hackel ex Matsumura

凭证标本：高黎贡山考察队 15652。

多年生直立草本，秆高 30～120 cm。生长于常绿阔叶林；海拔 1780 m。

分布于贡山县茨开镇。14-2。

113. 类芦 Neyraudia reynaudiana (Kunth) Keng ex Hitchcock-*Arundo reynaudiana* Kunth

凭证标本：高黎贡山考察队 7935，19253。

多年生草本，秆高 1～3 m。生长于江边灌丛、草地；海拔 1010～1250 m。

分布于福贡县上帕镇、匹河乡；泸水；保山市潞江镇。14-3。

114. 竹叶草 Oplismenus compositus (Linnaeus) P. Beauvois-*Panicum compositum* Linnaeus

凭证标本：独龙江考察队 413；高黎贡山考察队 33074。

多年生草本，秆高 20～80 cm。生长于常绿阔叶林、林缘湿地；海拔 890～2050 m。

分布于独龙江（贡山县独龙江乡段）；贡山县丙中洛乡；泸水；保山市芒宽乡；腾冲市芒棒镇。4。

115. 疏穗竹叶草 Oplismenus patens Honda

凭证标本：植被组样方 G2-3，G6-9。

一年生草本，秆高 30～60 cm。生长于常绿阔叶林；海拔 1400～1880 m。

分布于保山市芒宽乡。14-2。

116a. 求米草 Oplismenus undulatifolius (Arduino) Roemer & Schultes-*Panicum undulatifolium* Arduino

凭证标本：高黎贡山考察队 11066，16585。

多年生草本，秆高 20～50 cm。生长于常绿阔叶林、次生林；海拔 1550～1700 m。

分布于独龙江（贡山县独龙江乡段）；贡山县丙中洛乡、茨开镇；腾冲市界头镇。8。

*116b. 光叶求米草 Oplismenus undulatifolius** var. **glaber** S. L. Chen & Y. X. Jin

凭证标本：植被组样方 G18-3。

多年生草本，秆高 20～51 cm。生长于常绿阔叶林；海拔 2066 m。

分布于腾冲市曲石镇。15-1。

117. 直芒草 Orthoraphium roylei Nees

凭证标本：高黎贡山考察队 15955。

多年生草本，秆高 40～60 cm，具根茎，短。生长于箭竹-白珠灌丛；海拔 3250 m。

分布于泸水市鲁掌镇。14-3。

+118. 稻 Oryza sativa Linnaeus

凭证标本：独龙江考察队 1188；高黎贡山考察队 10358。

一年生草本，秆高 50～150 cm。生长于水田；海拔 1500～1640 m。

分布于独龙江（贡山县独龙江乡段）；泸水市片马镇。16。

119. 糠稷 Panicum bisulcatum Thunberg

凭证标本：高黎贡山考察队 16586，33377。

一年生草本，秆高 30～180 cm。生长于落叶阔叶林；海拔 1550～3000 m。

分布于贡山县茨开镇。5。

120. 心叶黍 Panicum notatum Retzius

凭证标本：高黎贡山考察队 7359；高黎贡山考察队 19120。

多年生草本。生长于常绿阔叶林、江岸灌丛；海拔 890～1525 m。

分布于泸水市；保山市芒宽乡。7。

⁺121. 毛花雀稗 Paspalum dilatatum Poiret

凭证标本：高黎贡山考察队 23466，23484。

多年生草本，秆高 50～150 cm，具根茎，短。生长于硬叶常绿阔叶林；海拔 1220 m。

分布于龙陵县镇安镇。17。

122a. 囡雀稗 Paspalum scrobiculatum var. **bispicatum** Hackel

凭证标本：横断山队 479。

多年生草本，秆高 30～50 cm。生长于山坡灌丛草地；海拔 1900 m。

分布于泸水市。4。

122b. 圆果雀稗 Paspalum scrobiculatum var. **orbiculare** （G. Forster）Hackel-*Paspalum orbiculare* G. Forster

凭证标本：高黎贡山考察队 23595。

多年生草本，秆高 30～90 cm。生长于硬叶常绿阔叶林；海拔 686 m。

分布于保山市潞江镇。5。

123. 狼尾草 Pennisetum alopecuroides （Linnaeus）Sprengel-*Panicum alopecuroides* Linnaeus

凭证标本：独龙江考察队 677；高黎贡山考察队 22559。

多年生草本，秆高 30～120 cm。生长于常绿阔叶林、灌丛、草地、田边；海拔 1850 m。

分布于独龙江（贡山县独龙江乡段）；贡山县捧打乡、茨开镇；泸水市片马镇；腾冲市界头镇。5。

⁺124. 毛叶束尾草 Phacelurus trichophyllus S. L. Zhong

凭证标本：李恒、李嵘、蒋柱檀、高富、张雪梅 380。

多年生直立草本，秆高 1～2 m，具根茎，短。生长于湖滨；海拔 1730 m。

分布于腾冲市北海乡。15-1。

125. 显子草 Phaenosperma globosa Munro ex Bentham

凭证标本：青藏队 82-7886；高黎贡山考察队 7846。

多年生草本，高 100～150 cm。生长于江边、沙地；海拔 1550 m。

分布于贡山县丙中洛乡。14-1。

126. 高山梯牧草 Phleum alpinum Linnaeus

凭证标本：高黎贡山考察队 31689，32864。

多年生草本，秆高 5～40 cm，具根茎，短。生长于高山草甸；海拔 3561～3710 m。分布于贡山县丙中洛乡。8。

127. 白顶早熟禾 Poa acroleuca Steudel

凭证标本：横断山队 370。

一年生草本或短命多年生草本，秆高 30～85 cm。生长于沟谷水边；海拔 2000 m。分布于泸水市。2。

128. 早熟禾 Poa annua Linnaeus

凭证标本：独龙江考察队 1357；高黎贡山考察队 30506。

一年生草本，秆高 6～30 cm。生长于常绿阔叶林、草地；海拔 1000～2766 m。分布于独龙江（贡山县独龙江乡段）；贡山县茨开镇；福贡县鹿马登乡、上帕镇；泸水市片马镇、鲁掌镇；保山市潞江镇；腾冲市明光镇、界头镇。1。

129. 法氏早熟禾 Poa faberi Rendle

凭证标本：横断山队 s. n.。

一年生草本，秆高 30～50 cm。生长于林缘；海拔 1200～2500 m。分布于泸水市。14-4。

130. 阔叶早熟禾 Poa grandis Handel-Mazzetti

凭证标本：高黎贡山考察队 26702，32865。

多年生直立草本，秆高 70～120 cm。生长于灌丛、高山草甸；海拔 3000～3561 m。分布于独龙江（贡山县独龙江乡段）；贡山县丙中洛乡、茨开镇；福贡县石月亮乡。14-4。

131. 喜马拉雅早熟禾 Poa himalayana Nees ex Steudel

凭证标本：青藏队 8537。

一年生或短命多年生草本，秆高 20～50 cm。生长于高山灌丛、草甸；海拔 3600 m。分布于贡山县茨开镇。14-3。

132. 喀斯早熟禾 Poa khasiana Stapf

凭证标本：独龙江考察队 4108；高黎贡山考察队 29872。

一年生草本，秆高 30～70 cm。生长于常绿阔叶林、灌丛；海拔 1300～3740 m。分布于独龙江（贡山县独龙江乡段）；福贡县鹿马登乡；泸水市片马镇；腾冲市马站乡。14-3。

133. 毛稃早熟禾 Poa mairei Hackel

凭证标本：张正华 1197。

多年生草本，秆高 20～85 cm。生长于高山草甸、灌丛；海拔 2700 m。分布于泸水市。14-3。

134. 尼泊尔早熟禾 Poa nepalensis (G. C. Wallich ex Grisebach) Duthie-Poa annua Linnaeus var. nepalensis G. C. Wallich ex Grisebach

凭证标本：高黎贡山考察队 8174，33841。

一年生或短命多年生草本，秆高 15～50 cm。生长于硬叶常绿阔叶林、铁杉-云杉林、河滩；海拔 1238～3030 m。

分布于贡山县茨开镇；福贡县鹿马登乡；腾冲市界头镇。14-3。

135. 曲枝早熟禾 Poa pagophila Bor

凭证标本：高黎贡山考察队 12623。

多年生草本，秆高 5～30 cm。生长于针阔混交林；海拔 2770～3050 m。

分布于贡山县茨开镇。14-3。

136. 锡金早熟禾 Poa sikkimensis (Stapf) Bor-*Poa annua* var. *sikkimensis* Stapf

凭证标本：独龙江考察队 3497；高黎贡山考察队 12585。

一年生或短命多年生草本，秆达 4～42 cm。生长于针阔混交林、沼泽地、荒坡、田野；海拔 1300～3050 m。

分布于独龙江（贡山县独龙江乡段）；贡山县茨开镇。14-3。

137. 金丝草 Pogonatherum crinitum (Thunberg) Kunth-*Andropogon crinitus* Thunberg

凭证标本：高黎贡山考察队 11391，30619。

多年生草本，秆高 10～30 cm。生长于常绿阔叶林、路边；海拔 686～2075 m。

分布于福贡县上帕镇；保山市芒宽镇、潞江镇；腾冲市曲石镇、芒棒镇、五合乡。5。

138. 金发草 Pogonatherum paniceum (Lamarck) Hackel-*Saccharum paniceum* Lamarck

凭证标本：高黎贡山考察队 13553；田绍文 81-036。

多年生直立草本，秆高 30～60 cm。生长于山坡灌丛；海拔 950～1600 m。

分布于保山市芒宽乡；泸水市。5。

139. 棒头草 Polypogon fugax Nees ex Steudel

凭证标本：高黎贡山考察队 10287，26199。

一年生草本，秆高 10～75 cm。生长于常绿阔叶林；海拔 611～2050 m。

分布于福贡县鹿马登乡；泸水市片马镇；保山市芒宽乡、潞江镇；龙陵龙镇桥。12。

140. 双花细柄茅 Ptilagrostis dichotoma Keng ex Tzvelev

凭证标本：高黎贡山考察队 32801。

多年生草本，秆高 15～50 cm。生长于多石高山草甸；海拔 4003 m。

分布于贡山县丙中洛乡。14-3。

141. 斑茅 Saccharum arundinaceum Retzius

凭证标本：独龙江考察队 666，3905。

多年生草本，秆高 1～6 m。生长于河岸灌丛；海拔 1300～1600 m。

分布于独龙江（贡山县独龙江乡段）。7。

142. 长齿蔗茅 Saccharum longesetosum（Andersson）V. Narayanaswami-*Erianthus longesetosus* Andersson

凭证标本：独龙江考察队 607；高黎贡山考察队 22640。

多年生草本，秆高 1～3 m。生长于常绿阔叶林林缘、河岸、灌丛；海拔 1300～1750 m。

分布于独龙江（贡山县独龙江乡段）；贡山县茨开镇。14-3。

143. 蔗茅 Saccharum rufipilum Steudel

凭证标本：独龙江考察队 1053；高黎贡山考察队 22645。

多年生草本。秆高 350 cm。生长于常绿阔叶林林缘、河谷灌丛；海拔 1300～1800 m。

分布于独龙江（贡山县独龙江乡段）。14-3。

⁺144. 甘蔗 Saccharum sinense Roxburgh

凭证标本：无号。

多年生直立草本，秆高 3～4 m。

分布于河谷地区栽培。16。

145. 甜根子草 Saccharum spontaneum Linnaeus

凭证标本：高黎贡山考察队 9834，9849。

多年生草本，秆高 1～4 m，具根茎，长。生长于河谷路边；海拔 980 m。

分布于泸水市六库镇。4。

146. 囊颖草 Sacciolepis indica（Linnaeus）Chase-*Aira indica* Linnaeus

凭证标本：独龙江考察队 650；高黎贡山考察队 20616。

一年生草本，秆高 20～100 cm。生长于常绿阔叶林林缘；海拔 1240～1930 m。

分布于独龙江（贡山县独龙江乡段）；福贡县上帕镇；腾冲市曲石镇、五合乡、马站乡。4。

147. 鼠尾囊颖草 Sacciolepis myosuroides（R. Brown）A. Chase ex E. G. Camus & A. Camus-*Panicum myosuroides* R. Brown

凭证标本：独龙江考察队 1036；高黎贡山考察队 11226。

一年生草本，秆高 30～100 cm。生长于次生常绿阔叶林、山坡林下、田野、路旁、河滩、荒地；海拔 1300～1800 m。

分布于独龙江（贡山县独龙江乡段）；贡山县；泸水市；腾冲市界头镇、曲石镇。4。

148. 旱茅 Schizachyrium delavayi（Hackel）Bor-*Andropogon delavayi* Hackel

凭证标本：青藏队 82-9722；横断山队 482。

多年生草本，秆高 40～150 cm，具根茎，多节。生长于山坡草地；海拔 1700 m。

分布于独龙江（贡山县独龙江乡段）；泸水市。14-3。

149. 西南䅟草 Setaria forbesiana（Nees ex Steudel）J. D. Hooker-*Panicum forbesianum* Nees ex Steudel

凭证标本：高黎贡山考察队 15800，25445。

多年生草本，秆高 60～170 cm。生长于林缘、山坡草地；海拔 1130～2000 m。

分布于独龙江（贡山县独龙江乡段）；贡山县捧打乡；泸水市洛本卓乡。14-3。

+150. 粱 Setaria italica（Linnaeus）P. Beauvois-*Panicum italicum* Linnaeus

凭证标本：独龙江考察队 1494；高黎贡山考察队 29001。

一年生直立草本，秆高达 150 cm。生长于林缘、路边、耕地；海拔 900～1500 m。

分布于独龙江（贡山县独龙江乡段）；福贡县上帕镇；泸水市六库镇。16。

151. 棕叶狗尾草 Setaria palmifolia（K. D. Koenig）Stapf-*Panicum palmifolium* J. König

凭证标本：独龙江考察队 657；高黎贡山考察队 21171。

多年生草本，秆高 75～200 cm。生长于常绿阔叶林林缘、疏林；海拔 1150～1500 m。

分布于独龙江（贡山县独龙江乡段）；福贡县上帕镇；保山市芒宽乡。6。

152. 莠狗尾草 Setaria parviflora（Poiret）Kerguél.-*Cenchrus parviflorus* Poiret

凭证标本：独龙江考察队 1142；高黎贡山考察队 24955。

一年生草本或短命多年生草本，秆高 20～90 cm。生长于常绿阔叶林、针叶林、林缘、草地、田野、荒地；海拔 650～1860 m。

分布于独龙江（贡山县独龙江乡段）；贡山县捧打乡；保山市芒宽乡、潞江镇；腾冲市芒棒镇、五合乡。2。

153. 皱叶狗尾草 Setaria plicata（Lamarck）T. Cooke-*Panicum plicatum* Lamarck

凭证标本：独龙江考察队 3669；高黎贡山考察队 33461。

多年生草本，秆高 45～130 cm，具根茎，多节。生长于常绿阔叶林、次生常绿阔叶林、灌丛、草地；海拔 702～2200 m。

分布于独龙江（贡山县独龙江乡段）；贡山县茨开镇、普拉底乡；福贡县马吉乡、上帕镇；泸水市洛本卓乡；保山市芒宽乡、潞江镇；腾冲市芒棒镇。7。

154. 金色狗尾草 Setaria pumila（Poiret）Roemer & Schultes-*Panicum pumilum* Poiret

凭证标本：独龙江考察队 645；高黎贡山考察队 34275。

一年生草本，秆高 20～90 cm。生长于常绿阔叶林、次生常绿阔叶林、松栎林、灌丛、草地；海拔 1350～1910 m。

分布于独龙江（贡山县独龙江乡段）；贡山县丙中洛乡；福贡县马吉乡；腾冲市五合乡。8。

155. 倒刺狗尾草 Setaria verticillata（Linnaeus）P. Beauvois-*Panicum verticillatum* Linnaeus

凭证标本：高黎贡山考察队 7333，18138。

一年生草本，秆高 20～100 cm。生长于河谷、山坡、草地；海拔 650～840 m。

分布于泸水市；保山市潞江镇。8。

156. 狗尾草 Setaria viridis（Linnaeus）P. Beauvois-*Panicum viride* Linnaeus

凭证标本：高黎贡山考察队 15835，27806。

一年生草本，秆高 70 cm。生长于次生林、河谷灌丛、草地；海拔 1040～1900 m。

分布于贡山县捧打乡；福贡县架科底乡；泸水市洛本卓乡。8。

157. 双蕊鼠尾粟 Sporobolus diandrus（Retzius）P. Beauvois-*Agrostis diandra* Retzius

凭证标本：青藏队 82-9525。

多年生草本，秆高 30～90 cm。生长于常绿阔叶林林缘；海拔 1600 m。

分布于独龙江（贡山县独龙江乡段）。5。

158. 鼠尾粟 Sporobolus fertilis（Steud.）Clayt.-*Agrostis fertilis* Steudel

凭证标本：独龙江考察队 1048；高黎贡山考察队 21442。

多年生直立草本，秆高 25～100 cm。生长于草坡、路旁田野、山谷湿地、林下、温泉鱼塘边；海拔 1000～1910 m。

分布于独龙江（贡山县独龙江乡段）；贡山县捧打乡；福贡县上帕镇；保山市潞江镇；腾冲市界头镇。7。

159. 苇菅 Themeda arundinacea（Roxburgh）A. Camus-*Anthistiria arundinacea* Roxburgh

凭证标本：高黎贡山考察队 10507，19142。

多年生草本，秆高达 6 m。生长于常绿阔叶林林缘、稻田边；海拔 980～2260 m。

分布于泸水市六库镇；保山市芒宽乡；腾冲市芒棒镇。7。

160. 中华菅 Themeda quadrivalvis（Linnaeus）Kuntze-*Andropogon quadrivalvis* Linnaeus

凭证标本：高黎贡山考察队 18903。

一年生草本，秆高 1 m。生长于灌丛；海拔 790 m。

分布于保山市芒宽乡。5。

161. 黄背草 Themeda triandra Forsskål

凭证标本：高黎贡山考察队 11392。

多年生草本，秆高 50～150 cm，具根茎，多节。生长于次生常绿阔叶林；海拔 1530 m。

分布于腾冲市芒棒镇。4。

162. 菅 Themeda villosa（Poiret）A. Camus-*Anthistiria villosa* Poiret

凭证标本：高黎贡山考察队 9760。

多年生草本，秆高 200～350 cm。生长于多石处；海拔 1700 m。

分布于福贡县上帕镇。7。

** 163. 云南菅 Themeda yunnanensis S. L. Chen & T. D. Zhuang

凭证标本：黎贡山考察队 674。

多年生草本，秆高 80～100 cm。生长于山谷灌丛；海拔 1400 m。

分布于独龙江（贡山县独龙江乡段）。15-2-7。

164. 小草沙蚕 Tripogon filiformis Nees ex Steudel

凭证标本：高黎贡山考察队 28915。

多年生草本，秆高 8～40 cm。生长于杜鹃-木荷林；海拔 1180 m。

分布于福贡县上帕镇。14-3。

165. 长芒草沙蚕 Tripogon longearistatus Hackel ex Honda

凭证标本：高黎贡山考察队 21749。

多年生草本，秆高 15～30 cm。生长于常绿阔叶林；海拔 1710 m。

分布于独龙江（贡山县独龙江乡段）。14-2。

* 166. 云南三毛草 Tripogon yunnanensis J. L. Yang ex S. M. Phillips & S. L. Chen

凭证标本：高黎贡山考察队 32885。

多年生草本，秆高 25～33 cm。生长于草甸；海拔 2881 m。

分布于贡山县丙中洛乡。15-1。

167. 类黍尾稃草 Urochloa panicoides P. Beauvois.

凭证标本：高黎贡山考察队 17342。

一年生草本，秆高 20～80 cm。生长于草甸；海拔 900 m。

分布于保山市潞江镇。6。

\+168. 菰 Zizania latifolia (Grisebach) Turczaninow ex Stapf-*Hydropyrum latifolium* Grisebach

凭证标本：无号。

多年生水生直立草本，秆高 100～250 cm，具根茎。生长于湖泊；海拔 1730 m。

分布于腾冲市北海乡。16。

332a. 竹亚科 Bambusoideae

10 属 35 种，*3，**10，***10，\+4

\+1. 慈竹 Bambusa emeiensis L. C. Chia & H. L. Fung

凭证标本：关克俭 1675。

秆高 5～10 m。生长于山坡、路边；海拔 1500～2200 m。

分布于泸水市鲁掌镇、六库镇。16。

\+2. 油簕竹 Bambusa lapidea McClure

凭证标本：辉朝茂，陈荣晶 89039。

生长于村旁；海拔 850 m。

分布于泸水市六库镇、上江乡。16。

3. 空竹 Cephalostachyum latifolium Munro

凭证标本：阿普 92040；青藏队 82-9248。

秆直立，高 16～20 m。生长于常绿阔叶林林缘；海拔 1200～2000 m。

分布于贡山县普拉底乡；福贡县上帕镇。14-3。

4. 小空竹 Cephalostachyum pallidum Munro

凭证标本：遥感队 78001。

秆高 6～12 m。生长于山地混交林；海拔 1200～2000 m。

分布于福贡县。14-3。

5. 香糯竹 Cephalostachyum pergracile Munro

凭证标本：怒江队 917。

秆直立，高 9～12 m。生长于林下；海拔 2000 m。

分布于福贡县。14-4。

*** 6. 真麻竹 Cephalostachyum scandens Bor

凭证标本：俞德俊 20171；王劲松等 92024。

秆藤状，长 20～30 m。生长于常绿阔叶林；海拔 2150 m。

分布于独龙江（贡山县独龙江乡段）；福贡县；泸水市片马镇。15-2-6。

7. 缅甸方竹 Chimonobambusa armata（Gamble）Hsueh & T. P. Yi-*Arundinaria armata* Gamble

凭证标本：独龙江考察队 1786；高黎贡山考察队 32683。

秆高 3～5 m。生长于常绿阔叶林、石栗-青冈林；海拔 1500～2467 m。

分布于独龙江（贡山县独龙江乡段）；贡山县；福贡县鹿马登乡、上帕镇；泸水市片马镇。14-3。

* 8. 宁南方竹 Chimonobambusa ningnanica Hsueh & L. Z. Gao

凭证标本：薛嘉榕 无号。

秆直立，高 10～14 m。生长于常绿阔叶林；海拔 1500～2000 m。

分布于泸水市蔡家坝。15-1。

9. 刺黑竹 Chimonobambusa purpurea Hsueh & T. P. Yi

凭证标本：青藏队 82-9030。

秆高 4～8 m。生长于常绿阔叶林；海拔 1200 m。

分布于贡山县。14-3。

** 10. 福贡龙竹 Dendrocalamus fugonggensis Hsueh & D. Z. Li

凭证标本：独龙江考察队 1191；高黎贡山考察队 19832。

秆高 20 m。生长于雨林、常绿阔叶林、次生林；海拔 1200～1604 m。

分布于独龙江（贡山县独龙江乡段）；贡山县茨开镇；福贡县石月亮乡、上帕镇。15-2-3a。

11. 巴氏龙竹 Dendrocalamus parishii Munro

凭证标本：遥感队 无号。

秆高 10 m。生长于常绿阔叶林；海拔 1200 m。

分布于福贡县上帕镇。14-3。

* **12. 西藏牡竹 Dendrocalamus tibeticus** Hsueh & T. P. Yi

凭证标本：张兆国 05；张天龙 7412。

秆高 12～25 m。生长于常绿阔叶林、河谷；海拔 1220～1720 m。

分布于泸水市片马镇、鲁掌镇。15-1。

* **13. 扫把竹 Drepanostachyum fractiflexum** (T. P. Yi) D. Z. Li-*Fargesia fractiflexa* T. P. Yi

凭证标本：高黎贡山考察队 22946。

秆高 200～450 cm，具根茎，长 3～20 cm。生长于常绿阔叶林、沟谷；海拔 2370 m。

分布于泸水市片马镇。15-1。

** **14. 尖鞘箭竹 Fargesia acuticontracta** T. P. Yi

凭证标本：易同培 77319；王劲松 92035。

秆高 3～7 m，具根茎。生长于常绿阔叶林；海拔 2000～3200 m。

分布于贡山县茨开镇。15-2-3a。

*** **15. 片马箭竹 Fargesia albocerea** Hsueh & T. P. Yi

凭证标本：西南林学院 006。

秆高 3～4 m。生长于山坡灌丛；海拔 2860 m。

分布于泸水市片马镇。15-2-6。

** **16. 马亨箭竹 Fargesia communis** T. P. Yi

凭证标本：王劲松 92034。

秆高 4～8 m，具根茎。生长于常绿阔叶林；海拔 2750～3250 m。

分布于福贡县鹿马登乡。15-2-3a。

** **17. 带鞘箭竹 Fargesia contracta** T. P. Yi

凭证标本：易同培 77298，77294。

秆高 3～5 m，具根茎。生长于常绿阔叶林、冷杉林；海拔 2000～3000 m。

分布于泸水市；保山市芒宽乡。15-2-5。

*** **18. 斜倚箭竹 Fargesia declivis** T. P. Yi

凭证标本：易同培 773156。

秆高 3～4 m，具根茎。生长于山坡、河谷；海拔 2450 m。

分布于独龙江（贡山县独龙江乡段）。15-2-6。

** 19. 空心箭竹 Fargesia edulis Hsueh & T. P. Yi

凭证标本：易同培 77293，83130。

秆高 5～8 m，具根茎。生长于常绿阔叶林、灌丛；海拔 1900～2800 m。

分布于泸水市片马镇；保山市芒宽乡。15-2-5。

*** 20. 贡山箭竹 Fargesia gongshanensis Yi

凭证标本：易同培 77304；王劲松等 92044。

秆高 3～4 m，具根茎。生长于常绿阔叶林；海拔 1500～2650 m。

分布于贡山县普拉底乡。15-2-6。

*** 21. 泸水箭竹 Fargesia lushuiensis Hsueh & T. P. Yi

凭证标本：张浩然等 89310。

秆高 3～5 m。生长于阔叶林；海拔 1610～2000 m。

分布于福贡县鹿马登乡；泸水市鲁掌镇。15-2-6。

** 22. 黑穗箭竹 Fargesia melanostachys（Handel-Mazzetti）T. P. Yi-*Arundinaria melanostachys* Handel-Mazzetti

凭证标本：高黎贡山考察队 7788，34556。

秆高 4～6 m。生长于云杉-冷杉林、高山灌丛；海拔 3100～3400 m。

分布于贡山县茨开镇；泸水市片马镇。15-2-3a。

** 23. 长圆鞘箭竹 Fargesia orbiculata T. P. Yi

凭证标本：辉朝茂、金光银 89304。

秆高 4～6 m，具根茎。生长于针阔叶混交林；海拔 3150～3800 m。

分布于泸水市片马镇。15-2-3a。

** 24. 云龙箭竹 Fargesia papyrifera T. P. Yi

凭证标本：西南林学院 6；高黎贡山考察队 8148。

秆高 4～6 m，具根茎。生长于硬叶常绿阔叶林；海拔 2760～3300 m。

分布于泸水市片马镇。15-2-5。

*** 25. 皱鞘箭竹 Fargesia pleniculmis（Handel-Mazzetti）T. P. Yi-*Arundinaria pleniculmis* Handel-Mazzetti

凭证标本：易同培 77310。

秆高 4～8 m，具根茎。生长于云杉-冷杉林；海拔 2500～3820 m。

分布于独龙江（贡山县独龙江乡段）。15-2-6。

*** 26. 弩弓箭竹 Fargesia praecipua T. P. Yi

凭证标本：易同培 77317。

秆高 4～8 m，具根茎。生长于峡谷、常绿阔叶林；海拔 1850～2600 m。

分布于独龙江（贡山县独龙江乡段）。15-2-6。

*** **27. 独龙箭竹 Fargesia sagittatinea** T. P. Yi

凭证标本：易同培 77314；高黎贡山考察队 35945。

秆高 7～9 m，具根茎。生长于石砾-青冈林、常绿阔叶林；海拔 2440～2900 m。

分布于独龙江（贡山县独龙江乡段）；贡山县丙中洛乡。15-2-6。

*** **28. 贡山竹 Gaoligongshania megalothyrsa** D. Z. Li，Hsueh & N. H. Xia

凭证标本：独龙江考察队 1105；高黎贡山考察队 32656。

生长于常绿阔叶林、石柯-箭竹林；海拔 1600～2068 m。

分布于独龙江（贡山县独龙江乡段）；贡山县茨开镇；泸水市片马镇。15-2-6。

29. 新小竹 Neomicrocalamus prainii (Gamble) P. C. Keng-*Arundinaria prainii* Gamble

凭证标本：青藏队 82-9137；杨常春、辉朝茂 88108。

攀缘竹类，秆长 6～20 m。生长于江边；海拔 1300～1600 m。

分布于泸水市片马镇。14-3。

+ **30. 美竹 Phyllostachys mannii** Gamble

凭证标本：高黎贡山考察队 13800。

秆高 8～10 m。生长于村边、院内；海拔 1200～1520 m。

分布于贡山县茨开镇。16。

31. 篌竹 Phyllostachys nidularia Munro

凭证标本：独龙江考察队 1295，3642。

秆高 10 m。生长于河谷、灌丛；海拔 1580～1600 m。

分布于独龙江（贡山县独龙江乡段）。16。

+ **32. 毛金竹 Phyllostachys nigra** var. **henonis** (Mitford) Stapf ex Rendle-*Phyllostachys henonis* Mitford

凭证标本：辉朝茂 89039；独龙江考察队 6392。

秆高 4～8 m。生长于村旁、路边；海拔 1800～2000 m。

分布于独龙江（贡山县独龙江乡段）；贡山县茨开镇；福贡县上帕镇。16。

*** **33. 独龙江玉山竹 Yushania farcticaulis** T. P. Yi

凭证标本：易同培 77311；高黎贡山考察队 23079。

具根茎。生长于常绿阔叶林；海拔 1900～2720 m。

分布于独龙江（贡山县独龙江乡段）；贡山县茨开镇。15-2-6。

** **34. 盈江玉山竹 Yushania glandulosa** Hsueh & T. P. Yi

凭证标本：辉朝茂 88112。

秆高 2～3 m，具根茎。生长于常绿阔叶林；海拔 1900～2400 m。

分布于泸水市片马镇。15-2-5。

35. 光亮玉山竹 Yushania levigata T. P. Yi

凭证标本：段金华、辉朝茂 88105。

秆高 200～450 cm，具根茎。生长于常绿阔叶林、林缘、灌丛；海拔 1800～3000 m。

分布于泸水市片马镇。15-2-5。

附录：图版

　　图版精选了143张拍摄于高黎贡山的图片，根据拍摄内容，按景观、植被、地衣、苔藓植物、蕨类植物、裸子植物、被子植物及黑仰鼻猴的顺序排列，其中：地衣和苔藓植物按学名拉丁字母顺序排列；蕨类植物先按PPG Ⅰ系统排列，再按学名拉丁字母顺序排列；裸子植物先按郑万均《中国植物志》第七卷的系统排列，再按学名拉丁字母顺序排列；被子植物先按 Hutchinson *The Families of Flowing Plants* 的系统排列，再按学名拉丁字母顺序排列。

高山之巅（杜小红／摄）

高黎贡山南部尾端（杜小红／摄）

主峰戛娃戛普峰（杜小红／摄）

怒江大峡谷（杜小红／摄）

怒江第一湾（杜小红／摄）

腾冲火山群（杜小红／摄）

地质奇观 - 石月亮（杜小红／摄）

初秋（杜小红／摄）

常绿阔叶林（杜小红／摄）

针阔叶混交林（杜小红／摄）

高山针叶林（杜小红／摄）

高山沼泽（杜小红／摄）

高山扁桃盘衣 *Amygdalaria aeolotera*（王欣宇 / 摄）

繁鳞石蕊 *Cladonia fenestralis*（王立松 / 摄）

瘦柄红石蕊 *Cladonia macilenta*（王欣宇／摄）

领赤星衣 *Haematomma collatum*（王欣宇／摄）

卷梢哑铃孢 *Heterodermia boryi*（王欣宇／摄）

尼泊尔双岐根 *Hypotrachyna nepalensis*（王欣宇／摄）

拟树绒枝 *Leprocaulon pseudoarbuscula*（王欣宇／摄）

网脊肺衣 *Lobaria retigera*

（王欣宇／摄）

大疣茶渍 *Malmidea granifera*

（王欣宇／摄）

扇柄牛皮叶 *Sticta gracilis*（王欣宇／摄）

平滑牛皮叶 *Sticta nylanderiana*（王欣宇／摄）

雪地茶 *Thamnolia subuliformis*（王立松／摄）

牛舌藓 *Anomodon viticulosus*（马文章／摄）　　蔓枝藓 *Bryowijkia ambigua*（马文章／摄）

筒蒴烟杆藓 *Buxbaumia minakakae*（马文章／摄）

线齿藓 *Cyptodontopsis leveillei*（马文章／摄）

亨氏藓 *Handeliobryum sikkimense*（马文章／摄）

圆叶异萼苔 *Heterscyphus tener*（马文章／摄）

东亚拟黄藓 *Leskeodon maibarae*（马文章／摄）

球蒴野口藓 *Noguchiodendron sphaerocarpum*（马文章/摄）

疏叶石毛藓 *Oreoweisia laxifolia*（马文章/摄）

溪苔 *Pellia epiphylla*（马文章 / 摄）

小口小金发藓 *Pogonatum microstomum*（马文章 / 摄）

尖叶泥炭藓 *Sphagnum cuspidatulum*（马文章／摄）

并齿拟木藓 *Thamniopsis utacamundiana*（马文章／摄）

云南藓 *Yunnanobryon rhyacophilum*（马文章／摄）

石松 *Lycopodium japonicum*（张良／摄）

松叶蕨 *Psilotum nudum*（张良／摄）

中华双扇蕨 *Dipteris chinensis*（张良／摄）

三轴风尾蕨 *Pteris longipes*（张良／摄）

乌木蕨 *Blechnidium melanopus*（张良／摄）

秦氏蹄盖蕨 *Athyrium chingianum*（张良／摄）

疏叶蹄盖蕨 *Athyrium dissitifolium*（张良／摄）

耳羽钩毛蕨 *Cyclogramma auriculata*（张良／摄）

方杆蕨 *Glaphyropteridopsis*
erubescens（张良／摄）

多雄拉鳞毛蕨 *Dryopteris alpestris*（张良／摄）

弯柄假复叶耳蕨 *Dryopteris diffracta*（张良／摄）

不丹松 *Pinus bhutanica*（李嵘／摄）

贡山三尖杉 *Cephalotaxus lanceolata*（刀志灵／摄）

长蕊木兰 *Alcimandra cathcartii*（刀志灵／摄）

红花木莲 *Manglietia insignis*（刀志灵／摄）

领春木 *Euptelea pleiosperma*（李嵘／摄）

独龙乌头 *Aconitum taronense*（李嵘／摄）　　　　野棉花 *Anemone vitifolia*（李嵘／摄）

云南黄连 *Coptis teeta*（李嵘／摄）

猫儿屎 *Decaisnea insignis*（李嵘／摄）

少裂尼泊尔绿绒蒿 *Meconopsis wilsonii*

subsp.australis（李嵘／摄）

单花荠 *Pegaeophyton scapiflorum*（李嵘／摄）

荷包山桂花 *Polygala arillata*（李嵘／摄）

粗茎红景天 *Rhodiola wallichiana*（李嵘／摄）

岩白菜 *Bergenia purpurascens*（李嵘／摄）

六铜钱叶神血宁 *Polygonum forrestii*（李嵘／摄）

羽叶蓼 *Polygonum runcinatum*（李嵘／摄）

异叶赤瓟 *Thladiantha hookeri*（李嵘／摄）

尼泊尔水东哥 *Saurauia napaulensis*（李嵘／摄）

镰尖蕈树 *Altingia siamensis*（李嵘／摄）

刺榛 *Corylus ferox*（李嵘／摄）

多变柯 *Lithocarpus variolosus*（李嵘／摄）

十齿花 *Dipentodon sinicus*（李嵘／摄）

雷公藤 *Tripterygium wilfordii*（李嵘／摄）

宽萼蛇菰 *Balanophora latisepala*（李嵘／摄）

无腺吴萸 *Tetradium fraxinifolium*（李嵘／摄）

车桑子 *Dodonaea viscosa*（李嵘／摄）

贡山九子母 *Dobinea vulgaris*（李嵘／摄）

珙桐 *Davidia involucrata*（李嵘／摄）

五叶参 *Aralia leschenaultii*（李嵘／摄）

吴茱萸叶五加 *Gamblea ciliata*（李嵘／摄）

长梗常春木 *Merrilliopanax membranifolius*（李嵘／摄）

西藏鹅掌柴 *Schefflera wardii*（李嵘／摄）

肾叶天胡荽 *Hydrocotyle wilfordii*（李嵘／摄）

毛叶吊钟花 *Enkianthus deflexus*（李嵘／摄）

松下兰 *Monotropa hypopitys*

（李嵘／摄）

岩匙 *Berneuxia thibetica*（李嵘／摄）

红花岩梅 *Diapensia purpurea*（李嵘／摄）

滇川醉鱼草 *Buddleja forrestii*

（李嵘／摄）

西藏吊灯花 *Ceropegia pubescens*（李嵘／摄）

瑞丽茜 *Fosbergia shweliensis*（李嵘／摄）

石丁香 *Neohymenopogon parasiticus*（李嵘／摄）

尼泊尔香青 *Anaphalis nepalensis*

（李嵘／摄）

贡山蓟 *Cirsium eriophoroides*（李嵘／摄）

怒江川木香 *Dolomiaea salwinensis*（李嵘／摄）

矮小厚喙菊 *Dubyaea gombalana*

（李嵘／摄）

金银莲花 *Nymphoides indica*（李嵘／摄）

多育星宿菜 *Lysimachia prolifera*（李嵘／摄）

粗壮珍珠菜 *Lysimachia robusta*

（李嵘／摄）

亭立钟报春 *Primula firmipes*（李嵘／摄）

暗红紫金报春 *Primula valentiniana*（李嵘／摄）

尼泊尔沟酸浆 *Mimulus tenellus var. nepalensis*（李嵘／摄）

矮马先蒿 *Pedicularis humilis*（李嵘／摄）

假野菇 *Christisonia hookeri*（李嵘／摄）

西藏珊瑚苣苔 *Corallodiscus lanuginosus*（李嵘／摄）

阿希蕉 *Musa rubra*（李嵘／摄）

短蕊万寿竹 *Disporum bodinieri*（李嵘／摄）

小百合 *Lilium nanum*（李嵘／摄）

紫斑百合 *Lilium nepalense*（李嵘／摄）

紫花百合 *Lilium souliei*

（李嵘／摄）

美丽豹子花 *Nomocharis basilissa*（李嵘／摄）

滇西豹子花 *Nomocharis farreri*（李嵘／摄）

贡山豹子花 *Nomocharis gongshanensis*

（李嵘／摄）

多斑豹子花 *Nomocharis meleagrina*

（李嵘／摄）

豹子花 *Nomocharis pardanthina*（李嵘／摄）

云南豹子花 *Nomocharis saluenensis*

（李嵘／摄）

钟花假百合 *Notholirion*
campanulatum（李嵘／摄）

腋花纽柄花 *Streptopus simplex*（李嵘／摄）

高山丫蕊花 *Ypsilandra alpina*
（李嵘／摄）

腾冲重楼 *Paris tengchongensis*（李嵘／摄）

贝氏南星 Arisaema brucei（李嵘／摄）

螃蟹七 Arisaema fargesii（李嵘／摄）

腾冲南星 Arisaema tengtsungense（李嵘／摄）

早花岩芋 Remusatia hookeriana（李嵘／摄）

贡山棕榈 *Trachycarpus princeps*（李嵘／摄）

薜叶卷瓣兰 *Bulbophyllum retusiusculum* （李嵘／摄）

肾唇虾脊兰 *Calanthe brevicornu*

（李嵘／摄）

镰萼虾脊兰 *Calanthe puberula*（李嵘／摄）

金兰 *Cephalanthera falcata*

（李嵘／摄）

眼斑贝母兰 *Coelogyne corymbosa*（李嵘／摄）

金耳石斛 *Dendrobium hookerianum*（李嵘／摄）

多花兰 *Cymbidium floribundum*（李嵘／摄）

长距石斛 *Dendrobium longicornu*（李嵘／摄）

细茎石斛 *Dendrobium moniliforme*（李嵘／摄）

双叶厚唇兰 *Epigeneium rotundatum*（李嵘／摄）

毛萼山珊瑚 *Galeola lindleyana*

（李嵘／摄）

二叶独蒜兰 *Pleione scopulorum*（李嵘／摄）

云南朱兰 *Pogonia yunnanensis*（李嵘／摄）

缘毛鸟足兰 *Satyrium nepalense var. ciliatum*

（李嵘／摄）

苞舌兰 *Spathoglottis pubescens*（李嵘／摄）

绶草 *Spiranthes sinensis*（李嵘／摄）

叉喙兰 *Uncifera acuminata*（李嵘／摄）

黑仰鼻猴（董邵华／摄）

黑仰鼻猴的家庭（董绍华／摄）

黑仰鼻猴婴猴（董绍华／摄）